Konstanten

Gravitationskonstante	$G = 6{,}672 \cdot 10^{-11}\,\mathrm{m^3 \cdot kg^{-1} \cdot s^{-2}}$
Vakuumlichtgeschwindigkeit	$c = 2{,}99792458 \cdot 10^8\,\mathrm{m \cdot s^{-1}}$
Magnetische Feldkonstante	$\mu_0 = 4\pi \cdot 10^{-7}\,\mathrm{V \cdot s \cdot A^{-1} \cdot m^{-1}}$
Elektrische Feldkonstante	$\epsilon_0 = (\mu_0 c^2)^{-1} = 8{,}854 \cdot 10^{-12}\,\mathrm{A \cdot s \cdot V^{-1} \cdot m^{-1}}$
Konstante im Coulomb-Gesetz [Gl. (1.1)]:	$k = (4\pi\epsilon_0)^{-1} = \mu_0 c^2/(4\pi) = 8{,}9876 \cdot 10^9\,\mathrm{V \cdot m \cdot A^{-1} \cdot s^{-1}}$
Wellenwiderstand im Vakuum	$Z_0 = \mu_0 c = 376{,}7\,\Omega$
Ruhemasse des Protons	$m_p = 1{,}673 \cdot 10^{-27}\,\mathrm{kg}$
Ruhemasse des Elektrons	$m_e = 9{,}109 \cdot 10^{-31}\,\mathrm{kg}$
Elementarladung	$e = 1{,}602 \cdot 10^{-19}\,\mathrm{C}$
Planck-Konstante	$h = 6{,}626 \cdot 10^{-34}\,\mathrm{J \cdot s}$
	$\hbar = h/(2\pi) = 1{,}055 \cdot 10^{-34}\,\mathrm{J \cdot s}$
Bohr-Radius	$a_0 = 5{,}292 \cdot 10^{-11}\,\mathrm{m}$
Elektronenradius	$r_e = \mu_0 e^2/(4\pi m_e) = 2{,}818 \cdot 10^{-15}\,\mathrm{m}$
Thomson-Wirkungsquerschnitt	$(8\pi/3)\, r_e^2 = 6{,}652 \cdot 10^{-29}\,\mathrm{m^2}$
Bohr-Magneton	$\mu_B = e\hbar/(2m_e) = 9{,}274 \cdot 10^{-24}\,\mathrm{J \cdot T^{-1}}$
Kernmagneton	$\mu_N = e\hbar/(2m_p) = 5{,}051 \cdot 10^{-27}\,\mathrm{J \cdot T^{-1}}$
Magnetisches Moment des Elektrons	$\mu_e = 9{,}285 \cdot 10^{-24}\,\mathrm{J \cdot T^{-1}}$
Magnetisches Moment des Protons	$\mu_p = 1{,}411 \cdot 10^{-26}\,\mathrm{J \cdot T^{-1}}$
g-Faktor des Elektrons	$g_e/2 = \mu_e/\mu_B = 1{,}00116$
Gyromagnetisches Verhältnis des Protons	$2\mu_p/h = 2{,}675 \cdot 10^8\,\mathrm{s^{-1} \cdot T^{-1}}$
Avogadro-Konstante	$N_A = 6{,}022 \cdot 10^{23}\,\mathrm{mol^{-1}}$
Boltzmann-Konstante	$k = 1{,}381 \cdot 10^{-23}\,\mathrm{J \cdot K^{-1}}$

Berkeley Physik Kurs

Band 2

ELEKTRIZITÄT UND MAGNETISMUS

Berkeley Physik Kurs

Band 1 Mechanik

Band 2 Elektrizität und Magnetismus

Band 3 Schwingungen und Wellen

Band 4 Quantenphysik

Band 5 Statistische Physik

Band 6 Physik und Experiment

Aus dem Programm Physik

Atome, Moleküle, Festkörper,
von A. Beiser

Phänomene und Konzepte der Elementarteilchenphysik,
von O. Nachtmann

Probability and Heat. Fundamentals of Thermostatistics,
von F. Schlögl

Pfadintegrale in der Quantenphysik
von G. Roepstorff

Edward M. Purcell

ELEKTRIZITÄT UND MAGNETISMUS

4., neubearbeitete Auflage

Mit 348 Bildern

vieweg

Originalausgabe

Edward M. Purcell

Electricity and Magnetism, 2nd edition

Berkeley Physics Course – Volume 2

Published by McGraw-Hill Book Company, a Division of McGraw-Hill, Inc., in 1965

Die Herausgabe der 1. Auflage der Originalausgabe des „Berkeley Physik Kurs" wurde durch eine finanzielle Unterstützung der National Science Foundation to Educational Services Incorporated ermöglicht.

Deutsche Ausgabe

Übersetzung aus dem Amerikanischen und Bearbeitung ab der 4. Auflage:
Dr. Eike Gerstenhauer, Aachen

1. Auflage 1976
   Nachdruck 1978
2., überarbeitete Auflage 1979
3., durchgesehene Auflage 1983
   Nachdruck 1984
   Nachdruck 1987
   Nachdruck 1988
4., neubearbeitete Auflage 1989

Der Verlag Vieweg ist ein Unternehmen der Verlagsgruppe Bertelsmann International.

Satz: Vieweg, Braunschweig
Druck und buchbinderische Verarbeitung: Lengericher Handelsdruckerei, Lengerich
Umschlaggestaltung: Peter Morys, Wolfenbüttel

Printed in Germany

Vorwort zum Berkeley Physik Kurs

Dieser Kurs ist ein zweijähriger Physiklehrgang für Studenten mit naturwissenschaftlich-technischen Hauptfächern. Es war das Ziel der Autoren, die Physik so weit wie möglich aus der Sicht des Physikers darzustellen, der auf dem jeweiligen Gebiet forschend arbeitet. Wir haben versucht, einen Kurs zu gestalten, der die Grundsätze der Physik klar und deutlich herausstellt. Insbesondere sollten die Studenten frühzeitig mit den Ideen der speziellen Relativitätstheorie, der Quantenmechanik und der statistischen Physik vertraut gemacht werden, dies aber so, daß alle Studenten mit den in der Sekundarstufe II erworbenen Physikkenntnissen angesprochen werden. Eine Vorlesung über Höhere Mathematik sollte gleichzeitig mit diesem Kurs gehört werden.

In den letzten Jahren wurden in den USA verschiedene neue Physiklehrgänge für Colleges geplant und entwickelt. Angesichts der Fortschritte in Naturwissenschaft und Technik und der steigenden Bedeutung der Wissenschaft im Primar- und Sekundarbereich der Schulen erkannten viele Physiker die Notwendigkeit neuer Physikkurse. Der Berkeley Physik Kurs wurde durch ein Gespräch zwischen *Philip Morrison*, der jetzt am Massachusetts Institute of Technology tätig ist, und *C. Kittel* Ende 1961 begründet. Wir wurden dann durch *John Mays* und seine Kollegen von der National Science Foundation und durch *Walter C. Michels*, dem damaligen Vorsitzenden der Commission on College Physics, unterstützt und ermutigt. Ein provisorisches Komitee unter dem Vorsitz von *C. Kittel* führte den Kurs durch das Anfangsstadium.

Ursprünglich gehörten dem Komitee *Luis Alvarez, William B. Fretter, Charles Kittel, Walter D. Knight, Philip Morrison, Edward M. Purcell, Malvin A. Ruderman* und *Jerrold R. Zacharias* an. Auf der ersten Sitzung im Mai 1962 in Berkeley entstand in groben Zügen der Plan für einen völlig neuen Lehrgang in Physik. Wegen dringender anderweitiger Verpflichtungen einiger Komiteemitglieder war es nötig, das Komitee im Januar 1964 neu zu bilden, es besteht jetzt aus den Unterzeichnern dieses Vorworts. Auf Beiträge von Autoren, die dem Komitee nicht angehören, nehmen die Vorworte zu den einzelnen Bänden Bezug.

Die von uns entwickelte Rohkonzeption und unsere Begeisterung dafür hatten einen maßgeblichen Einfluß auf das Endprodukt. Diese Konzeption umfaßte die Themen und Lernziele, von denen wir glaubten, sie sollten und könnten allen Studenten naturwissenschaftlicher und technischer Studienrichtungen in den ersten Semestern vermittelt werden. Es war aber niemals unsere Absicht, einen Kurs zu entwickeln, der nur besonders begabte oder weit fortgeschrittene Studenten anspricht. Wir beabsichtigen, die Grundlagen der Physik aus einer unvorbelasteten Gesamtsicht darzustellen; Teile des Kurses werden daher vielleicht dem Dozenten gleichermaßen neu erscheinen wie dem Studenten.

Die fünf Bände des Berkeley Physik Kurses sind

1. Mechanik (*Kittel, Knight, Ruderman*)
2. Elektrizität und Magnetismus (*Purcell*)
3. Schwingungen und Wellen (*Crawford*)
4. Quantenphysik (*Wichmann*)
5. Statistische Physik (*Reif*)

Bei der Erarbeitung des Manuskriptes war jedem Autor freigestellt, den für sein Thema geeigneten Stil und die ihm passend erscheinenden Methoden zu wählen.

In Vorbereitung zu dem vorliegenden Kurs stellte *Alan M. Portis* ein neues physikalisches Einführungspraktikum zusammen, das nun unter der Bezeichnung Berkeley Physics Laboratory (Berkeley Physik Praktikum) läuft. Da der Physik Kurs sich im wesentlichen mit den Grundprinzipien der Physik befaßt, werden manche Lehrer der Ansicht sein, er befasse sich nicht ausreichend mit experimenteller Physik; das Laborpraktikum ermöglichte jedoch die Durchführung eines reichhaltigen Programms an Experimenten, das das theoretisch-experimentelle Gleichgewicht des gesamten Lehrgangs garantieren soll.

Die Finanzierung des Kurses wurde von der National Science Foundation ermöglicht, beträchtliche indirekte Unterstützung kam aber auch von der University of California. Die Geldmittel wurden von Educational Services Incorporated (ESI), einer gemeinnützigen Organisation zur Curriculumentwicklung, verwaltet. Im besonderen sind wir *Gilbert Oakley, James Aldrich* und *William Jones* von ESI für ihre tatkräftige und verständnisvolle Unterstützung verpflichtet. ESI hat eigens in Berkeley ein Büro eingerichtet, das unter der kompetenten Führung von Mrs. *Minty R. Maloney* steht und bei der Entwicklung des Lehrgangs und des Laborpraktikums eine große Hilfe ist.

Zwischen der University of California und unserem Programm bestand keine offizielle Verbindung, doch ist uns von dieser Seite verschiedentlich wertvolle Hilfe gewährt worden. Dafür danken wir den Direktoren des Physik-Departments, *August C. Helmholz* und *Burton J. Moyer;* den wissenschaftlichen und nichtwissenschaftlichen Mitarbeitern des Departments; *Donald Coney* und vielen anderen von unserer Universität. *Abraham Olshen* half uns sehr bei der Bewältigung organisatorischer Probleme in der Anlaufzeit.

Hinweise auf Fehler und Verbesserungsvorschläge nehmen wir immer gern entgegen.

Eugene D. Commins	*Edward M. Purcell*
Frank S Crawford, Jr.	*Frederick Reif*
Walter D. Knight	*Malvin A. Ruderman*
Philip Morrison	*Eyvind H. Wichmann*
Alan M. Portis	*Charles Kittel*, Vorsitzender

Berkeley, California

Vorwort zur ersten amerikanischen Auflage des Bandes 2 Elektrizität und Magnetismus

Dieser Band des Berkeley Physik Kurses behandelt die Elektrizität und den Magnetismus. Die Abfolge der Einzelthemen – in grober Gliederung: Elektrostatik, stationäre Ströme, Magnetfeld, elektromagnetische Induktion, elektrische und magnetische Polarisation in Materie – entspricht zwar dem Üblichen. Dies gilt aber nicht für unsere Vorgangsweise im einzelnen. Am stärksten machen sich die Unterschiede zu traditionellen Darstellungen in den Kapiteln 5 und 6 bemerkbar, wo wir auf Band 1 aufbauend die elektrischen und magnetischen Felder bewegter Ladungen als Folgeerscheinungen der speziellen Relativitätstheorie und der Ladungsvarianz behandeln. Auf diese Weise wird die Aufmerksamkeit auf so fundamentale Probleme gelenkt wie z. B. Ladungserhaltung, Ladungsinvarianz und Bedeutung des Feldes. Vom formalen Apparat der speziellen Relativitätstheorie benötigen wir dabei nur die Lorentz-Transformation und das Gesetz von der Addition der Geschwindigkeiten. Trotzdem sollte der Leser über die wichtigsten Vorstellungen und Denkweisen verfügen, die Band 1 zu entwickeln versuchte. Dazu gehören: die Bereitschaft, Vorgänge von verschiedenen Bezugssystemen aus zu betrachten, das Verständnis der Invarianz und eine innere Beziehung zu Symmetrieüberlegungen. Häufig beruhen unsere Beweise auch in Band 2 auf dem Superpositionsprinzip.

Wir erschließen die elektrischen und magnetischen Phänomene in Materie bevorzugt auf „mikroskopischem" Wege und stellen dabei die Natur der atomaren und molekularen elektrischen und magnetischen Dipole heraus. Auch die elektrische Leitung wird mikroskopisch beschrieben, und zwar mit der Lorentz-Drudeschen Theorie. Einige Fragen, deren Klärung die in Band 4 behandelte Quantenphysik erfordert, mußten hier natürlich offen bleiben. Trotzdem führen wir schon in diesem Band die Atome und Moleküle als elektrische Strukturen mit bestimmter Ausdehnung, Gestalt und Formbeständigkeit ein und sprechen über Elektronenbahnen und den Spin. Wir versuchen auch, ein Problem sorgfältig zu klären, das in einführenden Lehrbüchern manchmal ausgeklammert oder verschleiert wird, nämlich die Bedeutung der makroskopischen Felder **E** und **B** im Inneren eines Materials.

Die mathematischen Hilfsmittel des Studenten werden in Band 2 durch einige Begriffe aus der Vektoranalysis – Gradient, Divergenz, Rotation, Laplace-Operator – erweitert; sie werden in den Anfangskapiteln nach Bedarf eingeführt.

Band 2 wurde in seinen provisorischen Fassungen in mehreren Vorlesungszyklen an der University of California verwendet. Wertvolle Kritiken und Kommentare kamen von vielen, die sich dem Berkeley Physik Kurs verbunden fühlten, besonders von *E. D. Commins* und *F. S. Crawford Jr.*, die als erste den Text in ihren Vorlesungen einführten. Sie und ihre Studenten entdeckten zahlreiche Stellen, die einer Klärung oder eines noch drastischeren Eingriffs bedurften, viele Änderungen beruhen auf ihren Vorschlägen. Die kritischen Stellungnahmen der Studenten zu der letzten provisorischen Ausgabe sammelte *Robert Goren,* der auch bei der Zusammenstellung der Übungen behilflich war. Auch von *J. D. Gavenda* und *E. F. Taylor,* die die provisorische Ausgabe an der University of Texas bzw. an der Wesleyan University einsetzten, kamen wertvolle Hinweise. Anregungen gab auch *Allan Kaufman* im Frühstadium der Manuskripterstellung. *A. Felzer* arbeitete fast den gesamten ersten Entwurf als unser erster „Teststudent" durch.

Bei der Entwicklung unserer Darstellungsweise der Elektrizität und des Magnetismus wurden wir nicht nur durch das ursprüngliche Komitee des Berkeley Physik Kurses ermutigt, sondern auch durch Kollegen des Massachusetts Institute of Technology, die praktisch parallel zu uns an der Entwicklung eines neuen Lehrsystems arbeiteten. Zu ihnen gehörte *J. R. Tessman,* M.I.T. Science Teaching Center und Tufts University, der uns in besonderem Maße half und die ersten Entwicklungsstufen unserer Strategie beeinflußte. Er setzte die Vorfassung in seiner Vorlesung am M.I.T. ein, und seine kritische Durchsicht des gesamten Textes führte zu vielen Änderungen und Korrekturen.

Die Herausgeber der provisorischen Fassung und der darauf folgenden überarbeiteten Fassungen wurde von Frau *Mary R. Maloney* geleitet. Frau *Lila Lowell* tippte den größten Teil des Manuskripts. Die endgültige Form der Illustration stammt von *Felix Cooper.*

Der Autor dieses Bandes bleibt seinen Freunden in Berkeley, vor allem *Charles Kittel*, sehr zu Dank verpflichtet. Ihre Anregungen und ihre andauernde Unterstützung machten die langwierige Arbeit zu einem Genuß.

Edward M. Purcell

Vorwort zur zweiten amerikanischen Auflage von Band 2

Die Überarbeitung von „Elektrizität und Magnetismus", Band 2 des Berkeley Physik Kurses, wurde aus drei Gründen vorgenommen:

Erstens habe ich versucht, den Text an vielen Punkten klarer zu machen. Lehrer und Studenten haben im Lauf der Jahre unzählige Stellen gefunden, an denen man durch Vereinfachung oder Neugestaltung der Erklärung leichter folgen kann. Zweifellos sind dennoch einige Gelegenheiten für solche Verbesserungen verpaßt worden; nicht zu viele, hoffe ich.

Zweitens war es die Absicht, das Buch praktisch unabhängig von den anderen Bänden des Berkeley Physik Kurses zu machen. Ursprünglich sollte es eingebunden sein zwischen Band 1, „Mechanik", der die notwendige spezielle Relativitätstheorie liefert, und Band 3, „Schwingungen und Wellen", der die elektromagnetischen Wellen enthält. Es hat sich herausgestellt, daß Band 2 weitgehend allein benutzt wird. Aufgrund dieser Erkenntnis habe ich gewisse Änderungen und Zusätze gemacht. Ein kurzer Überblick über die Beziehungen der speziellen Relativitätstheorie ist als Anhang A angefügt, wobei nach wie vor eine vorhergehende Einführung in die Relativitätstheorie vorausgesetzt wird. Der Überblick stellt eine handliche Sammlung und Zusammenfassung für die Ideen und Formeln dar, die wir brauchen, um die Felder bewegter Ladungen und ihre Transformation von einem Bezugssystem in das andere zu verstehen. Die Entwicklung der Maxwell-Gleichungen für das Vakuum wurde vom umfangreichen Kapitel 7 (über Induktion) in ein neues Kapitel 9 übernommen. Dort führt sie auf natürliche Weise zu einer elementaren Behandlung der laufenden und stehenden ebenen elektromagnetischen Wellen. Die Ausbreitung einer Welle in einem dielektrischen Medium kann dann im Kapitel 10 über elektrische Felder in Materie behandelt werden.

Drittens war die Notwendigkeit, die Behandlung gewisser Themen zu modernisieren, besonders dringlich im Kapitel über elektrische Leitung. Ein wesentlich neugeschriebenes Kapitel 4 schließt nun einen Abschnitt über die Physik der homogenen (einschließlich der dotierten) Halbleiter ein. Halbleiter-Bauelemente werden nicht behandelt, nicht einmal der Gleichrichter. Aber was über Bänder, Donatoren und Akzeptoren gesagt ist, kann als Ausgangspunkt für die Behandlung solcher Themen durch den Dozenten dienen. Dank der Festkörper-Elektronik ist die Physik des galvanischen Elements noch wichtiger für das tägliche Leben geworden. Immerhin ist die Anzahl der benutzten Batterien ungefähr gleich der Anzahl der Menschen auf der Erde. In der ersten Ausgabe dieses Buches wählte ich unglücklicherweise ein Beispiel für die einzige elektrolytische Zelle (das Westonsche Normalelement), deren Bedeutung in der Physik zurückging und die bald völlig veraltet war. Dieser Abschnitt wurde durch eine Analyse (mit neuen Bildern) des Bleiakkumulators ersetzt, der zwar uralt, aber nicht veraltet und überall zu finden ist.

Man wird kaum erwarten, daß bei der Überarbeitung eines elementares Textes über Elektromagnetismus der neuen Entwicklung in der Teilchenphysik Aufmerksamkeit gezollt wird. Trotzdem ist das für zwei Fragen, die wir in der ersten Ausgabe diskutiert haben, der Fall: Die Bedeutung der Ladungsquantisierung und die offensichtliche Abwesenheit von magnetischen Monopolen. Die Beobachtung des Proton-Zerfalls würde sich auf unsere Sicht bezüglich der ersten Frage grundlegend auswirken. Emsiges Suchen danach und auch nach magnetischen Monopolen hat inzwischen nicht zu gesicherten Ergebnissen geführt, aber die Möglichkeit solcher fundamentaler Entdeckungen bleibt offen.

Drei besondere Themen sind als zusätzliche Erweiterung des Textes in kurzen Anhängen angefügt: Anhang B: Strahlung durch eine beschleunigte Ladung; Anhang C: Supraleitung und Anhang D: Magnetische Resonanz.

Von den etwa 300 Übungen sind mehr als die Hälfte neu. Es ist unmöglich, allen Lehrern und Studenten, die gute Anregungen für Änderungen und Verbesserungen gemacht haben, einzeln zu danken. Ich fürchte, daß einige enttäuscht sein werden, daß ihre Anregungen nicht ganz so befolgt worden sind, wie sie es sich vorgestellt haben. Ich hoffe, daß die meisten Leser, die mit der ersten Ausgabe vertraut sind, mit mir übereinstimmen, daß das Ergebnis eine wesentliche Verbesserung ist. Alte und neue Fehler werden sicher vorhanden sein. Mitteilungen, die auf sie hinweisen, werden dankbar entgegengenommen.

Es ist mir eine Freude, *Olive S. Rand* für ihre geduldige und kundige Hilfe bei der Anfertigung des Manuskripts zu danken.

Edward M. Purcell

Einheiten, Größen, Bezeichnungen

In diesem Buch wird das Internationale Einheitensystem (SI) verwendet. Näheres dazu finden Sie im Anhang E und in der Literatur*.

Eine Übersicht über die wichtigsten Konstanten und Größen finden Sie auf den Umschlagseiten**.

Für die Größenbezeichnung wurden im allgemeinen (Ausnahme z. B. **N** für Drehmoment) die üblichen und empfohlenen Formelzeichen verwendet. Dadurch sind einige Symbole mehrdeutig, z. B. k (Konstante im Coulombschen Gesetz (Gl. (1.1)), Boltzmannkonstante, Betrag des Ausbreitungsvektors $2\pi/\lambda$, Dämpfungskonstante in Abschnitt 8.1), ρ (Raumladungsdichte, spezifischer elektrischer Widerstand), σ (Flächenladungsdichte, elektrische Leitfähigkeit), λ (Linienladungsdichte, Wellenlänge), A (Fläche, Vektorpotential), N (Drehmoment, Anzahl), P (Polarisation, Leistung) und S (Spin, Energiestromdichte). Wir schätzen das Risiko der Verwechslung niedriger ein als die Schwierigkeiten, die aus der Verwendung unüblicher Formelzeichen erwachsen.

Die primäre Größe zur Beschreibung des Magnetfeldes ist die magnetische Flußdichte B (Einheit: Tesla, T).

Größenordnung

Unter dem Hinweis auf die Größenordnung versteht man gewöhnlich „etwa innerhalb eines Faktors 10". Häufige Größenordnungsabschätzungen kennzeichnen die Arbeits- und Sprechweise des Physikers, ein sehr nützlicher Berufsbrauch, die allerdings dem Studienanfänger enorme Schwierigkeiten bereitet. Wir stellen beispielsweise fest, daß 10^4 die Größenordnung der Zahlen 5500 und 25 000 ist. Die Größenordnung der Elektronenmasse ist 10^{-30} kg, ihr genauer Wert hingegen $(0{,}9109534 \pm 0{,}0000047) \cdot 10^{-30}$ kg.

Oft begegnen wir auch der Feststellung, daß eine Lösung bis auf Glieder der Ordnung x^2 oder E genau ist, welche Größen dies auch immer sein mögen. Man schreibt dafür auch $O(x^2)$ bzw. $O(E)$. Diese Aussage meint, daß Glieder mit höheren Potenzen (z. B. x^3 oder E^2), die in der vollständigen Lösung auftreten, unter gewissen Umständen im Vergleich zu den in der Näherungslösung vorhandenen Gliedern vernachlässigt sind.

* Siehe beispielsweise: *G. Bender, E. Pippig,* Einheiten – Maßsysteme – SI. Vieweg, Braunschweig 1973; SI, Das Internationale Einheitensystem. Vieweg, Braunschweig [2]1982; *S. German, P. Drath,* Handbuch SI-Einheiten. Vieweg, Braunschweig 1979.

** Siehe auch *H. Ebert* (Hrsg.), Physikalisches Taschenbuch. Vieweg, Braunschweig [5]1976; *B. M. Jaworski, A. A. Detlaf,* Physik griffbereit. 2 Bände. Vieweg, Braunschweig 1974.

Vorsätze zur Kennzeichnung dezimaler Vielfacher oder Bruchteile von Einheiten

Die Tabelle zeigt für einige gebräuchliche Vorsätze die Kurzzeichen und deren Bedeutung

Vorsatz	Kurzzeichen	Bedeutung
Tera	T	10^{12}
Giga	G	10^9
Mega	M	10^6
Kilo	k	10^3
Zenti	c	10^{-2}
Milli	m	10^{-3}
Mikro	μ	10^{-6}
Nano	n	10^{-9}
Piko	p	10^{-12}

Das griechische Alphabet

A	α	Alpha
B	β	Beta
Γ	γ	Gamma
Δ	δ	Delta
E	ϵ	Epsilon
Z	ζ	Zeta
H	η	Eta
Θ	θ ϑ	Theta
I	ι	Jota
K	κ	Kappa
Λ	λ	Lambda
M	μ	My
N	ν	Ny
Ξ	ξ	Xi
O	o	Omikron
Π	π	Pi
P	ρ	Rho
Σ	σ	Sigma
T	τ	Tau
Υ	υ	Ypsilon
Φ	ϕ φ	Phi
X	χ	Chi
Ψ	ψ	Psi
Ω	ω	Omega

Griechische Buchstaben, die nur sehr selten als Symbole Verwendung finden, sind grau unterlegt, meist sind sie lateinischen Buchstaben so ähnlich, daß sie sich als Symbole nicht eignen.

Inhaltsverzeichnis

1 **Elektrostatik: Ladungen und Felder** 1

1.1 Elektrische Ladung 1
1.2 Erhaltung der Ladung 2
1.3 Quantelung der Ladung 3
1.4 Das Coulombsche Gesetz 4
1.5 Die Energie eines Systems von Ladungen 6
1.6 Elektrische Energie in einem Kristallgitter ... 9
1.7 Das elektrische Feld 10
1.8 Ladungsverteilungen 13
1.9 Elektrischer Fluß 15
1.10 Das Gaußsche Gesetz der Elektrostatik 16
1.11 Das elektrische Feld einer kugelsymmetrischen Ladungsverteilung 18
1.12 Feld einer Linienladung 19
1.13 Feld einer Flächenladung 20
1.14 Kraft auf eine Ladungsschicht 21
1.15 Energie und elektrostatisches Feld 23
1.16 Übungen 24

2 **Das elektrische Potential** 29

2.1 Das Linienintegral der elektrischen Feldstärke . 29
2.2 Potentialdifferenz und Potentialfunktion ... 30
2.3 Der Gradient einer skalaren Funktion 31
2.4 Herleitung des Feldes aus dem Potential 32
2.5 Das Potential einer Ladungsverteilung 33
2.6 Die gleichmäßig geladene Scheibe 34
2.7 Die Divergenz eines Vektorfeldes 38
2.8 Gaußscher Integralsatz und differentielle Form des Gaußschen Gesetzes 39
2.9 Die Divergenz in kartesischen Koordinaten .. 40
2.10 Der Laplace-Operator 43
2.11 Die Laplacesche Differentialgleichung 43
2.12 Zur Unterscheidung der Physik von der Mathematik 45
2.13 Die Rotation eines Vektorfeldes 46
2.14 Der Satz von Stokes 48
2.15 Die Rotation in kartesischen Koordinaten ... 48
2.16 Die physikalische Bedeutung der Rotation ... 50
2.17 Übungen 55

3 **Elektrische Felder um Leiter** 58

3.1 Leiter und Nichtleiter 58
3.2 Leiter im elektrostatischen Feld 58
3.3 Das allgemeine elektrostatische Problem; Eindeutigkeitssatz 63
3.4 Einige einfache Leitersysteme 65
3.5 Kapazität und Kondensatoren 69
3.6 Potentiale und Ladungen auf mehreren Leitern 72
3.7 Die in einem Kondensator gespeicherte Energie 73
3.8 Das Randwertproblem aus anderer Sicht 74
3.9 Übungen 75

4 **Elektrische Ströme** 81

4.1 Elektrischer Strom und Stromdichte 81
4.2 Stationäre Ströme und Ladungserhaltung ... 82
4.3 Elektrische Leitfähigkeit und Ohmsches Gesetz 83
4.4 Die Physik der Leitung des elektrischen Stroms 86
4.5 Leitung in Metallen 92
4.6 Halbleiter 93
4.7 Stromkreise und Schaltelemente 96
4.8 Energiedissipation während des Stromflusses . 100
4.9 Quellenspannung und galvanische Elemente .. 100
4.10 Netzwerke mit Spannungsquellen 103
4.11 Variable Ströme in Kondensatoren und Widerständen 104
4.12 Übungen 106

5 **Die Felder bewegter Ladungen** 111

5.1 Von Oersted zu Einstein 111
5.2 Magnetische Kräfte 112
5.3 Messung bewegter Ladung 114
5.4 Invarianz der Ladung 116
5.5 Messungen des elektrischen Feldes in verschiedenen Bezugssystemen 118
5.6 Feld einer Punktladung, die sich mit konstanter Geschwindigkeit bewegt 120
5.7 Felder von Ladungen, die sich zu bewegen beginnen oder zur Ruhe kommen 123
5.8 Kraft auf eine bewegte Ladung 126
5.9 Wechselwirkung zwischen einer bewegten Ladung und anderen bewegten Ladungen ... 127
5.10 Übungen 133

6 **Das magnetische Feld** 137

6.1 Definition des magnetischen Feldes 137
6.2 Einige Eigenschaften des Magnetfeldes 140
6.3 Vektorpotential 144
6.4 Das Feld eines beliebigen stromführenden Drahtes 146
6.5 Felder von Stromschleifen und Spulen 148
6.6 Änderung des Magnetfeldes an einer stromführenden Schicht 151
6.7 Die Transformation der Felder 154
6.8 Der Versuch von Rowland 157
6.9 Elektrische Leitung in einem magnetischen Feld: Hall-Effekt 158
6.10 Übungen 160

7 **Elektromagnetische Induktion** 166

7.1 Faradays Entdeckung 166
7.2 Bewegung eines stabförmigen Leiters durch ein homogenes Magnetfeld 168
7.3 Bewegung einer Schleife in einem inhomogen Magnetfeld 170

7.4 Ruhende Schleife in einem bewegten Magnetfeld 176
7.5 Ein universelles Induktionsgesetz 178
7.6 Die gegenseitige Induktion 180
7.7 Ein „Reziprozitäts"-Satz 182
7.8 Selbstinduktion 184
7.9 Stromkreis mit einer Selbstinduktivität 185
7.10 Im Magnetfeld gespeicherte Energie 186
7.11 Übungen 188

8 Wechselstromkreise 194

8.1 Der Resonanzkreis 194
8.2 Wechselstrom 197
8.3 Wechselstromnetzwerke 201
8.4 Admittanz und Impedanz 203
8.5 Leitung und Energie bei Wechselstromkreisen . 205
8.6 Übungen 208

9 Maxwell-Gleichungen und elektromagnetische Wellen 211

9.1 „Etwas fehlt" 211
9.2 Der Verschiebungsstrom 214
9.3 Die Maxwellschen Gleichungen 215
9.4 Die elektromagnetische Welle 216
9.5 Andere Wellenformen; Überlagerung von Wellen 218
9.6 Energietransport durch elektromagnetische Wellen 219
9.7 Die Welle in einem anderen Bezugssystem . . . 222
9.8 Übungen 223

10 Elektrische Felder in Materie 225

10.1 Dielektrika 225
10.2 Die Momente einer Ladungsverteilung 227
10.3 Potential und Feld eines Dipols 230
10.4 Drehmoment und Kraft auf einen Dipol in einem äußeren Feld 232
10.5 Atomare und molekulare Dipole; induzierte Dipolmomente 234
10.6 Permanente Dipolmomente 236
10.7 Das elektrische Feld polarisierter Materie . . . 237
10.8 Kondensator mit Dielektrikum 241
10.9 Das Feld einer polarisierten Kugel 243
10.10 Dielektrische Kugel im homogenen Feld 246
10.11 Das Feld einer Ladung in einem dielektrischen Medium und das Gaußsche Gesetz 247
10.12 Mikroskopische Betrachtung des Dielektrikums 249
10.13 Polarisation in veränderlichen Feldern 251
10.14 Der Strom der gebundenen Ladung 252
10.15 Die elektromagnetische Welle im Dielektrikum 253
10.16 Übungen 254

11 Magnetische Felder in Materie 258

11.1 Verhalten verschiedener Substanzen in einem Magnetfeld 258
11.2 Das Fehlen magnetischer „Ladungen" 261
11.3 Das Feld einer Stromschleife 263
11.4 Die Kraft auf einen Dipol in einem äußeren Feld 267
11.5 Elektrische Ströme in Atomen 269
11.6 Elektronenspin und magnetisches Moment . . 272
11.7 Die magnetische Suszeptibilität 274
11.8 Die Magnetfelder magnetisierter Materie 275
11.9 Das Feld eines Permanentmagneten 280
11.10 Freie Ströme und das H-Feld 282
11.11 Ferromagnetismus 284
11.12 Übungen 290

Anhang 295

Anhang A Ein kurzer Überblick über die spezielle Relativitäts-Theorie 295
Anhang B Strahlung einer beschleunigten Ladung . . 298
Übungen 300
Anhang C Supraleitung 301
Anhang D Magnetische Resonanz 303
Übungen 305
Anhang E Einheiten und Fundamentalkonstanten . . 305

Sachwortverzeichnis 307

1 Elektrostatik: Ladungen und Felder

1.1 Elektrische Ladung

Den ersten Forschern, die elektrische Erscheinungen untersuchten, erschienen diese als etwas Außergewöhnliches. Nicht nur viel Erfahrung und Geschicklichkeit gehörten dazu, einen Körper in einen hochgradig elektrischen Zustand zu versetzen, um aus ihm das „subtile Feuer" herauszuziehen oder um einen stationären Strom herzustellen. Vor allem aber ließen diese neuartigen Erscheinungen keinerlei Zusammenhang mit den bekannten Naturerscheinungen erkennen, wie etwa mit dem Gefrieren des Wassers oder dem Wachsen der Bäume. Eine Ausnahme bildete nur der Blitz. Heute wissen wir, daß elektrische Kräfte die physikalischen und chemischen Eigenschaften der Materie maßgeblich bestimmen – und dies im Gesamtbereich ihrer verschiedenen Erscheinungsformen vom Atom bis zur lebenden Zelle. Dieses Wissen verdanken wir den Naturforschern des 19. Jahrhunderts, *Ampère, Faraday, Maxwell* und vielen anderen, die das Wesen des Elektromagnetismus aufdeckten, ebenso wie den Physikern und Chemikern des 20. Jahrhunderts, die die atomare Struktur der Materie enträtselten.

Die klassische Theorie des Elektromagnetismus befaßt sich mit elektrischen Ladungen, Strömen und ihren Wechselwirkungen. Sie behandelt sie dabei so, als wären diese Größen unabhängig voneinander und mit unbegrenzter Genauigkeit meßbar. *Klassisch* soll in diesem Zusammenhang einfach „von Quantenphänomenen abgesehen" bedeuten. Quantengesetze und ihre Konstante h bleiben in der klassischen Elektrodynamik ebenso unberücksichtigt wie in der klassischen Mechanik. Die Elektrodynamik war als klassische Theorie fast vollständig entwickelt, als *Planck* seine Entdeckung machte; sie hat als solche bemerkenswert gut überlebt. Weder die Revolution der Quantenphysik noch die Entwicklung der speziellen Relativitätstheorie vermochten den elektromagnetischen Feldgleichungen, die *Maxwell* vor etwa hundert Jahren niederschrieb, ihren Glanz zu rauben.

Die klassische Theorie war durch zahlreiche Experimente gesichert und daher innerhalb ihres ursprünglichen Anwendungsbereichs – Spulen, Kondensatoren, Wechselströme, schließlich auch Radio- und Lichtwellen – nicht zu erschüttern. Selbst ein so großer Erfolg gewährleistet aber noch keineswegs ihre Gültigkeit in anderen Bereichen, z.B. im Molekülinneren.

Zwei Tatsachen sind es wohl, die auch heute noch die Bedeutung der klassischen Beschreibung des Elektromagnetismus in der modernen Physik erklären können. Erstens erforderte die spezielle Relativitätstheorie keine Revision der klassischen Elektrodynamik. Historisch gesehen *entstand* die spezielle Relativitätstheorie nämlich gerade aus der klassischen Elektrodynamik und aus Experimenten, die durch sie angeregt worden waren. Die Maxwellschen Feldgleichungen erwiesen sich, obwohl lange vor den Arbeiten von *Lorentz* und *Einstein* aufgestellt, als völlig vereinbar mit der Relativitätstheorie. Zweitens zeigte es sich, daß quantenphysikalisch bedingte Veränderungen der elektromagnetischen Kräfte bis zu Entfernungen kleiner als 10^{-12} m – und das ist nur ein Hundertstel des Atomdurchmessers – bedeutungslos sind. Die Anziehung und Abstoßung atomarer Teilchen lassen sich durch dieselben Gesetze beschreiben, die auch für die Blättchen eines Elektroskops Gültigkeit haben; allerdings benötigt man die Quantenmechanik für Voraussagen über das Verhalten der Teilchen unter Einwirkung dieser Kräfte. Für noch kleinere Abstände gibt es eine sehr erfolgreiche Vereinigung zwischen der Theorie des Elektromagnetismus und der Quantentheorie, die sogenannte *Quantenelektrodynamik*; sie scheint mit den experimentellen Ergebnissen bis zu den kleinsten je untersuchten Distanzen übereinzustimmen.

Für die folgenden Erörterungen wird eine gewisse Vertrautheit mit den Grundtatsachen der Elektrizität vorausgesetzt. Wir wollen uns daher auch nicht damit aufhalten, alle Experimente aufzuzählen, die zum Nachweis der Existenz elektrischer Ladungen dienten, oder das gesamte Beweismaterial für die elektrische Natur der Materie behandeln. Andererseits soll aber sehr sorgfältig auf die experimentellen Grundlagen der wichtigsten Gesetze eingegangen werden, von denen alles weitere abhängt. Dieses Kapitel befaßt sich mit der *Elektrostatik*, der Physik ruhender elektrischer Ladungen.

Eine grundlegende Eigenschaft elektrischer Ladungen ist ihr Vorkommen in zwei verschiedenen Arten, die bereits vor langem als positiv und negativ bezeichnet wurden. Es lassen sich nämlich zwei Klassen elektrischer Ladungen unterscheiden, wobei die Teilchen in jeder Klasse sich gegenseitig abstoßen, Teilchen aus verschiedenen Klassen einander jedoch anziehen. Wenn sich z.B. zwei kleine, elektrisch geladene Körper A und B anziehen und A einen dritten geladenen Körper C anzieht, dann wird stets B den Körper C abstoßen. Im Gegensatz dazu gibt es bei der Gravitation nur eine Art von Masse: Jede Masse zieht jede andere Masse an.

Man kann die zwei Arten von Ladung, die positive und die negative, als entgegengesetzten Ausdruck ein und derselben Größe betrachten, so wie rechts und links die zwei Arten der Eigenschaft „Händigkeit" sind. In der Tat werden in der Physik der Elementarteilchen die Fragen, die das Vorzeichen der Ladung einschließen, manchmal mit der Frage der Händigkeit verbunden und mit einer anderen fundamentalen Symmetrie, der Beziehung zwischen der Abfolge von Ereignissen und ihrer zeitlichen Umkehr. Uns interessiert hier nur die Frage der Dualität der elektrischen Ladung. Soweit wir wissen, kann es für jede Art von Teilchen ein *Antiteilchen* geben, eine Art elektrisches „Spiegelbild". Das Antiteilchen trägt eine Ladung mit entgegengesetztem Vorzeichen. Wenn eine andere innere Eigenschaft des Teilchens ein Gegenteil hat, dann hat das Antiteilchen genau dieses, wogegen bei einer Eigenschaft, die kein Gegenteil zuläßt, so wie die Masse, das Antiteilchen und das Teilchen diesbezüglich genau gleich sind. Die Ladung des Elektrons ist negativ; sein Antiteilchen, das *Positron*, hat eine positive Ladung, aber seine Masse ist genau die gleiche wie die des Elektrons. Das Antiteilchen des Protons wird einfach *Antiproton* genannt; seine elektrische Ladung ist negativ. Ein Elektron und ein Proton verbinden sich zu einem gewöhnlichen Wasserstoffatom. Ein Positron und ein Antiproton können sich auf dieselbe Art zu einem Antiwasserstoffatom verbinden. Man könnte aus den Bausteinen Positronen, Antiprotonen und Antineutronen[1]) den ganzen Bereich der Antimaterie aufbauen, von Antiwasserstoff bis zu Antigalaxien. Es gibt allerdings eine praktische Schwierigkeit: Sollte ein Positron ein Elektron treffen oder ein Antiproton ein Proton, dann verschwindet das Teilchenpaar blitzschnell mit einem Ausbruch von Strahlung. Es ist deshalb nicht überraschend, daß gerade Positronen und Antiprotonen, um nicht von Antiatomen zu sprechen, in unserer Welt überaus selten und kurzlebig sind. Vielleicht enthält das Universum irgendwo eine riesige Konzentration von Antimaterie. Wenn ja, ist ihr Aufenthalt ein kosmologisches Geheimnis.

Das Universum um uns herum besteht überwiegend aus Materie und nicht aus Antimaterie. Das heißt, daß die meisten Träger der negativen Ladung Elektronen sind und die meisten Träger der positiven Ladung Protonen. Das Proton ist ungefähr 2000mal schwerer als das Elektron und auch in anderer Hinsicht sehr verschieden. Materie verkörpert im atomaren Bereich negative und positive Elektrizität auf ganz verschiedene Weise. Die positive Ladung ist gänzlich im Atomkern gebunden innerhalb einer massiven Struktur von nicht mehr als 10^{-14} m Ausdehnung, während die negative Ladung im wesentlichen über einen 10^4mal größeren Bereich verteilt ist. Es ist schwer vorstellbar, was Atome und Moleküle – und die ganze Chemie – wohl sein würden, wenn es nicht diese grundlegende elektrische Asymmetrie der Materie gäbe.

Die Wahl der Bezeichnungen positiv und negativ ist völlig willkürlich – wir verdanken sie einem historischen Zufall. Positive Ladungen könnten ebenso gut negativ heißen und umgekehrt[2]). Unser Universum stellt sich als ausgewogene Mischung positiver und negativer elektrischer Ladungen dar. Dies verwundert nicht, da Ladungen gleichen Vorzeichens einander abstoßen.

Zwei weitere Eigenschaften der elektrischen Ladung sind für die elektrische Struktur der Materie wesentlich: Für die Ladung gilt ein Erhaltungssatz, und sie ist gequantelt. Diese beiden Eigenschaften haben den Begriff Elektrizitätsmenge zur Folge und führen damit zur Messung der Ladung. Weiter unten wird genau angegeben, wie sich die Elektrizitätsmenge bzw. Ladung durch Messung der Kraft zwischen zwei geladenen Körpern, die sich in einer gewissen Entfernung voneinander befinden, bestimmen läßt. Vorläufig nehmen wir die Möglichkeit, Ladungen zu messen, als gegeben hin.

1.2 Erhaltung der Ladung

In einem *abgeschlossenen System* – d.h. in einem System, dessen Grenzen für Materie undurchlässig sind – ändert sich die Gesamtladung niemals. Licht könnte in das System eintreten oder es verlassen, da die „Lichtteilchen“, Photonen genannt, keine Ladung besitzen. Innerhalb des Systems können geladene Teilchen vergehen oder entstehen, aber immer paarweise mit entgegengesetzt gleicher Ladung. So könnte z.B. ein dünnwandiger Behälter, der sich in einem Vakuum befindet und γ-Strahlung ausgesetzt wird, Schauplatz einer Paarerzeugung werden; dabei beenden hochenergetische Photonen ihre Existenz durch die Erzeugung eines negativ geladenen Elektrons und eines positiv geladenen Positrons (Bild 1.1). Bei dieser Erzeugung

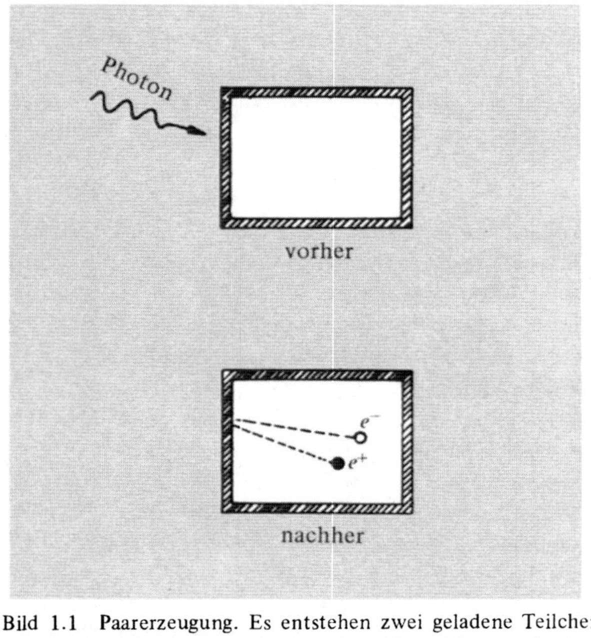

Bild 1.1 Paarerzeugung. Es entstehen zwei geladene Teilchen mit dem Absolutbetrag nach gleicher, dem Vorzeichen nach aber entgegengesetzter Ladung.

[1]) Das Neutron und sein Antiteilchen sind nicht austauschbar, obwohl die elektrische Ladung von beiden Null ist. In bestimmten Eigenschaften, die uns hier nicht interessieren, sind sie gegensätzlich.

[2]) Die Ladung des Elektrons ist keineswegs *an sich negativ*. Eine negative Zahl unterscheidet sich, sobald die Multiplikation definiert ist, wesentlich von einer positiven Zahl und zwar darin, daß ihr Quadrat eine Zahl mit umgekehrtem Vorzeichen ist. Das Produkt zweier Ladungen ist aber keine Ladung. Deshalb gibt es keine Analogie zwischen ihnen und den Zahlen.

zweier elektrisch geladener Teilchen ist jedoch die Änderung der Gesamtladung in und auf dem Behälter Null. Ein Ereignis, das das vorher postulierte Gesetz verletzt, wäre die Erzeugung eines positiv geladenen Teilchens, ohne daß gleichzeitig auch ein negativ geladenes Teilchen entsteht. Ein solcher Vorfall wurde aber noch nie beobachtet.

Hätten die elektrischen Ladungen von Elektron und Positron nicht genau denselben Betrag, würde natürlich auch die Paarerzeugung das strenge Ladungserhaltungsgesetz verletzen. Die Gleichheit ihrer Ladungen ist Ausdruck einer universellen Symmetrie der Natur: der Teilchen-Antiteilchen-Dualität.

Eine Tatsache wird bei der Behandlung des Elektromagnetismus noch klar werden: Die Nichterhaltung der Ladung wäre mit der Struktur der gegenwärtigen Theorie des Elektromagnetismus unvereinbar. Deshalb können wir das *Gesetz von der Ladungserhaltung* entweder als Postulat der Theorie auffassen, oder wir müssen es als empirisches Gesetz hinnehmen, das ausnahmslos durch alle bisherigen Beobachtungen gestützt wird:

> Die gesamte elektrische Ladung eines abgeschlossenen Systems, das ist die algebraische Summe aller zu irgendeinem Zeitpunkt vorhandenen positiven und negativen Ladungen, bleibt stets konstant.

Früher oder später müssen wir auch die wichtige Frage stellen, ob dieses Gesetz relativistisch invariant ist. Darauf geht Kapitel 5 ausführlich ein. Hier soll die Antwort vorweggenommen werden: Das Ladungserhaltungsgesetz ist relativistisch invariant, und zwar nicht nur in dem Sinn, daß es in jedem beliebigen Inertialsystem gilt, sondern auch in dem strengeren Sinn, daß Beobachter, die sich in verschiedenen Bezugssystemen befinden, bei Messung einer Ladung in einem abgeschlossenen System denselben Wert erhalten. Dies bedeutet: Die gesamte elektrische Ladung eines abgeschlossenen Systems ist eine relativistisch invariante Größe.

1.3 Quantelung der Ladung

Die in der Natur vorkommenden Ladungen sind stets Vielfache einer kleinsten Ladungsmenge, der Elementarladung e. Das Positron trägt genau diese Ladung, während das Elektron die Ladung $-e$ hat. Das folgt wegen der Ladungserhaltung daraus, daß sich Elektron und Positron gegenseitig vernichten, das heißt, daß nichts als Licht übrigbleibt. Sehr bemerkenswert ist die Gleichheit der Ladungsbeträge auch der anderen geladenen Elementarteilchen. So ist z.B. der Betrag der negativen Ladung des Elektrons genau gleich dem der positiven Ladung des Protons.

Diese besondere Gleichheit kann leicht experimentell geprüft werden. Wir können feststellen, ob die Gesamtladung eines Wasserstoffmoleküls, das aus zwei Protonen und zwei Elektronen besteht, Null ist. Ein solches Experiment wurde von *J. G. King*[3]) ausgeführt. Wasserstoffgas wurde unter Druck in einen Kessel eingefüllt, der gegen seine Umgebung elektrisch hoch isoliert war. Der Tank enthielt ungefähr $5 \cdot 10^{24}$ Moleküle (etwa 17g) Wasserstoff. Dann ließ man das Gas ausströmen, verhinderte dabei aber den Austritt irgendeines Ions – eines Moleküls mit einem fehlenden oder zusätzlichen Elektron. Wenn nun zwischen der Protonen- und der Elektronenladung eine Differenz der Größenordnung 10^{-9} vorhanden wäre, hätte jedes ausströmende Wasserstoffmolekül, das bekanntlich aus zwei Protonen und zwei Elektronen besteht, zu einer Änderung der Gesamtladung des Systems um $2 \cdot 10^{-9}\,e$ führen müssen. Der Austritt der gesamten Wasserstoffmasse hätte dann die Ladung des Kessels um $10^{16}\,e$ geändert, ein deutlicher Effekt. Es wäre noch eine Ladungsdifferenz von $10^{-20}\,e$ pro Atom feststellbar gewesen. Tatsächlich wurde aber nicht einmal diese Ladungsdifferenz beobachtet. Daraus können wir auf die Gleichheit des Absolutbetrages von Protonen- und Elektronenladung mit einer Genauigkeit von 10^{-20} schließen.

Vielleicht ist die Gleichheit tatsächlich *exakt* aus Gründen, die wir noch nicht verstehen. Das mag mit der Möglichkeit zusammenhängen, die von modernen Theorien nahegelegt wird, daß das Proton *sehr* selten in ein Positron und einige ungeladene Teilchen zerfallen kann. Wenn das geschehen würde, würde noch der geringste Unterschied zwischen Protonladung und Positronladung die Ladungserhaltung verletzen. Einige Experimente, die geplant wurden, um den Zerfall eines Protons nachzuweisen, haben noch keinen einzigen Zerfall sicher bestätigen können (Stand im Frühjahr 1989). Wenn ein solches Ereignis beobachtet würde, würde es zeigen, daß exakte Gleichheit des Betrags der Protonladung und der Ladung des Elektrons (dem Antiteilchen des Positrons) gesehen werden kann als Folge eines allgemeineren Gesetzes der Ladungserhaltung.

Trotzdem gibt es nun die sichere Erkenntnis, daß die *innere* Struktur aller stark wechselwirkender Teilchen, der sogenannten *Hadronen,* zu denen auch Proton und Neutron gehören, durch *Quarks* genannte Grundeinheiten gebildet werden, deren Ladungen Vielfache von $e/3$ sind. Zum Beispiel besteht das Proton aus drei Quarks, zwei mit der Ladung $(2/3)e$ und eins mit der Ladung $-(1/3)e$. Das Neutron enthält ein Quark mit der Ladung $(2/3)e$ und zwei Quarks mit der Ladung $-(1/3)e$.

Verschiedene Experimentatoren haben entweder freie oder an gewöhnliche Materie gebundene einzelne Quarks

[3]) *J. G. King,* Phys. Rev. Letters **5**, 562 (1960); dort finden sich Literaturstellen zu früheren Tests für die Ladungsgleichheit, ebenso bei *V. W. Hughes* in: Gravitation and Relativity, edited by *H. Y. Chiu* and *W. F. Hoffmann* (W. A. Benjamin, Inc., New York 1964), Kapitel 13.

gesucht. Die gebrochene Ladung eines solchen Quarks sollte, da sie nicht durch irgendeine Anzahl von Elektronen oder Protonen neutralisiert werden kann, seine Anwesenheit verraten. Bisher ist kein Teilchen mit gebrochener Ladung überzeugend nachgewiesen worden. Es gibt theoretische Gründe zu vermuten, daß die Freisetzung eines Quarks von einem Hadron unmöglich ist. Diese Frage ist aber zur Zeit noch offen.

Die klassische Elektrodynamik kann die Tatsache der Ladungsquantisierung nicht erklären. Wir werden diese Tatsache auch meist unbeachtet lassen und so tun, als könnten Punktladungen Q jeden beliebigen Wert annehmen. Daraus werden sich zwar keine Schwierigkeiten ergeben, es ist aber doch notwendig sich zu erinnern, daß die Erklärung der Struktur der Elementarteilchen von der klassischen Theorie nicht erwartet werden kann. (Es ist nicht einmal sicher, ob die gegenwärtige Quantentheorie dazu in der Lage ist!) Was das Elektron zusammenhält, ist genau so unbekannt wie das, was den genauen Wert seiner Ladung bestimmt. Es müssen dabei auch nicht-elektrische Kräfte im Spiel sein, da ansonsten die elektrostatische Abstoßung das Elektron zerreißen würde.

Bei der Untersuchung von Elektrizität und Magnetismus werden geladene Teilchen einfach als Ladungsträger behandelt, deren Abmessungen so klein sind, daß ihre Ausdehnung und Struktur für die meisten Zwecke keine Rolle spielen. Aus Streuversuchen mit hochenergetischen Teilchen wissen wir beispielsweise, daß sich die elektrische Ladung im Falle des Protons nicht wesentlich über einen Radius von 10^{-15} m hinaus erstreckt. *Rutherfords* Analyse der Streuung von α-Teilchen zeigte, daß selbst bei schweren Kernen die Ladung über einen kleineren Bereich als 10^{-13} m verteilt ist. Für den Physiker des 19. Jahrhunderts blieb die Punktladung ein abstrakter Begriff. Heute dagegen stehen wir mit atomaren Teilchen auf vertrautem Fuß. Die Körnigkeit der Elektrizität tritt in der modernen Beschreibung der Natur so augenfällig in Erscheinung, daß wir in einer Punktladung eine weniger künstliche Idealisierung sehen als in einer kontinuierlichen Ladungsdichteverteilung. Wenn man solche Ladungsverteilungen einführt, sollte man sie als Mittel über eine sehr große Anzahl von Elementarteilchen auffassen – genau so wie auch die makroskopische Dichte einer Flüssigkeit definiert werden kann, ohne ihre Körnigkeit im molekularen Bereich zu beachten.

1.4 Das Coulombsche Gesetz

Bekanntlich werden die Kraftwirkungen zwischen ruhenden elektrischen Ladungen durch das Coulombsche Gesetz beschrieben: Die anziehende oder abstoßende Kraft, die zwischen zwei ruhenden elektrischen Ladungen wirkt, ist dem Produkt der beiden Ladungen direkt proportional und dem Quadrat ihres Abstandes umgekehrt proportional.

Dieses Gesetz läßt sich in vektorieller Form sehr gedrängt darstellen:

$$\mathbf{F}_2 = k\,\frac{Q_1 Q_2\,\hat{\mathbf{r}}_{21}}{r_{21}^2}\,. \tag{1.1}$$

Die skalaren Größen Q_1 und Q_2 bezeichnen die Ladungen, r_{21} ihren Abstand; $\hat{\mathbf{r}}_{21}$ ist der Einheitsvektor in Richtung[4]) von Q_1 nach Q_2. k ist ein Proportionalitätsfaktor, auf den weiter unten noch eingegangen wird, und $\mathbf{F}_2$ ist schließlich die auf Q_2 wirkende Kraft. Gl. (1.1) drückt somit unter anderem aus, daß gleichnamige Ladungen einander abstoßen, während ungleichnamige Ladungen einander anziehen, und daß für die Kräfte das Newtonsche Reaktionsprinzip gilt, d.h. $\mathbf{F}_2 = -\mathbf{F}_1$.

Der Einheitsvektor $\hat{\mathbf{r}}_{21}$ zeigt, daß die Kraft in Richtung der Verbindungslinie zwischen den beiden Ladungen wirkt. Das könnte auch gar nicht anders sein, außer wenn der Raum selbst irgendeine Richtungseigenschaft besäße, d.h. anisotrop wäre. Sind nämlich zwei Punktladungen allein im leeren und isotropen Raum vorhanden, dann ist nur die Richtung der Verbindungslinie zwischen beiden Ladungen ausgezeichnet. Hätte die „Punktladung" selbst eine innere Struktur, wobei eine Achse eine Richtung auszeichnet, dann müßte sie durch mehr als durch die bloße skalare Größe Q beschrieben werden. Zwar haben einige Elementarteilchen, z.B. das Elektron, eine andere Eigenschaft, den sogenannten „Spin". Er bewirkt eine magnetische Kraft zwischen zwei Elektronen zusätzlich zu ihrer elektrostatischen Abstoßung. Diese magnetische Kraft wirkt im allgemeinen nicht auf der Verbindungslinie der beiden Teilchen. Sie nimmt mit der vierten Potenz des Abstands ab. Bei atomaren Abständen von 10^{-10} m ist die Coulomb-Kraft bereits ungefähr 10^4 mal stärker als die magnetische Wechselwirkung der Spins. Eine andere magnetische Kraft tritt auf, wenn sich die Ladungen bewegen – daher die Beschränkung auf ruhende Ladungen in der Darlegung des Coulombschen Gesetzes. Wir werden in den späteren Kapiteln auf diese magnetischen Erscheinungen zurückkommen.

Selbstverständlich müssen wir in Gl. (1.1) annehmen, daß beide Ladungen gut lokalisiert sind. Jede nimmt einen Bereich ein, der, verglichen mit r_{21}, klein ist. Sonst können wir den Abstand r_{21} nicht festlegen. In diesem Buch werden wir SI-Einheiten verwenden und daher r_{12} in m, F in N und die Ladung Q in Coulomb, abgekürzt C, angeben[5]).

---

[4]) Diese Übereinkunft über die Bezeichnung der Richtung scheint nicht gerade auf der Hand zu liegen; sie ist jedoch mit der Verwendung in anderen Gebieten der Physik konsistent und soll deshalb in diesem Buch durchgängig gebraucht werden.

[5]) Das Coulomb wird im SI-System nicht als Basisgröße eingeführt, sondern auf dem Umweg über das Ampere festgelegt. Die Definition des Amperes als Basisgröße des SI-Systems finden Sie in Abschnitt 6.1.

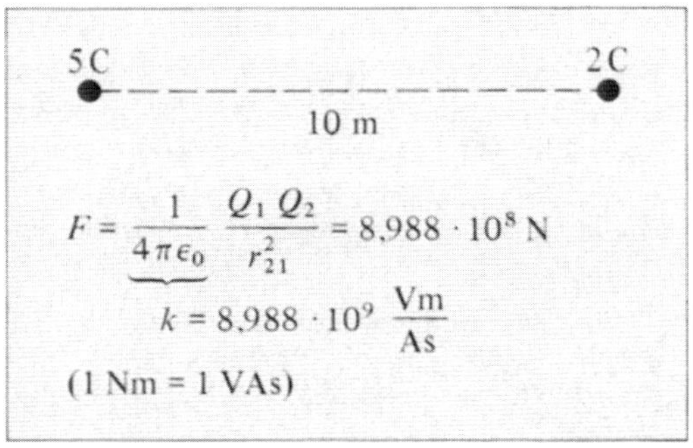

Bild 1.2 Coulomb-Kraft zwischen zwei punktförmigen Ladungen

In diesem Fall hat der Proportionalitätsfaktor k in Gl. (1.1) den Wert

$$k = 8{,}987\,55 \cdot 10^9\,\mathrm{Nm^2/C^2} \approx 9 \cdot 10^9\,\mathrm{Nm^2/C^2}\ .$$

Wir werden gelegentlich den runden Zahlenwert $9 \cdot 10^9$ benutzen. Zwei Ladungen von je 1 C stoßen sich demnach in einer Entfernung von 1 m mit der Kraft $F = 9 \cdot 10^9$ N ab. Der Proportionalitätsfaktor k wird auch oft in der Form

$$k = \frac{1}{4\pi\epsilon_0}\,, \qquad \epsilon_0 = 8{,}854\,19 \cdot 10^{-12}\,\mathrm{C^2/(Nm^2)}$$

geschrieben, wobei ϵ_0 als *elektrische Feldkonstante* bezeichnet wird. Diese Schreibweise vereinfacht manche Formeln, doch ist es zumeist einfacher mit der Konstanten k zu arbeiten, deren Zahlenwert auch leichter zu behalten ist. Die elektrische Feldkonstante ϵ_0 hängt mit der Lichtgeschwindigkeit zusammen (s. Anhang E). Bild 1.2 zeigt ein Zahlenbeispiel für die Coulomb-Kraft.

Elektrische Ladungen können *nur* durch die Kraftwirkungen zwischen geladenen Körpern entdeckt und gemessen werden. Es fragt sich daher, wieviel vom scheinbaren Inhalt des Coulombschen Gesetzes in Wirklichkeit bloße Definition ist. Tatsächlich ist sein wesentlicher Inhalt die Abnahme der Kraft mit dem Quadrat der Entfernung und die (durch den Vektorcharakter des Kraftgesetzes implizierte) *Additivität* der Wirkungen elektrischer Ladungen. Um dies einzusehen, müssen wir *mehr* als zwei Ladungen betrachten. Hätten wir nämlich nur zwei Ladungen Q_1 und Q_2 in der ganzen Welt für Experimente zur Verfügung, so könnten wir diese Ladungen nicht getrennt messen; feststellbar wäre nur, daß F proportional zu $1/r_{21}^2$ ist. Stehen dagegen *drei* Körper mit den Ladungen Q_1, Q_2 und Q_3 zur Verfügung, so können wir zunächst die Kraft auf Q_1 bestimmen, wenn Q_2 10 cm und Q_3 sehr weit von Q_1 entfernt ist (Bild 1.3a). Dann entfernen wir Q_2, bringen Q_3 an seine Stelle und messen wiederum die Kraft auf Q_1 (Bild 1.3b). Schließlich bringen wir Q_2 und Q_3 zusammen in 10 cm Entfernung von Q_1 an (Bild 1.3c). Man findet, daß die Kraft auf Q_1 nun gleich der Summe der beiden vorher gemessenen Kräfte ist.

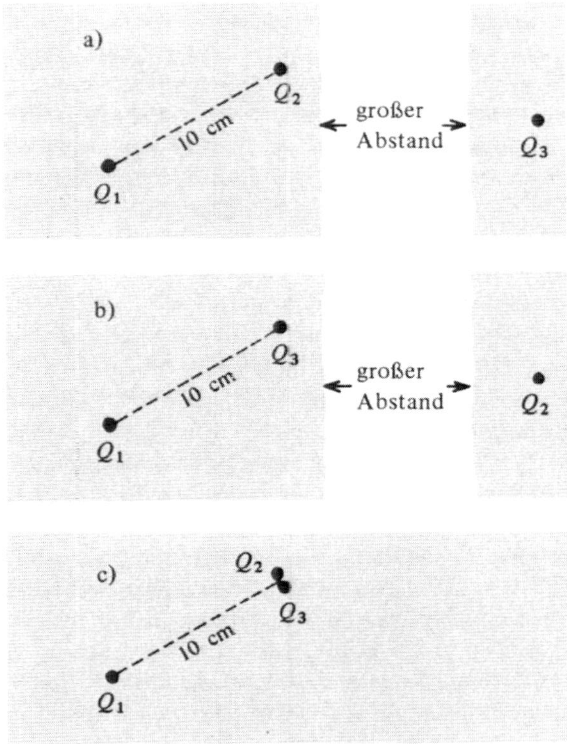

Bild 1.3 Die Kraft auf Q_1 ist in c) die Summe der Kräfte auf Q_1 in a) und b).

Während wir auf Grund von Symmetrieargumenten zeigen konnten, daß die Kraft zwischen zwei Ladungen in Richtung der Verbindungslinie wirken *muß*, läßt sich die Additivität elektrischer Kräfte nicht logisch deduzieren, sondern muß dem Experiment entnommen werden. *Die Kraft, die zwei Punktladungen aufeinander ausüben, wird durch die Anwesenheit einer dritten Ladung nicht verändert.*

Unabhängig davon, wie viele Ladungen in einem System vorhanden sind, kann die Wechselwirkung jedes beliebigen Paares mit Hilfe des Coulombschen Gesetzes (1.1) berechnet werden. Diese Aussage ist die Grundlage des *Überlagerungsprinzips*, auch *Superpositionsprinzip* genannt, auf das wir uns bei der Untersuchung des Elektromagnetismus immer wieder berufen werden. Superposition bedeutet die Vereinigung zweier Systeme von Quellen (z.B. Ladungen) zu einem System durch „Aufpfropfung" des zweiten auf das erste, ohne daß dabei die Anordnung eines der beiden Systeme geändert wird. Das Prinzip überzeugt uns davon, daß die Kraft auf eine Ladung an einem beliebigen Ort des kombinierten Systems die Vektorsumme der Kräfte ist, die jedes Quellensystem für sich genommen auf die Ladungen an dem betreffenden Ort ausübt. Allerdings darf man das Superpositionsprinzip nicht ohne weiteres als selbstverständlich hinnehmen. Es kann sehr gut einen Bereich von Phänomenen geben, sehr kurze Entfernungen oder sehr starke Kräfte etwa, für den es *nicht mehr gilt*. Und wir kennen tatsächlich Quantenphänomene im elektrischen

Feld, bei denen als Überlagerungsprinzip der klassischen Theorie versagt.

Die Physik elektrischer Wechselwirkungen wird also erst vollständig sichtbar, wenn wir es mit *mehr* als zwei Punktladungen zu tun haben. Über die Aussage von Gl. (1.1) hinausgehend behaupten wir sogar, daß bei beliebiger räumlicher Anordnung von drei Ladungen (Bild 1.3) die Kraft auf jede von ihnen, z.B. auf Q_3, durch die folgende Gleichung korrekt angegeben wird:

$$\mathbf{F}_3 = k\,\frac{Q_3 Q_1\,\hat{\mathbf{r}}_{31}}{r_{31}^2} + k\,\frac{Q_3 Q_2\,\hat{\mathbf{r}}_{32}}{r_{32}^2}\,. \tag{1.2}$$

Die experimentelle Bestätigung des $(1/r^2)$-Kraftgesetzes mit der elektrischen Anziehung und Abstoßung hat eine merkwürdige Geschichte. *Coulomb* selbst formulierte das Gesetz 1786, nachdem er die Kraft zwischen zwei kleinen, geladenen Kugeln mit einer Drehwaage gemessen hatte. Auf Anregung von *Benjamin Franklin* hatte *Joseph Priestly* schon 20 Jahre früher ein Experiment ausgeführt, bei dem er das Fehlen einer elektrischen Wirkung in einem geladenen, hohlen Behälter feststellte. Er zog daraus die geniale Folgerung: „Können wir nicht aus diesem Experiment schließen, daß die Anziehung der Elektrizität den gleichen Gesetzen wie die Gravitation unterliegt und deshalb quadratisch mit dem Abstand geht, da ja leicht zu zeigen ist, daß ein Körper, der sich innerhalb einer hohlen Erde befände, von einer Seite nicht mehr angezogen würde als von der anderen?"[6] Dieselbe Idee war der Ausgangspunkt für ein elegantes Experiment im Jahr 1772 von *Henry Cavendish*. *Cavendish* lud eine leitende Hohlkugel auf, die im Inneren eine vorläufig mit ihr leitend verbundene kleine Kugel enthielt. Nachdem die leitende Verbindung zwischen beiden unterbrochen worden war, wurde die äußere Hohlkugel in zwei Hälften geteilt und vorsichtig entfernt. Die kleine Kugel wurde auf ihre Ladung hin untersucht. Das Fehlen von Ladung würde das $(1/r^2)$-Gesetz bestätigen. *Cavendish* schloß, daß unter der Annahme, die Abweichung vom $(1/r^2)$-Gesetz könnte als Abweichung im Exponenten $(2 + \delta$ anstatt $2)$ ausgedrückt werden, δ kleiner als 0,03 sein müsse. Das Experiment von *Cavendish* blieb weitgehend unbekannt, bis *Maxwell* es entdeckte und *Cavendishs* Aufzeichnungen ein Jahrhundert später (1876) veröffentlichte. Zu dieser Zeit wiederholte *Maxwell* auch das Experiment mit einer verbesserten Apparatur. Dabei drückte er die Grenze bis $\delta < 10^{-6}$. Wenn man die jüngste von verschiedenen Versionen des Cavendish-Experiments[7] in derselben Weise interpretiert, liefert sie die phantastisch kleine Grenze $\delta < 10^{-15}$.

[6] *Joseph Priestly*, The History and Present State of Electricity, Vol. II, London, 1767.

[7] *E. R. William*, *J. G. Faller* und *H. Hill*, Phys. Rev. Lett. **26**, 721 (1971).

Während des zweiten Jahrhunderts nach *Cavendish* änderte sich das Interesse jedoch ziemlich. Die Frage war nicht, wie genau das Coulombsche Gesetz für geladene Körper im Labor gilt, sondern, ob es Abstandsbereiche gibt, in denen es vollständig zusammenbricht. Es gibt zwei Bereiche, in denen ein Zusammenbruch denkbar ist. Der erste ist der Bereich der sehr kleinen Abstände, kleiner als 10^{-16} m, wo die Theorie des Elektromagnetismus, wie wir wissen, überhaupt nicht gültig ist. Ebenso ist für sehr große Abstände, von den geographischen bis zu den astronomischen, eine Überprüfung des Coulombschen Gesetzes durch die Methode von *Cavendish* offensichtlich nicht durchführbar. Nichtsdestoweniger beobachten wir gewisse langreichweitige elektromagnetische Erscheinungen, die beweisen, daß die Gesetze des klassischen Elektromagnetismus für sehr große Abstände gelten. Eine der strengsten Prüfungen wird durch die Magnetfelder der Planeten geliefert, besonders das Magnetfeld des riesigen Planeten Jupiter, das durch die *Pioneer-10-Mission* vermessen wurde. Die räumliche Variation dieses Feldes wurde sorgfältig analysiert. Sie ist in vollständiger Übereinstimmung mit der klassischen Theorie, mindestens bis hinaus zu einer Entfernung von 10^5 km von dem Planeten.

Zusammenfassend stellen wir fest, daß wir dem Coulombschen Gesetz innerhalb des gewaltigen Entfernungsintervalls von 10^{-16} m bis zu 100 000 km vertrauen können. Dies ist die Grundlage unserer Beschreibung des Elektromagnetismus.

1.5 Die Energie eines Systems von Ladungen

Im Prinzip benötigt man zur Behandlung der Elektrostatik nur das Coulombsche Gesetz. Sind die Ladungen und ihre Positionen gegeben, so lassen sich daraus alle elektrischen Kräfte bestimmen. Falls sich die Ladungen unter dem Einfluß auch anderer Kräfte frei bewegen können, kann man eine Gleichgewichtsanordnung finden, in der die Ladungsverteilung zeitlich unveränderlich bleibt. Im selben Sinne reichen auch die Newtonschen Bewegungsgesetze aus, um die gesamte Mechanik zu beschreiben. Aber sowohl in der Mechanik wie im Elektromagnetismus gewinnen wir Überblick und Verständnis, wenn wir noch andere Begriffe einführen, vor allem den Begriff der Energie.

Der Energiebegriff erweist sich hier als besonders brauchbar, weil die elektrischen Kräfte *konservativ* sind. Zunächst betrachten wir die Arbeit, die *an* einem System zu verrichten ist, um eine Anzahl geladener Körper in eine bestimmte Lage zu bringen. Dabei gehen wir von zwei geladenen Körpern oder Teilchen mit den Ladungen Q_1 und Q_2 aus, die sich sehr weit voneinander entfernt befinden (Bild 1.4a). Die zur Herstellung der Ladungskonzentrationen in den beiden Teilchen ursprünglich vielleicht benötigte Energie lassen wir in den folgenden Überlegungen

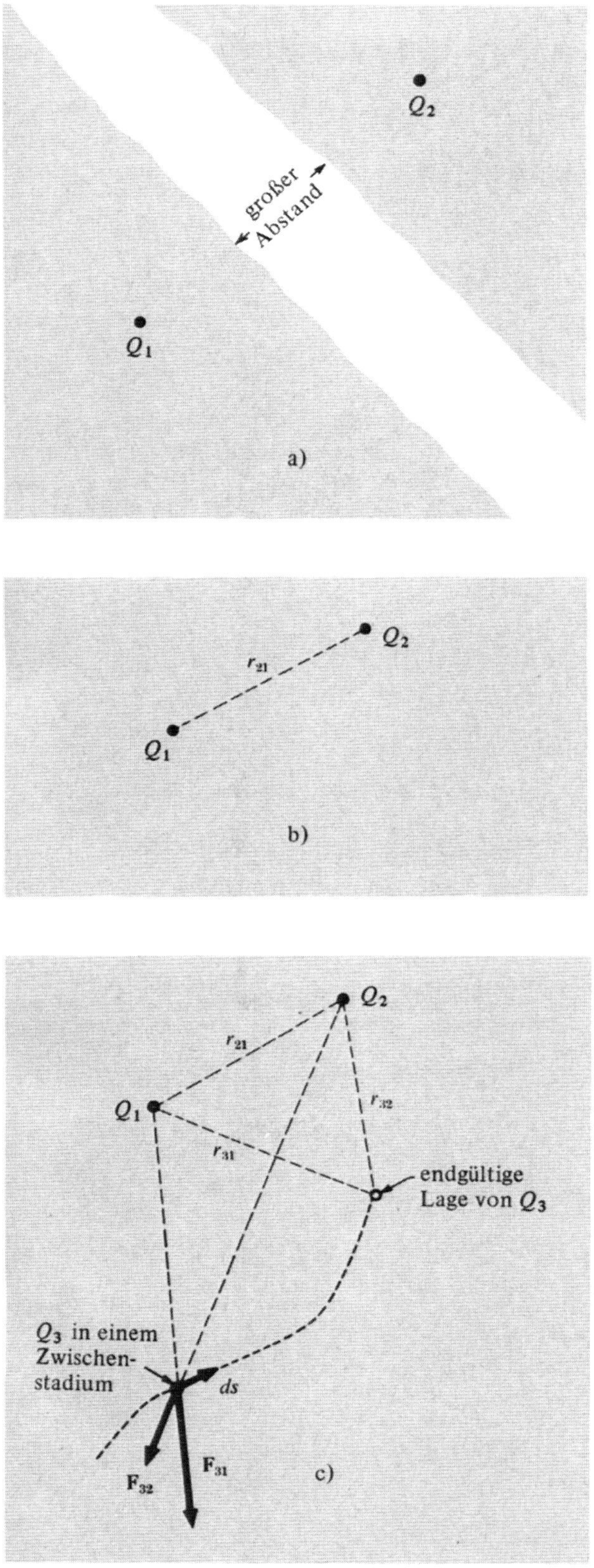

Bild 1.4 Drei Ladungen werden einander genähert. Zunächst bringt man Q_2 in die Nähe von Q_1, hält sodann beide fest und führt Q_3 heran.

außer acht. (Diese Energie – wie groß sie auch immer sein mag – bleibt bei der hier betrachteten Verschiebung der Teilchen stets konstant.) Welche Energie muß verrichtet werden, um die beiden Teilchen langsam bis zum Abstand r_{12} anzunähern?

Dabei ist es gleichgültig, ob man Q_1 an Q_2 heranführt oder Q_2 an Q_1. In beiden Fällen ist die verrichtete Arbeit W gleich dem Integral des Produkts aus Kraft und Verschiebung in Kraftrichtung. Die für die Annäherungsbewegung benötigte Kraft ist dem Betrag nach gleich der Coulombschen Kraft, aber ihr entgegengerichtet.

$$W = \int_{r=\infty}^{r_{12}} k \frac{Q_1 Q_2 (-dr)}{r^2} = k \frac{Q_1 Q_2}{r_{12}} . \qquad (1.3)$$

Da die Veränderung von r von ∞ ausgehend bis zu r_{12} erfolgt, ist das Verschiebungsdifferential $-dr$. Bekanntlich ist die am System verrichtete Arbeit bei gleichnamigen Ladungen positiv: Es ist Kraft erforderlich, um die Ladungen gegen die Wirkung der elektrischen Kräfte einander anzunähern.

Die entsprechende Arbeit ist für jeden beliebigen Annäherungsweg gleich. Wir wollen den Beweis für die zwei Punktladungen Q_1 und Q_2 in Bild 1.5 nachvollziehen. Q_1 wird festgehalten und Q_2 längs zweier verschiedener Wege in die gleiche Endlage gebracht. Jede Kugelschale mit dem Mittelpunkt Q_1 und dem Radius $r > r_{21}$ muß von beiden Wegen durchdrungen werden. Der dazu erforderliche Arbeitsaufwand $-\mathbf{F} \cdot d\mathbf{s}$ ist für beide Wegstücke gleich[8]. Der Grund ist, daß $\mathbf{F}$ an beiden Orten den gleichen Betrag hat und stets radial von Q_1 weggerichtet ist. Da das Wegstück ds mit der Dicke dr der Kugelschale gemäß $ds = dr/\cos\theta$ zusammenhängt folgt $\mathbf{F} \cdot d\mathbf{s} = F dr$. Jeder Arbeitszuwachs entlang des einen Weges gleicht also einem entsprechenden entlang des anderen Weges, so daß auch die Gesamtarbeiten gleich sein müssen. Diese Schlußfolgerung gilt sogar für Wege, die Schleifen enthalten, wie beispielsweise für den in Bild 1.5 gestrichelt eingezeichneten Weg. (Warum?)

Zurück zu den beiden Ladungen in Bild 1.4b. Wenn man eine dritte Ladung Q_3 aus großer Entfernung an die beiden Ladungen derart heranführt, daß sie schließlich im Punkt P_3 von Q_1 den Abstand r_{31} und von Q_2 den Abstand r_{32} hat, dann benötigt man hierfür die Arbeit:

$$W_3 = \int_{\infty}^{P_3} \mathbf{F}_3 \cdot d\mathbf{s} . \qquad (1.4)$$

---

8) Hier benutzen wir zum ersten Mal das skalare Produkt von zwei Vektoren. Zur Erinnerung: Das skalare Produkt von zwei Vektoren $\mathbf{A}$ und $\mathbf{B}$, geschrieben $\mathbf{A} \cdot \mathbf{B}$, ist die Zahl $AB \cdot \cos\theta$. A und B sind die Beträge der Vektoren $\mathbf{A}$ und $\mathbf{B}$, θ ist der Winkel zwischen ihnen. Ausgedrückt in den kartesischen Komponenten der zwei Vektoren ist $\mathbf{A} \cdot \mathbf{B} = A_x B_x + A_y B_y + A_z B_z$.

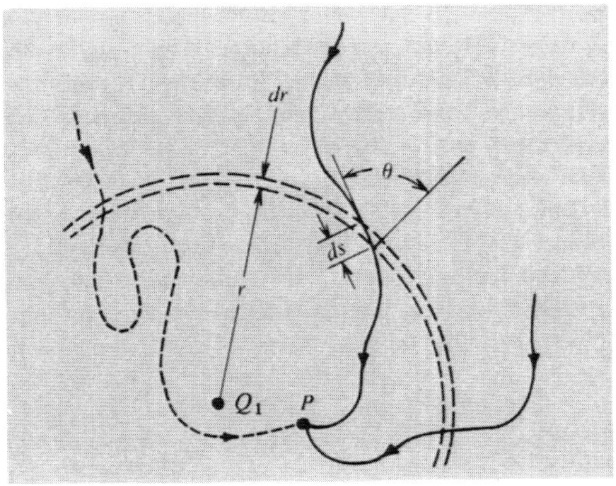

Bild 1.5 Da die Kraft eine Zentralkraft ist, erfordert der Ladungstransport auf verschiedenen Wegen zwischen $r + dr$ und r dieselbe Arbeit.

Wegen der Additivität elektrischer Wechselwirkungen, auf die bereits nachdrücklich hingewiesen wurde, gilt

$$-\int \mathbf{F}_3 \cdot d\mathbf{s} = -\int (\mathbf{F}_{31} + \mathbf{F}_{32}) \cdot d\mathbf{s}$$
$$= -\int \mathbf{F}_{31} \cdot d\mathbf{r} - \int \mathbf{F}_{32} \cdot d\mathbf{r} \,. \qquad (1.5)$$

Das bedeutet, daß die Arbeit für die Verschiebung von Q_3 nach P_3 die Summe der zu verrichtenden Arbeit bei alleiniger Anwesenheit von Q_1 und der Arbeit bei alleiniger Anwesenheit von Q_2 ist:

$$W_3 = k\,\frac{Q_1 Q_3}{r_{31}} + k\,\frac{Q_2 Q_3}{r_{32}} \,. \qquad (1.6)$$

Die Gesamtarbeit W_F, die verrichtet werden muß, um die drei Ladungen wie angegeben zu gruppieren, ist daher

$$W_F = k\,\frac{Q_1 Q_2}{r_{12}} + k\,\frac{Q_1 Q_3}{r_{13}} + k\,\frac{Q_2 Q_3}{r_{23}} \,. \qquad (1.7)$$

Wie man sieht, treten Q_1, Q_2 und Q_3 in diesem Ausdruck symmetrisch auf, obwohl wir Q_3 zuletzt heranführen. Dasselbe Ergebnis erhält man, wenn Q_3 zuerst verschoben wird. (Weisen Sie dies zur Übung nach.) W_F ist also unabhängig von der *Reihenfolge,* in der die einzelnen Ladungen an ihren Platz gebracht werden. Da auch die Wege, auf denen dies geschieht, keinen Einfluß haben, muß W_F eine charakteristische Eigenschaft der endgültigen Ladungsanordnung darstellen. Diese Größe bezeichnen wir als *potentielle elektrische Energie des Ladungssystems* W_F. Auch hier besteht eine gewisse Willkür, wie immer, wenn es um die Definition der potentiellen Energie geht. In dem gewählten Beispiel entsprach der Nullwert der potentiellen Energie der Gegebenheit, daß die drei Ladungen bereits vorhanden, aber voneinander unendlich weit entfernt sind.

Die potentielle Energie bezieht sich auf die *Ladungsanordnung als Gesamtheit*; es hat keinen Sinn, den einzelnen Ladungen bestimmte Bruchteile von W_F zuzuordnen.

Dieses einfache Ergebnis läßt sich leicht auf eine beliebige Anzahl von Ladungen verallgemeinern. Sind N Ladungen in beliebiger räumlicher Anordnung vorhanden, berechnet man die potentielle Energie des Systems ebenso wie in Gl. (1.7) durch Summation über alle möglichen Paare. $W_F = 0$ entspricht in diesem Fall dem Zustand, in dem sich alle Ladungen unendlich weit voneinander entfernt aufhalten.

Als Beispiel berechnen wir die potentielle Energie einer Anordnung von acht negativen Ladungen, die sich an den Eckpunkten eines Würfels mit der Kantenlänge b befinden, und einer positiven Ladung im Schnittpunkt der Raumdiagonalen des Würfels (Bild 1.6a). Angenommen, die negativen Ladungen sind Elektronen mit der Ladung $-e$

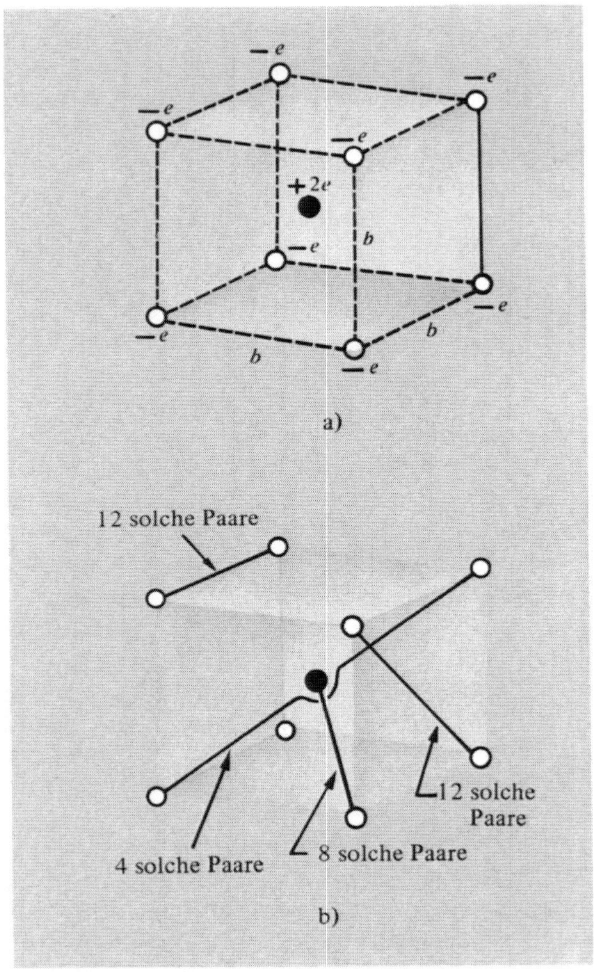

Bild 1.6
a) Die potentielle Energie dieser Anordnung von neun Punktladungen gibt Gl. (1.9) an.
b) Vier verschiedene Typen von Paaren kommen in der Summe vor.

und das Zentralteilchen hat die doppelte positive Elementarladung $2e$, dann ergibt sich W_F durch Summation über alle möglichen Paare:

$$W_F = k\left(\frac{8(-2e^2)}{(\sqrt{3}/2)b} + \frac{12e^2}{b} + \frac{12e^2}{\sqrt{2}b} + \frac{4e^2}{\sqrt{3}b}\right) = k\,\frac{4{,}32e^2}{b}\,. \tag{1.8}$$

Bild 1.6b zeigt, woher jeder Ausdruck in dieser Summe stammt. Die potentielle Energie ist positiv und gibt damit an, daß beim Aufbau des Systems Arbeit verrichtet werden muß. Natürlich kann diese Arbeit wieder zurückgewonnen werden, wenn man die Ladungen auseinanderfliegen und dabei Kräfte auf einen oder mehrere außerhalb des Systems befindliche Körper ausüben läßt. Man kann auch die Elektronen einfach von ihren Plätzen fliegen lassen, wobei ihre *gesamte kinetische Energie* gleich W_F wird: Dies gilt unabhängig davon, ob sie alle auf einmal und symmetrisch auseinanderfliegen, oder ob sie nacheinander in beliebiger Reihenfolge losgelassen werden. Hieraus läßt sich die Leistungsfähigkeit dieser einfachen Vorstellung von der gesamten potentiellen Energie des Systems ersehen. Denken Sie nur, vor welchem Problem Sie stünden, wenn Sie den resultierenden Kraftvektor auf jedes Teilchen und dies in jedem Stadium des Systemaufbaues berechnen müßten! In diesem Beispiel würde die geometrische Symmetrie ganz gewiß die Aufgabe erleichtern; dennoch wäre sie komplizierter als die einfache obige Rechnung.

Eine Darstellungsmöglichkeit für die Angabe, wie über Paare summiert werden muß, bieten Doppelsummen:

$$W_F = \frac{k}{2}\sum_{j=1}^{N}\sum_{k\neq j}\frac{Q_j Q_k}{r_{jk}}\,. \tag{1.9}$$

Die Schreibweise $\sum_{j=1}^{N}\sum_{k\neq j}$ besagt: Nehmen Sie zuerst $j = 1$ und summieren Sie über $k = 2, 3, 4, \ldots, N$; sodann summieren Sie mit $j = 2$ über $k = 1, 3, 4, \ldots, N$. Dies setzen Sie solange fort, bis für $j = N$ über $k = 1, 2, 3, \ldots, N-1$ zu summieren ist. Über alle genannten Einzelsummen wird aufsummiert. In dieser Berechnung kommt jedes Paar zweimal vor, daher wurde in Gl. (1.9) der Faktor 1/2 verwendet.

1.6 Elektrische Energie in einem Kristallgitter

Die im vorherigen Abschnitt entwickelten Vorstellungen haben große Bedeutung für die Kristallphysik. Bekanntlich lassen sich Ionenkristalle, wie Natriumchlorid, in sehr guter Näherung als Anordnung positiver Ionen (Na^+) und negativer Ionen (Cl^-) ansehen, die in einem regelmäßigen dreidimensionalen Gitter alternieren. Bild 1.7a zeigt die Ionenanordnung bei Natriumchlorid. Natürlich sind die Ionen keine Punktladungen, aber sie stellen doch nahezu kugelförmige Ladungsverteilungen dar. Deshalb verändern sich – wie wir gleich beweisen werden – die elektrischen Kräfte, die sie aufeinander ausüben, nicht, wenn man jedes Ion durch eine äquivalente Punktladung in seinem Mittelpunkt ersetzt. Das elektrische System, das der Ionen-Anordnung äquivalent ist, zeigt Bild 1.7b. Die elektrische potentielle Energie der auf das Gitter verteilten Ladungen spielt eine wichtige Rolle bei der Erklärung der Stabilität und Kohäsion des Ionenkristalls. Wir wollen versuchen, die Größe von W_F abzuschätzen.

Es hat zunächst den Anschein, als hätten wir es mit einer riesigen, wenn nicht sogar zweifach unendlichen Summe zu tun, da jeder makroskopische Kristall mindestens 10^{20} Atome enthält. Konvergiert diese Summe? Wir

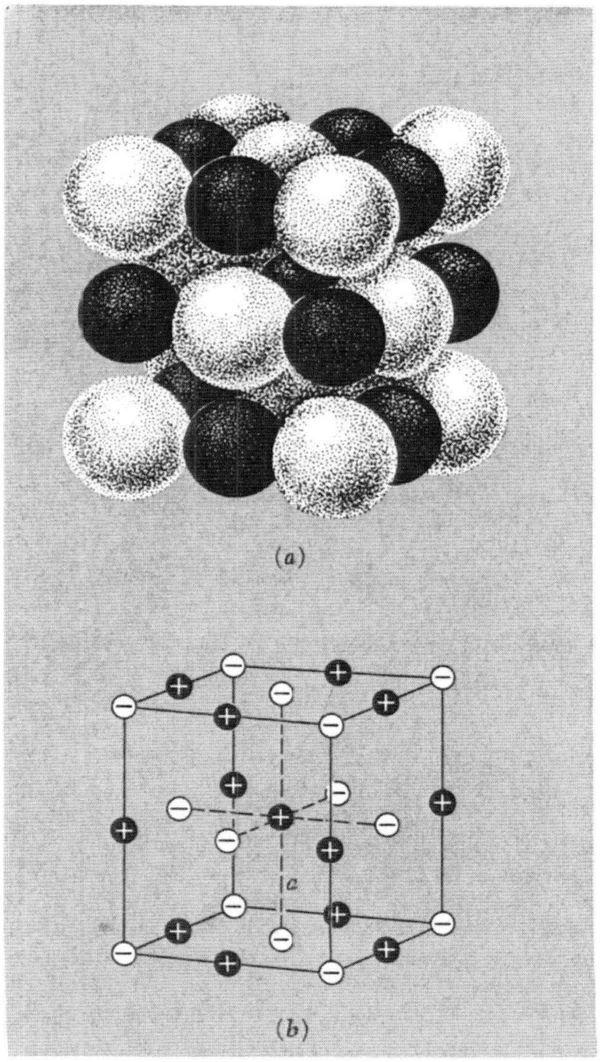

Bild 1.7 Ausschnitt aus einem NaCl-Kristall
a) Darstellung der Na^+- und Cl^--Ionen in ungefähr richtiger relativer Größe.
b) Ersetzung der Ionen durch äquivalente Punktladungen.

hoffen ja, die potentielle Energie pro Volumen oder Masse des Kristalls zu finden. Sie sollte sicherlich unabhängig von der Kristallgröße sein, da ein Ende eines makroskopischen Kristalls wohl wenig Einfluß auf das andere Ende haben kann[9]. 2g Natriumchlorid sollten die doppelte potentielle Energie wie 1g haben. Auch die Kristallform sollte ohne Einfluß bleiben, solange die Oberflächenatome nur einen kleinen Bruchteil aller Atome darstellen. Diese Erwartung wäre *falsch*, wenn es sich um einen Kristall handelte, der nur aus Ionen eines Vorzeichens besteht. Dann hätte 1g des Kristalls eine enorme elektrische Ladung; für die Zusammenführung zweier derartiger Kristalle würde man einen riesigen Energiebetrag benötigen (wie groß er ist, kann zur Übung abgeschätzt werden.) Die Situation wird dadurch gerettet, daß in der Kristallstruktur ungleichnamige Ladungen einander abwechseln. Deshalb ist jedes makroskopische Kristallstück in guter Annäherung elektrisch neutral.

Bei der Bestimmung der potentiellen Energie beobachten wir zuerst, daß jedes positive Ion eine Position einnimmt, die äquivalent der jedes anderen positiven Ions ist. Außerdem ist die Anordnung der positiven Ionen um ein negatives Ion genau dieselbe wie die Anordnung negativer Ionen um ein positives Ion, wenn dies auch nicht auf den ersten Blick aus Bild 1.7b ersichtlich ist. Deshalb kann man ein Ion, gleich welchen Vorzeichens, als Mittelpunkt annehmen, über *seine* Wechselwirkungen mit allen anderen Ionen summieren und dann einfach mit der Gesamtanzahl N der Ionen beider Vorzeichen multiplizieren. Dadurch reduziert sich die Doppelsumme in Gl. (1.9) auf eine einfache Summe und einen Faktor N; wiederum tritt aber der Faktor $1/2$ auf, weil jedes Paar zweimal berücksichtigt wurde. Die potentielle Energie eines Natriumchlorid-Gitters, das aus N Ionen besteht, ergibt sich damit zu

$$W_{\mathrm{F}} = \frac{k}{2} N \sum_{k=2}^{N} \frac{Q_1 Q_k}{r_{1k}}. \tag{1.10}$$

Geht man von dem positiven Ion als Mittelpunkt, wie in Bild 1.7b, aus, muß über sämtliche Ionen der nahen und fernen Umgebung summiert werden. Die Hauptglieder beginnen wie folgt:

$$W_{\mathrm{F}} = \frac{k}{2} N \left[-\frac{6e^2}{a} + \frac{12e^2}{\sqrt{2}a} - \frac{8e^2}{\sqrt{3}a} + \ldots \right]. \tag{1.11}$$

Der erste Ausdruck rührt von den sechs nächstliegenden Chlorionen mit dem Abstand a her, der zweite von den zwölf Natriumionen auf den Würfelkanten usw. Diese Reihe konvergiert übrigens nicht *absolut*; wäre man so naiv zu versuchen, zuerst über alle positiven Glieder zu summieren, dann würde die Summe divergieren. Wenn man eine solche Summe berechnen will, muß man es so einrichten, daß bei weiterem Fortschreiten nach außen weiter entfernte Ionen zu Gruppen vereinigt werden, die nahezu neutrale Materieschalen darstellen. Wird dann die Summe abgebrochen, sind die entfernteren Ionen, die ja vernachlässigt werden, insgesamt eine derart gleichmäßige Mischung positiver und negativer Ladungen, daß man guten Gewissens ihren Beitrag als sehr klein ansehen kann. Natürlich ist das nur eine recht oberflächliche Beschreibung eines in Wirklichkeit komplizierten rechnerischen Problems; bei der numerischen Berechnung derartiger Reihen bedient man sich heute elektronischer Rechenanlagen. Das Endergebnis des gewählten Beispiels lautet:

$$W_{\mathrm{F}} = k \frac{-0{,}8738\, Ne^2}{a}, \tag{1.12}$$

dabei ist die Zahl N der vorhandenen Ionen doppelt so groß wie die Anzahl der NaCl-Moleküle.

Das negative Vorzeichen spiegelt den dominierenden Einfluß der nächsten Nachbarn wieder und zeigt, daß Arbeit *aufgewendet* werden muß, um den Kristall in Ionen zu zerlegen. Die elektrische Energie erklärt also die Kohäsion des Kristalls, allerdings nur teilweise. Allein betrachtet würde sie zu einem Zusammenbruch des Kristalls führen, da die potentielle Energie der Ladungsverteilung offensichtlich *abnimmt*, wenn man a und damit alle Ionenabstände verringert. Dies ist ein bekanntes Dilemma der klassischen Physik, d.h. der Nicht-Quantenphysik. Systeme, auf die nur elektrische Kräfte wirken, können sich nach den Gesetzen der klassischen Physik nicht im Gleichgewicht befinden. Dies macht aber die obige Untersuchung des Kristallgitters nicht wertlos: Bemerkenswerterweise (man kann sagen: zum Glück) kann man die elektrische potentielle Energie eines Kristalls auch in der Quantenphysik definieren und sogar ähnlich wie hier berechnen.

1.7 Das elektrische Feld

Wir nehmen nun eine Verteilung von ruhenden Ladungen $Q_1, Q_2, \ldots, Q_N$ an und interessieren uns nicht für die Kräfte, die sie aufeinander ausüben, sondern nur für ihre Auswirkung auf irgendeine andere Ladung Q_0, die in ihre Nähe gebracht wird. Wir wissen bereits, wie man die resultierende Kraft auf diese Ladung berechnen kann. Charakterisieren wir die Lage von Q_0 durch die Koordinaten x, y und z, so erhalten wir für die auf diese Ladung wirkende Kraft:

$$\mathbf{F}_0 = k \sum_{j=1}^{N} \frac{Q_0 Q_j \hat{\mathbf{r}}_{0j}}{r_{0j}^2}, \tag{1.13}$$

wobei $\mathbf{r}_{0j}$ den Vektor von der j-ten Ladung des Systems zum Punkt (x, y, z) darstellt.

[9] Diese oft verwendete Argumentation ist allerdings nicht immer korrekt. So sind die sechs Ecken einer Schneeflocke fast immer völlig gleich. Hier hat also durchaus ein Kristallende Einfluß auf den Aufbau der anderen Enden (*Anmerkung des Übersetzers*).

Die Kraft ist proportional zu Q_0. Division durch Q_0 ergibt daher eine vektorielle Größe, die nur von der Struktur der ursprünglichen Ladungsanordnung $Q_1, \ldots, Q_N$ und von der Lage des Punktes (x, y, z) abhängt. Diese vektorielle Funktion von x, y, z heißt *elektrisches Feld* der Ladungen $Q_1, \ldots, Q_N$; sie wird durch **E** gekennzeichnet. Die Ladungen $Q_1, \ldots, Q_N$ heißen *felderzeugende Ladungen* bzw. Quellen des Feldes. Als *Definitionsgleichung* für das von einer Ladungsverteilung herrührende elektrische Feld **E** im Punkt (x, y, z) wird

$$\mathbf{E}(x, y, z) = k \sum_{j=1}^{N} \frac{Q_j \hat{\mathbf{r}}_{0j}}{r_{0j}^2} \qquad (1.14)$$

gewählt. Während man mit dem Begriff elektrisches Feld die Gesamtheit der Feldvektoren in allen Raumpunkten kennzeichnet, heißt der Feldvektor, der sich auf einen speziellen Raumpunkt bezieht, elektrische Feldstärke; häufig werden aber, wie auch hier, beide Begriffe als Synonyme gebraucht.

Bild 1.8 stellt die vektorielle Addition der Feldstärken in einem bestimmten Raumpunkt dar: Das erste Feld rührt von einer Punktladung von + 2 C her, das zweite von einer Punktladung von − 1 C. Die Einheit der Feldstärke im SI-System ist N/C oder V/m (Volt pro Meter). Siehe dazu Abschnitt 2.2.

Bisher brachte dieser Abschnitt nichts wirklich Neues. Das elektrische Feld ist bloß eine andere Möglichkeit, ein Ladungssystem zu beschreiben. Dies geschieht durch Angabe von Betrag und Richtung der auf die Ladung bezogenen Kraft, die auf eine Probeladung Q_0 in jedem Raumpunkt wirkt. Bei dieser Definition ist allerdings einige Vorsicht geboten. Wenn die felderzeugenden Ladungen nicht tatsächlich unbeweglich sind, könnte sie die Heranführung einer endlichen Ladung Q_0 zu einer Lageveränderung veranlassen, woraus sich eine Veränderung des durch Gl. (1.14) definierten Feldes selbst ergäbe. Deshalb wurde die Forderung nach zeitlich unveränderlichen, unbeweglichen Ladungen gleich zu Anfang des Abschnitts erhoben. Manchmal stößt man auch auf eine Felddefinition, die eine „infinitesimale" Probeladung zur Voraussetzung hat und **E** als Grenzwert von $\mathbf{F}/Q_0$ für $Q_0 \to 0$ festlegt. Es ist allerdings illusorisch, dies als besonders exakt zu betrachten, da in der realen Welt noch nie Ladungen beobachtet wurden, die kleiner als eine Elementarladung sind: Wählt man dagegen Gl. (1.14) als *Definition* für **E**, erübrigt sich der Bezug auf eine Probeladung; man geht damit einem Problem aus dem Weg und benötigt auch nicht ruhende Ladungen als Voraussetzung. Bewirkt die Heranführung einer neuen Ladung eine Verschiebung der felderzeugenden Ladungen, dann bringt dies eben eine Veränderung des elektrischen Feldes mit sich und dann muß auch für die Voraussage der Kraft auf die neue Ladung das neue elektrische Feld bei der Berechnung herangezogen werden.

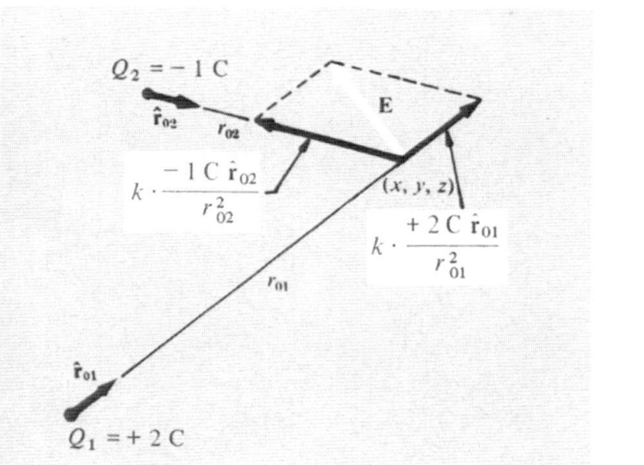

Bild 1.8 Die Feldstärke in einem bestimmten Punkt ist die Vektorsumme der Feldstärken, die von den einzelnen Ladungen des Systems herrühren.

Vielleicht fragen Sie sich nun, was denn ein elektrisches Feld *wirklich* ist? Ist es überhaupt etwas Reales oder nur die Bezeichnung für einen Faktor in einer Gleichung, der mit etwas Anderem multipliziert den numerischen Wert der im Experiment gemessenen Kraft ergibt? Zwei Bemerkungen können hier möglicherweise weiterhelfen: Da erstens elektrische Felder zweckmäßig und brauchbar sind, ist es unwesentlich, was sie wirklich sind. Diese Bemerkung erscheint vielleicht zynisch, ist aber durchaus ernst gemeint. Zweitens ist es keineswegs selbstverständlich, daß die Kenntnis der elektrischen Feldstärke ausreicht, um die Kraft auf *jede beliebige* Ladung vorherzusagen. Es könnte auch anders sein! In zwei verschiedenen Situationen, in denen auf Einheitsladungen dieselbe Kraft wirkt, könnten auf doppelt so große Probeladungen unterschiedliche Kräfte wirken, die von Größe und Verteilung der Ladungen des Systems abhängen. Diese Möglichkeit kann nur *experimentell* ausgeschlossen werden und erst dadurch wird der Feldbegriff anwendbar!

Das elektrische Feld ordnet jedem Raumpunkt eine *lokale Eigenschaft* zu. Das bedeutet: Wenn **E** in einem kleinen Gebiet bekannt ist, so weiß man *ohne jede weitere Untersuchung* (bezüglich anderer Raumregionen), was dort mit jeder Ladung geschehen wird. Man braucht nicht einmal festzustellen, was das Feld eigentlich verursacht hat.

Um sich ein Bild von einem elektrischen Feld zu machen, muß man jedem Raumpunkt einen Vektor, also einen Betrag und eine Richtung zuordnen. Wir werden in diesem Buch verschiedene Methoden zur Darstellung von Vektorfeldern verwenden; leider ist keine davon völlig befriedigend.

Es ist schwierig, in der zweidimensionalen Zeichenebene das Bild einer räumlichen dreidimensionalen vektoriellen Funktion wiederzugeben. Man kann z.B. Betrag und Richtung von **E** in verschiedenen Punkten durch kleine Pfeile angeben, deren Länge proportional der Feldstärke

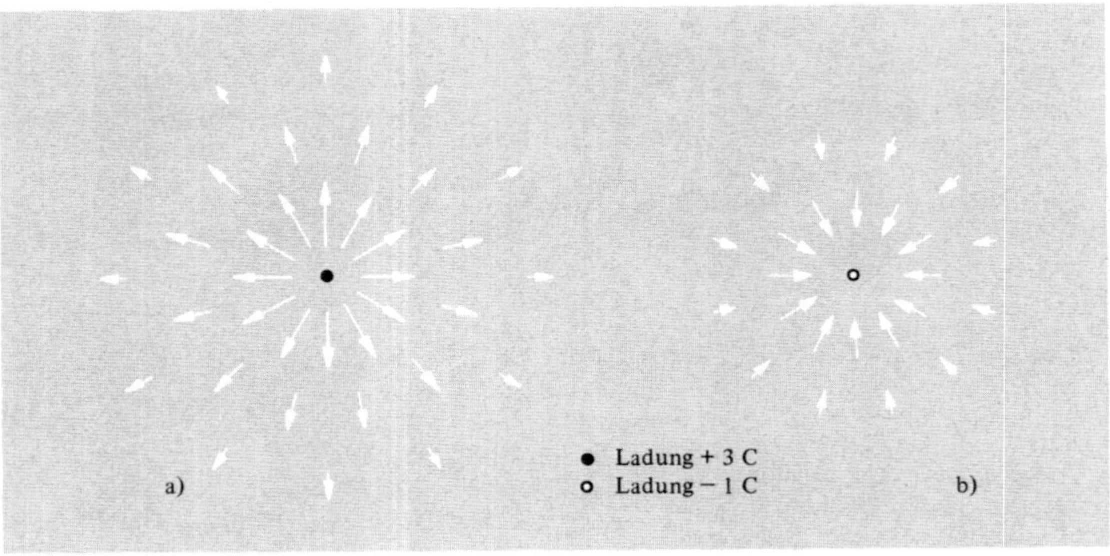

Bild 1.9

a) Das Feld einer Ladung $Q_1 = +3$ C,

b) das Feld einer Ladung $Q_2 = -1$ C.

Diese Darstellungen geben nur einen qualitativen Überblick und erlauben kaum quantitative Aussagen.

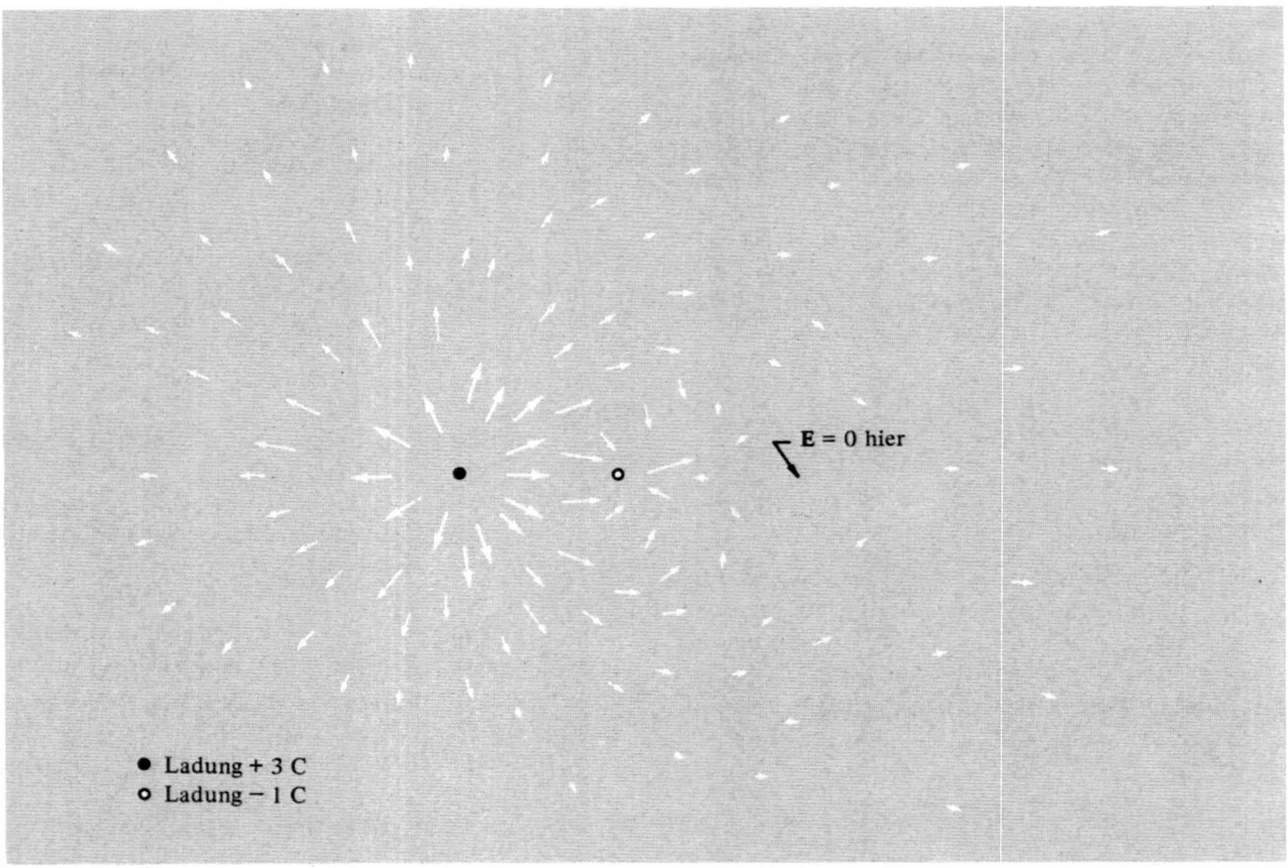

Bild 1.10 Das Feld in der Umgebung der beiden Ladungen $Q_1 = +3$ C und $Q_2 = -1$ C als Überlagerung der zwei Felder von Bild 1.9a und 1.9b

ist[10]). Auf diese Weise ist in Bild 1.9a das Feld einer einzelnen Punktladung von + 3 C dargestellt, während Bild 1.9b das Feld einer Punktladung von − 1 C zeigt. Diese Bilder erweitern zugegebenermaßen unsere Kenntnisse von dem Feld einer Punktladung in keiner Weise. Jeder kann sich ein einfaches radiales $(1/r^2)$-Feld auch ohne Zuhilfenahme eines Bildes vorstellen. Diese beiden Bilder dienen nur dazu, um in Bild 1.10 die Kombination der zwei Felder darzustellen, wobei die beiden vorher betrachteten Ladungen sich nun im Abstand a voneinander befinden. Bild 1.10 kann lediglich das Feld in der Ebene, die die beiden Ladungen enthält, zeigen. Um die dreidimensionale Darstellung zu erhalten, muß man sich die Rotationsfigur vorstellen, die bei Drehung um die Symmetrieachse entsteht. In Bild 1.10 gibt es einen Raumpunkt, in dem $\mathbf{E} = 0$ ist. Wie weit er von der rechten Ladung entfernt ist, kann man aus der Abbildung nur schwer exakt ablesen. Beachten Sie, daß alle Feldstärkevektoren am Bildrand mehr oder weniger nach außen weisen. Man sieht, daß das Feld in großer Entfernung demjenigen einer positiven Punktladung ähnlich ist. Das war auch zu erwarten, da der Abstand der beiden Ladungen für sehr weit entfernte Punkte unwesentlich ist und sich bei Überlagerung der beiden felderzeugenden Ladungen in einem Punkt eine Punktladung der Stärke + 2 C ergäbe.

Vektorfelder lassen sich auch durch Feldlinienbilder veranschaulichen. *Feldlinien* sind Kurven, deren Tangenten in jedem Punkt die jeweilige Feldrichtung angeben. Solche Kurven sind überall glatt und stetig, nur nicht am Ort von Singularitäten, z.B. an der Stelle von Punktladungen oder von Punkten, wo die Feldstärke Null ist (Bild 1.10). Feldlinienbilder geben den Betrag des Feldvektors nicht direkt an; wir werden aber sehen, daß die Feldlinien, relativ gesehen, dort näher aneinanderliegen, wo das Feld stärker ist, und daß sie bei schwachem Feld auseinanderlaufen. Bild 1.11 stellt einige Feldlinien des in Bild 1.10 auf andere Weise veranschaulichten Systems dar. Wiederum ist die Zeichenebene eine Beschränkung: Wir sehen nur den zweidimensionalen Schnitt durch eine dreidimensionale Kurvenschar.

1.8 Ladungsverteilungen

Diese Stelle eignet sich so gut wie jede andere, um durch Verallgemeinerung von *Punktladungen* zu *kontinuierlichen Ladungsverteilungen* überzugehen. Eine Raumladungsverteilung wird durch eine skalare Ladungsdichtefunktion ρ beschrieben, die eine Funktion der räumlichen Lage mit der Dimension *Ladung/Volumen* ist. Die in einem bestimmten Volumenelement enthaltene Ladung ist das ρ-fache der Größe des Volumenelements. Dasselbe Symbol dient auch zur Kennzeichnung der Dichte (Masse/Volumen). Hier soll jedoch ρ in erster Linie für die Ladung pro Volumen verwendet werden. Wenn ρ als Funktion der Koordinaten x, y, z geschrieben wird, dann gibt $\rho(x, y, z)\, dx{\cdot}dy{\cdot}dz$ die Ladung an, die in dem quaderförmigen Volumenelement $dx{\cdot}dy{\cdot}dz$ um den Punkt (x, y, z) enthalten ist.

Im atomaren Bereich ändert sich die Ladungsdichte natürlich von Punkt zu Punkt enorm; trotzdem stellt sich dieser Begriff auch hier als sehr nützlich heraus. Allerdings werden wir ihn hauptsächlich bei makroskopischen Systemen verwenden; das Volumenelement $dV = dx{\cdot}dy{\cdot}dz$ kann dann sehr klein relativ zur Größe des Gesamtsystems sein, es wird aber immer noch genügend viele Atome oder Elementarladungen enthalten. Wie bereits erwähnt, gleicht diese Sachlage den Problemen bei der Definition der gewöhnlichen Dichte.

Rührt das Feld nicht von Punktladungen, sondern von einer kontinuierlichen Ladungsverteilung her, braucht man bloß die Summe in Gl. (1.14) durch das zugehörige Integral zu ersetzen. Das Integral liefert die elektrische Feldstärke im Punkt (x, y, z), die durch Ladungen an anderen Punkten (x', y', z') hervorgerufen wird:

$$\mathbf{E}(x, y, z) = k \int \frac{\rho(x', y', z')\, \hat{\mathbf{r}}\, dx'{\cdot}dy'{\cdot}dz'}{r^2}. \qquad (1.15)$$

Dieses Integral ist ein Raumintegral: Bei festgehaltenen (x, y, z) erstrecken sich die Integrationsvariablen x', y' und z' über den gesamten Ladungen enthaltenden Raum. Damit summiert man über die Beiträge aller Raumladungselemente zum elektrischen Feld. Der Einheitsvektor $\hat{\mathbf{r}}$ zeigt von (x', y', z') nach (x, y, z); man kann natürlich auch die Richtung von $\hat{\mathbf{r}}$ umkehren, muß dann allerdings ein Minuszeichen vor das Integral setzen. (Derartige Vorzeichen führen oft zu Irrtümern!) Erinnern Sie sich hier daran, daß der Feldvektor von positiven Ladungen *fortweist* (Bild 1.12).

Bei Annäherung an eine Punktladung geht der Betrag der elektrischen Feldstärke mit $1/r^2$ gegen Unendlich. Es hat deshalb keinen Sinn, von der Feldstärke *am Ort* einer Punktladung zu sprechen. Da, wie wir glauben, die eigentlichen physikalischen Quellen eines elektrischen Feldes keine unendlich große Ladungskonzentrationen in Volumina der Größe Null darstellen, sondern Gebilde endlicher Ausdehnung sind, braucht man die mathematischen Singularitäten, die sich aus dem Begriff der Punktladung ergeben, nicht zu berücksichtigen; das Innere der elementaren Quellen wird einfach ausgeklammert. Eine kontinuierliche Ladungsverteilung $\rho(x', y', z')$, die nirgends Unendlich ist, macht überhaupt keine Schwierigkeiten. Gl. (1.15) kann benutzt werden, um das Feld in irgendeinem Punkt innerhalb der Verteilung zu berechnen. Der Integrand geht beim Grenzfall $r = 0$ nicht gegen Unendlich, da das Volumenelement proportional zu $r^2\, dr$ ist. Solange ρ endlich bleibt,

[10]) Eine derartige Darstellung ist unzweckmäßig, da man den Raumpunkt nur schwer angeben kann, auf den sich eine bestimmte vektorielle Größe tatsächlich bezieht. Außerdem ist der Bereich der möglichen Werte von E gewöhnlich so groß, daß es unpraktisch ist, die Pfeillänge proportional zu E zu machen.

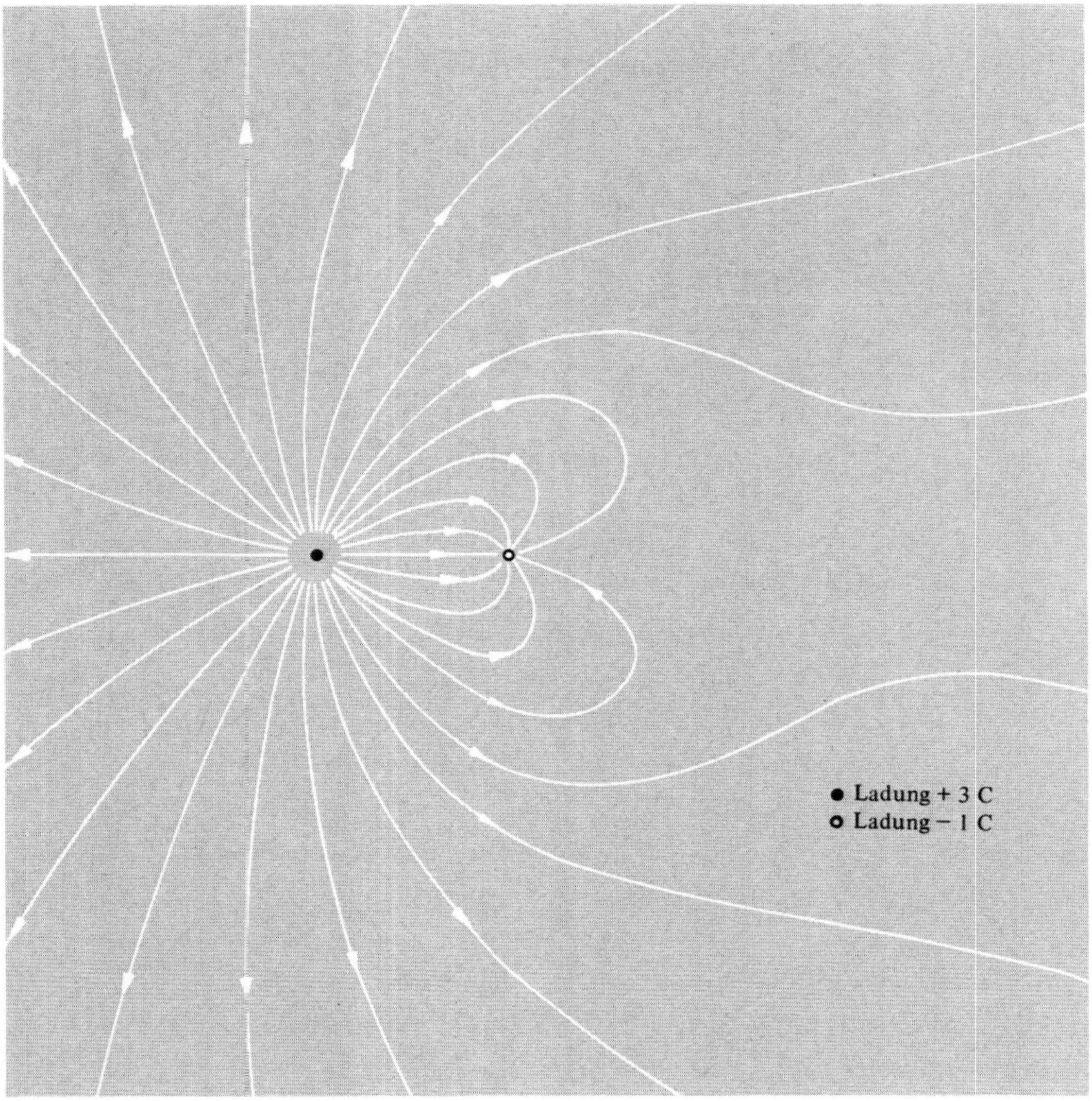

Bild 1.11 Einige Feldlinien des elektrischen Feldes um die beiden Ladungen $Q_1 = +3$ C und $Q_2 = -1$ C.

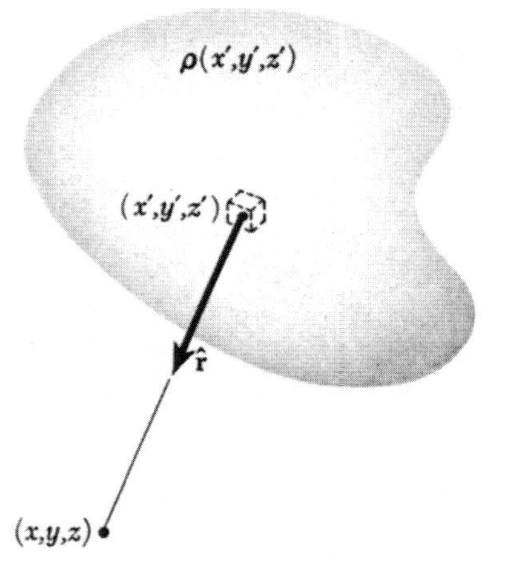

Bild 1.12 Jedes Element der Ladungsverteilung $\rho(x', y', z')$ liefert einen Beitrag zur elektrischen Feldstärke **E** im Punkt (x, y, z). Die gesamte Feldstärke in diesem Punkt ist die Summe aus allen einzelnen Beiträgen.

behält auch das Feld überall einen endlichen Wert, selbst im Inneren oder am Rand einer Ladungsverteilung.

1.9 Elektrischer Fluß

Die Beziehung zwischen dem elektrischen Feld und den Quellen des Feldes, den felderzeugenden Ladungen, läßt sich bemerkenswert einfach ausdrücken. Dazu müssen wir nur eine neue Größe definieren, den *elektrischen Fluß*.

Gegeben sind im Raum irgendein elektrisches Feld und eine beliebige geschlossene Oberfläche, z.B. ein Ballon. Bild 1.13a zeigt eine solche Oberfläche und deutet das Feld durch einige Feldlinien an. Nun soll diese Oberfläche in viele Flächenstücke geteilt werden (Bild 1.13b), die so klein sind, daß jedes für sich praktisch als eben angesehen werden kann und daß sich die Feldstärke in den einzelnen Teilen jedes Flächenstücks nicht ändert. Der Ballon darf mit anderen Worten nicht allzu stark gerunzelt sein, auch darf seine Oberfläche nicht durch eine Singularität des Feldes[11]), z.B. eine Punktladung, gehen. Das Flächenstück hat eine bestimmte Größe, und es definiert auch eindeutig eine Richtung durch die nach außen weisende Flächennormale. (Da die Oberfläche geschlossen ist, läßt sich ihre Innenseite eindeutig von der Außenseite unterscheiden.) Die Größe des Flächenstücks und die Richtung, die es festlegt, kann man gemeinsam durch einen Vektor darstellen. Dann sind allen Flächenstücken, in die die Oberfläche geteilt wurde, Vektoren zugeordnet, von denen jeder die Flächengröße und die Orientierung eines bestimmten Flächenstücks angibt; z.B. ist dem j-ten Flächenstück der Vektor $\mathbf{A}_j$ zugeordnet (Bild 1.13c). $\mathbf{A}_j$ ist von der Gestalt des Flächenstücks völlig unabhängig; wie die Oberfläche geteilt wurde, spielt keine Rolle, solange die Flächenstücke klein genug sind.

Mit $\mathbf{E}_j$ als elektrische Feldstärke am Ort des j-ten Flächenstücks ist das *skalare* Produkt $\mathbf{E}_j \cdot \mathbf{A}_j$ eine skalare Größe: der *elektrische Fluß* durch dieses Stück der Oberfläche. Um die Herkunft dieses Namens zu verstehen, stellen Sie sich eine vektorielle Funktion vor, die die Geschwindigkeit in einer Flüssigkeit darstellt, z.B. in einem Bach, in dem sich die Strömungsgeschwindigkeit von Ort zu Ort verändert, aber überall zeitlich konstant ist. Dieses vektorielle Feld wird durch $\mathbf{v}$ gekennzeichnet. Wenn $\mathbf{A}$ die orientierte Fläche eines in das Wasser gehängten Rahmens ist, gibt $\mathbf{v} \cdot \mathbf{A}$ das durch den Rahmen fließende Wasservolumen pro Zeit an, gemessen z.B. in m^3/s (Bild 1.14). Entsprechende Definitionen des Flusses sind auf jede beliebige vektorielle Funktion anwendbar, welche physikalische Variable sie auch immer darstellen möge.

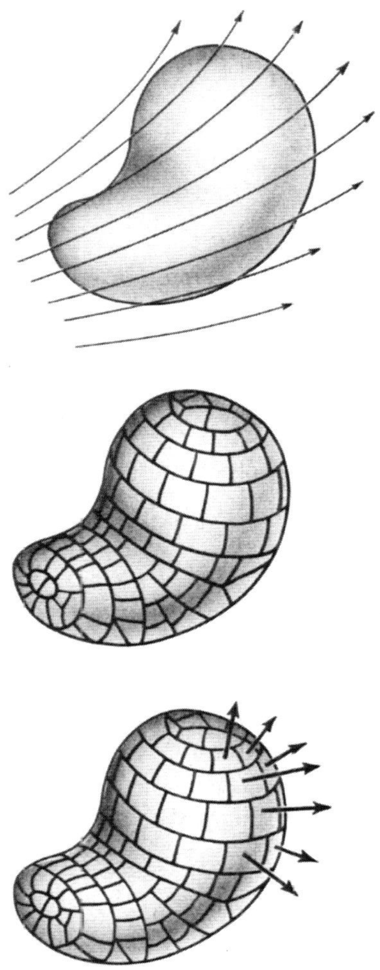

a)

b)

c)

Bild 1.13
a) Eine geschlossene Oberfläche in einem Vektorfeld,
b) Teilung der Oberfläche in kleine Flächenelemente,
c) Darstellung jedes Flächenelements durch einen nach außen gerichteten Vektor.

Um den elektrischen Fluß durch die gesamte Oberfläche zu erhalten, summiert man über den Fluß durch alle Flächenstücke und kennzeichnet diese skalare Größe mit Ψ.

$$\Psi = \sum_j \mathbf{E}_j \cdot \mathbf{A}_j \,. \qquad (1.16)$$

Macht man die Flächenstücke immer kleiner und ihre Anzahl immer größer, so geht die Summe von Gl. (1.16) in das Oberflächenintegral über.

$$\Psi = \int_{\substack{\text{gesamte}\\ \text{Oberfläche}}} \mathbf{E} \cdot d\mathbf{A} = \oint \mathbf{E} \cdot d\mathbf{A} \,. \qquad (1.17)$$

[11]) Unter einer Singularität des Feldes würde man gewöhnlich nicht nur eine felderzeugende Punktladung verstehen, in deren Umgebung der Feldstärkebetrag Unendlich wird, sondern auch jede Stelle, an der sich Betrag oder Richtung der Feldstärke unstetig ändern, z.B. eine unendlich dünne Ladungsschicht. Diese letztere, nicht so stark ausgeprägte Singularität, würde hier aber keine Schwierigkeiten verursachen, solange die ballonförmige Oberfläche nicht in einem Bereich endlicher Ausdehnung mit der Diskontinuitätsfläche zusammenfällt.

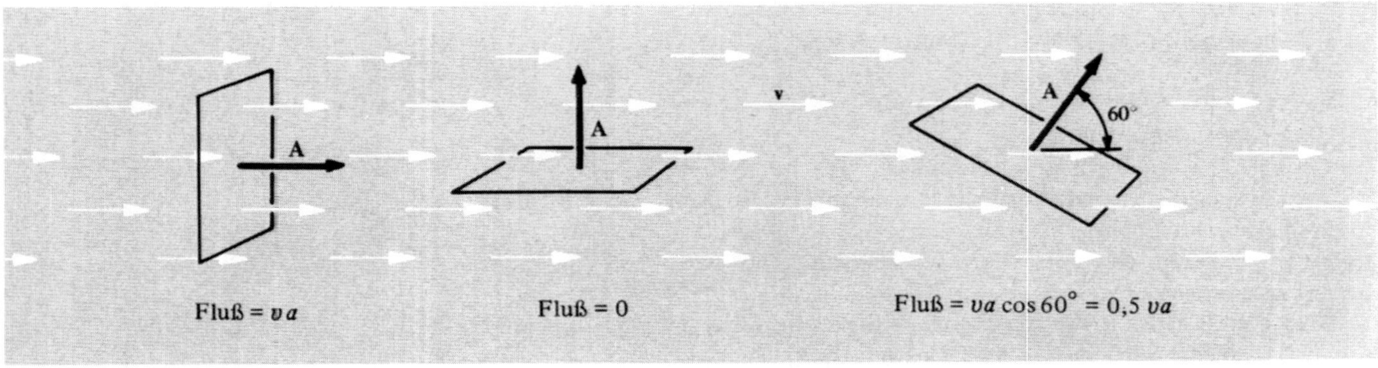

Bild 1.14 Der Fluß durch einen Rahmen mit der Fläche **A** ist **v** · **A**, wobei **v** die Strömungsgeschwindigkeit darstellt. Der Fluß ist das pro Zeit durch den Rahmen geströmte Volumen.

Ein Oberflächenintegral, erstreckt über die Oberfläche A einer beliebigen vektoriellen Funktion **F**, bedeutet: A wird in kleine Flächenstücke geteilt, jedes von ihnen charakterisiert durch einen auswärtsgerichteten Vektor, dessen Betrag gleich der Flächengröße ist. Für jedes Flächenstück wird sodann das skalare Produkt aus dem Vektor des Flächenstücks und **F** an der Stelle des Flächenstücks gebildet. Schließlich summiert man über alle diese Produkte. Der Grenzwert, gegen den die Summe bei Kleinerwerden der Flächenstücke geht, ist das Oberflächenintegral. Sie brauchen aber bei dem Gedanken an die Berechnung des elektrischen Flusses durch eine unregelmäßig geformte Oberfläche, wie sie etwa Bild 1.13 zeigt, nicht zu verzweifeln. Eine überraschende Eigenschaft macht nämlich eine derartige Berechnung unnötig.

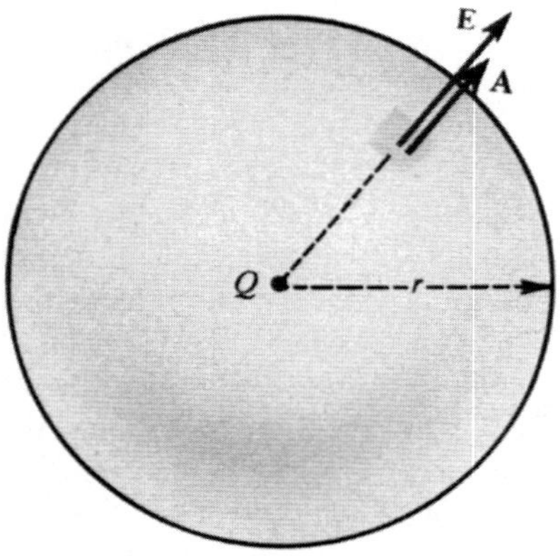

Bild 1.15 Wie groß ist der elektrische Fluß Ψ aus einer Kugeloberfläche, die die felderzeugende Ladung umgibt (Punktladung Q, Feld **E**)?

1.10 Das Gaußsche Gesetz der Elektrostatik

Betrachten wir zunächst den einfachsten Fall: Eine positive Punktladung Q sei von einer Kugeloberfläche mit Radius r umgeben. Wie groß ist der Fluß Ψ durch diese Oberfläche (Bild 1.15)? Da der Betrag von **E** in jedem Punkt der Kugeloberfläche gleich kQ/r^2 ist und die Richtung von **E** überall mit der Oberflächennormalen zusammenfällt, erhält man sofort:

$$\Psi = E \cdot \text{Gesamtfläche} = k\,\frac{Q}{r^2} \cdot 4\pi r^2 = 4\pi kQ = \frac{Q}{\epsilon_0}. \qquad (1.18)$$

Der elektrische Fluß ist von der Größe der Kugeloberfläche unabhängig.

Stellen Sie sich jetzt als zweite Oberfläche einen Ballon vor, der die Kugeloberfläche umschließt, aber nicht sphärisch ist (Bild 1.16). Wir behaupten, daß der Gesamtfluß durch diese Oberfläche der gleiche ist wie durch die Kugeloberfläche. Zum Beweis betrachten wir einen Kegel, dessen Spitze in Q liegt. Er schneidet aus der Kugeloberfläche ein

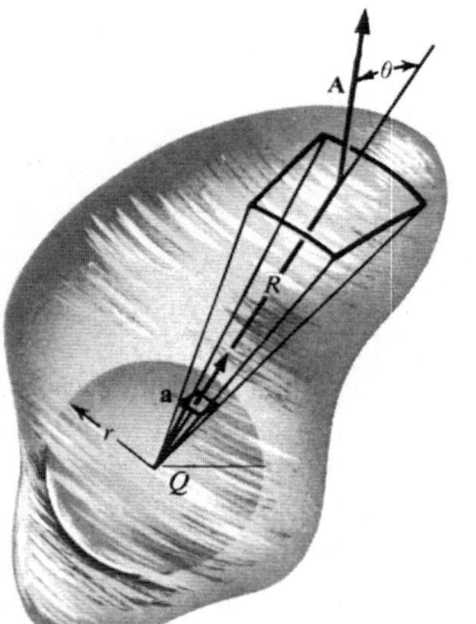

Bild 1.16 Zum Beweis, daß der Fluß durch eine *beliebige* geschlossene Oberfläche um Q gleich dem Fluß durch die Kugeloberfläche ist.

kleines Flächenstück a heraus, setzt sich dann fort bis zur äußeren Oberfläche, wo er im Abstand R von Q das kleine Flächenstück **A** herausschneidet. **A** ist aus zwei Gründen größer als a: Erstens wegen des Quadrats des Abstandsverhältnisses $(R/r)^2$ und zweitens ergibt die Neigung von **A** einen Faktor $1/\cos\theta$ (θ ist der Winkel zwischen der Flächennormalen und der Radialrichtung; siehe Bild 1.16). Der Betrag der elektrischen Feldstärke auf dem Ballon hat gegenüber dem Betrag auf der Kugeloberfläche um den Faktor $(r/R)^2$ abgenommen, ihre Richtung verläuft nach wie vor radial. Mit $\mathbf{E}_{(R)}$ als Feldstärke am äußeren Flächenstück und $\mathbf{E}_{(r)}$ als Feldstärke auf der Kugeloberfläche erhalten wir:

Fluß durch ein äußeres Flächenstück $= \mathbf{E}_{(R)} \cdot \mathbf{A} = E_{(R)} A \cos\theta$,
Fluß durch ein inneres Flächenstück $= \mathbf{E}_{(r)} \cdot \mathbf{a} = E_{(r)}\, a$,

$$E_{(R)} A \cos\theta = \left[E_{(r)} \left(\frac{r}{R}\right)^2\right]\left[a \left(\frac{R}{r}\right)^2 \frac{1}{\cos\theta}\right] \cos\theta = E_{(r)}\, a\,, \qquad (1.19)$$

womit bewiesen ist, daß durch beide Flächenstücke derselbe elektrische Fluß geht.

Auf diese Weise läßt sich jedem Flächenstück auf der äußeren Oberfläche ein Flächenstück der Kugeloberfläche zuordnen; deshalb muß der Gesamtfluß durch beide Oberflächen gleich sein. Das bedeutet, daß auch der Fluß durch die äußere Oberfläche genau Q/ϵ_0 sein muß. Da Gestalt und Größe dieser Oberfläche *völlig willkürlich* angenommen wurden[12]), gilt: Der Fluß des elektrischen Feldes durch eine *beliebige* Oberfläche, die eine Punktladung Q umschließt, ist Q/ϵ_0. Als Nebenergebnis halten wir fest, daß der Gesamtfluß durch eine geschlossene Oberfläche verschwindet, wenn die Ladung außerhalb der Oberfläche liegt. Der Beweis bleibt dem Leser überlassen; Bild 1.17 gibt einen Hinweis auf eine der möglichen Beweisführungen.

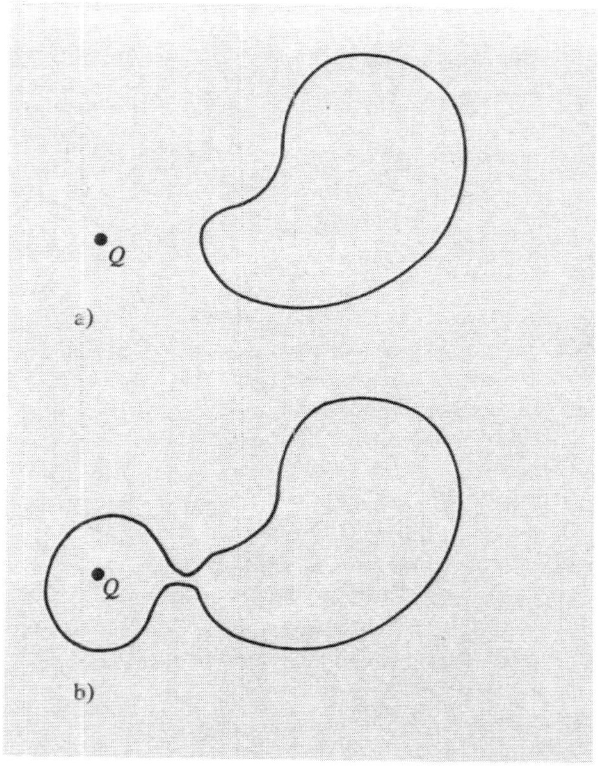

Bild 1.17 Bei dem Beweis, daß in a) der Fluß durch A Null ist, geht man von b) aus.

Eine andere Betrachtungsweise läßt nun das oben erhaltene Ergebnis als naheliegend erscheinen. Stellen Sie sich Q als Quelle vor, die Teilchen – z.B. Kugeln oder Protonen – in alle Richtungen stationär emittiert. Selbstverständlich wird der Teilchenfluß durch einen Rahmen mit dem Quadrat des Abstandes von Q abfallen. Deshalb kann eine Analogie zwischen der elektrischen Feldstärke E und der Intensität der Teilchenströmung (Teilchen pro Fläche und Zeit) gezogen werden. Offensichtlich ist der Teilchenfluß durch jede beliebige Oberfläche, die Q völlig umgibt, unabhängig von Größe und Gestalt der Oberfläche, da er genau die Gesamtanzahl pro Zeit emittierter Teilchen angibt. In Analogie muß der Fluß von E durch eine geschlossene Oberfläche unabhängig von ihrer Größe und Gestalt sein. Das dafür verantwortliche gemeinsame Merkmal ist das $(1/r^2)$-Verhalten der Intensität.

[12]) Auch die Voraussetzung, daß die zweite Oberfläche die Kugeloberfläche umschließen sollte, wäre gar nicht notwendig gewesen. Außerdem kann die Kugeloberfläche beliebig klein gewählt werden.

Jetzt können wir auch die Superposition betrachten. Jedes elektrische Feld ist die vektorielle Summe der Felder, die von seinen einzelnen Quellen (felderzeugenden Ladungen) herrühren. Diese Eigenschaft wurde bereits in dem in Gl. (1.13) wiedergegebenen Coulombschen Gesetz so ausgedrückt. Natürlich ist der Fluß im gleichen Sinne eine additive Größe. Liegt nämlich eine Anzahl von Ladungen $Q_1, Q_2, \ldots, Q_N$ vor, die jede für sich die Felder $\mathbf{E}_1, \mathbf{E}_2, \ldots, \mathbf{E}_N$ ergeben, so folgt für den Fluß Ψ des tatsächlichen Feldes durch irgendeine Oberfläche:

$$\Psi = \oint \mathbf{E} \cdot d\mathbf{A} = \oint [\mathbf{E}_1 + \mathbf{E}_2 + \ldots + \mathbf{E}_N] \cdot d\mathbf{A}\,. \qquad (1.20)$$

Wie kurz vorher festgestellt, gilt $\oint \mathbf{E}_N \cdot d\mathbf{A} = 4\pi k Q_N$, wenn die Ladung Q_N innerhalb der Oberfläche liegt, und $\oint \mathbf{E}_N \cdot d\mathbf{A} = 0$, wenn Q_N außerhalb liegt. Somit erbringt jede innerhalb der Oberfläche liegende Ladung Q genau den Betrag Q/ϵ_0 zum Oberflächenintegral in Gl. (1.20); alle außerhalb liegenden Ladungen leisten keinen Beitrag. Und damit sind wir beim *Gaußschen Gesetz der Elektrostatik:*

Der Fluß des elektrischen Feldes **E** durch eine beliebige geschlossene Oberfläche, also das Oberflächenintegral $\oint \mathbf{E} \cdot d\mathbf{A}$, ist gleich dem $1/\epsilon_0$-fachen der von der Oberfläche eingeschlossenen Gesamtladung: (1.21)

$$\oint \mathbf{E} \cdot d\mathbf{A} = \sum_i Q_i/\epsilon_0 = \int \rho \, dV/\epsilon_0 \, .$$

Dieses Gaußsche Gesetz[13)] ist ein physikalisches Gesetz, das dem Coulombschen Gesetz äquivalent ist und in gleicher Weise als Grundgesetz der elektrostatischen Wechselwirkungen dienen könnte, wenn Ladung und elektrisches Feld definiert worden sind. Das Gaußsche Gesetz und das Coulombsche Gesetz sind nicht zwei voneinander unabhängige Gesetze, sondern nur verschiedene Formulierungen ein und derselben Gesetzmäßigkeit[14)].

Im Rückblick auf unsere Beweisführung erkennen wir, daß es dabei auf die $(1/r^2)$-Gesetzmäßigkeit der Wechselwirkung und auf die Superposition ankam. Deshalb ist das Gesetz auf jedes physikalische $(1/r^2)$-Feld anwendbar, z.B. auch auf das Gravitationsfeld.

Sehr einfach läßt sich zeigen, daß das Gaußsche Gesetz *keine* Gültigkeit hätte, wenn die Kraft etwa proportional $1/r^3$ wäre. In diesem Fall würde man für den Fluß des elektrischen Feldes einer Punktladung Q durch eine Kugeloberfläche mit dem Radius R und dem Mittelpunkt in Q

$$\Psi = \int \mathbf{E} \cdot d\mathbf{A} = k \frac{Q}{R^3} \cdot 4\pi R^2 = \frac{4\pi k Q}{R} = \frac{Q}{\epsilon_0 R} \qquad (1.22)$$

erhalten. Wählt man nun die Kugeloberfläche genügend groß, so kann der Fluß durch sie beliebig klein gemacht werden, obwohl die von ihr eingeschlossene Gesamtladung konstant bleibt.

Unser Verständnis der Elektrostatik wird durch das fundamentale Gaußsche Gesetz auf zweierlei Weise vertieft: Zunächst ist der dadurch hergestellte Zusammenhang zwischen dem Feld und seinen Quellen die Umkehrung der Aussagen des Coulombschen Gesetzes. Denn aus dem Coulombschen Gesetz läßt sich bei *gegebenen Ladungen* das Feld herleiten; das Gaußsche Gesetz erlaubt es dagegen, die räumliche Verteilung der Ladungen bei *gegebenem Feld* zu ermitteln. Ferner erweist sich das Gaußsche Gesetz als leistungsfähiges analytisches Instrument: Es vereinfacht komplizierte Probleme wesentlich, wie die folgenden Beispiele zeigen.

1.11 Das elektrische Feld einer kugelsymmetrischen Ladungsverteilung

Das Gaußsche Gesetz läßt sich auf die Bestimmung des elektrischen Feldes einer kugelsymmetrischen Ladungsverteilung anwenden, d.h. einer Verteilung, bei der die Raumladungsdichte ρ nur von dem Radialabstand von einem Mittelpunkt abhängt. Bild 1.18 stellt den Schnitt durch eine solche Verteilung dar: Die Ladungsdichte um den Mittelpunkt ist sehr groß, sie nimmt dann zunächst ab, steigt aber mit zunehmendem Abstand vom Mittelpunkt wieder an, um schließlich nach einer abermaligen Abnahme vom Radius r_0 an zu verschwinden. Gesucht ist die elektrische Feldstärke in irgendeinem Punkt P_1 außerhalb der Ladungsverteilung und in einem Punkt P_2 in ihrem Inneren (Bild 1.19). Wenn man nur das Coulombsche Gesetz zur Verfügung hätte, müßte man eine Integration durchführen, die die von allen Volumenelementen herrührenden Feldstärken in P_1 summiert. Die Symmetrie des Systems und das Gaußsche Gesetz ermöglichen aber eine viel elegantere Behandlung dieses Problems.

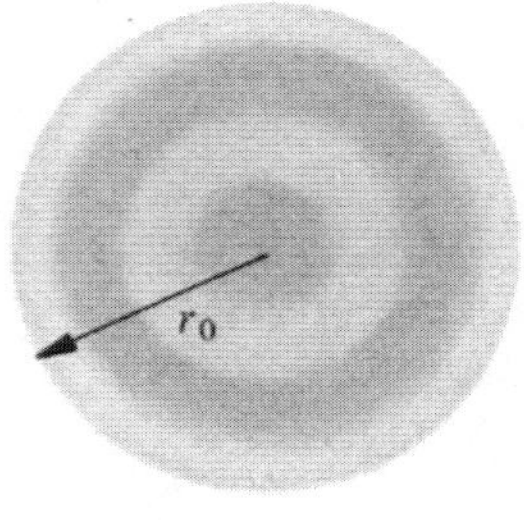

Bild 1.18
Kugelsymmetrische Ladungsverteilung.

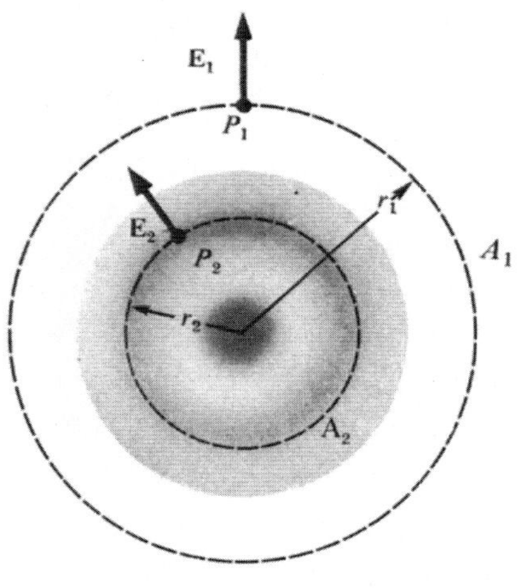

Bild 1.19 Elektrisches Feld einer kugelsymmetrischen Ladungsverteilung.

---

13) Nicht zu verwechseln mit dem Gaußschen Satz oder Theorem (siehe Kapitel 2).

14) Es gibt allerdings einen Unterschied, der zwar hier bedeutungslos ist, bei der Behandlung der elektrischen Felder bewegter Ladungen aber wichtig wird: Das Gaußsche Gesetz gilt für eine größere Klasse von Feldern, die über die elektrostatischen Felder hinausgeht. Insbesondere kann ein $(1/r^2)$-Feld, das nicht kugelsymmetrisch ist, dem Gaußschen Gesetz genügen. Im Gegensatz zum Coulombschen Gesetz ist das Gaußsche Gesetz aber ohne Bezugnahme auf die Symmetrie des Feldes einer Punktladung formulierbar.

Wegen der Kugelsymmetrie muß die elektrische Feldstärke in jedem Punkt radial gerichtet sein – keine andere Richtung ist ausgezeichnet. Ebenso muß die Feldstärke in allen Punkten einer Kugeloberfläche A_1 mit Radius r_1 den gleichen Betrag E_1 haben. Der elektrische Fluß durch diese Oberfläche A_1 ist daher einfach $4\pi r_1^2 E_1$; dies muß nach dem Gaußschen Gesetz gleich dem $1/\epsilon_0$-fachen der von A_1 eingeschlossenen Ladung Q_{in} sein. Das heißt $4\pi r_1^2 E_1 = Q_{in}/\epsilon_0$ oder

$$E_1 = \frac{Q_{in}}{4\pi\epsilon_0 r_1^2} = k \cdot \frac{Q_{in}}{r_1^2}. \qquad (1.23)$$

Der Vergleich mit dem Feld einer Punktladung ergibt, daß *die Feldstärke in allen Punkten von A_1 genau so groß ist, als wäre die gesamte innerhalb A_1 befindliche Ladung im Mittelpunkt vereinigt.* Dieselbe Feststellung gilt für eine Kugeloberfläche innerhalb der Ladungsverteilung: Die Feldstärke in jedem Punkt von A_2 ist genau so groß, als wäre die gesamte innerhalb von A_2 befindliche Ladung im Mittelpunkt vereinigt und die gesamte Ladung außerhalb von A_2 überhaupt nicht vorhanden. Offensichtlich ist das Feld im Inneren einer geladenen Kugelschale Null (Bild 1.20).

Wendet man diese Aussagen auf das Gravitationsfeld an, dann folgt daraus, daß die Erde (bei Voraussetzung kugelsymmetrischer Masseverteilung) alle über ihrer Oberfläche befindlichen Körper so anzieht, als wäre ihre gesamte Masse im Erdmittelpunkt vereinigt. Man könnte glauben, dies sei eine selbstverständliche Eigenschaft des Schwerpunktes. Daß dem im allgemeinen nicht so ist, zeigt der Hinweis auf anders geformte Körper. Ein idealer Würfel einheitlicher Dichte zieht *keineswegs* außerhalb gelegene Körper so an, als wäre seine Masse in seinem geometrischen Mittelpunkt vereinigt.

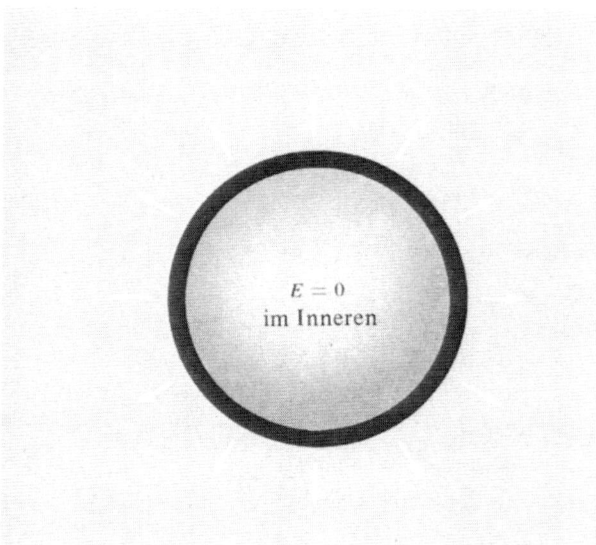

Bild 1.20 Die Feldstärke innerhalb einer geladenen Hohlkugel ist Null.

Newton betrachtete die obige Aussage bestimmt nicht als selbstverständlich. Er benötigte sie als Hauptargument bei dem Beweis, daß auf den Mond in seiner Umlaufbahn um die Erde und auf einen Körper im freien Fall gleichartige Kräfte wirken. Die nahezu zwanzigjährige Verzögerung, die die Veröffentlichung von Newtons Gravitationstheorie erfuhr, ist offenkundig (auf jeden Fall zum Teil) auf die Schwierigkeiten zurückzuführen, die ein zufriedenstellender Beweis verursachte. Der Beweis, den *Newton* schließlich fand und den er 1686 in den Principia (Buch I, Abschnitt XII, Satz XXXI) publizierte, zeugt von einer genialen Erfindungsgabe; *Newton* führte, grob gesprochen, ohne Hilfe der uns bekannten Integralrechnung eine schwierige Volumenintegration durch. Der Beweis ist ein gutes Stück länger als die gesamte Diskussion des Gaußschen Gesetzes in diesem Abschnitt und auch komplizierter begründet. *Newton* fehlte also trotz seines mathematischen Einfallsreichtums die Kenntnis des Gaußschen Gesetzes, das einem naheliegend und fast trivial erscheint – wenn es einmal bewiesen ist.

1.12 Feld einer Linienladung

Ein langer, gerader, geladener Draht läßt sich bei Vernachlässigung seiner Dicke durch die Ladung pro Länge charakterisieren. Die *lineare Ladungsdichte* sei durch λ bezeichnet. Wie sieht das Feld einer solchen Linienladung unter Annahme eines unendlich langen Drahtes und konstanter linearer Ladungsdichte aus? Wir lösen dieses Problem zunächst durch eine Integration ausgehend vom Coulombschen Gesetz.

Zur Berechnung der Feldstärke im Punkt P (Bild 1.21) muß über die Beiträge aller Elemente der Linienladung summiert werden; eines von ihnen hat die Länge dx, seine Ladung ist durch $dQ = \lambda\, dx$ gegeben. Orientiert man die betrachtete Ladungsverteilung so, daß sie in der x-Achse liegt, kann man dann auch die y-Achse durch den Punkt P gehen lassen, dessen Normalabstand von der Ladungsverteilung r beträgt. Es ist immer günstig, gleich von Anfang an die Vorteile einer Symmetrie auszunutzen. Offensichtlich muß die elektrische Feldstärke in P in die y-Richtung weisen, so daß $E_x = E_z = 0$. Der Beitrag, den die Ladung dQ zur y-Komponente der Feldstärke in P leistet, ist

$$dE_y = k\,\frac{dQ}{R^2}\cos\theta = k\,\frac{\lambda \cdot dx}{R^2}\cos\theta\,, \qquad (1.24)$$

wobei θ den Winkel angibt, den das von dQ herrührende Feld mit der y-Richtung einschließt. Die gesamte y-Komponente ist dann

$$E_y = \int dE_y = \int_{-\infty}^{\infty} k \cdot \frac{\lambda\cos\theta}{R^2}\,dx\,. \qquad (1.25)$$

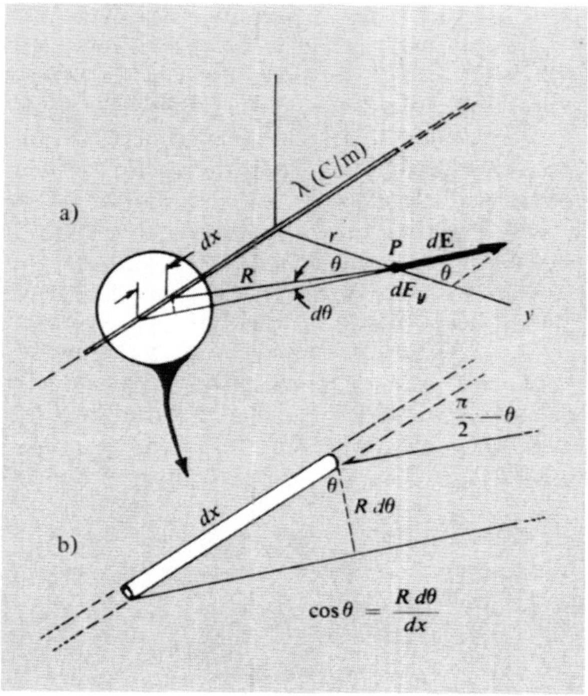

Bild 1.21

a) Die Feldstärke in P ist die Vektorsumme der Beiträge, die von jedem Element der Linienladung herrühren.

b) Vergrößerter Ausschnitt aus a).

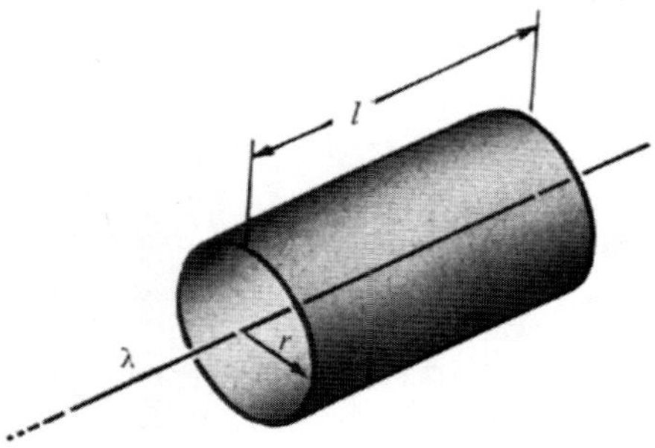

Bild 1.22 Anwendung des Gaußschen Gesetzes bei der Bestimmung des Feldes einer Linienladung

Zweckmäßiger ist es, θ als Integrationsvariable zu verwenden. Da $R = r/\cos\theta$ und $dx = R\,d\theta/\cos\theta$, folgt:

$$E_y = \int_{-\pi/2}^{+\pi/2} k\,\frac{\lambda\cos\theta\cdot d\theta}{r} = k\,\frac{\lambda}{r}\int_{-\pi/2}^{+\pi/2}\cos\theta\cdot d\theta = \frac{2k\lambda}{r}. \qquad (1.26)$$

Wie wir sehen, ist das Feld einer unendlich langen, gleichförmigen Linienladung umgekehrt proportional zum Abstand von der Ladungsverteilung. Bei positiver Ladung ist das Feld radial nach außen gerichtet, bei negativer nach innen.

Es gibt aber noch eine zweite Berechnungsmöglichkeit: Das Gaußsche Gesetz führt direkt zu demselben Ergebnis. Man umgibt ein Element der Ladungsverteilung mit einem geschlossenen Kreiszylinder (Länge l, Radius r, Bild 1.22) und betrachtet den Fluß durch seine Oberfläche. Wie bereits festgestellt, gewährleistet die Symmetrie ein radial gerichtetes Feld, weshalb der Fluß durch Grund- und Deckfläche des Zylinders verschwindet. Der Fluß durch den Zylindermantel ist einfach das Produkt aus Mantelfläche $2\pi r l$ und der Feldstärke E_r auf ihr. Andererseits ist die vom Zylinder eingeschlossene Ladung genau λl. Aus dem Gaußschen Gesetz folgt daher $2\pi r l E_r = 4\pi k\lambda l$ oder

$$E_r = \frac{2k\lambda}{r} = \frac{\lambda}{2\pi\epsilon_0 r} \qquad (1.27)$$

in Übereinstimmung mit Gl. (1.26).

1.13 Feld einer Flächenladung

Ist die elektrische Ladung in einer dünnen Platte kontinuierlich verteilt, spricht man von einer *Flächenladungsverteilung*. Hier interessiert eine unendlich ausgedehnte, dünne Platte (im Idealfall eine Ebene) mit konstanter Flächenladungsdichte σ. Die elektrische Feldstärke muß zu beiden Seiten der Platte senkrecht auf ihr stehen. Dies läßt sich auch ohne Kenntnis des Feldstärkebetrages aus einer Symmetrieüberlegung folgern. Aus Symmetrieüberlegungen folgt auch, daß die Feldstärke in zwei Punkten P_1 und P_2, die zu beiden Seiten der Platte mit demselben Abstand zu ihr liegen, dem Betrag nach gleich, aber entgegengesetzt gerichtet ist. Von diesen Feststellungen ausgehend, liefert das Gaußsche Gesetz sofort die Feldstärke. Man betrachtet einen Zylinder mit dem Querschnitt A, auf dessen Grundfläche P und auf dessen Deckfläche P' liegt (Bild 1.23). Ein nach außen gerichteter Fluß ist nur an der Grund- bzw. Deckfläche zu finden. Wenn E_P den Betrag der Feldstärke in P bezeichnet und $E_{P'}$ den Feldstärkebetrag in P' angibt, ist der nach außen gerichtete Fluß

$$AE_P + AE_{P'} = 2AE_P\,.$$

Da die eingeschlossene Ladung σA ist, folgt

$$2AE_P = \sigma A/\epsilon_0$$

oder

$$E_P = \sigma/(2\epsilon_0)\,. \qquad (1.28)$$

Die Feldstärke ist also vom Abstand r von der Platte unabhängig. Viel mehr Mühe hätte es bereitet, Gl. (1.28) durch Aufsummierung der Feldstärkevektoren zu ermitteln, die von den einzelnen Elementen der Flächenladung herrühren.

Das Feld einer Linienladung ist also dem Abstand von der Ladungsverteilung umgekehrt proportional, während das Feld einer geladenen Ebene räumlich konstant, also

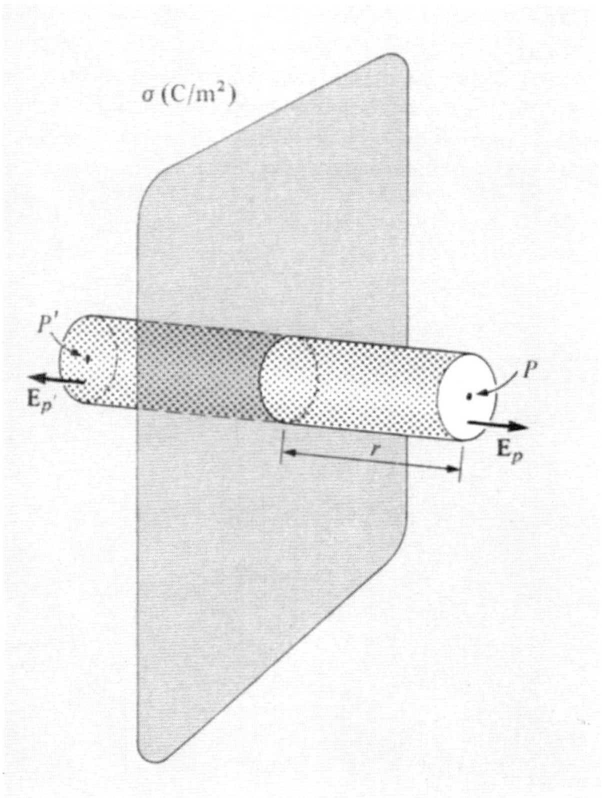

Bild 1.23 Anwendung des Gaußschen Gesetzes bei der Bestimmung des Feldes einer unendlich ausgedehnten Flächenladung

unabhängig vom Abstand ist. Beide Ergebnisse sind elementare Folgerungen aus dem $(1/r^2)$-Gesetz für Punktladungen. Sollte dies nicht klar sein, betrachten Sie das Problem folgendermaßen: Den Hauptanteil zur Feldstärke in P liefert, grob gesprochen, der Abschnitt der Linienladung, der P am nächsten liegt – dessen Abstand von P also von der Größenordnung von r ist (Bild 1.21). Vereinigt man diese Ladungen in einem Punkt und läßt den Rest der Ladungen außer acht, dann hat man es mit einer Punktladung $Q \approx \lambda r$ zu tun, die in P eine Feldstärke proportional Q/r^2 oder λ/r erzeugen müßte. Im Fall der geladenen Ebene nimmt der auf diese Weise gesehene „effektive" Ladungsanteil bei größer werdendem Abstand proportional r^2 zu, und diese Zunahme gleicht gerade die mit $1/r^2$ verlaufende Abnahme der Feldstärke aus, die von irgendeinem gegebenen Element der Ladungsverteilung herrührt.

1.14 Kraft auf eine Ladungsschicht

Die Kugel im Bild 1.24 hat eine gleichmäßig verteilte Flächenladung mit der einheitlichen Dichte σ, in C/m². Innerhalb der Kugel ist, wie wir schon gelernt haben, das elektrische Feld einer solchen Ladungsverteilung Null.

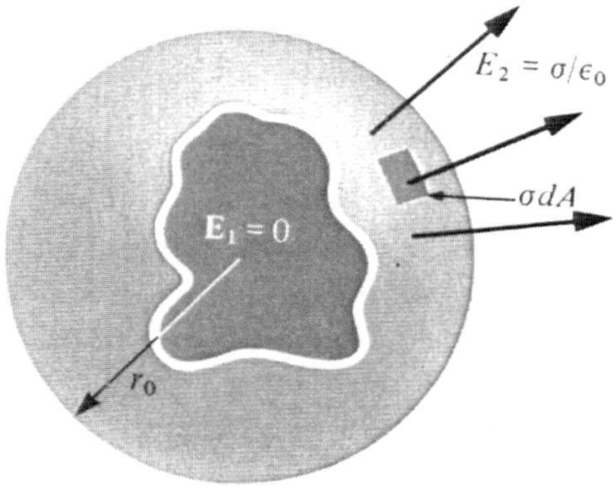

Bild 1.24 Kugeloberfläche mit homogener Ladungsdichte σ

Außerhalb der Kugel ist das Feld kQ/r^2, wobei $Q = 4\pi r_0^2 \sigma$ die Gesamtladung ist. Genau außen an der Oberfläche der Kugel ist die Feldstärke σ/ϵ_0. Vergleichen Sie das mit Gl. (1.28) und Bild 1.23. In beiden Fällen gilt das Gaußsche Gesetz: Beim Übergang von einer Seite der Schicht zur anderen ändert sich $\mathbf{E}$ um σ/ϵ_0.

Welche elektrische Kraft wird durch diese Ladungsverteilung ausgeübt? Diese Frage mag zunächst schwierig erscheinen, weil das Feld $\mathbf{E}$ gerade aus diesen Ladungen entsteht. Wir müssen uns mit der Kraft auf irgendein kleines Ladungselement $dQ = \sigma \cdot dA$ befassen, wobei dA ein kleines Flächenstück ist. Zu betrachten ist die Kraft auf dQ durch alle anderen Ladungen in der Verteilung und, getrennt davon, die Kraft auf das Flächenstück durch die Ladung innerhalb des Flächenstücks selbst. Diese letztere Kraft ist sicherlich Null. Die Coulomb-Abstoßung zwischen Ladungen innerhalb des Flächenstücks ist ein Beispiel für das 3. Newtonsche Gesetz; das Flächenstück kann sich als Ganzes nicht selbst abstoßen. Das vereinfacht unser Problem. Es erlaubt uns, das gesamte elektrische Feld $\mathbf{E}$ einschließlich des Feldes durch alle Ladungen in dem Flächenstück zu benutzen, um die Kraft $d\mathbf{F}$ auf das Flächenelement mit der Ladung dQ zu berechnen:

$$d\mathbf{F} = \mathbf{E} \cdot dQ = \mathbf{E} \cdot \sigma \cdot dA \qquad (1.29)$$

Aber welches E sollen wir nehmen, das Außenfeld $E = \sigma/\epsilon_0$ oder das Innenfeld $E = 0$? Die richtige Antwort ist, wie wir gleich beweisen werden, der Mittelwert der beiden Felder:

$$dF = (\sigma/\epsilon_0 + 0)\,\sigma \cdot dA/2$$
$$= \sigma^2 \cdot dA/(2\epsilon_0) = 2\pi k \sigma^2 \cdot dA\,. \qquad (1.30)$$

Um das zu rechtfertigen, werden wir einen allgemeineren Fall betrachten und einen, der eine Schicht von Oberflächenladungen realistischer darstellt. Reale Ladungsschichten haben nicht die Dicke Null. Bild 1.25 zeigt einige Möglichkeiten der Ladungsverteilung über die Dicke einer Schicht. In jedem Beispiel ist der Wert der Flächenladungsdichte σ derselbe. Es sind Querschnitte durch einen kleinen

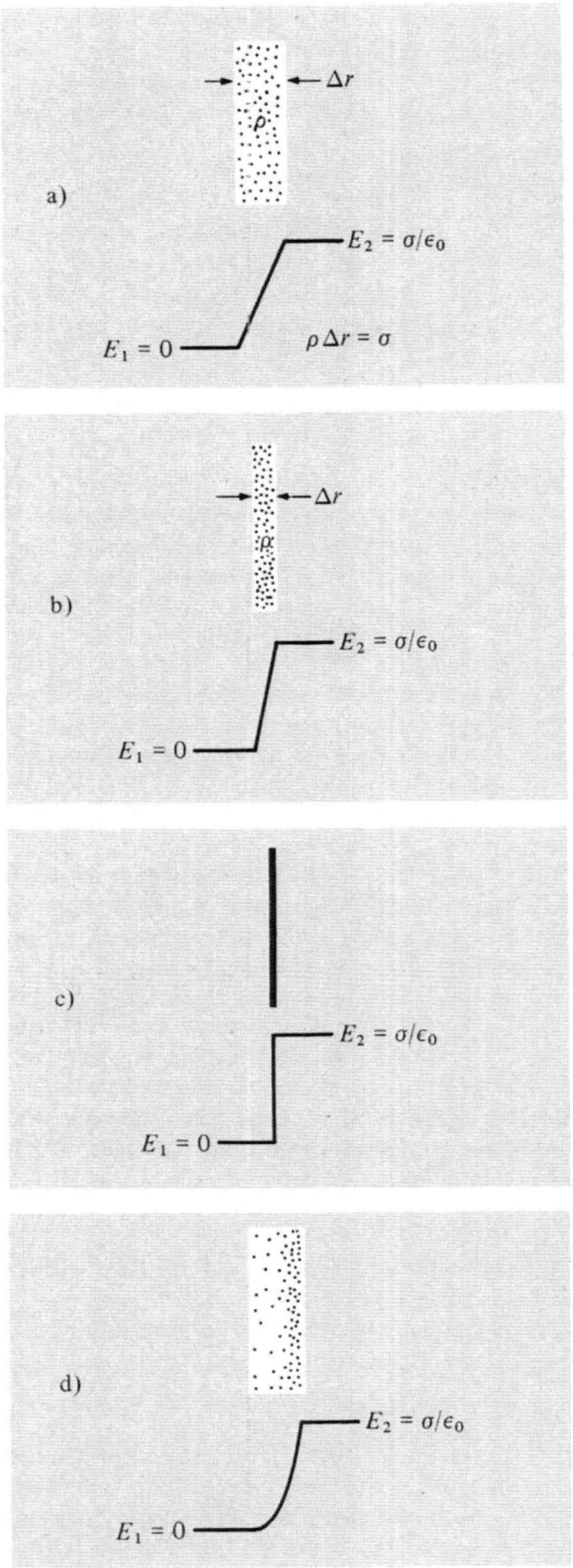

Bild 1.25 Die Feldstärkeänderung beim Durchgang durch eine geladene Schicht hängt nur vcn der Gesamtladung pro Fläche ab.

Teil der Kugeloberfläche von Bild 1.24 dargestellt in einem solchen Maßstab, daß die Krümmung nicht zu bemerken ist. Um es jedoch allgemeiner zu machen, soll das elektrische Feld links E_1 (eigentlich dann 0, wie es innerhalb der Kugel ist) und rechts E_2 sein. Nach dem Gaußschen Gesetz ist für gegebenes σ in jedem Fall

$$E_2 - E_1 = \sigma/\epsilon_0 \ . \tag{1.31}$$

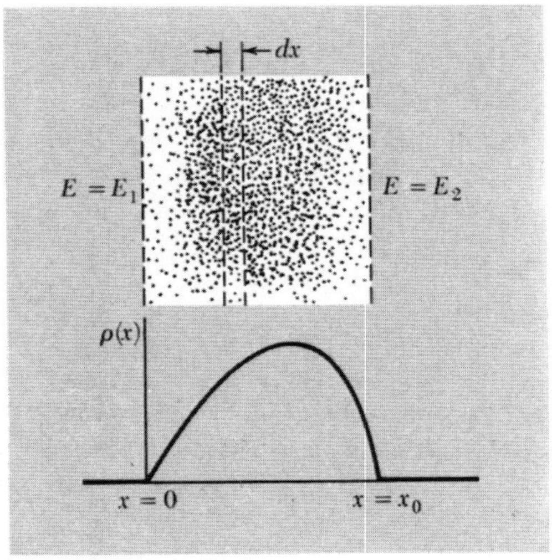

Bild 1.26 Innerhalb einer Schicht mit der Raumladungsdichte $\rho\,(x)$ ist $E\,(x + dx) - E\,(x) = (\rho/\epsilon_0) \cdot dx$.

Nun wollen wir uns um das Innere der Schicht kümmern, wo das Feld sich gleichmäßig von E_1 nach E_2 ändert. In der Schicht (Dicke von $x = 0$ bis $x = x_0$) besteht eine Volumenladungsdichte $\rho\,(x)$ (Bild 1.26). Wir betrachten eine viel dünnere Scheibe der Dicke $dx \ll x_0$, die die Flächenladung $\rho \cdot dx$ enthält. Die Kraft pro Fläche auf sie ist

$$dF = E \cdot \rho \cdot dx \ . \tag{1.32}$$

Die Kraft pro Fläche auf die gesamte Ladungsschicht ist

$$F = \int_0^{x_0} E\rho \cdot dx \ . \tag{1.33}$$

Nun sagt uns das Gaußsche Gesetz, daß dE, die Änderung von E durch die dünne Scheibe, gerade $\rho \cdot dx/\epsilon_0$ ist. Daher kann $\rho \cdot dx$ in Gl. (1.33) ersetzt werden durch $dE \cdot \epsilon_0$, und das Integral wird

$$F = \epsilon_0 \int_{E_1}^{E_2} E \cdot dE = \frac{\epsilon_0}{2}\,(E_2^2 - E_1^2) \ . \tag{1.34}$$

Weil $E_2 - E_1 = \sigma/\epsilon_0$ ist, kann man nach Zerlegung in Faktoren schreiben

$$F = \frac{1}{2}(E_1 + E_2) \cdot \sigma . \qquad (1.35)$$

Wir haben – wie versprochen – gezeigt, daß für gegebenes σ die Kraft pro Fläche auf eine Ladungsschicht durch den Mittelwert der Felder an den beiden Oberflächen bestimmt ist[15]). Das ist unabhängig von der Dicke der Schicht, solange sie klein im Vergleich zur gesamten Fläche ist, und unabhängig von der Variation der Ladungsdichte $\rho(x)$ innerhalb der Schicht.

Die elektrische Kraft auf ein Ladungselement auf der Kugel ist natürlich auswärts gerichtet, unabhängig davon, ob die Oberfläche nun positiv oder negativ geladen ist. Wenn die Ladungen nicht von der Kugel wegfliegen, muß die nach außen gerichtete Kraft mit irgendeiner nach innen gerichteten Kraft, die nicht in unseren Gleichungen enthalten ist, im Gleichgewicht stehen, so daß die Ladungsträger an ihrem Platz bleiben. Es wäre irreführend, eine solche Kraft „nichtelektrisch" zu nennen, weil ganz allgemein elektrische Anziehung und Abstoßung die bestimmenden Kräfte in der Struktur des Atoms und im Zusammenhalt der Materie sind. Der Unterschied ist, daß diese Kräfte nur über kurze Entfernungen wirken, von Atom zu Atom oder von Elektron zu Elektron. Physik in diesem Bereich ist eine Sache von einzelnen Teilchen. Denken wir an einen geladenen Gummiballon mit einem Radius von 10 cm und einer negativen Ladung von $7 \cdot 10^{-9}$ C, die so gleichmäßig wie möglich auf seiner Oberfläche verteilt ist. Das ergibt eine Oberflächenladungsdichte $\sigma = 5{,}6 \cdot 10^{-6}\,\mathrm{C/m^2}$. Die resultierende, auswärts gerichtete Kraft pro Fläche der geladenen Oberfläche ist $\sigma^2/(2\epsilon_0) = 1{,}7 \cdot 10^{-4}\,\mathrm{N/m^2}$. Tatsächlich besteht unsere Ladung aus ungefähr $4 \cdot 10^{10}$ Elektronen, die an der Gummihaut hängen. Wenn dort also ungefähr 30 Millionen zusätzliche Elektronen pro $\mathrm{cm^2}$ vorhanden sind, ist eine „Körnigkeit" in der Ladungsverteilung nicht offensichtlich. Wenn wir jedoch nach einem von diesen zusätzlichen Elektronen suchen, werden wir es ungefähr in 10^{-6} m, einem riesigen Abstand auf einer atomaren Skala, von seinem nächsten Nachbarn entfernt finden. Dieses Elektron wird elektrisch an ein lokalisiertes Gummimolekül angelagert sein. Das Gummimolekül wird verbunden sein mit einem benachbarten Gummimolekül und so weiter. Wenn Sie an dem Elektron ziehen, wird die Kraft auf diesem Weg durch das ganze Gummistück übertragen. Es sei denn, Sie ziehen kräftig genug, um das Elektron von dem Molekül, mit dem es verbunden ist, loszureißen. Das würde ein elektrisches Feld erfordern, das viele tausendmal stärker ist als das Feld in unserem Beispiel.

[15]) Es ist zu bemerken, daß dies *nicht* notwendigerweise dasselbe wie das mittlere Feld in der Schicht ist. Diese Größe ist ohne besonderes Interesse oder Bedeutung.

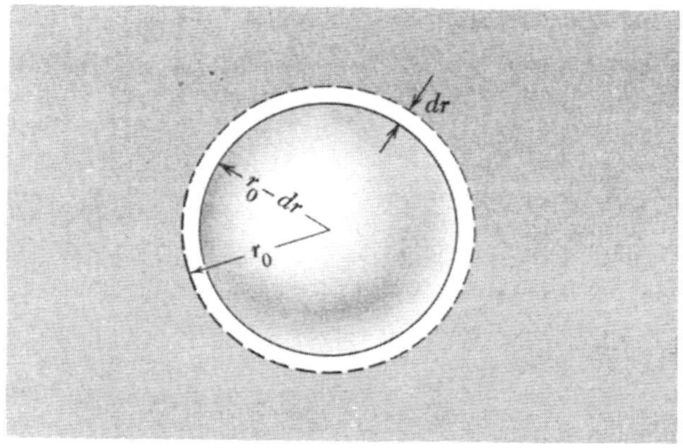

Bild 1.27 Schrumpfung einer Kugelschale oder eines geladenen Ballons

1.15 Energie und elektrostatisches Feld

Wenn unsere geladene Kugelschale geringfügig von einem anfänglichen Radius r_0 auf einen kleineren Radius zusammengedrückt wird (Bild 1.27), erfordert das eine Arbeit gegen die rücktreibende Kraft pro Fläche $\sigma^2/(2\epsilon_0)$. Wenn die Verschiebung dr ist, ist die gesamte aufgebrachte Arbeit $4\pi r^2 \cdot dr \cdot \sigma^2/(2\epsilon_0)$. Das stellt ein *Anwachsen* der in Abschnitt 1.5 behandelten Energie W dar, die erforderlich ist, um das System von Ladungen zusammenzuhalten:

$$dW = \frac{\sigma^2}{2\epsilon_0} 4\pi r^2 \cdot dr . \qquad (1.36)$$

Beachten Sie, wie sich das elektrische Feld geändert hat. Innerhalb der Schale mit der Dicke dr war das Feld Null, und es ist jetzt σ/ϵ_0. Für $r = r_0$ bleibt das Feld unverändert. Wir haben also eine Feldstärke $E = \sigma/\epsilon_0$, die den Bereich mit dem Volumen $4\pi r_0^2 \cdot dr$ füllt, erzeugt. Das haben wir erreicht durch die durch Gl. (1.36) gegebene Energiezufuhr. Wenn wir σ durch $\epsilon_0 E$ ersetzen, ergibt sich

$$dW = \frac{\epsilon_0}{2} \cdot E^2 \cdot 4\pi r^2 \cdot dr . \qquad (1.37)$$

Dies ist ein Sonderfall eines allgemeinen Theorems, das hier nicht bewiesen werden soll: *Die potentielle Energie W_F eines Systems von Ladungen, d.h. die zum Aufbau des Systems erforderliche Gesamtarbeit, läßt sich aus der elektrischen Feldstärke berechnen. Dazu schreibt man jedem Volumenelement dV den Energiebetrag $(\epsilon_0 E^2/2)\,dV$ zu und integriert über den gesamten felderfüllten Raum.*

$$\boxed{W_F = \frac{\epsilon_0}{2} \int_{\substack{\text{ges.}\\ \text{Feld}}} E^2 \cdot dV .} \qquad (1.38)$$

E^2 ist natürlich eine skalare Größe; es gilt die Identität $E^2 \equiv \mathbf{E} \cdot \mathbf{E}$.

Daraus läßt sich die Arbeit berechnen, die nötig ist, um den in Bild 1.27 dargestellten Ausgangszustand herzustellen: Mit $E = kQ/r^2$ für $r > r_0$ und $E = 0$ für $r < r_0$ folgt

$$W_F = \frac{\epsilon_0}{2} \int E^2 dV = \frac{\epsilon_0}{2} k^2 \int_{r_0}^{\infty} \frac{Q^2}{r^4} \cdot 4\pi r^2 dr = \frac{1}{8\pi\epsilon_0} \cdot \frac{Q^2}{r_0}. \quad (1.39)$$

Man kann sich vorstellen, daß diese Energie im elektrischen Feld „gespeichert" ist. Da das System konservativ ist, kann der Energiebetrag auch wieder dadurch freigesetzt werden, daß man das Ladungssystem auseinanderfliegen läßt – deshalb ist der Gedanke reizvoll, die Energie habe sich mittlerweile „irgendwo aufgehalten". Die entsprechende Bilanz stimmt auch, wenn man die Energie als im Raum mit der Dichte $\epsilon_0 E^2/2$ gespeichert ansieht. Diese Denkweise schadet zwar nicht, doch gibt es keine Methode, um völlig unabhängig von allem anderen die in einem bestimmten Kubikzentimeter des Raumes gespeicherte Energie zu identifizieren. Physikalisch meßbar ist nur die Gesamtenergie, d.h. die notwendige Arbeit, um die Ladungen in eine bestimmte Konfiguration ausgehend von irgendeiner anderen Anordnung zu bringen. Genauso wie sich das Konzept des elektrischen Feldes anstelle des Coulombschen Gesetzes verwenden läßt, um das Verhalten elektrischer Ladungen zu beschreiben, kann man auch die gesamte potentielle Energie eines elektrostatischen Feldes durch Gl. (1.38) statt durch Gl. (1.9) ausdrücken; man benutzt dann nur ein anderes Buchführungssystem. Manchmal kann aber gerade ein Blickwechsel, und sei er zunächst nur eine Änderung der Bilanzierung, neue Ideen und ein besseres Verständnis der Realität ergeben. So wird auch die Denkvorstellung von dem elektrischen Feld als unabhängige Daseinsform Form annehmen, wenn es um die Untersuchung des dynamischen Verhaltens geladener Materie und der elektromagnetischen Strahlung geht.

Wir bekommen Schwierigkeiten, wenn wir versuchen, Gl. (1.38) auf ein System anzuwenden, das eine endliche Ladung Q ohne räumliche Ausdehnung, also eine Punktladung enthält. Q soll im Koordinatenursprung angeordnet sein. In seiner Nähe wird E^2 angenähert durch $k^2 Q^2/r^4$. Mit $dV = 4\pi r^2 \cdot dr$ wird sich der Integrand $E^2 \cdot dV$ wie dr/r^2 verhalten, und unser Integral wird im Grenzfall $r = 0$ Unendlich. Das erklärt uns einfach, daß es unendlich viel Energie erfordern würde, um eine endliche Ladung in das Volumen Null zu packen, was richtig, aber nicht hilfreich ist. In der realen Welt haben wir es mit Teilchen wie Elektronen und Protonen zu tun: Sie sind so klein, daß wir für die meisten Zwecke ihre Abmessungen vergessen und sie sich uns als Punktladungen vorstellen können, wenn wir ihre elektrische Wechselwirkung untereinander betrachten. Wieviel Energie erforderlich ist, um ein solches Teilchen zu erzeugen, ist eine Frage, die über den Bereich des klassischen Elektromagnetismus hinausgeht. Wir müssen die Teilchen als für uns gegeben hinnehmen. Die Energie, mit der wir uns befassen, ist die für ihre Verschiebung erforderliche Arbeit.

Die Unterscheidung ist gewöhnlich klar. Betrachten wir zwei geladene Teilchen, z.B. ein Proton und ein negatives Pion. Das gesamte Feld ist $\mathbf{E} = \mathbf{E}_p + \mathbf{E}_\pi$ und $\mathbf{E} \cdot \mathbf{E}$ ist $E_p^2 + E_\pi^2 + 2E_p E_\pi$. Nach Gl. (1.38) ist die gesamte Energie im elektrischen Feld dieses Zweiteilchensystems

$$W_F = \frac{\epsilon_0}{2} \int E^2 \cdot dV$$

$$= \frac{\epsilon_0}{2} \int E_p^2 \cdot dV + \frac{\epsilon_0}{2} \int E_\pi^2 \cdot dV + \epsilon_0 \int E_p E_\pi \cdot dV. \quad (1.40)$$

Der Wert des ersten Integrals ist eine Eigenschaft eines jeden einzelnen Protons. Er ist eine Naturkonstante, die sich nicht ändert, wenn man das Proton verschiebt. Dasselbe gilt für das zweite Integral, das nur das elektrische Feld des Pions enthält. Es ist das dritte Integral, das uns direkt interessiert. Es drückt die Energie aus, die erforderlich ist, um ein System zu bilden, das aus einem Proton und einem Pion besteht.

Die Unterscheidung kann unmöglich werden, wenn die beiden Teilchen so stark miteinander wechselwirken, daß die elektrische Struktur des einen durch die Anwesenheit des anderen zerstört wird. Da wir wissen, daß beide Teilchen in gewissem Sinn zusammengesetzt sind (das Proton besteht aus drei Quarks, das Pion aus zwei), können wir erwarten, daß während einer engen Annäherung etwas geschieht. Tatsächlich geschieht nicht viel bis zu einem Abstand von 10^{-15} m. Bei kürzeren Abständen bestimmen für stark wechselwirkende Teilchen, wie das Proton und das Pion, ohnehin nichtelektrische Kräfte das Geschehen.

Das erklärt, warum wir „Selbstenergie"-Terme, wie die beiden ersten Integrale in Gl. (1.39), in unsere Energieberechnung für ein System geladener Elementarteilchen nicht einbeziehen müssen. In der Tat wollen wir sie vernachlässigen. Das erreichen wir dadurch, daß wir die wirkliche Verteilung von diskreten Elementarteilchen (die Elektronen auf dem Gummiballon) durch eine vollständig kontinuierliche Ladungsverteilung ersetzen.

1.16 Übungen

1. Im Bereich der Elementarteilchen ist die natürliche Einheit der Masse die Masse eines *Nukleons* (Proton oder Neutron), das den Grundbaustein der gewöhnlichen Materie darstellt. Vergleichen Sie die Anziehung von zwei Protonen mit ihrer elektrischen Abstoßung bei gegebener Gravitationskonstante und Nukleonmasse.[16] Das zeigt, warum wir die Gravitationskraft als sehr *schwach* bezeichnen. Der Abstand zwischen zwei Protonen im Heliumkern kann zu einem gegebenen Zeitpunkt

[16] Grundlegende physikalische Konstanten finden Sie auf dem Vorsatzpapier (Einband, innen).

10^{-15} m sein. Wie groß ist die Kraft der elektrischen Abstoßung zwischen zwei Protonen bei diesem Abstand? Noch stärker ist die *Kern*kraft, die zwischen zwei Hadronen, wozu Neutronen und Protonen gehören, wirkt, wenn sie so nah beieinander sind.

2. Ein Elektron wird durch ein über ihm befindliches Proton in Schwebe gehalten. Unter der völlig unrealistischen Annahme, daß keine anderen geladenen Teilchen in der Nachbarschaft vorhanden sind, wird die Gewichtskraft auf das Elektron von der Anziehungskraft durch das Proton kompensiert. Wie groß ist der Abstand zwischen Elektron und Proton?
3. Zwei Volleybälle, jeder mit der Masse 0,3 kg, sind an isolierenden Fäden aufgehängt und durch einen elektrostatischen Generator aufgeladen worden (Bild 1.28). Wie groß ist die Ladung jedes Balls, wenn beide Bälle gleich geladen sind?

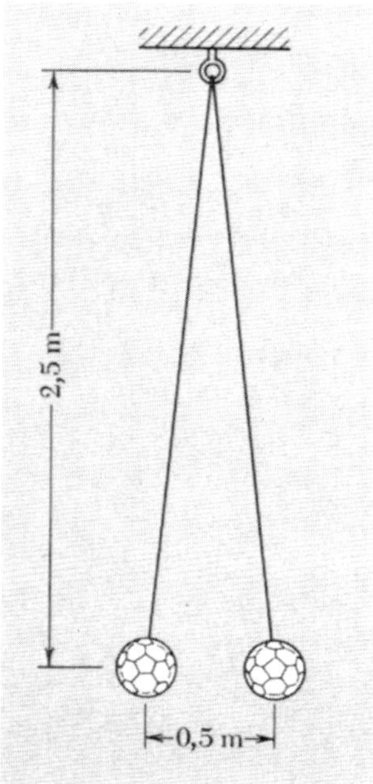

Bild 1.28

4. An jeder Ecke eines Quadrats befindet sich ein Teilchen mit der Ladung q. Im Zentrum des Quadrats ist eine Punktladung Q angebracht, die entgegengesetztes Vorzeichen hat. Welchen Wert muß Q haben, damit die Gesamtkraft auf jedes der vier Teilchen gleich Null ist? Das System ist im Gleichgewicht, wenn bei Abwesenheit anderer Kräfte Q diesen Wert hat. Glauben Sie, daß dieses Gleichgewicht stabil ist?
Lösung: $Q = 0{,}957\, q$
5. Ein dünner Kunststoffstab ist zu einem Halbkreis mit dem Radius R gebogen und aufgeladen mit der Ladung Q, die gleichmäßig über seine Länge verteilt ist. Welche elektrische Feldstärke herrscht im Mittelpunkt des Halbkreises?
6. Drei positive Ladungen ($Q_1 = 3 \cdot 10^{-6}$ C, $Q_2 = 2 \cdot 10^{-6}$ C, $Q_3 = 2 \cdot 10^{-6}$ C) befinden sich an den Ecken eines gleichseitigen Dreiecks (Seitenlänge 0,2 m).
   a) Bestimmen Sie die Kraft auf jede Ladung.
   b) Bestimmen Sie die elektrische Feldstärke im Mittelpunkt des Dreiecks.
   Lösung: a) $F_1 = 2{,}34$ N; $F_2 = F_3 = 1{,}96$ N; b) $6{,}74 \cdot 10^{-4}$ N/C
7. Welche geometrische Anordnung eines Protons und zweier Elektronen führt dazu, daß die potentielle Energie des Systems genau Null ist? Wie viele derartige Anordnungen gibt es, wenn die drei Teilchen auf einer Geraden liegen?
8. Wie groß ist die potentielle Energie pro Ion bei einem unendlich ausgedehnten eindimensionalen Ionenkristall (das ist eine lineare Anordnung, in der die Ladungen $+e$ und $-e$ in stets gleichbleibenden Abständen einander abwechseln)?
   Hinweis: Die Darstellung der Funktion $\ln(1+x)$ durch eine Potenzreihe ist hier von Nutzen.
9. *Potentielle Energie einer Ladungsverteilung.* Ein kugelförmiges Volumen (Radius a) enthält eine Raumladung konstanter Dichte ρ. Wie groß ist die potentielle Energie W_F dieser Ladungsverteilung, d.h. die Gesamtarbeit, die man für ihren Aufbau benötigt? Gehen Sie bei der Berechnung so vor, daß Sie die Kugel Schicht um Schicht aufbauen und dabei die Tatsache nutzen, daß das Feld außerhalb einer sphärischen Ladungsverteilung so aussieht, als wäre die gesamte Ladung im Mittelpunkt vereinigt. Drücken Sie das Ergebnis in Abhängigkeit von der in der Kugel vorhandenen Gesamtladung Q aus.

   Lösung: $W_F = \frac{1}{4\pi\varepsilon_0} \cdot \frac{3}{5} \cdot \frac{Q^2}{a}$.
10. *Ein Modell für das Elektron.* Zu Beginn dieses Jahrhunderts erwies sich die Vorstellung, daß die Ruhemasse des Elektrons rein elektrischen Ursprungs sein könnte, als sehr verlockend, besonders nachdem die spezielle Relativitätstheorie die Äquivalenz von Energie und Masse aufgedeckt hatte. Stellen Sie sich das Elektron als kugelförmige Ladungsverteilung mit konstanter Raumladungsdichte ρ und Radius r_0 vor. Unter Verwendung des Ergebnisses von Übung 9 setzen Sie die potentielle Energie dieses Systems gleich mc^2 und bestimmen daraus r_0. Ein Mangel dieses Modells ist besonders augenfällig: Nichts sorgt dafür, daß die Ladung beisammen bleibt!
11. Eine Ladung $Q_1 = 1$ C befindet sich im Koordinatenursprung, eine Ladung $Q_2 = 2$ C bei $x = 1$ m auf der x-Achse.
    a) An welchem Punkt auf der x-Achse ist das elektrische Feld Null?
    b) Bestimmen Sie, wenigstens näherungsweise, einen Punkt auf der y-Achse, wo das elektrische Feld parallel zur x-Achse ist. Dafür ist ein Taschenrechner hilfreich.
12. Ein weiteres Problem für Ihren Taschenrechner: Zwei positive Ionen und ein negatives Ion sind an den Ecken eines gleichseitigen Dreiecks befestigt. Wo können Sie ein viertes Ion so anbringen, daß die Kraft darauf Null ist? Gibt es mehr als einen solchen Platz?
13. Zwischen einer Gewitterwolke und dem Erdboden besteht eine vertikale elektrische Feldstärke, die bis auf 3000 V/m ansteigen kann.
    a) Wie groß muß die Ladungsdichte (C/m²) in der horizontalen Fläche der Gewitterwolke sein?
    b) Nehmen Sie an, es wäre genug Wasser in Form von Tropfen (Durchmesser 1 mm) vorhanden, die die Ladung tragen, um 2,5 mm Niederschlag zu erzeugen. Wie groß ist die elektrische Feldstärke auf der Oberfläche eines Tropfens?
14. Eine Ladung Q ist gleichmäßig über einen dünnen Ring (Radius b) verteilt. Der Ring liegt in der x,y-Ebene, sein Mittelpunkt im Koordinatenursprung. Bestimmen Sie den Punkt auf der positiven z-Achse, wo das elektrische Feld am stärksten ist.
15. *Feld einer gleichmäßigen, sphärischen Raumladungsverteilung.* Gegeben ist eine sphärische Ladungsverteilung mit konstanter Raumladungsdichte ρ_0 von $r = 0$ bis $r = a$. Für $r > a$ ist die Raumladungsdichte Null. Gesucht ist die elektrische Feld-

stärke für alle Werte von r, und zwar für $r < a$ und $r > a$. Ändert sich die Feldstärke beim Durchgang durch die Oberfläche der Ladungsverteilung bei $r = a$ unstetig? Gibt es eine unstetige Änderung bei $r = 0$?

16. Eine Kugel (Radius a) war positiv geladen mit einer einheitlichen Dichte ρ. Dann wurde eine kleinere Kugel (Radius $a/2$) ausgeschnitten (Bild 1.29). Welche Richtung und welchen Betrag hat das elektrische Feld in den Punkten A und B?

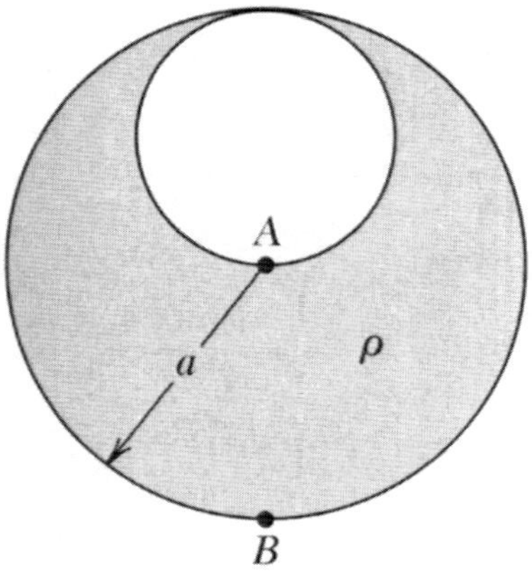

Bild 1.29

17. *Gaußsches Gesetz*
    a) Eine Punktladung Q befindet sich im Mittelpunkt eines Würfels (Kantenlänge d). Welchen Wert hat das *über eine Würfelfläche* erstreckte Integral $\int \mathbf{E} \cdot d\mathbf{A}$?
    b) Die Ladung Q wird in eine Ecke des Würfels verschoben. Wie groß ist nun der Fluß von **E** durch jede Würfelfläche?

18. *Flächenladungen.* Zwei parallele Ebenen (Abstand 2 cm) sind geladen; ihre Flächenladungsdichten betragen $\sigma_1 = 6 \cdot 10^{-5}\,\mathrm{C/m^2}$ und $\sigma_2 = -4 \cdot 10^{-5}\,\mathrm{C/m^2}$. Wie sieht das elektrische Feld dieses Systems aus? Nun sollen die beiden Ebenen, statt parallel zu verlaufen, einander rechtwinklig schneiden; wie ist dann das Feld in den dadurch entstehenden vier Raumabschnitten beschaffen?

19. Auf einer Ebene (Bild 1.30) befindet sich die gleichmäßige Flächenladungsdichte σ; daran schließt sich direkt eine unendlich ausgedehnte, gleichmäßig dicke, geladene Schicht (Schichtdicke d, konstante Raumladungsdichte ρ) an. Alle Ladungen sind unbeweglich. Bestimmen Sie überall **E**.

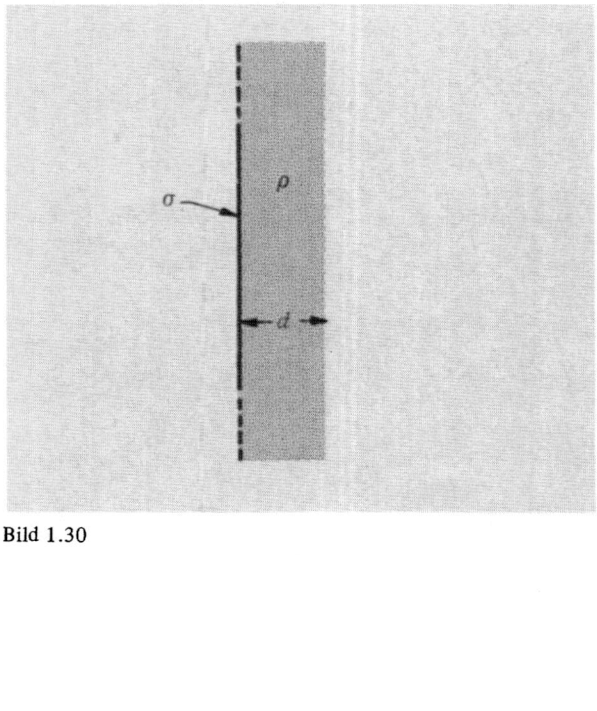

Bild 1.30

20. Gegeben ist eine zylindrische Ladungsverteilung mit kreisförmigem Querschnitt (lange geladene Röhre). Beweisen Sie, daß das Feld im Inneren der Röhre Null ist. Beweisen Sie, daß das Feld außerhalb genauso beschaffen ist, als wenn sich die gesamte Ladung auf der Achse befinden würde. Sind beide Aussagen richtig für eine Röhre mit quadratischem Querschnitt, die mit einer einheitlichen Oberflächendichte geladen ist?

21. *Elektrisches Feld im Wasserstoffatom.* In gewisser Beziehung verhält sich das neutrale Wasserstoffatom im Grundzustand wie eine Ladungsverteilung, die aus einer Punktladung der Größe $+e$ besteht, umgeben von einer negativen Raumladung, deren Dichte durch $-\rho(r) = C\mathrm{e}^{-2r/a_0}$ gegeben ist. Hierbei ist a_0 der Bohr-Radius $0{,}53 \cdot 10^{-10}\,\mathrm{m}$; C ist eine Konstante, die dafür sorgt, daß die gesamte Ladung genau die Größe $-e$ hat. Wie groß ist die Summe aus positiver und negativer Ladung innerhalb einer Kugel mit dem Radius a_0? Bestimmen Sie auch Betrag und Richtung der elektrischen Feldstärke in diesem Abstand vom Kern.

22. Gegeben sind drei ebene geladene Schichten A, B und C. Die Schichten sind parallel angeordnet, Schicht B liegt zwischen A und C. Die gleichförmigen Flächenladungsdichten sind $\sigma_A = -4 \cdot 10^{-5}\,\mathrm{C/m^2}$, $\sigma_B = 7 \cdot 10^{-5}\,\mathrm{C/m^2}$ und $\sigma_C = -3 \cdot 10^{-5}\,\mathrm{C/m^2}$. (Die gegebene Dichte enthält jeweils die Ladung auf beiden Seiten der Schicht.) Wie groß ist die elektrische Kraft pro Fläche auf jede Schicht? Überprüfen Sie, ob die Gesamtkraft auf die drei Schichten Null ist.
    Lösung: $(F_A, F_B, F_C) = (-16, 7, 9) \cdot 10^{-10}\,(\mathrm{C/m^2})^2/(2\epsilon_0)$

23. Eine Kugel mit dem Radius R trägt eine Ladung Q, die gleichmäßig über ihre Oberfläche verteilt ist. Im elektrischen Feld dieser Ladungsverteilung ist Energie gespeichert. Wie groß ist die Kugel, die 90 % dieser Energie enthält?
    Lösung: Radius = 10 R

24. Ein dünner Stab (Länge 10 cm) trägt eine Ladung von $8 \cdot 10^{-9}\,\mathrm{C}$, die gleichförmig über seine Länge verteilt ist. Wie groß ist die elektrische Feldstärke in den Punkten A und B (Bild 1.31).

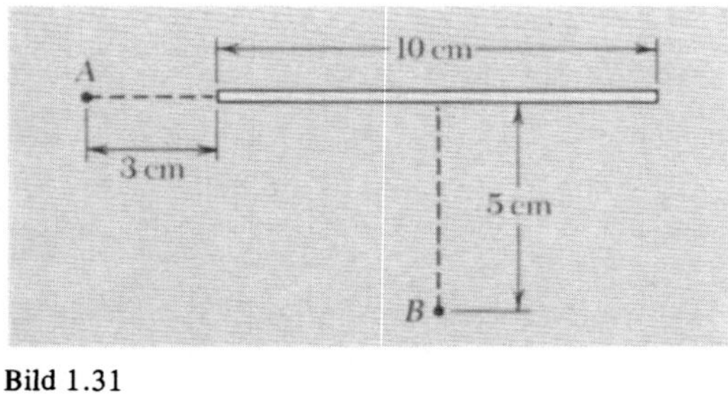

Bild 1.31

25. Betrachten Sie eine Gleichstrom-Hochspannungsleitung. Die beiden Leiter sind 3 m voneinander entfernt und entgegengesetzt geladen. Die elektrische Feldstärke genau zwischen den Leitern ist 15000 N/C. Wieviel positiver Ladungsüberschuß befindet sich auf einer Länge von 1 km des positiven Leiters?
    Lösung: $6{,}26 \cdot 10^{-4}\,\mathrm{C}$

26. Zwei lange, dünne, parallele Stangen haben einen Abstand $2b$ voneinander und sind durch ein halbkreisförmiges Stück (Radius b) verbunden (Bild 1.32). Die ganze Anordnung ist geladen. Es herrscht eine einheitliche lineare Ladungsdichte λ. Zeigen Sie, daß das Feld E dieser Ladungsverteilung im Punkt C verschwindet. Vergleichen Sie dazu die Beiträge der Elemente bei A und B, die durch dieselben Werte θ und $d\theta$ festgelegt sind.

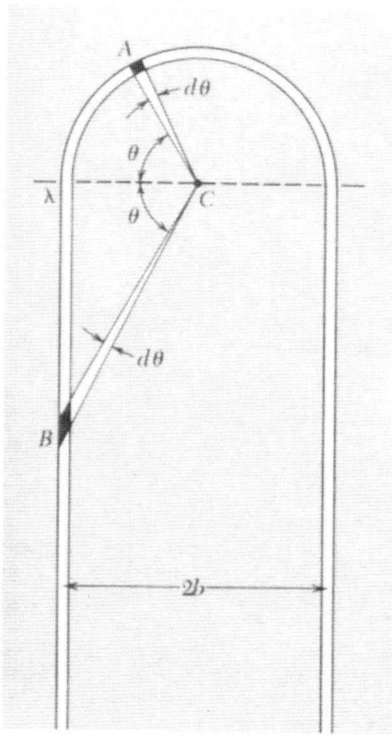

Bild 1.32

27. Ein unendliches Schachbrett trägt in der Mitte eines jeden Quadrats (Seitenlänge s) eine Ladung e auf weißen Feldern und $-e$ auf schwarzen Feldern. Wir sind an der Arbeit W interessiert, die erforderlich ist, eine Ladung von ihrer Position auf dem Brett senkrecht dazu ins Unendliche zu bringen. W ist endlich, was plausibel, aber nicht leicht zu beweisen ist. Ist W positiv oder negativ? Um einen angenäherten Wert für W zu berechnen, entfernen Sie die Ladung vom mittleren Feld eines $(7 \cdot 7)$-Bretts. (Die Summe besteht aus nur drei verschiedenen Termen.) Oder schreiben Sie ein Programm, und berechnen Sie die Arbeit für die Entfernung der Ladung in der Mitte für eine viel größere Anordnung, z.B. ein $(101 \cdot 101)$-Brett. Vergleichen Sie das Ergebnis für das $(101 \cdot 101)$-Brett mit dem für ein $(99 \cdot 99)$-Brett und ein $(103 \cdot 103)$-Brett. Das sollte eine Vorstellung davon geben, wie die Ergebnisse zum Wert für die unendliche Anordnung konvergieren.

28. Drei Protonen und drei Elektronen sind in den Ecken eines regelmäßigen Oktaeders (Kantenlänge a) anzubringen. Wir wollen die Energie des Systems bestimmen, d.h. die Arbeit, die erforderlich ist, um die Teilchen von weither zusammenzubringen. Es gibt zwei wesentlich verschiedene Anordnungen, deren Energien anzugeben sind.
Lösung: $-3{,}879\, ke^2/a$; $-2{,}121\, ke^2/a$

29. *Anwendung des Superpositionsprinzips.* Bild 1.33 zeigt eine geladene Kugeloberfläche (Radius a, Flächenladungsdichte σ), aus der ein kleines kreisförmiges Stück mit dem Radius $b \ll a$ ausgeschnitten wurde. Welchen Betrag und welche Richtung hat die Feldstärke im Mittelpunkt der Öffnung? Dieses Problem läßt sich auf zweierlei Weise lösen. Man kann über die verbleibende Ladungsverteilung integrieren und damit die Beiträge aller Flächenelemente zu der Feldstärke in dem fraglichen Punkt summieren. Oder aber man erinnert sich des Superpositionsprinzips und denkt über die Auswirkung nach, die sich daraus ergibt, daß das vorher entfernte Stück wieder eingesetzt wird; dieses Stück ist praktisch eine kleine Scheibe. Beachten Sie den Zusammenhang dieses Ergebnisses mit der Diskussion der Kraft auf eine Flächenladung – vielleicht ist dies sogar ein dritter Weg, der zu der gesuchten Lösung führt.

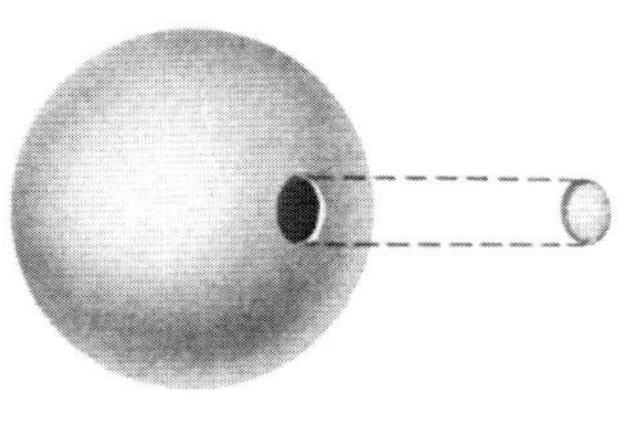

Bild 1.33

30. Konzentrische Kugelschalen mit den Radien a und b $(b > a)$ sind mit der gleichförmig verteilten Ladung Q beziehungsweise $-Q$ geladen. Wie groß ist die im elektrischen Feld dieser Anordnung gespeicherte Energie?

31. Ähnlich dem beschriebenen geladenen Gummiballon (Bild 1.27) erfährt eine geladene Seifenblase (Radius R, Gesamtladung Q) eine auswärts gerichtete elektrische Kraft auf jedem Stückchen ihrer Oberfläche. Wie groß ist die resultierende Kraft, die eine halbkugelförmige Hälfte von der anderen wegdrückt? (Wenn diese Kraft dividiert durch $2\pi R$ die Oberflächenspannung des Seifenfilms übersteigt, kann man ein interessantes Verhalten erwarten!)
Lösung: $k \cdot Q^2/(8R^2)$

32. Drei positiv geladene Teilchen sind auf einer festen kreisförmigen Bahn frei beweglich. Falls die Ladungen alle gleich sind, werden die Teilchen im Gleichgewicht offensichtlich einen Abstand von 120° auf dem Kreis einnehmen. Es wird nun angenommen, daß zwei Ladungen gleich sind und einen Abstand von 90° einnehmen. Welche relative Größe hat die dritte Ladung?
Lösung: 3,154

33. Stellen Sie sich eine Kugel (Radius a) vor, die mit negativer Ladung (zwei Elektronenladungen) gleichförmiger Dichte gefüllt ist. Betten Sie in diese negative Ladungsverteilung zwei Protonen ein und nehmen Sie an, daß sie trotzdem gleichförmig bleibt. Wo müssen die Protonen angeordnet sein, damit die Kraft auf jedes von ihnen Null ist? (Das ist ein überraschend realistisches Modell eines Wasserstoffmoleküls. Der Zauber, der die Elektronenwolke rings um die Protonen vor dem Zusammenbruch bewahrt, wird durch die Quantenmechanik erklärt!)

34. Vier positiv geladene Körper, zwei mit der Ladung Q und zwei mit der Ladung q sind durch nichtdehnbare Bänder gleicher Länge verbunden. Ohne äußere Kraft nehmen sie eine Gleichgewichtsanordnung ein, wie sie in Bild 1.34 zu sehen ist. Zeigen Sie, daß $\tan^3\theta = Q^2/q^2$ ist. Das kann auf zwei Wegen geschehen: Sie können zeigen, daß die Beziehung gilt, wenn die Gesamtkraft auf jeden Körper (die Vektorsumme aus dem Zug an den Bändern und der elektrischen Abstoßung) Null ist.

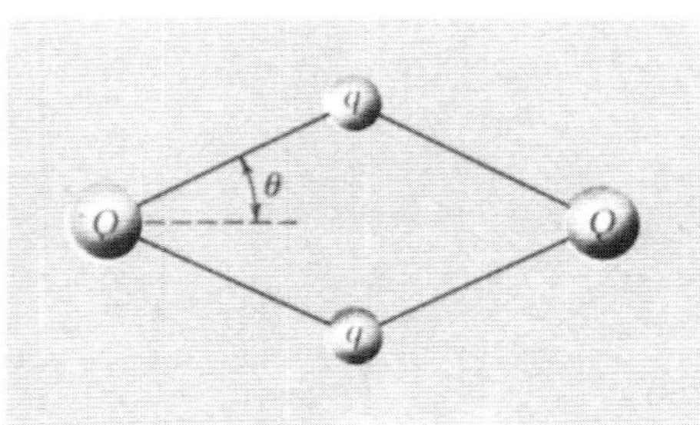

Bild 1.34

Oder Sie können den Ausdruck für die Energie W der Anordnung (gemäß Gl. (1.7), aber für vier Ladungen anstelle von drei) hinschreiben und minimalisieren.

35. Wir betrachten das elektrische Feld von zwei Protonen im Abstand b. Gemäß Gl. (1.38), die wir mitgeteilt, aber nicht bewiesen haben, sollte die potentielle Energie des Systems gegeben sein durch

$$W = \frac{\epsilon_0}{2} \int \mathbf{E}^2 \cdot dV = \frac{\epsilon_0}{2} \int (\mathbf{E}_1 + \mathbf{E}_2)^2 \cdot dV$$

$$= \frac{\epsilon_0}{2} \left(\int \mathbf{E}_1^2 \cdot dV + \int \mathbf{E}_2^2 \cdot dV + 2 \int \mathbf{E}_1 \cdot \mathbf{E}_2 \cdot dV \right),$$

wobei $\mathbf{E}_1$ das Feld des einen Teilchens alleine und $\mathbf{E}_2$ das des anderen ist. Das erste der drei Integrale auf der rechten Seite kann die „elektrische Selbstenergie" des Protons genannt werden. Sie ist eine innere Eigenschaft des Teilchens, die von der Größe und Struktur des Protons abhängt. Wir haben sie bei der Berechnung der potentiellen Energie eines Systems von Ladungen immer vernachlässigt unter der Annahme, daß sie konstant bleibt; dasselbe gilt für das zweite Integral. Das dritte Integral ist nicht schwer zu berechnen, wenn es in Kugelkoordinaten angesetzt wird mit einem Proton im Koordinatenursprung und dem anderen auf der polaren Achse und wenn die Integration zuerst über r durchgeführt wird. Dann kann durch direkte Berechnung gezeigt werden, daß das dritte Integral den Wert ke^2/b hat, den wir schon als Arbeit kennen, die erforderlich ist, um zwei Protonen von einem unendlich großen Abstand auf die Entfernung b voneinander zu bringen. Nachdem Sie die Richtigkeit der Gl. (1.38) für diesen Fall gezeigt haben, können Sie durch Anwendung des Superpositionsprinzips begründen, daß Gl. (1.38) dann die Energie ergeben muß, die erforderlich ist, um irgendein System von Ladungen aufzubauen.

2 Das elektrische Potential

2.1 Das Linienintegral der elektrischen Feldstärke

Wir betrachten das Feld **E** einer ruhenden Verteilung elektrischer Ladungen und zwei Punkte P_1 und P_2, die irgendwo in diesem Feld liegen. Dann heißt

$$\int_{P_1}^{P_2} \mathbf{E} \cdot d\mathbf{s}$$

das Linienintegral von **E** zwischen den beiden gegebenen Punkten; integriert wird über einen Weg, der P_1 und P_2 (Bild 2.1) verbindet. Darunter ist folgendes zu verstehen: Teilen Sie den Weg von P_1 nach P_2 in kurze Abschnitte und stellen Sie jeden dieser Abschnitte durch einen Vektor dar, der deren Enden jeweils miteinander verbindet; bilden Sie dann das skalare Produkt dieses Vektors mit der Feldstärke **E** an dem fraglichen Ort; schließlich summieren Sie alle einzelnen Skalarprodukte über den ganzen Weg. Das Integral betrachten wir wie üblich als Grenzwert dieser Summe, wenn wir die Länge der einzelnen Abschnitte gegen Null und ihre Anzahl gegen Unendlich gehen lassen.

Als Beispiel nehmen wir irgendwelche Wege von Punkt P_1 zu Punkt P_2 im Feld einer Punktladung. Zwei verschiedene Wege sind in Bild 2.2 gezeigt. Der Weg A besteht aus einem radialen Stück von P_1 nach außen und einem Bogenstück mit dem Radius r_2. Das Linienintegral ist dafür leicht zu berechnen. Entlang des radialen Stücks sind **E** und $d\mathbf{s}$ parallel. Der Betrag von **E** ist kQ/r^2 und $\mathbf{E} \cdot d\mathbf{s}$ ist einfach $k\,(Q/r^2) \cdot ds$. Das Linienintegral von diesem Stück ist

$$\int_{r_1}^{r_2} \frac{kQ \cdot dr}{r^2} = kQ\left(\frac{1}{r_1} - \frac{1}{r_2}\right). \tag{2.1}$$

Das zweite Stück vom Weg A, der Kreisbogen, ergibt Null, weil **E** überall senkrecht zu $d\mathbf{s}$ orientiert ist. Das gesamte Linienintegral ist deshalb

$$\int_{P_1}^{P_2} \mathbf{E} \cdot d\mathbf{s} = kQ\left(\frac{1}{r_1} - \frac{1}{r_2}\right). \tag{2.2}$$

Nun betrachten wir den Weg B. Weil **E** den Betrag kQ/r^2 hat und radial gerichtet ist, ist $\mathbf{E} \cdot d\mathbf{s} = k\,(Q/r^2) \cdot dr$, selbst

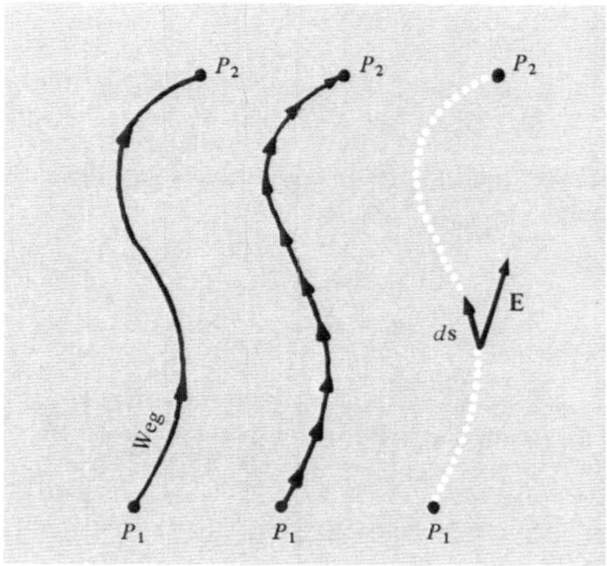

Bild 2.1 Aufteilung eines Weges in Wegelemente $d\mathbf{s}$

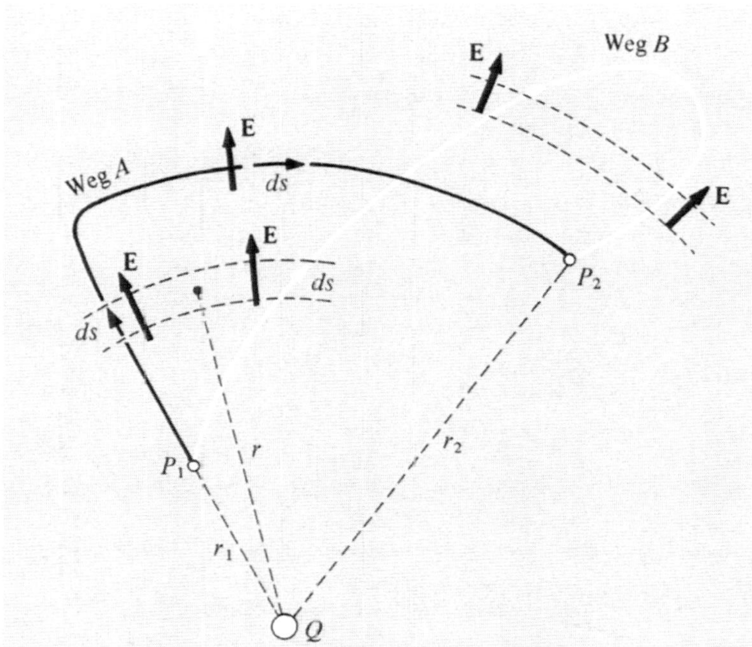

Bild 2.2
E ist das elektrische Feld der Punktladung Q. Das Linienintegral von **E** von P_1 nach P_2 entlang des Weges A hat den Wert $k \cdot Q\,(1/r_1 - 1/r_2)$. Genau der gleiche Wert ergibt sich für den Weg B oder irgendeinen anderen Weg von P_1 nach P_2.

wenn ds nicht radial gerichtet ist. Die entsprechenden Stücke von A und B ergeben gleiche Beiträge zum Integral. Der Teil des Weges B, der über r_2 hinausläuft, ergibt insgesamt den Beitrag Null; die Beiträge der entsprechenden auswärts und einwärts gehenden Stücke heben sich auf. Weg B wird dasselbe Ergebnis wie Weg A für das gesamte Linienintegral ergeben. Weil Weg B nicht besonders ausgezeichnet ist, muß Gl. (2.1) für *jeden* Weg von P_1 nach P_2 gelten.

Hier haben wir im wesentlichen die Argumente aus Abschnitt 1.5 wiederholt. Dort ging es um die Arbeit, die erforderlich ist, um eine Punktladung an eine andere anzunähern (Bild 1.5). Doch nun interessieren wir uns für das von irgendeiner Ladungsverteilung erzeugte gesamte elektrische Feld. Ein weiterer Schritt wird uns zu einer wichtigen Schlußfolgerung bringen. Das Linienintegral einer Summe von Feldern ist gleich einer Summe von Linienintegralen der einzelnen Felder. Das heißt, für $\mathbf{E} = \mathbf{E}_1 + \mathbf{E}_2 + \ldots$ ist

$$\int_{P_1}^{P_2} \mathbf{E} \cdot ds = \int_{P_1}^{P_2} \mathbf{E}_1 \cdot ds + \int_{P_1}^{P_2} \mathbf{E}_2 \cdot ds + \ldots, \qquad (2.3)$$

wobei für alle Integrationen derselbe Weg benutzt wird. Nun kann irgendein elektrostatisches Feld als Summe einer (möglicherweise riesigen) Anzahl von Punktladungen, wie in Gl. (1.14) oder (1.15) ausgedrückt, betrachtet werden. Deshalb muß, wenn das Linienintegral von P_1 nach P_2 für jedes der Punktladungsfelder $\mathbf{E}_1$, $\mathbf{E}_2$, ... unabhängig vom Weg ist, das gesamte Feld diese Eigenschaft haben:

$\int_{P_1}^{P_2} \mathbf{E} \cdot ds$ hat in einem elektrostatischen Feld für alle Wege, die P_1 und P_2 verbinden, denselben Wert. (2.4)

Die Punkte P_2 und P_1 können zusammenfallen. In diesem Fall sind die Wege entweder geschlossene Kurven oder sie haben verschwindende Länge. Das führt zu der Folgerung:

Das Linienintegral $\oint \mathbf{E} \cdot ds$ entlang eines geschlossenen Weges in einem elektrostatischen Feld ist Null. (2.5)

Mit *elektrostatischem Feld* ist das Feld ruhender Ladungen gemeint. Später werden wir auf elektrische Felder stoßen, deren Linienintegral nicht wegunabhängig ist. Für unsere gegenwärtigen Zwecke können wir sagen, daß, wenn sich die Ladungen nur langsam genug bewegen, das Feld $\mathbf{E}$ so beschaffen ist, daß $\int \mathbf{E} \cdot ds$ praktisch wegunabhängig ist. Wenn $\mathbf{E}$ selbst zeitlich veränderlich ist, muß es natürlich in $\int \mathbf{E} \cdot ds$ verstanden werden als Feld, das über den gesamten Weg für einen gegebenen Zeitpunkt existiert. Mit dieser Einsicht können wir sinnvoll über das Linienintegral in einem veränderlichen elektrostatischen Feld sprechen.

2.2 Potentialdifferenz und Potentialfunktion

Da das Linienintegral in einem elektrostatischen Feld wegunabhängig ist, kann man es zur Definition einer skalaren Größe U_{21} wie folgt verwenden:

$$U_{21} = -\int_{P_1}^{P_2} \mathbf{E} \cdot ds . \qquad (2.6)$$

U_{21} gibt die *Arbeit pro Ladung* an, die aufgebracht werden muß, um eine positive Ladung im Feld $\mathbf{E}$ von P_1 nach P_2 zu verschieben. Somit ist U_{21} eine einwertige skalare Funktion der *zwei* Punkte P_1 und P_2. Wir nennen diese Größe elektrische *Potentialdifferenz* zwischen den beiden Punkten.

Im SI wird die Potentialdifferenz in J/C gemessen. Diese Einheit wird auch als Volt bezeichnet und mit V abgekürzt. Aus der Definition folgt, daß man die Arbeit 1 Joule benötigt, um die Ladung 1 Coulomb durch die Potentialdifferenz 1 Volt zu verschieben. Es gilt also auch $1\ \mathrm{V} \cdot 1\ \mathrm{C} = 1\ \mathrm{J}$.

Halten wir P_1 als Bezugspunkt fest, wird U_{21} nur eine Funktion von P_2, d.h. eine Funktion der Ortskoordinaten x, y, z. Dann brauchen wir keine Indizes und können einfach $U(x, y, z)$ schreiben. Dabei müssen wir aber stets daran denken, daß zu dieser Definition noch immer eine Übereinkunft über den Bezugspunkt P_1 gehört. $U(x, y, z)$ ist eine skalare Ortsfunktion oder ein skalares Feld (was dasselbe bedeutet). Sie hat keine Richtung. Sobald das Vektorfeld $\mathbf{E}$ vorgegeben ist, ist auch die Potentialfunktion U festgelegt, abgesehen von einer additiven Konstanten, die aus der willkürlichen Wahl des Bezugspunktes P_1 folgt.

Als Beispiel bestimmen wir das Potential des in Bild 2.3 dargestellten Feldes. Seine Komponenten sind: $E_x = Ky$, $E_y = Kx$, $E_z = 0$, wobei K eine Konstante ist. Dies ist ein mögliches elektrostatisches Feld. Einige Feldlinien sind gezeichnet. Da $E_z = 0$ ist, wird das Potential unabhängig von z sein, und wir brauchen nur die x,y-Ebene zu betrachten. Der Punkt A soll die Koordinaten (x_1, y_1) haben, der Punkt C die Koordinaten (x_2, y_2). Es ist bequem, A in den Koordinatenursprung zu legen, also $x_1 = y_1 = 0$. Um $-\int \mathbf{E} \cdot ds$ zwischen diesem Bezugspunkt und einem beliebigen Punkt (x_2, y_2) zu bestimmen, geht man am besten längs des in Bild 2.3 markierten Weges vor:

$$U(x, y) = -\int_{(0,0)}^{(x_2,y_2)} \mathbf{E} \cdot ds = -\int_{(0,0)}^{(x_2,0)} E_x\, dx - \int_{(x_2,0)}^{(x_2,y_2)} E_y\, dy . \qquad (2.7)$$

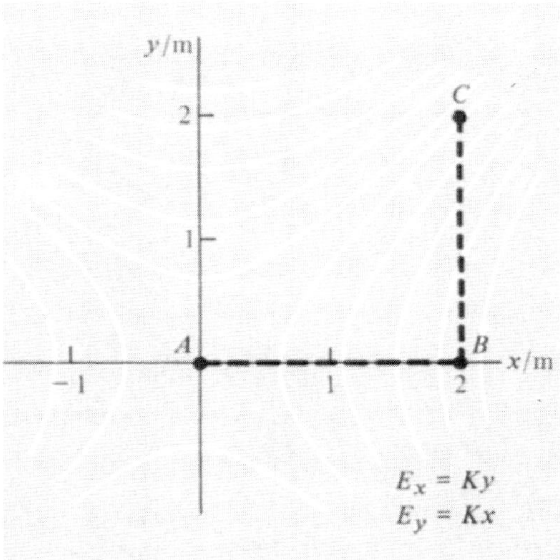

Bild 2.3 Ein spezieller Weg *ABC* im elektrischen Feld $E_x = Ky$, $E_y = Kx$. Einige Feldlinien sind eingezeichnet.

Das erste der beiden Integrale auf der rechten Seite ergibt Null, da, wie schon früher bemerkt, die Feldkomponente E_x längs der x-Achse verschwindet. Das zweite Integral wird bei konstantem x bestimmt; da die Feldkomponente $E_y = Kx_2$ ist, erhalten wir

$$-\int_{(x_2,0)}^{(x_2,y_2)} E_y \cdot dy = -\int_0^{y_2} Kx_2 \cdot dy = -Kx_2 y_2 \ . \qquad (2.8)$$

Der Punkt (x_2, y_2) war nicht speziell gewählt worden, so daß wir die Indizes weglassen können:

$$U = -Kxy \qquad (2.9)$$

ist das Potential des Feldes in irgendeinem Punkt (x, y). Das Potential ist Null im Koordinatenursprung. Eine beliebige Konstante kann zu diesem Ergebnis noch addiert werden. Dies bedeutet dann, daß der Bezugspunkt, dem das Potential Null zugeschrieben wird, nicht im Koordinatenursprung, sondern irgendwo anders liegt.

Wichtig: Das *Potential U* eines vorgegebenen Feldes **E** darf nicht mit der *potentiellen Energie* eines aus verschiedenen Ladungen bestehenden Systems verwechselt werden. Die potentielle Energie eines solchen Systems gibt die gesamte notwendige Arbeit an, um jede Ladung an ihren Platz zu bringen, d.h., das System aus den zunächst weit voneinander entfernten Ladungen aufzubauen. In Gl. (1.8) drückten wir z.B. mit W_F die potentielle Energie des Ladungssystems (Anordnung von 8 Ladungen) von Bild 1.6 aus. Im Gegensatz dazu wäre das elektrostatische *Potential* $U(x, y, z)$ des Feldes von Bild 1.6 die erforderliche Arbeit, um eine positive Ladung von irgendeinem gewählten Bezugspunkt zum Punkt (x, y, z) zu bringen.

2.3 Der Gradient einer skalaren Funktion

Bei vorgegebenem Feld läßt sich, wie wir bereits gesehen haben, die zugehörige elektrische Potentialfunktion bestimmen. Wir können aber auch umgekehrt vorgehen und aus dem Potential das Feld herleiten. Nach Gl. (2.6) scheint es, als wäre das Feld in irgendeiner Weise die *Ableitung* der Potentialfunktion. Um diese Vorstellung zu präzisieren, führen wir den *Gradienten* einer skalaren Ortsfunktion ein. $f(x, y, z)$ sei irgendeine stetige, differenzierbare Funktion der Ortskoordinaten. Mit den partiellen Ableitungen $\frac{\partial f}{\partial x}$, $\frac{\partial f}{\partial y}$ und $\frac{\partial f}{\partial z}$ läßt sich für jeden Raumpunkt ein Vektor definieren, und zwar der Vektor, dessen x-, y- und z-Komponenten gleich den entsprechenden partiellen Ableitungen sind[17]).

Dieser Vektor heißt Gradient von f, er wird grad f oder ∇f (lies „Nabla" f) geschrieben:

$$\boxed{\nabla f = \text{grad}\, f = \hat{\mathbf{x}}\,\frac{\partial f}{\partial x} + \hat{\mathbf{y}}\,\frac{\partial f}{\partial y} + \hat{\mathbf{z}}\,\frac{\partial f}{\partial z}\ .} \qquad (2.10)$$

∇f ist ein Vektor, der die Änderung der Funktion f in der Umgebung eines Punktes angibt. Seine x-Komponente ist die partielle Ableitung von f nach x, sie ist ein Maß für die Änderung von f bei Fortschreiten in x-Richtung. Die Richtung des Vektors ∇f in irgendeinem Punkt gibt an, in welcher Richtung man von dem betreffenden Punkt ausgehend die stärkste Zunahme der Funktion f erhält. Nehmen wir einmal an, wir hätten es mit einer Funktion von nur zwei Variablen, x und y, zu tun. Dann läßt sich die Funktion als Fläche im dreidimensionalen Raum darstellen. Stehen wir auf einem Punkt einer solchen Fläche, so sehen wir, wie die Fläche in irgendeiner Richtung ansteigt und in der entgegengesetzten Richtung abfällt. Nun gibt es eine Richtung, in der ein kurzer Schritt höher führt als ein Schritt gleicher Länge in jede andere Richtung. Der Gradient der Funktion ist ein Vektor, der eben diese Richtung des steilsten Anstiegs hat und dessen Betrag die in dieser Richtung gemessene Neigung angibt.

Bild 2.4 veranschaulicht diesen Tatbestand. Irgendeine Funktion der zwei Koordinaten x und y wird durch die in

17) Wir erinnern daran, daß $\frac{\partial f}{\partial x}$, die partielle Ableitung nach x einer Funktion von x, y und z, die Änderung der Funktion in Bezug auf x bedeutet, wobei die anderen Variablen y und z konstant gehalten werden. Exakter:

$$\frac{\partial f}{\partial x} = \lim_{\Delta x \to 0} \frac{f(x + \Delta x, y, z) - f(x, y, z)}{\Delta x}$$

Betrachten wir als Beispiel die Funktion $f(x, y, z) = x^2 yz^3$; dann lauten die partiellen Ableitungen

$$\frac{\partial f}{\partial x} = 2xyz^3;\quad \frac{\partial f}{\partial y} = x^2 z^3;\quad \frac{\partial f}{\partial z} = 3x^2 yz^2\ .$$

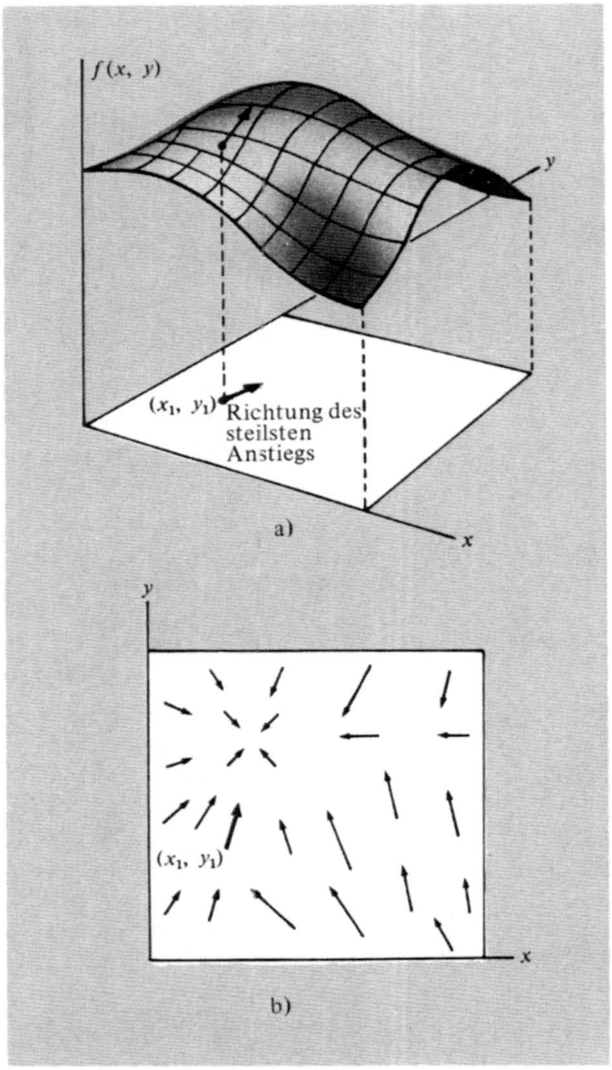

Bild 2.4
a) Die skalare Funktion $f(x, y)$ als Fläche dargestellt,
b) Darstellung der Vektorfunktion ∇f durch Pfeile.

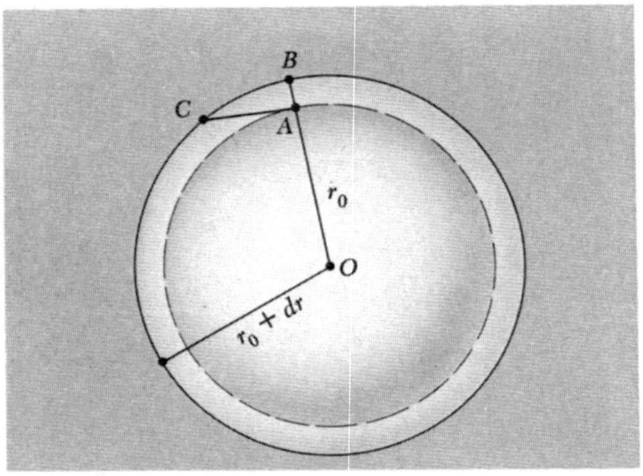

Bild 2.5 Der kürzest mögliche Schritt für eine vorgegebene Änderung von f erfolgt in radialer Richtung (AB), wenn f nur eine Funktion von r ist.

Bild 2.4a wiedergegebene Fläche $f(x, y)$ dargestellt. Im Punkt (x_1, y_1) steigt die Fläche am steilsten in jener Richtung an, die mit der positiven x-Richtung einen Winkel von etwa 80° einschließt. Der Gradient von $f(x, y)$, ∇f, ist eine Vektorfunktion von x und y. Seine Eigenschaften werden in Bild 2.4b durch eine Anzahl von Vektoren in verschiedenen Punkten der Projektion der Fläche auf die x, y-Ebene angedeutet. Die durch Gl. (2.10) definierte Vektorfunktion ∇f ist einfach eine Erweiterung auf den dreidimensionalen Raum[18]).

[18]) Die in Bild 2.4a dargestellte gekrümmte Fläche im dreidimensionalen Raum darf nicht mit dem dreidimensionalen Raum selbst verwechselt werden; die dritte Koordinate gibt dort nur den Wert der Funktion $f(x, y)$ an.

Um auch ein Beispiel für eine Funktion im dreidimensionalen Raum zu behandeln, betrachten wir eine Funktion $f(x, y, z)$ und nehmen an, sie hängt nur von dem Abstand r von irgendeinem festen Punkt O ab. Auf der Oberfläche einer Kugel mit dem Mittelpunkt O und dem Radius r_0 ist $f = f(r_0)$ konstant. Auf der Oberfläche einer etwas größeren Kugel mit dem Radius $r_0 + dr$ ist die Funktion $f = f(r_0 + dr)$ ebenfalls konstant. Wollen wir von $f(r_0)$ zu $f(r_0 + dr)$ übergehen, so liegt der kürzestmögliche Schritt in radialer Richtung (d.h. in Bild 2.5 von A nach B und nicht etwa von A nach C). Das „Gefälle" von f ist deshalb in radialer Richtung am größten; ∇f ist daher in jedem Punkt ein radial gerichteter Vektor. Für diesen Fall ist $\nabla f = \hat{\mathbf{r}}\,(df/dr)$, wobei $\hat{\mathbf{r}}$ für jeden Punkt den Einheitsvektor in radialer Richtung angibt.

2.4 Herleitung des Feldes aus dem Potential

Es ist nun sehr einfach einzusehen, daß die Beziehung zwischen der skalaren Funktion f und der Vektorfunktion ∇f, vom Minuszeichen abgesehen, die gleiche ist, wie die zwischen dem Potential U und dem Feld $\mathbf{E}$. Wir betrachten den Wert von U für zwei benachbarte Punkte (x, y, z) und $(x + dx, y + dy, z + dz)$; für die Änderung von U beim Fortschreiten vom ersten zum zweiten Punkt erhalten wir dann in erster Näherung

$$dU = \frac{\partial U}{\partial x} dx + \frac{\partial U}{\partial y} dy + \frac{\partial U}{\partial z} dz \,. \qquad (2.11)$$

Andererseits ergibt sich aus der Definition von U, daß die Änderung auch durch

$$dU = -\mathbf{E} \cdot d\mathbf{s} \qquad (2.12)$$

ausgedrückt werden kann. Da das infinitesimale vektorielle Wegelement $d\mathbf{s} = \hat{\mathbf{x}}\,dx + \hat{\mathbf{y}}\,dy + \hat{\mathbf{z}}\,dz$ ist, werden die Gln. (2.11) und (2.12) identisch, wenn man **E** mit $-\nabla U$ gleichsetzt. Das elektrische Feld ist somit der negative Gradient des Potentials:

$$\boxed{\mathbf{E} = -\operatorname{grad} U = -\nabla U\,.} \tag{2.13}$$

Das negative Vorzeichen tritt deshalb auf, weil das elektrische Feld von Bereichen positiven Potentials zu Bereichen negativen Potentials gerichtet ist, der Vektor ∇U hingegen definitionsgemäß in Richtung zunehmenden Potentials weist.

Um zu zeigen, wie das Feld aus dem vorgegebenen Potential abgeleitet werden kann, kehren wir zu dem Beispiel von Bild 2.3 zurück. Aus dem durch Gl. (2.9) gegebenen Potential $U = -Kxy$ ergibt sich wieder das elektrische Feld, von dem wir ursprünglich ausgegangen waren:

$$\begin{aligned}\mathbf{E} &= -\nabla(-Kxy) = -\left(\hat{\mathbf{x}}\frac{\partial}{\partial x} + \hat{\mathbf{y}}\frac{\partial}{\partial y}\right)(-Kxy)\\ &= K\,(\hat{\mathbf{x}}y + \hat{\mathbf{y}}x)\,.\end{aligned} \tag{2.14}$$

2.5 Das Potential einer Ladungsverteilung

Wir kennen bereits das Potential einer punktförmigen Ladung, da wir in Gl. (2.3) die Arbeit ermittelt haben, die aufgebracht werden muß, um eine Ladung einer anderen anzunähern. Das Potential einer solchen isolierten punktförmigen Ladung Q ist für jeden Punkt kQ/r, wobei r gleich dem Abstand des Aufpunktes von der Ladung ist. Das Potential Null haben wir dabei jenen Punkten zugeordnet, die unendlich weit von der punktförmigen Ladung entfernt sind.

Das Superpositionsprinzip muß für Potentiale gleiche Gültigkeit wie für Felder haben. Sind mehrere Ladungen vorhanden, dann ist die Potentialfunktion einfach die Summe der Potentialfunktionen, die wir erhalten, wenn wir alle einzelnen Ladungen für sich betrachten – *vorausgesetzt,* wir legen das Nullpotential für jeden Einzelfall fest. Sind alle Ladungen in einem Raum endlicher Ausdehnung enthalten, so ist es uns immer möglich und gewöhnlich auch am einfachsten, das Nullpotential ins Unendliche zu legen. Unter Berücksichtigung dieser Voraussetzungen erhalten wir für das Potential jeder beliebigen Ladungsverteilung folgenden Integralausdruck

$$U(x, y, z) = k \int\limits_{\substack{\text{alle}\\ \text{Quellen}}} \frac{\rho\,(x', y', z')\,dx' \cdot dy' \cdot dz'}{r}\,, \tag{2.15}$$

wobei r den Abstand des Volumenelements $dx' \cdot dy' \cdot dz'$ von dem Aufpunkt (x, y, z), in dem das Potential ermittelt

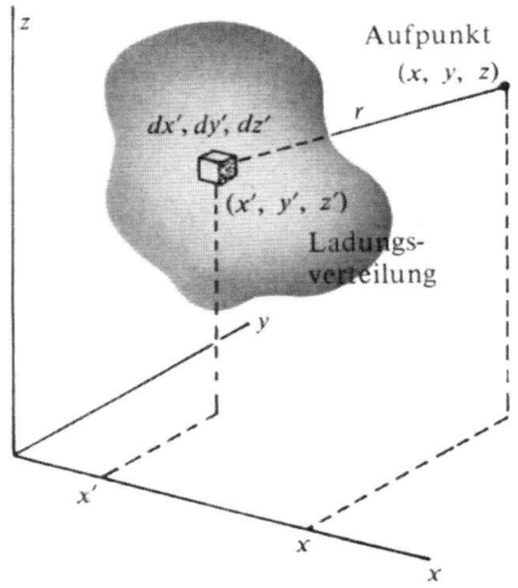

Bild 2.6 Jedes Volumenelement der Raumladung $\rho\,(x', y', z')$ trägt zum Potential U im Punkt (x, y, z) bei. Dieser Punkt heißt Aufpunkt; das Potential ergibt sich dort aus der Summe der Beiträge von allen einzelnen Volumenelementen.

werden soll, angibt (Bild 2.6). Für r gilt also:

$$r = [(x - x')^2 + (y - y')^2 + (z - z')^2]^{1/2}\,.$$

Beachten Sie den Unterschied zwischen dem Integral (2.15) und dem Integral (1.15) für das elektrische Feld einer Ladungsverteilung. Hier steht r und nicht r^2 im Nenner, und das Integral ist ein Skalar und nicht wie im Falle des Feldes ein Vektor. Aus der skalaren Potentialfunktion $U(x, y, z)$ können wir das elektrische Feld stets nach Gl. (2.13) durch Bestimmen des negativen Gradienten von U herleiten.

Das Potential zweier punktförmiger Ladungen. Als Beispiel betrachten wir einen sehr einfachen Fall: das Potential zweier punktförmiger Ladungen (Bild 2.7). Die positive Ladung $4 \cdot 10^{-9}$ C befindet sich in 3 m Entfernung von der negativen Ladung $-2 \cdot 10^{-9}$ C. Das Potential in jedem Raumpunkt ist die Summe der Potentiale der Einzelladungen. Hier ist keine Vektoraddition, sondern nur die algebraische Addition skalarer Größen nötig. Beispielsweise hat das Potential im Punkt ganz rechts, der 6 m von der positiven und 5 m von der negativen Ladung entfernt ist, den Wert

$$k\left(\frac{4}{6} - \frac{2}{5}\right) \cdot 10^{-9}\ \frac{\text{C}}{\text{m}} = 2{,}4\ \text{V}\,.$$

Im Unendlichen wird das Potential Null; demnach würde die Arbeit 2,4 J aufgewendet werden müssen, um eine positive Ladung an den Punkt mit dem Potential 2,4 V zu bringen. Beachten Sie aber, daß auch zwei in Bild 2.7 eingezeichnete Punkte das Potential $U = 0$ haben. Die Gesamtarbeit für die Verschiebung irgendeiner Ladung aus dem Unendlichen zu einem der beiden Punkte ist demnach Null. Wie leicht zu erkennen ist, muß es eine unbegrenzte Anzahl solcher Punkte geben, die auf einer Raumfläche

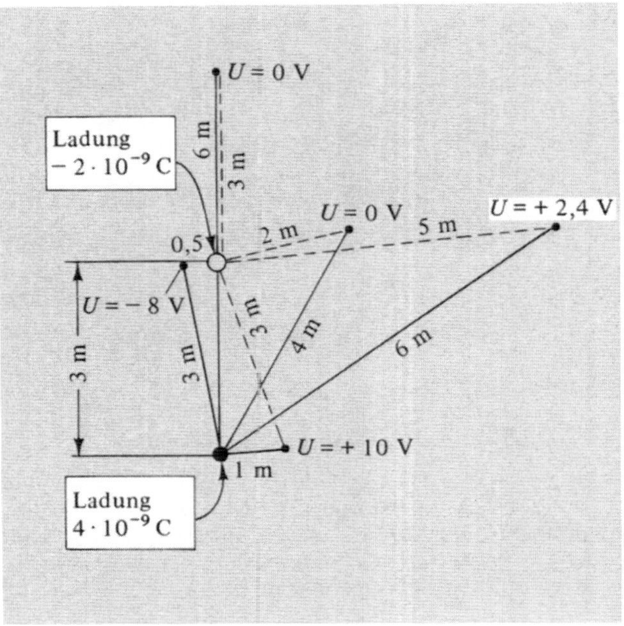

Bild 2.7 Das elektrische Potential eines Systems zweier punktförmiger Ladungen, berechnet für einige Punkte. Im Unendlichen wird $U = 0$.

liegen, die ihrerseits die negative Ladung umhüllt. In der Tat liegen alle Punkte mit einem gemeinsamen beliebigen Potentialwert auf einer Fläche, die wir *Äquipotentialfläche* nennen und die in der zweidimensionalen Abbildung durch eine Kurve dargestellt wird. Das Verschieben einer Ladung auf einer Äquipotentialfläche erfordert keinen Arbeitsaufwand.

Das Potential eines langen geladenen Drahtes. Die Anwendbarkeit der Gl. (2.15) unterliegt einer Beschränkung: Alle Ladungen müssen sich in einem endlichen Raumbereich befinden. Ein einfaches Beispiel für die Schwierigkeiten, die dann auftreten, wenn sich Ladungsverteilungen ins Unendliche erstrecken, liefert der lange geladene Draht; sein elektrisches Feld **E** haben wir bereits in Abschnitt 1.12 untersucht. Schreibt man in diesem System das Nullpotential sehr weit entfernten Punkten zu und integriert über die Ladungsverteilung (Gl. (2.15)), so zeigt sich, daß das Integral nicht konvergiert – wir erhalten als Ergebnis den Wert Unendlich. Als wir das elektrische *Feld* eines unendlich langen Drahtes suchten, gab es keine derartigen Probleme. Die Beiträge der Elemente der Linienladung zum Feld nehmen nämlich sehr rasch mit der Entfernung ab. Um das Potential zu finden, wäre es offensichtlich besser gewesen, das Nullpotential nahe der untersuchten Stelle anzusiedeln; dies gilt für alle Systeme, deren Ladungen sich bis ins Unendliche erstrecken. Es braucht dann nämlich nur die Potentialdifferenz U_{21} zwischen einem Aufpunkt (x, y, z) und dem gewählten Bezugspunkt mit Hilfe der fundamentalen Beziehung (2.6) berechnet zu werden.

Zurück zum Beispiel des unendlich langen geladenen Drahtes. Um das oben Gesagte zu illustrieren, setzen wir willkürlich fest: Der Bezugspunkt P_1 liegt in der Entfernung r_1 vom Draht. Will man eine Ladung von diesem Punkt P_1 zu irgendeinem anderen Punkt P_2 mit dem Abstand r_2 verschieben, muß die Arbeit pro Ladung

$$U_{21} = -\int_{P_1}^{P_2} \mathbf{E}\cdot d\mathbf{s} = -\int_{r_1}^{r_2} \frac{2k\lambda}{r}\,dr = -2k\lambda\ln(r_2/r_1) \quad (2.16)$$

aufgewendet werden. Daraus folgt, daß das elektrische Potential des geladenen Drahtes mit

$$U = -2k\lambda\ln(r/r_0) \quad (2.17)$$

angegeben werden kann. Die Konstante r_0 bleibt ohne Einfluß, wenn durch Gradientenbildung das Feld berechnet werden soll. Das gewählte Beispiel zeigt dies:

$$\mathbf{E} = -\nabla U = -\hat{\mathbf{r}}\,\frac{dU}{dr} = \frac{2k\lambda\hat{\mathbf{r}}}{r}\,. \quad (2.18)$$

2.6 Die gleichmäßig geladene Scheibe

Als konkretes Beispiel betrachten wir nun das elektrische Potential und das Feld einer gleichmäßig geladenen Scheibe. Bis auf die begrenzte Ausdehnung entspricht das einer Ladungsverteilung, wie wir sie im Abschnitt 1.13 besprochen haben. Der flache Diskus mit dem Radius a (Bild 2.8) ist gleichmäßig mit einer konstanten Oberflächenladung σ belegt. Wir betrachten also eine Ladungsschicht von infinitesimaler Dicke mit der Gesamtladung $a^2\pi\sigma$ und nicht zwei Ladungsschichten auf beiden Seiten. Oberflächenladungen werden wir noch oft begegnen, besonders bei

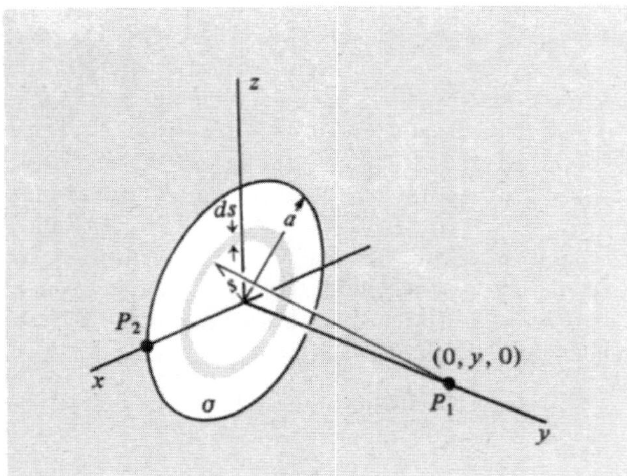

Bild 2.8 Skizze zur Berechnung des Potentials einer gleichmäßig mit Ladung belegten Scheibe für einen Punkt auf der Scheibenachse.

metallischen Leitern. Was uns jetzt interessiert, ist ein *Nichtleiter*. Sonst könnte die Ladung, wie wir sehen werden, nicht gleichmäßig verteilt bleiben. Die Ladung würde sich vielmehr umordnen und mehr am Rand konzentrieren. Somit behandeln wir eine nichtleitende Platte, z.B. aus Kunststoff, auf die die Ladung so versprüht wird, daß jeder Quadratzentimeter mit der gleichen Ladungsmenge belegt ist, und bei der die aufgebrachte Ladungsmenge an Ort und Stelle bleibt.

Zunächst wollen wir das Potential am Ort P_1 auf der Symmetrieachse (y-Achse) bestimmen. Alle Ladungselemente eines schmalen Ringsegments haben von P_1 den gleichen Abstand r. Wenn wir mit s den Radius und mit ds die Breite des Ringes bezeichnen, erhalten wir als Ringfläche $2\pi s\, ds$. Seine Ladung beträgt damit $dQ = \sigma 2\pi s ds$. Weil $r = \sqrt{y^2 + s^2}$, ist der Beitrag des Ringes zum Potential am Ort P_1 gleich dQ/r oder $2\pi\sigma s ds/\sqrt{y^2 + s^2}$. Das Potential der gesamten Scheibe ergibt sich durch Integration über alle Ringe

$$U(0, y, 0) = k\int \frac{dQ}{r} = k\int \frac{2\pi\sigma s ds}{\sqrt{y^2 + s^2}} =$$

$$= 2\pi k\sigma \left| \sqrt{y^2 + s^2} \right|_{s=0}^{s=a} . \qquad (2.19)$$

Durch die Substitution $u = y^2 + s^2$ erhält das Integral die leicht auswertbare Form $\int u^{-1/2} du$. Einsetzen der Integrationsgrenzen liefert

$$U(0, y, 0) = 2\pi k\sigma (\sqrt{y^2 + a^2} - y) \quad \text{für } y > 0 . \qquad (2.20)$$

In einem Punkt bedarf dieses Ergebnis noch eines Kommentars: Es gilt in der Form von Gl. (2.20) für alle Punkte der positiven y-Achse. Offensichtlich folgt aus der physikalischen Symmetrie des Systems, da doch zwischen den beiden Seiten der Scheibe kein Unterschied besteht, daß das Potential denselben Wert für positive und negative y haben muß; dies zeigt sich auch in Gl. (2.19), wo nur y^2 vorkommt. Beim Übergang zu Gl. (2.20) wurde jedoch eine Wahl für das Vorzeichen der Quadratwurzel von y^2 getroffen; dieser Wahl entsprechend gilt Gl. (2.20) nur für positive y. Der richtige Ausdruck für $y < 0$ folgt aus der Wahl des zweiten möglichen Vorzeichens, und wir erhalten

$$U(0, y, 0) = 2\pi k\sigma \left(\sqrt{y^2 + a^2} + y\right) \quad \text{für } y < 0 . \qquad (2.21)$$

Deshalb darf es nicht überraschen, eine Singularität von $U(0, y, 0)$ bei $y = 0$ zu finden. Die Funktion weist dort eine plötzliche Änderung ihres Verlaufs auf. Bild 2.9, in dem das Potential in Achsenpunkten als Funktion von y dargestellt ist, zeigt dies sehr deutlich. Das Potential $U(0, 0, 0)$ im Scheibenmittelpunkt hat den Wert $2\pi k\sigma a$; dies ist die Arbeit pro Ladung, die erforderlich ist, um die positive Ladung aus dem Unendlichen längs eines beliebigen Weges zum Scheibenmittelpunkt zu transportieren.

Wie verhält sich $U(0, y, 0)$ für große y? Ist $y \gg a$, so gilt für Gl. (2.20) folgende Näherung:

$$\sqrt{y^2 + a^2} - y = y\left[\sqrt{1 + \frac{a^2}{y^2}} - 1\right]$$

$$= y\left[1 + \frac{1}{2}\frac{a^2}{y^2} \ldots - 1\right] \approx \frac{a^2}{2y} . \qquad (2.22)$$

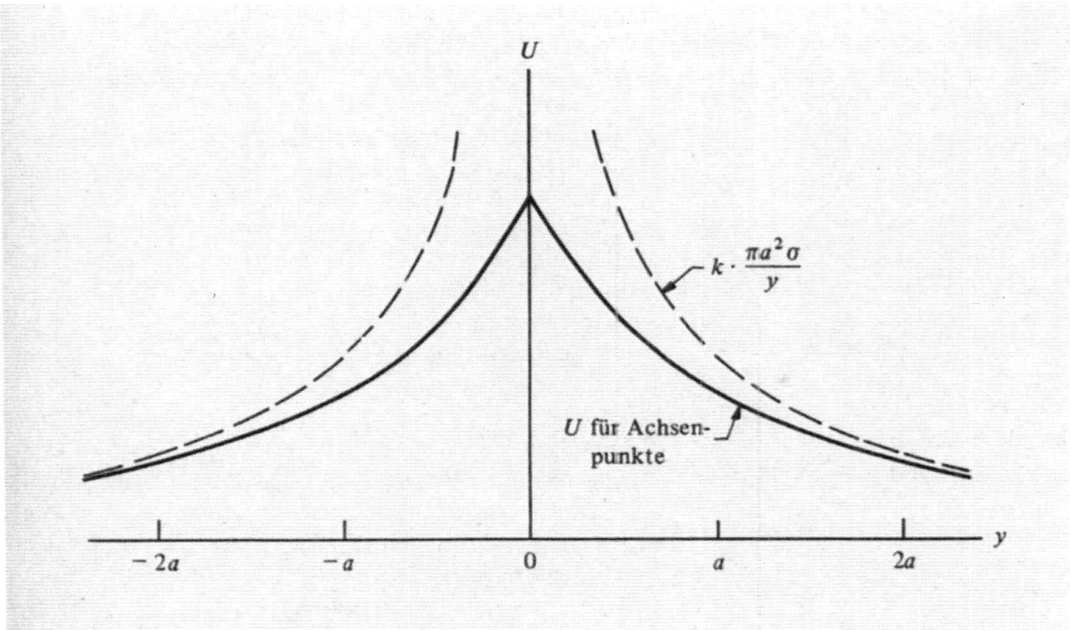

Bild 2.9 Potential für Achsenpunkte. Die gestrichelte Kurve gibt das Potential einer Punktladung $Q = \pi a^2 \sigma$ an.

Daraus folgt:

$$U(0,y,0) = \frac{k\pi a^2 \sigma}{y} \quad \text{für } y \gg a \,. \tag{2.23}$$

Gl. (2.23) ist gerade das Potential, das von einer Punktladung der Größe $Q = \pi a^2 \sigma$ hervorgerufen wird. In großer Entfernung (verglichen mit dem Scheibendurchmesser) zählt also erwartungsgemäß in erster Näherung nur die Gesamtladung Q der Scheibe; die Form der Ladungsverteilung ist unwesentlich. In Bild 2.9 ist die Funktion $k\pi a^2 \sigma/y$ als gestrichelte Kurve eingezeichnet. Die Potentialfunktion für Punkte der Scheibenachse nähert sich dieser Kurve sehr rasch asymptotisch.

Das Potential für beliebige Aufpunkte zu bestimmen, die nicht auf der Scheibenachse liegen, erweist sich als etwas schwieriger. Dies hängt mit der Berechnung des bestimmten Integrals zusammen, das dann die Form eines elliptischen Integrals hat. Diese Integrale sind zwar gut bekannt und auch tabelliert, aber es lohnt sich nicht, mathematischen Details nachzugehen, die sich auf ein Spezialproblem beziehen.

Eine weitere instruktive Frage läßt sich aber leicht beantworten: Welchen Wert hat das Potential in einem Punkt des Scheibenrandes (z.B. im Punkt P_2 von Bild 2.10)? Um das Potential in P_2 zu berechnen, betrachten wir zuerst einen schmalen Keil (Länge R, Winkelbreite $d\theta$) in Bild 2.10. Ein Element des Keils, das schwarze Stück im Abstand r von P_2, enthält die Ladung $\sigma r \cdot d\theta \cdot dr$. Sein Beitrag zum Potential in P_2 ist deshalb gerade $k\sigma \cdot d\theta \cdot dr$. Der Beitrag des gesamten Keils ist dann

$$k\sigma \cdot d\theta \int_0^R dr = k\sigma R \cdot d\theta \,.$$

Aus der Geometrie des rechtwinkligen Dreiecks folgt, daß $R = 2a \cdot \cos\theta$. Die ganze Scheibe wird erfaßt, wenn θ

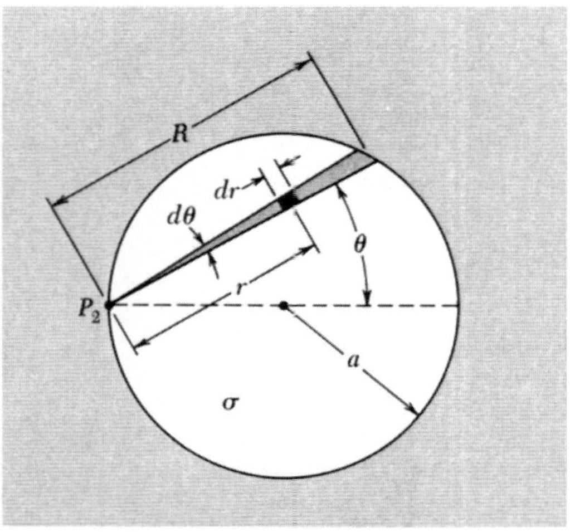

Bild 2.10 Bestimmung des Potentials im Punkt P_2 am Rand einer gleichmäßig geladenen Scheibe

von $-\pi/2$ bis $+\pi/2$ läuft. Dann ist das Potential in P_2:

$$U = \int_{-\pi/2}^{\pi/2} 2k\sigma a \cdot \cos\theta \cdot d\theta = 4k\sigma a \,. \tag{2.24}$$

Ein Vergleich dieses Potentialwertes für Randpunkte mit dem Wert $2\pi k\sigma a$ für das Scheibenzentrum zeigt, daß das Potential, wie zu erwarten war, vom Zentrum zum Rand hin abnimmt. Die elektrische Feldstärke hat somit eine in der Scheibenebene gelegene, *nach außen* gerichtete Radialkomponente. Deshalb würde sich, wie bereits dargelegt, eine frei bewegliche Ladung umverteilen – mit einer größeren Ladungsdichte am Rand als Folge. Anders ausgedrückt: Die gleichmäßig geladene Scheibe stellt *keine* Äquipotentialfläche dar. Sie kann deshalb nicht aus elektrisch leitendem Material bestehen, da jede Leiterfläche, sofern keine Ladungsverschiebungen stattfinden, eine Äquipotentialfläche ist[19].

Das elektrische Feld entlang der Scheibenachse (Normalkomponente der Feldstärke) läßt sich direkt aus der Potentialfunktion berechnen. Es ist nach Gl. (2.20)

$$E_y = -\frac{\partial U}{\partial y} = -\frac{d}{dy} 2\pi k\sigma \left(\sqrt{y^2 + a^2} - y\right) \,, \tag{2.25}$$

somit

$$E_y = 2\pi k\sigma \left[1 - \frac{y}{\sqrt{y^3 + a^2}}\right] , \quad y > 0 \,. \tag{2.26}$$

(Wer sichergehen will, kann E_y auch direkt aus der Ladungsverteilung bestimmen.)

Für $y \to 0$ strebt die Normalkomponente E_y gegen $2\pi k\sigma$. Auf der Rückseite der Scheibe weist **E** in die entgegengesetzte Richtung; die y-Komponente der Feldstärke E_y strebt deshalb für $-y \to 0$ gegen $-2\pi k\sigma$. Dasselbe Ergebnis stellte sich bereits in Abschnitt 1.13 bei der Berechnung der Feldstärke einer unendlich großen Platte mit der Flächenladungsdichte σ heraus. Dies muß auch so sein, da das Vorhandensein oder Fehlen von Ladungen am Rand der Scheibe für Punkte nahe dem Mittelpunkt der Scheibe keine große Rolle spielen kann. Man kann auch sagen: Jede Scheibe erweckt den Eindruck, als wäre sie unendlich ausgedehnt, wenn man sie nur aus genügend kleiner Entfernung betrachtet. Dementsprechend hat E_y nicht nur im Mittelpunkt der Scheibe, sondern überall auf ihrer Vorderseite den Wert $2\pi k\sigma$.

Bild 2.11 zeigt Feldlinien dieses Systems; als gestrichelte Kurven sind auch die Schnittlinien einiger Äquipotentialflächen mit der y,z-Ebene eingezeichnet. Nahe dem Zentrum der Scheibe sind sie linsenförmig, in Entfernungen, die viel größer als a sind, nehmen sie dagegen die Form an, die auch die Äquipotentialflächen einer Punktladung haben.

[19] Auf diese Tatsache geht Kapitel 3 sehr ausführlich ein.

Bild 2.11 Das elektrische Feld einer gleichmäßig geladenen Scheibe. Die ausgezogenen Kurven sind Feldlinien, die gestrichelten Kurven Schnittlinien der Äquipotentialflächen mit der Zeichenebene.

Aus Bild 2.11 geht aber auch eine allgemeine Eigenschaft von Feldlinien und Äquipotentialflächen hervor. Die Feldlinie in einem beliebigen Punkt steht immer auf der Äquipotentialfläche *senkrecht*, auf der dieser Punkt liegt. Als anschaulicher Vergleich bietet sich hier die Landkarte einer hügeligen Gegend an: Senkrecht zu den Höhenschichtlinien ist der Abfall bzw. Anstieg des Geländes am größten. Daß Feldlinien und Äquipotentialflächen senkrecht aufeinander stehen müssen, ist leicht einzusehen: Hätte nämlich die Feldstärke in einem beliebigen Punkt eine Komponente parallel zur Äquipotentialfläche, auf der dieser Punkt liegt, müßte man Arbeit aufwenden, um eine Probeladung auf dieser Äquipotentialfläche zu verschieben.

Die mit diesem elektrischen Feld verbundene Energie kann als Integral von $(\epsilon_0/2)E^2 \cdot dV$ über den ganzen Raum ausgedrückt werden. Sie ist gleich der Arbeit, die notwendig ist, um die Verteilung aus unendlich kleinen Ladungen, die sehr weit voneinander entfernt sind, aufzubauen. In diesem besonderen Beispiel ist es nicht schwer, die Arbeit direkt zu berechnen, wenn wir das Potential am Rand einer gleichmäßig geladenen Scheibe kennen (Übung 27 in Abschnitt 2.17).

Es gibt eine allgemeine Beziehung zwischen der Arbeit W, die erforderlich ist, um die Ladungsverteilung $\rho(x, y, z)$ zu bilden, und dem Potential $U(x, y, z)$ dieser Verteilung:

$$W = \frac{1}{2} \int \rho U \cdot dV . \qquad (2.27)$$

Die Energie eines Systems von diskreten Punktladungen (Gl. (1.9)) kann in dieser Weise geschrieben werden:

$$W = \frac{1}{2} \sum_{i=1}^{N} Q_i \sum_{j \neq i} \frac{kQ_j}{r_{ij}} . \qquad (2.28)$$

Die zweite Summe ist das Potential am Ort der i-ten Ladung, verursacht durch alle anderen Ladungen. Um das an eine kontinuierliche Verteilung anzupassen, müssen wir nur Q_i durch $\rho \cdot dV$ und die Summe über i durch ein Integral ersetzen. Dann erhalten wir Gl. (2.27).

2.7 Die Divergenz eines Vektorfeldes

Die elektrische Feldstärke hat in jedem Raumpunkt eine bestimmte Richtung und eine bestimmte Größe. Sie ist eine vektorielle Funktion der drei Raumkoordinaten, was häufig durch $\mathbf{E}(x, y, z)$ charakterisiert wird. Das Folgende kann aber auf jede beliebige vektorielle Funktion und nicht nur auf das elektrische Feld angewendet werden; die Wahl eines anderen Symbols, $\mathbf{F}(x, y, z)$, soll daran erinnern. Es wird hier also mehr von Mathematik als von Physik die Rede sein. **F** wollen wir dabei einfach allgemeines Vektorfeld nennen, wenn wir uns auch auf den dreidimensionalen Raum beschränken.

Mit V bezeichnen wir ein beliebig geformtes endliches Volumen, dessen Oberfläche A sei. Der Begriff des aus A austretenden Gesamtflusses Ψ ist bereits bekannt; er ist der Wert des über die gesamte Oberfläche A erstreckten Flächenintegrals von **F**:

$$\Psi = \int_A \mathbf{F} \cdot d\mathbf{A} , \qquad (2.29)$$

$d\mathbf{A}$ im Integranden ist das nach außen gerichtete vektorielle Flächenelement der Oberfläche (Bild 2.12a).

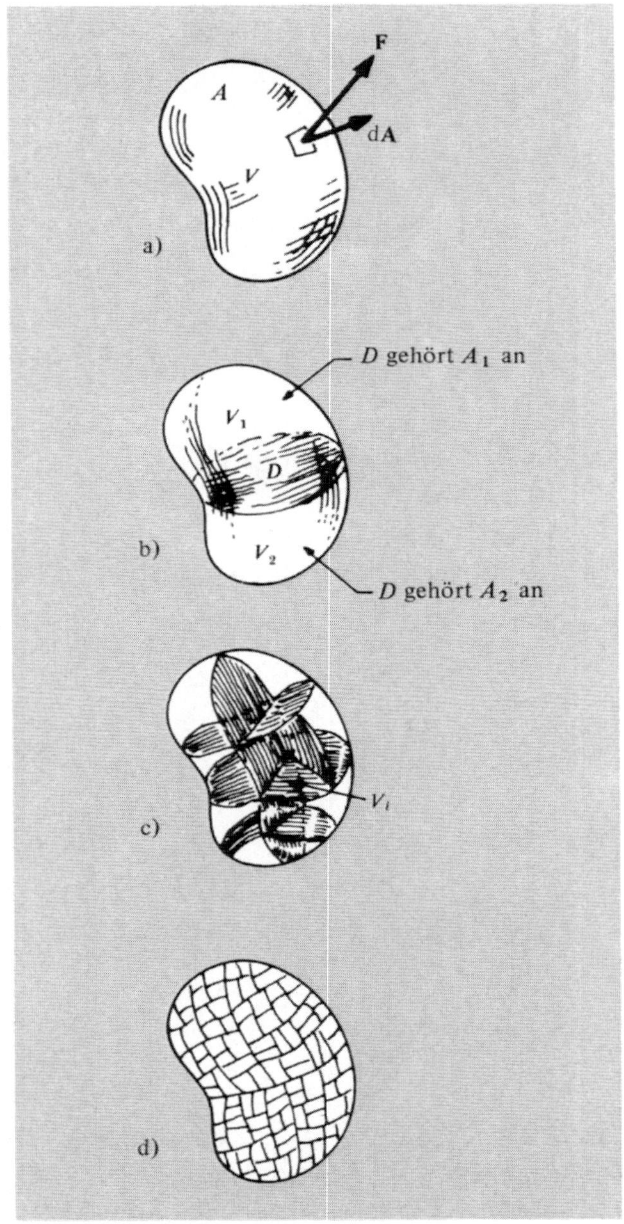

Bild 2.12 Ein Volumen V, eingeschlossen (a) durch die Oberfläche A, wird in zwei Teile geteilt (b), die von A_1 und A_2 begrenzt werden. Unabhängig davon, wie weit die Teilung fortgeführt wird, z. B. (c) oder (d), bleibt die Summe der Flächenintegrale von allen Teilstücken gleich dem ursprünglichen über A erstreckten Flächenintegral, und das für jedes Vektorfeld **F**.

Denken Sie sich nun V durch eine Fläche D in zwei Teile V_1 und V_2 geteilt (Bild 2.12b). Dann lassen sich beide Teile als voneinander unabhängige Volumina behandeln. Berechnet man das Flächenintegral getrennt für V_1 und V_2, so stellt man zunächst fest, daß die Trennfläche D der Oberfläche A_1 von V_1 angehört und ebenso der Oberfläche A_2 von V_2. Offensichtlich ist die Summe der beiden Flächenintegrale

$$\int_{A_1} \mathbf{F} \cdot d\mathbf{A}_1 + \int_{A_2} \mathbf{F} \cdot d\mathbf{A}_2 \tag{2.30}$$

gleich dem ursprünglichen, über die gesamte Oberfläche A erstreckten Integral in Gl. (2.29). Jedes beliebige Flächenelement von D leistet nämlich einen Beitrag zum ersten Integral, gleichzeitig aber auch einen Beitrag gleicher Größe, aber umgekehrten Vorzeichens zum zweiten Integral, denn die Richtung „nach außen' im einen Fall ist die „nach innen" für den anderen Fall. Anders gesagt, ist jeder Fluß *aus* V_1 durch D ein Fluß *in* V_2. Der Rest der Oberfläche, um den es jetzt noch geht, ist identisch mit der des ursprünglichen gesamten Volumens.

Die Teilung läßt sich solange fortführen, bis V aus einer großen Anzahl verschiedener Volumina $V_1 \ldots, V_i \ldots, V_n$ mit den Oberflächen $A_1 \ldots, A_i \ldots, A_n$ besteht (Bild 2.12c). Wie weit dieses auch immer fortgeführt werden möge, stets gilt sicherlich

$$\sum_{i=1}^{n} \int_{A_i} \mathbf{F} \cdot d\mathbf{A} = \int_{A} \mathbf{F} \cdot d\mathbf{A} = \Psi\,. \tag{2.31}$$

Worum geht es hier eigentlich? Für den Grenzfall, d.h. für sehr großes n (Bild 2.12d), suchen wir etwas, das charakteristisch für einen bestimmten, sehr kleinen Bereich – letzthin für die Umgebung eines Punktes – ist. Das Flächenintegral

$$\int_{A_i} \mathbf{F} \cdot d\mathbf{A}_i \tag{2.32}$$

über einen dieser kleinen Bereiche ist aber bestimmt *nicht* die gesuchte Größe. Wenn wir nämlich nochmals eine Teilung durchführen, so daß n zu $2n$ wird, zerfällt auch das obige Integral wiederum in zwei Teile, von denen jeder kleiner als das ursprüngliche Integral ist, da ihre Summe doch konstant ist. Dies heißt also, daß bei Betrachtung kleiner und kleiner werdender Volumina am selben Ort auch das Flächenintegral für eines dieser Volumina ständig kleiner wird. Nun ist aber beachtenswert, daß mit der Teilung auch das Volumen selbst in Teile zerfällt, deren Summe stets das ursprüngliche Volumen ergibt. Dies legt den Gedanken nahe, einmal für ein Element des unterteilten Raums das Verhältnis des Flächenintegrals zu dem entsprechenden Volumen zu betrachten:

$$\frac{\int_{A_i} \mathbf{F} \cdot d\mathbf{A}_i}{V_i}\,. \tag{2.33}$$

Es kann mit gutem Grund angenommen werden, daß bei genügend großem n, d.h. bei genügend feiner Unterteilung, mit jeder Halbierung des Volumens eine Halbierung des Flächenintegrals einhergeht. Mit fortschreitender Unterteilung strebt dann das obige Verhältnis für jeden Einzelbereich gegen einen Grenzwert. Stimmt die Annahme, so ist dieser Grenzwert eine charakteristische Eigenschaft des Vektorfeldes **F** in dem ausgewählten Bereich. Der Grenzwert wird *Divergenz* von **F**, div **F**, genannt. Der Wert von div **F** in einem beliebigen Punkt, ist definiert durch

$$\operatorname{div} \mathbf{F} = \lim_{V_i \to 0} \frac{1}{V_i} \int_{A_i} \mathbf{F} \cdot d\mathbf{A}_i\,. \tag{2.34}$$

V_i ist das Volumen, das den betrachteten Punkt einschließt; integriert wird über die Oberfläche A_i von V_i. Die Annahme, daß der Grenzwert tatsächlich existiert und unabhängig von der Art der Unterteilung ist, bedarf noch einer Überprüfung. Für den Moment möge sie als gegeben hingenommen werden.

Die Bedeutung von div **F** läßt sich folgendermaßen erklären: div **F** ist der Fluß pro Volumen aus V_i für den Grenzfall, daß V_i infinitesimal klein ist. Die Divergenz ist offensichtlich eine skalare Größe. Ihr Wert kann sich von Ort zu Ort ändern, daher an einem bestimmten Ort der Grenzwert des Verhältnisses in Gl. (2.34) für kleiner und kleiner werdendes V_i sein, wobei aber der Punkt (x, y, z) stets umschlossen bleibt. Demnach ist div **F** einfach eine skalare Funktion der Ortskoordinaten.

2.8 Gaußscher Integralsatz und differentielle Form des Gaußschen Gesetzes

Ist die skalare Ortsfunktion div **F** bekannt, so läßt sich der Weg zum Flächenintegral eines großen Volumens rückwärts verfolgen. Zunächst wird Gl. (2.31) umgeschrieben:

$$\int_{A} \mathbf{F} \cdot d\mathbf{A} = \sum_{i=1}^{n} \int_{A_i} \mathbf{F} \cdot d\mathbf{A}_i = \sum_{i=1}^{n} V_i \left[\frac{\int_{A_i} \mathbf{F} \cdot d\mathbf{A}_i}{V_i} \right]. \tag{2.35}$$

Für $n \to \infty$ folgt $V_i \to 0$; der in eckigen Klammern stehende Ausdruck wird dann die Divergenz von **F**, und die Summe geht in ein Raumintegral über:

$$\int_A \mathbf{F} \cdot d\mathbf{A} = \int_V \operatorname{div} \mathbf{F} \cdot dV . \tag{2.36}$$

Die soeben abgeleitete Beziehung heißt *Gaußscher Integralsatz*. Er ist für jedes Vektorfeld, bei dem der Grenzwert von Gl. (2.34) existiert, gültig[20]).

Was bedeutet dies für das elektrische Feld **E**? Aus dem Gaußschen Gesetz wissen wir, daß

$$\int_A \mathbf{E} \cdot d\mathbf{A} = \frac{1}{\epsilon_0} \int_V \rho \cdot dV . \tag{2.37}$$

Wenn der Gaußsche Integralsatz für ein beliebiges Vektorfeld gilt, dann sicher auch für **E**:

$$\int_A \mathbf{E} \cdot d\mathbf{A} = \int_V \operatorname{div} \mathbf{E} \cdot dV . \tag{2.38}$$

Gl. (2.37) und Gl. (2.38) gelten für jedes beliebige Volumen, unabhängig von dessen Gestalt, Größe oder Lage. Aus dem Vergleich beider Gleichungen erkennt man, daß dies nur dann möglich ist, falls die Beziehung

$$\operatorname{div} \mathbf{E} = 4\pi k \rho = \rho/\epsilon_0 \tag{2.39}$$

für jeden Punkt zutrifft. Wenn von nun an der Gaußsche Integralsatz zu unserem mathematischen Rüstzeug gehört, können wir Gl. (2.39) einfach als andere Formulierung des Gaußschen Gesetzes betrachten, als seine differentielle Form: Er gibt die örtliche Beziehung zwischen Ladungsdichte und elektrischem Feld wieder.

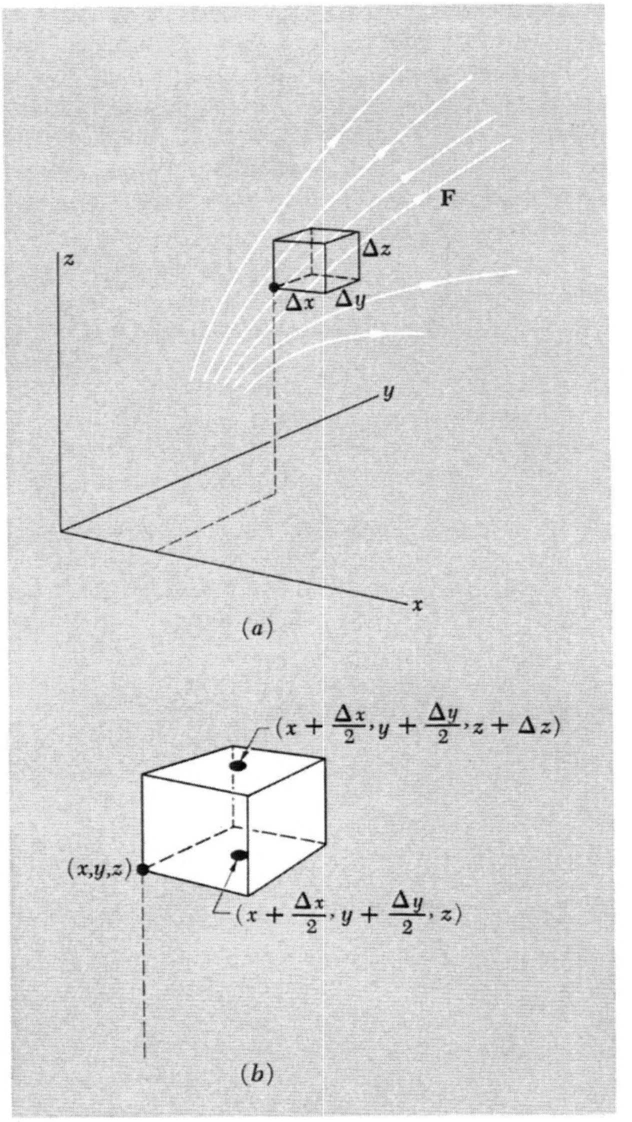

Bild 2.13 Berechnung des aus dem Quader mit dem Volumen $\Delta x \Delta y \Delta z$ austretenden Flusses

2.9 Die Divergenz in kartesischen Coordinaten

Gl. (2.34) stellt lediglich die grundlegende Definition der *Divergenz* dar, unabhängig von jedem Koordinatensystem. Wie berechnet man aber die Divergenz eines Vektorfeldes, das in expliziter Form gegeben ist? Um diese Frage zu klären, betrachten wir ein Vektorfeld **F**, das als Funktion der kartesischen Koordinaten x, y, z gegeben sei; d. h., wir untersuchen drei skalare Funktionen $F_x(x, y, z)$, $F_y(x, y, z)$ und $F_z(x, y, z)$. Das Volumen V_i habe die Gestalt eines kleinen Quaders mit den Kanten Δx, Δy und Δz, wobei ein Eckpunkt des Quaders der Punkt x, y, z sei (Bild 2.13a). Ob anders gestaltete Volumina zum gleichen Grenzwert führen, wird noch zu klären sein.

Zunächst betrachten wir zwei Flächen des Quaders, z. B. die Grund- und Deckfläche. Die ihnen zugeordneten Vektoren sind dann $\hat{z} \cdot \Delta x \cdot \Delta y$ und $-\hat{z} \cdot \Delta x \cdot \Delta y$. Der Fluß durch diese beiden Flächen steht nur mit der z-Komponente von **F** in Zusammenhang, und zwar als Abhängigkeit von der *Differenz* der F_z-Werte auf Grund- und Deckfläche. Präziser müßte man sagen, die Differenz der über Grund- und Deckfläche gemittelten F_z-Werte ist maßgeblich. In erster Näherung ist diese Differenz $(\partial F_z/\partial z)\,\Delta z$. Warum, zeigt Bild 2.13b. Der Mittelwert von F_z auf der Grundfläche des Quaders ist, bei Beschränkung auf Änderungen der ersten Potenz von F_z in diesem kleinen Bereich, sein

[20]) Er wird im Deutschen auch kurz *Gaußscher Satz* oder *Gaußsches Theorem* genannt. Es sei nochmals darauf hingewiesen, daß er nicht mit dem Gaußschen Gesetz, Gl. (1.21), verwechselt werden darf (A. d. Ü.).

Wert in der Mitte des Rechtecks; erste Näherung[21]) in Δx und Δy führt zu einem Wert

$$F_z(x, y, z) + \frac{\Delta x}{2}\frac{\partial F_z}{\partial x} + \frac{\Delta y}{2}\frac{\partial F_z}{\partial y}. \qquad (2.40)$$

Der Mittelwert von F_z auf der Deckfläche wird genauso bestimmt. Wir erhalten:

$$F_z(x, y, z) + \frac{\Delta x}{2}\frac{\partial F_z}{\partial x} + \frac{\Delta y}{2}\frac{\partial F_z}{\partial y} + \Delta z\frac{\partial F_z}{\partial z}. \qquad (2.41)$$

Daraus folgt für den effektiven Fluß *aus* dem Quader durch beide Flächen (jede von beiden ist $\Delta x \cdot \Delta y$)

$$\underbrace{\Delta x \cdot \Delta y\left[F_z(x, y, z) + \frac{\Delta x}{2}\frac{\partial F_z}{\partial x} + \frac{\Delta y}{2}\frac{\partial F_z}{\partial y} + \Delta z\frac{\partial F_z}{\partial z}\right]}_{\text{Fluß aus dem Quader durch die Deckfläche}}$$

$$\underbrace{-\Delta x \cdot \Delta y\left[F_z(x, y, z) + \frac{\Delta x}{2}\frac{\partial F_z}{\partial x} + \frac{\Delta y}{2}\frac{\partial F_z}{\partial y}\right]}_{\text{Fluß in den Quader durch die Grundfläche}}. \qquad (2.42)$$

Die Subtraktion ergibt $\Delta x \cdot \Delta y \cdot \Delta z\,(\partial F_z/\partial z)$. Gleiches gilt offensichtlich für die anderen Flächenpaare, z.B. für die beiden Seitenflächen, die parallel zur y, z-Ebene sind. Der effektive Fluß aus dem Quader durch diese beiden Flächen ist $\Delta y \cdot \Delta z \cdot \Delta x\,(\partial F_x/\partial x)$. Auch hier taucht wiederum das Produkt $\Delta x \cdot \Delta y \cdot \Delta z$ auf. Der Gesamtfluß aus dem kleinen Quader ist deshalb

$$\Psi = \Delta x \cdot \Delta y \cdot \Delta z\left(\frac{\partial F_x}{\partial x} + \frac{\partial F_y}{\partial y} + \frac{\partial F_z}{\partial z}\right). \qquad (2.43)$$

Da das Volumen des Quaders $\Delta x \cdot \Delta y \cdot \Delta z$ ist, ergibt sich als Verhältnis von Fluß zu Volumen $(\partial F_x/\partial x) + (\partial F_y/\partial y) + (\partial F_z/\partial z)$. Nun kommen in diesem Ausdruck die Abmessungen des Quaders überhaupt nicht vor; er bleibt deshalb als Grenzwert übrig, wenn wir den Quader zusammenschrumpfen lassen. Wären bei der Berechnung des Flusses auch Glieder proportional $(\Delta x)^2$, $(\Delta x \cdot \Delta y)$ usw. berücksichtigt worden, würden sie bei Annäherung an den Grenzwert verschwinden.

Jetzt wird langsam klar, warum der Grenzwert unabhängig von der Gestalt des Volumens ist. Offensichtlich ist er von den Proportionen des Quaders unabhängig – aber das sagt noch nicht viel aus. Es ist leicht einzusehen, daß der Fluß für jedes Volumen, das sich aus kleinen Quadern beliebiger Proportion herstellen läßt, derselbe ist. Betrachten wir als Beispiel die beiden quaderförmigen Volumina V_1 und V_2 in Bild 2.14a. Die Summe des Flusses Ψ_1 aus V_1 und des Flusses Ψ_2 aus V_2 ändert sich nicht, wenn aneinandergrenzende Seitenflächen entfernt werden und dadurch ein einziges zusammenhängendes Volumen entsteht. Denn welcher Fluß auch immer durch die gemeinsame Fläche ging, er war für V_1 positiv und für V_2 negativ oder umgekehrt. Deshalb hätte auch ein bizarr gestaltetes Volumen, wie etwa in Bild 2.14c, keinerlei Einfluß auf das Ergebnis. Sie können zur Übung diese Verallgemeinerung weitertreiben. Oberflächen mit gegeneinander geneigten Flächen können dabei ebenfalls berücksichtigt werden, wenn man zuerst beweist, daß die Vektorsumme der vier Flächen des Tetraeders in Bild 2.15 Null ist.

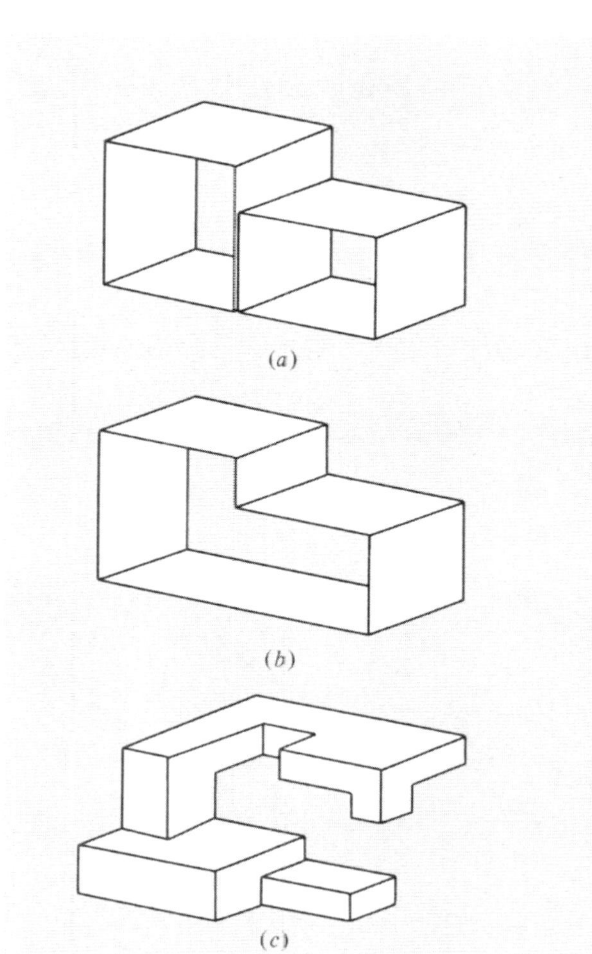

Bild 2.14 Der Grenzwert des Verhältnisses Fluß/Volumen ist von der Gestalt des Volumens unabhängig.

[21]) Dies ist nichts anderes als der Anfang einer Taylor-Entwicklung der skalaren Funktion F_z in der Umgebung von (x, y, z). Es ist

$$F_z(x+a, y+b, z+c) = F_z(x, y, z) + \left(a\frac{\partial}{\partial x} + b\frac{\partial}{\partial y} + c\frac{\partial}{\partial z}\right)F_z$$

$$+ \ldots + \left(\frac{1}{n!}\right)\left(a\frac{\partial}{\partial x} + b\frac{\partial}{\partial y} + c\frac{\partial}{\partial z}\right)^n F_z + \ldots .$$

Alle Ableitungen müssen an der Stelle (x, y, z) berechnet werden. In unserem Fall ist

$$a = \Delta x/2, \quad b = \Delta y/2, \quad c = 0.$$

Glieder höherer Ordnung werden in der Entwicklung nicht berücksichtigt.

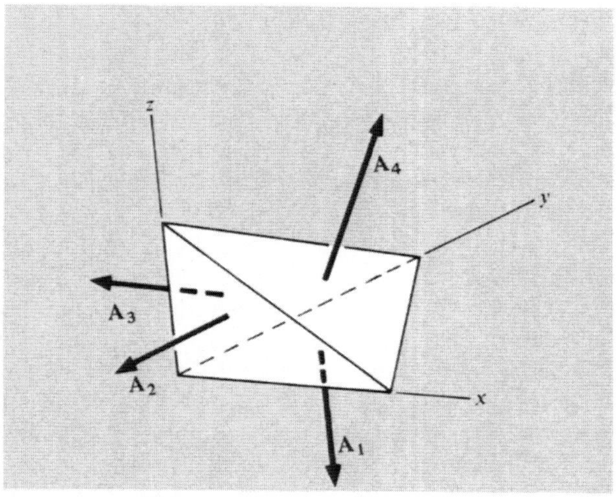

Bild 2.15 Beweisen Sie, daß $\mathbf{A}_1 + \mathbf{A}_2 + \mathbf{A}_3 + \mathbf{A}_4 = 0$.

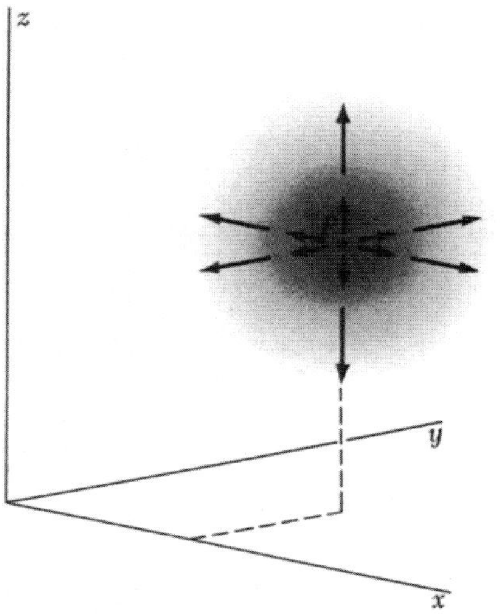

Bild 2.16 Darstellung eines Feldes, das in der Umgebung des Punktes P eine nichtverschwindende Divergenz besitzt

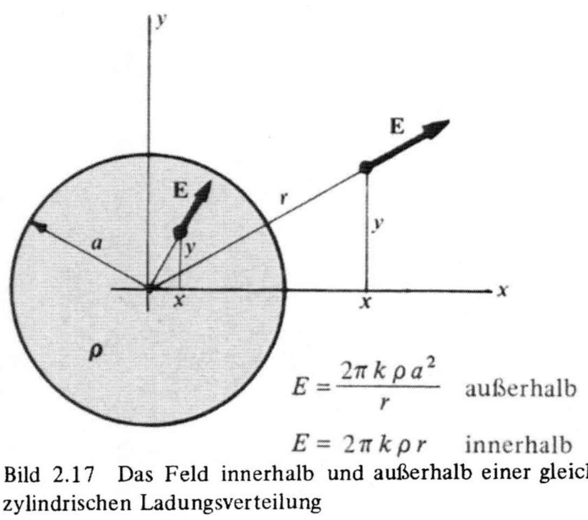

Bild 2.17 Das Feld innerhalb und außerhalb einer gleichförmigen zylindrischen Ladungsverteilung

Abschließend halten wir fest: Unter der einzigen Voraussetzung, daß F_x, F_y und F_z differenzierbar sind, existiert der Grenzwert; er ist gegeben durch

$$\operatorname{div} \mathbf{F} = \frac{\partial F_x}{\partial x} + \frac{\partial F_y}{\partial y} + \frac{\partial F_z}{\partial z} . \tag{2.44}$$

Hat div **F** für irgendeinen Punkt einen positiven Wert und stellen wir uns für einen Augenblick **F** als Geschwindigkeitsvektor irgendeiner Strömung vor, dann folgt daraus, daß Flüssigkeit aus der betrachteten Umgebung ausströmt. Sind beispielsweise in Gl. (2.44) alle drei partiellen Ableitungen in einem Punkt P positiv, könnte das Vektorfeld in seiner Umgebung etwa, wie in Bild 2.16 dargestellt, aussehen. Das muß aber nicht so sein, das Feld könnte auch ein ganz anderes Aussehen und trotzdem positive Divergenz haben. Denn es könnte dem Feld eine andere vektorielle Funktion **G** mit $\operatorname{div} \mathbf{G} = 0$ überlagert sein. Auch wenn eine oder zwei der partiellen Ableitungen negativ sind, ist es noch immer möglich, daß $\operatorname{div} \mathbf{F} > 0$. Die Divergenz ist eine Größe, die eben nur einen Aspekt der räumlichen Änderung eines Vektorfeldes ausdrückt.

Als Beispiel für die Anwendung der bisherigen Aussagen auf ein elektrisches Feld untersuchen wir einen unendlich langen Kreiszylinder mit dem Radius a, der mit einer positiven Ladungsverteilung (Raumladungsdichte ρ) gefüllt ist. Außerhalb des Zylinders gleicht das Feld dem Feld einer entlang der Zylinderachse verlaufenden Linienladung; es ist ein Radialfeld mit einer Feldstärke proportional $1/r$. Das Feld im Zylinderinneren läßt sich durch Anwendung des Gaußschen Gesetzes auf einen Zylinder mit dem Radius $r < a$ finden – ein einfaches Problem, das Sie zur Übung lösen sollten. Es ergibt sich, daß das Feld proportional r und natürlich ebenfalls ein Radialfeld ist. Die genauen Werte sind:

$$\begin{aligned} E &= \frac{2\pi k \rho a^2}{r} && \text{für } r > a , \\ E &= 2\pi k \rho r && \text{für } r < a . \end{aligned} \tag{2.45}$$

Bild 2.17 stellt einen Schnitt senkrecht zur Zylinderachse dar. Hier ist zwar der Gebrauch rechtwinkliger Koordinaten nicht sehr praktisch, aber wir wollen sie dennoch verwenden, um mit Gl. (2.44) vertraut zu werden. Mit $r = \sqrt{x^2 + y^2}$ erhalten wir für die Feldkomponenten

$$\begin{aligned} E_x &= \left(\frac{x}{r}\right) E = \frac{2\pi k \rho a^2 x}{x^2 + y^2} && \text{für } r > a , \\ E_x &= 2\pi k \rho x && \text{für } r < a , \\ E_y &= \left(\frac{y}{r}\right) E = \frac{2\pi k \rho a^2 y}{x^2 + y^2} && \text{für } r > a , \\ E_y &= 2\pi k \rho y && \text{für } r < a . \end{aligned} \tag{2.46}$$

E_z ist natürlich Null.

Außerhalb des geladenen Zylinders ist der Wert von div **E** durch

$$\frac{\partial E_x}{\partial x} + \frac{\partial E_y}{\partial y} \tag{2.47}$$

$$= 2\pi k \rho a^2 \left[\frac{1}{x^2+y^2} - \frac{2x^2}{(x^2+y^2)^2} + \frac{1}{x^2+y^2} - \frac{2y^2}{(x^2+y^2)^2}\right] = 0$$

gegeben. Im Zylinderinneren dagegen ist div **E**

$$\frac{\partial E_x}{\partial x} + \frac{\partial E_y}{\partial y} = 2\pi k \rho\,(1+1) = \rho/\epsilon_0 \,. \tag{2.48}$$

Beide Ergebnisse waren zu erwarten. Außerhalb des Zylinders, wo keine Ladungen vorhanden sind, ist der Fluß aus irgendeinem Volumen – sei es groß oder klein – Null; der Grenzwert des Verhältnisses Fluß/Volumen ist daher sicher auch Null. Für das Zylinderinnere erhielten wir das Ergebnis, das von der grundlegenden Beziehung (2.39) gefordert wird.

2.10 Der Laplace-Operator

Nun kennen wir zwei skalare Funktionen, die mit dem elektrischen Feld in Beziehung stehen: die Potentialfunktion U und div **E**. In Cartesischen Koordinaten lauten die entsprechenden Beziehungen:

$$\mathbf{E} = -\operatorname{grad} U = -\nabla U = -\left(\hat{\mathbf{x}}\frac{\partial U}{\partial x} + \hat{\mathbf{y}}\frac{\partial U}{\partial y} + \hat{\mathbf{z}}\frac{\partial U}{\partial z}\right), \tag{2.49}$$

$$\operatorname{div}\mathbf{E} = \frac{\partial E_x}{\partial x} + \frac{\partial E_y}{\partial y} + \frac{\partial E_z}{\partial z}\,. \tag{2.50}$$

Gl. (2.49) liefert einen Ausdruck für die x-Komponente von **E**: $E_x = -\partial U/\partial x$. Setzt man ihn und die entsprechenden Ausdrücke für E_y und E_z in Gl. (2.50) ein, so erhält man eine Beziehung zwischen div **E** und U:

$$\operatorname{div}\mathbf{E} = -\operatorname{div}\operatorname{grad} U = -\left(\frac{\partial^2 U}{\partial x^2} + \frac{\partial^2 U}{\partial y^2} + \frac{\partial^2 U}{\partial z^2}\right). \tag{2.51}$$

Die an U mit Gl. (2.51) durchgeführte Operation läßt sich, vom Minuszeichen abgesehen, als „div grad" oder „Divergenzbildung des Gradienten von ..." bezeichnen. Das Symbol ∇^2 kennzeichnet diese Operation. Es wird *Laplace-Operator* genannt, den man häufig auch durch das Zeichen Δ symbolisiert. In Cartesischen Koordinaten geschrieben lautet er

$$\frac{\partial^2}{\partial x^2} + \frac{\partial^2}{\partial y^2} + \frac{\partial^2}{\partial z^2}\,.$$

Die Schreibweise ∇^2 läßt sich folgendermaßen erklären: Der Gradientenoperator wird oft durch das Zeichen ∇ symbolisiert; er heißt Nablaoperator und lautet in Cartesischen Koordinaten

$$\nabla = \hat{\mathbf{x}}\frac{\partial}{\partial x} + \hat{\mathbf{y}}\frac{\partial}{\partial y} + \hat{\mathbf{z}}\frac{\partial}{\partial z}\,. \tag{2.52}$$

Behandeln wir diesen Operator wie einen Vektor und bilden sein skalares Produkt mit sich selbst, so folgt:

$$\nabla\cdot\nabla = \frac{\partial^2}{\partial x^2} + \frac{\partial^2}{\partial y^2} + \frac{\partial^2}{\partial z^2}\,, \tag{2.53}$$

dies ist derselbe Ausdruck wie für den Laplace-Operator in Cartesischen Koordinaten. Der Laplace-Operator heißt deshalb auch „Nabla-Quadrat". Mit dieser Bezeichnungsweise steht dann „Nabla-Quadrat U" für „div grad U". Allerdings sind die expliziten Formen des Gradientenoperators und die des Laplace-Operators in anderen Koordinatensystemen, z. B. in Polarkoordinaten, nicht so einfach miteinander in Verbindung zu bringen. Man sollte stets daran denken, daß die grundlegende Definition des Laplace-Operators „Divergenz des Gradienten von" ist. Dies gilt insbesondere auch für die Anwendung auf Produkte, wo die beiden Operationen nacheinander ausgeführt werden müssen.

Nun läßt sich direkt eine *lokale* Beziehung zwischen der Ladungsdichte in irgendeinem Punkt und der Potentialfunktion in dessen unmittelbarer Umgebung ableiten. Aus dem Gaußschen Gesetz in differentieller Form, div **E** $= \rho/\epsilon_0$ folgt

$$\boxed{\nabla^2 U = -4\pi k \rho = -\rho/\epsilon_0\,.} \tag{2.54}$$

Diese Gleichung heißt *Poisson-Gleichung*; sie stellt eine Verbindung zwischen der Ladungsdichte und den zweiten Ableitungen des Potentials her. In Cartesischen Koordinaten lautet sie:

$$\frac{\partial^2 U}{\partial x^2} + \frac{\partial^2 U}{\partial y^2} + \frac{\partial^2 U}{\partial z^2} = -\frac{\rho}{\epsilon_0} \tag{2.55}$$

Man kann Gl. (2.55) als differentiellen Ausdruck für die Beziehung auffassen, die Gl. (2.15) durch ein Integral formuliert; Gl. (2.15) gab an, wie das Potential in einem Punkt durch Summation der Beiträge, die von allen – nahe und fern liegenden – Ladungen herrühren, gefunden werden kann[22].

2.11 Die Laplacesche Differentialgleichung

Das elektrische Potential U muß, wo immer $\rho = 0$ ist, d. h. in allen Raumbereichen, die keine elektrischen Ladungen enthalten, die Gleichung

$$\boxed{\nabla^2 U = 0} \tag{2.56}$$

[22] Es läßt sich tatsächlich zeigen, daß Gl. (2.55) mathematisch gesehen Gl. (2.15) äquivalent ist. Das bedeutet, bei Anwendung des Laplace-Operators auf das Integral in Gl. (2.15) müßte sich $-\rho/\epsilon_0$ ergeben. Die Ableitung wollen wir uns hier ersparen. Wer Zweifel an der Richtigkeit des Ergebnisses hat, möge selbst herausfinden, wie man dazu kommt.

erfüllen. Diese Gleichung heißt Laplacesche Differentialgleichung oder kürzer *Laplacesche Gleichung.* Wir begegnen ihr in vielen Zweigen der Physik. Von einem mathematischen Standpunkt aus könnte man fast sagen, die Theorie des klassischen Feldes ist vornehmlich eine Untersuchung der Lösungen dieser Gleichung. Jede Lösung der Laplaceschen Gleichung heißt *harmonische Funktion* oder *Potentialfunktion.* Diese Funktionen haben einige bemerkenswerte Eigenschaften, z.B. die folgende: *Ist $U(x, y, z)$ eine Lösung der Laplaceschen Gleichung, dann ist der Mittelwert von U, über die Oberfläche einer beliebigen, nicht notwendigerweise kleinen Kugel ermittelt, gleich dem Wert von U im Mittelpunkt dieser Kugel.* Dies kann für das elektrische Potential U in Raumbereichen, die keine Ladungen enthalten, leicht bewiesen werden. Betrachten wir eine Punktladung Q und eine Kugeloberfläche A, über die eine Ladung Q' gleichmäßig verteilt ist. Die Ladung soll aus dem Unendlichen bis zu einer Entfernung R an den Mittelpunkt der geladenen Kugel herangebracht worden sein (Bild 2.18).

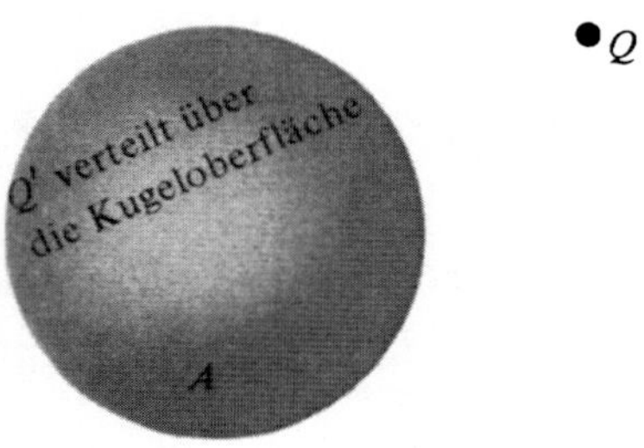

Bild 2.18 Die Arbeit, die benötigt wird, um Q' aus dem Unendlichen heranzuführen und über die Kugeloberfläche zu verteilen, ist das Q'-fache des über die Kugeloberfläche gemittelten, von Q herrührenden Potentials U.

Die erforderliche Arbeit ist kQQ'/R, weil das elektrische Feld der Kugel genauso ist, als wenn die Ladung Q' in ihrem Mittelpunkt konzentriert wäre. Nun nehmen wir statt dessen an, die Punktladung wäre zuerst dagewesen und die geladene Kugel wäre danach aus dem Unendlichen herangebracht worden. Die dazu notwendige Arbeit ist das Produkt aus Q' und dem über die Oberfläche A gemittelten, von Q herrührenden Potential. Diese Arbeit ist sicherlich dieselbe wie im ersten Fall, nämlich kQQ'/R, so daß das gemittelte Potential kQ/R sein muß. Das ist in der Tat das durch die externe Ladung Q im Mittelpunkt der Kugel erzeugte Potential. Das beweist die Annahme für irgendeine einzelne Ladung außerhalb der Kugel. Nun ist das Potential von vielen Ladungen gerade die Summe der Potentiale der einzelnen Ladungen, und der Mittelwert einer Summe ist gleich der Summe der Mittelwerte. Daraus folgt, daß die Annahme auch für jedes beliebige Ladungssystem, das gänzlich außerhalb der Kugeloberfläche A liegt, richtig sein muß. Betrachten wir eine Kugeloberfläche A im Feld einer Punktladung Q, die außerhalb der Kugeloberfläche liegt (Bild 2.18). Nun wird eine Probeladung Q' aus dem Unendlichen herangebracht und gleichmäßig über die Kugeloberfläche verteilt. Die dazu notwendige Arbeit ist das Q'-fache des über die Kugeloberfläche gemittelten, von Q herrührenden Potentials. Wie wir wissen, ist dieselbe Arbeit notwendig, um die Ladung Q aus dem Unendlichen heranzuführen, wenn Q' bereits vorhanden ist. Wir wissen aber auch, daß in *diesem* Fall die Arbeit die gleiche ist, wenn Q' im Kugelmittelpunkt konzentriert wäre, statt über die Kugeloberfläche verteilt zu sein. Damit haben wir die Annahme in diesem einfachen Fall bewiesen. Da die Potentiale beliebig vieler Ladungen einfach addiert werden können, muß unsere Annahme für *jedes beliebige* Ladungssystem richtig sein, falls dieses nur ganz außerhalb der Kugeloberfläche A liegt.

Diese Eigenschaft des Potentials, daß sein Mittelwert über eine leere Kugel gleich seinem Wert im Mittelpunkt ist, steht im engen Zusammenhang mit einer anderen Tatsache, die man eigentlich als enttäuschend empfinden könnte: Es gibt kein elektrostatisches Feld, das ein geladenes Teilchen im leeren Raum im *stabilen* Gleichgewicht halten könnte. Dieses besondere „Unmöglichkeitstheorem" ist wie andere ähnliche Theoreme von großem Wert; es verhindert nämlich fruchtlose Spekulationen und vergebliche Anstrengungen. Wir führen den Beweis indirekt und nehmen an, es gäbe einen Punkt P in einem elektrostatischen Feld, in dem sich ein positiv geladenes Teilchen im stabilen Gleichgewicht befindet. Jede kleine Verschiebung des Teilchens aus seiner Gleichgewichtslage müßte es dann an einen Ort bringen, in dem sich das Feld rückführend auswirkt. Dies setzt aber die Existenz einer kleinen Kugel um P voraus, von deren gesamter Oberfläche aus $\mathbf{E}$ nach innen weist. Und damit sind wir zu einem Widerspruch zum Gaußschen Gesetz gekommen, denn in dem betrachteten Gebiet ist voraussetzungsgemäß keine negative Ladung vorhanden. (Die Probeladung zählt nicht – außerdem ist sie positiv.) Mit anderen Worten: In keinem ladungsfreien Raumbereich weist der Feldstärkevektor eines elektrostatischen Feldes stets nach innen oder stets nach außen – womit die Unmöglichkeit des *stabilen* Gleichgewichts bewiesen ist. Dasselbe Ergebnis liefert die Betrachtung des elektrischen Potentials U. Sollte ein geladenes Teilchen eine stabile Gleichgewichtslage haben, müßte U dort entweder einen kleineren Wert haben als in der gesamten Umgebung (wenn das Teilchen positiv geladen ist) oder aber überall sonst größer sein (wenn das Teilchen negativ geladen ist). Dies ist aber unmöglich, da U eine Funktion ist, deren über eine Kugeloberfläche gemittelter Wert gleich ihrem Wert im Kugelmittelpunkt ist.

Andererseits kann ein geladenes Teilchen in einem elektrischen Feld natürlich im Gleichgewicht sein, falls man darunter *nur* Kräftefreiheit versteht. Dies trifft z.B. auf den Punkt mit $\mathbf{E} = 0$ in Bild 1.10 zu. Auch der Mittelpunkt der Verbindungsstrecke zweier gleich großer positiver Ladungen stellt für eine dritte, positive oder negative Ladung eine Gleichgewichtslage dar. Aber hier handelt es sich um kein stabiles Gleichgewicht – denken Sie nur daran, was bei einer kleinen Verschiebung aus der Gleichgewichtslage geschieht.

Zum Abschluß sei bemerkt, daß es dennoch möglich ist, geladene Teilchen durch elektrische Felder einzufangen und in stabiler Gleichgewichtslage zu halten – allerdings nur, wenn die elektrischen Felder *zeitlich* veränderlich sind.

2.12 Zur Unterscheidung der Physik von der Mathematik

In den letzten Abschnitten war viel von mathematischen Beziehungen und neuen Ausdrucksmitteln für bekannte Tatsachen die Rede. Deshalb ist es jetzt angebracht, einmal darüber nachzudenken, wie sich Physik von Mathematik und Gesetz von Definition unterscheiden lassen. Stellen wir uns vor, für die elektrische Anziehungskraft gelte *nicht* das bekannte $(1/r^2)$-Gesetz, sondern es ist eine Kraft mit begrenzter Reichweite wirksam, z.B. eine Kraft, die sich mit

$$k \cdot \frac{e^{-\lambda r}}{r^2} \qquad (2.57)$$

ändert. Das Gaußsche Gesetz, in Integralform durch Gl. (2.37) ausgedrückt, hat dann sicherlich keine Gültigkeit. Denn auf sehr großen Oberflächen, die irgendwelche Ladungen umhüllen, findet man nur ein verschwindend kleines Feld. Und mit zunehmender Ausdehnung der Oberfläche geht der durch sie tretende Fluß gegen Null, statt konstant zu bleiben. Dennoch können wir in jedem Raumpunkt einen Feldvektor definieren. Auch die Divergenz dieses Feldes läßt sich berechnen; Gl. (2.38), die die mathematische Eigenschaft eines *beliebigen* Vektorfeldes beschreibt, gilt nach wie vor. Haben wir uns jetzt nicht in einen Widerspruch verwickelt? Nein, Gl. (2.39) versagt nämlich. Die Divergenz des Feldes ist nicht mehr gleich der Ladungsdichte. Bei Kräften endlicher Reichweite kann nämlich ein kleines, ladungsfreies Volumen einen von Null verschiedenen Gesamtfluß aufweisen. Wie Bild 2.19 andeutet, ist der eintretende Fluß auf der einer äußeren Ladung zugekehrten Oberfläche in diesem Fall größer als der auf der anderen Seite austretende.

Man kann deshalb sagen, daß die Gln. (2.37) und (2.39) dasselbe *physikalische Gesetz* ausdrücken, nämlich das von *Coulomb* durch die Messung der Kräfte zwischen geladenen Körpern entdeckte Kraftgesetz. Hingegen ist Gl. (2.38) Ausdruck eines *mathematischen Theorems,*

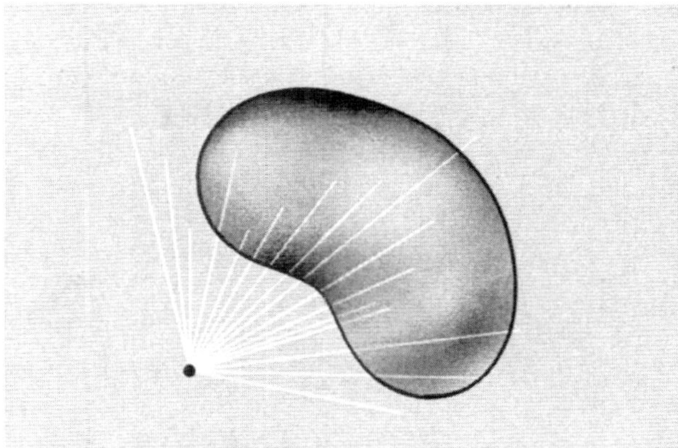

Bild 2.19 In einem Feld, für das nicht das $(1/r^2)$-Gesetz gilt, ist der Fluß durch eine geschlossene Oberfläche nicht Null.

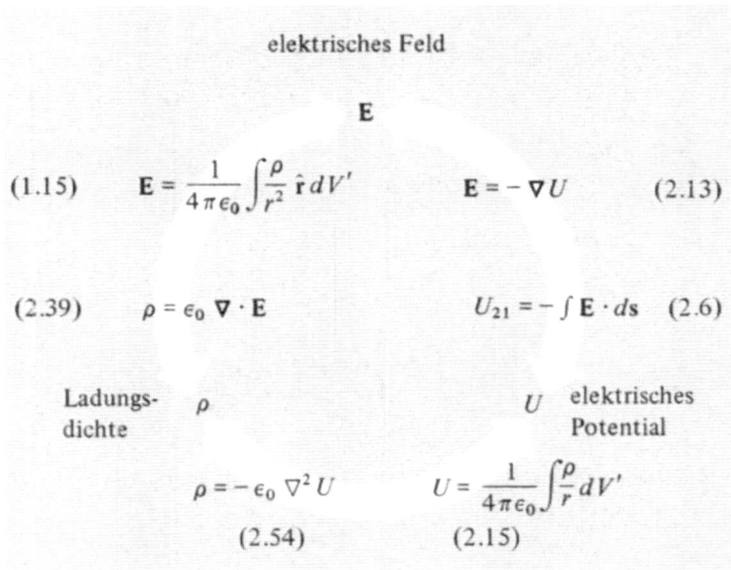

Bild 2.20
Zusammenhang zwischen elektrischer Ladungsdichte ρ, elektrischem Potential U und elektrischem Feld $\mathbf{E}$. Die Integralbeziehungen enthalten das Volumenintegral. Die Differentialbeziehungen enthalten den Gradienten, die Divergenz und div · grad oder ∇^2, den Laplace-Operator. Die Einheiten im SI-System sind für ρ: C/m^3, für U: V und für $\mathbf{E}$: V/m; $\epsilon_0 = 8{,}854 \cdot 10^{-12}\ C \cdot V^{-1} \cdot m^{-1}$.

das es möglich macht, unsere Formulierung des physikalischen Gesetzes aus der Differentialform in die Integralform und umgekehrt überzuführen. Die Gleichungen, die **E**, ρ und U verknüpfen, sind in Bild 2.20 zusammengestellt.

Wie lassen sich aber diese Differentialbeziehungen zwischen Ladung und Feld rechtfertigen, wenn elektrische Ladungen in der Realität keine gallertartige Substanz, sondern in Teilchen konzentriert sind, über deren Inneres wir noch sehr wenig wissen? Tatsächlich hat eine Gleichung wie die Poisson-Gleichung (2.54) nur im makroskopischen Bereich Bedeutung: Die Ladungsdichte ρ muß als Mittelwert über einen kleinen, aber endlichen Bereich interpretiert werden, der viele Teilchen enthält. Deshalb kann die Funktion ρ nicht so kontinuierlich sein, wie sich dies ein Mathematiker wünschen würde. Wenn wir den Volumenbereich V_i zusammenschrumpfen lassen, um die differentielle Form des Gaußschen Gesetzes abzuleiten, dann weiß der Physiker, daß er dabei nicht zu weit gehen darf. Vielleicht mißfällt Ihnen das, doch bleibt die Tatsache bestehen, daß wir bei ausgedehnten elektrischen Systemen mit dem Kontinuum-Modell sehr gut zurechtkommen. In der Welt der Atome gibt es die Elementarteilchen und das Vakuum. Im Inneren der Elementarteilchen muß sich selbst dann, wenn dem Coulombschen Gesetz dort irgendeine Bedeutung zukommt, noch vieles andere abspielen. Für das Vakuum gilt, sofern es sich um die Elektrostatik handelt, die Laplacesche Gleichung. Aber es ist fraglich, ob selbst im Vakuum der Begriff des unendlich kleinen Volumens *physikalisch* sinnvoll ist.

2.13 Die Rotation eines Vektorfeldes

Als wir den Begriff der Divergenz als lokale Eigenschaft eines Vektorfeldes ableiteten, gingen wir von dem Oberflächenintegral aus, das über eine große geschlossene Oberfläche erstreckt wird. Auf dieselbe Weise läßt sich das längs einer geschlossenen Kurve C erstreckte Linienintegral irgendeines Vektorfeldes $\mathbf{F}(x, y, z)$ untersuchen. Die Kurve C kann man sich dabei als Rand irgendeiner Fläche vorstellen, die durch C aufgespannt wird. Eine gute Bezeichnung für ein solches Linienintegral ist *Zirkulation* (auch Wirbelstärke); als Symbol dafür wählen wir Γ:

$$\Gamma = \int_C \mathbf{F} \cdot d\mathbf{s} = \oint \mathbf{F} \cdot d\mathbf{s} \,. \tag{2.58}$$

Dabei kennzeichnet $d\mathbf{s}$ das Wegelement der Kurve C, also einen infinitesimalen Tangentenvektor an C (Bild 2.21a). Um die Richtung von $d\mathbf{s}$ eindeutig zu kennzeichnen, muß einer der beiden möglichen Umlaufsinne für C gewählt werden. Übrigens braucht die Kurve C nicht in einer Ebene zu liegen – sie kann beliebig gebogen sein.

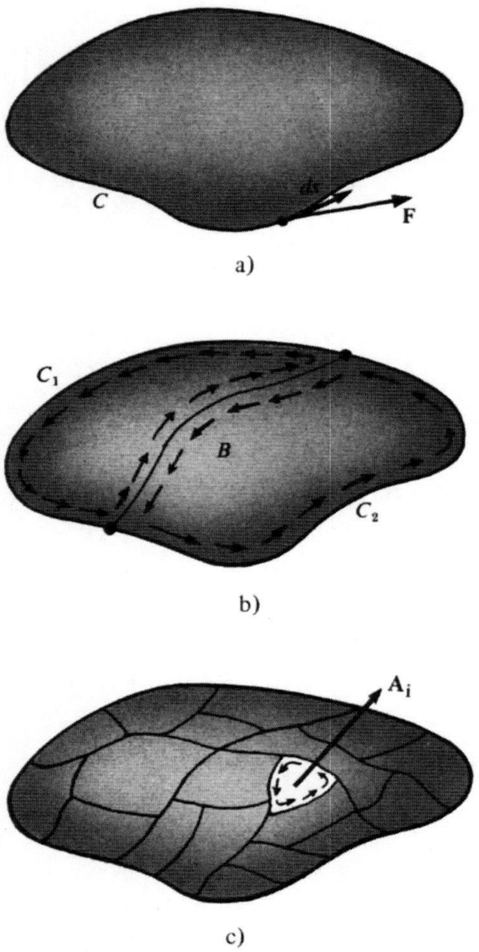

Bild 2.21 Bei unterteilter Schleife ist die Summe der Zirkulationen Γ_i um die einzelnen Schleifen gleich der Summe der Zirkulation Γ um die ursprüngliche Kurve C.

Nun überbrücken wir C durch einen neuen Weg B und erhalten damit zwei Schleifen C_1 und C_2, denen beiden B als Teilstück angehört (Bild 2.21b). Wird jetzt das Linienintegral über jede der beiden Schleifen erstreckt und dabei derselbe Umlaufsinn gewählt, gleicht – wie leicht einzusehen ist – die Summe der beiden Zirkulationen Γ_1 und Γ_2 der ursprünglichen Zirkulation Γ um C. B wird ja bei den zwei Integrationen einmal in der einen und dann in entgegengesetzter Richtung durchlaufen; damit bleiben lediglich jene Beiträge übrig, die zusammengenommen das ursprüngliche längs C erstreckte Linienintegral ergaben. Weitere Unterteilungen (Bild 2.21c) in viele Schleifen $C_1, \ldots, C_i, \ldots, C_n$ lassen die Summe unverändert:

$$\int_C \mathbf{F} \cdot d\mathbf{s} = \sum_{i=1}^{n} \int_{C_i} \mathbf{F} \cdot d\mathbf{s}_i \quad \text{oder} \quad \Gamma = \sum_{i=1}^{n} \Gamma_i \,. \tag{2.59}$$

Auch hier können wir mit der Unterteilung unbegrenzt fortfahren und stets neue Brücken hinzufügen, in der Hoffnung, zu einem Grenzwert zu kommen, der für das Feld **F** in einem kleinen örtlichen Bereich charakteristisch ist. Die Unterteilung der Schleifen führt zu neuen Schleifen mit einer kleineren Zirkulation, aber auch mit einer kleineren Fläche. So liegt es auf der Hand, einmal das Verhältnis der *Schleifenzirkulation* zur *Schleifenfläche* zu betrachten, genau so wie dies in Abschnitt 2.7 mit dem Verhältnis von *Fluß* zu *Volumen* erfolgte. Trotzdem ist die Sachlage in beiden Fällen unterschiedlich. Denn hier ist das aus der Gesamtfläche herausgegriffene Flächenstück A_i, das in der kleinen Schleife C_i aufgespannt wird, ein Vektor; eine Fläche besitzt nämlich im Raum eine Orientierung. Lassen wir die Schleifen in einem Bereich immer kleiner werden, so können wir einzelnen Schleifen jede beliebige Orientierung geben. Wir sind ja bei der Wahl der Fläche, die von C aufgespannt wird, völlig frei. Der Übergang zum Grenzwert kann also auf ganz unterschiedliche Arten erfolgen, was sich auch in unserem Endergebnis widerspiegeln muß.

Wir wählen nun für die letzten Stadien des Teilungsvorgangs eine bestimmte Orientierung eines kleinen Flächenstücks aus. Der Einheitsvektor $\hat{\mathbf{n}}$, der die Flächennormale kennzeichnet, soll dann konstant bleiben, während das Flächenstück, das einen bestimmten Punkt P umgibt, auf Null zusammenschrumpft. Der Grenzwert des Verhältnisses von *Zirkulation* zu *Schleifenfläche* läßt sich dann folgendermaßen schreiben:

$$\lim_{A_i \to 0} \frac{\Gamma_i}{A_i} \quad \text{oder} \quad \lim_{A_i \to 0} \frac{\int_{C_i} \mathbf{F} \cdot d\mathbf{s}}{A_i}\,. \tag{2.60}$$

Die Wahl des Vorzeichens erfolgt dabei so, daß die Richtung von $\hat{\mathbf{n}}$ und der Umlaufsinn von C_i durch die Rechte-Hand-Regel verknüpft sind (Bild 2.22). Der Grenzwert, den dieses Verfahren liefert, ist eine skalare Größe, die mit dem Punkt P im Vektorfeld **F** und mit der Richtung $\hat{\mathbf{n}}$ verknüpft ist. Wir könnten drei voneinander unabhängige Richtungen auswählen, z.B. $\hat{\mathbf{x}}$, $\hat{\mathbf{y}}$ und $\hat{\mathbf{z}}$, und würden damit drei verschiedene Zahlen (skalare Größen) erhalten. Wie sich herausstellt, können diese drei Zahlen als Komponenten eines Vektors aufgefaßt werden; er heißt Rotation von **F**, kurz rot **F**. Die Zahl, die man für den Grenzwert mit $\hat{\mathbf{n}}$ in einer bestimmten Richtung erhält, ist die Komponente des Vektors rot **F** in eben dieser Richtung – mathematisch formuliert

$$(\text{rot}\,\mathbf{F}) \cdot \hat{\mathbf{n}} = \lim_{A_i \to 0} \frac{\int_{C_i} \mathbf{F} \cdot d\mathbf{s}}{A_i}\,. \tag{2.61}$$

Zur Veranschaulichung ein Beispiel: Will man die x-Komponente von rot **F** erhalten, wählt man $\hat{\mathbf{n}} = \hat{\mathbf{x}}$ (Bild 2.23). Beim Zusammenschrumpfen der Schleife um P müssen wir sie dann in einer zur x-Achse senkrecht stehenden Ebene halten. Im allgemeinen ändert sich rot **F** von Ort zu Ort. Lassen wir das Flächenstück um irgendeinen anderen Punkt zusammenschrumpfen, so hat das Verhältnis von Zirkulation zu Schleifenfläche im allgemeinen einen anderen Wert, der vom jeweils betrachteten Vektorfeld **F** abhängt. Das heißt aber, daß auch rot **F** eine vektorielle Funktion der Ortskoordinaten ist. Die Richtung des Vektors rot **F** in jedem Punkt steht senkrecht zu jener Ebene durch den betrachteten Punkt, in der die Zirkulation ein Maximum aufweist; sein Betrag ist der Grenzwert der Zirkulation pro Fläche in dieser Ebene um den betrachteten Punkt!

Die letzten beiden Sätze können als Definition für rot **F** dienen. Sie nehmen, ebenso wie Gl. (2.61) nicht Bezug auf ein Koordinatensystem. In der Tat definiert Gl. (2.61) einen axialen Vektor, aber wir werden das nicht beweisen.

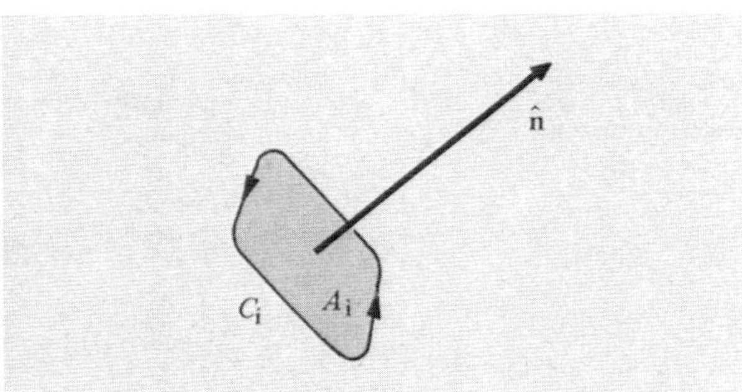

Bild 2.22 Die Rechte-Hand-Regel für die Flächennormale und die Umlaufrichtung bei der Bildung des Randintegrals

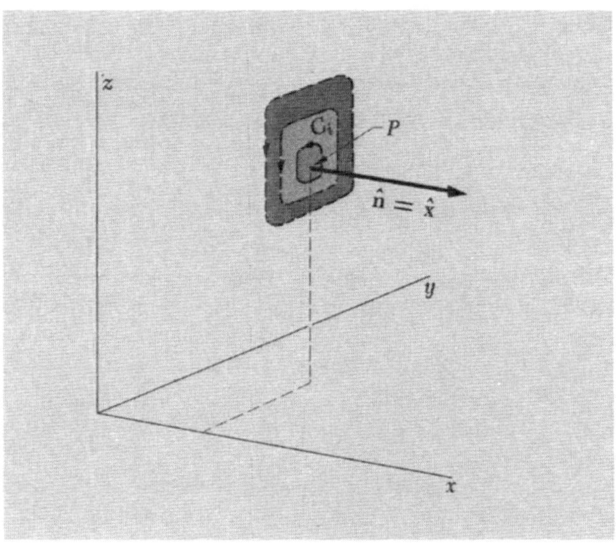

Bild 2.23 Ein Flächenstück schrumpft um den Punkt P zusammen, während dabei die Flächennormale in $\hat{\mathbf{x}}$-Richtung weist.

2.14 Der Satz von Stokes

Von der Zirkulation um ein infinitesimal kleines Flächenstück kehren wir nun zur Zirkulation um die ursprüngliche, große Schleife C zurück:

$$\Gamma = \int_C \mathbf{F} \cdot d\mathbf{s} = \sum_{i=1}^{n} \Gamma_i = \sum_{i=1}^{n} A_i \left[\frac{\Gamma_i}{A_i}\right] . \tag{2.62}$$

Im letzten Schritt wurde lediglich mit A_i erweitert. Was geschieht mit der rechten Seite von Gl. (2.62), wenn n sehr groß gemacht wird und die A_i zusammenschrumpfen? Der Ausdruck in eckigen Klammern wird zu $(\text{rot}\,\mathbf{F}) \cdot \hat{\mathbf{n}}_i$, wobei $\hat{\mathbf{n}}_i$ der zum i-ten Flächenstück senkrechte Einheitsvektor ist. Auf der rechten Seite steht dann das über die gesamte Fläche A summierte Produkt „Schleifenfläche mal Normalkomponente von (rot **F**)“. Das ist aber nichts anderes als das über A erstreckte Flächenintegral des Vektors rot **F**:

$$\sum_{i=1}^{n} A_i \left[\frac{\Gamma_i}{A_i}\right] = \sum_{i=1}^{n} A_i (\text{rot}\,\mathbf{F}) \cdot \hat{\mathbf{n}}_i \rightarrow \int_A d\mathbf{A} \cdot \text{rot}\,\mathbf{F} . \tag{2.63}$$

Mit Gl. (2.62) erhalten wir daraus:

$$\boxed{\int_C \mathbf{F} \cdot d\mathbf{s} = \int_A \text{rot}\,\mathbf{F} \cdot d\mathbf{A} .} \tag{2.64}$$

Das durch Gl. (2.64) formulierte mathematische Theorem heißt *Stokesscher Satz*. Bemerkenswert ist, wie der Aufbau dieses Satzes dem des Gaußschen Satzes ähnelt. Der Stokessche Satz verknüpft das Linienintegral eines Vektors mit dem Flächenintegral der Rotation des Vektors, während der Gaußsche Satz (Gl. (2.36)) das Flächenintegral eines Vektors mit dem Raumintegral der Divergenz des Vektors verbindet. Der Stokessche Satz bezieht sich auf eine Fläche und die Kurve, die sie begrenzt, der Gaußsche Satz auf ein Volumen und die es einschließende Oberfläche.

2.15 Die Rotation in kartesischen Koordinaten

Als grundlegende Definition von rot **F** hat Gl. (2.61) keinerlei Bezug auf irgendein bestimmtes Koordinatensystem. Sie gleicht in dieser Hinsicht der allgemeinen Definition der Divergenz durch Gl. (2.34). Wie dort, so interessiert uns auch hier, wie rot **F** für eine explizit gegebene vektorielle Funktion $\mathbf{F}(x, y, z)$ berechnet wird. Um diese Regel zu finden, führen wir die in Gl. (2.61) vorgeschriebene Integration aus, wählen dabei aber einen sehr einfachen Integrationsweg: Er schließt ein rechteckiges, parallel zur x, y-Ebene liegendes Flächenstück ein (Bild 2.24), d.h., es wird $\hat{\mathbf{n}} = \hat{\mathbf{z}}$ gewählt. In Übereinstimmung mit der Regel für die Wahl des Vorzeichens wird der Integrationsweg im Uhrzeigersinn (bei Blick in positive z-Richtung) durchlaufen. In Bild 2.25 sehen wir von oben auf das Rechteck.

Das längs eines solchen Weges erstreckte Linienintegral von **A** hängt von der Änderung von A_x mit y und von der Änderung von A_y mit x ab. Wenn nämlich A_x denselben Mittelwert längs des oberen Randes in Bild 2.25 hätte wie längs des unteren Randes, würden sich die Beiträge dieser beiden Wegstücke zum gesamten Linienintegral offensichtlich gegenseitig aufheben. Eine entsprechende Aussage gilt für die beiden Seitenränder. Bei Beschränkung auf erste Potenzen der kleinen Größen Δx und Δy ergibt

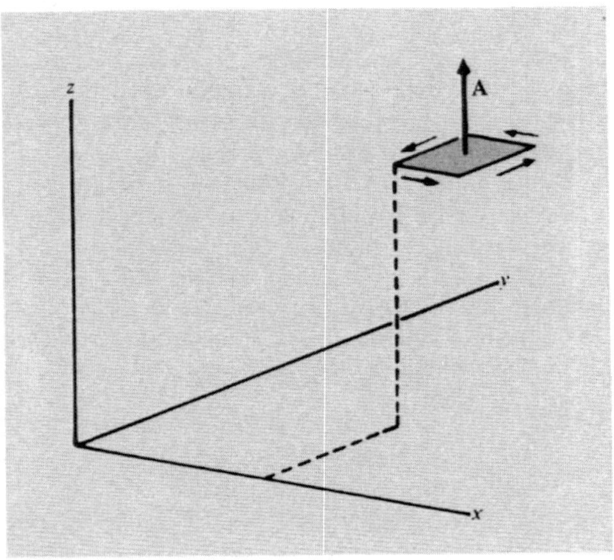

Bild 2.24 Die Zirkulation um ein rechteckiges Flächenstück mit $\hat{\mathbf{n}} = \hat{\mathbf{z}}$

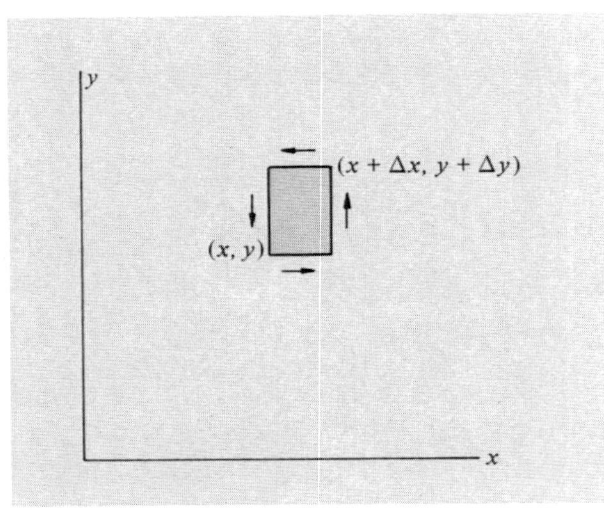

Bild 2.25 Aufsicht auf das Flächenstück von Bild 2.24

sich für die Differenz zwischen dem über den oberen Rand bei $y + \Delta y$ gemittelten Wert von A_x und seinem über den unteren Rand bei y gemittelten Wert

$$\frac{\partial A_x}{\partial y}\Delta y\,. \tag{2.65}$$

Die Argumentation gleicht der bei Bild 2.13b benutzten; es ist nämlich

$$A_x = A_x(x,y) + \frac{\Delta x}{2}\frac{\partial A_x}{\partial x}\,; \quad \text{(im Mittelpunkt des unteren Randes)}$$
$$A_x = A_x(x,y) + \frac{\Delta x}{2}\frac{\partial A_x}{\partial x} + \Delta y\frac{\partial A_x}{\partial y} \quad \text{(im Mittelpunkt des oberen Randes).} \tag{2.66}$$

Dies sind – bis zu Gliedern erster Ordnung in der Taylor-Entwicklung – die erwähnten Mittelwerte. Ihre Differenz multipliziert mit der Länge des Wegabschnittes Δx bestimmt ihren Nettobeitrag zur Zirkulation; dieser Beitrag ist $-\Delta x \cdot \Delta y \cdot (\partial A_x/\partial y)$. Das Minuszeichen erklärt sich daraus, daß der obere Rand bei der Integration nach links durchlaufen wird; wenn deshalb A_x am oberen Rand positiver als am unteren ist, führt dies zu einem negativen Beitrag zur Zirkulation. Der Beitrag der Seitenränder ist $\Delta y \cdot \Delta x\,(\partial A_y/\partial x)$. Hier finden wir das positive Vorzeichen, da ein am rechten Rand positives A_y einen positiven Beitrag zur Zirkulation ergibt.

Bei Vernachlässigung höherer Potenzen von Δx und Δy folgt somit für das längs des Rechteckumfanges erstreckte Linienintegral

$$\oint \mathbf{A}\cdot d\mathbf{s} = -\Delta x\frac{\partial A_x}{\partial y}\Delta y + \Delta y\frac{\partial A_y}{\partial x}\Delta x = \Delta x \cdot \Delta y\left(\frac{\partial A_y}{\partial x} - \frac{\partial A_x}{\partial y}\right). \tag{2.67}$$

$\Delta x \cdot \Delta y$ ist aber die Fläche des Rechtecks, das oben durch einen Vektor in z-Richtung dargestellt worden war. Offensichtlich ist die Größe

$$\frac{\partial A_y}{\partial x} - \frac{\partial A_x}{\partial y} \tag{2.68}$$

der Grenzwert, gegen den das Verhältnis

$$\frac{\text{Linienintegral um die Begrenzung des Flächenstücks}}{\text{Fläche des Flächenstücks}} \tag{2.69}$$

bei Zusammenschrumpfen des Flächenstücks zur Fläche Null strebt. Bei Orientierung des Vektors der Normalen der Rechteckfläche in positive y-Richtung hätte sich für das entsprechende Verhältnis

$$\frac{\partial A_x}{\partial z} - \frac{\partial A_z}{\partial x} \tag{2.70}$$

und bei Orientierung in x-Richtung

$$\frac{\partial A_z}{\partial y} - \frac{\partial A_y}{\partial z} \tag{2.71}$$

ergeben (Bild 2.26).

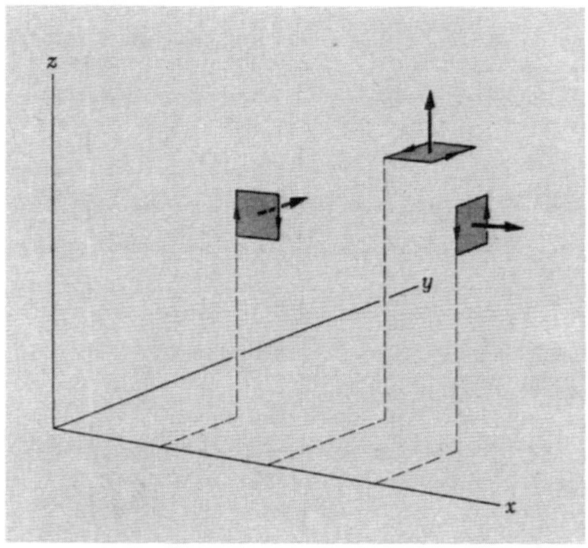

Bild 2.26 Für jede der drei Orientierungen bestimmt der Grenzwert des Verhältnisses Zirkulation/Fläche eine Komponente von rot **A** in dem betrachteten Punkt. Zur Bestimmung aller Komponenten des Vektors rot **A** in einem beliebigen Punkt müßten alle drei Flächenstücke um diesen Punkt gruppiert sein. Hier sind sie der Übersichtlichkeit halber auseinandergezogen.

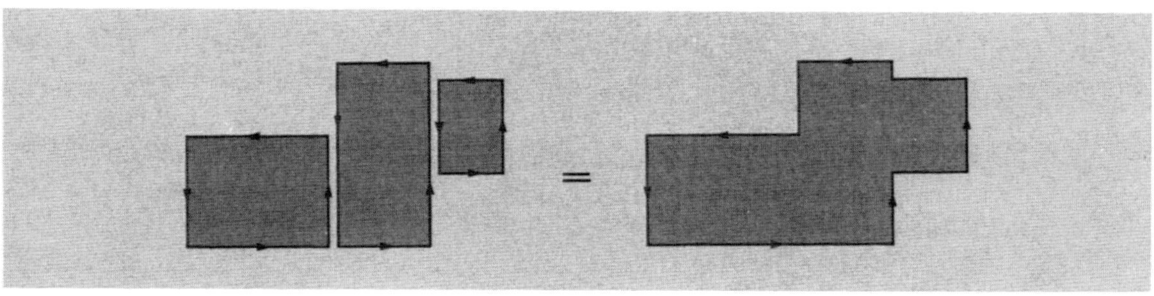

Bild 2.27 Die Zirkulation um die Schleife des rechten Bildteiles ist die Summe der Zirkulation um die rechteckigen Teilflächen, die Gesamtfläche ist wiederum die Flächensumme der einzelnen Rechtecke. Das Bild zeigt, warum das Verhältnis Zirkulation/Fläche gestaltunabhängig ist.

Obwohl dieser Ableitung nur Rechtecke zugrunde lagen, ist das Ergebnis von der Form des kleinen Flächenstücks und seiner Umrandung unabhängig. Dies folgt analog der Betrachtungsweise, die für das Integral im Fall des Gaußschen Satzes gewählt wurde. Man kann beispielsweise andere Flächenfiguren aus verschiedenen Rechtecken zusammensetzen, da sich die Linienintegrale längs jener Randteile, die zwei verschiedenen Rechtecken gemeinsam angehören, genau gegenseitig aufheben (Bild 2.27).

Wir schließen nun, daß der Grenzwert des Verhältnisses von Zirkulation zu Fläche für jede der oben behandelten Orientierungen unabhängig von der Gestalt des gewählten Flächenstückes ist. Dann erhalten wir als allgemeine Beziehung für die Komponenten des Vektors rot **F**

$$\text{rot}\,\mathbf{F} = \hat{\mathbf{x}}\left(\frac{\partial F_z}{\partial y} - \frac{\partial F_y}{\partial z}\right) + \hat{\mathbf{y}}\left(\frac{\partial F_x}{\partial z} - \frac{\partial F_z}{\partial x}\right) + \hat{\mathbf{z}}\left(\frac{\partial F_y}{\partial x} - \frac{\partial F_x}{\partial y}\right), \tag{2.72}$$

wenn **F** als Funktion von x, y und z gegeben ist. Vielleicht prägt sich die folgende Regel besser ein als die Beziehung selbst: Aus der Entwicklung der Determinante

$$\begin{vmatrix} \hat{\mathbf{x}} & \hat{\mathbf{y}} & \hat{\mathbf{z}} \\ \dfrac{\partial}{\partial x} & \dfrac{\partial}{\partial y} & \dfrac{\partial}{\partial z} \\ F_x & F_y & F_z \end{vmatrix} \tag{2.73}$$

folgt entsprechend den Regeln der Determinantenrechnung rot **F** gemäß Gl. (2.72). Beachten Sie auch, daß die x-Komponenten von rot **F** von der relativen Änderung von F_z in y-Richtung und der negativ genommenen relativen Änderung von F_y in z-Richtung abhängt, usw.

Statt des Symbols rot für Rotation wird häufig das Symbol $\nabla\times$ („Vektorprodukt aus Nabla und") verwendet; ∇ wird dabei als „Vektor"

$$\hat{\mathbf{x}}\frac{\partial}{\partial x} + \hat{\mathbf{y}}\frac{\partial}{\partial y} + \hat{\mathbf{z}}\frac{\partial}{\partial z} \tag{2.74}$$

interpretiert. Schreibt man nun $\nabla\times\mathbf{F}$ und befolgt die Regel für die Berechnung der Komponenten eines Vektorprodukts, so erhält man automatisch den Vektor rot **F**. Somit bedeuten rot **F** und $\nabla\times\mathbf{F}$ dasselbe.

2.16 Die physikalische Bedeutung der Rotation

Der Begriff „Rotation" erinnert daran, daß ein Vektorfeld mit nichtverschwindender Rotation eine Zirkulation bzw. Wirbelstärke besitzt. Betrachten wir das Feld **G** eines Geschwindigkeitsvektors, für das rot $\mathbf{G} \neq 0$ ist: Dann enthalten die Geschwindigkeiten in diesem Feld einen Anteil, der durch □ oder □ charakterisiert werden kann und der möglicherweise noch von einer allgemeinen Strömung in einer bestimmten Richtung überlagert ist. So besitzt beispielsweise das Geschwindigkeitsfeld des Wassers, das aus einer Badewanne abfließt, im allgemeinen eine Zirkulation. Seine Rotation ist über den Großteil der Oberfläche verschieden von Null; ein Körper, der an der Oberfläche schwimmt, rotiert im Zuge seiner Fortbewegung. In der Physik strömender Flüssigkeiten und Gase, der Hydrodynamik und Aerodynamik, hat der Begriff der Rotation zentrale Bedeutung.

Um ein „Rotationsmeter" für ein elektrisches Feld – zumindestens im Gedankenexperiment – herzustellen, könnte man positiv geladene Kügelchen mit isolierenden Speichen an einer Nabe befestigen (Bild 2.28). In einem elektrischen Feld **E** mit rot $\mathbf{E} \neq 0$ tendiert das Rad dazu, um seine Achse zu rotieren. Verhindert man dies durch eine Feder, so zeigt ihre Torsion ein Drehmoment an, das proportional zur Komponente des Vektors rot **E** in Achsenrichtung ist. Die Achsenrichtung maximaler Torsion im Uhrzeigersinn ist die Richtung des Vektors rot **E**. (Ändert sich das Feld innerhalb der Raddimensionen stark, so kann das Rotationsmeter allerdings nicht verwendet werden.)

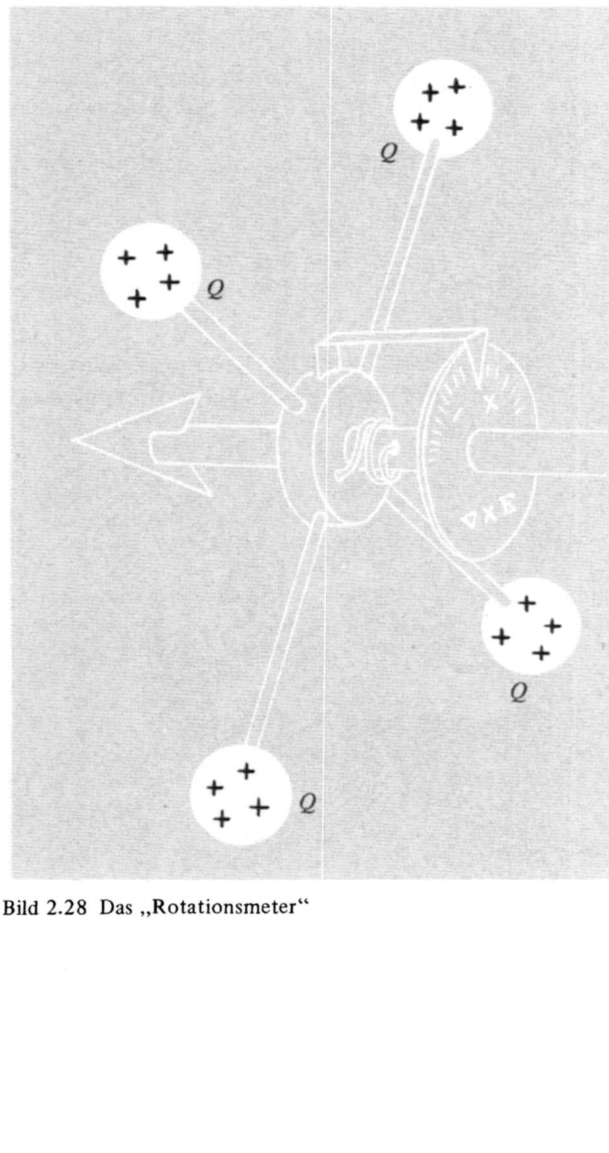

Bild 2.28 Das „Rotationsmeter"

Was läßt sich angesichts der nun bekannten Tatsachen über das *elektrostatische* Feld aussagen? Die Schlußfolgerung ist sehr einfach: Das Rotationsmeter zeigt stets den Wert Null an! Bekanntlich ist ja in einem elektrostatischen Feld das Linienintegral längs eines *beliebigen* geschlossenen Weges Null. Erinnern wir uns daran, daß das Linienintegral von **E** zwischen zwei beliebigen Punkten, z.B. zwischen den beiden Punkten P_1 und P_2 in Bild 2.29, wegunabhängig ist. Wenn man nun P_1 und P_2 genügend nahe aneinanderrückt (Bild 2.29c), verschwindet offensichtlich das Linienintegral längs des sehr kurzen Wegstücks zwischen beiden Punkten – vorausgesetzt, daß die endgültige Lage beider Punkte nicht mit einer Singularität, z.B. einer Punktladung, zusammenfällt. Dann muß aber auch das Linienintegral längs der geschlossenen Schleife in Bild 2.29d Null sein. Wenn die Zirkulation um den geschlossenen Rand eines *beliebigen* Flächenstücks Null ist, folgt aus dem Stokesschen Satz, daß das Flächenintegral von rot **E** über ein Flächenstück beliebiger Größe, Form und Lage Null sein muß. Dann muß aber auch rot **E** *überall* Null sein; wäre nämlich irgendwo rot $\mathbf{E} \neq 0$, so könnte man dort ein Flächenstück wählen, das der Voraussetzung widerspricht. All dies führt zu der einfachen Feststellung:

$$\text{rot}\,\mathbf{E} = 0. \quad \text{(für das gesamte elektrostatische Feld } \mathbf{E}) \tag{2.75}$$

Umgekehrt läßt sich sagen: Gl. (2.75) ist eine *hinreichende* Bedingung dafür, daß ein Feld *konservativ*, d.h. als Gradient einer Potentialfunktion beschreibbar ist.

Damit ist ein leicht anwendbarer Test gefunden. Von der Vektorfunktion in Bild 2.3 wurde behauptet, sie könnte ein elektrostatisches Feld darstellen; ihre Komponenten waren $E_x = Ky$ und $E_y = Kx$; wir fügen noch $E_z = 0$ hinzu, um die Beschreibung des Feldes im dreidimensionalen Raum vollständig zu machen. Die Berechnung von rot **E** ergibt:

$$\begin{aligned}
(\text{rot}\,\mathbf{E})_x &= \frac{\partial E_z}{\partial y} - \frac{\partial E_y}{\partial z} = 0\,,\\
(\text{rot}\,\mathbf{E})_y &= \frac{\partial E_x}{\partial z} - \frac{\partial E_z}{\partial x} = 0\,,\\
(\text{rot}\,\mathbf{E})_z &= \frac{\partial E_y}{\partial x} - \frac{\partial E_x}{\partial y} = K - K = 0\,.
\end{aligned} \tag{2.76}$$

Daraus folgt, daß **E** der Gradient eines skalaren Potentials ist. Da aber auch die Divergenz dieses speziellen Feldes **E** Null ist:

$$\frac{\partial E_x}{\partial x} + \frac{\partial E_y}{\partial y} + \frac{\partial E_z}{\partial z} = 0\,, \tag{2.77}$$

stellt es ein elektrostatisches Feld in einem *ladungsfreien* Raumbereich dar.

Ein zweites Beispiel: Die genau so einfache Vektorfunktion $F_x = Ky$, $F_y = -Kx$, $F_z = 0$ besitzt *nicht* die Rotation Null. Es ist

$$(\text{rot}\,\mathbf{F})_z = -2K\,, \tag{2.78}$$

und deshalb kann kein elektrostatisches Feld diese Form haben. Eine einfache Skizze der Feldlinien zeigt bereits das Vorhandensein einer Zirkulation.

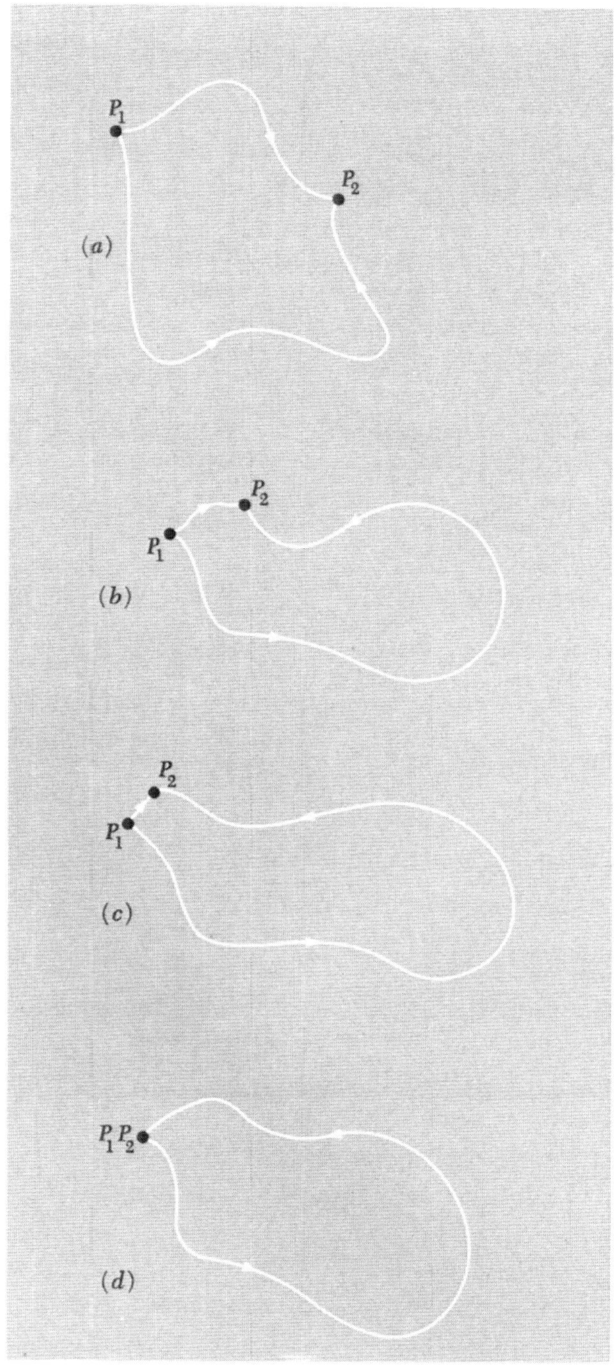

Bild 2.29 Wenn das Linienintegral zwischen P_1 und P_2 wegunabhängig ist, muß es, erstreckt längs einer geschlossenen Schleife, Null sein.

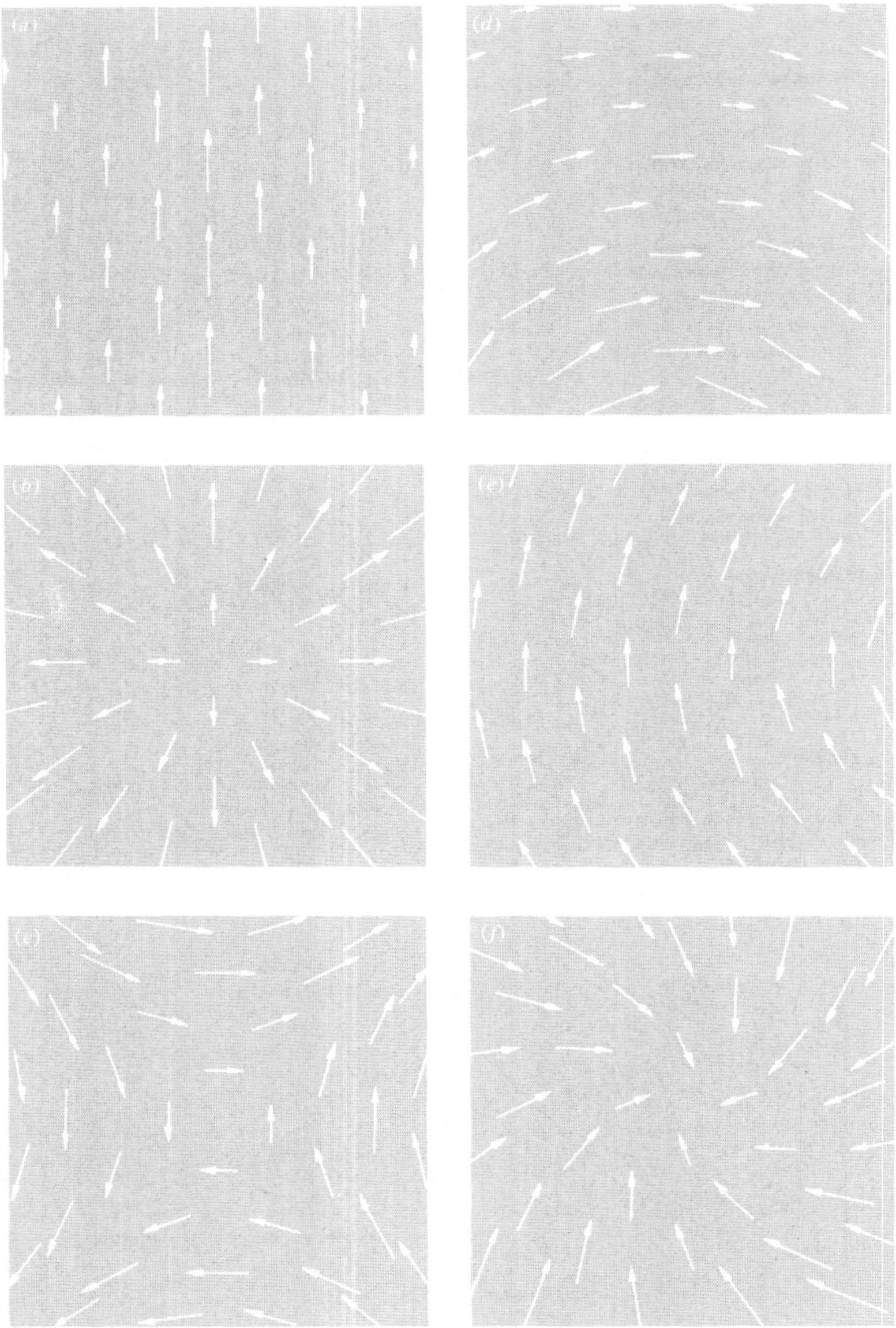

Bild 2.30 Für vier der abgebildeten Vektorfelder gilt im dargestellten Bereich div **F** = 0 und für drei von ihnen rot **F** = 0. Stellen Sie zur Übung fest, was für welches Feld gilt.

Aus der Untersuchung der zweidimensionalen Felder von Bild 2.30 gewinnt man ein Gefühl für die soeben behandelten Aspekte der Vektorfelder. Für vier der abgebildeten Vektorfelder gilt div **F** = 0. Versuchen Sie herauszufinden, welche Felder dies sind. Vorhandene Divergenz bedeutet nichtverschwindenden Gesamtfluß in den betrachteten Bereich hinein oder aus ihm heraus. In einigen Fällen läßt sich dies sehr leicht erkennen, bei anderen sieht man wiederum sofort, daß die Divergenz Null ist. In drei Feldern ist die Rotation der Vektorfelder innerhalb des abgebildeten Feldbereichs Null. Um diese Felder zu finden, untersuchen Sie, ob ein Linienintegral längs einer beliebigen Schleife gleich oder verschieden von Null ist. Denn das ist die wesentliche Aussage der Rotation. (Denken Sie nach Betrachtung der Einzelbilder über diese Fragen nach, bevor Sie Ihre Überlegungen und Schlußfolgerungen mit den Erklärungen von Bild 2.32 vergleichen.)

Der Begriff der Rotation eines Vektorfeldes wird sich später als wertvolles Hilfsmittel erweisen, wenn es um die Behandlung elektrischer und magnetischer Felder geht, deren Rotation *nicht* Null ist. Wir haben diesen Begriff schon hier untersucht, weil die damit verbundenen Überlegungen denjenigen entsprechen, die mit dem Begriff der Divergenz verknüpft sind. Beide Begriffe gehören der Vektoranalysis an, einem Teilgebiet der Mathematik. Es behandelt die Ableitungen von Feldgrößen; zwei davon haben wir nun kennengelernt. Die Divergenz ist eine von ihnen, sie ist mit der relativen Änderung einer Vektorkomponente in ihrer eigenen Richtung verknüpft, $\partial F_x/\partial x$ usw. Die Rotation stellt dagegen eine Art „seitlicher Ableitung" dar; sie hängt mit der relativen Änderung von F_x bei Fortschreiten in y- oder z-Richtung zusammen.

Die Aussagen des Gaußschen und Stokesschen Satzes finden Sie in Bild 2.31 nochmals zusammengefaßt. Da der Zusammenhang zwischen der skalaren Potentialfunktion und dem Linienintegral ihres Gradienten gleichfalls dieser Gruppe von Theoremen angehört, ist er in der dritten Spalte angeführt.

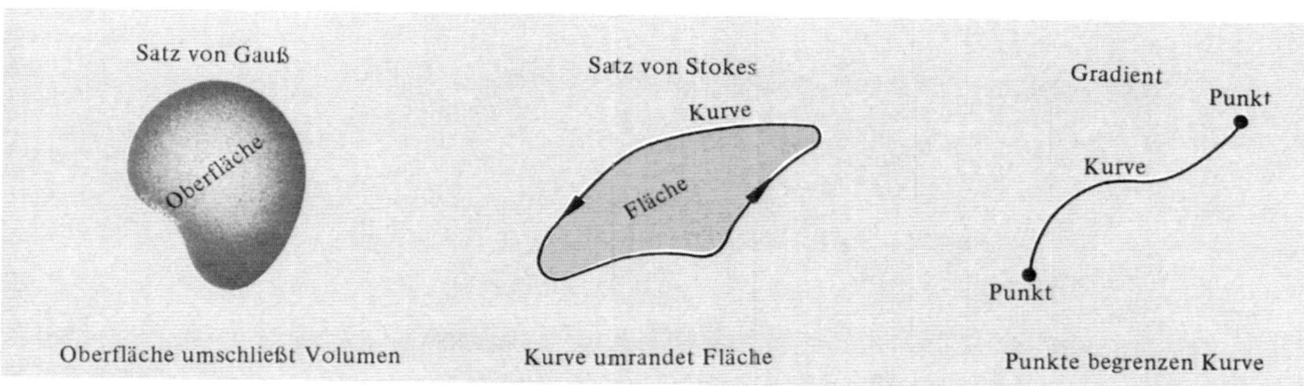

$$\int_{\text{Oberfläche}} \mathbf{F}\cdot d\mathbf{a} = \int_{\text{Volumen}} \operatorname{div}\mathbf{F}\, dv \qquad \int_{\text{Kurve}} \mathbf{A}\cdot d\mathbf{s} = \int_{\text{Fläche}} \operatorname{rot}\mathbf{A}\cdot d\mathbf{a} \qquad \varphi_2-\varphi_1 = \int_{\text{Kurve}} \operatorname{grad}\varphi\, d\mathbf{s}$$

Darstellung in kartesischen Koordinaten

$$\operatorname{div}\mathbf{F} = \frac{\partial F_x}{\partial x}+\frac{\partial F_y}{\partial y}+\frac{\partial F_z}{\partial z} = \nabla\cdot\mathbf{F}$$

$$\operatorname{rot}\mathbf{A} = \hat{\mathbf{x}}\left(\frac{\partial A_z}{\partial y}-\frac{\partial A_y}{\partial z}\right) + \hat{\mathbf{y}}\left(\frac{\partial A_x}{\partial z}-\frac{\partial A_z}{\partial x}\right) + \hat{\mathbf{z}}\left(\frac{\partial A_y}{\partial x}-\frac{\partial A_x}{\partial y}\right) = \nabla\times\mathbf{A}$$

$$\operatorname{grad}\varphi = \hat{\mathbf{x}}\frac{\partial\varphi}{\partial x}+\hat{\mathbf{y}}\frac{\partial\varphi}{\partial y}+\hat{\mathbf{z}}\frac{\partial\varphi}{\partial z} = \nabla\varphi$$

$$\nabla = \hat{\mathbf{x}}\frac{\partial}{\partial x}+\hat{\mathbf{y}}\frac{\partial}{\partial y}+\hat{\mathbf{z}}\frac{\partial}{\partial z}$$

Bild 2.31 Zusammenstellung einiger Beziehungen aus der Vektoranalysis

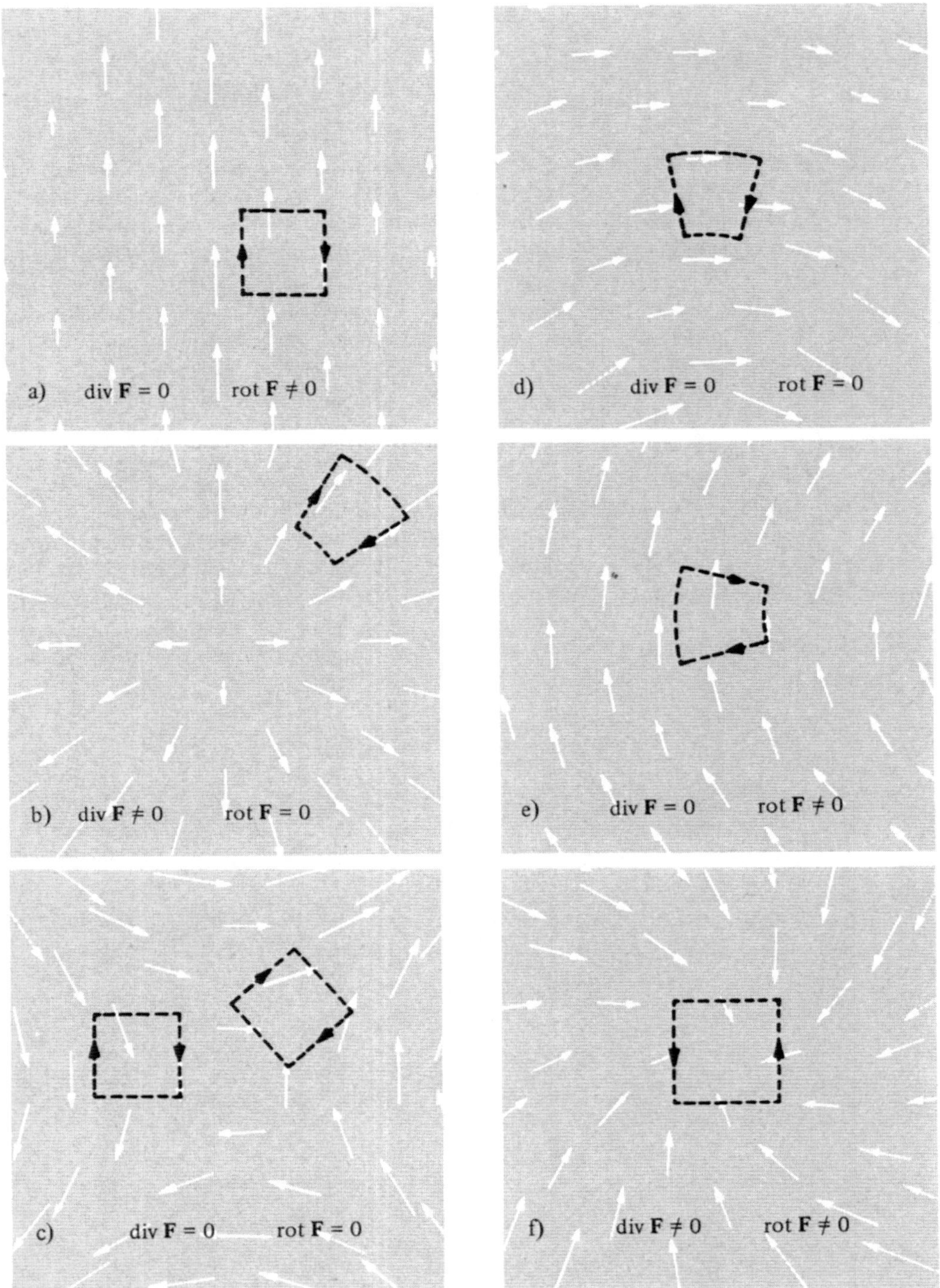

Bild 2.32 Diskussion von Bild 2.30

a) Der Feldvektor bleibt bei Fortschreiten in seine eigene Richtung konstant, d. h. $\partial F/\partial y = 0$ mit $F_x = 0$. Es gilt deshalb div**F** = 0. Das Linienintegral längs des gestrichelten Weges ist nicht Null.

b) Darstellung eines Zentralfeldes, d. h., **F** ist radial gerichtet, und für gegebenes r ist sein Betrag konstant. Die Rotation ist in jedem Zentralfeld Null; die Zirkulation ist um den gestrichelten und jeden anderen Weg Null. Offensichtlich ist aber die Divergenz verschieden von Null.

c) Die Zirkulation um die eingezeichneten Wege *könnte* offensichtlich Null sein. Und tatsächlich handelt es sich hier um dasselbe Feld wie in Bild 2.3, es ist ein denkbares elektrostatisches Feld. Aus diesem Bild allein geht nicht eindeutig hervor, daß div**F** = 0, aber es zeigt doch, daß dies so sein *könnte*.

d) Der Betrag von **F** erfährt in erster Näherung keine Änderung bei Fortschreiten in Richtung von **F**. Dies genügt, div**F** = 0 zu gewährleisten. Es scheint, daß die Zirkulation um den eingezeichneten Weg Null sein *könnte*, da F auf der längeren Teilstrecke schwächer als auf der kürzeren ist. Tatsächlich ist dies ein denkbares elektrostatisches Feld mit F proportional $1/r$; r bedeutet dabei den Abstand zu einem außerhalb des Bildes liegenden Punkt.

e) Aus demselben Grund wie bei d) läßt sich schließen, daß div**F** = 0. Hier ist aber der Betrag von **F** überall gleich. Das Linienintegral längs der längeren Teilstrecke wird deshalb nicht durch das Linienintegral längs der kürzeren Teilstrecke aufgehoben, und damit ist auch die Zirkulation nicht Null.

f) Die Zirkulation um den gestrichelten Weg ist sicherlich nicht Null. Da auch Vektoren aus allen Richtungen gegen das Zentrum gerichtet sind, wird die Divergenz von Null verschieden sein.

2.17 Übungen

1. *Linienintegral und Gradient.* Gegeben ist die vektorielle Funktion (Feld)

$$E_x \sim 6xy, \quad E_y \sim 3x^2 - 3y^2, \quad E_z = 0$$

Sie stellt ein mögliches elektrostatisches Feld dar. Berechnen Sie das Linienintegral von **E** zwischen den Punkten (0, 0, 0) und $(x_1, y_1, 0)$ längs den Strecken von (0, 0, 0) nach $(x_1, 0, 0)$ und dann von dort nach $(x_1, y_1, 0)$. Bei einer ähnlich durchgeführten Berechnung längs der beiden anderen Rechteckseiten über den Punkt $(0, y_1, 0)$ muß dasselbe Ergebnis herauskommen, falls die Annahme richtig ist. Damit haben Sie die Potentialfunktion $U(x, y, z)$ erhalten. Versuchen Sie durch Gradientenbildung von dieser Funktion zurück zu den Komponenten des gegebenen Feldes zu gelangen.

2. *Potential zweier Punktladungen.* Gegeben ist ein System aus zwei Punktladungen (Bild 2.7). Die Verbindungslinie zwischen den beiden Ladungen liegt in der z-Achse, die positive Ladung liegt bei $z = 0$. Zeichnen Sie ein Diagramm des Potentialverlaufes längs dieser Linie und tragen Sie dabei U gegen z von $z = -5$ m bis $z = 15$ m auf.

3. Eine Ladung von 2C sitzt im Koordinatenursprung. Zwei Ladungen mit jeweils −1C sind an den Punkten mit den (x, y, z)-Koordinaten (1, 1, 0) m und (−1, 1, 0) m angeordnet. Es ist leicht zu sehen, daß das Potential U am Punkt (0, 1, 0) m Null ist. Daraus folgt, daß irgendwo auf der y-Achse die Funktion $U(0, y, 0)$ außerhalb (0, 1, 0) m ein Minimum oder Maximum haben muß. An diesem Punkt muß das elektrische Feld Null sein. Warum? Bestimmen Sie diesen Punkt, wenigstens angenähert.
Lösung: $y = 1{,}6207$ m

4. Beschreiben Sie das elektrische Feld und die Ladungsverteilung, die zu dem folgenden Potential paßt

$$U \sim x^2 + y^2 + z^2 \qquad \text{für} \quad x^2 + y^2 + z^2 < a^2,$$

$$U \sim -a^2 + \frac{2a^3}{(x^2 + y^2 + z^2)^{1/2}} \qquad \text{für} \quad x^2 + y^2 + z^2 > a^2 .$$

5. Eine Kugel von der Größe eines Basketballs (Radius 12 cm) ist auf ein Potential von −1000 V aufgeladen. Wie groß ist etwa die Anzahl der Überschußelektronen pro cm^2 auf der Oberfläche?
Lösung: $4{,}7 \cdot 10^7$

6. Eine Kugel von der Größe der Erde (Radius 6370 km) trägt auf ihrer Oberfläche eine gleichmäßig verteilte Ladung von 1 C. Wie groß ist die elektrische Feldstärke an der Oberfläche? Wie groß ist das Potential der Kugel, wenn es im Unendlichen Null ist?
Lösung: $2{,}4 \cdot 10^{-4}$ V/m; 1400 V

7. Die Ecken eines Quadrats mit der Seitenlänge 5 m sind im Uhrzeigersinn mit A, B, C, D bezeichnet. Bei A befindet sich eine Ladung von 2C, bei B eine von −3C. Bestimmen Sie den Wert des Linienintegrals von **E** vom Punkt C zu Punkt D. (Eine tatsächliche Integration ist nicht notwendig!)

8. Gegeben ist der Zylinder mit einer einheitlichen Ladungsdichte in Bild 2.17.
   a) Zeigen Sie, daß der dort angegebene Ausdruck für das Feld innerhalb des Zylinders aus dem Gaußschen Gesetz folgt.
   b) Bestimmen Sie das Potential U als Funktion von r innerhalb und außerhalb des Zylinders (*Annahme:* $U = 0$ bei $r = 0$).

9. Zeichnen Sie für das System in Bild 2.10 die Äquipotentialfläche, die den Rand der Scheibe berührt. Bestimmen Sie den Punkt, wo sie die Symmetrieachse schneidet.

10. Ein dünner Stab erstreckt sich längs der z-Achse von $z = -d$ bis $z = d$. Der Stab ist einheitlich geladen (lineare Ladungsdichte λ). Berechnen Sie das Potential in einem Punkt P_1 auf der z-Achse mit den Koordinaten $(0, 0, 2d)$ durch Integration über diese Ladungsverteilung. Bestimmen Sie durch eine weitere Integration einen Punkt P_2 auf der x-Achse so, daß das Potential im Punkt P_2 gleich dem Potential im Punkt P_1 ist.
Lösung: $k\lambda \cdot \ln 3$; $x = \sqrt{3}\, d$

11. Die Punkte P_1 und P_2 aus der vorhergehenden Übung liegen auf einer Ellipse, deren Brennpunkte an den Enden des Stabs sitzen. Das ist leicht nachzuprüfen durch Vergleich der Summe der Abstände von P_1 und P_2 zu den Enden des Stabs. Vermutlich ist die ganze Ellipse eine Äquipotentiallinie. Prüfen Sie diese Vermutung durch Berechnung des Potentials im Punkt $(3d/2, 0, d)$, der auf derselben Ellipse liegt. Tatsächlich ist das richtig, obwohl es keinen offensichtlichen Grund gibt, weshalb die Äquipotentialflächen dieses Systems eine Schar von konfokalen Ellipsoiden sein sollten. Wenn Sie es beweisen können, überzeugen Sie sich. Es ist eine Formel für das Potential in einem allgemeinen Punkt $(x, 0, z)$ in der x, z-Ebene herzuleiten. Zeigen Sie dann, daß das Potential nur vom Parameter a und nicht von x oder z abhängt, wobei x und z durch die Beziehung $x^2/(a^2 - d^2) + z^2/a^2 = 1$, die Gleichung für eine Ellipse mit den Brennpunkten $z = \pm d$, verknüpft sind.

12. Das rechtwinklige Dreieck (Bild 2.33) mit dem Scheitelpunkt im Koordinatenursprung, der Basis b und der Höhe h ist gleichmäßig mit einer Oberflächendichte σ geladen. Bestimmen Sie das Potential im Punkt P. Finden Sie zunächst den Beitrag eines senkrechten Streifens der Breite dx bei x. Zeigen Sie, daß das Potential geschrieben werden kann als $U_P = k\sigma b \cdot \ln[(1 + \sin\theta)/\cos\theta]$.

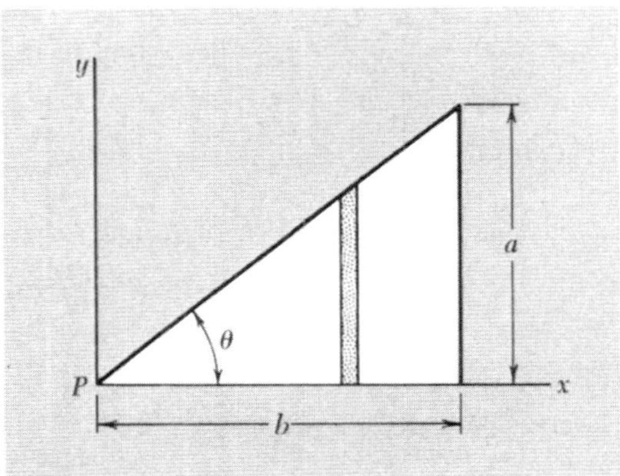

Bild 2.33

13. Zeigen Sie durch explizite Berechnung der Komponente von $\nabla \times \mathbf{E}$, daß die vektorielle Funktion von Übung 1 ein mögliches elektrostatisches Feld darstellt. (Mit Übung 1 wurde dies bereits auf andere Weise bewiesen, nämlich durch Auffinden einer skalaren Funktion, deren Gradient das Feld ist.) Berechnen Sie die Divergenz dieses Feldes.

14. Erfüllen die Funktionen $f(x, y) = x^2 + y^2$ und $g(x, y) = x^2 - y^2$ die zweidimensionale Laplacesche Gleichung? Skizzieren Sie

$g(x, y)$, berechnen Sie den Gradienten für die Punkte ($x = 0$, $y = 1$), ($x = 1$, $y = 0$), ($x = 0$, $y = -1$) sowie ($x = -1$, $y = 0$) und zeigen Sie durch kleine Pfeile an, in welche Richtung die entsprechenden Gradientenvektoren weisen.

15. Berechnen Sie Rotation und Divergenz der Vektorfelder:

a) $F_x = x + y$, $F_y = -x + y$, $F_z = -2z$;
b) $G_x = 2y$, $G_y = 2x + 3z$, $G_z = 3y$;
c) $H_x = x^2 - z^2$, $H_y = 2$, $H_z = 2xz$.

Versuchen Sie in den Fällen, in denen sich die Rotation Null ergibt, eine skalare Funktion U zu ermitteln, deren Gradient das betreffende Vektorfeld ist.

16. *Ein wichtiger Satz der Vektoranalysis.* Für ein beliebiges stetig differenzierbares Vektorfeld $\mathbf{A}$ gilt div rot $\mathbf{A} = 0$ bzw. in der Nabla-Schreibweise $\nabla \cdot (\nabla \times \mathbf{A}) = 0$. Dieser Satz wird später benötigt, hier soll er schon bewiesen werden. Dies kann auf zweierlei Weise erfolgen:
a) ***durch eine zwar wenig einfallsreiche, aber unkomplizierte Berechnung in einem bestimmten Koordinatensystem.*** Verwenden Sie dabei den Ausdruck für ∇ in kartesischen Koordinaten und ermitteln Sie die zweiten partiellen Ableitungen, die zu $\nabla \cdot (\nabla \times \mathbf{A})$ führen;
b) ***mit Hilfe des Gaußschen und Stokesschen Satzes, unabhängig von jedem Koordinatensystem.*** Betrachten Sie dazu die Oberfläche A in Bild 2.34; sie stellt einen nahezu in zwei Hälften geteilten Ballon dar, der von der geschlossenen Kurve C umgürtet wird. Betrachten Sie das Linienintegral eines beliebigen Vektorfeldes längs einer Kurve wie C und wenden Sie den Gaußschen und den Stokesschen Satz in geeigneter Weise an.

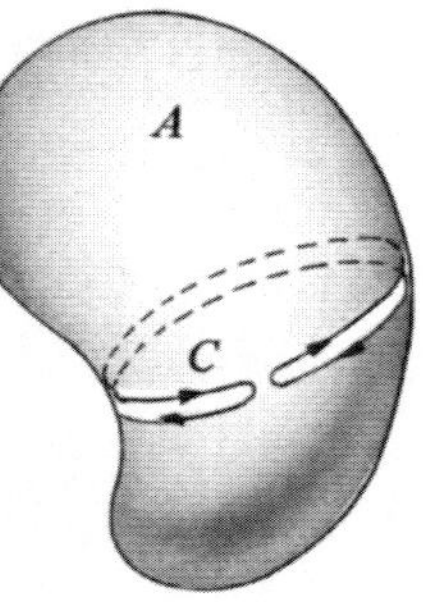

Bild 2.34

17. Benutzen Sie die Beziehung $\nabla (U \nabla U) = (\nabla U)^2 + U \nabla^2 U$ und den Gaußschen Satz, um zu beweisen, daß Gl. (1.38) und Gl. (2.27) für eine beliebige Ladungsverteilung endlicher Ausdehnung äquivalent sind.

18. Ein hohler Kreiszylinder (Radius a, Höhe h) ist an seinen beiden Enden offen; auf seiner Mantelfläche ist die Ladung Q gleichförmig verteilt. Welche Potentialdifferenz besteht zwischen einem Endpunkt der Achse und der Achsenmitte? Skizzieren Sie einige Feldlinien, um klar zu machen, wie das Feld dieser Ladungsverteilung etwa aussieht.

19. Zwei Metallkugeln haben die Radien r_1 und r_2 und befinden sich, im Vergleich zu den beiden Radien, in großer Entfernung voneinander. Wie muß eine vorgegebene Gesamtladung Q auf die beiden Kugeln verteilt werden, damit die potentielle Energie der dann vorhandenen Ladungsverteilung ein Minimum ist? Um die Antwort zu finden, berechnen Sie zuerst die potentielle Energie des Systems für eine willkürliche Aufteilung von Q in Q_1 auf der einen und $Q_2 = Q - Q_1$ auf der anderen Kugel; sodann machen Sie die Energie als Funktion von Q_1 zu einem Minimum. Dabei kann angenommen werden, daß sich jede beliebige Ladung, die auf eine der beiden Kugeln gebracht wird, gleichförmig verteilt, da die andere Kugel genügend weit entfernt ist, um ihren Einfluß vernachlässigen zu können. Wenn die gesuchte Ladungsverteilung gefunden wurde, zeigen Sie, daß dann auch die Potentialdifferenz zwischen den beiden Kugeln Null ist (d.h., bei Verbindung durch einen Draht findet keine Umverteilung der Ladung statt. Dies ist ein Sonderfall eines allgemeinen Prinzips, dem wir in Kapitel 3 begegnen werden: Auf Leiteroberflächen verteilen sich Ladungen, so daß die gesamte potentielle Energie des betreffenden Systems ein Minimum darstellt).

20. In Bezug auf die Verteilung der elektrischen Ladung kann der Atomkern von Gold als Kugel mit dem Radius $6 \cdot 10^{-15}$ m beschrieben werden, in der ziemlich gleichmäßig die Ladung $Q = 79\,e$ verteilt ist. Wie groß ist das Potential U_0 im Mittelpunkt des Kerns? (Leiten Sie zuerst eine allgemeine Formel für U_0 für eine Kugel mit der Ladung Q und dem Radius a her, indem Sie das Gaußsche Gesetz benutzen, um das innere und äußere elektrische Feld zu bestimmen. Das Potential ergibt sich daraus durch Integration.)
Lösung: $U_0 = k\,3Q/(2a) = 28{,}1$ MV

21. An den Ecken eines Würfels sitzen acht Protonen fest. Ein neuntes bewegt sich frei in der Nähe der Würfelmitte. Es gibt keine weiteren Ladungen und keine Gravitation. Ist das neunte Proton gefangen? Kann man einen Weg finden, auf dem es entweichen kann, auf dem also die potentielle Energie ständig abnimmt? Benutzen Sie Ihren Taschenrechner. Eine große Rechengenauigkeit ist erforderlich!

22. Ein interstellares Staubkorn von ungefähr kugelförmiger Gestalt (Radius $3 \cdot 10^{-7}$ m) hat eine Ladung bekommen, so daß sein Potential $-0{,}15$ V ist. Wie viele zusätzliche Elektronen hat es aufgenommen? Wie groß ist die elektrische Feldstärke an seiner Oberfläche?

23. Protonen werden mit einem Van-de-Graaff-Generator durch eine Spannung von $5 \cdot 10^6$ V beschleunigt. Der Protonenstrahl durchdringt dann eine dünne Silberfolie. Die Kernladungszahl von Silber ist 47, so daß Sie annehmen können, der Silberkern sei verglichen mit dem Proton so massiv, daß seine Bewegung zu vernachlässigen ist. Bis auf welchen kleinsten Abstand kann sich ein Proton dem Silberkern nähern? Welche elektrische Feldstärke wirkt in dieser Position auf das Proton?

24. Wir haben in Abschnitt 2.1 die Aussage (2.5) als Folgerung der Feststellung (2.4) betrachtet. Zeigen Sie umgekehrt, daß das Linienintegral $\int \mathbf{E} \cdot d\mathbf{s}$ auf einem beliebigen geschlossenen Weg Null ist, wenn das Linienintegral zwischen zwei verschiedenen Punkten unabhängig vom Weg ist.

25. In der x, y-Ebene sind auf der x-Achse zwei negative Punktladungen (Ladung -1 C) bei $(1, 0)$ m und $(-1, 0)$ m und auf der y-Achse zwei positive (Ladung $+2$ C) bei $(0, 2)$ m und $(0, -2)$ m angebracht (Bild 2.35). Einige Äquipotentiallinien sind gezeichnet. (Es sind Schnitte der dreidimensionalen Äquipotentialflächen mit der x, y-Ebene.) Studieren Sie das Bild, um den allgemeinen Feldverlauf zu verstehen. Dann bestimmen Sie den Wert des Potentials auf den Kurven A, B, C' mit der üblichen Annahme, daß U in unendlich großem Abstand Null ist. Berechnen Sie dazu das Potential in einem Punkt der Kurve, der so ausgewählt ist, daß die Rechnung so einfach wie möglich wird. Skizzieren Sie einige zusätzliche Äquipotentiallinien.

26. Ein Quadrat (Seitenlänge s) und eine Scheibe (Durchmesser d) haben die gleiche Oberflächenladungsdichte σ und das gleiche Potential im Mittelpunkt. Benutzen Sie das Ergebnis von Übung 12, um folgende Frage zu beantworten: Wie muß das Verhältnis s/d sein? Ist Ihre Antwort vernünftig?

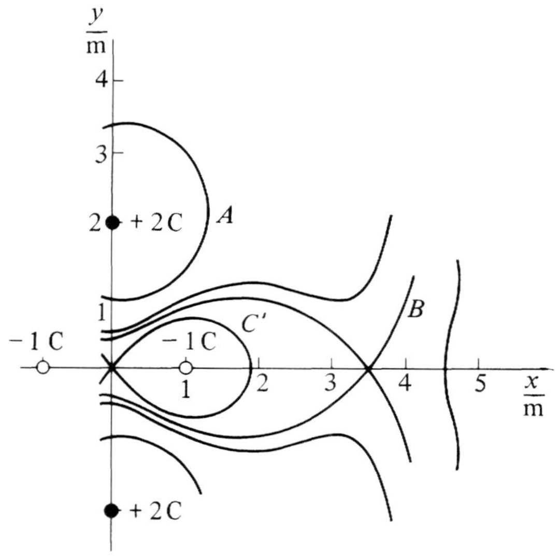

Bild 2.35

27. Berechnen Sie die im elektrischen Feld gespeicherte Energie der geladenen Scheibe aus Abschnitt 2.6 unter Benutzung von Gl. (2.24). (*Hinweis:* Betrachten Sie die erforderliche Arbeit, um die Scheibe vom Radius 0 bis zum Radius a durch sukzessives Zufügen von Ringen der Breite dr aufzubauen. Drücken Sie die Gesamtenergie durch den Radius und die Gesamtladung $Q = \pi a^2 \sigma$ aus.
Lösung: $8kQ^2/(3\pi a)$

28. Eine dünne Scheibe (Radius 3 cm) hat in der Mitte ein kreisförmiges Loch (Radius 1 cm). Die einheitliche Oberflächenladungsdichte auf der Scheibe ist $-1{,}3 \cdot 10^{-5}\,\mathrm{C/m^2}$.
   a) Wie groß ist das Potential im Mittelpunkt des Lochs? *Annahme:* Das Potential ist Null in unendlich großem Abstand.
   b) Ein Elektron bewegt sich aus der Ruhelage im Mittelpunkt des Lochs entlang der Achse nur unter Einfluß der Abstoßungskraft der geladenen Scheibe. Welche Geschwindigkeit erreicht es schließlich?

29. Zwei nichtleitende Hohlkugeln (Radius a) sind gleichmäßig geladen, die eine mit der Ladung Q, die andere mit $-Q$. Die Kugeln werden zusammengebracht, bis sie sich berühren. Wie sieht das elektrische Feld außerhalb und innerhalb der Schalen aus? Wieviel Arbeit ist notwendig, um sie voneinander zu entfernen?

30. Betrachten Sie eine Ladungsverteilung, die überall innerhalb eines Würfels der Kantenlänge b eine konstante Dichte ρ hat und die außerhalb Null ist. Das elektrische Potential U sei Null im Unendlichen, U_0 im Mittelpunkt und U_1 an einer Ecke des Würfels. Bestimmen Sie das Verhältnis U_0/U_1. Die Antwort läßt sich ohne viel Rechenaufwand finden, indem man Dimensionsbetrachtung und Überlagerungsprinzip kombiniert. (Stellen Sie sich das Potential im Mittelpunkt eines Würfels mit derselben Ladungsdichte und doppelter Kantenlänge vor.)

31. In der x, y-Ebene liegt eine flache nichtleitende Schicht. Die einzigen Ladungen in dem System befinden sich auf dieser Schicht. Im Halbraum oberhalb der Schicht ($z > 0$) ist das Potential $U = U_0 \exp(-Kz) \cos(Kx)$, wobei U_0 und K Konstanten sind.
   a) Bestätigen Sie, daß U im Raum oberhalb der Schicht der Laplaceschen Gleichung genügt.
   b) Wie sehen die elektrischen Feldlinien aus?
   c) Beschreiben Sie die Ladungsverteilung auf der Schicht.

3 Elektrische Felder um Leiter

3.1 Leiter und Nichtleiter

Die ersten Experimentatoren, die sich mit der Elektrizität beschäftigten, bemerkten die unterschiedliche Fähigkeit einzelner Substanzen, den „elektrischen Zustand“ aufrecht zu erhalten. Einige Materialien konnten mühelos durch Reibung elektrisch aufgeladen werden und verblieben dann auch in diesem elektrischen Zustand. Bei anderen wiederum war dies nicht möglich; manche konnten den elektrischen Zustand zwar erreichen, aber nicht aufrecht erhalten. Die Naturforscher des frühen 18. Jahrhunderts stellten Tabellen auf, in denen sie die bekannten Substanzen als „Electrica“ oder „Nicht-Electrica“ klassifizierten. Um 1730 zeigten die wichtigen Experimente von *Stephen Gray* (England), daß der elektrische Zustand durch eine waagrechte Schnur von einem Körper auf einen anderen übertragen werden kann, und dies über Entfernungen von mehr als 100 m, wenn nur die Schnur selbst durch mehrere Seidenfäden getragen wurde[23]. Nachdem die damals bekannten Substanzen in die genannten Gruppen eingeteilt worden waren, fanden die Forscher dieser Zeit bald, daß sich selbst ein „Nicht-Electricum“ hochgradig aufladen ließ. Man brauchte es dazu nur auf Glas zu stellen oder an Seidenfäden aufzuhängen. Der spektakuläre Abschluß von öffentlichen Schaustellungen elektrischer Experimente war zu dieser Zeit häufig die elektrische Aufladung eines Knaben, der an vielen Seidenfäden an einem Dach aufgehängt war; seine Haare standen zu Berge und Funken konnten aus seiner Nasenspitze gezogen werden.

Im Anschluß an die Arbeiten *Grays* und seiner Zeitgenossen erkannte man in den von ihnen aufgestellten Tabellen der *Electrica* und *Nicht-Electrica* eine Einteilung der Materialien in *elektrische Leiter* und *elektrische Nichtleiter* oder *Isolatoren.* Diese Unterscheidung ist auch heute noch einer der überraschendsten und extremsten Kontraste, die die Natur aufweist. Gute Leiter, wie die gewöhnlichen Metalle, unterscheiden sich in ihrer Leitfähigkeit von üblichen Isolatoren, wie Glas und Kunststoffen, um Faktoren von der Größenordnung 10^{20}. In der Sprache der Experimentatoren des 18. Jahrhunderts etwa *Benjamin Franklins* oder *Grays* ausgedrückt: Während eine Metallkugel, auf einem Metallpfeiler angebracht, den elektrischen Zustand in einer Millionstel Sekunde verliert, könnte sie ihn, auf einem Glaspfeiler stehend, jahrelang aufrecht erhalten. (Um diese letzte Behauptung zu bestätigen, müßten einige Vorkehrungen getroffen werden, die über die Möglichkeiten eines Labors des 18. Jahrhunderts hinausgehen. Welche beispielsweise?)

Der Unterschied in den elektrischen Eigenschaften eines guten Leiters und eines guten Isolators ist ebenso groß wie der Unterschied in den mechanischen Eigenschaften einer Flüssigkeit und eines Festkörpers. Dies ist nicht rein zufällig, denn in beiden Fällen hängen die Eigenschaften von der *Beweglichkeit* der atomaren Teilchen ab. Was die Elektrizität betrifft, ist die Beweglichkeit der Ladungsträger, das sind Elektronen und Ionen, ausschlaggebend; die mechanischen Eigenschaften werden hingegen von der Beweglichkeit der Atome und Moleküle bestimmt, die die Struktur des Materials bilden. Diese Analogie läßt sich noch weiter verfolgen: Es sind Substanzen bekannt, deren Fluidität in der Mitte zwischen der eines Festkörpers und der einer Flüssigkeit liegt; Beispiele dafür sind Teer und Eiscreme. Ja es gibt sogar Substanzen wie Glas, die sich *allmählich* und *kontinuierlich* von einer beweglichen Flüssigkeit zu einem dauerhaften, starren Festkörper umwandeln, wenn man ihre Temperatur um einige hundert Kelvin erniedrigt. Auch bei der elektrischen Leitfähigkeit finden wir Substanzen, die den gesamten Bereich zwischen „guten Leitern“ und „guten Isolatoren“ überdecken. Wir finden schließlich auch Materialien, deren Leitfähigkeit in Abhängigkeit von den Versuchsbedingungen, etwa der Temperatur diesen ganzen Bereich durchlaufen kann. Eine faszinierende und nützliche Stoffklasse, die Halbleiter, zeigen solches Verhalten. Wir werden ihnen in Kapitel 4 begegnen.

Ob ein Material Festkörper oder Flüssigkeit heißt, hängt manchmal auch von dem Zeitmaßstab und vielleicht sogar von dem betrachteten Entfernungsbereich ab. Natürlicher Asphalt scheint hinreichend fest zu sein, wenn man ein Stück davon in der Hand hält. Vom geologischen Standpunkt aus betrachtet, ist er jedoch eine Flüssigkeit, die aus unterirdischen Lagerstätten hervorquillt und sogar Seen bilden kann. Aus ähnlichen Gründen erwarten wir, daß es vom Zeitmaßstab abhängt, den wir für die uns interessierenden Phänomene verwenden, ob ein Material als Leiter oder Isolator betrachtet werden muß.

3.2 Leiter im elektrostatischen Feld

Als erstes betrachten wir elektrostatische Systeme, die Leiter enthalten. Wir wollen uns also mit dem *stationären* Zustand der Ladung und des elektrischen Feldes befassen, der sich nach Umverteilung aller Ladungen auf den Leitern einstellt. Isolatoren werden als ideale Nichtleiter aufgefaßt. Wie bereits erwähnt, kommen gewöhnliche Isolatoren dieser Vorstellung bemerkenswert nahe; deshalb sind die hier betrachteten Systeme nicht allzu unnatürlich. Tatsächlich ist die uns umgebende Luft ein extrem guter Isolator. Die Systeme, um die es hier geht, lassen sich durch ein Beispiel charakterisieren: Man führt zwei geladene Metallkugeln heran; sie müssen von einander und von der gesamten Umgebung isoliert sein. In ihrer endgültigen Lage soll die Entfernung zwischen ihnen relativ klein sein. Die

[23] Der Bindfaden, den er als Schnur verwendete, war sicherlich im Vergleich zu einem Metalldraht ein sehr schlechter Leiter; für den Ladungstransport bei elektrostatischen Experimenten reichte er jedoch aus. *Gray* entdeckte auch, daß ein dünner Kupferdraht ein guter Leiter ist, doch meistens benützte er für größere Entfernungen den Bindfaden.

Frage lautet nun: Wie sieht das resultierende elektrische Feld im umgebenden Raum und auch zwischen den Kugeln aus, wie verteilt sich die Ladung auf jeder der beiden Kugeln? Zu Beginn behandeln wir aber die allgemeinere Frage nach dem elektrischen Feld im Inneren von leitender Materie, deren Ladungen bereits einen stationären Zustand eingenommen haben.

Im statischen Fall gibt es keine weitere Bewegung der Ladung. Man könnte versucht sein zu sagen, daß dann auch das elektrische Feld im Innern des Leitermaterials Null sein muß. So könnte man argumentieren, daß bei Vorhandensein eines Feldes ($\mathbf{E} \neq 0$) die beweglichen Ladungsträger eine Kraft erfahren und in Bewegung gesetzt würden, so daß nicht mehr von einem statischen Fall gesprochen werden kann. Diese Argumentation übersieht jedoch die Möglichkeit, daß *andere* Kräfte auf die Ladungsträger wirken könnten, denen durch elektrische Kräfte das Gleichgewicht gehalten werden müßte, damit es zu einem stationären Zustand kommt. Wir erinnern uns, daß neben elektrischen Kräften auch *andere* Kräfte auf Ladungsträger wirken können, denken Sie etwa an die Schwerkraft. Ein positives Ion besitzt Masse; es erfährt deshalb im Gravitationsfeld eine andauernde Kraft; dasselbe gilt für ein Elektron, auch wenn diese beiden Kräfte nicht gleich sind. Allerdings können Gravitationskräfte im atomaren Bereich völlig vernachlässigt werden, so daß dieses Beispiel ziemlich unrealistisch war. Es treten aber auch noch andere Kräfte auf, die sich annähernd durch den Begriff „chemische Kräfte" bezeichnen lassen. In einer Batterie und auf vielen anderen Schauplätzen chemischer Reaktionen, eingeschlossen die lebende Zelle, bewegen sich Ladungsträger manchmal *gegen* das allgemeine elektrische Feld; sie tun dies, weil die chemische Reaktion mehr Energie liefert, als nötig ist, um gegen das Feld anzugehen. Man zögert etwas, diese Kräfte als nichtelektrisch zu bezeichnen, da sich bekanntlich die Struktur der Atome und Moleküle und die Kräfte zwischen ihnen durch das Coulombsche Gesetz und die Quantenmechanik erklären lassen. Vom Standpunkt unserer *klassischen* Theorie der Elektrizität aus müssen sie aber als nicht zu den elektrischen Kräften gehörig angesehen werden. Sie verhalten sich auch ganz anders als die $(1/r^2)$-Kraft, die unserer Theorie zugrundeliegt. Die Notwendigkeit zur Einführung von Kräften, die in diesem Sinne als nichtelektrisch bezeichnet werden müssen, deutete sich bereits in Kapitel 2 an. Wir mußten dort erkennen, daß $(1/r^2)$-Kräfte allein keine stabile, statische Struktur aufrechterhalten können.

So müssen wir darauf vorbereitet sein, in einigen Fällen nicht im Gleichgewicht befindliche, nicht-Coulombsche Kräfte zu finden, die auf Ladungsträger innerhalb eines Leitermaterials wirken. Wenn dies geschieht, gelangt man nur dann zum stationären elektrostatischen Fall, wenn im Leiter ein endliches elektrisches Feld vorhanden ist, das genau den Einfluß der anderen Kräfte aufhebt, welcher Art sie auch immer sein mögen.

Nach dieser Warnung zurück zu dem bekannten und wichtigen Fall, bei dem wir uns um derartige Kräfte nicht zu kümmern brauchen. Dies gilt für den homogenen isotropen Leiter. In seinem Inneren muß im statischen Fall das elektrische Feld verschwinden[24]. Wäre dem nicht so, müßten sich die Ladungen bewegen. So aber muß das gesamte Leiterinnere, einschließlich aller Punkte unmittelbar unter der Oberfläche, auf demselben Potential sein. Das elektrische Feld im Außenraum des Leiters verschwindet nicht, die Leiteroberfläche muß eine Äquipotentialfläche dieses Feldes sein.

Stellen Sie sich vor, man könnte einen Isolator in einen Leiter verwandeln (dies ist nicht unmöglich – Glas wird z.B. bei Erhitzung leitend, und jedes Gas kann durch Röntgenstrahlen ionisiert werden). Bild 3.1a zeigt einen ungeladenen Nichtleiter in einem elektrischen Feld, das von zwei festgehaltenen Flächenladungen herrührt. Das elektrische Feld ist innerhalb und außerhalb des Körpers gleich (ein dichter Körper, z.B. Glas, würde allerdings das Feld verformen; dieser Effekt wird in Kapitel 10 untersucht, hier ist er nicht wichtig). Nun sollen auf irgendeine Weise bewegliche Ladungen (oder *Ionen*) erzeugt werden, wodurch der Körper zu einem Leiter wird. Wie in Bild 3.1b angegeben, werden dann die positiven Ionen durch das Feld in die eine Richtung und die negativen Ionen in die entgegengesetzte Richtung gezogen. Sie können sich allerdings nicht weiter als bis zur Oberfläche des Leiters bewegen. Dort sammeln sie sich an und beginnen ihrerseits ein elektrisches Feld aufzubauen, das danach strebt, das ursprüngliche Feld innerhalb des Körpers aufzuheben. Tatsächlich dauert die Bewegung solange an, bis das ursprüngliche Feld *genau* aufgehoben wird. Die endgültige Ladungsverteilung an der Oberfläche zeigt Bild 3.1c; sie bildet sich so aus, daß eine Kombination ihres Feldes und des Feldes der äußeren festgehaltenen Quellen zu einem *Verschwinden* des elektrischen Feldes im Inneren des Leiters führt. Da dies in jedem Leiter „automatisch" geschieht, braucht man bloß die Leiteroberfläche zu betrachten, wenn es um äußere Felder geht. Dies berücksichtigen wir, indem wir nun untersuchen, was sich über ein System, von verschieden geladenen Leitern im sonst leeren Raum aussagen läßt. Bild 3.2 zeigt einige solche Objekte; man kann sie sich als Metallstücke vorstellen. Sie werden in ihrer Lage durch unsichtbare

[24] Sprechen wir von dem elektrischen Feld innerhalb von Materie, meinen wir den Mittelwert des Feldes, gemittelt über einen Bereich, der groß im Vergleich zu den atomaren Abständen ist. Natürlich existieren in jeder Materie, einschließlich der guten Leiter, sehr starke Felder, wenn wir kleine Bereiche in der Nähe eines Atomkerns betrachten. Das elektrische Feld des Kerns leistet gewöhnlich keinen Beitrag zum mittleren Feld in Materie, da es auf der einen Seite eines Kerns in die eine Richtung und auf der anderen Seite in entgegengesetzte Richtung weist. Wie dieses mittlere Feld definiert werden müßte und wie man es messen könnte, wird uns in Kapitel 10 beschäftigen.

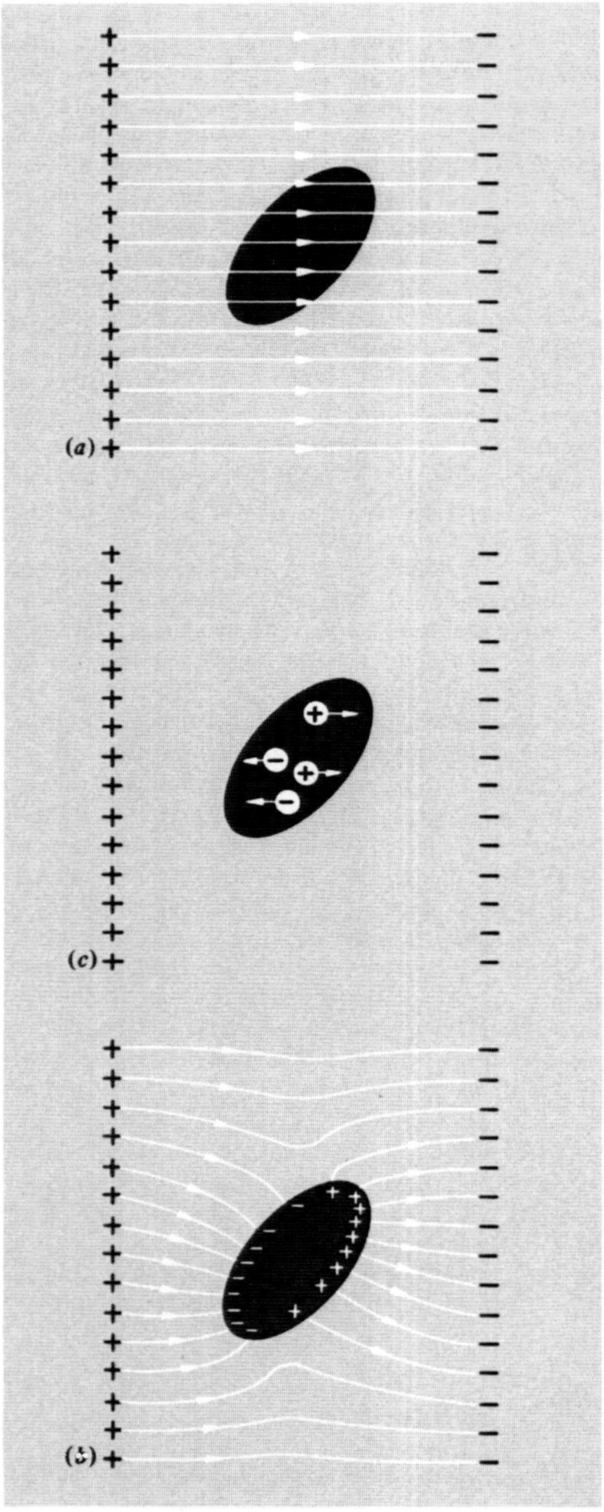

Bild 3.1 Der Körper in a) ist ein neutraler Nichtleiter. Die in ihm befindlichen positiven und negativen Ladungen sind unbeweglich. In b) sind die Ladungen freigesetzt, sie beginnen sich zu bewegen und zwar solange, bis die endgültige Lage, wie in c) gezeigt, erreicht ist.

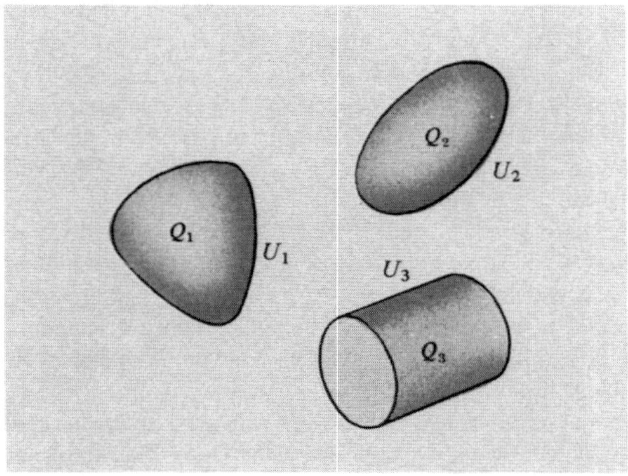

Bild 3.2 Ein System aus drei Leitern. Q_1 ist die Ladung auf Leiter 1, U_1 sein Potential usw.

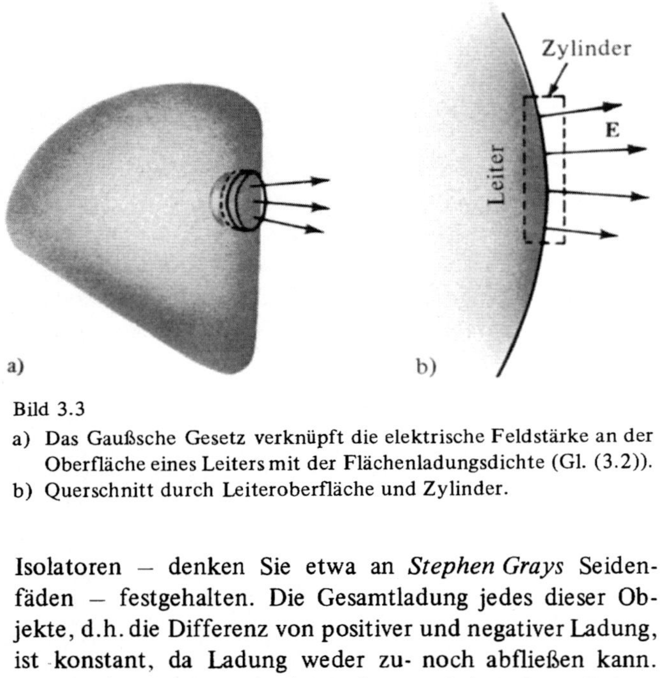

Bild 3.3
a) Das Gaußsche Gesetz verknüpft die elektrische Feldstärke an der Oberfläche eines Leiters mit der Flächenladungsdichte (Gl. (3.2)).
b) Querschnitt durch Leiteroberfläche und Zylinder.

Isolatoren – denken Sie etwa an *Stephen Grays* Seidenfäden – festgehalten. Die Gesamtladung jedes dieser Objekte, d.h. die Differenz von positiver und negativer Ladung, ist konstant, da Ladung weder zu- noch abfließen kann. Mit Q_k bezeichnen wir die Ladung auf dem k-ten Leiter. Jedes Objekt kann auch durch einen bestimmten Wert U_k der elektrischen Potentialfunktion U charakterisiert werden. Wir sagen: Der Leiter 2 liegt auf dem Potential U_2. Bei einem System wie dem in Bild 3.2 dargestellten, bei dem sich kein physikalisches Objekt bis ins Unendliche erstreckt, ist es gewöhnlich zweckmäßig, das Nullpotential Punkten zuzuschreiben, die im Unendlichen liegen. In diesem Fall gibt U_2 die Arbeit pro Ladung an, die zur Heranführung einer infinitesimalen Probeladung aus dem Unendlichen irgendwohin auf den Leiter 2 benötigt wird. (Denken Sie hier daran, daß bei dieser Art des Systems die Probeladung *klein* gehalten werden *muß*; diese Frage wurde bereits in Abschnitt 1.7 aufgeworfen.)

Da die Oberfläche eines der Leiter von Bild 3.2 notwendigerweise eine Fläche konstanten Potentials ist, muß die elektrische Feldstärke $\mathbf{E} = -\operatorname{grad} U$ in allen Punkten der Oberfläche *senkrecht* zur Oberfläche gerichtet sein. Wenn man vom Inneren des Leiters kommend nach außen fortschreitet, stellt man an der Oberfläche eine plötzliche Änderung der Feldstärke fest; **E** ist im Außenraum von Null verschieden, im Leiterinneren jedoch Null. Die Unstetigkeit von **E** wird durch das Vorhandensein einer Flächenladung (Flächenladungsdichte σ) erklärt; sie läßt sich durch das Gaußsche Gesetz direkt mit **E** in Zusammenhang bringen. Man kann dazu einen flachen Zylinder betrachten, der ein Stück der Oberfläche einschließt (Bild 3.3), etwa wie in Abschnitt 2.6, als die geladene Scheibe untersucht wurde. Hier gibt es keinen Fluß durch die „Grundfläche" des Zylinders, die innerhalb des Leiters liegt; daraus schließen wir, daß $E_n = \sigma/\epsilon_0$, wobei E_n die Normalkomponente der Feldstärke bezüglich der Oberfläche ist. Wie wir bereits sahen, gibt es in diesem Fall *keine* anderen Komponenten, da die Feldstärke überall senkrecht auf der Leiteroberfläche steht. Die Flächenladung muß für die Gesamtladung Q_k verantwortlich sein, d.h., das über den ganzen Leiter erstreckte Flächenintegral von σ muß gleich Q_k sein. Zusammenfassend lassen sich über Leitersysteme beliebiger Gestalt und Anordnung folgende Aussagen machen:

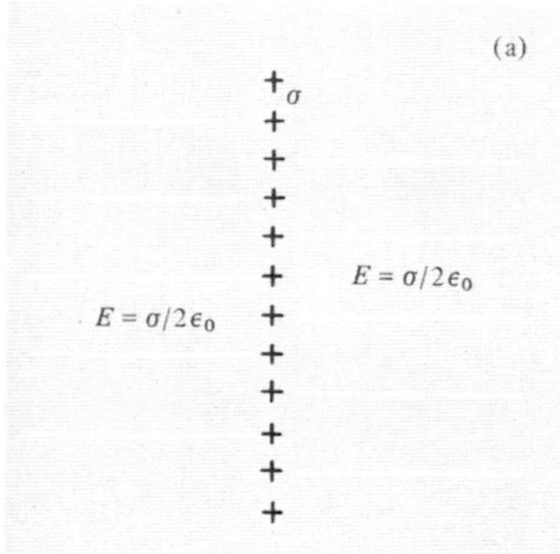

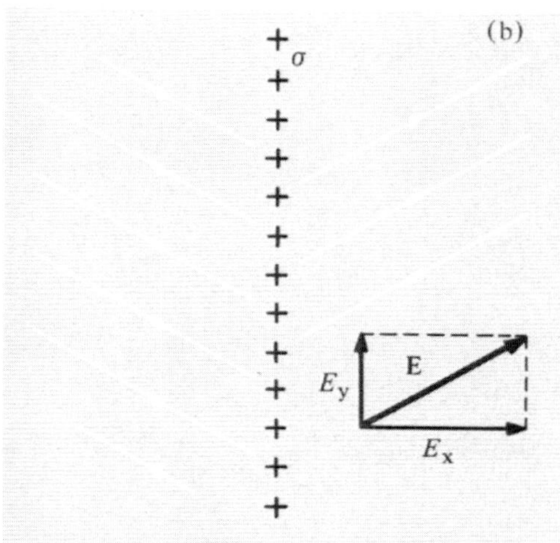

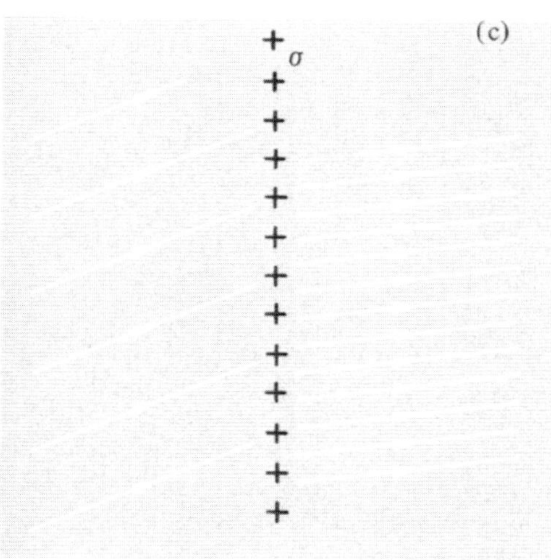

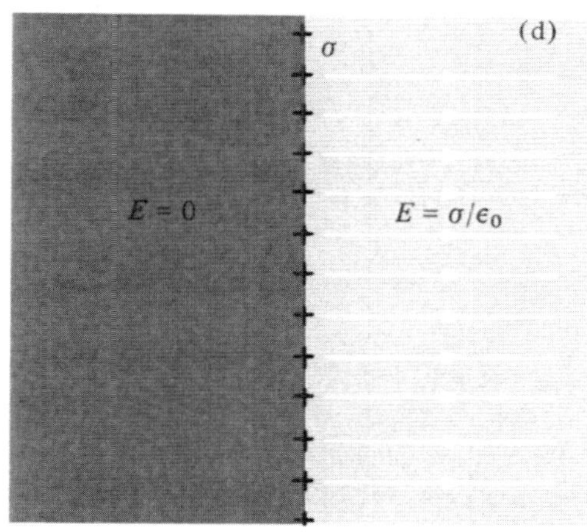

Bild 3.4

a) Das System besteht aus nur einer geladenen Fläche; es wurde bereits in Bild 1.23 behandelt. Aus Symmetrieüberlegungen folgte, daß das Feld zu beiden Seiten der Fläche $\sigma/2\epsilon_0$ ist.

b) Sind andere Ladungen in dem System vorhanden, so kann man nur sagen, daß E_x an der Oberfläche eine Änderung um σ/ϵ_0 erfährt, während die Änderung von E_y Null ist.

c) Viele Felder könnten im Gegensatz zu dem Feld in a) diese Eigenschaften haben; zwei von ihnen sind in b) und c) dargestellt.

d) Wenn bekannt ist, daß das Medium auf der einen Seite der Oberfläche ein Leiter ist, so weiß man auch, daß auf der anderen Seite **E** senkrecht zur Oberfläche und $E = \sigma/\epsilon_0$ sein muß. Wenn sich keine Ladung bewegt, kann **E** keine Komponente parallel zur Oberfläche haben.

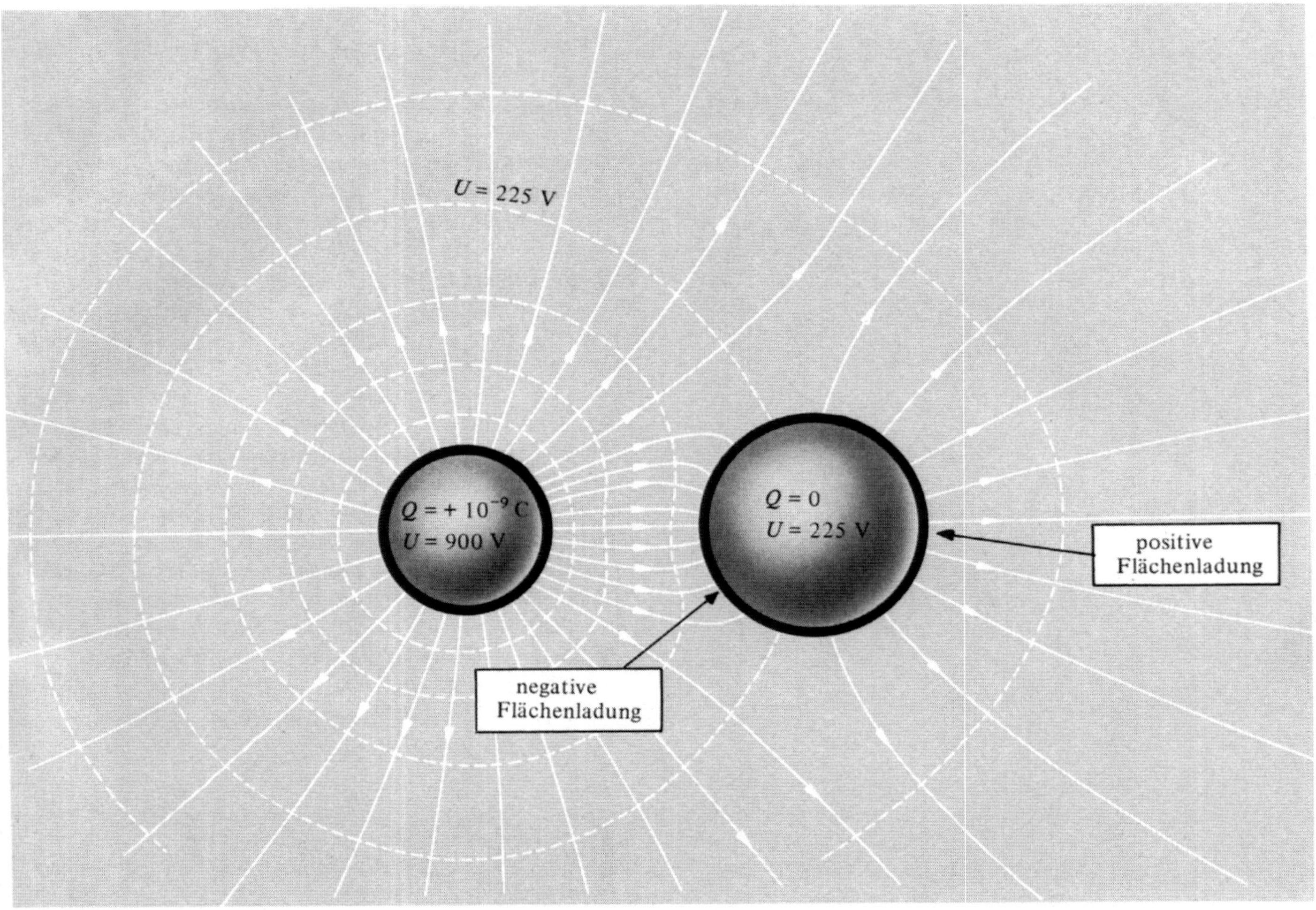

Bild 3.5 Das elektrische Feld um zwei kugelförmige Leiter; die Gesamtladung des einen Leiters ist $+ 10^{-9}$ C, die des anderen Null. Die gestrichelten Kurven sind die Schnittlinien der Äquipotentialflächen mit der Zeichenebene. Das Nullpotential liegt im Unendlichen.

$U = U_k$ in allen Punkten der Oberfläche des k-ten Leiters. (3.1)

In jedem Punkt, der gerade außerhalb der Oberfläche liegt, ist **E** senkrecht zur Oberfläche gerichtet und $E = \sigma/\epsilon_0$, wobei σ die örtliche Flächenladungsdichte ist. (3.2)

$$Q_k = \int_{A_k} \sigma dA = \epsilon_0 \int_{A_k} \mathbf{E} \cdot d\mathbf{A} . \qquad (3.3)$$

E ist das gesamte Feld, das von allen nahen und fernen Ladungen des Systems herrührt, die Flächenladung ist aber nur ein Teil davon. Sie muß sich solange umordnen, bis Gl. (3.2) erfüllt ist. Daß der Leiter im Vergleich zu anderen Flächenladungsverteilungen einen Sonderfall darstellt, zeigt die Gegenüberstellung in Bild 3.4.

In Bild 3.5 sind Feld und Ladungsverteilung für ein einfaches System dargestellt. Es ähnelt einem bereits früher dargestellten und besteht aus zwei Leiterkugeln. Die eine Kugel hat einen Radius von 1 cm, ihre Gesamtladung beträgt $+10^{-9}$ C; die andere Kugel ist etwas größer, ihre Gesamtladung ist Null. Beachten Sie, daß die Flächenladungsdichte auf keinem der beiden Leiter *gleichmäßig* ist. Die rechte Kugel mit der Gesamtladung Null weist in jenem Bereich, der der anderen Kugel gegenüberliegt, eine negative Flächenladungsdichte auf. Ihre Flächenladungsdichte auf der anderen Seite ist positiv. Die gestrichelten Kurven in Bild 3.5 geben die Äquipotentialflächen, oder besser deren Schnitt mit der Zeichenebene an. Mit zunehmender Entfernung von den beiden Kugeln werden die Äquipotentialflächen nahezu sphärisch und die Feldlinien radial; bei großem Abstand gleicht das Feld jenem, das von der Punktladung $+10^{-9}$ C – dies ist die Gesamtladung des Systems – hervorgerufen wird.

Bild 3.5 stellt zumindest qualitativ alle Erscheinungen dar, die wir bereits vorweggenommen haben. Aber wir haben noch einen weiteren Grund, dieses System zu zeigen. So einfach es auch ist, kommt man für diesen Fall doch nicht direkt zur exakten mathematischen Lösung. Bild 3.5 wurde nach einer Näherungslösung gezeichnet. Und tatsächlich ist die Anzahl dreidimensionaler geometrischer Anordnungen von Leitern, die einer mathematischen Lösung in geschlossener Form zugänglich sind, bedauernswert klein. Konzentriert man sich auf diese wenigen exakt lösbaren Beispiele, so lernt man nicht viel Physik. Statt dessen wollen wir versuchen, in die allgemeinen Züge der mathematischen Problematik eines solchen Systems einzudringen.

3.3 Das allgemeine elektrostatische Problem; Eindeutigkeitssatz

Das Problem läßt sich durch die Potentialfunktion U darstellen, da bei bekanntem U sofort $\mathbf{E}$ angegeben werden kann. Überall außerhalb des Leiters muß U die Laplacesche Gleichung $\nabla^2 U = 0$ erfüllen; diese partielle Differentialgleichung lernten wir bereits in Kapitel 2 kennen. In Cartesischen Koordinaten lautet sie:

$$\frac{\partial^2 U}{\partial x^2} + \frac{\partial^2 U}{\partial y^2} + \frac{\partial^2 U}{\partial z^2} = 0 \,. \tag{3.4}$$

Das Problem besteht nun darin, eine Funktion zu finden, die Gl. (3.4) genügt und die auch die speziellen Bedingungen, *Randbedingungen* genannt, auf den Leiteroberflächen erfüllt. Diese Bedingungen könnten auf verschiedendste Weise gegeben sein. Beispielsweise wäre es möglich, daß das Potential jedes Leiters festgesetzt oder bekannt ist. (In einem realen System könnte man die Potentiale durch ständige Verbindungen mit Batterien oder anderen „Energiequellen“ festlegen, die für konstantes Potential sorgen.) Dann muß die Lösung $U(x, y, z)$ den richtigen Wert in allen Punkten jeder Oberfläche annehmen. Diese Oberflächen *begrenzen* in ihrer Gesamtheit den Bereich, in dem U definiert ist; man muß nur noch eine große Oberfläche im Unendlichen hinzufügen, wo U entsprechend der Voraussetzung gegen Null gehen soll. Manchmal ist der interessierende Bereich von einer leitenden Oberfläche völlig umschlossen; dann genügt es, ihr ein bestimmtes Potential zuzuschreiben – der Außenraum braucht dann nicht berücksichtigt zu werden. In beiden Fällen haben wir es mit einem typischen *Randwertproblem* zu tun, bei dem der Funktionswert U auf dem gesamten Rand vorgegeben ist.

Man hätte statt dessen natürlich auch die Gesamtladung Q_k jedes Leiters angeben können. (Es wäre aber nicht möglich, alle Ladungen *und* Potentiale willkürlich festzulegen, da dies das Problem überbestimmen würde.) Die Vorgabe der Ladungen bedeutet, daß der Wert des über die Oberfläche jedes Leiters erstreckten Flächenintegrals von grad U festgelegt wurde. Dies führt zu einem etwas anderen Aspekt des mathematischen Problems. Man kann auch beide Arten von Randbedingungen kombinieren.

Eine wichtige allgemeine Frage lautet nun: Gibt es bei irgendwie festgelegten Randbedingungen keine, eine oder mehr als eine Lösung des Problems? Wir werden nicht versuchen, diese Frage für alle Arten von Randbedingungen zu beantworten. Ein wichtiger Spezialfall soll aber zeigen, wie man solche Fragen behandelt; außerdem erhalten wir dabei ein wichtiges Ergebnis. Gegeben sei das Potential U_k jedes Leiters, ferner soll U in unendlich großer Entfernung oder auf einem Leiter, der das System umschließt, gegen Null gehen. Wir werden beweisen, daß dieses Randwertproblem nur eine einzige Lösung besitzt. Vom *physikalischen* Standpunkt erscheint es klar, daß *mindestens eine* Lösung existiert. Ordnet man nämlich die Leiter in der vorgeschriebenen Weise an und verbindet sie mit hinreichend dünnen Drähten mit geeigneten Potentialen, so muß das System in *irgendeinem* Zustand zur Ruhe kommen. Die Existenz einer Lösung *mathematisch* zu beweisen ist aber sehr schwierig und wir werden es hier nicht versuchen. Statt dessen nehmen wir an, daß es eine Lösung $U(x, y, z)$ gibt und beweisen ihre Eindeutigkeit. Die für derartige Beweise typische Vorgangsweise sieht so aus:

Man nimmt an, daß es eine andere Funktion $\psi(x, y, z)$ gibt, die ebenfalls eine Lösung ist und denselben Randbedingungen genügt. Nun ist aber die Laplacesche Gleichung *linear*; wenn also U und ψ Gl. (3.4) erfüllen, dann muß dies auch für $U + \psi$ oder jede beliebige Linearkombination $C_1 U + C_2 \psi$ (C_1 und C_2 sind Konstanten) gelten. Insbesondere muß auch die Differenz $U - \psi$ der beiden Lösungen Gl. (3.4) genügen; diese Funktion nennen wir M:

$$M(x, y, z) = U(x, y, z) - \psi(x, y, z) \,. \tag{3.5}$$

Natürlich erfüllt M die Randbedingungen *nicht*. M ist nämlich auf der Oberfläche eines jeden Leiters Null, da dort U und ψ denselben Wert U_k (am k-ten Leiter) annehmen. M ist deshalb die Lösung eines *anderen* elektrostatischen Problems, das zwar für dieselben Leiter gestellt ist, deren Potentiale aber alle Null sind. Wenn dies so ist, muß M für alle Raumpunkte Null sein. Sonst müßte nämlich M irgendwo ein Maximum oder Minimum besitzen – denken Sie daran, daß M sowohl im Unendlichen als auch auf allen leitenden Randflächen Null ist. Hat M aber in irgendeinem Punkt P ein Extremum, betrachten wir eine Kugel mit M als Mittelpunkt. Aus Kapitel 2 ist bekannt, daß der über eine Kugel genommene Mittelwert einer Funktion, die der Laplaceschen Gleichung genügt, ihrem Wert im Mittelpunkt der Kugel gleicht. Dies ist aber nicht möglich, wenn der Wert im Kugelmittelpunkt ein Extremum ist. Deshalb kann M kein Maximum oder Minimum haben, M muß überall Null sein. Daraus folgt, daß überall

$U = \psi$ ist, d.h. es gibt nur *eine* Lösung von Gl. (3.4), die den vorgeschriebenen Randbedingungen genügt.

Nun läßt sich leicht eine andere bemerkenswerte Tatsache beweisen: *Im Inneren eines hohlen Leiters, gleich welcher Gestalt, ist das elektrische Feld Null, vorausgesetzt, daß der Innenraum selbst ladungsfrei ist.* Dies gilt unabhängig von der Beschaffenheit des Feldes außerhalb des Leiters. Wir sind bereits mit der Tatsache vertraut, daß das Feld innerhalb einer isolierten gleichförmig geladenen Kugelschale Null ist, genauso wie auch das Schwerefeld im Inneren eines kugelförmigen Hohlkörpers Null ist. Der obige Satz ist aber doch in gewisser Hinsicht überraschend. Betrachten Sie die geschlossene Metallschachtel, die in Bild 3.6 teilweise aufgeschnitten dargestellt ist. In der Umgebung der Schachtel befinden sich Ladungen, das äußere Feld verläuft etwa so wie abgebildet. Die Ladungsverteilung auf der Oberfläche der Schachtel ist in hohem Grade uneinheitlich. Nun ist bekanntlich das Feld im gesamten Raum *einschließlich des Schachtelinneren* die Vektorsumme des Feldes der Ladungsverteilung auf der Schachtel und des Feldes der äußeren Quellen. Erstaunlicherweise verteilt sich die Oberflächenladung derart auf der Schachtel, daß sie das Feld der äußeren Quellen in *jedem* Punkt innerhalb der Schachtel genau aufhebt. Es läßt sich in wenigen Sätzen beweisen, daß genau dies geschehen muß.

Die Potentialfunktion $U(x, y, z)$ muß innerhalb der Schachtel die Laplacesche Gleichung erfüllen. Der gesamte Rand dieses Bereichs, nämlich die Schachtel, ist eine Äquipotentialfläche, deshalb gilt $U = U_0 = \text{const}$ überall am Rand. Eine Lösung der Laplaceschen Gleichung ist offensichtlich $U = U_0$ für das ganze Volumen der Schachtel. Da es aber entsprechend dem Eindeutigkeitssatz nur eine Lösung geben kann, ist dies *die* Lösung. Aus $U = \text{const}$ folgt $\mathbf{E} = 0$, da $\mathbf{E} = -\operatorname{grad} U$.

Das Fehlen eines elektrischen Feldes innerhalb einer leitenden Hülle ist sowohl nützlich als auch theoretisch interessant. Es ist die Grundlage des Faradayschen Käfigs, der elektrischen Abschirmung. Für die meisten praktischen Zwecke braucht die Umhüllung nicht vollkommen dicht zu sein. Wenn die Wände des Faradayschen Käfigs mit kleinen Löchern versehen sind oder aus einem Drahtgitter bestehen, ist das Feld innerhalb des Käfigs mit Ausnahme der unmittelbaren Umgebung eines Loches extrem schwach. Ein Metallrohr mit offenen Enden, dessen Länge einigen Durchmessern entspricht, schirmt jenen Teil des Innenraums, der nicht zu nahe einem der beiden offenen Enden liegt, sehr wirksam ab. Wir betrachten hier natürlich nur

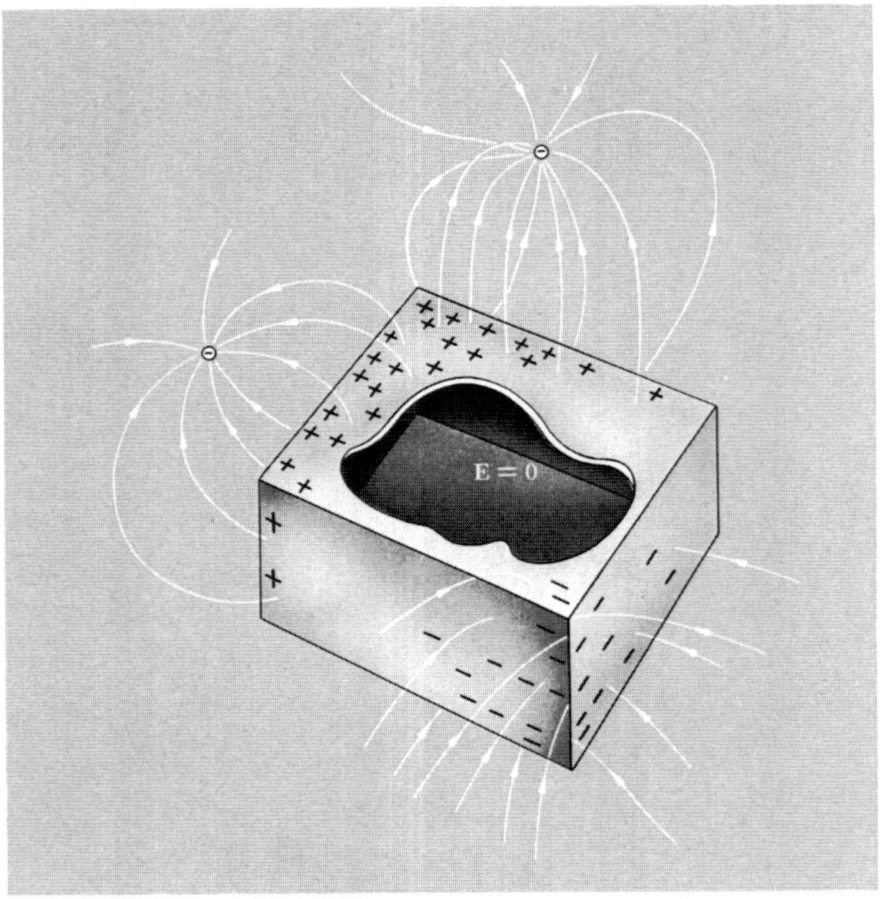

Bild 3.6

Die Feldstärke ist überall innerhalb der geschlossenen leitenden Schachtel Null.

statische Felder, aber diese Feststellungen gelten auch für langsam veränderliche elektrische Felder. (Ein schnell veränderliches Feld kann eine Welle erzeugen, die durch das Rohr läuft. Schnell heißt hier „in einer kürzeren Zeit als das Licht benötigt, um den Durchmesser des Rohrs zu durchqueren".)

3.4 Einige einfache Leitersysteme

In diesem Abschnitt geht es um einige besonders einfache Leiteranordnungen. Zu Anfang betrachten wir zwei konzentrische Metallkugeln mit den Radien R_1 und R_2; auf ihnen befinden sich die Ladungen Q_1 bzw. Q_2 (Bild 3.7). Dieser Fall bringt keine neue Schwierigkeit; aus Symmetriegründen ist es offensichtlich, daß die Ladungen auf beiden Kugeln gleichförmig verteilt sein müssen. Dieses Beispiel gehört also eigentlich in das Kapitel 1. Außerhalb der größeren Kugelschale entspricht das Feld dem einer Punktladung der Größe $Q_1 + Q_2$. Daraus folgt für das Potential U_1 der äußeren Kugel:

$$U_1 = k\,\frac{Q_1 + Q_2}{R_1}\,.$$

Das Potential U_2 der inneren Kugelschale ist gegeben durch:

$$U_2 = k\,\frac{Q_1 + Q_2}{R_1} + \int\limits_{R_1}^{R_2} k\left(-\frac{Q_2}{R^2}\,dR\right) =$$

$$= k\left(\frac{Q_1}{R_1} + \frac{Q_2}{R_1} + \frac{Q_2}{R_2} - \frac{Q_2}{R_1}\right) = k\left(\frac{Q_1}{R_1} + \frac{Q_2}{R_2}\right). \qquad (3.6)$$

U_2 ist auch das Potential aller Punkte innerhalb der kleineren Kugelschale. $U_2 = k\,(Q_1/R_1 + Q_2/R_2)$ hätte sich auch durch einfache Überlagerung bestimmen lassen. kQ_1/R_1 ist nämlich das Potential innerhalb der größeren Kugelschale, wenn diese allein vorhanden ist, und kQ_2/R_2 das

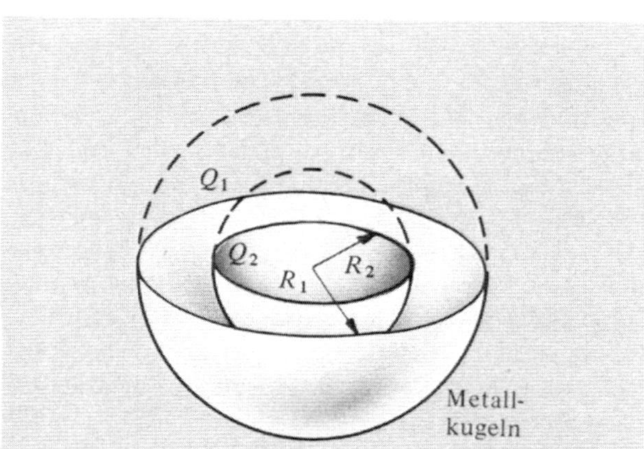

Bild 3.7 Bei gegebenen Ladungen Q_1 und Q_2 auf den beiden Kugeln folgt das Potential der inneren Schale aus Gl. (3.6).

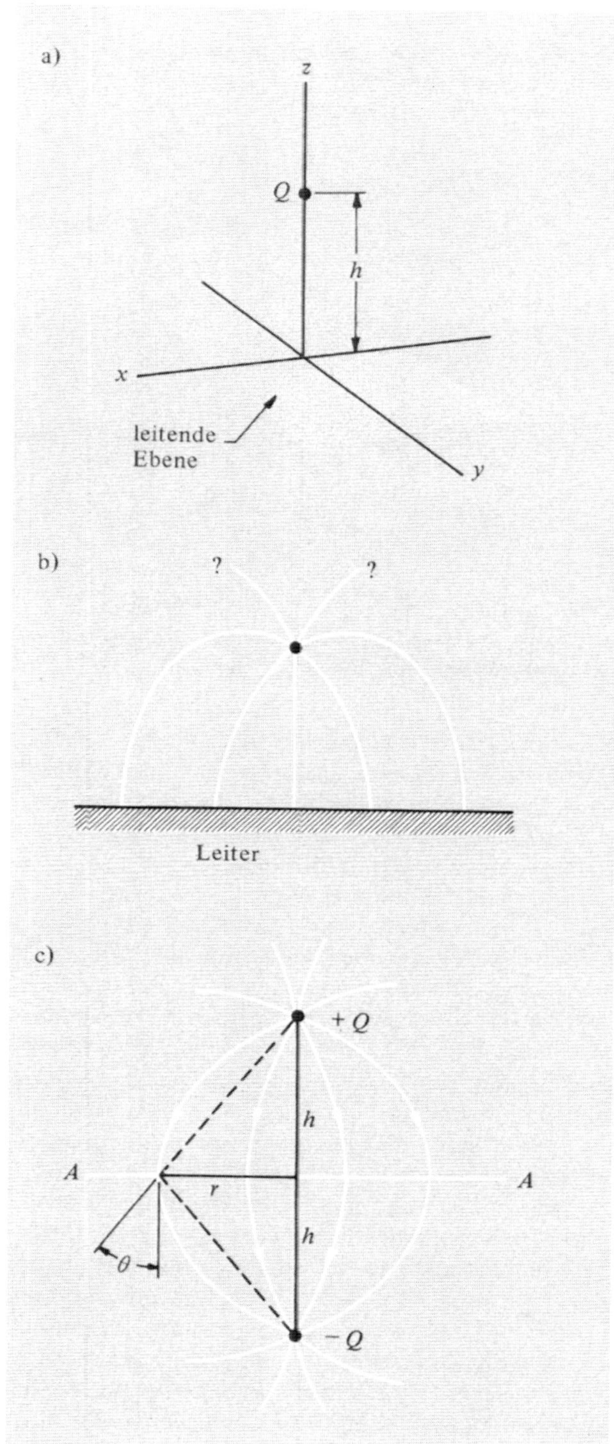

Bild 3.8

a) Punktladung Q über einer leitenden Ebene,

b) voraussichtliche Gestalt des Feldes,

c) Feld eines Paares ungleichnamiger gleich großer Ladungen.

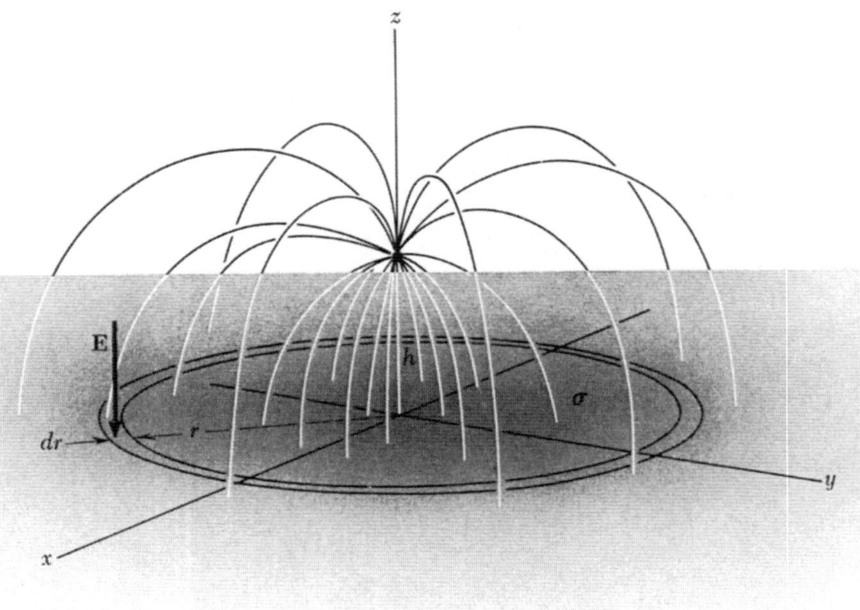

Bild 3.9 Einige Feldlinien des Problems „Punktladung über leitender Ebene". Die durch Gl. (3.7) gegebene Feldstärke an der Oberfläche legt die Flächenladungsdichte σ fest.

Potential innerhalb der kleineren Kugelschale ebenfalls dann, wenn nur sie existiert. Sind die Ladungen auf beiden Kugeln entgegengesetzt gleich, d.h. $Q_1 = -Q_2$, dann gibt es nur im Raum zwischen den beiden Kugelschalen ein nichtverschwindendes elektrisches Feld.

Das so ziemlich einfachste System, bei dem sich die Beweglichkeit der Ladungen in einem Leiter deutlich zeigt, besteht aus einer Punktladung in der Nähe einer leitenden Ebene. Die x, y-Ebene sei die Oberfläche eines Leiters, der sich bis ins Unendliche erstreckt; dieser Ebene ordnen wir das Nullpotential zu. Nun führen wir die positive Punktladung Q heran und bringen sie auf der positiven z-Achse in der Höhe h über der Ebene an (Bild 3.8a). Welcher Art wird das entstehende Feld sein, und welche Ladungsverteilung können wir erwarten? Selbstverständlich erwarten wir, daß die positive Ladung Q negative Ladung anzieht, keinesfalls aber, daß sich die negative Ladung in einer unendlich dichten Konzentration am Ort der Projektion von Q auf der Ebene ansammelt. Warum nicht? Wir erinnern uns daran, daß die elektrische Feldstärke auf einer Leiteroberfläche stets senkrecht zu eben dieser Oberfläche gerichtet ist. Andererseits kann die leitende Ebene in großer Nähe von Q keinen großen Einfluß haben; deshalb werden die Feldlinien von Q so *ausgehen,* als wäre Q eine alleine vorhandene Punktladung, d.h. die Feldlinien werden zunächst radial verlaufen. Man vermutet also, daß Bild 3.8b das Feld qualitativ wiedergibt, wenn auch die Details noch unbekannt sind. Natürlich muß Symmetrie um die z-Achse gegeben sein.

Wie läßt sich das Problem aber wirklich lösen? Durch einen Trick! Dieser Kunstgriff ist nicht nur aufschlußreich, er bewährt sich auch häufig in der Praxis. Es geht darum, ein einfaches lösbares Problem zu finden, dessen Lösung zumindest teilweise dem vorliegenden Problem angepaßt werden kann. In dem behandelten Beispiel besteht das einfachere Problem aus zwei gleich großen Punktladungen mit entgegengesetzten Vorzeichen, also $+Q$ und $-Q$, die voneinander den Abstand $2h$ haben. Die Ebene, die die Verbindungsgerade der beiden Ladungen halbiert, ist in Bild 3.8c durch ihre Schnittgerade AA mit der Zeichenebene dargestellt. Zu dieser Ebene ist die elektrische Feldstärke überall senkrecht gerichtet. Damit entspricht die obere Hälfte von Bild 3.8c völlig dem Problem, dessen Lösung gesucht ist: Die Feldstärke ist auf dem Leiter senkrecht zur Leiteroberfläche gerichtet und entspricht in der Umgebung von Q näherungsweise dem Feld der Punktladung Q.

Die Randbedingungen sind hier nicht dieselben wie jene, die wir bei der Ableitung des Eindeutigkeitssatzes im letzten Abschnitt verwendeten. Das Potential des Leiters ist bestimmt, doch kommt in dem System noch eine Punktladung vor, an der das Potential gegen Unendlich geht. Wir können aber Q als Grenzfall eines kleinen kugelförmigen Leiters auffassen, dessen Gesamtladung Q vorgegeben ist. Auch für diese „gemischte" Randbedingung – gegebene Potentiale auf einigen Oberflächen und gegebene Gesamtladungen auf anderen – gibt es einen Eindeutigkeitssatz. Wenn deshalb die „geborgte" Lösung der Laplaceschen Gleichung den Randbedingungen entspricht, muß sie *die* Lösung sein.

Bild 3.9 zeigt die endgültige Lösung für das Feld über der Ebene und deutet die Dichte der Flächenladung an. Betrag und Richtung der Feldstärke können in jedem Punkt durch Rückgriff auf das System aus zwei Ladungen mit Hilfe des Coulombschen Gesetzes berechnet werden (Bild 3.8c). Betrachten Sie einen Punkt auf der Ebene mit dem Abstand r vom Koordinatenursprung. Das Quadrat seines Abstands von Q ist $r^2 + h^2$, für die z-Komponente des von Q herrührenden Feldes in diesem Punkt ergibt sich $-kQ\cos\theta/(r^2+h^2)$. Die „Bildladung" $-Q$ unterhalb der Ebene liefert eine gleich große z-Komponente. Daraus findet man für die elektrische Feldstärke in dem betrachteten Punkt:

$$E_z = k\,\frac{-2Q}{r^2+h^2}\cos\theta = k\,\frac{-2Q}{r^2+h^2}\,\frac{h}{(r^2+h^2)^{1/2}} = k\,\frac{-2Qh}{(r^2+h^2)^{3/2}}\,. \tag{3.7}$$

Daraus folgt für die Flächenladungsdichte σ:

$$\sigma = \frac{E_z}{4\pi k} = \frac{-Qh}{2\pi(r^2+h^2)^{3/2}}\,. \tag{3.8}$$

Wir berechnen die gesamte Flächenladung durch Integration über die Verteilung:

$$\int_0^\infty \sigma\cdot 2\pi r\,dr = -Q\int_0^\infty \frac{hr\,dr}{(h^2+r^2)^{3/2}} = -Q\,. \tag{3.9}$$

Es gibt einen kniffligen Punkt: Was geschieht, wenn die leitende Ebene vollständig ungeladen ist, bevor die Ladung Q darüber angebracht wird? Wie kann sie dann die Ladung $-Q$ haben? Die Antwort ist, daß eine kompensierende Ladung mit dem Betrag $+Q$ über die ganze Ebene verteilt sein muß. Um zu sehen, was hier vorgeht, stellen Sie sich vor, daß die leitende Ebene in Wirklichkeit eine Metallscheibe ist, nicht unendlich, sondern endlich ausgedehnt und mit einem Radius $R \gg h$. Wenn eine Ladung $-Q$ gleichmäßig über die Scheibe auf *beiden* Seiten verteilt ist, würde die Oberflächenladungsdichte $Q/(2\pi R^2)$ sein. Das würde eine elektrische Feldstärke $2kQ/R^2$ normal zur Scheibenebene bewirken. Da unsere Scheibe ein Leiter ist, auf der sich die Ladung bewegen kann, wird die Feldstärke in der Nähe der Mitte der Scheibe sogar *kleiner* sein als $2kQ/R^2$, wegen der Tendenz der Ladung, einem Rand auszuweichen. Jedenfalls ist das Feld dieser Verteilung größenordnungsmäßig um den Faktor h^2/R^2 kleiner als das durch Gl. (3.7) beschriebene Feld. Solange $R \gg h$ ist, können wir ihn vernachlässigen, und in der Tat verschwindet er vollständig für eine unbegrenzte leitende Ebene. Bild 3.10 zeigt in getrennten Darstellungen die durch Gl. (3.8) gegebene Oberflächenladungsdichte und die Verteilung der kompensierenden Ladung Q auf der oberen und unteren Oberfläche der Scheibe. Hier haben wir R nicht viel größer als h gemacht, um beide Verteilungen in demselben Diagramm deutlich zu zeigen. Beachten Sie, daß sich die kompensierende positive Ladung auf der Oberseite und auf der Unterseite der Scheibe in genau der gleichen Weise, den Haufen negativer Ladung in der Mitte der Oberseite ignorierend, angeordnet hat! Für das Feld

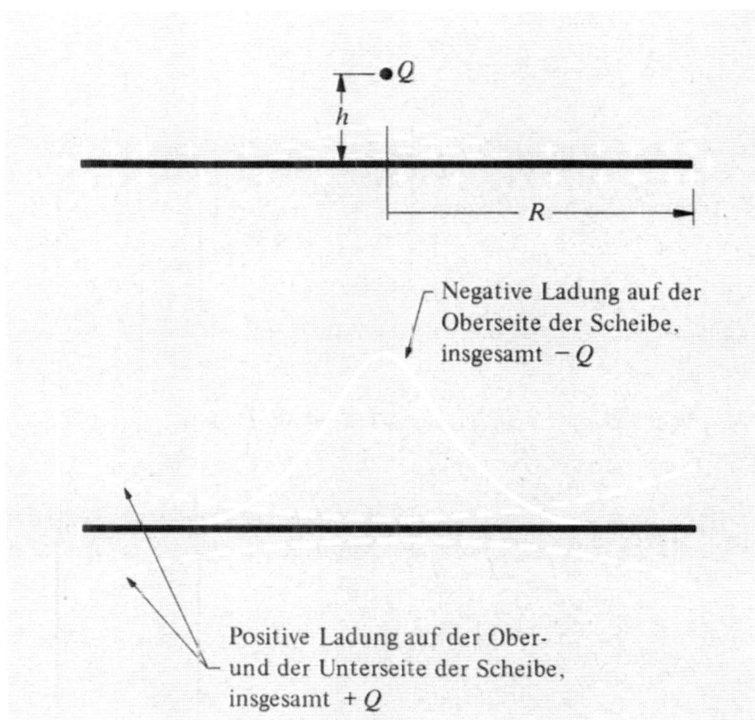

Bild 3.10
Die Ladungsverteilung auf einer insgesamt ungeladenen Scheibe bei Anwesenheit einer positiven Punktladung Q in der Höhe h über der Mitte der Scheibe. Die tatsächliche Oberflächenladungsdichte in jedem Punkt ist natürlich die algebraische Summe der gezeigten positiven und negativen Dichten.

der negativen Ladungsverteilung *zusammen* mit dem Feld der induzierten Punktladung Q kann man in der Tat sagen, daß es keine Horizontalkomponente auf der Oberfläche der Scheibe hat. Folglich hat es überhaupt keinen Einfluß auf die Verteilung der kompensierenden positiven Ladung.

Die oben erwähnte, isolierte leitende Scheibe gehört zu einer anderen Klasse lösbarer Probleme, einer Klasse, die jeden isolierten Leiter in der Form eines Sphäroids (Rotationsellipsoids) einschließt. Ohne in die Mathematik[25]) einzusteigen, zeigen wir in Bild 3.11 einige elektrische Feldlinien und Äquipotentialflächen der leitenden Scheibe. Die Feldlinien sind Hyperbeln. Die Äquipotentialflächen sind abgeplattete Rotationsellipsoide, die die Scheibe einschließen. Das Potential U der Scheibe bezogen auf Unendlich ergibt sich als

$$U_0 = k\,(\pi/2)\,Q/a\,, \qquad (3.10)$$

wobei Q die Gesamtladung der Scheibe und a ihr Radius ist. Vergleichen Sie das Bild 3.11 mit dem Bild 2.11, dem Feld einer *gleichmäßig* geladenen *nicht*leitenden Scheibe; es hat eine nach außen gerichtete radiale Komponente. Wenn Sie die Scheibe in Bild 2.11 leitend machen könnten, würde die Ladung solange auswärts fließen, bis sich das Feld in Bild 3.11 eingestellt hätte. Gemäß der mathematischen Lösung, auf der Bild 3.11 beruht, würde die Ladungsdichte in der Scheibenmitte gerade halb so groß wie in der Mitte der gleichmäßig geladenen Scheibe sein.

Bild 3.11 zeigt uns nicht nur das Feld einer leitenden Scheibe, sondern auch das eines jeden abgeplatteten sphäroidförmigen Leiters. Um das einzusehen, wählen wir eine von den rotationssymmetrischen Äquipotentialflächen, sagen wir die, deren Schnittlinie im Diagramm die mit $U = 0{,}6\ U_0$ bezeichnete Ellipse ist. Wir stellen uns vor, wir könnten dieses Sphäroid verkupfern und mit der Ladung Q aufladen. Dann genügt das Feld außerhalb bereits den Randbedingungen: Das elektrische Feld steht normal zur Oberfläche; der gesamte Fluß ist Q/ϵ_0. Es ist eine Lösung, und im Hinblick auf den Eindeutigkeitssatz muß es *die* Lösung für einen isolierten geladenen Leiter dieser besonderen Form sein. Alles, was wir tun müssen, ist, die Feldlinien *innerhalb* des Leiters zu entfernen. Oder wir stellen uns vor, daß zwei von den sphäroidförmigen Flächen verkupfert sind und die innere Fläche mit Q und die äußere

25) Mathematisch gesprochen ist diese Klasse von Problemen lösbar, weil in einem entsprechenden (*sphäroidischen*) Koordinatensystem die Laplace-Gleichung eine besonders einfache Form annimmt.

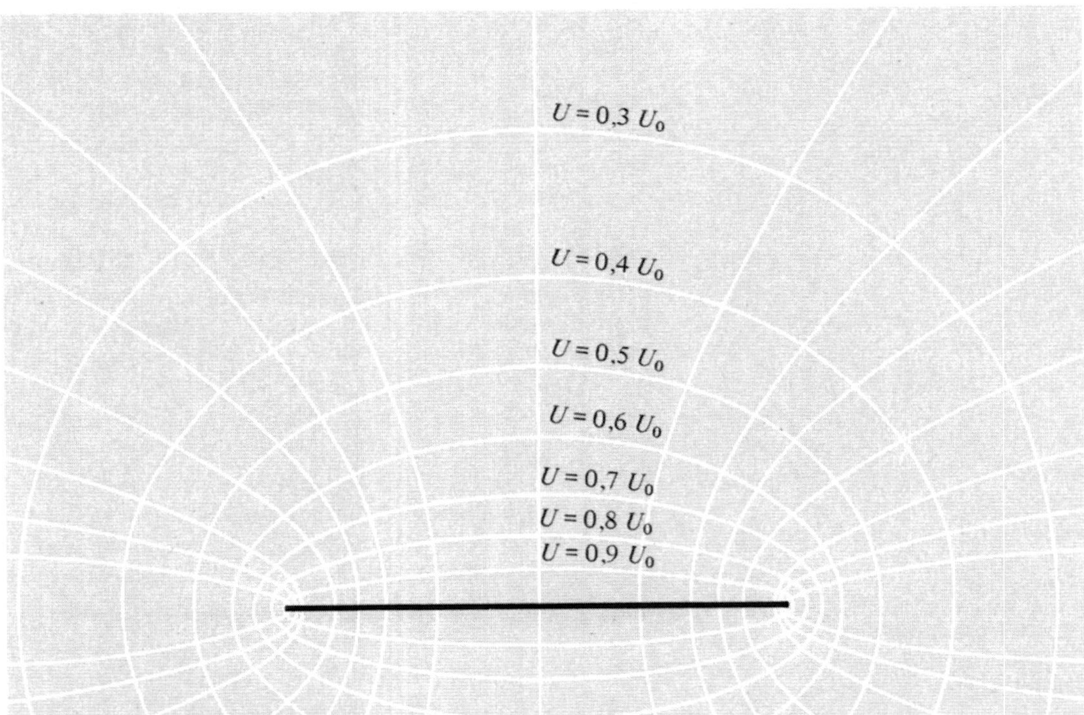

Bild 3.11 Schnittlinien der Äquipotentialflächen und Feldlinien für eine geladene leitende Scheibe

mit $-Q$ geladen wird. Der Ausschnitt zwischen diesen beiden Äquipotentialflächen in Bild 3.11 zeigt uns das Feld zwischen zwei solchen konzentrischen sphäroidförmigen Leitern.

Das legt ein allgemeines Vorgehen nahe. Wenn die Lösung für irgendein elektrostatisches Problem durch Bestimmung der Äquipotentialflächen gefunden ist, können wir daraus die Lösung für irgendein anderes System gewinnen, das durch Verkupfern einer oder mehrerer Äquipotentialflächen aus diesem hervorgeht. Vielleicht sollte man diese Vorgangsweise „Lösung auf der Suche nach dem zugehörigen Problem" nennen. *Maxwell* beschrieb die Situation treffend: „Es scheint daher, daß das, was wir instinktiv inverses Problem nennen würden, nämlich die Bestimmung der Formen der Leiter bei gegebenem Ausdruck für das Potential, leichter zu handhaben ist als das direkte Problem, nämlich die Bestimmung des Potentials bei gegebener Leiterform."[26])

Wenn Sie Übung 11 in Abschnitt 2.17 bearbeitet haben, besitzen Sie bereits das Rohmaterial für ein wichtiges Beispiel. Sie haben gefunden, daß die gleichmäßig geladene Linienladung endlicher Länge Äquipotentialflächen in der Gestalt von langgestreckten Rotationsellipsoiden hat. Das löst das Potential- und Feldprobelm für jeden isolierten geladenen Leiter von der Gestalt eines gestreckten Sphäroids. Es reduziert das Problem auf die relativ einfache Berechnung des Potentials einer Linienladung. Sie können das in der Übung 22 in Abschnitt 3.9 versuchen.

3.5 Kapazität und Kondensatoren

Ein isolierter Leiter, der die Ladung Q trägt, hat mit der Festlegung des Nullpotentials im Unendlichen ein bestimmtes Potential U_0. Q ist proportional zu U_0. Die Proportionalitätskonstante hängt nur von der Größe und der Form des Leiters ab. Wir nennen diesen Faktor die *Kapazität* dieses Leiters und bezeichnen sie mit C.

$$Q = CU_0 \ . \qquad (3.11)$$

Für einen isolierten kugelförmigen Leiter mit dem Radius a wissen wir, daß $U_0 = kQ/a$ ist. Deshalb ist die durch Gl. (3.11) definierte Kapazität der Kugel

$$C = \frac{Q}{U_0} = \frac{a}{k} = 4\pi \cdot \epsilon_0 \cdot a \ . \qquad (3.12)$$

Für eine isolierte leitende Scheibe mit dem Radius a ist gemäß Gl. (3.10) $Q = (2\pi)a \cdot U_0/k$, so daß die Kapazität eines solchen Leiters $C = 8\epsilon_0 \cdot a$ ist. Das ist vernünftigerweise etwas kleiner als die Kapazität einer Kugel mit gleichem Radius. Die Kapazität eines Leiters gegebener Form hängt demnach mit der linearen Ausdehnung des Objekts zusammen.

Das gilt für einzelne, isolierte Leiter. Das Konzept der Kapazität ist immer dann nützlich, wenn wir es mit Ladungen auf und Potentialen von Leitern zu tun haben. Bei weitem am häufigsten interessiert der Fall von zwei entgegengesetzt mit Q beziehungsweise mit $-Q$ geladenen Leitern. Hier ist die Kapazität als das Verhältnis der Ladung Q zur Potentialdifferenz zwischen den beiden Leitern definiert. Das Objekt, bestehend aus den beiden Leitern, dem isolierenden Material, das sie auseinanderhält, und vielleicht den elektrischen Anschlüssen oder Drähten, wird *Kondensator* genannt. Die meisten elektronischen Schaltungen enthalten zahlreiche Kondensatoren. Der Kondensator mit parallelen Platten ist das einfachste Beispiel.

Zwei gleichgeformte, ebene parallele leitende Platten werden im Abstand d parallel zueinander angeordnet (Bild 3.12a). Jede Platte hat die Fläche A; auf der einen Platte befindet sich die Ladung Q, auf der anderen $-Q$. U_1 und U_2 sind die Werte des Potentials auf den beiden Platten. Bild 3.12b zeigt im Querschnitt die Feldlinien des Systems. Abgesehen vom Rand ist das Feld im Bereich zwischen den beiden Platten nahezu homogen: Die Feldstärke hat in allen Punkten die gleiche Richtung und den gleichen Betrag; die Feldlinien verlaufen parallel zueinander. Behandeln wir das Feld als homogen, so muß der Feldstärkebetrag $(U_1 - U_2)/d$ sein. Die entsprechende Flächenladungsdichte auf der inneren Oberfläche einer der beiden Platten ist

$$\sigma = \epsilon_0 E = \epsilon_0 \frac{U_1 - U_2}{d} \ . \qquad (3.13)$$

Vernachlässigen wir die tatsächlich vorhandene Inhomogenität des Feldes E und damit auch die von σ, die vor allem am Rande der Platten auftritt, finden wir einen einfachen Ausdruck für die Gesamtladung auf einer Platte:

$$Q = \epsilon_0 A \frac{U_1 - U_2}{d} \quad \text{(unter Vernachlässigung der Randeffekte).} \qquad (3.14)$$

Gl. (3.14) gibt die tatsächlichen Verhältnisse um so genauer wieder, je kleiner der Plattenabstand d im Vergleich zu den seitlichen Dimensionen der Platten ist. Wollte man das elektrostatische Problem bei einer bestimmten Plattenform für das gesamte System einschließlich des

---

[26]) *James Clark Maxwell*, Treatise on Electricity and Magnetism, Vol. I, chap. VII, (Oxford University Press, 3rd ed., 1891; reprint ed., Dover, New York 1954). Jeder Physikstudent sollte ab und zu einen Blick in *Maxwells* Buch werfen. Kapitel VII beispielsweise behandelt das eben besprochene Problem. Am Ende des Bandes 1 sind sehr schöne Darstellungen elektrischer Felder zu finden, im Anschluß an das obige Zitat folgt *Maxwells* Begründung für die Wiedergabe dieser Bilder. Man könnte vermuten, daß auch er Freude an ihrer Konstruktion und Eleganz hatte.

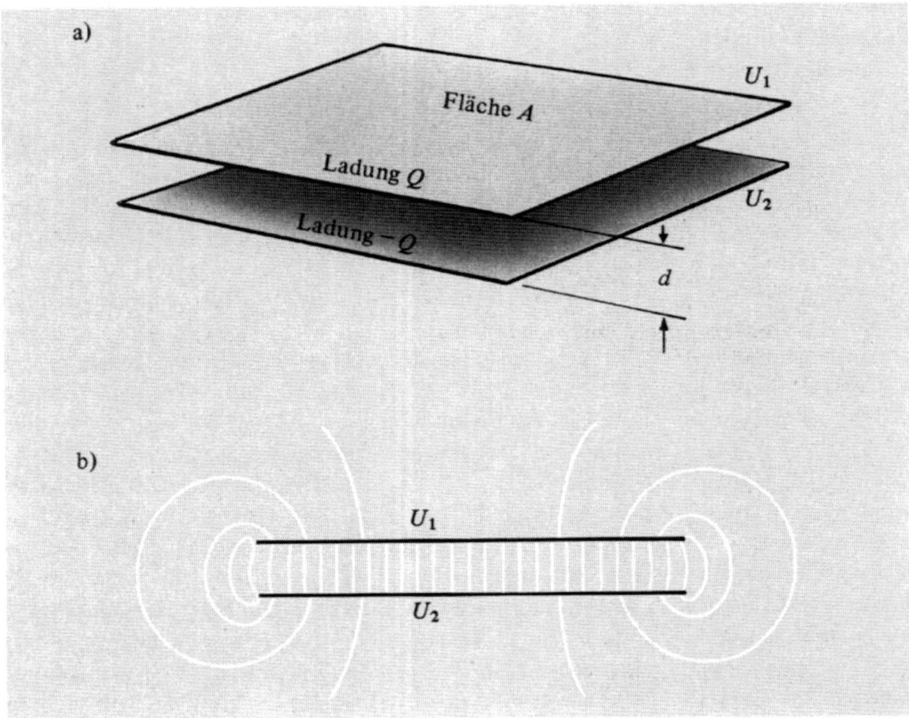

Bild 3.12
a) Plattenkondensator mit parallelen Platten
b) Querschnitt durch a) mit Darstellung des Feldlinienverlaufs

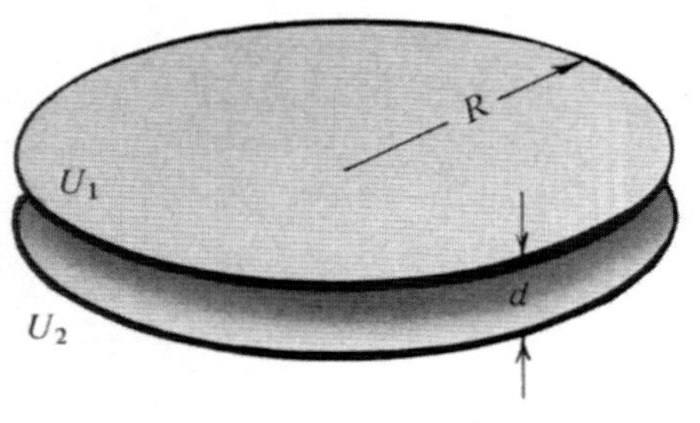

Bild 3.13 Die wahre Kapazität paralleler kreisförmiger Platten im Vergleich zur Berechnung nach Gl. (3.14) für verschiedene Verhältnisse des Plattenabstands zum Plattenradius. Die Randkorrektur kann folgendermaßen angegeben werden:

$$Q = \epsilon_0 \frac{A\,(U_1 - U_2)}{d} \cdot f$$

Abhängigkeit des Korrekturfaktors f von d/R bei kreisförmigen Platten:

d/R	f
0,2	1,286
0,1	1,167
0,05	1,094
0,02	1,042
0,01	1,023

Randes exakt lösen, müßte man natürlich Gl. (3.14) durch eine exakte Lösung ersetzen. Um zu zeigen, welch gute Näherung Gl. (3.14) darstellt, sind in Bild 3.13 Werte für den Korrekturfaktor f tabelliert, um den sich die durch Gl. (3.14) gegebene Ladung Q für den Fall zweier leitender Kreisplatten und verschiedene Abstände von dem exakten Ergebnis unterscheidet. Die Gesamtladung ist stets etwas größer als durch Gl. (3.14) vorhergesagt. Ein Blick auf Bild 3.12b macht dies verständlich: Offenbar gibt es eine zusätzliche Ladungskonzentration am Rande, ja es befinden sich in Randnähe sogar Ladungen an den äußeren Oberflächen.

Wir befassen uns hier aber nicht mit den Einzelheiten solcher Korrekturen, sondern mit den allgemeinen Eigenschaften eines aus zwei Leitern bestehenden Systems. Das Plattenpaar ist ein Beispiel für ein Element, das in elektrischen Schaltungen häufig vorkommt: der *Kondensator*. Wir interessieren uns für eine Beziehung zwischen der Ladung Q auf einer der Platten und der Potentialdifferenz zwischen den beiden Platten. Für das sich auf Gl. (3.14) beziehende spezielle System hat der Quotient $Q/(U_1 - U_2)$ den Wert $\epsilon_0 A/d$; zwar ist dies nur ein Näherungswert, doch hängt auch die exakte Lösung nur von der Größe und der Anordnung der Platten, d.h. von der Geometrie des Systems ab. Bei einem vorgegebenen Leiterpaar bestimmter Anordnung ist also das Verhältnis von Ladung zu Potentialdifferenz eine Konstante; sie heißt *Kapazität*[27]) des Kondensators und wird gewöhnlich durch das Symbol C gekennzeichnet.

$$Q = C(U_1 - U_2) = CU\,. \tag{3.15}$$

Die Kapazität des Plattenkondensators ist deshalb bei Vernachlässigung von Randeffekten gegeben durch

$$C = \epsilon_0 \frac{A}{d}\,. \tag{3.16}$$

Aus der Definitionsgleichung $Q = CU$ folgt für die Einheit der Kapazität

$$[C] = \frac{[Q]}{[U]} = \frac{\mathrm{C}}{\mathrm{V}} = \mathrm{F}\,.$$

Die Einheit der Kapazität wird als *Farad,* abgekürzt F bezeichnet. Ein Kondensator hat die Kapazität 1 F, wenn sich bei einer Potentialdifferenz von 1 V auf seinen Platten die Ladung 1 C befindet. In Bild 3.14 sind Formeln und Einheiten für die Kapazität zusammengefaßt. Bei einem Plattenabstand d = 1 mm hätte ein derartiger Kondensator eine Fläche

$$A = 4\pi k d C = 4\pi \cdot 9 \cdot 10^9 \cdot 10^{-3} \cdot 1\,\mathrm{m}^2 = 1{,}1 \cdot 10^8\,\mathrm{m}^2\,,$$

also rund 100 km². Die Kapazität einer isolierten Kugel von der Größe der Erde ist kleiner als 0,1 Farad. Hier hat die „praktische" Einheit eine sehr unpraktische Größe; deshalb verwendet man gewöhnlich die Einheiten *Mikrofarad* (1 μF = 10^{-6} F), *Nanofarad* (1 nF = 10^{-9} F) und *Pikofarad* (1 pF = 10^{-12} F). Mit der Einheit Farad = Coulomb/Volt kann die Einheit der elektrischen Feldkonstanten ϵ_0 bequem als Farad/Meter ausgedrückt werden.

Jedes Leiterpaar von beliebiger geometrischer Form und Anordnung kann als Kondensator angesehen werden. Zufällig stellt der Plattenkondensator eine gebräuchliche Kondensatorart dar, deren Kapazität sich sehr einfach näherungsweise berechnen läßt. Bild 3.15 zeigt zwei Leiter, von denen einer sich im Inneren des anderen befindet. Auch dieses System heißt Kondensator. In der Praxis benötigt man freilich für den inneren Leiter eine mechanische Stütze, aber das brauchen wir hier nicht zu berücksichtigen. Für den Ladungstransport zu den Leitern oder von ihnen fort wären auch Leitungen erforderlich, die selbst leitende Körper sind. Da eine Leitung zum inneren Körper 1 notwendigerweise den Raum zwischen den beiden Leitern kreuzt, führt sie zu einer Störung des elektrischen Feldes in diesem Raum. Um sie möglichst klein zu halten, müßte man die Leitungsdrähte extrem dünn machen oder sie vor der Potentialmessung entfernen.

In diesem System lassen sich drei Ladungen unterscheiden: Q_1 ist die Gesamtladung auf dem inneren Leiter, $Q_2^{(i)}$ die Ladung auf der inneren Oberfläche des äußeren Leiters und $Q_2^{(e)}$ die Ladung auf der äußeren Oberfläche des äußeren Leiters. Beachten Sie zuerst, daß $Q_2^{(i)} = -Q_1$. Der Grund dafür ist darin zu suchen, daß eine geschlossene Fläche, wie z.B. A in Bild 3.15, diese beiden Ladungen und nur sie umschließt und der Fluß durch diese Fläche Null

[27]) Im Deutschen wird das Wort Kapazität, also das Fassungsvermögen eines Kondensators, auch häufig anstelle des Wortes Kondensator gebraucht. Also z.B. anstelle von einem Kondensator mit der Kapazität von 10 pF spricht man von einer Kapazität von 10 pF.

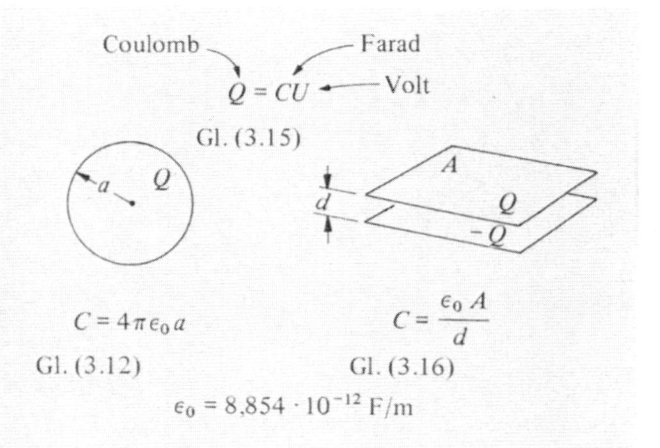

Bild 3.14 Formeln und Einheiten für die Kapazität

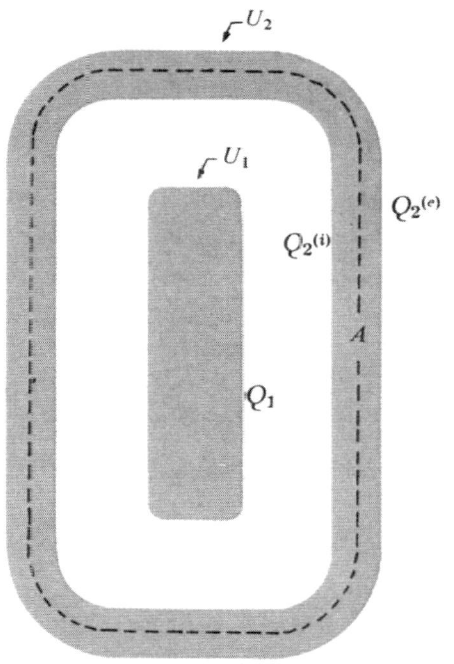

Bild 3.15 Kondensator, bei dem der eine Leiter von einem zweiten Leiter umschlossen wird

ist – dies deshalb, weil an der Fläche A, die völlig im Inneren eines Leiters liegt, die Feldstärke Null ist.

Offenbar bestimmt der Wert von Q_1 eindeutig das elektrische Feld für den Raum zwischen den beiden Leitern und damit auch die Differenz ihrer Potentiale, d.h. $U_1 - U_2$. Betrachten wir die beiden Körper als „Platten" eines Kondensators, ist nur Q_1 oder das Gegenstück $Q_2^{(i)}$ an der Bestimmung der Kapazität beteiligt:

$$C = \frac{Q_1}{U_1 - U_2}. \tag{3.17}$$

$Q_2^{(e)}$, wovon U_2 seinerseits abhängt, ist hier ohne Belang. Tatsächlich macht die vollkommene Umhüllung eines Leiters durch einen anderen die Kapazität unabhängig von allem, was sich außen befindet.

3.6 Potentiale und Ladungen auf mehreren Leitern

Wir haben ein allgemeines Problem erst berührt: die Beziehungen zwischen den Ladungen und Potentialen einer beliebigen Anzahl von Leitern bei irgendeiner gegebenen Anordnung. Der aus zwei Leitern bestehende Kondensator ist davon nur ein Spezialfall. Vielleicht kommt es überraschend, daß man über den allgemeinen Fall überhaupt etwas Nützliches aussagen kann. Bei seiner Lösung können wir uns lediglich auf den Eindeutigkeitssatz und das Überlagerungsprinzip stützen. Um eine konkrete Vorstellung zu haben, betrachten wir drei voneinander getrennte Leiter, die insgesamt von einer leitenden Hülle umgeben sind (Bild 3.16). Als Potential für diese Hülle wählen wir das Nullpotential; darauf bezogen sind dann die Potentiale der drei Leiter für irgendeinen bestimmten Systemzustand U_1, U_2 und U_3. Der Eindeutigkeitssatz gewährleistet, daß bei gegebenen U_1, U_2 und U_3 das elektrische Feld in dem gesamten System definiert ist. Daraus folgt, daß auch die Ladungen Q_1, Q_2 und Q_3 auf den einzelnen Leitern eindeutig festgelegt sind.

Die Ladung auf der inneren Oberfläche der Hülle brauchen wir nicht zu berücksichtigen, da sie stets $-(Q_1 + Q_2 + Q_3)$ sein muß. Wenn Sie wollen, können Sie auch das „Unendliche" die Rolle der Hülle übernehmen lassen; sie müßte sich dann ins Grenzenlose ausdehnen. Hier haben wir die Hülle in das Bild mit einbezogen, da es manchmal leichter ist, den Ladungstransport gedanklich zu verfolgen, wenn er mit Leitern verbunden ist.

Unter den möglichen Zuständen des Systems gibt es auch solche mit $U_2 = U_3 = 0$. Diese Situation läßt sich dadurch herbeiführen, daß man die Leiter 2 und 3 mit der auf Nullpotential befindlichen Hülle verbindet (Bild 3.16a). Wiederum setzen wir die Leitungsdrähte als so dünn voraus, daß sie nur vernachlässigbar kleine Ladungen aufnehmen können. Es spielt aber wirklich keine Rolle, wie die Situation mit $U_2 = U_3 = 0$ (wir wollen sie Zustand I

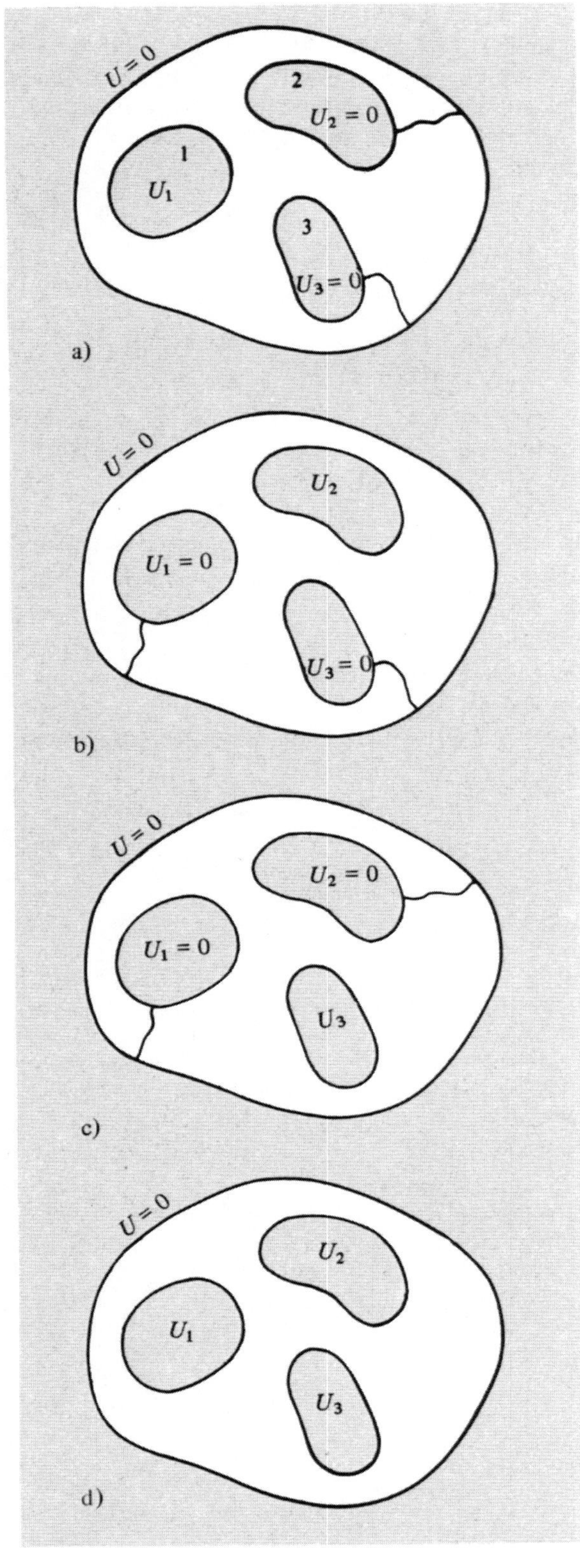

Bild 3.16 a) Zustand I; b) Zustand II; c) Zustand III; d) Überlagerung

Der allgemeine Zustand dieses Systems kann analysiert werden als Überlagerung (d) dreier Zustände (a, b, c); in jedem von ihnen befinden sich alle Leiter mit je einer Ausnahme auf Nullpotential.

nennen) erreicht wurde. Im Zustand I sind jedenfalls das elektrische Feld im gesamten System und die Ladung auf jedem Leiter durch die Größe von U_1 eindeutig bestimmt. Darüber hinaus bringt eine Verdopplung von U_1 überall eine Verdopplung der Feldstärke und damit auch die Verdopplung jeder der Ladungen Q_1, Q_2 und Q_3 mit sich. Demnach muß bei $U_2 = U_3 = 0$ jede der drei Ladungen proportional zu U_1 sein. Mathematisch ausgedrückt heißt dies:

$$\left.\begin{array}{l}\text{Zustand I}\\ U_2 = U_3 = 0\end{array}\right\} \quad Q_1 = C_{11}\,U_1\,; \quad Q_2 = C_{21}\,U_1\,; \quad Q_3 = C_{31}\,U_1\,. \tag{3.18}$$

Die drei Konstanten C_{11}, C_{21} und C_{31} können nur von der Geometrie des Systems, d.h. von Gestalt und Anordnung der leitenden Körper abhängen.

Auf dieselbe Weise läßt sich die als Zustand II bezeichnete Situation mit $U_1 = U_3 = 0$ behandeln (Bild 3.16b). Wiederum muß sich eine lineare Beziehung zwischen dem einzigen nichtverschwindenden Potential, nämlich U_2, und den verschiedenen Ladungen ergeben:

$$\left.\begin{array}{l}\text{Zustand II}\\ U_1 = U_3 = 0\end{array}\right\} \quad Q_1 = C_{12}\,U_2\,; \quad Q_2 = C_{22}\,U_2\,; \quad Q_3 = C_{32}\,U_2\,. \tag{3.19}$$

Schließlich sind Feld und Ladungen bei $U_1 = U_2 = 0$ proportional zu U_3:

$$\left.\begin{array}{l}\text{Zustand III}\\ U_1 = U_2 = 0\end{array}\right\} \quad Q_1 = C_{13}\,U_3\,; \quad Q_2 = C_{23}\,U_3\,; \quad Q_3 = C_{33}\,U_3\,. \tag{3.20}$$

Nun ist auch die Überlagerung von drei Zuständen, wie etwa von I, II, III ein möglicher Zustand des Systems. Die elektrische Feldstärke in jedem Punkt ist die Vektorsumme der Feldvektoren für die Zustände I, II, III in diesem Punkt. Die Ladung auf einem Leiter ist die Summe der in den drei Zuständen auf ihm befindlichen Ladungen. In diesem neuen Zustand braucht keines der drei Potentiale U_1, U_2 und U_3 notwendigerweise Null zu sein. Damit haben wir tatsächlich den allgemeinen Zustand vor uns. Die Beziehung zwischen den Ladungen und Potentialen ergibt sich einfach durch die Addition der Gln. (3.18) bis (3.20):

$$\begin{aligned} Q_1 &= C_{11}\,U_1 + C_{12}\,U_2 + C_{13}\,U_3\\ Q_2 &= C_{21}\,U_1 + C_{22}\,U_2 + C_{23}\,U_3\\ Q_3 &= C_{31}\,U_1 + C_{32}\,U_2 + C_{33}\,U_3\,. \end{aligned} \tag{3.21}$$

Gl. (3.21) kann auch kürzer

$$Q_i = \sum_j C_{ij}\,U_j \quad \text{mit} \quad i, j = 1, 2, 3$$

geschrieben werden.

Das elektrische Verhalten dieses Systems wird also durch die neun Konstanten $C_{11}, C_{12}, \ldots, C_{33}$ bestimmt. Tatsächlich sind aber nur sechs Konstanten notwendig; es läßt sich nämlich zeigen, daß in jedem beliebigen System $C_{12} = C_{21}$, $C_{13} = C_{31}$ und $C_{23} = C_{32}$ gilt. Warum dies so sein muß, ist nicht ohne weiteres einzusehen. Übung 27 gibt eine Anregung, wie sich der Beweis mit Hilfe der Energieerhaltung durchführen läßt; doch dazu benötigt man noch einen Gedankengang, der in Abschnitt 3.7 entwickelt wird. Die C_{ij} in Gl. (3.21) heißen *Kapazitätskoeffizienten.* Selbstverständlich ist die obige Beweisführung auf eine beliebige Anzahl von Leitern anwendbar. Nebenbei bemerkt, ist die früher definierte *Kapazität* eines Plattenkondensators nicht dasselbe wie C_{11} (oder C_{22} bzw. C_{12}), aber sie steht natürlich zu diesen Größen in Beziehung.

Ein zu Gl. (3.21) ähnliches Gleichungssystem drückt die Potentiale durch die Ladungen aus, d.h., es gibt ein äquivalentes lineares Gleichungssystem der Form

$$\begin{aligned} U_1 &= P_{11}\,Q_1 + P_{12}\,Q_2 + P_{13}\,Q_3\\ U_2 &= P_{21}\,Q_1 + P_{22}\,Q_2 + P_{23}\,Q_3\\ U_3 &= P_{31}\,Q_1 + P_{32}\,Q_2 + P_{33}\,Q_3 \end{aligned} \tag{3.22}$$

bzw.

$$U_k = \sum_l P_{kl}\,Q_l \quad \text{mit} \quad k, l = 1, 2, 3\,.$$

Die P_{kl} heißen *Potentialkoeffizienten*; sie können aus den C_{ij} berechnet werden – und umgekehrt.

Wir haben hier ein einfaches Beispiel für die Art von Beziehungen kennengelernt, die für jedes beliebige *lineare* physikalische System maßgebend sind. Derartige Beziehungen treten bei der Untersuchung mechanischer Strukturen auf (wo sie die Spannungen mit den Belastungen verknüpfen), bei der Analyse elektrischer Netzwerke (wo sie die Spannungen mit den Strömen verbinden), d.h. überall dort, wo das Überlagerungsprinzip anwendbar ist.

3.7 Die in einem Kondensator gespeicherte Energie

Betrachten Sie einen Kondensator mit der Kapazität C und der Potentialdifferenz U_{12} zwischen den Platten. Die Ladung Q ist gleich CU_{12}. Auf der einen Platte befindet sich die Ladung Q, auf der anderen $-Q$. Wir *erhöhen* nun die Ladung dadurch von Q auf $Q + dQ$, indem wir die positive Ladung dQ von der negativen zur positiven Platte transportieren; dabei wird die Arbeit $dW = U_{12} \cdot dQ = Q \cdot dQ/C$ gegen die Potentialdifferenz U_{12} verrichtet. Die zur Aufladung des Kondensators, vom entladenen Zustand ausgehend bis zur endgültigen Ladung Q_{ges}, benötigte Arbeit ist daher

$$W = \frac{1}{C} \int_{Q=0}^{Q_{\text{ges}}} Q \cdot dQ = \frac{1}{2}\,\frac{Q_{\text{ges}}^2}{C}\,. \tag{3.23}$$

Diese Arbeit ist im Feld des aufgeladenen Kondensators als elektrische Energie W_F gespeichert; sie läßt sich folgendermaßen ausdrücken:

$$W_F = \frac{1}{2}\frac{Q^2}{C} = \frac{1}{2}QU_{12} = \frac{1}{2}CU_{12}^2 \, . \quad (3.24)$$

Für den Plattenkondensator mit der Plattenfläche A und dem Plattenabstand d erhielten wir die Kapazität $C = \epsilon_0 A/d$ und die Feldstärke $E = U_{12}/d$. Gl. (3.24) ist demnach auch äquivalent zu

$$W_F = \frac{\epsilon_0 A}{2d}(Ed)^2 = \frac{\epsilon_0}{2}E^2 \cdot Ad = \frac{\epsilon_0}{2}E^2 \cdot V \, , \quad (3.25)$$

wenn mit V das Volumen des Kondensators bezeichnet wird. Dies stimmt mit der allgemeinen Gleichung (1.38) für die in einem elektrischen Feld gespeicherte Energie überein[28].

Gl. (3.24) kann auch auf einen isolierten, geladenen Leiter angewendet werden. Dazu stellt man ihn sich als innere Platte eines Kondensators vor, die von einem unendlichen großen Leiter mit dem Potential U eingeschlossen ist. Für die isolierte Kugel mit dem Radius a fanden wir $C = 4\pi\epsilon_0 \cdot a$, so daß $W_F = 2\pi\epsilon_0 \cdot a \cdot U^2 = Q^2/(8\pi\epsilon_0 \cdot a)$ die im elektrischen Feld einer geladenen Kugel gespeicherte Energie ist.

Entgegengesetzt geladene Platten eines Kondensators ziehen sich an. Um sie voneinander entfernt zu halten, ist eine bestimmte mechanische Kraft erforderlich. Das ist offensichtlich im Fall eines Kondensators mit parallelen Platten, für den wir leicht die Kraft auf die Oberflächenladung ausrechnen können. Aufgrund von Gl. (3.23), die die gespeicherte Energie in Abhängigkeit von der Ladung Q und der Kapazität C angibt, können wir eine allgemeinere Aussage machen. Wir nehmen an, daß C in gewisser Weise von einer linearen Koordinate x abhängt, die die Verschiebung einer „Platte" des Kondensators in Bezug auf die andere mißt. Die „Platte" kann ein beliebig geformter Leiter sein. F soll die Größe der Kraft sein, die an jeder Platte angreifen muß, um die Anziehung zu überwinden und x konstant zu halten. Nun stellen wir uns vor, daß der Abstand x um Δx vergrößert wird, wobei eine Platte fest und die Ladung Q konstant gehalten wird. An der anderen Platte muß von außen die Arbeit $F \cdot \Delta x$ verrichtet werden. Sie muß wegen der Energieerhaltung als Zuwachs der gespeicherten Energie $Q^2/(2C)$ erscheinen. Dieser Zuwachs bei konstantem Q ist

$$\Delta W = \frac{dW}{dx}\Delta x = \frac{Q^2}{2}\frac{d}{dx}\left(\frac{1}{C}\right)\Delta x \, . \quad (3.26)$$

[28] All dies bezieht sich nur auf den „Vakuumkondensator", der aus Leitern besteht, zwischen denen sich leerer Raum befindet. Bekanntlich sind die meisten bei elektrischen Schaltungen verwendeten Kondensatoren mit einem Isolator oder „Dielektrikum" gefüllt. Dies bewirkt einen Effekt, der in Kapitel 10 behandelt wird.

Durch Gleichsetzen mit der Arbeit $F \cdot \Delta x$ finden wir

$$F = \frac{Q^2}{2}\frac{d}{dx}\left(\frac{1}{C}\right) . \quad (3.27)$$

3.8 Das Randwertproblem aus anderer Sicht

Es wäre nun falsch zu glauben, es gäbe keine allgemeinen Methoden zur Behandlung des Laplaceschen Randwertproblems. Obwohl dieser Frage hier nicht allzuweit nachgegangen werden kann, erwähnen wir drei nützliche und interessante Verfahren, denen Sie sicherlich beim weiteren Studium der Physik oder der angewandten Mathematik noch begegnen werden.

Das erste Verfahren ist eine elegante Methode der Analysis; es heißt konforme Abbildung und ergibt sich aus der Funktionentheorie. Leider läßt es sich nur auf zweidimensionale Systeme anwenden. In diesen Systemen hängt U nur von x und y ab, wobei z.B. alle leitenden Hüllen Zylinder (im allgemeinen Sinne) sind, die parallel zu z verlaufen. Die Laplacesche Gleichung reduziert sich dann auf

$$\frac{\partial^2 U}{\partial x^2} + \frac{\partial^2 U}{\partial y^2} = 0 \, , \quad (3.28)$$

wobei die Randwerte auf Linien oder Kurven in der x,y-Ebene gegeben sind. Viele Systeme von physikalischem Interesse verhalten sich derart oder zumindest soweit ähnlich, daß das Verfahren mit Nutzen angewendet werden kann – ganz abgesehen von dem Interesse, das es mathematisch gesehen verdient. So läßt sich beispielsweise das Potential um zwei lange parallele Streifen mit Hilfe der konformen Abbildung leicht bestimmen. Bild 3.17 zeigt die Feld- und Äquipotentiallinien in einem Querschnitt. Wir erhalten so das Randfeld für jeden Plattenkondensator, dessen Rand im Vergleich zum Plattenabstand lang ist. Das in Bild 3.12b dargestellte Feld wurde nach einer solchen Lösung gezeichnet. Das besprochene Verfahren können Sie anwenden, wenn Sie sich ausführlich mit der Theorie der Funktionen einer komplexen Variablen beschäftigt haben.

Das zweite Verfahren ist ein numerisches, das die Bestimmung von Näherungslösungen des elektrostatischen Problems bei gegebenen Randwerten ermöglicht. Diese überraschend einfache und nahezu universell anwendbare Methode stützt sich auf die bereits bekannte spezielle Eigenschaft harmonischer Funktionen: Der Wert der Funktion in jedem Punkt ist gleich ihrem über die Umgebung des Punktes gemittelten Wert. Bei diesem Verfahren wird die Potentialfunktion U nur durch die Werte in regelmäßig angeordneten, diskreten Punkten – Randpunkte eingeschlossen – dargestellt. Die Werte in jenen Punkten, die nicht dem Rand angehören, werden dann solange berichtigt, bis jeder Wert dem Mittelwert der Nachbarwerte

Bild 3.17
Feldlinien und Äquipotentiallinien bei zwei unendlich langen leitenden Streifen.

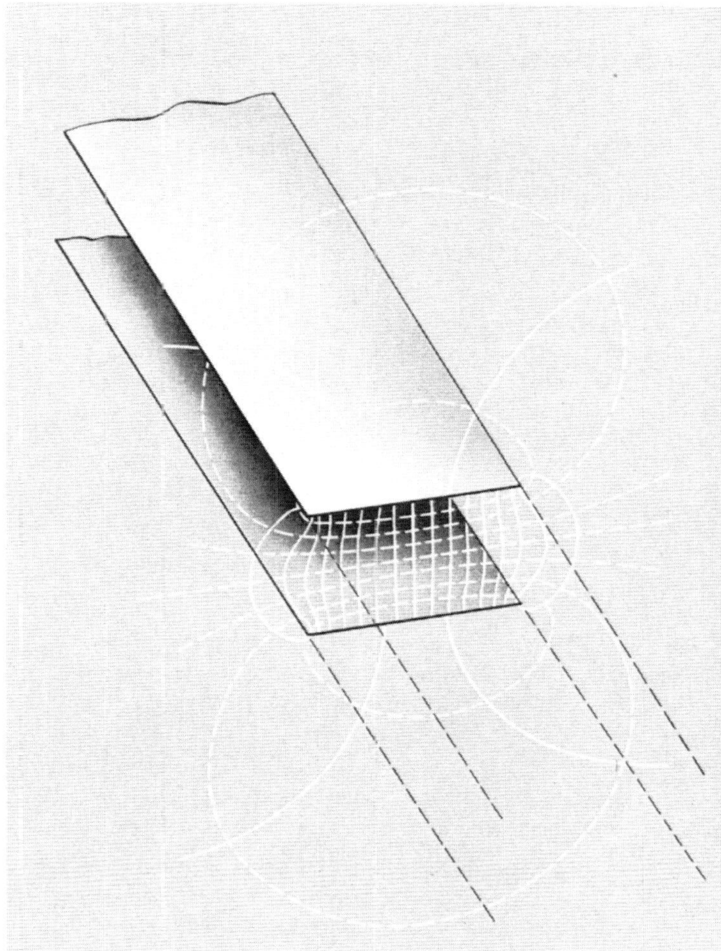

gleicht. Im Prinzip könnte dies durch Lösung einer großen Anzahl simultaner linearer Gleichungen – und zwar entsprechend der Anzahl der Innenpunkte – geschehen. Man kommt jedoch auch viel einfacher durch folgendes, *Relaxationsmethode* genanntes Verfahren zu einer Näherungslösung. Man beginnt damit, daß man den Randpunkten der Anordnung oder des Gitters die vorgeschriebenen Werte zuordnet. Man bestimmt ungefähre Anfangswerte für alle inneren Punkte. Dann sucht man in einer gewissen Reihenfolge alle inneren Punkte auf. Für jeden Punkt wird sein Wert als Mittelwert aus den Werten der vier (bei einem quadratischen Gitter) umliegenden Gitterpunkte wieder bestimmt. Man wiederholt das solange, bis alle diese Veränderungen im Verlauf eines Durchgangs über alle inneren Punkte des Netzwerkes hinreichend klein sind. Die Übungen 30 und 31 (Abschnitt 3.9) geben eine Einführung. Wir können hier nicht auf Konvergenzfragen des Relaxationsprozesses eingehen. Auch die Frage, ob die Relaxationsmethode oder die direkte Lösung der simultanen Gleichungen für ein gegebenes Problem die bessere Strategie ist, ist ein Problem der angewandten Mathematik. Natürlich sind beide Methoden wegen der Hochgeschwindigkeitsrechner brauchbar.

3.9 Übungen

1. Ein kugelförmiger Leiter A enthält zwei sphärische Hohlräume. Die Gesamtladung auf dem Leiter selbst ist Null. In den Mittelpunkten der beiden Hohlräume befinden sich jedoch die Punktladungen Q_b und Q_c. In beträchtlichem Abstand r befindet sich eine Ladung Q_d (Bild 3.18). Welche Kraft wirkt auf jedes

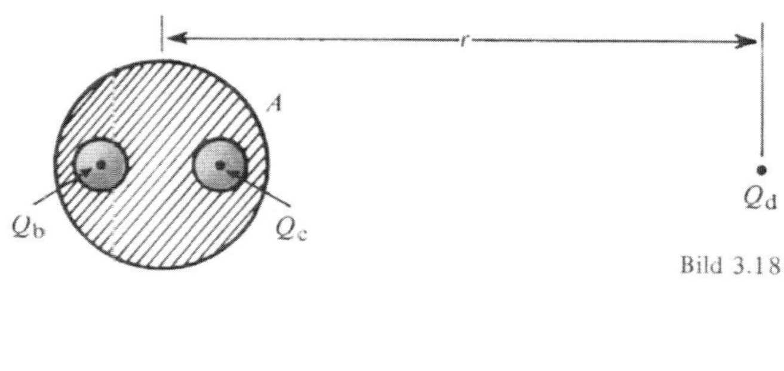

Bild 3.18

der vier physikalischen Objekte A, Q_b, Q_c und Q_d? Welche Antworten gelten exakt und welche sind nur für sehr große r näherungsweise richtig?

2. Was ist falsch an der Idee eines Gravitationsschirms, der die Schwerkraft etwa so „blockiert", wie ein Blechstück das elektrische Feld zu „blockieren" scheint? Bedenken Sie dabei die Unterschiede zwischen den Quellen des Gravitationsfeldes und des elektrischen Feldes! Beachten Sie, daß die Schachtelwände in Bild 3.6 das Feld der äußeren Quellen nicht blockieren. Es verteilen sich vielmehr Flächenladungen dort so, daß das entstehende Feld das ursprüngliche Feld im Schachtelinneren kompensiert. Warum läßt sich bei der Schwerkraft nicht ähnliches erreichen? Was würde man dazu brauchen?
3. Bild 3.9 zeigt das Feld einer Punktladung über einer leitenden Ebene. Wo trifft eine Feldlinie, die in horizontaler Richtung, d.h. parallel zur Ebene, von der Punktladung ausgeht, die Oberfläche des Leiters? (Sie benötigen bei dieser Übung das Gaußsche Gesetz und eine einfache Integration.)
4. Eine positive Punktladung Q ist 10 cm über einer horizontalen leitenden Ebene befestigt. Eine gleichgroße negative Ladung $-Q$ befindet sich irgendwo auf der Senkrechten von Q auf die Ebene. Wo kann $-Q$ angeordnet werden, so daß die Gesamtkraft auf sie Null ist?
Lösung: $y = 3{,}06$ cm
5. Eine Ladung Q befindet sich in der Höhe h über einer leitenden Ebene (Bild 3.8a). Um die zur Verschiebung dieser Ladung ins Unendliche benötigte Arbeit vorherzusagen, argumentiert ein Student: „Sie ist genauso groß wie die Arbeit, die man aufwenden muß, um den ursprünglichen Abstand $2h$ der zwei Ladungen Q und $-Q$ Unendlich werden zu lassen, d.h. $W = kQ^2/(2h)$." Ein anderer Student berechnet die Kraft auf die Ladung bei der Fortbewegung und integriert $F \cdot dx$; er kommt damit zu einem anderen Ergebnis als sein Kollege. Wie lautet sein Ergebnis und wer hat recht? (*Achtung*: Definieren Sie das elektrische Potential in einem Punkt durch die Arbeit zum Heranbringen einer infinitesimalen Probeladung aus dem Unendlichen!)
6. *Ein System, das durch Überlagerung aus dem System Punktladung/Ebene hervorgeht.* Aus der Lösung des Problems „Punktladung über leitender Ebene" folgt die Lösung für jedes System, das durch Überlagerung aus dem Ausgangssystem hervorgeht. Ein Beispiel: Ein gerader, 200 m langer, gleichmäßig geladener Draht ($\lambda = 10^{-5}$ C/m) verläuft in 5 m Höhe parallel zum Erdboden. Wie groß ist die elektrische Feldstärke am Erdboden, und zwar in einem Punkt der Projektion des Drahtes auf den Erdboden? (Für stationäre Felder verhält sich die Erde wie ein guter Leiter.) Wie groß ist die elektrische Kraft, die auf den Draht wirkt?
7. Die zwei Metallkugeln in Bild 3.19 a) sind durch einen Draht verbunden. Die Gesamtladung ist Null. Zwei entgegengesetzt geladene Kugeln werden in die in b) gezeigte Position gebracht und induzieren Ladungen von entgegengesetztem Vorzeichen in A und in B. Wenn nun C und D durch einen Draht wie in c) verbunden werden, könnte man argumentieren, daß so etwas wie die Ladungsverteilung in b) bestehen bleiben müßte, weil jede Ladungskonzentration durch die Anziehung der benachbarten entgegengesetzten Ladung an ihrem Platz gehalten würde. Was sagen Sie dazu? Können Sie beweisen, daß es nicht so sein wird?
8. Drei leitende Platten sind parallel zueinander angeordnet; die beiden äußeren Platten verbindet ein Draht (Bild 3.20). Die mittlere Platte ist isoliert, ihre Flächenladung beträgt 10^{-4} C/m^2. In welchem Verhältnis muß sich diese Ladung auf eine Flächenladung σ_1 auf der unteren Seite der mittleren Platte und eine Flächenladung σ_2 auf der oberen Seite derselben Platte aufteilen?

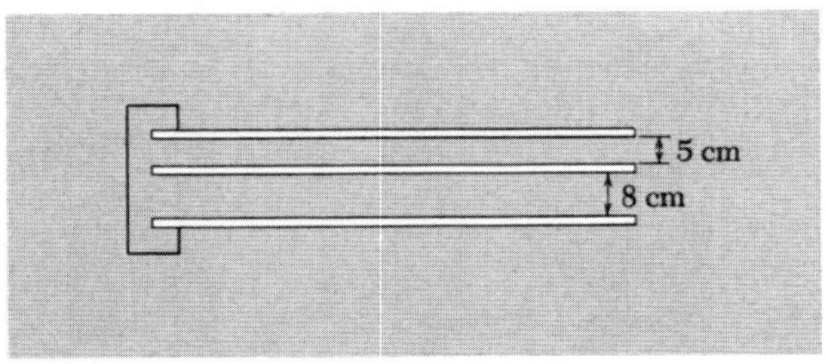

Bild 3.20

9. *Erweiterung der „Bildmethode".* Ordnen Sie die vier Ladungen $+Q$, $+Q$, $-Q$ und $-Q$ an den Eckpunkten eines Quadrats so an, daß gleichnamige Ladungen einander diagonal gegen-

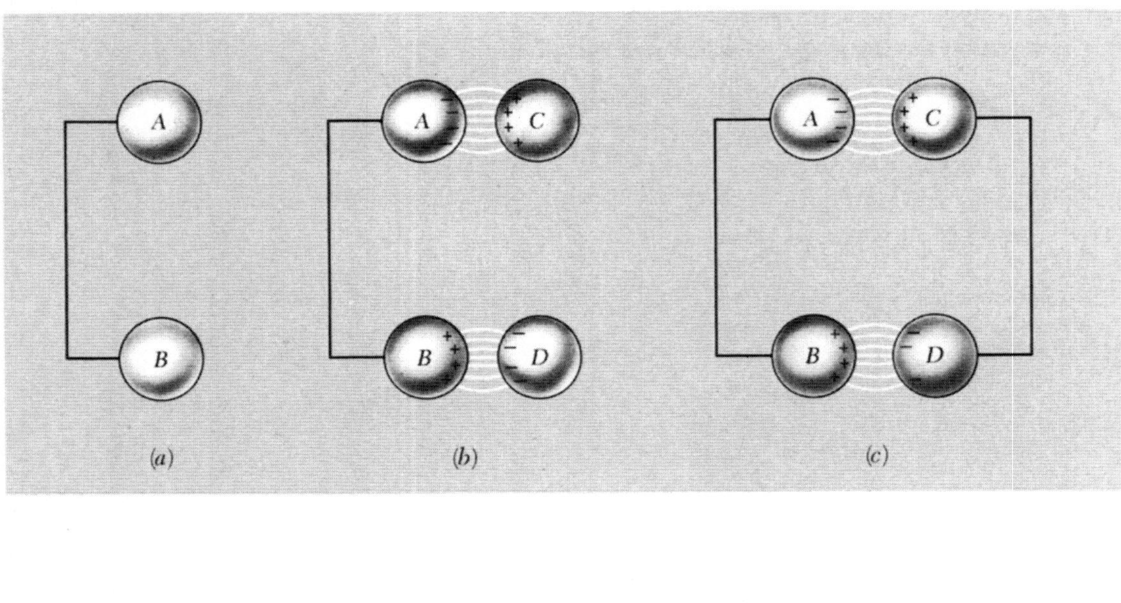

Bild 3.19

überliegen. Zeigen Sie, daß es zwei Äquipotentialflächen gibt, die Ebenen sind. Bestimmen und skizzieren Sie qualitativ auf diese Weise das Feld einer einzelnen Punktladung, die sich symmetrisch innerhalb eines rechtwinklig gebogenen Blechstücks befindet. Welche Anordnungen von Ebenen und Punkten lassen sich so lösen und welche nicht? Was läßt sich über eine Punktladung aussagen, die auf der Winkelhalbierenden eines 120°-Flächenwinkels liegt, der von zwei leitenden Ebenen gebildet wird?

10. Wie groß ist die Kapazität C eines Kondensators, der aus zwei konzentrischen Kugelschalen besteht? Der innere Radius der äußeren Schale ist a; der äußere Radius der inneren Schale ist b. Überprüfen Sie Ihr Ergebnis für den Grenzfall einer kleinen Lücke zwischen den Leitern ($(a-b) \ll b$). In dieser Näherung sollte die Formel für die Kapazität des Plattenkondensators anwendbar sein.

11. *Parallelschaltung zweier Kondensatoren.* Ein 100-pF-Kondensator wird auf 100 V aufgeladen. Nach Trennung von der Spannungsquelle wird ein zweiter Kondensator parallel zugeschaltet. Welche Kapazität hat er, wenn die endgültige Spannung 30 V beträgt? Wie groß war der Energieverlust, und wie kann man ihn erklären?

12. Zwei mit Aluminium beschichtete, ebene Glasplatten (Durchmesser 15 cm) bilden, durch einen Abstand von 0,04 mm getrennt, einen Kondensator. Wie groß ist seine Kapazität?

13. Schätzen Sie ab, wie groß die Kapazität eines isolierten menschlichen Körpers ist.
Hinweis: Sie muß irgendwo zwischen der einer eingeschriebenen Kugel und der einer umgeschriebenen Kugel liegen. Beim Gehen über einen Kunststoffboden an einem trockenen Wintertag können Sie sich leicht auf einige Kilovolt aufladen, wie die Länge des Funkens zeigt, wenn Ihre Hand in die Nähe eines geerdeten Leiters kommt. Wieviel Energie wird in einem solchen Funken umgesetzt?

14. Die Kapazität einer isolierten leitenden Scheibe mit dem Radius a ist $8 \cdot \epsilon_0 \cdot a$. Wie groß ist die im elektrischen Feld einer solchen Scheibe gespeicherte Energie, wenn die Aufladung der Scheibe Q ist? Vergleichen Sie das mit der Feldenergie einer nichtleitenden Scheibe mit demselben Radius und der gleichen Ladung Q, die mit homogener Dichte über ihre Oberfläche verteilt ist. (Siehe Abschnitt 2.17, Übung 27.) Welche sollte größer sein und warum?

15. Zwei koaxiale Aluminiumrohre sind 30 cm lang. Der äußere Durchmesser des Innenrohrs ist 3 cm, der innere Durchmesser des Außenrohres ist 4 cm. Wie groß ist die im elektrischen Feld zwischen den Rohren gespeicherte Energie, wenn die Rohre an eine 45-V-Batterie angeschlossen sind?

16. Ein Plattenkondensator hat quadratische Platten (Kantenlänge 20 cm, Plattenabstand 3 cm), die Potentialdifferenz zwischen den Platten beträgt 300 V. Berechnen Sie die elektrische Kraft, die auf eine Platte wirkt. Wieviel Arbeit verrichtet das System nach außen, wenn man die Platten unter der Voraussetzung zusammenkommen läßt, daß sie isoliert sind und Ladungsänderung nicht eintreten kann? Ist diese Arbeit gleich der anfänglich in dem elektrischen Feld gespeicherten Energie?

17. Wir wollen einen Vakuum-Kugelkondensator entwerfen, der die größtmögliche Energie unter der Voraussetzung, daß die elektrische Feldstärke an der Oberfläche der inneren Kugel den Wert E_0 nicht überschreitet, speichern kann. Der Radius der äußeren Kugel ist a. Welcher Radius b muß für die innere leitende Kugel gewählt werden, und wieviel Energie kann gespeichert werden?
Lösung: $(3/4)\,a$; $(27/512)\,a^3 E_0^2/k$

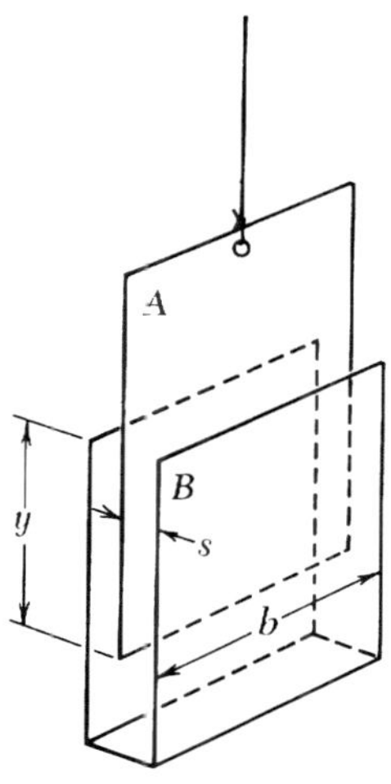

Bild 3.21

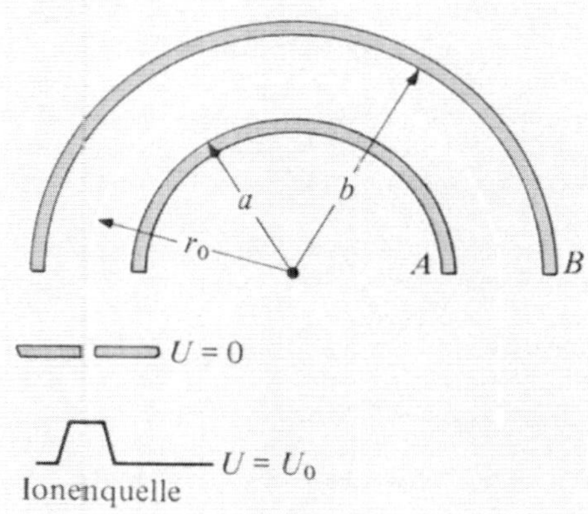

Bild 3.22

18. Eine Aluminiumplatte A ist an einem isolierenden Faden zwischen den Flächen, die von einer U-förmigen Aluminiumplatte B gebildet werden, aufgehängt (Bild 3.21). Die Platten sind entgegengesetzt geladen, die Potentialdifferenz ist U. Sie bewirkt zusätzlich zum Gewicht von A eine Kraft F, die A abwärts zieht. Wenn wir F messen können, sollten wir in der Lage sein, U zu bestimmen. Leiten Sie als Anwendung von Gl. (3.27) eine Formel für U in Abhängigkeit von F und den entsprechenden Abmessungen her.

19. Ionen werden durch eine Potentialdifferenz U_0 beschleunigt und treten dann in den Raum zwischen den halbzylindrischen Elektroden A und B ein (Bild 3.22). Zeigen Sie, daß die Ionen einen halbkreisförmigen Weg mit dem Radius r_0 durchlaufen, wenn das Potential der äußeren Elektrode auf $2\,U_0 \cdot \ln(b/r_0)$ und das der inneren Elektrode auf $2\,U_0 \cdot \ln(a/r_0)$ gehalten wird.
Annahme: Die zylindrischen Elektroden A und B sind in der Richtung senkrecht zur Zeichenebene, verglichen mit dem Abstand zwischen ihnen, sehr lang.

20. Die exakte Formel für die Kapazität C eines Leiters von der Form eines gestreckten Rotationsellipsoids mit der Länge $2a$ und dem Durchmesser $2b$ ist

$$C = \frac{8\pi\epsilon_0\, a\,\delta}{\ln\left(\frac{1+\delta}{1-\delta}\right)} \quad \text{mit} \quad \delta = (1 - b^2/a^2)^{1/2}\,.$$

Prüfen Sie zunächst nach, daß die Formel für $b = a$ den richtigen Ausdruck für die Kapazität einer Kugel liefert. Dann stellen Sie sich vor, daß das Rotationsellipsoid ein geladener Wassertropfen ist. Wird nun, wenn dieser Tropfen bei konstantem Volumen und konstanter Ladung von einer Kugel zu einem gestreckten Rotationsellipsoid verformt wird, die im elektrischen Feld gespeicherte Energie größer oder kleiner werden? (Das Volumen des gestreckten Rotationsellipsoids ist proportional zu $a \cdot b^2$.)

21. Stellen Sie sich vor, daß die x,y-Ebene, die x,z-Ebene und die y,z-Ebene aus Metall bestehen und an den drei Schnittgeraden miteinander verschweißt sind. Eine einzelne Punktladung Q hat zu jeder der drei Ebenen den Abstand d. Beschreiben Sie mit einer Skizze die Anordnung der Bildladungen, die Sie benötigen, um die Randbedingungen zu erfüllen. Geben Sie Betrag und Richtung der Kraft an, die auf Q ausgeübt wird.

22. Wenn Sie Übung 11 in Abschnitt 2.17 bearbeitet haben, sollten Sie in der Lage sein, von diesem Ergebnis die in Übung 20 gegebene Formel für die Kapazität eines isolierten Rotationsellipsoids herzuleiten.

23. *Zylinderkondensator.*
   a) Welche Kapazität hat ein Kondensator, der aus zwei koaxialen Zylindern (Radien a und b, Länge l) besteht? Nehmen Sie $l \gg (b - a)$ an, so daß Randkorrekturen vernachlässigbar sind. Zur Kontrolle zeigen Sie, daß sich das Ergebnis aus der Gleichung für den Plattenkondensator ableiten läßt, falls der Abstand $b - a$ der Zylindermantelflächen klein verglichen mit dem Radius b des äußeren Zylinders ist.
   b) Ein Zylinder mit einem Außendurchmesser von 5 cm hängt an dem einen Balken einer Waage; die Zylinderachse ist senkrecht zum Erdboden gerichtet. Der untere Teil dieses hängenden Zylinders taucht in das Innere eines zweiten feststehenden Zylinders (Innendurchmesser 7,5 cm). Beide Zylinder sind koaxial. Berechnen Sie die nach unten gerichtete Kraft auf den hängenden Zylinder, wenn die Potentialdifferenz zwischen beiden Zylindern 5 kV ist.

24. *Teilung der Influenzladung.* (Lösen Sie zuerst Übung 8 oder gehen Sie diese zumindest in Gedanken durch.) Ein Draht verbindet zwei parallele Platten, so daß sie auf demselben Potential verbleiben. Eine Platte liegt in der x,z-Ebene, die andere in der Ebene $y = d$. Der Plattenabstand ist viel kleiner als die Längsdimensionen der Platten. Eine Punktladung Q liegt bei $y = b$ zwischen den Platten (Bild 3.23). Wie groß ist die gesamte Flächenladung auf der inneren Oberfläche jeder Platte? Auf beiden inneren Oberflächen zusammen muß sie natürlich $-Q$ sein (warum?); es ist auch nicht schwer zu erraten, daß sich auf der näher gelegenen Platte ein größerer Bruchteil der Ladung befinden wird. Liegt Q ganz nahe der linken Platte, d.h. $b \ll d$, dann kann die rechte Platte keinen großen Einfluß mehr ausüben. Wir wollen aber genau wissen, wie sich die Ladung verteilt. Wenn Sie versuchen, dieses Problem mit der Bildmethode zu lösen, werden Sie schnell entdecken, daß eine unendliche Folge von Bildern nötig ist, denken Sie zum Vergleich an die Bilder in einem Spiegelsaal oder in einem Friseurladen mit Spiegeln an gegenüberliegenden Wänden. Es ist nicht einfach, die resultierende Feldstärke in einem beliebigen Punkt auf einer der beiden Oberflächen zu berechnen. Trotzdem gibt es eine sehr einfache Lösung für das Problem, wenn Sie sich bei der Rechnung auf das Überlagerungsprinzip stützen.
Hinweis: Die folgenden Bemerkungen sollten Sie auf eine heiße Spur führen: Das Hinzufügen einer weiteren Ladung Q irgendwo auf der Ebene $y = b$ verdoppelt bloß die Flächenladung auf jeder Platte; tatsächlich ist die induzierte gesamte Flächenladung, die von einer beliebigen Anzahl von Ladungen

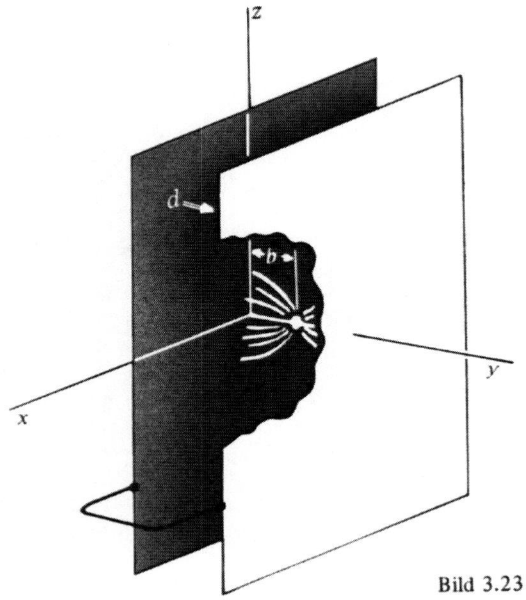

Bild 3.23

auf dieser Ebene herrührt, unabhängig von der Lage der Ladungen auf der Ebene $y = b$. Ist in dieser Ebene nun eine gleichmäßige Flächenladung vorhanden, dann sind die elektrischen Felder sehr einfach aufgebaut. In diesem Fall entdecken Sie vielleicht eine Möglichkeit, das Gaußsche Gesetz anzuwenden. Davon sollten Sie ausgehen.

25. *Allgemeine Bemerkungen zu den elektrostatischen Kräften.*
   a) Zeigen Sie, daß die Größe $\epsilon_0 (U_2 - U_1)^2$ die Dimension einer *Kraft* hat. Dies weist darauf hin, daß die elektrostatischen Kräfte zwischen Körpern ihrer Größenordnung nach hauptsächlich durch die zugehörige Potentialdifferenz bestimmt werden. Die Abmessungen eines Systems gehen nur in Verhältnissen ein, auch einige Konstanten, z.B. 4π, können auftreten. Welche Größenordnung wird die Kraft zwischen zwei Körpern mit einer Potentialdifferenz von 1 V haben?
   b) Die praktisch erreichbaren Potentialdifferenzen sind aus Gründen, die mit der Struktur der Materie zu tun haben, sehr begrenzt. Die größte künstlich erzeugte Potentialdifferenz beträgt etwa 10^7V; man erreicht sie mit einem elektrostatischen Bandgenerator nach *van de Graaff,* der unter hohem Druck arbeitet. (GeV-Beschleuniger bringen nicht so große Potentialdifferenzen mit sich.) Welche Kraft wird etwa mit dem Quadrat von 1 MV in Zusammenhang stehen? Diese Überlegungen machen plausibel, warum elektrostatische Motoren kaum angewendet werden.

26. *Beispiel für die Kapazitätskoeffizienten.* Bild 3.24 zeigt im Querschnitt eine flache Metallschachtel, in der sich zwei dünne Platten 1 und 2 befinden, jede von beiden hat die Fläche A. Die Abstände r, d und t sollen klein im Vergleich zu Länge

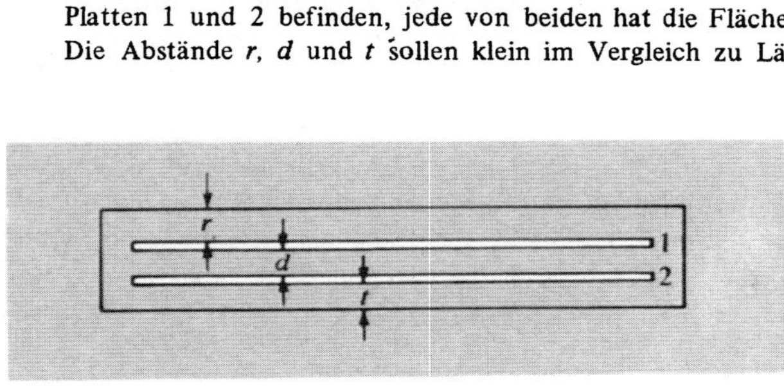

Bild 3.24

und Breite der Platten sein; bei der Bestimmung der Ladungen auf den Platten können dann in guter Näherung die Randfelder vernachlässigt werden. Ermitteln Sie für diese Näherung die Kapazitätskoeffizienten C_{11}, C_{22} und C_{12}. Sie können auch C_{21} direkt bestimmen, um festzustellen ob $C_{12} = C_{21}$, wie dies von dem in Übung 27 diskutierten allgemeinen Satz gefordert wird.

27. *Beweis aufgrund der Energieerhaltung, daß C_{12} gleich C_{21} sein muß.* Einige Hinweise, mit deren Hilfe Sie die Gleichheit von C_{12} und C_{21} ableiten können: Soll ein Ladungselement dQ vom Nullpotential zu einem Leiter mit dem Potential U verschoben werden, muß bekanntlich von außen der Energiebetrag $U \cdot dQ$ zur Verfügung gestellt werden. Betrachten Sie ein System aus zwei Leitern, die so geladen wurden, daß ihre Potentiale U_{1f} und U_{2f} (die Indizes i und f für „initial" und „final" werden wir auch in Zukunft für „Anfangs-" und „End-" gebrauchen, da sie sich auch im Deutschen durchgesetzt haben) sind. Diese Situation könnte, ausgehend von einem Zustand, in dem alle Ladungen und Potentiale Null waren, auf viele verschiedene Arten erreicht worden sein. Zwei von ihnen sind besonders interessant:
   a) Halten Sie U_2 auf Null, während Sie U_1 nach und nach auf U_{1f} erhöhen; denn erhöhen Sie U_2 von Null ausgehend auf U_{2f}, während U_1 konstant U_{1f} bleibt.
   b) Gehen Sie in umgekehrter Reihenfolge vor, erhöhen Sie also U_2 von Null ausgehend auf U_{2f} usw.

   Berechnen Sie die gesamte Arbeit, die von außen bei beiden Ladungsprogrammen aufgebracht werden muß. Dann vervollständigen Sie den Beweis.

28. *Parallele Kreiszylinder als Klasse zweidimensionaler elektrostatischer Probleme, die sich schnell lösen lassen.* Ein typisches *zweidimensionales* Randwertproblem stellen zwei parallele leitende Kreiszylinder dar, z.B. zwei Metallrohre unbegrenzter Länge auf verschiedenen Potentialen. Solche zweidimensionalen Probleme sind mathematisch leichter lösbar als dreidimensionale. Der Schlüssel zu allen Problemen, die sich bei Systemen aus zwei Rohren ergeben, folgt aus dem Feld um zwei parallele Linienladungen mit gleich großer und entgegengesetzter Linienladungsdichte. *Alle* Äquipotentialflächen dieses Feldes sind Kreiszylinder! Auch alle Feldlinien sind kreisförmig. Können Sie das beweisen? Am einfachsten arbeitet man hier mit dem Potential; beachten Sie jedoch, daß bei zweidimensionalen Systemen das Nullpotential nicht ins Unendliche gelegt werden kann. Schreiben Sie das Nullpotential der in der Mitte zwischen beiden Linienladungen verlaufenden Geraden zu, d.h. in einer Querschnittdarstellung dem Koordinatenursprung (Bild 3.25). Das Potential in irgendeinem Punkt ist dann die Summe der für jede Linienladung getrennt berechneten Potentiale. Dies sollte Sie schnell zu der Entdeckung führen, daß das Potential einfach proportional $\ln(r_2/r_1)$ ist. Es ist daher auf einer Kurve konstant, die den geometrischen Ort aller Punkte darstellt, deren Abstände von zwei Punkten ein konstantes Verhältnis haben. Zeichnen Sie in eine Skizze einige Äquipotentialflächen.

29. *Mittel einer harmonischen Funktion über sechs Punkte in symmetrischer Lage.* $U(x, y, z)$ ist irgendeine Funktion, die als Potenzreihe um den Punkt (x_0, y_0, z_0) entwickelt werden kann. Entwickeln Sie den Wert von U in den sechs Punkten in eine Taylorreihe: $(x_0 + \delta, y_0, z_0)$, $(x_0 - \delta, y_0, z_0)$, $(x_0, y_0 + \delta, z_0)$, $(x_0, y_0 - \delta, z_0)$, $(x_0, y_0, z_0 + \delta)$ und $(x_0, y_0, z_0 - \delta)$; diese Punkte liegen im Abstand δ symmetrisch um den Punkt (x_0, y_0, z_0). Zeigen Sie, daß das Mittel dieser sechs Werte bis auf Glieder 3. Ordnung in δ gleich $U(x_0, y_0, z_0)$ ist, wenn U der Laplaceschen Gleichung genügt.

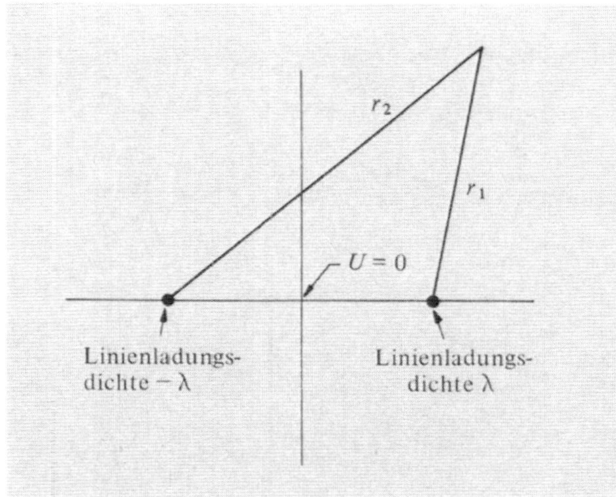

Bild 3.25

30. *Beispiel für die Relaxationsmethode zur Näherungslösung der Laplaceschen Gleichung.* Die Laplacesche Gleichung läßt sich bei gegebenen Randwerten mit ausschließlich arithmetischen Methoden näherungsweise lösen. Dies geschieht ausgehend von dem Ergebnis von Übung 29 mit Hilfe der in Abschnitt 3.8 erwähnten Relaxationsmethode. Einfachheitshalber wählen wir ein zweidimensionales Beispiel. In Bild 3.26 sind zwei quadratische Ränder als Schnitte von Äquipotentialflächen mit der Zeichenebene dargestellt; eine befindet sich innerhalb der anderen. Denken Sie etwa an einen Schnitt durch einen Kondensator, der aus zwei verschieden großen Metallrohren mit quadratischen Querschnitten besteht. Das Problem besteht nun darin, Werte des Potentials für eine Anordnung von Punkten zu finden, die eine gute Näherung der wahren Potentialfunktion $U(x, y)$ in eben diesen Punkten sind. Wir verwenden eine Anordnung mit ziemlich großen Abständen, um die notwendige Rechenarbeit in Grenzen zu halten. Willkürlich ordnen wir das Potential 100 V dem inneren Rand und das Potential 0 dem äußeren zu. Alle Punkte auf beiden Rändern behalten diese Werte bei. Prinzipiell können wir mit beliebigen Werten bei den inneren Punkten beginnen; durch geschicktes Raten läßt sich jedoch Zeit sparen. Wir wissen, daß die richtigen Werte zwischen 0 und 100 V liegen müssen. Wir erwarten, daß die Punkte in der Nähe des inneren Randes größere Werte als die in der Nähe des äußeren Randes haben. Einige vernünftige Anfangswerte sind in Bild 3.24 vorgeschlagen. Auf jeden Fall sollten Sie die Symmetrie der Anordnung ausnutzen: Es müssen nur sieben Innenwerte berechnet werden. Nun überstreichen Sie einfach systematisch das Punktgitter und ersetzen den Wert für jeden Innenpunkt durch den über die vier Nachbarpunkte gemittelten Wert. Wiederholen Sie das, bis alle Änderungen beim neuerlichen Abtasten der Anordnung genügend klein sind. In dieser Übung soll das Verfahren beendet sein, wenn bei einem Durchgang keine Änderung auftritt, die größer als 1 V ist. Die Relaxation der Werte, die schließlich zu einer unveränderlichen Verteilung führt, ist übrigens eng mit dem physikalischen Phänomen der *Diffusion* verwandt. Wenn Sie mit einem zu großen Wert an einem Punkt beginnen, so breitet er sich auf die nächsten Nachbarn aus, von dort wieder auf die nächsten, bis die Störung geglättet ist. Nehmen Sie Ihre Endwerte für die Anordnung und zeichnen Sie den ungefähren Verlauf von zwei Äquipotentiallinien für $U = 25$ V und

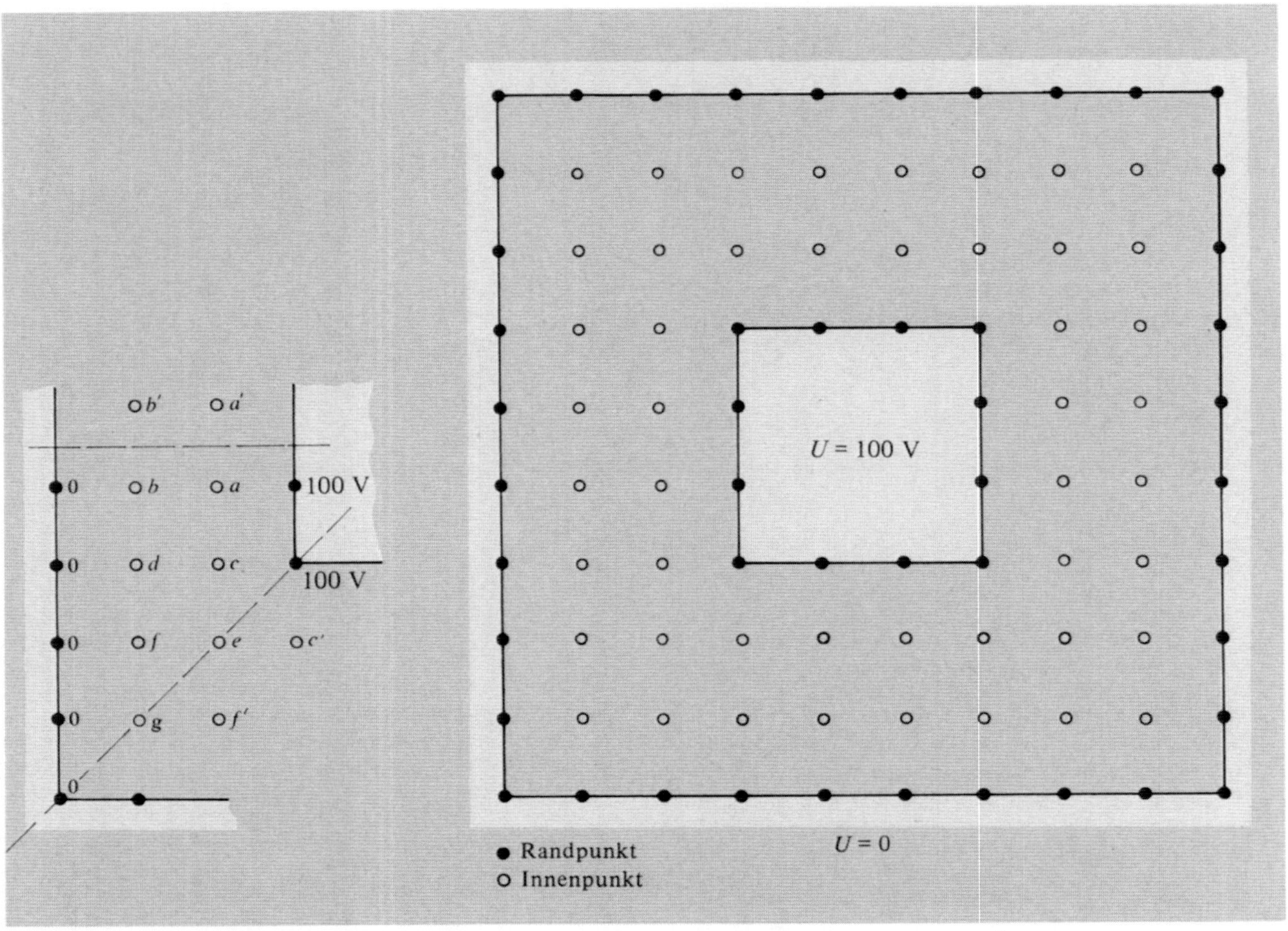

Bild 3.26 Ersetzen Sie den Wert eines Innenpunkts durch die geviertelte Summe seiner vier Nachbarn: $c \to \frac{1}{4}(100\ \text{V} + a + d + e)$; halten Sie $a' = a$, $b' = b$, $c' = c$ und $f' = f$ fest.
Vorgeschlagene Ausgangswerte: $a = 50$ V, $b = 25$ V, $c = 50$ V, $d = 25$ V, $e = 50$ V, $f = 25$ V, $g = 25$ V.

$U = 50$ V, den sie für die stetige Funktion $U(x, y)$ haben würden.

31. Die Relaxationsmethode ist natürlich für maschinelle Berechnung gut geeignet. Schreiben Sie ein Programm, daß das Problem der konzentrischen quadratischen Ränder mit einem feineren Netz, z.B. ein Gitter mit viermal mehr Punkten und halbem Abstand, behandelt. Eine gute Idee wäre, die Lösung für das große Netz als Startwerte für das Relaxationsverfahren anzunehmen.

32. Ein Kondensator besteht aus zwei konzentrischen Kugelschalen. Nennen Sie die innere Schale mit dem Radius a Leiter 1 und die äußere Schale mit dem Radius b Leiter 2. Bestimmen Sie für dieses Leitersystem die Kapazitätskoeffizienten C_{11}, C_{22} und C_{12}.

Lösung: $C_{11} = 4\pi\epsilon_0 ab/(b-a)$, $C_{22} = 4\pi\epsilon_0 b^2/(b-a)$,
$C_{12} = -C_{11}$

4 Elektrische Ströme

4.1 Elektrischer Strom und Stromdichte

Ein elektrischer Strom ist strömende Ladung. Die Ladungsträger können physikalische Teilchen wie Elektronen oder Protonen sein, die an größere Objekte, Atome oder Moleküle, gebunden oder auch nicht gebunden sein können. Wir werden uns hier nicht mit der Natur der elektrischen Ladungsträger befassen, sondern nur mit dem Nettotransport der elektrischen Ladung, den ihre Bewegung verursacht. Der elektrische Strom in einem Draht bzw. die Stromstärke I im Draht ist ein Maß für die Ladung pro Zeit, die jeden beliebigen Querschnitt des Drahtes durchströmt[29]. Im SI-System ist die Einheit der Stromstärke das Ampere (A); es entspricht einem Ladungstransport von 1 Coulomb (C) pro Sekunde[30]. Ein Strom von 1 A ist gleich einem Elektronentransport von $6{,}24 \cdot 10^{18}$ Elektronen pro Sekunde.

Es zählt nur der Nettoladungstransport unter Berücksichtigung des Vorzeichens. Die Bewegung einer negativen Ladung nach Westen ist äquivalent der Bewegung einer positiven Ladung nach Osten. Wenn Wasser durch einen Schlauch fließt, könnte man sagen, es sei damit ein ungeheurer Ladungstransport (ungefähr $3 \cdot 10^{23}$ Elektronen pro Gramm Wasser!) verbunden. Da aber die Zahl der bewegten Protonen und Elektronen gleich ist (jedes Wassermolekül enthält zehn von jeder Sorte), ist der elektrische Strom Null. Andererseits, wenn Sie einen Kunststoffaden negativ aufladen und ihn gleichmäßig durch eine nichtleitende Röhre ziehen würden, würde das einen Strom in entgegengesetzter Richtung zur Bewegung des Fadens erzeugen.

Wir haben einen Strom entlang eines Drahtes, also eines wohldefinierten Weges, betrachtet. Wenn der Strom *stationär,* das heißt zeitlich unveränderlich ist, muß er an jedem Punkt des Drahtes gleich sein. Das ist wie bei einem gleichmäßigen Verkehrsstrom, wo an verschiedenen Punkten entlang einer unverzweigten Straße die gleiche Anzahl von Wagen pro Stunde vorbeikommen muß.

Die allgemeine Behandlung von Strömen geht von der Bewegung von Ladungsträgern in einem dreidimensionalen Raum aus. Dazu benötigen wir den Begriff der *Stromdichte.* Da die Ladungsträger diskrete Teilchen sind, sind auch hier geeignete Mittelwerte zu definieren. Wie bei der Definition der Ladungsdichte ρ müssen wir dabei über Bereiche mitteln, die sehr viele Teilchen jeder beteiligten Klasse enthalten.

Zunächst betrachten wir den Sonderfall, daß im Mittel n Teilchen pro Volumen vorhanden sind, die sich alle mit derselben Vektorgeschwindigkeit **v** bewegen und dieselbe

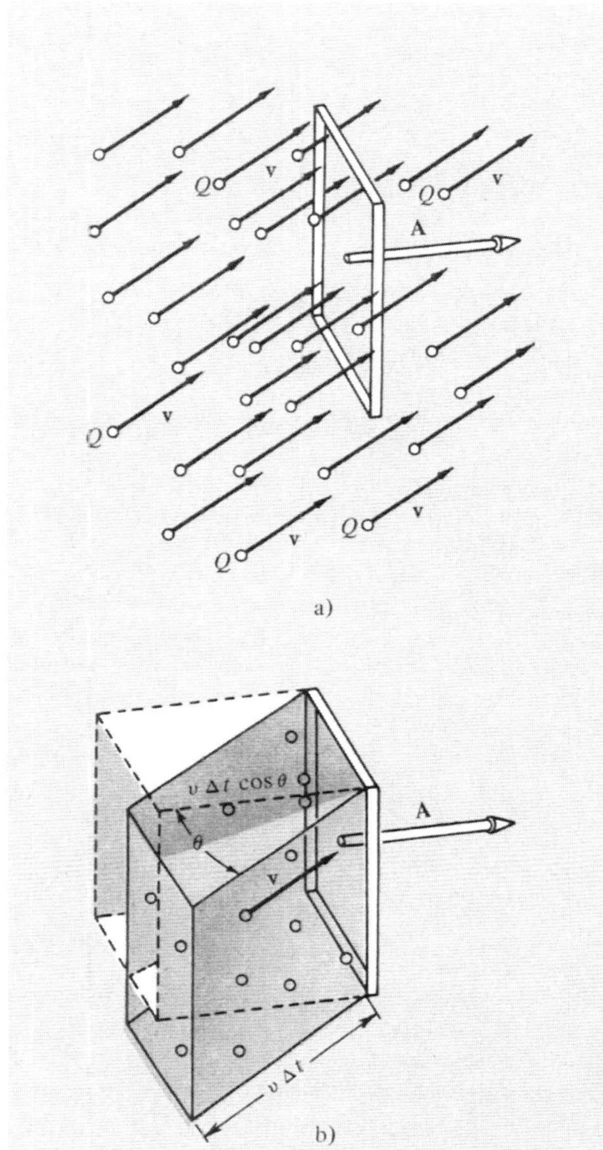

Bild 4.1

a) Schwarm geladener Teilchen, die alle dieselbe Geschwindigkeit **v** haben. Der Rahmen besitzt die Fläche **A**. Die Teilchen, die während der nächsten Zeit Δt den Rahmen durchfliegen werden, sind jetzt in dem schiefen Prisma des unteren Teilbildes enthalten.

b) Dieses Prisma hat die Grundfläche **A** und die Höhe $v \cdot \Delta t \cdot \cos\theta$; daraus ergibt sich für sein Volumen $A\, v \cdot \Delta t \cdot \cos\theta$ oder $\mathbf{A} \cdot \mathbf{v} \Delta t$.

Ladung Q tragen. Ein kleiner Rahmen soll die Fläche **A** mit festgelegter Orientierung aufspannen (Bild 4.1a). Wie viele Teilchen fliegen im Zeitintervall Δt durch diesen Rahmen? Wenn Δt zu dem in Bild 4.1a und 4.1b dargestellten Augenblick beginnt, so werden die Teilchen innerhalb des schiefen Prismas in Bild 4.1b während der nächsten Δt Sekunden den Rahmen passieren. Dieses Prisma hat als

[29]) Die „Stromstärke" kennzeichnet den Betrag der vektoriellen Größe „Strom". Hier und im folgenden werden jedoch im allgemeinen „Strom" und „Stromstärke" als Synonyme behandelt, wenn aus dem jeweiligen Kontext eindeutig ersichtlich ist, ob der Vektor selbst oder nur sein Betrag behandelt wird.

[30]) Das Ampere als Grundgröße wird in Abschnitt 6.1 definiert.

Basis die von dem Rahmen aufgespannte Fläche; die Länge der Seitenkante beträgt $v\Delta t$, das ist diejenige Entfernung, die jedes Teilchen während der Zeit Δt zurücklegt. Teilchen, die zu Beginn außerhalb des Prismas liegen, werden entweder an dem „Fenster" vorbeifliegen oder nicht bis zu ihm hin gelangen. Das Volumen des Prismas ist das *Produkt aus Grundfläche und Höhe,* d.h. $Av\Delta t \cos\theta$, was man auch $\mathbf{A}\cdot\mathbf{v}\Delta t$ schreiben kann. Im Mittel wird die Anzahl der Teilchen, die sich in einem solchen Volumen befinden, gleich $n\mathbf{A}\cdot\mathbf{v}\Delta t$ sein. Daraus folgt für die den Rahmen im Mittel durchströmende Ladung pro Zeit, d.h. für den Strom $I(A)$ durch den Rahmen:

$$I(A) = \frac{Q\,(n\mathbf{A}\cdot\mathbf{v}\Delta t)}{\Delta t} = nQ\mathbf{A}\cdot\mathbf{v}\,. \tag{4.1}$$

Falls mehrere Typen von Teilchen vorliegen, die sich in ihren Ladungen oder Geschwindigkeiten unterscheiden, betrachten wir den Beitrag jedes Teilchentyps zum Strom gesondert. Jedes Teilchen der k-ten Klasse habe eine Ladung Q_k und bewege sich mit der Geschwindigkeit $\mathbf{v}_k$, wobei der Index k die einzelnen Typen kennzeichnet, deren mittlere Teilchendichte n_k sei. Dann folgt für den Strom

$$\begin{aligned} I(A) &= n_1 Q_1\,\mathbf{A}\cdot\mathbf{v}_1 + n_2 Q_2\,\mathbf{A}\cdot\mathbf{v}_2 + \ldots \\ &= \mathbf{A}\cdot\sum_k n_k Q_k \mathbf{v}_k\,. \end{aligned} \tag{4.2}$$

Als *Stromdichte* $\mathbf{J}$ bezeichnen wir die in Gl. (4.2) enthaltene Vektorgröße

$$\mathbf{J} = \sum_k n_k Q_k \mathbf{v}_k\,. \tag{4.3}$$

Die Einheit von $\mathbf{J}$ ist Ampere pro Quadratmeter.

Betrachten wir den Beitrag einer Art von Ladungsträgern zur Stromdichte, z.B. von Elektronen mit vielerlei unterschiedlichen Geschwindigkeiten. In einem typischen Leiter ist die Geschwindigkeitsverteilung der Elektronen fast eine Zufallsverteilung, wobei Richtung und Größe der Geschwindigkeit stark variieren. Wir bezeichnen mit n_e die Gesamtdichte der Elektronen und ordnen Elektronen gleicher Geschwindigkeit und Richtung in jeweils eine Gruppe ein. Die *Durchschnittsgeschwindigkeit* der Elektronen berechnen wir dann in der üblichen Weise, indem wir das mit der Teilchenzahl in jeder Gruppe gewichtete Mittel bilden und durch die Gesamtzahl dividiren. Wir erhalten

$$\bar{\mathbf{v}} = \frac{1}{n_e}\sum_k n_k \mathbf{v}_k\,. \tag{4.4}$$

Der Querstrich bei $\bar{\mathbf{v}}$ kennzeichnet die Mittelung über die Verteilung. Der Vergleich von Gl. (4.4) mit Gl. (4.3) zeigt, daß wir den Beitrag der Elektronen zur Stromdichte durch die mittlere Elektronengeschwindigkeit ausdrücken können. Da die Ladung der Elektronen $Q = -e$ ist, erhalten wir:

$$\mathbf{J}_e = -en_e\bar{\mathbf{v}}_e\,. \tag{4.5}$$

Der Index e weist darauf hin, daß alle Größen sich auf Elektronen als Ladungsträger beziehen.

Das mag ganz einfach erscheinen. Wir mußten aber in der Ableitung Schritt für Schritt vorgehen, um klar zu machen, daß der Strom durch den Rahmen nur von der *mittleren Geschwindigkeit* der Ladungsträger abhängt, die oft nur einen kleinen Zusatz zur statistischen Geschwindigkeitsverteilung liefert.

4.2 Stationäre Ströme und Ladungserhaltung

Der Strom I, der durch irgendeine Fläche $\mathbf{A}$ fließt, ist genau das Flächenintegral

$$I = \int_A \mathbf{J}\cdot d\mathbf{A}\,. \tag{4.6}$$

Wir sprechen von einem stationären Stromsystem, wenn der Stromdichtevektor überall zeitlich konstant bleibt. Für stationäre Ströme muß das Erhaltungsgesetz für die Ladung gelten. Betrachten Sie einen Raumabschnitt, der von einer ballonförmigen Fläche $\mathbf{A}$ vollständig umhüllt ist. Das Flächenintegral von $\mathbf{J}$ über die ganze Fläche $\mathbf{A}$ liefert die Ladung pro Zeit, die das umschlossene Volumen verläßt. Falls nun die Ladung aus einem festen Volumen dauernd heraus oder in dieses hinein strömt, muß die Ladungsdichte unendlich anwachsen, wenn in ihm nicht kontinuierlich Kompensationsladungen erzeugt werden. Und gerade die Ladungserzeugung kann nicht auftreten! Daher muß bei einer wirklich zeitunabhängigen Stromverteilung das Flächenintegral von $\mathbf{J}$ über jede beliebige geschlossene Fläche Null sein. Diese Aussage ist der Feststellung äquivalent, daß für jeden Raumpunkt

$$\operatorname{div}\mathbf{J} = 0 \tag{4.7}$$

gilt. Um diese Äquivalenz einzusehen, erinnern Sie sich an den Gaußschen Satz und die Grunddefinition der Divergenz, ausgedrückt durch das Flächenintegral über eine kleine Fläche, die die betrachtete Stelle umschließt.

Es kann aber noch eine allgemeinere Feststellung als Gl. (4.7) getroffen werden. Angenommen, der Strom ist nicht stationär, dann ist $\mathbf{J}$ sowohl eine Funktion von t als auch von x, y und z. Da $\int_A \mathbf{J}\cdot d\mathbf{A}$ die momentane Ladung pro Zeit ist, die das umschlossene Volumen *verläßt,* und $\int_V \rho\, dV$ die Gesamtladung darstellt, die sich zu jedem

Augenblick *in* dem umschlossenen Volumen befindet, gilt

$$\int_A \mathbf{J} \cdot d\mathbf{A} = -\frac{d}{dt} \int_V \rho dV. \qquad (4.8)$$

Läßt man nun das fragliche Volumen um irgendeinen Punkt (x, y, z) zusammenschrumpfen, so ergibt sich aus der in Gl. (4.8) ausgedrückten Beziehung[31]):

$$\operatorname{div} \mathbf{J} = -\frac{\partial \rho}{\partial t} \text{ (zeitabhängige Ladungsverteilung).} \qquad (4.9)$$

Die zeitliche Ableitung der Ladungsdichte ρ wird als partielle Ableitung geschrieben, da ρ im allgemeinen eine Funktion der Raumkoordinaten *und* der Zeit sein wird. Die Gln. (4.8) und (4.9) sind ein Ausdruck für die *Erhaltung der Ladung*: Ladung kann nicht von einem bestimmten Ort abfließen, ohne daß dadurch die an diesem Ort vorhandene Ladung vermindert wird.

Ein lehrreiches Beispiel für eine stationäre Stromverteilung liefert die Behandlung der Diode mit planparallelen Elektroden. Die eine der beiden Elektroden dieser Elektronenröhre, die Kathode, ist mit einem Material beschichtet, das bei Erhitzung Elektronen in großer Zahl emittiert. Die zweite Elektrode, Anode genannt, ist eine einfache Metallplatte. Eine Batterie hält die Anode auf positiver Spannung gegenüber der Kathode. Die Elektronen treten aus der Kathode mit sehr geringer Geschwindigkeit aus, werden dann jedoch durch das zwischen Kathode und Anode liegende elektrische Feld zur Anode hin beschleunigt. Im Raum zwischen Kathode und Anode besteht der elektrische Strom aus diesen sich in Bewegung befindenden Elektronen. Der Kreis wird durch den Elektronenstrom in außerhalb der Röhre liegenden Drähten geschlossen, möglicherweise auch durch die Bewegung von Ionen in einer Batterie usw. – aber damit brauchen wir uns hier nicht zu befassen. In der Diode ist die örtliche Ladungsdichte für jeden Bereich einfach $\rho = -en_e$, wobei n_e für die örtliche Elektronendichte (Elektronen/m^3) steht. Die örtliche Stromdichte $\mathbf{J}$ ist natürlich $\rho\mathbf{v}$, wenn $\mathbf{v}$ die Geschwindigkeit der Elektronen in dem betreffenden Bereich angibt. Bei der Diode mit planparallelen Elektroden können wir von der Annahme ausgehen, daß $\mathbf{J}$ keine Komponenten

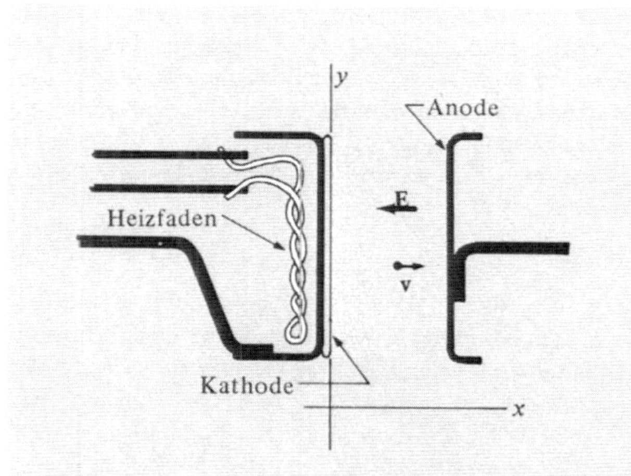

Bild 4.2 Elektronenröhre (Diode) mit planparallelen Elektroden (Anode und Kathode)

in y- oder z-Richtung hat (Bild 4.2). Unter stationären Bedingungen folgt daraus, daß J_x unabhängig von x sein muß; ist nämlich nach Gl. (4.7) $\operatorname{div} \mathbf{J} = 0$, dann muß für $J_y = J_z = 0$ auch $(\partial J_x / \partial x) = 0$ sein. Das ist selbstverständlich: Bewegt sich ein stationärer Elektronenstrom nur in x-Richtung fort, muß dieselbe Anzahl von Elektronen je Sekunde jede zwischen Kathode und Anode liegende Ebene passieren. $\rho\mathbf{v}$ muß also konstant sein, obgleich $\mathbf{v}$ nicht konstant sein kann: Da die Elektronen im Feld beschleunigt werden, hängt $\mathbf{v}$ von x ab. Also kann auch ρ nicht konstant sein. Tatsächlich ist die Dichte negativer Ladung in der Nähe der Kathode groß und in der Nähe der Anode klein, genau wie die Fahrzeugdichte auf der Autobahn in der Nähe von Baustellen und anderen Verkehrshindernissen groß, bei flüssigem Verkehr dagegen gering ist.

4.3 Elektrische Leitfähigkeit und Ohmsches Gesetz

Es gibt viele verschiedene Möglichkeiten, Ladung in Bewegung zu setzen, einschließlich derer, die man „körperlichen Transport" von Ladungsträgern nennen könnte. Im Van-de-Graaff-Generator (s. Abschnitt 4.9 und 4.12, Übung 3) erhält ein Band aus Isolationsmaterial eine Oberflächenladung, die es an eine andere Elektrode zur Ladungsabgabe befördert – fast so, wie ein Lift Personen befördert. Wir haben damit einen idealen Strom vor uns. In der Atmosphäre bilden geladene Wassertropfen, die wegen ihres Gewichts fallen, eine Komponente des elektrischen Stromsystems der Erde. In diesem Abschnitt befassen wir uns aber mit einer häufiger vorkommenden Ursache des Ladungstransports, und zwar mit der Kraft, die von einem elektrischen Feld auf einen Ladungsträger ausgeübt wird. Ein elektrisches Feld $\mathbf{E}$ treibt positive Ladung in eine Richtung, negative Ladung in die entgegengesetzte Richtung.

[31]) Wer den Schritt zwischen den Gln. (4.8) und (4.9) nicht sofort versteht, der betrachte nochmals unsere Grunddefinition der Divergenz in Kapitel 2. Im Laufe des Zusammenschrumpfens des Volumens, d.h. beim Übergang zu unendlich kleinen Volumenelementen, können wir schließlich ρ aus dem Raumintegral auf der rechten Seite von Gl. (4.8) herausnehmen. Das Raumintegral muß zu einem festen Zeitpunkt ausgeführt werden. Seine zeitliche Ableitung hängt deshalb von der Differenz zwischen dem Raumintegral zu den Zeiten t und $t + dt$ ab. Der einzige Unterschied rührt von der Änderung von ρ im Volumenelement her, da die Umgrenzung des Volumens am selben Ort bleibt.

Wenn eine oder beide sich bewegen können, ergibt sich ein elektrischer Strom in der Richtung von **E**. In den meisten Stoffen und über einen weiten Bereich der elektrischen Feldstärke finden wir, daß die Stromdichte *proportional* zur verursachenden elektrischen Feldstärke ist. Die *lineare* Beziehung zwischen Stromdichte und Feld wird ausgedrückt durch

$$\mathbf{J} = \sigma \mathbf{E} \tag{4.10}$$

Der Faktor σ wird *elektrische Leitfähigkeit* des Materials genannt. Diese ist eine Materialeigenschaft. Sie ist sehr groß für metallische Leiter und extrem klein für gute Isolatoren. Sie kann auch noch vom physikalischen Zustand des Materials, z.B. von seiner Temperatur abhängen. Trotz solcher gegebener Bedingungen hängt sie nicht von **E** ab. Wenn Sie die Feldstärke verdoppeln, aber sonst alles andere konstant halten, bekommen Sie die zweifache Stromdichte.

In Gl. (4.10) kann σ als skalare Größe betrachtet werden, wenn **J** immer dieselbe Richtung wie **E** hat. Das ist sicherlich das, was wir in einem Material erwarten, das keine „eingebaute" Vorzugsrichtung hat. Es gibt Materialien, in denen die elektrische Leitfähigkeit davon abhängt, unter welchem Winkel das Feld **E** bezüglich einer inneren Achse in dem Material angelegt ist. Ein Beispiel ist ein Graphit-Einkristall, der eine atomare Schichtstruktur hat. Ein anderes Beispiel finden Sie in Abschnitt 4.12, Übung 7. In solchen Fällen muß **J** nicht die Richtung von **E** haben. Die Beziehungen zwischen den Komponenten von **J** und den Komponenten von **E** sind noch linear. Sie werden durch Gl. (4.10) beschrieben, wobei σ ein *Tensor* anstelle eines Skalars ist[32]). Von nun an werden wir nur *isotropes* Material, in dem die elektrische Leitfähigkeit in allen Richtungen gleich ist, betrachten.

Gl. (4.10) ist eine Darstellung des Ohmschen Gesetzes. Es ist ein *empirisches* Gesetz, eine vom Experiment hergeleitete Verallgemeinerung, nicht eine Aussage, die universell gelten muß. Tatsächlich wird das Ohmsche Gesetz für jedes einzelne Material zwangsläufig falsch, wenn die elektrische Feldstärke zu groß ist. Und wir werden einigen interessanten und nützlichen Materialien begegnen, in denen „nichtohmsches" Verhalten bei ziemlich schwachen Feldern auftritt. Nichtsdestoweniger ist der riesige Bereich, über den für die große Mehrheit von Materialien die Stromdichte proportional zum elektrischen Feld ist, eine bemerkenswerte Tatsache. Später werden wir in diesem Kapitel erklären, warum das so sein muß. Aber nun wollen wir Gl. (4.10) als gegeben hinnehmen und uns mit den Folgerungen befassen. Wir interessieren uns für den Gesamtstrom, der durch einen Draht oder durch einen Leiter von beliebiger Gestalt mit wohldefinierten Enden oder Anschlüssen fließt und für die Potentialdifferenz $U = U_1 - U_2$ zwischen diesen Anschlüssen. Wenn **J** überall im Leiter proportional zu **E** ist, dann muß I sicherlich proportional zu U sein. I ist das Integral von **J** über einen Querschnitt des Leiters, während U das Linienintegral von **E** auf einem Weg durch den Leiter von einem Anschluß zum anderen ist. Die Beziehung $U(I)$ ist deshalb eine andere Form des Ohmschen Gesetzes, die wir wie folgt schreiben werden:

$$U = R \cdot I\,. \tag{4.11}$$

Die Konstante R ist der *elektrische Widerstand* des Leiters zwischen den beiden Anschlüssen. R hängt von der Größe und der Form des Leiters und von der elektrischen Leitfähigkeit σ des Materials ab. Das einfachste Beispiel ist ein fester Stab mit dem Querschnitt A und der Länge l zwischen seinen Enden. Ein stationärer Strom I fließt von einem Ende zum anderen durch den Stab (Bild 4.3). Natürlich muß es Leiter geben, die den Strom zum Stab hin und von ihm weg führen. Wir betrachten die Anschlüsse am Stab als Punkte, an denen diese Leiter befestigt sind. Innerhalb des Stabes ist die Stromdichte

$$J = \frac{I}{A}\,, \tag{4.12}$$

und die elektrische Feldstärke ist

$$E = \frac{U}{l}\,. \tag{4.13}$$

Der Widerstand R in Gl. (4.11) ist U/I. Mit den Gleichungen (4.10), (4.12) und (4.13) finden wir leicht:

$$R = \frac{U}{I} = \frac{lE}{AJ} = \frac{l}{A\sigma}\,. \tag{4.14}$$

R wird in Ohm (Ω) und σ in $(\Omega\text{m})^{-1}$ gemessen. Es gilt $\Omega = \text{V/A}$. Auf dem Weg zu dieser einfachen Formel haben wir stillschweigend einige Annahmen gemacht. Erstens haben wir angenommen, daß die Stromdichte über den Querschnitt des Stabes homogen ist. Um einzusehen, warum das so ist, stellen Sie sich vor, daß J momentan auf einer Seite des Stabes größer ist als auf der anderen. Dann muß E also auf dieser Seite größer sein. Damit würde aber das Linienintegral von **E** von einem Anschluß zum anderen größer für den Weg entlang der einen Seite als entlang der anderen, und das kann für ein elektrostatisches Feld nicht richtig sein. Eine zweite Annahme war, daß **J** seinen Betrag und seine Richtung bis zum Stabende beibehält. Ob das richtig ist oder nicht, hängt von den äußeren Leitern ab, die den Strom zum Stab hin und von ihm weg

---

[32]) Die allgemeinste lineare Beziehung zwischen zwei Vektoren **J** und **E** würde man wie folgt ausdrücken: Anstelle der drei Gleichungen gemäß Gl. (4.10), nämlich $J_x = \sigma E_x$, $J_y = \sigma E_y$ und $J_z = \sigma E_z$, würden wir $J_x = \sigma_{xx}E_x + \sigma_{xy}E_y + \sigma_{xz}E_z$, $J_y = \sigma_{yx}E_x + \sigma_{yy}E_y + \sigma_{yz}E_z$ und $J_z = \sigma_{zx}E_x + \sigma_{zy}E_y + \sigma_{zz}E_z$ schreiben. Die neun Koeffizienten σ_{xx}, σ_{xy}, ... stellen einen *Tensor* dar. (In diesem Fall wäre aus Symmetriegründen $\sigma_{xy} = \sigma_{yx}$, $\sigma_{yz} = \sigma_{zy}$, $\sigma_{xz} = \sigma_{zx}$. Weiterhin können bei geeigneter Orientierung der x-, y-, z-Achse alle Koeffizienten bis auf σ_{xx}, σ_{yy} und σ_{zz} Null gemacht werden.

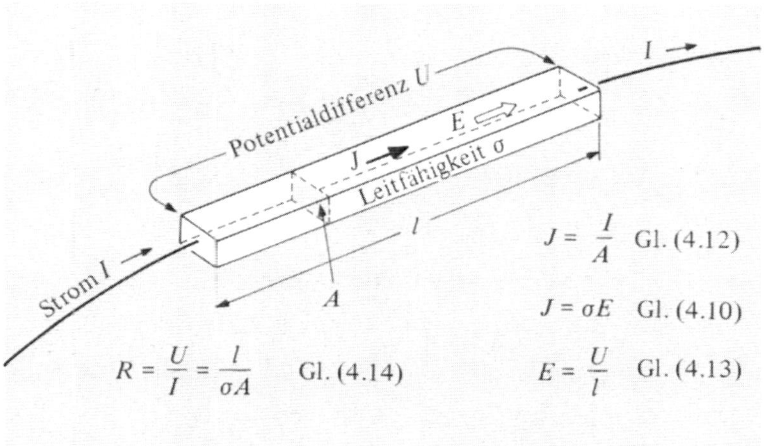

Bild 4.3
Der Widerstand eines Leiters mit der Länge l, einer einheitlichen Querschnittfläche A und der elektrischen Leitfähigkeit σ

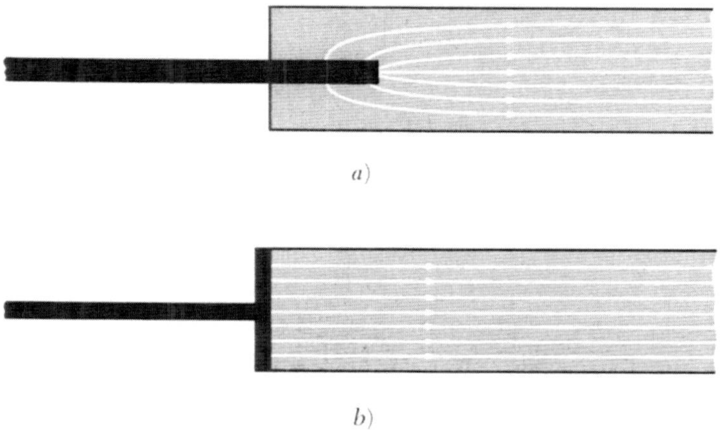

Bild 4.4
Verschiedene Wege, auf denen der Strom I in einen leitenden Stab eintreten kann. In a) muß er sich aufweiten, bevor die Stromdichte **J** homogen wird. In b) ist das Stabende eine Äquipotentialfläche und die Stromdichte ist von Anfang an homogen, weil der äußere Leiter eine viel größere Leitfähigkeit als der Stab hat. Für lange dünne Leiter, z. B. gewöhnliche Drähte, ist der Unterschied vernachlässigbar.

führen und wie sie befestigt sind (Bild 4.4). Vergleichen Sie Bild 4.4a mit 4.4b. Wir nehmen an, daß der Anschluß in b) mit einem Material gemacht worden ist, dessen Leitfähigkeit viel größer als die des Stabmaterials ist. Damit werden die Stabenden Äquipotentialflächen, so daß ein Stromsystem entsteht, auf das Gl. (4.14) sich *exakt* anwenden läßt. Im allgemeinen können wir über solche „Endeffekte" sagen, daß Gl. (4.14) eine gute Näherung für R ist, wenn die Breite des Stabes klein verglichen mit seiner Länge ist.

Eine dritte Annahme ist, daß der Stab von einem nichtleitenden Medium umgeben ist. Ohne das können wir nicht einmal einen besonderen Strompfad zwischen den Anschlüssen *festlegen* und von *dem* Strom I und *dem* Widerstand R sprechen. Mit anderen Worten, es ist der riesige Unterschied in der Leitfähigkeit zwischen guten Isolatoren (z.B. Luft) und Leitern, die Drähte, wie wir sie kennen, möglich machen. Stellen Sie sich vor, der leitende Stab von Bild 4.3 würde in eine Form wie in Bild 4.5 gebogen. Weil er in ein nichtleitendes Medium, in das der Strom nicht auslaufen kann, eingebettet ist, ist das in Bild 4.5 dargestellte Problem für alle praktischen Zwecke dasselbe wie das in Bild 4.3, welches wir bereits gelöst haben. Gl. (4.14) gilt für einen gebogenen Draht so gut wie für einen geraden Stab, wenn l die Drahtlänge ist.

In einem Bereich, in dem die elektrische Leitfähigkeit σ konstant ist, bedeutet die Bedingung div **J** = 0, Gl. (4.7), zusammen mit Gl. (4.10), daß auch div **E** = 0 ist. Das sagt uns, daß die Ladungsdichte innerhalb des Bereichs Null ist. Andererseits hat ein stationärer Stromfluß, wenn σ sich in dem leitenden Medium von einem Ort zum anderen verändert, die Anwesenheit statischer Ladungen zur Folge. Bild 4.6 zeigt als einfaches Beispiel einen Stab, der aus zwei Materialien mit verschiedener elektrischer Leitfähigkeit, σ_1 und σ_2, zusammengesetzt ist. Die Stromdichte **J** muß auf beiden Seiten der Grenzfläche gleich sein; anderenfalls würde sich die Ladung dort anhäufen. Es folgt, daß das elektrische Feld in den beiden Bereichen unterschiedlich groß sein muß mit einem plötzlichen Sprung seines Wertes an der Stoßstelle. Eine solche Diskontinuität in **E** bedeutet nach dem Gaußschen Gesetz die Anwesenheit einer statischen Ladungsschicht an der Grenzfläche. In Abschnitt 4.12 wird in Übung 5 dieses Beispiel weiter untersucht.

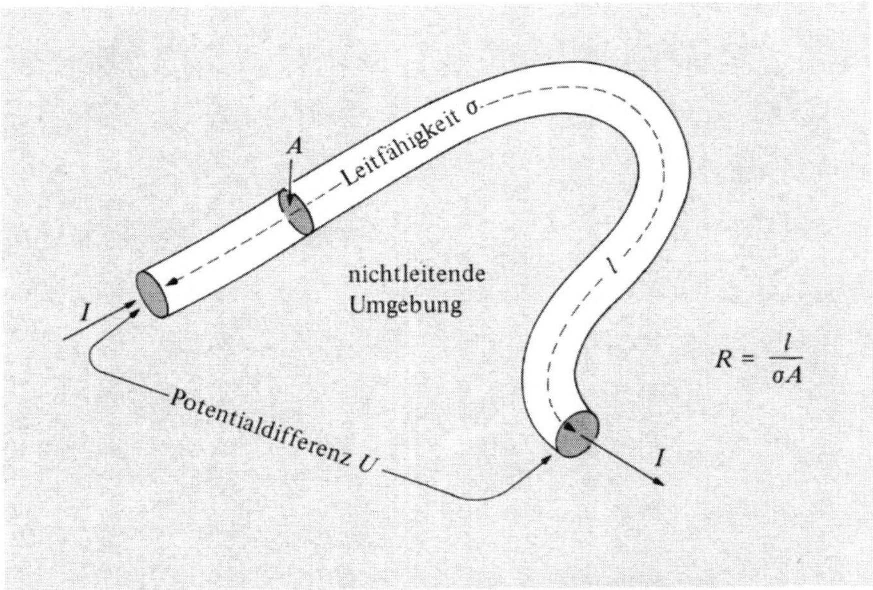

Bild 4.5
Wenn der Leiter von einem nichtleitenden Medium (Luft, Öl, Vakuum usw.) umgeben ist, hängt der Widerstand nur von der Länge des Leiters und seiner Querschnittsfläche und nicht von seiner Form ab.

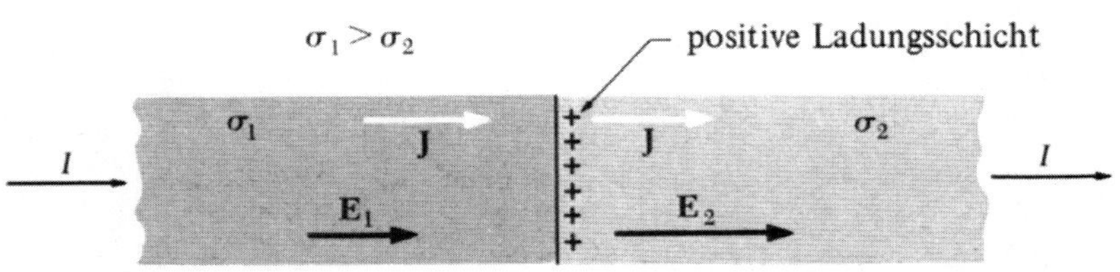

Bild 4.6
Wenn ein Strom durch diesen zusammengesetzten Leiter fließt, entsteht eine statische Ladungsschicht an der Grenzfläche zwischen den beiden Materialien, so daß der notwendige Sprung des elektrischen Feldes E geliefert wird. In diesem Beispiel ist $\sigma_2 < \sigma_1$, daher muß E_2 größer als E_1 sein.

Die Leitfähigkeit ist, wie in Gl. (4.10) definiert, Stromdichte geteilt durch elektrische Feldstärke. Die SI-Einheit der Stromdichte ist A/m^2, die der elektrischen Feldstärke V/m, so daß die SI-Einheit für die elektrische Leitfähigkeit σ gleich $A/(V/m) = \Omega^{-1}\,m^{-1}$ ist.

Anstelle der elektrischen Leitfähigkeit σ können wir den Kehrwert, den *spezifischen elektrischen Widerstand* ρ, in der Beziehung zwischen elektrischem Feld und Stromdichte angeben:

$$\mathbf{J} = \frac{1}{\rho}\mathbf{E}\,; \qquad (4.15)$$

ρ wird in Ωm gemessen. Es ist üblich, ρ als Symbol für den spezifischen elektrischen Widerstand und σ als Symbol für die elektrische Leitfähigkeit zu benutzen. Für den Rest des Kapitels werden wir das so beibehalten, obwohl wir in einigen anderen Gleichungen ρ und σ für die Volumen- und die Oberflächenladungsdichte verwendet haben. Gl. (4.14), geschrieben mit dem spezifischen elektrischen Widerstand, wird

$$R = \frac{\rho l}{A}\,. \qquad (4.16)$$

In Tabelle 4.1 ist der spezifische Widerstand für einige Stoffe angegeben. Für Metalle hat ρ die Größenordnung $10^{-8}\,\Omega$m.

Tabelle 4.1 Spezifischer elektrischer Widerstand ρ und elektrische Leitfähigkeit σ einiger Stoffe

Stoff	Temperatur	ρ/Ωm	$\sigma/(\Omega$m$)^{-1}$
Kupfer, rein	273 K	$1{,}56 \cdot 10^{-8}$	$6{,}41 \cdot 10^{7}$
Kupfer, rein	373 K	$2{,}24 \cdot 10^{-8}$	$4{,}46 \cdot 10^{7}$
Germanium, rein	273 K	2	0,5
Germanium, rein	500 K	$1{,}2 \cdot 10^{-3}$	$8{,}3 \cdot 10^{2}$
Wasser, rein	291 K	$2{,}5 \cdot 10^{5}$	$4{,}0 \cdot 10^{-6}$
Seewasser (abhängig vom Salzgehalt)		0,25	4,0

4.4 Die Physik der Leitung des elektrischen Stroms

Um den elektrischen Leitungsvorgang zu erklären, müssen wir zuerst über Atome und Moleküle reden. Wir erinnern, daß ein neutrales Atom, das ebenso viele Elektronen enthält wie es Protonen in seinem Kern hat, *exakt* neutral ist (Abschnitt 1.3). Die auf ein solches Objekt ausgeübte resultierende Kraft durch ein elektrisches Feld ist genau Null. Und selbst wenn ein neutrales Atom durch irgendeinen anderen Einfluß vorwärts bewegt würde, ergäbe sich kein elektrischer Strom. Dasselbe gilt für neutrale

Moleküle. Materie, die nur aus neutralen Molekülen besteht, sollte keine elektrische Leitfähigkeit haben. Hier ist eine einschränkende Bemerkung angebracht: Wir befassen uns nur mit stationären elektrischen Strömen, also *Gleich-* und nicht Wechselströmen. Ein elektrisches Wechselfeld kann eine periodische Deformation eines Moleküls verursachen, und diese Verschiebung elektrischer Ladung würde ein richtiger Wechselstrom sein. Wir werden in Kapitel 10 auf dieses Thema zurückkommen. Für einen Gleichstrom brauchen wir bewegliche Ladungsträger oder *Ionen*. Diese müssen im Material vorhanden sein, bevor das elektrische Feld angelegt worden ist. Die elektrischen Felder, die wir betrachten werden, sind nicht stark genug, um aus Molekülen Elektronen herauszureißen und dadurch Ionen zu bilden. Damit konzentriert sich die Physik des elektrischen Leitungsvorgangs auf zwei Fragen: Wieviele Ionen sind pro Volumen im Material vorhanden, und wie bewegen sich diese Ionen in Anwesenheit eines elektrischen Feldes?

In reinem Wasser sind in jedem Augenblick 2 von 10^9 H_2O-Molekülen in negative (OH^-)- und positive (H^+)-Ionen dissoziiert. (Tatsächlich wird das positive Ion besser als ein an ein Wassermolekül angelagertes Proton (OH_3^+) beschrieben.) Das ergibt ungefähr $6 \cdot 10^{13}$ negative Ionen und eine gleiche Anzahl von positiven Ionen pro cm^3 Wasser[33]). Die Bewegung dieser Ionen im angelegten elektrischen Feld erklärt die in Tabelle 4.1 angegebene Leitfähigkeit für reines Wasser. Die Zahl der Ionen kann enorm ansteigen, wenn eine Substanz wie Kochsalz, dessen Moleküle leicht in Wasser dissoziieren, zugegeben wird. Deshalb ist die elektrische Leitfähigkeit von Seewasser etwa 10^6mal größer als die von reinem Wasser Es enthält ungefähr 10^{20} Ionen/cm^3, überwiegend Na^+ und Cl^-.

In einem Gas wie Stickstoff oder Sauerstoff würden bei normalen Temperaturen überhaupt keine Ionen vorhanden sein, es sei denn, es wirkt irgendwelche ionisierende Strahlung wie ultraviolettes Licht, Röntgen- oder Kernstrahlung. Ultraviolettes Licht kann z.B. aus einem Stickstoffmolekül ein Elektron herausschlagen, so daß N_2^+, ein Molekülion mit einer positiven Ladung e, zurückbleibt. Das befreite Elektron stellt dann ein negatives Ion dar. Es kann frei bleiben oder es kann eventuell an einem Molekül als „Extraelektron" haftenbleiben, so daß ein negatives Molekülion entsteht. Das Sauerstoffmolekül hat eine besonders große Affinität zu einem Extraelektron. In ionisierter Luft sind N_2^+ und O_2^- häufige Ionentypen. Jedenfalls hängt die resultierende Leitfähigkeit von der Anzahl der in jedem Augenblick vorhandenen Ionen ab, die ihrerseits von der Intensität der ionisierenden Strahlung und vielleicht auch von anderen Umständen abhängt. Deshalb können wir *die* elektrische Leitfähigkeit eines Gases in einer Tabelle nicht finden. Genau genommen wäre die Leitfähigkeit von reinem Stickstoff, abgeschirmt von jeder ionisierenden Strahlung, Null[34]).

Wie wird die resultierende elektrische Leitfähigkeit σ in Gl. (4.10) nun bestimmt, wenn eine gewisse Konzentration positiver und negativer Ionen in einem Material gegeben ist? Betrachten wir zuerst ein schwach ionisiertes Gas. Seine Moleküldichte soll etwa $10^{19}/cm^3$ wie bei Zimmerluft sein. Zwischen den neutralen Molekülen befinden sich hier und da positive und negative Ionen. Wir nehmen an, daß N positive Ionen, jedes mit der Masse m_+ und der Ladung e, und eine gleiche Anzahl pro cm^3 negativer Ionen, jedes mit der Masse m_- und der Ladung $-e$ vorhanden sind. Die Anzahl der Ionen pro cm^3 ist $2N$ und sehr viel kleiner als die Anzahl der neutralen Moleküle. Wenn ein Ion mit etwas zusammenstößt, ist es meistens immer eher ein neutrales Molekül als ein anderes Ion. Gelegentlich wird ein positives Ion ein negatives treffen und mit ihm zu einem neutralen Molekül rekombinieren. Diese Rekombination[35]) würde den Vorrat an Ionen ständig vermindern, wenn die Ionen nicht kontinuierlich durch einen anderen Prozeß neu gebildet würden. Jedenfalls wird die Änderungsrate von N so klein sein, daß wir sie hier vernachlässigen können.

Stellen wir uns nun auf einer molekularen Skala die Szene vor Anlegen eines elektrischen Feldes vor: Die Moleküle und auch die Ionen fliegen entsprechend ihrer Temperatur mit ungeordneten Geschwindigkeiten umher. Das Gas ist hauptsächlich leerer Raum; der mittlere Abstand zwischen einem Molekül und seinem nächsten Nachbarn ist etwa 10 Moleküldurchmesser groß. Die mittlere freie Weglänge eines Moleküls, also die Entfernung, die es im Mittel zurücklegt, bevor es auf ein anderes Molekül stößt, ist viel größer, vielleicht 10^{-7}m oder einige hundert Moleküldurchmesser. In diesem Gas verbringt ein Molekül oder ein Ion 99,9 % seiner Zeit als freies Teilchen.

Wenn wir zu einem bestimmten Augenblick, sagen wir zur Zeit $t = 0$, ein einzelnes Ion betrachten könnten, dann

[33]) Die Konzentration von Wasserstoffionen wird in der Chemie durch den pH-Wert angegeben. Reines Wasser hat einen pH-Wert von 7,0, d.h. die Konzentration ist 10^{-7} mol/l = 10^{-10} mol/cm^3. Mit der Avogadro-Konstanten $N_A = 6{,}02 \cdot 10^{23}\,mol^{-1}$ ergibt sich daher die oben angegebene Konzentration $6 \cdot 10^{13}/cm^{-3}$.

[34]) Aber was ist mit der thermischen Energie? Würde sie nicht gelegentlich zur Ionisierung eines Moleküls führen? Tatsächlich ist die Ionisierungsenergie, also die für die Abtrennung eines Elektrons vom Stickstoffmolekül erforderliche Energie, mehrere hundert mal größer als die mittlere thermische Energie eines Moleküls bei 800 K. Sie können nicht erwarten, auch nur ein so entstandenes Ion in der gesamten Erdatmosphäre zu finden!

[35]) Wenn wir diesen Prozeß „Rekombination" nennen, wollen wir natürlich nicht unterstellen, daß die beiden „rekombinierenden" Ionen ursprünglich Partner gewesen wären. Ein enges Zusammentreffen eines positiven Ions mit einem negativen ist etwas wahrscheinlicher wegen ihrer elektrostatischen Anziehung. Dieser Effekt ist im allgemeinen nicht wichtig, wenn die Anzahl der Ionen pro Volumen sehr viel kleiner als die Anzahl der neutralen Moleküle pro Volumen ist.

würden wir sehen, wie es sich mit irgendeiner Geschwindigkeit **v** durch den Raum bewegt. Und was geschieht dann weiter? Das Ion setzt seine geradlinig gleichförmige Bewegung fort, bis es früher oder später zufällig in die Nähe eines Atoms gerät – und zwar nahe genug, daß Wechselwirkungskräfte geringer Reichweite wirksam werden können. Bei einem derartigen *Stoß* bleiben zwar die gesamte kinetische Energie und der Gesamtimpuls der beiden Kôrper erhalten, aber der Geschwindigkeitsbetrag und die Flugrichtung des Ions verändern sich – vielleicht nur ein wenig, vielleicht auch drastisch. Nach dem Stoß besitzt das Ion die Geschwindigkeit $\mathbf{v}'$. Es wird dann mit dieser neuen Geschwindigkeit frei dahintreiben bis der nächste Stoß seine Geschwindigkeit in $\mathbf{v}''$ ändert. Und so geht es weiter. Schon nach einigen solcher Stöße bewegt sich das Ion wahrscheinlich in die eine Richtung so gut wie in eine andere. Das Ion wird die Bewegungsrichtung bei $t = 0$ „vergessen" haben. Um dies noch anders auszudrücken, wählen wir 10 000 Ionen, die sich horizontal nach Süden bewegen. Verfolgen wir sie τ Sekunden lang, stellen wir fest, daß ihre endgültigen Geschwindigkeitsrichtungen gleichmäßig über eine Kugel verteilt sind. Es können mehrere Zusammenstöße notwendig sein, um den Hauptteil der Geschwindigkeitserinnerung auszulöschen, oder auch nur einige wenige; dies hängt davon ab, ob bei den Zusammenstößen kleine oder große Impulsänderungen häufiger auftreten, was wiederum durch die Art der Wechselwirkung bedingt ist. Ein Extremfall ist der Stoß harter elastischer Kugeln, der völlig statistisch eine neue Richtung nach nur einem Stoß hervorbringt. Um diese Details brauchen wir uns aber nicht zu kümmern. Wichtig ist nur, daß es für jedes System, wie auch immer die Stöße beschaffen sind, eine charakteristische Zeit τ gibt, nach deren Verstreichen die *Korrelation* zwischen Anfangs- und Endrichtung der Geschwindigkeit eines Ions im wesentlichen nicht mehr besteht[36]. Diese charakteristische Zeit hängt von dem Ion selbst und von seiner mittleren Umgebung ab, τ wird sicher um so kleiner sein, je größer die Anzahl der Stöße ist, da in unserem Gas einem Ion zwischen den Stößen nichts geschieht.

Jetzt können wir das System in einem homogenen elektrischen Feld **E** betrachten. Es vereinfacht die Beschreibung, wenn der Verlust der Richtungserinnerung bereits nach einem einzigen Stoß eintritt, was bekanntlich bei harten Kugeln der Fall ist. (Der hier abgeleiteten Ergebnisse sind aber von dieser Annahme unabhängig.) Sofort nach jedem Stoß setzt das Ion seine Bewegung in Zufallsrichtung mit der Geschwindigkeit $\mathbf{v}^c$ fort. Die auf das Ion wirkende elektrische Kraft $e\mathbf{E}$ führt dem Ion stetig Impuls zu, so daß seine Impulsänderung nach der Zeit t durch $e\mathbf{E}t$ gegeben ist. Diese Impulsänderung addiert sich vektoriell zum ursprünglichen Impuls $m\mathbf{v}^c$, so daß nach der Zeit t der Impuls $m\mathbf{v}^c + e\mathbf{E}t$ ist. Ist die Impulsänderung im Verhältnis zu $m\mathbf{v}^c$ klein, so daß sich die Geschwindigkeiten nicht sehr ändern, dürfen wir erwarten, daß das elektrische Feld die Zeit bis zum nächsten Stoß nicht wesentlich beeinflußt. Anders ausgedrückt: Die mittlere Zeit $\bar{t}$ zwischen zwei Stößen ist von **E** unabhängig, falls das Feld nicht allzu stark ist.

Die aus dem Feld gewonnene Impulszunahme ist stets ein Vektor in Feldrichtung. Aber sie geht bei jedem Stoß verloren, da die Bewegungsrichtung nach einem Stoß, unabhängig von der Bewegungsrichtung vorher, zufällig ist.

Welchen mittleren Impuls haben alle positiven Ionen zu einem bestimmten Zeitpunkt? Diese Frage läßt sich überraschend einfach beantworten, wenn wir sie folgendermaßen betrachten: Nehmen Sie an, wir fragen zu einem Zeitpunkt jedes Ion, welche Zeitdauer seit seinem letzten Stoß vergangen ist. Wenn wir von dem herausgegriffenen Ion 1 die Antwort t_1 erhalten, muß dieses Ion den Impuls $e\mathbf{E}t_1$ *zusätzlich* zu dem Impuls $m\mathbf{v}_1^c$, der aus dem letzten Stoß hervorging, haben. Der mittlere Impuls aller N positiven Ionen ist daher

$$m\bar{\mathbf{v}}_+ = \frac{1}{N}\sum_j (m\mathbf{v}_j^c + e\mathbf{E}t_j)\,, \tag{4.17}$$

dabei ist $\mathbf{v}_j^c$ die Geschwindigkeit des j-ten Ions unmittelbar nach dem letzten Stoß. Diese Geschwindigkeiten $\mathbf{v}_j^c$ sind ihrer Richtung nach statistisch verteilt und leisten deshalb den Beitrag Null zum gesuchten Mittelwert. Der zweite Ausdruck ist einfach das $e\mathbf{E}$-fache des *Mittelwertes von* t_j, d.h. das $e\mathbf{E}$-fache *der mittleren Zeitdauer seit dem letzten Stoß*; diese muß der mittleren Zeitdauer bis zum nächsten Stoß gleich sein, und beide sind gleich der mittleren Zeitdauer $\bar{t}$ zwischen zwei Stößen[37]. Wir schließen daraus,

[36] Es wäre möglich, τ für ein allgemeines System durch Angabe eines quantitativen Maßes der Korrelation zwischen den Anfangs- und Endrichtungen genau zu definieren. Dies ist ein Problem der Statistik, gleich jenem, ein Maß der Korrelation zwischen den Geburtsgewichten von Ratten und ihrem Gewichten bei Eintritt der Reife zu finden. Wir benötigen jedoch keine allgemeine quantitative Definition, um unsere Untersuchung zu Ende zu führen.

[37] Vielleicht glauben Sie, daß die mittlere Zeitdauer zwischen den Stößen gleich der Summe der mittleren Zeitdauer seit dem letzten Stoß und der mittleren Zeitdauer bis zum nächsten Stoß sein müßte. Dies wäre richtig, wenn sich die Stöße in absolut regelmäßigen Zeitabständen ereignen – was sie aber nicht tun. Sie sind voneinander unabhängige Zufallsereignisse, und für diese gilt die obige Behauptung, so paradox dies auf den ersten Blick erscheinen mag. Denken Sie darüber nach! Diese Frage beeinflußt zwar unsere Hauptschlußfolgerung nicht; wenn Sie dem Problem aber auf die Spur kommen, haben Sie einiges aus der Statistik hinzugelernt. (*Hinweis:* Wenn ein Stoß die Wahrscheinlichkeit, an einem anderen Stoß beteiligt zu sein, nicht beeinflußt – und das ist eben die Bedeutung von *unabhängig* –, kann es keine Rolle spielen, ob Sie die Stoppuhr zu einem willkürlich gewählten Zeitpunkt oder zum Zeitpunkt eines Stoßes starten.

daß die mittlere Geschwindigkeit in Gegenwart des homogenen Feldes **E**

$$\bar{\mathbf{v}}_+ = \frac{e\mathbf{E}\bar{t}_+}{m_+} \qquad (4.18)$$

ist. Die mittlere Geschwindigkeit eines Ladungsträgers ist proportional der an ihm angreifenden Kraft. Wenn wir nur $\bar{\mathbf{v}}_+$ betrachten, scheint es, als setze das Medium der Bewegung einen Widerstand entgegen und zwar mit einer Kraft, die proportional der Geschwindigkeit ist. Einen ähnlichen Reibungswiderstand verspüren Sie, wenn Sie Honig mit einem Löffel umrühren, es ist ein „Viskositätswiderstand". Wann immer sich Ladungsträger derartig verhalten, wird eine Art Ohmsches Gesetz resultieren.

In Gl. (4.18) haben wir $\bar{t}_+$ geschrieben, da die mittlere Zeitdauer zwischen den Stößen für positive und negative Ionen verschieden sein kann. Die negativen Ionen erhalten einen Geschwindigkeitszuwachs in entgegengesetzte Richtung. Da sie aber negative Ladung tragen, addiert sich ihr Beitrag zur Stromdichte **J** zu dem Beitrag der positiven Ionen. Die zu Gl. (4.5) äquivalente Beziehung sieht nun unter Einbeziehung beider Ionenarten folgendermaßen aus:

$$\mathbf{J} = ne\left(\frac{e\mathbf{E}\bar{t}_+}{m_+}\right) - ne\left(\frac{-e\mathbf{E}\bar{t}_-}{m_-}\right)$$

$$= ne^2\left(\frac{\bar{t}_+}{m_+} + \frac{\bar{t}_-}{m_-}\right)\mathbf{E}\,, \qquad (4.19)$$

wobei n die Ionendichte (Anzahl der Ionen pro Volumen) ist.

Unsere Theorie liefert die Vorhersage, daß für das System das Ohmsche Gesetz gilt, da Gl. (4.19) eine lineare Beziehung zwischen **J** und **E** ausdrückt, wobei die anderen Größen für das System charakteristische Konstanten sind. Vergleichen Sie Gl. (4.19) mit Gl. (4.10): Die Konstante $ne^2\left(\frac{\bar{t}_+}{m_+} + \frac{\bar{t}_-}{m_-}\right)$ tritt in der Rolle der elektrischen Leitfähigkeit σ auf.

Bei diesem System machten wir eine Anzahl sehr spezieller Annahmen. Rückblickend stellen wir aber fest, daß sie, soweit es die lineare Beziehung zwischen **E** und **J** betrifft, keinen wesentlichen Einfluß hatten. Für jedes System mit einer konstanten Dichte freier Ladungsträger, deren Bewegungsrichtung häufig durch Stöße oder andere Wechselwirkungen innerhalb des Systems wieder „zufällig gemacht wird", muß das Ohmsche Gesetz gelten, wenn das Feld nicht zu stark ist. Das Verhältnis von **J** zu **E**, d.h. die Leitfähigkeit σ des Mediums, ist proportional der Ladungsträgeranzahl und der charakteristischen Zeit τ, die bis zum Verlust der Richtungskorrelation vergeht. *Nur* diese Größe enthält die komplizierten Einzelheiten der Stöße. Die bis ins einzelne gehende Theorienbildung für die Leitfähigkeit eines gegebenen Systems bei bekannter Ladungsträgeranzahl ist daher mit der Aufstellung einer Theorie für τ gleichbedeutend. In unserem Sonderfall wurde diese Größe durch $\bar{t}$ ersetzt, und wir erhielten ein ganz eindeutiges Ergebnis als Vorhersage für die Leitfähigkeit σ. Führen wir die allgemeine Größe τ ein und lassen auch für die positiven und negativen Ladungsträger verschiedene Dichten zu, so läßt sich unsere Theorie durch

$$\sigma \approx e^2\left(\frac{n_+\tau_+}{m_+} + \frac{n_-\tau_-}{m_-}\right) \qquad (4.20)$$

zusammenfassen. Wir wählten das Symbol $\approx$ als Eingeständnis dafür, daß wir für τ die exakte Definition schuldig blieben. Dieses Manko ließe sich jedoch beheben.

Bild 4.7 soll nachdrücklich auf die Tatsache hinweisen, daß gewöhnlich mit der elektrischen Leitfähigkeit nur eine schwache gleichgerichtete Strömung, die der zufälligen Bewegung der Ladungsträger überlagert ist, in Zusammenhang steht; dieses Bild stellt einen künstlichen mikroskopischen Ausschnitt des Systems, mit dem wir es zu tun hatten, dar. Weiße Punkte kennzeichnen die positiven und kleine weiße Kreise die negativen Ionen. Wir nehmen an, daß die negativen Ionen Elektronen sind. Wegen ihrer kleinen Masse sind sie um so viel beweglicher als die positiven Ionen, daß wir deren Bewegung insgesamt vernachlässigen können. Bild 4.7a zeigt eine vollkommen statistische Verteilung der Teilchen und der Elektronengeschwindigkeiten: Lage und Vorzeichen der Ladungsträger wurden aus einer Tabelle für Zufallszahlen bestimmt; die Geschwindigkeitsvektoren der Elektronen wurden aus einer statistischen Verteilung entsprechend der Maxwellschen Verteilung der Molekulargeschwindigkeiten in einem Gas abgeleitet. In Bild 4.7b wurde die Anordnung der Ladungsträger beibehalten, die Geschwindigkeiten bekamen aber einen kleinen nach rechts gerichteten Zuwachs. Dieses Bild stellt also ein ionisiertes Material dar, in dem insgesamt ein Fluß negativer Ladung nach rechts stattfindet, äquivalent einem positiven Strom nach links. Bild 4.7a zeigt dagegen den Zustand, bei dem der mittlere Strom Null ist.

Offensichtlich dürfen wir aber nicht erwarten, daß der tatsächliche Mittelwert der Geschwindigkeiten der 46 Elektronen in Bild 4.7a Null ist; es handelt sich nämlich um statistisch unabhängige Größen. Ein Elektron beeinflußt das Verhalten eines anderen. Deshalb gibt es auch in Abwesenheit eines auf das System einwirkenden Feldes einen statistisch schwankenden elektrischen Strom, der ganz einfach das Ergebnis der statistischen Schwankungen der Vektorsumme der Elektronengeschwindigkeiten ist. Dieser spontan schwankende Strom kann gemessen werden. Er ist der Grund für das Rauschen in allen elektrischen Kreisen und bestimmt oft die äußerste Grenze der Nachweisempfindlichkeit für schwache elektrische Signale.

Mit Hilfe dieser Vorstellungen betrachten wir nun die Stoffe, deren elektrische Leitfähigkeit in Bild 4.8 als Funktion der Temperatur dargestellt ist. Glas ist bei Zimmertemperatur ein guter Isolator. Die innere Struktur enthält

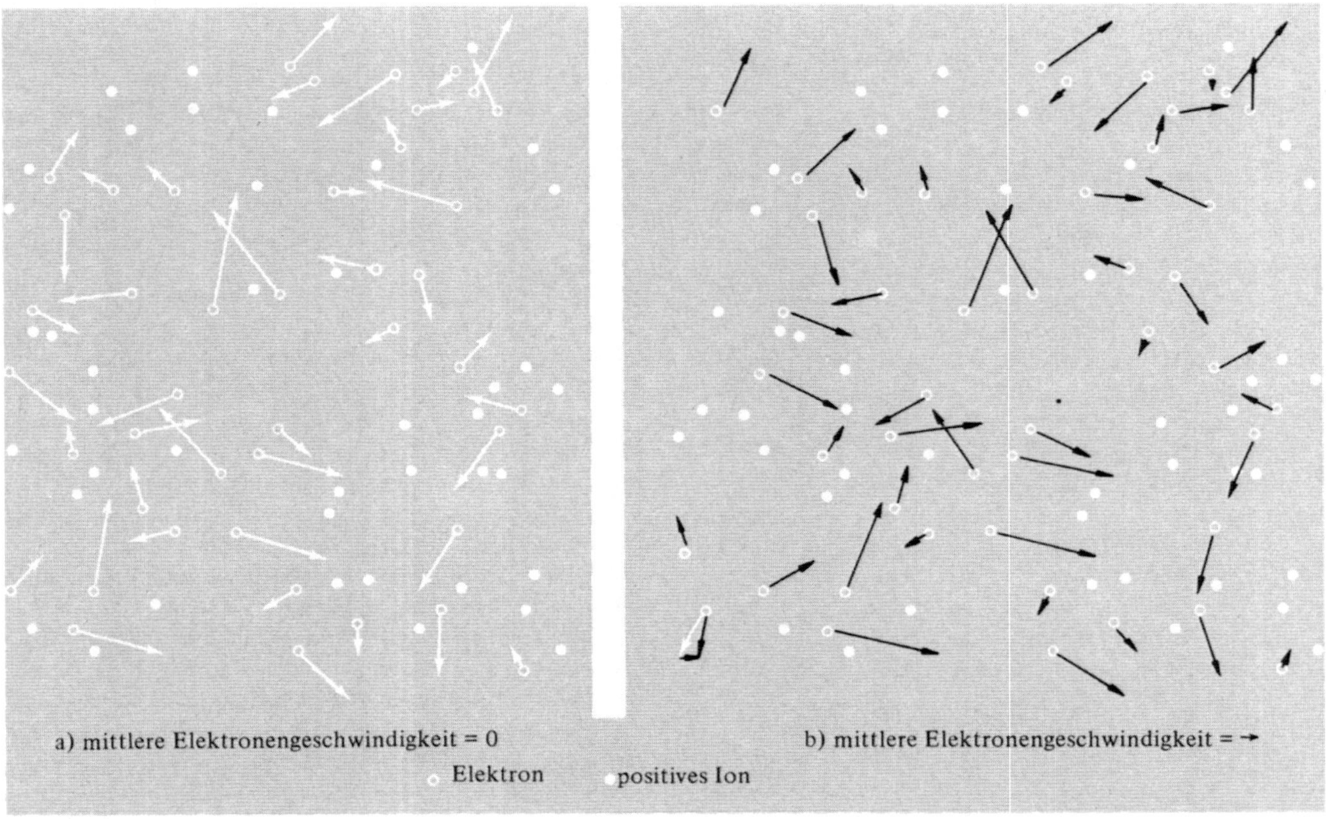

Bild 4.7

a) Statistische Verteilung von Elektronen und positiven Ionen, die in etwa gleicher Anzahl vorhanden sind. Die als Vektoren dargestellten Elektronengeschwindigkeiten sind ebenfalls statistisch verteilt.

b) Eine nach rechts gerichtete, durch den Geschwindigkeitsvektor → repräsentierte Strömung wurde eingeführt. Diese Geschwindigkeit wurde, wie aus dem Fall des Elektrons in der linken unteren Bildecke ersichtlich, der ursprünglichen Geschwindigkeit jedes Elektrons hinzugefügt.

zwar Ionen, aber sie sitzen fest und sind praktisch unbeweglich. Wenn Glas aufgeheizt wird, wird seine Struktur etwas weniger starr. Ein Ion ist nun beweglich und wird entlang des elektrischen Feldes gezogen. Das geschieht auch in einem Kochsalzkristall. In diesem Fall bewegen sich die Na^+- und Cl^--Ionen in gelegentlichen, kurzen Sprüngen[38]. Die mittlere Rate ihres Vorrückens ist bei gegebener Temperatur proportional zur elektrischen Feldstärke, so daß das Ohmsche Gesetz gilt. Ein Ansteigen der Temperatur bewirkt in diesen beiden Stoffen hauptsächlich ein Anwachsen der Beweglichkeit der Ladungsträger, nicht so sehr die Zunahme ihrer Anzahl.

Silicium und Germanium gehören zu den *Halbleitern.* Ihre elektrische Leitfähigkeit hängt auch stark von der Temperatur ab, aber aus einem anderen Grund. Am Nullpunkt der absoluten Temperatur würden sie vollkommene Isolatoren sein, nur neutrale Atome und überhaupt keine Ionen enthalten. Die thermische Energie bewirkt die Bildung von Ladungsträgern dadurch, daß von einigen Atomen Elektronen freigesetzt werden. Der steile Anstieg in der elektrischen Leitfähigkeit im Bereich der Zimmertemperatur und darüber spiegelt das starke Anwachsen der Anzahl der beweglichen Elektronen wider, nicht ein Anwachsen ihrer Beweglichkeit. Wir werden die Halbleiter genauer in Abschnitt 4.6 behandeln.

Die Metalle, für die in Bild 4.8 Kupfer und Blei als Beispiele dienen, sind noch bessere Leiter. Im allgemeinen nimmt ihre elektrische Leitfähigkeit mit wachsender Temperatur ab. Tatsächlich ist über einen weiten Temperaturbereich die elektrische Leitfähigkeit eines reinen Metalls wie Kupfer oder Blei der absoluten Temperatur umgekehrt proportional. Das kann man am 45°-Verlauf in unserer logarithmischen Darstellung erkennen. Würde sich dieses Verhalten bis zum absoluten Nullpunkt der Temperatur fortsetzen, könnten wir ein enormes Anwachsen der Leitfähigkeit erwarten. Bei 0,001 K, einer Temperatur, die man im Labor heute leicht erreichen kann, würde jedes Metall eine 300000mal größere elektrische Leitfähigkeit als bei Zimmertemperatur haben. Im Fall

[38] Das bedingt ein gewisses Aufbrechen der in Bild 1.7 dargestellten, vollständig regelmäßigen Anordnung.

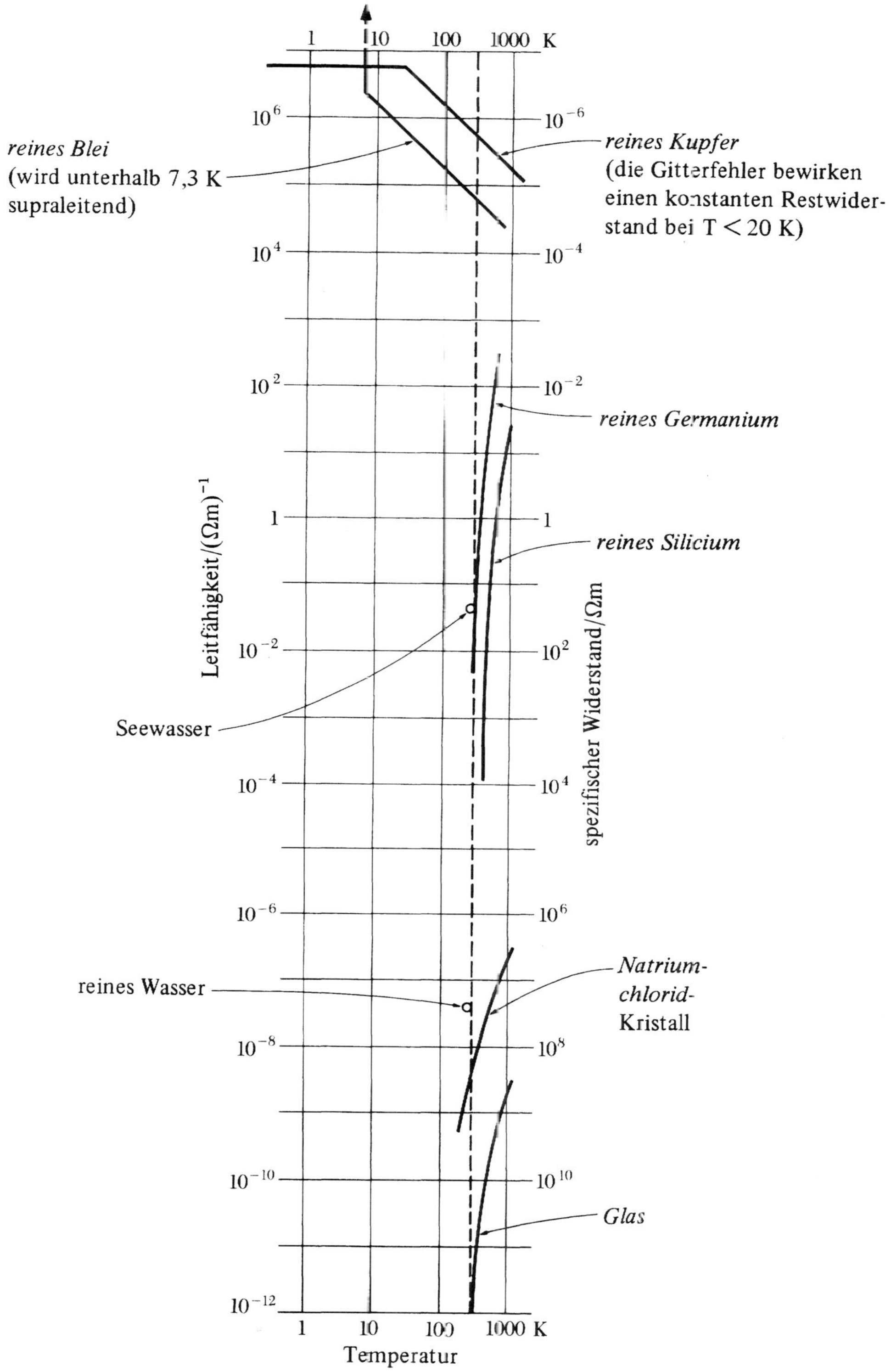

Bild 4.8 Die elektrische Leitfähigkeit einiger repräsentativer Substanzen. Beachten Sie, daß Leitfähigkeit und absolute Temperatur logarithmisch aufgetragen sind.

von Kupfer werden wir sehr enttäuscht. Wenn wir Kupfer unter etwa 20 K abkühlen, steigt von da an abwärts die Leitfähigkeit nicht weiter. Sie bleibt konstant. Wir werden im nächsten Abschnitt versuchen, das zu erklären. Im Fall von Blei, das normalerweise ein etwas schlechterer Leiter als Kupfer ist, passiert etwas viel Überraschenderes. Wenn ein Bleidraht unter 7,2 K abgekühlt wird, *verschwindet* sein Widerstand unvermittelt und vollständig. Das Metall wird *supraleitend*. Das bedeutet unter anderem, daß ein einmal in einem Schaltkreis aus Bleidraht gestarteter Strom unbeschränkt (für Jahre gleichbleibend!) ohne irgendein treibendes elektrisches Feld weiterfließt. Man könnte sagen, die elektrische Leitfähigkeit sei Unendlich, obwohl tatsächlich dieses Konzept im supraleitenden Zustand seinen Sinn verliert. Beim Aufwärmen über 7,2 K bekommt der Bleidraht seinen normalen Widerstand so unvermittelt wieder, wie er ihn verloren hat. Viele Metalle können supraleitend werden, darunter mehr als 20 Elemente und zahlreiche metallische Verbindungen. Die Sprungtemperatur vom normalleitenden zum supraleitenden Zustand hängt vom Material ab. Lange Zeit war die größte bekannte Sprungtemperatur die von Nb_3Ge (23,2 K). Im Jahr 1986 wurde Hochtemperatur-Supraleitung an *Metalloxid-Keramiken* entdeckt, die sensationell große Sprungtemperaturen zeigten. Eine stürmische Erforschung dieser Substanzen setzte ein und führte innerhalb eines Jahres zur Entdeckung einer Klasse von 40-K-Supraleitern und sogar einer Klasse von 90-K-Supraleitern, die *keine* Metalle sind!

Unser Modell von Ionen, die durch ein elektrisches Feld beschleunigt werden, und deren Fortbewegung durch Stöße ständig behindert wird, versagt hier völlig. Irgendwie ist im supraleitenden Zustand jede Behinderung der Elektronenbewegung verschwunden. Außerdem zeigen sich in Supraleitern bemerkenswerte magnetische Effekte. Wir können sie in diesem Stadium nicht vollständig beschreiben. Mehr wird im Anhang C gesagt werden, was nach dem Studium des Magnetismus dann verständlich sein sollte.

Abgesehen von den Supraleitern gehorchen alle diese Stoffe dem Ohmschen Gesetz. Eine Verdopplung des elektrischen Feldes verdoppelt den Strom, wenn alle anderen Größen, einschließlich der Temperatur, konstant gehalten werden. Das ist richtig, wenn das Feld nicht zu stark ist. Es ist leicht zu sehen, wie das Ohmsche Gesetz im Fall eines teilweise ionisierten Gases versagen kann. Angenommen das elektrische Feld ist so stark, daß die zusätzliche Geschwindigkeit, die ein Elektron zwischen zwei Stößen gewinnt, mit der thermischen vergleichbar ist. Dann wird die Zeit zwischen den Stößen kleiner werden als sie vor Anlegen des Feldes war. Dies ist ein Effekt, der in unserer Theorie nicht enthalten ist und bewirkt, daß die beobachtete Leitfähigkeit von der Feldstärke abhängig wird.

Ein eindrucksvollerer Zusammenbruch des Ohmschen Gesetzes findet statt, wenn durch weiteres Anwachsen des elektrischen Feldes ein Elektron soviel Energie zwischen den Stößen gewinnt, daß es beim Auftreffen auf ein neutrales Atom ein weiteres Elektron herausschlagen kann. Die beiden Elektronen können nun auf dieselbe Weise noch mehr Elektronen auslösen. Die Ionisation wächst schlagartig. Schnell entsteht ein leitender Pfad zwischen den Elektroden. Es bildet sich ein *Funken*. Solches geschieht, wenn eine Zündkerze zündet oder wenn Sie eine Türklinke berühren, nachdem Sie an einem trockenen Tag über einen Teppich gegangen sind. In der Luft sind immer einige Elektronen, die, wenn nicht auf andere Weise, durch kosmische Strahlung erzeugt worden sind. Da ein Elektron genügt, um einen Funken auszulösen, setzt dies eine praktische Grenze für die Feldstärke, die in einem Gas aufrechterhalten werden kann. In Luft bei Normaldruck erfolgt ungefähr bei 30 kV/cm der Durchbruch. Bei niedrigem Druck in einem Gas, wo die freie Weglänge eines Elektrons recht groß ist, wie z.B. in der Röhre einer gewöhnlichen Leuchtstofflampe, kann ein stationärer Strom durch ein mäßiges Feld aufgrund einer konstanten Ionisationsrate durch Elektronenstoß aufrechterhalten werden. Die Vorgänge sind ziemlich kompliziert; das Verhalten ist weit entfernt vom ohmschen.

4.5 Leitung in Metallen

Die große elektrische Leitfähigkeit von Metallen rührt von den Elektronen innerhalb des Metalls her, die nicht an Atome gebunden sind und sich frei durch den ganzen Festkörper bewegen können. Ein Beweis dafür ist die Tatsache, daß ein elektrischer Strom in einem Kupferdraht, anders als ein Strom in einem Elektrolyten, keine Substanz transportiert, die chemisch nachweisbar wäre. In einem Draht kann ein Strom für Jahre stationär fließen, ohne die kleinste Veränderung in ihm zu bewirken. Es können nur Elektronen sein, die sich bewegen. Sie treten an einem Ende in den Draht ein und verlassen ihn am anderen Ende.

Wir wissen aus der Chemie, daß die Atome der metallischen Elemente ziemlich leicht ihre äußersten Elektronen verlieren[39]. Diese sind an das Atom gebunden, wenn es einzeln ist. Sie lösen sich jedoch ab, wenn viele solcher Atome eng in einem Festkörper zusammengepackt sind. Die Atome werden dann zu positiven Ionen, die das starre Gitter des Metalls, gewöhnlich in geordneter Struktur, bildet. Die abgetrennten Elektronen, die wir Leitungselektronen nennen werden, bewegen sich durch das dreidimensionale Gitter der positiven Ionen.

Die Zahl der Leitungselektronen ist groß. Das Metall Natrium enthält z.B. $2{,}5 \cdot 10^{22}$ Atome pro cm^3. Jedes Atom liefert ein Leitungselektron. Kein Wunder, daß Natrium ein guter Leiter ist! Aber Achtung, es entsteht ein Problem, wenn man in diesem Fall unsere einfache

39) Diese Eigenschaft kann sogar dazu dienen, ein Metall zu definieren.

Theorie der Leitung anwendet. Wie wir gesehen haben, ist die Beweglichkeit der Ladungsträger durch die Zeit τ bestimmt, während der sie sich frei, ohne an irgendetwas anzustoßen, bewegen. Wenn wir $2{,}5 \cdot 10^{28}$ Elektronen mit der Masse m_e pro m^3 haben, benötigen wir nur die experimentell gemessene Leitfähigkeit von Natrium, um die Zeit τ zu berechnen. Die elektrische Leitfähigkeit von Natrium bei Zimmertemperatur ist $\sigma = 2{,}2 \cdot 10^7\ \Omega^{-1}\,m^{-1}$. Aus Gl. (4.20) folgt, weil es keine positiven Ladungsträger gibt ($n^+ = 0$),

$$\tau_- = \frac{\sigma m_e}{n_- e^2} = \frac{2{,}2 \cdot 10^7 \cdot 9 \cdot 10^{-31}}{2{,}5 \cdot 10^{28} \cdot 2{,}6 \cdot 10^{-38}}\,s \approx 3 \cdot 10^{-14}\,s\,.$$

Das Elektron scheint sich *überraschend lange* durch das Gitter bewegen zu können, ohne einen Stoß zu erleiden. Die thermische Geschwindigkeit eines Elektrons muß entsprechend der kinetischen Theorie bei Zimmertemperatur ca. 10^5 m/s sein; in $3 \cdot 10^{-14}$ s legt ein Elektron also einen Weg von 3 nm zurück. Nun berühren sich aber die Ionen in einem Natriumkristall nahezu. Die Zentren benachbarter Ionen sind nur $3{,}8 \cdot 10^{-10}$ m voneinander entfernt. Der dazwischenliegende Raum ist weitgehend mit starken elektrischen Feldern und vielen Bindungselektronen ausgefüllt. Wie kann ein Elektron sich ungefähr 10 Gitterkonstanten durch diese Hindernisse bewegen, ohne abgelenkt zu werden? Warum ist das Gitter für Leitungselektronen so leicht zu durchdringen?

Dieses Rätsel bereitete den Physikern Kopfzerbrechen, bis die *Wellennatur* der Elektronenbewegung erkannt und durch die Quantenmechanik erklärt worden war. Wir können hier nur auf das Wesentliche der Erklärung hinweisen. Das geht etwa so: Wir sollten uns das Elektron nicht als kleines geladenes Teilchen vorstellen, das durch jedes elektrische Feld, dem es begegnet, abgelenkt wird. Es ist in diesem Sinn *nicht lokalisiert.* Es verhält sich mehr wie eine ausgedehnte Welle, die ständig mit einem größeren Bereich des Kristalls in Wechselwirkung steht. Die Ausbreitung dieser Welle durch den Kristall wird nicht durch die regelmäßige Anordnung der Ionen, so dicht sie auch ist, gestört, sondern durch *Unregelmäßigkeiten* der Anordnung. (So kann eine sich in Wasser ausbreitende Lichtwelle von einer Blase oder einem schwebendem Teilchen gestreut werden, aber nicht vom Wasser selbst; diese Analogie hat eine gewisse Berechtigung.) In einem geometrisch perfekten und fehlerfreien Kristall würde die Elektronenwelle überhaupt nicht gestreut, beziehungsweise das Elektron überhaupt nicht abgelenkt; unsere Zeit τ würde Unendlich sein. Reale Kristalle sind unvollkommen in mindestens zwei Hinsichten. Einerseits gibt es zufällige thermische Schwingungen oder Ionen, die ständig eine leichte geometrische Unregelmäßigkeit des Gitters bedeuten, um so mehr, je höher die Temperatur ist. Es ist dieser Effekt, der bewirkt, daß die elektrische Leitfähigkeit eines *reinen* Metalls mit steigender Temperatur abfällt, z.B. für reines Kupfer und reines Blei in Bild 4.8. Ein realer Kristall kann auch Unregelmäßigkeiten in Form von Fremdatomen oder Störstellen und Gitterdefekte – Stapelfehler in der Anordnung der Atome – haben. Streuung durch diese Unregelmäßigkeiten begrenzen die Zeit τ unabhängig von der Temperatur. Solche Defekte sind verantwortlich für den temperaturunabhängigen Restwiderstand, den man für Kupfer in Bild 4.8 sieht.

In den meisten Metallen gilt das Ohmsche Gesetz außerordentlich genau bis zu Stromdichten, die so hoch sind, daß sie nur kurz aufrecht erhalten werden können. Niemals ließ sich eine Abweichung überzeugend experimentell nachweisen. Entsprechend einer theoretischen Vorhersage wären Abweichungen von der Größenordnung 1 % bei einer Stromdichte von 10^{13} A/m^2 zu erwarten. Das ist ungefähr das 10^5fache der Stromdichte in den Leitungen eines gewöhnlichen Schaltkreises.

4.6 Halbleiter

In einem Siliciumkristall hat jedes Atom vier Nachbarn. Die dreidimensionale Anordnung der Atome ist in Bild 4.9 gezeigt. Nun hat Silicium, ebenso wie Kohlenstoff, der im periodischen System direkt darüber steht, vier Valenzelektronen, gerade die Anzahl, die notwendig ist, um jede Bindung zwischen den Nachbarn durch ein gemeinsames Elektronenpaar zu bewerkstelligen. Das nennt man in der Chemie eine kovalente Bindung. Diese Anordnung erzeugt eine ziemlich feste Struktur. Auf diese Art sind Kohlenstoffatome im Diamant, der härtesten bekannten Substanz, angeordnet. Wenn alle Bindungen intakt sind, ist der ungestörte Siliciumkristall ein vollständiger Isolator; es gibt keine beweglichen Elektronen. Nun stellen wir uns vor, wir könnten ein Elektron aus einer dieser Bindungen entfernen und einige hundert Gitterkonstanten durch den Kristall wegbewegen. Es würde eine positive Ladung an der Stelle der Extraktion zurücklassen; man spricht von einem „Loch" oder „Defektelektron". Außerdem wäre ein gewisser Energiebetrag erforderlich. Wir werden uns gleich mit der Frage der Energie beschäftigen. Aber zunächst wollen wir bemerken, daß wir *zwei* bewegliche Ladungen und nicht nur eine erzeugt haben. Das freie Elektron ist beweglich. Es kann sich wie ein Leitungselektron in einem Metall, in dem es nicht scharf lokalisiert, sondern ausgedehnt ist, bewegen. Es besetzt einen Quantenzustand, den wir einen Zustand im *Leitungsband* nennen. Die zurückgelassene positive Ladung ist auch beweglich. Wenn Sie sich in Bild 4.9 in der Bindung zwischen den Atomen A und B ein Elektron wegdenken, können Sie sehen, daß dieses fehlende Valenzelektron zur Bindung zwischen B und C, von dort zur Bindung zwischen C und D und so weiter dadurch übertragen werden kann, daß Elektronen von einer Bindung zur anderen verschoben werden. Tatsächlich ist die Bewegung des Lochs, wie wir es nunmehr nennen

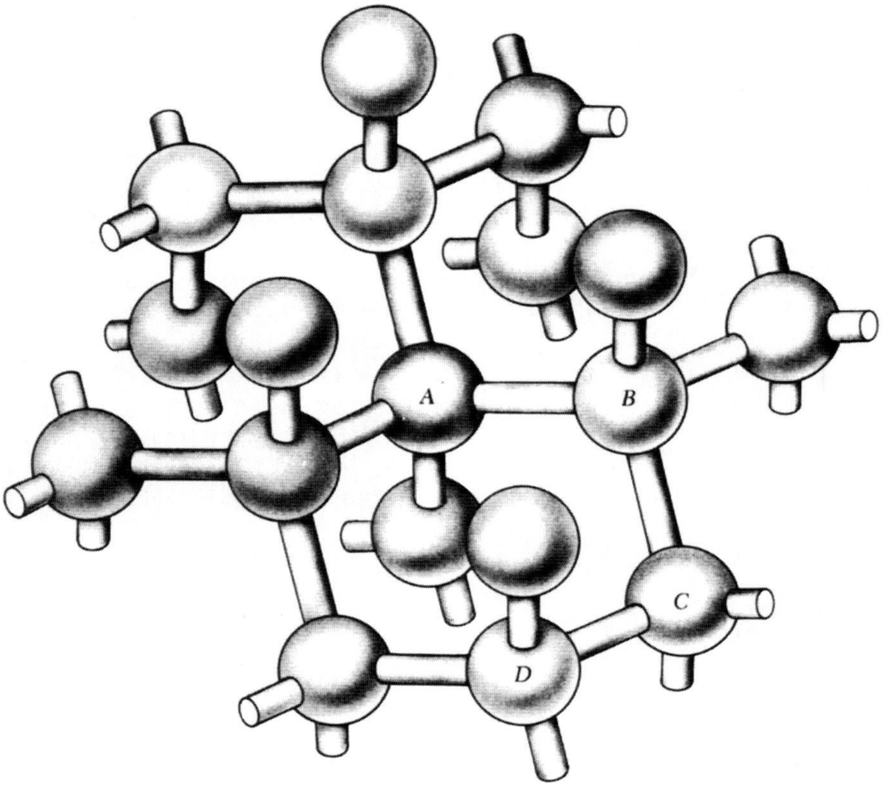

Bild 4.9
Die Struktur des Silicium-Kristalls. Die Kugeln sind die Si-Atome. Ein Stab bedeutet eine durch ein Elektronenpaar bewirkte kovalente Bindung zwischen benachbarten Atomen. Vier Valenzelektronen sind dazu pro Atom erforderlich. Diamant und Germanium haben die gleiche Struktur.

werden, sogar freier als man vermuten würde. Es gleitet wie ein Leitungselektron durch den Kristall. Der Unterschied ist, daß es eine *positive* Ladung hat. Ein elektrisches Feld **E** beschleunigt das Loch in Richtung von **E**, nicht umgekehrt. Das Loch verhält sich so, als ob es eine Masse ähnlich der des Elektrons habe. Das ist eigentlich ziemlich rätselhaft für die Bewegung des Lochs, die auf der kollektiven Bewegung vieler Valenzelektronen beruht[40]). Trotzdem und glücklicherweise ist es einem wirklichen positiven Teilchen so ähnlich, daß wir es uns von nun an als solches vorstellen möchten.

Die erforderliche Mindestenergie, um im Silicium ein Elektron aus dem Valenzzustand in das Leitungsband zu bringen, beträgt 1,12 eV. (Ein Elektronenvolt ist die Arbeit, die verrichtet wird, wenn eine Elementarladung eine Potentialdifferenz von einem Volt durchläuft.) Das ist die *Energielücke* zwischen zwei Bändern möglicher Zustände, dem Valenzband und dem Leitungsband. Zustände mit Zwischenenergien existieren für das Elektron einfach nicht. Diese

[40])Dieses Rätsel wird *nicht* durch die Analogie einer Blase in einer Flüssigkeit, die manchmal benutzt wird, gelöst. In einer Zentrifuge würden sich Blasen in einer Flüssigkeit zur Achse hinbewegen; die Löcher, über die wir reden, würden nach außen gehen. Eine nicht einsichtige, aber richtige Feststellung, die nur durch die Quantenmechanik verständlich wird, ist diese: Das Loch verhält sich dynamisch wie eine positive Ladung mit positiver Masse, weil es eine Leerstelle in einem Zustand mit negativer Ladung und negativer Masse ist.

Energieleiter ist in Bild 4.10 dargestellt. Zwei Elektronen können niemals den gleichen Quantenzustand einnehmen – das ist ein grundlegendes physikalisches Gesetz. Zustände mit höherer Energie müssen deshalb sogar am absoluten Nullpunkt besetzt sein. Auf diese Weise sind im Valenzband genausoviele Zustände vorhanden, daß alle Elektronen aufgenommen werden. Bei $T = 0$ sind, wie in Bild 4.10a zu sehen ist, *alle* diese Valenzzustände und *keine* von den Leitungsbandzuständen besetzt.

Wenn die Temperatur hoch genug ist, kann die thermische Energie einige Elektronen vom Valenzband in das Leitungsband heben. Der Einfluß der Temperatur auf die Wahrscheinlichkeit, daß Elektronenzustände besetzt sind, wird durch den Exponentialfaktor $\exp(-\Delta W/(kT))$ ausgedrückt. Wir nehmen an, daß zwei mit 1 und 2 bezeichnete Zustände für die Besetzung durch ein Elektron verfügbar sind; die zugehörigen Energien seien mit W_1 und W_2 bezeichnet. Die Wahrscheinlichkeit, daß das Elektron den Zustand 1 besetzt sei p_1, die Wahrscheinlichkeit, daß es sich im Zustand 2 befindet, sei p_2. In einem System, das sich bei der Temperatur T im thermischen Gleichgewicht befindet, hängt das Verhältnis p_2/p_1 nur von der Energie*differenz* $\Delta W = W_2 - W_1$ ab. Es ist

$$\frac{p_2}{p_1} = e^{-\Delta W/(kT)} . \qquad (4.21)$$

Die Konstante $k = 1{,}38 \cdot 10^{-23}$ J/K ist die *Boltzmann-Konstante*. Diese Beziehung gilt für zwei beliebige Zustände.

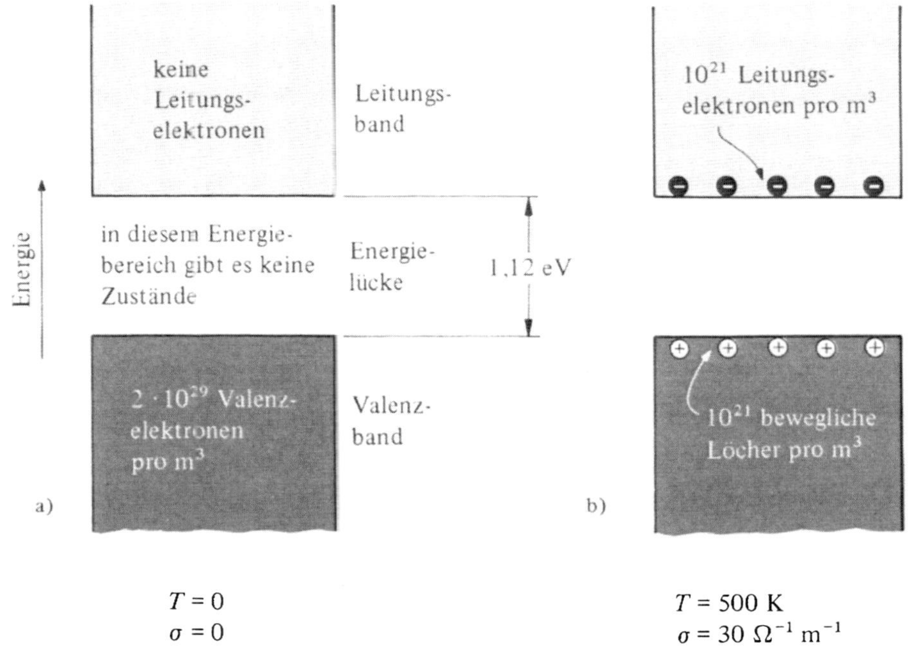

Bild 4.10 Eine schematische Darstellung der Energiebänder in Silicium, in der alle möglichen Zustände für die Elektronen gemäß ihrer Energie angeordnet sind. Zwei Elektronen können nicht denselben Zustand einnehmen. a) Bei der Temperatur 0 ist das Valenzband voll; jeder vorhandene Zustand ist durch ein Elektron besetzt. Das Leitungsband ist leer. b) Bei T = 500 K sind in 1 m^3 des Kristalls 10^{21} Elektronen in den untersten Zuständen des Leitungsbandes; sie haben 10^{21} Löcher im Valenzband zurückgelassen.

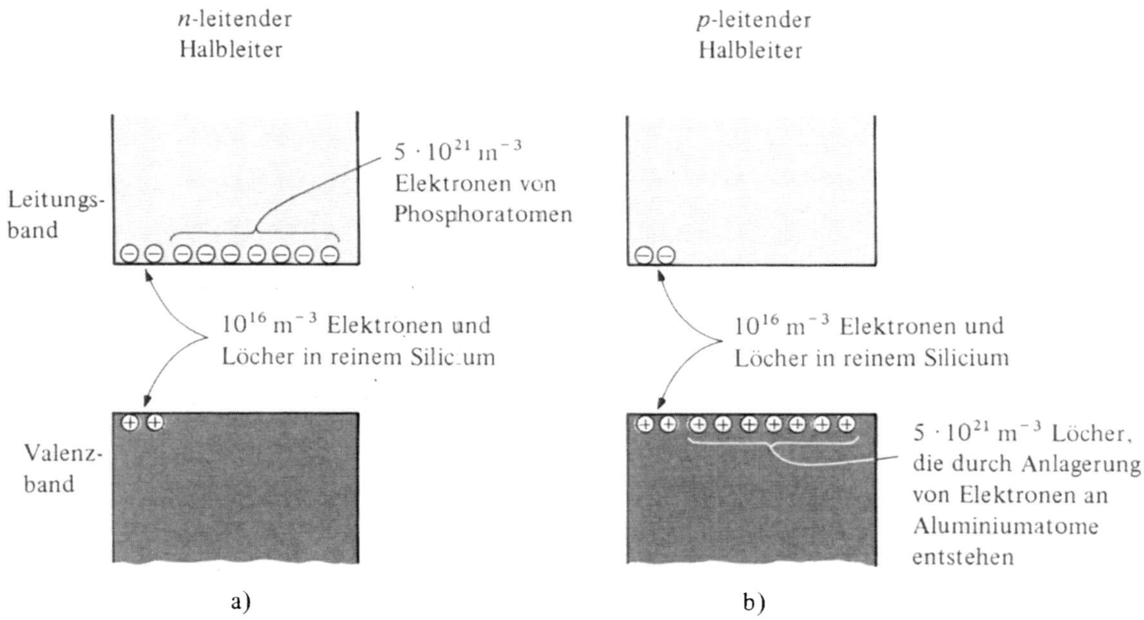

Bild 4.11 In einem *n-leitenden Halbleiter* sind die meisten der Ladungsträger Elektronen, die von fünfwertigen Störstellenatomen wie Phospor freigesetzt worden sind. Im *p-leitenden Halbleiter* sind die meisten der Ladungsträger Löcher. Ein Loch wird gebildet, wenn ein dreiwertiges Störstellenatom, wie z. B. Aluminium, ein Elektron einfängt, um seine Bindung zu den vier Siliciumnachbarn zu vervollständigen. Einige wenige Ladungsträger mit dem entgegengesetzten Vorzeichen existieren in jedem Fall, nämlich die, die in einem reinen Siliciumkristall bei derselben Temperatur vorhanden sind. Die Angabe der Ladungsträgerdichte in Klammern entspricht unserem Beispiel von $5 \cdot 10^{21}$ Störstellenatomen pro m^3 bei Zimmertemperatur. Unter diesen Bedingungen ist die Anzahl der Majoritätsladungsträger praktisch gleich der Anzahl der Störstellenatome, weil die Anzahl der Minoritätsträger *sehr* viel kleiner ist.

Sie bestimmt die Besetzung von vorhandenen Zuständen auf der Energieleiter. Um die resultierende Zahl der Elektronen bei einer gegebenen Temperatur vorauszusagen, müßten wir mehr über die Anzahl der vorhandenen Zustände wissen. Dennoch zeigt dies, warum die Anzahl der Leitungselektronen pro Volumen so stark von der Temperatur abhängt. Für $T = 300$ K ist die Energie $kT = 0{,}025$ eV. Der Boltzmann-Faktor für den Energieabstand 1 eV ist dann $\exp(-40) = 4 \cdot 10^{-18}$. In Silicium ist die Elektronendichte im Leitungsband bei Zimmertemperatur ungefähr $10^{16}\,\mathrm{m}^{-3}$. Bei 500 K findet man ungefähr $10^{21}\,\mathrm{m}^{-3}$ im Leitungsband und die gleiche Löcherdichte im Valenzband (Bild 4.10b). Beide, Löcher und Elektronen, tragen zur elektrischen Leitfähigkeit bei, die bei dieser Temperatur $30\,(\Omega\mathrm{m})^{-1}$ ist. Germanium verhält sich ähnlich wie Silicium, jedoch ist seine Energielücke mit 0,7 eV etwas kleiner. Bei einer gegebenen Temperatur hat es mehr Leitungselektronen und Löcher als Silicium und folglich eine größere Leitfähigkeit, wie in Bild 4.8 zu sehen ist. Diamant würde auch ein Halbleiter sein, wenn seine Energielücke mit 5,5 eV nicht so groß wäre, so daß bei erreichbaren Temperaturen keine Elektronen im Leitungsband vorhanden sind.

Mit nur 10^{16} Leitungselektronen und Löchern pro m^3 ist der Siliciumkristall bei Zimmertemperatur praktisch ein Isolator. Aber das kann sich dramatisch ändern, wenn man Fremdatome in das reine Siliciumgitter einbaut. Das ist die Grundlage für alle Bauelemente der Halbleiterelektronik. Nehmen wir an, daß ein sehr kleiner Bruchteil der Siliciumatome, zum Beispiel 1 von 10^7, durch Phosphoratome ersetzt wurde. (Dieses „Dotieren" von Silicium kann auf verschiedene Weise ausgeführt werden.) Die Phosphoratome, von denen nun ungefähr $5 \cdot 10^{21}$ pro m^3 vorhanden sind, besetzen reguläre Plätze im Siliciumgitter. Ein Phosphoratom hat fünf Valenzelektronen, eines zuviel für die Viererbindung im perfekten Siliciumkristall. Das zusätzliche Elektron läßt sich leicht lösen. Nur 0,044 eV Energie werden gebraucht, um es in das Leitungsband zu heben. In diesem Fall läßt es nicht ein bewegliches Loch, sondern ein unbewegliches, positives Phosphorion zurück. Wir haben nun ungefähr $5 \cdot 10^{21}\,\mathrm{m}^{-3}$ bewegliche Elektronen im Leitungsband und eine Leitfähigkeit von ca. $100\,(\Omega\mathrm{m})^{-1}$. Es gibt sehr wenige Löcher, nämlich nur die bei Zimmertemperatur im reinen Kristall vorhandenen. Weil nahezu alle Ladungsträger ***negativ*** sind, nennen wir diesen phosphordotierten Kristall einen *n-leitenden Halbleiter* (Bild 4.11a).

Nun wollen wir einen reinen Siliciumkristall mit Aluminiumatomen als Störstellen dotieren. Die Aluminiumatome haben drei Valenzelektronen, eines zu wenig, um vier kovalente Bindungen um jeden Gitterplatz zu bilden. Dem ist einfach abzuhelfen, wenn ein reguläres Valenzelektron, das an das Aluminiumelektron fest gebunden ist, die äußere Bindung ergänzt. Der Energiebedarf ist nur 0,05 eV, viel weniger als 1,12 eV, die erforderlich sind, ein Valenzelektron in das Leitungsband zu heben. Durch diese Veränderung des Elektrons entsteht eine Leerstelle im Valenzband, ein bewegliches Loch; aus dem Aluminiumatom wird ein unbewegliches Ion. Aufgrund der so entstandenen Löcher, bei Zimmertemperatur ungefähr gleich der Anzahl der zugefügten Aluminiumatome, wird der Kristall ein viel besserer Leiter. Natürlich sind auch die wenigen Elektronen des reinen, undotierten Siliciums bei derselben Temperatur im Leitungsband vorhanden. Aber die erdrückende Mehrheit der beweglichen Ladungsträger sind positiv, und wir nennen dieses Material einen *p-leitenden Halbleiter* (Bild 4.11b).

Sobald die Anzahl der beweglichen Ladungsträger, entweder Elektronen oder Löcher oder beides, festgelegt ist, hängt die elektrische Leitfähigkeit von der Beweglichkeit ab. Diese ist begrenzt, wie bei der metallischen Leitung, durch die Streuung innerhalb des Kristalls. Ein einfacher homogener Halbleiter gehorcht dem Ohmschen Gesetz. Das ungewöhnliche, nichtohmsche Verhalten von Halbleiterbauelementen, z.B. bei einem Gleichrichter oder einem Transistor, erreicht man durch Kombination von n-leitendem Material und p-leitendem Material in verschiedenen Anordnungen.

4.7 Stromkreise und Schaltelemente

Elektrische Schaltungen haben gewöhnlich definierte Stellen für den Anschluß von Leitungsdrähten, durch die Ladung in die Schaltung hinein- und aus ihr herausfließen kann. Sind insbesondere nur zwei Anschlußstellen durch Drähte mit irgendwas außerhalb des Systems verbunden, ist weiterhin der Stromfluß bei überall konstantem Potential stetig, muß der Strom an den beiden Anschlußstellen offensichtlich gleich groß und entgegengesetzt gerichtet sein[41]). In diesem Fall können wir von *dem* elektrischen Strom I, der durch die Schaltung fließt, und von der Spannung U „zwischen den Anschlußstellen" oder „an den Anschlußstellen" sprechen; Spannung bedeutet dabei die Differenz der elektrischen Potentiale. Das Verhältnis U/I ist der elektrische Widerstand mit der Einheit $\Omega = \mathrm{V/A}$. Er ist eine vom Strom unabhängige Konstante, wenn das Ohmsche Gesetz für alle Teile eines Objektes, durch das der Strom fließt, gilt. Er beschreibt das elektrische Verhalten des Objektes bei stationärem Strom (Gleichstrom) zwischen den Anschlußstellen vollständig. Mit diesen ziemlich naheliegenden Bemerkungen führen wir eine einfache Denkvorstellung, den Begriff des *Schaltelements* ein.

Betrachten Sie die fünf Kästchen von Bild 4.12. Jedes hat zwei Anschlüsse und in jedem befindet sich etwas

---

41) Es ist ohne weiteres möglich, daß 4 A bei einem Anschluß eines Versuchsobjektes mit zwei Anschlüssen in das betreffende Objekt hineinfließen und nur 3 A bei dem anderen Anschluß wieder herausfließen. Aber dann häuft sich in dem Objekt positive Ladung mit 1 C/s an. Sein Potential muß sich sehr rasch ändern – dies kann nicht lange währen. Daher kann es sich nicht um einen *stationären* oder zeitunabhängigen Strom handeln.

anderes als in den übrigen Kästchen. Schaltet man diese Kästchen dadurch in einen Stromkreis, daß man Leitungen mit den Anschlüssen verbindet, beträgt das Verhältnis zwischen der an den anderen Anschlüssen liegenden Spannung und dem Strom, der in der Leitung zu einem Anschluß führt, 65 Ω. Wir sagen: Der Widerstand zwischen den Anschlüssen beträgt bei allen fünf Kästchen 65 Ω. Dies ist sicherlich nicht für alle denkbaren Werte von Strom und Spannung richtig. Wenn wir nämlich die *Spannung* zwischen den Anschlüssen erhöhen, kann sich verschiedenes ereignen, das – bei einigen Kästchen früher als bei anderen – das *Strom-Spannung-Verhältnis* verändert. Sie erraten vielleicht, bei welchen Kästchen es zuerst Schwierigkeiten geben wird. Und trotzdem gibt es eine Grenze, unterhalb der sich alle Kästchen linear verhalten und bis zu der sie bei stationären Strömen gleichwertig sind. Dies in dem Sinn, daß es keinen Unterschied bedeutet, welches der Kästchen man in einen Stromkreis geschaltet hat. Das Kästchen ist einem 65-Ω-Widerstand äquivalent[42]. Wir verwenden für Widerstände das Symbol -WW- oder -▭- und ersetzen bei der Beschreibung der Schaltung, die eines der Kästchen enthält, das Kästchen durch diese Zeichen. Ein elektrischer Kreis oder ein elektrisches Netzwerk ist die Zusammenschaltung solcher Schaltelemente durch Leitungen mit vernachlässigbarem Widerstand.

Wir betrachten ein Netzwerk, das aus vielen miteinander verbundenen Elementen besteht, und wählen zwei Punkte als Anschlußstellen aus. Das gesamte Netzwerk kann dann, soweit es die beiden Anschlüsse betrifft, als einem einzigen Widerstand äquivalent angesehen werden. Wir stellen das physikalische Objekt von Bild 4.13a durch ein Schaltbild (Bild 4.13b) dar; den für die Anschlüsse A_1, A_2 bzw. B_1, B_2 äquivalenten Kreis zeigt Bild 4.13c bzw. Bild 4.13d. Wenn Sie die Schaltung in ein Kästchen einbauen und nur B_1 und B_2 als Anschlüsse vorsehen, ist sie von einem Widerstand von 57,6 Ω nicht zu unterscheiden. Es gibt aber eine

[42]) Hier wird der Begriff *Widerstand* für das tatsächliche Objekt, das speziell für diese Funktion gebaut wurde, gebraucht. Ein „200-Ω-, 10-W-Drahtwiderstand" ist demnach eine Anordnung aus einer auf einen Isolatorkörper gewickelten Drahtspule mit Anschlüssen, bei deren Verwendung die mittlere Leistungsaufnahme nicht mehr als 10 W betragen darf.

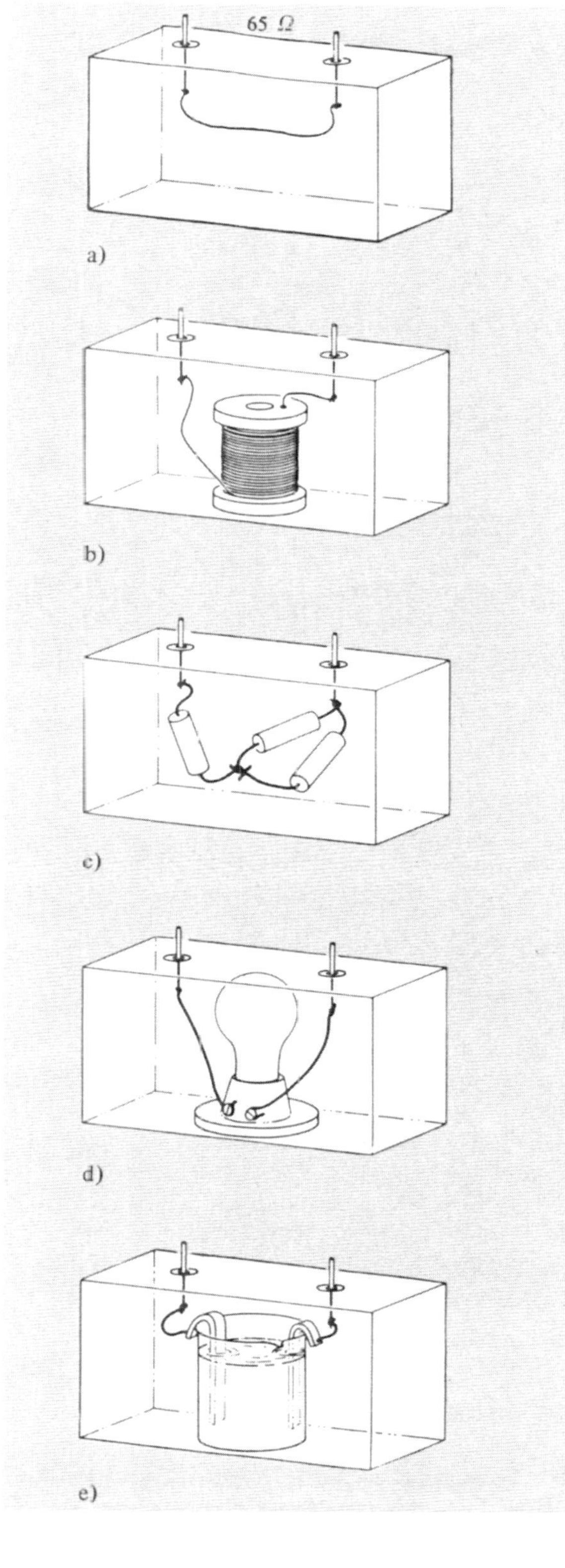

Bild 4.12 Verschiedene Vorrichtungen, die bei Gleichstrom einem 65-Ω-Widerstand äquivalent sind:

a) NiCr-Draht Nr. 40, Länge 28 cm
b) lackierter Kupferdraht Nr. 28, Länge 314 m, als 0,5-lb-Spule (Umrechnung: 1 lb ≡ 1 pound = 0,4536 kg)
c) zwei parallelgeschaltete 70-Ω-Widerstände und ein 30-Ω-Widerstand
d) 25-W-Glühlampe für 115 V (kalt)
e) eine KCl-Lösung, c(KCl) = 0,5 mol/l, mit Elektroden von bestimmter Größe und bestimmtem Abstand (c steht für die Konzentration).

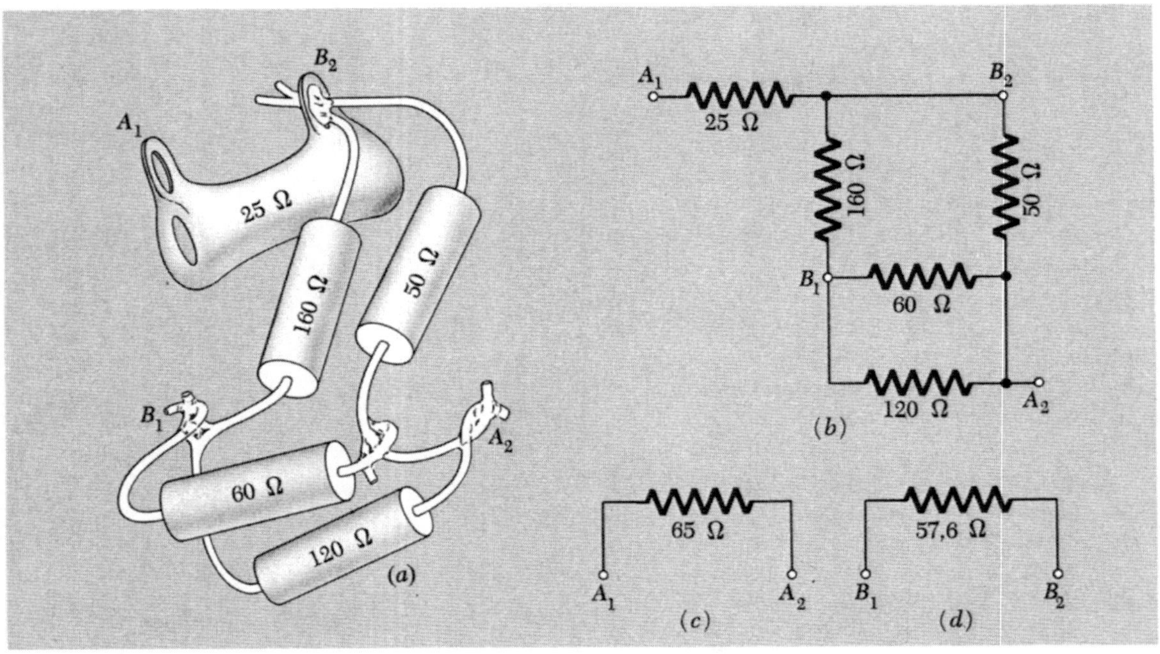

Bild 4.13 a) Zusammenschaltung von einigen Widerständen; b) Schaltbild; c) Ersatzwiderstände zwischen zwei herausgegriffenen Paaren von Anschlußstellen

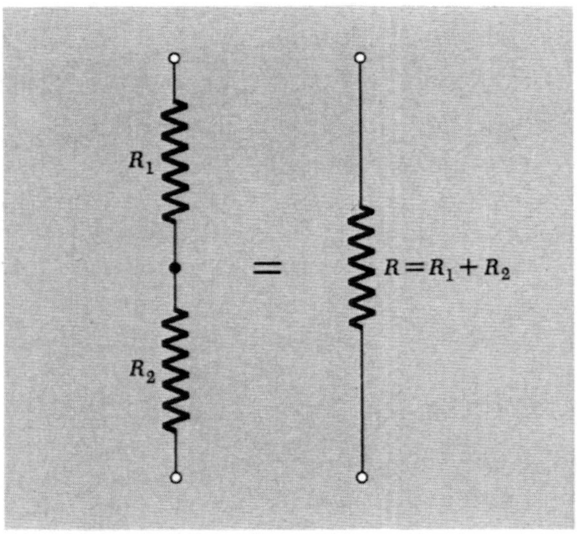

Bild 4.14 Serienschaltung von Widerständen

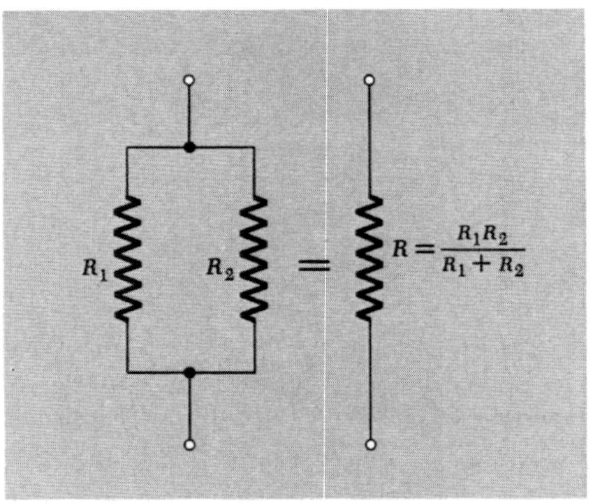

Bild 4.15 Parallelschaltung von Widerständen

sehr wichtige Regel: Nur *Gleichstrommessungen* sind zugelassen! Alle unsere Feststellungen hängen davon ab, daß Strom und elektrisches Feld zeitlich konstant sind: Ist dies nicht der Fall, braucht das Verhalten eines Schaltelements nicht mehr alleine von seinem Widerstand abzuhängen. Das Konzept der äquivalenten Ersatzschaltung kann, über Gleichstromnetzwerke hinausgehend, auch bei Systemen mit zeitlich veränderlichen Strömen und Spannungen Anwendung finden. Und dort sind sie auch am wertvollsten. Noch sind wir jedoch nicht so weit, um dieses Thema zu behandeln. Wir werden hier wenig Zeit für die Berechnung des Ersatzwiderstandes eines Netzwerkes von Schaltelementen aufwenden. Parallel- und Serienschaltung sind zwei einfache Fälle. Bild 4.14 zeigt die Serien- bzw. Reihen-

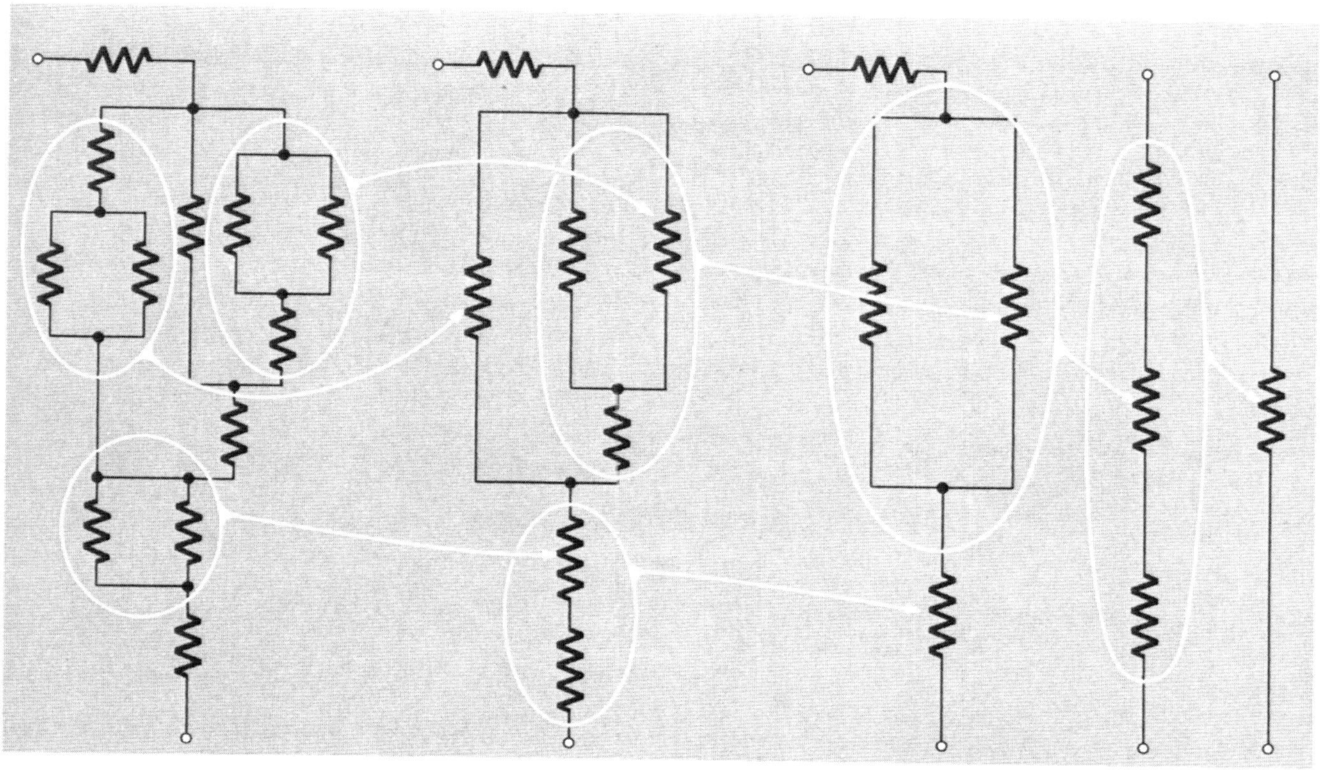

Bild 4.16 Reduktion eines Netzwerks, das nur aus Serien- und Parallelschaltungen von Widerständen besteht

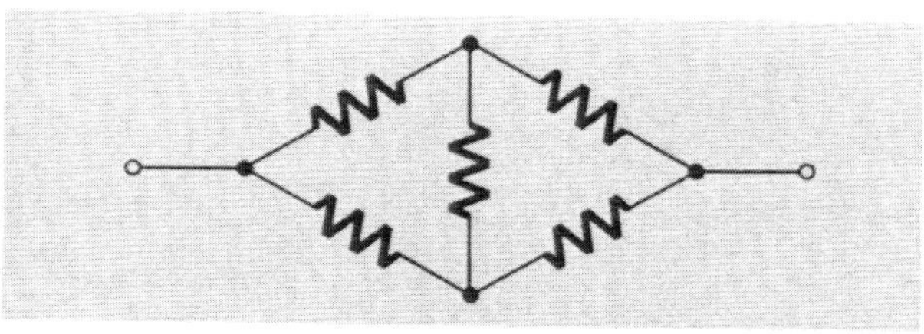

Bild 4.17 Eine einfache Brücke, die nicht auf dieselbe Weise wie in Bild 4.16 reduziert werden kann.

schaltung der zwei Widerstände R_1 und R_2. Der Gesamtwiderstand ist

$$R = R_1 + R_2 \,. \tag{4.22}$$

Eine andere Kombinationsmöglichkeit zweier Widerstände ist die Parallelschaltung (Bild 4.15). Sie sollten selbst den Grund dafür angeben können, warum für den reziproken Gesamtwiderstand

$$\frac{1}{R} = \frac{1}{R_1} + \frac{1}{R_2} \tag{4.23}$$

gilt, woraus folgt

$$R = \frac{R_1 R_2}{R_1 + R_2} \,. \tag{4.23a}$$

Mehr als das brauchen Sie nicht für den Umgang mit komplizierten Schaltungen, z.B. für die Analyse des Netzwerks in Bild 4.16. Obwohl es zunächst wie ein Labyrinth aussieht, kann es Schritt um Schritt auf reine Serien- oder Parallelschaltungen reduziert werden. Das einfache Netzwerk von Bild 4.17 widersetzt sich aber einer derartigen Reduktion. Deshalb benötigen wir ein anderes allgemeines Verfahren. Jedes denkbare Netzwerk aus Widerständen, in denen ein konstanter Strom fließt, muß folgenden drei Bedingungen genügen:

I. Der durch jedes Element fließende Strom muß gleich dem Quotienten aus der an diesem Element liegenden Spannung und dem Widerstand des Elements sein.

II. An einem Knoten des Netzwerks – das ist ein Verzweigungspunkt von drei oder mehr Leitungen – muß die algebraische Summe der zu dem betreffenden Knoten fließenden Ströme Null sein. (Das ist das Ladungserhaltungsgesetz von Gl. (4.7), formuliert entsprechend der bei Netzwerken üblichen Ausdrucksweise.)

III. An einer Masche des Netzwerks – das ist ein geschlossener Stromweg, der an demselben Knoten beginnt und endet – ist die Summe aller der Reihe nach genommenen Potentialdifferenzen Null. (So sieht die allgemeine Eigenschaft des elektrostatischen Feldes, formuliert in der Netzwerksprache, aus: $\oint \mathbf{E} \cdot ds = 0$ für einen beliebigen geschlossenen Weg.)

Die algebraische Formulierung dieser Bedingungen liefert für jedes beliebige Netzwerk genau jene Zahl linear unabhängiger Gleichungen, die sicherstellen, daß es eine und nur eine Lösung für den äquivalenten Widerstand zwischen zwei herausgegriffenen Knoten gibt. Wir nehmen diese Aussage ohne Beweis hin. Beachten Sie die interessante Tatsache, daß es nur von der *Topologie* eines Netzwerks, d.h. von den Merkmalen des Schaltbildes, die von einer Verformung seiner einzelnen Linien nicht beeinflußt werden, abhängt, wie ein Gleichstrom-Netzwerk strukturiert ist.

Ein Gleichstrom-Netzwerk aus Widerständen ist ein lineares Gebilde; die Ströme und Spannungen stehen über ein lineares Gleichungssystem (Bedingungen I, II und III) miteinander in Beziehung. Deshalb ist auch die Überlagerung verschiedener möglicher Zustände eines Netzwerks einer der möglichen Zustände. Bild 4.18 zeigt einen Ausschnitt aus einem Netzwerk mit bestimmten Strömen I_1, $I_2, \ldots$, die in den Leitungen fließen, und bestimmten Potentialen U_1, $U_2, \ldots$ an den Knoten. Wenn eine andere Menge von Strömen und Potentialen, z.B. I_1', $I_2', \ldots$ und U_1', $U_2', \ldots$, einen anderen möglichen Zustand des dargestellten Ausschnitts charakterisiert, dann gilt dies auch für $I_1 + I_1', I_2 + I_2', \ldots$ und $U_1 + U_1', U_2 + U_2', \ldots$. Auch die von der Überlagerung herrührenden Ströme und Potentialdifferenzen erfüllen die Bedingungen I, II und III. Darauf beruhen bestimmte allgemeine Sätze über Netzwerke, die für den Elektrotechniker wichtig sind.

4.8 Energiedissipation während des Stromflusses

Mit dem Stromfluß durch einen Widerstand geht die Dissipation von Energie einher. Wenn es die Kraft **F** erfordert, einen Ladungsträger mit der mittleren Geschwindigkeit **v** voranzutreiben, muß der dafür zuständige Energielieferant pro Zeit die Leistung $\mathbf{F} \cdot \mathbf{v}$ aufwenden. Treibt ein elektrisches Feld **E** das Ion mit der Ladung Q, so ist $\mathbf{F} = Q\mathbf{E}$ und die pro Zeit aufgewendete Arbeit $Q\mathbf{E} \cdot \mathbf{v}$. Die derart verbrauchte Energie tritt letztlich als Wärme in Erscheinung. Wie es dazu kommt, geht aus unserem Modell für die Ionenleitung deutlich hervor. Das Ion erhält zwischen den Stößen eine bestimmte zusätzliche Energie und auch einen zusätzlichen Impuls. Ein Stoß – oder zumindest einige wenige Stöße – gibt zwar dem Impuls wieder die Zufallsrichtung, aber er muß nicht unbedingt die kinetische Energie auf den Normalwert zurückbringen. Damit dies geschieht, muß das Ion kinetische Energie an das Hindernis abgeben, das seinen Weg ablenkt. Nehmen Sie an, der Ladungsträger habe eine beträchtlich kleinere Masse als das neutrale Atom, mit dem er zusammenstößt. Nun ist die kinetische Energie, die im Mittel übertragen wird, wenn eine Billiardkugel an eine Kegelkugel stößt, klein. Das Ion (Billiardkugel) nimmt daher weiterhin zusätzliche Energie auf und zwar solange, bis seine mittlere kinetische Energie so groß ist, daß die mittlere Energieabgabe bei einem Stoß der zwischen zwei Stößen erfolgten Energieaufnahme gleicht. Auf diese Weise wird die Arbeit, die die elektrische Kraft bei der Fortbewegung der Ladungsträger verrichtet, nachdem sie zunächst die Ladungsträger selbst „aufheizte", letztlich an das restliche Medium als statistisch verteilte kinetische Energie, das heißt als Wärme, abgegeben.

Wenn ein stationärer Strom I durch einen Widerstand R fließt, ist eine Potentialdifferenz $U = IR$ vorhanden, die die Ladung Q transportiert. Die verrichtete Arbeit ist $U \cdot Q$ (Einheit: Joule; J = VC = VAs). Die entsprechende Leistung P ist Arbeit pro Zeit (Einheit: Watt; W = J/s = VA):

$$P = I^2 R \,. \qquad (4.24)$$

Natürlich benötigt der stationäre Stromfluß in einem Gleichstromkreis irgendeine Energiequelle, die das elektrische Feld, das die Ladungsträger treibt, aufrechtzuerhalten vermag. Bisher sind wir der Frage nach der eingeprägten Spannung dadurch aus dem Weg gegangen, daß wir immer nur Teile der gesamten Schaltung betrachteten und sozusagen die „Batterie" außerhalb des Bildes ließen. In Abschnitt 4.9 kommen nun einige Spannungsquellen zur Sprache.

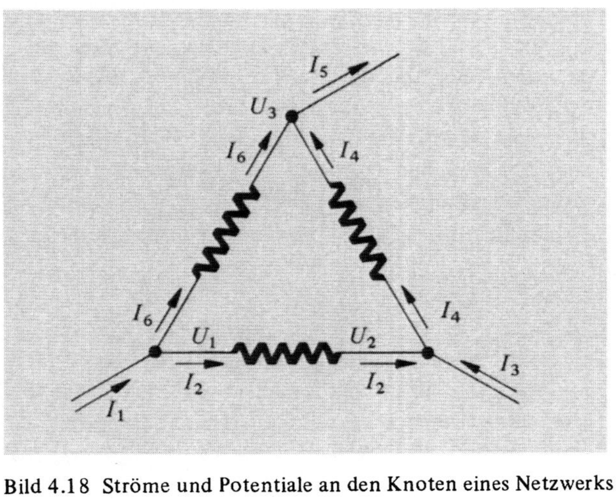

Bild 4.18 Ströme und Potentiale an den Knoten eines Netzwerks

4.9 Quellenspannung und galvanische Elemente

Die eingeprägte Spannung einer Gleichstromschaltung beruht auf einem Mechanismus, der die Ladungsträger in eine Richtung transportiert, die der Richtung, in der sie das elektrische Feld zu verschieben sucht, *entgegengesetzt* ist. Ein elektrostatischer Van-de-Graaff-Generator (Bild 4.19) ist hierfür ein Beispiel. Bei stationärem Betrieb finden wir im äußeren Widerstand R einen Strom in Richtung des elektrischen Feldes **E**, wobei die Energiedissipation

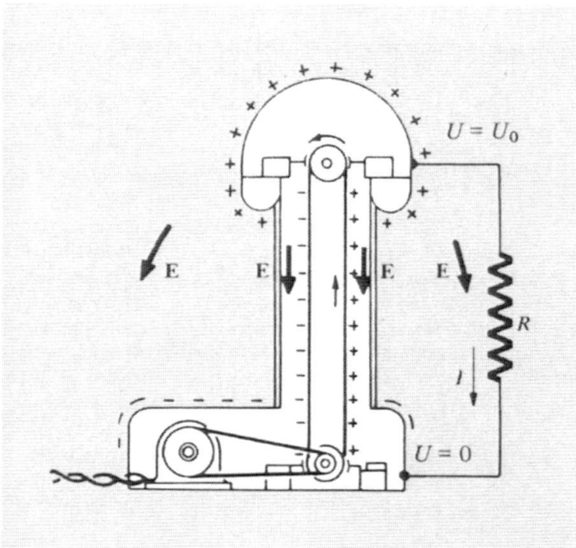

Bild 4.19 Van-de-Graaff-Generator. Die Ladungsträger werden mechanisch in eine Richtung transportiert, die der Richtung entgegengesetzt ist, in der sie das elektrische Feld führen würde.

pro Zeit IU_0 bzw. I^2R sich als Wärme äußert. Auch innerhalb der Generatorsäule existiert ein nach unten gerichtetes elektrisches Feld. Hier können die Ladungsträger gegen das elektrische Feld verschoben werden, wenn man sie auf ein nichtleitendes Band aufbringt. Dort haften sie so fest, daß sie nicht längs des Bands nach unten in die allgemeine Feldrichtung gleiten können. (Natürlich können sie durch ein stärkeres Feld wieder von dem Band entfernt werden; dies geschieht auf den Bürsten, die sich am oberen Ende der Säule befinden. Mit den Hilfsmitteln für das Anbringen und Entfernen der Ladung in der Nähe der Antriebsrollen brauchen wir uns nicht zu befassen.) Die zum Antrieb des Bands erforderliche Energie wird von woandersher geliefert, üblicherweise von einem Elektromotor, der am Stromnetz liegt – es könnte aber auch ein Verbrennungsmotor sein, oder sogar ein Mann, der eine Kurbel dreht. In seiner Auswirkung ist der Van-de-Graaff-Generator (unter den Bedingungen von Bild 4.19) eine Batterie mit einer Quellenspannung U_0.

Bei gewöhnlichen Batterien führt die chemische Energie dazu, daß sich die Ladungsträger in einem bestimmten Bereich entgegen der Feldrichtung bewegen. Dies bedeutet, daß sich ein Träger positiver Ladung an einer Stelle höheren Potentials begeben kann, wenn er dadurch an einer chemischen Reaktion teilnimmt, die mehr Energie liefert, als zum Erklimmen des Potentialberges erforderlich ist.

Um zu verstehen, wie dies vor sich geht, betrachten wir ein bestimmtes galvanisches Element. *Galvanisches Element* ist der Oberbegriff für eine Spannungsquelle auf chemischer Basis. *Galvani* wurde in seinen Experimenten um 1790 durch die zuckenden Froschschenkel auf die chemische Erzeugung eines elektrischen Stroms hingewiesen. *Volta* wies nach, daß die Quelle nicht auf „tierischer Elektrizität" beruhte, wie *Galvani* behauptete, sondern auf dem Kontakt voneinander verschiedener Metalle in dem Stromkreis. *Volta* baute dann die erste Batterie: ein Stapel elementarer Zellen, deren jede aus einer Zinkscheibe und einer Silberscheibe, zwischen denen sich mit Salzwasser getränkte Pappe befand. Die Batterie, die Ihr Transistorradio treibt, ist sauberer verpackt, funktioniert im Prinzip aber genauso. In Gebrauch sind verschiedene Arten von galvanischen Elementen, die sich chemisch unterscheiden, aber gemeinsame Merkmale haben: Zwei Elektroden aus verschiedenem Material sind in eine Ionenflüssigkeit oder einen Elektrolyten eingetaucht.

Als Beispiel werden wir die Blei-Schwefelsäure-Zelle, die die Basis der Autobatterie ist, beschreiben. Diese Zelle hat die wichtige Eigenschaft, ohne weiteres reversibel zu arbeiten. Mit einem *Akkumulator* aus solchen Zellen, die wiederholt geladen und entladen werden können, kann Energie elektrisch gespeichert und wiedergewonnen werden. Ein voll geladener Blei-Akkumulator hat positive Platten, die Bleidioxid (PbO_2) als poröses Pulver, und negative Platten, die reines Blei in schwammartiger Struktur enthalten. Das mechanische Gerüst oder Gitter besteht aus einer Bleilegierung. Alle positiven Platten sind untereinander und mit der positiven Anschlußklemme (Plus-Pol) der Batterie verbunden. Die negativen Platten sind auf die gleiche Weise verbunden. Die beiden Plattensätze sind so ineinandergestellt, daß jeweils eine positive und eine negative Platte, getrennt durch einen kleinen Abstand, miteinander abwechseln. Die schematische Zeichnung in Bild 4.20 zeigt nur einen kleinen Teil einer positiven und einer negativen Platte. Die Schwefelsäure füllt die Zelle einschließlich der Zwischenräume im aktiven Material, dessen Porosität eine große Oberfläche für die chemische Reaktion liefert.

In diesem Zustand, wenn kein äußerer Stromkreis die Pole verbindet, hat die Zelle eine Potentialdifferenz von etwa 2,1 V zwischen den Polen. Diese Leerlaufspannung bildet sich „automatisch" durch die chemische Wechselwirkung der Bestandteile. Das ist die *Quellenspannung* U_0 der Zelle. Ihr Wert hängt von der Konzentration der Schwefelsäure im Elektrolyten ab, jedoch überhaupt nicht von der Größe, der Anzahl oder dem Abstand der Platten.

Nun verbinden wir die Pole der Zelle über den Widerstand R und erzeugen so einen Stromkreis. Wenn R nicht zu klein ist, wird die Spannung U zwischen den Polen nur wenig kleiner als der Leerlaufwert U_0 sein, und ein Strom $I = U/R$ wird im Stromkreis fließen (Bild 4.20b). Elektronen fließen *in* den positiven Pol hinein, andere Elektronen fließen *aus* dem negativen Pol heraus. An jeder Elektrode finden chemische Reaktionen statt; insgesamt werden Blei, Bleidioxid und Schwefelsäure in Bleisulfat

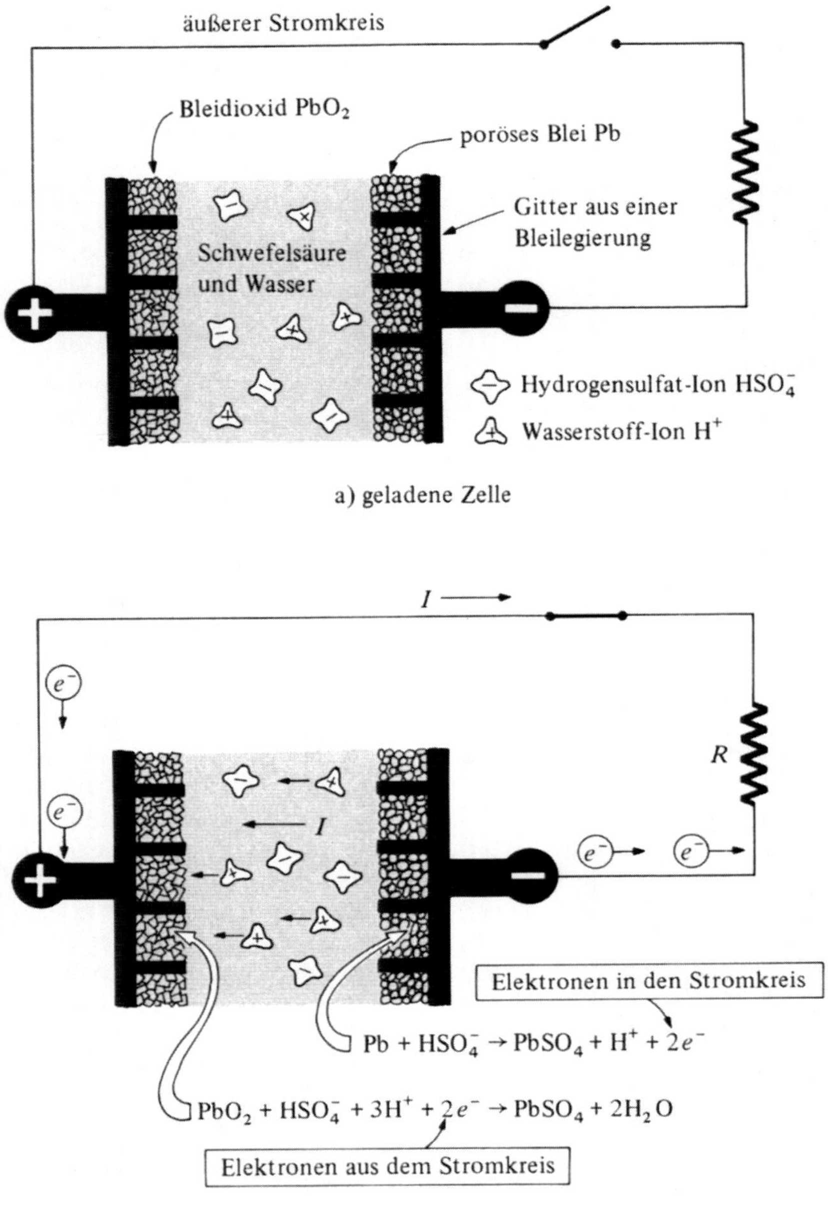

Bild 4.20

Eine schematische, nichtmaßstäbliche Zeichnung zur Wirkungsweise des Bleiakkumulators. Der Elektrolyt ist wässrige Schwefelsäure, die in das Bleioxid-Granulat der positiven Platte und das schwammartige Blei der negativen Platte eindringt. Die Spannung zwischen dem positiven und dem negativen Pol ist 2,1 V. Wenn der äußere Stromkreis geschlossen wird, laufen chemische Reaktionen an den Phasengrenzen fest – flüssig ab. Die Schwefelsäure im Elektrolyten wird aufgebraucht und Elektronen laufen durch den äußeren Stromkreis vom negativen zum positiven Pol, was den Strom I bedeutet. Zum Aufladen wird der Lastwiderstand R durch eine Quelle mit einer Quellenspannung größer als 2,1 V ersetzt. Dadurch wird ein Strom, der beide Reaktionen rückgängig macht, in entgegengesetzter Richtung durch die Zelle getrieben.

und Wasser verwandelt. Für jedes entstandene Bleisulfatmolekül läuft eine Ladung e durch den Stromkreis, und ein Energiebetrag eU_0 wird freigesetzt. Von dieser Energie erscheint der Betrag eU als Wärme im Außenwiderstand R. Der Unterschied zwischen U_0 und U wird durch den Widerstand des Elektrolyten, durch den der Strom innerhalb der Zelle fließen muß, verursacht. Wenn wir diesen Innenwiderstand mit R_i bezeichnen, kann das System ziemlich gut durch die Ersatzschaltung in Bild 4.21 beschrieben werden.

Wenn die Entladung vor sich geht und der Elektrolyt durch Wasser weiter verdünnt wird, sinkt die Quellenspannung U_0 etwas. Normalerweise wird die Zelle als entladen angesehen, wenn U_0 unter 1,75 V gefallen ist. Um die Zelle wieder aufzuladen, muß ein Strom in entgegengesetzter Richtung durch den Kreis fließen; dies erreicht man, indem man eine Spannungsquelle größer als U_0 an die Pole der Zelle anschließt. Die chemische Reaktion läuft dann rückwärts ab, bis das gesamte Bleisulfat in Bleidioxid und Blei zurückverwandelt worden ist. Die bei der Ladung aufgewendete Energie ist etwas größer als die bei der Entladung von der Zelle gelieferte. Der Innenwiderstand R_i verursacht unabhängig von der Stromrichtung eine Verlustleistung $I^2 R_i$.

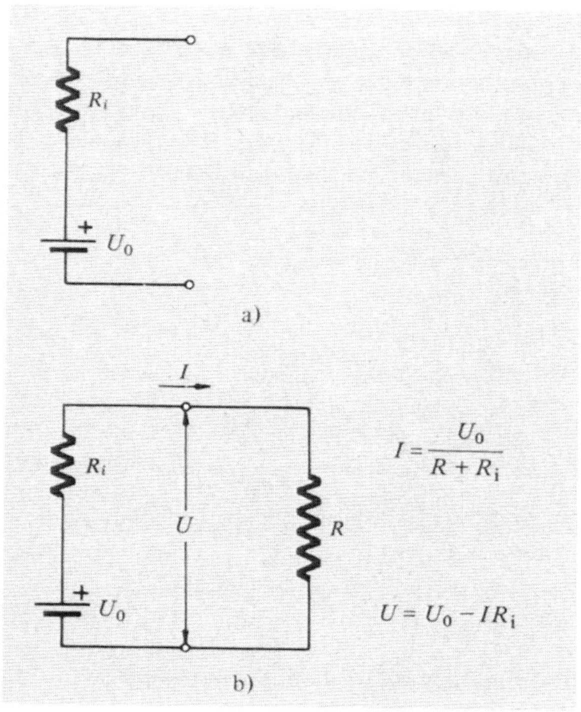

Bild 4.21

a) Das Ersatzschaltbild für ein galvanisches Element besteht einfach aus einem Widerstand R_i in Serie mit einer Quellenspannung U_0,

b) Berechnung des Stroms in einer Schaltung, die ein galvanisches Element enthält.

Im Bild 4.20b ist zu bemerken, daß der Strom im Elektrolyten dadurch entsteht, daß die positiven Ionen zur positiven Platte wandern. Es ist offenkundig, daß das elektrische Feld im Elektrolyten zur positiven Platte und nicht davon weg gerichtet ist. Trotzdem ist das Linienintegral von **E** auf dem geschlossenen Weg durch den Stromkreis Null, wie es für ein elektrostatisches Feld sein muß. Die Erklärung ist diese: Es gibt zwei sehr steile Potentialstufen an den Trennflächen zwischen positiver Platte und dem Elektrolyten und zwischen dem Elektrolyten und der negativen Platte. Dort bewegen sich die Ionen *gegen* ein starkes elektrisches Feld durch Kräfte, die von den chemischen Reaktionen herrühren. Das ist der Bereich, der dem Band im Van-de-Graaff-Generator entspricht.

Jede Art von galvanischem Element hat ihre charakteristische Quellenspannung, die in den Bereich von 1 V bis 3 V fällt. Die Energie pro Molekül, die mit irgendeiner chemischen Reaktion verbunden ist, ist im wesentlichen der Gewinn oder der Verlust beim Übergang eines äußeren Elektrons von einem Atom zu einem anderen. Das ist nicht mehr als einige eV. Wir können ziemlich sicher sein, daß niemand ein galvanisches Element mit einer Quellenspannung von 12 V erfinden wird. Die 12-V-Autobatterie

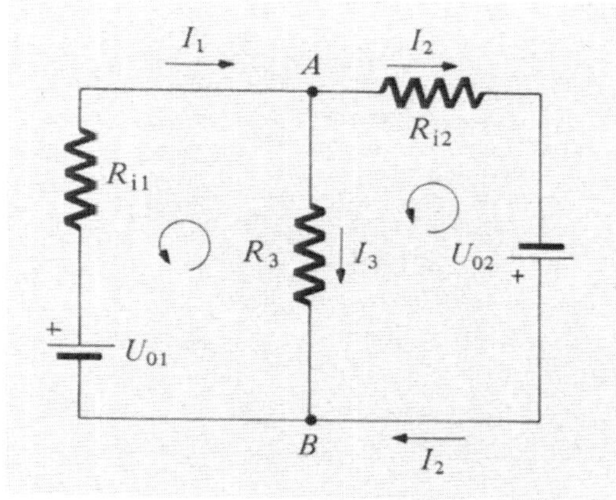

Bild 4.22 Ein Netzwerk mit zwei Spannungsquellen

besteht aus 6 in Reihe geschalteten Blei-Schwefelsäure-Zellen.

4.10 Netzwerke mit Spannungsquellen

Ein Netzwerk mit Widerständen kann mehr als eine Quellenspannung oder Spannungsquelle enthalten. Der Stromkreis in Bild 4.22 enthält zwei Batterien mit den Quellenspannungen U_{01} und U_{02}. Der positive Pol jeder Batterie ist mit dem üblichen Batteriesymbol bezeichnet. R_{i1} und R_{i2} sind die Innenwiderstände der beiden Batterien. Wir wollen die Ströme in diesem Netzwerk bei gegebenen Widerständen berechnen. Nachdem wir die Stromrichtungen von I_1, I_2 und I_3 in den Zweigen willkürlich festgelegt haben, unterliegen wir den Vorschriften aus Abschnitt 4.7 und erhalten drei unabhängige Gleichungen:

$$\begin{aligned} I_1 - I_2 - I_3 &= 0\,, \\ U_{01} - R_{i1} I_1 - R_3 I_3 &= 0\,, \\ U_{02} - R_{i2} I_2 + R_3 I_3 &= 0\,. \end{aligned} \tag{4.25}$$

Die Vorzeichen ergeben sich dadurch, daß die dem Knoten zufließenden Ströme positiv, die abfließenden negativ gezählt werden. In den Maschen ist der Linksumlauf (Gegenuhrzeigersinn) positiv gezählt worden. Die drei Gleichungen können nach I_1, I_2 und I_3 aufgelöst werden:

$$\begin{aligned} I_1 &= \frac{U_{01} R_{i2} + U_{01} R_3 + U_{02} R_3}{R_{i1} R_{i2} + R_{i2} R_3 + R_{i1} R_3}\,, \\ I_2 &= \frac{U_{02} R_{i1} + U_{02} R_3 + U_{01} R_3}{R_{i1} R_{i2} + R_{i2} R_3 + R_{i1} R_3}\,, \\ I_3 &= \frac{U_{01} R_2 - U_{02} R_1}{R_{i1} R_{i2} + R_{i2} R_3 + R_{i1} R_3}\,. \end{aligned} \tag{4.26}$$

Der Strom I_3 kann negativ werden. Das bedeutet, daß er dann entgegen der als positiv festgesetzten Richtung fließt.

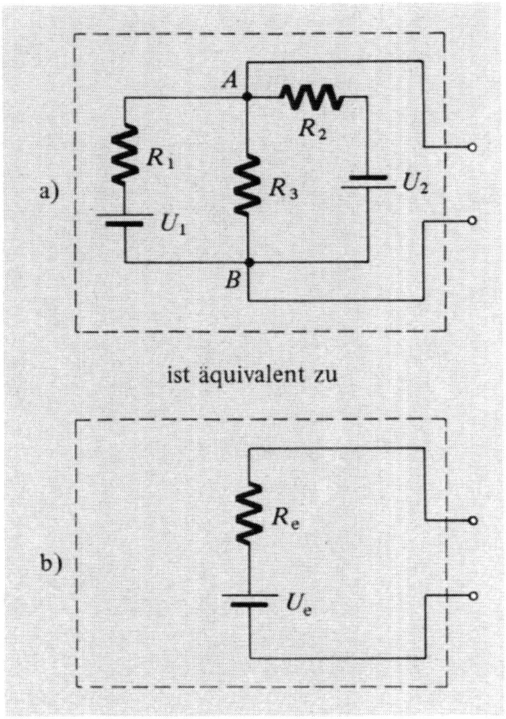

Bild 4.23 Wählen Sie R_e so, daß er gleich dem Widerstand ist, den Sie zwischen den Anschlüssen in a) messen würden, wenn alle Quellenspannungen gleich Null wären. Wählen Sie U_e gleich der Spannung, die Sie zwischen den Anschlüssen in a) bei offenem äußeren Stromkreis beobachten würden. Sie können dann bei irgendeiner Gleichstrommessung an den Anschlüssen keinen Unterschied zwischen a) und b) feststellen.

Wir nehmen nun an, daß ein solches Netzwerk Teil eines größeren Systems ist, an welches es mit zwei Knoten angeschlossen ist. Zum Beispiel wollen wir Drähte an die beiden Knoten A und B anbringen und den Rest in eine „Black Box" (einen „schwarzen Kasten") einschließen. Die beiden Drähte sind die einzigen äußeren Anschlüsse (Bild 4.23a). Ein allgemeiner Satz (Theorem von Thévenin) sagt uns, daß dieser Zweipol in seinem Verhalten in irgendeinem anderen Stromkreis, an den er angeschlossen sein mag, vollständig ersetzt werden kann durch eine *einzelne* Spannungsquelle U_e mit einem inneren Widerstand R_e. Das gilt für jedes noch so komplizierte Netzwerk aus Spannungsquellen und Widerständen. Die Werte von U_e und R_e sind leicht zu bestimmen. U_e ist die Spannung zwischen den beiden Anschlußdrähten, wenn außerhalb des Kastens nichts an sie angeschlossen ist. In unserem Beispiel ist sie gerade $I_3 R_3$, wobei I_3 durch Gl. (4.26) gegeben ist. Der Widerstand R_e ist der Widerstand, den man zwischen den Anschlüssen mißt, wenn alle Quellenspannungen Null gemacht worden sind. In unserem Beispiel würde das die Parallelschaltung von R_{i1}, R_{i2} und R_3 sein, also $R_{i1}R_{i2}R_3/(R_{i1}R_{i2}+R_{i2}R_3+R_{i1}R_3)$.

Was ist zu tun, wenn wir nichts über den Inhalt des Kastens wissen? Wir können U_e und R_e durch zwei Messungen experimentell bestimmen: Wir messen die *Leerlaufspannung* mit einem Voltmeter, dessen Stromverbrauch vernachlässigbar ist; das ist U_e. Dann verbinden wir die Anschlüsse mit einem Amperemeter mit vernachlässigbarem Widerstand; es mißt den *Kurzschlußstrom* I_K. Damit ist

$$R_e = \frac{U_e}{I_K}. \tag{4.27}$$

Um komplizierte Stromkreise zu untersuchen, ist es manchmal hilfreich, einen zweipoligen Abschnitt durch die äquivalenten Größen U_e und R_e zu ersetzen. Der Satz von Thévenin setzt die Linearität aller Schaltelemente einschließlich der Umkehrbarkeit der Ströme durch die Batterien voraus. (Wenn eine von unseren Batterien eine nicht wiederaufladbare Trockenzelle ist, und der Strom durch sie rückwärts fließt, ist Vorsicht angebracht!)

4.11 Variable Ströme in Kondensatoren und Widerständen

Ein Kondensator mit der Kapazität C wird geladen, bis seine Spannung den Wert U_0 annimmt. An dem Kondensator liegt über einen Schalter der Widerstand R. Schließen des Schalters führt zu einer Entladung des Kondensators. Bild 4.24 zeigt den Kondensator, angegeben durch das übliche Symbol —||— , den Widerstand R und den Schalter. Wir nehmen an, daß der Schalter zur Zeit $t = 0$ geschlossen wird. Während der Strom fließt, verliert der Kondensator offensichtlich langsam seine Ladung. Dadurch verringert sich auch die Spannung am Kondensator, was wiederum den Stromfluß vermindert. Um diese Vorgänge exakt zu beschreiben, bezeichnen wir mit Q die Ladung des Kondensators zu einem beliebigen Zeitpunkt und mit U die an den Platten liegende Potentialdifferenz, die auch gleich der Spannung am Widerstand ist. Den Strom I zählen wir als positiv, wenn er von der positiven Platte des Kondensators abfließt. Alle diese Größen sind Funktionen der Zeit, die folgenden Beziehungen genügen:

$$Q = CU; \quad I = \frac{U}{R}; \quad -\frac{dQ}{dt} = I. \tag{4.28}$$

Durch Elimination von I und U erhalten wir die Gleichung für die zeitliche Änderung von Q:

$$\frac{dQ}{dt} = -\frac{Q}{RC}. \tag{4.29}$$

Umgeschrieben in

$$\frac{dQ}{Q} = -\frac{dt}{RC} \tag{4.30}$$

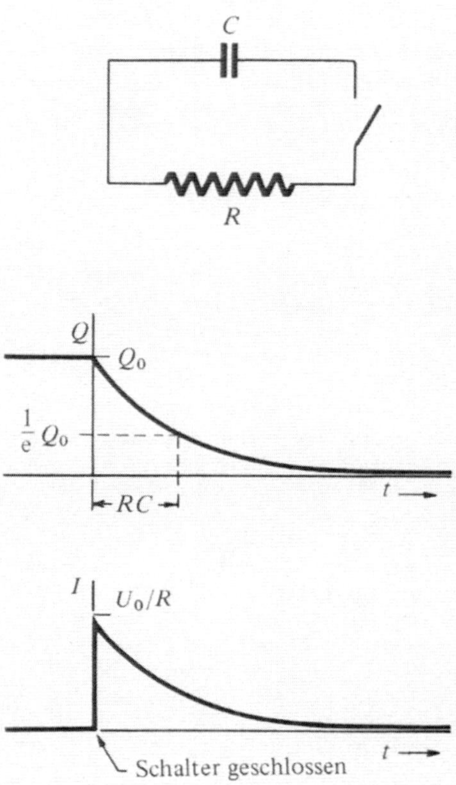

Bild 4.24 Ladung und Strom in einem RC-Kreis. Die Ladung nimmt während der Zeit RC um den Faktor 1/e ab.

lassen sich beide Seiten integrieren, und es ergibt sich

$$\ln \frac{Q}{Q_0} = -\frac{t}{RC}. \tag{4.31}$$

Daraus folgt als Lösung für die Differentialgleichung (4.29):

$$Q = Q_0 \cdot e^{-t/RC}. \tag{4.32}$$

Wir nehmen an, daß zur Zeit $t = 0$ gilt $U = U_0$; dies liefert $Q_0 = CU_0$. Damit haben wir das genaue Verhalten von Q nach Schließen des Schalters gefunden:

$$Q = CU_0\, e^{-t/RC}. \tag{4.33}$$

Das Verhalten des Stroms I ergibt sich unmittelbar daraus:

$$I = -\frac{dQ}{dt} = \frac{U_0}{R}\, e^{-t/RC}. \tag{4.34}$$

Wird der Schalter geschlossen, steigt der Strom sofort auf den Wert U_0/R an und fällt dann exponentiell auf Null ab. Die Zeitdauer dieses Abfalls ist durch die Konstante RC charakterisiert. Es sollte uns nicht verwundern, daß das Produkt aus Widerstand und Kapazität die Dimension Zeit besitzt. Bekanntlich hat C die Einheit C/V = As/V, während R die Einheit V/A aufweist. Daher ist s die Einheit von RC. Oft spricht man von der „Zeitkonstanten" oder „RC-Konstanten" eines Stromkreises oder eines seiner Teile.

Im SI ist die Einheit der Kapazität das *Farad*. Ein 1-F-Kondensator hat die Ladung 1 C bei einer Spannung von 1 V. Mit R in Ohm und C in Farad ist das Produkt RC eine Zeit in Sekunden. Wenn Sie dies überprüfen wollen, beachten Sie, daß Ω = V/A = Vs/C und F = C/V. Wenn der Stromkreis von Bild 4.24 aus einem 0,05-μF-Kondensator und einem 5-MΩ-Widerstand – beide in jedem Labor zu finden – besteht, ergibt sich $RC = 5 \cdot 10^6 \cdot 0{,}05 \cdot 10^{-6}\,\text{s} = 0{,}25$ s.

Ganz allgemein wird in jedem elektrischen System aus geladenen Kondensatoren und Leitungen mit Widerständen ein Zeitmaßstab – vielleicht nicht der einzige – für den Ablauf der Vorgänge in dem System durch irgendein Kapazitäts-Widerstands-Produkt bestimmt. Dies wirkt sich auf unsere frühere Feststellung über die Dimension des spezifischen Widerstands aus. Stellen Sie sich einen Kondensator mit Platten der Fläche A und dem Plattenabstand d vor; seine Kapazität C ist $\epsilon_0 A/d$. Plötzlich wird der Raum zwischen den Platten mit einem leitenden Medium gefüllt; der spezifische Widerstand des Mediums ist ρ. Um allen Spekulationen, wie dies die Kapazität des Kondensators beeinflußt, aus dem Weg zu gehen, nehmen wir als Medium ein sehr schwach ionisiertes Gas an. Diese neue „Leitung" entlädt den Kondensator genauso wirksam, wie es der äußere Widerstand in Bild 4.24 tat. Mit welcher Geschwindigkeit geht dies vor sich? Der Widerstand R der Leitung ist $\rho d/A$. Für die Zeitkonstante RC ergibt sich daraus

$$\frac{\rho d}{A} \cdot \frac{\epsilon_0 A}{d} = \epsilon_0 \rho\,.$$

Die *Relaxationszeit* ist durch das Produkt $\epsilon_0 \rho$ festgelegt. Hat z.B. das schwach ionisierte Gas, von dem wir sprachen, ein ρ von $10^6\,\Omega$m, ist die Relaxationszeit ungefähr 10 μs. Diese Zeit ist also von der Geometrie des Kondensators unabhängig. Wir haben hier ganz einfach die Zeitkonstante für die Ladungsumverteilung oder Relaxation des elektrischen Feldes in einem leitenden Medium vor uns. Die Kondensatorplatten hätten wir für die Beschreibung der Situation überhaupt nicht benötigt. Stellen wir uns vor, wir könnten plötzlich zwei Ladungsschichten, eine negative und eine positive, einander gegenüber in einen Leiter, z.B. einen n-leitenden Halbleiter einbringen (Bild 4.25a). Wodurch werden diese Ladungen verschwinden? Werden die negativen Ladungsträger sich von der linken Schicht durch den dazwischenliegenden Raum zur rechten Schicht bewegen und, wenn sie dort ankommen, die positiven Ladungen neutralisieren? Sicherlich nicht, denn wenn das so wäre,

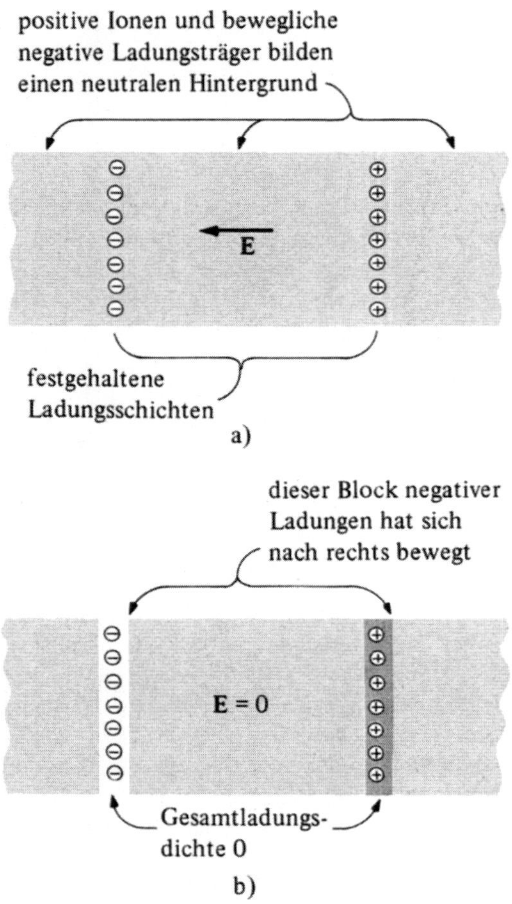

Bild 4.25 In einem leitenden Medium, hier *n*-leitend, können zwei fixierte Ladungsschichten, eine negative und eine positive, durch eine kleine Bewegung des gesamten dazwischenliegenden Blocks der beweglichen Ladungsträger neutralisiert werden.

a) Bevor sich der Block der negativen Ladungsträger bewegt hat.
b) Nachdem sich die Ladungsträgerdichte an jeder Schicht im Mittel zu Null ausgeglichen hat.

würde die erforderliche Zeit proportional zum Abstand der Schichten sein. Was stattdessen geschieht ist dies: Die *gesamte Verteilung* der negativen Ladungsträger zwischen den Schichten bewegt sich, verursacht durch das elektrische Feld. Nur eine *sehr kleine* Verschiebung der Ladungswolke genügt, um die Überschußladung auf der linken Seite abzubauen, während auf der rechten Seite die zur Neutralisation der positiven Schicht erforderlichen, zusätzlichen negativen Ladungen herangeschafft werden, wie in Bild 4.25b gezeigt wird. Mit anderen Worten, die Neutralität in einem Leiter wird durch eine kleine Neuordnung der gesamten Ladungsverteilung wiederhergestellt und nicht dadurch, daß sich einige Ladungsträger über eine große Entfernung bewegen. Deshalb ist die Relaxationszeit unabhängig von der Größe des Systems.

Für ein Metall mit einem typischen spezifischen elektrischen Widerstand $\rho = 10^{-7}\,\Omega\text{m}$ ist $\epsilon_0 \rho$ ungefähr 10^{-18} s. Das ist um Größenordnungen kleiner als die mittlere Zeit zwischen zwei Stößen für ein Elektron im Metall und ergibt als Relaxationszeit keinen Sinn. Unsere Theorie kann keine Aussagen über so kurze Ereignisse machen.

4.12 Übungen

1. *Stromdichte.* $5 \cdot 10^{16}$ zweifach positive Ionen pro m^3 bewegen sich mit der Geschwindigkeit 10^5 m/s westwärts; in demselben Gebiet bewegen sich 10^{17} Elektronen pro m^3 mit der Geschwindigkeit 10^6 m/s nach Nordost. (Fragen Sie nicht, wie man das macht!) Welche Richtung hat **J** und wie groß ist der Betrag von **J**?
   Lösung: 228,8°; $1{,}71 \cdot 10^4$ A/m^2.
2. *Strom kreisender Elektronen.* In einem 6-GeV-Elektronensynchrotron bewegen sich die Elektronen in einer nahezu kreisförmigen Bahn (Kreisumfang 240 m). Normalerweise kreisen während eines Beschleunigungszyklus 10^{11} Elektronen in dieser Bahn. Die Elektronen haben nahezu Lichtgeschwindigkeit. Wie groß ist der Strom? Dieses sehr einfache Beispiel weist darauf hin, daß bei unserer Definition des Stroms als Transportrate (Ladung/Zeit) von den Ladungsträgern nicht gefordert wurde, ihre Geschwindigkeit müßte nichtrelativistisch sein; es spricht auch nichts dagegen, daß ein bestimmtes geladenes Teilchen viele Male während einer Sekunde als Teil des Stroms gezählt wird.
   Lösung: 20 mA
3. *Mechanisch transportierte Ladung.* In einem elektrostatischen Van-de-Graaff-Generator bewegt sich ein 30 cm breites, mit Gummi imprägniertes Band mit der Geschwindigkeit 20 m/s. An der unteren Rolle erhält das Band eine Flächenladung, die so groß ist, daß sie zu einem Feld von 3000 V/m auf beiden Seiten des Bandes führt. Wie groß ist der Strom in A?
4. Die erste telegraphische Nachricht überquerte den Atlantik im Jahr 1858 durch ein 3000 km langes Kabel, das zwischen Neufundland und Irland verlegt worden war. Der Leiter in diesem Kabel bestand aus sieben Kupferdrähten mit je 0,73 mm Durchmesser, die gebündelt und mit einem Isolationsmantel umgeben waren.
   a) Berechnen Sie den elektrischen Widerstand des Leiters. Benutzen Sie für den spezifischen Widerstand von Kupfer, das von etwas zweifelhafter Reinheit war, den Wert $3 \cdot 10^{-8}\,\Omega\text{m}$.
   b) Der Rückweg für den Strom verlief durch den Ozean selbst. Der spezifische Widerstand von Seewasser ist $0{,}25\,\Omega\text{m}$. Überzeugen Sie sich, wenn sie können, daß der Widerstand zurück durch den Ozean viel kleiner ist als der des Kabels.
5. Zeigen Sie, daß der Gesamtbetrag der Ladung am Übergang von einem Material zum anderen in Bild 4.6 gleich $\epsilon_0 I\,((1/\sigma_2) - (1/\sigma_1))$ ist, wobei I der Strom durch den Übergang ist und σ_1, σ_2 die elektrischen Leitfähigkeiten sind.
6. Ein Draht aus reinem Zinn ist nach dem Ziehen durch eine Ziehdüse länger und sein Durchmesser um 25 % kleiner geworden. Um welchen Faktor ist der Widerstand angewachsen? Nun wird der Draht durch Walzen zu einem Band abgeflacht, wodurch er abermals länger wird. Er ist nun doppelt so lang wie am Anfang. Wie hat sich der Widerstand insgesamt geändert? *Annahme:* Dichte und spezifischer Widerstand bleiben konstant.

7. Ein geschichteter Leiter, hergestellt durch abwechselnde Abscheidung von 100 Å dicken Silberschichten und 200 Å dicken Zinnschichten, kann in größerem Maßstab als homogenes aber anisotropes Material betrachtet werden, beschrieben durch eine elektrische Leitfähigkeit $\sigma_\perp$ für Ströme senkrecht zu den Schichtebenen und eine unterschiedliche Leitfähigkeit $\sigma_\parallel$ für Ströme parallel zu den Ebenen. Geben Sie das Verhältnis $\sigma_\perp/\sigma_\parallel$ an, wenn die Leitfähigkeit von Silber 7,2mal größer als die von Zinn ist.
Lösung: 0,457

8. Die Enden eines 1 km langen Kupferdrahtes sind an eine 6-V-Batterie angeschlossen. Der spezifische Widerstand von Kupfer ist $1{,}7 \cdot 10^{-8}\ \Omega\mathrm{m}$, die Konzentration der Leitungselektronen $8 \cdot 10^{28}\,\mathrm{m}^{-3}$. Wie groß ist die Driftgeschwindigkeit der Leitungselektronen unter diesen Umständen? Wie lange dauert es, bis ein Elektron durch den Stromkreis geflossen ist?

9. Normalerweise ist in der Erdatmosphäre die größte Dichte freier Elektronen (freigesetzt durch ultraviolettes Sonnenlicht) 10^{12} pro m^3. Sie wird in einer Höhe von ungefähr 100 km angetroffen, wo die Dichte der Luft so klein ist, daß die mittlere freie Weglänge der Elektronen ungefähr 0,1 m ist. Bei der dort herrschenden Temperatur ist die mittlere Geschwindigkeit eines Elektrons 10^5 m/s. Wie groß ist die elektrische Leitfähigkeit?
Lösung: $0{,}028\ (\Omega\mathrm{m})^{-1}$

10. Ein Ion in einer Flüssigkeit ist so eng von neutralen Molekülen umgeben, daß man eigentlich nicht von einer freien Zeit zwischen Stößen sprechen kann. Trotzdem ist es interessant zu sehen, welcher Wert sich aus Gl. (4.20) ergibt, wenn wir die beobachtete Leitfähigkeit von reinem Wasser aus Tab. 4.1 nehmen und für $n_+ = n_- = 10^{19}\,\mathrm{m}^{-3}$ setzen. Eine typische thermische Geschwindigkeit für Wassermoleküle ist 500 m/s. Wie weit würden sie in der Zeit τ kommen?
Lösung: $2{,}3 \cdot 10^{-10}$ m

11. Der spezifische Widerstand von Seewasser ist etwa 0,25 Ωm. Die Ladungsträger sind hauptsächlich Na^+- und Cl^--Ionen, von jeder Sorte $3 \cdot 10^{26}$ pro m^3. Ein 2 m langes Plastikrohr wird mit Seewasser gefüllt und eine 12-V-Batterie an die an seinen Enden befindlichen Elektroden angeschlossen. Wie groß ist die resultierende Driftgeschwindigkeit der Ionen?

12. Entnehmen Sie aus Bild 4.10b die Leitfähigkeit für reines Silicium sowie die Dichte von Leitungselektronen und Löchern bei $T = 500$ K, um die mittlere Zeit zwischen zwei Stößen unter der Annahme, daß sie für Elektronen und Löcher gleich ist, anzugeben.

13. In einer planaren Siliciumdiode kann der Bereich des Übergangs zwischen n-leitendem und p-leitendem Halbleiter näherungsweise als zwei aneinandergefügte Ladungsschichten, die eine negativ, die andere positiv, dargestellt werden. Entfernt vom Übergang, außerhalb dieser Ladungsschichten, ist das Potential konstant, U_n im n-leitenden Material und U_p im p-leitenden Material. Die Differenz zwischen U_p und U_n ist 0,3 V und die Dicke jeder Ladungsschicht $1 \cdot 10^{-4}$ m. Geben Sie die Ladungsdichte in jeder der beiden Schichten an. Stellen Sie das Potential U als Funktion des Ortes x senkrecht zum Übergang graphisch dar. Wie groß ist die elektrische Feldstärke in der Mittelebene?

14. Wir beziehen uns auf Gl. (4.20) und Bild 4.10. Nehmen Sie an, daß $\tau_+ = \tau_-$ und $m_+ = m_- = m_e$, der Masse des Elektrons, ist. Aus der Anwesenheit von 10^{21} Elektronen pro m^3 im Leitungsband und der gleichen Konzentration von Löchern im Valenzband folgt eine Leitfähigkeit von $30\ (\Omega\mathrm{m})^{-1}$. Wie groß ist die mittlere Zeit zwischen zwei Stößen, τ? Die mittlere Geschwindigkeit eines Elektrons bei 500 K ist $1{,}5 \cdot 10^5$ m/s. Vergleichen Sie die mittlere freie Weglänge mit dem Abstand benachbarter Siliciumatome, der $2{,}35 \cdot 10^{-10}$ m beträgt.

15. Wie groß ist in Bild 4.26 R_0, wenn er als Ersatzwiderstand für die Widerstände $R_1 = 100\ \Omega$ dienen soll?

16. Wie groß muß R_1 bei gegebenem R_0 (Bild 4.26) sein, damit der Eingangswiderstand zwischen den beiden Anschlüssen gleich R_0 ist?

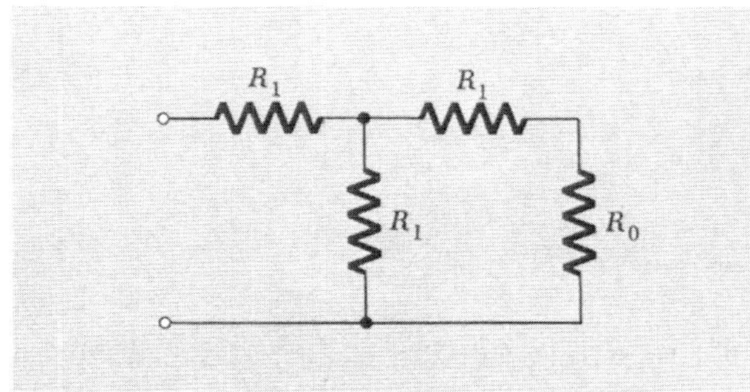

Bild 4.26

17. An die Klemmen einer Autobatterie wird ein Widerstand von 0,5 Ω angeschlossen. Dabei sinkt die Klemmenspannung von 12,3 V auf 9,8 V. Wie groß ist der Innenwiderstand der Batterie?

18. Zeigen Sie, daß eine Batterie (gegebene Quellenspannung U_0 und gegebener Innenwiderstand R_i), die an einem variablen Außenwiderstand R liegt, die größte Leistung an den Außenwiderstand für $R = R_i$ abgibt.

19. Sie haben ein Mikroamperemeter, das bei 50 μA seinen Vollausschlag hat; die Drehspule habe einen Widerstand von 20 Ω. Durch Hinzufügen von zwei Widerständen R_1 und R_2 und einer 1,5-V-Batterie können Sie daraus ein Ohmmeter herstellen. Wenn die beiden Anschlußdrähte des Ohmmeters verbunden sind, soll das Meßgerät bei Vollausschlag 0 Ω anzeigen. Wenn die Drähte an einen unbekannten Widerstand R angeschlossen werden, wird der Ausschlag den Widerstandswert anzeigen. Die Skala (s. Bild 4.27) soll so eingeteilt sein, daß bei halbem Ausschlag 15 Ω angezeigt werden. Wie müssen R_1 und R_2 geschaltet werden, welche Werte müssen sie haben und wo auf der Ω-Skala werden in Bezug auf die alte μA-Teilung die Markierungen für 5 Ω und 50 Ω liegen?

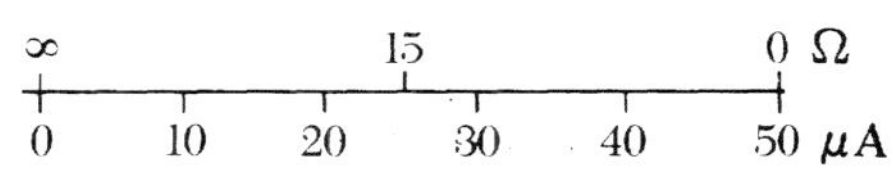

Bild 4.27

20. Ein schwarzer Kasten mit drei Anschlüssen a, b und c enthält nichts weiter als drei Widerstände und Verbindungsdraht. Bei Widerstandsmessung zwischen zwei Anschlüssen finden wir: $R_{ab} = 30\ \Omega$, $R_{ac} = 60\ \Omega$ und $R_{bc} = 70\ \Omega$. Zeigen Sie, daß der Inhalt des Kastens entweder wie in Bild 4.28a oder wie in Bild 4.28b sein kann. Gibt es eine andere Möglichkeit? Sind die beiden Kästen vollständig äquivalent oder gibt es eine externe Messung, die zwischen ihnen unterscheiden kann?

21. In einem Stromkreis (Bild 4.29) haben alle fünf Widerstände denselben Wert (100 Ω) und jede Batterie hat die Quellen-

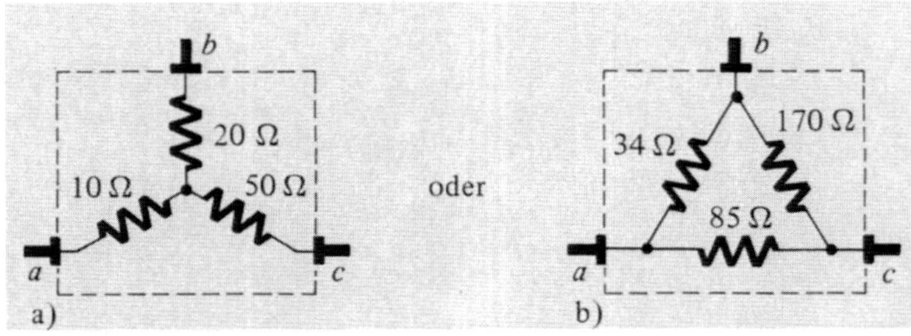

Bild 4.28

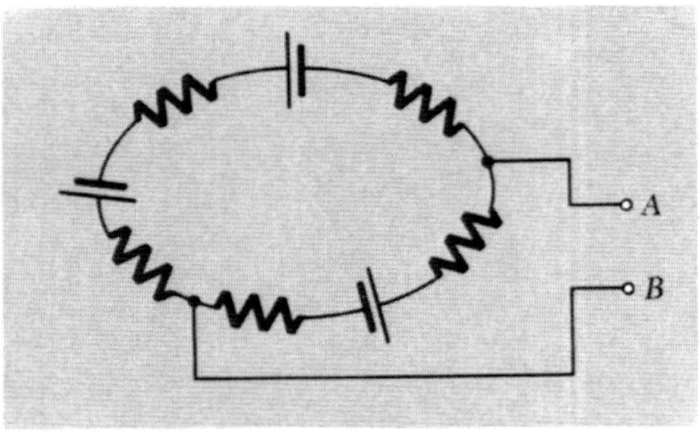

Bild 4.29

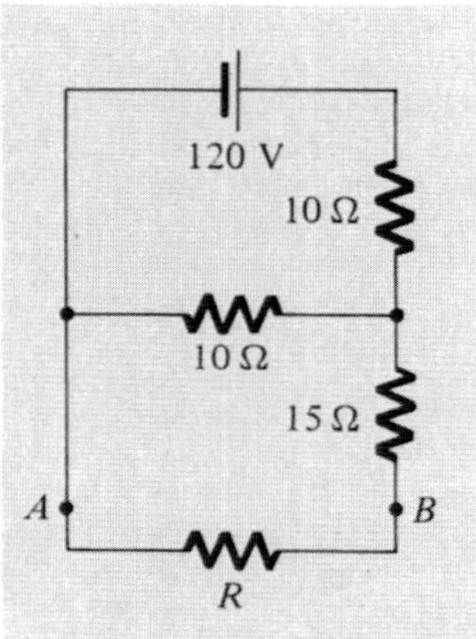

Bild 4.30

spannung 1,5 V. Wie groß sind Leerlaufspannung und Kurzschlußstrom an den Anschlüssen A, B? Wie groß sind die U_e und R_e der Théveninschen Ersatzschaltung?

22. Ein Widerstand R ist an den Stellen A, B der Schaltung in Bild 4.30 angeschlossen. Für welchen Wert von R kann die Verlustleistung in ihm am größten sein? Um das zu beantworten, konstruieren Sie die Théveninsche Ersatzschaltung und benutzen das Ergebnis von Übung 18. Welche Leistung wird in R umgesetzt?

23. Angenommen, das leitende Medium in Bild 4.25 ist n-leitendes Silicium mit einer Elektronendichte von 10^{21} pro m^3 im Leitungsband, und die anfängliche Ladungsdichte in den Schichten ist so groß, daß eine elektrische Feldstärke von 30 kV/m herrscht. Wie groß muß die Verschiebung der dazwischenliegenden Elektronenverteilung sein, damit die Neutralität wiederhergestellt und das elektrische Feld zu Null reduziert wird?

24. *Dieses Beispiel zeigt Ihnen, warum wir gewöhnlich annehmen können, daß der aus einem Teil eines Stromkreises herausfließende Strom gleich dem hineinfließenden ist.* Wir kommen auf die Fußnote 41 zurück und betrachten einen schwarzen Kasten, der angenähert ein Würfel (Kantenlänge 10 cm) mit zwei Anschlußklemmen ist. Jeder der beiden Anschlüsse ist über Leitungen mit einem äußeren Stromkreis verbunden. Sonst ist der Kasten vor allem gut isoliert. Ein Strom von ca. 1 A fließt durch dieses Schaltelement. Nehmen Sie nun an, daß sich der hineinfließende Strom und der herausfließende Strom um 10^{-6} unterscheiden. Wie lange würde es ungefähr dauern, bis das Potential des Kastens, wenn nichts anderes passiert, sich um 1000 V erhöht?

25. *Der Energieänderung in dem RC-Kreis auf der Spur.* Kehren wir zu dem Beispiel von Abschnitt 4.11 zurück, in dem gezeigt worden war, wie sich ein Kondensator über einen Widerstand entlädt. Beweisen Sie, daß die gesamte, von dem Widerstand verbrauchte Energie gleich der ursprünglich in dem Kondensator gespeicherten Energie ist. Nehmen Sie weiterhin an: Jemand behauptet, daß der Kondensator nie völlig entladen sein kann, da Q nur für $t = \infty$ Null wird. Wie würden Sie dieser Behauptung entgegentreten? Mit einigen vernünftigen Annahmen können Sie herausfinden, wie lange es dauert, bis sich die Ladung auf ein Elektron reduziert hat.

26. Zwei Graphitstäbe haben die gleiche Länge. Einer ist zylinderförmig mit dem Radius a, der andere ist konisch; er verjüngt sich linear von einem Ende (Radius a) zum anderen (Radius b). Zeigen Sie, daß der elektrische Widerstand zwischen den Enden des konischen Stabes (a/b)mal so groß ist wie der des zylindrischen Stabes. *Hinweis:* Zerlegen Sie den Stab in dünne, in Serie geschaltete Scheiben.

27. Es soll der Ersatzwiderstand R_e zwischen den Anschlüssen T_1 und T_2 für ein Netzwerk mit fünf Widerständen (Bild 4.31) angegeben werden. Die Formel für R_e kann hergeleitet werden, indem man bei einer gegebenen Spannung U zwischen T_1 und T_2 einen Strom in T_1 hineinfließen läßt. Es ist dann $R_e = U/I$. Das bringt ziemlich umständliche Rechnerei mit sich, wobei sich leicht Fehler einschleichen. Deshalb werden wir das meiste der Antwort angeben:

$$R_e = \frac{R_1R_2R_3 + R_1R_2R_4 + ? + R_2R_3R_4 + R_5(R_1R_3 + R_2R_3 + ? + R_2R_4)}{R_1R_2 + R_1R_4 + ? + R_3R_4 + R_5(R_1 + R_2 + R_3 + R_4)}$$

Sie sollten durch Betrachtung der Symmetrie des Netzwerkes in der Lage sein, die fehlenden Terme zu ergänzen. Überprüfen Sie dann die Formel durch direkte Berechnung von R_e in drei Spezialfällen a) $R_5 = 0$, b) $R_5 = \infty$ und c) $R_1 = R_3 = 0$ und vergleichen Sie Ihr Ergebnis mit dem, was die Formel liefert.

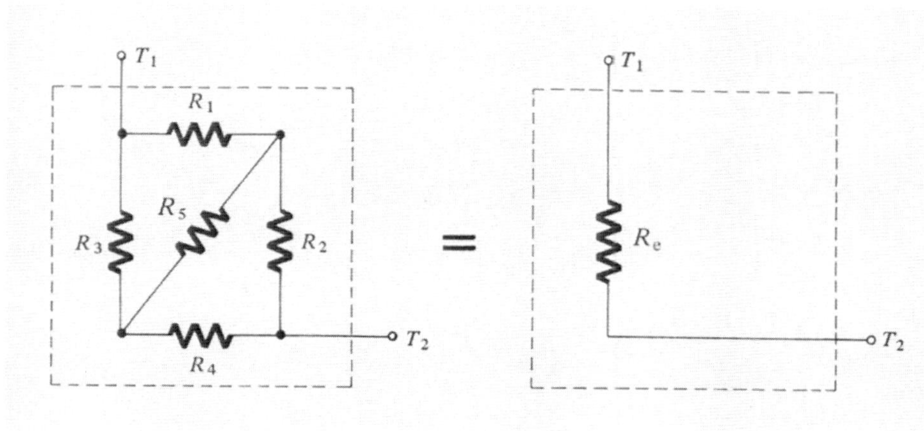

Bild 4.31

28. Ein 12-V-Bleiakkumulator mit einer Ladung von 20 Ah hat eine Masse von 10 kg.
    a) Welche Masse von Bleisulfat ist gebildet worden, wenn die Batterie entladen ist? (Relative Molekülmasse von $PbSO_4$: 303.)
    b) Welche Batteriemasse von diesem Typ ist erforderlich, um die Energie zu speichern, die aus 1 kg Benzin durch eine Maschine mit einem Wirkungsgrad von 20 % gewonnen werden kann? (Verbrennungswärme von Benzin: $4{,}5 \cdot 10^7$ J/kg.)
29. Die übliche 1,5-V-Trockenbatterie, die in unzähligen elektrischen Geräten verwendet wird, setzt ihre Energie durch Oxidation des Zinkbechers, der die negative Elektrode ist, und Reduktion von Mangandioxid MnO_2 zu Mn_2O_3 an der positiven Elektrode frei. (Sie wird zwar Kohle-Zink-Zelle genannt, aber der Kohlestab ist nur ein inaktiver Leiter.) Eine solche Batterie mit einer Masse von 90 g kann 100 mA Strom für 30 Stunden liefern.
    a) Vergleichen Sie das Speichervermögen für Energie (J/kg) mit dem des Bleiakkumulators aus Übung 28. Unglücklicherweise ist die Batterie nicht wiederaufladbar.
    b) Wie hoch könnten Sie sich mit einer Winde, die mit einer solchen Batterie angetrieben wird und einen Wirkungsgrad von 50 % hat, anheben?
30. *Untersuchung des Stromimpulses, der von dem Vorbeiflug eines einzelnen geladenen Teilchens herrührt.* (Wichtig für das Verständnis der vielen Teilchenzähler der modernen Physik.) Das Ergebnis von Übung 24 in Abschnitt 3.9 kann uns behilflich sein, den Stromfluß in einem Kreis zu verstehen, von dem ein Teil aus geladenen Teilchen besteht, die sich zwischen zwei Elektroden bewegen. Welcher Strom fließt, wenn nur *ein* Teilchen den Raum durchquert? Sobald wir diese Frage beantwortet haben, ist es leicht, zu größeren Teilchenzahlen in jedem beliebigen Maßstab überzugehen. Betrachten Sie den einfachen Kreis in Bild 4.32. Er besteht aus zwei durch einen kurzen Draht verbundene Elektroden (Abstand 2 mm) und befindet sich im Vakuum. Ein sehr langsames α-Teilchen (Ladung $+2e$) wird von einem radioaktiven Kern in der linken Platte emittiert. Es fliegt direkt mit der konstanten Geschwindigkeit 10^6 m/s auf die rechte Platte zu, in der es dann stecken bleibt. Zeichnen Sie ein Diagramm, das quantitativ den Strom in dem Verbindungsdraht in Abhängigkeit von der Zeit angibt. Machen Sie dasselbe für ein α-Teilchen, das den Raum zwischen den beiden Elektroden mit derselben Geschwindigkeit durchquert, dessen Flugbahn aber einen Winkel von 45° mit der Normalen bildet. (Bei derart kurzen Impulsen beeinflußt die hier vernachlässigte Induktivität des Verbindungsdrahtes die Impulsform.) Nehmen Sie schließlich noch an, daß Sie es mit einer zylindrischen Elektrodenanordnung zu tun haben und das α-Teilchen von einem dünnen Draht in der Achse einer kleinen zylindrischen Elektrode emittiert wird (Bild 4.32). Hat der Stromimpuls dann dieselbe Form?
31. *Ein Schaltkreisproblem im Zusammenhang mit Symmetrieüberlegungen.* Alle Schaltungen können eben gezeichnet werden, wenn wir eine der üblichen Darstellungsweisen für Leitungskreuzungen ohne Verbindung, z.B. , verwenden. Stellen Sie sich einen Würfel vor, dessen Kanten Widerstände mit den zugehörigen Lötfahnen sind; an jeder Würfelecke sind

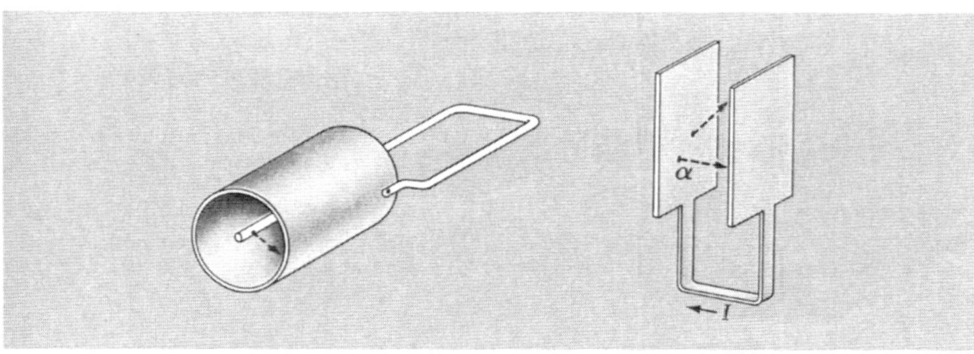

Bild 4.32

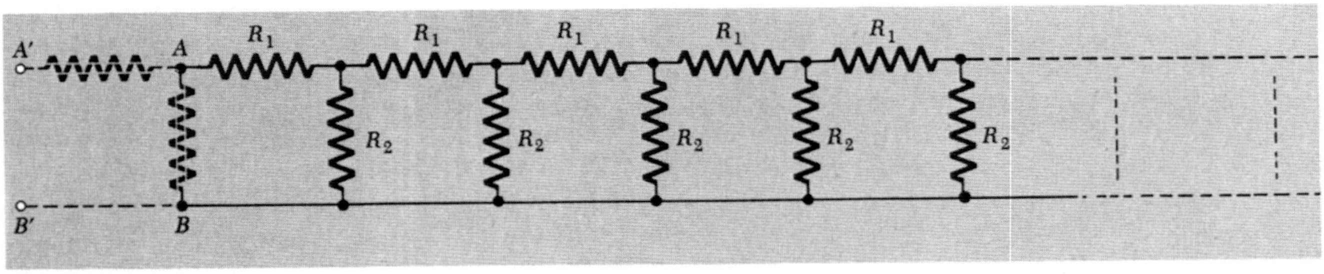

Bild 4.33

dann die Anschlüsse von drei Widerständen miteinander verlötet. Veranschaulichen Sie diese Schaltung in einem ebenen Schaltbild. Wie groß ist der Gesamtwiderstand zwischen zwei Knoten, die durch eine der Raumdiagonalen verbunden werden, wenn alle Einzelwiderstände denselben Wert R_0 haben? Um zum Ergebnis zu kommen, brauchen Sie nicht ein Gleichungssystem zu lösen; ziehen Sie statt dessen Argumente heran, die von Symmetrieüberlegungen ausgehen. Wie groß ist der Gesamtwiderstand zwischen zwei Knoten, die durch eine Flächendiagonale verbunden werden? Auch hier machen Symmetrieüberlegungen das Problem recht einfach. Bei beiden Berechnungen hilft Ihnen eine perspektivische Darstellung des Würfels, die notwendigen Symmetrien zu entdecken.

32. *Kettenschaltung.* Einige wichtige Schaltungen sind unendlich ausgedehnt. Bild 4.33 zeigt eine Kette aus in Serie und parallel geschalteten Widerständen, die sich endlos nach rechts erstreckt. Die untere Leitung ist widerstandslos; sie führt alle Widerstände zum Eingang zurück. Diese Schaltung wird manchmal auch Dämpfungskette genannt. Das Problem besteht darin, den Eingangswiderstand zu finden, d.h. den Gesamtwiderstand zwischen den Klemmen A und B. Unser Interesse gilt diesem Problem vor allem wegen der Lösungsmethode, die einen merkwürdigen Trick erfordert, den man auch auf andere physikalische Probleme anwenden kann, wo Wiederholungen gleicher Bauelemente auftreten (sogar in der Optik, wenn es sich um eine unendliche Linsenkette handelt). Auf folgenden Punkt kommt es an: Der zu bestimmende Eingangswiderstand R ändert sich nicht, wenn man ein neues Glied am vorderen Ende anfügt und dadurch die Kette um eine Einheit länger macht. Fügen wir diesen Abschnitt tatsächlich hinzu, sehen wir, daß der neue Eingangswiderstand der Gesamtwiderstand von R_1 in Serie mit der Parallelschaltung von R_2 und R ist. Wir erhalten damit sofort eine Gleichung, die nach R aufgelöst werden kann. An den Eingang einer solchen Kette wird eine Spannung U_0 angelegt; zeigen Sie, daß die Spannung an aufeinanderfolgenden Knoten entsprechend einer geometrischen Reihe abnimmt. In welchem Verhältnis müssen R_1 und R_2 zueinander stehen, damit die Schaltung als Dämpfungskette die Spannung mit jeder Stufe genau halbiert? Offensichtlich wäre eine unendlich ausgedehnte Kette recht unpraktisch. Können Sie einen Vorschlag machen, wie man sie nach einigen Gliedern begrenzen kann, ohne daß dadurch bei der Dämpfung der geringste Fehler auftritt.

33. *Variationsprinzip und Schaltkreise.* Der Schaltkreis in Bild 4.34 enthält die beiden Widerstände R_1 und R_2 in Parallelschaltung. Irgendwie muß sich der Strom I_0 zwischen R_1 und R_2 aufteilen. Beweisen Sie dies: Die Bedingung $I_1 + I_2 = I_0$ führt gemeinsam mit der Forderung nach ***minimalem Leistungsverbrauch*** genau zu denselben Stromwerten, die man aus der üblichen Berechnung von Schaltkreisen erhält. Damit gelangen Sie zu einem allgemeinen Variationsprinzip, das für Gleichstromnetzwerke gilt: Bei gegebenem Eingangsstrom I_0 erfolgt die Aufteilung von I_0 innerhalb des Netzwerkes derart, daß der gesamte Leistungsverbrauch möglichst klein ist.

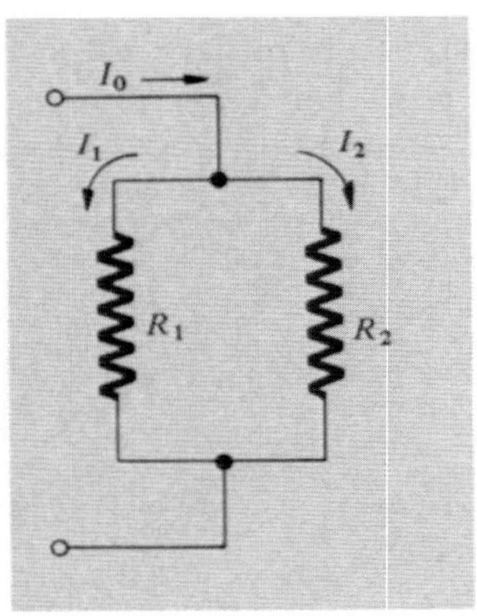

Bild 4.34

5 Die Felder bewegter Ladungen

5.1 Von Oersted zu Einstein

Im Wintersemester 1819/20 hielt *Hans Christian Oersted* an der Universität Kopenhagen für Studenten höherer Semester eine Vorlesung über Elektrizität, galvanische Erscheinungen und Magnetismus. *Elektrizität* bedeutete damals Elektrostatik; die *galvanischen Erscheinungen* bezogen sich auf die Auswirkungen jener kontinuierlichen Ströme, die von Batterien ausgingen; dieser Bereich war erst durch *Galvanis* Zufallsentdeckung und die darauf folgenden Experimente *Voltas* zugänglich geworden; *Magnetismus* schließlich befaßte sich mit dem bereits alten Wissen über Magneteisenstein, Kompaßnadeln sowie das magnetische Erdfeld. Einige Forscher glaubten schon damals an eine Beziehung zwischen den galvanischen Strömen und der elektrischen Ladung. Allerdings hatten sie dafür kaum einen anderen direkten Hinweis als die Tatsache, daß beide Erscheinungen Schläge verursachen können. Andererseits schienen Elektrizität und Magnetismus überhaupt nichts miteinander zu tun zu haben. Trotzdem hatte *Oersted* eine vielleicht noch etwas verschwommene Vorstellung, an der er aber um so hartnäckiger festhielt: Der Magnetismus müsse wie der galvanische Strom eine Art „versteckter Erscheinungsform" der Elektrizität sein. Unermüdlich suchte er nach Bestätigungen dieser Hypothese. So ließ er einmal vor seinen Hörern durch einen Draht einen galvanischen Strom fließen und legte den Draht dabei senkrecht zur Kompaßnadel. Es zeigte sich dabei nicht der geringste Effekt. Nach der Vorlesung drängte ihn jedoch jemand, das Experiment zu wiederholen, dabei aber den Draht parallel zur Kompaßnadel anzuordnen. Jetzt schlug die Nadel weit aus und nach Umpolung des Stromes erfolgte die Auslenkung in entgegengesetzter Richtung!

Die wissenschaftliche Welt jener Tage war „reif" für diese Entdeckung. Die Experimente und Entdeckungen überschlugen sich geradezu, nachdem die Nachricht von *Oersteds* Versuch andere Forschungslabors erreicht hatte. Wenig später hatten *Ampère, Faraday* und andere eine im wesentlichen vollständige und exakte Beschreibung der magnetischen Wirkung des elektrischen Stroms ausgearbeitet. Die elektromagnetische Induktion als Krönung der Entdeckungen *Faradays* ließ nicht einmal 12 Jahre auf sich warten, vom Tag der *Oerstedschen* Experimente an gerechnet. Dagegen hatte sich zuvor zwei Jahrhunderte lang, nämlich seit *William Gilberts* großartigem Werk „De Magnete" aus dem Jahre 1600, das Wissen über Magnetismus in keiner Weise erweitert. Die erwähnten experimentellen Entdeckungen ermöglichten nun den raschen Aufbau der Theorie des klassischen Elektromagnetismus. Der mathematischen Formulierung der Theorie durch *Maxwell* folgte ihre geradezu triumphale Bestätigung durch den Nachweis elektromagnetischer Wellen, die *Hertz* 1888 gelang.

Auch die spezielle Relativitätstheorie hat ihre historischen Wurzeln im Elektromagnetismus. *Lorentz* kam bei seiner Untersuchung der Elektrodynamik bewegter Systeme der endgültigen Formulierung *Einsteins* bereits sehr nahe. Selbst die berühmte Veröffentlichung *Einsteins* vom Jahre 1905 hatte nicht den Titel „Relativitätstheorie", sondern „Zur Elektrodynamik bewegter Körper". Heute sehen wir in den Postulaten und Folgerungen der Relativitätstheorie einen weitgesteckten Rahmen, der alle physikalischen Gesetze und nicht nur die des Elektromagnetismus umschließt. Wir erwarten von jeder abgeschlossenen physikalischen Theorie, daß sie in allen Inertialsystemen zu den gleichen Aussagen führt, d.h. relativistisch kovariant ist. Lange bevor die Bedeutung relativistischer Kovarianz durchschaut wurde, verfügte man bereits über eine derartige Theorie: *Maxwells* Theorie des Elektromagnetismus. Ob die spezielle Relativitätstheorie auch ohne vorhergehende Theorie des elektromagnetischen Feldes zustandegekommen wäre, ist eine Frage für Wissenschaftshistoriker, auf die es wahrscheinlich keine Antwort gibt. Heute können wir nur feststellen, daß die Geschichte der Physik ziemlich direkt von *Oersteds* Kompaßnadeln zu *Einsteins* Postulaten führte.

Trotzdem ist die Relativitätstheorie kein Zweig des Elektromagnetismus, auch nicht eine Folgerung aus der Existenz von Licht. Das zentrale Postulat der speziellen Relativitätstheorie, dem bisher keine Beobachtung widersprochen hat, ist die Äquivalenz von Bezugssystemen, die sich mit konstanter Geschwindigkeit gegeneinander bewegen. Tatsächlich ist es möglich, ohne gerade an Licht zu denken, die Formeln der speziellen Relativitätstheorie aus nichts anderem als diesem Postulat und der Annahme, daß alle Raumrichtungen äquivalent sind, herzuleiten[43]. Die universelle Konstante c erscheint in diesen Formeln als Grenzgeschwindigkeit, an die sich ein energiereiches Teilchen annähern, sie aber niemals überschreiten kann. Ihr Wert kann durch ein Experiment, das weder mit Licht, noch mit irgendetwas anderem (z. B. Neutrinos), von dem man glaubt, daß es sich genau mit dieser Geschwindigkeit ausbreitet, festgestellt werden. Mit anderen Worten, wir würden die spezielle Relativitätstheorie sogar dann haben, wenn die elektromagnetischen Wellen nicht existieren könnten.

In diesem Kapitel werden wir nicht dem historischen Weg folgen, sondern fast in umgekehrter Reihenfolge vorgehen. Wir werden die spezielle Relativitätstheorie als gegeben ansehen und uns fragen, wie ein elektrostatisches

[43] *N. David Mermin*, Relativity Without Light, Am. J. Phys. **52**, 119 (1984). Darin ist gezeigt, daß das allgemeinste Gesetz für die Addition von Geschwindigkeiten, das verträglich mit der Äquivalenz von Inertialsystemen ist, die Form $v = (v_1 + v_2)/(1 + v_1 v_2/c^2)$ haben muß; das entspricht unserer Gl. (A.7) im Anhang A. Um den Wert für die Konstante c in unserem Universum zu ermitteln, müssen wir nur drei kleinere Geschwindigkeiten v, v_1 und v_2 mit angemessener Genauigkeit messen. Hinweise auf andere Herleitungen der speziellen Relativitätstheorie aus dem Postulat der Äquivalenz von Bezugssystemen sind in Mermins Artikel zu finden.

System von Ladungen und Feldern in einem anderen Bezugssystem aussieht. Auf diesem Weg werden wir die Kräfte finden, die auf bewegte elektrische Ladungen wirken, einschließlich der Kraft, die zwischen elektrischen Strömen wirkt. Von diesem Standpunkt aus ist Magnetismus ein relativistischer Aspekt der Elektrizität[44]). Zunächst besprechen wir aber kurz einige Erscheinungen und versuchen sie zu erklären.

5.2 Magnetische Kräfte

Werden zwei parallele Drähte in derselben Richtung von Strömen durchflossen, so ziehen sie einander an. Die auf einen der beiden Drähte pro Länge wirkende Kraft erweist sich als direkt proportional zum Produkt der beiden Ströme und umgekehrt proportional zum Abstand der Drähte (Bild 5.1a). Kehrt man die Stromrichtung in einem Draht um, so stoßen sich die Drähte ab. Die beiden Drahtabschnitte in Bild 5.1b, die demselben Stromkreis angehören, streben deshalb auseinander. Es gibt also irgendeine Fernwirkung zwischen den beiden Gleichstrom führenden Leitungen. Dies scheint nichts mit einer auf der Drahtoberfläche ruhenden Ladung zu tun zu haben. Es können zwar Ladungen vorhanden sein, und die Drähte mögen sich auch auf verschiedenem Potential befinden – die hier zu untersuchende Kraft hängt nur von der *Ladungsbewegung* ab, also von den Strömen. Eine zwischen die Drähte gestellte Metallplatte beeinflußt die Kraft überhaupt nicht (Bild 5.1c). Diese neuen Kräfte, die von bewegten Ladungen stammen, heißen *magnetische Kräfte.*

Die Kompaßnadel *Oersteds* (Bild 5.2a) sieht einem Gleichstromkreis nicht sehr ähnlich. Heute wissen wir aber, was *Ampère* als erster vermutete: Magnetisiertes Eisen ist von andauernd in Bewegung befindlichen Ladungen erfüllt, die Ströme im atomaren Bereich bilden. Eine dünne, stromdurchflossene Drahtspule (Bild 5.2b) verhält sich unter dem Einfluß eines Stromes wie eine Kompaßnadel.

Beobachten wir statt eines stromführenden Drahtes die Bewegung eines freien geladenen Teilchens, so stoßen wir auf ähnliche Vorgänge. Elektronen, die in einer Kathodenstrahlröhre normalerweise eine gerade Bahn beschreiben, werden von einem äußeren, stromdurchflossenen Draht

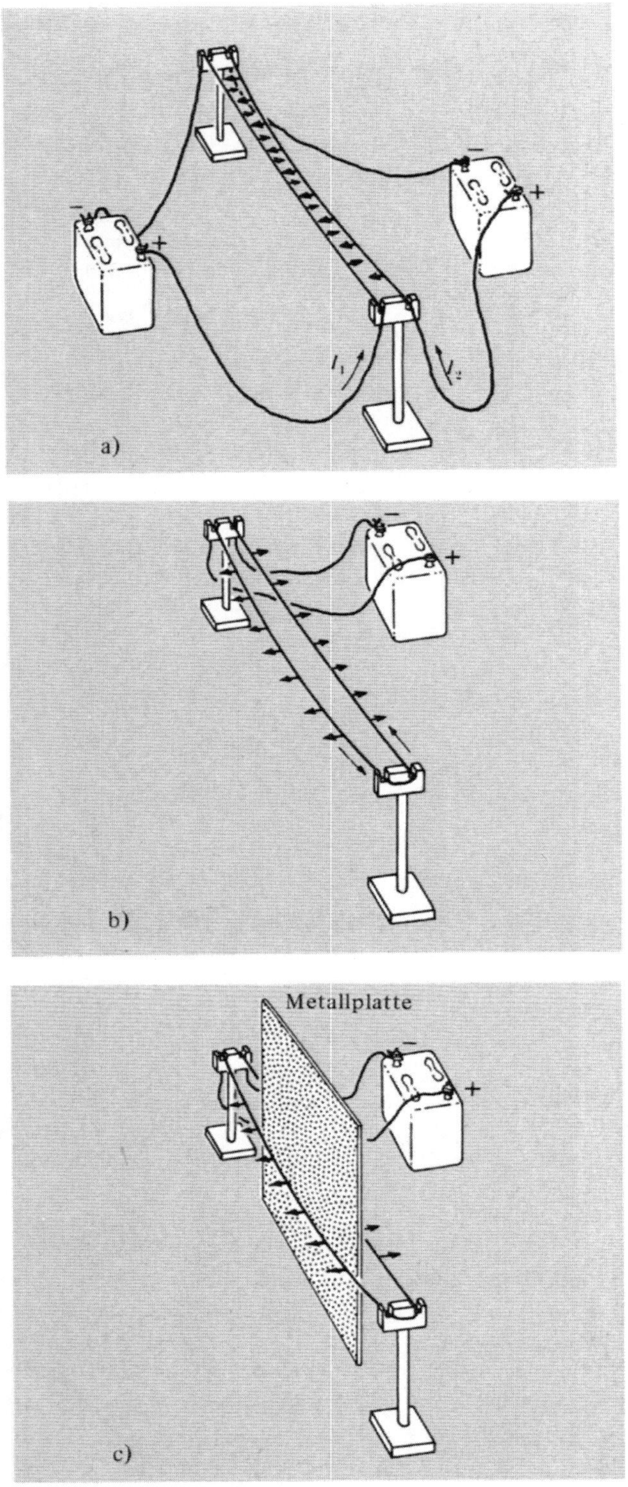

Bild 5.1

a) Parallele, in derselben Richtung vom Strom durchflossene Drähte ziehen eineinander an.
b) Parallele, in entgegengesetzten Richtungen vom Strom durchflossene Drähte stoßen einander ab.
c) Der Einschub einer Metallplatte zwischen die Drähte beeinflußt diese Kräfte nicht.

[44]) Die früheste Erklärung dieses Zusammenhangs ist nach meinem Wissen der Artikel von *L. Page,* A Derivation of the Fundamental Relations of Electrodynamics from Those of Electrostatics, Am. J. Sci. **XXXIV**, 57 (1912). Das Anliegen von *Page* war, als er dies nur 7 Jahre nach *Einsteins* revolutionärem Artikel schrieb, eher die Relativitätstheorie als die Elektrodynamik zu bestätigen. Seine zusammenfassende Aussage lautet: "Viewed from another standpoint, the fact that we have been able, by means of the principle of relativity, to deduce the fundamental relations of elektrodynamics from those of electrostatics, may be considered as some confirmation of the principle of relativity."

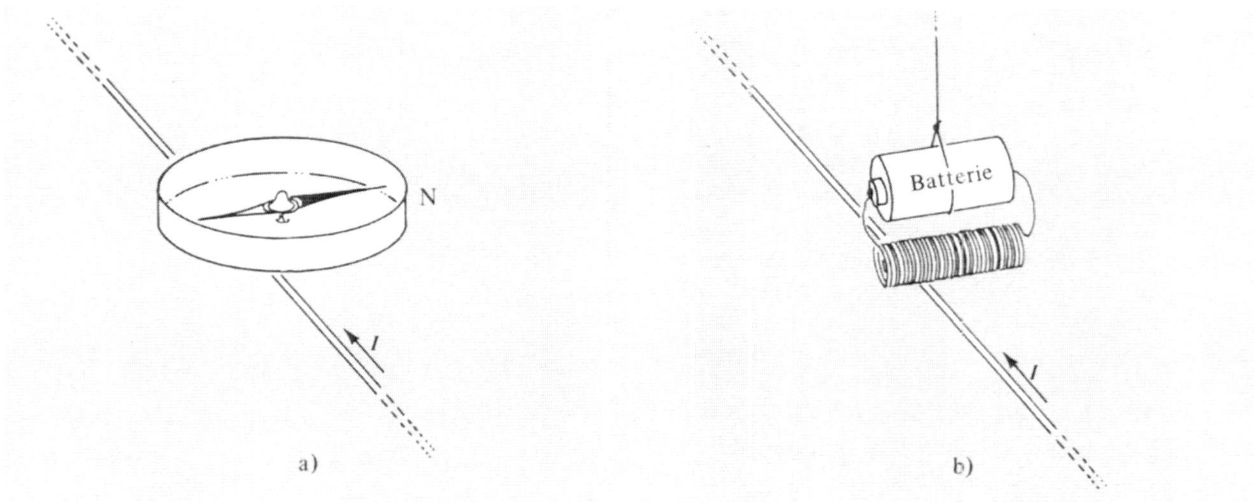

Bild 5.2 Eine Kompaßnadel a) und eine stromführende Drahtspule b) werden durch Ströme in einem naheliegenden Leiter ähnlich beeinflußt. Die Stromrichtung ist die der positiven Ladungsträger. Im Erdmagnetfeld zeigt das markierte Ende der Nadel nach Norden.

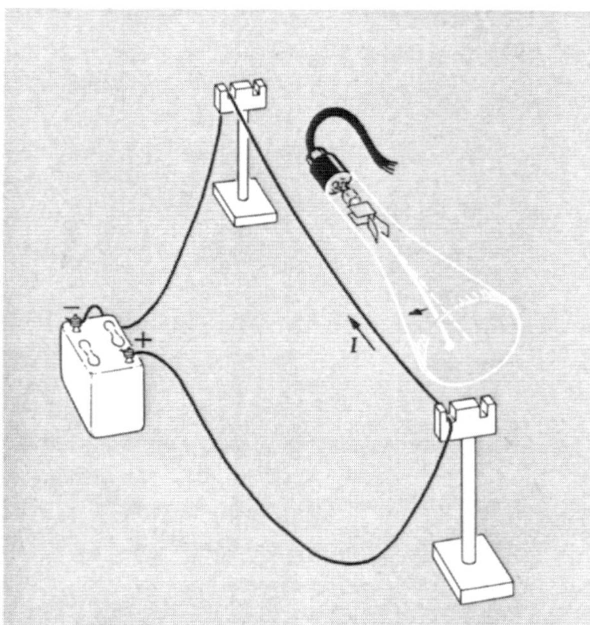

Bild 5.3 Beispiel für die Anziehung von Strömen, die in derselben Richtung verlaufen. Ziehen Sie Bild 5.1a zum Vergleich heran. Wir können den Vorgang auch als Ablenkung eines Elektronenstrahls durch ein magnetisches Feld beschreiben.

abgelenkt, wobei sie je nach der Stromrichtung angezogen oder abgestoßen werden (Bild 5.3).

Mit alledem sind Sie aus Laborübungen bereits vertraut. Sie wissen auch, daß sich diese Wechselwirkungen von Strömen und anderen bewegten Ladungen durch Einführung eines *Magnetfeldes* beschreiben lassen (auch das elektrische Feld ist bisher nur eine Beschreibungsweise für die durch das Coulombsche Gesetz dargestellten „Fernwirkungen" zwischen ruhenden Ladungen). Wir drücken dies so aus: Ein elektrischer Strom ruft ein Magnetfeld hervor, das den umgebenden Raum erfüllt. Andere Ströme oder in diesem Feld bewegte geladene Teilchen erfahren dort eine Kraft proportional zur Stärke des Magnetfeldes. Diese Kraft ist bei einem bewegten geladenen Teilchen stets senkrecht zur Richtung des Geschwindigkeitsvektors gerichtet. Die Gesamtkraft auf ein Teilchen mit der Ladung Q ist durch

$$\mathbf{F} = Q\mathbf{E} + Q\mathbf{v} \times \mathbf{B} \tag{5.1}$$

gegeben, wobei **B** die *magnetische Flußdichte* ist[45]).

Wir betrachten Gl. (5.1) als Definition für **B**. Die magnetische Flußdichte ist ein Vektor, der den zur Geschwindigkeit proportionalen Anteil der Kraft auf eine bewegte Ladung festlegt. Auf die Aufforderung „Messen Sie Richtung und Betrag des Vektors **B** an diesem oder jenem Ort!" müssen Sie daher folgende Operationen durchführen: Nehmen Sie ein Teilchen mit bekannter Ladung Q. Um **E** zu bestimmen, messen Sie zunächst die auf das ruhende Teilchen wirkende Kraft. Dann messen Sie die Kraft auf das mit der Geschwindigkeit **v** bewegte Teilchen und wiederholen diesen Vorgang, wobei Sie die Richtung von **v**

45) Hier machen wir zum ersten Mal Gebrauch vom vektoriellen Produkt oder Kreuzprodukt von zwei Vektoren. Der Vektor $\mathbf{v} \times \mathbf{B}$ ist ein Vektor, der senkrecht zu **v** und **B** steht und den Betrag $vB \cdot \sin\theta$ hat, wobei θ der Winkel zwischen den Richtungen von **v** und **B** ist. Eine Rechte-Hand-Regel bestimmt den Richtungssinn des Vektors $\mathbf{v} \times \mathbf{B}$.
In unseren kartesischen Koordinaten ist $\hat{x} \times \hat{y} = \hat{z}$ und $\mathbf{v} \times \mathbf{B} = \hat{x}(v_y B_z - v_z B_y) + \hat{y}(v_z B_x - v_x B_z)$ und $\hat{z}(v_x B_y - v_y B_x)$; $\hat{x}, \hat{y}, \hat{z}$ sind *Einheitsvektoren.*

variieren. Nun ist ein Vektor **B** so zu bestimmen, daß sämtliche Meßwerte durch Gl. (5.1) richtig wiedergegeben werden. **B** beschreibt dann das magnetische Feld an dem fraglichen Ort. Siehe dazu Kapitel 6.

Selbstverständlich wird dadurch nichts *erklärt.* Warum gilt Gl. (5.1) und wieso können wir stets *ein* **B** finden, das für alle Werte der Geschwindigkeit mit dieser Gleichung konsistent ist? Warum gibt es überhaupt eine geschwindigkeitsabhängige Kraft? Es ist sehr erstaunlich, daß diese Kraft genau proportional **v** ist, während der Effekt des elektrischen Feldes von **v** unabhängig ist! Die Gründe dafür behandeln die folgenden Abschnitte. Es wird sich herausstellen, daß ein Feld **B** mit diesen Eigenschaften existieren *muß,* wenn die Kräfte zwischen elektrischen Ladungen den Postulaten der speziellen Relativitätstheorie gehorchen. Von diesem Standpunkt aus betrachtet, sind die magnetischen Kräfte ein relativistischer Aspekt bewegter Ladung.

Ein Überblick über die wesentlichen Ideen und Formeln der speziellen Relativitätstheorie ist im Anhang A zu finden. Es wäre gut, ihn jetzt zu lesen.

5.3 Messung bewegter Ladung

Wie läßt sich überhaupt die elektrische Ladung eines bewegten Teilchens messen? Solange dies nicht beantwortet ist, ist es sinnlos nach dem Einfluß der Bewegung auf die Ladung selbst zu fragen. Eine Ladung kann nur durch die von ihr hervorgerufenen Auswirkungen gemessen werden. Die Größe einer ruhenden Punktladung Q läßt sich durch die Bestimmung jener Kraft ermitteln, die auf eine in einem bestimmten Abstand befindliche Probeladung q ausgeübt wird (Bild 5.4a). Diese Vorschrift beruht auf dem Coulombschen Gesetz. Bewegt sich aber die zu messende Ladung, so stehen wir auf unsicherem Boden. Es gibt dann eine ausgezeichnete Richtung im Raum, und zwar die momentane Richtung der Geschwindigkeit. So könnte die Kraft auf die Probeladung q von der *Richtung* der Verbindungslinie zwischen Q und q und von dem Abstand zwischen beiden Ladungen abhängen. Bei verschiedenen Positionen der Probeladung (Bild 5.4b) würden wir dann unterschiedliche Kräfte beobachten; dies würde beim Einsetzen in das Coulombsche Gesetz zu verschiedenen Werten für dieselbe Größe Q führen. Wir haben auch bis jetzt noch keine Bestätigung dafür, daß die Kraft stets in Richtung des Radiusvektors **r** wirkt.

Um dies zu berücksichtigen, definieren wir Q durch Mittelwertbildung für alle Richtungen. Stellen Sie sich eine große Anzahl infinitesimaler Probeladungen vor, die gleichmäßig über eine Kugel verteilt sind (Bild 5.4c). In dem Augenblick, in dem die bewegte Ladung den Kugelmittelpunkt passiert, wird die Radialkomponente der Kraft auf jede Probeladung gemessen und aus dem Mittelwert der Kraftbeträge Q berechnet. Dies ist genau jene Operation,

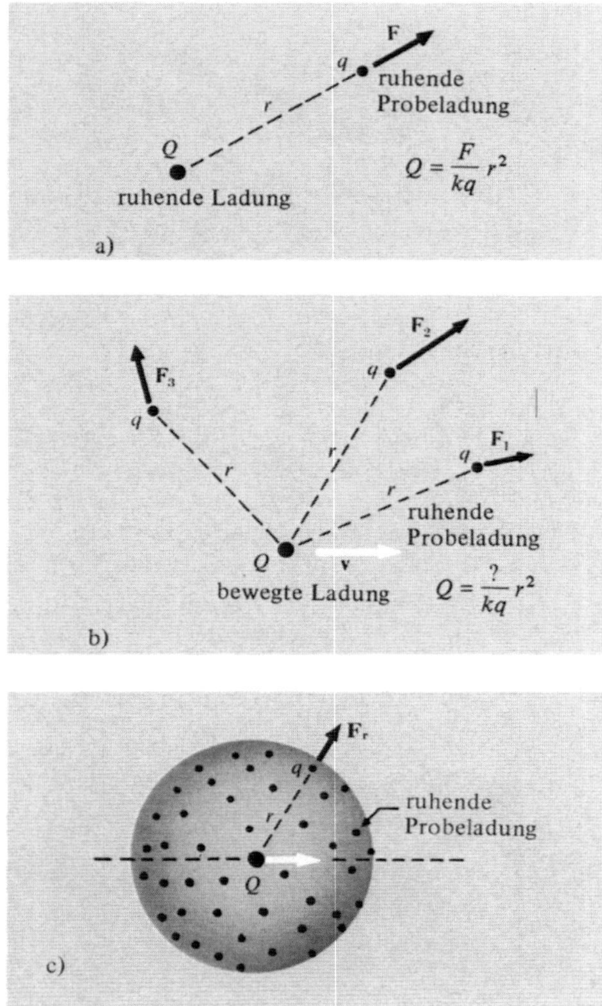

Bild 5.4

a) Die Größe einer ruhenden Ladung ist durch die Kraft auf eine ruhende Probeladung und durch das Coulombsche Gesetz bestimmt.

b) Im Fall einer bewegten Ladung kann die Kraft, nach allem was wir bisher wissen, von der Lage der Probeladung abhängen. Wenn dies tatsächlich so ist, können wir nicht wie bei a) vorgehen.

c) **Im Augenblick des Durchgangs von Q durch den Mittelpunkt der kugelförmigen Anordnung von Probeladungen wird die Radialkomponente $\mathbf{F_r}$ der Kraft auf jede Probeladung gemessen. Der Mittelwert von $\mathbf{F_r}$ wird dann zur Bestimmung von Q verwendet. Dies ist der Bestimmung des Flächenintegrals von E äquivalent.**

die man zur Bestimmung des über diese Kugel erstreckten Flächenintegrals des elektrischen Feldes zum Zeitpunkt t durchführen müßte. Erinnern Sie sich daran, daß alle Probeladungen in Ruhe sind; die Kraft auf q, bezogen auf die Ladung, liefert definitionsgemäß die elektrische Feldstärke in diesem Punkt. Dies legt den Gedanken nahe, daß das Gaußsche Gesetz statt des Coulombschen Gesetzes den natürlichen Weg[46]) darstellt, um zu einer Definition der Ladung für ein oder mehrere bewegte geladene Teilchen zu gelangen. Eine derartige Definition läßt sich wie folgt entwickeln:

Die in einem bestimmten Raumbereich vorhandene elektrische Ladung ist durch das über seine Oberfläche A erstreckte Flächenintegral des elektrischen Feldes $\mathbf{E}$ definiert. Die Oberfläche A ruht in irgendeinem Koordinatensystem S. Das Feld $\mathbf{E}$ wird in einem beliebigen Punkt (x, y, z) und zur Zeit t in S durch die Kraft auf eine *in S ruhende* Probeladung gemessen, die sich zu dieser Zeit an dem betreffenden Ort befindet. Das Oberflächenintegral muß für den herausgegriffenen Zeitpunkt t bestimmt werden. D.h., die verwendeten Feldwerte rühren von gleichzeitig durchgeführten Messungen verschiedener Beobachter her, die über die ganze Oberfläche A verteilt sind. (Dies stellt keine Schwierigkeit dar, da A in S ruht.) Ein solches Flächenintegral über A zur Zeit t bezeichnen wir mit

$$\int_{A(t)} \mathbf{E} \cdot d\mathbf{A}. \tag{5.2}$$

Wir definieren nun die innerhalb A befindliche Ladung als das (ϵ_0)-fache dieses Integrals:

$$Q = \epsilon_0 \int_{A(t)} \mathbf{E} \cdot d\mathbf{A}. \tag{5.3}$$

Es wäre unangenehm, wenn der so bestimmte Wert von Q von Größe und Gestalt der Oberfläche A abhinge. Bei einer ruhenden Ladung tut er das nicht – dies sagt das Gaußsche Gesetz. Wie wissen wir aber, ob das Gaußsche Gesetz auch für bewegte Ladungen gültig ist? Zum Glück gilt es tatsächlich auch in diesem Fall, dies können wir als experimentell erwiesen hinnehmen. Diese grundlegende Eigenschaft der elektrischen Felder bewegter Ladungen erlaubt es, durch Gl. (5.3) die Ladung zu definieren. Von jetzt an können wir von der Ladung in einem bestimmten Bereich oder eines Teilchens sprechen, denn nun hat dieser Begriff sogar dann eine vollkommen definierte Bedeutung, wenn sich die Ladung bewegt.

Bild 5.5 faßt diese Feststellung anhand eines Beispiels zusammen. Zwei Protonen und zwei Elektronen befinden sich zu einem bestimmten Zeitpunkt in Bewegung. Das über A_1 erstreckte Flächenintegral des elektrischen Feldes $\mathbf{E}$ gleicht genau dem zu demselben Zeitpunkt über A_2 erstreckten Flächenintegral. Dieses Integral eignet sich also

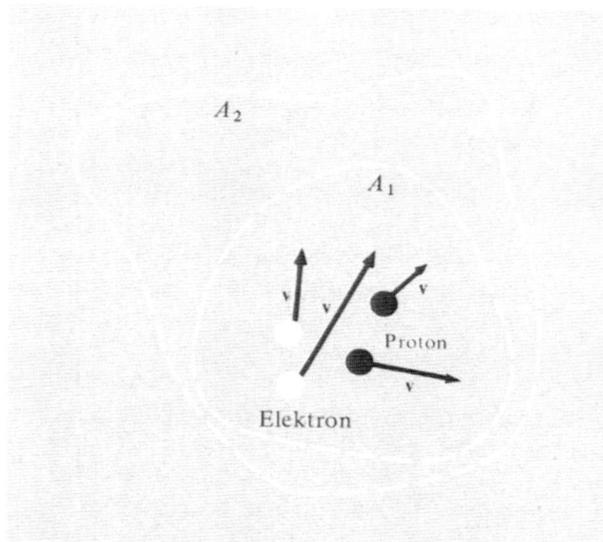

Bild 5.5 Das Gaußsche Gesetz bleibt für die Felder bewegter Ladungen gültig. Der Fluß von E durch A_2 ist dem zu demselben Zeitpunkt ermittelten Fluß von E durch A_1 gleich.

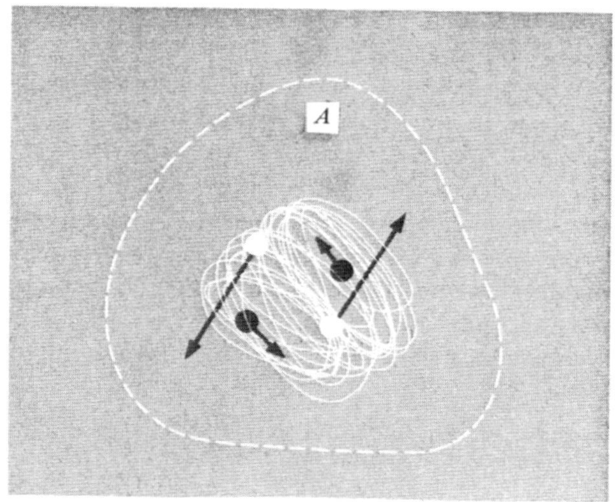

Bild 5.6 Hängt der Fluß von E durch A vom Bewegungszustand des geladenen Teilchens ab? Ist das über A erstreckte Flächenintegral von E dasselbe wie in Bild 5.5? Hier sind die Teilchen eine Bindung eingegangen und bilden ein H_2-Molekül.

zur Bestimmung der gesamten eingeschlossenen Ladung – genauso hatten wir ja das Gaußsche Gesetz stets in der Elektrostatik verwendet. Bild 5.6 wirft aber eine neue Frage auf. Was geschieht, wenn dieselben Teilchen irgendwelche anderen Geschwindigkeiten haben? Nehmen Sie beispielsweise an, daß die zwei Elektronen und zwei Protonen miteinander ein Wasserstoffmolekül bilden. Erhalten wir dann genau dieselbe Gesamtladung wie vorher?

[46]) Dies ist nicht der einzig *mögliche* Weg. Sie könnten z.B. die willkürliche Regel einführen, daß sich die Probeladung immer direkt in der Bewegungsrichtung der zu messenden Ladung befinden muß. Eine derart definierte Ladung hätte *nicht* die einfachen Eigenschaften, die wir gleich definieren wollen. Ihre Theorie würde sich als umständlich und kompliziert herausstellen.

5.4 Invarianz der Ladung

Es gibt einen überzeugenden experimentellen Beweis, daß sich die Gesamtladung in einem System durch die Bewegung der Ladungsträger nicht ändert. An diese Tatsache haben wir uns so gewöhnt, daß wir sie einfach als gegeben hinnehmen und kaum darüber nachdenken, wie bemerkenswert und fundamental sie eigentlich ist. Einen Beweis für sie liefert die exakte elektrische Neutralität der Atome und Moleküle; wir gingen bereits in Kapitel 1 auf den experimentellen Test für die Neutralität von Wasserstoffmolekülen ein. Dort zeigte sich, daß sich die Ladungen des Elektrons und Protons um weniger als 10^{-20} unterscheiden. Ein ähnliches Experiment wurde mit Helium durchgeführt. Das Heliumatom enthält zwei Protonen und zwei Elektronen. Das sind dieselben Teilchen, die ein Wasserstoffmolekül bilden – nur ihre Bewegung ist in beiden Fällen völlig verschieden. Statt, wie im Wasserstoffmolekül, im Abstand von 0,07 nm langsam zu rotieren, sind die Protonen im Heliumkern dicht aneinander gepackt und bewegen sich mit kinetischen Energien der Größenordnung 1 MeV. Hätte die *Bewegung* einen Einfluß auf die Ladung, könnten Kern- und Elektronenladung nicht in *beiden* Fällen einander genau aufheben. Es zeigt sich jedoch mit nahezu derselben experimentellen Genauigkeit, daß auch das Heliumatom elektrisch neutral ist.

Eine andere Beweisführung bedient sich der optischen Spektren von Isotopen desselben Elements, also von Atomen mit unterschiedlichen Kernmassen, aber zumindest theoretisch gleichen Kernladungen. Auch hier finden wir einen deutlichen Unterschied in der Bewegung der Protonen innerhalb des Kerns. Der Vergleich der Spektrallinien zweier solcher Isotope zeigt aber keine Unstimmigkeit, die als auch nur geringer Unterschied in der gesamten Kernladung interpretiert werden könnte.

Die Masse ist *nicht* auf dieselbe Weise invariant. Bekanntlich ändert sich die Masse eines Teilchens durch seine Bewegung um den Faktor $1/(1-v^2/c^2)^{1/2}$. Um auf diesen Unterschied nachdrücklich hinzuweisen, zeigt Bild 5.7 ein Gedankenexperiment. In dem Behälter auf der rechten

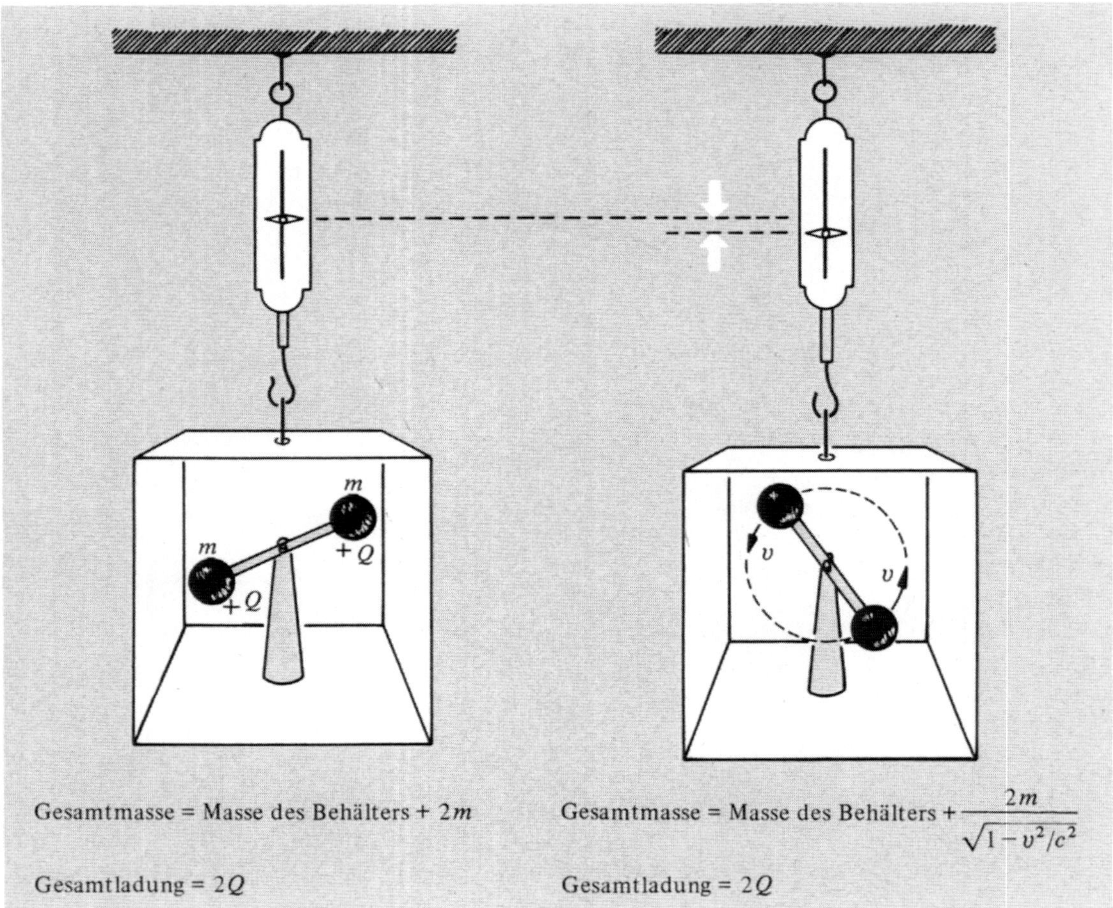

Bild 5.7 Ein Gedankenexperiment für den Nachweis der Ladungsinvarianz. Die Ladung in dem Behälter muß durch Ausmessen des elektrischen Feldes rund um den gesamten Behälter oder dazu äquivalent durch Messung der Kraft auf eine entfernte Probeladung bestimmt werden.

Seite befinden sich die zwei massebehafteten geladenen Teilchen am Ende eines drehbar gelagerten Stabes, der mit der Geschwindigkeit v rotiert. Die Gesamtmasse im rechten Behälter ist *größer* als die im linken, dies kann durch Messen mit Federwaagen oder durch Messen der zur Beschleunigung der Behälter nötigen Kraft bewiesen werden[47]. Die elektrische Gesamtladung ändert sich durch die Rotation jedoch nicht. Ein äquivalentes und reales Experiment läßt sich mit einem Massenspektrographen ausführen, der Massendifferenzen zwischen einem ionisierten Deuteriummolekül (2 Protonen, 2 Neutronen, 1 Elektron) und einem ionisierten Heliumatom (ebenfalls 2 Protonen, 2 Neutronen und 1 Elektron) nachweisen kann. Bei diesen beiden sehr verschiedenen Strukturen bewegen sich die zugehörigen Teilchen mit ganz unterschiedlichen Geschwindigkeiten; die entsprechenden Energieunterschiede zeigen sich als meßbare Massendifferenzen. Es gibt aber, selbst bei höchster Präzision, keinen nachweisbaren Unterschied zwischen den elektrischen Ladungen der beiden Ionen.

Diese Invarianz der Ladung verleiht der Ladungsquantelung eine besondere Bedeutung. Wir hatten bereits in Kapitel 1 auf die wichtige und rätselhafte Tatsache hingewiesen, daß die Ladung aller Elementarteilchen ein ganzzahliges Vielfaches der Elementarladung ausmacht. Jetzt zeigt sich, daß diese Regel nicht nur für zwei Teilchen gilt, die sich relativ zueinander in Ruhe befinden, sondern für jeden *beliebigen* Zustand der Relativbewegung.

Die soeben beschriebenen und viele andere Experimente beweisen, daß der Wert des Flächenintegrals

$\int_A \mathbf{E} \cdot d\mathbf{A}$ aus dem Gaußschen Gesetz *nur von der Anzahl und der Art der innerhalb von A vorhandenen geladenen Teilchen und nicht von ihrem Bewegungszustand abhängt.* Entsprechend dem Relativitätspostulat muß diese Feststellung in jedem *beliebigen* Inertialsystem gültig sein, wenn sie sich in einem Inertialsystem als wahr erwiesen hat. Wenn daher S' irgendein anderes Inertialsystem ist, das sich relativ zu S bewegt, und A' – eine geschlossene Oberfläche in diesem Bezugssystem – zur Zeit t' dieselben geladenen Körper umschließt, die A zur Zeit t umhüllte, erhalten wir

$$\int_{A(t)} \mathbf{E} \cdot d\mathbf{A} = \int_{A'(t')} \mathbf{E}' \cdot d\mathbf{A}'. \tag{5.4}$$

Das Feld $\mathbf{E}'$ wird natürlich in S' gemessen, d.h., es ist durch die Kraft auf eine in S' ruhende Probeladung definiert. Der Unterschied zwischen t und t' darf dabei nicht vergessen werden. Wie wir wissen, müssen Ereignisse, die in S gleichzeitig stattfinden, in S' keineswegs zum selben Zeitpunkt vor sich gehen. Jedes der beiden Flächenintegrale von Gl. (5.4) muß zu einem bestimmten Zeitpunkt in dem *zugehörigen* Bezugssystem bestimmt werden. Liegen Ladungen direkt auf A oder A', so müssen wir bei der Behauptung vorsichtig sein, die zur Zeit t innerhalb von A befindlichen Ladungen seien mit jenen identisch, die sich zur Zeit t' innerhalb von A' befinden. Sind jedoch, wie in Bild 5.8 zur Erläuterung der Beziehung (5.4) angenommen, alle Ladungen genügend weit von der Berandung entfernt, so tritt dieses Problem nicht auf.

Gl. (5.4) ist eine formelle Aussage über die relativistische Invarianz der Ladung. Wir können die Gaußsche Oberfläche in jedes *beliebige* Inertialsystem legen; das Flächenintegral ergibt eine Größe, die unabhängig von dem Bezugssystem ist. Diese Tatsache ist nicht mit der Ladungserhaltung identisch, über die wir in Kapitel 4 sprachen und die durch die Beziehung

$$\operatorname{div} \mathbf{J} = \frac{-\partial \rho}{\partial t} \tag{4.9}$$

mathematisch formuliert wurde. *Ladungserhaltung* bedeutet: Betrachten wir eine geschlossene Oberfläche, die in irgendeinem Koordinatensystem ruht, geladene Materie enthält und deren Rand geladene Teilchen nicht überschreiten können, bleibt die Gesamtladung im Inneren der Oberfläche konstant. *Ladungsinvarianz* heißt dagegen: Wenn wir das soeben beschriebene Ladungssystem von einem anderen Bezugssystem aus betrachten, messen wir genau dieselbe Gesamtladung. Für die Energie gilt ein Erhaltungssatz, aber

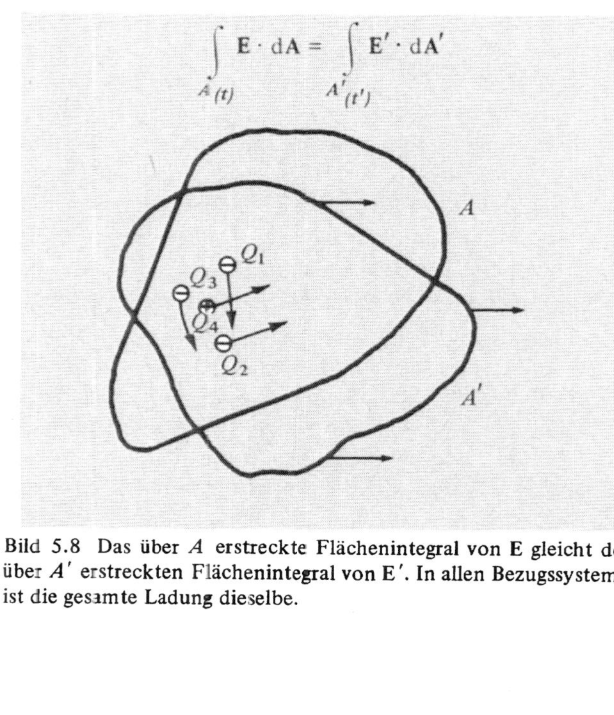

Bild 5.8 Das über A erstreckte Flächenintegral von $\mathbf{E}$ gleicht dem über A' erstreckten Flächenintegral von $\mathbf{E}'$. In allen Bezugssystemen ist die gesamte Ladung dieselbe.

[47] Der Massenunterschied hängt nicht nur von der kinetischen Energie der Teilchen ab, sondern auch von jeder Änderung der potentiellen Energie, z. B. der elastischen Spannung in dem Stab, an dem die Teilchen befestigt sind. Bei ziemlich steifem Stab ist dieser Beitrag im Vergleich zu dem von v^2/c^2 abhängigen Term klein. Versuchen Sie, dies zu beweisen.

sie ist *keine* relativistisch invariante Größe. Dagegen bleibt die Ladung erhalten und *ist* eine relativistische Invariante. In der Sprache der Relativitätstheorie ist die Energie Komponente eines Vierervektors, während die Ladung ein Skalar, also eine im Hinblick auf die Lorentz-Transformation invariante Größe ist. Diese Tatsache ergibt sich aus der Beobachtung und hat weitreichende Konsequenzen. Sie beschreibt die Natur der Felder bewegter Ladungen vollkommen.

5.5 Messungen des elektrischen Feldes in verschiedenen Bezugssystemen

Soll die Ladung gegenüber einer Lorentz-Transformation invariant sein, muß sich das elektrische Feld **E** in ganz bestimmter Weise transformieren. „Transformation von **E**" bedeutet etwa die Antwort auf folgende Frage: Ein Beobachter führt in einem bestimmten Inertialsystem S in einem gegebenen Raumpunkt und zu einer bestimmten Zeit eine Messung durch und erhält für **E** soundsoviele V/m; welches Feld wird in demselben Raum-Zeit-Punkt von einem anderen Beobachter in einem anderen Inertialsystem S' gemessen? Für eine bestimmte Klasse von Feldern läßt sich diese Frage beantworten, indem man das Gaußsche Gesetz auf einige einfache Systeme anwendet.

In dem Bezugssystem S (Bild 5.9a) gibt es zwei ruhende Flächenladungen mit der gleichförmigen Ladungsdichte $+\sigma$ bzw. $-\sigma$. Die Flächen sind Quadrate mit einer Seitenlänge b, sie liegen parallel zur x,y-Ebene und ihr Abstand soll im Vergleich zur Ausdehnung der Flächen so klein sein, daß das Feld zwischen den Flächenladungen als homogen behandelt werden kann. Die elektrische Feldstärke zwischen den Platten beträgt, gemessen von einem Beobachter in S, natürlich σ/ϵ_0. Betrachten Sie nun ein Inertialsystem S', das sich relativ zu S mit der Geschwindigkeit **v** nach links bewegt. Für einen Beobachter in S' sind die geladenen „Quadrate" keine Quadrate mehr. Ihre x'-Dimension ist von b auf $b\sqrt{1-\beta^2}$ verkürzt, wobei β wie üblich für v/c steht. Die Gesamtladung ist aber invariant, d.h. vom Bezugssystem unabhängig, deshalb ist die in S' gemessene *Ladungsdichte* um den Faktor $1/\sqrt{1-\beta^2}$ *größer* als σ. Bild 5.9b zeigt das System, wie es von S und Bild 5.9c, wie es von S' aus gesehen wird. Was läßt sich über das elektrische Feld in S' aussagen, wenn unser gesamtes Wissen über das elektrische Feld bewegter Ladungen in Gl. (5.4) enthalten ist?

Eines können wir als sicher annehmen: Das elektrische Feld ist außerhalb des aus den zwei Flächenladungen bestehenden Systems Null und zwischen ihnen homogen – zumindest für den Grenzfall unendlich ausgedehnter Flächenladungen. Das Feld einer gleichförmig geladenen Ebene kann nämlich nicht vom Abstand von der Ebene oder von der Position parallel zur Ebene abhängen. Es gibt in diesem System nichts, um eine Position entlang der Ebene festzulegen. Wir wissen zunächst einmal, daß das

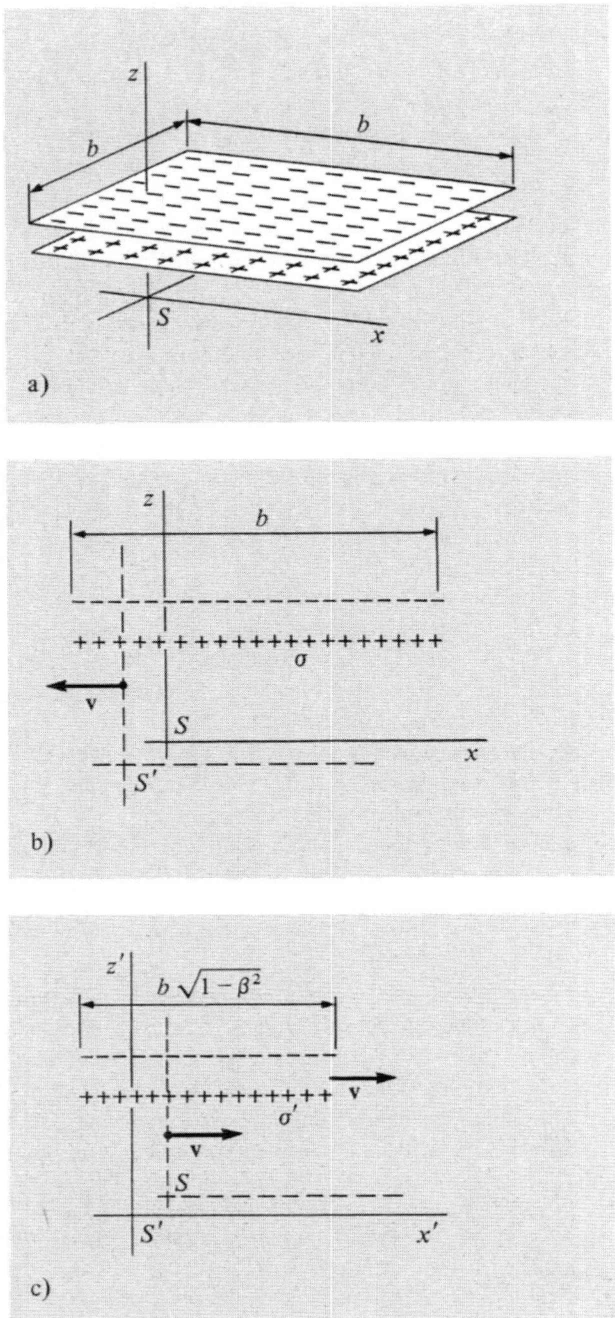

Bild 5.9

a) Zwei quadratische Schichten mit den Oberflächenladungsdichten $+\sigma$ und $-\sigma$ ruhen in einem Inertialsystem S,

b) Querschnitt dieser Anordnung im System S. S' ist ein anderes Bezugssystem, das sich in negative $\hat{x}$-Richtung in bezug auf S bewegt,

c) Querschnitt der Ladungsschichten im Bezugssystem S'. Die gleiche Ladung verteilt sich auf eine kürzere Schicht, so daß die Ladungsdichte σ' größer ist ($\sigma' = \gamma\sigma$).

Feld einer einzelnen bewegten, positiv geladenen Ebene so aussehen *könnte* wie in Bild 5.10a gezeigt ist. Wenn dem so wäre, würde das Feld einer negativ geladenen Ebene, die sich mit derselben Geschwindigkeit bewegt, wie in Bild 5.10b aussehen. Die Überlagerung der beiden Felder würde außerhalb der beiden geladenen Ebenen Null und zwischen ihnen ein homogenes senkrechtes Feld ergeben (Bild 4.10c). (Tatsächlich ist das Feld einer einzelnen Flächenladung, die entlang ihrer eigenen Ebene bewegt wird, im Gegensatz zu den hypothetischen Feldern der Bilder 5.10a und b senkrecht zu dieser gerichtet. Wir werden das bald beweisen.)

Wir können das Gaußsche Gesetz auf eine Schachtel, die im Bezugssystem S' ruht, anwenden; ihr Querschnitt ist in Bild 5.10c dargestellt. Die Ladung ist durch σ' festgelegt, außerhalb des Ladungssystems ist das Feld Null. Aus dem Gaußschen Gesetz folgt die Größe von E_z'. Es ist dies die einzige zwischen den Platten von Null verschiedene Feldkomponente. Sie muß gleich σ'/ϵ_0 oder $\sigma/(\epsilon_0\sqrt{1-\beta^2})$ sein:

$$E_z' = \frac{E_z}{\sqrt{1-\beta^2}} = \gamma E_z. \tag{5.5}$$

(Für den Faktor $1/\sqrt{1-\beta^2}$ wird häufig das Symbol γ verwendet. Erinnern Sie sich daran, daß stets $\gamma \geqslant 1$!)

Nun betrachten wir eine Situation, bei der die beiden in S ruhenden geladenen Flächen senkrecht zur x-Achse orientiert sind (Bild 5.11). Der Beobachter in S berichtet jetzt über ein Feld in x-Richtung mit dem Feldstärkebetrag $E_x = \sigma/\epsilon_0$. In diesem Fall ist die in dem Bezugssystem S' beobachtete Flächenladungsdichte *dieselbe* wie die in S ermittelte. Die Flächenladungen werden nicht kontrahiert; nur ihr Abstand verkürzt sich, aber dies geht in die Bestimmung des Feldes nicht ein. Durch Anwendung des Gaußschen Gesetzes auf die in S' ruhende Schachtel ergibt sich

$$E_x' = \sigma'/\epsilon_0 = \sigma/\epsilon_0 = E_x. \tag{5.6}$$

Das ist alles schön und gut, solange wir es mit den in Bild 5.9 dargestellten besonders einfachen Ladungsanordnungen zu tun haben. Gelten unsere Schlußfolgerungen aber auch allgemeiner? Diese Frage führt zum Kernproblem der Bedeutung des *Feldbegriffs.* Das elektrische Feld **E** soll in einem Raum-Zeit-Punkt eine eindeutige Bedeutung haben. Messen wir daher **E** in der Umgebung dieses Punktes in verschiedenen Bezugssystemen, so darf das Ergebnis dieser Messung nicht von der Natur und der Anordnung der felderzeugenden Ladungen abhängen. Anders formuliert: Der Beobachter in S muß, nachdem er das Feld in seiner Umgebung zu irgendeinem Zeitpunkt gemessen hat, *aus diesen Messungen allein* vorhersagen können, was Beobachter in anderen Bezugssystemen in demselben Raum-Zeit-Punkt messen würden. Anderenfalls hätten wir mit dem Wort *Feld* einen nutzlosen Begriff eingeführt. Die *Richtigkeit* der obigen Aussage folgt schließ-

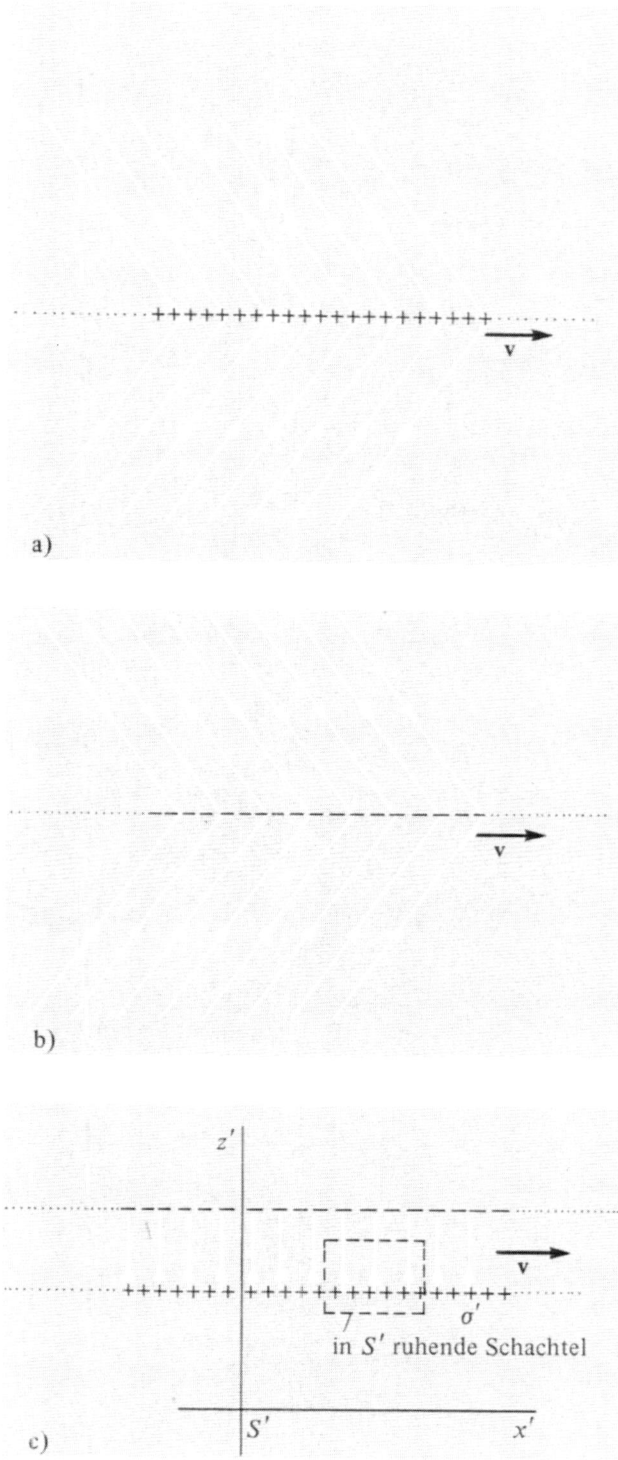

Bild 5.10

a) Vielleicht sieht so das elektrische Feld einer einzelnen sich bewegenden, positiv geladenen Schicht aus. (Tatsächlich sieht es nicht so aus, aber wir haben das noch nicht überprüft.)

b) Wenn es so wäre, würde dieses Bild das elektrische Feld einer sich bewegenden, negativ geladenen Schicht darstellen.

c) Die Überlagerung der beiden Felder würde dieses Bild ergeben, wenn die Darstellungen a) und b) korrekt wären.

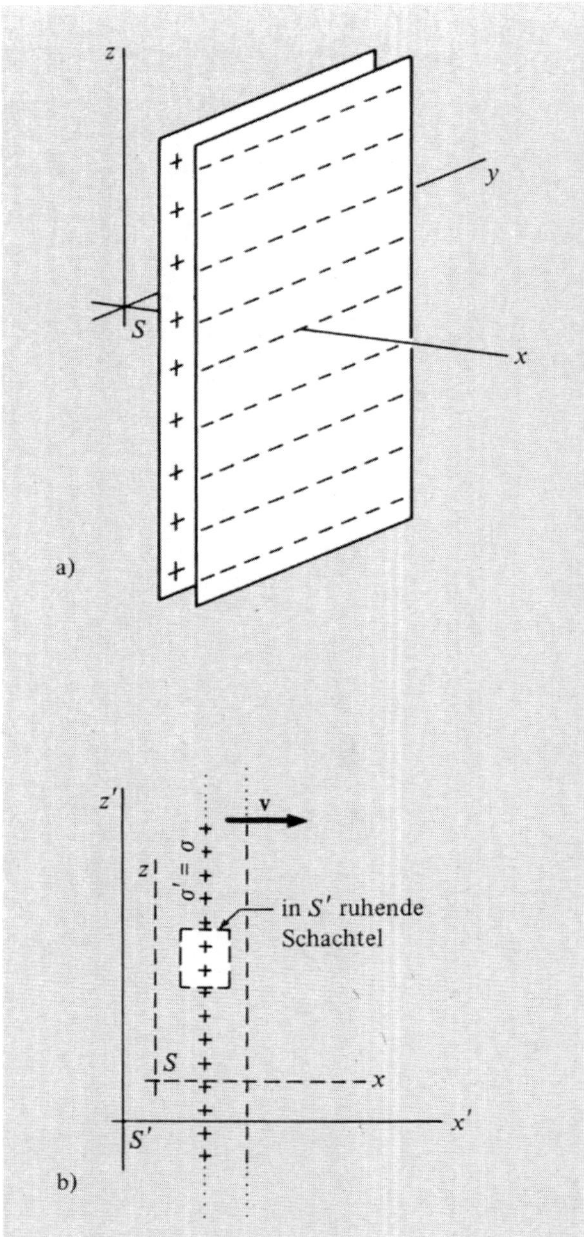

Bild 5.11 Das elektrische Feld in einem anderen Bezugssystem (Relativgeschwindigkeit parallel zur Feldrichtung):
a) das Feld im Bezugssystem S,
b) Querschnittsansicht im Bezugssystem S'.

lich aus der Übereinstimmung unserer Feldtheorie mit dem Experiment.

Die in den Gln. (5.5) und (5.6) ausgedrückten Beziehungen erlangen daher eine Bedeutung, die über den Sonderfall von Ladungen auf parallelen Ebenen hinausreicht. Betrachten Sie eine *beliebige* Ladungsverteilung, deren Ladungen sich relativ zu S in Ruhe befinden. Mißt ein Beobachter in S in z-Richtung ein Feld E_z, muß ein Beobachter in dem Bezugssystem S' in demselben Raum-Zeit-Punkt über ein Feld $E'_z = \gamma E_z$ berichten. Dies bedeutet: Der Beobachter in S' erhält als Ergebnis seiner E'_z-Messung eine Größe, die um den Faktor γ größer ist als jene, die der Beobachter bei seiner E_z-Messung in S erhielt. Mißt der Beobachter in S andererseits in Richtung der Relativgeschwindigkeit von S und S' ein Feld E_x, so ergibt die Messung des Beobachters in S' ein E'_x, das *gleich* E_x ist. Die y- und z-Richtungen sind dabei offenbar äquivalent, da beide quer zur Geschwindigkeit $\mathbf{v}$ verlaufen. Alles, was wir über E'_z sagten, gilt auch für E'_y. Welche Richtung auch immer $\mathbf{E}$ im Bezugssystem S haben möge: Wir können $\mathbf{E}$ als Überlagerung der Felder in x-, y- und z-Richtung behandeln und aus deren Transformation das Vektorfeld $\mathbf{E}'$ in demselben Punkt in S' vorhersagen. Dies läßt sich in einer Aussage zusammenfassen, die Relativbewegungen in beliebigen Richtungen Rechnung trägt: In S ruhende Ladungen sind die Quellen eines Feldes $\mathbf{E}$. Das Bezugssystem S' bewegt sich mit der Geschwindigkeit $\mathbf{v}$ relativ zu S. In irgendeinem Punkt von S wird $\mathbf{E}$ in eine Longitudinal-Komponente $E_\parallel$ parallel zu $\mathbf{v}$ und in eine Transversal-Komponente $E_\perp$, senkrecht zu $\mathbf{v}$ zerlegt. In demselben Raum-Zeit-Punkt wird nun in S' das Feld $\mathbf{E}$ in $E'_\parallel$ und $E'_\perp$ zerlegt, wobei $E'_\parallel$ parallel zu $\mathbf{v}$ und $E'_\perp$ senkrecht zu $\mathbf{v}$ gerichtet ist. Wir wissen jetzt, daß

$$E'_\parallel = E_\parallel; \qquad E'_\perp = \gamma E_\perp. \tag{5.7}$$

Diese Schlußfolgerungen gelten nur für Felder, die von in S ruhenden Ladungen herrühren. Wie wir gleich sehen werden, müssen wir bei in S bewegten Ladungen, *zwei* Felder in S kennen, das elektrische und das magnetische Feld. Wir verfügen aber bereits über ein nützliches Resultat, das immer dann weiterhilft, wenn wir es mit einem Inertialsystem zu tun haben, in dem sämtliche Ladungen in Ruhe bleiben. Dieses Resultat wenden wir im nächsten Abschnitt an, um das elektrische Feld einer Punktladung zu untersuchen, die sich mit konstanter Geschwindigkeit bewegt.

5.6 Feld einer Punktladung, die sich mit konstanter Geschwindigkeit bewegt

Die Punktladung Q bleibt im Koordinatenursprung des Bezugssystems S in Ruhe (Bild 5.12a). Das elektrische Feld $\mathbf{E}$ hat in jedem Punkt den Betrag kQ/r^2 und ist überall radial nach außen gerichtet. In irgendeinem Punkt der x, z-Ebene sind daher seine Komponenten

$$E_x = \frac{kQ}{r^2}\cos\theta = \frac{kQx}{(x^2+z^2)^{3/2}}; \qquad E_z = \frac{kQ}{r^2}\sin\theta = \frac{kQz}{(x^2+z^2)^{3/2}}. \tag{5.8}$$

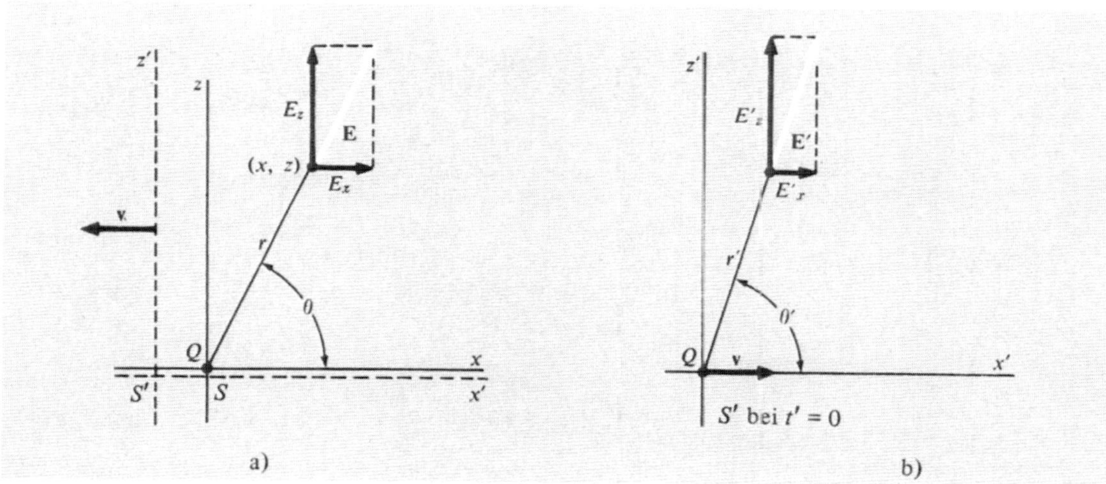

Bild 5.12 Das elektrische Feld einer Punktladung
a) in einem Bezugssystem, in dem die Ladung ruht,
b) in einem Bezugssystem, in dem sich die Ladung mit konstanter Geschwindigkeit bewegt.

Betrachten wir ein anderes Bezugssystem S', das sich in bezug auf S mit der Geschwindigkeit v in die negative x-Richtung bewegt. Wir benötigen die Beziehung zwischen den Koordinaten für ein Ereignis in den beiden Bezugssystemen, wozu wir uns der im Anhang A, Gl. (A.7) angegebenen Lorentz-Transformation zuwenden. Es steht uns frei und vereinfacht die Beschreibung anzunehmen, daß die Nullpunkte der beiden Koordinatensysteme zum Zeitpunkt Null für die Beobachter in beiden Systemen zusammenfallen. Mit anderen Worten, wir beschreiben das Ereignis A, die Koinzidenz der Nullpunkte gemäß Gl. (A.2), mit den Koordinaten $x_A = 0, y_A = 0, z_A = 0, t_A = 0$ im System S und $x'_A = 0, y'_A = 0, z'_A = 0, t'_A = 0$ im System S'. Dann ist das Ereignis B ein Raum-Zeit-Punkt, den wir festzulegen versuchen. Wir nennen seine Koordinaten in S einfach x, y, z, t und in S' einfach x', y', z', t', indem wir den Index B weglassen. Dann erhält man aus Gl. (A.2)

$$x' = \gamma x - \gamma\beta ct, \quad y' = y, \quad z' = z, \quad t' = \gamma t - \gamma\beta x/c.$$

Diese Transformation gilt jedoch für ein S'-System, das sich in bezug auf S in positiver x-Richtung bewegt. Wie man leicht feststellen kann, wird x' mit wachsender Zeit t kleiner. Um die Lorentz-Transformation für unser Problem, bei dem sich das System S' in die entgegengesetzte Richtung bewegt, anzugeben, müssen wir entweder das Vorzeichen von β ändern oder die Strichindizes vertauschen. Wir werden letzteres tun, weil wir x und z in Abhängigkeit von x' und z' ausdrücken wollen. Die Lorentz-Transformation, die wir brauchen, ist deshalb

$$x = \gamma(x' - \beta ct'); \quad y = y'; \quad z = z';$$
$$t = \gamma\left(t' - \frac{\beta x'}{c}\right). \tag{5.9}$$

Entsprechend den Gln. (5.5) und (5.6) gilt $E'_z = \gamma E_z$ und $E'_x = E_x$. Mit den Gln. (5.8) und (5.9) lassen sich die Feldkomponenten E'_z und E'_x durch die Koordinaten in S' ausdrücken. Für den Zeitpunkt $t' = 0$, in dem Q durch den Koordinatenursprung von S' geht, erhalten wir

$$E'_x = E_x = \frac{\gamma kQx'}{[(\gamma x')^2 + z'^2]^{3/2}};$$
$$E'_z = \gamma E_z = \frac{\gamma kQz'}{[(\gamma x')^2 + z'^2]^{3/2}}. \tag{5.10}$$

Beachten Sie zuerst, daß $E'_z/E'_x = z'/x'$. Der Vektor $\mathbf{E}'$ schließt folglich mit der x'-Achse denselben Winkel ein wie der Radiusvektor $\mathbf{r}'$. $\mathbf{E}'$ weist also längs einer Linie radial nach außen, die von der momentanen Lage von Q aus gezogen wird (Bild 5.12b). Denken Sie einen Augenblick über diese Aussage nach und lassen Sie sie auf sich einwirken! Sie besagt nämlich: Wenn Q genau zur „gestrichenen Zeit" 12.00 Uhr durch den Ursprung des gestrichenen Systems geht, berichtet ein Beobachter, der sich irgendwo in dem gestrichenen System aufhält, daß das elektrische Feld in seiner Nachbarschaft um 12.00 Uhr vom Ursprung radial nach außen zeigte. Dies hört sich im ersten Moment wie unverzögerte Informationsübertragung an. Wie kann ein Beobachter in 1 km Entfernung von dem Teilchen wissen, wo es sich zu demselben Zeitpunkt aufhält? Natürlich kann er es nicht – dies wurde allerdings auch nicht angenommen. Erinnern Sie sich daran, daß sich das Teilchen seit eh und je mit konstanter Geschwindigkeit nach einem „Flugplan" bewegte, der es um 12.00 Uhr durch den Ursprung führte. Diese Information war bereits seit langem greifbar. Die Vergangenheit des Teilchens bestimmt nämlich das beob-

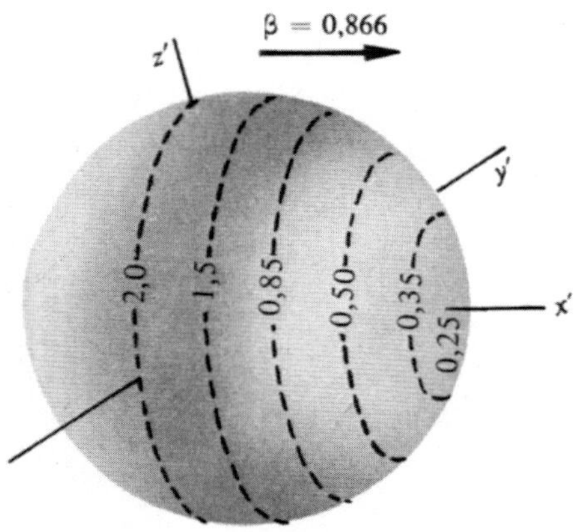

Bild 5.13 Die Stärke des Feldes einer bewegten Ladung in verschiedenen Richtungen. In diesem Augenblick geht die Ladung durch den Ursprung des gestrichenen Systems. Die Zahlen geben die Feldstärke relativ zu kQ/r'^2 an.

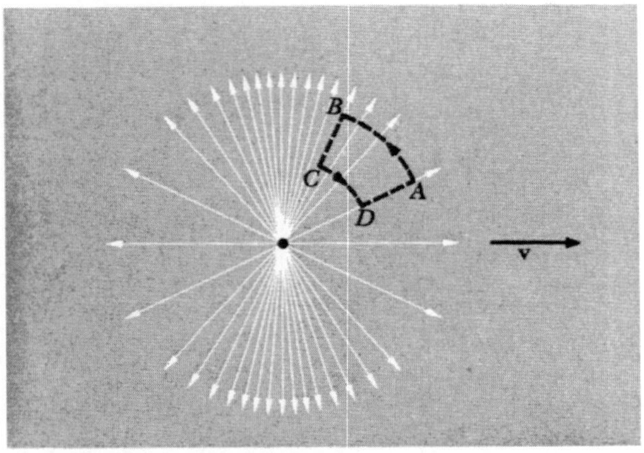

Bild 5.14 Andere Darstellung des Feldes einer gleichförmig bewegten Ladung

achtete Feld – wenn hier von Ursache und Wirkung die Rede sein soll. Wir werden bald untersuchen, was geschieht, wenn eine unvorhergesehene Änderung des Flugplans eintritt.

Zur Bestimmung der Feldstärke berechnen wir $E_x'^2 + E_z'^2$ und erhalten damit das Quadrat des Betrages der Feldstärke:

$$E'^2 = E_x'^2 + E_z'^2 = \frac{\gamma^2 k^2 Q^2 (x'^2 + z'^2)}{[(\gamma x')^2 + z'^2]^3} = \frac{k^2 Q^2 (x'^2 + z'^2)}{\gamma^4 (x'^2 + z'^2 - \beta^2 z'^2)^3} = \frac{k^2 Q^2 (1-\beta^2)^2}{(x'^2 + z'^2)^2 \left(1 - \frac{\beta^2 z'^2}{x'^2 + z'^2}\right)^3}. \tag{5.11}$$

(Hier ist es praktisch, die Größe β einzuführen.) Mit r' bezeichnen wir den Abstand der Ladung Q, die sich in demselben Moment im Ursprung befindet, zu dem Punkt (x', z') der Feldmessung: $r' = (x'^2 + z'^2)^{1/2}$. θ' ist der Winkel zwischen diesem Radiusvektor und der Geschwindigkeitsrichtung unserer Ladung Q, die sich im Bezugssystem S' in positiver x'-Richtung bewegt. Da $z' = r' \sin\theta'$, läßt sich der Betrag der Feldstärke folgendermaßen schreiben:

$$E' = \frac{kQ}{r'^2} \frac{1-\beta^2}{(1-\beta^2 \sin^2\theta')^{3/2}}. \tag{5.12}$$

Der Koordinatenursprung ist durch nichts ausgezeichnet; dies gilt auch für die x', z'-Ebene im Vergleich zu jeder anderen Ebene durch die x'-Achse. Deshalb können wir ganz allgemein festhalten, daß das Feld einer gleichförmig bewegten Ladung zu einem vorgegebenen Zeitpunkt radial von der momentanen Ladungsposition ausgehend gerichtet ist und daß der Feldstärkebetrag durch Gl. (5.12) gegeben ist, wobei θ' den Winkel zwischen der Bewegungsrichtung der Ladung und dem Radiusvektor angibt, der von der augenblicklichen Ladungsposition zum Beobachtungspunkt weist.

Bei kleinen Geschwindigkeiten reduziert sich die Feldstärke einfach auf $E' \approx kQ/r'^2$, und das Feld ist zu jedem beliebigen Zeitpunkt mit dem Feld einer in S' an dem momentanen Ort von Q ruhenden Punktladung identisch. Ist aber β^2 nicht vernachlässigbar, erweist sich das Feld bei gleichen Abständen von der Ladung in Richtung senkrecht zur Bewegung stärker als in Richtung der Bewegung. Wenn wir, wie üblich, den Betrag der Feldstärke durch die Dichte der Feldlinien angeben, konzentrieren sich die Feldlinien in einer Art Pfannkuchen, der senkrecht zur Bewegungsrichtung liegt. Bild 5.13 zeigt für eine mit $v/c = 0{,}866$ in x'-Richtung bewegte Ladung die Dichte der von ihr ausgehenden und durch die Einheitskugel tretenden Feldlinien. Eine einfache Felddarstellung ist in Bild 5.14 zu sehen: Im Querschnitt durch das Feld sind in der x', z'-Ebene einige Feldlinien angegeben[48]).

Dieses bemerkenswerte elektrische Feld ist nicht kugelsymmetrisch. Das überrascht jedoch nicht, da es in unserem Bezugssystem eine ausgezeichnete Richtung gibt, nämlich die Bewegungsrichtung der Ladung. Es ist jedoch symmetrisch in einer Ebene senkrecht zur Richtung der Bewegung der Ladung. Das ist übrigens ausreichend, um zu beweisen, daß das Feld einer gleichförmigen Flächenladung, die sich entlang ihrer eigenen Ebene bewegt, senkrecht zu dieser Ebene sein muß. Man bedenke, daß dieses Feld die Summe der Felder der Ladungselemente, die gleichmäßig über die

48) Ein *zweidimensionales Diagramm* wie in Bild 5.14 kann den Betrag der Feldstärke nicht wahrheitsgetreu durch die Feldliniendichte darstellen. Wenn wir nicht einige Feldlinien willkürlich abbrechen, nimmt die Feldliniendichte in dem Bild mit $1/r'$ ab, wogegen sich der Betrag der Feldstärke mit $1/r'^2$ verringert. Bild 5.14 liefert daher nur eine qualitative Vorstellung des Verlaufs von E' mit r' und θ'.

Ebene verteilt sind, darstellt. Da jedes von diesen individuellen Feldern die Längssymmetrie bezüglich der Bewegungsrichtung wie in Bild 5.14 hat, kann ihre Summe nur senkrecht zur Ebene gerichtet sein. Das Feld kann nicht so aussehen wie in Bild 5.10a. Das Feld in Bild 5.14 könnte von *keiner ruhenden Ladungsverteilung,* wie immer auch diese beschaffen sein mag, erzeugt werden. In diesem Feld ist nämlich das Linienintegral längs eines geschlossenen Weges *nicht Null.* Betrachten Sie z. B. in Bild 5.14 den geschlossenen Weg *ABCD.* Die Kreisbögen leisten keinen Beitrag zum Linienintegral, da sie senkrecht zum Feld stehen. Was die radialen Abschnitte betrifft, so ist das Feld längs *BC stärker* als längs *DA.* Die *Zirkulation* von E' ist also auf diesem Weg nicht Null. Erinnern Sie sich daran, daß es sich hier auch gar nicht um ein *elektrostatisches* Feld handelt. Im Laufe der Zeit ändert sich mit der Bewegung der felderzeugenden Ladung das elektrische Feld $\mathbf{E}'$ in jedem Punkt des Bezugssystems S'. Die Bilder 5.15 und 5.16 zeigen für bestimmte Zeitpunkt das elektrische Feld in einem Bezugssystem, durch das sich ein Elektron mit konstanter Geschwindigkeit in x-Richtung bewegt[49]. In Bild 5.15 ist die Geschwindigkeit des Elektrons 0,33 c, seine kinetische Energie daher ungefähr 30 keV. Der Wert von β^2 beträgt 1/9; das elektrische Feld unterscheidet sich nicht wesentlich von jenem einer ruhenden Ladung. In Bild 5.16 besitzt das Elektron entsprechend einer kinetischen Energie von 335 keV eine Geschwindigkeit von 0,8 c. Wird für jedes Diagramm als Zeiteinheit $1{,}0 \cdot 10^{-10}$ s benutzt, ist der gewählte Entfernungsmaßstab wirklichkeitsgetreu. Natürlich gilt das Diagramm genauso für *jedes andere* geladene Teilchen, das sich mit dem angegebenen Bruchteil der Lichtgeschwindigkeit bewegt. Die kinetische Energie der Elektronen zeigte uns nur, daß relativistische Geschwindigkeiten selbst im Laboralltag nichts Ungewöhnliches sind.

[49]) Bisher ruhte die Ladung in dem ungestrichenen und bewegte sich in dem gestrichenen System. Hier nehmen wir das x, y, z-Koordinatensystem als Bezugssystem an, in dem sich die Ladung bewegt, um bei der nachfolgenden Diskussion einen Wirrwarr bei der Kennzeichnung durch Strichindizes zu vermeiden.

5.7 Felder von Ladungen, die sich zu bewegen beginnen oder zur Ruhe kommen

Es darf keinen Zweifel geben, daß der Begriff *gleichförmige Geschwindigkeit,* so wie wir ihn verwendeten, eine seit ewig ablaufende geradlinige Bewegung mit konstanter Geschwindigkeit bedeutet. Was geschieht aber, wenn sich das Elektron nicht gleichförmig längs der negativen x-Achse bewegte, bevor es zur Zeit $t = 0$ in das Blickfeld unseres Diagramms kam? Nehmen Sie an, es befand sich im Ursprung in Ruhe und wartete, bis die Uhr $t = 0$ zeigte. Unmittelbar vor diesem Zeitpunkt erteilte irgendeine Kraft dem Elektron plötzlich eine große Beschleunigung, so daß es sich ab $t = 0$ mit der Geschwindigkeit v längs der positiven x-Achse bewegt. Seine Bewegung gleicht *von diesem Zeitpunkt an* genau der Bewegung des Elektrons von Bild 5.16.

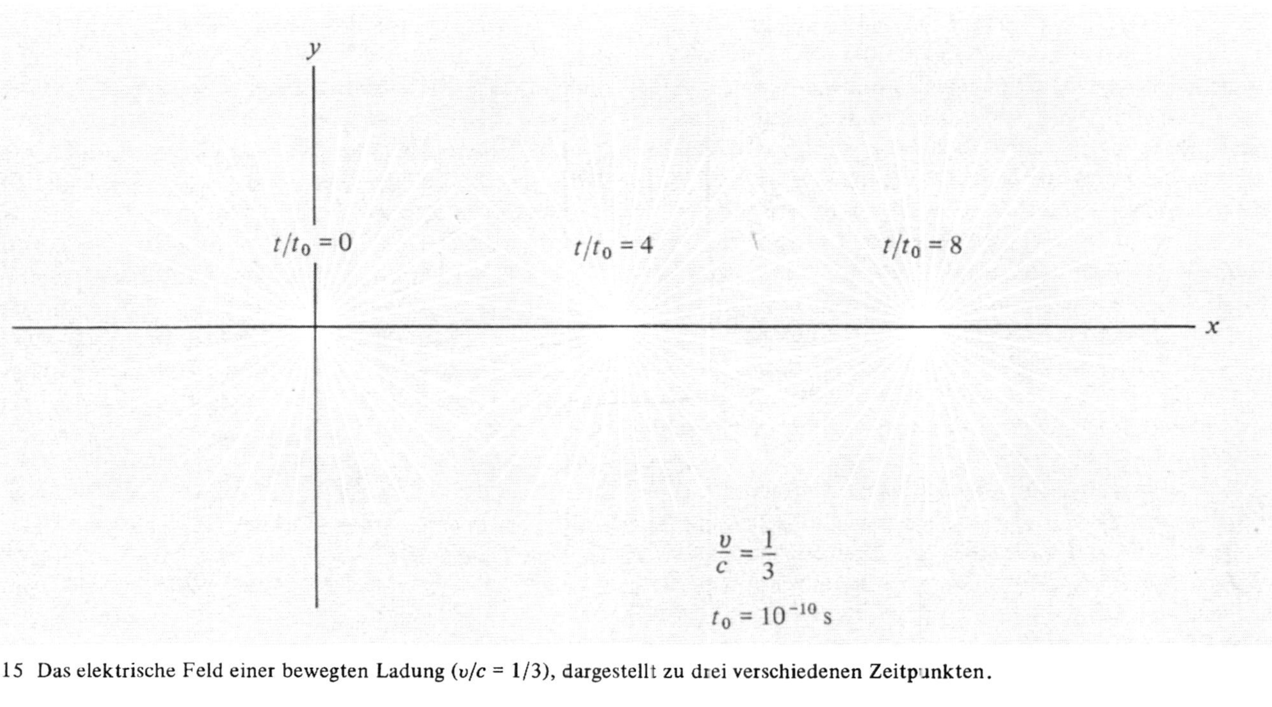

Bild 5.15 Das elektrische Feld einer bewegten Ladung ($v/c = 1/3$), dargestellt zu drei verschiedenen Zeitpunkten.

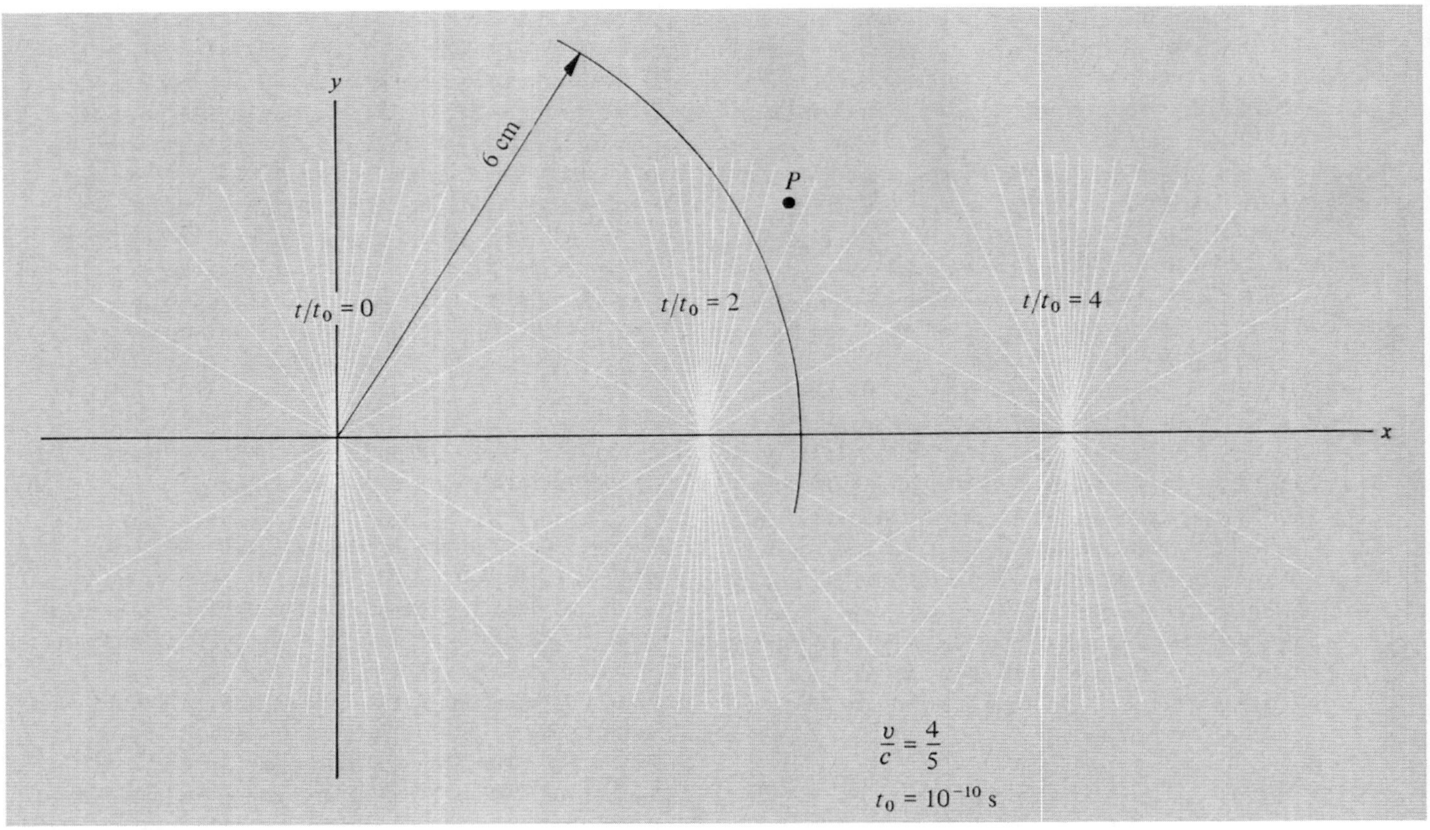

Bild 5.16 Das elektrische Feld einer bewegten Ladung ($v/c = 4/5$), dargestellt zu drei verschiedenen Zeitpunkten.

Dieses Bild beschreibt aber das Feld jenes Elektrons, dessen Geschichte wir gerade erläuterten, *nicht* richtig. Um den Grund dafür einzusehen, betrachten Sie das Feld in dem mit P gekennzeichneten Punkt zur Zeit $t = 2\ t_0 = 2 \cdot 10^{-10}$ s. In $2 \cdot 10^{-10}$ s legt Licht die Entfernung 6 cm zurück. Da dieser Punkt aber einen größeren Abstand als 6 cm vom Ursprung hat, kann bei ihm noch nicht die Nachricht eingetroffen sein, daß das Elektron zur Zeit $t = 0$ seine Bewegung begann. Wenn wir nicht eine grobe Verletzung der Relativitätstheorie zulassen – und wir verwenden ja die Postulate der Relativitätstheorie als Grundlage dieser gesamten Diskussion –, muß zur Zeit $t = 2\ t_0$ im Punkt P (und in allen Punkten außerhalb einer Kugeloberfläche mit dem Radius 6 cm und dem Mittelpunkt im Ursprung) *das Feld einer im Ursprung ruhenden Ladung* beobachtet werden.

Andererseits bleiben Vorgänge der entfernten Vergangenheit in der Nähe der bewegten Ladung ohne Einfluß. Betrachten wir zum Zeitpunkt $t = 2\ t_0$ Bereiche, die mehr und mehr von der Ladung entfernt sind, muß sich das Feld irgendwie von dem Feld des zweiten Teils von Bild 5.16 in das Feld einer im Ursprung ruhenden Ladung wandeln. Mehr als das können wir nicht ableiten, ohne zu wissen, wie schnell sich die Nachricht *tatsächlich* ausbreitet. Nehmen Sie einmal an, die Informationsübertragung erfolgt so schnell, daß gerade noch keine Verletzung der Relativitätstheorie eintritt. Vernachlässigen wir dann noch die Zeitdauer der Beschleunigungsphase, so müßten wir zur Zeit $t = 2\ t_0$ innerhalb der gesamten Kugel mit dem Radius 6 cm das Feld einer gleichförmig bewegten Punktladung vorfinden. Unter diesen Annahmen erhält das Feld eines Elektrons, das zur Zeit $t = 0$ von der Ruhelage aus seine Bewegung beginnt und dabei plötzlich die Geschwindigkeit v erreicht, die Gestalt von Bild 5.17. In einer dünnen Kugelschale (deren Dicke bei einem tatsächlich durchgeführten Versuch von der Zeitdauer der Beschleunigungsphase abhängt) vollzieht sich der Übergang von einem Feldtyp zum anderen. Diese Kugelschale dehnt sich einfach mit der Geschwindigkeit c aus, wobei ihr Mittelpunkt stets in $x = 0$ verbleibt. Die Pfeile an den Feldlinien geben die Feldrichtung an, wenn die Quelle wie in unserem Fall eine negative Ladung ist.

Bild 5.18 zeigt das Feld eines Elektrons, das sich mit gleichförmiger Geschwindigkeit bewegte, bis es im Zeitpunkt $t = 0$ den Ursprung erreichte und dann plötzlich zur Ruhe gebracht wurde. Die Nachricht, daß das Elektron seine

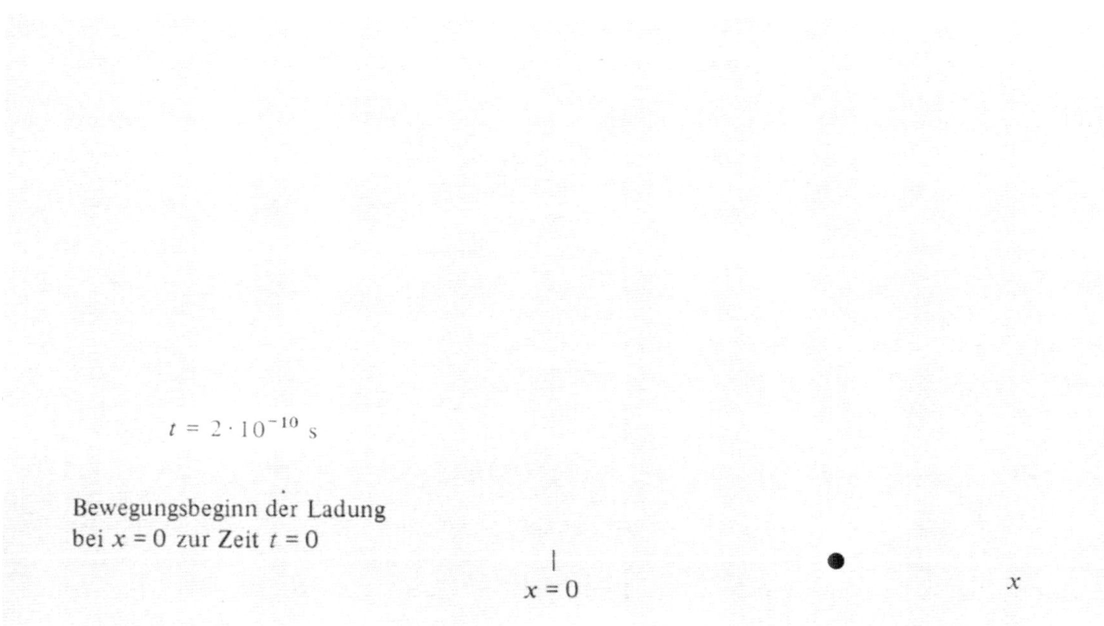

Bild 5.17 Eine anfänglich bei $x = 0$ ruhende Ladung wird zur Zeit $t = 0$ plötzlich beschleunigt und bewegt sich sodann mit konstanter Geschwindigkeit.

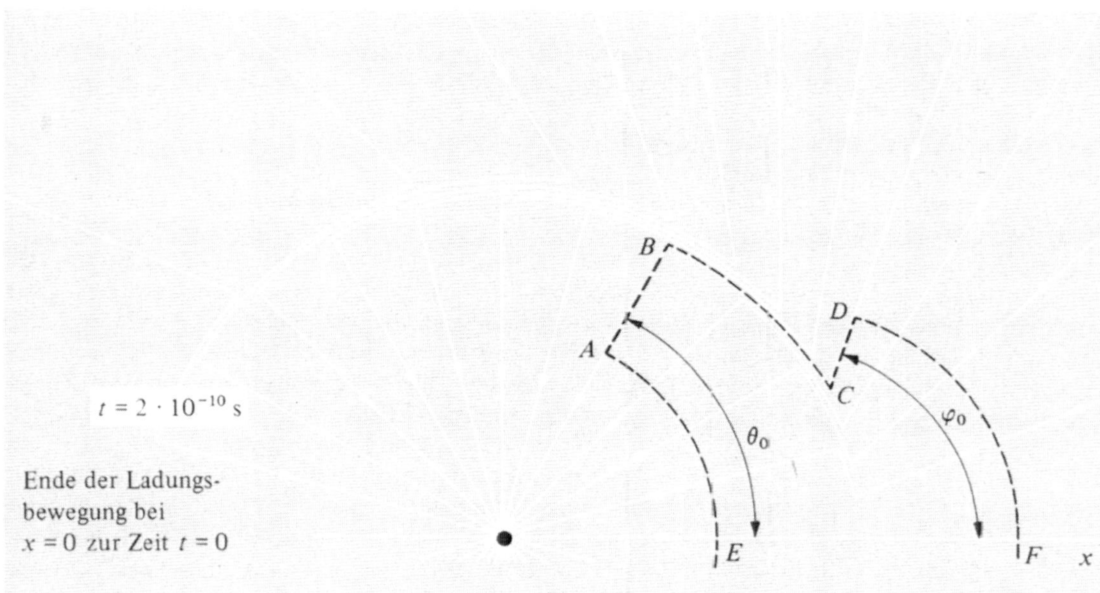

Bild 5.18 Ein Elektron, das sich mit konstanter Geschwindigkeit bewegt, erreicht den Ursprung zur Zeit $t = 0$, wird sodann abrupt bis zur Ruhe verzögert und verbleibt danach im Ursprung. Das Bild zeigt das Aussehen des Feldes im Laborsystem zur Zeit $t = 2\,t_0$. Die gestrichelte Linie zwischen A und D folgt einer Feldlinie. Die Rotation der gesamten Umrißlinie $EABCDF$ um die x-Achse erzeugt eine geschlossene Fläche, durch die der Gesamtfluß Null sein muß. Der Fluß durch die Kugelkappe FD muß dem Fluß durch die Kugelkappe EA gleich sein. Diese Bedingung genügt, um die Gl. (5.13) zwischen θ_0 und φ_0 zu bestimmen (Übung 11 in Abschnitt 5.10).

Bewegung beendete, kann bis zum Zeitpunkt t keinen Ort erreichen, der weiter als ct vom Ursprung entfernt ist. Außerhalb der Kugel mit dem Radius $r = ct$ muß das Feld so beschaffen sein, als hätte das Elektron seine Bewegung mit der ursprünglichen Geschwindigkeit fortgesetzt. Deshalb weist die „Bürste" der Feldlinien rechts in Bild 5.18 genau auf den Punkt, durch den das Elektron gerade gegangen wäre, hätte seine Bewegung nicht ein Ende gefunden. Diese letzte Schlußfolgerung hängt nicht von der im vorigen Absatz eingeführten Annahme einer schnellstmöglichen Nachrichtenausbreitung ab. Fast scheint es, als führe das Feld ein Eigenleben!

Es ist nun relativ einfach, die inneren und äußeren Feldlinien zu verbinden. Es gibt nämlich hierfür nur eine mit dem Gaußschen Gesetz konsistente Möglichkeit. Als Beispiel wählen wir Bild 5.18. Wir verfolgen von einem Punkt A aus eine radiale Feldlinie, die mit der x-Achse einen Winkel θ_0 einschließt, bis wir das äußere Feld erreichen. Dort bewegen wir uns längs einer Feldlinie, die mit der x-Achse den Winkel φ_0 bildet. Sie geht radial vom extrapolierten Ort der Ladung aus, so als ob sich dort die Quelle des äußeren Feldes befände. Wir verbinden A bzw. D mit der x-Achse durch Kreisbögen, wobei der Bogen AE seinen Mittelpunkt in der Quelle des inneren Feldes hat, der Bogen DF in der augenscheinlichen Quelle des äußeren Feldes. Nun lassen wir die Kurve $EABCDF$ um die x-Achse rotieren und erzeugen so eine Rotationsfläche. Da diese Oberfläche keine Ladung umschließt, muß das über sie erstreckte Flächenintegral von $\mathbf{E}$ Null sein. Die einzigen Beiträge zu dem Integral rühren von den Kugelkappen her, da der Rest der von $ABCD$ erzeugten Oberfläche nach Definition parallel zu unserem Feld ist. Auf der inneren Kugelkappe finden wir das Feld einer im Ursprung ruhenden Punktladung vor, auf der äußeren hingegen das Feld einer mit der konstanten Geschwindigkeit $\mathbf{v}$ bewegten Ladung, die sich in diesem Moment gerade bei $x = 2vt_0$ befindet (gegeben durch Gl. (5.12)). Bei der Bearbeitung der Übung 11 in Abschnitt 5.10 werden Sie finden, daß die Bedingung dafür, daß der links einströmende Fluß gleich dem rechts ausströmenden ist, lautet:

$$\tan\varphi_0 = \gamma \tan\theta_0 \qquad (5.13)$$

Es ist nicht überraschend, daß γ in dieser Formel vorkommt. Wir haben bereits die „relativistische Kompression" des Feldlinienbildes einer schnell bewegten Ladung, wie sie im Bild 5.14 dargestellt ist, bemerkt. Das wichtige, neue Merkmal in Bild 5.18 ist die zickzackförmige Feldlinie $ABCD$. Der Grund dafür ist nicht das γ in Gl. (5.13), sondern die Tatsache, daß offenbar die Quelle des äußeren Feldes gegenüber der Quelle des inneren Feldes verschoben ist. Wenn AB und CD zu derselben Feldlinie gehören, muß das Verbindungsstück BC *näherungsweise senkrecht* zu einem radialen Vektor laufen. Wir haben dort ein *transversales* elektrisches Feld, das, so lassen es die dicht gedrängten Feldlinien vermuten, verhältnismäßig stark verglichen mit dem radialen Feld ist. Mit weiterlaufender Zeit wird sich der zickzackförmige Teil der Linie mit der Geschwindigkeit c radial nach außen bewegen. Die Dicke der Schale mit dem transversalen Feld wird nicht wachsen, weil sie durch die Dauer des Verzögerungsprozesses bestimmt ist.

Die sich dauernd ausdehnende Schale eines transversalen Feldes wird immer weiterlaufen, selbst wenn wir zu einem späteren Zeitpunkt, z. B. bei $t = 3t_0$, das Elektron plötzlich auf seine ursprüngliche Geschwindigkeit beschleunigen würden. Das würde nur eine neue auslaufende Schale in Gang setzen und ein dem Feld in Bild 5.17 sehr ähnliches Bild ergeben. Das Feld hat ein Eigenleben! Was hier unter unseren Augen entstanden ist, ist eine *elektromagnetische Welle*. Das magnetische Feld, das auch dazugehört, ist in diesem Zusammenhang nicht erwähnt worden. Im Kapitel 9 werden wir lernen, wie das elektrische und das magnetische Feld bei der Ausbreitung elektrischer Störungen durch den leeren Raum zusammenwirken. Wir haben hier herausgefunden, daß solche Wellen in der Natur in Übereinstimmung mit den Postulaten der speziellen Relativitätstheorie und wegen der relativistischen Invarianz der elektrischen Ladung existieren *müssen*.

Die Analyse unserer zickzackförmigen Feldlinie kann noch weiter getrieben werden. Im Anhang B wird gezeigt, wie man ziemlich leicht eine genaue und einfache Formel für die Strahlungsleistung einer beschleunigten Ladung herleiten kann. Wir kehren nun zur gleichförmig bewegten Ladung zurück, die noch einige Überraschungen in sich birgt.

5.8 Kraft auf eine bewegte Ladung

Aus Gl. (5.12) kennen wir die Kraft, die eine ruhende Ladung im Feld einer sich mit konstanter Geschwindigkeit bewegenden Ladung erfährt. Nun stellen wir eine andere Frage: Welche Kraft wird auf eine Ladung ausgeübt, die sich im Feld irgendwelcher anderer Ladungen bewegt? Zuerst betrachten wir den Fall, bei dem sich eine Ladung durch das von ruhenden Ladungen erzeugte Feld bewegt. Denken Sie beispielsweise an ein Elektron, das sich zwischen den geladenen Ablenkplatten eines Oszillographen bewegt, oder an ein α-Teilchen, das durch das Coulombfeld eines Atomkerns fliegt. Die felderzeugenden Ladungen bzw. Quellen des Feldes sollen auf jeden Fall in irgendeinem Bezugssystem ruhen; dieses spezielle Bezugssystem nennen wir *Laborsystem*. An irgendeinem Ort und zu irgendeinem Zeitpunkt beobachten wir in dem Laborsystem ein Teilchen mit der Ladung Q, das sich in eben demselben Augenblick mit der Geschwindigkeit $\mathbf{v}$ durch das elektrostatische Feld bewegt. Welche Kraft scheint auf Q zu wirken?

Der Begriff Kraft ist nur ein anderer Ausdruck für die Änderung des Impulses mit der Zeit. Wir fragen daher nach $d\mathbf{p}/dt$, der zeitlichen Änderung des Teilchenimpulses an dem angegebenen Ort und zum angegebenen Zeitpunkt, gemessen in unserem Laborsystem (dies ist genau die Bedeutung der Kraft auf ein geladenes Teilchen). Die Antwort läßt sich aus dem, was wir bereits wissen, durch Schlußfolgerung herleiten. Betrachten Sie das System von einem Bezugssystem S' aus, das sich zur fraglichen Zeit *mit dem* Teilchen mitbewegt. Dieses System nennen wir *„Teilchen"-System.* In ihm befindet sich das Teilchen, zumindest für den betrachteten Augenblick, in Ruhe. Hingegen bewegen sich nun die anderen Ladungen. Wie wir uns in dieser Situation zu verhalten haben, ist aber bereits bekannt. Die Kraft auf die ruhende Ladung Q ist einfach $\mathbf{E}'Q$, wobei $\mathbf{E}'$ das in dem „Teilchen"-System beobachtete elektrische Feld ist. Wir wissen auch, wie wir $\mathbf{E}'$ bei bekanntem $\mathbf{E}$ finden, nämlich mit Hilfe von Gl. (5.7). Da wir $\mathbf{E}$ kennen, läßt sich die in S' beobachtete zeitliche Impulsänderung des Teilchens bestimmen. Wir müssen *diese* Größe nur noch in das System S zurücktransformieren. So bleibt uns die Frage: *Wie wird Kraft, d. h. zeitliche Impulsänderung, von einem Inertialsystem in ein anderes transformiert?*

Die Antwort auf diese Frage wird später ausgearbeitet werden und ist angegeben in den Gln. (A.12), (A.13) des Anhangs A. Die Kraftkomponente *parallel* zu der Relativbewegung der beiden Bezugssysteme hat in beiden Systemen denselben Wert. Die Kraftkomponente *senkrecht* zur relativen Geschwindigkeit der Systeme im bewegten System ist um den Wert $1/\gamma$ *kleiner* als der Wert für das System, in dem das Teilchen ruht. Wir wollen das in Gl. (5.14) zusammenfassen, indem wir die Indizes $\parallel$ und $\perp$ für die parallele und senkrechte Komponente der Impulse zur Relativgeschwindigkeit zwischen S' und S hinschreiben, wie wir es schon in Gl. (5.7) getan haben.

$$\boxed{\begin{aligned}\frac{dp_\parallel}{dt} &= \frac{dp'_\parallel}{dt'}\,;\\ \frac{dp_\perp}{dt} &= \frac{1}{\gamma}\frac{dp'_\perp}{dt'}\,.\end{aligned}} \tag{5.14}$$

Es ist zu bemerken, daß diese Beziehung nicht symmetrisch zwischen den gestrichenen und ungestrichenen Größen ist. Das Bezugssystem S', in dem in diesem Fall das Teilchen ruht, ist ausgezeichnet. In ihm ist die transversale Kraftkomponente größer als in irgendeinem anderen System.

Mit dieser Gleichung erhielten wir ein Transformationsgesetz für die Kraft, ein entsprechendes Gesetz für das elektrische Feld ist bereits aus Gl. (5.7) bekannt. Damit ausgerüstet kehren wir zu dem geladenen Teilchen zurück, das sich im Feld $\mathbf{E}$ bewegt. Sogleich entdecken wir eine überraschend einfache Tatsache. Betrachten Sie zunächst $E_\parallel$, das ist die zur momentanen Bewegungsrichtung des geladenen Teilchens parallele Komponente von $\mathbf{E}$. Führen Sie eine Transformation in das Bezugssystem S' durch, das sich in diesem Augenblick mit dem Teilchen mitbewegt. In diesem Bezugssystem ist die Longitudinalkomponente des Feldes $E'_\parallel$, und entsprechend Gl. (5.7) gilt $E'_\parallel = E_\parallel$. Die Kraft $dp'_\parallel/dt'$ ist daher

$$\frac{dp'_\parallel}{dt'} = E'_\parallel Q = QE_\parallel\,. \tag{5.15}$$

Zurück zum Bezugssystem S. Dort messen Beobachter die Longitudinalkraft, d. h. die zeitliche Ableitung der Longitudinalkomponente des Impulses, $dp_\parallel/dt$. Entsprechend Gl. (5.14) gilt $dp_\parallel/dt = dp'_\parallel/dt'$; deshalb wird in S als Longitudinalkomponente der Kraft

$$\frac{dp_\parallel}{dt} = \frac{dp'_\parallel}{dt'} = QE_\parallel \tag{5.16}$$

gemessen. Natürlich *bleibt* das Teilchen mit fortschreitender Zeit nicht in S' in Ruhe. Es wird durch das Feld $\mathbf{E}'$ beschleunigt, und $\mathbf{v}'$, die Teilchengeschwindigkeit in S', nimmt von Null ausgehend allmählich zu. Da wir uns aber mit der momentanen Beschleunigung befassen, treten nur infinitesimale Werte von v' auf, wodurch die Einschränkung von Gl. (5.14) streng erfüllt ist. Für $E_\perp$, die Transversalkomponente des Feldes in S, lautet die Transformation $E'_\perp = \gamma E_\perp$, so daß $(dp'_\perp/dt') = QE'_\perp = Q\gamma E_\perp$. Bei Rücktransformation der Kraft auf das Bezugssystem S ergibt sich aber $(dp_\perp/dt) = (1/\gamma)\,(dp'_\perp/dt')$, und γ fällt somit ganz heraus:

$$\frac{dp_\perp}{dt} = \frac{1}{\gamma}(\gamma E_\perp Q) = QE_\perp\,. \tag{5.17}$$

Die Gln. (5.16) und (5.17) besagen: Die Kraft auf ein geladenes Teilchen, das sich in S bewegt, ist – *völlig unabhängig* von der Teilchengeschwindigkeit – das Q-fache des elektrischen Feldes $\mathbf{E}$ in diesem Bezugssystem. Bild 5.19 erinnert an diese Tatsache und an ihre Herleitung.

Sie haben dieses Ergebnis schon früher benutzt; dort erfuhren Sie einfach, daß der Beitrag des elektrischen Feldes zur Kraft auf eine bewegte Ladung $Q\mathbf{E}$ ist. Weil dies so vertraut erscheint, glauben Sie vielleicht, daß dieses Ergebnis unmittelbar einleuchtend ist und wir mit dem Beweis bloß Zeit vergeudeten. Wir hätten es aber auch als empirische Tatsache hinnehmen können, denn es wurde über einen enormen Bereich verifiziert, bis zu Geschwindigkeiten, die z. B. für Elektronen so nahe an die Lichtgeschwindigkeit herankommen, daß der Faktor $\gamma = 10^4$ ist. So gesehen handelt es sich wirklich um ein sehr bemerkenswertes Gesetz. Unsere Diskussion in diesem Kapitel zeigte, daß dieses Gesetz eine direkte Folge der Ladungsinvarianz ist.

5.9 Wechselwirkung zwischen einer bewegten Ladung und anderen bewegten Ladungen

Bekanntlich kann es eine geschwindigkeitsabhängige Kraft auf eine bewegte Ladung geben. Diese Kraft steht mit einem *Magnetfeld* in Verbindung, dessen Quellen elektrische Ströme, d.h. andere bewegte Ladungen sind.

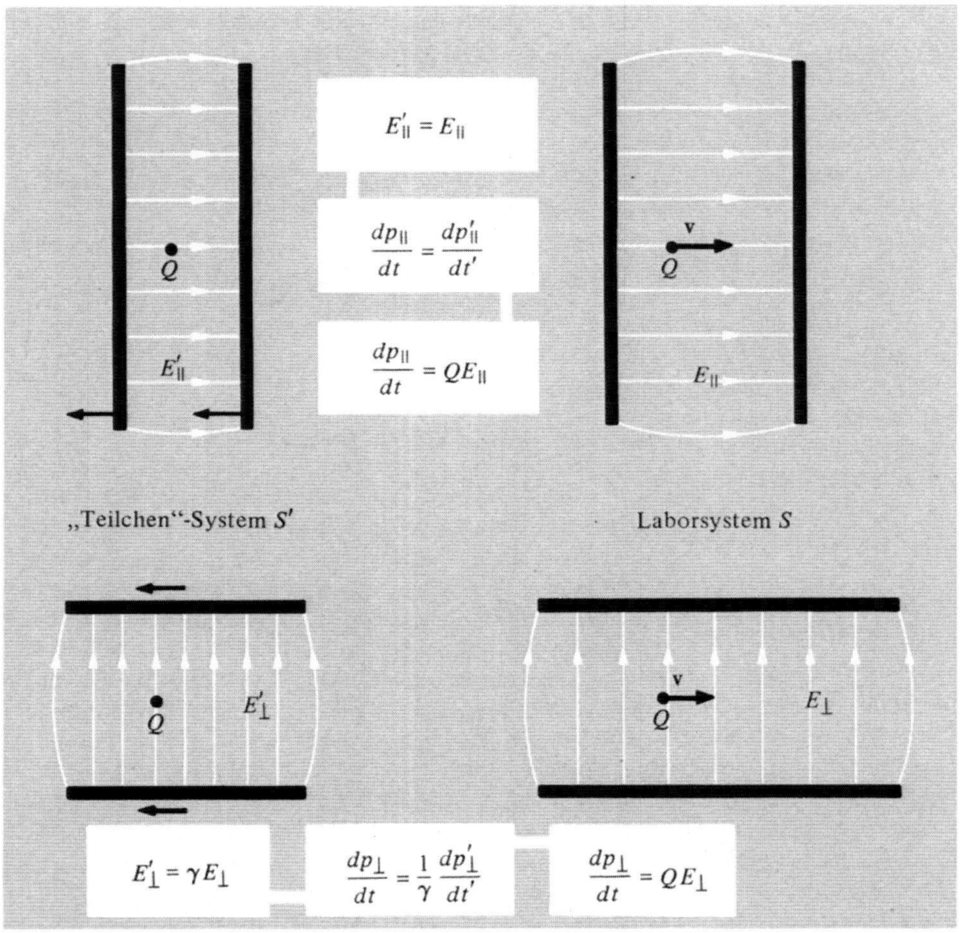

Bild 5.19 In einem Bezugssystem, in dem die Ladungen ruhen, die das Feld E erzeugen, ist die Kraft auf eine Ladung *Q*, die sich mit beliebiger Geschwindigkeit bewegt, einfach *Q*E.

Die Experimente *Oersteds* zeigen, daß elektrische Ströme Magnete beeinflussen; zu seiner Zeit war allerdings die Natur eines Magneten noch etwas völlig Rätselhaftes. Bald entdeckten aber *Ampère* und andere Physiker die Wechselwirkung elektrischer Ströme untereinander, wie sie sich beispielsweise in der Anziehung zweier paralleler, in derselben Richtung stromführender Drähte zeigt. Dies führte *Ampère* zu der Hypothese, daß in einer magnetischen Substanz andauernde Kreisströme vorhanden sind. Wenn dies tatsächlich so ist, kann *Oersteds* Experiment als Wechselwirkung des „galvanischen" Stroms in dem Draht mit den permanenten Mikroströmen in der Kompaßnadel verstanden werden. *Ampère* gelang eine vollständige und elegante mathematische Formulierung für die Wechselwirkung stationärer Ströme sowie die Äquivalenz zwischen magnetisierter Materie und Systemen mit permanenten Strömen. Seine brillanten Vorstellungen von der tatsächlichen Natur des Ferromagnetismus mußten aber etwa ein Jahrhundert auf ihre endgültige Bestätigung warten.

Ob die magnetischen Äußerungen elektrischer Ströme von etwas *anderem* als dem einfachen Ladungstransport herrühren, war *Ampère* und seinen Zeitgenossen nicht klar. Verursacht die Bewegung eines elektrostatisch geladenen Körpers dieselben Wirkungen wie ein kontinuierlich fließender galvanischer Strom? *Maxwells* theoretische Arbeiten begründeten später im 19. Jahrhundert ein *Ja* als Antwort auf diese Frage. Den ersten direkten Hinweis darauf erhielt *Henry Rowland*, auf dessen Experimente wir am Ende von Kapitel 6 eingehen.

Von unserem gegenwärtigen Standpunkt aus erscheint die magnetische Wechselwirkung elektrischer Ströme als notwendige Begleiterscheinung des Coulombschen Gesetzes. Wenn die Postulate der Relativitätstheorie gültig sind, die Ladung invariant ist und das Coulombsche Gesetz sich bewährt, müssen jene Effekte auftreten, die wir gemeinhin als „magnetische" bezeichnen. Sie treten immer dann in Erscheinung, wenn wir die elektrische Wechselwirkung zwischen einer bewegten Ladung und anderen bewegten

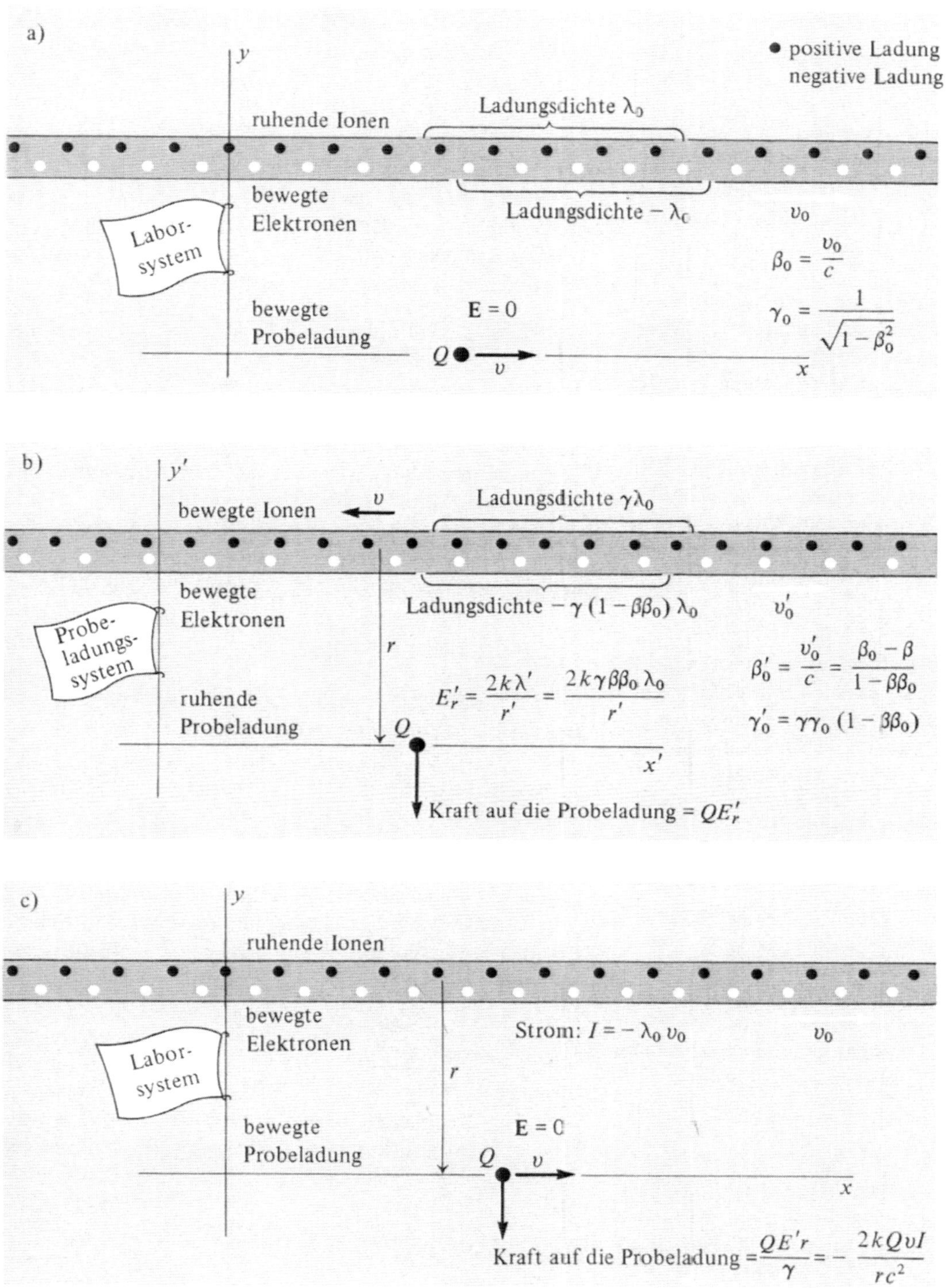

Bild 5.20 Eine Probeladung Q bewegt sich parallel zum Strom in einem Draht.

a) Der Draht, in dem die positiven Ionen fixiert sind, ruht im Laborsystem. Der Strom besteht aus Elektronen, die sich mit der Geschwindigkeit v_0 nach rechts bewegen. Die Gesamtladung des Drahtes ist Null. Außerhalb des Drahtes gibt es kein elektrisches Feld.

b) Im Bezugssystem, in dem die Probeladung ruht, bewegen sich die positiven Ionen mit v nach links und die Elektronen mit v_0' nach rechts. Die Linienladungsdichte der positiven Ladung ist größer als die der negativen. Der Draht erscheint positiv geladen mit einem äußeren Feld E_r', das eine Kraft QE_r', auf die ruhende Probeladung ausübt.

c) Die in das Laborsystem zurücktransformierte Kraft hat den Betrag QE_r'/γ, die proportional zur Geschwindigkeit v der Probeladung und zum Strom $-\lambda_0 v_0$ im Draht ist.

Ladungen untersuchen. Ein sehr einfaches System soll dies veranschaulichen.

In dem Laborsystem des Bildes 5.20a mit den Raumkoordinaten x, y, z befindet sich eine nach beiden Seiten unendlich ausgedehnte, positive Linienladung in Ruhe. Sie kann durch eine Reihe Kupferionen, die das feste Kristallgitter eines Kupferdrahtes bilden, dargestellt werden. Außerdem gibt es eine negative Linienladung, die wir uns als Elektronen vorstellen wollen. Diese bewegt sich insgesamt mit der Geschwindigkeit v_0 nach rechts. In einem realen Draht würden sie mit den Ionen vermischt sein. Wir haben sie im Diagramm zur Verdeutlichung getrennt dargestellt. Die Linienladungsdichte der Elektronenreihe soll genau gleich sein. Das entspricht der Forderung, daß ein gegebenes Stück des Drahtes in jedem Augenblick die gleiche Anzahl von Elektronen und Protonen enthält[50]). Die resultierende Ladung im Draht ist dann Null. Das Gaußsche Gesetz sagt uns, daß es keinen Fluß aus einem Zylinder, der keine Ladung enthält, geben kann, so daß das elektrische Feld überall außerhalb des Drahtes Null sein muß. Eine Probeladung Q, die in der Nähe des Drahtes ruht, erfährt keine Kraft.

Wir nehmen an, daß die Probeladung im Laborsystem nicht ruht, sondern sich mit der Geschwindigkeit v in $\hat{\mathbf{x}}$-Richtung bewegt. Wir transformieren in ein Bezugssystem x', y' (Bild 5.20b), das sich mit der Probeladung bewegt. Die Probeladung Q ruht hier, aber etwas hat sich geändert: Der Draht scheint geladen zu sein! Es gibt dafür zwei Gründe: Die positiven Ionen sind enger zusammengerückt, die Elektronen weiter voneinander entfernt. Weil sich das Laborsystem, in dem die positiven Ladungen ruhen, mit der Geschwindigkeit v bewegt, ist der Abstand der positiven Ionen, vom Probeladungssystem aus gesehen, um $(1-v^2/c^2)^{1/2} = 1/\gamma$ kontrahiert. Die positive Linienladungsdichte in diesem Bezugssystem ist entsprechend größer, nämlich $\gamma\lambda_0$. Es dauert etwas länger, die negative Ladungsdichte der Elektronen, die sich bereits mit der Geschwindigkeit v_0 im Laborsystem bewegen, zu berechnen. Sie war $-\lambda_0$ und im Laborsystem schon durch die Lorentz-Kontraktion vergrößert. Im System, in dem die Elektronen ruhen, hat sie die Größe $-\lambda_0/\gamma_0$, wobei γ_0 der *Lorentz-Faktor* mit v_0 ist.

Nun benötigen wir die Geschwindigkeit der Elektronen (v_0' in Bild 5.20b) im Probeladungssystem, um dort ihre Dichte zu berechnen. Dazu müssen wir mit Hilfe der relativistischen Formel (Gl. (A.6)) die Geschwindigkeit $-v$ zu v_0 addieren. Mit $\beta_0' = v_0'/c$, $\beta_0 = v_0/c$ und $\beta = v/c$ ist

$$\beta_0' = \frac{\beta_0-\beta}{1-\beta\beta_0}. \qquad (5.18)$$

50) So ist es zwar nicht, aber wir können die Gleichheit der Elektronen immer durch Anpassung der Anzahl der Elektronen pro Länge erzwingen. Wir nehmen an, daß das geschehen wäre.

Nach kurzer Rechnung erhält man daraus den entsprechenden Lorentz-Faktor

$$\gamma_0' = \frac{1}{\sqrt{1-\beta_0'^2}} = \gamma\gamma_0(1-\beta\beta_0). \qquad (5.19)$$

Das ist der Faktor, um den die negative Linienladungsdichte im System, in dem die Elektronen ruhen, vergrößert wird, wenn man sie im Probeladungssystem mißt. Die gesamte Linienladungsdichte im Draht in bezug auf das Probeladungssystem kann nun angegeben werden:

$$\lambda' = \gamma\lambda_0 - \frac{\lambda_0\gamma_0'}{\gamma_0} = \gamma\beta\beta_0\lambda_0, \qquad (5.20)$$

mit der positiven Linienladungsdichte λ_0 im Ruhesystem der Ionen, ihrem Transformationsfaktor γ in das Probeladungssystem, der negativen Linienladungsdichte $-\lambda_0/\gamma_0$ im Ruhesystem der Elektronen und deren Transformationsfaktor γ_0' in das Probeladungssystem.

Der Draht ist positiv geladen. Das Gaußsche Gesetz liefert ein radiales elektrisches Feld E_r' durch die Gl. (1.27) für das Feld einer unendlich ausgedehnten Linienladung:

$$E_r' = \frac{2k\lambda'}{r'} = \frac{2k\gamma\beta\beta_0\lambda_0}{r'}. \qquad (5.21)$$

An der Stelle der Probeladung Q ist dieses Feld nach $-\hat{\mathbf{y}}'$ gerichtet. Die Probeladung erfährt die Kraft

$$F_y' = QE_y' = \frac{-2kQ\gamma\beta\beta_0\lambda_0}{r'}. \qquad (5.22)$$

Nun wollen wir in das Laborsystem zurückkehren (Bild 5.20c). Wie groß ist die dort gemessene Kraft auf die Ladung Q? Wenn ihr Wert im Ruhesystem der Probeladung QE_y' ist, wird man im Laborsystem eine um den Faktor $1/\gamma$ kleinere Kraft beobachten. Wegen $r = r'$ ist die Kraft auf unsere bewegte Probeladung, gemessen im Laborsystem:

$$F_y = \frac{F_y'}{\gamma} = \frac{-2kQ\beta\beta_0\lambda_0}{r}. \qquad (5.23)$$

Nun ist $-\lambda_0 v_0 = -\lambda_0\beta_0 c$ der negative Gesamtstrom im Draht im Laborsystem. Wir werden den Strom positiv nennen, wenn positive Ladungen in die positive $\hat{\mathbf{x}}$-Richtung fließen. Also ist $I = \lambda_0 v$ und unser Ergebnis kann folgendermaßen geschrieben werden:

$$F_y = -\frac{2kQv_xI}{rc^2}. \qquad (5.24)$$

Bemerkenswerterweise hängt F nicht von den einzelnen Geschwindigkeiten oder Dichten der Ladung in dem Draht ab, sondern in unserem Beispiel nur vom Produkt $\beta_0\lambda_0$, das den Ladungstransport beschreibt. Betrachten wir einen bestimmten Strom, etwa 3,3 mA, so spielt es keine Rolle, wie sich dieser Strom zusammensetzt: ob aus hochenergetischen Elektronen, die sich mit 99 % der Lichtgeschwindigkeit bewegen, oder aus Elektronen in einem Metall, deren individueller Wärmebewegung eine schwache aber gerichtete Drift überlagert ist, oder auch aus Ionen in Lösung, wobei sich die positiven Ionen in die eine und die negativen in die andere Richtung bewegen. Es könnte auch, wie in Übung 18, Abschnitt 5.10, eine Kombination von diesen sein. Die Kraft auf eine Probeladung Q ist ferner streng proportional der Geschwindigkeit von Q. Unsere Ableitung war keineswegs auf kleine Geschwindigkeiten der Ladungsträger in dem Draht oder der Probeladung beschränkt. Gl. (5.24) ist ohne Einschränkung gültig.

Wie läßt sich damit die gegenseitige Abstoßung paralleler, von entgegengesetzten Strömen durchflossener Leiter erklären? Am Anfang dieses Kapitels (Bild 5.1b) hatten wir dieses Problem bereits berührt. Zwei solche Drähte sind im Laborsystem in Bild 5.21a dargestellt. Sie sollen darin ungeladen sein. Dann gibt es keine elektrische Kraft vom gegenüberliegenden Draht auf die im Laborsystem ruhenden positiven Ionen. Beim Übergang in ein System, in dem eine Elektronenreihe ruht (Bild 5.21b) finden wir, daß in dem anderen Draht die Elektronenverteilung mehr kontrahiert ist als die positive Verteilung. Deshalb werden die in diesem System ruhenden Elektronen durch den anderen Draht abgestoßen. Wenn wir nun zu einem System übergehen, in dem die anderen Elektronen ruhen (Bild 5.21c), finden wir dieselbe Situation. Sie werden auch abgestoßen. Diese abstoßenden Kräfte werden wir außerdem im Laborsystem, modifiziert durch einen Faktor γ, beobachten. Wir schließen daraus, daß sich die beiden Elektronenströme im Laborsystem abstoßen. Die ruhenden positiven Ionen sind, obwohl sie vom anderen Draht keine unmittelbare elektrische Kraft erfahren, die indirekten Übermittler dieser Abstoßungskraft, wenn die Elektronen innerhalb eines Drahtes eingesperrt bleiben. So werden die Drähte auseinandergetrieben, bis irgendwelche äußeren Kräfte ein Gleichgewicht herstellen (Bild 5.1b).

Ein geladenes Teilchen, das sich parallel zu einem stromführenden Leiter bewegt, erfährt eine Kraft senkrecht zu seiner Bewegungsrichtung. Was geschieht, wenn es sich stattdessen rechtwinklig zum Leiter bewegt? Eine Geschwindigkeit senkrecht zum Draht bewirkt eine Kraft parallel zum Draht, d.h. wieder eine Kraft senkrecht zur Teilchenbewegung. Zur Erklärung wollen wir in das Laborsystem zurückkehren und der Probeladung eine Geschwindigkeit v in $\hat{y}$-Richtung geben (Bild 5.22a). Beim Übergang in das Ruhesystem für die Probeladung finden wir, daß die positiven Ionen sich senkrecht nach unten bewegen (Bild 5.22b). Sie können am Ort der Probeladung sicher kein horizontales Feld erzeugen, weil die einzelnen Ionen nebeneinanderliegen und sich ihre Feldkomponenten in $\hat{x}'$-Richtung genau kompensieren. Der beobachtete Effekt wird durch die Elektronen verursacht. Sie bewegen sich in diesem Bezugssystem schräg rechts abwärts. Betrachten wir zwei symmetrisch gelegene Elektronen e_1 und e_2. Ihre elektrischen Felder werden in Richtung der Elektronen-

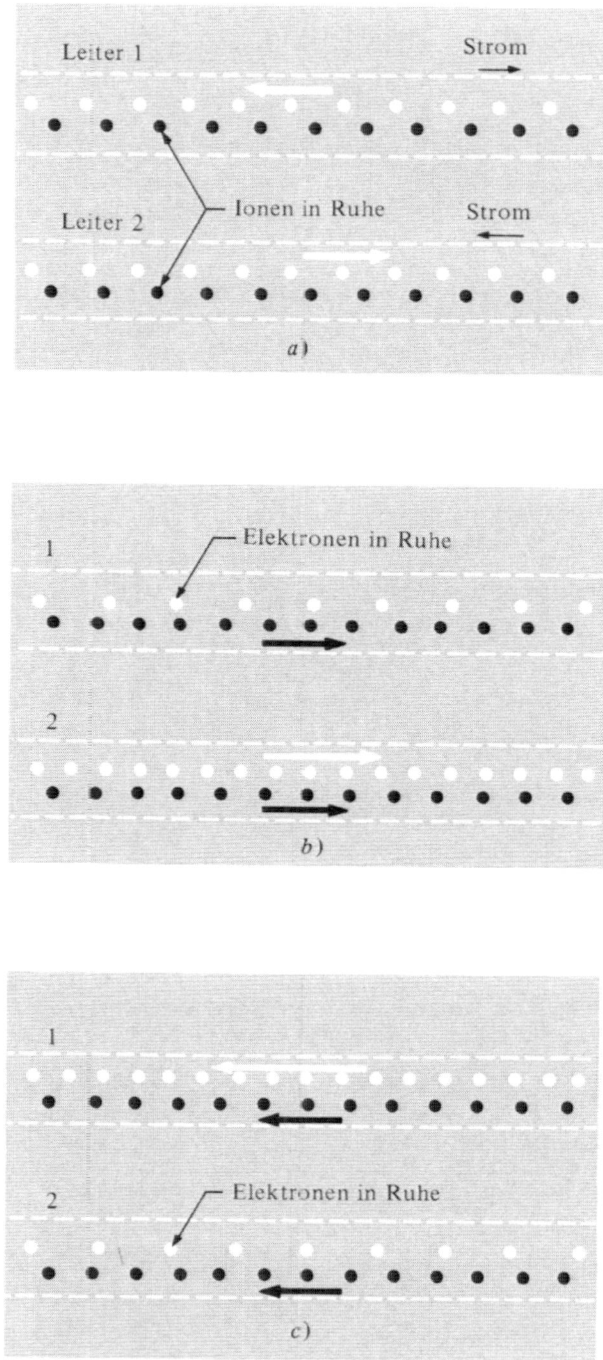

Bild 5.21

a) Laborsystem. Zwei Drähte führen Ströme in entgegengesetzte Richtungen. Wie bei Metalldrähten rühren die Ströme nur von der Bewegung der negativen Ladungsträger (Elektronen) her.
b) Bezugssystem, in dem die Elektronen des Drahtes 1 ruhen. Beachten Sie, daß die positiven Ionen im Draht 2 näher aneinanderliegen; die Elektronenverteilung ist sogar noch stärker kontrahiert.
c) Bezugssystem, in dem die Elektronen des Drahtes 2 ruhen. Wie bei b) hat es für diese ruhenden Elektronen den Anschein, daß der andere Draht negativ geladen ist.

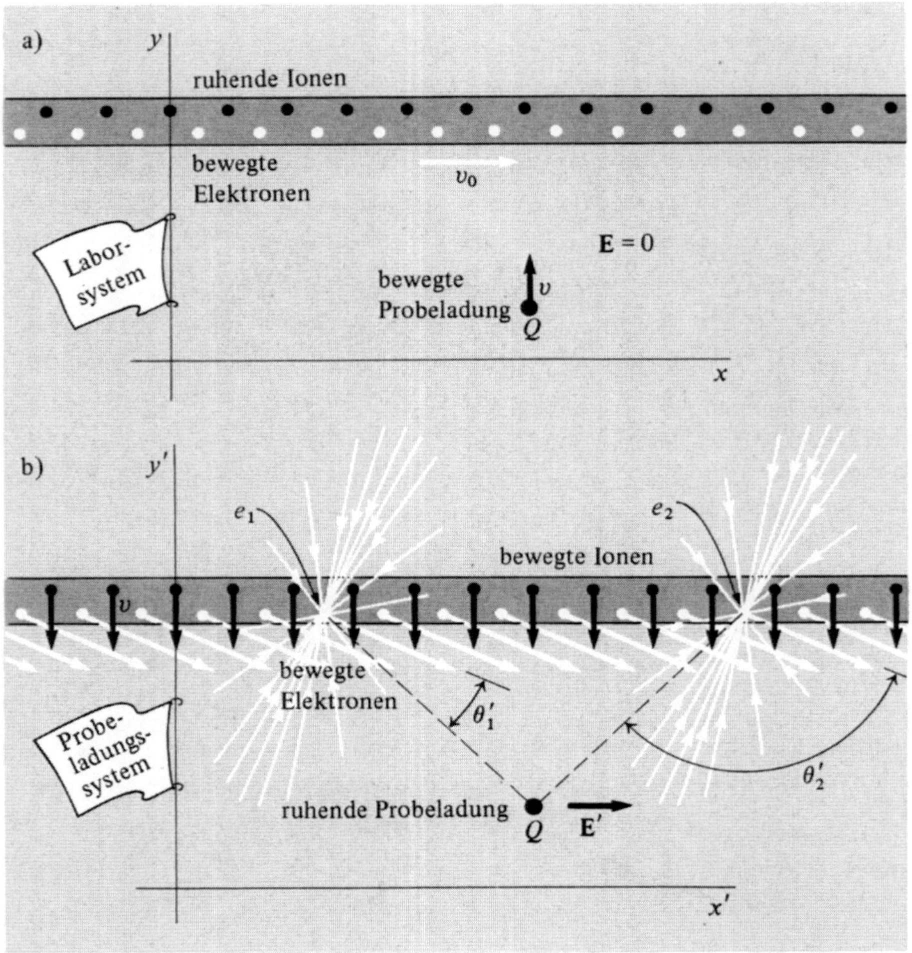

Bild 5.22

a) Der Draht mit dem Strom negativer Ladungen (Elektronen) ist derselbe wie in Bild 5.20, aber die Probeladung bewegt sich nun auf den Draht zu.

b) Im Bezugssystem, in dem die Probeladung ruht, bewegen sich die positiven Ladungen (Ionen) in negativer $\hat{y}'$-Richtung. Die Elektronen bewegen sich schräg. Weil sich das Feld einer bewegten Ladung senkrecht zur Richtung seiner Geschwindigkeit konzentriert, verursacht ein rechts gelegenes Elektron e_2 ein stärkeres Feld am Ort der Probeladung als ein links, symmetrisch gelegenes Elektron e_1. Deshalb hat die vektorielle Summe der Felder in diesem Bezugssystem eine Komponente in $\hat{x}'$-Richtung.

bewegung relativistisch komprimiert. Wir können sie in der Art von Bild 5.14 als Feldlinienbürsten darstellen. Sie können erkennen, daß das Feld des Elektrons e_2, obwohl es gleich weit wie das Elektron e_1 von der Probeladung entfernt ist, an diesem Ort *stärker* als das von e_1 ist. Das liegt daran, daß die Verbindungslinie von e_2 zur Probeladung fast senkrecht zur Bewegungsrichtung von e_2 liegt. Mit anderen Worten, der Winkel θ' im Nenner von Gl. (5.12) ist für e_1 und e_2 unterschiedlich. Es ist $\sin^2\theta'_2 > \sin^2\theta'_1$. Das gilt für jedes symmetrisch gelegene Paar von Elektronen auf der Linie, wie man mit Hilfe von Bild 5.23 erkennen kann. Der Beitrag von rechts ist immer größer als der von links. Die Summe über alle Elektronen ergibt ein resultierendes Feld E' in $\hat{x}$-Richtung. Die y'-Komponente des Feldes der Elektronen wird durch das Feld der Ionen genau kompensiert. Das Gaußsche Gesetz garantiert, daß E'_y Null ist, da die Ladungsdichte im Draht genauso groß ist wie im Laborsystem. Der Draht ist in beiden Bezugssystemen ungeladen.

Die Kraft QE'_x auf unsere Probeladung liegt nach Rücktransformation in das Laborsystem proportional zu v in der $\hat{x}$-Richtung. Das ist die Richtung von $\mathbf{v} \times \mathbf{B}$, wenn $\mathbf{B}$ ein Vektor in der $\hat{z}$-Richtung ist (siehe Bild 5.22a). Wir konnten zeigen, daß der Betrag dieser geschwindigkeitsabhängigen Kraft durch Gl. (5.24) gegeben ist. Die benötigte Physik ist vollständig in Gl. (5.12) enthalten, aber die Integration ist etwas schwierig und hier nicht durchgeführt worden.

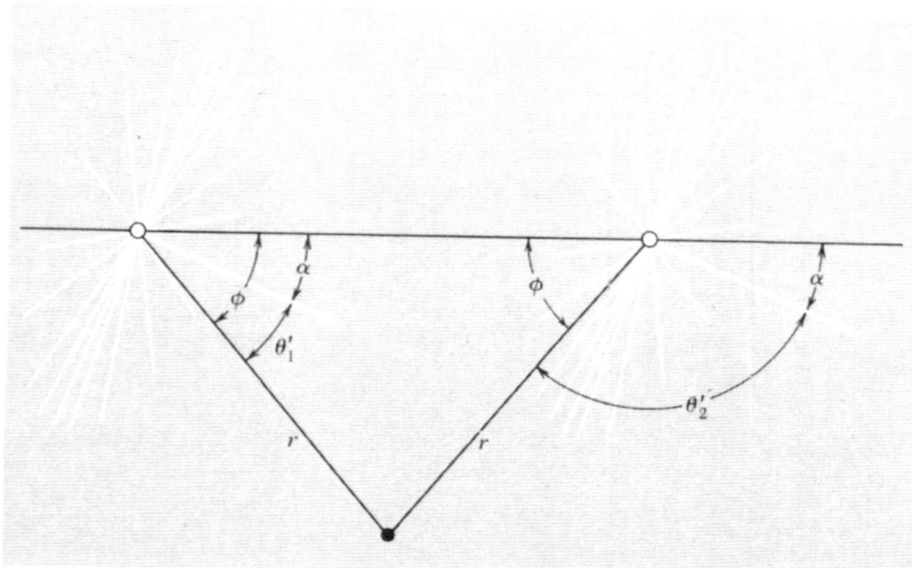

$$\sin\theta_1' = \sin(\phi - \alpha) \qquad \sin\theta_2' = \sin(\phi + \alpha)$$

$$\sin^2\theta_2' - \sin^2\theta_1' = 4\sin\phi\cos\phi\sin\alpha\cos\alpha \geqslant 0, \quad \text{wenn}$$

$$0 \leqslant \phi \leqslant \frac{\pi}{2} \text{ und } 0 \leqslant \alpha \leqslant \frac{\pi}{2}$$

Bild 5.23 Ein genauerer Blick auf die Geometrie von Bild 5.22b zeigt, daß für irgendein Elektronenpaar, dessen Partner gleich weit von der Probeladung entfernt sind, der rechts gelegene einen größeren Wert $\sin^2\theta'$ hat. Daher ist sein Feld nach Gl. (5.12) am Ort der Probeladung stärker.

In diesem Kapitel haben wir gesehen, wie man aus der Tatsache der Ladungsinvarianz die Existenz von Kräften zwischen elektrischen Strömen folgern kann. Dies berechtigt uns aber nicht dazu, die eine Tatsache als Ursache der anderen aufzufassen. Beide sind vielmehr zusammenhängende Aspekte des Elektromagnetismus. Ihre Verwandschaft wirft Licht auf das allgemeinere Gesetz, daß die Physik in allen Inertialsystemen dieselbe ist.

Wenn wir jedes aus bewegten Ladungen bestehende System durch Transformation und Rücktransformation zwischen verschiedenen Koordinatensystemen behandeln müßten, hätten wir eine langwierige und oft verwirrende Aufgabe vor uns. Es gibt zum Glück eine bessere Methode. Die Wirkung eines Stroms auf einen anderen Strom oder auf eine bewegte Ladung läßt sich vollständig und prägnant durch Einführung eines neuen Feldes, des *Magnetfeldes*, beschreiben.

5.10 Übungen

1. *Das elektrische Feld in verschiedenen Bezugssystemen.* Ein Kondensator besteht aus zwei parallelen rechteckigen Platten mit einem Abstand von 2 cm. Die Ost-West-Abmessung der Platten beträgt 20 cm, die Nord-Süd-Abmessung 10 cm. Der Kondensator wurde durch vorübergehenden Anschluß an eine Batterie von 300 V geladen. Wie viele überschüssige Elektronen befinden sich auf der negativen Platte, und wie groß ist die elektrische Feldstärke zwischen den Platten? Ein Bezugssystem bewegt sich relativ zu dem Laborsystem, in dem die Platten ruhen, mit der Geschwindigkeit 0,6 c nach Osten. Welches Ergebnis erhält ein Beobachter in diesem Bezugssystem, wenn er folgende Größen mißt: die drei Dimensionen des Kondensators; die Anzahl überschüssiger Elektronen auf der negativen Platte; die elektrische Feldstärke zwischen den Platten? Beantworten Sie dieselben Fragen für ein Bezugssystem, das sich mit der Geschwindigkeit 0,6 c senkrecht nach oben bewegt.
2. Auf einem Nylonfaden (Durchmesser 0,1 mm, Länge 4 cm) befinden sich, gleichmäßig über die Oberfläche verteilt, $5 \cdot 10^8$ zusätzliche Elektronen. Wie groß ist die elektrische Feldstärke auf der Oberfläche in einem Bezugssystem,
   a) in dem der Faden ruht?
   b) in dem der Faden sich mit einer Geschwindigkeit von 0,9 c parallel zu seiner Länge bewegt?
3. Ein Strahl von 9,5-MeV-Elektronen ($\gamma = 20$) läuft als Strom von 0,05 μA durch das Vakuum. Die Querabmessung des Strahls ist kleiner als 1 mm, und es befinden sich keine positiven Ladungen in ihm oder in seiner Nähe.
   a) Wie groß ist ungefähr die elektrische Feldstärke in 1 cm Abstand vom Strahl, und wie groß ist der mittlere Abstand zwischen den Elektronen in Strahlrichtung im Laborsystem?
   b) Beantworten Sie dieselben Fragen für das Bezugssystem, in dem die Elektronen ruhen.

4. Welche Flugbahn hat ein geladenes Teilchen, das sich mit der Geschwindigkeit $0{,}8\,c$ in x-Richtung bewegt und in ein ausgedehntes homogenes elektrisches Feld eintritt, dessen Richtung die y-Richtung ist? Es ist zu beweisen, daß die x-Komponente der Teilchengeschwindigkeit tatsächlich *abnimmt*. Was läßt sich über die x-Komponente des Impulses aussagen?

5. Im Bezugssystem S ruht eine Ladungsschicht mit einer einheitlichen Oberflächenladungsdichte σ, die so liegt, daß sie den Winkel zwischen der x,y- und der y,z-Ebene halbiert. Das elektrische Feld dieser ruhenden Schicht ist natürlich senkrecht zur Schicht gerichtet. Wie beschreiben dies Beobachter in einem Bezugssystem S', das sich mit einer Geschwindigkeit von $0{,}6\,c$ in x-Richtung in bezug auf S bewegt? Wie groß ist die Ladungsdichte σ', und welche Richtung und welchen Betrag hat die elektrische Feldstärke in S'? Ist sie senkrecht zur Schicht gerichtet?

6. In einem Speicherring nähert sich ein nach Osten laufendes Antiproton einem nach Westen laufenden Proton bis auf 10^{-10} m. Die Energie jedes Teilchens im Laborsystem ist 93 GeV ($\gamma = 100$). Wie groß war im Ruhesystem des Protons die maximale elektrische Feldstärke, die am Ort des Protons durch das Antiproton erzeugt wurde? Für ungefähr wie lange überschreitet das Feld den halben Maximalwert?

7. Die energiereichsten geladenen Teilchen, die wir überhaupt kennen, sind kosmische Strahlen, die aus dem äußeren Weltraum kommen. Gelegentlich hat eines dieser Teilchen so viel kinetische Energie, daß es in der Atmosphäre einen Riesenschauer von sekundären Teilchen erzeugt, wobei insgesamt eine Energie von 10^{19} eV (mehr als 1 J!) umgesetzt wird. Das Primärteilchen, wahrscheinlich ein Proton, muß $\gamma \approx 10^{10}$ haben. In welcher Entfernung von einem solchen Proton steigt das Feld auf 1 V/m bei seinem Durchgang an?
Wie dick ist etwa der „Pfannkuchen" der Feldlinien bei dieser Entfernung?
Lösung: 4 m; $4 \cdot 10^{-10}$ m

8. Im Laborsystem ruht ein Proton im Ursprung $t = 0$. In diesem Augenblick hat ein negatives Pion, was entlang der x-Achse mit der Geschwindigkeit von $0{,}6\,c$ gelaufen ist, den Punkt $x = 0{,}1$ mm erreicht. Es gibt in der Umgebung keine anderen Ladungen. Wie groß ist die Kraft auf das Pion? Wie groß ist die Kraft auf das Proton? Wie steht es mit dem 3. Newtonschen Gesetz (*actio = reactio*)?

9. *Gleichwertigkeit der Beschreibung im Laborsystem und im Teilchen-System.* Die Ablenkplatten eines Hochspannungs-Kathodenstrahloszillographen sind zwei rechteckige Platten mit der Länge 4 cm, der Breite 1,5 cm und einem Abstand von 0,8 cm. An den Platten liegt eine Spannung von 6 kV. Ein Elektron, das durch eine Potentialdifferenz von 250 kV beschleunigt wurde, tritt von links kommend in das Ablenksystem ein und bewegt sich ursprünglich parallel zu den Platten und in der Mitte zwischen ihnen. Welche Position hat das Elektron und wie ist seine Bewegung gerichtet, wenn es das ablenkende Feld am anderen Ende der Platten wieder verläßt? Dabei wird das Randfeld vernachlässigt und angenommen, daß das Feld von einem Ende der Platten bis zum anderen homogen ist. Die Ruhemasse des Elektrons soll 500 keV betragen. Führen Sie zuerst die Untersuchung im Laborsystem aus, und beantworten sie folgende Fragen: γ = ?; β = ?; p_x (in Einheiten von mc) = ?; zwischen den Platten verbrachte Zeit = ? (vernachlässigen Sie dabei die in Übung 4 behandelte Änderung der Horizontalkomponente der Geschwindigkeit); Querkomponente des übertragenen Impulses (in Einheiten von mc) = ?; Querkomponente der Geschwindigkeit am Ausgang = ?; Vertikalposition am Ausgang = ?; Flugrichtung am Ausgang? Beschreiben Sie nun den gesamten Vorgang, wie er in einem Inertialsystem vor sich geht, das sich mit dem Elektron in dem Augenblick mitbewegte, als es in das Ablenksystem eintrat. Wie sehen in diesem Bezugssystem die Platten aus? Was gilt für das Feld zwischen den Platten? Was geschieht mit dem Elektron in diesem Koordinatensystem? Bei dieser Übung sollen Sie sich hauptsächlich davon überzeugen, daß die beiden Beschreibungen völlig konsistent sind.

10. Im Ruhesystem für ein Teilchen mit der Ladung Q_1 nähert sich ein Teilchen mit der Ladung Q_2, das sich mit einer Geschwindigkeit v bewegt, die *nicht* klein gegen c ist. Es bewegt sich geradlinig und passiert das erste Teilchen in einem Abstand d. Es ist so massiv, daß die Abweichung vom geraden Weg während der Begegnung klein gegen d ist. Ebenso ist das erste Teilchen so massiv, daß seine Verschiebung aus der Anfangslage klein gegen d ist, solange das andere Teilchen in der Nähe ist.
   a) Zeigen Sie, daß die durch die Begegnung verursachte Impulsänderung für jedes Teilchen senkrecht zu $\mathbf{v}$ gerichtet ist und den Betrag $2kQ_1Q_2/(vd)$ hat. (Das Gaußsche Gesetz kann hier von Nutzen sein.)
   b) Wie groß muß, ausgedrückt durch die anderen Größen, die Masse der Teilchen sein, um unsere Annahme zu rechtfertigen?

11. Leiten Sie Gl. (5.13) her, indem Sie den Fluß von E durch die innere Kugelkappe und den durch die äußere Kugelkappe (s. Bildunterschrift zu Bild 5.18) berechnen und eine Integration ausführen. Auf der inneren Kugelkappe ist das Feld konstant und das Oberflächenelement ist $2\pi r^2 \sin\theta \cdot d\theta$. Auf der äußeren Kugelkappe wird das Feld durch Gl. (5.12) mit passender Änderung der Symbole beschrieben, und das Oberflächenelement ist $2\pi r^2 \sin\varphi \cdot d\varphi$. Das benötigte Integral ist

$$\int \frac{dx}{(a^2+x^2)^{3/2}} = \frac{x}{a^2(a^2+x^2)^{1/2}}.$$

12. Im Feld der bewegten Ladung Q nach Gl. (5.12) möchten wir den Winkel δ bestimmen, bei dem die Hälfte des Gesamtflusses von Q zwischen den beiden konischen Oberflächen $\theta' = \pi/2 + \delta$ und $\theta' = \pi/2 - \delta$ enthalten ist. Wenn Sie Übung 11 bearbeitet haben, ist die Hauptarbeit schon getan. Es sollte herauskommen, daß für $\gamma \gg 1$ der Winkel zwischen den beiden konischen Flächen etwa $1/\gamma$ ist.

13. In Bild 5.24 sehen Sie ein Elektron zur Zeit $t = 0$ und das elektrische Feld zu diesem Zeitpunkt. Im Bild sind Abstände angegeben.
   a) Beschreiben Sie, was geschehen ist. Geben Sie eine möglichst vollständige und quantitative Beschreibung.
   b) Wo befand sich das Elektron zur Zeit $t = -7{,}5 \cdot 10^{-10}$ s?
   c) Wie groß war die elektrische Feldstärke zu diesem Zeitpunkt im Ursprung?

14. Bild 5.25 zeigt ein hochgradig relativistisches positives Teilchen, das sich dem Ursprung von links nähert, und ein ebensolches negatives Teilchen, das mit der gleichen Geschwindigkeit von rechts kommend zum Ursprung fliegt. Bei $t = 0$ kollidieren sie im Ursprung. Finden Sie irgendeinen Weg, damit die Teilchen ihre kinetische Energie abgeben können und als neutrales Objekt im Ursprung verbleiben. Wie sieht das elektrische Feld zu einem Zeitpunkt $t > 0$ aus (skizzieren Sie die Feldlinien), und wie ändert sich das Feld mit fortschreitender Zeit?

15. Im Bild 5.20 wurde der relative Abstand der schwarzen bzw. der weißen Punkte so gewählt, daß er konsistent mit $\gamma = 1{,}2$ und $\beta_0 = 0{,}8$ ist. Berechnen Sie β_0'. Stellen Sie den Wert für die resultierende Ladungsdichte λ' im Probeladungssystem als Bruchteil von λ_0 fest.

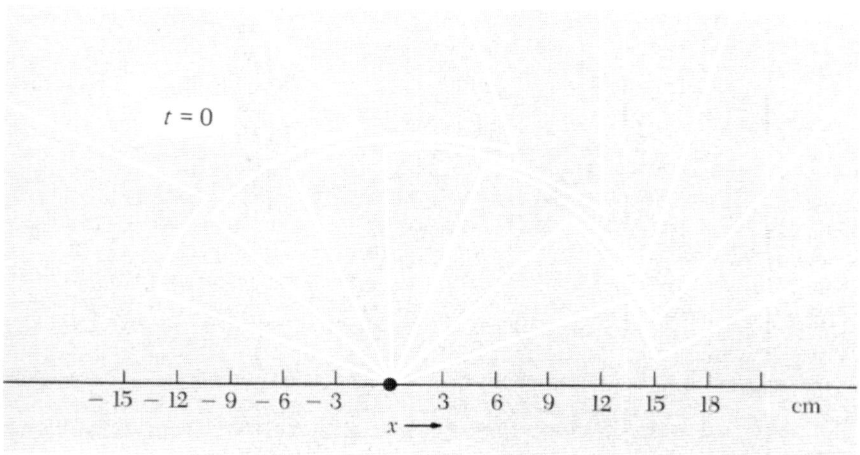

Bild 5.24

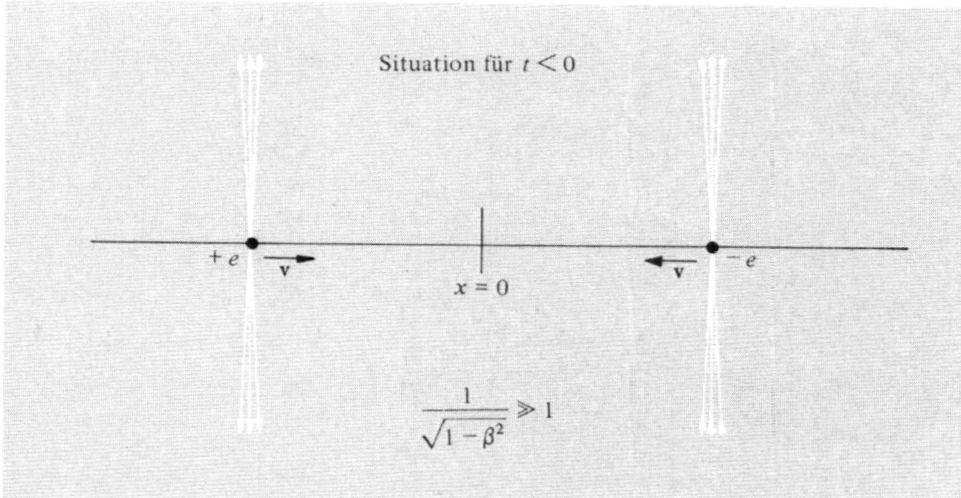

Bild 5.25

16. Nehmen Sie an, daß die Geschwindigkeit der Probeladung im Bild 5.20 gleich der Elektronengeschwindigkeit v_0 ist. Wie groß sind dann die Linienladungsdichten für die positive und die negative Ladung im Probeladungssystem?
17. Zwei Protonen bewegen sich parallel zueinander im Abstand r mit derselben Geschwindigkeit v im Laborsystem. Nach Gl. (5.12) ist das an der augenblicklichen Position des einen Protons durch das andere Proton verursachte elektrische Feld, gemessen im Laborsystem, $\gamma ke/r^2$. Die im Laborsystem gemessene Kraft ist aber *nicht* $\gamma \cdot ke^2/r^2$. Zeigen Sie das, indem Sie die Kraft im Ruhesystem des Protons berechnen und in das Laborsystem zurücktransformieren. Zeigen Sie, daß die Unstimmigkeit beseitigt werden kann, wenn ein Term vB anstelle von E dieses Proton auf der Reise durch das Laborsystem begleitet.
18. Betrachten Sie eine Linienladung, die aus verschiedenartigen Ladungsträgern zusammengesetzt ist, wobei jede von ihnen eine eigene Geschwindigkeit hat. Für die Sorte k ist im Bezugssystem S die Linienladungsdichte λ_k und die Geschwindigkeit $c\beta_k$ parallel zur Linie. Der Strombetrag dieser Ladungsträger in S ist dann $I_k = \lambda_k \beta_k c$. Welchen Beitrag liefern diese Ladungsträger der Sorte k zur Ladung und zum Strom im System S', das sich parallel zur Linie mit der Geschwindigkeit $-c\beta$ in bezug auf S bewegt. Wenn Sie so verfahren, wie wir das bei den Transformationen in Bild 5.20 getan haben, sollten Sie zeigen können, daß gilt:

$$\lambda'_k = \gamma(\lambda_k - \beta I_k/c), \qquad I'_k = \gamma(I_k - \beta c\lambda_k)$$

Wenn jede Komponente der Linienladungsdichte und des Stroms auf diese Weise transformiert wird, ergibt sich insgesamt für λ und I:

$$\lambda' = \gamma(\lambda - \beta I/c), \qquad I' = \gamma(I - \beta c\lambda)$$

Sie haben damit die Lorentz-Transformation für ein parallel bewegtes Bezugssystem für ***irgendeine*** beliebig zusammengesetzte Linienladung bzw. einen Strom berechnet.
19. Ein Proton bewegt sich entlang der x-Achse mit einer Geschwindigkeit $v_x = c/2$ auf den Ursprung zu. Dort stößt es auf einen massiven Kern, wird elastisch reflektiert und bewegt sich mit nahezu gleicher Geschwindigkeit auf der x-Achse nach außen. Skizzieren Sie das durch das Proton verursachte elektrische Feld für einen Zeitpunkt 10^{-10} s nach dem Stoß.

20. Ein Proton ruht auf der z-Achse bei $z = a$. Ein negatives Myon bewegt sich mit der Geschwindigkeit $0{,}8\,c$ entlang der x-Achse. Betrachten Sie in diesem Bezugssystem das gesamte elektrische Feld dieser beiden Teilchen zu der Zeit, zu der das Myon durch den Ursprung läuft. Wie groß sind zu diesem Zeitpunkt E_x und E_z im Punkt $(a, 0, 0)$ auf der x-Achse?
Lösung: $E_x = -0{,}00645\, ke/a^2$, $E_z = -0{,}354\, ke/a^2$

21. In einem Hochspannungsozsilloskop liegt die Kathode als Elektronenquelle auf einem Potential von − 125 kV in bezug auf die Anode und den umgebenden Bereich jenseits der Anodenöffnung. In diesem Bereich befindet sich ein Paar paralleler Platten mit 5 cm Länge in x-Richtung (der Richtung des Elektronenstrahls) und 8 mm Abstand in y-Richtung. Ein Elektron verläßt die Kathode mit einer vernachlässigbaren Geschwindigkeit, wird zur Anode hin beschleunigt und passiert anschließend die Ablenkplatten zu einem Zeitpunkt, zu dem das Potential der unteren Platte − 120 V und das der oberen Platte + 120 V ist.
Füllen Sie die leeren Stellen aus. Benutzen Sie gerundete Konstanten: Ruhemasse des Elektrons $5 \cdot 10^5$ eV usw.
Wenn das Elektron die Anode erreicht, hat es eine Energie von ___ eV, seine Masse ist um den Faktor ___ angewachsen und seine Geschwindigkeit ist ___ c. Sein Impuls in x-Richtung ist ___. Jenseits der Anode laufen die Elektronen zwischen parallelen Metallplatten. Das Feld zwischen den Platten ist ___; die nach oben gerichtete Kraft ist ___. Das Elektron verbringt eine Zeit von ___ zwischen den Platten und wird nach oben abgelenkt infolge des in y-Richtung erworbenen Impulses p_y = ___. Seine Flugbahn verläuft nun unter einem Winkel θ = ___ schräg nach oben.
Ein schnelles Neutron, was sich beim Flug des Elektrons durch die Anode mitbewegt, berichtet die späteren Ereignisse folgendermaßen: „Wir saßen da, als dieser Kondensator mit einer Geschwindigkeit von ___ auf uns zuflog. Er war ___ lang, so daß er uns für eine Zeit von ___ umschloß. Das brachte mich nicht aus der Ruhe, aber das elektrische Feld von ___ regte das Elektron so auf, daß es sich, nachdem der Kondensator uns verlassen hatte, mit einer Geschwindigkeit ___ von mir entfernte.“

6 Das magnetische Feld

6.1 Definition des magnetischen Feldes

Eine Ladung, die sich parallel zu einem Strom anderer Ladungen bewegt, erfährt eine Kraft senkrecht zu ihrer Geschwindigkeitsrichtung. Die Auswirkung dieser Kraft sehen wir in der Ablenkung eines Elektronenstrahls (Bild 5.3). Wir haben im Abschnitt 5.9 herausgefunden, daß dies aus dem Coulombschen Gesetz mit der Ladungsinvarianz und der speziellen Relativitätstheorie folgt. Und wir haben gefunden, daß eine Kraft senkrecht zur Bewegungsrichtung des geladenen Teilchens auch entsteht, wenn die Bewegung senkrecht zum stromführenden Draht erfolgt. Wir haben für einen speziellen Fall in Bild 5.20a berechnet, daß diese Kraft in unserem Bezugssystem dem Produkt aus der Teilchenladung Q und seiner Geschwindigkeit v proportional ist. Genauso wie wir mit dem elektrischen Feldvektor **E** die Kraft auf die unbewegte Ladung definierten, läßt sich ein weiteres Feld **B** durch den *geschwindigkeitsproportionalen* Anteil der Kraft auf eine bewegte Probeladung definieren. Die Definitionsgleichung haben wir als Gl. (5.1) schon früher angegeben. Wir wollen sie etwas sorgfältiger erklären.

Zu einem bestimmten Zeitpunkt passiert ein Teilchen den Punkt (x, y, z) in unserem Bezugssystem mit der Geschwindigkeit **v**. In diesem Moment ist die Kraft auf das Teilchen (seine zeitliche Impulsänderung) **F**. Das elektrische Feld **E** zu dieser Zeit an diesem Ort ist bekannt. Dann wird das magnetische Feld zu dieser Zeit an diesem Ort als Vektor **B**[51]) definiert, der folgender Vektorgleichung genügt:

$$\boxed{\mathbf{F} = Q\mathbf{E} + Q\mathbf{v} \times \mathbf{B}} \tag{6.1}$$

Natürlich bedeutet **F** nur die ladungsabhängige Kraft und nicht z. B. das Gewicht des geladenen Teilchens. Ein Vektor **B**, der der Gl. (6.1) genügt, existiert immer. Wenn **E** und **B** in einem bestimmten Gebiet gegeben sind, können wir mit Gl. (6.1) die Kraft auf irgendein Teilchen angeben, das sich mit irgendeiner Geschwindigkeit durch dieses Gebiet bewegt. Für zeitlich und räumlich veränderliche Felder ist Gl. (6.1) als lokale Beziehung zwischen den Größen **F**, **E**, **v** und **B** zu verstehen. Natürlich müssen alle vier Größen im gleichen Inertialsystem gemessen werden.

Im Fall unserer Probeladung im Laborsystem in Bild 5.20a war das elektrische Feld **E** = 0. Wenn die Ladung Q sich in die positive $\hat{\mathbf{x}}$-Richtung mit der Geschwindigkeit v_x bewegte, hatten wir eine in negative $\hat{\mathbf{y}}$-Richtung wirkende Kraft gefunden (siehe Gl. (5.24) und Bild 5.20c). Durch Vergleich von Gl. (6.1) mit Gl. (5.24) erhält man nach den Regeln für das vektorielle Produkt $\hat{\mathbf{x}} \times \hat{\mathbf{y}} = \hat{\mathbf{z}}$ usw. für **B** eine z-Komponente.

$$B_z = \frac{2kI}{c^2 r} = \frac{\mu_0 I}{2\pi r} \tag{6.2}$$

Dabei haben wir die magnetische Feldkonstante μ_0 definiert als

$$\mu_0 = \frac{4\pi k}{c^2} = \frac{1}{\epsilon_0 c^2} = 4\pi \cdot 10^{-7}\,\frac{\mathrm{Nm}^2}{\mathrm{C}^2}\cdot\frac{\mathrm{s}^2}{\mathrm{m}^2}.$$

Wegen 1 C = 1 As können wir die Einheit noch umformen und erhalten mit 1 N = 1 J/m = 1 VAs/m

$$\mu_0 = 4\pi \cdot 10^{-7}\,\frac{\mathrm{N}}{\mathrm{A}^2} = 4\pi \cdot 10^{-7}\,\frac{\mathrm{Vs}}{\mathrm{Am}}. \tag{6.3}$$

Die SI-Einheit von **B** heißt Tesla. Aus Gl. (6.2) ergibt sich: $1\,\mathrm{T} = 1\,\mathrm{Vs/m^2}$. Die Beziehung von **B** zu **v** und zum Strom I ist in Bild 6.1 angegeben. Drei untereinander senkrechte Richtungen sind dargestellt: die Richtung von **B** in einem Punkt, die Richtung eines Vektors **r** von diesem Punkt zum Draht und die Richtung des Stromflusses im Draht. Hier begegnet uns die Frage der *Händigkeit*. Wir haben die Richtung von **B** mit Gl. (6.1) bestimmt. Diese Beziehung hat eine Händigkeit. Stellen Sie sich ein Teilchen vor, daß sich entlang des Drahtes in Stromrichtung bewegt, während es in der Richtung von **B** um den Draht kreist. Seine Spur stellt unabhängig von der Blickrichtung eine *Rechtsschraube* (Bild 6.2a) und nicht etwa eine Linksschraube (Bild 6.2b) dar.

Betrachten wir das in Bild 5.2a dargestellte Experiment nach *Oersted*. Die Stromrichtung ist durch den Anschluß des Drahtes an die Batterie festgelegt worden. In welche Richtung die Kompaßnadel zeigt, kann festgelegt werden, wenn wir ein Nadelende färben und als Pfeilspitze ansehen. Durch Tradition, die in die Zeit lange vor *Oersted* zurückreicht, ist das nach Norden weisende Ende der Nadel auf diese Weise markiert; es ist das schwarze Ende der Nadel in Bild (5.2a)[52]). Beim Vergleich mit Bild 6.1 können Sie sehen, daß wir **B** so definiert haben, daß es in unseren Breiten nach Norden zeigt. Anders gesagt bilden Strompfeil und Kompaßnadel in Bild 5.2a eine Rechtsschraube (Bild 6.2a), wie es Stromrichtung und der Vektor **B** in Bild 6.1 tun. Damit ist nicht gesagt, daß dem Elektromagnetismus irgendetwas Rechtshändiges innewohnt. Es ist nur die Selbstkonsistenz unserer Regeln und Definitionen, die uns hier begegnet. Wir wollen aber bemerken, daß die Frage der Händigkeit in der Elektrostatik *niemals* auftauchen könnte. In diesem Sinn unter-

---

[51]) Die *magnetische Flußdichte* **B** wird auch als *magnetische Induktion* und das noch zu definierende Vektorfeld H (siehe Abschnitt 11.10) als *magnetische Feldstärke* bezeichnet. Wir passen uns hier dem Originaltext an, der **B** als „Magnetfeld" bezeichnet (Anmerkung des Übersetzers).

[52]) Wir wissen, daß das Erdmagnetfeld sich in der geologischen Geschichte sehr oft umgedreht hat. Sollten diese Seiten unglücklicherweise 10^5 Jahre überleben, müßten sie berichtigt werden!

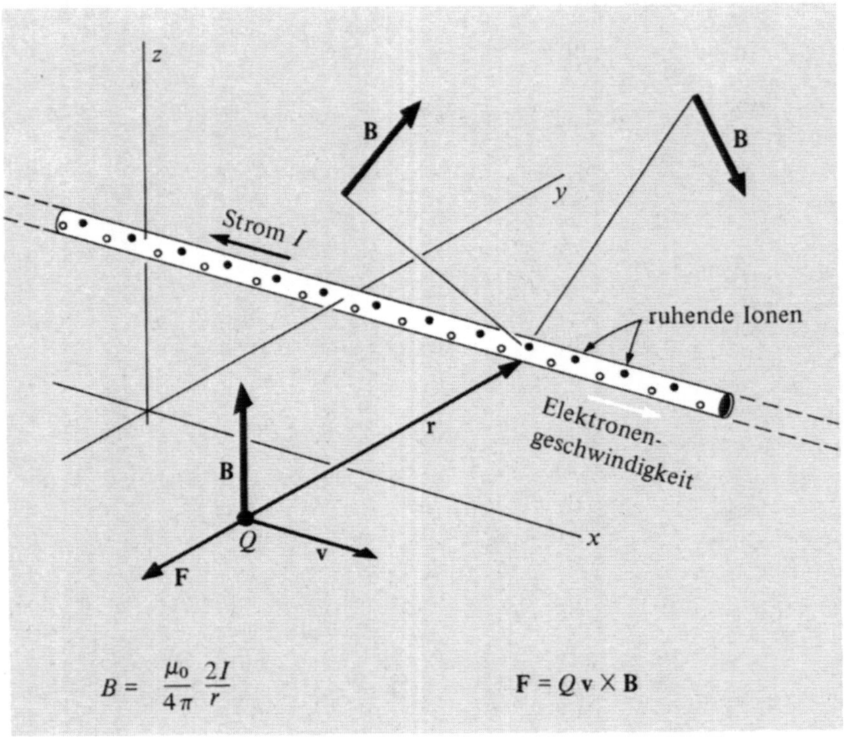

Bild 6.1
Das Magnetfeld eines langen geraden Drahtes und die Kraft auf ein Teilchen, das sich durch dieses Feld hindurchbewegt.

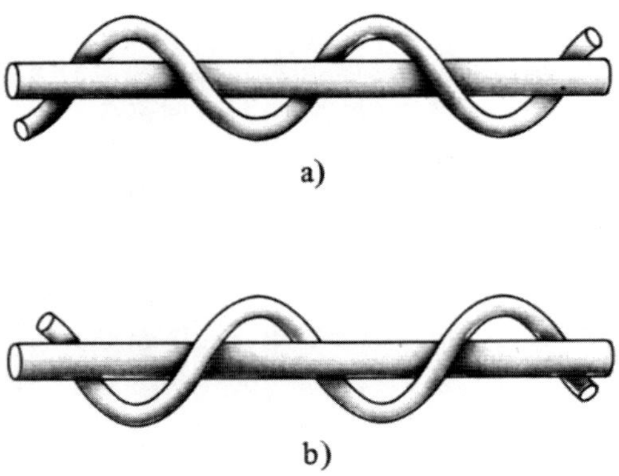

Bild 6.2 Eine Gedächtnisstütze:
a) Rechtsschraube,
b) Linksschraube.

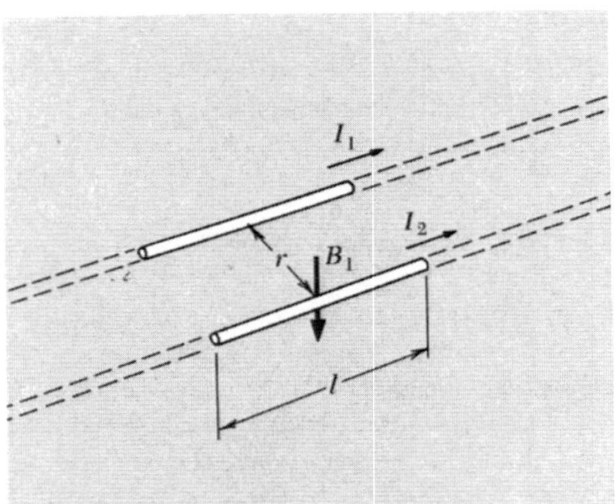

Bild 6.3 Der Strom I_1 erzeugt ein Magnetfeld B_1 am Ort des Leiters 2. Die Kraft pro Länge l des Leiters 2 ist in Gl. (6.6) angegeben.

scheidet sich der (axiale) Vektor **B** wesentlich vom (polaren) Vektor **E**, und zwar in derselben Weise wie sich in der Mechanik der Vektor der Winkelgeschwindigkeit vom Vektor für die Bahngeschwindigkeit unterscheidet.

Wir wollen nun die Gln. (6.1) und (6.2) benutzen, um die magnetische Kraft zwischen parallelen, stromführenden Drähten zu berechnen. Die Drähte sollen den Abstand r haben; die Ströme I_1 und I_2 sollen in der gleichen Richtung fließen (Bild 6.3). Die Drähte sollen unendlich lang sein, was praktisch bedeutet, daß ihre Länge groß gegen ihren Abstand r sein muß. Wir möchten die Kraft pro Länge auf einen dieser Drähte angeben. Der Strom in Draht 1 verursacht ein magnetisches Feld

$$B_1 = \frac{\mu_0 I_1}{2\pi r} \tag{6.4}$$

am Ort des Drahtes 2. Im Draht 2 bewegen sich Ladungen Q_2 mit der Linienladungsdichte n_2 und der Geschwindigkeit v_2. Sie bilden einen Strom I_2:

$$I_2 = n_2 Q_2 v_2 . \tag{6.5}$$

Nach Gl. (6.1) ist die Kraft auf jede der Ladungen $Q_2 v_2 B_1$ [53]). Die Kraft pro Länge auf den Draht ist deshalb

$$F/l = \frac{\mu_0 I_1 I_2}{2\pi r}. \tag{6.6}$$

Offensichtlich wird die Kraft pro Länge auf den Draht 1 durch den Draht 2 durch dieselbe Formel gegeben. Um die Vorzeichen brauchen wir uns nicht zu bemühen, weil wir bereits wissen, daß Ströme, die in die gleiche Richtung fließen, sich anziehen.

Dieses Kraftgesetz zwischen zwei Strömen wird im SI-System zur Definition der Basiseinheit Ampere herangezogen. Dazu benutzt man den Wert der magnetischen Feldkonstanten

$$\mu_0 = 4\pi \cdot 10^{-7}\,\frac{\text{Vs}}{\text{Am}}\ \text{(exakt!)}.$$

Dann bestimmt man die Kraft, die zwischen zwei parallelen Drähten im Abstand $r = 1$ m wirkt, die vom gleichen Strom durchflossen werden. Beträgt diese Kraft $2 \cdot 10^{-7}$ N pro Meter Leiterlänge, so ist der Strom in den Drähten definitionsgemäß gleich 1 A.

Die anderen elektrischen Einheiten werden dann vom Ampere abgeleitet: Die Ladungseinheit Coulomb (1 C = 1 As), die Spannungs- bzw. Potentialeinheit Volt (1 V = 1 J/C) und die Widerstandseinheit Ohm (1 Ω = 1 V/A); siehe Anhang E.

Wir wollen Gl. (6.6) auf ein Paar von Kupferdrähten (Durchmesser $a = 1$ mm, Abstand $d = 5$ cm) in Bild 6.4a anwenden. Die Dichte der Leitungselektronen von Kupfer ist $8{,}45 \cdot 10^{28}\ \text{m}^{-3}$. Daraus ergibt sich eine Anzahl pro Länge $n = (\pi/4)\,a^2 \cdot 8{,}45 \cdot 10^{28}\ \text{m}^{-3} = 6{,}6 \cdot 10^{22}\ \text{m}^{-1}$. Ihre mittlere Driftgeschwindigkeit ist $\bar{v} = 3 \cdot 10^{-3}$ m/s. (Natürlich ist ihre ungeordnete Geschwindigkeit sehr viel größer.) Der Strom in jedem Draht ist damit

$$I = ne\bar{v} = 6{,}6 \cdot 10^{22}\,\text{m}^{-1} \cdot 1{,}6 \cdot 10^{-19}\,\text{As} \cdot 3 \cdot 10^{-3}\,\text{ms}^{-1} = 32\,\text{A}. \tag{6.7}$$

Die Anziehungskraft auf ein 20 cm langes Drahtstück ist dann, wenn wir nicht Gl. (6.6) benutzen, sondern aus sogleich ersichtlichem Grund nochmals von Gl. (5.24) ausgehen:

$$F = \frac{2kI^2 l}{c^2 \cdot d} = \frac{2 \cdot 9 \cdot 10^9\,\text{Nm}^2\text{C}^{-2} \cdot (32\,\text{A})^2 \cdot 0{,}2\,\text{m}}{(3 \cdot 10^8)^2\,\text{m}^2\text{s}^{-2} \cdot 5 \cdot 10^{-2}\,\text{m}} = 8{,}2 \cdot 10^{-4}\,\text{N}. \tag{6.8}$$

[53]) B_1 ist das innerhalb des Drahtes 2 durch den Strom in Draht 1 verursachte Feld. Wenn wir magnetische Felder innerhalb der Materie in Kapitel 11 studieren werden, werden wir feststellen, daß die meisten Leiter (einschließlich Kupfer und Aluminium, nicht aber Eisen) einen sehr kleinen Einfluß auf das magnetische Feld haben. Wir wollen übereinkommen, ferromagnetische Materialien wie Eisen vorerst zu meiden. Dann können wir sicher annehmen, daß das magnetische Feld innerhalb des Drahtes praktisch gleich dem Vakuumfeld bei gleichem Strom ist.

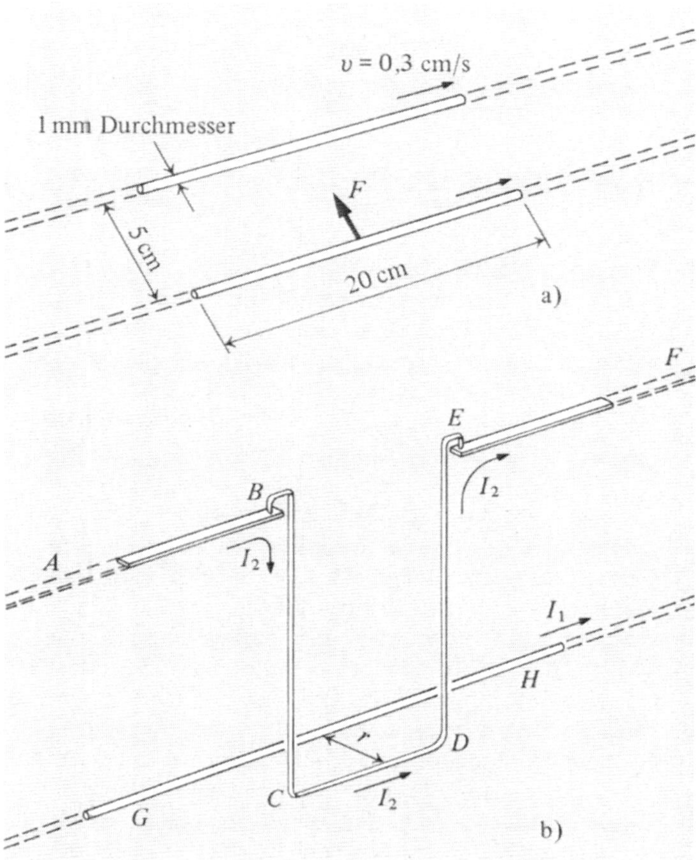

Bild 6.4

a) In jedem der Kupferdrähte fließt ein Strom von 32 A. Die Kraft F auf ein 20 cm langes Leiterstück ist $8{,}2 \cdot 10^{-4}$ N.

b) Eine Möglichkeit, die Kraft auf ein Leiterstück zu messen. Die Leiterschaukel $BCDE$ ist an leitenden Drehpunkten aufgehängt und stellt ein Pendel dar. Die Kraft auf das Stück CD durch das Feld des geraden Leiters GH ist die einzige, die das Pendel aus der Ruhelage auslenkt.

Eine Kraft von $8 \cdot 10^{-4}$ N ist zwar nicht riesig, aber doch leicht meßbar. Bild 6.4b zeigt, wie die Kraft auf ein gegebenes Leiterstück beobachtet werden kann. Das c^2 im Nenner von Gl. (6.8) erinnert uns an ihre Behandlung als relativistischen Effekt. Sie konnte durch eine Lorentz-Kontraktion berechnet werden und ist streng proportional zu v^2/c^2. Und so ergibt sich nun eine beachtliche Kraft, obwohl die Geschwindigkeit kleiner als die einer gesunden Ameise ist! Die Erklärung dafür ist der ungeheuer große Betrag der negativen Ladung, den die Leitungselektronen darstellen, einer Ladung, die gewöhnlich so genau durch positive Ladungen neutralisiert ist, daß wir sie kaum bemerken. Um das abzuschätzen, betrachten wir die Kraft, mit der sich unsere Drähte in Bild 6.3 abstoßen würden, wenn die Ladung von $6{,}6 \cdot 10^{22}$ Elektronen pro Meter *nicht* neutralisiert wäre. Sie werden feststellen, daß diese Kraft um den Faktor c^2/v^2 größer als die oben berechnete

Kraft ist, also $4 \cdot 10^{19}$ N/m. So voll von Elektrizität ist die Materie! Wenn die Elektronen in einem Regentropfen von der Erde entfernt würden, würde das Erdpotential um einige Millionen Volt ansteigen.

Kondensierte Materie, vom Regentropfen bis zum Planeten, ist immer beinahe neutral. Sie werden in einer Menge, die viel größer als ein Molekül ist, nahezu die gleiche Anzahl von Elektronen und Protonen feststellen. Wenn es nicht so ist, wird das resultierende elektrische Feld so stark, daß es die Überschußladung unwiderstehlich wegtreibt. Das würde den Elektronen in unserem Kupferdraht schon geschehen, wenn ihr relativer Ladungsüberschuß nicht mehr als 10^{-10} wäre. Andererseits kann sich ein magnetisches Feld nicht auf diese Weise abbauen. Kein noch so großer Körper bewirkt eine elektrische Kraft auf eine ruhende Ladung. Deshalb können Kräfte, die von der *Bewegung* elektrischer Ladung herrühren, das Geschehen bestimmen. Der zweite Term in Gl. (6.1) kann viel größer als der erste werden. Dank diesem Term kann ein Elektromotor einen Wagen starten. Im atomaren Bereich jedoch, wo die Coulomb-Kraft zwischen Paaren geladener Teilchen ins Spiel kommt, stehen die magnetischen Kräfte hinter den elektrischen an zweiter Stelle. Sie sind im allgemeinen, wie wir es erwarten, um den Faktor v^2/c^2 kleiner.

Innerhalb der Atome finden wir magnetische Felder von 10 T. Die stärksten Magnetfelder, die man leicht im Laboratorium herstellen kann, sind auch von dieser Größenordnung, obwohl kurzzeitig Felder bis zu einigen 100 T erreicht worden sind. Typisch für elektrische Maschinen, z. B. Elektromotoren, sind Felder von 1 T. Gelegentlich werden Magnetfelder auch in der Einheit „Gauß" angegeben (1 G = 10^{-4} T)[54]). Die Stärke des Magnetfeldes der Erde an der Erdoberfläche ist einige zehntel Gauß und im metallischen Kern der Erde, wo Ströme fließen, die dieses Feld verursachen, vermutlich viel stärker. Auf und in der Nähe der Sonne bietet sich uns eine prächtige Schau magnetischer Felder dar. Ein *Sonnenfleck* ist ein Ausbruch eines Magnetfeldes mit einer örtlichen Stärke von einigen zehntel Tesla. Einige andere Sterne haben stärkere Magnetfelder. Die stärksten Magnetfelder, die den kaum vorstellbaren Bereich von 10^8 T erreichen, herrschen, wie man glaubt, auf der Oberfläche von Neutronensternen oder *Pulsaren.* Großräumig ist unsere Galaxis von Magnetfeldern durchdrungen, die sich über Tausende von Lichtjahren im interstellaren Raum erstrecken. Die Feldstärke kann aus Beobachtungen der Radioastronomie gefolgert werden. Sie ist einige 10^{-10} Tesla – genug, um das magnetische Feld zu einem bedeutsamen Faktor in der Dynamik des interstellaren Mediums zu machen.

54) *Nikola Tesla* (1856 bis 1943), Erfinder und Elektrotechniker, nach dem die SI-Einheit benannt worden ist, hat den Wechselstrommotor und andere nützliche elektromagnetische Geräte erfunden. Die Arbeiten von *Gauß* über Magnetismus befaßten sich hauptsächlich mit dem magnetischen Feld der Erde. Vielleicht kann man sich auf diese Weise merken, welches die größere Einheit ist.

6.2 Einige Eigenschaften des Magnetfeldes

Das magnetische Feld ist wie das elektrische Feld ein Hilfsmittel für die Beschreibung der Wechselwirkung geladener Teilchen. Mit der Aussage, daß das magnetische Feld im Punkt (4,5; 3,2; 6,0) m um 12.00 Uhr horizontal in die negative y-Richtung zeigt und 2 T beträgt, treffen wir eine Feststellung über die Beschleunigung, die ein bewegtes geladenes Teilchen in diesem Raum-Zeit-Punkt aufweisen würde. Bemerkenswert ist daran, daß eine derartige Feststellung einfach durch die Angabe einer vektoriellen Größe **B** gegeben ist – das ist alles. Damit läßt sich der geschwindigkeitsabhängige Teil der Kraft auf *irgendein* geladenes Teilchen, das sich mit *beliebiger* Geschwindigkeit bewegt, eindeutig vorhersagen. Jede weitere Beschreibung der anderen geladenen Teilchen, die die Quellen des Feldes sind, wird dadurch unnötig. Mit anderen Worten: Wenn zwei völlig verschiedene Systeme bewegter Ladungen zufällig das gleiche **E** und **B** in einem bestimmten Punkt „erzeugen", verhält sich dort ein beliebiges Probeteilchen in beiden Systemen gleich. Dies ist der einzige Grund, warum der Begriff des Feldes als Zwischenglied bei der Teilchenwechselwirkung zweckdienlich ist. Aus diesem Grund betrachten wir das Feld auch als unabhängige Größe.

Besitzt das Feld eine größere oder eine geringere Realität als die Teilchen, zu deren Beschreibung – vom gegenwärtigen Blickpunkt aus gesehen – wir diesen Begriff einführten? Das ist eine weitreichende Frage, und wir tun gut daran, sie noch lange zu übergehen. Wissenschaftler – z. B. *Faraday* und *Maxwell,* um nur zwei zu nennen –, denen die elektrischen und magnetischen Felder in aller Deutlichkeit als real erschienen, gelangten dadurch zu neuen Einsichten und großen Entdeckungen. Betrachten auch wir das Magnetfeld als genau so real, wie sie es taten, um einige seiner Eigenschaften kennenzulernen.

Bis jetzt untersuchten wir nur das Magnetfeld eines geraden Drahtes, der einen stationären Strom führt. Wir fanden, daß die Feldrichtung überall senkrecht auf der Ebene steht, die den Draht und den Beobachtungspunkt enthält. Der Betrag B ist proportional $1/r$. Die Feldlinien sind Kreise um den Draht (Bild 6.5). Der Richtungssinn von **B** wird durch Gl. (6.1) nach der Regel für das Vektorprodukt bestimmt, falls man die Richtung der Kraft kennt. Die Beobachtung zeigt, daß eine positive Ladung, die sich in die Richtung des Stroms bewegt, von diesem angezogen wird. Berücksichtigt man diese Tatsache, so ist die Richtung des Stroms mit der des Magnetfeldes entsprechend Bild 6.5 verknüpft. Blickt man in positive Stromrichtung, so verlaufen die **B**-Linien im Uhrzeigersinn. Man kann auch die *Rechtsschraubenregel* als Gedächtnisstütze verwenden.

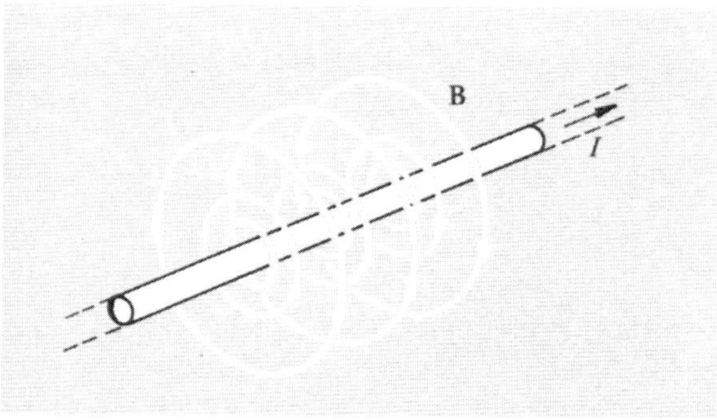

Bild 6.5 Magnetische Feldlinien um einen geraden stromführenden Draht

Betrachten wir nun das Linienintegral von **B** längs eines geschlossenen Weges in diesem Feld. (Eine ähnliche Untersuchung hatte uns bei dem elektrischen Feld einer Punktladung zu einer einfachen und fundamentalen Eigenschaft aller elektrostatischen Felder geführt.) Bild 6.6a zeigt den Weg *ABCD*, der in einer senkrecht zu dem Draht orientierten Ebene liegt; tatsächlich brauchen wir überhaupt nur in dieser Ebene zu arbeiten, da **B** keine parallel zum Draht verlaufende Komponente besitzt. Das Linienintegral von **B** längs des dargestellten Weges ist aus folgendem Grund Null: Die Wegstücke *BC* und *DA* sind senkrecht zu **B** und leisten keinen Beitrag; längs *AB* ist **B** zwar im Verhältnis r_2/r_1 stärker als längs *CD*, andererseits ist aber *CD* um denselben Faktor länger als *AB*, da beide Kreisbögen vom Draht aus unter demselben Winkel gesehen werden: Deshalb führen die Kreisbögen zu gleich großen Beiträgen, die aber entgegengesetzte Vorzeichen haben; folglich ist das gesamte Integral Null.

Daraus folgt, daß das Linienintegral auch längs jedes anderen Weges Null ist, der sich aus radialen Segmenten und Bögen zusammensetzt, so z. B. längs des Weges von Bild 6.6b. Von hier aus kommt man leicht zu dem Schluß, daß das Linienintegral entlang eines *beliebigen* geschlossenen Weges, der den Draht nicht umschließt, Null ist. Um die Ecken zu glätten, brauchen wir nur zu zeigen, daß das Integral um ein kleines Dreieck verschwindet. Der gleiche Schritt war im Fall des elektrischen Feldes erforderlich.

Ein Weg, der den Draht nicht umschließt, gleicht im allgemeinen dem Weg von Bild 6.6c; wäre er ein geschlossener Faden, könnte man ihn vom Draht wegziehen.

Einen kreisförmigen Weg, der den Draht umschließt, zeigt Bild 6.6d. Da die Länge dieses Weges $2\pi r$ ist und das Magnetfeld überall parallel dazu verläuft, hat das Linienintegral für diesen speziellen Weg den Wert $2\pi r \mu_0 I/(2\pi r) = \mu_0 I$. Wir behaupten nun, daß jeder *beliebige* Weg, der sich einmal um den Draht schlingt, zu dem gleichen Wert führen muß, z. B. der Weg C in Bild 6.6e. Wir setzen den Weg C' von Bild 6.6f aus dem Weg C und einem kreisförmigen Weg, der aber nicht den Draht umschließt, zusammen. Da das Linien-

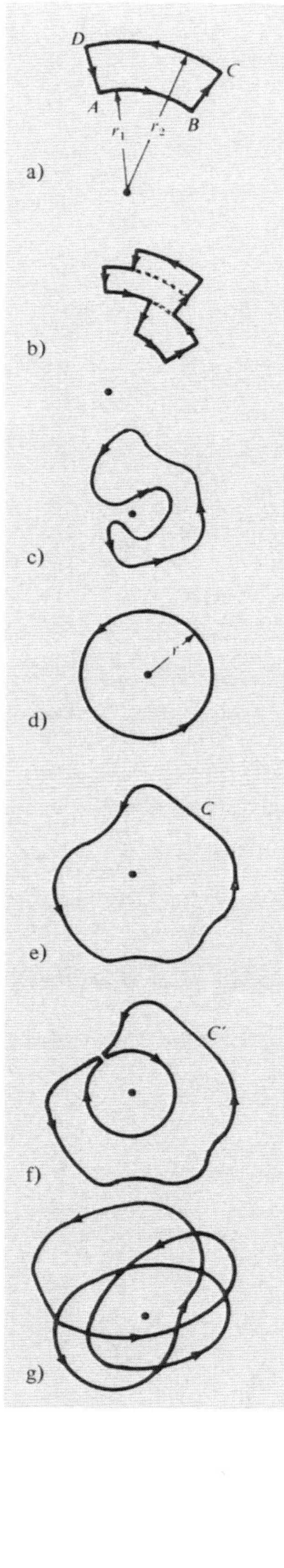

Bild 6.6
Das Linienintegral der magnetischen Flußdichte **B** entlang irgendeines geschlossenen Wegs hängt nur von dem umschlossenen Strom ab.
a) Weg in der senkrecht auf dem Draht stehenden Ebene,
b) aus Radialsegmenten und Kreisbögen zusammengesetzter Weg,
c) Weg, der den Draht nicht umschließt,
d) kreisförmiger Weg, der den Draht umschließt,
e) beliebiger Weg um den Draht,
f) aus einem kreisförmigen und einem beliebigen Teil zusammengesetzter Weg, der den Draht *nicht* umschließt,
g) Schleife aus N Windungen, die den Draht umschließt.

integral entlang C' Null sein muß, kann das Integral entlang C nur den negativen Wert des Integrals entlang des Kreises haben; dafür erhielten wir aber bereits $\mu_0 I$. Das Vorzeichen hängt offenkundig von dem für die Integration gewählten Umlaufsinn ab. Wir gelangen somit zu der allgemeinen Schlußfolgerung:

$$\oint \mathbf{B} \cdot d\mathbf{s} = \mu_0 \cdot (\text{vom Weg umschlossener Strom}). \tag{6.10}$$

Gl. (6.10) gilt für Integrationswege, die den Draht oder Stromfaden nur einmal umschlingen; wird der Draht N-mal umschlungen (Bild 6.6g), so folgt für das Linienintegral ein N-mal größerer Wert.

Wir wiesen bereits früher darauf hin, daß das Magnetfeld nur von der Geschwindigkeit des Ladungstransports abhängt. Diese ist durch die Ladung pro Zeit gegeben, die einen bestimmten Punkt des Stromkreises passiert. Bild 6.7 zeigt einen Stromkreis, in dem ein Strom von 5 mA fließt. Die mittlere Geschwindigkeit der Ladungsträger in diesem Stromkreis reicht von 10^{-6} m/s bis zum 0,8-fachen Wert der Lichtgeschwindigkeit. Das Linienintegral von **B** hat für jeden um diesen Stromkreis geschlossenen Integrationsweg denselben Wert, nämlich

$$\oint \mathbf{B} \cdot d\mathbf{s} = \mu_0 I = 4\pi \cdot 10^{-7} \cdot 5 \cdot 10^{-3}\ \text{Tm} = 6{,}28 \cdot 10^{-9}\ \text{Tm}. \tag{6.11}$$

Was für einen langen geraden Stromweg bewiesen wurde, gilt natürlich wegen des Superpositionsprinzips auch für das Feld eines beliebigen Systems aus derartigen Stromwegen. In Bild 6.8 verlaufen einige stromführende Drähte in verschiedenen Richtungen. Wenn Gl. (6.10) für das Magnetfeld eines dieser Drähte gilt, muß sie auch für das Gesamtfeld – in jedem Punkt die Vektorsumme der Felder der einzelnen Drähte – gelten. Das Gesamtfeld ist ziemlich kompliziert. Trotzdem läßt sich der Wert des Linienintegrals von **B** längs des geschlossenen Weges von Bild 6.8 ohne weiteres voraussagen: Man braucht bloß festzustellen, welche Ströme der Integrationsweg in welchem Umlaufsinn umschließt.

Wir interessieren uns jedoch für mehr als nur für lange gerade Drähte und möchten das magnetische Feld aller möglichen Arten von Stromverteilungen verstehen – z. B.

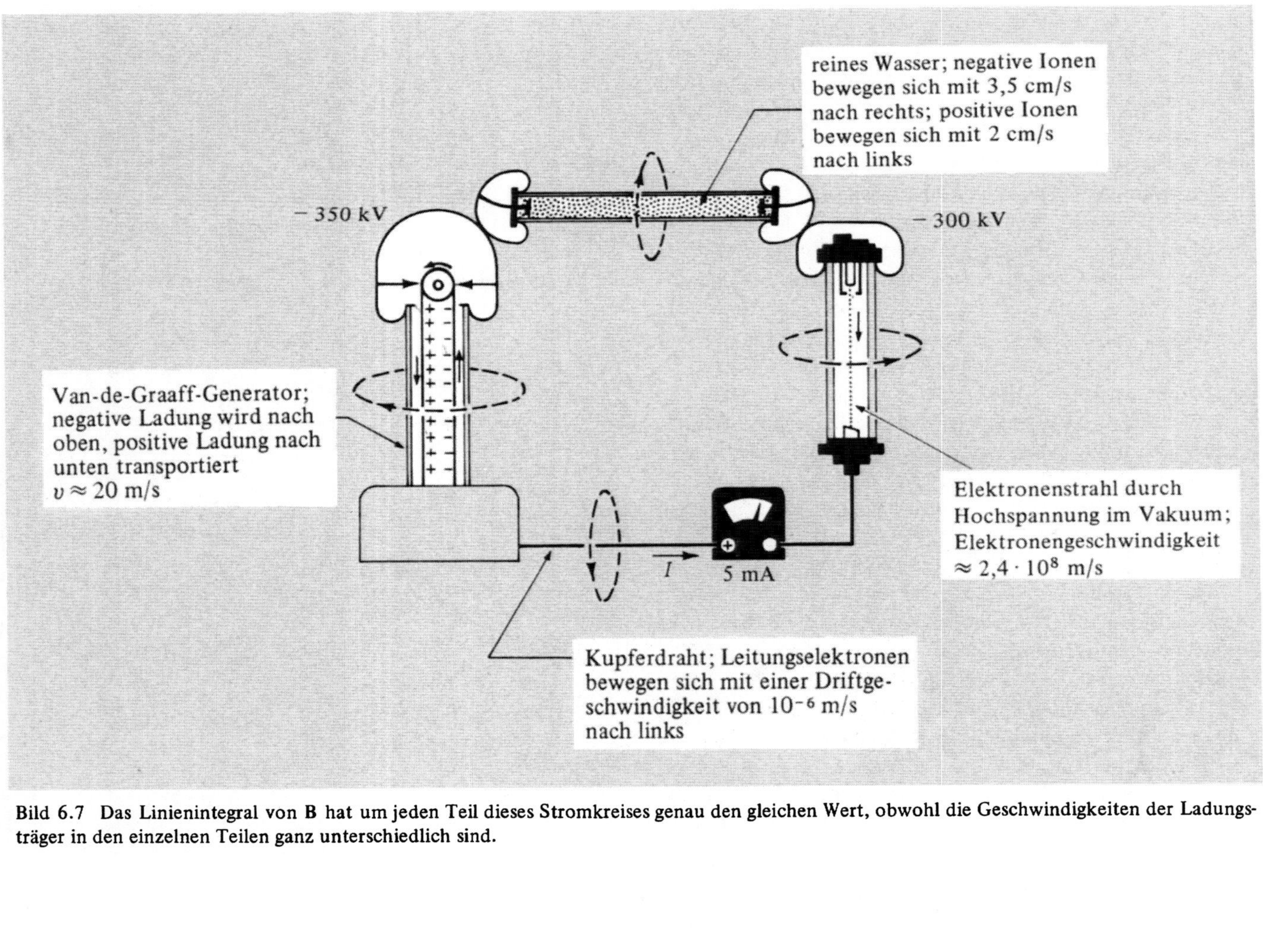

Bild 6.7 Das Linienintegral von **B** hat um jeden Teil dieses Stromkreises genau den gleichen Wert, obwohl die Geschwindigkeiten der Ladungsträger in den einzelnen Teilen ganz unterschiedlich sind.

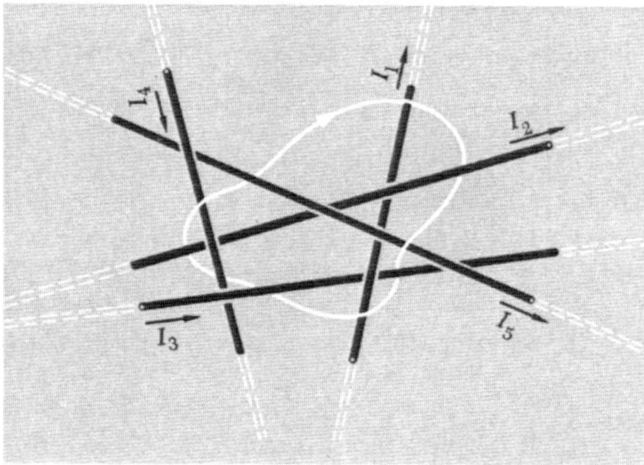

Bild 6.8 Überlagerung gerader Stromwege. Das Linienintegral von **B** entlang des in Pfeilrichtung umlaufenen geschlossenen Integrationswegs ist gleich $\mu_0(-I_4 + I_5)$.

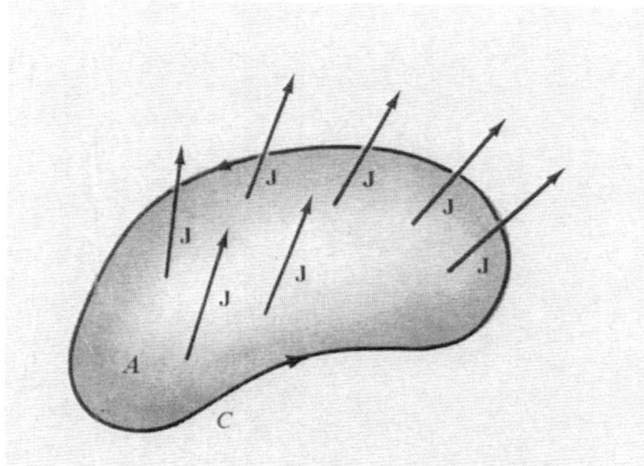

Bild 6.9 **J** ist die örtliche Stromdichte. Das über A erstreckte Flächenintegral von **J** ist der von der Kurve C umschlossene Strom.

das eines Stromes in einer geschlossenen Schleife, um den einfachsten Fall zu nehmen. Vielleicht können wir dieses Feld auch aus dem Feld eines einzelnen, bewegten Ladungsträgers durch geeignete Transformation herleiten. Ein Stromring kann als eine Anzahl von Elektronen, die mit einer konstanten Geschwindigkeit auf einer Kreisbahn laufen, verstanden werden. Aber hier fehlt uns die Strategie. Die Schwierigkeit besteht darin, daß ein Elektron, das sich auf einer Kreisbahn bewegt, eine *beschleunigte* Ladung ist, während das von uns streng hergeleitete Magnetfeld von einer mit *konstanter* Geschwindigkeit bewegten Ladung herrührte. Wir werden deshalb an dieser Stelle die Absicht der Herleitung aufgeben und stellen die bemerkenswert einfache Tatsache fest: Es gilt *auch für diese allgemeineren Felder genau das durch Gl. (6.10) formulierte Gesetz.* Für gleiche Ströme hat das Linienintegral von **B** um einen gebogenen und um einen geraden Draht den gleichen Wert. Diese Aussage überschreitet unsere bisherigen deduktiven Folgerungen. Deshalb müssen wir sie hier als Postulat betrachten, dessen Konsequenzen jedoch experimentell bestätigt sind.

Um zu einer allgemeinen Formulierung des besprochenen Gesetzes zu gelangen, müssen wir von räumlichen Stromverteilungen ausgehen. Eine allgemeine stationäre Stromverteilung wird durch die räumliche Stromdichte $\mathbf{J}(x, y, z)$ beschrieben, die von Ort zu Ort variiert, aber zeitlich konstant bleibt. Ein Strom in einem Draht ist ein Sonderfall, bei dem **J** einen großen Wert innerhalb des Drahtes hat und sonst überall Null ist. Wir sprachen bereits in Kapitel 4 über räumliche Stromverteilungen und stellten fest, daß **J** bei zeitunabhängigen Strömen die Kontinuitätsgleichung oder die Bedingung für die Ladungserhaltung

$$\operatorname{div}\mathbf{J} = 0 \tag{6.12}$$

erfüllen muß.

Betrachten Sie irgendeine geschlossene Kurve C in einem Gebiet, das von Strömen durchflossen wird. Der gesamte von C umschlossene Strom ist der Fluß von **J** durch die von C aufgespannte Fläche A, d.h. das über diese Fläche erstreckte Flächenintegral $\int_A \mathbf{J}\cdot d\mathbf{A}$ (Bild 6.9). Allgemein formuliert lautet daher die in Gl. (6.10) ausgedrückte Beziehung

$$\int_C \mathbf{B}\cdot d\mathbf{s} = \mu_0 \int_A \mathbf{J}\cdot d\mathbf{A}. \tag{6.13}$$

Aus dem Vergleich mit dem Stokesschen Satz (Kapitel 2)

$$\int_C \mathbf{F}\cdot d\mathbf{s} = \int_A (\operatorname{rot}\mathbf{F})\cdot d\mathbf{A} \tag{6.14}$$

entnehmen wir, daß Gl. (6.13) äquivalent ist zu:

$$\boxed{\operatorname{rot}\mathbf{B} = \mu_0 \mathbf{J}.} \tag{6.15}$$

Damit sind wir zu der einfachsten und zugleich allgemeinsten Formulierung der Beziehung zwischen dem Magnetfeld und seinen Quellen, den bewegten Ladungen, gelangt.

Gl. (6.15) reicht jedoch nicht aus, um $\mathbf{B}(x, y, z)$ bei gegebenem $\mathbf{J}(x, y, z)$ festzulegen; viele verschiedene Vektorfelder könnten nämlich dieselbe Rotation haben. Wir brauchen also noch eine weitere Bedingung und denken in diesem Zusammenhang sofort an die Divergenz von **B**. Nochmals zurück zu dem Magnetfeld eines einzelnen geraden Drahtes: Die Divergenz dieses Feldes ist Null; es läßt sich nämlich nirgendwo eine kleine Schachtel zeichnen, auch wenn sie den Draht umschließt, die einen nach innen oder außen führenden Gesamtfluß besitzt. Es genügt festzustellen,

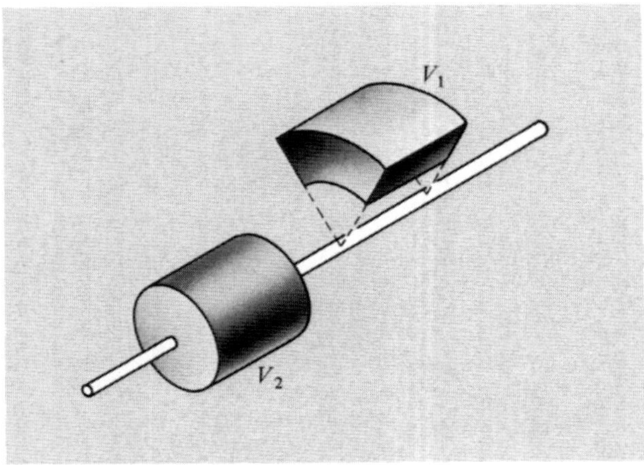

Bild 6.10 Der Gesamtfluß aus beiden Schachteln heraus bzw. in beide hinein ist Null.

daß die Schachteln V_1 und V_2 von Bild 6.10 keinen von Null verschiedenen Gesamtfluß umschließen, auch dann nicht, wenn man sie auf Null zusammenschrumpfen läßt. Für dieses Feld und damit auch für alle Überlagerungen derartiger Felder gilt also $\operatorname{div}\mathbf{B} = 0$. Wiederum postulieren wir, daß diese Aussage auf Felder beliebiger Stromverteilungen ausgedehnt werden kann. Damit gesellt sich zu Gl.(6.12) die Bedingung

$$\boxed{\operatorname{div}\mathbf{B} = 0.} \tag{6.16}$$

Wir interessieren uns für Felder, deren Quellen im Endlichen liegen. Quellen, die unendlich weit entfernt und unendlich stark sind, wollen wir nicht betrachten. Mit diesem Vorbehalt ist **B** eindeutig durch die Gln. (6.15) und (6.16) bestimmt, wenn **J** gegeben ist. Nehmen wir an, beide Gleichungen würden durch zwei verschiedene Felder $\mathbf{B}_1$ und $\mathbf{B}_2$ erfüllt. Ihre Differenz $\mathbf{D} = \mathbf{B}_1 - \mathbf{B}_2$ ist ein Vektorfeld, dessen Divergenz und Rotation überall Null sind. Wie sieht dieses Feld aus? Wenn seine Rotation verschwindet, muß es sich als Gradient einer Potentialfunktion $f(x, y, z)$ darstellen lassen: $\mathbf{D} = \nabla f$. Da aber auch $\nabla\mathbf{D} = 0$ ist, ist überall $\nabla\nabla f = \nabla^2 f = 0$. Jenseits einer genügend weit entfernten, einschließenden Grenzfläche muß f einen konstanten Wert f_0 annehmen. Da f aber der Laplace-Gleichung überall innerhalb dieser Grenze genügt, kann es in diesem Bereich weder Maximum noch Minimum haben (Abschnitt 2.11), und deshalb muß f überall den Wert f_0 haben. Deshalb ist $\mathbf{D} = \nabla f = 0$ und $\mathbf{B}_1 = \mathbf{B}_2$.

Für das elektrische Feld lauten die zu Gl. (6.15) und (6.16) analogen Gleichungen

$$\operatorname{div}\mathbf{E} = \rho/\epsilon_0 \quad \text{und} \quad \operatorname{rot}\mathbf{E} = 0. \tag{6.17}$$

Dort konnten wir aber von dem Coulombschen Gesetz ausgehen, das den Beitrag jeder Ladung zu dem elektrischen Feld in irgendeinem Punkt direkt angibt. Hier müssen wir den umgekehrten Weg gehen, um zu einer ähnlichen Beziehung zu gelangen[55]) – und zwar mit Hilfe einer *Potentialfunktion*.

6.3 Vektorpotential

Mit der skalaren Potentialfunktion $U(x, y, z)$ ließ sich sehr leicht das elektrostatische Feld einer gegebenen Ladungsverteilung $\rho(x, y, z)$ berechnen. Mit der Ladungsdichte $\rho(x_2, y_2, z_2)$ im Punkt (x_2, y_2, z_2) erhielten wir das Potential U im Punkt (x_1, y_1, z_1) durch Volumenintegration

$$U(x_1, y_1, z_1) = k\int \frac{\rho(x_2, y_2, z_2)}{r_{12}}\, dV_2 \tag{6.18}$$

über die gesamte Ladungsverteilung; r_{12} war dabei der Abstand zwischen (x_2, y_2, z_2) und (x_1, y_1, z_1). Das elektrostatische Feld **E** ist dann gleich dem negativen Gradienten von U:

$$\mathbf{E} = -\operatorname{grad} U. \tag{6.19}$$

Der gleiche Kunstgriff würde hier nicht zum Ziel führen, da **B** einen ganz anderen Charakter hat. Die Rotation von **B** ist nämlich nicht notwendigerweise gleich Null, deshalb kann **B** im allgemeinen nicht der Gradient eines skalaren Potentials sein. Wir kennen aber noch eine andere vektorielle Ableitung, die Rotation. Man kann zwar **B** nicht als Gradient einer skalaren Funktion darstellen, jedoch als Rotation einer *Vektorfunktion*, z. B.

$$\boxed{\mathbf{B} = \operatorname{rot}\mathbf{A}.} \tag{6.20}$$

In Analogie zu U heißt **A** das *Vektorpotential*. Es ist hier noch *nicht* klar, wozu dieses Vorgehen gut sein soll; dies wird sich erst im Laufe der weiteren Diskussion zeigen. Es ist ermutigend, daß mit dem Ansatz (6.20) Gl. (6.16) automatisch erfüllt ist, da für beliebiges **A** gilt: $\operatorname{div}\operatorname{rot}\mathbf{A} = 0$[56]). Oder umgekehrt: Da $\operatorname{div}\mathbf{B} = 0$, läßt sich **B** als Rotation einer anderen Vektorfunktion darstellen. Wir müssen uns nun überlegen, wie wir bei gegebener Stromverteilung **J** aus Gl. (6.20) tatsächlich das richtige Magnetfeld erhalten. Aus Gl. (6.15) ergibt sich als Beziehung zwischen **J** und **A**

$$\operatorname{rot}(\operatorname{rot}\mathbf{A}) = \mu_0\mathbf{J}. \tag{6.21}$$

[55]) Warum gingen wir nicht von einer dem Coulombschen Gesetz äquivalenten Beziehung für die Wechselwirkung von Strömen aus? Weil ein Stück eines Stromweges im Gegensatz zu einer elektrischen Ladung kein unabhängiges Objekt ist, das sich physikalisch isolieren läßt. Es gibt kein Experiment, mit dem man das von einem Teil eines Stromkreises herrührende Feld bestimmen kann; wenn es den Rest des Kreises nicht gibt, kann der Strom nicht stationär sein, ohne die Kontinuitätsgleichung zu verletzen.

[56]) Falls Sie mit dieser Tatsache nicht vertraut sind, verweisen wir auf Kapitel 2, Übung 16.

Gl. (6.21) ist eine Vektorgleichung, also ein System von drei Gleichungen. Wir wollen zum Beispiel die Gleichung für die x-Komponenten schreiben. Da die x-Komponente von $\text{rot}\,\mathbf{B}$ gleich $\partial B_z/\partial y - \partial B_y/\partial z$ ist und die z-bzw. y-Komponente von $\mathbf{B}$

$$B_z = \frac{\partial A_y}{\partial x} - \frac{\partial A_x}{\partial y} \quad \text{bzw.} \quad B_y = \frac{\partial A_x}{\partial z} - \frac{\partial A_z}{\partial x} \tag{6.22}$$

lauten, folgt für die x-Komponente von Gl. (6.21):

$$\frac{\partial}{\partial y}\left(\frac{\partial A_y}{\partial x} - \frac{\partial A_x}{\partial y}\right) - \frac{\partial}{\partial z}\left(\frac{\partial A_x}{\partial z} - \frac{\partial A_z}{\partial x}\right) = \mu_0 J_x. \tag{6.23}$$

Wir setzen voraus, daß unsere Funktionen eine Vertauschung der Reihenfolge der partiellen Differentiation gestatten. Umordnen von Gl. (6.23) führt dann zu

$$-\frac{\partial^2 A_x}{\partial y^2} - \frac{\partial^2 A_x}{\partial z^2} + \frac{\partial}{\partial x}\left(\frac{\partial A_y}{\partial y}\right) + \frac{\partial}{\partial x}\left(\frac{\partial A_z}{\partial z}\right) = \mu_0 J_x. \tag{6.24}$$

Um Gl. (6.24) symmetrisch zu machen, addieren und subtrahieren wir auf der linken Seite noch den Term $\partial^2 A_x/\partial x^2$:

$$-\frac{\partial^2 A_x}{\partial x^2} - \frac{\partial^2 A_x}{\partial y^2} - \frac{\partial^2 A_x}{\partial z^2}$$
$$+\frac{\partial}{\partial x}\left(\frac{\partial A_x}{\partial x} + \frac{\partial A_y}{\partial y} + \frac{\partial A_z}{\partial z}\right) = \mu_0 J_x. \tag{6.25}$$

Die ersten drei Terme stellen also den negativen Laplace-Operator von A_x dar, der Klammerausdruck enthält die Divergenz von $\mathbf{A}$. Wir verfügen nun bei der Konstruktion von $\mathbf{A}$ über einen gewissen Spielraum: Uns interessiert nur die Rotation, während die Divergenz einen beliebigen Wert haben kann. Wir *setzen voraus*[57]), daß

$$\text{div}\,\mathbf{A} = 0. \tag{6.26}$$

Wir treffen mit anderen Worten unter den verschiedenen Funktionen, die die Forderung $\text{rot}\,\mathbf{A} = \mathbf{B}$ erfüllen, eine Auswahl und lassen nur Funktionen mit der Divergenz Null zu. Damit vereinfacht sich Gl. (6.25) zu

$$\frac{\partial^2 A_x}{\partial x^2} + \frac{\partial^2 A_x}{\partial y^2} + \frac{\partial^2 A_x}{\partial z^2} = -\mu_0 J_x \tag{6.27}$$

J_x ist eine bekannte skalare Funktion von x, y, z. Der Vergleich von Gl. (6.27) mit der Poisson-Gleichung (2.54)

$$\frac{\partial^2 \varphi}{\partial x^2} + \frac{\partial^2 \varphi}{\partial y^2} + \frac{\partial^2 \varphi}{\partial z^2} = -\rho/\epsilon_0 \tag{6.28}$$

[57]) Um einzusehen, daß dies möglich ist, wählen wir ein $\mathbf{A}$ so, daß $\text{rot}\,\mathbf{A} = \mathbf{B}$, aber $\text{div}\,\mathbf{A} = f(x, y, z) \neq 0$. Wenn man f wie die Ladungsdichte ρ des elektrostatischen Feldes behandelt, läßt sich offensichtlich ein dem elektrostatischen Feld $\mathbf{E}$ analoges Feld $\mathbf{F}$ mit $\text{div}\,\mathbf{F} = f$ ermitteln. Bekanntlich ist aber die Rotation eines solchen Feldes Null. Deshalb könnten wir $-\mathbf{F}$ zu $\mathbf{A}$ addieren und erhielten damit ein neues Feld mit der richtigen Rotation und der Divergenz Null.

ergibt: Beide Gleichungen sind formal gleich. Die Lösung von Gl. (6.28) *kennen* wir bereits, sie ist in Gl. (6.18) angegeben. Analog heißt die Lösung von Gl. (6.27)

$$A_x(x_1, y_1, z_1) = \frac{\mu_0}{4\pi}\int \frac{J_x(x_2, y_2, z_2)\,dV_2}{r_{12}}. \tag{6.29}$$

Die anderen zwei Komponenten müssen ähnlichen Formeln gehorchen. Alle drei lassen sich gemeinsam in vektorieller Schreibweise durch

$$\boxed{\mathbf{A}(x_1, y_1, z_1) = \frac{\mu_0}{4\pi}\int \frac{\mathbf{J}(x_2, y_2, z_2)\,dV_2}{r_{12}}} \tag{6.30}$$

zusammenfassen.

Eine Frage ist allerdings noch offen. Um zu Gl. (6.27) zu gelangen, setzten wir $\text{div}\,\mathbf{A} = 0$ fest. Besitzt aber $\mathbf{A}$ nach Gl. (6.30) diese spezielle Eigenschaft? Zum Glück kann das bewiesen werden.

Als Beispiel für ein Vektorpotential betrachten wir nochmals einen langen geraden Leiter, in dem ein Strom I fließt.

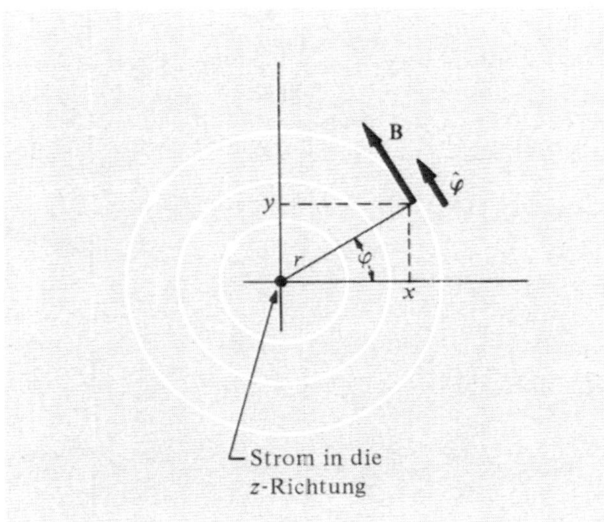

Bild 6.11 Einige Feldlinien um einen Stromweg. Der Strom fließt auf den Betrachter zu (aus der Zeichenebene heraus).

Bild 6.11 zeigt den Strom aus der Zeichenebene heraus in positive z-Richtung fließend. Wie die magnetischen Feldlinien des geraden Drahtes aussehen, wissen wir bereits: Sie sind Kreise entsprechend Bild 6.5; einige davon sind in Bild 6.11 eingezeichnet. Der Betrag von $\mathbf{B}$ ist $\mu_0 I/(2\pi r)$. Führt man einen zu $\mathbf{B}$ parallelen Einheitsvektor $\hat{\boldsymbol{\varphi}}$ ein, so läßt sich der Vektor $\mathbf{B}$ schreiben:

$$\mathbf{B} = \frac{\mu_0 I \hat{\boldsymbol{\varphi}}}{2\pi r}. \tag{6.31}$$

Da der Einheitsvektor $\hat{\boldsymbol{\varphi}}$ gleich $-\sin\varphi\hat{\mathbf{x}} + \cos\varphi\hat{\mathbf{y}}$ ist, erhalten wir für **B**, ausgedrückt durch x und y:

$$\mathbf{B} = \frac{\mu_0 I}{2\pi} \frac{(-\hat{\mathbf{x}}\sin\varphi + \hat{\mathbf{y}}\cos\varphi)}{\sqrt{x^2+y^2}}$$

$$= \frac{\mu_0 I}{2\pi}\left(\frac{(-y\hat{\mathbf{x}} + x\hat{\mathbf{y}})}{x^2+y^2}\right). \tag{6.32}$$

Eine Vektorfunktion $\mathbf{A}(x, y, z)$, die die Bedingung $\nabla\times\mathbf{A} = \mathbf{B}$ erfüllt, ist folgende:

$$\mathbf{A} = -\hat{\mathbf{z}}\frac{\mu_0 I}{4\pi}\ln(x^2+y^2). \tag{6.33}$$

Zum Nachweis berechnen wir die Komponenten von $\nabla\times\mathbf{A}$:

$$(\nabla\times\mathbf{A})_x = \frac{\partial A_z}{\partial y} - \frac{\partial A_y}{\partial z} = \frac{\mu_0 I}{2\pi}\frac{-y}{(x^2+y^2)} \quad (= B_x)$$

$$(\nabla\times\mathbf{A})_y = \frac{\partial A_x}{\partial z} - \frac{\partial A_z}{\partial x} = \frac{\mu_0 I}{2\pi}\frac{x}{(x^2+y^2)} \quad (= B_y)$$

$$(\nabla\times\mathbf{A})_z = \frac{\partial A_y}{\partial x} - \frac{\partial A_x}{\partial y} = 0 \quad (= B_z). \tag{6.34}$$

Natürlich ist dies nicht die einzige Funktion, die als Vektorpotential für dieses besondere **B** dienen könnte. Zu dem **A** von Gl. (6.33) läßt sich irgendeine Vektorfunktion mit der Rotation Null addieren. Das bisherige Ergebnis gilt für den Außenraum des Drahtes. Im Drahtinneren ist **B** davon verschieden und daher auch **A**. Es ist aber nicht schwer, die geeignete vektorielle Potentialfunktion für das Innere eines runden Drahtes zu bestimmen (Übung 26).

Übrigens ließe sich **A** für unser spezielles Beispiel nicht aus Gl. (6.30) herleiten, da das Integral wegen der unendlichen Ausdehnung des Drahtes divergiert. Dies erinnert an die Schwierigkeit in Kapitel 2, das skalare Potential für das elektrische Feld eines geladenen Drahtes zu bestimmen. Diese beiden Probleme sind tatsächlich sehr nahe verwandt, worauf auch die gleiche Geometrie und die Ähnlichkeit der Gln. (6.30) und (6.18) hinweisen. Mit Gl. (2.17) fanden wir als geeignetes skalares Potential für das Linienladungsproblem $-k\lambda\ln\{(x^2+y^2)/r_0^2\}$. Das Potential Null wurde dabei einem willkürlich gewählten Punkt, der weder auf dem Draht noch im Unendlichen liegt, zugeordnet. Sowohl das skalare Potential als auch das Vektorpotential von Gl. (6.33) sind im Ursprung und im Unendlichen singulär.

6.4 Das Feld eines beliebigen stromführenden Drahtes

Bild 6.12 zeigt eine Schleife, in der der Strom I fließt. Das Vektorpotential **A** im Punkt (x_1, y_1, z_1) ist entsprechend Gl. (6.30) durch das Integral über die Schleife gegeben. Wenn der stromführende Draht dünn ist, können wir als Volumenelement dV_2 ein kurzes Stück des Drahtes von der Länge dl wählen. Die Stromdichte J ist gleich I/S, wobei S für die Querschnittsfläche steht; weiterhin ist $dV_2 = S\,dl$. Daraus folgt, daß $\mathbf{J}\,dV_2 = I\,d\mathbf{l}$. Wenn der Vektor $d\mathbf{l}$ in positive Stromrichtung weist, läßt sich $\mathbf{J}\,dV_2$ einfach

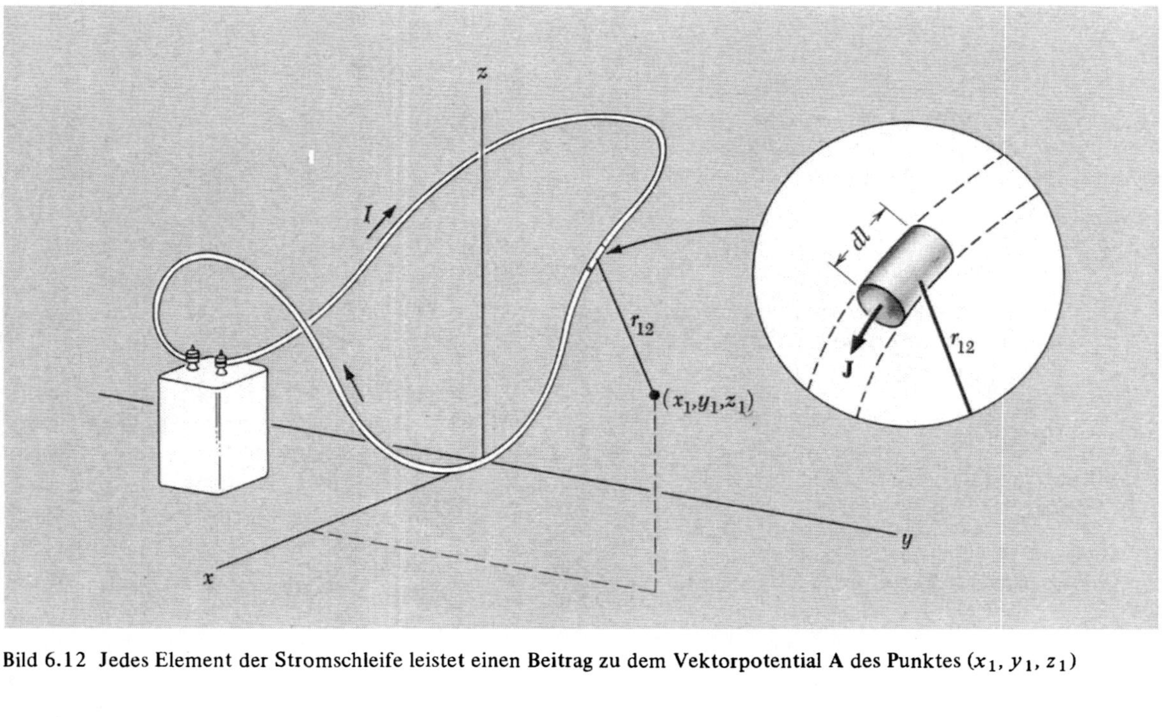

Bild 6.12 Jedes Element der Stromschleife leistet einen Beitrag zu dem Vektorpotential **A** des Punktes (x_1, y_1, z_1)

durch $I\,dl$ ersetzen. Bei einem dünnen Draht oder Stromfaden können wir deshalb Gl. (6.30) als Linienintegral um den Stromkreis schreiben:

$$\mathbf{A} = \frac{\mu_0 I}{4\pi}\int \frac{d\mathbf{l}}{r_{12}}. \tag{6.35}$$

Überall $\mathbf{A}$ zu bestimmen und daraus $\mathbf{B}$ als $\operatorname{rot}\mathbf{A}$ zu berechnen, wäre eine langwierige Aufgabe. Besser ist es, einen Beitrag zu dem Linienintegral von Gl. (6.35) zu isolieren. Wir betrachten den Beitrag des durch den Ursprung gehenden Drahtabschnittes, wo der Strom in x-Richtung fließt (Bild 6.13). Mit dl bezeichnen wir die Länge dieses Abschnitts und mit $d\mathbf{A}$ den Beitrag dieses Teils zum Integral für $\mathbf{A}$. In einem Punkt $(x, y, 0)$ der x, y-Ebene zeigt $d\mathbf{A}$ in positive x-Richtung und es gilt:

$$d\mathbf{A} = \hat{\mathbf{x}}\,\frac{\mu_0 I}{4\pi}\,\frac{dl}{\sqrt{x^2+y^2}}. \tag{6.36}$$

Aus Symmetriegründen muß der Beitrag von $d\mathbf{A}$ zu $\operatorname{rot}\mathbf{A}$ senkrecht zur x,y-Ebene gerichtet sein. Für den entsprechenden Teil $d\mathbf{B}$ von $\mathbf{B}$ gilt

$$\begin{aligned} d\mathbf{B} &= \operatorname{rot}(d\mathbf{A}) = \hat{\mathbf{z}}\left(-\frac{\partial A_x}{\partial y}\right) \\ &= \hat{\mathbf{z}}\,\frac{\mu_0 I}{4\pi}\,\frac{dl\cdot y}{(x^2+y^2)^{3/2}} \\ &= \hat{\mathbf{z}}\,\frac{\mu_0 I}{4\pi}\,\frac{dl\sin\varphi}{r^2}. \end{aligned} \tag{6.37}$$

Dieses Ergebnis können wir aber unabhängig von jedem Koordinatensystem formulieren: $\mathbf{r}$ sei der Radiusvektor, der von dem Element $d\mathbf{l}$ zu dem Aufpunkt führt, in dem das Feld $\mathbf{B}$ bestimmt werden soll (Bild 6.14). Offenbar kommt es nur auf die relative Orientierung von $\mathbf{r}$ zu $d\mathbf{l}$ an. Der Beitrag irgendeines kurzen Drahtabschnittes $d\mathbf{l}$ zu $\mathbf{B}$ kann als Vektor betrachtet werden, der senkrecht auf der von $d\mathbf{l}$ und $\mathbf{r}$ aufgespannten Ebene steht und dessen Betrag gleich $\mu_0 I\,dl\sin\varphi/(4\pi r^2)$ ist; dabei bedeutet φ den Winkel zwischen $d\mathbf{l}$ und $\mathbf{r}$. Unter Verwendung des Vektorprodukts kann dies in der Form:

$$\boxed{d\mathbf{B} = \frac{\mu_0 I}{4\pi}\,\frac{d\mathbf{l}\times\hat{\mathbf{r}}}{r^2}} \tag{6.38}$$

geschrieben werden. Wer mit der Vektoranalysis vertraut ist, gelangt über einen Abkürzungsweg von Gl. (6.35) zu Gl. (6.38). Man schreibt $d\mathbf{B} = \nabla\times d\mathbf{A}$ mit $d\mathbf{A} = \mu_0 I\,d\mathbf{l}/(4\pi r)$, behandelt ∇ als Vektor, vertauscht die Reihenfolge im Vektorprodukt und kehrt das Vorzeichen um. $d\mathbf{l}$ ist eine Konstante, weshalb der Nabla-Operator nur auf $1/r$ angewendet wird – wäre dies nicht der Fall, käme man so nicht zum Ziel. Nun braucht man sich nur noch daran zu erinnern, daß $\nabla(1/r) = -\,\hat{\mathbf{r}}/r^2$ (wie bei dem Übergang vom Coulomb-Potential zum Coulomb-Feld). So erhalten wir

$$\begin{aligned} d\mathbf{B} &= \nabla\times\frac{\mu_0 I}{4\pi}\frac{d\mathbf{l}}{r} = -\frac{\mu_0 I}{4\pi}\,d\mathbf{l}\times\nabla\left(\frac{1}{r}\right) \\ &= -\frac{\mu_0 I}{4\pi}\,d\mathbf{l}\times\left(-\frac{\hat{\mathbf{r}}}{r^2}\right) = \frac{\mu_0 I}{4\pi}\,\frac{d\mathbf{l}\times\hat{\mathbf{r}}}{r^2}. \end{aligned} \tag{6.39}$$

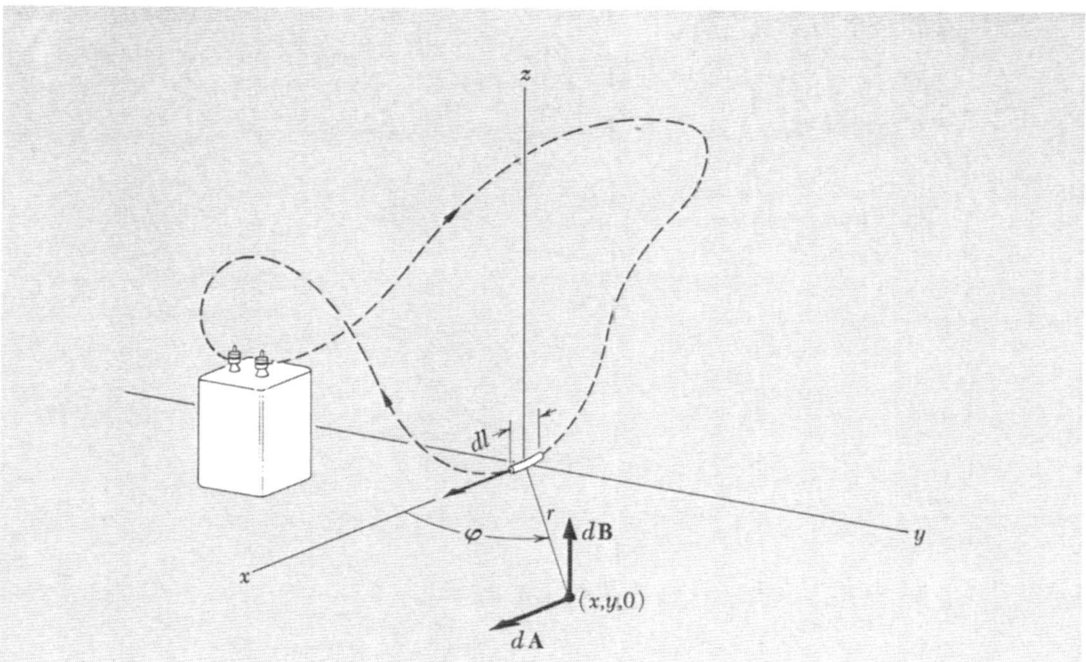

Bild 6.13 Wenn man $d\mathbf{A}$, den Beitrag des herausgegriffenen Elements zu $\mathbf{A}$, bestimmen kann, läßt sich sein Beitrag zu $\mathbf{B}$ aus $\mathbf{B} = \operatorname{rot}\mathbf{A}$ berechnen.

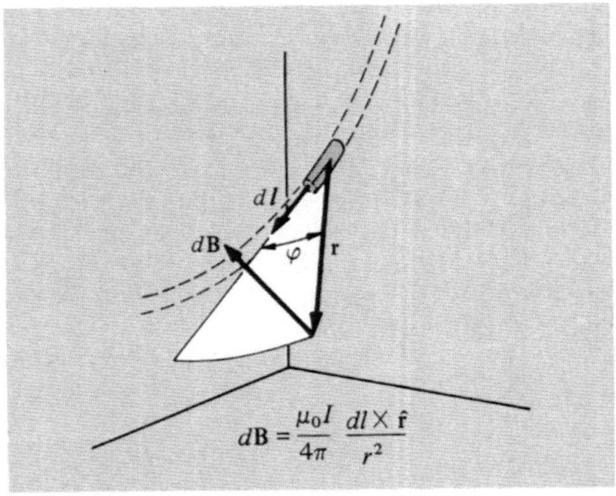

Bild 6.14 Das magnetische Feld eines beliebigen Stromkreises läßt sich durch Anwendung dieser Beziehung aus dem Beitrag jedes Kreiselements berechnen.

Gl. (6.38) ist als Gesetz von *Biot-Savart* bekannt. Es besagt: Wenn man bei der Berechnung von **B** durch Integration über den *gesamten Stromkreis* den Beitrag jedes einzelnen Elements Gl. (6.38) entnimmt, gelangt man zu dem richtigen Magnetfeld. Wir wiesen bereits in der Fußnote am Ende von Abschnitt 6.2 darauf hin, daß der Beitrag eines Stromkreisteiles physikalisch nicht identifizierbar ist. Tatsächlich ist Gl. (6.38) nicht die einzige Gleichung, mit der man zu einem richtigen Ergebnis für **B** gelangt; zu ihr könnte irgendeine Funktion addiert werden, deren Integral entlang eines geschlossenen Weges, d.h. deren Rotation, gleich Null ist.

Es scheint, als hätten wir das Vektorpotential gleich wieder aufgegeben, nachdem es uns einen wesentlichen Dienst erwiesen hat. Tatsächlich ist es oft praktischer, sobald man über Gl. (6.38) verfügt, das Feld eines Stromsystems direkt zu berechnen, anstatt zuerst das Vektorpotential zu bestimmen. Einige Übungsbeispiele im nächsten Abschnitt werden dies zeigen. Das Vektorpotential ist jedoch aus tiefergehenden Gründen wichtig. Zunächst deckte es die überraschende Parallelität der Beziehung zwischen dem elektrostatischen Feld **E** und den elektrischen Ladungen als seinen Quellen einerseits und der Beziehung zwischen dem Magnetfeld **B** und den stationären Strömen andererseits auf. Als besonders vorteilhaft wird sich das Vektorpotential bei der Untersuchung zeitlich variabler Felder und der elektromagnetischen Strahlung erweisen.

6.5 Felder von Stromschleifen und Spulen

Einen Stromweg in Form eines Kreisringes mit dem Radius b zeigt Bild 6.15a. Ohne jede Berechnung läßt sich

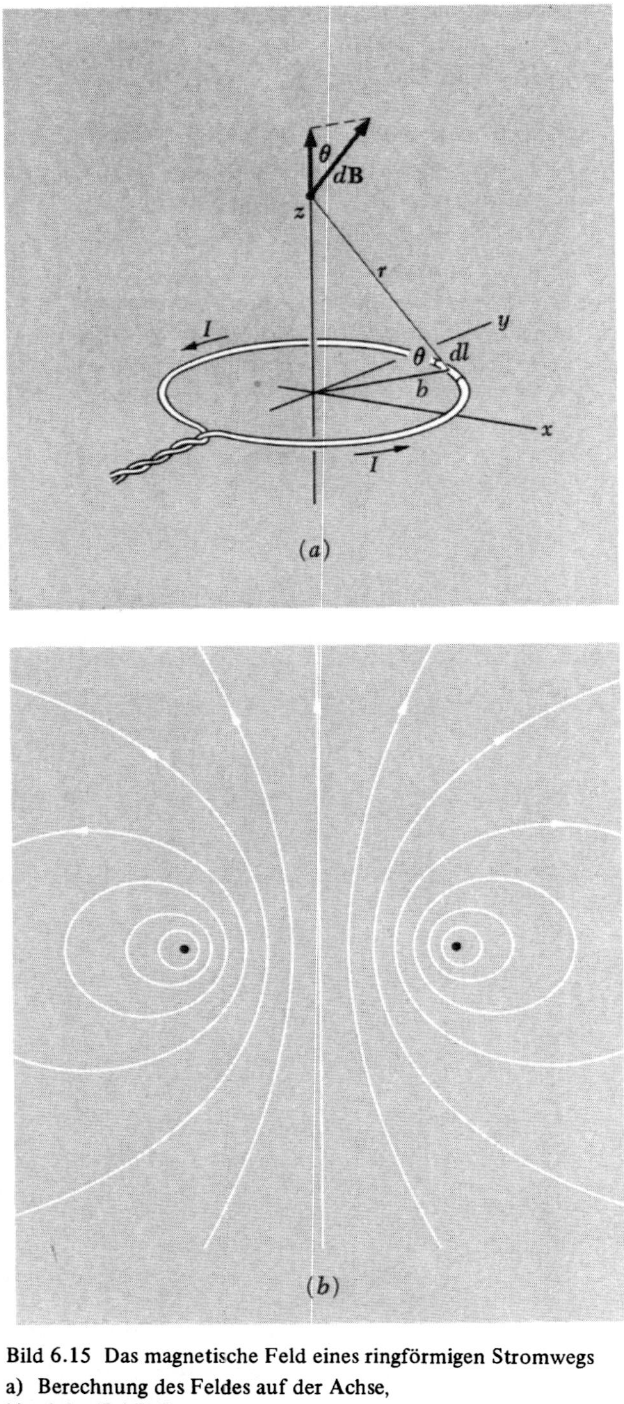

Bild 6.15 Das magnetische Feld eines ringförmigen Stromwegs
a) Berechnung des Feldes auf der Achse,
b) einige Feldlinien.

vorhersagen, daß das magnetische Feld dieser Quelle dem in Bild 6.15b gezeigten ähnlich ist. In diesem Bild sind einige Feldlinien in einer Ebene durch die Symmetrieachse dargestellt. Das Feld muß insgesamt um diese Achse (z-Achse in Bild 6.15a) rotationssymmetrisch sein, und die Feldlinien müssen ihrerseits bezüglich der Ebene des Ringes x, y-

Ebene) symmetrisch sein. Sehr nahe dem Stromweg gleicht das Feld dem eines langen geraden Drahtes, da dort die Beiträge entfernter Ringteile klein sind.

Das Feld auf der Achse läßt sich mit Gl. (6.38) leicht berechnen. Jedes Element des Ringes mit der Länge dl führt zu einem Beitrag $d\mathbf{B}$, senkrecht zu $\mathbf{r}$. Wir brauchen nur die z-Komponente von $d\mathbf{B}$ zu berücksichtigen, da das Gesamtfeld auf der Achse bekanntlich in z-Richtung weist.

$$dB_z = \frac{\mu_0 I}{4\pi} \frac{dl}{r^2} \cos\theta = \frac{\mu_0 I}{4\pi} \frac{dl}{r^2} \frac{b}{r}\,. \tag{6.40}$$

Bei Integration über den gesamten Ring ist $\int dl = 2\pi b$; daher ergibt sich das Magnetfeld in irgendeinem Achsenpunkt z zu:

$$B_z = \frac{\mu_0 I}{2} \frac{b^2}{r^3} = \frac{\mu_0 I}{2} \frac{b^2}{(b^2 + z^2)^{3/2}} \text{(Feld auf der Achse).} \tag{6.41}$$

Im Ringmittelpunkt ($z = 0$) erhalten wir für den Betrag des Magnetfeldes

$$B_z = \frac{\mu_0 I}{2b} \text{ (Feld im Mittelpunkt).} \tag{6.42}$$

Bild 6.16a zeigt eine zylindrische Spule, auch Solenoid genannt. Die Drahtwindungen sollen in gleichmäßigem Abstand eng aneinander liegen, so daß die Anzahl der Windungen pro Spulenlänge eine Konstante n ist. Wir wollen die Spule als einen Stapel von Stromringen behandeln. In Wirklichkeit ist der Stromweg schraubenförmig, doch können wir dies vernachlässigen, wenn die Spule aus vielen eng beieinander liegenden Windungen besteht. Dann läßt sich Gl. (6.41) zur Berechnung des Feldes in einem beliebigen Achsenpunkt, z. B. im Punkt z, verwenden. Wir betrachten zunächst den Beitrag des Stromringes, der vom Punkt z ausgehend zwischen den Winkeln θ und $\theta + d\theta$ liegt. Die Länge dieses Spulenabschnittes, in Bild 6.16b ungerastert dargestellt, beträgt $r\,d\theta/\sin\theta$ und entspricht daher einem Ring, in dem der Strom $Inr\,d\theta/\sin\theta$ fließt. Wegen $r = b/\sin\theta$ ergibt der Beitrag dieses Ringes zum Axialfeld:

$$dB_z = \frac{\mu_0}{2} \frac{b^2}{r^3} \frac{Inr\,d\theta}{\sin\theta} = \frac{\mu_0}{2} In \sin\theta\, d\theta\,. \tag{6.43}$$

B_z folgt dann aus der Integration zwischen den Grenzen θ_1 und θ_2:

$$B_z = \frac{\mu_0}{2} In \int_{\theta_1}^{\theta_2} \sin\theta\, d\theta = \frac{\mu_0}{2} In(\cos\theta_1 - \cos\theta_2)\,. \tag{6.44}$$

Die Kurve in Bild 6.17 gibt den Betrag des Magnetfeldes B_z für die Achsenpunkte einer Spule an, deren Länge das Vierfache des Durchmessers beträgt; die Kurve wurde aus Gl. (6.44) berechnet. Auf der Ordinate ist B_z im Verhältnis zu dem Magnetfeld einer unendlich langen, ansonsten jedoch

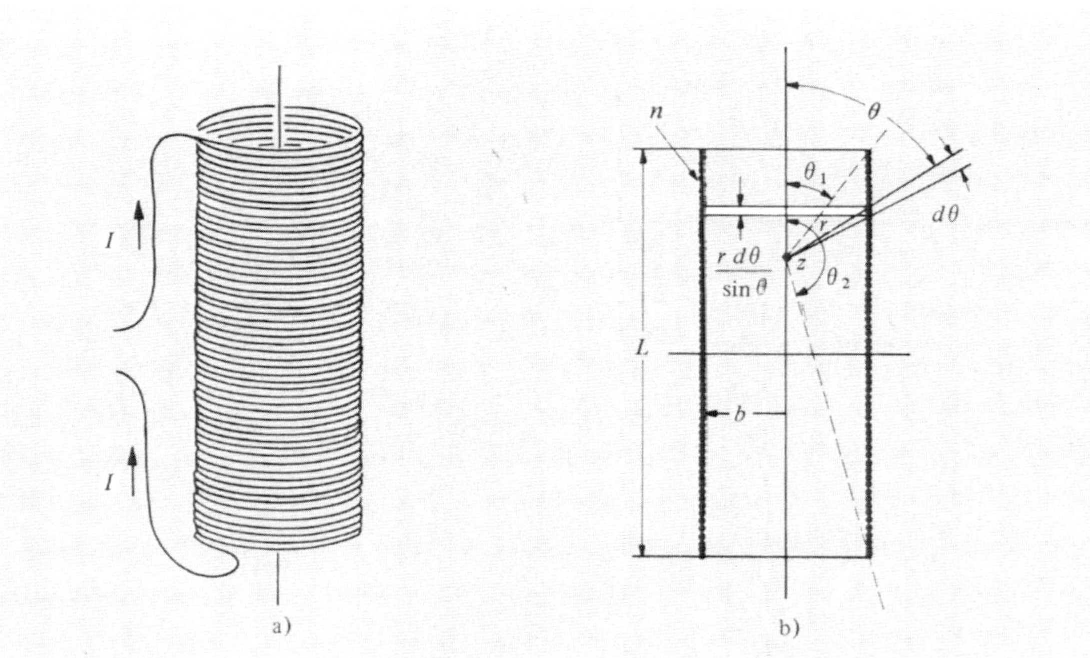

Bild 6.16
a) Zylinderspule b) Berechnung des Magnetfeldes für die Spulenachse

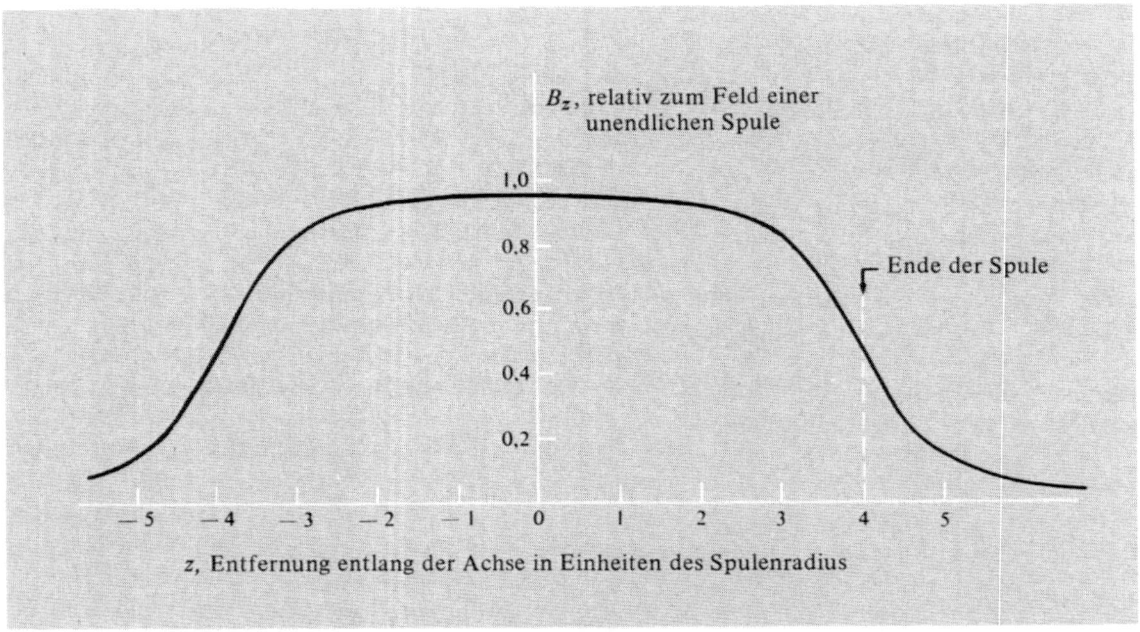

Bild 6.17 Betrag des Magnetfeldes B_z auf der Achse der Spule von Bild 6.18

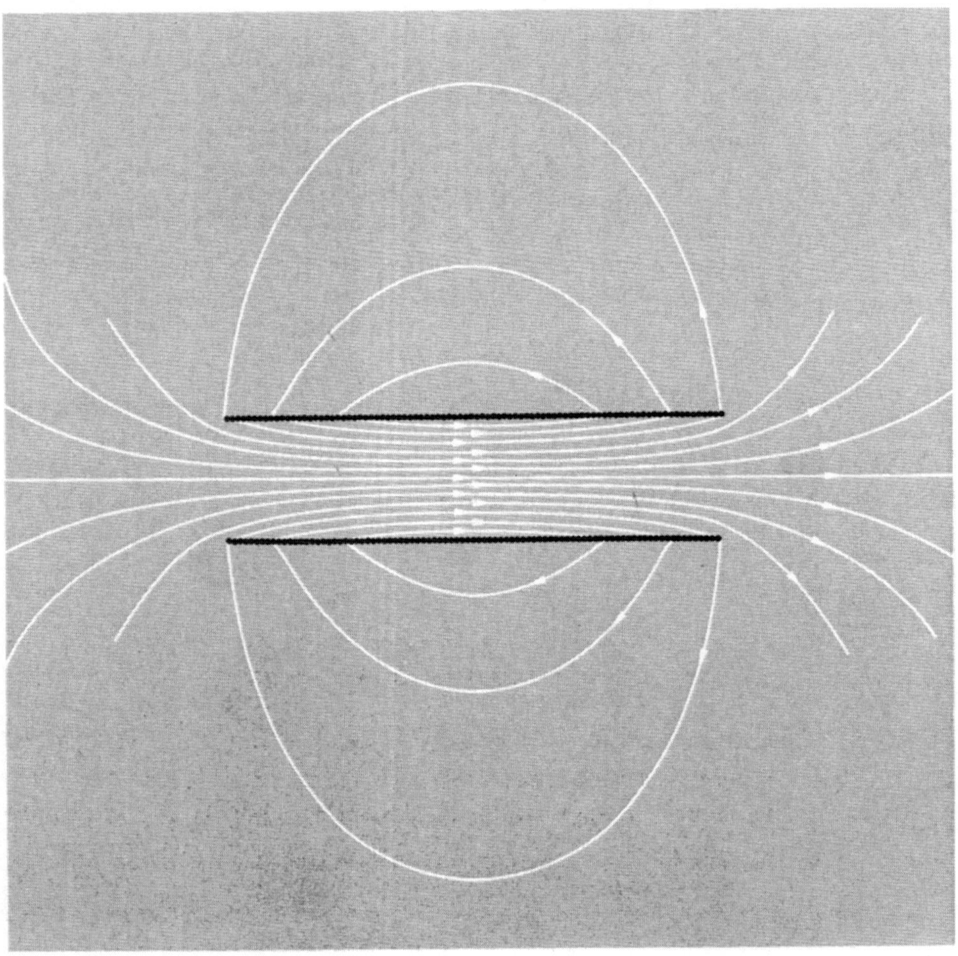

Bild 6.18
Feldlinien in einer Zylinderspule und in ihrer Umgebung

gleichen Spule und gleichem Strom, aufgetragen. Für die unendliche Spule ist $\theta_1 = 0$ und $\theta_2 = \pi$, so daß wir erhalten

$$B_z = \mu_0 In \quad \text{(unendlich lange Spule).} \qquad (6.45)$$

Im Mittelpunkt der Spule mit dem Verhältnis 4 : 1 zwischen Länge und Radius ist das Magnetfeld nahezu so groß wie in einer unendlich langen Spule. Es bleibt längs der Achse bis in die Nähe der Spulenenden fast konstant.

Bild 6.18 zeigt die Feldlinien in und um eine Spule mit diesen Proportionen. Beachten Sie, daß einige Feldlinien tatsächlich die Windungen durchdringen. Die zylindrische Stromfläche ist für das magnetische Feld eine Diskontinuitätsfläche. Natürlich würden wir bei einer Messung des Feldes in der unmittelbaren Umgebung der Drähte keine scharfen Knicke der Feldlinien, sondern eine kompliziert wechselnde Struktur um jede und in jeder Stromschleife finden.

Eine lange Spule mit *einer einzigen* Windung läßt sich ohne weiteres aus einem dünnen flächenartigen Leiter herstellen (Bild 6.19). Auf sie treffen unsere Berechnung und das Diagramm von Bild 6.18 genau zu; man braucht nur die Größe nI durch den Strom pro Länge zu ersetzen, der in der zylindrischen Wand fließt. Die Richtungsänderung der Feldlinien, die die Wand durchsetzen, erfolgt innerhalb des Wandquerschnitts; der vergrößerte Ausschnitt aus Bild 6.19 deutet dies an.

Bei der Berechnung des Feldes einer Zylinderspule in Bild 6.16 behandelten wir sie als Stapel von Ringen und vernachlässigten den Längsstrom, der in jeder Spule, in die der Strom an einem Ende eintritt und am anderen wieder austritt, fließen muß. Wir wollen überlegen, wie sich das Feld ändert, wenn wir ihn berücksichtigen. Die schraubenförmige Spule im Bild 6.20c ist, soweit es ihr äußeres Feld angeht, äquivalent zur Überlagerung eines Stapels von Stromringen in Bild 6.20a und eines einzelnen axialen Leiters in Bild 6.20b. Wenn wir die entsprechenden Felder **B** und **B**′ addieren, bekommen wir das äußere Feld der Spule. Es hat eine schaubenförmige Verdrehung. Einige Feldlinien sind in Bild 6.20c dargestellt. Hinsichtlich des Feldes innerhalb der Zylinderspule ist zu bedenken, daß der Strom in Wirklichkeit auf dem Zylinder selbst fließt. Eine solche Stromverteilung, eine gleichförmige Stromröhre, ist innerhalb des Zylinders feldfrei. Sie läßt das vorher berechnete Feld unverändert. Wenn wir eine Feldlinie von innen nach außen und wieder nach innen verfolgen, werden wir feststellen, daß sie sich *nicht* schließt. Das ist ungewöhnlich. Sie sollten sich überlegen, wie dieses Bild sich ändert, wenn der Draht, der den Strom nach oben abführt, entlang der Achse heruntergebogen wird, so daß er am unteren Ende wieder erscheint.

6.6 Änderung des Magnetfeldes an einer stromführenden Schicht

Das Beispiel von Bild 6.19 behandelte eine Spule, die aus einer einzigen gebogenen stromführenden Platte bestand.

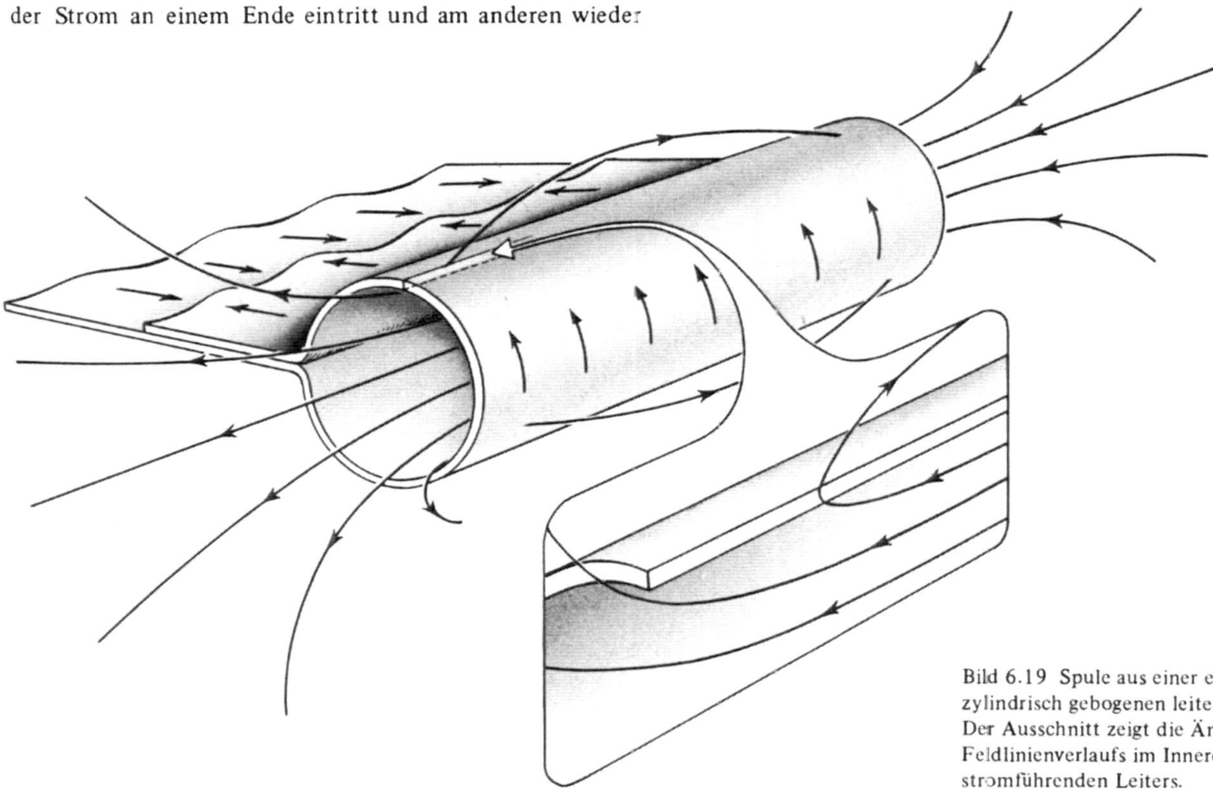

Bild 6.19 Spule aus einer einzigen zylindrisch gebogenen leitenden Platte. Der Ausschnitt zeigt die Änderung des Feldlinienverlaufs im Inneren des stromführenden Leiters.

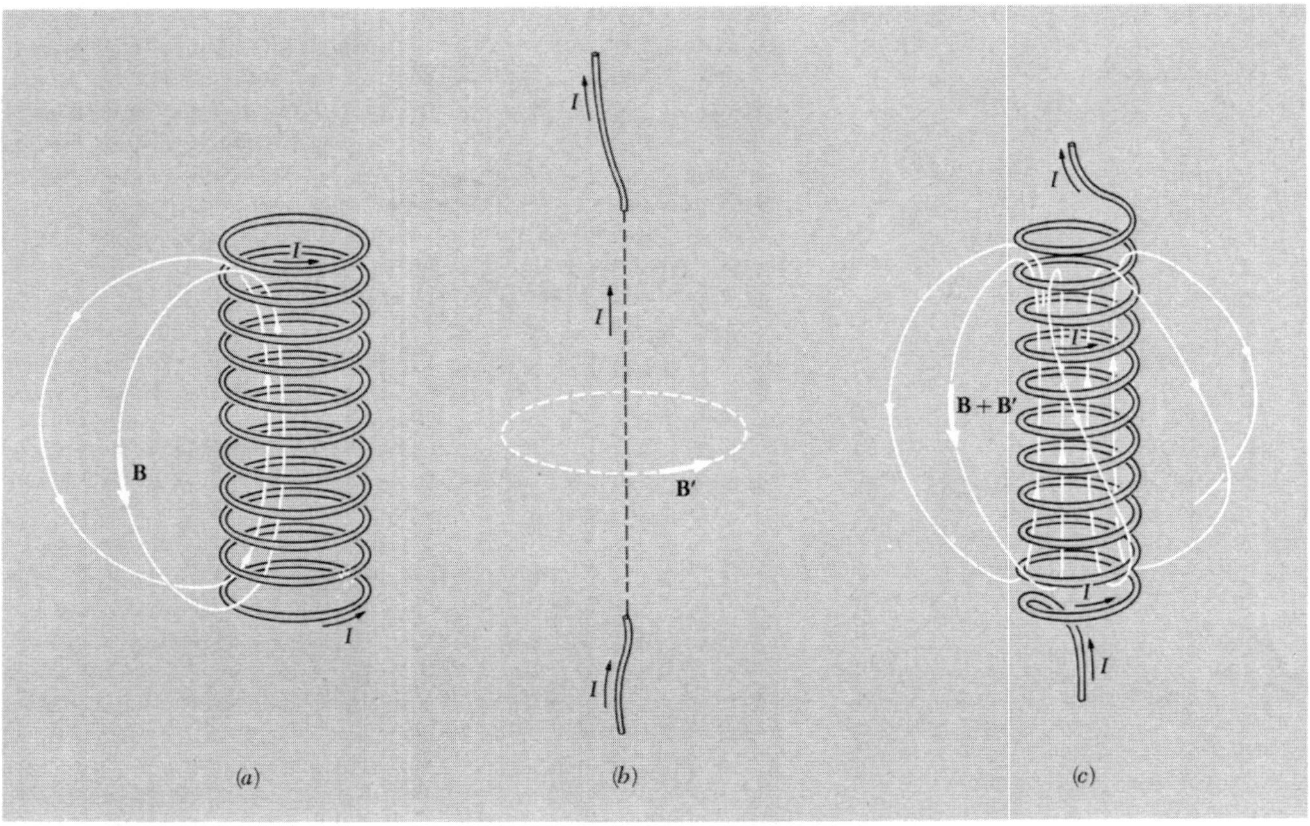

Bild 6.20 Die schraubenförmige Spule in c) entspricht a) einem Stapel von Kreisringen (In jedem Ring fließt der Strom I.) und b) einem Strom I, der parallel zur Spulenachse fließt. Ein Weg um die Spule herum umschließt den Strom I, dessen Feld $\mathbf{B}'$ ist. Um das äußere Feld der schraubenförmigen Spule zu erhalten, muß zu $\mathbf{B}'$ das Feld $\mathbf{B}$ der Stromringe addiert werden.

Wir untersuchen nun ein noch einfacheres System: eine ebene unbegrenzte Stromschicht, z. B. eine Kupferfolie gleichmäßiger Dicke, in der überall ein Strom konstanter Dichte und Richtung fließt. Zur Angabe der Richtung legen wir die Schicht in die x,y-Ebene und lassen den Strom in x-Richtung fließen. Da die Schicht unendlich ausgedehnt sein soll und deshalb keinen Rand haben kann, ist es schwierig, sie zu skizzieren. Bild 6.21 zeigt einen Ausschnitt; man muß sich vorstellen, daß sich die Schicht über die gesamte Ebene erstreckt. Die Schichtdicke wird sich zum Schluß als nicht sehr wichtig erweisen, wir nehmen dennoch für sie einen bestimmten Wert d an. Wenn die Stromdichte im Metallinneren J beträgt, dann bedeutet jede Länge in z-Richtung ein Stromband der Stärke Jd. Zur Unterscheidung von der räumlichen Stromdichte $\mathbf{J}$ bezeichnen wir diese Größe als „Flächenstromdichte" und verwenden dafür das Symbol J' (in A/m). Stehen nicht die Vorgänge im Schichtinneren zur Diskussion, ist J' eine sehr nützliche Größe. Wie wir sehen werden, bestimmt sie die *Änderung* des magnetischen Feldes beim Übergang von einer Seite der Schicht zur anderen.

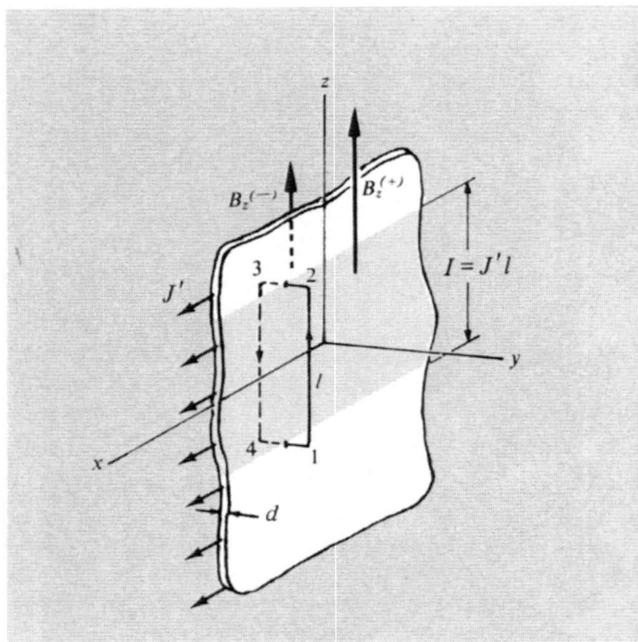

Bild 6.21 An einer Stromschicht muß sich die Parallelkomponente von $\mathbf{B}$ bei dem Übergang von einer Seite zur anderen ändern.

Das Feld in Bild 6.21 rührt nicht von der Schicht allein her. Es ist noch irgendein anderes, von anderen Quellen erzeugtes Feld in z-Richtung vorhanden. Das Gesamtfeld, einschließlich des Effekts der Stromschicht, wird durch die **B**-Vektoren vor und hinter der Schicht dargestellt.

Wir betrachten jetzt das Linienintegral von **B** um das Rechteck 12341 von Bild 6.21. Eine der langen Rechteckseiten liegt vor der Schicht, die andere dahinter; die kurzen Seiten durchdringen sie. Mit B_z^+ bezeichnen wir die z-Komponente des magnetischen Feldes unmittelbar vor der Schicht und mit B_z^- die z-Komponente des Feldes direkt dahinter. Wiederum sprechen wir von dem Feld aller Quellen, die vorhanden sein mögen, einschließlich der Stromschicht selbst. Das Linienintegral von **B** längs des langgestreckten Rechtecks ist einfach $l\,(B_z^+ - B_z^-)$. Dies gilt auch bei Vorhandensein anderer Quellen, die zu einer Feldkomponente parallel zu den kurzen Rechteckseiten führen. Wegen der geringen Schichtdicke ist es stets möglich, diese Seiten viel kürzer als die Längsseiten zu wählen. Dabei setzen wir voraus, daß die Schichtdicke klein gegenüber Distanzen ist, über die sich das Feld ändert. Der von dem Rechteck umschlossene Strom ist gleich lJ'. Folglich ergibt sich die Beziehung $l\,(B_z^+ - B_z^-) = \mu_0 J' l$ oder

$$B_z^+ - B_z^- = \mu_0 J'. \tag{6.46}$$

Eine Stromschicht mit der Dichte J' führt zu einem Sprung der Komponente von **B**, die parallel zu der Oberfläche und senkrecht zu J' ist. Das erinnert vielleicht an die Änderung des elektrischen Feldes an einer Ladungsschicht; dort ist die Normalkomponente von **E** unstetig, wobei die Größe des Sprunges von der Flächenladungsdichte abhängt.

Ist die Stromschicht die einzig vorhandene Quelle, dann muß natürlich das Feld symmetrisch zur Schichtebene sein, und es gilt $B_z^+ = \mu_0 J'/2$, $B_z^- = -\mu_0 J'/2$ (Bild 6.22a). Die Bilder 6.22b und 6.22c geben Situationen wieder, bei denen sich der Effekt der Stromschicht mit bereits vorhandenen, von anderen Quellen herrührenden Feldern, überlagert.

Zwei Schichten, die gleich große, antiparallele Ströme führen, zeigt Bild 6.23 im Querschnitt; andere Quellen seien nicht vorhanden. Der Stromfluß ist senkrecht zur Zeichenebene gerichtet: links aus ihr heraus und rechts in sie hinein. Das Feld zwischen den Schichten hat die Stärke $\mu_0 J'$, außerhalb ist kein Feld vorhanden. So etwas findet man beispielsweise, wenn Strom in zwei parallelen Bändern fließt, deren Abstand klein im Vergleich zu ihrer Breite ist. Oft haben Stromschienen für die Starkstromverteilung in Kraftwerken diese Form.

Wie wir bereits im Zusammenhang mit Bild 6.19 bemerkten, findet die Änderung von **B** in der Schicht statt: je dünner die Schicht, desto abrupter ist bei gleichem J' der Übergang. In den Kapiteln 1 und 2 hatten wir es mit einer ähnlichen Situation zu tun. Dort untersuchten wir die Unstetigkeit der Normalkomponente von **E** beim Durchgang durch eine Flächenladung und fragten nach der Kraft auf diese Flächenladung. Eine ähnliche Frage erhebt sich auch hier.

Bild 6.22 Einige mögliche Formen des gesamten magnetischen Feldes in der Nähe einer Stromschicht. Der Strom fließt in die $\hat{x}$-Richtung (aus der Zeichenebene heraus).

a) Das Feld der Schicht alleine,
b) überlagert einem homogenen Feld in $\hat{z}$-Richtung (die gleiche Situation wie in Bild 6.21),
c) überlagert einem homogenen Feld in einer anderen Richtung.

In jedem Fall ändert sich die Tangentialkomponente B_z beim Durchgang durch die Schicht um $\mu_0 J'$, während die Normalkomponente B_y dabei keine Änderung erfährt.

Wir betrachten nun die Schicht mit der Stromdichte J'. Das mittlere Feld, das auf diesen Strom wirkt, ist unter der Annahme einer gleichförmigen Stromverteilung über die Schichtdicke gleich $\frac{1}{2}$ $(B_z^+ + B_z^-)$. Für die Kraft pro Fläche auf diese Schicht ergibt sich daher

$$\text{Kraft pro Fläche der Schicht} = \frac{1}{2}(B_z^+ + B_z^-)\,J'. \qquad (6.47)$$

Nach Gl. (6.46) können wir für J' auch $(B_z^+ - B_z^-)/\mu_0$ schreiben und damit die Kraft pro Fläche folgendermaßen ausdrücken:

$$\text{Kraft/Fläche} = \left(\frac{B_z^+ + B_z^-}{2}\right)\left(\frac{B_z^+ - B_z^-}{\mu_0}\right)$$

$$= \frac{1}{2\mu_0}\,[(B_z^+)^2 - (B_z^-)^2]. \qquad (6.48)$$

Der Kraftvektor steht senkrecht auf der Fläche, sein Betrag ist der Fläche proportional – analog zu der Kraft aus dem hydrostatischen Druck. Um die Kraftrichtung zu bestimmen, betrachten wir einen Sonderfall (z. B. den von Bild 6.23). Auf jedem Leiter ist die Kraft *nach außen* gerichtet. Der Bereich großer Feldstärke ist auch ein Bereich großen Drucks. Die Abstoßung von zwei Leitern, die vom Strom in entgegengesetzter Richtung durchflossen werden, wie in Bild 6.24, ist dafür ein Beispiel.

Wir behandelten bisher eine unendlich ausgedehnte ebene Schicht, die Verhältnisse in der unmittelbaren Umgebung einer beliebigen gekrümmten Oberfläche sind aber ähnlich. Wo immer die Tangentialkomponente von **B**, d. h. die zu der Oberfläche parallele Komponente, bei dem Durchgang durch die Oberfläche von B_1 in B_2 übergeht, dürfen wir folgenden Schluß ziehen: Es fließt nicht nur ein Flächenstrom in der Schicht, sondern sie steht auch unter dem Druck $(B_1^2 - B_2^2)/(2\,\mu_0)$. Diese Tatsache ist eines der Leitprinzipien der *Magnetohydrodynamik,* die sich mit der Untersuchung elektrisch leitender Flüssigkeiten befaßt und als Forschungsgebiet sowohl für den Elektrotechniker als auch für den Astrophysiker interessant ist.

6.7 Die Transformation der Felder

Eine Flächenladung stellt, wenn sie sich parallel zu sich selbst bewegt, einen Flächenstrom dar. Beträgt die Flächenladungsdichte überall auf der Oberfläche σ und gleitet diese mit der Geschwindigkeit v dahin, ist die Dichte des Flächen-

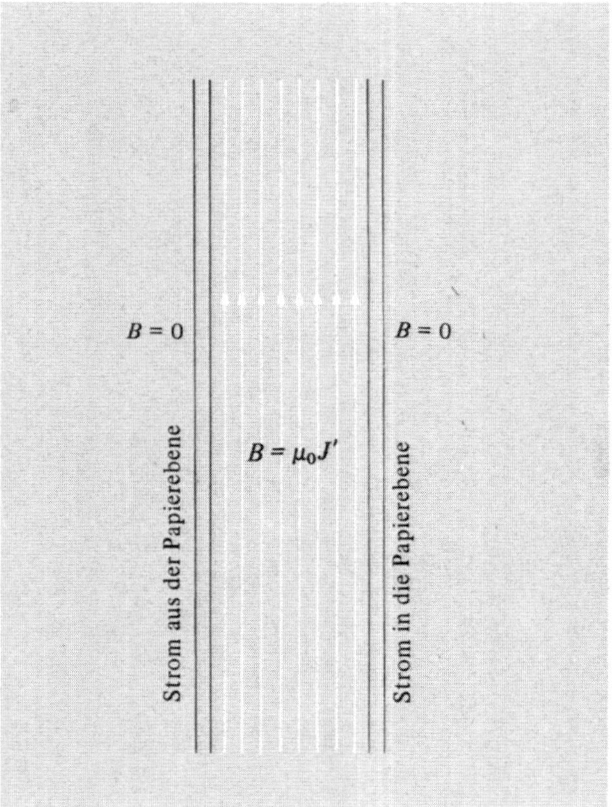

Bild 6.23 Das Magnetfeld zwischen ebenen parallelen Stromschichten

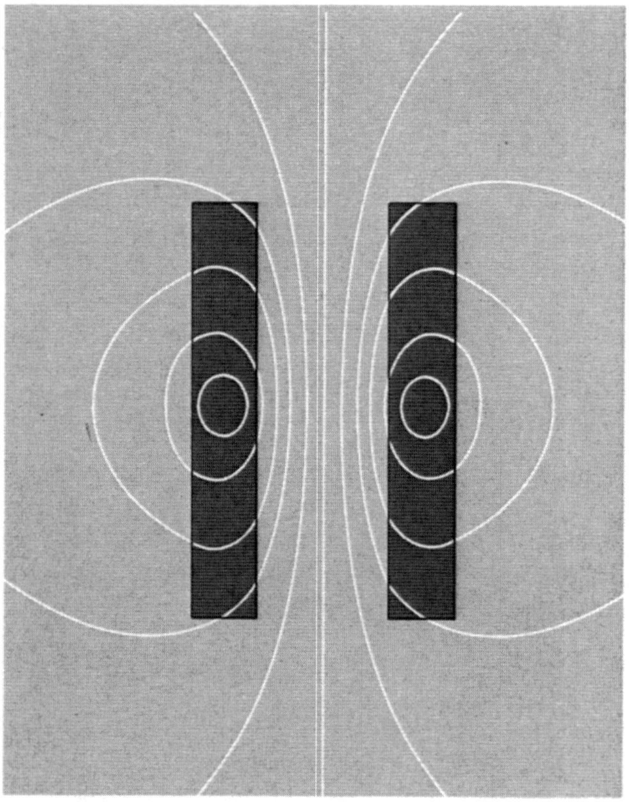

Bild 6.24 Querschnittsdarstellung des Magnetfeldes von zwei Stromschienen aus Kupfer, in denen antiparallele Strome fließen.

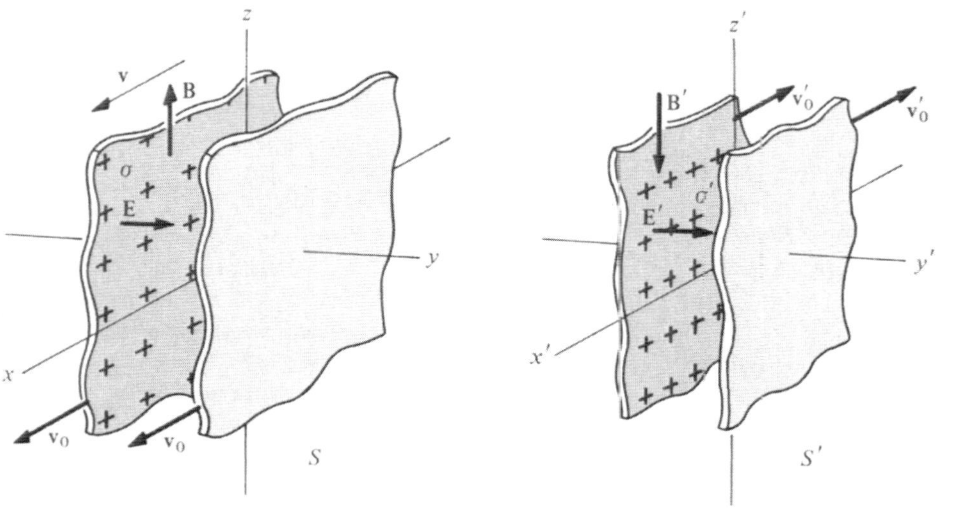

Bild 6.25
Im Bezugssystem S (links im Bild) beobachtet man die Oberflächenladungsdichte σ und die Flächenstromdichte σv_0. Das Bezugssystem S' (rechts im Bild) bewegt sich in bezug auf S mit der Geschwindigkeit v in $\hat{x}$-Richtung. In S' ist die Oberflächenladungsdichte σ' und die Flächenstromdichte $\sigma' v_0'$.

stroms genau $J' = \sigma v$. Diese einfache Denkvorstellung ist nützlich, wenn es um die Änderung der elektrischen und magnetischen Feldgrößen bei Transformation von einem Bezugssystem in ein anderes geht.

Wir stellen uns zwei ebene Flächenladungsschichten vor; beide sind parallel zu der x, z-Ebene. Bild 6.25 zeigt wiederum nur Ausschnitte aus beiden Schichten, die in Wirklichkeit unendliche Ausdehnung besitzen. In dem Inertialsystem S mit den Koordinaten x, y und z ist Flächenladungsdichte auf der einen Schicht σ und auf der anderen $-\sigma$. Hier ist σ die Ladung pro Fläche, wenn diese von einem Beobachter gemessen wird, der in S ruht. (Es ist nicht die Flächenladungsdichte im Bezugssystem, in dem die Ladungen selbst ruhen. Diese würde um den Faktor $1/\gamma$ kleiner sein.) Im Bezugssystem S zeigt das homogene elektrische Feld $\mathbf{E}$ in die positive y-Richtung; aus dem Gaußschen Gesetz folgt wie üblich für die elektrische Feldstärke

$$E_y = \sigma/\epsilon_0. \tag{6.49}$$

In S bewegen sich beide Schichten mit der Geschwindigkeit v_0 in die positive y-Richtung: Es handelt sich also um ein Paar von Stromschichten, deren Dichte $J_x' = \sigma v_0$ in der einen Schicht und $-\sigma v_0$ in der anderen ist. Wie bei der Anordnung in Bild 5.23 gilt auch hier für das Magnetfeld zwischen den beiden Stromschichten

$$B_z = \mu_0 J_x' = \mu_0 \sigma v_0. \tag{6.50}$$

Das Inertialsystem S' bewegt sich, von S aus gesehen, mit der Geschwindigkeit v in positive x-Richtung. *Welche Feldstärken mißt ein Beobachter in S'?* Um diese Frage zu beantworten, brauchen wir nur herauszufinden, wie die Quellen in S' aussehen.

In S' ist die Geschwindigkeit v_0' der ladungsbelegten Schichten in $\hat{x}'$-Richtung durch die Gleichung für die Geschwindigkeitsaddition gegeben:

$$v_0' = \frac{v_0 - v}{1 - v_0 v/c^2} = c\,\frac{\beta_0 - \beta}{1 - \beta_0\beta} \tag{6.51}$$

In diesem Bezugssystem haben wir es mit einer anderen Lorentz-Kontraktion der Ladungsdichte zu tun. Genau dies war auch bei dem Beispiel der bewegten Linienladung (Abschnitt 5.9) der Fall. Aus den dort verwendeten Argumenten schließen wir, daß die Dichte in dem Ruhesystem der Ladungen $\sigma(1 - v_0^2/c^2)^{1/2}$ oder σ/γ_0 ist und daher in S' den Wert

$$\sigma' = \sigma\,\frac{\gamma_0'}{\gamma_0} \tag{6.52}$$

hat; wiederum ist $\gamma_0' = (1 - v_0'^2/c^2)^{-1/2}$. Mittels Gl. (6.51) läßt sich γ_0' eliminieren, indem man es durch β_0 und β oder γ_0 und γ ausdrückt. Für σ' folgt dann

$$\sigma' = \sigma\gamma(1 - \beta_0\beta). \tag{6.53}$$

Die Flächenstromdichte J'' in S' ist (*Flächenladungsdichte*)·(*Ladungsgeschwindigkeit*):

$$J'' = \sigma' v_0' = \sigma\gamma(1 - \beta_0\beta)\,c\,\frac{\beta_0 - \beta}{1 - \beta_0\beta} = \sigma\gamma(v_0 - v). \tag{6.54}$$

Da wir nun wissen, wie die Quellen in dem Bezugssystem S' aussehen, kennen wir auch die Felder in diesem System. Dabei stützen wir uns wiederum auf die spezielle Relativitätstheorie. Die Gesetze der Physik müssen in allen Inertialsystemen gleich sein, und zu diesen Gesetzen zählen auch die Gleichungen, die das elektrische Feld mit der Flächenladungsdichte und das magnetische Feld mit der Flächenstromdichte verknüpfen. Die gesuchten Beziehungen lauten demnach (wegen $\epsilon_0\mu_0 = 1/c^2$):

$$E_y' = \frac{\sigma'}{\epsilon_0} = \gamma\left[\frac{\sigma}{\epsilon_0} - \frac{\sigma v_0 v}{\epsilon_0 c^2}\right] = \gamma\left[\frac{\sigma}{\epsilon_0} - \mu_0\sigma v_0 c\cdot\frac{v}{c}\right] \tag{6.55}$$

$$B_z' = \mu_0 J'' = \gamma[\mu_0\sigma v_0 - \mu_0\sigma v] = \gamma\left[\mu_0\sigma v_0 - \frac{\sigma}{\epsilon_0}\cdot\frac{1}{c}\cdot\frac{v}{c}\right] \tag{6.56}$$

Die Gln. (6.49) und (6.50) gaben die Werte für E_y und B_z an. Ein Vergleich zeigt, daß sich die Transformationsgleichungen auch folgendermaßen schreiben lassen:

$$E'_y = \gamma (E_y - \beta c B_z), \quad cB'_z = \gamma (cB_z - \beta E_y). \tag{6.57}$$

Bei Orientierung des Stromschichtenpaares parallel zu der x, y- statt zu der x, z-Ebene ergeben sich Beziehungen, die E'_z mit E_z und B_y sowie B'_y mit B_y und E_z verknüpfen. Natürlich haben sie die gleiche Form wie die obigen Gln. (6.57), allerdings mit verschiedenen Vorzeichen wegen der Vorschrift für die Richtung von **B**.

Nun muß noch die Transformation der in Bewegungsrichtung liegenden Feldkomponenten untersucht werden. In Abschnitt 5.5 hatten wir bereits festgestellt, daß die Beträge einer Longitudinalkomponente von **E** in beiden Bezugssystemen gleich sind. Daß dies auch für eine Longitudinalkomponente von **B** gilt, zeigt der folgende Beweis. Angenommen, die Longitudinalkomponente von **B**, das ist die B_x-Komponente in der Anordnung von Bild 6.25, wird in dem Bezugssystem S durch eine Spule um die x-Achse erzeugt. Bekanntlich hängt das Magnetfeld im Spuleninneren nur von dem in den Windungen fließenden Strom I, d.i. die pro Zeit transportierte Ladung, und von n, der Anzahl der Windungen pro Achsenlänge, ab. In dem Bezugssystem S' erfährt die Spule eine Lorentz-Kontraktion, weshalb die Anzahl der Windungen pro Länge in S' größer ist. Andererseits ist der von einem Beobachter in S' gemessene Strom kleiner. Von dessen Standpunkt aus verwendete nämlich der Beobachter in S bei seiner Strommessung durch Zählung jener Elektronen, die pro Zeit eine bestimmte Stelle des Drahtes passierten, eine langsamer gehende Uhr. Die Zeitdilatation hebt in dem Produkt nI genau die Längenverkürzung auf. Tatsächlich bleibt jede Größe mit der Dimension $[\text{Longitudinale Länge}]^{-1} \cdot [\text{Zeit}]^{-1}$ bei einer Lorentz-Transformation unverändert. Es ist also $B'_x = B_x$.

Kehren wir zu einer Feststellung zurück, die wir zu Anfang des Kapitels 5 im Anschluß an die Diskussion von Gl. (5.6) machten: Die Transformationseigenschaften des Feldes sind *lokale* Eigenschaften. Die Werte von **E** und **B** in einem Raum-Zeit-Punkt eines Bezugssystems müssen die Feldkomponenten in jedem anderen Bezugssystem im selben Raum-Zeit-Punkt eindeutig festlegen. Daher beeinträchtigt die Tatsache, daß wir bei der Ableitung der Gln. (6.57) besonders einfache Quellen betrachteten, keineswegs die Allgemeingültigkeit des Ergebnisses. Wir erhielten tatsächlich die allgemeinen Transformationsgesetze für alle Komponenten des elektrischen und magnetischen Feldes unabhängig von deren Ursprung und Konfiguration.

Wir geben nachstehend nochmals eine Zusammenstellung aller Transformationsgleichungen. Alle gestrichenen Größen werden in dem Bezugssystem S' gemessen, das sich, von S aus beobachtet, mit der Geschwindigkeit v in die positive x-Richtung bewegt. Ungestrichene Größen sind die Meßergebnisse in S. Wie üblich steht β für v/c und γ für $(1-\beta^2)^{-1/2}$.

$$\boxed{\begin{array}{lll} E'_x = E_x & E'_y = \gamma (E_y - \beta c B_z) & E'_z = \gamma (E_z + \beta c B_y) \\ cB'_x = cB_x & cB'_y = \gamma (cB_y + \beta E_z) & cB'_z = \gamma (cB_z - \beta E_y) \end{array}} \tag{6.58}$$

Die Gln. (6.58) konfrontieren uns mit einer erstaunlichen Tatsache, nämlich ihrer Symmetrie hinsichtlich **E** und c**B**. Hätte der Setzer versehentlich E mit cB und y mit z vertauscht, könnten wir dies gar nicht feststellen! Bisher sahen wir in dem Magnetismus einen Effekt „zweiter Ordnung", der sich als Folge von relativistischen Änderungen der elektrischen Felder bewegter Ladungen einstellt. Sicherlich unterscheiden sich die magnetischen Phänomene, wie wir sie in der Natur vorfinden, deutlich von den elektrischen Phänomenen. Die Welt um uns ist keineswegs hinsichtlich Elektrizität und Magnetismus symmetrisch. Trotzdem finden wir, wenn man die Quellen außer Betracht läßt, daß die Felder **E** und c**B** in hohem Grade symmetrisch miteinander verbunden sind (siehe dazu auch Abschnitt 9.1).

Es scheint auch, daß das elektrische und das magnetische Feld Erscheinungsformen oder Komponenten einer einzigen Größe sind. In diesem Sinn sprechen wir von dem *elektromagnetischen* Feld; E_x, E_y, E_z, cB_x, cB_y und cB_z können wir uns als dessen sechs Komponenten vorstellen. *Dasselbe* Feld wird, von verschiedenen Inertialsystemen aus betrachtet, durch unterschiedliche Wertemengen der Komponenten repräsentiert – etwa so, wie ein Vektor durch unterschiedliche Komponenten in gegeneinander rotierenden Koordinatensystemen dargestellt wird. Jedoch ist das elektromagnetische Feld mathematisch gesehen kein Vektor sondern eine als *Tensor* bezeichnete Größe. Die Gesamtheit der Gln. (6.58) stellten die Vorschrift für die Transformation der Komponenten eines solchen Tensors beim Übergang von einem Inertialsystem zu einem anderen dar. Wir wollen den mathematischen Formalismus hier aber nicht ausbauen, sondern nach wie vor von dem elektrischen Feld als Vektorfeld und von dem Magnetfeld als einem anderen Vektorfeld sprechen; wie das Magnetfeld an das elektrische Feld gekoppelt ist, wird in Kapitel 7 untersucht. Diese kurzen Hinweise auf die Einheit, die das elektromagnetische Feld in einem vierdimensionalen Raum-Zeit-Kontinuum darstellt, lassen sich aber erst in einer Vorlesung für Fortgeschrittene weiter verfolgen.

Wir können die Transformationsgleichungen (6.58) für die Felder auf elegantere und oft nützliche Weise ausdrücken. Die Geschwindigkeit eines Bezugssystems S sei $c\boldsymbol{\beta}$. Wir können die Felder in S und S' in Vektoren parallel und senkrecht zur Richtung von $\boldsymbol{\beta}$ zerlegen. Dann ist mit einleuchtender Indizierung:

$$\begin{aligned} \mathbf{E} &= \mathbf{E}_\parallel + \mathbf{E}_\perp, \quad & \mathbf{E}' &= \mathbf{E}'_\parallel + \mathbf{E}'_\perp, \\ \mathbf{B} &= \mathbf{B}_\parallel + \mathbf{B}_\perp, \quad & \mathbf{B}' &= \mathbf{B}'_\parallel + \mathbf{B}'_\perp. \end{aligned} \tag{6.59}$$

Damit können die Transformationsgleichungen geschrieben werden:

$$\begin{aligned} \mathbf{E}'_{\parallel} &= \mathbf{E}_{\parallel}, & \mathbf{E}'_{\perp} &= \gamma(\mathbf{E}_{\perp} + c\boldsymbol{\beta} \times \mathbf{B}_{\perp}), \\ c\mathbf{B}'_{\parallel} &= c\mathbf{B}_{\parallel}, & c\mathbf{B}'_{\perp} &= \gamma(c\mathbf{B}_{\perp} - \boldsymbol{\beta} \times \mathbf{E}_{\perp}). \end{aligned} \tag{6.60}$$

Im Spezialfall, der uns zu Gl. (6.58) führt, ist $\boldsymbol{\beta} = (\beta, 0, 0)$, $\mathbf{E}_{\perp} = (0, \sigma/\epsilon_0, 0)$ und $\mathbf{B}_{\perp} = (0, 0, \mu_0\, \sigma v_0)$.

Es gibt eine bemerkenswert einfache Beziehung zwischen elektrischen und magnetischen Feldvektoren in einer speziellen aber wichtigen Klasse von Fällen. Angenommen, es existiert ein (ungestrichenes) Bezugssystem, in dem **B** in einem bestimmten Gebiet Null ist. Dann gilt in *jedem* anderen System S', das sich mit der Geschwindigkeit $c\boldsymbol{\beta}$ relativ zu S bewegt, nach Gl. (6.60):

$$\begin{aligned} \mathbf{E}'_{\parallel} &= \mathbf{E}_{\parallel}, & \mathbf{E}'_{\perp} &= \gamma \mathbf{E}_{\perp}, \\ \mathbf{B}'_{\parallel} &= 0, & c\mathbf{B}'_{\perp} &= -\gamma\, \boldsymbol{\beta} \times \mathbf{E}_{\perp}. \end{aligned} \tag{6.61}$$

Nach Definition ist $\mathbf{E}_{\parallel}$ parallel zu $\boldsymbol{\beta}$ und damit $\boldsymbol{\beta} \times \mathbf{E}_{\parallel} = 0$. Daher vereinfacht sich die Beziehung zwischen $\mathbf{E}'$ und $\mathbf{B}'$ zu

$$c\mathbf{B}' = -\boldsymbol{\beta} \times \mathbf{E}'. \tag{6.62}$$

Das gilt in jedem Bezugssystem, wenn in einem einzigen Bezugssystem $\mathbf{B} = 0$ ist. Dabei ist $c\boldsymbol{\beta}$ die Geschwindigkeit des fraglichen Systems in bezug auf das spezielle Bezugssystem, in dem $\mathbf{B} = 0$ ist.

Auf die gleiche Weise können wir aus Gl. (6.60) für ein Bezugssystem S, in dem $E = 0$ ist, herleiten, daß in einem anderen System S', das sich mit der Geschwindigkeit $c\boldsymbol{\beta}$ gegenüber dem speziellen System S bewegt, gilt

$$\mathbf{E}' = c\boldsymbol{\beta} \times \mathbf{B}'. \tag{6.63}$$

Da in den Gln. (6.62) und (6.63) nur Größen stehen, die in demselben Bezugssystem gemessen werden, lassen sie sich, vorausgesetzt, daß die Einschränkung gilt, sehr einfach auf räumlich veränderliche Felder anwenden.

Ein gutes Beispiel dafür liefert das Feld einer Punktladung Q, die sich mit konstanter Geschwindigkeit bewegt; wir behandelten dieses Problem bereits in Kapitel 5. In dem ungestrichenen Bezugssystem soll die Ladung ruhen. Dann gibt es natürlich in diesem Bezugssystem kein Magnetfeld. Aus Gl. (6.61) wissen wir, daß in dem Laborsystem, in dem wir eine Bewegung der Ladung mit der Geschwindigkeit v feststellen, ein Magnetfeld senkrecht zu dem elektrischen Feld und zur Bewegungsrichtung vorhanden sein muß. Die genaue Form des elektrischen Feldes in diesem Bezugssystem haben wir bereits abgeleitet: Es ist ein Radialfeld, das von der augenblicklichen Ladungsposition ausgeht; den Betrag der Feldstärke gibt Gl. (5.12) an. Die magnetischen Feldlinien müssen Kreise um die Bewegungsrichtung sein, wie in Bild 6.26 grob angedeutet. Ist die Geschwindigkeit der Ladung groß, so daß $\gamma \gg 1$, werden die wie radiale „Speichen" aussehenden elektrischen Feldlinien in einer dünnen Scheibe zusammengedrängt. Ebenso konzentrieren sich auch die kreisförmigen magnetischen Feldlinien um diese Scheibe. Der Betrag von $c\mathbf{B}$ ist dann nahezu gleich dem Betrag von **E**.

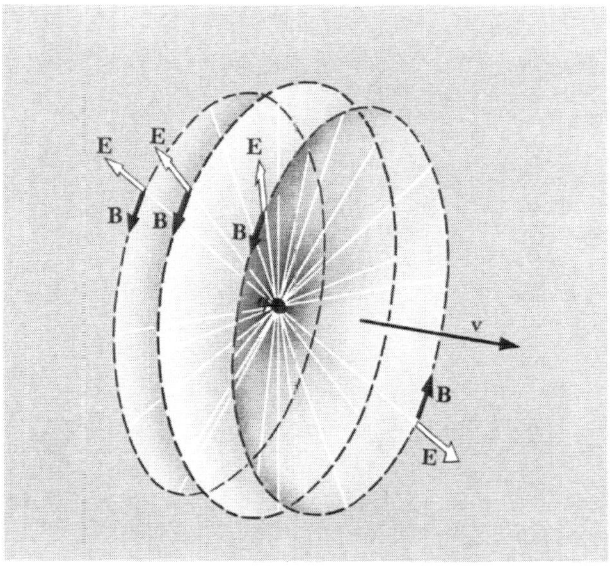

Bild 6.26 Elektrisches und magnetisches Feld einer gleichförmig bewegten Ladung zu einem bestimmten Zeitpunkt.

In den letzten beiden Kapiteln gingen wir weit über das Coulombsche Gesetz hinaus. Bei jedem Schritt folgten wir aber nur konsequent den Forderungen der speziellen Relativitätstheorie und der Ladungsinvarianz. Nun beginnen wir einzusehen, daß die Existenz des Magnetfeldes und seine merkwürdige symmetrische Beziehung zu dem elektrischen Feld eine notwendige Folge dieser allgemeinen Prinzipien ist. Noch einmal weisen wir aber darauf hin, daß der historische Ablauf, der zu der Entdeckung und Erklärung der Gesetze des Elektromagnetismus führte, ganz anders erfolgte. Ein in Gl. (6.58) enthaltener Aspekt der Kopplung zwischen dem elektrischen und dem magnetischen Feld wurde durch *Faradays* Experimente mit veränderlichen elektrischen Strömen aufgezeigt. Dies geschah, 75 Jahre bevor Einstein in seiner epochalen Arbeit von 1905 erstmals unsere Gl. (6.58) niederschrieb. Diese Experimente werden wir in Kapitel 7 beschreiben.

6.8 Der Versuch von Rowland

Wie bereits in Abschnitt 5.9 bemerkt, war es vor etwa hundert Jahren noch keineswegs klar, daß ein in einem Draht fließender Strom und ein bewegtes elektrisch geladenes Objekt gleichermaßen als Quellen des magnetischen Feldes dienen. Die einheitliche Betrachtungsweise von Elektrizität und Magnetismus, die dann aus *Maxwells* Arbeit hervorging, legte die Folgerung nahe, daß jede bewegte Ladung ein

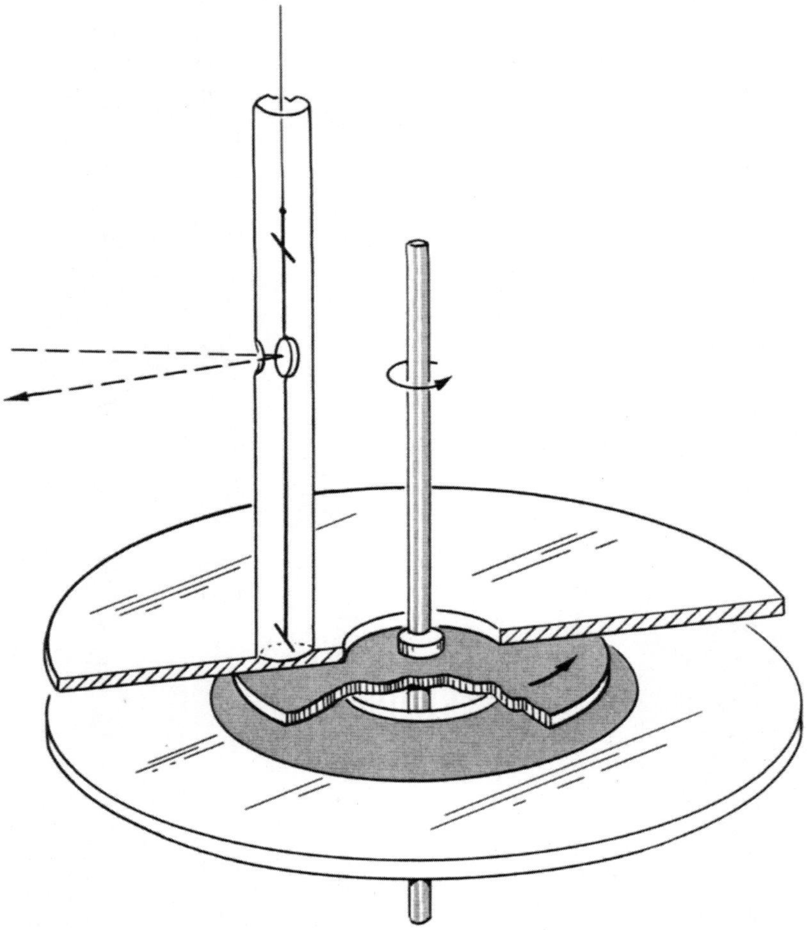

Bild 6.27
Der Versuch von *Rowland*. Anfang der Originalveröffentlichung und Darstellung der wichtigsten Teile der verwendeten Apparatur. (In dem links stehenden Rohr sind zwei kurze Magnetnadeln horizontal aufgehängt.)

Magnetfeld erzeugen müßte. Die experimentelle Bestätigung ließ sich aber nur sehr schwer durchführen.

Henry Rowland – ein großer amerikanischer Physiker, bekannt durch die von ihm erreichte Vervollkommnung des Beugungsgitters – bewies als erster, daß die Bewegung einer elektrostatisch geladenen Platte ein Magnetfeld erzeugt. *Rowland* führte viele geschickt ausgedachte elektrische Präzisionsmessungen durch. Seine Meisterleistung vollbrachte er jedoch mit dem Nachweis und der Messung des Magnetfeldes einer .rotierenden geladenen Scheibe. Die Stärke des Feldes, das dabei nachgewiesen werden mußte, betrug etwa 10^{-5} der Stärke des Erdfeldes – ein glänzender experimenteller Erfolg, selbst mit heutigen Meßgeräten! Bild 6.27 zeigt eine Skizze der von *Rowland* verwendeten Apparatur und eine Reproduktion der ersten Seite der Veröffentlichung, in der er seinen Versuch beschrieb. Zehn Jahre bevor *Hertz* die elektromagnetischen Wellen entdeckte, unterstützte das Ergebnis *Rowlands* unabhängig, wenn auch weniger dramatisch, die Maxwellsche Theorie des elektromagnetischen Feldes.

6.9 Elektrische Leitung in einem magnetischen Feld: Hall-Effekt

Fließt in einem Leiter in Gegenwart eines Magnetfeldes ein Strom, so wirkt die Kraft $Q\mathbf{v} \times \mathbf{B}$ direkt auf die bewegten Ladungsträger. Trotzdem beobachten wir eine Kraft auf den ganzen Leiter. Wie kommt es dazu? Bild 6.28a zeigt einen Ausschnitt aus einer Metallschiene, in der ein stationärer Strom fließt. Unter dem Einfluß eines Feldes $\mathbf{E}$ bewegen sich die Elektronen mit der mittleren Driftgeschwindigkeit $\bar{v}$ nach links (vgl. hierzu auch Kapitel 4). Die Leitungselektronen sind – schematisch – durch die weißen Punkte gekennzeichnet. Die schwarzen Punkte sind die positiven Ionen, die das starre Gitter der Metallschiene bilden. Da die Elektronen negativ sind, erhalten wir einen Strom in y-Richtung. Der Zusammenhang zwischen der Stromdichte $\mathbf{J}$ und dem Feld $\mathbf{E}$ ist wie üblich durch die Leitfähigkeit σ des Metalls gegeben: $\mathbf{J} = \sigma\mathbf{E}$. In Bild 6.28a gibt es kein Magnetfeld, abgesehen von dem des Stroms selbst, das wir aber vernachlässigen. Nun wird ein äußeres

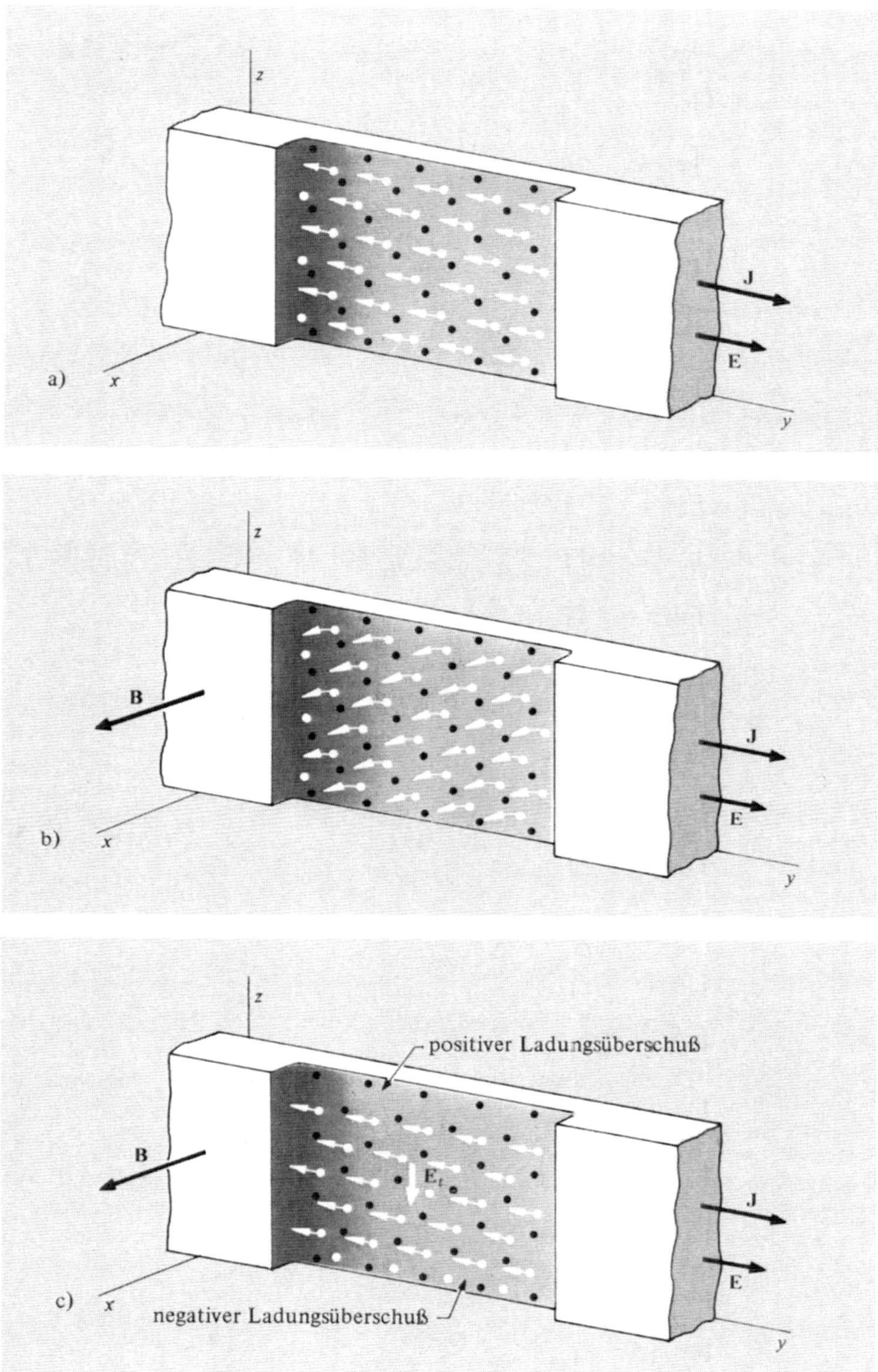

Bild 6.28

a) Ein Strom fließt in einer Metallschiene, von der nur ein kurzer Ausschnitt dargestellt ist. Die Leitungselektronen (nicht in wahrer Größe und Anzahl!) sind durch weiße Punkte gekennzeichnet, die positiven Ionen des Kristallgitters durch schwarze Punkte. Die Pfeile geben die mittlere Geschwindigkeit $\bar{v}$ der Elektronen an.

b) Ein Magnetfeld in $\hat{x}$-Richtung kommt hinzu und bewirkt (zunächst) eine nach unten gerichtete Ablenkung der bewegten Elektronen.

c) Die veränderte Ladungsverteilung ergibt ein elektrisches Querfeld E_t. In diesem Feld erfahren die positiven Ionen eine nach unten gerichtete Kraft.

Feld **B** in x-Richtung eingeschaltet. Den Bewegungszustand, der sich unmittelbar danach einstellt, zeigt Bild 6.28b. Die Elektronen werden nach unten abgelenkt. Da sie aber aus der Grundfläche der Schiene nicht austreten können, häufen sie sich dort an. Dies geschieht solange, bis der Überschuß an negativer Ladung im unteren Teil der Schiene und der entsprechende positive Ladungsüberschuß im oberen Teil ein elektrisches Feld $\mathbf{E}_t$ erzeugen, dessen nach oben gerichtete Kraftwirkung eE_t genau die nach unten gerichtete Kraft $e\bar{v}B$ aufhebt. Im stationären Zustand (der sehr schnell erreicht wird!) ist die mittlere Bewegung wieder horizontal. Im Metallinneren existiert, bezogen auf ein mit dem Kristallgitter fest verbundenes Koordinatensystem, das transversale elektrische Feld $\mathbf{E}_t$ (Bild 6.28c). Dieses Feld verursacht eine nach unten gerichtete, an den positiven Ionen angreifende Kraft. Auf diese Weise wird die auf die Elektronen ausgeübte Kraft $-e\bar{\mathbf{v}} \times \mathbf{B}$ an die feste Metallschiene übertragen. Die Schiene drückt natürlich gegen ihre Unterstützung.

Die Bedingung dafür, daß die Querkraft im Mittel auf die bewegte Ladung Null ist, lautet

$$\mathbf{E}_t + \bar{\mathbf{v}} \times \mathbf{B} = 0. \tag{6.64}$$

Wenn n die Ladungsträgerkonzentration (Anzahl pro Volumen) ist und jeder Ladungsträger die Ladung Q trägt, ist die Stromdichte $\mathbf{J} = nQ\bar{\mathbf{v}}$. Wir ersetzen in Gl. (6.63) $c\beta = \bar{\mathbf{v}}$ durch $\mathbf{J}/(nQ)$, so daß wir eine Beziehung zwischen dem transversalen Feld $\mathbf{E}_t$ und direkt meßbaren Größen **J** und **B** erhalten:

$$\mathbf{E}_t = -\mathbf{J} \times \mathbf{B}/(nQ). \tag{6.65}$$

Für Elektronen ist $Q = -e$, so daß E_t in diesem Fall die Richtung von $\mathbf{J} \times \mathbf{B}$ hat (siehe Bild 6.28c).

Die Existenz des Transversalfeldes $\mathbf{E}_t$ läßt sich leicht nachweisen (Bild 6.29). Die auf gegenüberliegenden Schienenflächen liegenden Punkte P_1 und P_2 werden über Drähte an ein Voltmeter angeschlossen; dabei wird für die Anschlußstellen sehr sorgfältig eine Lage mit gleichem Potential ausgewählt, solange in der Schiene ein Strom fließt, aber das Feld **B** noch gleich Null ist. Sobald das Magnetfeld eingeschaltet ist, liegen P_1 und P_2 nicht mehr auf gleichem Potential. Die Potentialdifferenz ist E_t mal der Breite der Schiene und im dargestellten Fall ist P_1 bezüglich P_2 positiv. Durch den äußeren Stromkreis wird ein konstanter Strom, dessen Größe durch den Widerstand des Voltmeters bestimmt ist, von P_1 nach P_2 fließen. Es ist zu bemerken, daß die Potentialdifferenz das Vorzeichen wechselt, wenn die Stromdichte **J** anstatt aus nach links laufenden Elektronen aus positiven Ladungsträgern, die sich nach rechts bewegen, besteht. Hier begegnet uns zum ersten Mal die Möglichkeit, das *Vorzeichen* der Ladungsträger in einem Leiter festzustellen.

Diesen Effekt entdeckte 1879 *E. H. Hall*, der bei *Rowland* an der John Hopkins Universität studierte. Damals verstand noch niemand den Mechanismus der metallischen Leitung,

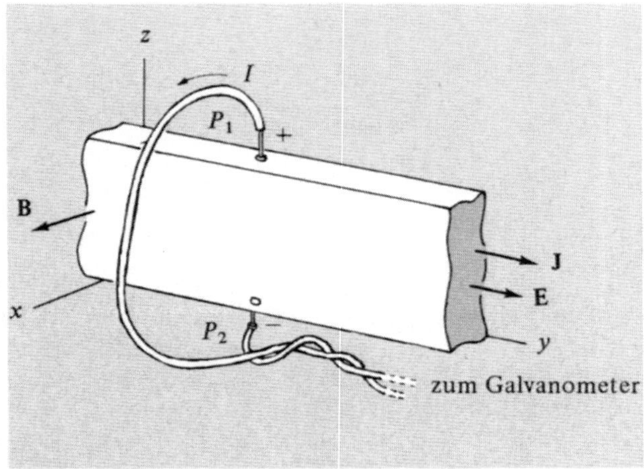

Bild 6.29 Der Hall-Effekt. Wenn ein Magnetfeld senkrecht zu einem stromführenden Leiter gerichtet ist, beobachtet man eine Potentialdifferenz zwischen Punkten auf gegenüberliegenden Leiterflächen; die Punkte liegen bei Abwesenheit des Magnetfeldes auf gleichem Potential. Diese Tatsache steht in Übereinstimmung mit der Existenz des Feldes E_t im Leiterinneren. Durch Messung der Hall-Spannung läßt sich die Dichte der Ladungsträger und ihr Vorzeichen bestimmen.

das Elektron selbst war noch unbekannt. Es war schwierig, die Ergebnisse sinnvoll zu erklären. Im allgemeinen stimmt das Vorzeichen der „Hall-Spannung" mit der Leitung durch negative Ladungsträger überein. Es gab aber Ausnahmen. Ein vollständiges Verständnis des *Hall-Effektes* in metallischen Leitern lieferte erst 50 Jahre nach *Halls* Entdeckung die Quantentheorie der Metalle.

Der *Hall-Effekt* hat sich bei der Erforschung der Halbleiter als besonders nützlich erwiesen. Er ermöglicht es, direkt die Konzentration und das Vorzeichen der Ladungsträger festzustellen. Die in Kapitel 4 beschriebenen n-leitenden und p-leitenden Halbleiter unterscheiden sich, wie erwartet, im Vorzeichen der Hall-Spannung. Da die Hall-Spannung proportional zu B ist, kann eine Anordnung wie in Bild 6.29, wenn sie kalibriert ist, als einfaches und kompaktes Bauelement zur Messung unbekannter Magnetfelder dienen. Ein Beispiel ist in Übung 35 in Abschnitt 6.10 beschrieben.

6.10 Übungen

1. In dem Kreis von Bild 5.1b fließt ein Strom von 30 A, die parallelen Drähte haben den Abstand 5 cm. Wie groß ist die Kraft pro Länge, die horizontal auf einen der Drähte wirkt?
2. Durch einen Aluminiumstab (Durchmesser 5 cm) fließt ein Strom von 8000 A. Die Stromdichte sei über den Querschnitt konstant. Wie groß ist das Magnetfeld B im Abstand 1 cm, 2 cm und 3 cm von der Stabachse?
3. Betrachten Sie das Magnetfeld einer kreisförmigen Stromschleife; es ist für Punkte, die auf der Achse der Schleife liegen, durch Gl. (6.41) gegeben. Berechnen Sie explizit das

Linienintegral des Feldes längs der Achse von $-\infty$ bis $+\infty$, um damit die Gleichung $\int \mathbf{B} \cdot d\mathbf{s} = \mu_0 I$ zu überprüfen. Warum kann man den zweiten Teil des Weges von $+\infty$ bis $-\infty$, der für einen kompletten Umlauf erforderlich wäre, außer acht lassen?

4. Ein langer Draht wird haarnadelförmig gebogen (Bild 6.30). Wie lautet der exakte Ausdruck für das Magnetfeld im Punkt P, der im Mittelpunkt des Halbkreises liegt?

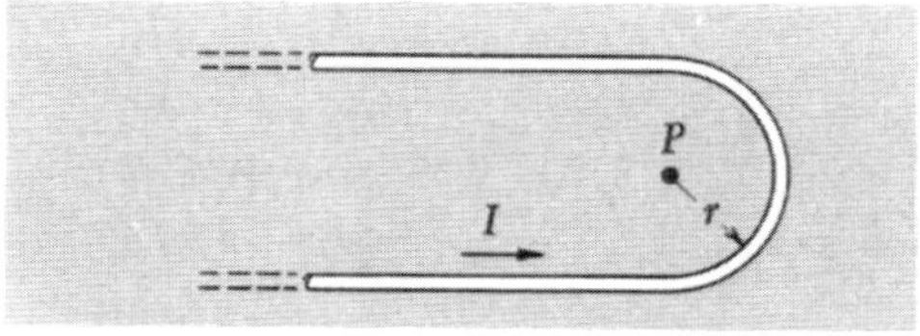

Bild 6.30

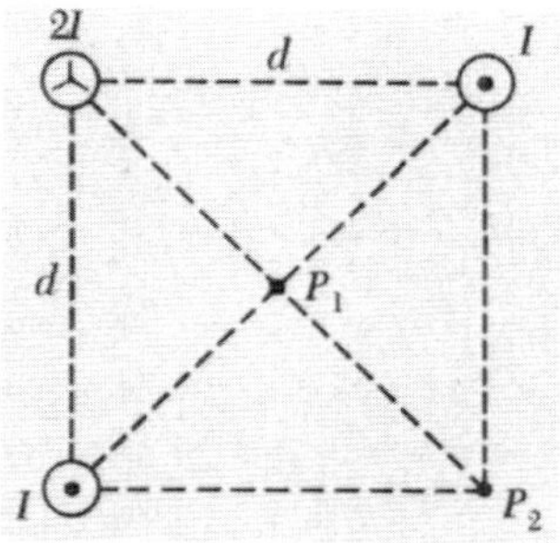

Bild 6.31

5. Drei lange gerade, parallele Drähte sind wie in Bild 6.31 angeordnet. Ein Draht führt einen Strom vom $2I$ in die Zeichenebene hinein, jeder der beiden anderen einen Strom I in entgegengesetzte Richtung. Wie groß ist das Magnetfeld B im Punkt P_1 und im Punkt P_2?

6. In Bild 6.4b soll der Strom $I_2 = -I_1$ sein, so daß das Leiterstück CD (Länge 15 cm) durch GH abgestoßen wird. Die Aufhängung (AB und EF) soll vertikal über GH liegen. Das Stück BC ist 30 cm lang. Der Leiter ist wie in a) ein Kupferdraht (Durchmesser 1 mm), der eine Masse/Länge von 7,0 g/m hat. Im Gleichgewicht ist die Ablenkung der Leiterschaukel von der Vertikalen so, daß r = 1,5 cm ist. Wie groß ist der Strom? Ist das Gleichgewicht stabil?

7. Die Ausdehnung des metallischen Kerns der Erde beträgt 3000 km; das ist ungefähr der halbe Erdradius. Stellen Sie sich vor, das Magnetfeld, das wir an der Erdoberfläche beobachten und das am magnetischen Nordpol eine Stärke von etwa $0{,}5 \cdot 10^{-4}$ T hat, würde durch einen Strom verursacht, der rund um den „Äquator" dieses Kerns fließt. Wie groß wäre dieser Strom?
Lösung: $3 \cdot 10^9$ A

8. Ein Strom I in einem Draht fließt die y-Achse abwärts bis zum Ursprung und dann auf der x-Achse auswärts ins Unendliche. Zeigen Sie, daß im Quadranten $x > 0$, $y > 0$ der x, y-Ebene das magnetische Feld gegeben ist durch

$$B_z = \frac{\mu_0 I}{4\pi}\left(\frac{1}{x} + \frac{1}{y} + \frac{x}{y\sqrt{x^2+y^2}} + \frac{y}{x\sqrt{x^2+y^2}}\right).$$

9. Zu dem Experiment, in dem *H. C. Oersted* den Einfluß eines elektrischen Stroms auf eine benachbarte Magnetnadel entdeckte, schrieb er: „Wenn der Abstand des Verbindungsdrahtes von der Nadel ein 3/4 Inch nicht überschreitet, ist der Deklinationswinkel etwa 45°. Wenn der Abstand vergrößert wird, verkleinert sich der Winkel proportional. Die Deklination verändert sich ebenso mit der Stärke der Batterie." Wie groß war etwa der Strom in *Oersteds* „Verbindungsdraht"? Nehmen Sie an, daß die Horizontalkomponente des Erdfeldes 1820 in Kopenhagen so groß war, wie sie heute ist ($0{,}2 \cdot 10^{-4}$ T).

10. Eine 50-kV-Gleichstromleitung besteht aus Leitern, die 2 m voneinander entfernt sind. Wie groß ist das Magnetfeld mitten zwischen den Leitern, wenn die Leitung 10 MW überträgt?

11. Auf einen zylindrischen Körper (Durchmesser 8 cm) wird Kupferdraht in zwei Lagen aufgewickelt. Die derart hergestellte Spule soll in jeder Lage vier Windungen pro cm und eine Länge von 32 cm haben. Der verwendete Draht hat einen Durchmesser von 0,163 cm und einen Widerstand/Länge von 0,010 Ω/m bei 75 °C. (Wir erwarten, daß die Spule heiß wird!) Wie groß ist das magnetische Feld in der Spulenmitte, und wie groß ist die Leistungsaufnahme bei Anschluß der Spule an einen 50-V-Generator?

12. Durch den Drahtrahmen im Bild 6.32 fließt der Strom I.
    a) Wie ist das Magnetfeld in der Mitte des Würfels, im Punkt P, gerichtet?
    b) Zeigen Sie durch Überlagerung, daß das Feld in P unverändert bleibt, wenn man den Rahmen durch eine einfache rechteckige Schlaufe, die rechts im Bild zu sehen ist, ersetzt.

13. Wenn man ein äußerst homogenes Magnetfeld benötigt, kann man im inneren Mittelabschnitt einer sehr langen Spule arbeiten. Dies ist aber oft umständlich und, was den Raum- und Leistungsbedarf betrifft, aufwendig. Denken Sie über Möglichkeiten nach, wie man zwei kurze Spulen kombinieren kann, um innerhalb eines begrenzten Bereichs zu einer guten Feldhomogenität zu gelangen.
Hinweis: Betrachten Sie zwei koaxiale Stromringe (Radius a), deren axialer Abstand b ist. Untersuchen Sie die Homogenität des Feldes in der Nähe des Mittelpunktes auf der Achse. Bestimmen Sie b als Funktion des Spulenradius a so, daß das Feld in diesem Bereich so homogen wie möglich ist.

14. Eine Spule mit insgesamt N Windungen wird gleichmäßig auf einen Torus mit rechteckigem Querschnitt aufgewickelt. Bild 6.33 zeigt einige Windungen. Eine große Windungsanzahl berechtigt zu folgender Annahme über den Strom auf der Torusoberfläche. Er fließt auf den beiden ringförmigen Stirnflächen genau radial, auf der inneren und äußeren zylindrischen Mantelfläche genau achsenparallel. Überzeugen Sie sich zuerst, daß unter dieser Annahme das Magnetfeld aus Symmetriegründen überall tangential gerichtet sein muß, d.h., daß alle Feldlinien Kreise um die Torusachse sind. Beweisen Sie dann, daß der gesamte Außenraum, einschließlich des inneren Zentralloches, feldfrei ist. Bestimmen Sie schließlich für das Torusinnere den Betrag des Magnetfeldes als Funktion des Radius.

15. Für ein empfindliches magnetisches Experiment möchte ein Physiker das Erdfeld im Inneren eines würfelförmigen Volumens (Kantenlänge 30 cm) ausschalten; in keinem Punkt des angegebenen Volumens soll das Restfeld größer als 10^{-6} T sein. An dieser Stelle beträgt die Stärke des Erdfeldes $5{,}5 \cdot 10^{-5}$ T, und es schließt dort einen Winkel von 30° mit der Vertikalen ein. Im Inneren des würfelförmigen Volumens kann es, von Änderungen um etwa 10^{-7} T abgesehen, als konstant an-

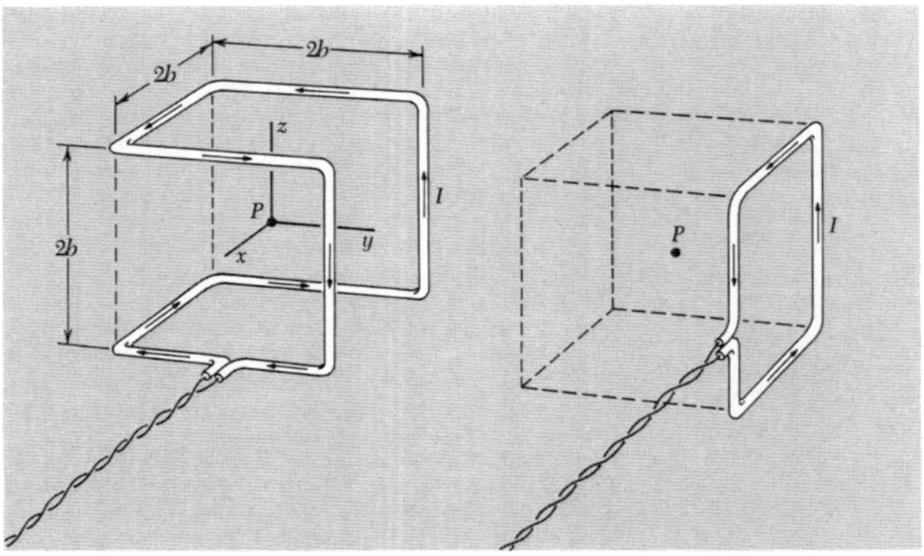

Bild 6.32

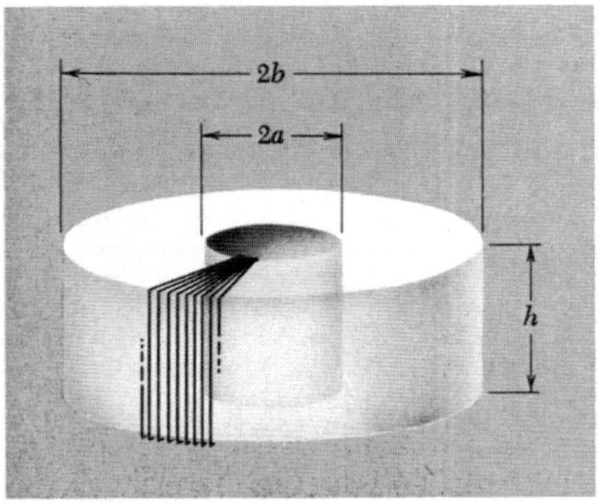

Bild 6.33

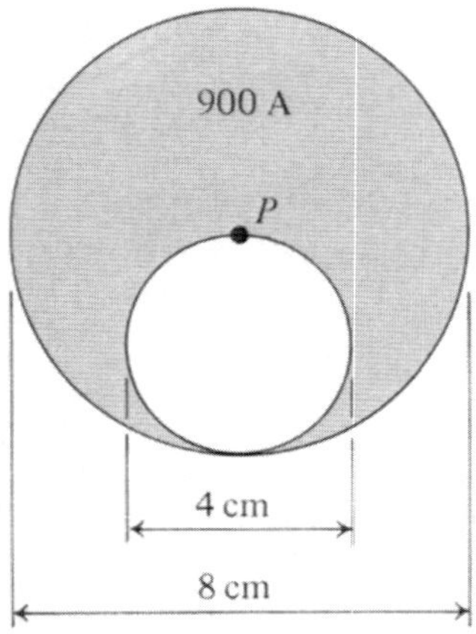

Bild 6.34

genommen werden. (Das Erdfeld selbst würde kaum längs 30 cm um diesen Betrag schwanken, in einem Labor treten aber oft örtliche Störungen auf.) Schlagen Sie eine Spulenanordnung vor, mit der Sie die aufgestellte Forderung erfüllen können, und schätzen Sie die für Ihr Kompensationssystem benötigte Anzahl von Amperewindungen ab.

16. Eine lange Kupferstange (Durchmesser 8 cm) hat außerhalb der Achse über die gesamte Länge eine zylindrische Bohrung (Bild 6.34). Ein Strom von 900 A fließt in Längsrichtung in die Zeichenebene hinein. Bestimmen Sie Betrag und Richtung des Magnetfeldes B im Punkt P, der auf der Achse des äußeren Zylinders liegt.

17. *Superposition.* Zu einer Anzahl einfacher Feststellungen über die Felder von Spulen gelangt man mit Hilfe der Superposition. Dabei geht man von der Überlegung aus, daß zwei Spulen der Länge l mit gleichen Durchmessern, an je einem ihrer Enden miteinander verbunden, eine Spule der Länge $2\,l$ ergeben. Die Verbindung zweier halb-unendlicher Spulen führen zu einer unendlich langen Spule usw. (Eine halb-unendliche Spule ist so beschaffen, daß das eine Ende im Endlichen liegt, das andere hingegen unendlich weit entfernt ist). Es folgen einige Tatsachen, die Sie der Reihe nach beweisen können:

a) Bild 6.35a zeigt eine Spule begrenzter Länge. Das Magnetfeld im Punkt P_2, der auf der Achse am Spulenende liegt, ist etwa halb so groß wie das Magnetfeld im Achsenmittelpunkt P_1. (Ist die Stärke des Feldes in P_2 etwas größer oder etwas kleiner als die halbe Stärke des Feldes in P_1?)
b) Bei der halb-unendlichen Spule (Bild 6.35b) verläuft die Feldlinie *FGH*, die genau durch das Spulenende geht, von *G* aus gerade ins Unendliche.
c) Der Fluß von **B** durch die Endfläche der halb-unendlichen Spule ist genau halb so groß wie der Fluß durch eine Windung, die sehr weit von dem Spulenende entfernt liegt.
d) Irgendeine Feldlinie, die weit im Inneren der Spule den Abstand r_0 von der Spulenachse hat, tritt aus dem Spulenende mit einem Achsenabstand aus, der genau $\sqrt{2}r_0$ beträgt.

Beweisen Sie, daß diese Behauptungen richtig sind. Was finden Sie noch mit Hilfe der Superposition heraus?

18. Zwei lange koaxiale Aluminiumzylinder sind mit einer Potentialdifferenz von 15 kV aufgeladen. Der äußere Zylinder ruht, der innere rotiert um seine Achse konstant mit 30 Umdrehungen/s. Beschreiben Sie das dabei entstehende Magnetfeld und bestimmen Sie seine Größe. Was geschieht, wenn beide Zylinder gleichsinnig mit 30 Umdrehungen/s rotieren?

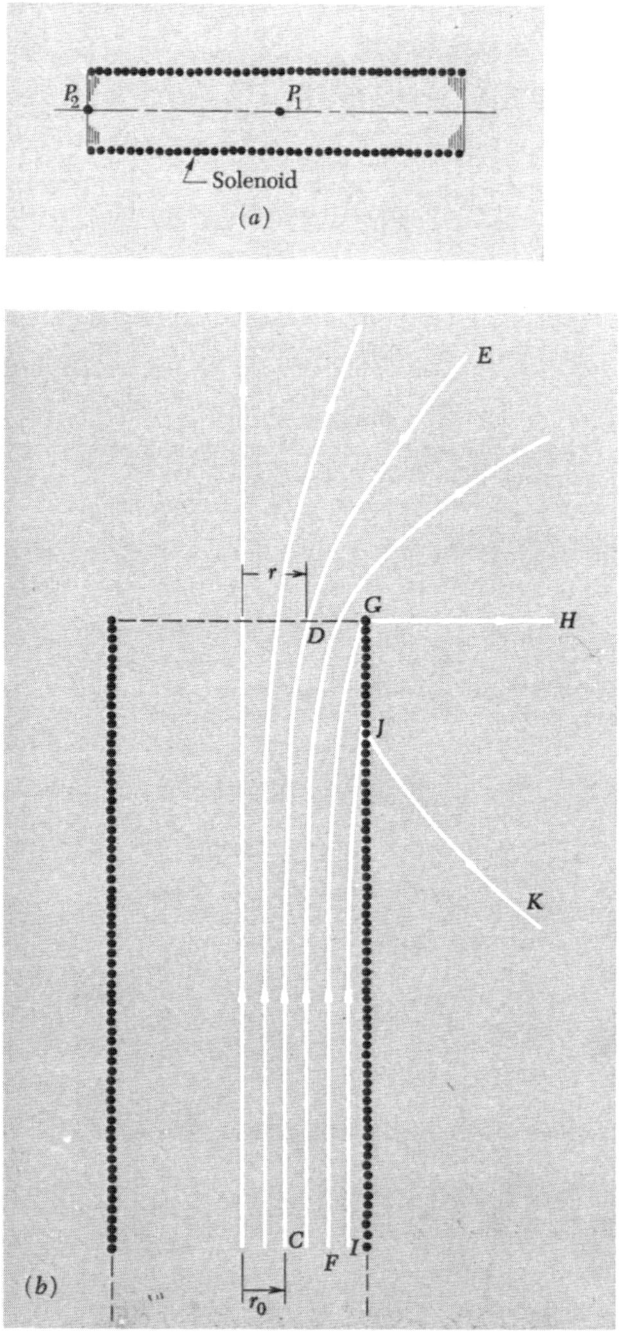

Bild 6.35

19. *Paradoxon*? Ein Student meinte: „Sie überzeugten mich beinahe, daß die Kraft zwischen Strömen, die ich bisher als Magnetismus ansah, durch elektrische Felder bewegter Ladungen erklärt wird. Wenn dem so ist, warum schirmt dann aber die Metallplatte in Bild 5.1c nicht den einen Draht von dem Einfluß des anderen ab"? Können Sie dem Studenten die richtige Antwort geben?

20. *Feld um eine Stromschicht.* Angenommen, es gibt eine Situation, bei der die zu der Ebene einer Schicht parallele Komponente des Magnetfeldes den gleichen Betrag zu beiden Seiten der Schicht besitzt, wobei aber bei dem Durchgang durch die Schicht eine Richtungsänderung um 90° erfolgt. Was geht hier vor? Greift an der Schicht eine Kraft an? Läßt sich unsere Gleichung für die Kraft auf eine Stromschicht auf derartige Fälle anwenden?

21. Da parallele Stromwege einander anziehen, könnte man annehmen, daß ein Strom, der in einem Stab (z. B. in dem Innenleiter von Übung 2) fließt, sich nahe der Stabachse konzentriert. Dies würde bedeuten, daß die Leitungselektronen nicht gleichmäßig über das Metallinnere verteilt bleiben, sondern sich in Achsennähe ansammeln würden und daß dort der größte Teil des Stroms zu finden wäre. Was steht dem Ihrer Meinung nach entgegen? Könnte dieser Effekt überhaupt in einem gewissen Ausmaß auftreten und wenn ja, durch welches Experiment ließe er sich nachweisen?

22. *Drehmoment auf eine Stromschleife.* Der Hauptzweck dieser Übung besteht in der Bestimmung des Drehmoments, das an einer Stromschleife in einem konstanten Magnetfeld angreift. **B** weist in irgendeine Richtung. Wir orientieren das Koordinatensystem so, daß **B** senkrecht zur x-Achse gerichtet ist und die Stromschleife in der x,y-Ebene liegt (Bild 6.36). Form und Gestalt der Stromschleife wurden willkürlich gewählt; die Stromzuführungen sind verdrillt, weshalb die an ihnen angreifende Gesamtkraft gleich Null sein muß. Betrachten Sie ein kleines Element der Schleife und bestimmen Sie seinen Beitrag zum Drehmoment um die x-Achse. Dabei tritt nur die z-Komponente der Kraft auf und daher auch nur die y-Komponente des Feldes **B** (in Bild 6.36 als $\hat{\mathbf{y}} B_y$ angegeben). Stellen Sie das Integral für das gesamte Drehmoment auf und zeigen Sie, daß dieses Integral bis auf konstante Faktoren die *Fläche*

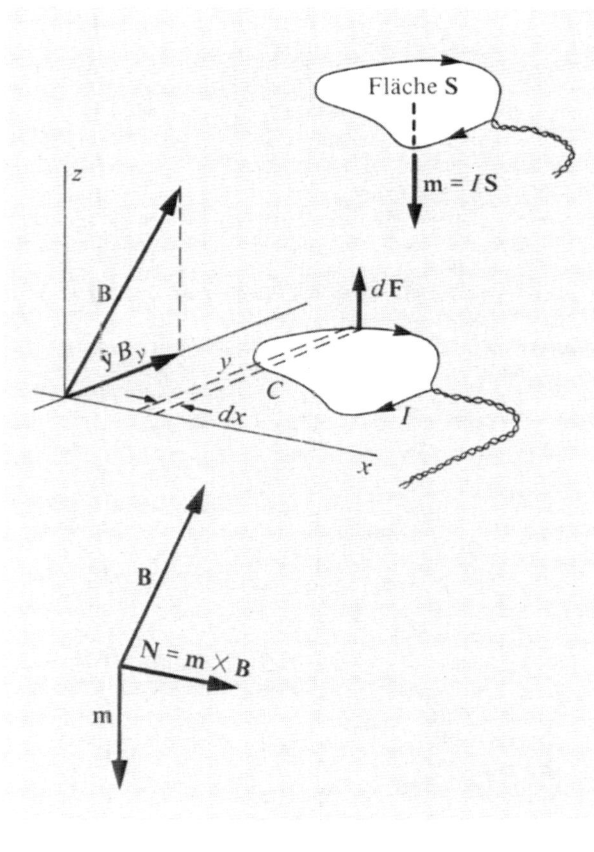

Bild 6.36

der Schleife ergibt. Das *magnetische Moment* einer Stromschleife definieren wir als einen Vektor **m**; sein Betrag ist IS, wobei I der Strom und S die Schleifenfläche ist. Die Richtung des Vektors **m** steht senkrecht auf der Schleifenebene und ist über die Rechts-Schraubenregel mit der Stromrichtung verknüpft. (Wir werden der Stromschleife und ihrem magnetischen Moment wieder in Kapitel 11 begegnen.) Weisen Sie nun nach, daß aus ihrem Ergebnis zwingend folgt, daß das an einer beliebigen Stromschleife angreifende Drehmoment **N** durch die Vektorgleichung $\mathbf{N} = \mathbf{m} \times \mathbf{B}$ gegeben ist. Was läßt sich über die auf die Stromschleife ausgeübte *Gesamtkraft* aussagen?

23. Für manche Zwecke benötigt man in einem Zyklotron beschleunigte negative Wasserstoffionen. Ein negatives Wasserstoffion H^- besteht aus einem Wasserstoffatom, an das ein zusätzliches Elektron angelagert wurde. Die Bindung ist ziemlich schwach: Ein elektrisches Feld von nur $5 \cdot 10^8$ V/m (für atomare Verhältnisse ein sehr schwaches Feld), kann bereits ein Elektron abtrennen; es bleibt dann ein Wasserstoffatom zurück. Die negativen Wasserstoffionen sollen auf eine Energie von 1 GeV beschleunigt werden. Welche Maximalstärke darf dann das Magnetfeld haben, wenn die Ionen auf einer Kreisbahn bleiben sollen, bis sie ihre Endenergie erreichen. (Zur Bestimmung von γ für dieses Problem benötigen Sie nur die Ruhemasse des H^--Ions; sie hat praktisch den gleichen Wert wie die des Protons, d. h. etwa 1 GeV.)

24. Ein Elektron bewegt sich mit einer Geschwindigkeit von 0,01 c auf einer Kreisbahn mit dem Radius 10^{-10} m. Wie groß ist das resultierende Magnetfeld im Kreismittelpunkt? (Die Größenordnungen in diesem Beispiel gelten für ein Elektron in einem Atom.)

25. Gibt es ein Vektorpotential, das einem homogenen Feld in $\hat{z}$-Richtung ($B_x = 0$, $B_y = 0$, $B_z = B_0$) entspricht?

26. Ein runder Draht (Radius r_0) wird von einem über dem Querschnitt konstanten Strom durchflossen. Die Drahtachse sei die z-Achse und $\hat{z}$ die Stromrichtung. Zeigen Sie, daß ein Vektorpotential der Form $\mathbf{A} = \text{const} \cdot \hat{\mathbf{z}}\,(x^2 + y^2)$ das Magnetfeld **B** dieses Stroms innerhalb des Drahtes richtig beschreibt. Welchen Wert hat die Konstante?

27. Ein Teilchen mit der Ladung Q und der Ruhemasse m bewegt sich mit der Geschwindigkeit **v** senkrecht zum Magnetfeld **B**. Es gibt keine elektrischen Felder. Zeigen Sie, daß der Weg des Teilchens eine Kurve mit dem Krümmungsradius $R = p/(QB)$, wobei $p = \beta\gamma mc$ der Impuls des Teilchens ist. (*Hinweis:* Die Kraft $Q\mathbf{v} \times \mathbf{B}$ kann nur die Richtung des Teilchenimpulses und nicht seinen Betrag ändern. Um welchen Winkel $\Delta\theta$ ändert sich die Richtung von **p** in einer kurzen Zeit Δt?) Wenn **B** überall gleich ist, durchläuft das Teilchen eine Kreisbahn. Wie groß ist die Zeit für einen vollständigen Umlauf?

28. Ein Proton bewegt sich mit einer kinetischen Energie von 10^{16} eV ($\gamma = 10^7$) senkrecht zu einem interstellaren Magnetfeld, das in diesem Bereich der Galaxis den Wert $3 \cdot 10^{-10}$ T hat. Wie groß ist der Krümmungsradius der Bahn, und welche Zeit benötigt es für einen vollständigen Umlauf? (Benutzen Sie die Ergebnisse von Übung 27.)

29. Ein Teilchenbeschleuniger produziert einen Protonenstrahl (Durchmesser 2 mm) mit einer Energie von 2 GeV pro Proton und einem Strom von 1 mA. Wie groß ist im Laborsystem
 a) die elektrische Feldstärke im Abstand von 1 cm von der Strahlachse?
 b) das Magnetfeld im gleichen Abstand?

 Betrachten Sie dann ein Bezugssystem S', was sich mit dem Proton bewegt. Welche Felder würde man in S' messen? Rechnen Sie in dieser Aufgabe mit 10^9 eV für die Ruheenergie des Protons.

30. In der Nähe des Ursprungs eines kartesischen Koordinatensystems herrscht ein elektrisches Feld **E** mit $3 \cdot 10^6$ V/m in Richtung 30° zur x-Achse und 60° zur y-Achse. Ein Bezugssystem S', dessen Achsen parallel zu denen des ersten Systems liegen, bewegt sich in bezug auf dieses mit einer Geschwindigkeit von $0{,}6\,c$ in positiver $\hat{y}$-Richtung. Geben Sie Richtung und Betrag des elektrischen Feldes an, das ein Beobachter im System S' feststellt. Wie groß ist das Magnetfeld in S'?

31. Für einen Beobachter im Bezugssystem S geschieht in der x,y-Ebene folgendes: Ein einfach geladenes positives Ion bewegt sich mit der konstanten Geschwindigkeit $v = 0{,}6\,c$ in Richtung $\hat{y}$. Es läuft zur Zeit $t = 0$ durch den Ursprung. Zu derselben Zeit befindet sich ein gleiches Ion, das sich mit derselben Geschwindigkeit entgegengesetzt (in Richtung $-\hat{y}$) bewegt, im Punkt (2, 0, 0) m auf der x-Achse.
 a) Wie groß sind Betrag und Richtung des elektrischen Feldes bei $t = 0$ im Punkt (3, 0, 0) m?
 b) Wie groß sind Betrag und Richtung des Magnetfeldes zur gleichen Zeit am gleichen Ort?

 Lösung: $E_x = k\,(25/18)\,e\,\text{m}^{-2}$; $B_z = (\mu_0/(2\pi))\,(2/3)\,e\,(\text{sm})^{-1}$.

32. *Kraft zwischen zwei Ladungen, die sich parallel nebeneinander bewegen.* Betrachten Sie zwei Elektronen, die sich in einer Kathodenstrahlröhre auf parallelen Bahnen Seite an Seite mit gleicher Geschwindigkeit v bewegen. r ist der rechtwinkelig zu dem Geschwindigkeitsvektor gemessene Abstand zwischen ihnen. Welche Kraft ist an dem einen Elektronen im Laborsystem durch die Präsenz des anderen zu beobachten? Wäre v gegen c sehr klein, lautete die Antwort ke^2/r^2, und damit könnte man es bewenden lassen. v ist aber nicht klein, deshalb ist Vorsicht geboten.
 a) Am einfachsten gelangt man folgendermaßen zu der Antwort: Gehen Sie auf ein Bezugssystem über, das sich mit den Elektronen mitbewegt. In ihm ruhen die beiden Elektronen, ihr Abstand beträgt dort nach wie vor r (warum?) und für die Kraft ergibt sich genau ke^2/r^2. Nun brauchen Sie nur noch eine Transformation der Kraft in das Laborsystem mittels Gl. (5.14) durchzuführen. (Überlegen Sie sorgfältig, welches Bezugssystem das gestrichene ist. Ist die Kraft in dem Laborsystem größer oder kleiner als die Kraft in dem mitbewegten System?)
 b) Zu der gleichen Antwort muß man auch gelangen, wenn man ständig in dem Laborsystem bleibt. In ihm sind an der augenblicklichen Position des Elektrons 1 sowohl ein elektrisches als auch ein magnetisches Feld – beide Felder von dem Elektron 2 herrührend – vorhanden (siehe Bild 6.26). Berechnen Sie die Gesamtkraft auf das Elektron 1, das sich mit der Geschwindigkeit v durch diese Felder bewegt, und zeigen Sie, daß Sie auf diese Weise zu dem gleichen Ergebnis wie bei a) kommen. Zeichnen Sie in ein Diagramm die Richtungen der Felder und Kräfte ein.
 c) Welche Aussage über die Kraft zwischen zwei sich nebeneinander bewegenden Elektronen leiten Sie aus Ihren Ergebnissen für den Grenzfall $v \to c$ ab?

33. Die Bahn eines positiven Ions in der x,y-Ebene zeigt Bild 6.37. In $\hat{z}$-Richtung wirkt ein Magnetfeld von 0,6 T. Die Periodendauer der Zykloidenbewegung ist 1 μs. Wie groß sind Betrag und Richtung des dafür notwendigen elektrischen Feldes? *Hinweis:* Benutzen Sie ein Bezugssystem, in dem das elektrische Feld Null ist.

 Lösung: $E_x = -6 \cdot 10^4$ V/m.

34. *Zum Versuch von Rowland.* Berechnen Sie näherungsweise das Magnetfeld unmittelbar über der bei dem Versuch von *Rowland* rotierenden Scheibe; die hierfür erforderlichen Zahlenwerte sind der Reproduktion der Veröffentlichung

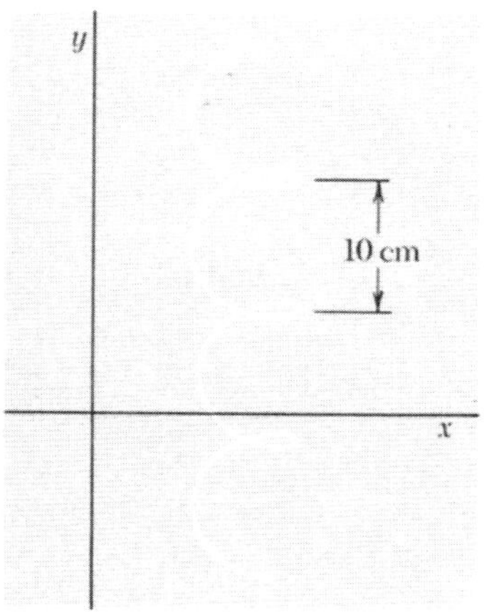

Bild 6.37

(Bild 6.27) zu entnehmen. Ferner benötigt man das Potential der rotierenden Scheibe in bezug auf die beiden geerdeten Platten, die sich über und unter ihr befanden: Es betrug bei den meisten Einzelversuchen 10 kV. Diese Information wird natürlich in einem späteren, in Bild 6.27 nicht mehr reproduzierten Teil der Veröffentlichung mitgeteilt; dort gibt es auch Hinweise auf den besonders kritischen Teil der Apparatur, das „astatische" Magnetometer, das in dem vertikalen Rohr im linken Bildteil zu sehen ist. Dabei handelt es sich um eine Anordnung zweier entgegengesetzt zueinander orientierter Magnetnadeln, die starr miteinander an einer einzigen Aufhängung befestigt sind. Dadurch heben sich die von dem Erdfeld erzeugten Drehmomente gegenseitig auf. Das von der rotierenden Scheibe erzeugte Feld, das vor allem auf die näher gelegene Nadel wirkt, kann auf diese Weise auch in Gegenwart eines viel stärkeren homogenen Feldes bestimmt werden. Natürlich war dies keineswegs die einzige Vorsichtsmaßnahme, die *Rowland* treffen mußte.

35. Eine Hall-Sonde zur Messung von Magnetfeldern wurde aus arsendotiertem Silicium (Konzentration der Leitungselektronen $2 \cdot 10^{15}$ cm^{-3}, spezifischer Widerstand 1,6 Ω cm) hergestellt. Die Hall-Spannung wird an einem Plättchen (5 mm Länge, 2 mm Breite, 50 μm Dicke) über die Breite gemessen; über die Länge ist eine 1-V-Batterie angeschlossen. Wie groß ist die Hall-Spannung in einem Magnetfeld von 0,1 T, das zur Plättchenfläche senkrecht steht?
Lösung: 7,8 mV.

36. Wir betrachten zwei Zylinderspulen, von denen die eine im Maßstab 1 : 10 gegenüber der anderen verkleinert ist. Die größere Spule (Länge 2 m, Durchmesser 1 m) ist aus Kupferdraht (Durchmesser 1 cm) gewickelt. An einem 120-V-Gleichstromgenerator liefert diese Spule in ihrer Mitte ein Magnetfeld von 0,1 T. Die zweite Spule ist genau zehnmal kleiner, einschließlich des Drahtdurchmessers. Die Anzahl der Windungen ist gleich und sie soll das gleiche Feld in der Mitte liefern.
   a) Zeigen Sie, daß die Spannung auch 120 V betragen muß.
   b) Vergleichen Sie die Spulen bezüglich ihrer Verlustleistung und der Schwierigkeit, die Wärme durch Kühlmittel abzuführen.

37. Wir kommen auf das elektrisch geladene, interstellare Staubkorn aus Übung 22, Abschnitt 2.17, zurück. Die Masse, die dort nicht angegeben war, soll 10^{-16} kg sein. Das Staubkorn soll sich nahezu frei mit einer Geschwindigkeit $v \ll c$ in einer Ebene senkrecht zum interstellaren Magnetfeld von $3 \cdot 10^{-10}$ T in diesem Gebiet bewegen. Wie viele Jahre wird es für einen vollständigen Umlauf benötigen?

7 Elektromagnetische Induktion

7.1 Faradays Entdeckung

Bild 7.1 gibt den Anfang der Veröffentlichung wieder, in der *Michael Faraday* 1831 über seine Entdeckung der elektromagnetischen Induktion berichtete (aus *Experimental Researches in Electricity,* London 1839). Diese Publikation enthält noch ein Dutzend weiterer Experimente, an Hand derer *Faraday* alle wichtigen elektrischen Effekte aufdeckte, die in der Nähe von veränderlichen Magnetfeldern auftreten.

Unter „Spannungselektrizität" verstand *Faraday* elektrostatische Ladungen, und mit dem Begriff Induktion, der bereits in dem ersten Satz der zitierten Stelle auftritt, meinte er jene Effekte, die wir bereits in Kapitel 3 untersucht haben: Die Gegenwart einer Ladung verursacht eine Umverteilung anderer auf nahe gelegenen Leitern vorhandener Ladungen. Daher fragte sich *Faraday,* warum ein elektrischer Strom nicht auch einen Strom in einem nahe gelegenen Leiter bewirke.

Nach *Oersteds* Entdeckung war die Erzeugung von Magnetfeldern durch elektrische Ströme genauestens untersucht worden. Die zu dieser Zeit in den Labors üblichen Quellen für „galvanische Ströme" waren Voltasche Elemente; als empfindliches Meßgerät für solche Ströme verwendete man das Galvanometer. Es bestand aus einer Magnetnadel, die wie eine Kompaßnadel gelagert oder an

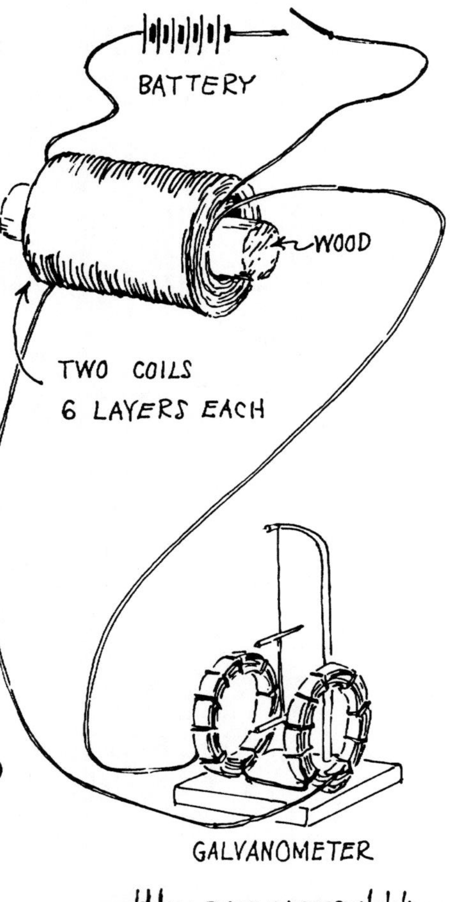

a)

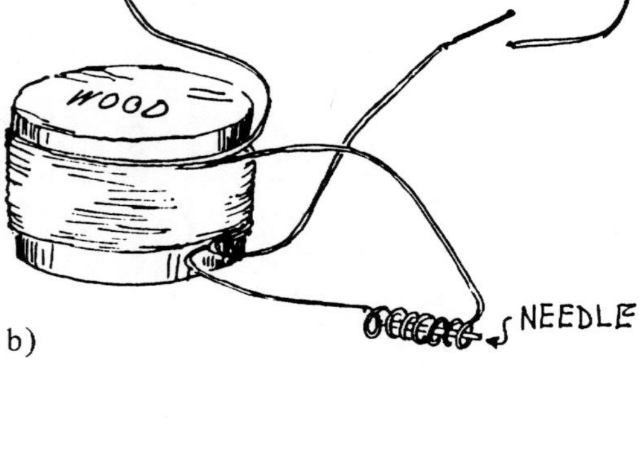

b)

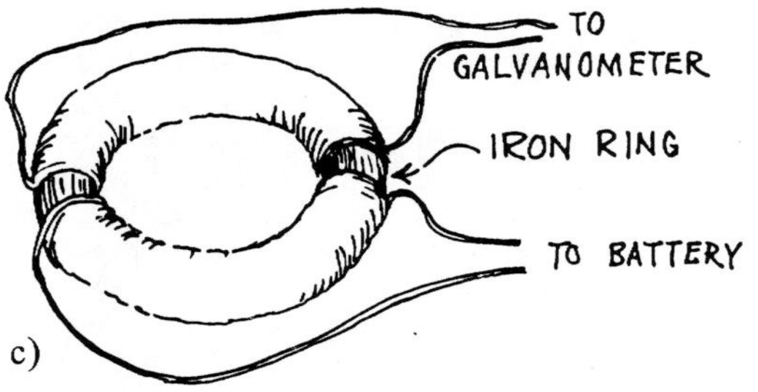

c)

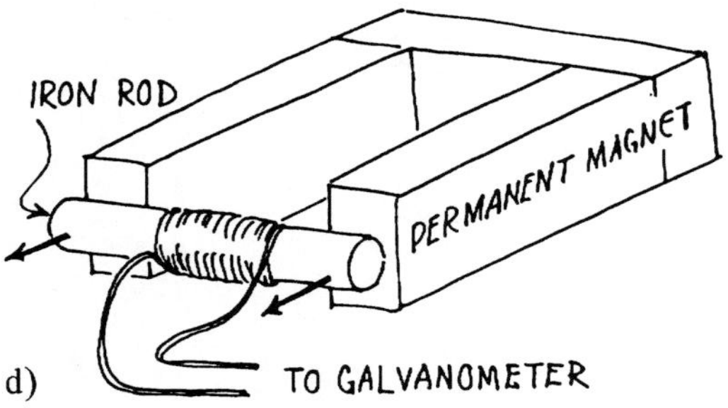

d)

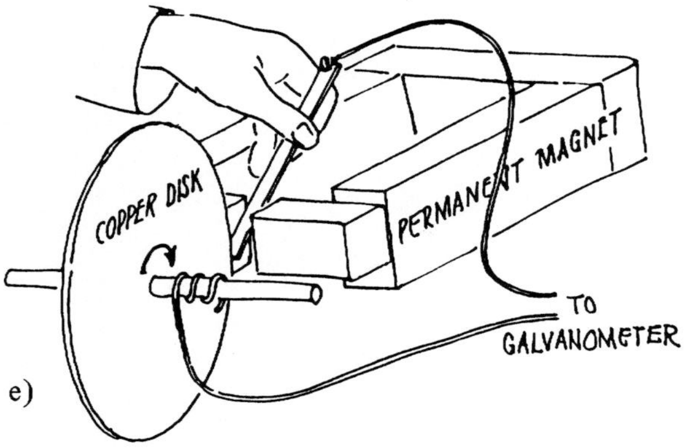

e)

Bild 7.1

a) bis e): Originalabbildungen aus *Faradays* "Experimental Researches in Electricity", f) und g): Zwei Originalzitate aus der oben genannten Veröffentlichung.

f) 1. The power which electricity of tension possesses of causing an opposite electrical state in its vicinity has been expressed by the general term Induction; which, as it has been received into scientific language, may also, with propriety, be used in the same general sense to express the power which electrical currents may possess of inducing any particular state upon matter in their immediate neighbourhood, otherwise indifferent. It is with this meaning that I purpose using it in the present paper.

2. Certain effects of the induction of electrical currents have already been recognised and described: as those of magnetization; Ampère's experiments of bringing a copper disc near to a flat spiral; his repetition with electro-magnets of Arago's extraordinary experiments, and perhaps a few others. Still it appeared unlikely that these could be all the effects which induction by currents could produce; especially as, upon dispensing with iron, almost the whole of them disappear, whilst yet an infinity of bodies, exhibiting definite phenomena of induction with electricity of tension, still remain to be acted upon by the induction of electricity in motion.

3. Further: Whether Ampère's beautiful theory were adopted, or any other, or whatever reservation were mentally made, still it appeared very extraordinary, that as every electric current was accompanied by a corresponding intensity of magnetic action at right angles to the current, good conductors of electricity, when placed within the sphere of this action, should not have any current induced through them, or some sensible effect produced equivalent in force to such a current.

4. These considerations, with their consequence, the hope of obtaining electricity from ordinary magnetism, have stimulated me at various times to investigate experimentally the inductive effect of electric currents. I lately arrived at positive results; and not only had my hopes fulfilled, but obtained a key which appeared to me to open out a full explanation of Arago's magnetic phenomena, and also to discover a new state, which may probably have great influence in some of the most important effects of electric currents.

5. These results I purpose describing, not as they were obtained, but in such a manner as to give the most concise view of the whole.

g) In the preceding experiments the wires were placed near to each other, and the contact of the inducing one with the battery made when the inductive effect was required; but as the particular action might be supposed to be exerted only at the moments of making and breaking contact, the induction was produced in another way. Several feet of copper wire were stretched in wide zigzag forms, representing the letter W, on one surface of a broad board; a second wire was stretched in precisely similar forms on a second board, so that when brought near the first, the wires should everywhere touch, except that a sheet of thick paper was interposed. One of these wires was connected with the galvanometer, and the other with a voltaic battery. The first wire was then moved towards the second, and as it approached, the needle was deflected. Being then removed, the needle was deflected in the opposite direction. By first making the wires approach and then recede, simultaneously with the vibrations of the needle, the latter soon became very extensive; but when the wires ceased to move from or towards each other, the galvanometer needle soon came to its usual position.

As the wires approximated, the induced current was in the *contrary* direction to the inducing current. As the wires receded, the induced current was in the *same* direction as the inducing current. When the wires remained stationary, there was no induced current.

(Fortsetzung von Bild 7.1)

einem dünnen Faden zwischen zwei Drahtspulen aufgehängt war. Manchmal wurden auch zwei starr miteinander verbundene Magnetnadeln verwendet, wobei eine davon außerhalb der Spule angebracht war, um den Einfluß des Erdmagnetfeldes zu kompensieren (Bild 7.1a). Die Skizzen 7.1b bis 7.1e stellen einige der Faradayschen Induktionsexperimente dar. Man muß tatsächlich die Originalarbeit – sie gehört zu den klassischen Publikationen der Experimentalwissenschaft – lesen, um den Einfallsreichtum, mit dem *Faraday* die Forschung vorantrieb, und seinen wachsamen und aufgeschlossenen Verstand, mit dem er die Beweisstücke überprüfte, zu schätzen.

Faraday war zunächst erstaunt, als er bei seinen ersten Experimenten keinen Einfluß eines stationären Stroms auf einen nahegelegenen Stromkreis nachweisen konnte. Er wickelte verschiedene Spulenkombinationen (Bild 7.1a zeigt ein Beispiel) derart, daß die Leiter sich sehr nahe aneinander befanden, aber trotzdem durch Stoff oder Papier voneinander isoliert waren. Die eine Spule war an das Galvanometer angeschlossen, die andere stromführende Spule an eine Batterie. Zu *Faradays* Enttäuschung zeigte die Galvanometernadel keinen Ausschlag. Bei einem dieser Experimente konnte er jedoch einen schwachen Effekt beim Ein- und Ausschalten des Stroms feststellen. *Faraday* untersuchte diesen Effekt genau und kam bald zu dem unwiderlegbaren Schluß, daß Ströme in anderen Leitern nicht durch *stationäre* sondern durch *zeitlich veränderliche* Ströme induziert werden. Einer von *Faradays* brillanten experimentellen Kniffen bestand in diesem Stadium seiner Forschungen darin, daß er das Galvanometer, das sich als ein schlechtes Nachweisgerät für kurze Stromimpulse herausstellte, durch eine kurze Spule ersetzte, in die er eine unmagnetisierte Stahlnadel einbrachte (Bild 7.1b). *Faraday* stellte dabei fest, daß die Nadel durch den Stromimpuls, der durch das Einschalten des Primärstroms induziert wurde, eine Magnetisierung erfuhr. Bei Unterbrechung des Primärkreises erzeugte der induzierte Strom eine Magnetisierung der Nadel in entgegengesetzte Richtung.

In Bild 7.1g ist die Beschreibung *Faradays* im Original wiedergegeben, die sich auf ein anderes Experiment bezieht.

Wir behandeln in diesem Kapitel die elektromagnetische Wechselwirkung, die *Faraday* in seinen Experimenten untersuchte. Vom heutigen Standpunkt aus gesehen ist die Induktion eine Folge der Kräfte, die in einem Magnetfeld auf bewegte Ladungen wirken. In begrenztem Sinne läßt sich das Induktionsgesetz aus dem bereits erworbenen Wissen der vorhergehenden Kapitel ableiten. Wir werden daran anknüpfen und dabei den historischen Weg außer acht lassen, um nach *Faradays* Worten eine möglichst „prägnante Darstellung des Ganzen zu geben".

7.2 Bewegung eines stabförmigen Leiters durch ein homogenes Magnetfeld

Bild 7.2a zeigt ein gerades Stück Draht oder einen dünnen Metallstab, der sich mit konstanter Geschwindigkeit v senkrecht zur Achse bewegt. In dem Raumbereich, durch den sich der Stab bewegt, herrscht ein zeitlich konstantes,

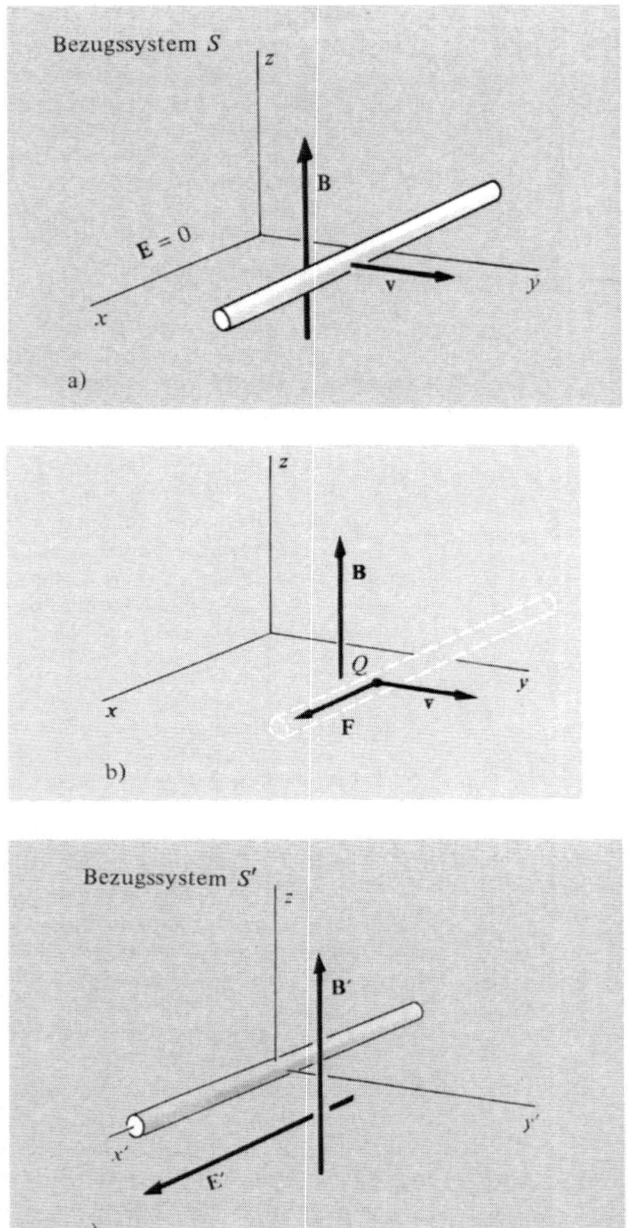

Bild 7.2

a) Bewegung eines Leiterstabes durch ein magnetisches Feld.

b) An jeder Ladung Q, die sich mit dem Stab mitbewegt, greift die Kraft $Q\mathbf{v} \times \mathbf{B}$ an.

c) Das Bezugssystem S' bewegt sich mit dem Stab; in diesem System gibt es ein elektrisches Feld $\mathbf{E}'$.

homogenes Magnetfeld **B**. Es könnte beispielsweise von einer großen Spule herrühren, die den betrachteten Bereich umgibt. Diese Spule soll in dem Bezugssystem S mit den Koordinaten x, y, z ruhen. In Abwesenheit des Stabes gibt es in S kein elektrisches Feld, sondern nur das homogene Feld **B**.

Der Stab enthält als Leiter geladene Teilchen, die sich bei Einwirkung einer Kraft zu bewegen beginnen. Jedes geladene Teilchen, das mit dem Stab mitgeführt wird (z. B. das Teilchen mit der Ladung Q in Bild 7.2b), bewegt sich notwendigerweise durch das magnetische Feld **B** und erfährt daher eine Kraft

$$\mathbf{F} = Q\,\mathbf{v} \times \mathbf{B}. \tag{7.1}$$

Wenn **B** und **v** die in Bild 7.2 angegebene Richtung haben und die Ladung Q positiv ist, zeigt die Kraft in die positive $\hat{\mathbf{x}}$-Richtung; ist Q negativ, zeigt sie in die negative $\hat{\mathbf{x}}$-Richtung. Tatsächlich sind in den meisten Metallen die Elektronen die beweglichen Ladungsträger. Für die Induktion ist es jedoch irrelevant, ob die negativen, die positiven oder beide Ladungsträgerarten beweglich sind.

In jedem Punkt des Stabinneren wirkt eine durch Gl. (7.1) gegebene Kraft **F**. Bewegt sich der Stab mit konstanter Geschwindigkeit und ist ein stationärer Zustand erreicht, muß die Kraft **F** durch eine gleich große entgegengerichtete Kraft kompensiert werden. Diese zweite Kraft rührt von einem elektrischen Feld im Leiter her und kommt folgendermaßen zustande. Die Kraft **F** treibt die negativen Ladungen gegen ein Stabende hin und führt damit zu einem positiven Ladungsüberschuß am anderen Stabende. Dies setzt sich solange fort, bis die getrennten Ladungen ein elektrisches Feld **E** hervorrufen, das überall im Stabinneren der Beziehung

$$Q\mathbf{E} = -\mathbf{F} \tag{7.2}$$

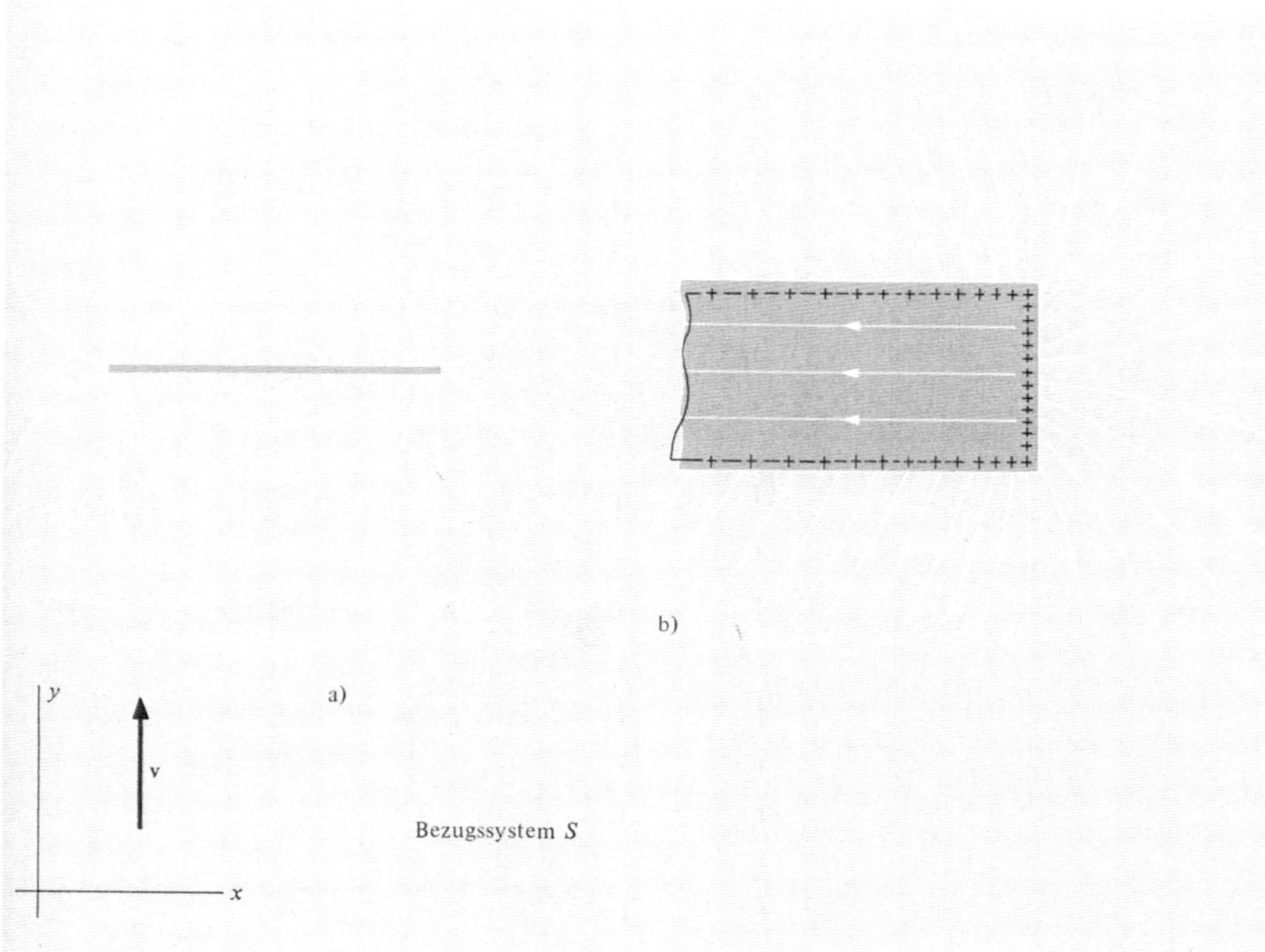

Bild 7.3

a) Darstellung des elektrischen Feldes zu einem bestimmten Zeitpunkt in dem Bezugssystem S. In der Umgebung des Stabes und auch im Stabinneren existiert ein elektrisches Feld. Die Quellen des Feldes sind Ladungen an der Staboberfläche.

b) Vergrößerter Ausschnitt des rechten Stabendes.

genügt. Erst dann hört die Bewegung der Ladungen relativ zum Stab auf. Diese Ladungsverteilung führt sowohl im Außenraum als auch im Stabinneren zu einem elektrischen Feld. Im Außenraum sieht das Feld etwa wie das einer positiven und negativen Ladung aus, allerdings mit dem Unterschied, daß die Ladungen nicht punktförmig an den Enden des Stabes konzentriert, sondern über die Stabenden verteilt sind. Eine Skizze des äußeren Feldes zeigt Bild 7.3a. In Bild 7.3b ist ein vergrößerter Ausschnitt des positiv geladenen Stabendes wiedergegeben; die Ladungsverteilung an der Oberfläche und einige Feldlinien im Außenraum sowie im Leiterinneren sind in diesem Bild zu sehen. Damit haben wir für jeden Zeitpunkt die Situation in dem Bezugssystem S beschrieben.

Nun betrachten wir den bewegten Stab von einem Bezugssystem S' aus, das sich mit dem Stab mitbewegt. Lassen wir den Stab zunächst außer acht, so stellen wir in S' (Bild 7.2c) ein Magnetfeld $\mathbf{B}'$ (das sich, wenn v klein ist, nicht sehr von $\mathbf{B}$ unterscheidet) und ein homogenes elektrisches Feld $\mathbf{E}'$ entsprechend Gl. (6.63) fest.

$$\mathbf{E}' = -\mathbf{v}' \times \mathbf{B}' = \mathbf{v} \times \mathbf{B}'. \qquad (7.3)$$

Wenn wir den Stab berücksichtigen, so bedeutet dies lediglich, daß wir einen ruhenden leitenden Stab in ein homogenes elektrisches Feld bringen. Es findet dann auf der Staboberfläche solange eine Ladungsumverteilung statt, bis das elektrische Feld im Stabinneren gleich Null ist. Analog war dies für den Metallbehälter von Bild 3.6 der Fall, und das gleiche gilt für irgendeinen Leiter in einem elektrischen Feld. Die Gegenwart des Magnetfeldes $\mathbf{B}'$ hat keinen Einfluß auf diese statistische Ladungsverteilung. Bild 7.4a zeigt einige elektrische Feldlinien in dem Bezugssystem S' und Bild 7.4b einen vergrößerten Ausschnitt des rechten Stabendes; wie ersichtlich, ist das elektrische Feld im *Stabinneren* gleich Null.

Von der Lorentz-Kontraktion abgesehen, die sich mit dem Quadrat von v/c ändert, gleicht die zu einem bestimmten Zeitpunkt in S (Bild 7.3b) beobachtete Ladungsverteilung der in S' festgestellten. Die elektrischen Felder unterscheiden sich in beiden Bezugssystemen, da $\mathbf{E}$ (Bild 7.3) nur von der Flächenladung herrührt, während sich das Feld in S' (Bild 7.4) aus den Flächenladungen und dem homogenen elektrischen Feld, das in S' vorhanden ist, zusammensetzt. Ein Beobachter in S stellt folgendes fest: Im Stabinneren hat sich ein elektrisches Feld $\mathbf{E} = -\mathbf{v} \times \mathbf{B}$ ausgebildet, das eine Kraft $Q\mathbf{E} = -Q\mathbf{v} \times \mathbf{B}$ auf die Ladungen ausübt und die Kraft $Q\mathbf{v} \times \mathbf{B}$ ausgleicht, die sonst die Ladungen Q längs des Stabes bewegen würde. Ein Beobachter in S' hingegen sagt: „Im Stabinneren existiert kein elektrisches Feld. Obwohl ein homogenes Magnetfeld vorhanden ist, geht davon keine Kraft aus, da sich keine Ladungen bewegen". Beide Beschreibungen sind richtig.

7.3 Bewegung einer Schleife in einem inhomogenen Magnetfeld

Was geschieht, wenn eine rechteckige Drahtschleife (Bild 7.5) mit konstanter Geschwindigkeit durch ein homogenes Feld $\mathbf{B}$ geführt wird? Um hierauf die Antwort zu finden, braucht man nur das Bezugssystem S' einzuführen und die ruhende Schleife in einem homogenen elektrischen Feld zu betrachten. Offensichtlich würden dann zwei gegenüberliegende Rechteckseiten irgendeine Ladung aufweisen – das wäre aber auch alles. Nehmen wir jedoch einmal an, daß das Feld $\mathbf{B}$ in S zwar zeitlich konstant aber *räumlich inhomogen* ist. Um dies zu veranschaulichen, zeigt Bild 7.6 ein inhomogenes Feld $\mathbf{B}$, das von einer kurzen Spule erzeugt wird. Die Spule befindet sich im Koordinatenursprung und wird von einer Batterie mit konstantem Strom gespeist. Wir stellten vorher fest, daß es in S kein elektrisches Feld gibt. Tatsächlich erzeugt aber der Stromkreis aus Spule und Batterie ein elektrisches Feld. Für unser Problem ist dieses aber ohne Bedeutung und wir lassen es daher außer acht. Um dieses Feld abzuschirmen, könnte man den Stromkreis mit einem Metallkäfig umgeben.

In dem System S bewegt sich die Schleife mit der Geschwindigkeit v in $\hat{\mathbf{y}}$-Richtung. Zu einem bestimmten Zeitpunkt t sei die magnetische Feldstärke längs der linken Schleifenseite gleich B_1 und längs der rechten gleich B_2 (Bild 7.6). Die Kraft $\mathbf{F}$, die auf eine mit der Schleife mitbewegte Ladung Q ausgeübt wird, hängt von der Position der Schleife zu dem betrachteten Zeitpunkt ab. Welchen Wert hat das Linienintegral von $\mathbf{F}$ um die gesamte Schleife? Längs der beiden zur Bewegungsrichtung parallelen Schleifenseiten steht $\mathbf{F}$ senkrecht auf dem Wegelement $d\mathbf{s}$, weshalb sich kein Beitrag zu dem Linienintegral ergibt. Für die beiden anderen Seiten, die jeweils die Länge w haben, erhalten wir:

$$\int \mathbf{F} \cdot d\mathbf{s} = Qv(B_1 - B_2)\, w. \qquad (7.4)$$

Falls sich die Position der Schleife während eines Umlaufs der Ladung Q in der Schleife nicht merklich ändert, gibt Gl. (7.4) die von der Kraft $\mathbf{F}$ verrichtete Arbeit an. Für die Arbeit pro Ladung, also die Spannung, erhalten wir

$$U = \frac{1}{Q} \int \mathbf{F} \cdot d\mathbf{s}. \qquad (7.5)$$

Der Spannung begegneten wir bereits in Kapitel 2. Dort wurde sie als die zum Transport einer Ladung erforderliche Arbeit pro Ladung definiert. Wir erweitern jetzt diesen Begriff, um damit auch den Einfluß zu erfassen, der zu einer Bewegung einer Ladung längs eines geschlossenen Weges führt. Ist dieser Weg ein Stromkreis mit dem Widerstand R, dann bewirkt die Spannung U einen Strom, für den entsprechend dem Ohmschen Gesetz $I = U/R$ gilt. Bei

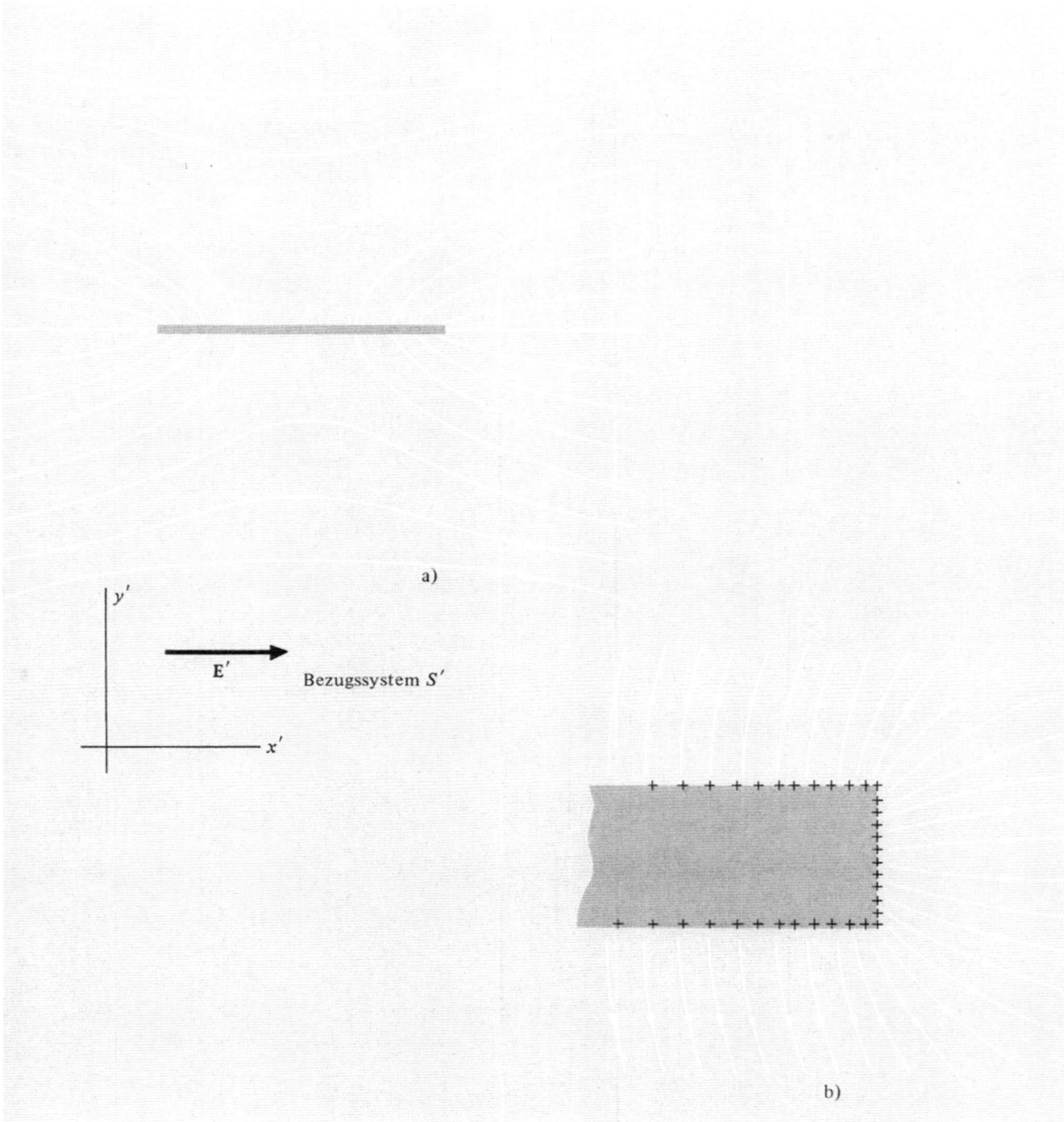

Bild 7.4

a) Das elektrische Feld in dem Bezugssystem S', in dem der Stab ruht. Dieses Feld ist eine Überlagerung eines allgemeinen, im gesamten Raum homogenen Feldes $\mathbf{E}'$ und des Feldes der Flächenladungsverteilung. Daraus ergibt sich, daß das elektrische Feld im Stabinneren gleich Null ist (zum Vergleich Bild 7.3).

b) Vergrößerter Ausschnitt des rechten Stabendes.

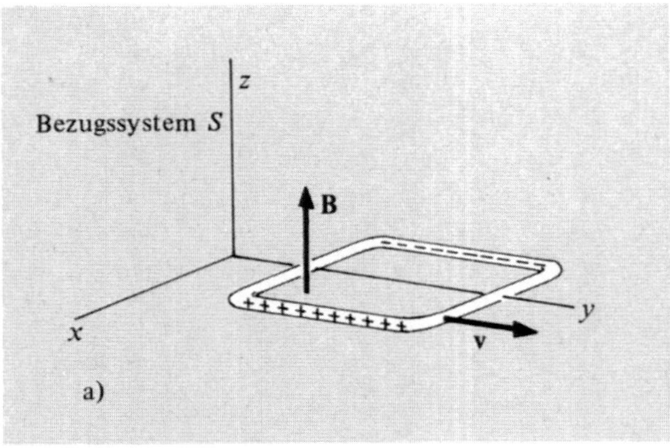

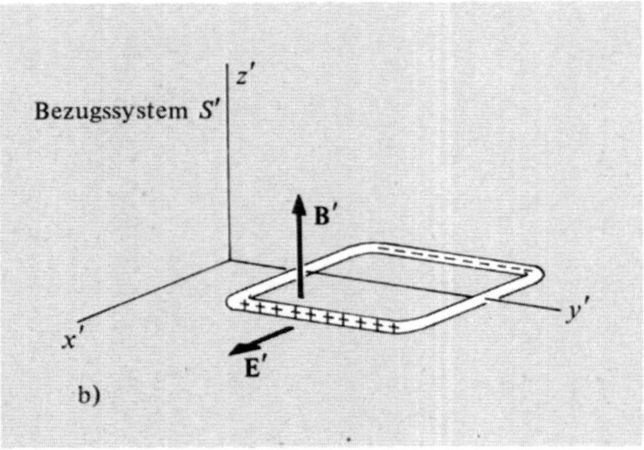

Bild 7.5

a) Bewegung einer Drahtschleife in einem homogenen Magnetfeld **B**,

b) Beobachtung der Felder **B**' und E' in dem Bezugssystem S', in dem die Schleife ruht.

dem vorher behandelten Fall war **F** die Kraft auf eine bewegte Ladung in einem Magnetfeld; für U ergibt sich hier:

$$U = vw(B_1 - B_2). \tag{7.6}$$

Es besteht ein einfacher Zusammenhang zwischen der in Gl. (7.6) gegebenen induzierten Spannung und der *zeitlichen Änderung des magnetischen Flusses* durch die Schleife. Unter dem magnetischen Fluß durch die Schleife verstehen wir das Flächenintegral von **B**, erstreckt über eine Fläche, deren Rand die Schleife ist. Der Fluß Φ durch die geschlossene Kurve der Schleife C in Bild 7.7a ist das über A_1 erstreckte Flächenintegral von **B**:

$$\Phi_{(A_1)} = \int_{A_1} \mathbf{B} \cdot d\mathbf{A}_1. \tag{7.7}$$

Es lassen sich unendlich viele von C begrenzte Flächen angeben. Bild 7.7b zeigt eine andere derartige Fläche A_2. Warum müssen wir nicht die Flächen angeben, auf die wir uns bei der Berechnung des Flusses beziehen? Weil sie *keine Rolle spielen!* $\int \mathbf{B} \cdot d\mathbf{A}$ hat nämlich für alle von C begrenzten Flächen den gleichen Wert. Dieser Punkt soll hier geklärt werden. Der Fluß durch A_2 ist $\int_{A_2} \mathbf{B} \cdot d\mathbf{A}_2$. Beachten Sie, daß der Vektor $d\mathbf{A}_2$ aus der Oberseite von A_2 herausgerichtet sein muß, damit die Beschreibung konsistent mit der Seitenwahl bei A_1 bleibt. Damit erhalten wir ein positives Vorzeichen, wenn der Gesamtfluß durch C nach oben gerichtet ist.

$$\Phi_{(A_2)} = \int_{A_2} \mathbf{B} \cdot d\mathbf{A}_2. \tag{7.8}$$

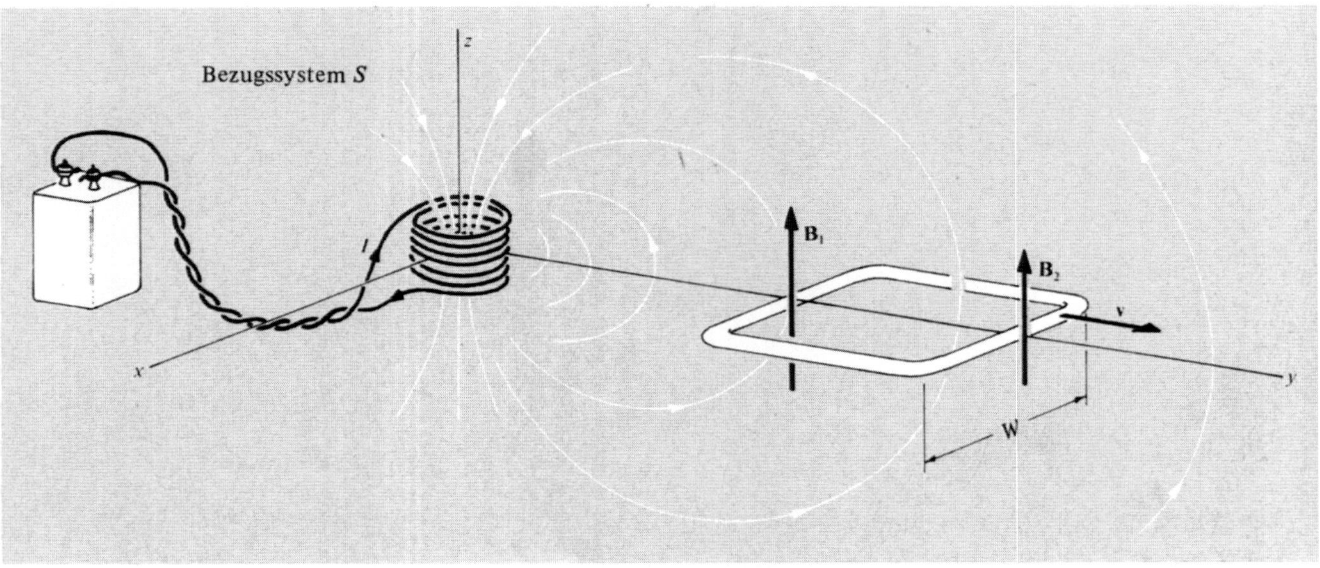

Bild 7.6 Das hier in S beobachtete Feld **B** ist nicht homogen. Es ändert sich sowohl der Richtung als auch dem Betrag nach von Ort zu Ort.

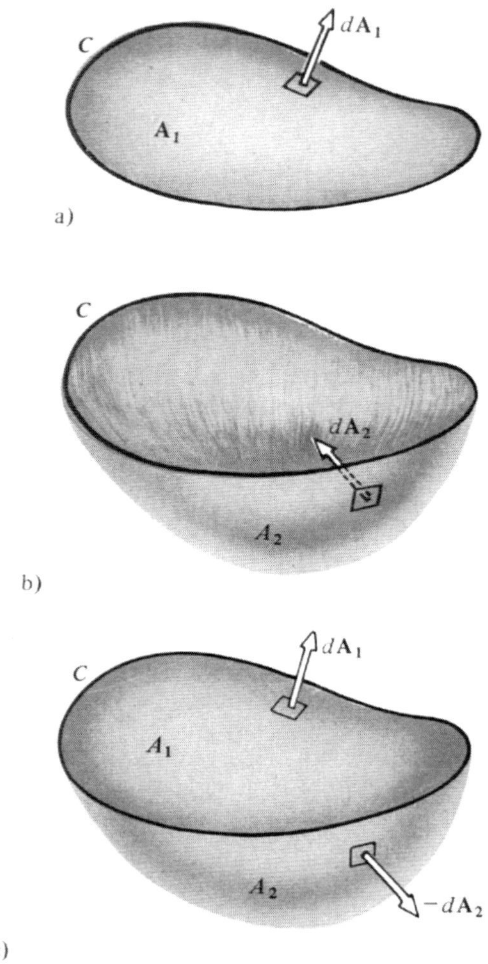

Bild 7.7

a) Der Fluß durch C ist $\Phi = \int_{A_1} \mathbf{B} \cdot d\mathbf{A}_1$.

b) A_2 ist eine andere von C begrenzte Fläche. Auch mit ihr kann man Φ berechnen.

c) Vereinigung von A_1 und A_2 zu einer geschlossenen Oberfläche. Für diese Oberfläche muß $\int \mathbf{B} \cdot d\mathbf{A}$ verschwinden – ein Beweis, daß $\int_{A_1} \mathbf{B} \cdot d\mathbf{A}_1 = \int_{A_2} \mathbf{B} \cdot d\mathbf{A}_2$.

Aus Abschnitt 6.2 wissen wir, daß die Divergenz des Magnetfeldes Null ist: $\operatorname{div} \mathbf{B} = 0$. Ist A irgendeine *geschlossene* Oberfläche („Ballon“) und V das von ihr eingeschlossene Volumen, folgt dann aus dem Gaußschen Satz:

$$\int_A \mathbf{B} \cdot d\mathbf{A} = \int_V \operatorname{div} \mathbf{B} \, dV = 0. \qquad (7.9)$$

Wir wenden dieses Ergebnis auf die geschlossene Oberfläche von Bild 7.7c an, die sich aus den Flächen A_1 und A_2 zusammensetzt und wie eine Pauke aussieht: Auf A_2 ist die nach außen gerichtete Normale *umgekehrt* zu dem Vektor $d\mathbf{A}_2$ gerichtet, den wir bei der Berechnung des Flusses durch C verwendeten. Daher ist infolge

$$0 = \int_A \mathbf{B} \cdot d\mathbf{A} = \int \mathbf{B} \cdot d\mathbf{A}_1 + \int \mathbf{B} \cdot (-d\mathbf{A}_2)$$

oder (7.10)

$$\int_{A_1} \mathbf{B} \cdot d\mathbf{A}_1 = \int_{A_2} \mathbf{B} \cdot d\mathbf{A}_2$$

der Beweis erbracht, daß es keine Rolle spielt, welche Fläche bei der Berechnung des Flusses durch C verwendet wird.

All dies folgt auch ganz klar aus der Tatsache, daß sich aus $\operatorname{div} \mathbf{B} = 0$ eine Art räumliche Erhaltung des Flusses ergibt: Der Fluß der in irgendein Volumen eintritt, muß auch wiederum aus ihm austreten. (Wir betrachten das Geschehen in dem gesamten Raum zu einem bestimmten Zeitpunkt.) Oft erweist sich die Vorstellung von „Flußröhren“ als hilfreich. Ihre Oberfläche (Bild 7.8) ist dadurch definiert, daß die magnetischen Feldlinien nicht durch sie hindurchtreten. Der Fluß durch diese Oberfläche ist also

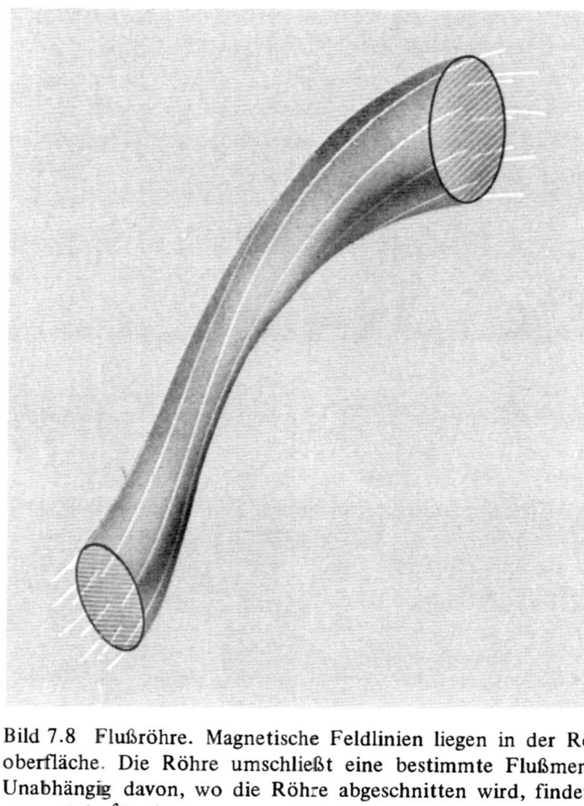

Bild 7.8 Flußröhre. Magnetische Feldlinien liegen in der Röhrenoberfläche. Die Röhre umschließt eine bestimmte Flußmenge Φ. Unabhängig davon, wo die Röhre abgeschnitten wird, findet man stets, daß $\int \mathbf{B} \cdot d\mathbf{A}$, erstreckt über den jeweiligen Querschnitt, den gleichen Wert Φ hat. Eine Flußröhre muß nicht unbedingt rund sein. Man beginnt irgendwo mit einem beliebigen Querschnitt. Im weiteren bestimmt dann der Feldlinienverlauf, wie sich Größe und Gestalt des Querschnitts ändern.

Null, während durch jeden Querschnitt der Flußröhre ein bestimmter Fluß tritt, wie etwa die Drähte in einem Telefonkabel. Bezogen auf das elektrische Feld gilt diese Aussage nur für Gebiete ohne Ladung, da ja div$\mathbf{E} = \rho/\epsilon_0$. Die Divergenz des Magnetfeldes ist jedoch überall gleich Null.

Nach diesem Exkurs kehren wir zu der bewegten rechteckigen Schleife zurück und fragen nach der zeitlichen Änderung des Flusses durch die Schleife. In der Zeit dt legt die Schleife die Entfernung vdt zurück. Damit ändert sich der Gesamtfluß durch die Schleife ($\int \mathbf{B} \cdot d\mathbf{A}$ erstreckt über eine von der Schleife aufgespannte Fläche). Wie aus Bild 7.9 hervorgeht, nimmt der Fluß auf der rechten Seite um $B_2\,wvdt$ zu, während er links um $B_1\,wvdt$ abnimmt. Die Änderung des Flusses durch die Schleife während der Zeit dt ist daher

$$d\Phi = -(B_1 - B_2)\,wvdt. \tag{7.11}$$

Aus dem Vergleich von Gl. (7.11) mit Gl. (7.6) entnehmen wir, daß sich die induzierte Spannung, zumindest in dem betrachteten Fall, durch

$$U = -\frac{d\Phi}{dt} \tag{7.12}$$

ausdrücken läßt.

Gl. (7.12) gilt aber ganz allgemein, d.h. für Schleifen mit beliebiger Form und Bewegung. Zum Beweis betrachten wir die Schleife C in Bild 7.10. Sie nimmt zur Zeit t die Position C_1 ein und bewegt sich so, daß sie sich zur Zeit $t + dt$ in C_2 befindet. Ein herausgegriffenes Schleifenelement $d\mathbf{s}$ wurde mit der Geschwindigkeit v in die neue Lage gebracht. A gibt eine Fläche an, die zur Zeit t von der Schleife aufgespannt wird. Der Fluß durch die Schleife zu diesem Zeitpunkt ist

$$\Phi(t) = \int_A \mathbf{B} \cdot d\mathbf{A}. \tag{7.13}$$

Das Magnetfeld $\mathbf{B}$ ist zeitlich konstant, da es von einem konstanten Strom erzeugt wird. Zur Zeit $t + dt$ besteht eine von C_2 aufgespannte Fläche aus der ursprünglichen Fläche A plus dem „Rand“ ΔA. (Zur Erinnerung: Man darf jede beliebige von der Schleife aufgespannte Fläche bei der Berechnung des Flusses durch die Schleife verwenden.) Es gilt daher:

$$\Phi(t + dt) = \int_{A+\Delta A} \mathbf{B} \cdot d\mathbf{A} = \Phi(t) + \int_{\Delta A} \mathbf{B} \cdot d\mathbf{A}. \tag{7.14}$$

Die während dt erfolgte Änderung des Flusses ist also gerade gleich dem Fluß durch den Rand ΔA: $\int_{\Delta A} \mathbf{B} \cdot d\mathbf{A}$. Ein Flächenelement $d\mathbf{A}$ auf dem Rand läßt sich durch $(\mathbf{v}dt) \times d\mathbf{s}$ ausdrücken. Ein über die Fläche $d\mathbf{A}$ erstrecktes Integral kann man daher als Integral über den Weg C folgendermaßen schreiben:

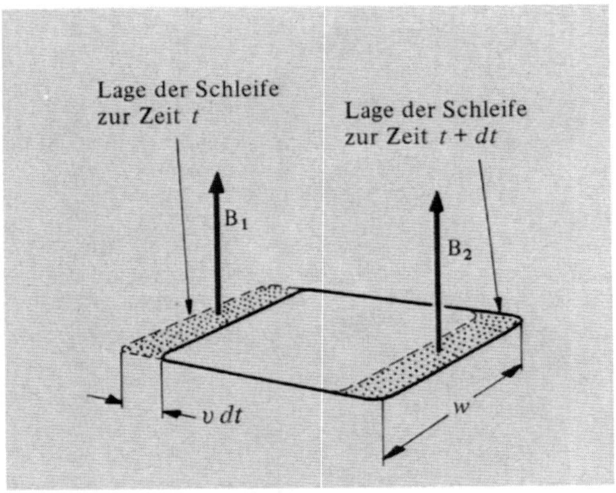

Bild 7.9 Während des Intervalls dt nimmt der Fluß einerseits um $B_2 wv \cdot dt$ zu und andererseits um $B_1 wv \cdot dt$ ab.

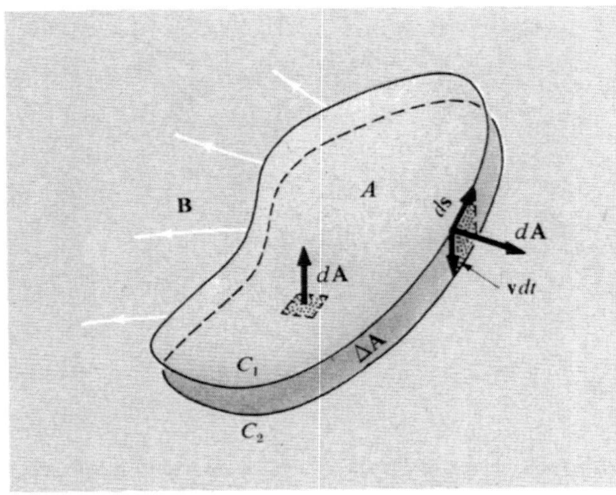

Bild 7.10 Während der Zeit dt bewegt sich die Schleife von Position C_1 zu Position C_2.

$$d\Phi = \int_{\Delta A} \mathbf{B} \cdot d\mathbf{A} = \int_C \mathbf{B}\,[(\mathbf{v}dt) \times d\mathbf{s}]. \tag{7.15}$$

Bei der Integration kann man dt herausheben und auf die andere Seite bringen.

$$\frac{d\Phi}{dt} = \int_C \mathbf{B} \cdot (\mathbf{v} \times d\mathbf{s}). \tag{7.16}$$

Entsprechend den Regeln für die Produktbildung bei Vektoren gilt $\mathbf{a} \cdot (\mathbf{b} \times \mathbf{c}) = -(\mathbf{b} \times \mathbf{a}) \cdot \mathbf{c}$. Damit ordnen wir den Integranden in Gl. (7.16) um und erhalten

$$\frac{d\Phi}{dt} = -\int_C (\mathbf{v} \times \mathbf{B}) \cdot d\mathbf{s}. \tag{7.17}$$

Da die Kraft auf eine Ladung Q, die von der Schleife mitgeführt wird, gerade $Q(\mathbf{v} \times \mathbf{B})$ ist, folgt für die induzierte Spannung (Linienintegral der Kraft pro Ladung längs der Schleife):

$$U = \int_C (\mathbf{v} \times \mathbf{B}) \cdot d\mathbf{s}. \tag{7.18}$$

Aus dem Vergleich der Gl. (7.17) mit Gl. (7.18) erhalten wir die bereits in Gl. (7.12) angegebene einfache Beziehung, die aber nun für beliebige Schleifenform und -bewegung gültig ist. (Es müßten nicht einmal alle Teile der Schleife das gleiche **v** haben!) Zusammenfassend gilt: Das Linienintegral von $\mathbf{F}/Q$ längs einer bewegten Schleife ist gleich der zeitlichen Ableitung des Flusses durch die Schleife.

Der Umlaufsinn des Linienintegrals und die positive Flußrichtung sind durch die Rechtsschraubenregel miteinander verknüpft. In Bild 7.6 ist z. B. der Fluß durch die Schleife nach *oben* gerichtet und *abnehmend.* Unter Berücksichtigung des Minuszeichens in Gl. (7.12) sagt unsere Regel eine induzierte Spannung voraus, die bestrebt ist, eine positive Ladung entgegen dem Uhrzeigersinn (wenn man in Bild 7.11 von oben auf die Schleife sieht) zu führen.

Die Frage nach Vorzeichen und Richtung bei der Induktion kann man allgemeiner betrachten. Wenn in Bild 7.11 ein Strom in Richtung der induzierten Spannung fließt, erzeugt er selbst einen magnetischen Fluß durch die Schleife, der so gerichtet ist, daß er der angenommenen Flußänderung *entgegenwirkt.* Dies ist eine wichtige physikalische Tatsache, die nicht von der Konvention über Vorzeichen und Richtung abhängt. Allgemein formuliert ist dies der Ausdruck dafür, daß physikalische Systeme einer Änderung gegenüber Widerstand leisten. Dieses Verhalten faßt man im Rahmen der Induktionserscheinungen unter dem Namen *Lenzsche Regel* zusammen.

Ein anderes Beispiel für die Anwendung der Lenzschen Regel zeigt Bild 7.12: Ein leitender Ring fällt in dem Magnetfeld einer Spule. Der Fluß durch den Ring ist *nach unten* gerichtet und *nimmt dem Betrag nach zu.* Um dieser Änderung entgegenzuwirken, benötigt man einen nach oben gerichteten Fluß, der durch einen Strom in Pfeilrichtung hervorgerufen wird. Nach der Lenzschen Regel ist die induzierte Spannung so gerichtet, daß tatsächlich der erforderliche Strom fließt.

Falls die Schleife in den Bildern 7.6 und 7.11 einen endlichen Widerstand hat, fließt durch die induzierte Spannung ein Strom; dabei wird Energie verbraucht. Woher stammt die Energie? Um diese Frage zu beantworten, betrachten wir die Kraft, die auf den Strom in der Schleife ausgeübt wird. Der Pfeil in Bild 7.11 gibt die Stromrichtung an. Der rechte Teil des Leiters erfährt in dem Feld B_2 eine nach rechts gerichtete Kraft, während die gegenüberliegende Schleifenseite in dem Feld B_1 nach links gedrückt wird. Da aber B_1 größer als B_2 ist, weist die auf die Schleife ausgeübte Gesamtkraft nach links und *hemmt die Bewegung.* Damit sich die Schleife mit konstanter Geschwindigkeit weiterbewegt, muß von außen ein zusätzlicher Energiebetrag zugeführt werden. Dieser tritt schließlich als Wärme im Draht in Erscheinung. Stellen Sie sich einmal vor, was geschähe, wenn die Lenzsche Regel verletzt würde und die Kraft auf die Schleife so gerichtet wäre, daß die Bewegung der Schleife beschleunigt wird!

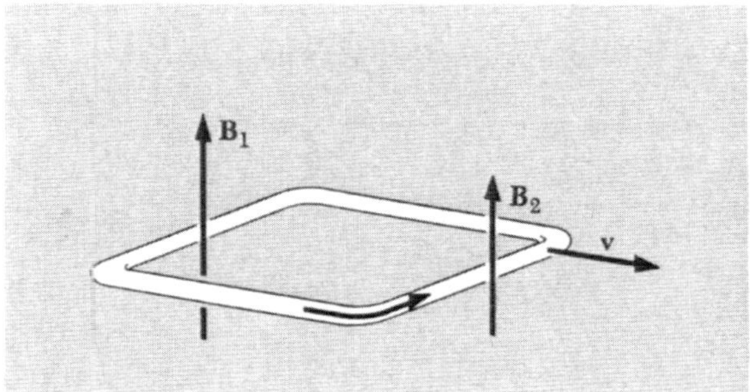

Bild 7.11 Der Fluß durch die Schleife ist nach oben gerichtet und nimmt im Laufe der Zeit ab. Die Pfeile geben die Richtung der induzierten Spannung an, d. h. jene Richtung, in der eine positive Ladung geführt wird.

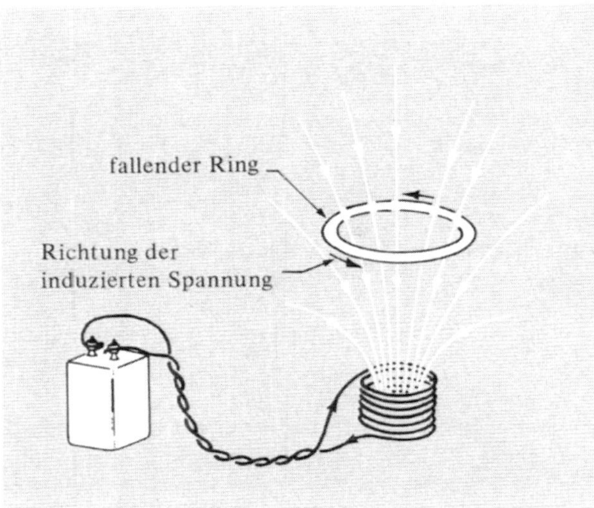

Bild 7.12 Während der Ring nach unten fällt, nimmt der durch ihn tretende Fluß zu. Die Lenzsche Regel sagt in diesem Fall folgendes aus: Die induzierte Spannung folgt der Pfeilrichtung; in dieser Richtung muß Strom fließen, damit ein nach oben gerichteter magnetischer Fluß entsteht. Das System reagiert so, daß der eintretenden Änderung entgegengewirkt wird.

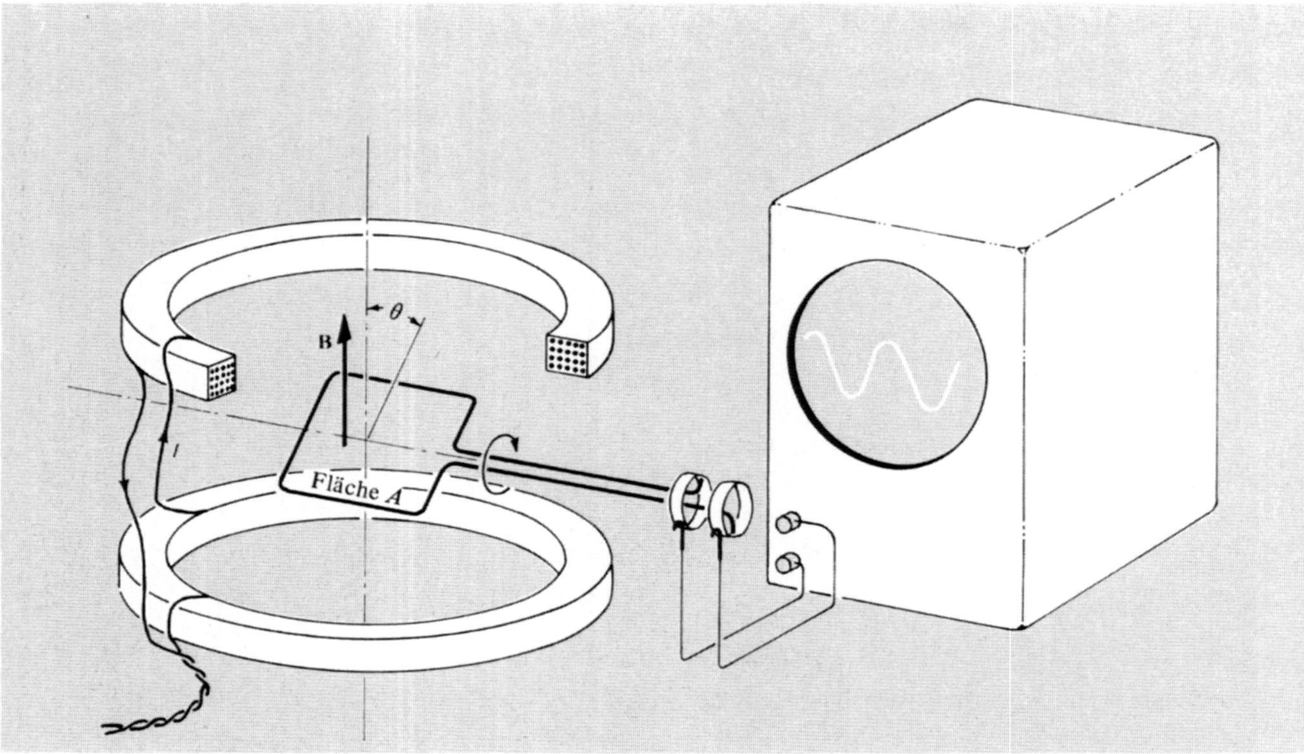

Bild 7.13 Die zwei Spulen erzeugen ein Magnetfeld **B**, das in der Umgebung der Schleife annähernd homogen ist. In der Schleife, die mit der Winkelgeschwindigkeit ω rotiert, wird eine sinusförmige Wechselspannung induziert.

Ein in elektrischen Maschinen und Meßgeräten häufig vorkommendes Bauelement ist eine Schleife oder Spule, die in einem Magnetfeld rotiert. Darauf wenden wir unsere neuen Kenntnisse an. Bild 7.13 zeigt eine einzelne Schleife, die mit konstanter Geschwindigkeit in einem annähernd homogenen Magnetfeld rotiert. Die mechanischen Details, wie Welle, Lager, Antrieb usw. sind nicht eingezeichnet. Das Feld **B** rührt von zwei feststehenden Spulen her. Angenommen, die Schleife rotiert mit der Winkelgeschwindigkeit ω und ihre Position wird zu jedem Zeitpunkt durch den Winkel θ angegeben. Damit gilt $\theta = \omega t + \alpha$, wobei α lediglich eine Konstante ist, die die Schleifenposition für $t = 0$ angibt. Da die zu der Schleifenebene normale Komponente von **B** gleich $B \sin\theta$ ist, ergibt sich für den Fluß durch die Schleife zur Zeit t

$$\Phi(t) = AB \sin(\omega t + \alpha). \tag{7.19}$$

A ist dabei die Schleifenfläche. Mit Gl. (7.12) erhalten wir aus Gl. (7.19) die induzierte Spannung

$$U = -\frac{d\Phi}{dt} = -AB\,\omega \cos(\omega t + \alpha). \tag{7.20}$$

Wenn die Schleife nicht geschlossen, sondern über Schleifringe mit Außenanschlüssen verbunden ist (Bild 7.13), läßt sich dort eine sinusförmige Wechselspannung feststellen.

Ein Zahlenbeispiel dazu: Die magnetische Feldstärke B beträgt 0,05 T, die Schleife mit einer Fläche von 0,01 m^2 rotiert mit 30 Umdrehungen/s. Mit $\omega = 2\pi\, 30\ \mathrm{s}^{-1} = 188\ \mathrm{rad} \cdot \mathrm{s}^{-1}$ erhalten wir für die Amplitude, d.h. den Maximalwert der induzierten Wechselspannung,

$$U_{\max} = AB\omega = 0{,}01 \cdot 0{,}05 \cdot 188\ \mathrm{V} = 0{,}094\ \mathrm{V}. \tag{7.21}$$

7.4 Ruhende Schleife in einem bewegten Magnetfeld

Man kann die in Bild 7.6 dargestellten Vorgänge auch von einem Bezugssystem aus betrachten, das mit der Schleife mitgeführt wird. An den physikalischen Tatsachen kann sich dadurch nichts ändern; nur die Beschreibungsweise wird eine andere. Das System S' mit den Koordinaten x', y', z' ist das mit der nun ruhenden Schleife verbundene Bezugssystem (Bild 7.14). Spule und Batterie, die in S ruhen, bewegen sich mit der Geschwindigkeit $\mathbf{v}' = -\mathbf{v}$ in die $-\hat{\mathbf{y}}'$-Richtung. B_1' und B_2' sind die magnetischen Feldstärken, die ein Beobachter in S' zu irgendeinem Zeitpunkt t'

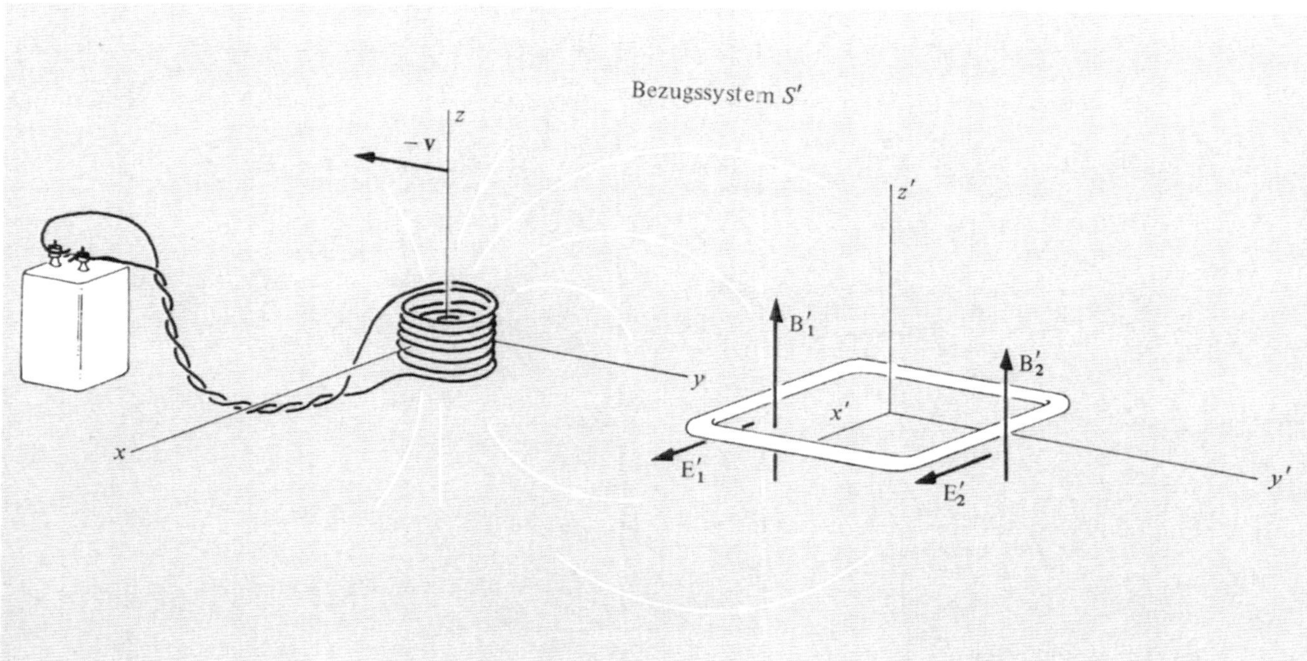

Bild 7.14 In dem Bezugssystem S' ruht die Schleife, und die Quelle des Feldes bewegt sich. Es gibt beide Felder $\mathbf{B}'$ und $\mathbf{E}'$, die Funktionen der Lage und der Zeit sind.

an den beiden Schleifenenden mißt. Dort tritt ein elektrisches Feld auf, das sich aus Gl. (6.63) ergibt:

$$\begin{aligned} E_1' &= -\mathbf{v}' \times \mathbf{B}_1' = \mathbf{v} \times \mathbf{B}_1' \\ E_2' &= -\mathbf{v}' \times \mathbf{B}_2' = \mathbf{v} \times \mathbf{B}_2'. \end{aligned} \tag{7.22}$$

Für Beobachter in S' handelt es sich dabei um ein wirkliches elektrisches Feld. Allerdings ist es kein elektrostatisches Feld, da das Linienintegral von $\mathbf{E}'$ längs irgendeines geschlossenen Wegs im allgemeinen nicht verschwindet. Tatsächlich erhalten wir für das Linienintegral von $\mathbf{E}'$ längs der rechteckigen Schleife

$$\int \mathbf{E}' \cdot d\mathbf{s}' = wv(B_1' - B_2'). \tag{7.23}$$

Wir können das Linienintegral in Gl. (7.23) als Spannung U' längs dieses Wegs bezeichnen. Wenn ein geladenes Teilchen diesen Weg einmal durchläuft, gibt U' die dabei pro Ladung aufgewendete Arbeit an. Auch U' ist mit der zeitlichen Ableitung des Flusses durch die Schleife verknüpft. Dies geht daraus hervor, daß die Schleife selbst ruht, die *magnetischen Feldlinien* sich aber mit der Geschwindigkeit $-\mathbf{v}$ bewegen. Daher erhalten wir für den während des Zeitintervalls dt' verlorengegangenen bzw. gewonnenen Fluß an beiden Schleifenenden ein Ergebnis, das Gl. (7.11) ähnlich ist, und schließen daraus, daß

$$U' = -\frac{d\Phi}{dt'}. \tag{7.24}$$

Die Beschreibungsweise in dem Bezugssystem S, in dem die Quelle von $\mathbf{B}$ ruht, und in S', in dem die Schleife ruht, fassen wir wie folgt zusammen:

Ein Beobachter in S stellt fest: „Wir haben es mit einem Magnetfeld zu tun, das zwar nicht homogen, aber zeitlich konstant ist. Ein elektrisches Feld ist nicht vorhanden. Die Drahtschleife bewegt sich mit der Geschwindigkeit $\mathbf{v}$ durch das Magnetfeld; daher wird auf die im Leiter befindlichen Ladungen die Kraft $\mathbf{v} \times \mathbf{B}$ pro Ladung ausgeübt. Das Linienintegral dieser auf die Ladung bezogenen Kraft längs der gesamten Schleife ist die induzierte Spannung $U = -(d\Phi/dt)$. Der Fluß $\Phi = \int \mathbf{B} \cdot d\mathbf{A}$ erstreckt sich über eine Oberfläche A, die zu einem bestimmten, auf meiner Uhr festgestellten Zeitpunkt t von der Schleife aufgespannt wird."

Ein Beobachter in S' bemerkt: „Die Schleife ruht, nur ein elektrisches Feld könnte die in ihr vorhandenen Ladungen in Bewegung versetzen. Und es ist auch tatsächlich ein elektrisches Feld $\mathbf{E}'$ vorhanden. Es scheint von einem magnetartigen Objekt hervorgerufen zu werden, das gerade jetzt mit der Geschwindigkeit $-\mathbf{v}$ vorbeisaust und gleichzeitig ein starkes Magnetfeld $\mathbf{B}'$ erzeugt. Das elektrische Feld ist so beschaffen, daß bei einem Umlauf um die ruhende Schleife $\int \mathbf{E}' \cdot d\mathbf{s}'$ nicht Null sondern gleich $-d\Phi'/dt'$, d.h. der zeitlichen Ableitung des Flusses durch die Schleife ist. Der Fluß $\Phi' = \int \mathbf{B}' \cdot d\mathbf{A}'$ erstreckt sich über eine von der Schleife aufgespannte Fläche. Die Werte von B' müssen überall auf der Fläche zu einem bestimmten, auf meiner Uhr festgestellten Zeitpunkt t' gemessen werden."

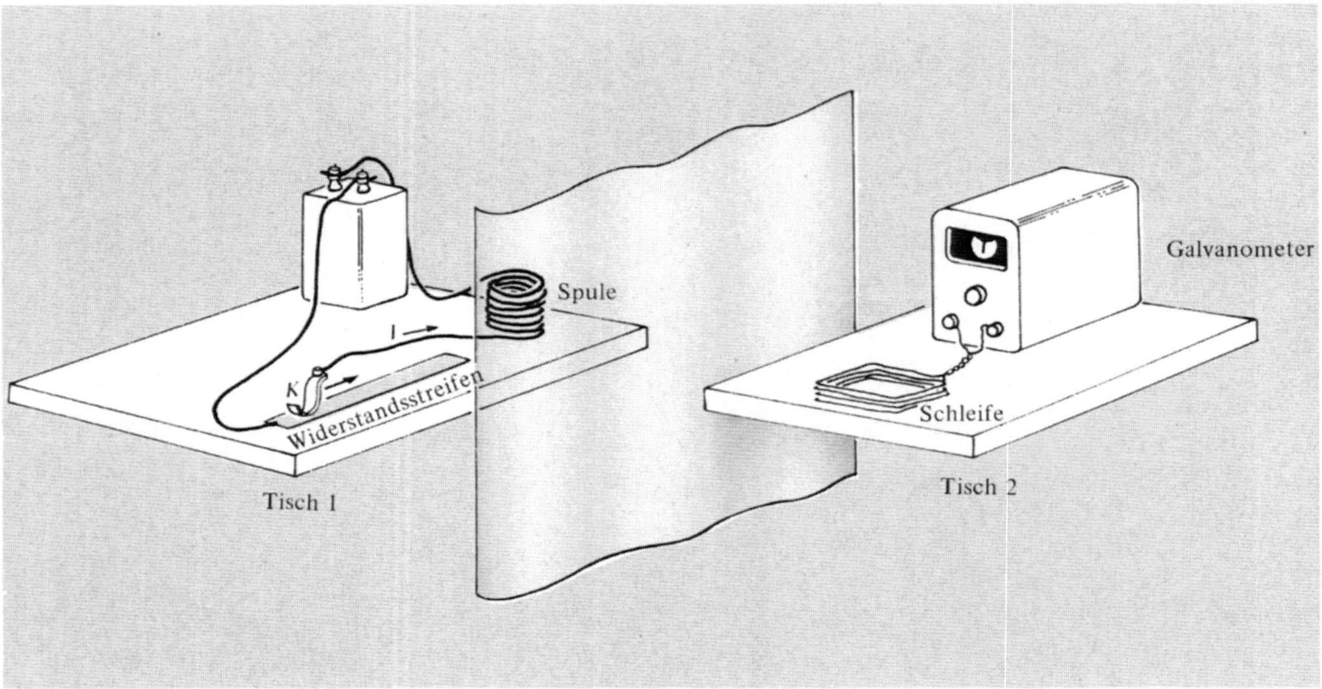

Bild 7.15 Um den Fluß zu ändern, kann man einen der beiden Tische bewegen oder bei festgehaltenen Tischen den Strom langsam ändern.

Unsere Schlußfolgerungen sind relativistisch exakt. Sie gelten für jede beliebige Geschwindigkeit $v \leqslant c$, vorausgesetzt, daß zwischen **B** und **B**$'$, t und t' usw. genauestens unterschieden wird. Für $v \ll c$, wenn also v^2/c^2 vernachlässigbar ist, ist B' praktisch gleich B; in diesem Fall kann man auch die Unterscheidung zwischen t und t' mit gutem Gewissen fallen lassen.

7.5 Ein universelles Induktionsgesetz

Mit den in Bild 7.15 dargestellten Geräten führen wir jetzt drei Experimente durch. Die Tische stehen auf Rollen, damit sie leicht verschoben werden können. Ein empfindliches Galvanometer ist an die bereits bekannte rechteckige Schleife angeschlossen; allerdings hat sie nun statt einer Windung mehrere, damit die auftretende induzierte Spannung größer wird. Wahrscheinlich wird die Empfindlichkeit des Galvanometers trotzdem kaum ausreichen, um das Feld der Spule auf Tisch 1 zu messen. Vielleicht gelingt Ihnen im Labor der Aufbau einer praktischen Version des Experiments.

Experiment I: Bei konstantem Spulenstrom I ruht der Tisch 1, während sich der Tisch 2 mit der Geschwindigkeit v nach rechts bewegt. Das *Galvanometer zeigt einen Ausschlag.* Darüber sind wir nicht erstaunt, da wir diesen Fall bereits in Abschnitt 7.3 behandelten.

Experiment II: Bei konstantem Spulenstrom behält der Tisch 2 seine Lage bei, und Tisch 1 bewegt sich mit der Geschwindigkeit v nach links. Das *Galvanometer zeigt einen Ausschlag.* Auch dies überrascht uns nicht, da wir kurz vorher über die Äquivalenz der Experimente I und II sprachen. Diese Äquivalenz ist ein Beispiel für die Lorentz-Invarianz oder, bei der niedrigen Geschwindigkeit unserer Tische, für die Galilei-Invarianz. Bekanntlich wird die Galvanometeranzeige bei beiden Experimenten durch die zeitlichen Ableitungen des Flusses von **B** hervorgerufen.

Experiment III: Beide Tische bleiben in Ruhe, wir verändern aber den Spulenstrom I durch Verschieben des Kontaktes K auf dem Widerstandsstreifen. Die Stromänderung erfolgt so, daß die *Abnahmegeschwindigkeit* des Feldes **B** am Ort der Spule gleich groß wie bei den Experimenten I und II ist. Zeigt das *Galvanometer einen Ausschlag?*

Für einen am Ort der Schleife auf Tisch 2 befindlichen Beobachter, der das Magnetfeld in Abhängigkeit von der Zeit und der Tischposition mißt, gibt es keine Möglichkeit, zwischen den Experimenten I, II und III zu unterscheiden. Wenn auch kleinere Unterschiede zwischen den Feldkonfigurationen bei II und III bestehen, kann doch ein Beobachter, dem der Blick auf den anderen Tisch durch einen schwarzen Vorhang verwehrt ist, allein aufgrund lokaler **B**-Messungen nicht entscheiden, um welchen Fall es sich handelt. Wenn daher bei Experiment III das Galvanometer *nicht* den gleichen Ausschlag wie bei II zeigt, bedeutet dies, daß die Beziehung zwischen elektrischem und magnetischem Feld in einem bestimmten Bereich von der

Beschaffenheit der entfernten Quellen abhängt. Von zwei Magnetfeldern, die lokal gleich sind, wäre dann nur das eine mit einem elektrischen Feld verknüpft, für das $\int \mathbf{E} \cdot d\mathbf{s} \neq 0$ gilt.

Die Experimente bestätigen, daß III äquivalent zu I und II ist: Das Galvanometer zeigt in allen drei Fällen denselben Ausschlag. *Faraday* wies als erster mit seinen Experimenten diese grundlegende Tatsache nach. Die beobachtete Induktionsspannung hängt *nur* von der zeitlichen Änderung des Flusses von **B** ab. Als allgemein gültige Beziehung formulieren wir das *Faradaysche Induktionsgesetz* wie folgt:

> Ist C eine geschlossene Kurve, die im Bezugssystem mit den Koordinaten x, y, z ruht, ferner A eine von C aufgespannte Fläche und beschreibt $\mathbf{B}(x, y, z, t)$ das in x, y, z zu irgendeiner Zeit t gemessene Magnetfeld, dann gilt
>
> $$U = \int_C \mathbf{E} \cdot d\mathbf{s} = -\frac{d}{dt} \int_A \mathbf{B} \cdot d\mathbf{A} = -\frac{d\Phi}{dt}. \tag{7.25}$$

Mit der Vektorableitung der Rotation läßt sich dieses Gesetz in differentieller Form ausdrücken. Wenn die Beziehung

$$\int_C \mathbf{E} \cdot d\mathbf{s} = -\frac{d}{dt} \int_A \mathbf{B} \cdot d\mathbf{A}, \tag{7.26}$$

wie von dem Induktionsgesetz behauptet, für eine *beliebige* Kurve C und eine beliebige von ihr aufgespannte Fläche gilt, dann folgt daraus, daß in jedem Punkt

$$\operatorname{rot}\mathbf{E} = -\frac{d\mathbf{B}}{dt}. \tag{7.27}$$

Um aus Gl. (7.26) die Gl. (7.27) abzuleiten, gehen wir wie üblich vor und lassen den Weg C zu einem Punkt schrumpfen, in dem das Feld **B** nicht singulär sein soll. Beim Übergang zum Grenzwert werden die Änderungen von **B** auf dem kleinen von C aufgespannten Flächenstück vernachlässigbar, und das Flächenintegral geht einfach gegen $\mathbf{B} \cdot \mathbf{A}$. Definitionsgemäß (Gl. (2.61)) ist aber der Grenzwert, gegen den $\int_C \mathbf{E} \cdot d\mathbf{s}$ bei Zusammenschrumpfen des Flächenstückes geht, $\mathbf{A} \cdot \operatorname{rot}\mathbf{E}$. Bei Übergang zum Grenzwert erhalten wir daher

$$\mathbf{A} \cdot \operatorname{rot}\mathbf{E} = -\frac{d}{dt}(\mathbf{B} \cdot \mathbf{A}) = \mathbf{A} \cdot \left(-\frac{d\mathbf{B}}{dt}\right). \tag{7.28}$$

Da Gl. (7.28) für beliebige infinitesimale **A** gilt, muß

$$\operatorname{rot}\mathbf{E} = -\frac{d\mathbf{B}}{dt} \tag{7.29}$$

sein[58]). Um zu kennzeichnen, daß **B** nicht nur vom Ort, sondern auch von der Zeit abhängen kann, schreiben wir $\frac{\partial \mathbf{B}}{\partial t}$ statt $\frac{d\mathbf{B}}{dt}$. Damit sind wir bei zwei äquivalenten Formulierungen des Induktionsgesetzes angelangt:

$$\int_C \mathbf{E} \cdot d\mathbf{s} = -\frac{d}{dt} \int_A \mathbf{B} \cdot d\mathbf{A} \tag{7.30}$$

und

$$\operatorname{rot}\mathbf{E} = -\frac{\partial \mathbf{B}}{\partial t}. \tag{7.31}$$

Der Differentialausdruck $\operatorname{rot}\mathbf{E} = -\partial\mathbf{B}/\partial t$ zeigt uns deutlich den lokalen Zusammenhang zwischen den Feldern, den wir schon früher zu erklären versucht haben. Die zeitliche Änderung von **B** in einer kleinen Umgebung legt dort $\operatorname{rot}\mathbf{E}$ eindeutig fest – alles andere bleibt ohne Einfluß. Dadurch ist natürlich **E** selbst nicht vollständig bestimmt, da ohne Änderung der obigen Beziehung irgendein elektrostatisches Feld mit $\operatorname{rot}\mathbf{E} = 0$ überlagert werden kann.

Um auch ein konkretes Beispiel zu behandeln, betrachten wir die Spulen in Bild 7.16. Statt mit Gleichstrom werden sie mit Wechselstrom (Netzfrequenz 50 Hz) gespeist. Strom und Magnetfeld ändern sich entsprechend $\sin(2\pi \cdot 50\,\text{Hz} \cdot t)$ oder $\sin(314\,\text{s}^{-1} \cdot t)$. Die Stromamplitude wird so groß gewählt, daß die magnetische Induktion **B** im Zentralbereich einen Maximalwert von 0,05 T erreicht. Wir untersuchen das induzierte elektrische Feld und die induzierte Spannung auf einem kreisförmigen Weg mit einem Radius von 10 cm. Im Inneren dieses Kreises kann das Feld B zu jedem Zeitpunkt praktisch als homogen angenommen werden.

$$B = 0{,}05\,\text{T} \cdot \sin(314\,\text{Hz} \cdot t). \tag{7.32}$$

Der Fluß durch die Schleife C beträgt

$$\begin{aligned}\Phi &= \pi r^2 B = \pi(0{,}1)^2\, 0{,}05\,\text{Tm}^2 \sin(314\,\text{Hz} \cdot t)\\ &= 1{,}57 \cdot 10^{-3}\,\text{Tm}^2 \sin(314\,\text{Hz} \cdot t).\end{aligned} \tag{7.33}$$

Mit Gl. (7.25) zur Berechnung der induzierten Spannung erhalten wir[59])

$$\begin{aligned}U &= -\frac{d\Phi}{dt} = -314 \cdot 1{,}57 \cdot 10^{-3}\,\text{V} \cdot \cos(314\,\text{Hz} \cdot t)\\ &= -0{,}059\,\text{V} \cdot \cos(314\,\text{Hz} \cdot t),\end{aligned} \tag{7.34}$$

d. h., die Spannungsamplitude ist 59 mV. Das Minuszeichen gewährleistet, daß die Lenzsche Regel erfüllt ist, falls die Richtungen korrekt gewählt wurden. Φ und U als Funktion der Zeit zeigt Bild 7.17.

Was läßt sich über das elektrische Feld selbst aussagen? Gewöhnlich kann **E** aus der alleinigen Kenntnis von $\operatorname{rot}\mathbf{E}$ nicht abgeleitet werden. Hier ist jedoch der Weg C ein Kreis um das Zentrum eines symmetrischen Systems. Sind *keine*

[58]) Bedenken Sie, daß bei der Wahl von $\Delta\mathbf{A}$, z. B. in die x-Richtung, $(\operatorname{rot}\mathbf{E})_x = -\frac{dB_x}{dt}$ folgt.

[59]) Es gilt $1\,\text{Tm}^2 = 1\,\text{Vs}$, wie aus der Definition des Teslas folgt. $1\,\text{Tm}^2$ wird auch als Weber (W) bezeichnet.

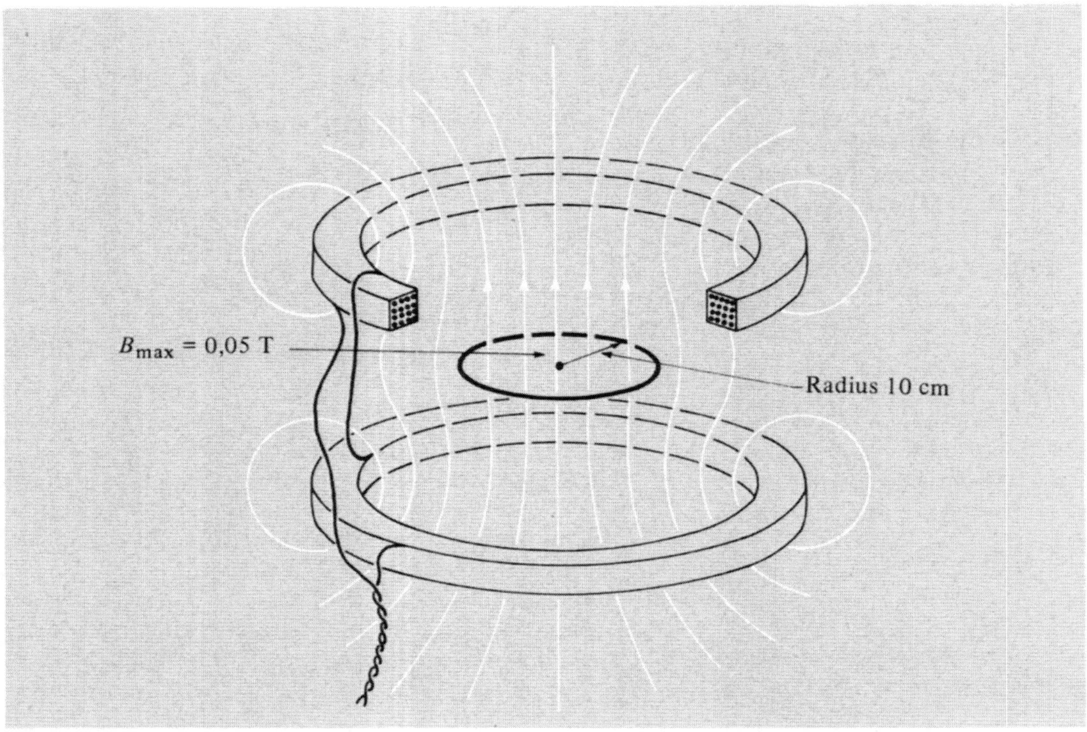

Bild 7.16 Der Wechselstrom in den Spulen erzeugt ein Magnetfeld, das im Mittelpunkt des Systems zwischen dem nach oben gerichteten Maximalwert von 0,05 T und dem nach unten gerichteten Maximalwert von 0,05 T schwingt. Zu jedem beliebigen Zeitpunkt ist das Feld innerhalb des Kreises C angenähert homogen.

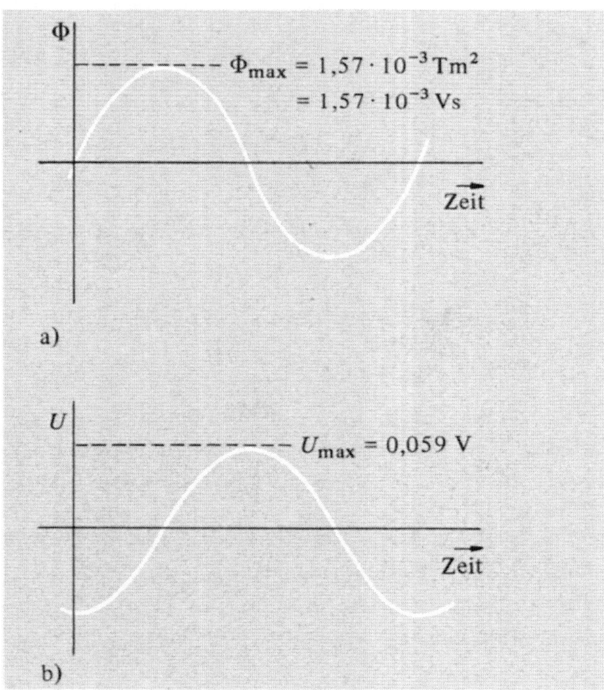

Bild 7.17
a) Der Fluß durch den Kreis C.
b) Die mit dem Weg C verknüpfte induzierte Spannung.

anderen Felder vorhanden, darf man annehmen, daß $\mathbf{E}$ längs des Kreises in der Kreisebene liegt und sein Betrag konstant ist. Dann ist es auch trivial, den Feldstärkebetrag zu bestimmen, da wir bereits berechnet haben, daß $\int_C \mathbf{E} \cdot d\mathbf{s} = 2\pi r E = U$ ist. In diesem Fall sieht also das elektrische Feld längs des Kreises zu einem bestimmten Zeitpunkt etwa so, wie in Bild 7.18a dargestellt, aus. Sind jedoch noch andere Quellen vorhanden, z. B. eine positive und eine negative Ladung auf der Achse des Systems (Bild 7.18b), ergibt sich das Feld in der Umgebung des Kreises aus der Überlagerung des elektrostatischen Feldes der beiden Ladungen und des induzierten elektrischen Feldes.

7.6 Die gegenseitige Induktion

Zwei Stromkreise oder Schleifen C_1 und C_2 befinden sich relativ zueinander in Ruhe (Bild 7.19). Mit geeigneten Hilfsmitteln, z. B. einer Batterie und einem Schiebewiderstand, läßt sich erreichen, daß im Kreis C_1 ein regulierbarer Strom I_1 fließt. $\mathbf{B}_1\,(x, y, z)$ sei das von diesem zunächst konstanten Strom erzeugte Magnetfeld und Φ_{21} der Fluß von $\mathbf{B}_1$ durch den Kreis C_2. So ist

$$\Phi_{21} = \int_{A_2} \mathbf{B} \cdot d\mathbf{A}_2 \tag{7.35}$$

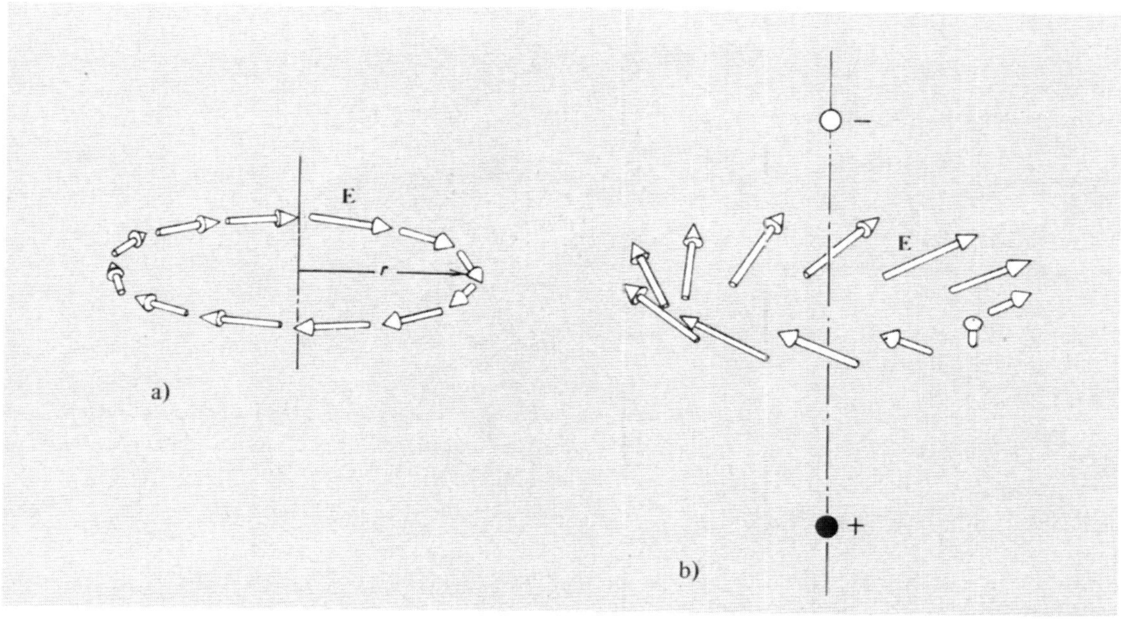

Bild 7.18 Das elektrische Feld auf dem kreisförmigen Weg C,
a) wenn außer dem Wechselstrom keine anderen Quellen vorhanden sind,
b) wenn zusätzlich das elektrostatische Feld von zwei Ladungen auf der Achse existiert.

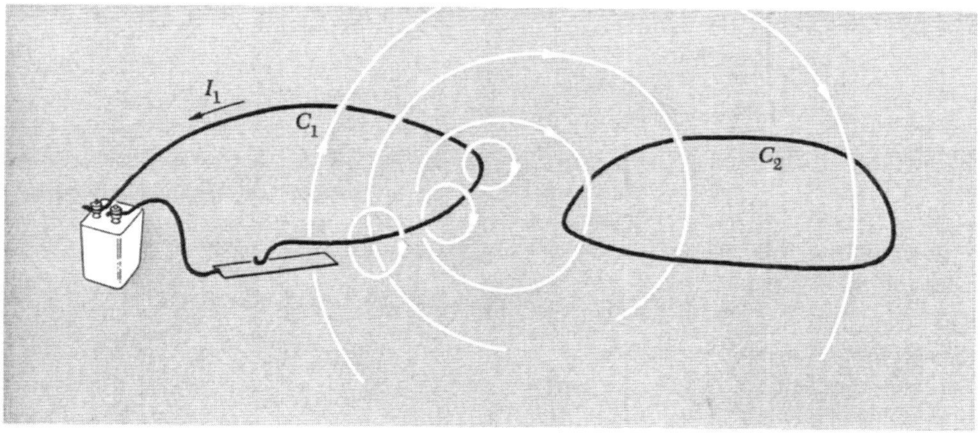

Bild 7.19
Der Strom I_1 in der Schleife C_1 bewirkt einen bestimmten Fluß Φ_{21} durch die Schleife C_2.

mit A_2, einer von der Schleife C_2 aufgespannten Fläche. Bei festgehaltener Form und relativer Lage der zwei Kreise ist Φ_{21} proportional I_1:

$$\Phi_{21} = M_{21} I_1, \tag{7.36}$$

wobei M_{21} eine Konstante ist, die man als Gegeninduktivität bezeichnet. I_1 soll nun zeitlich geändert werden. Diese Änderung sei *so langsam* (quasistationär), daß der Zusammenhang zwischen dem Feld $\mathbf{B}_1$ in der Umgebung von C_2 und dem Strom I_1 zu jedem Zeitpunkt dem für zeitlich konstante Ströme entspricht. (Warum diese Einschränkung notwendig ist, sieht man leicht ein, wenn man sich zwei Schleifen C_1 und C_2 im Abstand von 10 m vorstellt und den Strom in C_1 in 10 ns verdoppelt). Der Fluß Φ_{21} ändert sich dann in demselben Ausmaß, in dem sich I_1 ändert. In C_2 entsteht eine induzierte Spannung der Größe

$$U_{21} = -\frac{d\Phi_{21}}{dt} = -M_{21}\frac{dI_1}{dt}. \tag{7.37}$$

Der Wert der Gegeninduktivität M_{21} hängt nur von der Geometrie des Systems, d.h. von der Gestalt und der gegenseitigen Lage der beiden Kreise ab. Die Einheit der

Gegeninduktivität bezeichnet man als Henry[60] (abgekürzt H). Eine Gegeninduktivität von 1 H liegt vor, wenn durch die Änderung des Stroms I_1 um 1 A/s eine Spannung von 1 V in dem Kreis C_2 induziert wird. Es gilt also

$$1\ \mathrm{V} = 1\ \mathrm{H} \cdot 1\ \mathrm{A/s} \quad \text{oder} \quad 1\ \mathrm{H} = \frac{1\ \mathrm{Vs}}{\mathrm{A}}. \tag{7.38}$$

Als Beispiel betrachten wir die beiden Kreise von Bild 7.20 Es handelt sich dabei um zwei in einer Ebene liegende konzentrische Ringe C_1 und C_2. Wie groß ist M_{21}, wenn C_2 viel kleiner als C_1 ist? Im Mittelpunkt des Kreises C_1, in dem der Strom I_1 fließt, ist das Feld B_1 durch

$$B_1 = \frac{\mu_0 I_1}{2R_1} \tag{7.39}$$

gegeben. (Wenn Sie sich nicht mehr erinnern, wie man zu dem Feld im Mittelpunkt eines Stromringes gelangt, wiederholen Sie den Absatz am Beginn von Abschnitt 6.5, der zu Gl. (6.42) führte.) Unter der Annahme, daß $R_2 \ll R_1$, können wir die Veränderungen von B_1 über die Fläche des kleinen Ringes vernachlässigen und erhalten damit für den Fluß durch diesen Ring

$$\Phi_{21} = \pi R_2^2 \frac{\mu_0}{2} \frac{I_1}{R_1} = \frac{\mu_0 \pi}{2} \frac{I_1 R_2^2}{R_1}. \tag{7.40}$$

Daraus geht hervor, daß M_{21} in Gl. (7.36) in diesem Fall den Wert $M_{21} = \mu_0 \pi R_2^2/(2R_1)$ hat. Somit folgt für die in C_2 induzierte Spannung:

$$U_{21} = -\frac{\mu_0 \pi}{2} \frac{R_2^2}{R_1} \cdot \frac{dI_1}{dt}. \tag{7.41}$$

Durch Einsetzen von μ_0 ergibt sich:

$$U = -\frac{2\pi^2 R_2^2}{R_1} \cdot 10^{-7} \frac{dI}{dt} \frac{\mathrm{H}}{\mathrm{m}} \tag{7.42}$$

und

$$M_{21} = \frac{2\pi^2 \cdot 10^{-7} R_2^2}{R_1} \frac{\mathrm{H}}{\mathrm{m}}. \tag{7.43}$$

Das Auftreten des Minuszeichens in der obigen Rechnung sagt uns zum jetzigen Zeitpunkt noch nicht viel. Wenn Sie sicher sein wollen, in welche Richtung der induzierte Strom in C_2 fließt, berücksichtigen Sie die Lenzsche Regel.

Wenn der Kreis C_1 aus N_1 Windungen statt aus einem einzigen Ring besteht, ist bei gegebenem Strom I_1 das Feld B_1 im Mittelpunkt N_1-mal so stark. Ebenso wenn die kleine Schleife C_2 aus N_2 Windungen besteht, die alle den gleichen Radius R_2 haben, addiert sich die in jeder Windung induzierte Spannung zu einer Gesamtspannung, die N_2-mal so groß ist wie die Spannung in einer Schleife. Besteht jede Spule aus *mehreren Windungen*, so ist die Gegeninduktivität durch

$$M_{21} = \frac{2\pi^2 \cdot 10^{-7} N_1 N_2 R_2^2}{R_1} \frac{\mathrm{H}}{\mathrm{m}} \tag{7.44}$$

gegeben. Dies setzt voraus, daß die Windungen in jeder Spule dicht gebündelt sind und daß der Querschnitt des Bündels klein gegen den Spulenradius ist.

Die Gegeninduktivität M_{21} hat jedoch auch für zwei Stromkreise beliebiger Gestalt und Geometrie eine wohldefinierte Bedeutung. M_{21} ist dann das Verhältnis von induzierter Spannung im Kreis 2 zu der zeitlichen Änderung des Stromes I_1

$$-M_{21} = \frac{U_{21}}{\left(\frac{dI_1}{dt}\right)}. \tag{7.45}$$

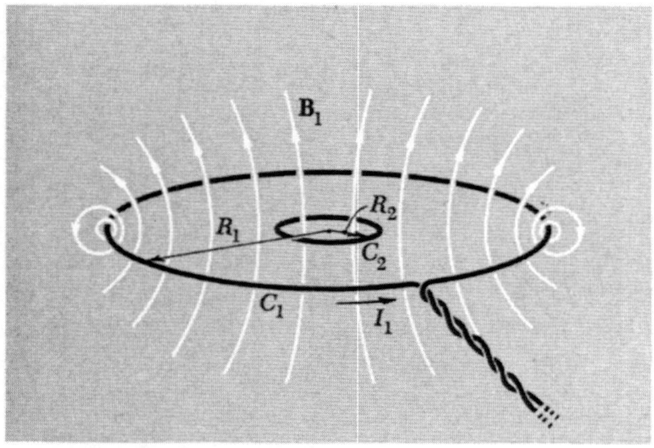

Bild 7.20 Der in dem Ring C_1 fließende Strom I_1 erzeugt ein Feld $\mathbf{B}_1$, das auf der Fläche des kleinen Ringes C_2 angenähert homogen ist.

7.7 Ein „Reziprozitäts"-Satz

Bei Betrachtung der beiden Kreise C_1 und C_2 hätten wir auch nach der Spannung fragen können, die in dem Kreis C_1 durch eine Änderung des Stroms in C_2 induziert wird. Dann tritt eine andere Gegeninduktivität M_{12} auf:

$$-M_{12} = \frac{U_{12}}{\left(\frac{dI_2}{dt}\right)}. \tag{7.46}$$

Es ist eine wichtige Tatsache, daß für zwei beliebige Kreise

$$M_{12} = M_{21} \tag{7.47}$$

gilt.

[60]) Diese Einheit ist nach *Joseph Henry* (1797–1887), einem der berühmtesten amerikanischen Physiker seiner Zeit benannt. *Henry* entdeckte unabhängig und fast zur selben Zeit wie *Faraday* die elektromagnetische Induktion. Er erkannte als erster das Phänomen der Selbstinduktion, entwickelte den Elektromagneten und den Prototyp des Elektromotors und erfand das elektrische Relais.

Dies ist keine Folge der geometrischen Symmetrie. Sogar das einfache Beispiel von Bild 7.20 ist hinsichtlich der zwei Kreise unsymmetrisch. R_1 und R_2 gehen verschieden in den Ausdruck für M_{21} ein. Wenn bei diesen zwei unterschiedlichen Kreisen

$$M_{21} = \frac{2\pi^2 \cdot 10^{-7} N_1 N_2 R_2^2}{R_1} \frac{\mathrm{H}}{\mathrm{m}},$$

dann behauptet Gl. (7.47), daß auch

$$M_{12} = \frac{2\pi^2 \cdot 10^{-7} N_1 N_2 R_2^2}{R_1} \frac{\mathrm{H}}{\mathrm{m}}.$$

Zu diesem Ergebnis gelangt man aber nicht dadurch, daß man überall einfach die Indizes 1 und 2 vertauscht!

Φ_{12} sei der Fluß durch den Kreis C_1, erzeugt von einem Strom I in dem Kreis C_2. Ist umgekehrt Φ_{21} der Fluß durch C_2 als Folge des gleichen Stroms I in C_1, so müssen wir zum Beweis von Gl. (7.47) zeigen, daß $\Phi_{12} = \Phi_{21}$. Dazu verwenden wir das Vektorpotential **A**.

Entsprechend dem Stokesschen Satz ist

$$\int_C \mathbf{A} \cdot d\mathbf{s} = \int_S (\operatorname{rot} \mathbf{A}) \cdot d\mathbf{S}. \tag{7.48}$$

(Um Verwechslungen mit dem Vektorpotential zu vermeiden, ist hier die Fläche mit S bezeichnet.) Wenn **A** das Vektorpotential eines Magnetfeldes **B** ist, d.h. $\mathbf{B} = \operatorname{rot} \mathbf{A}$, erhalten wir aus der Gleichung (7.48)

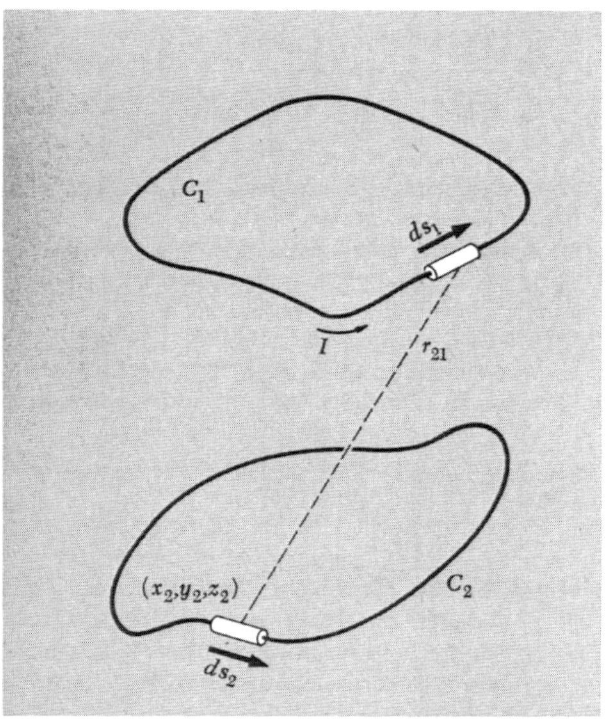

Bild 7.21 Berechnung des Flusses Φ_{21}, der als Folge des in C_1 fließenden Stromes I durch C_2 tritt

$$\boxed{\int_C \mathbf{A} \cdot d\mathbf{s} = \int_S \mathbf{B} \cdot d\mathbf{S} = \Phi_S.} \tag{7.49}$$

Oder in Worten ausgedrückt: *Das Linienintegral des Vektorpotentials längs einer geschlossenen Schleife ist gleich dem magnetischen Fluß durch diese Schleife.*

Nach Gl. (6.35) ist das Vektorpotential mit dem Strom verknüpft durch

$$\mathbf{A}_{21} = \frac{\mu_0 I}{4\pi} \int_{C_1} \frac{d\mathbf{s}_1}{r_{21}}. \tag{7.50}$$

$\mathbf{A}_{21}$ ist das Vektorpotential des Magnetfeldes in irgendeinem Punkt (x_2, y_2, z_2), das durch den in Kreis C_1 fließenden Strom I erzeugt wird; $d\mathbf{s}_1$ ist ein Wegelement der Schleife C_1; r_{21} gibt den Abstand zwischen diesem Element und dem Punkt (x_2, y_2, z_2) an.

Bild 7.21 zeigt die beiden Schleifen C_1 und C_2; in C_1 fließt der Strom I. Der Aufpunkt (x_2, y_2, z_2) soll auf C_2 liegen. Dann erhalten wir für den Fluß Φ_{21} durch C_2, der von dem Strom I in C_1 herrührt:

$$\Phi_{21} = \int_{C_2} \mathbf{A}_{21} \cdot d\mathbf{s}_2$$

$$= \frac{\mu_0 I}{4\pi} \int_{C_2} \int_{C_1} \frac{d\mathbf{s}_1}{r_{21}} \, d\mathbf{s}_2 \tag{7.51}$$

Gleichermaßen gilt für den Fluß Φ_{12} durch C_1, wenn er durch den nun in C_2 fließenden Strom I verursacht wird

$$\Phi_{12} = \frac{\mu_0 I}{4\pi} \int_{C_1} \int_{C_2} \frac{d\mathbf{s}_2}{r_{12}} \, d\mathbf{s}_1 \tag{7.52}$$

Nun ist aber $r_{12} = r_{21}$, da r_{12} und r_{21} Beträge und keine Vektoren sind. Die Bedeutung der beiden obigen Integrale ist die folgende: Bilden Sie das Skalarprodukt zwischen einem Wegelement der einen und einem Wegelement der anderen Schleife. Dividieren Sie durch den Abstand und summieren Sie über alle möglichen Paare von Wegelementen. Der einzige Unterschied zwischen den Gln. (7.51) und (7.52) besteht in der *Reihenfolge*, in der man die Operation ausführt. Dies kann aber die Endsumme nicht beeinflussen. Es gilt daher $\Phi_{12} = \Phi_{21}$, und daraus folgt direkt $M_{12} = M_{21}$. Nachdem der Satz nun bewiesen ist, brauchen wir nicht mehr zwischen M_{12} und M_{21} zu unterscheiden; folglich können wir von *der* Gegeninduktivität M zweier Stromkreise sprechen.

Derartige Sätze heißen oft „Reziprozitäts"-Sätze. Man stößt z.B. bei der Behandlung elektrischer Stromkreise auf sie – nicht ohne Zusammenhang mit dem soeben bewiesenen Satz. Vielleicht erinnern Sie sich in diesem Zusammenhang auch an die in Abschnitt 3.6 erwähnte und in Übung 27 des Kapitels 3 behandelte Beziehung $C_{jk} = C_{kj}$. Eine Reziprozitätsrelation drückt gewöhnlich irgendein allgemeines Symmetriegesetz aus, das aus der äußeren Struktur des Systems *nicht* hervorgeht.

7.8 Selbstinduktion

Wenn sich der Strom I_1 ändert, tritt auch eine Änderung des Flusses durch den Kreis C_1 selbst auf und folglich eine induzierte Spannung, die wir mit U_{11} bezeichnen. Da das Induktionsgesetz unabhängig davon gilt, um welche Quellen des Flusses es sich handelt, erhalten wir:

$$U_{11} = -\frac{d\Phi_{11}}{dt} \tag{7.53}$$

Φ_{11} gibt dabei den Fluß des Feldes B_1 an, der durch den Kreis C_1 tritt, weil der Strom I_1 in C_1 fließt. Das Minuszeichen drückt die Tatsache aus, daß die induzierte Spannung stets so gerichtet ist, daß einer Stromänderung entgegengewirkt wird – wiederum treffen wir auf die Lenzsche Regel. Da Φ_{11} proportional I_1 ist, schreiben wir

$$U_{11} = -L_1 \frac{dI_1}{dt}. \tag{7.54}$$

Die Konstante L_1 heißt *Selbstinduktionskoeffizient* oder *Selbstinduktivität* des Kreises.

Als Beispiel für einen Kreis, dessen Selbstinduktivität sich berechnen läßt, wählen wir die bereits in Übung 14 des Kapitels 6 behandelte Spule mit rechteckigem Querschnitt (Bild 7.22). Wer diese Übung richtig durchrechnete, erhielt als Ergebnis einen Strom I, der durch die N Windungen der Spule fließt und ein Feld erzeugt, dessen Feldstärke im Radialabstand r von der Spulenachse $B = \mu_0 NI/(2\pi r)$ beträgt. Der Gesamtfluß durch eine Windung der Spule ist das Integral dieses Feldes über den Spulenquerschnitt:

$$\underset{\text{(eine Windung)}}{\Phi} = h \int_a^b \frac{\mu_0}{2\pi} \frac{NI}{r} dr = \frac{\mu_0}{2\pi} NIh \ln\left(\frac{b}{a}\right). \tag{7.55}$$

Um den Fluß zu erhalten, der alle N Windungen der Spule durchsetzt, braucht man Gl. (7.55) nur mit N zu multiplizieren:

$$\Phi = \frac{\mu_0}{2\pi} N^2 Ih \ln\left(\frac{b}{a}\right). \tag{7.56}$$

Aus diesem Ergebnis folgt für die induzierte Spannung

$$U = -\frac{d\Phi}{dt} = -\frac{\mu_0}{2\pi} N^2 h \ln\left(\frac{b}{a}\right)\frac{dI}{dt}; \tag{7.57}$$

daher ergibt sich mit Gl. (7.54) für die Selbstinduktivität der Spule

$$L = \frac{\mu_0}{2\pi} N^2 h \ln\left(\frac{b}{a}\right). \tag{7.58}$$

Einsetzen von μ_0 liefert:

$$L = 2 \cdot 10^{-7} N^2 h \ln\left(\frac{b}{a}\right)\frac{\mathrm{H}}{\mathrm{m}}. \tag{7.59}$$

Vielleicht nehmen Sie an, daß man an einem der früher betrachteten Ringe die Berechnung der Selbstinduktivität einfach hätte vorführen können. Wenn wir jedoch versuchen, die Induktivität einer kreisförmigen Drahtschleife zu berechnen, stoßen wir auf eine verwirrende Schwierigkeit. Auf den ersten Blick scheint sich das Problem dadurch zu vereinfachen, daß man den Drahtdurchmesser gegen Null gehen läßt. Fließt aber ein endlicher Strom durch einen Draht mit dem Durchmesser Null, wird – wie man schnell entdeckt – der Fluß durch eine Schleife Unendlich! Dies hat seinen Grund darin, daß sich das Feld B in der Umgebung eines fadenförmigen Stroms mit $1/r$ ändert (r ist der Abstand von dem Faden) und das Integral von B mal Fläche für $r \to 0$ mit $\int (dr/r)$ divergiert. Um hier Abhilfe zu schaffen, können wir für den Radius des Drahtes statt Null einen endlichen Wert annehmen, was ohnehin realistischer ist. Dies macht die Berechnung bei einem bestimmten Fall zwar etwas komplizierter, ist aber unproblematisch. Die eigentliche Schwierigkeit besteht darin, daß die einzelnen Teile des Drahtes nun als einzelne Stromkreise auftreten, die durch unterschiedliche Flußmengen verkettet sind. Folglich wissen wir nicht mehr, was wir mit *dem* Fluß durch *den* Stromkreis meinen. Die induzierte Spannung in den verschiedenen fadenförmigen Schleifen, in die sich der Kreis *aufteilen* läßt, ist unterschiedlich. Daher findet eine Umverteilung der Stromdichte statt, wenn rasch veränderliche Ströme in dem Ring fließen. Die Induktivität des Kreises wird deshalb von der Geschwindigkeit, mit der sich I ändert, abhängen und keine Konstante mehr sein, wie in Gl. (7.54).

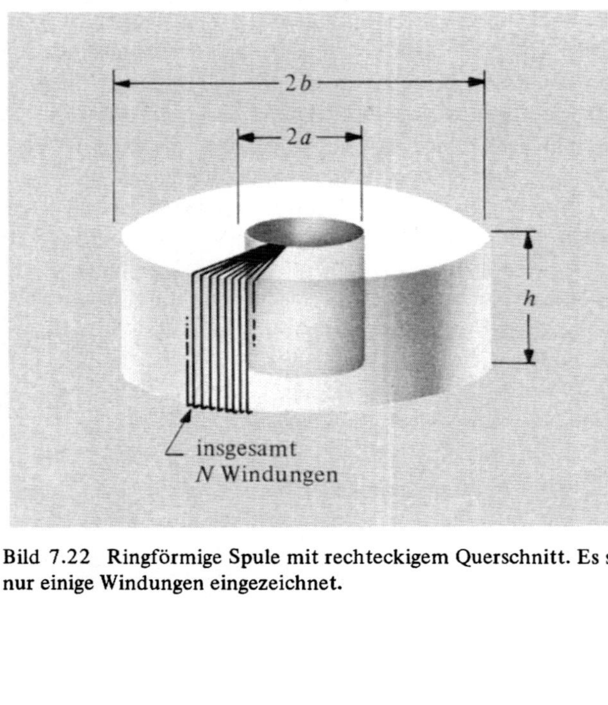

Bild 7.22 Ringförmige Spule mit rechteckigem Querschnitt. Es sind nur einige Windungen eingezeichnet.

Wir gingen diesen Unannehmlichkeiten bei der torusförmigen Spule dadurch aus dem Wege, daß wir das Feld in der unmittelbaren Umgebung der einzelnen Windungen außer acht ließen. Der Hauptanteil des Flusses tritt *nicht* durch die Drähte selbst, und wann immer dies der Fall ist, wird der besprochene Effekt unbedeutend, der uns soeben Sorge machte.

7.9 Stromkreis mit einer Selbstinduktivität

Wir schließen eine Batterie mit der Quellenspannung U_0 an eine Spule an (Bild 7.23a). Sicherlich haben die Spule, die Leitungsdrähte und auch die Batterie einen bestimmten Widerstand. Welche Größe diese Widerstände im einzelnen haben, braucht uns aber nicht zu kümmern; wir fassen sie zu einem Gesamtwiderstand R des Kreises zusammen. R ist in dem Schaltbild 7.23b durch ein Widerstandssymbol dargestellt, das den richtigen Wert vertritt. Neben der Spule tragen auch die restlichen Teile des Kreises, vor allem die Leitungsdrähte etwas zu der Selbstinduktivität des Kreises bei; die gesamte Induktivität bezeichnen wir mit L. Anders ausgedrückt: Bild 7.23b stellt ein Idealbild eines physikalischen Kreises dar, die Spule L, durch das Symbol -ℓℓℓ- gekennzeichnet, ist widerstandslos, während der Widerstand R keine Induktivität besitzt. Diesen idealisierten Stromkreis untersuchen wir jetzt.

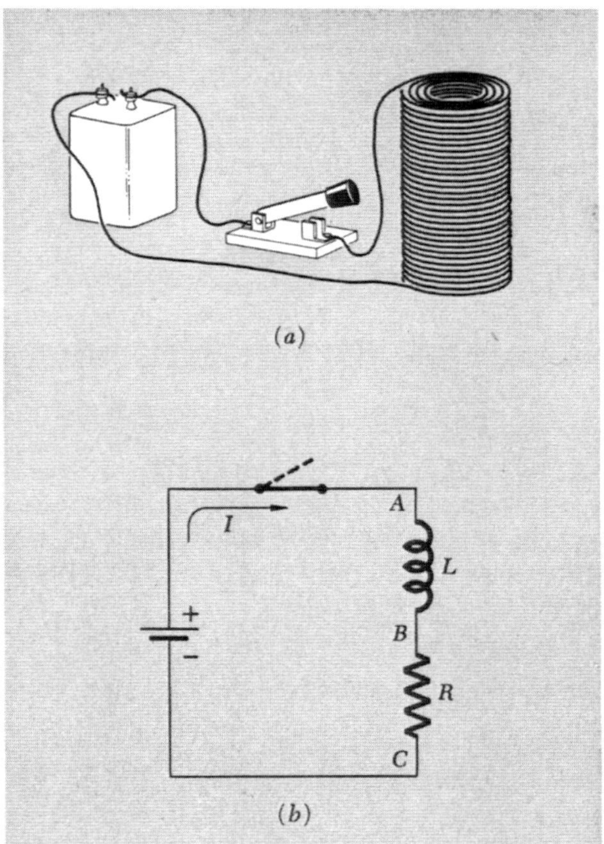

Bild 7.23 Einfacher Stromkreis mit einer Induktivität L und einem Widerstand R
a) Versuchsaufbau, b) Schaltbild.

Ändert sich der Strom I in dem Kreis mit dI/dt, führt dies zu einer Induktionsspannung $L\, dI/dt$, die so gerichtet ist, daß sie die Änderung hemmt. Außerdem ist noch die konstante Quellenspannung U_0 der Batterie vorhanden. Wenn wir als positive Stromrichtung die durch die Spannung der Batterie U_0 gegebene Richtung definieren, erhalten wir für die Gesamtspannung zu jedem Zeitpunkt $U_0 - L\, dI/dt$. Diese Gesamtspannung ist für den Stromfluß durch den Widerstand R verantwortlich; es gilt daher

$$U_0 - L\frac{dI}{dt} = RI. \qquad (7.60)$$

Die dargestellte Situation läßt sich auch folgendermaßen beschreiben: Die Spannung zwischen den Punkten A und B (Bild 7.23b), d.h. die *an der Spule liegende Spannung* ist $L dI/dt$, wobei das obere Ende der Spule positiv ist, wenn der in der dargestellten Richtung fließende Strom *zunimmt.* Die Spannung zwischen den Punkten B und C, d.h. der Spannungsabfall an dem Widerstand, ist RI, wobei das obere Ende des Widerstands positiv ist. Daher ist die Summe der an der Spule liegenden Spannung und des Spannungsabfalls an dem Widerstand: $LdI/dt + RI$. Sie hat den gleichen Wert wie die Klemmenspannung der Batterie, die gleich U_0 ist, da die idealisierte Batterie voraussetzungsgemäß keinen inneren Widerstand besitzt. Es gilt daher

$$U_0 = L\frac{dI}{dt} + RI, \qquad (7.61)$$

was natürlich nur die Gl. (7.60) wiederholt.

Bevor wir an die mathematische Lösung der Gl. (7.60) gehen, wollen wir überlegen, was in diesem Stromkreis vor sich geht, wenn der Schalter zum Zeitpunkt $t = 0$ geschlossen wird. Vor Schließen des Schalters ist notwendigerweise $I = 0$ und nach Verstreichen eines langen Zeitabschnitts wird sich irgendein stationärer Zustand eingestellt haben, bei dem der Strom den praktisch konstanten Wert I_0 besitzt. Von da an ist $dI/dt \approx 0$, womit sich Gl. (7.60) auf

$$U_0 = RI_0 \qquad (7.62)$$

reduziert. Der Übergang von dem Zustand mit $I = 0$ in den stationären Zustand mit $I = I_0$ kann sich nicht abrupt im Zeitpunkt $t = 0$ vollziehen, da sonst dI/dt Unendlich würde. Tatsächlich ist der Strom I unmittelbar nach dem Schließen des Kreises so klein, daß der zweite Ausdruck in Gl. (7.60), nämlich RI, vernachlässigbar ist, womit Gl. (7.60) in

$$\frac{dI}{dt} = \frac{U_0}{L} \qquad (7.63)$$

übergeht. Die Induktivität L begrenzt also die Steilheit des Stromanstiegs.

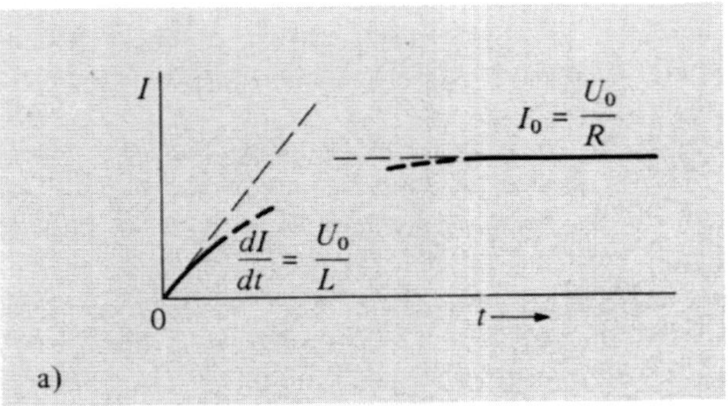

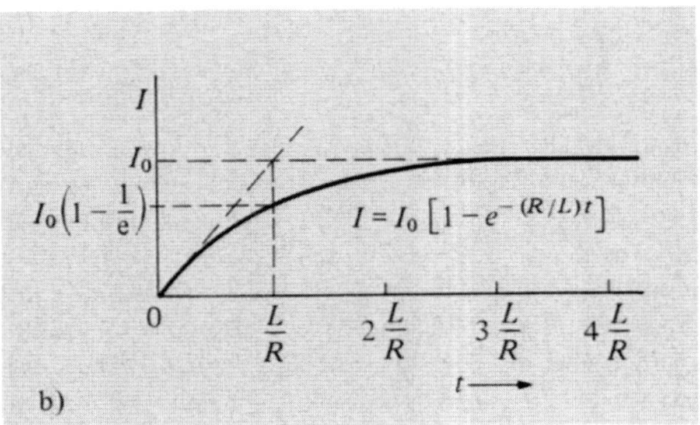

Bild 7.24

a) Darstellung des Verhaltens, das der Strom gleich nach Schließen des Kreises und nach Verstreichen einer sehr langen Zeitdauer zeigen muß.

b) Vollständige Wiedergabe der zeitlichen Änderung des Stroms in dem Kreis von Bild 7.23.

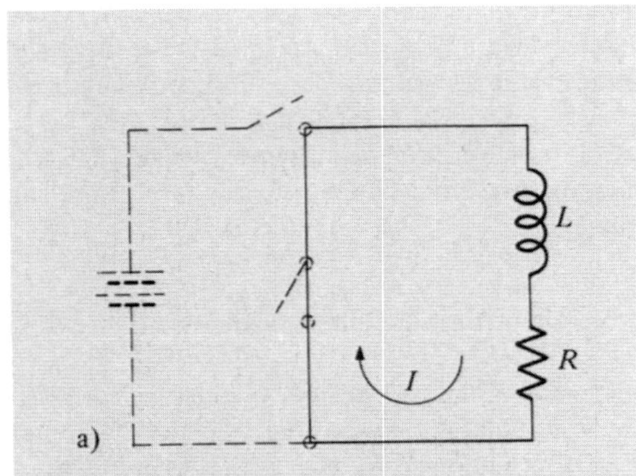

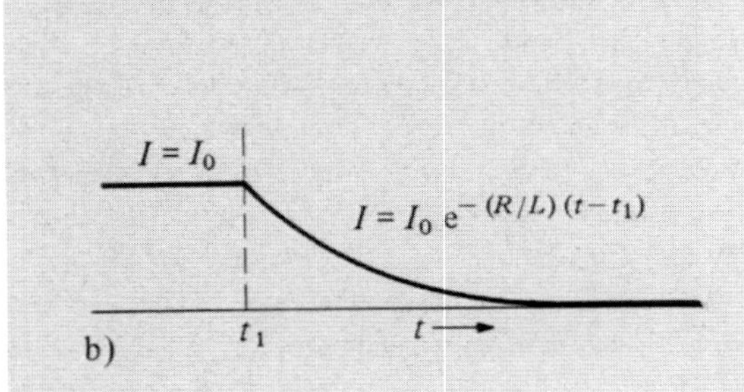

Bild 7.25

a) ***LR*-Kreis,**

b) Exponentielle Abnahme des Stroms in dem *LR*-Kreis.

Die bisherigen Überlegungen gibt Bild 7.24a zusammengefaßt wieder. Jetzt ist nur noch die Frage offen, wie der gesamte Übergang vor sich geht. Gl. (7.60) ist eine Differentialgleichung, sehr ähnlich der Gl. (4.29). Ohne zusätzliche Erklärungen können wir daher eine Lösung der Gl. (7.60) schreiben, die der Anfangsbedingung $I = 0$ für $t = 0$ genügt:

$$I = \frac{U_0}{R}\,(1 - e^{-(R/L)t}). \tag{7.64}$$

Bild 7.24b zeigt, wie der Strom seinen asymptotischen Wert exponentiell erreicht. Die „Zeitkonstante" dieses Stromkreises ist die Größe L/R. Als Einheit erhält man Sekunden, wenn man L in Henry und R in Ohm angibt, da $H = \mathrm{Vs/A}$ und $\Omega = \mathrm{V/A}$.

Was geschieht, wenn wir den Schalter öffnen, nachdem sich bereits der stationäre Zusand mit $I = I_0$ eingestellt hat? Wir würden damit erreichen, daß der Strom abrupt auf den Wert Null abfällt, was den Ausdruck $L\,dI/dt$ an sich negativ Unendlich machen müßte! Die Katastrophe ist aber nicht nur mathematischer Natur: Mehr als einmal starben Menschen beim Öffnen von Schaltern hochinduktiver Kreise. Im allgemeinen führt die sehr hohe induzierte Spannung zu einem Funken oder Lichtbogen, der den Raum zwischen den offenen Kontakten des Schalters überbrückt, so daß der Strom weiterfließen kann. Um dem aus dem Wege zu gehen, trennen wir die Batterie dadurch von dem Stromkreis ab, daß wir die LR-Kombination mit einem Leiter kurzschließen (Bild 7.25a) und gleichzeitig den Schalter öffnen. Damit gelangen wir zu einem Stromkreis, der sich durch die Differentialgleichung

$$0 = L\frac{dI}{dt} + RI \tag{7.65}$$

mit der Anfangsbedingung $I = I_0$ für $t = t_1$ beschreiben läßt; t_1 gibt den Zeitpunkt des Kurzschließens an. Die Lösung ist einfach die Funktion für den exponentiellen Abfall

$$I = I_0\,e^{-(R/L)(t-t_1)} \tag{7.66}$$

mit derselben charakteristischen Zeit L/R wie vorher.

7.10 Im Magnetfeld gespeicherte Energie

Während der Strom, wie in Gl. (7.66) und Bild 7.25b angegeben, abfällt, wird Energie im Widerstand R verbraucht. Da die während irgendeines kurzen Zeitintervalles dt verbrauchte Energie $dW = RI^2\,dt$ ist, muß sich für die Gesamtenergie, die nach dem Schließen des Schalters zum Zeitpunkt t_1 verbraucht ist,

$$W = \int_{t_1}^{\infty} RI^2 dt = \int_{t_1}^{\infty} RI_0^2 e^{-(2R/L)(t-t_1)} dt \qquad (7.67)$$

ergeben. Mit der Substitution $x = 2R(t - t_1)/L$ läßt sich das Integral leicht berechnen:

$$W = RI_0^2 \left(\frac{L}{2R}\right) \int_0^{\infty} e^{-x} dx = \frac{1}{2} LI_0^2. \qquad (7.68)$$

Die Quelle dieser Energie war die Spule mit ihrem Magnetfeld. Tatsächlich mußte die Batterie zusätzlich zu der im Widerstand zwischen $t = 0$ und $t = t_1$ verbrauchten Energie genau die gleiche Arbeit aufwenden, um die Spannung aufzubauen. Dies gilt allgemein, denn bei einem zeitlich anwachsenden Strom muß Arbeit gegen die induzierte Spannung $L\,dI/dt$ verrichtet werden. Die während der Zeit dt aufgewendete Arbeit ist

$$dW = LI\frac{dI}{dt}dt = LI\,dI = \frac{1}{2} L\,d(I^2). \qquad (7.69)$$

Daher können wir einer Spule, durch die der Strom I fließt, eine Gesamtenergie

$$W = \frac{1}{2} LI^2 \qquad (7.70)$$

zuordnen. Bei einer Abnahme des Stroms muß dieser Energiebetrag wieder irgendwo in Erscheinung treten.

Es ist naheliegend, diese Energie W als gespeicherte magnetische Feldenergie zu betrachten; genau so wie wir die Energie eines geladenen Kondensators als die im elektrischen Feld enthaltene Energie angesehen haben. Die Energie eines auf die Potentialdifferenz U aufgeladenen Kondensators beträgt $\frac{1}{2} CU^2$; sie erklärt sich daraus, daß man einem Volumenelement dV, in dem die elektrische Feldstärke E herrscht, einen Energiebetrag $(\epsilon_0/2)E^2 dV$ zuteilt. Es ist erfreulich, daß eine analoge Beziehung auch für die Energie, die in einer Spule gespeichert ist, gilt. Wir können nämlich dem Magnetfeld eine Energiedichte $B^2/(2\mu_0)$ zuschreiben. Die Summation der Energie des gesamten Feldes ergibt die Energie $\frac{1}{2} LI^2$.

Um darzulegen, wie die Berechnung bei einem konkreten Problem vor sich geht, kehren wir zu der torusförmigen Spule zurück, deren Induktivität wir in Abschnitt 7.8 berechneten (Gl. (7.58)):

$$L = \frac{\mu_0}{2\pi} N^2 h \ln\left(\frac{b}{a}\right). \qquad (7.71)$$

Für eine Stromstärke I war das Magnetfeld B durch

$$B = \frac{\mu_0}{2\pi} \frac{NI}{r} \qquad (7.72)$$

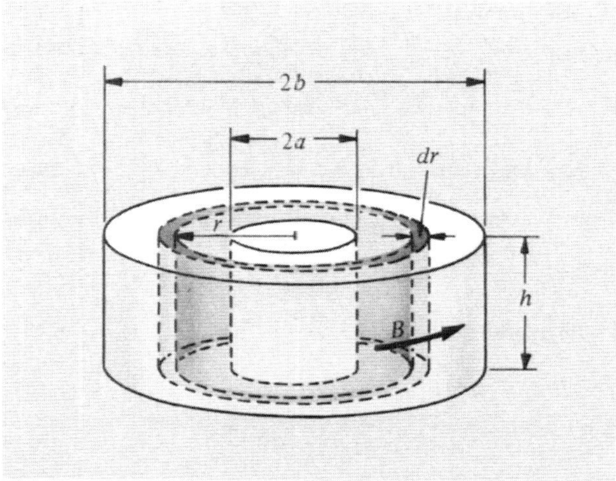

Bild 7.26 Zur Berechnung der Energie, die in dem Magnetfeld der ringförmigen Spule von Bild 7.22 gespeichert ist

gegeben. Zur Berechnung des Raumintegrals von $B^2/(2\mu_0)$ können wir als Volumenelement den in Bild 7.26 skizzierten zylindrischen Ring mit dem Volumen $2\pi rh dr$ wählen. Dehnt sich der Ring von $r = a$ bis $r = b$ aus, überstreicht er dabei den gesamten Raum, der ein Magnetfeld enthält. (Wir hatten bekanntlich festgestellt, daß das Feld B außerhalb des Torus überall verschwindet.)

$$\frac{1}{2\mu_0}\int B^2 dV = \frac{1}{2\mu_0}\int_a^b \left(\frac{\mu_0}{2\pi}\frac{NI}{r}\right)^2 2\pi rh dr$$

$$= \frac{\mu_0}{4\pi} N^2 hI^2 \ln\left(\frac{b}{a}\right). \qquad (7.73)$$

Ein Vergleich dieses Ergebnisses mit Gl. (7.71) zeigt, daß tatsächlich

$$\frac{1}{2\mu_0}\int B^2 dV = \frac{1}{2} LI^2. \qquad (7.74)$$

Als Gegenstück zu der Aussage über das elektrische Feld (Gl. (1.38)) gibt es auch hier eine allgemeinere Aussage über die Energie W_F, die mit einem beliebigen Magnetfeld $B(x, y, z)$ verknüpft ist:

$$\boxed{W_F = \frac{1}{2\mu_0} \int_{\text{gesamtes Feld}} B^2 dV.} \qquad (7.75)$$

Die Ausdrücke, die wir für die elektrische und die magnetische Feldenergie erhalten haben, wirken auf den ersten Blick recht ähnlich. Die volle Analogie ergibt sich, wenn wir für das magnetische Feld nicht **B** (Einheit T), sondern **H** (Einheit A/m) setzen (siehe Abschnitt 11.10).

Es gilt im Vakuum

$$\mathbf{B} = \mu_0 \mathbf{H} \tag{7.75a}$$

und damit die zu Gl. (1.38) analoge Beziehung

$$W_F = \frac{\mu_0}{2} \int_{\substack{\text{ges.}\\ \text{Feld}}} H^2 \cdot dV. \tag{7.75b}$$

7.11 Übungen

1. Eine Spule mit einem mittleren Radius von 12 cm besitzt 4000 Windungen. Sie rotiert mit 30 U/s in dem magnetischen Erdfeld, und zwar an einem Ort, wo die Feldstärke $5 \cdot 10^{-5}$ T beträgt. Welche Spannung wird in dieser Spule maximal induziert?
Lösung: 1,71 V
2. Ein langer gerader Draht liegt parallel zur y-Achse und läuft durch den Punkt $z = h$ auf der z-Achse. Ein Strom I fließt durch diesen Draht. Der den Stromkreis schließende Leiter ist soweit entfernt, daß sein Feld vernachlässigt werden kann. In der x, y-Ebene liegt eine quadratische Masche (Seitenlänge b) so, daß zwei ihrer Seiten parallel zu dem langen Draht liegen. Die Masche bewegt sich mit konstanter Geschwindigkeit in $\hat{x}$-Richtung. Bestimmen Sie die in der Masche induzierte Spannung zu dem Zeitpunkt, zu dem die Mitte der Masche die y-Achse schneidet.
3. Im Mittelbereich einer Zylinderspule, die von einem Radiofrequenzgenerator gespeist wird, oszilliert das Magnetfeld mit $f = 2{,}5$ MHz bei einer Amplitude von $4 \cdot 10^{-4}$ T. Wie groß ist die Amplitude des elektrischen Feldes in einem Punkt, der 3 cm von der Achse entfernt ist? (Dieser Punkt liegt in dem Bereich, in dem das magnetische Feld nahezu homogen ist.)
4. Eine Schleife bewegt sich und erreicht zu einem bestimmten Zeitpunkt die in Bild 7.27 dargestellte Lage. Wie groß ist die zu diesem Zeitpunkt in ihr induzierte Spannung? Der Widerstand der Schleife soll so groß sein, daß die Auswirkung des Stroms in der Schleife vernachlässigbar ist. (Schätzen Sie den erforderlichen Widerstandswert.) In welcher Richtung würde ein Strom zu dem angegebenen Zeitpunkt durch die Schleife fließen?

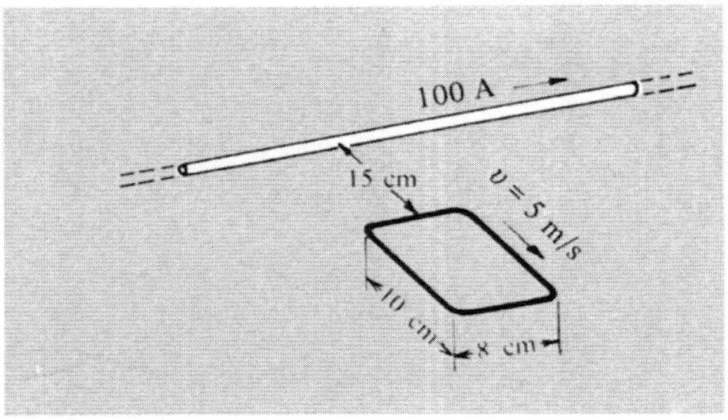

Bild 7.27

5. *Überprüfung der Energieerhaltung.* Die Schleife von Bild 7.6 soll den Widerstand R haben. Beweisen Sie: Wer auch immer die Schleife mit gleichförmiger Geschwindigkeit zieht, verrichtet dabei während des Zeitintervalls dt eine Arbeit, die genau mit der Energie übereinstimmt, die während dieses Intervalls in dem Widerstand dissipiert wird – vorausgesetzt, daß die Selbstinduktivität der Schleife vernachlässigbar ist. Wer liefert die Energie im Fall von Bild 7.14, wo die Schleife ruht?
6. Wovon hängt es ab, daß die zu erwartende induzierte Spannung in der rotierenden Schleife von Bild 7.13 sinusförmig ist: davon, daß die Schleife rechteckig ist, oder davon, daß das Magnetfeld homogen ist, oder von beiden Bedingungen? Geben Sie eine entsprechende Erklärung. Können Sie eine Anordnung aus einer rotierenden Schleife und aus feststehenden Spulen angeben, die bestimmt zu einer nichtsinusförmigen induzierten Spannung führt? Skizzieren Sie auch die Spannungs-Zeit-Kurve, die Sie bei dieser Anordnung auf dem Schirm eines Oszillographen sehen sollten.
7. *Selbstinduktivität eines Solenoids.* Wie groß ist die Selbstinduktivität einer zylindrischen Spule mit 10 cm Durchmesser und 2 m Länge? Insgesamt 1200 Windungen sind in einer einzigen Lage gewickelt. Nehmen Sie in erster Näherung an, daß das Magnetfeld innerhalb des Solenoids bis zu den beiden Enden hin homogen ist. Schätzen Sie die Größenordnung des Fehlers ab, zu dem diese Annahme führt. Ist das wahre L größer oder kleiner als der von Ihnen berechnete Näherungswert?
8. Wie muß man eine Widerstandsspule wickeln, damit ihre Selbstinduktivität klein wird?
9. *Gegeninduktivität koaxialer kreisförmiger Schleifen.* Leiten Sie eine Näherungsformel für die Gegeninduktivität zweier kreisförmiger Ringe mit dem gleichen Radius a ab, die wie Räder auf einer Achse angeordnet sind; der Abstand zwischen ihren Mittelpunkten beträgt b. Verwenden Sie eine Näherung, die auf $b \gg a$ zutrifft.
10. Die Spulen, die zuerst einen schwachen, aber doch merkbaren Galvanometerausschlag ergaben, beschreibt *Faraday* folgendermaßen: Jede von beiden wurde aus 70 m Kupferdraht um einen großen Holzblock gewickelt. Dabei kamen die Windungen der zweiten Spirale zwischen die der ersten zu liegen, waren aber von ihnen durch Garn getrennt. Das Spulensystem bestand also nur aus einer einlagigen Wicklung. Der Durchmesser des Kupferdrahtes betrug 0,2 mm. *Faraday* gibt allerdings die Dimension des Holzblocks und die Windungszahl der Spulen nicht an. Bei seinen Experimenten war eine dieser Spulen an eine „Batterie aus 100 Platten" angeschlossen. Können Sie die Dauer und die Stärke des Stromimpulses grob abschätzen, der von *Faradays* Galvanometer angezeigt wurde?
11. *Gesamtinduktivität von Spulen in Serie und eine allgemeine Regel über L und M.* Bild 7.28a zeigt zwei Spulen mit den Selbstinduktivitäten L_1 und L_2, deren Gegeninduktivität bei der dargestellten Anordnung M ist. Die positive Stromrichtung und die positive Spannungsrichtung sind für jede Spule durch Pfeile angegeben. Die Gleichungen

$$U_1 = -L_1 \frac{dI_1}{dt} \underset{?}{\pm} M \frac{dI_2}{dt} \quad \text{und} \quad U_2 = -L_2 \frac{dI_2}{dt} \underset{?}{\pm} M \frac{dI_1}{dt}$$

verknüpfen die Ströme mit den induzierten Spannungen. Welche Wahl müssen wir für die Vorzeichen treffen, wenn M stets eine positive Konstante sein soll? Was ergibt sich, wenn wir – was wir auch getan haben könnten – bei der unteren Spule die umgekehrte Richtung für den positiven Strom und die positive Spannung gewählt hätten? Wir verbinden nun die beiden Spulen, wodurch ein einziger Stromkreis entsteht (Bild 7.28b). Wie groß ist die Induktivität L' dieses Kreises, ausgedrückt durch L_1, L_2 und M? Welche Induktivität L'' besitzt der Kreis bei Zusammenschaltung der beiden Spulen entsprechend Bild 7.28c? Welche der beiden Aussagen $L' > L''$ und $L' < L''$ ist richtig? Beachten Sie, daß die Selbstindukti-

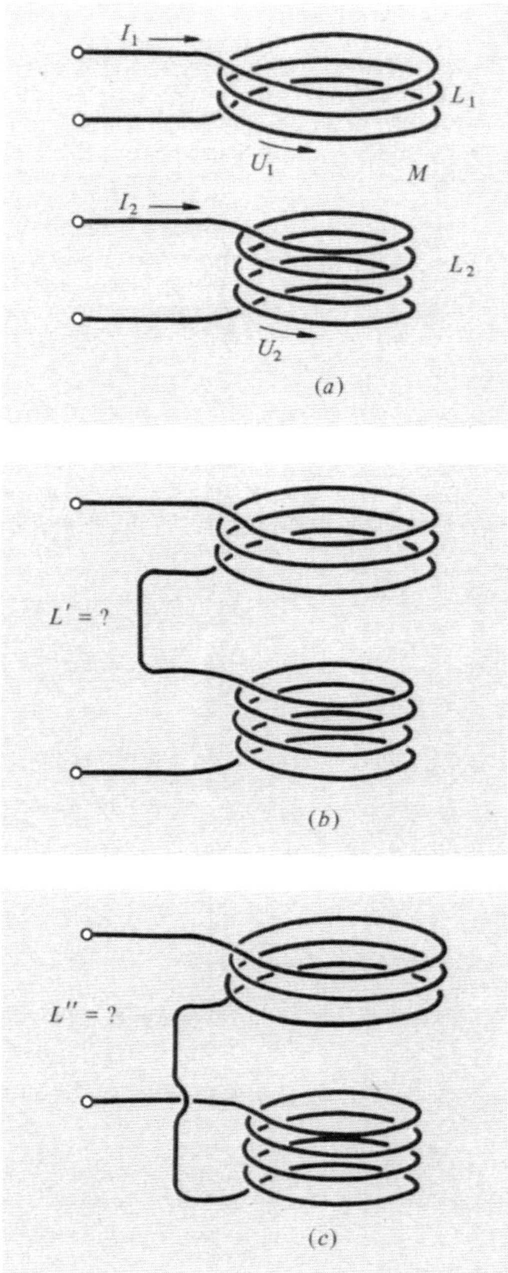

Bild 7.28

vität eines beliebigen Kreises eine positive Größe sein muß. (Warum könnte sie nicht negativ sein?) Versuchen Sie, zu einer allgemeinen Schlußfolgerung über die relative Größe von L_1, L_2 und M zu gelangen, die für jedes nur denkbare Spulenpaar zutrifft.

12. *Durch ein Magnetfeld bewegte Leiter.* Ein ozeanischer Strom fließt in einem Gebiet, in dem die Vertikalkomponente des magnetischen Erdfeldes $3{,}5 \cdot 10^{-5}$ T, beträgt, mit einer Geschwindigkeit von 1 m/s. Die Leitfähigkeit des Meerwassers hat einen Wert von $4\,(\Omega\,\mathrm{m})^{-1}$. Wie groß ist die Dichte des horizontalen Stroms unter der Annahme, daß es keine andere Horizontalkomponente von **E** als den Bewegungsterm **v** × **B** gibt? Fließt in einer mit Meerwasser gefüllten Flasche, die Sie

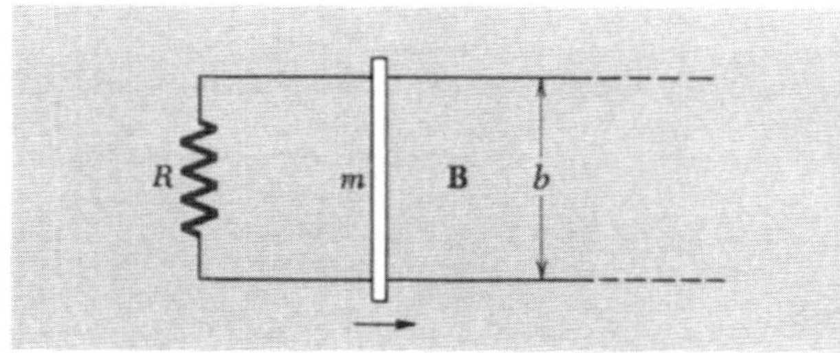

Bild 7.29

mit der gleichen Geschwindigkeit durch das Erdfeld tragen, auch ein solcher Strom?

13. *Untersuchung eines LR-Kreises.* Eine Spule (R = 0,01 Ω, L = 0,5 mH) liegt an einer 12-V-Batterie mit vernachlässigbarem Innenwiderstand. Zu welchem Zeitpunkt nach Schließen des Kreises erreicht der Strom 90 % seines Endwertes? Wie groß ist der Energiebetrag, der zu diesem Zeitpunkt in dem Magnetfeld gespeichert ist und wieviel Energie wurde der Batterie bis dahin entnommen?

14. Ein metallischer Querbalken mit der Masse m gleitet reibungslos auf zwei langen parallelen leitenden Schienen mit dem Abstand b. Ein Widerstand R verbindet das Schienenpaar an einem seiner Enden (Bild 6.36). Im Vergleich zu R ist der Widerstand des Balkens und der Schienen vernachlässigbar. Ein zu der Zeichenebene senkrechtes homogenes Feld **B** ist vorhanden. Zum Zeitpunkt $t = 0$ erhält der Querbalken die nach rechts gerichtete Geschwindigkeit v_0. Was geschieht dann weiter?
    a) Hört die Bewegung des Balkens jemals auf? Wenn ja, wann?
    b) Wie weit gleitet der Balken?
    c) Wie sieht es mit der Energieerhaltung aus?

15. Ein Draht ist so gespannt, daß er durch den Spalt eines kleinen Magneten verläuft (Bild 7.30). Im Spalt ist B = 0,5 T und die Länge des Drahtes dort 1,8 cm. Berechnen Sie die Amplitude der induzierten Wechselspannung, wenn der Draht in seiner Grundfrequenz f = 2 kHz mit einer Amplitude von 0,3 mm schwingt.

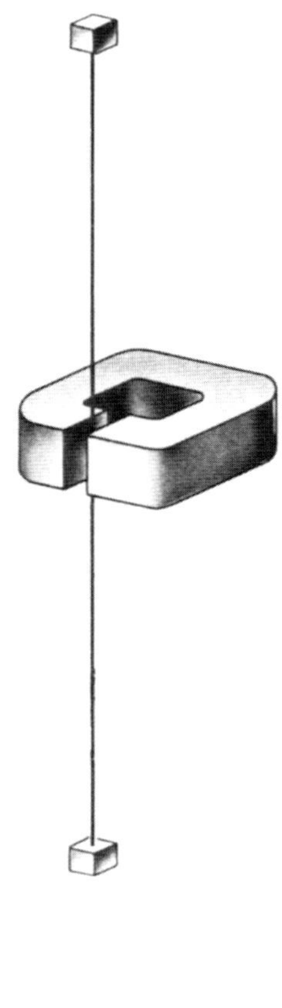

Bild 7.30

16. Der schraffierte Bereich in Bild 7.31 stellt den Pol eines Elektromagneten dar. Dort herrscht ein großes magnetisches Feld senkrecht zur Zeichenebene. Der rechteckige Rahmen ist aus einem Aluminiumstab (Durchmesser 5 mm) gebogen, und seine Enden sind zusammengeschweißt worden. Wir nehmen an, daß mit einer konstanten Kraft von 1 N der Rahmen von der gezeichneten Position aus in der Zeit von 1 s aus dem Magnetfeld gezogen werden kann. Wenn die Kraft auf 2 N verdoppelt wird, kann der Rahmen in ____ s herausgezogen werden. Der spezifische Widerstand von Messing ist etwa doppelt so groß wie der von Aluminium. Wenn der Rahmen aus einem Messingstab (Durchmesser 5 mm) besteht, ist die Kraft, um ihn in 1 s aus dem Feld zu ziehen, ____ N. Sie können in allen Fällen die Massenträgheit des Rahmens vernachlässigen.

17. Im Stromkreis von Bild 7.32 hat die 10-V-Batterie einen vernachlässigbaren Innenwiderstand. Der Schalter S ist seit einigen Sekunden geschlossen und wird dann geöffnet. Zeichnen Sie ein Diagramm, in dem Sie das elektrische Potential in bezug auf „Masse" in Abhängigkeit von der Zeit (Einteilung der Abszisse in ms) vor und bis 10 ms nach dem Öffnen des Schalters S darstellen. Zeigen Sie auch den Verlauf des Potentials im Punkt B im gleichen Zeitintervall.

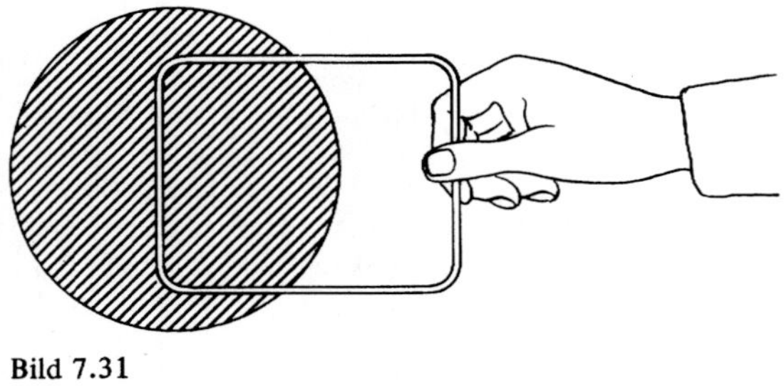

Bild 7.31

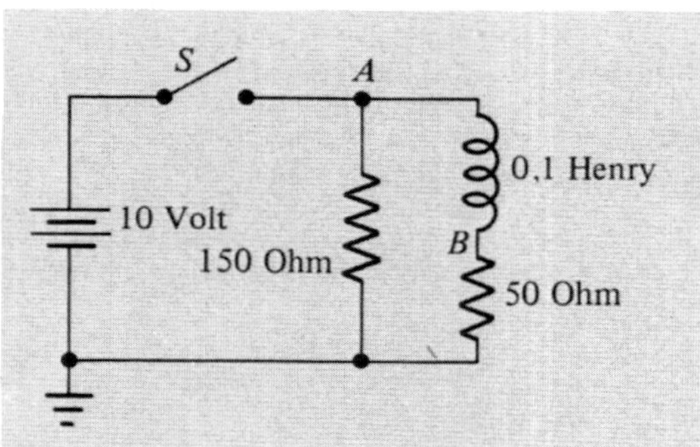

Bild 7.32

18. Eine kreisförmige Drahtspule (N Windungen, Radius a) befindet sich im Feld eines Elektromagneten. Das magnetische Feld liegt senkrecht zur Spulenfläche und hat über diese Fläche den konstanten Wert B_0. Die Spule ist über ein Paar verdrillter Leitungen an einen äußeren Widerstand angeschlossen. Der Gesamtwiderstand des geschlossenen Kreises einschließlich der Spule ist R. Wir nehmen an, daß der Elektromagnet abgeschaltet wird, so daß sein Feld mehr oder weniger schnell verschwindet. Die induzierte Spannung bewirkt im Stromkreis einen Strom. Leiten Sie eine Formel für die Gesamtladung $Q = \int I dt$, die durch den Widerstand fließt, her. Erklären Sie, warum diese nicht von der Geschwindigkeit, mit der das Feld gegen Null geht, abhängt.

19. *Zur Bedeutung des „Flusses durch einen Kreis".* Diskutieren Sie die Folgerung aus dem Satz $\Phi_{12} = \Phi_{21}$ für den Fall der beiden konzentrischen Ringe von Bild 7.20. Wenn man den Strom I_1 in dem äußeren Ring konstant hält, nimmt der Fluß Φ_{21} durch den inneren Ring bei Erhöhung von R_1 ab; dies einfach deshalb, weil das Feld im Mittelpunkt schwächer wird. Warum nimmt aber bei konstant gehaltenem Strom in dem inneren Ring der Fluß Φ_{12} durch den äußeren Ring ab, wenn R_1 zunimmt und R_2 konstant bleibt? Damit unser Satz gilt, muß dies so sein.

20. *Anwendung des Reziprozitätssatzes der Gegeninduktivität.* Auf welche Weise kann man mit dem Satz $\Phi_{21} = \Phi_{12}$ die magnetische Feldstärke eines Ringstroms bestimmen und zwar für Punkte in der Ringebene mit einem Abstand von dem Ring, der viel größer als der Ringradius ist?
Hinweis: Betrachten Sie die Auswirkung einer kleinen Änderung ΔR_1 des Radius des äußeren Ringes von Bild 7.20; diese Änderung muß auf Φ_{12} die gleiche Auswirkung haben wie auf Φ_{21}.

21. *Gegeninduktivität konzentrischer Spulen.* Bild 7.39 zeigt eine Spule (Radius a_1, Länge b_1, Windungsanzahl N_1), die sich im Inneren einer längeren Spule (Radius a_2, Länge b_2, Windungsanzahl N_2) befindet. Stellen Sie eine Gleichung für die Gegeninduktivität M auf.

22. Ein dünner Ring (Radius a, Masse m) trägt eine statische Ladung Q. Er befindet sich in einem Magnetfeld B_0, das parallel zu der Ringachse steht. Er ist so gelagert, daß er sich frei um diese Achse drehen kann. Welchen Drehimpuls erfährt der Ring, wenn das Feld abgeschaltet wird? Zeigen Sie, daß er

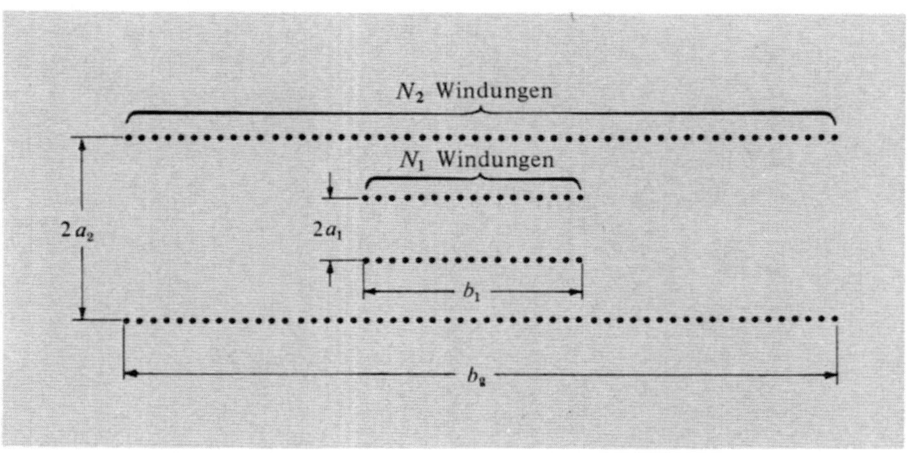

Bild 7.33

aus der Ruhe eine Winkelgeschwindigkeit $\omega = QB_0/(2m)$ erreicht. Beachten Sie, daß – wie in Übung 18 – das Ergebnis nur vom Anfangs- und Endfeld und nicht von der Änderungsgeschwindigkeit abhängt.

23. Erwiesenermaßen herrscht in weiten Teilen des interstellaren Raumes unserer Milchstraße ein magnetisches Feld zwischen 10^{-10} T und 10^{-9} T. Geben Sie für einen typischen Wert von $3 \cdot 10^{-10}$ T die Größenordnung der im magnetischen Feld der Milchstraße gespeicherten Energie an. Nehmen Sie zu diesem Zweck an, daß die Milchstraße eine Scheibe mit einer Dicke von 10^{19} m und einem Durchmesser von 10^{21} m ist. Vergleichen Sie diesen Wert für die magnetische Energie mit der Leistung von ungefähr 10^{37} W, die von der Gesamtheit der Sterne der Milchstraße abgestrahlt wird. Wieviele Jahre könnten die Sterne mit dem Vorrat an magnetischer Energie strahlen?

24. Eine supraleitende Zylinderspule, die für die Abbildung des ganzen menschlichen Körpers (Tomographie) durch magnetische Kernresonanz benötigt wird, hat einen Durchmesser von 0,9 m und eine Länge von 2,2 m. Das Feld in ihrer Mitte ist 4 T. Schätzen Sie die im Feld dieser Spule gespeicherte Energie ab.

25. Es ist abgeschätzt worden, daß das magnetische Feld an der Oberfläche eines Neutronensterns oder ***Pulsars*** 10^8 T erreichen kann. Wie groß ist die Energiedichte in einem solchen Feld? Drücken Sie diese mit Hilfe der Masse-Energieäquivalenz als Masse pro Volumen aus.

26. *Faraday* wollte auch den induzierten Strom in einem Kreis, der zu einem Teil aus Wasser, das sich im magnetischen Erdfeld bewegt, nachweisen. Hier die Beschreibung seines erfolglosen Versuches:

"I made experiments therefore (by favour) at Waterloo Bridge, extending a copper wire nine hundred and sixty feet in length upon the parapet of the bridge, and dropping from its extremities other wires with extensive plates of metal attached to them to complete contact with the water. Thus the wire and the water made one conducting circuit; and as the water ebbed or flowed with the tide, I hoped to obtain currents analogous to those of the brass ball. I constantly obtained deflections at the galvanometer, but they were very irregular, and were, in succession, referred to other causes than that sought for. The different condition of the water as to purity on the two sides of the river; the difference in temperature; slight differences in the plates, in the solder used, in the more or less perfect contact made by twisting or otherwise; all produced effects in turn: and though I experimented on the water passing through the middle arches only; used platina plates instead of copper; and took every other precaution, I could not after three days obtain any satisfactory results." (*Experimental Researches in Elektricity*, vol. I, p. 55, London, 1839.)

Nehmen Sie für die vertikale Komponente des Feldes $5 \cdot 10^{-5}$ T und einem vernünftigen Wert für die Geschwindigkeit der Gezeitenströme in der Themse an. Schätzen Sie die Größe der induzierten Spannung, die *Faraday* nachzuweisen versuchte.

27. Wir können ein Voltmeter als eine Vorrichtung zum Nachweis des Linienintegrals $-\oint \mathbf{E} \cdot d\mathbf{s}$ über einen geschlossenen Weg C verstehen. Ein Teil von C verläuft innerhalb des Instruments, der Rest besteht aus seinen Zuleitungen und den Leitern, an die sie angeschlossen sind. Das Voltmeter registriert eine positive Spannung, wenn das Integral über $\mathbf{E} \cdot d\mathbf{s}$ ***innerhalb*** des Instruments vom Anschluß ⊕ zum Anschluß ⊖ größer als Null ist. Das ist zu beachten, wenn wir die Schaltung in Bild 7.34 betrachten. Die Zylinderspule ist so lang, daß ihr äußeres Magnetfeld vernachlässigbar ist. Ihre Querschnittsfläche ist 20 cm^2, das Feld innen ist nach rechts gerichtet und wächst mit 10^{-2} T/s an. Zwei gleiche μV-Meter sind, wie gezeigt, an zwei Punkten einer Masche, die die Zylinderspule umschließt und zwei 50-Ω-Widerstände enthält, angeschlossen. Was zeigt jedes der beiden Voltmeter an? Versichern Sie sich, daß Ihre Antwort in jeder Hinsicht mit Gl. (7.25) verträglich ist.

28. Magnetfelder in guten Leitern können sich nicht schnell ändern. Wir fanden, daß der Strom in einem einfachen induktiven Stromkreis mit der charakteristischen Zeit L/R abklingt (Gl. (7.66)). Der „Stromkreis" in einem großen leitenden Körper wie dem metallischen Erdkern ist nicht leicht auszumachen. Trotzdem können wir die Größenordnung der Abklingzeit und wovon sie abhängt durch Einführung einiger

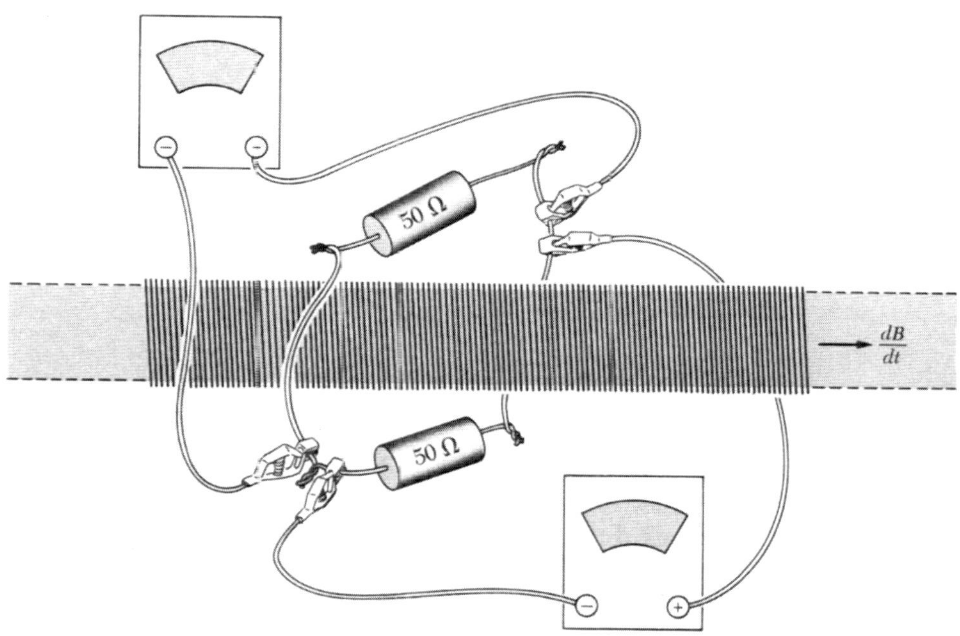

Bild 7.34

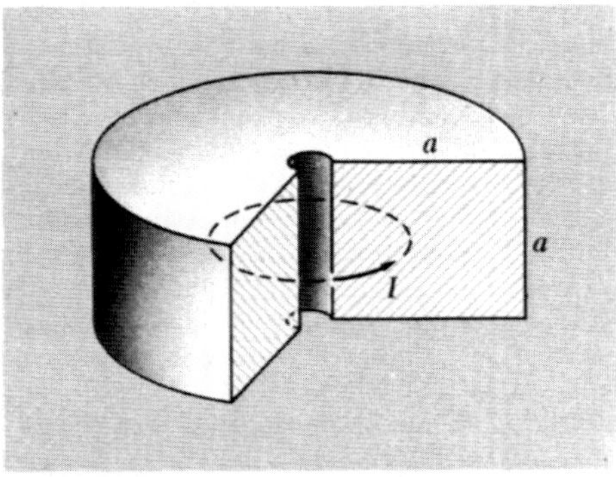

Bild 7.35

vernünftiger Näherungen herausfinden. In Bild 7.35 ist ein zylindrischer Körper dargestellt. Er besteht aus einem festen Material mit der elektrischen Leitfähigkeit σ. Ein Strom I fließt durch den rechteckigen Querschnitt. Sicherlich verteilt sich der Strom irgendwie über diesen Querschnitt; wir wollen aber annehmen, daß er wie in einem Draht mit der Fläche a^2 und der Länge πa fließt, also den Widerstand $R \approx \pi/(a\sigma)$ erfährt. Als Feld B nehmen wir das Feld, daß durch einen Ringstrom I mit dem Radius $a/2$ in der Ringmitte erzeugt wird. Die gespeicherte Energie W schätzen wir vernünftigerweise mit $B^2/(2\mu_0)$ mal dem Volumen des Körpers ab. Weil $dW/dt = -I^2R$ ist, ist die Abklingzeit für die Energie $\tau \approx W/(I^2R)$. Zeigen Sie, daß unter Vernachlässigung von Zahlenfaktoren, die von unseren verschiedenen Näherungen herrühren, $\tau \approx \mu_0\sigma a^2$ ist. Der Radius des Erdkerns ist 3000 km, für seine Leitfähigkeit nimmt man $10^6\ (\Omega\,\mathrm{m})^{-1}$, ungefähr ein Zehntel des Wertes für Eisen bei Zimmertemperatur, an. Schätzen Sie τ ab. (Angabe in der Einheit „Jahrhundert".)

29. *Vorhersage der Lichtgeschwindigkeit aus dem Ergebnis eines elektrischen Experiments.* Die Konstante c, die in den Maxwellschen Gleichungen auftritt, läßt sich aus elektrischen Experimenten, an denen nur niederfrequente Felder beteiligt sind, bestimmen. Eine entsprechende Versuchsanordnung zeigt Bild 7.36. Der Kraft zwischen den Kondensatorplatten wird durch die Kraft zwischen parallelen Drähten, in denen Ströme in der gleichen Richtung fließen, das Gleichgewicht gehalten. Eine sinusförmige Wechselspannung mit der Frequenz f liegt an dem Plattenkondensator C_1 und auch an dem Kondensator C_2. Die Ladung, die zu C_2 hinfließt und von dort abfließt, bildet den Strom durch die parallelen Drähte (Ringe).
C_2 und die verschiedenen beteiligten Abstände sollen so gewählt worden sein, daß im zeitlichen Mittel die nach unten gerichtete Kraft auf die obere Kondensatorplatte genau mit der nach unten gerichteten Kraft auf den oberen Ring im Gleichgewicht steht. (Natürlich muß das System so justiert sein, daß sich die Gewichte auf beiden Seiten auch dann das Gleichgewicht halten, wenn der Kreis offen ist, d. h. keine Spannung an den Kondensatoren liegt.) Beweisen Sie, daß sich die Konstante c unter diesen Bedingungen aus den Meßdaten des Systems wie folgt berechnen läßt:

$$c = (2\pi)^{3/2} a \left(\frac{b}{h}\right)^{1/2} \left(\frac{C_2}{C_1}\right) f.$$

Beachten Sie, daß man, abgesehen von der Messung des Verhältnisses der zwei Kapazitäten C_1 und C_2, nur *Abstands-* und *Zeit-* (oder Frequenz-)Messungen durchzuführen braucht. Elektrische Einheiten gehen als solche nicht in das Ergebnis ein. (Das Experiment ist tatsächlich bei der niedrigen Frequenz 50 Hz durchführbar, wenn man C_2 etwa 10^6 mal so groß wie C_1 wählt und die Ringe aus mehreren Windungen bestehen, damit der Effekt kleiner Ströme verstärkt wird.)

30. Angenommen, wir möchten den Fluß von **B** durch die in Bild 7.37 dargestellte Drahtschleife berechnen. Worin liegt der wesentliche Unterschied zwischen den *zwei* von der Schleife begrenzten Flächen, die die Bildteile a) und b) zeigen. Welche von ihnen, wenn dies überhaupt auf eine zutrifft, ist die richtige Fläche, die man anwenden muß, will man mit dem Flächenintegral $\int \mathbf{B} \cdot d\mathbf{A}$ den Fluß bestimmen? Beschreiben Sie die entsprechende Fläche für eine aus drei Windungen bestehende Spule. Früher hatten wir die Behauptung aufgestellt, daß die induzierte Spannung in einer kompakt gewickelten Spule aus N Windungen genau N mal so groß wie in einer einzigen Schleife derselben Größe und Gestalt ist. Zeigen Sie, daß Ihr Ergebnis mit dieser Behauptung konsistent ist.

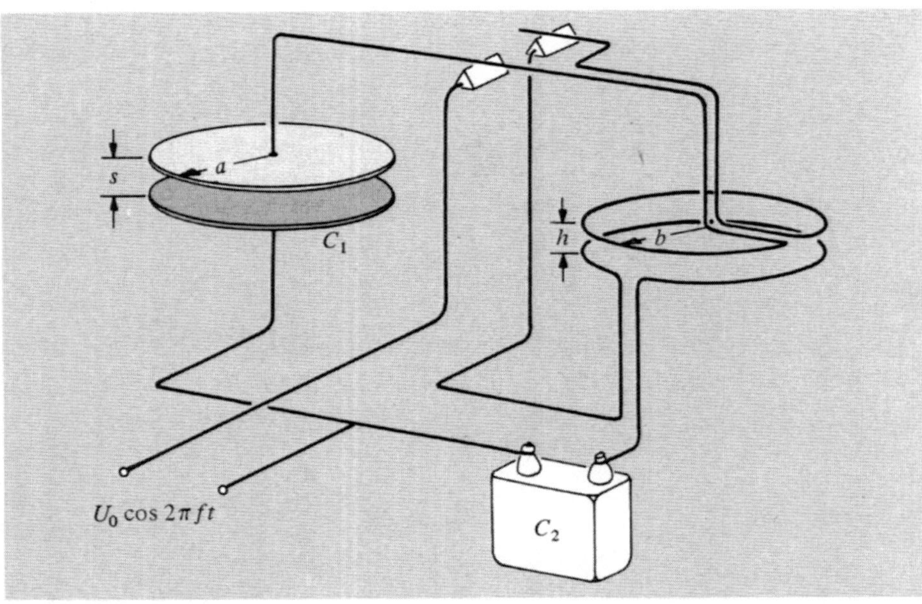

Bild 7.36

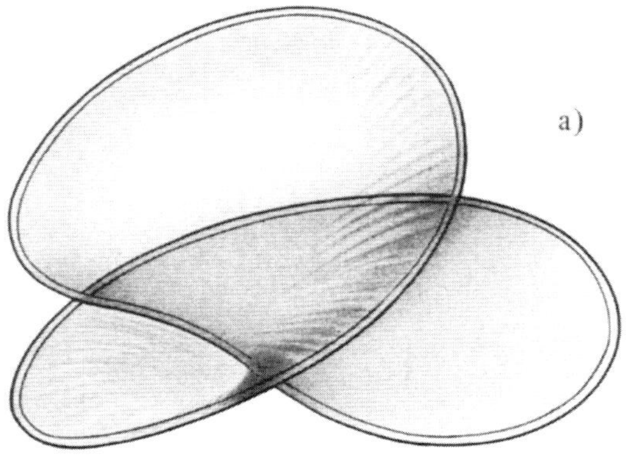

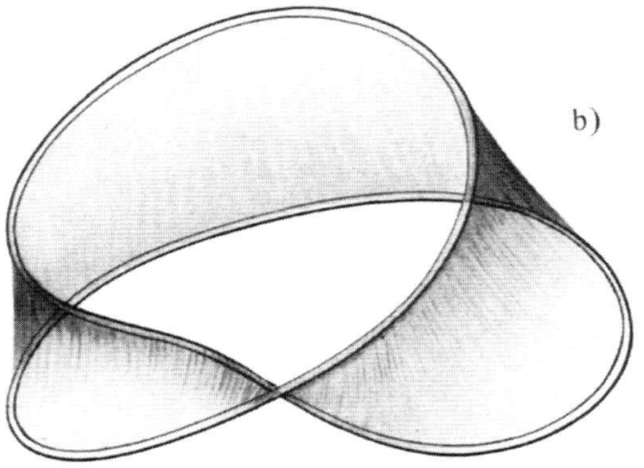

Bild 7.37

31. Ein Generator, der auf folgende Weise funktioniert, heißt *Dynamo*. Ein Leiter, der sich in einem Magnetfeld befindet, wird durch irgendeine äußere Kraft, zum Beispiel die Welle einer Dampfturbine, angetrieben. In dem Stromkreis, dem der Leiter angehört, wird eine Spannung induziert. Der zugehörige Strom erzeugt das Magnetfeld. Ein Elektroingenieur würde das einen selbsterregten Gleichstromgenerator nennen. Einer der denkbar einfachsten Dynamos ist in Bild 7.38 dargestellt. Er hat nur zwei wesentliche Teile. Ein Teil ist eine Metallscheibe mit einer Welle, um die sie rotieren kann. Der andere Teil ist eine „Spule", die feststeht und aus zwei Windungen besteht. Sie ist durch Schleifkontakte oder „Bürsten" mit der Welle und dem Rand der Drehscheibe verbunden. Eine der beiden abgebildeten Anordnung ist wenigstens potentiell ein Dynamo, die andere nicht. Welche ist der Dynamo? Beachten Sie, daß die Antwort auf diese Frage nicht von irgendwelchen Regeln über Händigkeit oder Stromrichtungen abhängen kann. Ein intelligenter Außerirdischer, der die Zeichnungen betrachtet, kann die Antwort geben, wenn er weiß, was die Pfeile bedeuten! Was bestimmt Ihrer Meinung nach die Stromrichtung in einem solchen Dynamo? Wodurch wird die Stromstärke bestimmt?

32. Ein Dynamo, wie der aus der Übung 31, hat eine kritische Winkelgeschwindigkeit ω_0. Wenn die Scheibe sich mit $\omega < \omega_0$ dreht, geschieht nichts. Die Winkelgeschwindigkeit muß mindestens so groß sein, daß die induzierte Spannung U einen Strom erzeugt, der ein Magnetfeld hervorbringt, das ausreicht, um die Spannung U zu induzieren. Die kritische Winkelgeschwindigkeit kann nur von Größe und Gestalt des Leiters und von seiner Leitfähigkeit σ abhängen. Eine für die Größe des Dynamos charakteristische Abmessung, in unserem Beispiel den Scheibenradius, bezeichnen wir mit a. Zeigen Sie, daß eine Beziehung der Form $\omega_0 = K/(\mu_0 a^2 \sigma)$ bestehen muß, wobei K ein Zahlenfaktor ist, der nur von der Anordnung und der *relativen* Größe der verschiedenen Teile des Dynamos abhängt. Für einen ganz aus Kupfer hergestellten Dynamo mäßiger Größe ist die kritische Winkelgeschwindigkeit ω_0 praktisch unerreichbar. Erst der Ferromagnetismus ermöglicht den gewöhnlichen Gleichstromgenerator dadurch, daß er ein viel stärkeres Magnetfeld hervorbringt, als es der Strom in den Spulen ohne Unterstützung erzeugen kann. Für einen Dynamo von Erdabmessungen, bei dem a in der Größenordnung 100 km liegt, ist ω_0 sehr viel kleiner. Das Magnetfeld der Erde entsteht höchstwahrscheinlich durch Bewegung im flüssigen Metallkern wie in einem nichtferromagnetischen Dynamo. Die Flüssigkeit ist geschmolzenes Eisen, das wegen der hohen Temperatur nicht ferromagnetisch ist. Wir werden das in Kapitel 11 behandeln.

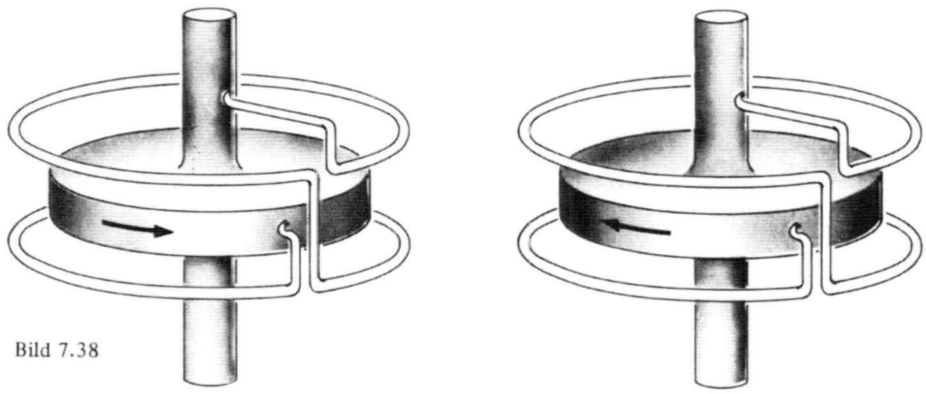

Bild 7.38

8 Wechselstromkreise

8.1 Der Resonanzkreis

Eine mit einer Schraubenfeder verbundene Masse ist ein vertrautes Beispiel für einen Oszillator. Wenn die Amplitude der Schwingung nicht zu groß ist, wird die Bewegung eine sinusartige Funktion der Zeit sein. In diesem Fall handelt es sich um einen *harmonischen Oszillator.* Charakteristisch für jeden mechanischen Oszillator ist eine rücktreibende Kraft F proportional zur Auslenkung x der Masse m aus der Gleichgewichtslage, $F = -kx$ (Bild 8.1). Die Masse wird, nachdem sie anfangs ausgelenkt wurde und keine anderen äußeren Kräfte auf sie wirken, mit konstanter Amplitude und der Kreisfrequenz $\omega = \sqrt{k/m}$ schwingen. Gewöhnlich wird irgendeine Art von Reibung sie schließlich zur Ruhe bringen. Der einfache Fall ist der, bei dem die Reibungskraft proportional zur Geschwindigkeit dx/dt der Masse ist. Ein Beispiel dafür ist die Bewegung in einer viskosen Flüssigkeit. Ein System, in dem die rücktreibende Kraft proportional zur Auslenkung x und die Reibungskraft proportional zu ihrer Zeitableitung dx/dt ist, nennt man *gedämpften harmonischen Oszillator.*

Ein elektrischer Stromkreis hat mit Kapazität und Induktivität das Wesentliche eines harmonischen Oszillators. Dank der außergewöhnlichen Linearität der elektrischen Schaltelemente ist der elektrische gedämpfte harmonische Oszillator tatsächlich idealer als die meisten mechanischen Oszillatoren. Das System, das wir zuerst studieren werden, ist der in Bild 8.2 dargestellte „*RLC*-Serienkreis“.

Der Kondensator des Kreises trage zur Zeit t die Ladung Q. Die Potentialdifferenz oder Spannung am Kondensator sei U; diese Spannung ist offensichtlich gleich der an der Kombination der beiden in Serie geschalteten Glieder L und R. Wir nennen U positiv, wenn die obere Platte des Kondensators positiv geladen ist. Die positive Stromrichtung legen wir durch die Richtung des Pfeils in Bild 8.2 fest. Bei dieser Wahl der Vorzeichen ergibt sich zwischen der Ladung Q, dem Strom I und der Spannung U am Kondensator folgende Beziehung:

$$I = -\frac{dQ}{dt}, \quad Q = CU, \quad U = L\frac{dI}{dt} + RI. \tag{8.1}$$

Von den drei Variablen Q, I und U eliminieren wir I und Q. Aus den beiden ersten Gleichungen erhalten wir $I = -C\,dU/dt$. Setzen wir diesen Ausdruck in die dritte Gleichung ein, so ergibt sich

$$U = -LC\frac{d^2U}{dt^2} - RC\frac{dU}{dt}$$

oder

$$\frac{d^2U}{dt^2} + \frac{R}{L}\frac{dU}{dt} + \frac{1}{LC}U = 0. \tag{8.2}$$

Zur Lösung dieser Differentialgleichung 2. Ordnung mit konstanten Koeffizienten versuchen wir folgenden Ansatz:

$$U = A\,e^{-\alpha t}\cos\omega t, \tag{8.3}$$

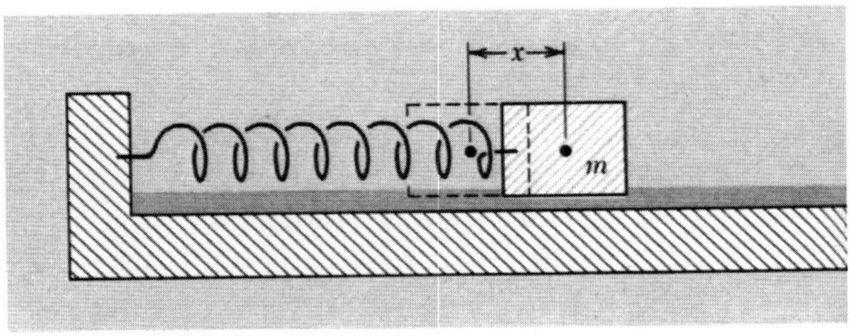

Bild 8.1 Ein mechanischer gedämpfter harmonischer Oszillator

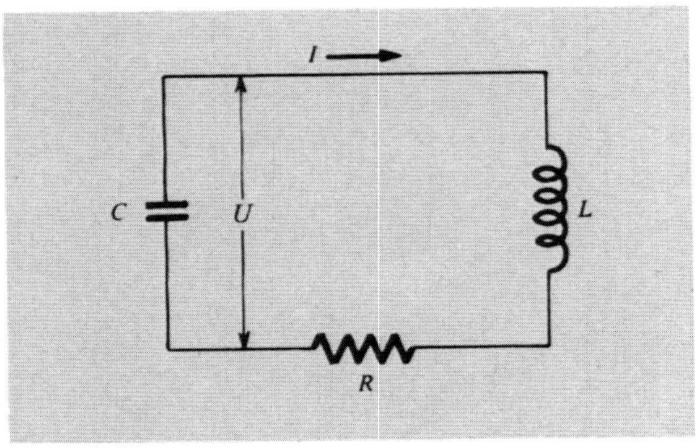

Bild 8.2 *RLC*-Serienkreis

wobei A, α und ω Konstanten sind. Als erste und zweite Ableitung dieser Funktion erhalten wir:

$$\frac{dU}{dt} = A\,e^{-\alpha t}[-\alpha\cos\omega t - \omega\sin\omega t], \tag{8.4}$$

$$\frac{d^2U}{dt^2} = A\,e^{-\alpha t}[(\alpha^2 - \omega^2)\cos\omega t + 2\alpha\omega\sin\omega t]. \tag{8.5}$$

Setzen wir nun die Ausdrücke (8.3), (8.4) und (8.5) in Gl. (8.2) ein und dividieren durch den gemeinsamen Faktor $A\,e^{-\alpha t}$, so ergibt sich:

$$(\alpha^2 - \omega^2)\cos\omega t + 2\alpha\omega\sin\omega t - \frac{R}{L}(\alpha\cos\omega t + \omega\sin\omega t) + \frac{1}{LC}\cos\omega t = 0. \tag{8.6}$$

Diese Gleichung ist dann und nur dann für alle Werte von t erfüllt, wenn die Koeffizienten von $\sin\omega t$ und $\cos\omega t$ Null sind. Dies erfordert:

$$2\alpha\omega - \frac{R\omega}{L} = 0 \tag{8.7}$$

und

$$\alpha^2 - \omega^2 - \alpha\frac{R}{L} + \frac{1}{LC} = 0. \tag{8.8}$$

Gl. (8.7) liefert eine Bedingung für α:

$$\alpha = \frac{R}{2L}, \tag{8.9}$$

während sich aus Gl. (8.8) die Forderung ergibt:

$$\omega^2 = \frac{1}{LC} - \alpha\frac{R}{L} + \alpha^2 = \frac{1}{LC} - \frac{R^2}{4L^2}. \qquad (8.10)$$

Da die Konstante ω eine reelle Zahl ist, kann ω^2 nicht negativ werden. Der nach Gl. (8.3) vorgeschlagene Lösungsansatz stellt demnach nur dann eine Lösung dar, wenn $R^2/(4L^2) \leqslant 1/(LC)$ ist. Gerade diesen Fall „schwacher Dämpfung", d.h. kleinen Widerstands im Kreis, wollen wir hier untersuchen; dazu fordern wir, daß die Größen R, L und C der Ungleichung $R < 2\sqrt{L/C}$ genügen.

Nun ist die Funktion $A\mathrm{e}^{-\alpha t}\cos\omega t$ nicht die einzig mögliche Lösung; auch $B\mathrm{e}^{-\alpha t}\sin\omega t$ stellt unter den Bedingungen (8.9) und (8.10) für α bzw. ω eine Lösung dar. Die allgemeine Lösung ist die Summe der beiden Ausdrücke $A\mathrm{e}^{-\alpha t}\cos\omega t$ und $B\mathrm{e}^{-\alpha t}\sin\omega t$:

$$U(t) = \mathrm{e}^{-\alpha t}(A\cos\omega t + B\sin\omega t). \qquad (8.11)$$

Die willkürlichen Konstanten A und B kann man so wählen, daß die Lösung Anfangsbedingungen erfüllt. Dies ist aber für uns nicht von großem Interesse: Ob die Lösung für irgendeinen bestimmten Fall die Sinus-Funktion, Cosinus-Funktion oder einer Überlagerung beider enthält, hängt in trivialer Weise nur von der Wahl des Nullpunkts der Zeitskala ab. Wesentlich ist, daß wir eine gedämpfte sinusartige Schwingung erhalten haben.

Die Änderung der Spannung mit der Zeit zeigt Bild 8.3a. Natürlich kann diese Darstellung nicht für die gesamte *Vergangenheit* gültig sein. Irgendwann in der zurückliegenden Zeit muß dem Kreis ja Energie zugeführt worden sein, ehe er sich selbst überlassen wurde. Beispielsweise hätte man den Kondensator bei zunächst offenem Kreis laden und erst dann die Verbindung mit der Induktivität und dem Widerstand herstellen, d. h. den Kreis schließen können.

In Bild 8.3b wurde gegenüber Bild 8.3a die Zeitachse gestreckt und die gestrichelte Kurve als Darstellung der zeitlichen Änderung des Stroms I hinzugefügt. Wählt man nach Gl. (8.3) für U die gedämpfte Cosinus-Funktion, dann ergibt sich für den Strom als Funktion der Zeit:

$$I = -C\frac{dU}{dt} = AC\omega\left(\sin\omega t + \frac{\alpha}{\omega}\cos\omega t\right)\mathrm{e}^{-\alpha t}. \qquad (8.12)$$

Das Verhältnis α/ω ist ein Maß für die Dämpfung der Schwingung. Ist α/ω sehr klein, so treten viele Schwingungen auf, während die Amplitude nur langsam abnimmt. In Bild 8.3 wurde für $\alpha/\omega \approx 0{,}04$ gewählt. Dann spielt der Cosinus-Term in Gl. (8.12) keine große Rolle; er verschiebt lediglich die Phase um den kleinen Winkel $\arctan\alpha/\omega$. Die Stromschwingung ist daher nahezu genau um $\pi/2$ gegen die Spannungsschwingung phasenverschoben.

Die Schwingung führt dazu, daß Energie zwischen Kapazität und Induktivität hin- und herpendelt, oder anders ausgedrückt: Zwischen dem elektrischen und dem magnetischen Feld findet ein Energieaustausch statt. Zu dem in den Bildern 8.3b und 8.3c mit 1 gekennzeichneten Zeitpunkt ist die gesamte Energie im elektrischen Feld enthalten. Eine Viertelperiode später, bei 2, hat sich der Kondensator bereits entladen, und nahezu die gesamte Energie ist nun im magnetischen Feld der Induktivität gespeichert. Inzwischen macht sich aber bereits der Widerstand R des Kreises bemerkbar und dissipiert einen Teil der Energie; so verringert sich im Laufe weiterer Schwingungen nach und nach die in den beiden Feldern verbleibende Energie.

Die relative Dämpfung eines Oszillators wird oft durch eine mit dem Symbol Q bezeichnete Zahl ausgedrückt. Für Q (nicht zu verwechseln mit der Ladung Q des Kondensators!), als Abkürzung von Qualität, hat sich die Bezeichnung *Gütefaktor* oder *Güte* eingebürgert. Für einen Oszillator mit der Kreisfrequenz ω (wobei ω das 2π-fache der Frequenz f ist, also $\omega = 2\pi f$, ist Q das dimensionslose Verhältnis:

$$Q = \omega\,\frac{\text{gespeicherte Energie}}{\text{mittlere Energiedissipation}}. \qquad (8.13)$$

Q ist die 2π-fache Anzahl der Schwingungen, während der die Energie des Oszillators um den Faktor $1/\mathrm{e}$ abnimmt.

In unserem Kreis (Bild 8.3) ist die Gesamtenergie proportional U^2 oder I^2 und daher auch proportional $\mathrm{e}^{-2\alpha t}$. Die Energie nimmt in der Zeit $t = 1/(2\alpha)$ um einen Faktor $1/\mathrm{e}$ ab; diese Zeit entspricht $\omega/(2\alpha)$ Schwingungen. In diesem Fall erhalten wir also für Q:

$$Q = \frac{\omega}{2\alpha} = \frac{\omega L}{R}. \qquad (8.14)$$

Welchen Wert hat Q – grob geschätzt – für die in Bild 8.3 dargestellte Schwingung?

Der allgemeine Fall des eben untersuchten Resonanzkreises umfaßt natürlich einige einfachere Sonderfälle. $R = 0$ entspricht dem ungedämpften Oszillator, dessen Kreisfrequenz ω_0 durch

$$\omega_0 = \frac{1}{\sqrt{LC}} \qquad (8.15)$$

gegeben ist. In den meisten Fällen wird die Dämpfung so schwach sein, daß sie bei der Berechnung der Kreisfrequenz vernachlässigt werden kann. Wie aus Gl. (8.10) hervorgeht und Übung 9 zeigen wird, hat die Dämpfung erst in zweiter Näherung einen Einfluß auf ω.

Zur Vervollständigung wollen wir noch den Fall sehr großer Dämpfung, d.h. $R > 2\sqrt{L/C}$ untersuchen. Gl. (8.2) hat dann für zwei Werte von β eine Lösung der Form $U = A\mathrm{e}^{-\beta t}$, woraus sich als allgemeine Lösung

$$U(t) = A\mathrm{e}^{-\beta_1 t} + B\mathrm{e}^{-\beta_2 t} \qquad (8.16)$$

ergibt. Es finden keine Schwingungen mehr statt, die Spannung nimmt monoton ab. Für den Grenzfall „kritischer" Dämpfung $R = 2\sqrt{L/C}$ wird $\beta_1 = \beta_2$; als Lösung der Differentialgleichung (8.2) erhalten wir dann:

$$U(t) = (A + Bt)\mathrm{e}^{-\beta t}. \qquad (8.17)$$

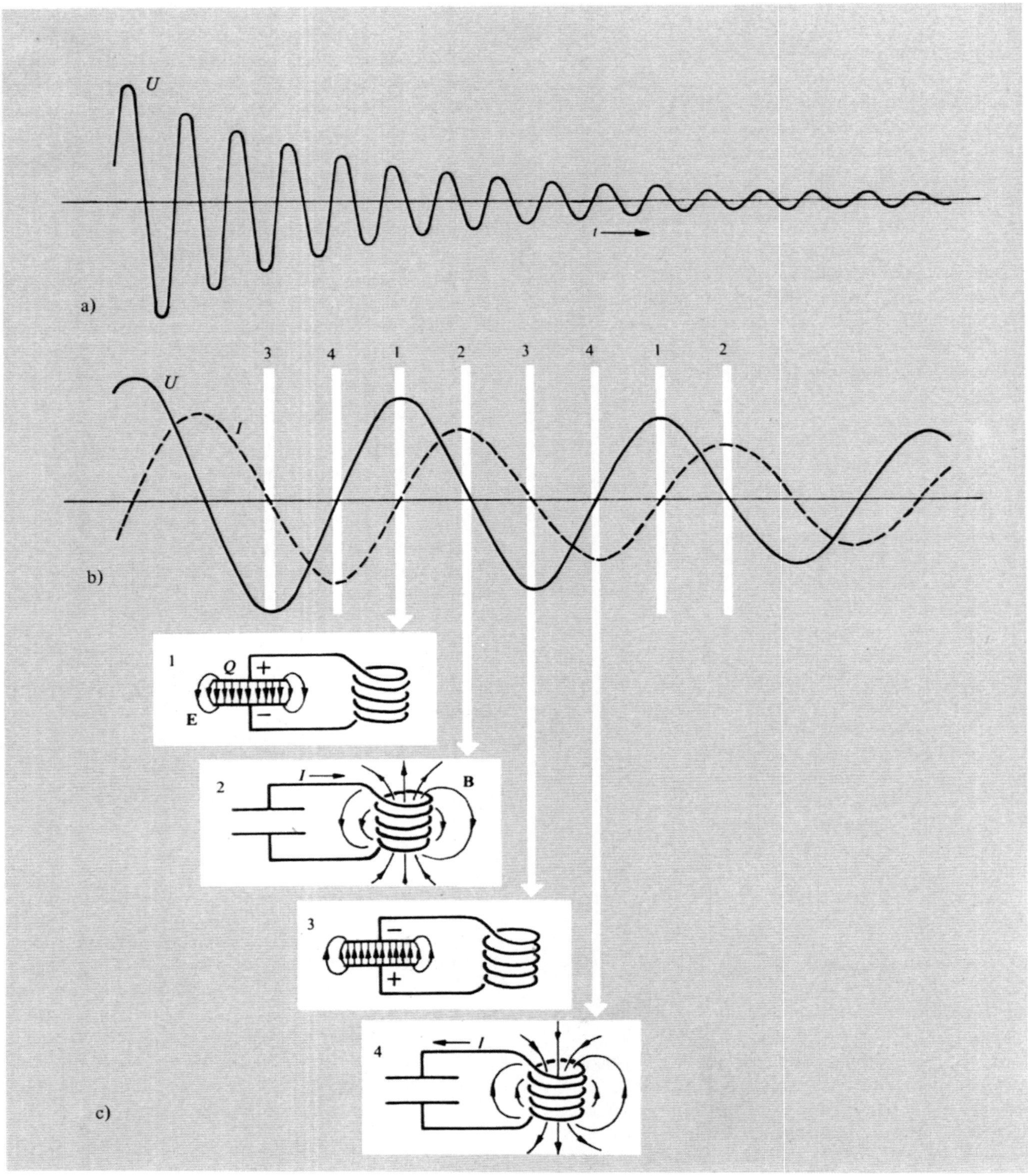

Bild 8.3

a) Die gedämpfte sinusförmige Schwingung der Spannung U in einem RLC-Kreis (der Verlustwiderstand R der Spule ist nicht gesondert eingezeichnet).

b) Ausschnitt aus a) mit gedehnter Zeit-Achse; hinzugefügt ist gestrichelt der Verlauf des Stroms I.

c) Die periodische Energieübertragung vom elektrischen zum magnetischen Feld und umgekehrt. Jedes Teilbild stellt den Zustand zu einem Zeitpunkt dar, der durch die entsprechende Zahl in b) gekennzeichnet ist.

Unter dieser Bedingung nimmt die gesamte elektromagnetische Energie im Kreis bei gegebenen L und C am schnellsten ab (siehe Übung 8).

Alle möglichen Verhaltensweisen eines Resonanzkreises sind in Bild 8.4 zusammengestellt; $U(t)$ ist für zwei schwach gedämpfte Kreise, den „kritischen" Grenzfall und für einen sehr stark gedämpften Kreis eingezeichnet. Die Größe der Kapazität und der Induktivität ist in allen Fällen die gleiche, nur der Widerstandswert wurde geändert. Die Kreisfrequenz ω_0 des (ungedämpften) Schwingkreises ist $\omega_0 = 1/\sqrt{LC} = 10^6\ \mathrm{s}^{-1}$, entsprechend einer Eigenfrequenz f_0 von $10^6/(2\pi)$ Hz bzw. 159 kHz.

Der Kreis wird durch Aufladen des Kondensators auf eine bestimmte Spannung – wir wählten als Beispiel 1 V – und durch darauf folgendes Schließen des Schalters bei $t = 0$ zum Schwingen gebracht. Dies bedeutet als erste Anfangsbedingung: $U = 1$ V zur Zeit $t = 0$. Weiter ist zur Zeit $t = 0$ der Strom $I = 0$, da die Induktivität ein unstetiges Ansteigen des Stroms verhindert. Die zweite Anfangsbedingung für U ist daher: $dU/dt = 0$ für $t = 0$. Man beachte, daß in allen 4 Fällen der Anfang der Kurven derselbe ist. In dem sehr stark gedämpften Kreis ($R = 600\ \Omega$) entspricht die Kurve im Großteil ihres Verlaufs dem einfachen exponentiellen Abfall eines RC-Kreises. Nur die Krümmung am Anfang, wo die 1. Ableitung Null wird, verrät das Vorhandensein der Induktivität L.

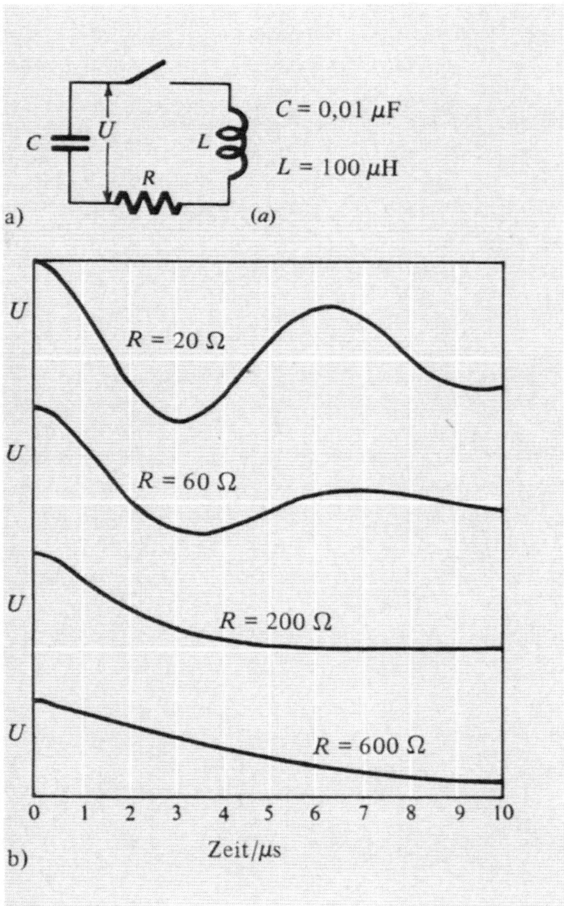

Bild 8.4

a) Nach dem Aufladen des Kondensators wird der Schalter bei $t = 0$ geschlossen.

b) 4 Fälle mit unterschiedlicher Dämpfung; einer davon, $R = 200\ \Omega$, ist der aperiodische Grenzfall.

8.2 Wechselstrom

Der oben behandelte Resonanzkreis enthielt keine Energiequelle; er konnte deshalb nach Erregung nur *vorübergehend* in Tätigkeit sein, seine Schwingungen mußten früher oder später abklingen. Im Gegensatz dazu befassen wir uns in einem Wechselstromkreis mit einem *stationären* Zustand, für den Strom und Spannung ohne Änderung der Amplitude sinusförmig schwingen. Irgendeine Wechselspannung hält das System in Gang.

Die Frequenz eines Wechselstroms ist der Kehrwert der Dauer der Periode (Schwingungsdauer). Die Einheit heißt Hertz (Hz) nach dem Entdecker[61]) der elektromagnetischen Wellen. In unseren Gleichungen erscheint meistens die Kreisfrequenz $\omega = 2\pi f$, deren Einheit s^{-1} geschrieben wird. Dadurch wird es möglich, bei der Angabe von Werten zu unterscheiden, ob es sich um die Frequenz f oder die Kreisfrequenz ω handelt. Für die zeitliche Periodizität des bei uns üblichen Wechselstroms aus dem Netz muß man also entweder 50 Hz (Frequenz) oder $314\ \mathrm{s}^{-1}$ (Kreisfrequenz) angeben.

Wir wollen nun eine Wechselspannung mit $U = U_0 \cos\omega t$ in einen Kreis mit einem ohmschen Widerstand und einer Induktivität legen. U können wir uns durch eine Maschine erzeugt denken, die etwa der in Bild 7.13 dargestellten gleicht; dabei müßte ein Motor die Schleife mit konstanter Winkelgeschwindigkeit ω drehen. Das Symbol links im Bild 8.5 bedeutet eine Wechselspannungsquelle. Dieser Generator ist mit dem übrigen Stromkreis in Reihe geschaltet. Dabei muß er nicht unbedingt an einer bestimmten Stelle eingebaut sein. Nur das Linienintegral über den gesamten Stromkreis ist wichtig. Bild 8.5 könnte genauso gut einen Stromkreis darstellen, in dem die Spannung über die gesamte vom Stromkreis eingeschlossene Fläche durch ein sich veränderndes Magnetfeld erzeugt wird. Wie bei Ableitung von Gl. (7.61) soll die Summe der Spannungsabfälle an den Elementen des Kreises gleich U sein. Die

[61]) 1897 demonstrierte *Heinrich Hertz* elektromagnetische Wellen, die er durch oszillierende Ströme in einem makroskopischen Schaltkreis erzeugte. Die Frequenz war ungefähr 10^9 Hz, was einer Wellenlänge von 30 cm entspricht. Obwohl die 15 Jahre vorher entwickelte Maxwellsche Theorie kaum Zweifel zuließ, daß Licht eine elektromagnetische Erscheinung ist, waren die Experimente von *Hertz* in der Geschichte des Elektromagnetismus ein bedeutsamer Wendepunkt.

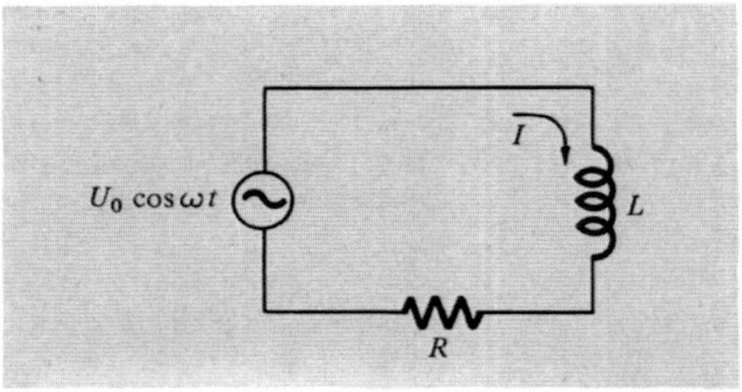

Bild 8.5 Wechselstromkreis mit Induktivität und ohmschem Widerstand

Gleichung, die dann für den Strom I gelten muß, lautet:

$$L \frac{dI}{dt} + RI = U_0 \cos\omega t. \tag{8.18}$$

Vorübergehend kann sich zwar zu Beginn ein anderes Verhalten einstellen, das von den Anfangsbedingungen abhängt, d.h. davon, wie und wann der Generator angelassen wird. Wir wollen hier aber nur den stationären Zustand untersuchen, in dem der Strom genau mit der Frequenz der Wechselspannung schwingt und seine Amplitude und seine Phase den Bedingungen von Gl. (8.18) entsprechen.

Um zu zeigen, daß dies möglich ist, wollen wir einen Strom betrachten, der durch

$$I = I_0 \cos(\omega t + \varphi) \tag{8.19}$$

beschrieben wird. Diesen Ausdruck müssen wir in Gl. (8.18) einsetzen, um die Werte der Konstanten I_0 und φ zu bestimmen:

$$-LI_0\, \omega \sin(\omega t + \varphi) - RI_0 \cos(\omega t + \varphi) = U_0 \cos\omega t. \tag{8.20}$$

Mit

$$\sin(\omega t + \varphi) = \sin\omega t \cos\varphi + \cos\omega t \sin\varphi$$

und

$$\cos(\omega t + \varphi) = \cos\omega t \cos\varphi - \sin\omega t \sin\varphi$$

erhalten wir:

$$-LI_0\, \omega(\sin\omega t \cos\varphi + \cos\omega t \sin\varphi) + RI_0(\cos\omega t \cos\varphi - \sin\omega t \sin\varphi) = U_0 \cos\omega t. \tag{8.21}$$

Setzen wir die Koeffizienten von $\cos\omega t$ und $\sin\omega t$ gleich Null, so ergibt sich aus Gl. (8.21):

$$-LI_0\, \omega \cos\varphi - RI_0 \sin\varphi = 0, \tag{8.22}$$

und daraus

$$\tan\varphi = -\frac{\omega L}{R}, \tag{8.23}$$

$$-LI_0\, \omega \sin\varphi + RI_0 \cos\varphi - U_0 = 0, \tag{8.24}$$

daraus folgt:

$$I_0 = \frac{U_0}{R\cos\varphi - \omega L \sin\varphi} = \frac{U_0}{R(\cos\varphi + \sin\varphi \tan\varphi)} = \frac{U_0 \cos\varphi}{R} \tag{8.25}$$

Da nach (Gl. (8.23)

$$\cos\varphi = \frac{R}{\sqrt{R^2 + \omega^2 L^2}}, \tag{8.26}$$

ergibt sich schließlich für I_0:

$$I_0 = \frac{U_0}{\sqrt{R^2 + \omega^2 L^2}}. \tag{8.27}$$

In Bild 8.6 sind die Schwingungen von U und I gemeinsam dargestellt. Da φ hier negativ ist, erreicht die Stromstärke ihr Maximum etwas *später* als die Spannung. Häufig drückt man dies durch die Feststellung aus, daß „im induktiven Kreis der Strom der Spannung nacheilt". Die Größe ωL, die die Dimension eines Widerstands hat und in Ω ausgedrückt werden kann, heißt *induktiver Widerstand.*

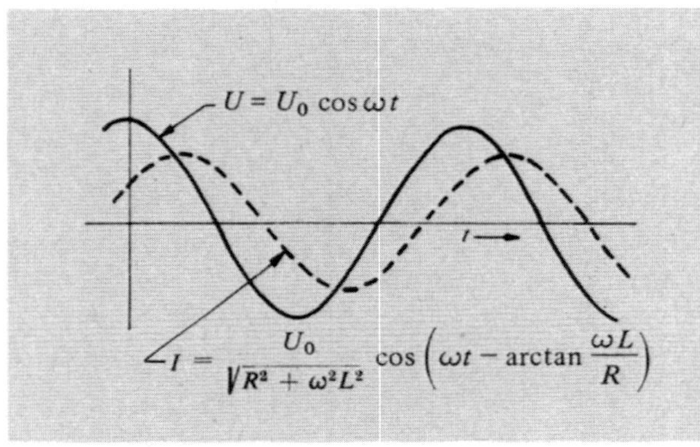

Bild 8.6 Strom und Spannung für den Kreis von Bild 8.4 sind entlang derselben Zeitachse aufgetragen. Beachten Sie die Phasendifferenz.

Ersetzen wir die Induktivität L durch eine Kapazität C (Bild 8.7), so erhalten wir einen Kreis, für den folgende Gleichung gilt:

$$-\frac{Q}{C} + RI = U_0 \cos\omega t. \tag{8.28}$$

Die Lösung für den stationären Zustand ist:

$$I = I_0 \cos(\omega t + \varphi). \tag{8.29}$$

Da $I = -dQ/dt$ ist, erhalten wir:

$$Q = -\int I\, dt = -\frac{I_0}{\omega} \sin(\omega t + \varphi). \tag{8.30}$$

Zu beachten ist, daß man beim Übergang von I zu Q durch Integration keine Integrationskonstante benötigt, da Q im

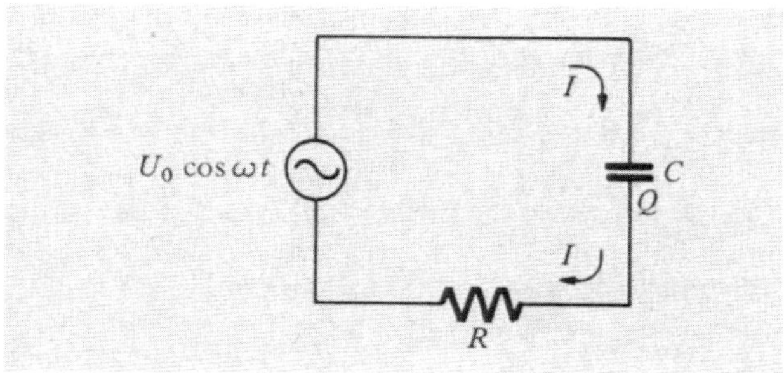

Bild 8.7 Ein Wechselstromkreis mit einem ohmschen Widerstand und einer Kapazität.

stationären Zustand bekanntlich symmetrisch um die Nullage schwingen muß.

Setzen wir den Wert für Q nach Gl. (8.30) in Gl. (8.28) ein, so ergibt sich:

$$\frac{I_0}{\omega C}\sin(\omega t+\varphi)+RI_0\cos(\omega t+\varphi)=U_0\cos\omega t. \quad (8.31)$$

Wie im Fall des Kreises mit einer Induktivität erhalten wir Bedingungen für φ und I_0 aus der Forderung, daß die Koeffizienten von $\cos\omega t$ und $\sin\omega t$ getrennt für sich Null werden sollen. Dann ist

$$\tan\varphi=\frac{1}{R\omega C} \quad (8.32)$$

und

$$I_0=\frac{U_0}{\sqrt{R^2+\left(\frac{1}{\omega C}\right)^2}}\,. \quad (8.33)$$

Der Phasenwinkel ist jetzt positiv, d.h. „im kapazitiven Kreis eilt der Strom der Spannung voraus". Die Bedeutung dieser Redeweise zeigt Bild 8.8. Die Größe $1/(\omega C)$, die die Dimension eines Widerstands hat und in Ω ausgedrückt werden kann, heißt *kapazitiver Widerstand.*

Mathematisch gesehen ist die Funktion

$$I=\frac{U_0}{\sqrt{R^2+\omega^2L^2}}\cos\left(\omega t-\arctan\frac{\omega L}{R}\right) \quad (8.34)$$

eine *partikuläre Lösung* der Differentialgleichung (8.18). Zu ihr könnte irgendeine *Lösung der homogenen Differentialgleichung*

$$L\frac{dI}{dt}+RI=0 \quad (8.35)$$

addiert werden. Diese Gleichung entspricht Gl. (7.65), deren Lösung in Abschnitt 7.9 als exponentiell abnehmende Funktion

$$I\sim e^{-\frac{R}{L}t} \quad (8.36)$$

gefunden wurde. Die physikalische Bedeutung dieser Lösung ist: Ein vorübergehender, durch die Anfangsbedingungen bestimmter Zustand klingt mit der Funktion $I(t)$ nach Gl. (8.36) ab. Nach einer Zeit $t \gg L/R$ verschwindet dieser Ausdruck, und es bleibt nur die reine sinusförmige Schwingung mit der Frequenz der Wechselspannung erhalten; diese wird durch das partikuläre Integral nach Gl. (8.34) ausgedrückt.

Die Ähnlichkeit unserer Ergebnisse für den RL-Kreis und den RC-Kreis führte direkt zur Behandlung eines Kreises mit einer Induktivität und einer Kapazität in Serie. Wir wollen uns vorstellen, daß ein Wechselstrom $I=I_0\cos(\omega t+\varphi)$ irgendwie veranlaßt wurde, durch eine solche Kombination (Bild 8.9) zu fließen. Die Spannung U_L an der Induktivität wird dann

$$U_L=L\frac{dI}{dt}=-I_0\,\omega L\sin(\omega t+\varphi) \quad (8.37)$$

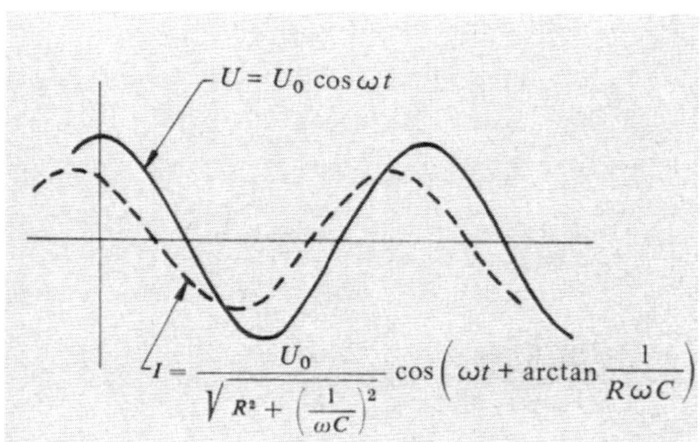

Bild 8.8 Der Strom im RC-Kreis. Man vergleiche die Phasenverschiebung in diesem Kreis mit der im induktiven Kreis (Bild 8.5). Das Maximum von I erscheint hier etwas früher als das Maximum von U.

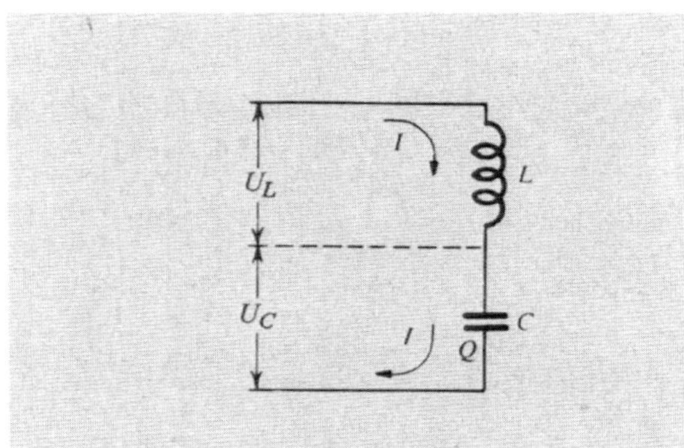

Bild 8.9 Induktivität und Kapazität in Reihe sind einem einzigen Wechselstromelement äquivalent, das entweder eine Kapazität oder eine Induktivität ist, je nachdem ob $\omega^2 LC$ größer oder kleiner als 1 ist.

sein. Für die Spannung U_C am Kondensator wird sich, wenn man das Vorzeichen entsprechend dem Vorzeichen von U_L wählt,

$$U_C = -\frac{Q}{C} = \frac{1}{C}\int I dt = \frac{I_0}{\omega C} \sin(\omega t + \varphi) \tag{8.38}$$

ergeben. Die Spannung an den beiden in Reihe geschalteten Elementen ist somit:

$$U = U_L + U_C = -\left(\omega L - \frac{1}{\omega C}\right) I_0 \sin(\omega t + \varphi). \tag{8.39}$$

Für eine *vorgegebene* Kreisfrequenz ist die Reihenschaltung offensichtlich einem einzigen Element äquivalent – entweder einer Induktivität oder einer Kapazität, je nachdem, ob die Größe $(\omega L - 1/(\omega C))$ positiv oder negativ ist. Angenommen, es sei $\omega L > 1/(\omega C)$; dann ist die Reihenschaltung einer Induktivität L' äquivalent; es gilt

$$\omega L' = \omega L - \frac{1}{\omega C}. \tag{8.40}$$

Die *Äquivalenz* bedeutet hier jedoch *nur*, daß die Beziehung zwischen Strom und Spannung – im stationären Zustand und für eine vorgegebene Kreisfrequenz ω – dieselbe ist. In diesem Fall können wir L und C durch L' ersetzen.

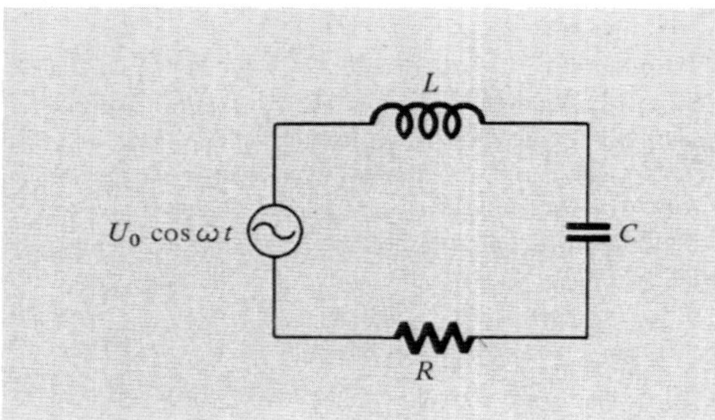

Bild 8.10 Der RLC-Kreis

Dies kann auf den einfachen RLC-Kreis in Bild 8.10 angewendet werden. Wir brauchen nur nochmals an die Gln. (8.23) und (8.27), an die Lösung des RL-Kreises mit der Wechselspannung $U = U_0 \cos \omega t$ zu denken und ωL durch $\omega L - 1/(\omega C)$ zu ersetzen:

$$I = \frac{U_0}{\sqrt{R^2 + \left(\omega L - \frac{1}{\omega C}\right)^2}} \cos(\omega t + \varphi), \tag{8.41}$$

$$\tan \varphi = \frac{1}{R \omega C} - \frac{\omega L}{R}. \tag{8.42}$$

Bei konstant gehaltener Spannungsamplitude U_0 und vorgegebenen Kreiselementen L, C und R erhalten wir den größtmöglichen Strom, wenn die Kreisfrequenz der Wechselspannung die Gleichung

$$\omega L - \frac{1}{\omega C} = 0 \tag{8.43}$$

erfüllt. Dies entspricht der Aussage, daß $\omega = 1/\sqrt{LC} = \omega_0$, die Resonanzfrequenz des ungedämpften LC-Kreises, ist. In diesem Fall reduziert sich Gl. (8.41) zu

$$I = \frac{U_0 \cos \omega t}{R}. \tag{8.44}$$

Dies ist genau der Strom, der auch dann fließen würde, wenn der Kreis nur den ohmschen Widerstand allein enthielte.

Als Beispiel wollen wir den Kreis von Bild 8.4a betrachten, dem nun von einem Generator die Spannung $U = U_0 \cos \omega t$ zugeführt wird. Die Kreisfrequenz der Spannung kann von der Resonanzfrequenz $\omega_0 = 1/\sqrt{LC}$ verschieden sein; bei den vorgegebenen Werten für die Kapazität (0,01 μF) und die Induktivität (100 μH) ist $\omega_0 = 10^6\,\mathrm{s}^{-1}$. Bild 8.11 zeigt die Amplitude der Stromschwingung in Abhängigkeit vom Wert der Kreisfrequenz ω für drei verschiedene Werte des Kreiswiderstands R. Dabei liegt die Annahme zugrunde, daß die Amplitude U_0 der Spannung in allen drei Fällen 100 V ist. Beachten Sie die Resonanzspitze bei $\omega = \omega_0$, die sich bei dem kleinsten Widerstand sehr ausgeprägt einstellt. Bei demselben Wert von R hatte sich der Kreis, als gedämpfter Schwingkreis ohne Spannungsquelle, wie in der obersten Kurve von Bild 8.4b abgebildet, verhalten.

Der Wert Q (der Gütefaktor) des Kreises wurde in Gl. (8.14) als $\omega_0 L/R$ definiert[62]; in unserem Beispiel ergibt sich für $Q = 10^6 \cdot 10^{-4}/20 = 5$. Die Resonanzkurve wird als Funktion von ω um so steiler und höher, je größer Q des Kreises ist. Um diese Aussage exakter formulieren zu können, wollen wir Frequenzen in der Umgebung von ω_0 untersuchen und dafür $\omega = \omega_0 + \Delta\omega$ setzen. In erster Näherung von $\Delta\omega/\omega_0$ ergibt sich dann für den Ausdruck $\omega L - 1/(\omega C)$ im Nenner von Gl. (8.41):

$$\omega L - \frac{1}{\omega C} = \omega_0 L \left(1 + \frac{\Delta\omega}{\omega_0}\right) - \frac{1}{\omega_0 C \left(1 + \frac{\Delta\omega}{\omega_0}\right)}. \tag{8.45}$$

Da $\omega_0 = 1/\sqrt{LC}$, folgt daraus:

$$\omega_0 L \left(1 + \frac{\Delta\omega}{\omega_0} - \frac{1}{1 + \frac{\Delta\omega}{\omega_0}}\right) \approx \omega_0 L \cdot 2 \frac{\Delta\omega}{\omega_0}. \tag{8.46}$$

Der Ausdruck unter dem Wurzelzeichen im Nenner von Gl. (8.41) wird bei Resonanz genau R^2. Ändert sich nun

[62]) In Gl. (8.14) war ω die Eigenfrequenz des freien, gedämpften Oszillators und hatte bei schwacher Dämpfung praktisch denselben Wert wie ω_0. Hier verwenden wir nun ω_0 in der Definitionsgleichung von Q und bezeichnen mit ω irgendeine Frequenz, die wir an den Kreis anlegen.

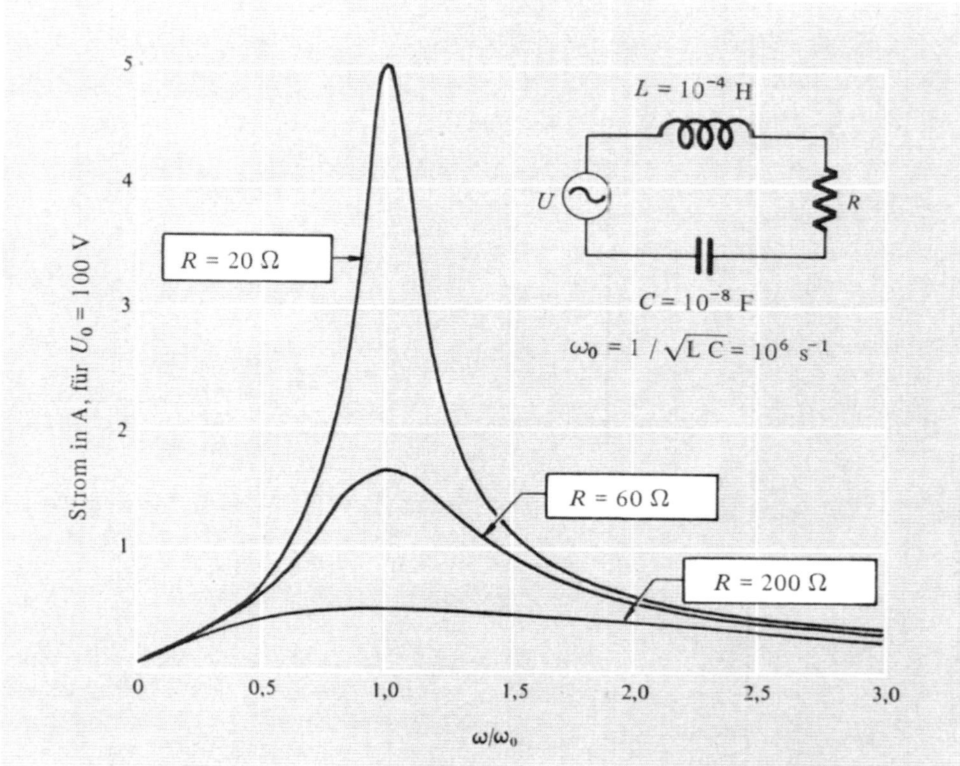

Bild 8.11
Eine Wechselspannung habe in einem *RLC*-Serienkreis die Amplitude 100 V. Die Elemente des Kreises sind dieselben wie im Beispiel für den gedämpften Kreis nach Bild 8.4. Die Stromamplitude ist, berechnet nach Gl. (8.41), als Funktion von ω/ω_0 für drei verschiedene Widerstandswerte aufgetragen.

der Wert von ω und entfernen wir uns vom Resonanzfall, so wird sich die Größe unter dem Wurzelzeichen genau dann verdoppelt haben, wenn $|\omega L - 1/(\omega C)| = R$ wird oder wenn näherungsweise

$$2\,\frac{\Delta\omega}{\omega_0} = \frac{R}{\omega_0 L} = \frac{1}{Q} \tag{8.47}$$

ist. Das bedeutet, daß die Stromamplitude dann um das $1/\sqrt{2}$-fache des Spitzenbetrages gefallen ist, wenn $\Delta\omega/\omega_0 = 1/(2Q)$ wird. Dies ist genau an den Punkten halber Leistung der Fall. Wir werden nämlich in Abschnitt 8.5 sehen, daß die Leistung (Energie) dem Amplitudenquadrat proportional ist. Man drückt die Breite der Resonanzkurve oft durch die sogenannte Halbwertsbreite, das ist der Frequenzabstand zwischen den Punkten halber Intensität, aus; offensichtlich ist sie gleich dem $1/Q$-fachen der Resonanzfrequenz. Kreise mit einem viel größeren Q als in unserem Beispiel kommen häufig vor. Ein Rundfunkempfänger kann nur deshalb auf einen bestimmten Sender eingestellt werden, ohne daß sich ein benachbarter Sender bemerkbar macht, weil sein Schwingkreis ein Q von einigen 10^2 hat. Mikrowellen-Resonanzkreise können sogar mit einem Q von 10^4 oder sogar 10^5 hergestellt werden.

Der Winkel φ, der die Phasendifferenz zwischen der Stromschwingung und der Schwingung der Wechselspannung charakterisiert, ändert sich mit der Frequenz, wie Bild 8.12 zeigt. Bei sehr niedrigen Frequenzen bildet die Kapazität das Haupthindernis für das Fließen des Stroms, und φ ist postiiv. Bei Resonanz ist $\varphi = 0$. Wird die Frequenz über ω_0 hinaus erhöht, so wechselt φ um so schneller von positiven zu negativen Werten, je größer Q ist.

8.3 Wechselstromnetzwerke

Jede beliebige Schaltung aus Widerständen, Kapazitäten und Induktivitäten, in der Ströme mit der konstanten Frequenz ω oszillieren, heißt Wechselstromnetzwerk. Eine Spannung (oder auch mehrere) derselben Frequenz hält die Schwingung in Gang. Bild 8.13 gibt das Schaltbild eines solchen Netzwerkes wieder. Die Wechselspannungsquelle wird dabei durch das Symbol –(~)– gekennzeichnet. In irgendeinem Zweig des Netzwerks, z. B. in dem mit der Induktivität L_2, ist die Stromstärke von der Zeit abhängig:

$$I_2 = I_{02}\cos(\omega t + \varphi_2). \tag{8.48}$$

Da die Frequenz für das gesamte Netzwerk konstant ist, genügen zwei Größen, wie beispielsweise die Amplitude I_{02} und die Phasenkonstante φ_2, um die Stromstärke in einem bestimmten Zweig für immer festzulegen. In ähnlicher Weise oszilliert die Spannung, die an einem Zweig liegt, mit einer bestimmten Amplitude und Phase:

$$U_2 = U_{02}\cos(\omega t + \theta_2). \tag{8.49}$$

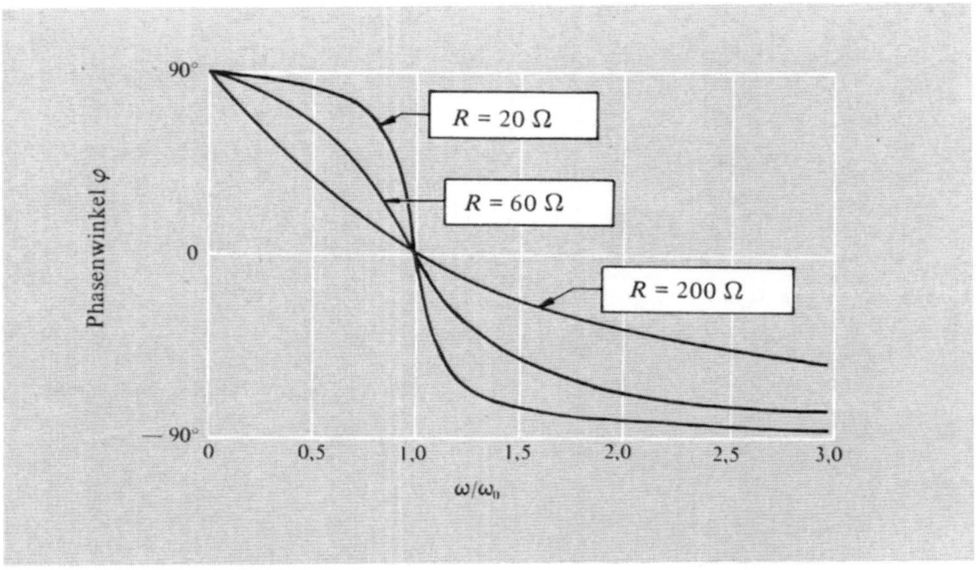

Bild 8.12
Die Änderung des Phasenwinkels mit der Frequenz für den Kreis nach Bild 8.11.

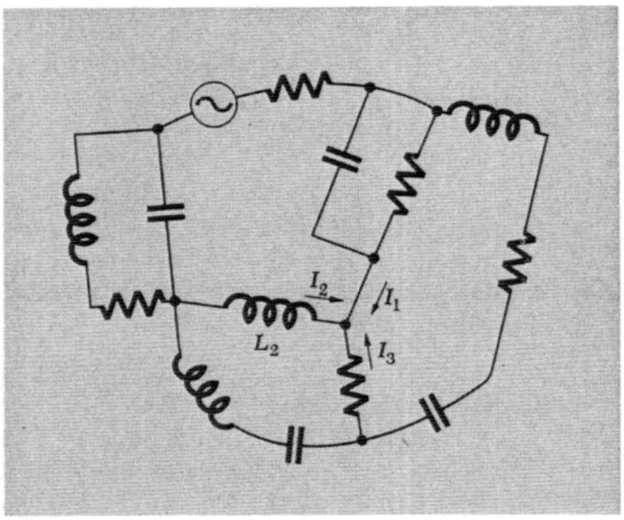

Bild 8.13 Beispiel für ein Wechselstromnetzwerk

Mit der Bestimmung der Stromstärken und Spannungen in allen Zweigen hat man ein Netzwerk vollständig analysiert. Natürlich lassen sich die Stromstärken und Spannungen dadurch ermitteln, daß man alle passenden Differentialgleichungen aufstellt und sie dann löst; im Fall des Einschwingvorgangs in einem Netzwerk wird man auch so ähnlich vorgehen müssen. Bei der Untersuchung eines Netzwerks im stationären Zustand bei einer gegebenen Frequenz ω können wir uns jedoch einer wesentlich einfacheren und eleganteren Methode bedienen. Sie beruht auf zwei Annahmen:

I. Wechselströme und Wechselspannungen können durch komplexe Zahlen dargestellt werden.

II. Jeder beliebige Zweig des Netzwerks (bzw. jedes seiner Elemente) kann bei gegebener Frequenz durch die Beziehung zwischen der Spannung und der Stromstärke in dem betreffenden Zweig charakterisiert werden.

Die erste Annahme bedient sich der bemerkenswerten mathematischen Identität

$$e^{i\theta} = \cos\theta + i\sin\theta, \qquad (8.50)$$

wobei $i^2 = -1$ ist. Um sie entsprechend anwenden zu können, führen wir folgende *Regel* für die Darstellung von Wechselströmen (oder Wechselspannungen) in komplexer Schreibweise ein:

> Ein Wechselstrom $I_0 \cos(\omega t + \varphi)$ wird durch die komplexe Größe $I_0 e^{i\varphi}$ dargestellt, d.h. durch die Größe, deren Realteil $I_0 \cos\varphi$ und deren Imaginärteil $I_0 \sin\varphi$ ist.
> Umgekehrt gilt: Stellt die komplexe Größe $x + iy$ einen Strom dar, dann ist der Strom als Funktion der Zeit durch den Realteil des Produkts $(x + iy)e^{i\omega t}$ gegeben.

Bild 8.14 veranschaulicht diese zweiseitige Entsprechung. Da sich eine komplexe Größe $z = x + iy$ in der zweidimensionalen Ebene (komplexe Ebene) graphisch darstellen läßt, kann man sich einfach die Phasenkonstante als Winkel arctan y/x und die Amplitude I_0 als Betrag $\sqrt{x^2 + y^2}$ der komplexen Größen vorstellen.

Die geschilderte Vorgangsweise ist nützlich, da *die komplexe Darstellung der Summe zweier Ströme gleich der Summe ihrer komplexen Darstellung ist.* Als Beispiel dafür betrachte man in Bild 8.13 die Summe der beiden Ströme I_1 und I_2, die zu einem gemeinsamen Knotenpunkt fließen.

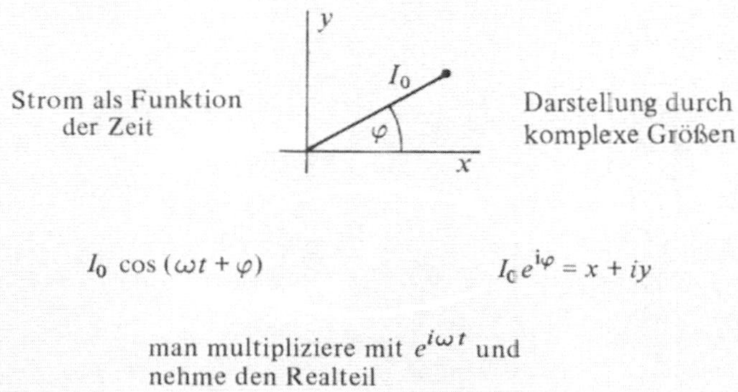

Bild 8.14
Regeln für die Darstellung eines Wechselstroms durch eine komplexe Größe

Zu jedem beliebigen Zeitpunkt t gilt für die Summe der beiden Ströme:

$$\begin{aligned} I_1 + I_2 &= I_{01}\cos(\omega t + \varphi_1) + I_{02}\cos(\omega t + \varphi_2) \\ &= (I_{01}\cos\varphi_1 + I_{02}\cos\varphi_2)\cos\omega t \\ &\quad - (I_{01}\sin\varphi_1 + I_{02}\sin\varphi_2)\sin\omega t. \end{aligned} \tag{8.51}$$

Andererseits ergibt sich für die Summe der komplexen Größen, die entsprechend unserer Regel I_1 und I_2 darstellen:

$$\begin{aligned} I_{01}\,e^{i\varphi_1} + I_{02}\,e^{i\varphi_2} &= (I_{01}\cos\varphi_1 + I_{02}\cos\varphi_2) \\ &\quad + i\,(I_{01}\sin\varphi_1 + I_{02}\sin\varphi_2). \end{aligned} \tag{8.52}$$

Multipliziert man die rechte Seite von Gl. (8.52) mit $\cos\omega t + i\sin\omega t$ und nimmt davon den Realteil, dann erhält man als Ergebnis genau die rechte Seite von Gl. (8.51).

So kann man, anstatt die periodischen Funktionen selbst zu addieren oder zu subtrahieren, die komplexen Größen, die für sie stehen, addieren oder subtrahieren. Anders gesagt: Die Algebra der Wechselströme gleicht in bezug auf die Addition der Algebra komplexer Zahlen; diese Entsprechung erstreckt sich jedoch *nicht* auf die Multiplikation. Die komplexe Größe $I_{01}I_{02}\,e^{i(\varphi_1+\varphi_2)}$ stellt *nicht* das Produkt der beiden Stromfunktionen von Gl. (8.51) dar.

Wir benötigen jedoch nur die Addition von Strömen und Spannungen, um ein Netzwerk zu analysieren. Betrachten wir nochmals als Beispiel den Knotenpunkt in Bild 8.13, zu dem die beiden Ströme I_1 und I_2 fließen: Als physikalische Bedingung gilt dort das 1. Kirchhoffsche Gesetz; es besagt, daß die Summe der zu- und abfließenden Ströme *zu jedem Zeitpunkt* Null sein muß. Also muß die Bedingung

$$I_1 + I_2 + I_3 = 0 \tag{8.53}$$

gelten, in der I_1, I_2 und I_3 die *tatsächlichen zeitlich periodischen Funktionen* sind. Dank unserer Entsprechung zwischen Strömen und komplexen Zahlen kann Gl. (8.53) als einfache algebraische Feststellung ausgedrückt werden, daß nämlich die Summe dreier komplexer Größen Null ist. Spannungen werden auf ähnliche Weise behandelt. In jedem Augenblick muß die Summe der Spannungsabfälle an einer Masche des Netzwerks der Spannung, die zu demselben Zeitpunkt an der Masche liegt, gleich sein. Diese Bedingung für periodische Spannungsfunktionen kann ebenfalls durch eine Feststellung über die Summe jener komplexer Größen ersetzt werden, die für die verschiedenen Schwingungsfunktionen $U_1(t)$, $U_2(t)$ usw. stehen.

8.4 Admittanz und Impedanz

Die Beziehung zwischen dem in einem Element eines Wechselstromkreises fließenden Strom und der Spannung an diesem Element kann als Beziehung zwischen jenen komplexen Größen ausgedrückt werden, die für Strom und Spannung stehen. Als Beispiel dafür wählen wir die Kombination eines Widerstands mit einer Induktivität in Bild 8.5. Die Spannungsschwingung wird durch U_0 und der Strom durch $I_0\,e^{i\varphi}$ dargestellt, wobei $I_0 = U_0/\sqrt{R^2 + \omega^2 L^2}$ und $\tan\varphi = -\omega L/R$ gilt. Die Phasendifferenz φ und das Verhältnis von Stromamplitude zu Spannungsamplitude sind Eigenschaften des Kreises bei dieser Frequenz. Definieren wir nun eine komplexe Größe Y in der Form:

$$Y = \frac{e^{i\varphi}}{\sqrt{R^2 + \omega^2 L^2}} \quad \text{mit } \varphi = \arctan\left(-\frac{\omega L}{R}\right), \tag{8.54}$$

dann gilt die Beziehung

$$I = YU, \tag{8.55}$$

in der die komplexe Größe U für die Spannung an der Reihenschaltung von R und L steht und die komplexe Größe I den Strom darstellt. Y heißt *Admittanz* (Scheinleitwert, Wechselstromleitwert). Dieselbe Beziehung kann durch den Kehrwert von Y, die *Impedanz* Z (Scheinwiderstand, Wechselstromwiderstand), ausgedrückt werden:

$$U = \frac{1}{Y} I = ZI. \qquad (8.56)$$

Hier machen wir von dem Produkt zweier komplexer Größen Gebrauch, jedoch steht nur eine von ihnen für einen Wechselstrom oder eine Wechselspannung; die andere ist die Impedanz oder Admittanz[63]).

Die Impedanz wird in Ohm gemessen. Besteht nämlich ein Kreiselement nur aus dem Widerstand R, wird die Impedanz reell und einfach gleich R; in diesem Fall ähnelt Gl. (8.56) dem Ohmschen Gesetz für einen Gleichstromkreis: $U = RI$.

Die Admittanz einer widerstandslosen Spule ist die imaginäre Größe $Y = -\,\mathrm{i}/(\omega L)$; dies zeigt sich, wenn man in Gl. (8.54) R gegen Null gehen läßt. Der Faktor $-\,\mathrm{i}$ weist darauf hin, daß die Stromschwingung mit der Phasendifferenz $\pi/2$ hinter der Spannungsschwingung nacheilt. Bild 8.15b veranschaulicht dies durch das Diagramm der komplexen Größen; hat die Spannung U die dort dargestellte Lage, dann nimmt der Strom I die angegebene Position ein. Für eine Kapazität gilt $Y = \mathrm{i}\omega C$; dies ist dem Ausdruck für den Strom in Bild 8.8 zu entnehmen. U und I stehen dann entsprechend Bild 8.15c miteinander in Beziehung. Das zu jedem der einzelnen Teilbilder von Bild 8.15 gehörige Schaltbild zeigt, wie die jeweiligen Vorzeichen von U und I festgelegt werden müssen. Geschieht dies nicht konsequent, dann verlieren Behauptungen, wie „der Strom eilt der Spannung nach oder voraus", jede Bedeutung. Die positive Stromrichtung ist stets so definiert, daß eine an einem Widerstand angelegte positive Spannung zu einem positiven Strom führt (Bild 8.15a).

Die Eigenschaften der drei Grundelemente eines Kreises sind in der folgenden Tabelle zusammengestellt:

Symbol	*Admittanz*	*Impedanz* $Z = \frac{1}{Y}$
R	$\frac{1}{R}$	R
L	$\frac{-\mathrm{i}}{\omega L}$	$\mathrm{i}\omega L$
C	$\mathrm{i}\omega C$	$\frac{-\mathrm{i}}{\omega C}$
	$I = YU$	$U = ZI$

[63]) Die verwendete Algebra umfaßt demnach zwei Kategorien komplexer Größen und zwar solche, die beispielsweise für Impedanzen stehen, und andere, die Ströme darstellen. Das Produkt zweier komplexer Impedanzen ist ebenso wie das Produkt zweier komplexer Ströme sinnlos.

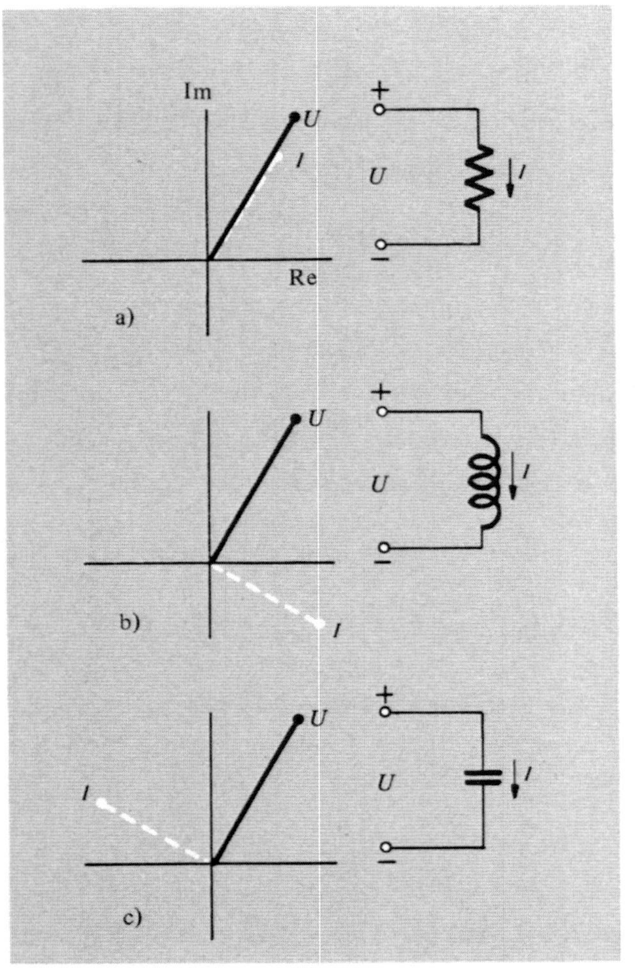

Bild 8.15 U und I sind komplexe Größen, die für die Spannung an einem Schaltelement und den Strom in ihm stehen. Die relative Phase von Strom- und Spannungsschwingung erweist sich hier als Winkel zwischen den „Vektoren".

a) Bei ohmschen Widerständen sind Strom und Spannung in Phase.
b) Bei Induktivitäten eilt der Strom der Spannung nach.
c) Bei Kapazitäten eilt der Strom der Spannung voraus.

Aus diesen Grundelementen kann jeder Stromkreis aufgebaut werden. Schaltet man solche Elemente oder Kombinationen von ihnen *parallel*, dann ist es günstig, die *Admittanzen* zu verwenden, da sie sich bei parallelen Elementen addieren. In Bild 8.16 sind zwei „black boxes" (schwarze Kästen) mit den Admittanzen Y_1 and Y_2 parallel geschaltet. Für diese Schaltung gilt

$$I = I_1 + I_2 = Y_1 U + Y_2 U = (Y_1 + Y_2) U. \qquad (8.57)$$

So hat der der Parallelschaltung äquivalente einzelne schwarze Kasten die Admittanz $Y = Y_1 + Y_2$.

Bild 8.17 entnehmen wir, daß sich bei *Reihenschaltung* von Elementen die *Impedanzen* addieren. Dies hat genau

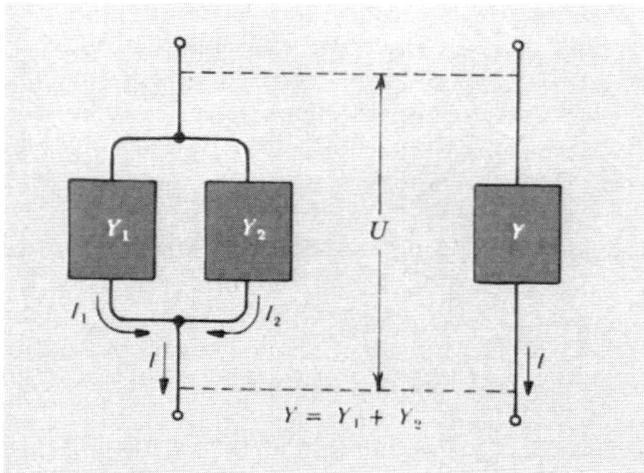

Bild 8.16 Parallelschaltung von Admittanzen

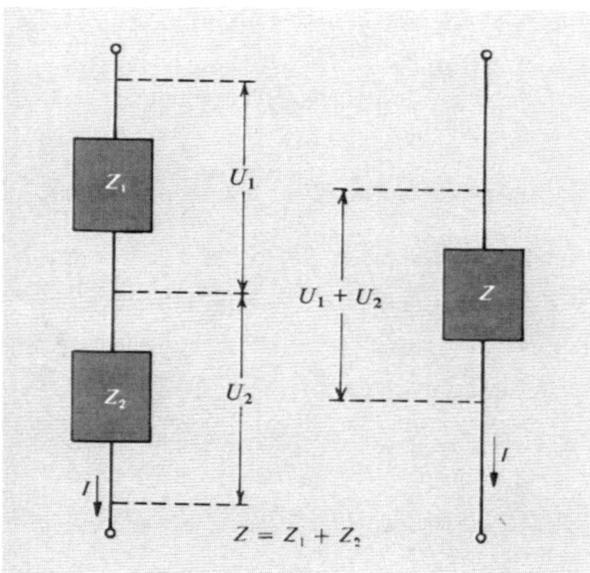

Bild 8.17 Reihenschaltung von Impedanzen

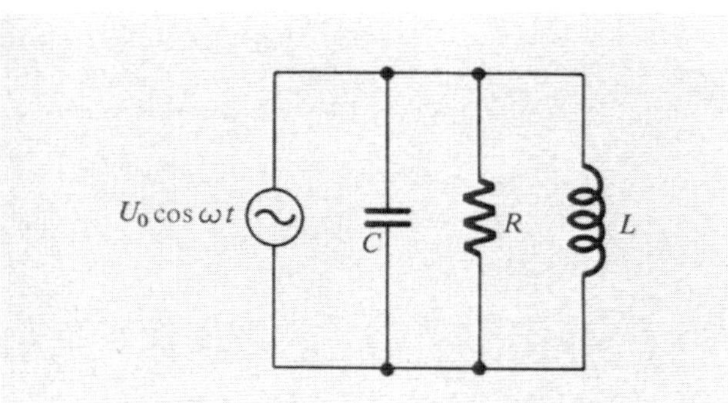

Bild 8.18 Parallelresonanzkreis. Zu addieren sind, wie in Gl. (8.58) angegeben, die Admittanzen.

den Anschein, als sprächen wir von Gleichstromnetzwerken! Tatsächlich haben wir das Problem des Wechselstromnetzwerkes auf das des Gleichstromnetzwerkes zurückgeführt, allerdings mit dem einen Unterschied: Die Größen, mit denen wir uns bei Wechselstromnetzwerken befassen, sind komplexe Größen.

Als Beispiel betrachten wir den *RLC*-Parallelresonanzkreis in Bild 8.18. Die Gesamtadmittanz der drei parallelen Zweige ist

$$Y = \frac{1}{R} + \mathrm{i}\,\omega C - \frac{\mathrm{i}}{\omega L}\,. \tag{8.58}$$

Die Spannung ist einfach U_0; deshalb ergibt sich für den komplexen Strom

$$I = YU = U_0\left[\frac{1}{R} + \mathrm{i}\left(\omega C - \frac{1}{\omega L}\right)\right]. \tag{8.59}$$

Die Amplitude der Stromschwingung ist der Betrag der komplexen Zahl I, also $U_0\,[(1/R)^2 + (\omega C - 1/(\omega L))^2]^{1/2}$, für den Phasenwinkel erhalten wir $\arctan\,(R\,\omega C - R/(\omega L))$.

Auf diese Weise kann man jedoch nur bei *linearen* Schaltelementen verfahren, wenn also der Strom proportional der Spannung ist. Anders ausgedrückt: Der Kreis muß durch lineare Differentialgleichungen beschrieben werden können. Für nichtlineare Elemente kann man nicht einmal eine Impedanz definieren. Nichtlineare Elemente sind aber in der Elektronik sehr wichtige und interessante Bausteine. Wenn Sie solche Schaltelemente, z. B. im Praktikum, schon untersucht haben, werden Sie verstehen, daß sie nicht auf diese Weise analysiert werden können.

Unsere Analyse setzte außerdem kontinuierliche Schwingungen bei konstanter Frequenz, d. h. das Eintreten des stationären Zustands voraus. Der Einschwingvorgang stellt ein anderes Problem dar. Die Hilfsmittel, die wir soeben für die Analyse linearer Kreiselemente entwickelten, sind aber selbst für Einschwingvorgänge in beschränktem Maße brauchbar. Wir können nämlich einerseits durch Überlagerung stationärer Schwingungen mit vielen verschiedenen Frequenzen auch nichtstationäres Verhalten darstellen. Andererseits können wir das Ansprechen des Kreises auf jede einzelne Frequenz so behandeln, als würde nur die betreffende Frequenz auftreten.

8.5 Leistung und Energie bei Wechselstromkreisen

Liegt an einem Widerstand R die Spannung $U_0 \cos \omega t$, so ergibt sich für die Stromstärke $I = (U_0/R) \cos \omega t$. Für die momentane Leistung, d. h. die vom Widerstand pro Zeit verbrauchte Energie, erhalten wir dann

$$P = RI^2 = \frac{U_0^2}{R} \cos^2 \omega t\,. \tag{8.60}$$

Da das über viele Perioden genommene Mittel von $\cos^2 \omega t$ gleich 1/2 ist, erhält man für die mittlere Leistungsaufnahme $\bar{P}$ des Kreises

$$\bar{P} = \frac{1}{2} \frac{U_0^2}{R}. \qquad (8.61)$$

Gewöhnlich werden Strom und Spannung in Wechselstromkreisen nicht durch Angabe der Amplitudenwerte beschrieben, sondern durch das $1/\sqrt{2}$fache dieser Werte; sie heißen Effektivwerte (I_{eff}, U_{eff}) und sind die Wurzeln aus dem zeitlichen Mittelwert des Quadrats der Stromstärke oder der Spannung. Da also $U_{\text{eff}} = (1/\sqrt{2})\, U_0$ ist, erhalten wir aus Gl. (8.61)

$$\bar{P} = \frac{U_{\text{eff}}^2}{R}. \qquad (8.62)$$

Die Spannung von 220 V, die am Stromnetz liegt, hat demnach eine *Amplitude* von $220\,\sqrt{2}\,\text{V} = 311$ V. Für die Potentialdifferenz zwischen den Polen einer Steckdose erhalten wir daher unter Berücksichtigung der bei uns üblichen Frequenz von 50 Hz:

$$U(t) = U_0 \cos\omega t = U_0 \cos 2\pi f t = 311\ \text{V} \cos(314\ t/\text{s}). \qquad (8.63)$$

Ein Wechselstromamperemeter ist so kalibriert, daß es 1 A anzeigt, wenn die Stromamplitude den Wert 1,414 A hat.

Im allgemeinen ist die momentane Leistung gleich UI, also das Produkt aus momentaner Spannung und momentaner Stromstärke bei entsprechender Berücksichtigung des Vorzeichens. Man überlege diese Tatsache anhand des Stromflusses in dem einfachen LR-Kreis von Bild 8.5. In Bild 8.19 werden die Strom- und Spannungskurven von Bild 8.6 nochmals dargestellt; hinzugefügt ist eine dem Produkt UI proportionale Kurve. Ist UI positiv, so heißt dies, daß Energie von der Spannungsquelle an die LR-Kombination abgegeben wird. Man beachte aber, daß UI während bestimmter Teile der Periode negativ ist. Während dieser Zeitabschnitte wird ein Teil der Energie an die Spannungsquelle zurückgeliefert. Dies erklärt sich aus der Schwingung der im Magnetfeld der Induktivität gespeicherten Energie $\frac{1}{2} LI^2$; sie durchläuft während jeder vollen Periode zweimal ein Maximum.

Die *mittlere* Leistung $\bar{P}$ wird in Bild 8.19 durch die waagerechte gestrichelte Linie dargestellt. Um ihren Wert zu berechnen, bilden wir zunächst das Produkt UI mit $U = U_0 \cos\omega t$ und $I = I_0 \cos(\omega t + \varphi)$:

$$\begin{aligned} U &= U_0 I_0 \cos\omega t \cos(\omega t + \varphi) \\ &= U_0 I_0 (\cos^2\omega t \cos\varphi - \cos\omega t \sin\omega t \sin\varphi). \end{aligned} \qquad (8.64)$$

Das zeitliche Mittel des zu $\cos\omega t \sin\omega t$ proportionalen Ausdrucks ist Null; dies wird sofort offensichtlich, wenn man berücksichtigt, daß

$$\cos\omega t \sin\omega t = \frac{1}{2} \sin 2\omega t$$

gilt. Dagegen ist das zeitliche Mittel von $\cos^2 \omega t$ gleich $\frac{1}{2}$. So erhalten wir für den zeitlichen Mittelwert der Leistung

$$\bar{P} = \overline{UI} = \frac{1}{2} U_0 I_0 \cos\varphi. \qquad (8.65)$$

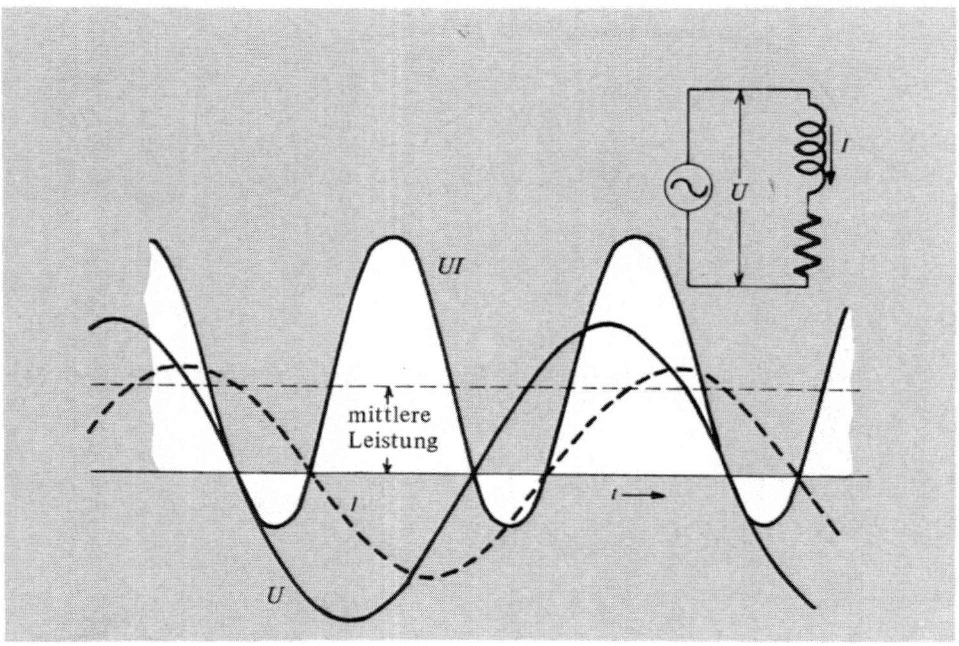

Bild 8.19
Die momentane Leistung UI ist die Energie pro Zeit, die von der Spannungsquelle (oberes Teilbild, linke Seite) an die Schaltelemente (oberes Teilbild, rechte Seite) abgegeben wird. Das zeitliche Mittel der Leistung wird im unteren Teilbild durch die gestrichelte horizontale Linie dargestellt.

Betrachtet man die Effektivwerte von Stromstärke und Spannung, so ergibt sich

$$\overline{P} = U_{\text{eff}} I_{\text{eff}} \cos \varphi . \qquad (8.66)$$

Die gesamte an diesen Kreis abgegebene Energie wird im Widerstand R verbraucht. Natürlich hat jede reale Induktivität einen bestimmten Widerstand. Für die Analyse des Kreises haben wir diesen Widerstand in den Widerstand R hineingenommen; die Wärme aber entsteht selbstverständlich am tatsächlichen Ort des Widerstands.

Wir wenden nun zur Übung die in Abschnitt 8.4 entwickelten Methoden auf ein Beispiel aus der Praxis an und analysieren das Netzwerk von Bild 8.20a. Ein Widerstand R (R = 10 kΩ, Belastbarkeit 1 W) wird mit den beiden Kapazitäten C_1 (C_1 = 0,2 μF) und C_2 (C_2 = 0,5 μF) zusammengeschaltet. Was geschieht, wenn wir diese Schaltung an das Netz (220 V, 50 Hz) anschließen? Wird der Widerstand zu heiß, d. h., hält er die Belastung aus? Um herauszufinden,

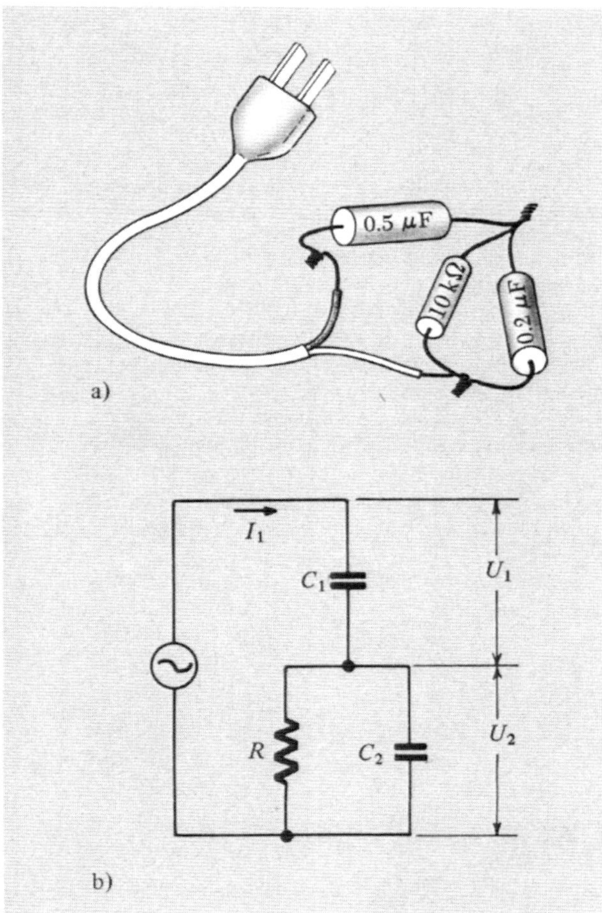

Bild 8.20 Netzwerk aus der Praxis
a) figürliche Darstellung (vor dem Anschluß an das Stromnetz),
b) Schaltbild.

ob die vom Widerstand R verbrauchte mittlere Leistung die 1-W-Grenze übersteigt, wollen wir einige Stromstärken und Spannungen berechnen, die auch durch Messungen an dem Kreis zu finden wären. Eine Möglichkeit für eine derartige Netzwerkanalyse wird im folgenden skizziert.

I. Admittanz von C_2: $i\omega C_2 = 314 \cdot 2 \cdot 10^{-7}\, i\Omega^{-1} = 0{,}628 \cdot 10^{-4}\, i\Omega^{-1}$

II. Admittanz von R: $\frac{1}{R} = 10^{-4}\, \Omega^{-1}$

III. Admittanz von R und C_2 (parallel):
$10^{-4}(1 + 0{,}628\, i)\, \Omega^{-1}$

IV. Impedanz von R und C_2 (parallel):

$$\frac{1}{10^{-4}(1+0{,}628\, i)}\,\Omega\ \frac{10^4(1-0{,}628\, i)}{1^2 + 0{,}628^2}\,\Omega$$

$$= \frac{10^4(1-0{,}628\, i)}{1{,}394}\,\Omega = (7420 - 4660\, i)\,\Omega$$

V. Impedanz von C_1: $-\frac{i}{\omega C_1} = -\frac{i}{314 \cdot 5 \cdot 10^{-7}}\,\Omega$

$$= -\frac{10^7\, i}{1570}\,\Omega = -6370\, i\,\Omega$$

VI. Impedanz des gesamten Netzwerkes:
$(7420 - 11030\, i)\,\Omega$

VII. $$I_1 = \frac{220}{7420 - 11030\, i}\,\text{A} = \frac{220(7420 + 11030\, i)}{7420^2 + 11030^2}\,\text{A}$$

$$= \frac{220\,(7420 + 11030\, i)}{176{,}7 \cdot 10^6}\,\text{A}$$

$$= 1{,}246 \cdot 10^{-3}\,(7{,}42 + 11{,}03\, i)\,\text{A}$$

$$= (9{,}24 + 13{,}76\, i) \cdot 10^{-3}\,\text{A}.$$

Da die Spannungsangabe von 220 V den Effektivwert der Spannung darstellt, erhalten wir bei unserer Berechnung auch den Effektivwert der Stromstärke; der Betrag der komplexen Größe I_1 liefert also I_{eff}. Wir erhalten dafür $(9{,}24^2 + 13{,}76^2)^{1/2} \cdot 10^{-3}$ A = $16{,}56 \cdot 10^{-3}$ A = 16,56 mA. Ein in den Hauptkreis geschaltetes Milliamperemeter würde demnach etwa 17 mA anzeigen. Der Strom hat in bezug auf die Netzspannung einen Phasenwinkel $\varphi = \arctan 13{,}76/9{,}24 = 56°\,10'$. Für die an das gesamte Netzwerk abgegebene mittlere Leistung folgt daraus:

VIII. $\overline{P} = 220 \cdot 0{,}01656\,\text{W} \cdot \cos 56°\,10' = 2\,\text{W}.$

In diesem Netzwerk ist der Widerstand R das einzige leistungsverbrauchende Element, deshalb muß die eben berechnete mittlere Leistung von ihm aufgenommen werden. Zur Probe ermitteln wir die Spannung U_2, die an R liegt:

IX. $$U_1 = I_1 \frac{-i}{\omega C_1} = (9{,}24 + 13{,}76\, i) \cdot (-6370\, i) \cdot 10^{-3}\,\text{V}$$

$$= (87{,}65 - 58{,}86\, i)\,\text{V}$$

X. $U_2 = 220\,\text{V} - U_1 = (132{,}35 - 58{,}86\, i)\,\text{V}.$

Der Strom I_2 im Widerstand R ist natürlich mit U_2 in Phase, weshalb sich für die von R aufgenommene mittlere Leistung

$$\overline{P} = \frac{U_2^2}{R} = \frac{132{,}35^2 + 58{,}86^2}{10^4}\ \mathrm{W} \approx 2\,\mathrm{W} \qquad (8.67)$$

ergibt. Die Probe stimmt.

Die Leistungsaufnahme des Widerstands würde also bei Anschluß an die Netzspannung den zweifachen Wert der Belastbarkeit betragen. Aus Sicherheitsgründen ist von einer solchen Dauerbelastung abzusehen. Die angegebene Belastbarkeit berücksichtigt eine Wärmeabgabe, wie sie bei üblicher Verwendung des Widerstands vorkommt. Ob der Widerstand tatsächlich zu heiß wird oder nicht, hängt davon ab, welche Möglichkeiten für die Wärmeabgabe bestehen.

8.6 Übungen

1. *Reihenschaltung von R und L.* Eine 100-W-Glühlampe für 110 V soll an das 220-V-Netz (50 Hz) angeschlossen werden. Mit welcher Induktivität muß die Glühlampe in Reihe geschaltet sein, damit sie bei dieser Spannung normal brennt? (Man bestimme zuerst den benötigten induktiven Widerstand. Der ohmsche Widerstand der Spule und die Induktivität der Glühlampe können vernachlässigt werden.)
2. *Reihenschaltung von R und C.* Ein Widerstand (R = 2 kΩ) und ein Kondensator (C = 1 μF) liegen in Reihe am Netz (220 V, 50 Hz).
   a) Welchen Wert hat die Impedanz?
   b) Wie groß ist I_{eff}?
   c) Welche Leistung wird von der Reihenschaltung verbraucht?
   d) Welchen Wert zeigt ein Wechselstromvoltmeter an, das parallel zu dem Widerstand liegt? Welchen Wert zeigt es an, wenn es parallel zum Kondensator liegt?
   e) Der Widerstand ist in Parallelschaltung an die horizontalen Ablenkplatten der Bildschirmröhre eines Kathodenstrahloszillographen angeschlossen, der Kondensator in Parallelschaltung an die vertikalen Ablenkplatten. Skizzieren Sie das Muster, das der Bildschirm voraussichtlich zeigen wird.
3. *Parallelschaltung von R, L und C.* Ein Widerstand (R = 1 kΩ), ein Kondensator (C = 500 pF) und eine Spule (L = 2 mH) sind parallel geschaltet. Welchen Wert hat die Impedanz dieser Schaltung bei einer Frequenz von 10 kHz und welchen bei einer Frequenz von 10 MHz? Bei welcher Frequenz ist der Absolutwert der Impedanz am größten?
4. Bild 8.21 zeigt einen Resonanzkreis. Sein leistungsverbrauchendes Element ist der Widerstand R', der zu der LC-Kombination parallel geschaltet ist. Man stelle die zu Gl. (8.2) analoge Differentialgleichung für diesen Kreis auf und finde Bedingungen für die Lösung, analog denen, die für den RLC-Reihenkreis gelten. In welcher Beziehung müssen R' und R zueinander stehen, wenn ein RLC-Reihenkreis und ein $R'LC$-Parallelkreis dieselben Werte für L, C und Q haben sollen.

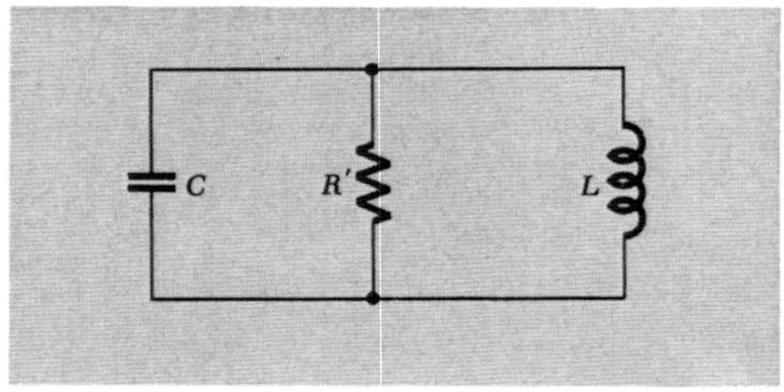

Bild 8.21 $R'LC$-Parallelkreis

5. Die Spule im Schaltkreis von Bild 8.22 hat eine Induktivität von 0,01 H. Wenn der Schalter geschlossen wird, startet die Horizontalablenkung des Oszilloskops.
   a) Bestimmen Sie möglichst genau die Kapazität C.
   b) Schätzen Sie den Widerstand R der Spule ab.
   c) Wie groß ist die Spannung am Oszilloskop eine lange Zeit (1 s) nach Schließen des Schalters?
6. Untersucht wird der Kreis in Bild 8.4a. Welche Werte haben β_1 und β_2, wenn bei R = 600 Ω die Dämpfung so stark ist, daß keine Schwingungen mehr stattfinden?
7. Bild 8.23 zeigt einen Hohlraumresonator, einen Hauptbestandteil vieler Mikrowellenoszillatoren. Er kann als einfacher LC-Kreis aufgefaßt werden. Die Induktivität ist dabei die eines Toroids mit einer einzigen Windung; diese „Spule" ist direkt

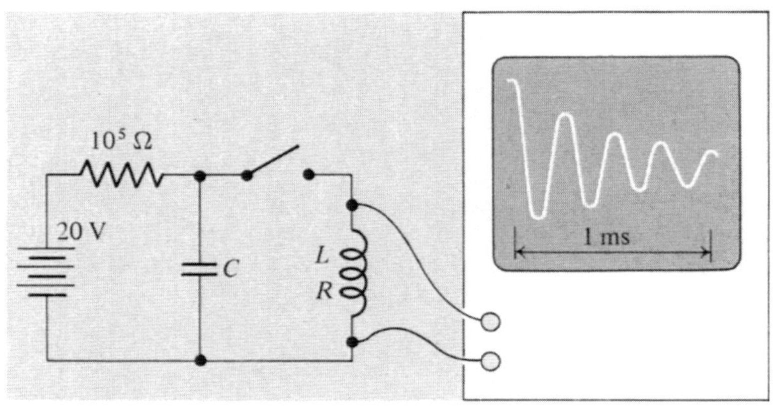

Bild 8.22

an einen Plattenkondensator angeschlossen. Welche Beziehung gilt für die Resonanzfrequenz dieses Kreises? Zeichnen Sie die elektrischen und magnetischen Feldlinien.

8. Gegeben ist der gedämpfte RLC-Kreis von Bild 8.3. Leiten Sie einen Ausdruck für die Gesamtenergie – Energie in dem Kondensator plus Energie in der Spule – her, die zu jedem Zeitpunkt im Kreis gespeichert ist. Beweisen Sie, daß die Bedingung für die „kritische Dämpfung" $R = 2\sqrt{L/C}$ jene ist, bei der die Gesamtenergie am schnellsten dissipiert wird.

9. *Einfluß der Dämpfung auf die Resonanzfrequenz.* Drücken Sie mit den Gln. (8.10) und (8.13) den Einfluß der Dämpfung auf die Frequenz eines RLC-Serienkreises aus. $\omega_0 = 1/\sqrt{LC}$ soll die Frequenz des ungedämpften Kreises sein. Um welchen Prozentsatz weicht die Frequenz ω von ω_0 ab, wenn dem Kreis ein genügend großer Widerstand hinzugefügt wird, so daß Q von dem Wert ∞ auf den Wert 1000 übergeht?

10. Ist es möglich, eine Frequenz anzugeben, bei der die Impedanz an den Anschlüssen des Kreises in Bild 8.24 rein reell ist?

11. In Bild 8.25 wird bei A eine Wechselspannung $U_0 \cos\omega t$ angelegt. Bei B ist ein Tonfrequenzverstärker mit sehr großer Eingangsimpedanz angeschlossen, so daß der Strom, der in den Verstärker fließt, vernachlässigbar ist. Berechnen Sie das Verhältnis $|U_1|^2/U_0^2$. $|U_1|$ ist der Betrag der komplexen Spannungsamplitude an den Anschlüssen B. Wählen Sie R und C so, daß $|U_1|^2/U_0^2 = 0{,}1$ für ein 5-kHz-Signal ist. Diese Schaltung ist der primitivste „Tiefpaß", ein Filter, das eine mit wachsender Frequenz größer werdende Abschwächung liefert. Zeigen Sie, daß sich für genügend große Frequenzen die Signalleistung bei jeder Verdopplung der Frequenz um den Faktor 1/4 verkleinert. Können Sie ein Filter mit einem drastischeren Abfall, wie z. B. mit einem Faktor 1/16 pro Oktave, angeben?

12. In dem in Bild 8.26 dargestellten Schaltkreis sei $U_{AB} = U_B - U_A$. Zeigen Sie, daß für jede Frequenz ω gilt: $|U_{AB}|^2 = U_0^2$. Geben Sie die Frequenz an, bei der U_{AB} gegenüber U_0 um 90° phasenverschoben ist.

13. Zeigen Sie, daß die Spannungsdifferenz zwischen den Punkten A und B im in Bild 8.27 dargestellten Schaltkreis für jede Frequenz Null ist, wenn die Komponenten der Bedingung $R_1 R_2 = L/C$ genügen. Diskutieren Sie die Eignung der Schaltung als Wechselstrombrücke zur Messung einer unbekannten Induktivität.

14. Sie finden eine Spule mit unbekannter Induktivität L und unbekanntem ohmschen Widerstand R. Um L und R zu bestimmen, benutzen Sie ein Ohmmeter für Gleichstrom, ein Voltmeter mit hohem Innenwiderstand für Wechselstrom, einen 1-μF-Kondensator und einen 1-kHz-Signalgenerator auf folgende Weise: Mit dem Ohmmeter messen Sie $R = 35\ \Omega$. Sie schalten

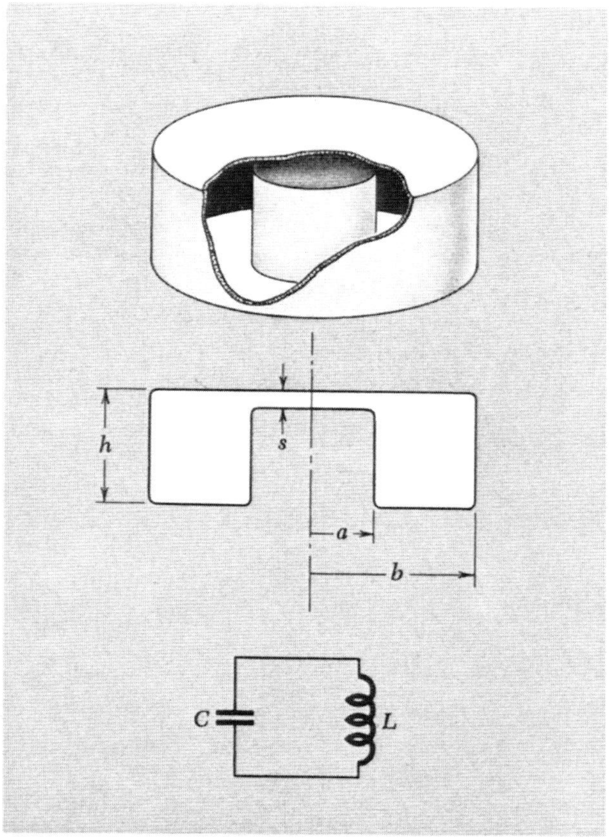

Bild 8.23 Hohlraumresonator

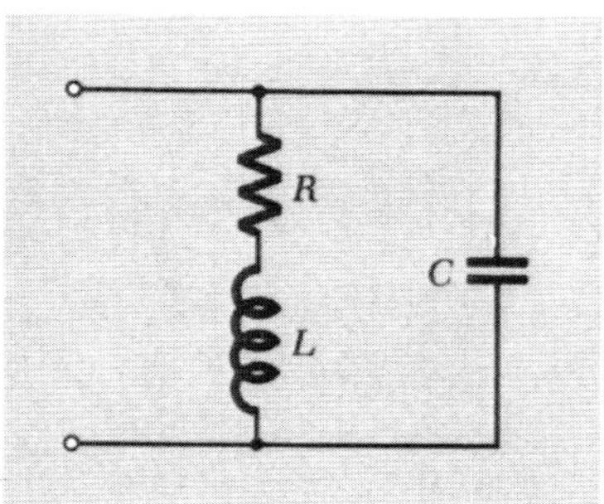

Bild 8.24

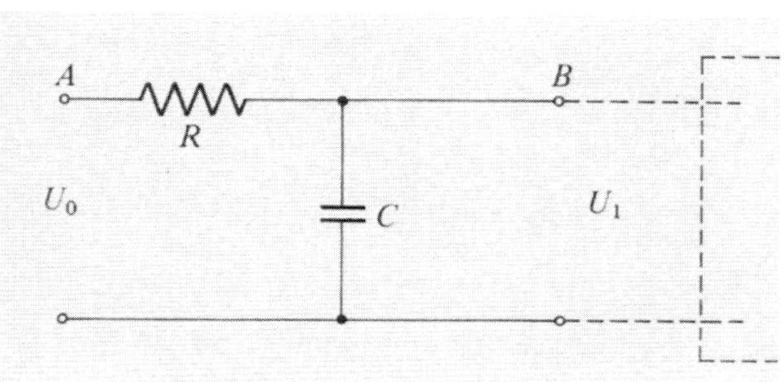

Bild 8.25

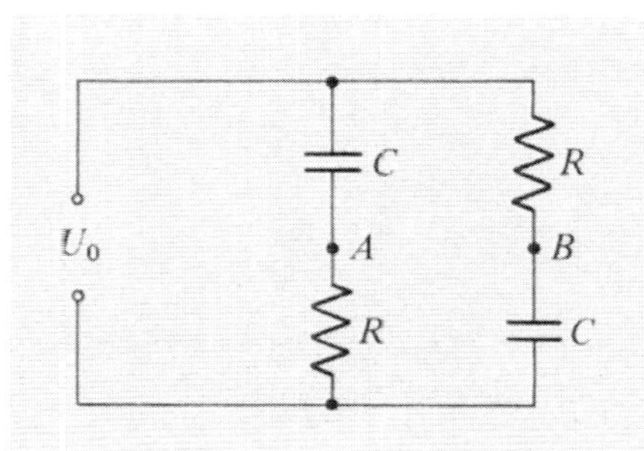

Bild 8.26

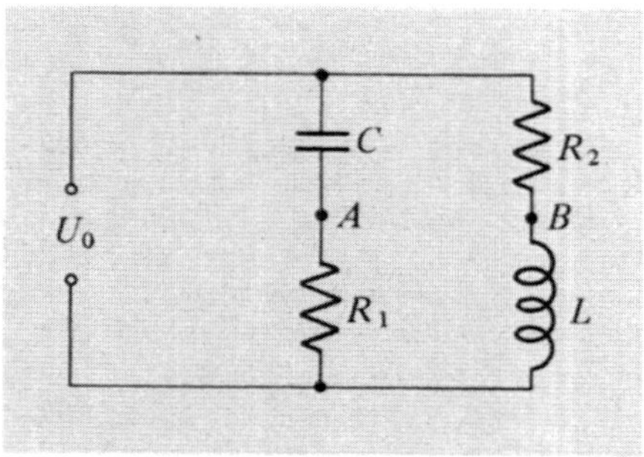

Bild 8.27

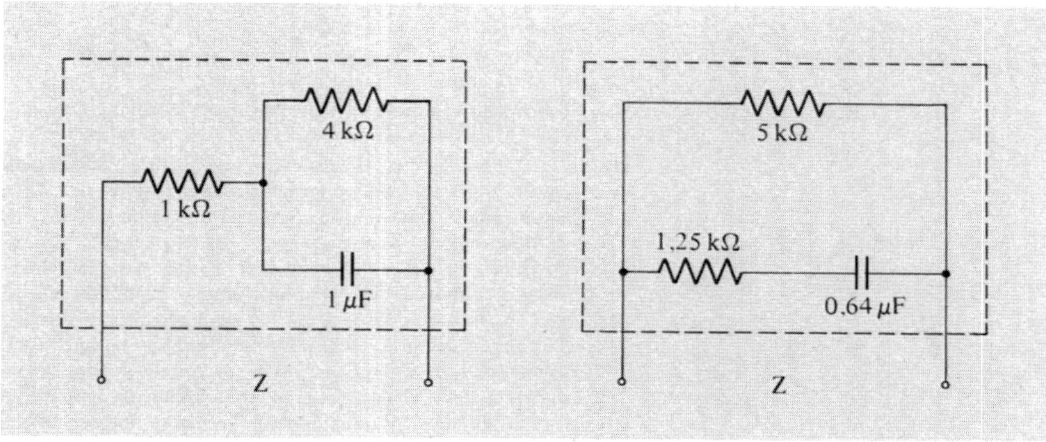

Bild 8.28

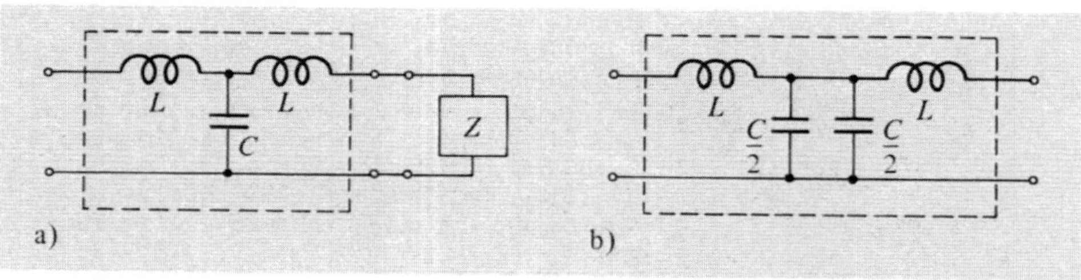

Bild 8.29

den Kondensator mit der Spule und dem Signalgenerator in Reihe. Die Spannung über Spule und Kondensator ist 10,1 V. Die Spannung am Kondensator ist 15,5 V. Zur Kontrolle stellen Sie fest, daß die Spannung an der Spule 25,4 V ist. Wie groß ist L? Ist die Kontrollmessung damit verträglich?

15. Zeigen Sie, daß für die Impedanz Z an den Anschlüssen bei beiden Schaltungen in Bild 8.28 gilt:

$$Z = \frac{5000\,\Omega + 16 \cdot 10^{-3}\,\omega^2\,\Omega\,\mathrm{s}^2 - 16\,\mathrm{i}\,\omega\,\Omega\,\mathrm{s}}{1 + 16 \cdot 10^{-6}\,\omega^2\,\mathrm{s}^2}.$$

Da die Impedanzen für jede Frequenz bei beiden Schaltungen gleich sind, sind die entsprechenden schwarzen Kästen vollständig äquivalent und von außen ununterscheidbar. Versuchen Sie, die allgemeinen Regeln, nach denen sich die Werte für Widerstand und Kapazität im rechten Kasten aus denen im linken Kasten ergeben, herauszufinden.

16. Der Kasten in Bild 8.29a mit vier Anschlüssen enthält einen Kondensator C und zwei Spulen mit gleicher Induktivität L, die, wie gezeigt, geschaltet sind. An die rechten Anschlüsse ist eine Impedanz Z angeschlossen. Bestimmen Sie für eine gegebene Frequenz den Wert Z so, daß die resultierende Impedanz zwischen den linken Anschlüssen, die Eingangsimpedanz, gleich Z ist. Sie werden feststellen, daß der erforderliche Wert von Z ein rein ohmscher Widerstand R ist, vorausgesetzt, daß $\omega^2 < 2/(LC)$ ist. Eine Kette von solchen Kästen kann zu einem leiterförmigen Netzwerk ähnlich der Widerstandsleiter in Abschnitt 4.12, Übung 32, zusammengeschaltet werden. Wenn die Kette mit dem richtigen Widerstand R abgeschlossen wird, ist die Eingangsimpedanz bei der Frequenz ω – unabhängig von der Anzahl der Kästen in der Kette – gleich R.
Wie groß ist Z im Spezialfall $\omega = \sqrt{2/(LC)}$? Um diesen Fall zu verstehen, ist es hilfreich zu bemerken, daß der Inhalt des Kastens in a) genauso gut durch die Schaltung in b) dargestellt werden kann.

9 Maxwell-Gleichungen und elektromagnetische Wellen

9.1 „Etwas fehlt"

Blicken wir kurz auf die Beziehungen zwischen Ladungen und Feldern zurück. In Kapitel 2 lernten wir die differentielle Beziehung

$$\operatorname{div} \mathbf{E} = \rho/\epsilon_0 \tag{9.1}$$

kennen, die dem Coulombschen Gesetz äquivalent ist und die elektrische Ladungsdichte ρ mit dem elektrischen Feld $\mathbf{E}$ verbindet. Gl. (9.1) gilt für ruhende *und* für bewegte Ladungen, d.h. ρ kann eine Funktion der räumlichen Lage und der Zeit sein. Wie wir in Kapitel 5 betonten, steht die Tatsache, daß Gl. (9.1) für bewegte Ladungen gilt, mit der *Ladungsinvarianz* im Einklang: Wie auch immer ein isoliertes geladenes Teilchen sich bewegt, seine Ladung, die das Integral von $\mathbf{E}$ über eine sie umgebende Oberfläche mißt, ist in allen Bezugssystemen gleich.

Elektrische Ladung in Bewegung ist elektrischer Strom. Da Ladung niemals erzeugt oder vernichtet werden kann, erfüllen die Ladungsdichte ρ und die Stromdichte $\mathbf{J}$ stets die Bedingung

$$\operatorname{div} \mathbf{J} = -\frac{\partial \rho}{\partial t} . \tag{9.2}$$

Diese „Kontinuitätsgleichung' schrieben wir zum ersten Mal als Gl. (4.9).

Eine zeitlich konstante Stromdichte $\mathbf{J}$ nennen wir eine *stationäre Stromverteilung.* Das von ihr erzeugte Magnetfeld genügt der Gleichung

$$\operatorname{rot} \mathbf{B} = \mu_0 \mathbf{J} , \tag{9.3}$$

mit der wir bereits in Kapitel 6 arbeiteten.

Wir interessieren uns nun für zeitabhängige Ladungsverteilungen und Felder. Betrachten wir zunächst eine Ladungsverteilung $\rho\,(x, y, z, t)$ mit $\partial\rho/\partial t \neq 0$, z.B. einen Kondensator, der sich über einen Widerstand entlädt. Aus $\partial\rho/\partial t \neq 0$ folgt mit Gl. (9.2)

$$\operatorname{div} \mathbf{J} \neq 0 .$$

Da die Divergenz der Rotation einer beliebigen Vektorfunktion identisch Null ist (Übung 15, Abschnitt 2.17), folgt aber aus Gl. (9.3)

$$\operatorname{div} \mathbf{J} = \frac{1}{\mu_0} \operatorname{div} (\operatorname{rot} \mathbf{B}) = 0 . \tag{9.4}$$

Der Widerspruch beweist, daß Gl. (9.3) für ein System mit zeitlich veränderlicher Ladungsdichte *nicht gelten kann,* was wir aber auch nicht behaupteten. Bei einer stationären Stromverteilung, für die Gl. (9.3) *zutrifft,* darf nicht einmal die Stromdichte $\mathbf{J}$, ganz abgesehen von der Ladungsdichte, zeitabhängig sein.

Das Problem läßt sich auch auf andere Weise formulieren: Betrachten Sie das Linienintegral des Magnetfeldes um einen Draht, der Ladung von einer Kondensatorplatte

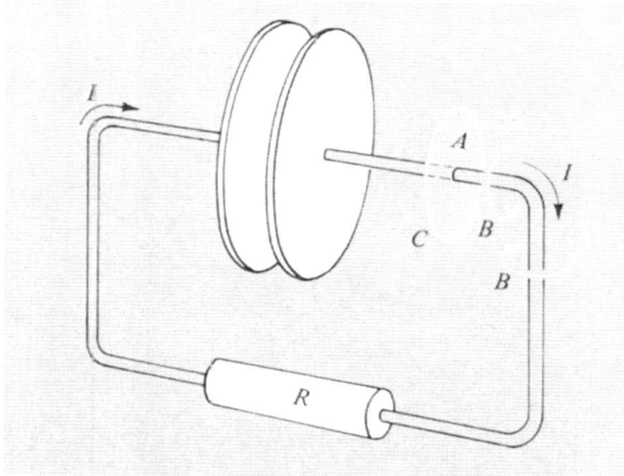

Bild 9.1 Nach Aufladen des Kondensators (rechte Platte positiv) entlädt sich dieser über den Widerstand. Um den Draht gibt es ein magnetisches Feld $\mathbf{B}$. Das Integral von rot $\mathbf{B}$ über die Fläche A, die den Draht schneidet, hat den Wert $\mu_0 I$.

ableitet (Bild 9.1). Entsprechend dem Stokesschen Satz gilt

$$\int_C \mathbf{B} \cdot d\mathbf{l} = \int_A \operatorname{rot} \mathbf{B} \cdot d\mathbf{A} . \tag{9.5}$$

Die Fläche A geht genau durch den Leiter, in dem ein Strom I fließt. Im Leiterinneren hat rot $\mathbf{B}$ einen endlichen Wert, nämlich $\mu_0 \mathbf{J}$; das Integral auf der rechten Seite von Gl. (9.5) ergibt $\mu_0 I$. Dies bedeutet: Wenn die Kurve C nahe dem Draht verläuft und ihr Abstand zu den Kondensatorplatten groß ist, dann stimmt das Magnetfeld mit dem Feld um einen stromführenden Draht mit gleicher Stromstärke überein. Aber auch die Fläche A' (Bild 9.2) wird durch C begrenzt und kann mit gleichem Recht bei der Anwendung des Stokesschen Satzes (Gl. (9.5)) verwendet werden. Durch diese Fläche fließt jedoch *überhaupt kein Strom*! Trotzdem kann rot $\mathbf{B}$ nicht überall auf A' Null sein, da sonst der Stokessche Satz verletzt wäre. Deshalb muß rot $\mathbf{B}$ auf A' außer von der Stromdichte $\mathbf{J}$ noch von etwas anderem abhängen.

Wir können daraus nur die Schlußfolgerung ziehen, daß wir für den allgemeineren Fall veränderlicher Ladungsverteilungen Gl. (9.3) durch eine andere Beziehung ersetzen müssen. Schreiben wir sie zunächst als

$$\operatorname{rot} \mathbf{B} = \mu_0 \mathbf{J} + (?) ; \tag{9.6}$$

vielleicht kommen wir darauf, was (?) sein muß.

Eine andere Überlegung legt die Antwort nahe. Wir erinnern uns, daß die Transformationsgesetze des elektromagnetischen Feldes (Gl. (6.58)) bezüglich $\mathbf{E}$ und $c\mathbf{B}$ symmetrisch sind. Bei den Faradayschen Induktionsphänomen wird ein sich *veränderndes Magnetfeld* von

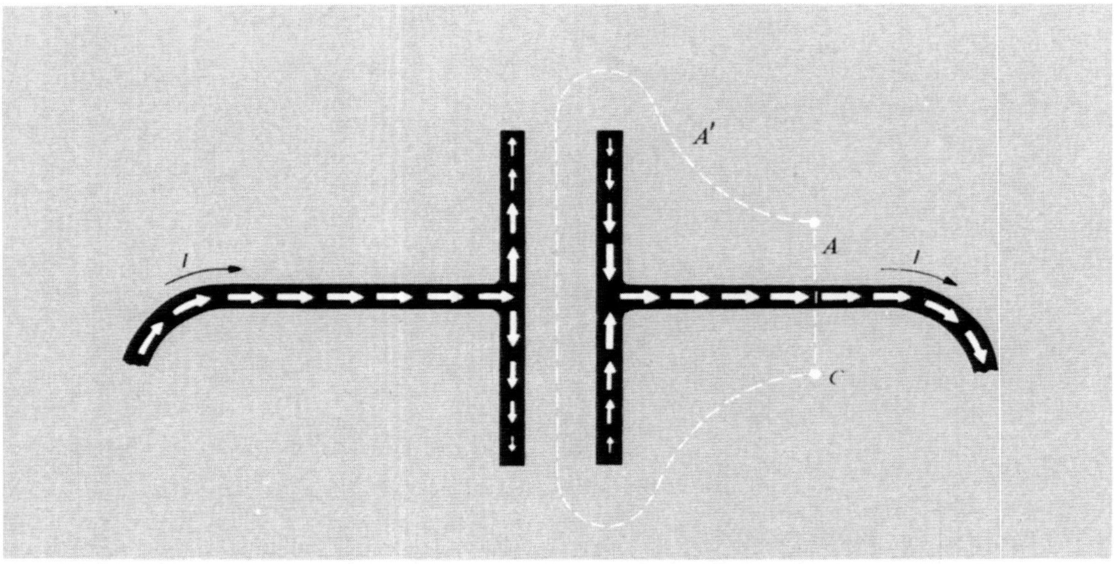

Bild 9.2 Die weißen Pfeile zeigen den Stromfluß in den Leitern. Durch die Fläche A', die wie A von der Kurve C umrandet wird, führt kein Strom.

einem *elektrischen Feld* begleitet; es gilt Gl. (7.31):

$$\text{rot}\,\mathbf{E} = -\frac{1}{c}\,\frac{\partial\,(c\mathbf{B})}{\partial t}\,. \tag{9.7}$$

Hierbei handelt es sich um eine lokale Beziehung, die das elektrische Feld und das Magnetfeld im leeren Raum verbindet – Ladungen sind nicht direkt betroffen. Soll eine Symmetrie hinsichtlich **E** und $c\mathbf{B}$ herrschen, müssen wir erwarten, daß ein sich zeitlich *änderndes elektrisches Feld* zu einem *magnetischen Feld* führt. Es müßte dann ein Induktionsphänomen geben, das sich durch eine ähnliche Beziehung wie Gl. (7.31) beschreiben läßt, allerdings mit vertauschten Rollen von **E** und $c\mathbf{B}$. Wie sich herausstellt, muß nur das Vorzeichen geändert werden, das ist alles:

$$\text{rot}\,(c\mathbf{B}) = \frac{1}{c}\,\frac{\partial\mathbf{E}}{\partial t} \quad \text{oder} \quad \text{rot}\,\mathbf{B} = \frac{1}{c^2}\,\frac{\partial\mathbf{E}}{\partial t}\,. \tag{9.8}$$

Damit haben wir den Ausdruck (?) von Gl. (9.6) gefunden. Zur Probe schreiben wir

$$\text{rot}\,\mathbf{B} = \mu_0\,\mathbf{J} + \frac{1}{c^2}\,\frac{\partial\mathbf{E}}{\partial t} \tag{9.9}$$

und bilden die Divergenz beider Seiten:

$$\text{div}\,(\text{rot}\,\mathbf{B}) = \text{div}\,(\mu_0\,\mathbf{J}) + \text{div}\left(\frac{1}{c^2}\,\frac{\partial\mathbf{E}}{\partial t}\right). \tag{9.10}$$

Wie bereits bemerkt, ist die linke Seite notwendigerweise gleich Null. Im zweiten Ausdruck der rechten Seite können wir die Reihenfolge der Differentiation nach den Raum- und Zeitkoordinaten vertauschen, also

$$\text{div}\left(\frac{1}{c^2}\,\frac{\partial\mathbf{E}}{\partial t}\right) = \frac{1}{c^2}\,\frac{\partial}{\partial t}(\text{div}\,\mathbf{E}) = \frac{1}{c^2}\,\frac{\partial}{\partial t}\,\frac{\rho}{\epsilon_0}$$
$$= \frac{1}{c^2\,\epsilon_0}\,\frac{\partial\rho}{\partial t} = \mu_0\,\frac{\partial\rho}{\partial t}\,. \tag{9.11}$$

Damit geht die rechte Seite von Gl. (9.10) in den Ausdruck

$$\mu_0\,\text{div}\,\mathbf{J} + \mu_0\,\frac{\partial\rho}{\partial t} \tag{9.12}$$

über, der entsprechend der Kontinuitätsbedingung (Gl. (9.2)) gleich Null ist.

Mit Gl. (9.8) haben wir also den Ausdruck gefunden, der das Problem löst, das sich aus Bild 9.2 ergab. Mit dem Abfließen der Ladung von dem Kondensator *verringert* sich die Stärke des elektrischen Feldes, das zu jedem Zeitpunkt die in Bild 9.3 dargestellte Konfiguration besitzt. In diesem Fall ist $\partial\mathbf{E}/\partial t$ entgegengesetzt zu **E** gerichtet. In Bild 9.4 ist die Vektorfunktion $\frac{1}{c^2}\,\frac{\partial\mathbf{E}}{\partial t}$ durch schwarze Pfeile angedeutet. Mit $\text{rot}\,\mathbf{B} = \mu_0\,\mathbf{J} + \frac{1}{c^2}\,\frac{\partial\mathbf{E}}{\partial t}$ hat nun das Integral von rot **B** über A' den gleichen Wert wie über A. Auf A' ist nur der zweite Term ausschlaggebend, während auf A praktisch nur der erste Term, d.h. der Ausdruck mit **J**, zählt.

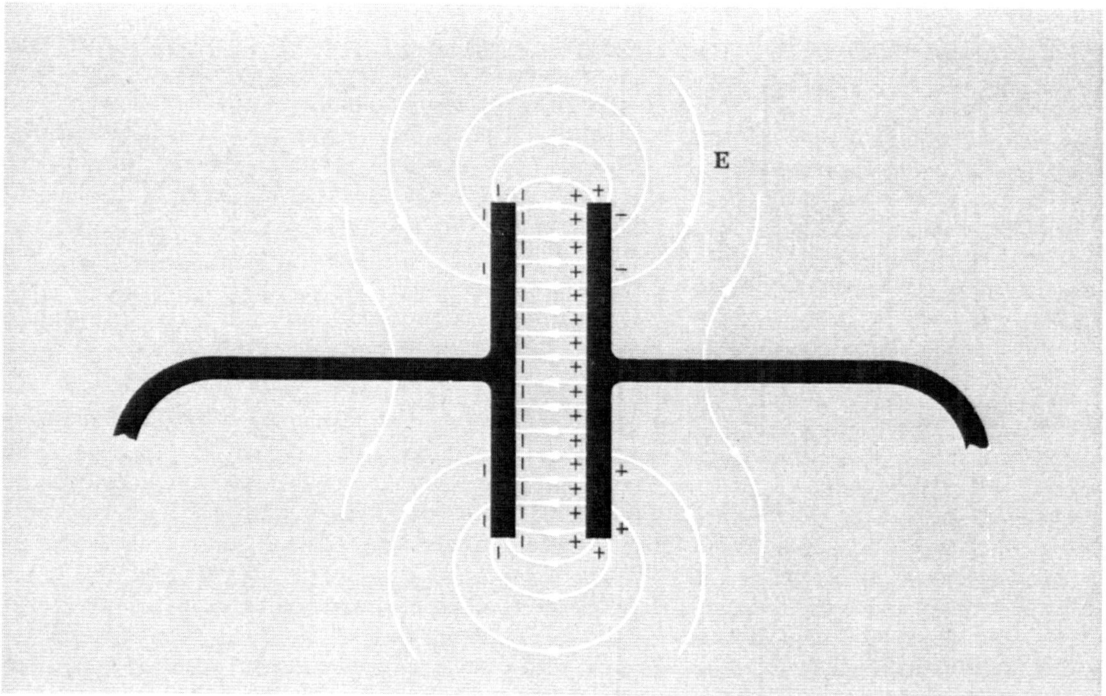

Bild 9.3 Darstellung des elektrischen Feldes zu einem bestimmten Zeitpunkt. Der Betrag von E nimmt mit fortschreitender Zeit überall ab.

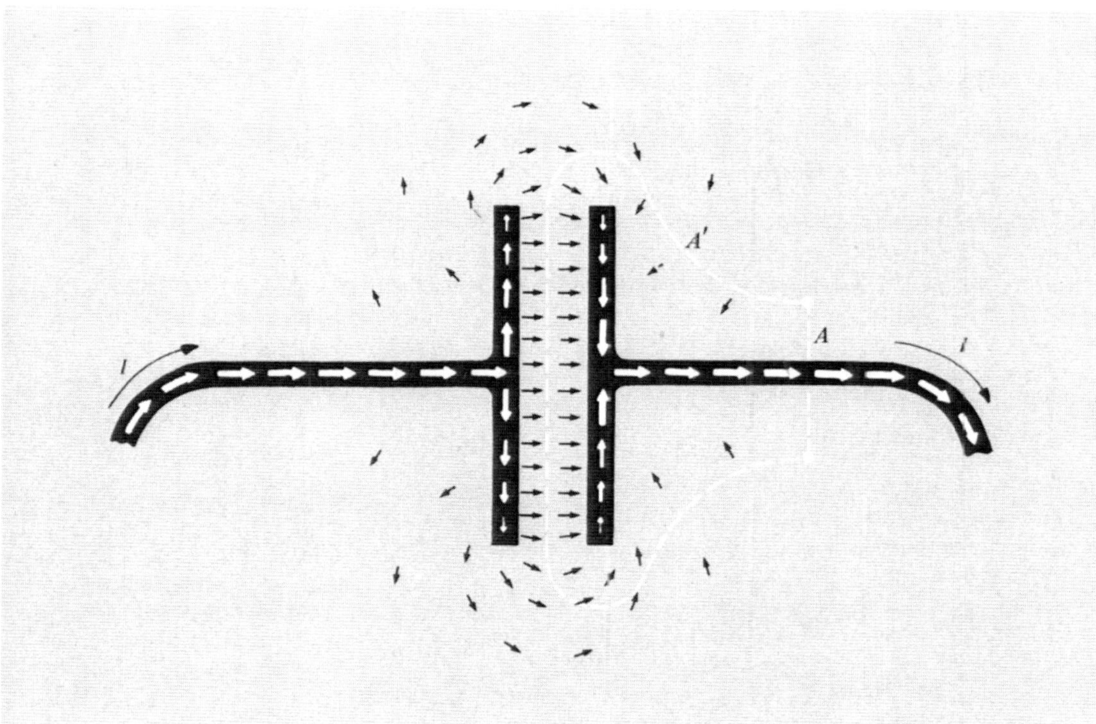

Bild 9.4 Leitungsstrom (weiße Pfeile) und Verschiebungsstrom (schwarze Pfeile)

9.2 Der Verschiebungsstrom

Das Vektorfeld $\frac{1}{c^2}\frac{\partial \mathbf{E}}{\partial t}$ scheint einen *Zusatzterm* zur Leitungsstromdichte darzustellen. *Maxwell* wählte als Bezeichnung dafür den Begriff *Verschiebungsstrom*, der auch heute noch verwendet wird, obwohl er sich als nicht sehr zweckmäßig herausstellte. Genauer können wir eine „Verschiebungsstromdichte" $\mathbf{J}_d$ definieren und von der Leitungsstromdichte $\mathbf{J}$ unterscheiden. Gl. (9.9) schreiben wir wie folgt:

$$\text{rot}\,\mathbf{B} = \mu_0\,(\mathbf{J} + \mathbf{J}_d)\,, \tag{9.13}$$

womit wir die Verschiebungsstromdichte als

$$\mathbf{J}_d = \frac{1}{\mu_0 c^2}\frac{\partial \mathbf{E}}{\partial t} = \epsilon_0 \frac{\partial \mathbf{E}}{\partial t}$$

definiert haben.

Wir mußten diesen neuen Term einführen, um die Beziehung zwischen Strom und Magnetfeld für den Fall zeitlich veränderlicher Leitungsströme mit der Kontinuitätsbedingung in Einklang zu bringen. Besteht der Term mit $\mathbf{J}_d$ in Gl. (9.9) zu Recht, muß er zu einer neuen Induktionserscheinung führen, bei der ein sich veränderndes elektrisches Feld von einem Magnetfeld begleitet wird. Warum entdeckte *Faraday* diese Erscheinung nicht? Er suchte gar nicht danach. Aber es gibt einen tieferen Grund, warum sich bei Experimenten, wie sie *Faraday* durchführte, keine neuen Effekte im Zusammenhang mit dem Verschiebungsstrom hätten aufdecken lassen. In jeder Apparatur, in der veränderliche elektrische Felder auftreten, sind zur selben Zeit auch Leitungsströme, d.h. in Bewegung befindliche Ladungen, vorhanden. Das Magnetfeld $\mathbf{B}$ in einer Umgebung der Apparatur entspricht nahezu dem Feld, das man nach dem Gesetz von *Biot-Savart* (Gl. (6.39)) berechnet. Dabei werden die Beiträge zu $\mathbf{B}$ in einem beliebigen Raumpunkt durch die Stromelemente des Leiters bestimmt, unabhängig von der Tatsache, daß der Leiter möglicherweise nicht geschlossen ist.

Betrachten Sie, z.B. in Bild 9.5, den Punkt P zwischen den Platten des sich entladenden Kondensators. Jedes Element des Leitungsstroms – in den Drähten und auf den Plattenoberflächen – liefert einen Beitrag zu dem Feld in P gemäß dem Biot-Savartschen Gesetz. Müssen wir auch die Elemente des „Verschiebungsstroms" $\mathbf{J}_d$ berücksichtigen? Die Antwort ist eher überraschend. Man *kann* $\mathbf{J}_d$ berücksichtigen; wenn man dabei sehr sorgfältig vorgeht und den *gesamten* „Verschiebungsstrom" einbezieht, wird sein Gesamteinfluß bei relativ langsam veränderlichen Feldern gleich *Null*.

Um zu verstehen, warum dies so ist, beachten Sie zunächst, daß die in Bild 9.4 durch schwarze Pfeile dargestellte Vektorfunktion $\mathbf{J}_d$ die gleiche Form wie das elektrische Feld $\mathbf{E}$ in Bild 9.3 hat. Abgesehen davon, daß es immer schwächer wird und langsam verschwindet, ist $\mathbf{E}$ fast ein elektrostatisches Feld. Daher erwarten wir, daß seine Rotation praktisch gleich Null ist, was wiederum zur Folge hat, daß rot $\mathbf{J}_d$ praktisch gleich Null sein muß. Exakter formuliert gilt: Wir gehen von $\text{rot}\,\mathbf{E} = -\frac{\partial \mathbf{B}}{\partial t}$ aus und erhalten mit dem Verschiebungsstrom $\mathbf{J}_d = \epsilon_0 \frac{\partial \mathbf{E}}{\partial t}$ bei

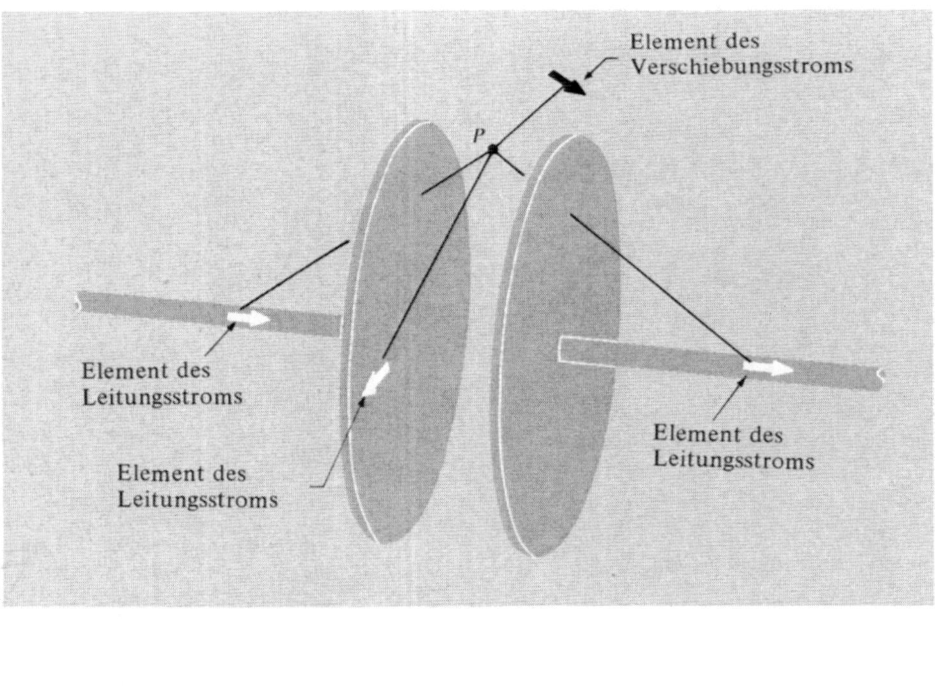

Bild 9.5 Bei sich langsam verändernden Feldern ist der von allen Verschiebungsströmen herrührende Gesamtbeitrag zu dem Magnetfeld in irgendeinem Punkt gleich Null. Das Magnetfeld in P läßt sich durch Anwendung des Biot-Savartschen Gesetzes auf den Leitungsstrom alleine berechnen.

Vertauschung der Reihenfolge der Differentiation

$$\text{rot}\,\mathbf{J}_d = \epsilon_0\,\text{rot}\left(\frac{\partial \mathbf{E}}{\partial t}\right) = \epsilon_0 \frac{\partial}{\partial t}(\text{rot}\,\mathbf{E})$$
$$= -\epsilon_0 \frac{\partial^2 \mathbf{B}}{\partial t^2}\,. \qquad (9.14)$$

Dieser Term ist bei sich genügend langsam verändernden Feldern vernachlässigbar klein; solche Felder bezeichnen wir als *quasistatisch.* Elektrostatische Felder lassen sich aus den Feldern von Punktladungen aufbauen. Ist $\mathbf{J}_d$ nun ein rotationsfreies Vektorfeld, kann man es ähnlich aus der Überlagerung von radialgerichteten Strömen erzeugen, die von punktförmigen Quellen wegfließen oder zu punktförmigen Senken hinfließen (Bild 9.6). Das magnetische Feld einer beliebigen *radialen* symmetrischen Stromverteilung ist aber, wie auch immer man es berechnet, aus Symmetriegründen gleich Null, da es außer der Radialrichtung selbst nirgends eine ausgezeichnete Richtung gibt.

Bei *quasistatischen* Feldern benötigt man demnach nur die Leitungsströme als Quellen des magnetischen Feldes. Anders gesagt, hätte *Faraday* mit einer Anordnung, wie sie etwa Bild 9.5 zeigt, gearbeitet und das Magnetfeld in *P*, z.B. mit einer Kompaßnadel, messen können, wäre er nicht überrascht worden. Er hätte sich auch keinen Verschiebungsstrom einfallen lassen müssen, um sein Meßergebnis zu erklären.

Zum Nachweis dieses neuen Induktionseffektes benötigen wir rasch veränderliche Felder; die Änderungen müssen während einer Zeitdauer erfolgen, die vergleichbar ist mit jener, die das Licht zur Ausbreitung innerhalb der Apparate benötigt. Deshalb gelang erst *Hertz,* dessen Experimente viele Jahre nach *Maxwells* Entdeckung des Gesetzes kamen, der direkte Nachweis.

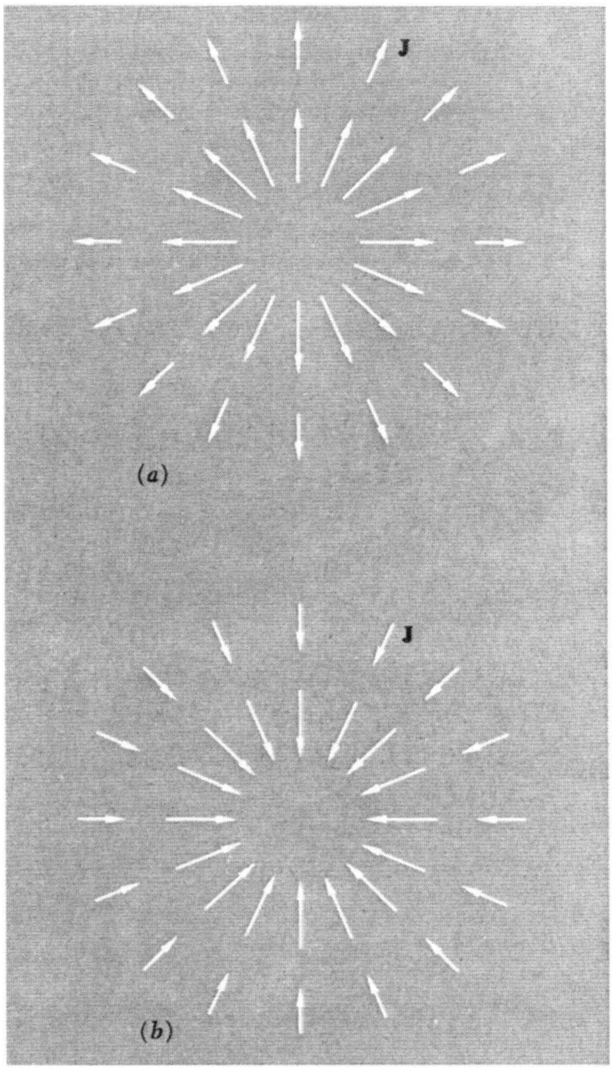

Bild 9.6 Zum Begriff der radialen Stromverteilung. Die Stromdichte **J** bei einer Punktquelle a) oder einer Punkt-„Senke" b) gleicht dem elektrischen Feld einer Punktladung. Jede Stromverteilung mit rot **J** = 0 läßt sich durch Superposition solcher Quellen und Senken erzeugen; ihr Magnetfeld muß deshalb gleich Null sein.

9.3 Die Maxwellschen Gleichungen

Nachdem *James Clark Maxwell* (1831 bis 1879) die Forschungsergebnisse *Faradays* studiert hatte, machte er sich daran, eine Theorie der Elektrizität und des Magnetismus mathematisch zu formulieren. Auf die Relativitätstheorie konnte er sich dabei nicht stützen, denn sie entstand erst fünfzig Jahre später. Die elektrische Natur der Materie war zu seiner Zeit noch ein unaufgedecktes Mysterium, und niemand vermutete einen Zusammenhang zwischen Licht und Elektromagnetismus. Viele der Argumente, die wir bisher verwendeten, um jeden Schritt unserer Gedankengänge anschaulich zu machen, waren damals unvorstellbar. Als *Maxwell* seine Theorie entwickelte, erhielt er auf natürliche Weise aus seinen Formulierungen den Ausdruck $\partial\mathbf{E}/\partial t$, über den wir im vorhergehenden Abschnitt diskutierten. *Maxwell* nannte ihn „Verschiebungsstrom". Er befaßte sich mit elektrischen Feldern in fester Materie und im Vakuum, und wenn er vom „Verschiebungsstrom" sprach, schloß er in diesen Begriff oft auch in Bewegung befindliche Ladungen ein. Auf diesen Punkt gehen wir noch in Kapitel 10 bei der Untersuchung elektrischer Felder in Materie ein. *Maxwell* stellte sich auch den Raum selbst als ein Medium, den sogenannten „Äther", vor; damit trat der Verschiebungsstrom auch in Abwesenheit fester Materie in einem Medium auf. Das soll uns aber nicht stören – *Maxwells* mathematische Gleichungen waren völlig durchsichtig und unzweideutig; seine Einführung des Verschiebungsstroms stellt eine *theoretische* Entdeckung ersten Ranges dar.

Die Maxwellsche Beschreibung des elektromagnetischen Feldes ist im wesentlichen vollständig. Wir gelangten auf verschiedenen Wegen zu den einzelnen Teilen dieser Beschreibung; wir stellen sie nun in der Form zusammen, die üblicherweise die Bezeichnung *Maxwellsche Gleichungen* trägt:

$$\begin{aligned} \operatorname{rot} \mathbf{E} &= -\frac{\partial \mathbf{B}}{\partial t} \\ \operatorname{rot} \mathbf{B} &= \frac{1}{c^2}\frac{\partial \mathbf{E}}{\partial t} + \mu_0 \mathbf{J} \\ \operatorname{div} \mathbf{E} &= \rho/\epsilon_0 \\ \operatorname{div} \mathbf{B} &= 0\,. \end{aligned} \tag{9.15}$$

Sie gelten für Felder im Vakuum in Gegenwart von elektrischer Ladung der Dichte ρ und elektrischem Strom, d.h. von bewegter Ladung, der Dichte $\mathbf{J}$.

Die erste Gleichung ist das Faradaysche *Induktionsgesetz*. Die zweite drückt die Abhängigkeit des Magnetfeldes von der *Verschiebungsstromdichte* (zeitliche Änderung des elektrischen Feldes) und von der *Leitungsstromdichte* (Ladungsbewegung) aus. Die dritte Gleichung ist dem Coulombschen Gesetz äquivalent. Und die vierte stellt fest, daß es *außer* Strömen keine Quellen des Magnetfeldes gibt; dazu werden wir noch einiges in Kapitel 11 zu sagen haben.

Die Gln. (9.15) sind hinsichtlich $c\mathbf{B}$ und $\mathbf{E}$ nur deshalb nicht symmetrisch, weil elektrische Ladung und elektrischer Leitungsstrom vorhanden sind. Im *leeren Raum* mit ρ und $\mathbf{J}$ gleich Null haben die Maxwellschen Gleichungen folgendes Aussehen:

$$\begin{aligned} \operatorname{rot} \mathbf{E} &= -\frac{\partial \mathbf{B}}{\partial t}\,, & \operatorname{div} \mathbf{E} &= 0 \\ \operatorname{rot} \mathbf{B} &= \frac{1}{c^2}\frac{\partial \mathbf{E}}{\partial t}\,, & \operatorname{div} \mathbf{B} &= 0\,. \end{aligned} \tag{9.16}$$

Hier spielt der Verschiebungsstrom die ausschlaggebende Rolle. Er ermöglicht gemeinsam mit seinem Gegenstück in der ersten Gleichung *elektromagnetische Wellen. Maxwell* erkannte dies und entwickelte davon ausgehend mit ausgezeichnetem Erfolg eine elektromagnetische Theorie des Lichts.

9.4 Die elektromagnetische Welle

Wir werden eine ziemlich einfache elektromagnetische Welle, die den Maxwellschen Gleichungen (9.16) für den leeren Raum genügt, konstruieren. Wir nehmen ein elektrisches Feld $\mathbf{E}$ an, das überall parallel zur z-Achse und nur abhängig von der räumlichen Koordinate y und der Zeit t ist.

Es habe die Form

$$\mathbf{E} = \hat{\mathbf{z}} E_0 \sin\{(2\pi/\lambda)(y - vt)\}\,, \tag{9.17}$$

in der die Amplitude E_0, die Wellenlänge λ und die Phasengeschwindigkeit v Konstanten sind. Dieses Feld erfüllt den gesamten Raum, zumindest den gesamten Raum, mit dem wir uns gerade beschäftigen. Wir werden auch ein magnetisches Feld benötigen. Es soll nur eine x-Komponente haben und wie E_z von y und t abhängen:

$$\mathbf{B} = \hat{\mathbf{x}} B_0 \sin\{(2\pi/\lambda)(y - vt)\}\,. \tag{9.18}$$

Bild 9.7 dient der Veranschaulichung dieser Felder. Es ist schwierig, diese Felder, die den gesamten Raum ausfüllen, darzustellen. Es sei daran erinnert, daß es keine Variation in Abhängigkeit von x oder z gibt. Was in einem Punkt auf der y-Achse geschieht, das geschieht überall in der senkrechten Ebene durch diesen Punkt. Mit der Zeit gleitet das gesamte Feldmuster, dank der besonderen Form der Sinusfunktion in den Gln. (9.17) und (9.18), beständig nach rechts. Die Bedingung, daß das Argument $(y - vt)\,2\pi/\lambda$ bei $y + \Delta y$ und $t + \Delta t$ denselben Wert wie bei y und t hat, liefert $\Delta y = v \cdot \Delta t$. Das aber bedeutet eine konstante Ausbreitungsgeschwindigkeit v der ebenen Welle in der $\hat{\mathbf{y}}$-Richtung.

Wir werden nun zeigen, daß unter bestimmten Bedingungen dieses elektromagnetische Feld den Maxwellschen Gleichungen genügt. Es ist leicht zu sehen, daß div $\mathbf{E}$ und div $\mathbf{B}$ für dieses Feld beide Null sind. Für die anderen Ableitungen erhält man:

$$\begin{aligned} \operatorname{rot} \mathbf{E} &= \hat{\mathbf{x}}\frac{\partial E_z}{\partial y} = \hat{\mathbf{x}} E_0 \frac{2\pi}{\lambda}\cos\left\{\frac{2\pi}{\lambda}(y - vt)\right\}\,, \\ \frac{\partial \mathbf{E}}{\partial t} &= -v\,\hat{\mathbf{z}} E_0 \frac{2\pi}{\lambda}\cos\left\{\frac{2\pi}{\lambda}(y - vt)\right\}\,, \\ \operatorname{rot} \mathbf{B} &= -\hat{\mathbf{z}}\frac{\partial B_x}{\partial y} = -\hat{\mathbf{z}} B_0 \frac{2\pi}{\lambda}\cos\left\{\frac{2\pi}{\lambda}(y - vt)\right\}\,, \\ \frac{\partial \mathbf{B}}{\partial t} &= -v\,\hat{\mathbf{x}} B_0 \frac{2\pi}{\lambda}\cos\left\{\frac{2\pi}{\lambda}(y - vt)\right\}\,. \end{aligned} \tag{9.19}$$

Wenn wir das in die beiden „Induktions"-Gleichungen (9.16) einsetzen und den gemeinsamen Faktor $\cos(y - vt)\,2\pi/\lambda$ kürzen, finden wir Bedingungen, die erfüllt sein müssen:

$$E_0 = vB_0 \quad \text{und} \quad B_0 = vE_0/c^2\,. \tag{9.20}$$

Daraus folgt, daß

$$v = \pm c \quad \text{und} \quad E_0 = \pm cB_0 \tag{9.21}$$

ist.

Wir haben nun gelernt, daß unsere elektromagnetische Welle folgende Eigenschaften haben muß:

1. *Das Feldmuster bewegt sich mit der Geschwindigkeit c*, im Fall von $v = -c$ in die negative $\hat{\mathbf{y}}$-Richtung. Als *Maxwell* im Jahr 1862 erstmals (auf undurchsichtigerem

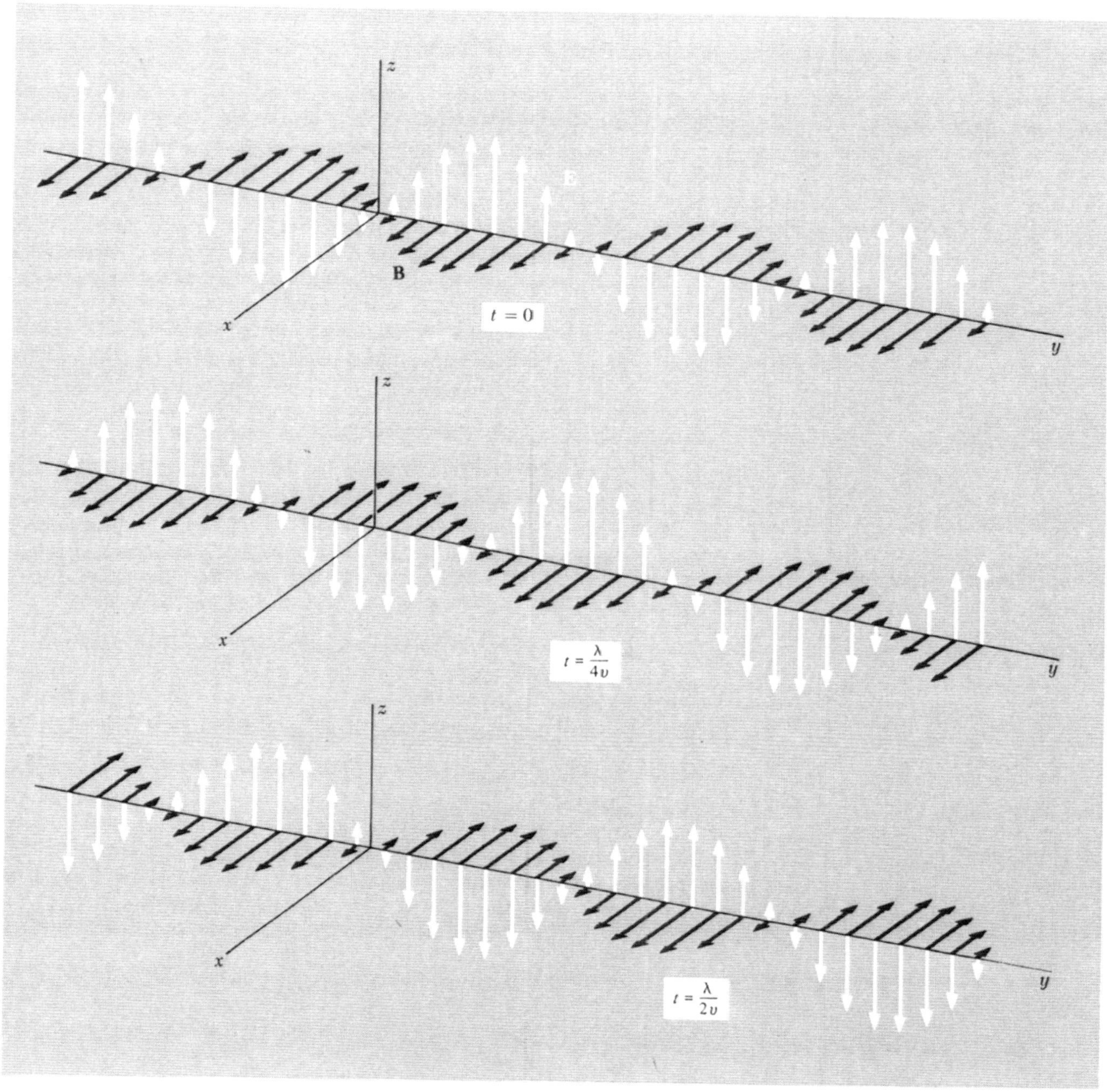

Bild 9.7 Die durch die Gln. (9.17) und (9.18) beschriebene Welle zu drei verschiedenen Zeiten. Sie bewegt sich nach rechts, in die positive $\hat{y}$-Richtung.

Weg) zu diesem Ergebnis kam, drückte die Konstante c in seinen Gleichungen nur eine Beziehung zwischen elektrischen Größen aus, die durch Experimente mit Kondensatoren, Spulen und Widerständen bestimmt waren. Es war klar, daß diese Konstante die Dimension einer Geschwindigkeit hatte, doch ihr Zusammenhang mit der wirklichen Lichtgeschwindigkeit war noch nicht erkannt worden. Die Lichtgeschwindigkeit war schon früher, im Jahr 1857, von *Fizeau* gemessen worden.

Maxwell schrieb: "The velocity of transverse undulations in our hypothetical medium, calculated from the electromagnetic experiments of MM. Kohlrausch and Weber, agrees so exactly with the velocity of light calculated from the optical experiments of M. Fizeau, that we can scarcely avoid the inference that *light consists in the transverse undulations of the same medium which is the cause of electric and magnetic phenomena.*" Die Betonung durch Kursivschrift stammt von *Maxwell*.

2. *In jedem Punkt der Welle sind in jedem Augenblick E und cB gleich.*
3. *Das elektrische und das magnetische Feld stehen senkrecht zueinander und senkrecht zur Ausbreitungsrichtung.* Wir hatten das bei der Konstruktion unseres Beispiels bereits angenommen, aber es ist nicht schwer zu zeigen, daß das eine notwendige Bedingung ist, wenn das Feld nicht von den Koordinaten senkrecht zur Ausbreitungsrichtung abhängen soll. Es ist zu beachten, daß bei Ausbreitung in negativer $\hat{\mathbf{y}}$-Richtung, d.h. $v = -c$, $cB_0 = -E_0$ ist. Die Richtung von **E**, **B** und die Ausbreitungsrichtung bilden nämlich ein Rechtssystem. Wir können ohne Bezug auf ein spezielles Koordinatensystem sagen: Die Welle breitet sich immer in der Richtung des Vektors $\mathbf{E} \times \mathbf{B}$ aus.

Jede ebene elektromagnetische Welle im leeren Raum hat diese drei Eigenschaften.

9.5 Andere Wellenformen; Überlagerung von Wellen

In dem Beispiel, das wir gerade studiert haben, war die Sinusfunktion lediglich wegen ihrer Einfachheit gewählt worden. Die „Welligkeit" der sinusartigen Funktion hat nichts zu tun mit der wesentlichen Eigenschaft der Wellenbewegung, einer Ausbreitung, die Gestalt oder Muster – *jedes* Muster – unverändert läßt. Es ist nicht die Art der Funktion, sondern die Kombination von y und t in ihrem Argument, die die Ausbreitung des Musters bewirkt. Wenn wir die Sinusfunktion durch *irgendeine* andere Funktion $f(y - vt)$ ersetzen, werden wir auch ein Muster erhalten, das sich mit der Geschwindigkeit v in $\hat{\mathbf{y}}$-Richtung bewegt. Es werden auch die Gln. (9.20) gelten, und unsere Welle wird die drei angegebenen allgemeinen Eigenschaften haben.

Als weiteres Beispiel geben wir die in Bild 9.8 dargestellte, ebene elektromagnetische Welle an, die mathematisch folgendermaßen beschrieben wird:

$$\mathbf{E} = \frac{150\,\text{kVm} \cdot \hat{\mathbf{y}}}{1\,\text{m}^2 + (x + ct)^2}, \quad c\mathbf{B} = \frac{-150\,\text{kVm} \cdot \hat{\mathbf{z}}}{1\,\text{m}^2 + (x + ct)^2}. \qquad (9.22)$$

Dieses elektromagnetische Feld genügt den Maxwellschen Gleichungen, Gln. (9.16). Es ist eine *ebene* Welle, weil nichts von y oder z abhängt. Es breitet sich in der negativen $\hat{\mathbf{x}}$-Richtung aus, was wir sofort am Plus-Zeichen im Argument $x + ct$ erkennen. Das ist tatsächlich die Richtung $\mathbf{E} \times \mathbf{B}$. In dieser Welle schwingt nichts. Es ist einfach ein

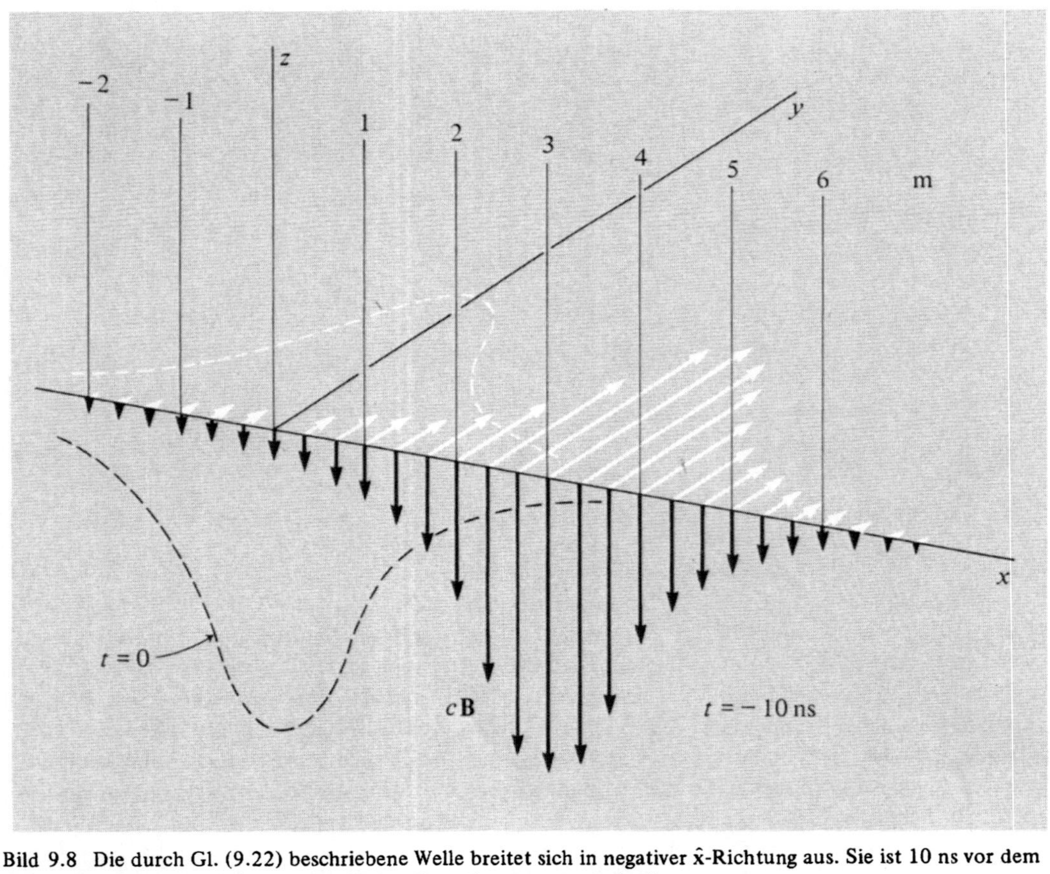

Bild 9.8 Die durch Gl. (9.22) beschriebene Welle breitet sich in negativer $\hat{x}$-Richtung aus. Sie ist 10 ns vor dem Zeitpunkt dargestellt, zu dem sie durch den Koordinatenursprung läuft.

elektromagnetischer Impuls mit langen Ausläufern. Ein Beobachter wird zur Zeit $t = 0$ die maximalen Feldstärken $E = 150\,\mathrm{kV/m}$ und $|B| = 5 \cdot 10^{-4}\,\mathrm{T}$ im Koordinatenursprung oder irgendeinem anderen Punkt der x, y-Ebene feststellen. In Bild 9.8 haben wir das Feld zur Zeit $t = -10\,\mathrm{ns}$ dargestellt. Die x-Achse trägt eine Meterteilung. (Die Lichtgeschwindigkeit ist ziemlich genau 0,3 m/ns.)

Die Maxwellschen Gleichungen für **E** und **B** sind im leeren Raum linear. Die Überlagerung von zwei Lösungen ist also auch eine Lösung. Eine beliebige Anzahl von elektromagnetischen Wellen kann ohne gegenseitige Beeinflussung durch dasselbe Gebiet laufen. Das Feld **E** in einem Raum-Zeit-Punkt ist die Vektorsumme der elektrischen Felder der einzelnen Wellen, und dasselbe gilt für **B**.

Ein wichtiges Beispiel ist die Überlagerung von zwei gleichen ebenen Wellen, die in entgegengesetzte Richtung laufen. Wir betrachten eine Welle, die sich in $\hat{\mathbf{y}}$-Richtung ausbreitet:

$$\mathbf{E}_1 = \hat{\mathbf{z}} E_0 \sin\{(y - ct)\, 2\pi/\lambda\}\,, \qquad \mathbf{B}_1 = \hat{\mathbf{x}} B_0 \sin\{(y - ct)\, 2\pi/\lambda\} \tag{9.23}$$

und eine Welle mit gleicher Amplitude und Wellenlänge, die sich in negativer $\hat{\mathbf{y}}$-Richtung ausbreitet:

$$\mathbf{E}_2 = \hat{\mathbf{z}} E_0 \sin\{(y + ct)\, 2\pi/\lambda\}\,, \qquad \mathbf{B}_2 = -\hat{\mathbf{x}} B_0 \sin\{(y + ct)\, 2\pi/\lambda\}\,. \tag{9.24}$$

Mit der Anwesenheit dieser beiden Wellen sind die Maxwellschen Gleichungen immer noch erfüllt. Die elektrischen und magnetischen Felder werden nun

$$\mathbf{E} = \mathbf{E}_1 + \mathbf{E}_2 = \hat{\mathbf{z}} E_0 [\sin\{(y - ct)\, 2\pi/\lambda\} + \sin\{(y + ct)\, 2\pi/\lambda\}]\,,$$
$$\mathbf{B} = \mathbf{B}_1 + \mathbf{B}_2 = \hat{\mathbf{x}} B_0 [\sin\{(y - ct)\, 2\pi/\lambda\} - \sin\{(y + ct)\, 2\pi/\lambda\}]\,. \tag{9.25}$$

Mit Hilfe der Formel für den Sinus einer Summe können Sie Gl. (9.25) leicht umformen zu

$$\mathbf{E} = 2\,\hat{\mathbf{z}} E_0 \sin(2\pi y/\lambda) \cos(2\pi ct/\lambda)\,, \qquad \mathbf{B} = -2\,\hat{\mathbf{x}} B_0 \cos(2\pi y/\lambda) \sin(2\pi ct/\lambda)\,. \tag{9.26}$$

Das in Gl. (9.26) beschriebene Feld heißt *stehende Welle*. In Bild 9.9 ist sie zu verschiedenen Zeiten dargestellt. Der Faktor c/λ ist die *Frequenz*, mit der das Feld an einer Stelle x schwingt, und $2\pi c/\lambda$ ist die entsprechende Kreisfrequenz. Nach Gl. (9.26) verschwindet überall das Magnetfeld **B** immer dann, wenn $2ct/\lambda$ eine ganze Zahl ist, was nach jeder halben Periode geschieht. Andererseits verschwindet überall das elektrische Feld, wenn $2ct/\lambda$ halbzahlig und damit $\cos 2\pi ct/\lambda = 0$ ist. Die Maxima von B und E erscheinen zu verschiedenen Zeiten an verschiedenen Orten. Im Gegensatz zur laufenden Welle sind bei der stehenden Welle elektrisches und magnetisches Feld *nicht* in Phase.

Es ist bemerkenswert, daß in der Ebene $y = 0$ und in jeder anderen Ebene, für die y gleich einer ganzen Anzahl halber Wellenlängen ist, *zu allen Zeiten* $\mathbf{E} = 0$ ist. Wir stellen uns vor, die x, z-Ebene bei $y = 0$ würde aus einem vollständig leitenden Metall bestehen. Auf der Oberfläche eines idealen Leiters ist die parallel zur Fläche liegende Komponente des elektrischen Feldes Null, sonst würde ein unendlich großer Strom fließen. Das erzwingt eine drastische *Randbedingung* für irgendein elektrisches Feld in der Umgebung. Die durch Gl. (9.26) beschriebene stehende Welle genügt bereits dieser Bedingung. Außerdem genügt sie den Maxwellschen Gleichungen im gesamten Raum $y > 0$. Das liefert eine fertige Lösung für die Reflexion einer ebenen elektromagnetischen Welle an einem ebenen leitenden Spiegel für senkrechten Einfall (siehe Bild 9.10). Die einfallende Welle wird für $y > 0$ durch Gl. (9.24) beschrieben, die reflektierte Welle durch Gl. (9.23). Es gibt hinter dem Spiegel kein Feld. Wenn dort ein Feld vorhanden wäre, hätte es mit dem Feld vor dem Spiegel nichts zu tun. Unmittelbar vor dem Spiegel besteht ein Magnetfeld parallel zur Oberfläche, das durch Gl. (9.26) gegeben ist: $\mathbf{B} = -2\,\hat{\mathbf{x}} B_0 \sin(2\pi ct/\lambda)$. Der Sprung in B von diesem Wert vor dem Spiegel zum Wert Null dahinter zeigt, daß in der Platte ein Wechselstrom fließen muß.

Sie können eine leitende Platte in irgendeiner anderen Ebene, in der nach Gl. (9.26) dauernd $\mathbf{E} = 0$ ist, anbringen und damit eine stehende elektromagnetische Welle zwischen zwei Spiegeln einfangen. Diese Anordnung wird häufig angewendet, z.B. bei Lasern. Wenn Sie die Eigenschaften einer einfachen, ebenen elektromagnetischen Welle verstanden haben, können Sie eine überraschend große Vielfalt von elektromagnetischen Anordnungen wie Interferometern, Rechteck-Hohlleitern und Streifenleitungen analysieren.

9.6 Energietransport durch elektromagnetische Wellen

Die Energie, die die Erde von der Sonne erhält, hat in der Form von elektromagnetischen Wellen, die den Gln. (9.16) genügen, den Weltraum durcheilt. Worin besteht diese Energie, wenn sie unterwegs ist? Wie wird sie in der Materie gespeichert, wenn sie angekommen ist?

Im Fall eines statischen elektrischen Feldes, wie es zwischen den Platten eines geladenen Kondensators besteht, kann die Gesamtenergie des Systems berechnet werden, indem jedem Volumenelement dV die Energie $(\epsilon_0/2)\, E^2 \cdot dV$ zugeordnet und entsprechend Gl. (1.38) alles aufaddiert wird. Ebenso kann die in einem Magnetfeld enthaltene Energie dadurch berechnet werden, daß man jedem Volumenelement dV im Feld entsprechend Gl. (7.75) den Energiebetrag $B^2 \cdot dV/(2\mu_0)$ zuordnet. Die Idee, daß die Energie wirklich im Feld angesiedelt ist, wird zwingender, wenn wir Sonnenlicht beobachten, das sich durch Vakuum ausgebreitet hat, in dem es weder Ladungen noch Ströme gibt.

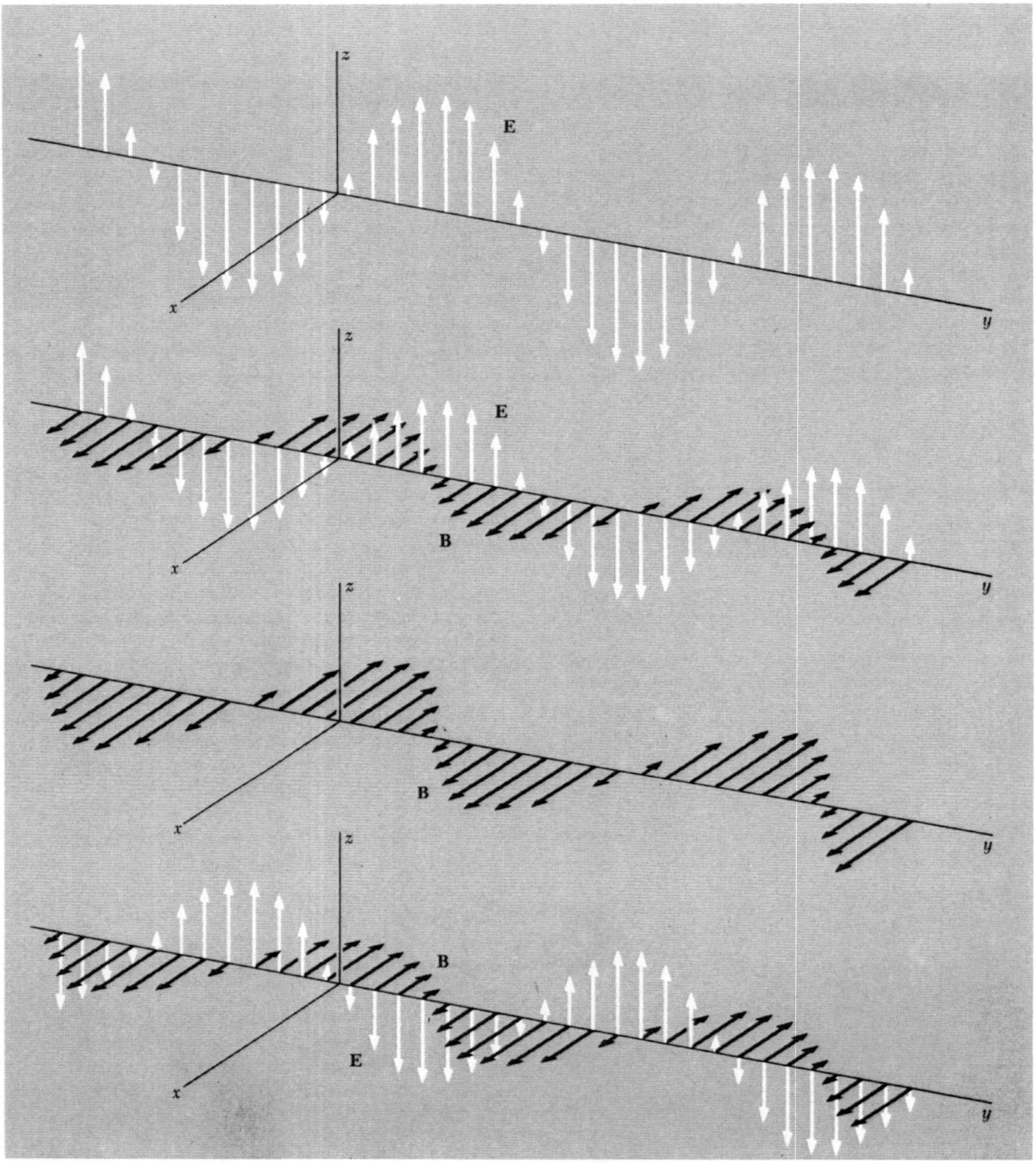

Bild 9.9 Eine stehende Welle, die durch Überlagerung einer in positiver $\hat{y}$-Richtung laufenden, Gl. (9.23), und einer gleichen, aber in negativer $\hat{y}$-Richtung laufenden Welle, Gl. (9.24), zustande kommt. Von oben nach unten sind die Felder zu vier verschiedenen Zeitpunkten dargestellt, zwischen denen jeweils ein Achtel einer vollen Periode vergangen ist.

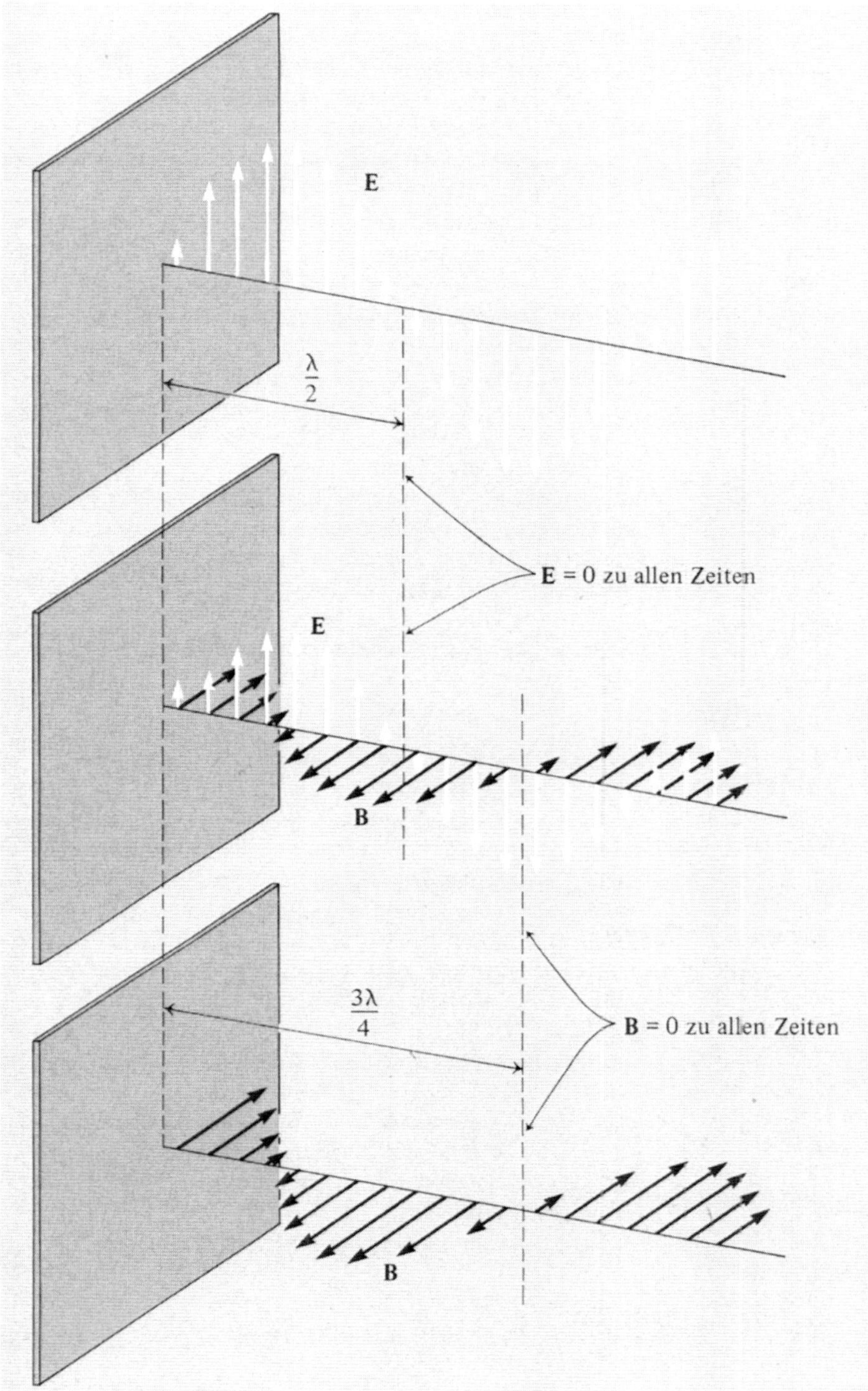

Bild 9.10 Eine stehende Welle, die durch Reflexion an einer vollkommen leitenden Platte entsteht.

Wir können diese Idee benutzen, um den Energiestrom zu berechnen, den eine elektromagnetische Welle überträgt. Betrachten wir eine laufende (keine stehende) ebene Welle von irgendeiner Form zu einem bestimmten Zeitpunkt. Jedem infinitesimalen Volumenelement dV schreiben wir den Energiebetrag $[(\epsilon_0/2)\,E^2 + B^2/(2\mu_0)]\,dV$ zu, wobei **E** und **B** das elektrische und magnetische Feld in diesem Volumenelement zu diesem Zeitpunkt sind. Nun nehmen wir an, daß die Energie einfach mit der Geschwindigkeit c in Ausbreitungsrichtung fortschreitet. Auf diese Weise können wir die Energie, die pro Zeit durch eine Fläche senkrecht zur Ausbreitungsrichtung tritt, bestimmen.

Wir wollen dazu die durch die Gln. (9.17) und (9.18) beschriebenen Sinuswellen benutzen. Zur Zeit $t = 0$ ist $E^2 = E_0^2 \sin^2(2\pi y/\lambda)$ und $B^2 = B_0^2 \sin^2(2\pi y/\lambda)$ und nach Gl. (9.21) $E_0 = cB_0$. Die Energiedichte in diesem Feld ist damit $\epsilon_0 E_0^2 \sin^2(2\pi y/\lambda)$, wobei wir $\mu_0 \epsilon_0 = c^{-2}$ benutzt haben. Der Mittelwert, gemittelt über eine Wellenlänge, für die Funktion $\sin^2(2\pi y/\lambda)$ ist gerade 1/2. Die mittlere Energiedichte im Feld ist dann $\epsilon_0 E_0^2/2$ und der mittlere Energiestrom durch eine Fläche senkrecht zur $\hat{\mathbf{y}}$-Richtung $c\epsilon_0 E_0^2/2$. Allgemeiner können wir sagen, daß für eine kontinuierliche Welle, ob sie nun sinusförmig ist oder nicht, der Energiestrom pro Fläche

$$S = c\epsilon_0 \overline{E^2} = \frac{\overline{E^2}}{\sqrt{\mu_0/\epsilon_0}} \tag{9.27}$$

gegeben ist. Die Größe S nennen wir *Leistungsdichte*. $\overline{E^2}$ ist das mittlere Quadrat der elektrischen Feldstärke, was für sinusförmige Wellen mit der Amplitude E_0 den Wert $E_0^2/2$ hat. Die Konstante $Z_0 = (\mu_0/\epsilon_0)^{1/2}$ ist der *Wellenwiderstand im Vakuum*. Er hat einen exakten Wert, aufgerundet 377 Ω (s. Anhang E). Damit bekommen wir eine brauchbare und leicht zu merkende Formel:

$$S = \overline{E^2}/Z_0 \; . \tag{9.28}$$

Wenn die elektromagnetische Welle auf einen elektrischen Leiter trifft, verursacht das elektrische Feld einen Strom. Im allgemeinen bewirkt das eine Energiedissipation im Leiter auf Kosten der Energie in der Welle. Die Totalreflexion der einfallenden Welle in Bild 9.10 war ein Spezialfall, bei dem die elektrische Leitfähigkeit der reflektierenden Oberfläche unendlich groß war. Wenn der spezifische Widerstand des Reflektors nicht Null ist, wird die Amplitude der reflektierten Welle kleiner als die der einfallenden Welle sein. Aluminium reflektiert z.B. bei senkrechtem Einfall ungefähr 92 % der einfallenden Energie oder $\sqrt{0{,}92} = 96\,\%$ der einfallenden Amplitude. Der Verlust von 8 % der einfallenden Energie erwärmt das Aluminium dadurch, daß der durch das elektrische Feld der Welle erzeugte Strom auf einen ohmschen Widerstand trifft. Natürlich ist der spezifische Widerstand des Aluminiums bei der Frequenz der Lichtwelle, in diesem Fall bei ungefähr $5 \cdot 10^{14}$ Hz, maßgebend. Dieser kann sich ziemlich stark vom Gleichstrom- oder Niederfrequenzwert des Metalls unterscheiden. Jedoch ist das Reflexionsvermögen der meisten Metalle für sichtbares Licht im wesentlichen durch die gleichen, beweglichen Leitungselektronen bestimmt, die ein Metall zu einem guten Leiter für Gleichstrom machen. Es ist kein Zufall, daß ein guter Leiter im allgemeinen glänzt. Warum aber blankes Kupfer rötlich und Aluminium silbrig aussieht, kann ohne eine detaillierte Theorie nicht erklärt werden.

Energie kann auch absorbiert werden, wenn eine elektromagnetische Welle auf ein nichtleitendes Material trifft. Etwas von dem Licht, das auf einen schwarzen Gummireifen trifft, wird reflektiert, obwohl Gummi ein vorzüglicher Isolator für niederfrequente elektrische Felder ist. Die Dissipation der elektromagnetischen Energie hängt hier mit der Wirkung des hochfrequenten elektrischen Feldes auf die Elektronen *in* den Molekülen des Materials zusammen. Im weitesten Sinne läßt sich das auf die Absorption von Licht durch alles, was uns umgibt, einschließlich der Netzhaut unseres Auges, anwenden.

Manche Isolatoren sind für elektromagnetische Wellen durchlässig und absorbieren nur sehr wenig. Die uns vertraute Transparenz von Glas für sichtbares Licht ist in der Tat eine bemerkenswerte Eigenschaft. In den reinsten Glasfasern, die für die optische Übertragung von Audio- und Videosignalen benutzt werden, läuft eine Welle einen Kilometer weit, das sind mehr als 10^9 Wellenlängen, bevor das meiste ihrer Energie verbraucht ist. Jedoch unterscheidet sich die Ausbreitung einer elektromagnetischen Welle in einem Medium, wie transparent das Material auch immer sein mag, wesentlich von der Ausbreitung im Vakuum. Die Materie wird durch das elektromagnetische Feld beeinflußt. Um diese Wechselwirkung zu berücksichtigen, müssen die Gln. (9.16) auf eine Weise abgeändert werden, die wir im nächsten Kapitel erklären werden.

9.7 Die Welle in einem anderen Bezugssystem

Eine ebene elektromagnetische Welle breitet sich durch das Vakuum aus. Ihre Ausbreitungsrichtung ist, bezogen auf ein bestimmtes Inertialsystem S, durch einen Einheitsvektor $\hat{\mathbf{n}}$ gegeben. $\mathbf{E}$ und $\mathbf{B}$ sind das an einem gewissen Ort zu einer bestimmten Zeit durch einen Beobachter in S gemessene elektrische und magnetische Feld. Welches Feld wird ein Beobachter in einem anderen Bezugssystem, das zu dieser Zeit diesen Punkt passiert, messen? Wir nehmen an, daß sich das System S' mit der Geschwindigkeit v relativ zu S in $\hat{\mathbf{x}}$-Richtung bewegt. Die Achsen von S und S' sind parallel wie in Bild 6.25. Wir wollen $\hat{\mathbf{n}}$ auch in $\hat{\mathbf{x}}$-Richtung legen. Wir können uns nun der Gl. (6.58) zuwenden, um die Feldkomponenten zu transformieren. Wir schreiben sie nochmals hin:

$$E'_x = E_x, \qquad E'_y = \gamma(E_y - \beta c B_z), \qquad E'_z = \gamma(E_z + \beta c B_y), \tag{9.29}$$
$$cB'_x = cB_x, \qquad cB'_y = \gamma(cB_y + \beta E_z), \qquad cB'_z = \gamma(cB_z - \beta E_y).$$

Der Schlüssel zu unserem Problem ist die Transformation von zwei besonderen skalaren Größen, nämlich $\mathbf{E} \cdot \mathbf{B}$ und $E^2 - B^2$. Wir berechnen mit Hilfe von Gl. (9.29) $\mathbf{E}' \cdot \mathbf{B}'$ und erhalten dann den Zusammenhang mit $\mathbf{E} \cdot \mathbf{B}$.

$$\begin{aligned} c\mathbf{E}' \cdot \mathbf{B}' &= cE'_x B'_x + cE'_y B'_y + cE'_z B'_z \\ &= cE_x B_x + \gamma^2(cE_y B_y + \beta E_y E_z - \beta c^2 B_y B_z - \beta^2 c E_z B_z) \\ &\quad + \gamma^2(cE_z B_z - \beta E_y E_z + \beta c^2 B_y B_z - \beta^2 c E_y B_y) \\ &= cE_x B_x + c\gamma^2(1-\beta^2)(E_y B_y + E_z B_z) = c\mathbf{E} \cdot \mathbf{B} \; . \end{aligned} \tag{9.30}$$

Das Skalarprodukt $\mathbf{E} \cdot \mathbf{B}$ ändert sich bei der Lorentz-Transformation der Felder nicht; es ist *invariant.* Eine ähnliche Rechnung, die als Übung 12 in Abschnitt 9.8 dem Leser überlassen bleibt, ergibt, daß $E_x^2 + E_y^2 + E_z^2 - c^2(B_x^2 + B_y^2 + B_z^2)$ auch invariant ist. Also gilt

$$E'^2 - c^2 B'^2 = E^2 - c^2 B^2 \,. \tag{9.31}$$

Die Invarianz dieser beiden Größen ist eine wichtige allgemeine Eigenschaft, nicht nur des Wellenfeldes, mit dem wir uns gerade befassen, sondern auch eines jeden elektromagnetischen Feldes. Ihre Tragweite ist an dem Wellenfeld besonders einfach und direkt zu sehen. Wir wissen, daß für die ebene Welle $\mathbf{E}$ senkrecht zu $\mathbf{B}$ liegt, und $E = cB$ ist. Jede von unseren beiden Invarianten ist deshalb Null. Wenn sie in einem Bezugssystem Null sind, müssen sie in allen Bezugssystemen Null sein. Wir sehen, daß für jede Lorentz-Transformation der Welle E und B senkrecht zueinander bleiben und immer $E = cB$ ist. *Eine Lichtwelle bleibt in jeden Inertialsystem eine Lichtwelle.* Das kann uns nicht überraschen. Man kann sagen, daß wir nur einen Zirkelschluß zurück zu den Postulaten der Relativitätstheorie, Einsteins Ausgangspunkt, gezogen haben. Nach Einsteins autobiographischem Bericht hat er in der Tat 10 Jahre vorher (im Alter von 16 Jahren!) begonnen, sich zu überlegen, was man beobachten würde, wenn man eine Lichtquelle „einholen" könnte. Die Frage kann mit der Gl. (9.29) aus Einsteins Arbeit von 1905 beantwortet werden. Wir setzen $E_y = E_0$, $E_x = E_z = 0$, $B_z = E_0/c$, $B_x = B_y = 0$. Das ist eine in $\hat{\mathbf{x}}$-Richtung laufende Welle, weil $\mathbf{E} \times \mathbf{B}$ in diese Richtung zeigt. Mit Gl. (9.29) und der Identität $\gamma^2(1 - \beta^2) = 1$ ergibt sich:

$$E_y' = E_0 \sqrt{\frac{1-\beta}{1+\beta}}\,, \quad cB_z' = E_0 \sqrt{\frac{1-\beta}{1+\beta}}\,. \tag{9.32}$$

Im Bezugssystem S' ist die Amplitude der Welle verkleinert. Die Geschwindigkeit der Welle ist natürlich c, sowohl in S als auch in S'. Die elektromagnetische Welle hat kein Ruhesystem. Im Grenzfall $\beta = 1$ beobachtet man in S', daß die Amplituden E_y' und B_z' Null werden. Die Welle ist verschwunden!

9.8 Übungen

1. Ein elektrisches Feld im freien Raum ist gegeben durch $\mathbf{E} = E_0(\hat{\mathbf{x}} + \hat{\mathbf{y}}) \sin\{(2\pi/\lambda)(z - ct)\}$ mit $E_0 = 60\,\mathrm{kV/m}$. Geben Sie das Magnetfeld an, wenn kein statisches Magnetfeld vorhanden ist.
2. Die Leistungsdichte des Sonnenlichts auf der Erde ist ungefähr $1\,\mathrm{kW/m^2}$. Wie groß ist der Effektivwert der magnetischen Feldstärke?
   Lösung: $2 \cdot 10^{-6}\,\mathrm{T}$
3. Ein freies Proton (Masse $1{,}7 \cdot 10^{-27}\,\mathrm{kg}$) ruhte im Koordinatenursprung, bevor die durch Gl. (9.22) beschriebene Welle eintraf. Wo wird sich das Proton nach einer Zeit $t = 1\,\mu\mathrm{s}$ befinden? *Hinweis:* Da die Welle nur einige Nanosekunden dauert, können Sie die Verschiebung während ihres Durchgangs vernachlässigen. Sie können auch noch die Wirkung des Magnetfeldes auf die Bewegung des Protons ignorieren, wenn dessen Geschwindigkeit nicht zu groß ist. Die Hauptsache ist die Berechnung des Impulses, den das Proton während des Durchgangs der Welle erhält.
4. Wie würde sich die Richtung der Endgeschwindigkeit des Protons aus Übung 3 ändern, wenn wir die Wirkung des Magnetfeldes nicht vollständig vernachlässigt hätten?
5. Gegeben ist ein elektromagnetisches Feld im freien Raum:

   $$E_x = 0, \quad E_y = E_0 \sin(kx + \omega t), \quad E_z = 0,$$
   $$B_x = 0, \quad B_y = 0, \quad cB_z = -E_0 \sin(kx + \omega t)\,.$$

   a) Zeigen Sie, daß dieses Feld den Maxwellschen Gleichungen genügt, wenn eine bestimmte Beziehung zwischen ω und k gilt.
   b) Wir nehmen an, daß $\omega = 10^{10}\,\mathrm{s^{-1}}$ und $E_0 = 1{,}5\,\mathrm{kV/m}$ ist. Wie groß ist die Wellenlänge? Wie groß ist die über einen großen Bereich gemittelte Energiedichte? Berechnen Sie daraus die Leistungsdichte (Dimension: Leistung/Fläche).
6. Geben Sie die Formeln für $\mathbf{E}$ und $\mathbf{B}$ an, wenn diese Größen eine ebene, sinusförmige elektromagnetische Welle, die sich in negativer $\hat{\mathbf{x}}$-Richtung ausbreitet, beschreiben sollen. Die Frequenz ist 100 MHz, das elektrische Feld steht senkrecht zur $\hat{\mathbf{z}}$-Richtung.
7. Zeigen Sie, daß das durch

   $$\mathbf{E} = E_0 \hat{\mathbf{z}} \cos kx \cdot \cos ky \cdot \cos \omega t$$
   $$\mathbf{B} = B_0(\hat{\mathbf{x}} \cos kx \cdot \sin ky - \hat{\mathbf{y}} \cdot \sin kx \cdot \cos ky) \sin \omega t$$

   beschriebene elektromagnetische Feld den Gln. (9.16) genügt, wenn $E_0/B_0 = \omega/k = 2c$ ist. Dieses Feld kann im Inneren eines quadratischen Metallkastens ($x = y = \pi/k$, Höhe beliebig) existieren. Wie sieht das Magnetfeld aus?
8. Von der gesamten elektromagnetischen Energie im Universum liegt bei weitem der größte Anteil in Form von Wellen mit Wellenlängen im Millimeterbereich vor. Das ist die von *Penzias* und *Wilson* im Jahr 1965 entdeckte kosmische Hintergrundstrahlung im Mikrowellenbereich. Anscheinend erfüllt sie den gesamten Raum, einschließlich der ungeheuren Weite zwischen den Galaxien, mit einer Energiedichte von $4 \cdot 10^{-14}\,\mathrm{J/m^3}$. Berechnen Sie den Effektivwert der elektrischen Feldstärke in dieser Strahlung. In ungefähr welcher Entfernung von einem 1-kW-Radiosender würden Sie eine vergleichbare Intensität (Dimension: Leistung/Fläche) der elektromagnetischen Welle finden?
   Lösung: 0,06 V/m; 3 km
9. Das magnetische Feld in einem sich entladenden Kondensator (Bild 9.1) kann im Prinzip durch Aufsummierung der Beiträge aller Leitungsstromelemente, wie in Bild 9.5 angedeutet, berechnet werden. Das wäre eine mühsame Arbeit. Bei axialer Symmetrie ist es sehr viel einfacher, das **B**-Feld in einem Punkt zu berechnen, indem wir das Integralgesetz

   $$\int_C \mathbf{B} \cdot dl = \int_A \left(\frac{1}{c^2}\,\frac{\partial \mathbf{E}}{\partial t} + \mu_0 \mathbf{J}\right) \cdot d\mathbf{A}$$

   auf einen kreisförmigen Weg durch diesen Punkt anwenden. Wir müssen nur den von diesem Weg eingeschlossenen Gesamtstrom kennen. Wir benutzen diese Formel, um das Feld im Punkt P, der mitten zwischen den Platten im Abstand r von der Drahtachse liegt (siehe Bild 9.11), zu berechnen. (Ver-

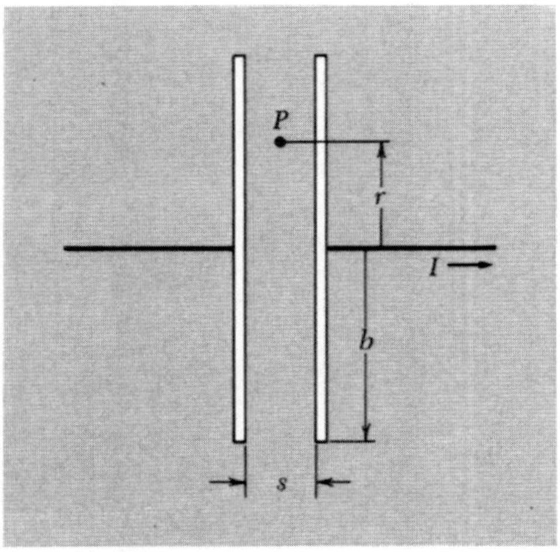

Bild 9.11

gleichen Sie das mit der Berechnung des induzierten elektrischen Feldes **E** in dem Beispiel zu Gl. (7.30).
Lösung: $2\pi r B = \mu_0 I r^2/b^2$, $B = \mu_0 I r/(2\pi b^2)$

10. Von einem Satelliten in einer stationären Umlaufbahn wird ein Signal mit einer Leistung von 10 kW erdwärts abgegeben und dabei ein ungefähr kreisförmiger Bereich mit einem Durchmesser von 1000 km bestrahlt. Wie groß ist die elektrische Feldstärke bei den Empfängern?
11. Eine sinusartige Welle wird an der Oberfläche eines Mediums reflektiert. Dabei wird die Hälfte der einfallenden Energie absorbiert. Ein Beobachter irgendwo in diesem Feld stellt fest, daß das lokale elektrische Feld mit einer bestimmten Amplitude E oszilliert. Wie groß ist das Verhältnis der größten so feststellbaren Amplitude zur kleinsten? (Man nennt dies das ***Stehwellenverhältnis***, im Englischen "voltage standing wave ratio" oder abgekürzt VSWR.)
12. Zeigen Sie, daß die skalare Größe $E^2 - c^2B^2$ bezüglich der Transformation Gl. (6.60) invariant ist ($E'^2 - c^2B'^2 = E^2 - c^2B^2$). Sie können das ohne Zerlegung in die x, y, z-Komponenten nur durch Anwendung von Vektoralgebra erreichen. (Die Zerlegung in parallele und senkrechte Vektoren ist angebracht, weil $\mathbf{E}_\perp \cdot \mathbf{E}_\parallel = 0$, $\mathbf{B}_\parallel \times \mathbf{E}_\parallel = 0$ usw.)

10 Elektrische Felder in Materie

10.1 Dielektrika

Der in Kapitel 3 untersuchte Kondensator bestand aus zwei voneinander isolierten Leitern, zwischen denen sich keine Materie befand. Dieses System ließ sich durch eine bestimmte Konstante, die Kapazität C, charakterisieren. Die Kapazität verknüpft die Ladungsmenge auf dem Kondensator (positive Ladung Q auf einer Platte, gleichgroße negative Ladung auf der anderen) mit der elektrischen Potentialdifferenz U_{12} zwischen den beiden Leitern:

$$C = \frac{Q}{U_{12}} . \tag{10.1}$$

Der Plattenkondensator besteht aus zwei parallelen ebenen Platten mit jeweils der Fläche A und dem Abstand d; für seine Kapazität erhielten wir:

$$C = \epsilon_0 \frac{A}{d} . \tag{10.2}$$

Derartige Kondensatoren findet man in manchen elektrischen Geräten. Sie heißen *Vakuumkondensatoren,* ihre Platten sind in hochevakuierten Gefäßen eingeschlossen. Sie werden immer dann angewendet, wenn es um extrem hohe und rasch veränderliche Potentiale geht. Viel häufiger kommen jedoch Kondensatoren vor, bei denen der Raum zwischen den Platten mit irgendeiner nichtleitenden festen oder flüssigen Substanz gefüllt ist. Dazu gehören die meisten Kondensatoren, mit denen Sie im Labor zu tun hatten. Jedes Fernsehgerät enthält Dutzende von ihnen. Wenn die beiden leitenden Platten in Materie eingebettet sind, stimmt Gl. (10.2) nicht mit dem Experiment überein. Schieben wir beispielsweise zwischen die beiden Platten in Bild 10.1a eine Kunststoffschicht (Bild 10.1b): Experimentell erweist sich die Ladung dieses neuen Kondensators zwar noch immer proportional zur Potentialdifferenz, so daß wir nach wie vor durch Gl. (10.1) eine Kapazität *C definieren* können. Allerdings ergibt sich ein *wesentlich größerer* Wert für C als nach Gl. (10.2). Das bedeutet, daß bei gleicher Plattenfläche und gleichem Plattenabstand für die gleiche Potentialdifferenz die Ladung auf den Platten vergrößert ist. Der Grund dafür muß die Kunststoffschicht sein.

Es ist nicht schwer, das allgemein zu verstehen. Die Kunststoffschicht besteht aus Molekülen, die aus Atomen zusammengesetzt sind. Die Atome bestehen aus geladenen Teilchen (Elektronen und Atomkernen). Das elektrische Feld zwischen den Kondensatorplatten wirkt auf diese Ladungen. Es zieht (Bild 10.2) die negativen Ladungen nach oben, weil die obere Platte positiv ist, und drückt die positiven Ladungen nach unten. Dabei bewegen sich die Ladungen kaum. (Es gibt hier keine freien, beweglichen Elektronen wie in einem metallischen Leiter.) Es wird eine kleine Ladungsverschiebung im Atom geben, das keine unendlich starre Struktur hat. In der Kunststoffschicht werden sich die gesamte negative und positive Ladungsverteilung sehr wenig gegeneinander verschieben, wie das im Bild 10.2b dargestellt ist. Das Innere des Blocks bleibt elektrisch neutral, aber oben entsteht eine dünne Schicht unkompensierter negativer Ladungen und unten entsprechend eine Lage unkompensierter positiver Ladungen.

Die induzierte Schicht negativer Ladungen unter der oberen Platte bewirkt, daß die Ladung auf der Platte auf Q anwächst. Tatsächlich muß an der Oberseite die Gesamtladung Q_0 die algebraische Summe aus Q und der induzierten Schichtladung sein. Wir werden das beweisen, wenn wir in Abschnitt 10.8 auf dieses Problem zurückkommen, nachdem wir einige Fragen über das elektrische Feld innerhalb von Materie geklärt haben. Der wichtige Punkt ist nun, daß die Ladung Q in Bild 10.2b *größer* als Q_0 ist. Dieses Q ist die Ladung des Kondensators in der Beziehung $Q = C \cdot U$. Q entstammt der Batterie und fließt durch den Widerstand R, wenn wir den Kondensator durch Umlegen des Schalters entladen. Wenn wir das tun, verschwindet die induzierte Ladungsschicht, die nicht auf der Platte sitzt, einfach im Dielektrikum.

Entsprechend dieser Erklärung sollte die Fähigkeit verschiedener Stoffe, die Kapazität zu erhöhen, vom Betrag der elektrischen Ladung in ihrer Struktur und der Leichtigkeit, mit der Elektronen bezüglich der Atomkerne verschoben werden können, abhängen. Der Faktor, in unserem Beispiel Q/Q_0, um den sich die Kapazität erhöht, wenn ein leerer Kondensator mit einem Material gefüllt wird, heißt *Permittivitätszahl* (Dielektrizitätszahl) ϵ_r des Materials. Die *Permittivität* (Dielektrizitätskonstante) ist $\epsilon = \epsilon_r \cdot \epsilon_0$. Das Material selbst wird häufig *Dielektrikum* genannt, wenn man sich mit seinem Verhalten im elektrischen Feld

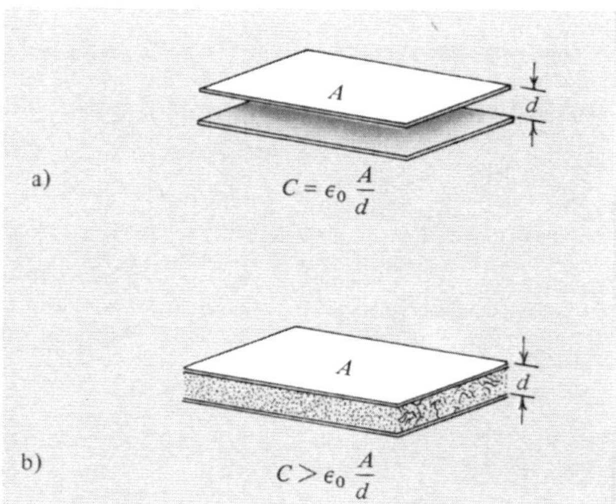

Bild 10.1
a) Ein Kondensator, der aus parallelen leitenden Platten aufgebaut ist.
b) Dieselben Platten mit einer Isolatorschicht dazwischen.

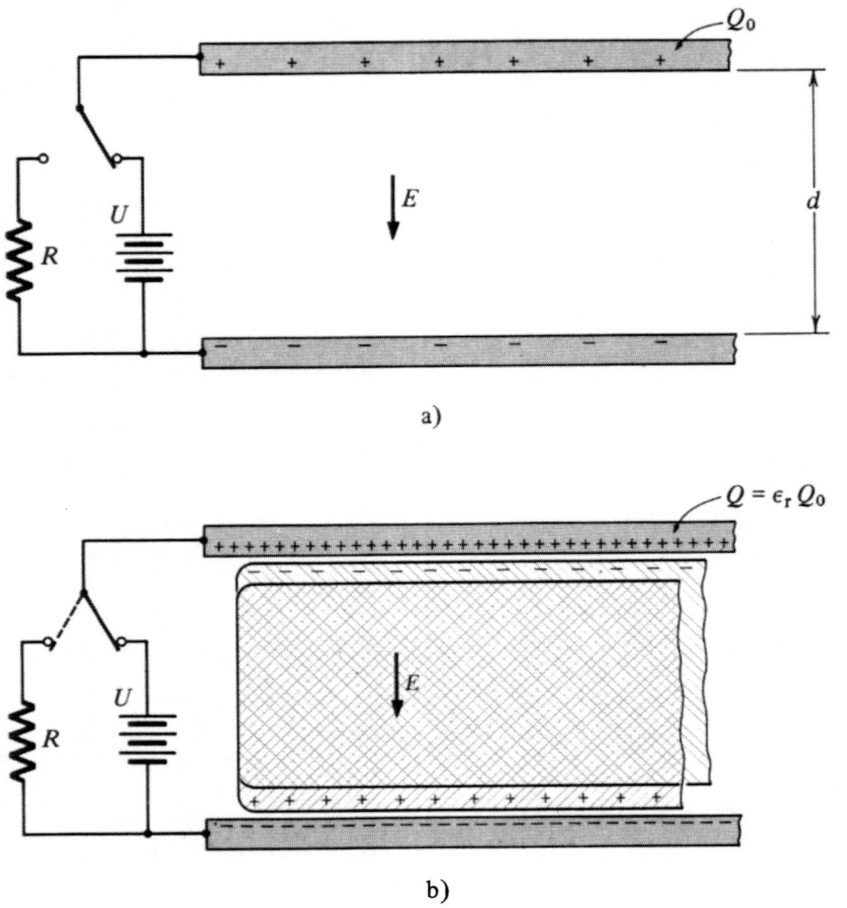

Bild 10.2 Wie ein Dielektrikum die Ladungen auf den Platten eines Kondensators vergrößert, wenn die Spannung U konstant gehalten wird.

a) Der Raum zwischen den Platten ist leer, $Q_0 = C_0 U$.

b) Der Raum zwischen den Platten ist mit einem nichtleitenden Material, dem Dielektrikum, gefüllt. Das elektrische Feld zieht die negativen Ladungen nach oben und drückt die positiven nach unten. An der Oberseite des Dielektrikums bildet sich eine Schicht unkompensierter negativer Ladungen, an der Unterseite eine Schicht unkompensierter positiver Ladungen. Die Gesamtladung an der Oberseite *einschließlich* der Ladung Q auf der oberen Platte ist dieselbe wie in a). Q ist dann größer als Q_0; ($Q = \epsilon_r Q_0$). Q ist die Ladung, die durch den Widerstand R abfließt, wenn der Kondensator durch Umlegen des Schalters entladen wird.

befaßt. Homogene, nichtleitende Substanzen können so charakterisiert werden. Tabelle 10.1 gibt die gemessenen Werte von ϵ_r für eine Auswahl verschiedenartiger Substanzen wieder.

Die in der Tabelle angegebenen Werte für ϵ_r sind alle größer als 1. Wir müssen das erwarten, wenn unsere Erklärung richtig ist. Durch ein Dielektrikum kann die Kapazität nur dann *kleiner* als die des leeren Kondensators werden, wenn sich die Elektronen durch das angelegte elektrische Feld entgegen der Richtung der resultierenden Kraft bewegen. Ein solches Verhalten ist bei oszillierenden elektrischen Feldern keineswegs absurd. Für statische Felder, die wir hier betrachten, kann es das aber nicht geben.

Im Vakuum ist ϵ_r nach Definition genau gleich 1. Für Gase unter normalen Bedingungen ist ϵ_r wegen der geringen Dichte der Gase nur wenig größer als 1. Gewöhnliche Festkörper und Flüssigkeiten haben üblicherweise Werte für ϵ_r von 2 bis 6. Aber beachten Sie, daß flüssiges Ammoniak eine Ausnahme und Wasser eine ungewöhnliche Ausnahme von dieser Regel darstellt. Tatsächlich ist flüssiges Wasser elektrisch etwas leitend, was aber, wie wir später erklären werden, nicht die Bestimmung und Messung von ϵ_r ver-

Tabelle 10.1 Permittivitätszahlen (Dielektrizitätszahlen) ϵ_r verschiedener Substanzen

Substanz	Bedingungen		ϵ_r
Luft	gasförmig	0 °C *	1,00059
Methan CH_4	gasförmig	0 °C *	1,00088
Chlorwasserstoff HCl	gasförmig	0 °C *	1,0046
Wasser H_2O	gasförmig	110 °C *	1,0126
	flüssig	20 °C	80,4
Benzol C_6H_6	flüssig	20 °C	2,28
Methanol CH_3OH	flüssig	20 °C	33,6
Ammoniak NH_3	flüssig	– 34 °C	22,6
Mineralöl	flüssig	20 °C	2,24
Natriumchlorid NaCl	fest	20 °C	6,12
Schwefel S	fest	20 °C	4,0
Silicium Si	fest	20 °C	11,7
Polyäthylen	fest	20 °C	2,25...2,3
Porzellan	fest	20 °C	6,0 ...8,0
Paraffin	fest	20 °C	2,1 ...2,5
Pyrex-Glas 7070	fest	20 °C	4,00

* bei Normdruck $1{,}013 \cdot 10^5$ Pa

hindert. Die ionische Leitfähigkeit der Flüssigkeit ist nicht der Grund für den riesigen ϵ_r-Wert von Wasser. Sie können diese außerordentliche Eigenschaft von Wasser am ϵ_r des Dampfes erkennen, wenn Sie daran denken, daß eigentlich die *Differenz* zwischen ϵ_r und 1 den elektrischen Einfluß des Materials offenbart. Vergleichen Sie die in der Tabelle angegebenen Werte von ϵ_r für Wasserdampf und Luft.

Wenn ϵ_r eines Materials bestimmt worden ist, vielleicht durch Messung der Kapazität eines mit ihm gefüllten Kondensators, dann können wir das Verhalten des Kondensators und darüber hinaus jedes elektrischen Systems vorhersagen, das aus beliebig geformten Leitern und Stücken des Dielektrikums aufgebaut ist. So können wir bei Vorgabe der Ladungen oder der Potentiale auf den Leitern alle elektrischen Felder für das Vakuum außerhalb der Dielektrika bestimmen.

Die vollständige Theorie hierfür entwickelten die Physiker des 19. Jahrhunderts. Da sie über kein vollständiges Bild der atomaren Struktur der Materie verfügten, waren sie mehr oder weniger auf eine makroskopische Beschreibungsweise angewiesen. Von ihrem Standpunkt aus erschien das Innere eines Dielektrikums als formlose Anordnung einer homogenen „mathematischen Gallerte"; vom Vakuum unterschied sie sich nur durch eine einzige elektrische Eigenschaft, nämlich eine von eins verschiedene Permittivitätszahl ϵ_r.

Wenn wir uns aber auf die makroskopische Beschreibung der Materie in einem elektrischen Feld beschränken, ergeben sich einige naheliegende und schwierige Fragen, auf die es manchmal gar keine sinnvolle Antwort gibt. Fragen wir beispielsweise nach der elektrischen Feldstärke im *Inneren* der Plastikschicht von Bild 10.1b, wenn sich Ladungen an deren Oberfläche befinden. Die elektrische Feldstärke ist als Kraft auf eine Probeladung definiert. Wie können wir aber, ohne das gesamte System zu zerstören, im Inneren eines vollkommen dichten Festkörpers die Kraft auf eine Probeladung messen? Sollen wir vielleicht in den Festkörper ein Loch bohren und die Probeladung einführen? Wenn die Probeladung in dem Loch noch eine gewisse Bewegungsfreiheit hätte, könnte die Kraft auf sie wie für ein freies Teilchen gemessen werden. Das Meßergebnis bezöge sich dann aber nicht auf die Feldstärke im Inneren des Dielektrikums sondern auf ihren Wert in einem Hohlraum innerhalb des Dielektrikums – und dies sind zwei ganz verschiedene Dinge.

Glücklicherweise gibt es noch den zweiten Weg, der von der *mikroskopischen* oder *atomaren* Betrachtungsweise ausgeht. Bekanntlich ist die Materie aus Atomen und Molekülen aufgebaut; diese setzen sich wiederum aus geladenen Elementarteilchen zusammen. Wir wissen einiges über die Größe und Struktur dieser Atome und auch über ihre Anordnung in Kristallen, Flüssigkeiten und Gasen. Statt das Dielektrium als strukturlose Gallerte zu beschreiben, kann man es auch als eine Ansammlung von Molekülen betrachten, die das Vakuum erfüllen. Wir müssen zunächst untersuchen, wie sich die elektrischen Ladungen *eines* Moleküls verhalten, wenn sich dieses ganz allein in einem elektrischen Feld befindet. Sodann können wir auch das Verhalten zweier solcher Moleküle verstehen, die sich im Vakuum in einer bestimmten Entfernung voneinander aufhalten. Wir brauchen nämlich nur zusätzlich den Einfluß des elektrischen Feldes von jeweils einem Molekül auf das andere Molekül zu berücksichtigen. Wenden wir diese Vorgangsweise dann auf etwa 10^{20} Moleküle an, die sich in 1 cm^3 Vakuum befinden, so haben wir das reale Dielektrikum vor uns. Wir hoffen allerdings, auf diese Weise nicht 10^{20} Einzelprobleme lösen zu müssen.

Die Durchführung dieses Programms lohnt sich aus zwei Gründen. Erstens werden wir zu sinnvollen Aussagen über magnetische und elektrische Felder in Materie gelangen und damit auch die eingangs gestellten Fragen beantworten können. Zweitens wird sich zeigen, und das ist noch wichtiger, wie die makroskopischen elektrischen und magnetischen Phänomene in Materie mit der Natur der zugrundeliegenden atomaren Strukturen zusammenhängen. Wir behandeln die elektrischen und magnetischen Effekte getrennt und beginnen mit den Dielektrika. Unser erstes Ziel besteht in der Beschreibung des elektrischen Feldes, das von einem Atom oder Molekül herrührt; dabei werden einige allgemeine Aussagen über das elektrostatische Feld im Außenraum eines beliebigen kleinen Ladungssystems nützlich sein.

10.2 Die Momente einer Ladungsverteilung

Ein Atom oder Molekül besteht aus elektrischen Ladungen, die ein kleines Volumen von einigen $(10^{-10}\,\mathrm{m})^3$ erfüllen. Uns interessiert das elektrische Feld dieser ziemlich komplizierten Ladungsverteilung außerhalb des Ladungsvolumens. Dabei geht es insbesondere um das Feld in einer Entfernung von der Quelle, die groß im Vergleich zu den Abmessungen der Quelle selbst ist. Welche Merkmale der Ladungsstruktur bestimmen im wesentlichen das Feld in entfernten Punkten? Zur Beantwortung dieser Frage sehen wir uns eine beliebige Ladungsverteilung an und überlegen, wie wir das Feld in einem Außenpunkt berechnen können. Bild 10.3 zeigt eine Ladungsverteilung in der Umgebung des Koordinatenursprungs, etwa ein Molekül, das aus mehreren positiven Kernen und einer ziemlich großen Anzahl von Elektronen besteht. Wir nehmen an, daß sich diese Ladungsverteilung durch eine gegebene Ladungsdichtefunktion $\rho(x, y, z)$ beschreiben läßt. Am Ort der Elektronen ist ρ negativ, am Ort der Kerne positiv. Um das elektrische Feld der Ladungsverteilung in entfernten Punkten zu bestimmen, gehen wir von einer Berechnung ihres Potentials aus. In unserem Bild untersuchen wir einen Punkt A, der genügend weit entfernt auf der z-Achse liegt. (Da wir bei der Ladungsverteilung keine

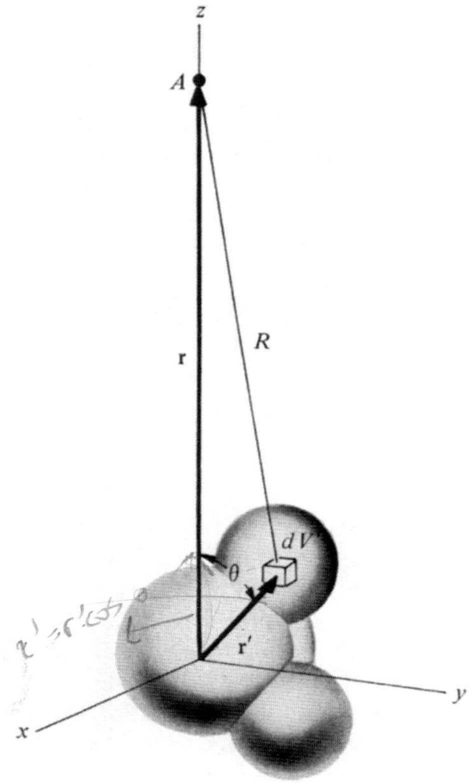

Bild 10.3 Berechnung des Potentials einer molekularen Ladungsverteilung im Aufpunkt A

spezielle Symmetrie voraussetzen, ist die z-Achse durch nichts ausgezeichnet.) A hat vom Ursprung den Abstand r. Das elektrische Potential U_A in A erhalten wir wie üblich durch Addition der Beiträge von allen Elementen der Ladungsverteilung:

$$U_A = k \int \frac{\rho\,(x', y', z')\,dV'}{R} . \tag{10.3}$$

dV' ist ein Volumenelement innerhalb der Ladungsverteilung, $\rho\,(x', y', z')$ die Ladungsdichte am Ort von dV' und R der Abstand zwischen A und dem betrachteten Ladungselement. Die Integration führt man in den Koordinaten x', y' und z' aus und erstreckt sie über den gesamten ladungserfüllten Raum. Nun können wir R auch durch r und durch den Abstand r' zwischen dem Ursprung und dem Ladungselement ausdrücken. Wir verwenden dabei den Cosinussatz und erhalten

$$R = [r^2 + r'^2 - 2rr' \cos\theta]^{1/2} , \tag{10.4}$$

wobei θ den Winkel zwischen r' und der Achse angibt, auf der A liegt. Mit dieser Substitution für R geht Gl. (10.3) in

$$U_A = k \int \rho\,dV'\,[r^2 + r'^2 - 2rr' \cos\theta]^{-1/2} \tag{10.4a}$$

über. Nun nützen wir die Tatsache aus, daß für entfernte Punkte (wie A) r' viel kleiner als r ist. Dies gilt für alle Teile der Ladungsverteilung und legt uns nahe, die Wurzel in Gl. (10.4) nach Potenzen von r'/r zu entwickeln. Mit der Umformung

$$[r^2 + r'^2 - 2rr' \cos\theta]^{-1/2} = \frac{1}{r}\left[1 + \left(\frac{r'^2}{r^2} - \frac{2r'}{r}\cos\theta\right)\right]^{-1/2} \tag{10.5}$$

und der Entwicklung $(1+\delta)^{-1/2} = 1 - \frac{1}{2}\delta + \frac{3}{8}\delta^2 \ldots$ können wir Terme gleicher Potenz von r'/r sammeln und erhalten

$$\begin{aligned}&[r^2 + r'^2 - 2rr' \cos\theta]^{-1/2}\\ &= \frac{1}{r}\left[1 + \frac{r'}{r}\cos\theta + \left(\frac{r'}{r}\right)^2 \frac{(3\cos^2\theta - 1)}{2}\right.\\ &\left.+ \text{(Terme höherer Ordnung)}\right] .\end{aligned} \tag{10.6}$$

Da wir r als Integrationskonstante herausheben können, folgt schließlich für das Potential in A:

$$\begin{aligned}U_A &= \underbrace{\frac{k}{r}\int \rho\,dV'}_{K_0} + \underbrace{\frac{k}{r^2}\int r' \cos\theta\,\rho\,dV'}_{K_1}\\ &+ \underbrace{\frac{k}{r^3}\int r'^2\,\frac{(3\cos^2\theta - 1)}{2}\,\rho\,dV'}_{K_2} + \ldots .\end{aligned} \tag{10.7}$$

Der Wert der Integrale K_0, K_1, K_2 usw. hängt nur von der Struktur der Ladungsverteilung und nicht vom Abstand zum Punkt A ab. Deshalb können wir die Potentiale aller Punkte der z-Achse als Potenzreihe von $1/r$ mit konstanten Koeffizienten schreiben:

$$U_A = k \cdot \left(\frac{K_0}{r} + \frac{K_1}{r^2} + \frac{K_2}{r^3} + \ldots\right) . \tag{10.8}$$

Um die gestellte Aufgabe völlig zu lösen, müßten wir das elektrische Potential auch in allen anderen Punkten bestimmen und dann mit $\mathbf{E} = -\operatorname{grad} U$ das elektrische Feld berechnen. So weit brauchen wir hier aber gar nicht zu gehen, denn der springende Punkt ist bereits erkannt: Das Verhalten des Potentials in großen Entfernungen von der Quelle wird durch den ersten nichtverschwindenden Term in der obigen Potenzreihe bestimmt.

Was bedeuten diese Koeffizienten im einzelnen? Der Koeffizient K_0 ist $\int \rho\,dV'$; dies ist nichts anderes als die Gesamtladung der Ladungsverteilung. Bei gleich großen Mengen positiver und negativer Ladung, wie in einem neutralen Molekül, verschwindet K_0. Bei einem einfach ionisierten Molekül hat hingegen K_0 den Wert e. Ist K_0 von Null verschieden, überwiegt bei genügend großer Entfernung der Term kK_0/r unabhängig davon, wie groß K_1, K_2 usw. sein mögen. Dann erhalten wir für U_A näherungsweise das Potential einer Punktladung im Ursprung. Entsprechendes gilt für das elektrische Feld. Dies ist nicht weiter überraschend.

Nun betrachten wir ein neutrales Molekül mit $K_0 = 0$. Unser Interesse gilt jetzt dem zweiten Term mit dem Koeffizienten $K_1 = \int r' \cos\theta\, \rho\, dV'$. Da $r' \cos\theta$ einfach z' ist, gibt dieser Term die relative Verlagerung der positiven und negativen Ladungen in Richtung A an. Sein Wert verschwindet für die in Bild 10.4 skizzierten Verteilungen nicht (die Dichten der positiven und negativen Ladungen sind getrennt für sich angegeben.) Tatsächlich hat K_1 bei allen drei dargestellten Verteilungen etwa den gleichen Wert. Ferner ist, und das ist ein entscheidender Punkt, für jede neutrale Ladungsverteilung der Wert von K_1 unabhängig von der Lage des Ursprungs. Ersetzen wir also z' durch $z' + z_0'$ und verschieben so den Ursprung, ändert sich der Wert des Integrals nicht:

$$\int (z' + z_0')\, \rho\, dV' = \int z' \rho\, dV' + z_0' \int \rho\, dV' = \int z' \rho\, dV',$$

da das Integral $\int \rho\, dV'$ bei einer neutralen Verteilung stets verschwindet.

Offensichtlich verhält sich im Fall $K_0 = 0$, $K_1 \neq 0$ das Potential längs der z-Achse asymptotisch wie $1/r^2$ [64]): Daraus folgern wir, daß im Gegensatz zum $1/r^2$-Verhalten des Feldes einer Punktladung die Feldstärke in diesem Fall asymptotisch wie $1/r^3$ variiert. Natürlich haben wir bisher nur das Potential für Punkte der z-Achse diskutiert. Wir kehren später zu der Frage der vollständigen Feldform zurück, sobald wir einen gewissen Überblick gewonnen haben.

Wenn sowohl K_0 als auch K_1, nicht aber K_2, gleich Null sind, verhält sich das Potential in großen Entfernungen entsprechend $1/r^3$; die elektrische Feldstärke nimmt dann umgekehrt proportional zur vierten Potenz des Abstands ab. Bild 10.5 zeigt eine Ladungsverteilung mit $K_0 = K_1 = 0$ (unabhängig von der Richtung der z-Achse) und $K_2 \neq 0$.

Die Größen $K_0, K_1, K_2, \ldots$ hängen mit den sogenannten *Momenten* der Ladungsverteilung zusammen. K_0, die Gesamtladung, heißt dann *Monopolmoment* oder *Monopolstärke*. K_1 ist eine Komponente des *Dipolmoments* der Verteilung. Das Dipolmoment hat die Dimension (Ladung) · (Abstand) und ist ein Vektor mit der z-Komponente K_1. Die dritte Konstante K_2 bezieht sich auf das *Quadrupolmoment* der Verteilung, die nächste auf das *Oktopolmoment* usw. Das Quadrupolmoment ist kein Vektor, sondern ein Tensor. Die in Bild 10.5 gezeigte Ladungsverteilung hat ein nicht verschwindendes Quadrupolmoment.

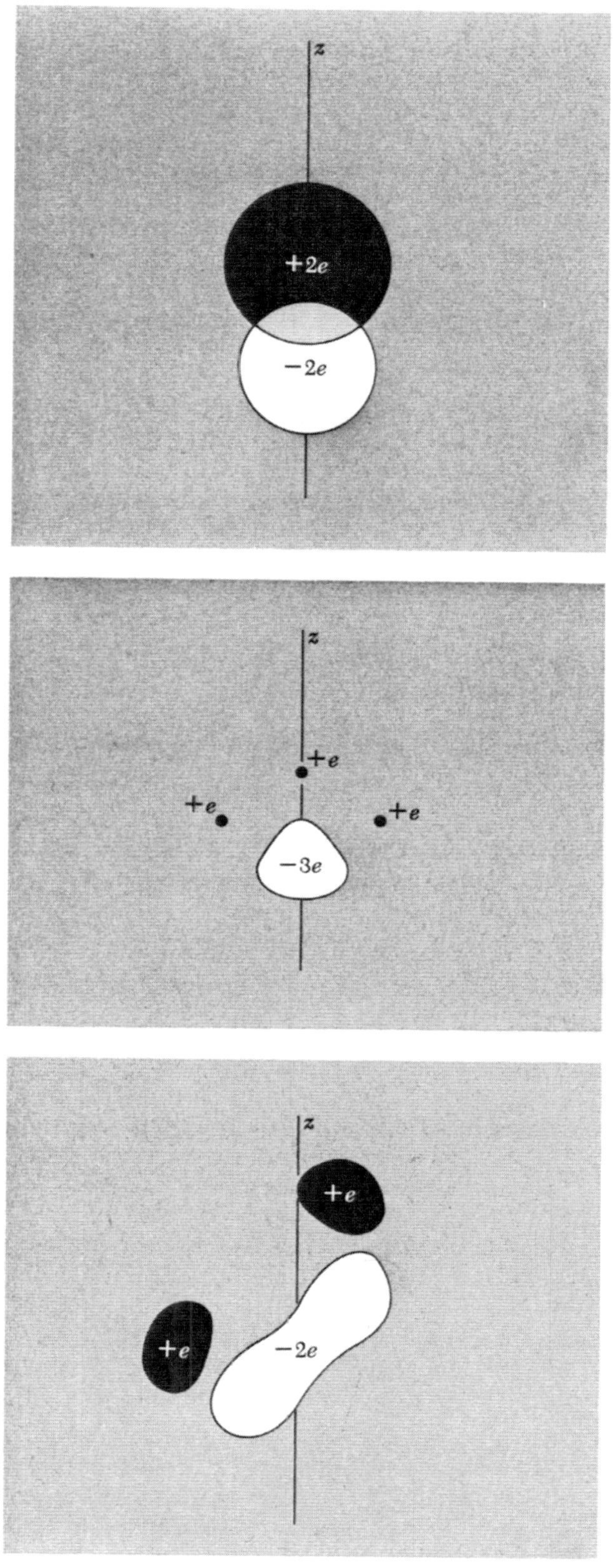

Bild 10.4 Einige Ladungsverteilungen mit $K_0 = 0$, $K_1 \neq 0$: Jede der dargestellten Verteilungen besitzt die Gesamtladung Null und ein nichtverschwindendes Dipolmoment.

---

[64]) D.h., mit einer um so besseren Näherung, je größer die Entfernung vom Ursprung wird.

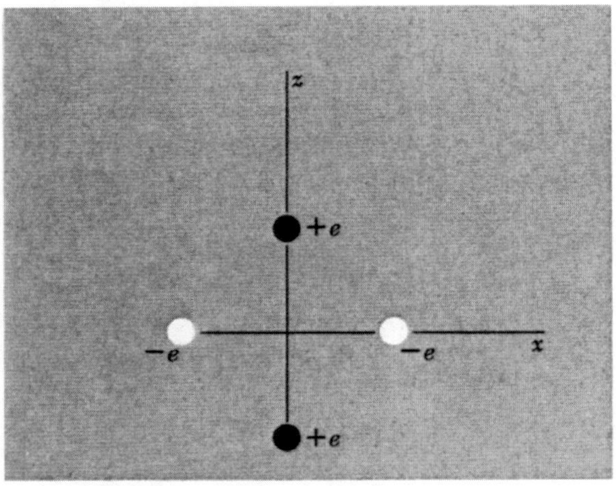

Bild 10.5 Ladungsverteilung mit $K_0 = K_1 = 0$, aber $K_2 \neq 0$: die Verteilung besitzt ein nichtverschwindendes Quadrupolmoment.

Beschreiben wir eine Ladungsverteilung durch diese Hierarchie der Momente, so können wir dadurch genau jene ihrer Eigenschaften aussondern, die das Feld in großen Entfernungen bestimmen. Für das Feld in der unmittelbaren Umgebung der Verteilung ist diese Art der Beschreibung ungeeignet.

Unsere Hauptaufgabe ist es, die Vorgänge in einem Dielektrikum zu verstehen. Hierfür erweisen sich nur die Monopolstärke (die Gesamtladung) und die Dipolstärke der molekularen Bausteine als wichtig. Alle anderen Momente können wir außer acht lassen. Sind die Bausteine neutral, so brauchen wir überhaupt nur ihr Dipolmoment zu berücksichtigen.

10.3 Potential und Feld eines Dipols

Für den Dipolbeitrag des Potentials in dem Punkt A mit dem Abstand r vom Ursprung erhielten wir $(k/r^2)\int r'\cos\theta\,\rho\,dV'$. Der Ausdruck $r'\cos\theta$, d.h. die Projektion von $\mathbf{r}'$ auf die Richtung nach A, läßt sich durch $\hat{\mathbf{r}}\cdot\mathbf{r}'$ ausdrücken. Damit können wir das Potential ohne Bezug auf irgendeine willkürliche Achse folgendermaßen schreiben:

$$U_A = \frac{k}{r^2}\int \hat{\mathbf{r}}\cdot\mathbf{r}'\rho\,dV' = k\frac{\hat{\mathbf{r}}}{r^2}\int \mathbf{r}'\rho\,dV' . \tag{10.9}$$

Gl. (10.9) liefert das Potential in jedem beliebigen Punkt. Das Integral auf der rechten Seite ist das *Dipolmoment* der Ladungsverteilung; es ist offensichtlich ein Vektor mit der Dimension (Ladung) · (Abstand). Diesen Dipolmomentvektor kennzeichnen wir durch $\mathbf{p}$:

$$\mathbf{p} = \int \mathbf{r}'\rho\,dV' . \tag{10.10}$$

Wir führen das Dipolmoment $\mathbf{p}$ in Gl. (10.9) ein und erhalten damit für das Potential

$$U(\mathbf{r}) = k\,\frac{\hat{\mathbf{r}}\cdot\mathbf{p}}{r^2} . \tag{10.11}$$

Das elektrische Feld ist der negative Gradient dieses Potentials. Das folgende Beispiel zeigt die Form eines Dipolfeldes: Ein Dipol $\mathbf{p}$ befinde sich im Ursprung und weise in z-Richtung (Bild 10.6). Dann ist

$$U = k\,\frac{p\cos\theta}{r^2} . \tag{10.12}$$

Das Potential und das Feld sind natürlich symmetrisch zur z-Achse. In der x, z-Ebene gilt $\cos\theta = z/(x^2+z^2)^{1/2}$, und es folgt aus Gl. (10.12)

$$U = \frac{kpz}{(x^2+z^2)^{3/2}} . \tag{10.13}$$

Daraus lassen sich die Komponenten des elektrischen Feldes sofort ableiten:

$$\begin{aligned} E_x &= -\frac{\partial U}{\partial x} = \frac{3kpxz}{(x^2+z^2)^{5/2}} = \frac{3kp\sin\theta\cos\theta}{r^3} \\ E_z &= -\frac{\partial U}{\partial z} = kp\left[\frac{3z^2}{(x^2+z^2)^{5/2}} - \frac{1}{(x^2+z^2)^{3/2}}\right] \\ &= k\,\frac{p(3\cos^2\theta - 1)}{r^3} . \end{aligned} \tag{10.14}$$

Einfacher kann das Dipolmoment in Polarkoordinaten r, θ beschrieben werden. E_r sei die Komponente von E in Richtung r und E_θ die Komponente senkrecht zu r in die Richtung, in der θ zunimmt. Dann ist

$$E_r = 2\,kp\cos\theta/r^3 \quad E_\theta = kp\sin\theta/r^3 . \tag{10.15}$$

Sie können diese Beziehungen mittels Gl. (10.14) nachprüfen, oder sie direkt als negativen Gradienten des in Gl. (10.12) gegebenen Potentials berechnen, wenn Sie wissen, wie man den Gradienten in Polarkoordinaten bildet.

Entfernen wir uns in einer beliebigen Richtung vom Dipol, so stellen wir entsprechend unserer Erwartung eine Feldstärkeverringerung mit $1/r^3$ fest. Längs der z-Achse verläuft das Feld parallel zum Dipolmoment $\mathbf{p}$; der Feldstärkebetrag ist dort $2kp/r^3$. In der Äquatorebene ist das Feld antiparallel zu $\mathbf{p}$ orientiert; es hat den Wert $-k\,\mathbf{p}/r^3$.

Dieses Feld erinnert Sie vielleicht an das früher betrachtete Feld einer Punktladung über einer leitenden Ebene und ihrer Bildladung. Die vielleicht einfachste Ladungsverteilung mit einem Dipolmoment besteht aus zwei Punktladungen $+Q$ und $-Q$ im Abstand s. Bei einem Punktladungssystem nimmt Gl. (10.10) die Form einer Summe an. Der Betrag des Dipolmoments unseres Punktladungspaares ist genau Qs und seine Richtung weist von

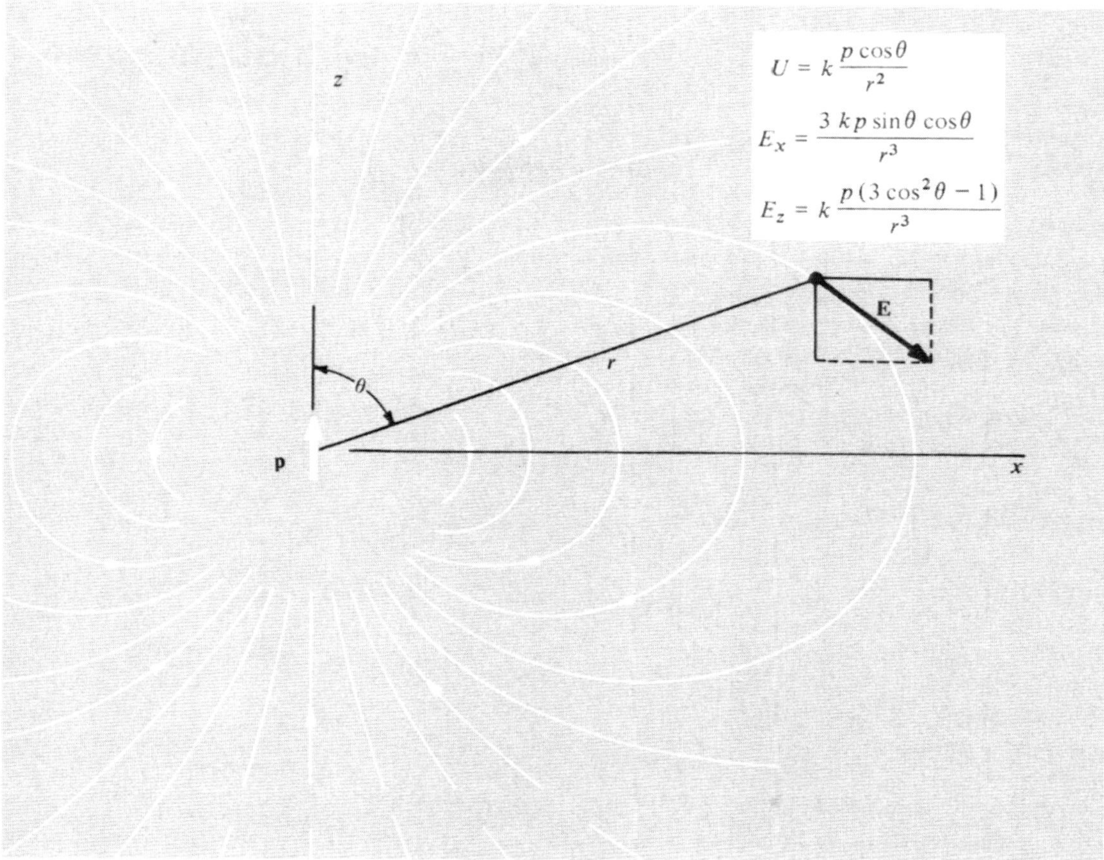

Bild 10.6 Das elektrische Feld eines Dipols, dargestellt durch einige Feldlinien

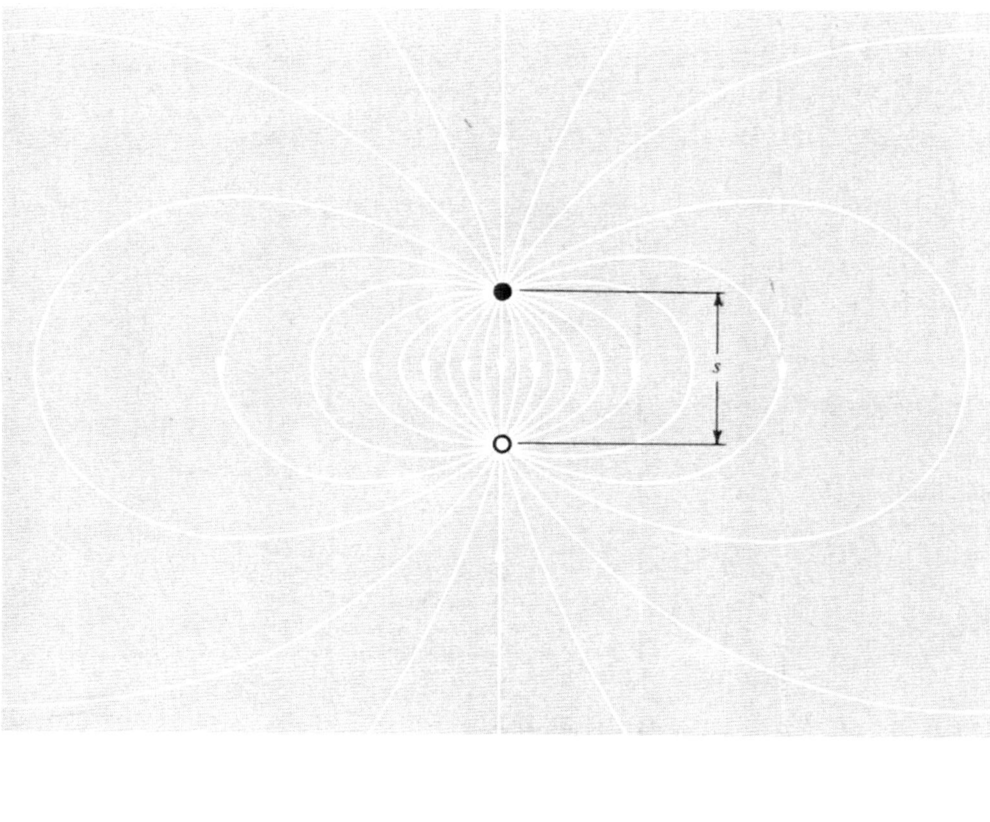

Bild 10.7

Das elektrische Feld eines Paares gleich großer Punktladungen mit entgegengesetzten Vorzeichen stellt für Entfernungen, die groß im Vergleich zu dem Ladungsabstand s sind, eine Näherung des Dipolfeldes dar.

der negativen zur positiven Ladung. In Bild 10.7 ist das Feld des Ladungspaares skizziert. Beachten Sie, daß das Feld in der Nähe der Ladungen *kein* Dipolfeld ist. Diese Ladungsverteilung hat viele, sogar unendlich viele Multipolmomente, so daß sich nur entfernte Feldbereiche mit $r \gg s$ als Dipolfeld darstellen lassen.

Zum Erzeugen eines exakten Dipolfeldes um den Ursprung müßten wir s auf Null zusammenschrumpfen und dabei Q unbegrenzt zunehmen lassen, so daß $p = Qs$ endlich bleibt. Diese hochgradig singuläre Abstraktion ist aber nicht sonderlich interessant. Wir wissen, daß unsere molekulare Ladungsverteilung in der Nähe der Ladungen komplizierte Felder hervorruft und daher im Nahbereich auf jeden Fall nur schwer beschrieben werden kann. Zum Glück benötigen wir aber das Feld in der Nahzone gar nicht.

10.4 Drehmoment und Kraft auf einen Dipol in einem äußeren Feld

Zwei Ladungen Q und $-Q$ sollen mechanisch so miteinander verbunden sein, daß ihr Abstand konstant bleibt. Stellen Sie sich beispielsweise vor, daß die beiden Ladungen an den Enden eines kurzen nichtleitenden Stabes der Länge s angebracht sind. Eine derartige Anordnung bezeichnen wir als Dipol. Ihr Dipolmoment beträgt einfach Qs. Wir bringen den Dipol in ein äußeres Feld, also in ein Feld irgendwelcher anderer Quellen. Das Feld des Dipols selbst beschäftigt uns jetzt nicht. Zunächst betrachten wir ein homogenes äußeres Feld (Bild 10.8a). In diesem elektrischen Feld wird jeweils mit der Kraft QE das positive Ende des Dipols nach rechts und das negative nach links gezogen. Die Gesamtkraft auf den Dipol in dieser Lage ist gleich Null, ebenso das Drehmoment. Ein Dipol, der mit der Feldrichtung irgendeinen Winkel θ einschließt (Bild 10.8b), erfährt aber offenbar ein Drehmoment. Das Drehmoment $\mathbf{N}$ ist im allgemeinen durch $\mathbf{r} \times \mathbf{F}$ definiert, wobei $\mathbf{F}$ für die im Abstand $\mathbf{r}$ vom Ursprung angreifende Kraft steht. Wir legen den Ursprung in die Mitte des Dipols, dann ist $r = s/2$, und erhalten

$$\mathbf{N} = \mathbf{r} \times \mathbf{F}_+ + (-\mathbf{r}) \times \mathbf{F}_- \,. \qquad (10.16)$$

Der Vektor $\mathbf{N}$ steht senkrecht auf der Zeichenebene und hat den Betrag

$$N = \frac{s}{2} EQ \sin\theta + \frac{s}{2} EQ \sin\theta = sQE \sin\theta$$
$$= pE \sin\theta \,. \qquad (10.17)$$

In Vektorschreibweise ergibt dies einfach

$$\mathbf{N} = \mathbf{p} \times \mathbf{E} \,. \qquad (10.18)$$

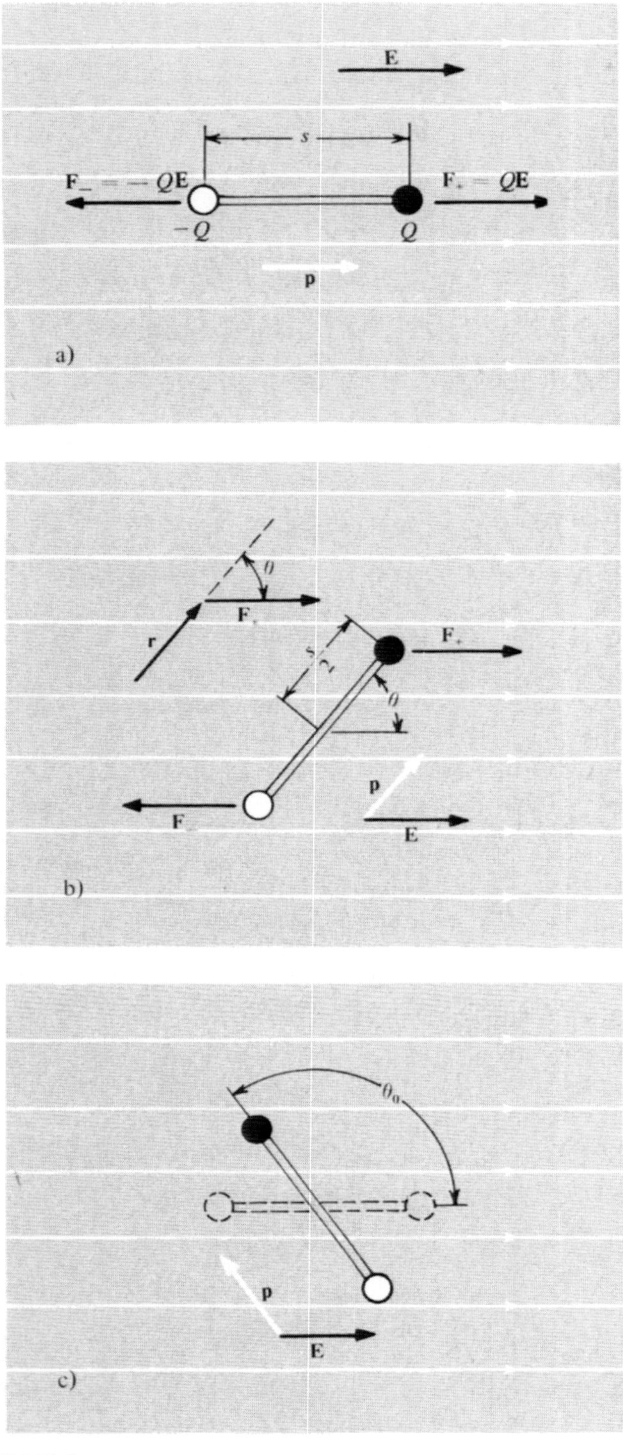

Bild 10.8

a) Dipol in einem homogenen Feld.

b) Das an dem Dipol angreifende Drehmoment ist $\mathbf{N} = \mathbf{p} \times \mathbf{E}$; $\mathbf{N}$ ist ein Vektor, der senkrecht in die Zeichenebene hinein gerichtet ist.

c) Die Arbeit bei der Drehung des Dipols aus einer parallel zu dem Feld orientierten in die dargestellte Lage ist $pE\,(1 - \cos\theta_0)$.

Wenn, wie in diesem Fall, die Gesamtkraft auf den Dipol Null ist, ist das Drehmoment unabhängig von der Wahl des Koordinatenursprungs, der deshalb nicht festgelegt werden muß.

Bei der Orientierung von Bild 10.8a besitzt der Dipol die niedrigste Energie. Man muß Arbeit verrichten, um ihn in irgendeine andere Lage zu drehen. Wie groß ist nun die Arbeit bei einer Drehung um den Winkel θ_0, ausgehend von der Orientierung des Dipols parallel zur Feldrichtung (Bild 10.8c)? Eine Drehung um den infinitesimalen Winkel $d\theta$ erfordert die Arbeit $N d\theta$. Die Gesamtarbeit beträgt daher

$$\int_0^{\theta_0} N d\theta = \int_0^{\theta_0} pE \sin\theta \, d\theta = pE(1 - \cos\theta_0) \,. \qquad (10.19)$$

Drehung des Dipols um 180°, d.h. Vertauschung seiner Enden, bedeutet $\theta_0 = \pi$ und verursacht eine Arbeit von $2pE$.

Die Gesamtkraft auf einen Dipol ist in einem *homogenen* Feld unabhängig von seiner Orientierung offensichtlich gleich Null. In einem inhomogenen Feld werden die Kräfte auf die beiden Dipolenden im allgemeinen aber nicht gleich groß und nicht genau entgegengesetzt gerichtet sein. Deshalb erfährt ein Dipol in einem inhomogenen Feld eine nichtverschwindende Gesamtkraft. Ein einfaches Beispiel dafür bietet ein Dipol in dem Feld einer Punktladung q. Ist er radial derart orientiert (Bild 10.9), daß sein positives Ende der positiven Ladung q gegenübersteht, so greift an ihm eine nach außen gerichtete Gesamtkraft vom Betrag

$$F = k(Q)\frac{q}{r^2} + k(-Q)\frac{q}{(r+s)^2} \qquad (10.20)$$

an. Für $s \ll r$ brauchen wir Gl. (10.20) nur bis zu Gliedern der ersten Ordnung in s/r zu entwickeln und erhalten

$$F = k\frac{Qq}{r^2}\left[1 - \frac{1}{\left(1 + \frac{s}{r}\right)^2}\right]$$

$$\approx k\frac{Qq}{r^2}\left[1 - \frac{1}{1 + \frac{2s}{r}}\right] \approx k\frac{2sQq}{r^3} \,. \qquad (10.21)$$

Ausgedrückt durch das Dipolmoment p ergibt dies einfach

$$F = \frac{2kqp}{r^3} \,. \qquad (10.22)$$

Auch wenn der Dipol rechtwinklig zum Feld orientiert ist (Bild 10.9b), greift an ihm eine Kraft an. Die Kräfte an den beiden Enden sind zwar dem Betrag nach gleich groß, ihre Richtungen verlaufen aber nicht genau entgegengesetzt.

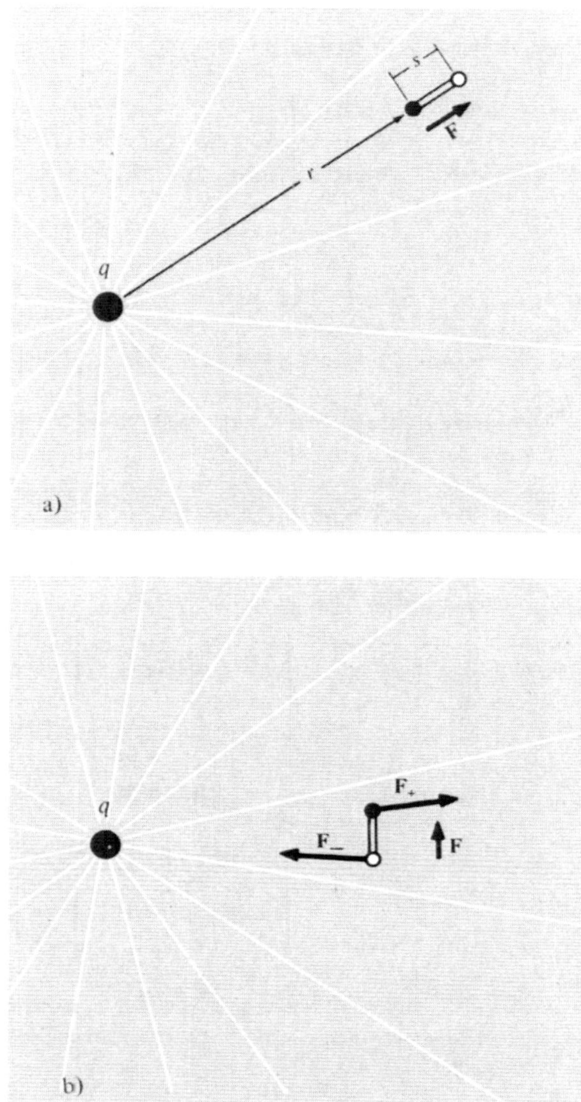

Bild 10.9 Kraft auf einen Dipol in einem inhomogenen Feld

a) Die Gesamtkraft auf den Dipol verläuft bei der dargestellten Lage radial nach außen.

b) Die Gesamtkraft auf den Dipol ist in diesem Fall nach oben gerichtet.

Es ist nicht schwierig, einen allgemeinen Ausdruck für die Kraft auf einen Dipol in einem inhomogenen Feld abzuleiten. Die Kraft hängt im wesentlichen von den *Gradienten* der verschiedenen Feldkomponenten ab. Im allgemeinen Fall ergibt sich für die x-Komponente der Kraft auf einen Dipol mit dem Moment $\mathbf{p}$

$$F_x = \mathbf{p} \cdot \operatorname{grad} E_x \,; \qquad (10.23)$$

entsprechende Gleichungen gelten für F_y und F_z.

10.5 Atomare und molekulare Dipole; induzierte Dipolmomente

Das einfachste Atom ist das Wasserstoffatom. Es besteht aus einem Proton, das ist der Kern, und einem Elektron. Beim ursprünglichen Atommodell von *Niels Bohr* wurde das negative Elektron als Teilchen angesehen, das den positiven Kern umkreist wie ein Planet die Sonne. Aufgrund dieses Modells hätte das Atom zu jedem Zeitpunkt ein elektrisches Dipolmoment **p**. Der Vektor **p** liegt parallel zum Radiusvektor zwischen Proton und Elektron, sein Betrag ist das e-fache des Elektron-Proton-Abstands. Mit der Bahnbewegung des Elektrons erfolgt eine andauernde, schnelle Richtungsänderung dieses Vektors. Bei einer kreisförmigen Bahn ist das *zeitliche Mittel* von **p** natürlich gleich Null; die periodische Änderung der Komponenten des Dipolmoments müßte aber zu einem schnell veränderlichen elektrischen Feld und daher zu elektromagnetischer Strahlung führen. Daß eine solche Strahlung bei dem gewöhnlichen Wasserstoffatom nicht auftritt, gehörte zu den Paradoxa der frühen Quantenphysik. Nach der modernen Quantenmechanik ist es besser, sich das Wasserstoffatom im Grundzustand, d.h. im Zustand niedrigster Energie (in dem sich auch die meisten Wasserstoffatome des Universums befinden), als kugelsymmetrische Struktur vorzustellen, deren Elektronenladung im zeitlichen Mittel in einer Wolke um den Kern „verschmiert" ist. In diesem Zustand gibt es nichts, das sich im Kreis dreht oder schwingt. Könnten wir einen Schnappschuß mit einer Belichtungszeit kleiner als 10^{-16} s machen, würden wir vielleicht das Elektron in einem bestimmten Abstand vom Kern ausmachen. Wenn es aber um Prozesse geht, die wesentlich langsamer ablaufen, haben wir es tatsächlich mit einer um den Kern verschmierten Verteilung negativer Ladung zu tun, die sich in alle Richtungen erstreckt und deren Dichte nach außen hin stetig abnimmt. Die Gesamtladung dieser Verteilung beträgt genau $-e$, die Ladung eines Elektrons. Etwa die Hälfte davon befindet sich innerhalb einer Kugel vom Radius 0,05 nm. Nach außen hin nimmt die Dichte exponentiell ab; eine Kugel mit einem Radius von nur 0,22 nm enthält bereits 99 % der Ladung. Das elektrische Feld im Atom ist genau das, was eine stationäre Ladungsverteilung dieser Form zusammen mit dem positiven Kern erzeugen würde.

Eine solche Vorstellung eignet sich auch sehr gut zur Beschreibung anderer Atome und Moleküle. Die Kerne der Moleküle können wir als Punktladungen behandeln; sie sind nämlich so klein, daß ihre Größe bei den jetzt behandelten Problemen vernachlässigbar ist. Die gesamte Elektronenstruktur des Moleküls stellen wir uns hier als eine einzige Wolke negativer Ladung vor, deren Dichte sich fließend ändert. Die Gestalt dieser Wolke und die in ihr auftretenden Änderungen der Ladungsdichte sind natürlich von Molekülart zu Molekülart verschieden. Da die Dichte am Rand

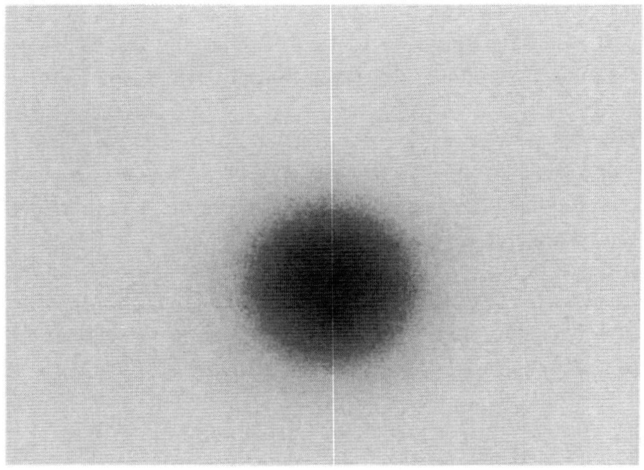

Bild 10.10 Zeitliches Mittel der Ladungsverteilung im Grundzustand eines Wasserstoffatoms. Die Schattierung gibt die Dichte der negativen Ladung (Elektronen) an.

der Wolke stets exponentiell abfällt, kann man tatsächlich von Größe und Gestalt der molekularen Ladungsverteilung sprechen.

Die Quantenmechanik macht einen entscheidenden Unterschied zwischen stationären und zeitabhängigen Zuständen des Atoms. Der Zustand mit der kleinsten Energie ist zeitunabhängig, also ein stationärer Zustand. Das muß so sein. Dieser Zustand eines Atoms oder Moleküls interessiert uns hier. Selbstverständlich können Atome elektromagnetische Energie abstrahlen. Das geschieht, wenn sie in einem nichtstationären Zustand sind, in dem eine oszillierende elektrische Ladung vorhanden ist.

Bild 10.10 zeigt die Ladungsverteilung in einem gewöhnlichen Wasserstoffatom als Querschnitt durch die kugelsymmetrische Wolke; die Verteilung der Ladungsdichte wird durch die Schattierung angedeutet. Das Dipolmoment einer solchen Ladungsverteilung ist offensichtlich Null. Dies gilt auch für jedes andere Atom im Grundzustand, unabhängig von der Anzahl der enthaltenen Elektronen. Im Grundzustand ist nämlich die Elektronenverteilung immer kugelsymmetrisch. Auch bei ionisierten Atomen ist das Dipolmoment gleich Null, obwohl ein Ion natürlich ein Monopolmoment, d.h. eine von Null verschiedene Gesamtladung besitzt.

Unsere bisherigen Ergebnisse sind nicht besonders erstaunlich. Aber nun stellen wir das Wasserstoffatom in ein äußeres elektrisches Feld (Bild 10.11): Das Feld verformt das Atom; denn bei einer Anordnung wie in Bild 10.11 wird die negative Ladung nach unten gezogen und der positive Kern nach oben gedrückt. Da dann der „Schwerpunkt" der negativen Ladung nicht mehr mit dem positiven Kern zusammenfällt, besitzt das verformte Atom ein elektrisches Dipolmoment $e \cdot \Delta z$, wobei Δz die kleine Verschiebung zwischen dem Schwerpunkt der negativen

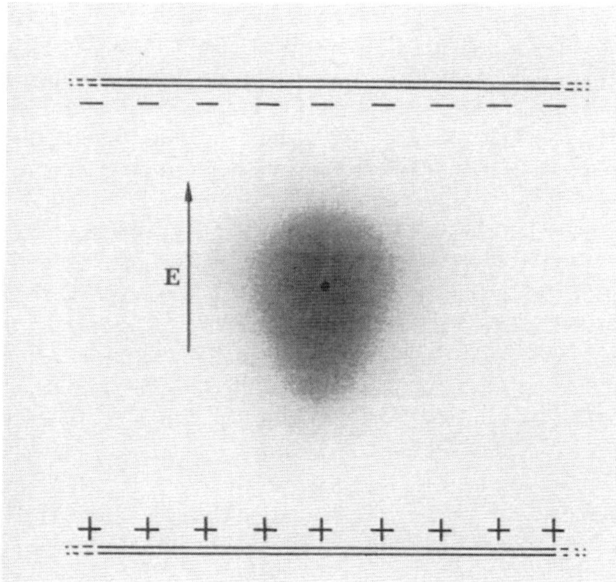

Bild 10.11 In einem elektrischen Feld wird die negative Ladung in eine bestimmte Richtung und der positive Kern in die entgegengesetzte Richtung gezogen. Die Verzerrung ist im Bild stark übertrieben. Um ein Atom dermaßen zu verzerren, wäre ein Feld von 10^{10} V/m erforderlich.

Ladung und dem positiven Kern ist. Wie groß wird die durch ein gegebenes elektrisches Feld E verursachte Verformung sein? In einem unverformten Atom existiert bereits eine Feldstärke der Größenordnung ke/a^2, wobei a eine typische atomare Länge ist. Wir können eine relative Verformung der atomaren Struktur $\Delta z/a$ erwarten, die dieselbe Größenordnung hat wie das Verhältnis des angreifenden Feldes E zum internen Feld, das das Atom zusammenhält:

$$\frac{\Delta z}{a} = \frac{E}{ke/a^2}\,. \qquad (10.24)$$

Hier ist $a \approx 10^{-10}$ m und $ke/a^2 \approx 10^{11}$ V/m, ein Feld, das einige tausendmal größer ist als großräumige statische Felder, die wir im Labor erzeugen können. Offenbar wird die Verformung des Atoms im praktischen Fall sehr klein sein. Wenn Gl. (10.24) richtig ist, folgt daraus ein Dipolmoment p des verformten Atoms

$$p = e \cdot \Delta z = a^3 E/k\,. \qquad (10.25)$$

Da das Atom vor Anlegen des Feldes $\mathbf{E}$ kugelsymmetrisch war, weist der Vektor des Dipolmoments $\mathbf{p}$ in die Richtung von $\mathbf{E}$. Der $\mathbf{p}$ und $\mathbf{E}$ verbindende Faktor heißt *atomare Polarisierbarkeit* α

$$\mathbf{p} = \epsilon_0\, \alpha\, \mathbf{E} \qquad (10.26)$$

Mit Gl. (10.25) ist

$$\alpha = 4\pi a^3 = 3 \cdot V_{\text{atom}}\,. \qquad (10.26a)$$

V_{atom} ist ein atomares Volumen der Größenordnung $10^{-30}\,\text{m}^3$. Sein Wert für ein spezielles Atom hängt von Einzelheiten der elektronischen Struktur dieses Atoms ab.

Eine genaue quantenmechanische Berechnung der Polarisierbarkeit des Wasserstoffatoms liefert

$$\alpha = 4\pi \frac{9}{2} a_0^3 = 8{,}38 \cdot 10^{-30}\,\text{m}^3\,.$$

Der *Bohrsche Radius* $a_0 = 0{,}52 \cdot 10^{-10}$ m ist der charakteristische Kern-Elektron-Abstand eines Wasserstoffatoms im Grundzustand. Tabelle 10.2 gibt die experimentell bestimmten elektrischen Polarisierbarkeiten einiger Atome an. Die ausgewählten Beispiele sind nach zunehmender Elektronenzahl oder steigender Ordnungszahl angeordnet. Die Unterschiede in den Werten von α sind beachtlich. Wer mit dem Periodensystem der Elemente vertraut ist, entdeckt auch hier eine Systematik. Wasserstoff und die Alkalimetalle, Lithium, Natrium und Kalium nehmen die erste Spalte des Periodensystems ein und haben große α-Werte, die mit zunehmender Ordnungszahl von Wasserstoff bis Kalium ständig steigen. Die Edelgase besitzen viel kleinere atomare Polarisierbarkeiten, aber auch bei ihnen steigen die Werte von Helium bis Krypton an. Offensichtlich lassen sich Alkaliatome leicht durch ein elektrisches Feld deformieren, während die Elektronenstruktur von Edelgasatomen viel stabiler ist. Für die leichte Polarisierbarkeit eines Alkaliatoms ist das schwach gebundene Elektron in der äußersten Schale, das sogenannte Valenzelektron verantwortlich.

Tabelle 10.2 Atomare Polarisierbarkeiten

Element	H	He	Li	Be	C	Ne	Na	Ar	K
$\alpha/(10^{-30}\,\text{m})$	8,3	2,6	151	117	19	5	339	20	427

Auch bei einem Molekül bildet sich in einem äußeren elektrischen Feld ein induziertes Dipolmoment aus. Das in Bild 10.12 dargestellte Methanmolekül CH_4 besteht aus vier Wasserstoffatomen, die an den Eckpunkten eines

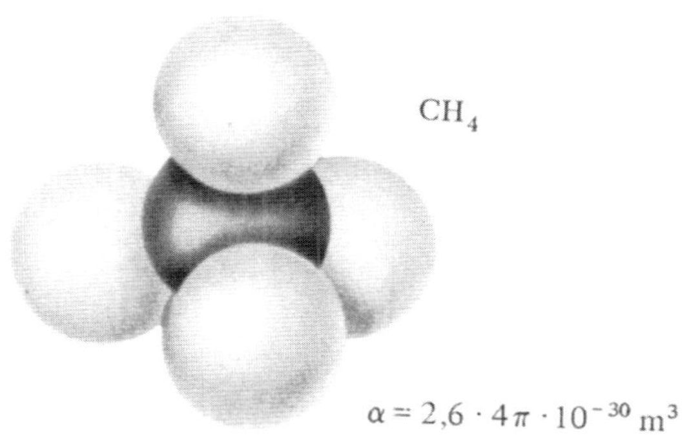

Bild 10.12 Das Methanmolekül besteht aus vier Wasserstoffatomen und einem Kohlenstoffatom.

Tetraeders um ein zentrales Kohlenstoffatom angeordnet sind; für Methan beträgt $\alpha = 2{,}6 \cdot 4\pi \cdot 10^{-30}\,\text{m}^3$. Interessant ist ein Vergleich dieses Wertes mit der Summe der Polarisierbarkeiten von einem Kohlenstoffatom und vier isolierten Wasserstoffatomen: Mit den Daten von Tabelle 10.2 erhalten wir $\alpha_C + 4\alpha_H = 52 \cdot 10^{-30}\,\text{m}^3$. Die Bindung von Atomen zu einem Molekül verändert offenbar die Elektronenstruktur. So gewannen die Chemiker schon seit langem aus Messungen der atomaren und molekularen Polarisierbarkeiten Hinweise auf die Molekülstruktur.

10.6 Permanente Dipolmomente

Einige Moleküle sind so gebaut, daß sie sogar in Abwesenheit eines äußeren elektrischen Feldes ein elektrisches Dipolmoment besitzen. Diese Moleküle sind bereits im Grundzustand unsymmetrisch. Bild 10.13 zeigt ein Beispiel für ein solches Molekül. Ein noch einfacheres Beispiel stellt ein beliebiges Molekül aus zwei verschiedenen Atomen dar, z.B. HCl. Auf der Achse dieses Moleküls gibt es keinen Punkt, bezüglich dessen das Molekül symmetrisch ist; die beiden Enden des Moleküls sind physikalisch verschieden. Es wäre ein reiner Zufall, wenn die Schwerpunkte von positiver und negativer Ladung in einem Achsenpunkt zusammenfielen. Bildet sich das HCl-Molekül aus den ursprünglich kugelförmigen H- und Cl-Atomen, so verschiebt sich das Elektron zum Teil zu der Cl-Struktur und hinterläßt den Wasserstoffkern teilweise entblößt. Es gibt daher an dem Molekülende mit dem H-Atom einen Überschuß positiver Ladung und am Ende mit dem Cl-Atom einen korrespondierenden Überschuß negativer Ladung. Die Größe des resultierenden elektrischen Dipolmoments,

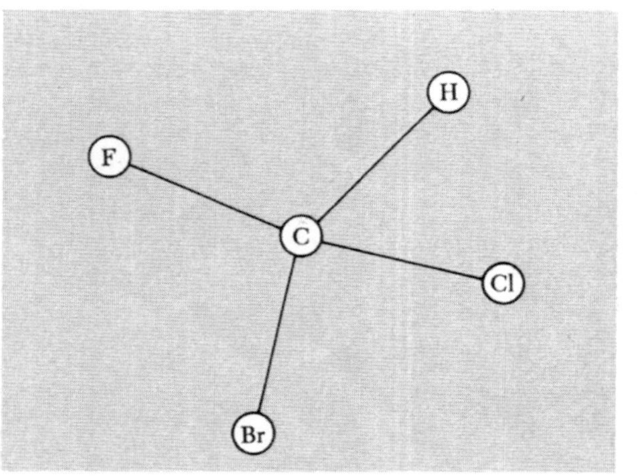

Bild 10.13 Bromchlorfluormethan, ein Molekül ohne jede Symmetrie. Dieses Molekül entsteht aus Methan durch Substitution von drei Wasserstoffatomen durch drei verschiedene Halogenatome. Die Bindungslängen und die Tetraederachsen sind alle etwas voneinander verschieden.

nämlich $3{,}4 \cdot 10^{-30}$ Cm entspricht der Verschiebung eines Elektrons um 0,02 nm. Im Gegensatz dazu hat das Wasserstoffatom (Polarisierbarkeit siehe Tabelle 10.2) in einem äußeren Feld von $3 \cdot 10^6$ V/m nur ein induziertes Moment von ungefähr 10^{-34} Cm. Existieren permanente Dipolmomente, sind sie in der Regel um vieles größer als jene Dipolmomente, die durch die üblichen elektrischen Felder im Labor induziert werden können[65]. Deshalb lassen sich sehr stark *polare* Moleküle – so heißen Moleküle mit „eingebauten Dipolmomenten" – sehr gut von *unpolaren* Molekülen unterscheiden.

Am Anfang von Abschnitt 10.5 stellten wir fest, daß das Wasserstoffatom in jedem Augenblick ein Dipolmoment besitzt. Dann setzten wir aber dieses Moment wegen der schnellen Bewegung des Elektrons im zeitlichen Mittel kurzerhand Null. Nun hat es den Anschein, als dürften wir ein Molekül bei der Untersuchung seines Dipolmoments als gewöhnliches ruhendes Objekt betrachten. Denken wir etwa an eine Keule, an der wir ohne weiteres feststellen können, welches Ende das größere ist. Moleküle bewegen sich nun zwar langsamer als Elektronen, aber für gewöhnliche Maßstäbe immer noch sehr schnell. Warum können wir ihnen dann „permanente" elektrische Dipolmomente zuschreiben? Wenn Ihnen diese Inkonsequenz auffiel, dann können Sie zufrieden sein. Wirklich lösen läßt sich dieses Problem nur mit Hilfe der Quantenmechanik. Ob ein permanentes Dipolmoment beobachtet werden kann, hängt ganz wesentlich mit dem Zeitmaßstab der Bewegung zusammen. Ein Molekül braucht eine gewisse Zeit, um mit seiner Umgebung in Wechselwirkung zu treten. Diese Zeit ist im allgemeinen *kürzer* als jene, in der das Dipolmoment durch die innere Bewegung des Moleküls herausgemittelt wird. Daher verhält sich das Molekül so, als besäße es *tatsächlich* das besprochene Dipolmoment. Eine sehr kurze Zeitspanne erweist sich also in der Welt eines Moleküls und seiner Nachbarn bereits als „permanent".

Bild 10.14 zeigt einige häufig vorkommende polare Moleküle; Richtung und Betrag des permanenten Dipolmoments sind jeweils angegeben. Das Wassermolekül besitzt ein elektrisches Dipolmoment, da es in der Mitte abgeknickt ist. Die O–H-Achsen schließen einen Winkel von etwa 105° miteinander ein. Diese strukturelle Eigenart hat weitreichende Konsequenzen. Das Dipolmoment des Moleküls trägt die Hauptverantwortung für die Eigenschaften des Wassers als Lösungsmittel und spielt auch eine entscheidende Rolle in der Chemie wäßriger Lösungen. Wir können uns kaum eine Welt vorstellen, in der die Atome des H_2O-Moleküls wie bei CO_2 auf einer Geraden angeordnet wären.

---

[65] Dafür gibt es einen guten Grund. Die inneren elektrischen Felder von Atomen und Molekülen haben natürlich eine Stärke der Größenordnung $ke/(10^{-10}\,\text{m})^2$, und dies entspricht etwa 10^{11} V/m! Im Labor können wir solche Felder deshalb nicht auf die Materie einwirken lassen, weil sie diese in Stücke reißen würden.

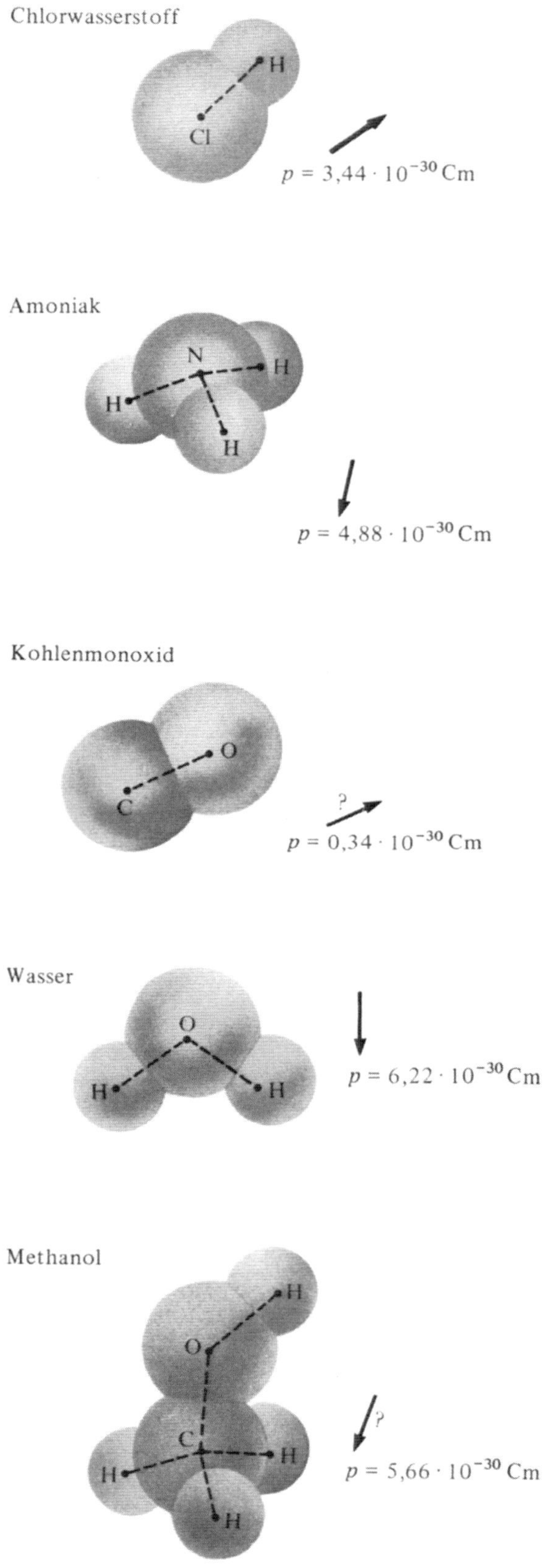

Bild 10.14 Einige bekannte polare Moleküle

Wahrscheinlich existierten wir in einer solchen Welt gar nicht und könnten diesen Fall daher auch nicht beobachten. Nun entspringt die Gestalt des Wassermoleküls keineswegs einer Laune der Natur. Die Quantenmechanik zeigt klar, warum ein Molekül aus einem Atom mit acht Elektronen und zwei weiteren Atomen mit je einem Elektron die gewinkelte Struktur bevorzugen muß.

Das dielektrische Verhalten einer polaren Substanz unterscheidet sich ganz wesentlich von dem eines Materials aus unpolaren Molekülen. Die Permittivitätszahl (Dielektrizitätszahl) ϵ_r von Wasser beträgt etwa 80, die von Methanol 34; eine typische unpolare Flüssigkeit hat hingegen ein ϵ_r von etwa 2. In einer unpolaren Substanz induziert ein äußeres elektrisches Feld in jedem Molekül ein schwaches Dipolmoment. In einer polaren Substanz sind starke Dipole bereits vorhanden. In Abwesenheit eines äußeren Feldes sind ihre Richtungen jedoch statistisch verteilt; deshalb können die permanenten Dipole in diesem Fall keinen makroskopischen Effekt haben. Ein äußeres Feld hingegen *richtet* sie bis zu einem gewissen Grad *aus*. Bei beiden Vorgängen, d.h. bei der Induktion von Dipolmomenten und bei der Ausrichtung bereits vorhandender Dipole, werden jedoch die makroskopischen Effekte vom Gesamtbetrag der Polarisation pro Volumen bestimmt.

10.7 Das elektrische Feld polarisierter Materie

Durch Aneinanderfügen einer großen Anzahl von Molekülen in einem vorher leeren Raum bauen wir nun ein Materiestück auf. Dabei nehmen wir an, daß jedes dieser Moleküle in der gleichen Richtung polarisiert ist. Die Natur dieser Moleküle und die Ursache ihrer Polarisation brauchen uns hier nicht zu kümmern. Nur das von den Molekülen erzeugte elektrische Feld ist hier für uns wichtig; später können wir dann beliebige Felder möglicher anderer Quellen hinzufügen. Denken Sie hier etwa an Moleküle mit permanenten Dipolmomenten, die man in Reih und Glied anordnet und sodann in ihrer jeweiligen Lage einfriert. Wir brauchen bloß n (Anzahl der pro Volumen vorhandenen Moleküle) und das Moment $\mathbf{p}$ jedes Dipols festzulegen. n nehmen wir als so groß an, daß jedes beliebige makroskopische kleine Volumen dV eine große Anzahl von Dipolen enthält. Die Gesamtdipolstärke beträgt in einem solchen Volumen $\mathbf{p}n\,dV$. In Punkten, die von diesem Volumenelement im Vergleich zu dessen Größe weit entfernt sind, bleibt das elektrische Feld praktisch unverändert, wenn man die polarisierten Moleküle durch ein einziges Dipolmoment der Stärke $\mathbf{p}n\,dV$ ersetzt. $\mathbf{p}n$ heißt *Polarisation* $\mathbf{P}$; sie ist eine vektorielle Größe der Dimension (Ladung) · (Länge)/(Volumen) oder (Ladung)/(Fläche). $\mathbf{P}dV$ ist das Dipolmoment des kleinen Volumenelements dV, aus dem man das elektrische Feld in einem entfernten Punkt berechnen kann. Da wir übrigens unser Materiestück nur aus neutralen Molekülen aufbauten, besitzt das System und jedes Molekül für sich keine Gesamtladung. Deshalb brauchen wir *nur* die Dipolmomente als Quellen des Feldes in entfernten Punkten zu betrachten.

Bild 10.15 zeigt einen schlanken Zylinder aus diesem polarisierten Material. Sein Querschnitt ist dA, er erstreckt sich in der Vertikalen von z_1 bis z_2. Die Polarisation $\mathbf{P}$ innerhalb des Zylinders ist über dessen Länge konstant und weist in positive $\hat{\mathbf{z}}$-Richtung. Nun haben wir das elektrische Potential dieses Zylinders aus polarisierter Materie in einem beliebigen Außenpunkt zu berechnen. Ein Zylinderelement der Höhe dz besitzt das Dipolmoment $\mathbf{P}dV = \mathbf{P}dA\,dz$. Sein Beitrag zu dem Potential im Punkt B läßt sich durch Rückgriff auf das Potential eines Dipols nach Gl. (10.12) bestimmen:

$$dU_B = k\,\frac{PdA\,dz\cos\theta}{r^2}\,. \tag{10.27}$$

Für das Potential des gesamten Zylinders ergibt sich daraus

$$U_B = kPdA\int_{z_1}^{z_2}\frac{dz\cos\theta}{r^2}\,. \tag{10.28}$$

Diese Gleichung ist einfacher, als es zunächst scheint. Denn $dz\cos\theta$ ist genau $-dr$, so daß der Integrand das Differential von $d\,(1/r)$ ergibt. Damit folgt für das Ergebnis der Integration

$$U_B = kPdA\left(\frac{1}{r_2} - \frac{1}{r_1}\right). \tag{10.29}$$

Gl. (10.29) stellt genau den Ausdruck dar, den man in B für das Potential zweier Punktladungen erhält. Die positive Ladung PdA befindet sich dabei am oberen Ende des Zylinders im Abstand r_2 von B, eine gleich große negative Ladung sitzt am unteren Zylinderende. Ein Zylinder aus gleichförmig polarisierter Materie ist – zumindest bezüglich des Feldes in allen Außenpunkten – zwei konzentrierten Ladungen äquivalent.

Dies läßt sich auch auf andere Weise ohne jede Mathematik streng beweisen. Betrachten Sie einen kleinen Zylinderabschnitt der Höhe dz, der ein Dipolmoment vom Betrag $PdA\,dz$ besitzt. Wir simulieren ihn durch ein unpolarisiertes Isolatorstück derselben Größe und Gestalt, auf dessen Deckfläche wir die Ladung $+PdA$ und auf dessen Grundfläche wir die Ladung $-PdA$ aufgebracht haben. Dieser kleine Block besitzt dasselbe Dipolmoment wie der entsprechende Teil unseres ursprünglichen Zylinders und liefert damit den gleichen Beitrag zum Feld in jedem entfernten Punkt B. (Das Feld im Inneren des simulierten Zylinderabschnitts oder in seiner unmittelbaren Umgebung kann vom Feld des Originalzylinders verschieden sein – dies kümmert uns aber nicht.) Nun stapeln wir eine größere Anzahl solcher Blöckchen so aufeinander, daß sie den ganzen polarisierten Zylinder simulieren. Diese Anordnung

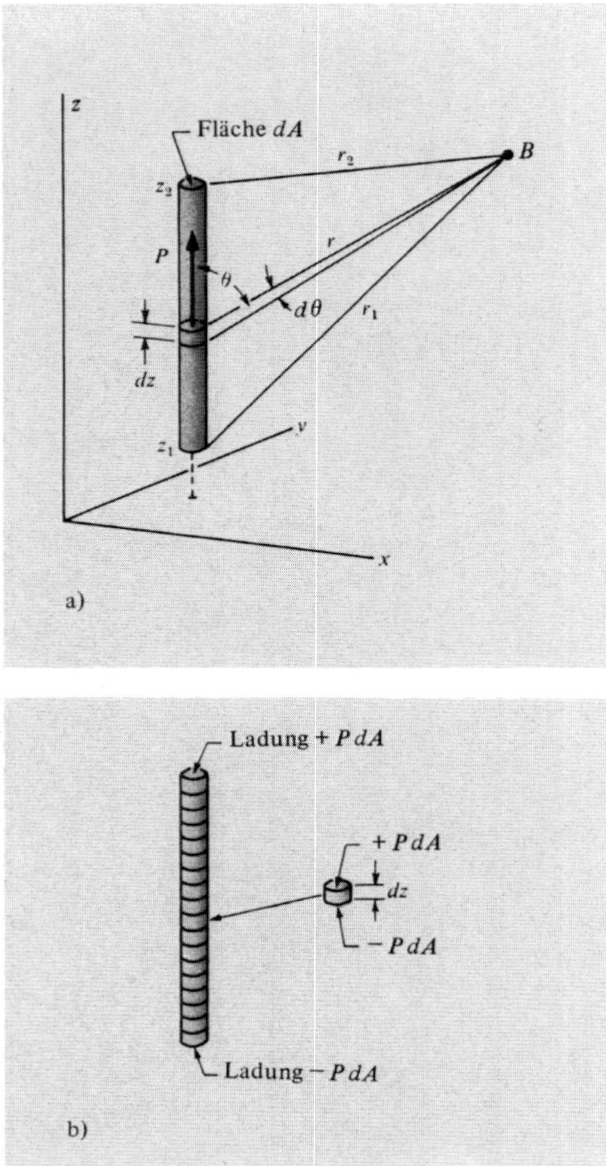

Bild 10.15 Ein Zylinder aus polarisierter Materie a) erzeugt in jedem Außenpunkt B das gleiche Feld wie zwei Ladungen auf den beiden Enden des Zylinders b).

muß in B das gleiche Feld ergeben, zu dem auch der Originalzylinder führte, da ja jedes Blöckchen den gleichen Beitrag wie sein Gegenstück aus dem ursprünglichen Zylinder liefert (Bild 10.15b). Wie sieht nun aber das Ergebnis aus? An jeder Verbindungsstelle trifft die positive Ladung der Deckfläche des einen auf die gleich große negative Ladung der Grundfläche des anderen Blöckchens; diese beiden Ladungen ergeben dann jeweils die Gesamtladung Null. Nur die Ladungen $-PdA$ der Grundfläche des untersten und $+PdA$ der Deckfläche des obersten Blöckchens bleiben unkompensiert. Von einem entfernten Punkt B aus be-

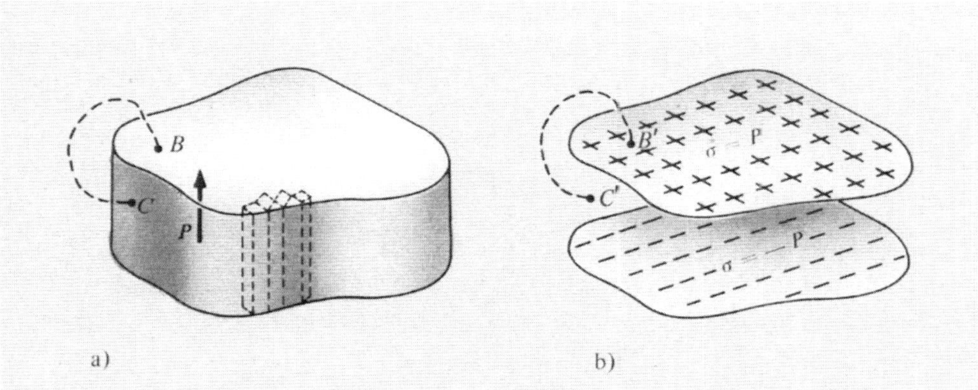

Bild 10.16
Eine Schicht aus polarisierter Materie a) ist, soweit es um das Feld im Außenraum geht, zwei Flächenladungen äquivalent b).

trachtet, sehen diese beiden Ladungen wie Punktladungen aus. So gelangen wir wiederum zu dem Schluß, daß zwei derartige Ladungen in B das gleiche Feld wie der gesamte Zylinder aus polarisierter Materie erzeugen.

Ohne weitere Rechnungen können wir unser Ergebnis auf eine Scheibe, oder besser auf einen Zylinder beliebiger Größe ausdehnen, der senkrecht zu seinen parallelen Flächen gleichförmig polarisiert ist (Bild 10.16a). Der gegebene Zylinder läßt sich nun einfach durch ein Bündel schmaler Zylinder ersetzen. Das Potential im Außenraum ist dann die Summe der Beiträge aller Zylinder, die wiederum jeder für sich durch je eine Punktladung auf Grund- und Deckfläche ersetzbar sind. Die Ladungen auf den Deckflächen der einzelnen Zylinder betragen für jede Fläche dA genau $P dA$; zusammengenommen ergeben sie auf der Deckfläche eine gleichförmige Flächenladung der Dichte $\sigma = P$. Wir schließen daraus, daß das Potential einer gleichförmig polarisierten Scheibe bzw. eines Zylinders überall im *Außenraum* genau so groß wie jenes Potential ist, das von zwei Flächenladungen mit den Flächenladungsdichten $\sigma = +P$ und $\sigma = -P$ auf Grund- und Deckfläche herrührt (Bild 10.16b).

Bis jetzt können wir noch nichts über das Feld im *Inneren* der Scheibe aussagen. Wir kennen aber bereits das Potential aller Punkte der Oberfläche, d.h. der Grundfläche, der Deckfläche und der Mantelfläche. Zwei beliebige Punkte B und C auf der Oberfläche lassen sich durch einen Weg verbinden, der nur im Außenfeld verläuft. Das Linienintegral $\int \mathbf{E} \cdot d\mathbf{s}$ ist daher durch das Feld im Außenraum vollständig bestimmt. Es muß gleich groß wie das Integral längs des Weges $B'C'$ von Bild 10.16b sein. Ein Punkt, der sich direkt auf der Oberfläche des Dielektrikums befindet, könnte in den Einfluß der starken inneren Molekülfelder geraten, den wir bisher außer acht ließen. Deshalb vereinbaren wir, als Hülle des Dielektrikums eine Oberfläche zu betrachten, die in einem so großen Abstand von den äußeren Atomkernen verläuft (1...2 nm wären ein genügend großer Spielraum), daß in jedem beliebigen Punkt außerhalb dieser Hülle der Beitrag der inneratomaren Felder zu dem gesamten Linienintegral zwischen B und C vernachlässigbar ist.

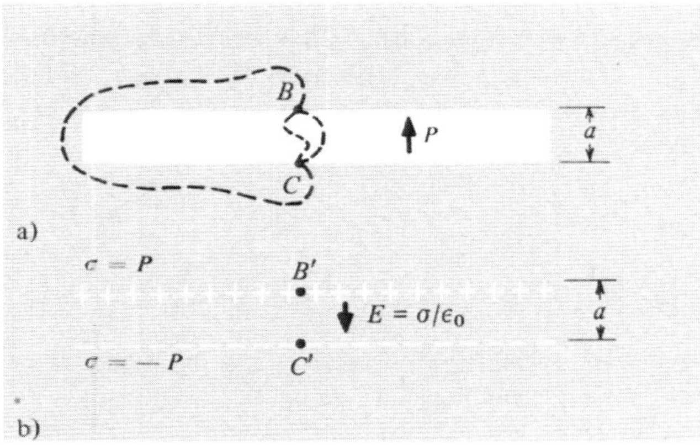

Bild 10.17
a) Das Linienintegral von E zwischen B und C muß längs aller im Außen- oder Innenraum verlaufenden Wege gleich groß sein, da auch die inneren „mikroskopischen" oder „atomaren" Felder konservativ sind (rot $\mathbf{E}$ = 0).
b) Die äquivalenten Flächenladungen erzeugen im Außenraum das gleiche Feld.

Daran müssen wir denken, wenn wir jetzt eine ausgedehnte aber dünne Platte der Dicke a aus polarisierter Materie betrachten. Die Bilder 10.17a und 10.17b zeigen diese Platte bzw. das äquivalente aus zwei Flächenladungen bestehende System im Querschnitt. Bei letzterem kennen wir das Feld sowohl im Außenraum als auch zwischen den Flächenladungen. Die Feldstärke muß im Inneren in genügend großem Abstand vom Rand σ/ϵ_0 betragen und nach unten gerichtet sein, woraus sich für die Potentialdifferenz zwischen den Punkten B' und C' genau $a\,\sigma/\epsilon_0$ ergibt. Die *gleiche Potentialdifferenz* muß zwischen den korrespondierenden Punkten B und C auf der polarisierten Scheibe herrschen, da beide Systeme im gesamten Außenraum das gleiche Feld besitzen.

Sind die Felder auch im Inneren der beiden Systeme gleich? Sicherlich *nicht,* da die Platte voll von positiven Kernen und Elektronen mit Feldern von Millionen von Volt pro Zentimeter ist, die überall in verschiedene Richtungen weisen. Aber eines bleibt gleich: Das längs eines beliebigen durch den Innenraum verlaufenden Wegs zwischen B und C berechnete Linienintegral des Feldes muß gleich der Differenz $U_C - U_B$ sein, die ja wiederum gleich $U_{C'} - U_{B'}$ ist und die Größe $\sigma a/\epsilon_0$ oder Pa/ϵ_0 besitzt. Dies muß so sein, da die Anwesenheit der atomaren Ladungen unabhängig von deren Verteilung die konservative Eigenschaft des elektrischen Feldes, $\text{rot}\,\mathbf{E} = 0$, nicht zerstören kann. Diese Eigenschaft findet ihren Ausdruck gerade in der Wegunabhängigkeit von $\int \mathbf{E} \cdot d\mathbf{s}$.

Bekanntlich ist die Potentialdifferenz zwischen den beiden Flächenladungen in Bild 10.17b, abgesehen von der Umgebung des Randes, nahezu konstant, da im Inneren praktisch ein homogenes elektrisches Feld herrscht. Daher muß auch im Mittelteil der polarisierten Platte die Potentialdifferenz zwischen Grund- und Deckfläche konstant sein. In diesem Bereich muß das Linienintegral

$$\int_B^C \mathbf{E} \cdot d\mathbf{s}$$

längs eines beliebigen Wegs zwischen irgendeinem Punkt B der Deckfläche und irgendeinem Punkt C der Grundfläche stets denselben Wert Pa/ϵ_0 ergeben. Bild 10.18 zeigt einen „vergrößerten Ausschnitt‘ des Mittelteils der Platte; das Aussehen der polarisierten Moleküle entspricht etwa dem von Wassermolekülen, die alle gleich orientiert sind. Bisher versuchten wir nicht, die sehr starken Felder zwischen den Molekülen und in ihrem Inneren zu beschreiben. (Wie aus Bild 10.14 und aus Gl. (10.15) hervorgeht, beträgt die Feldstärke in einem Abstand von 1 nm von einem H_2O-Molekül einige 10^7 V/m.) In der Umgebung eines jeden Moleküls müssen Sie sich sehr komplizierte Feldkonfigurationen vorstellen. Da die Größe $\mathbf{E}$ in $\int \mathbf{E} \cdot d\mathbf{s}$ das *gesamte elektrische Feld* in einem gegebenen Raumpunkt innerhalb oder außerhalb eines Moleküls bedeutet, sind in ihr auch die soeben erwähnten komplizierten und starken Felder enthalten. Damit gelangen wir zu einer bemerkenswerten Schlußfolgerung: Jeder *beliebige* Weg durch diesen Wirrwarr von Ladungen und Feldern – gleichgültig, ob er den Molekülen ausweicht oder sie durchdringt – liefert denselben Wert für das Linienintegral. Es ist dies jener Wert, den wir auch für die homogene Feldstärke $\mathbf{P}/\epsilon_0$ des Systems von Bild 10.17b finden.

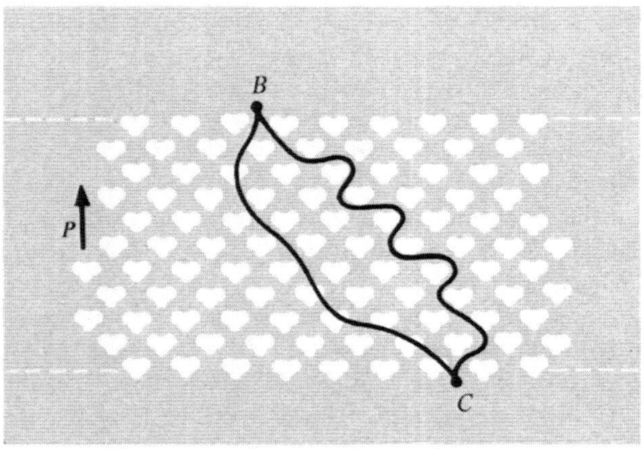

Bild 10.18 Längs jedes beliebigen Weges zwischen B und C hat das Linienintegral des tatsächlich vorhandenen mikroskopischen Feldes den gleichen Wert.

Daraus ergibt sich als *räumlicher Mittelwert* der elektrischen Feldstärke innerhalb der polarisierten Platte $-\mathbf{P}/\epsilon_0$. Den über beliebiges Volumen V gemittelten Wert des Feldes $\mathbf{E}$ bezeichnen wir mit $\langle \mathbf{E} \rangle_V$ und verstehen darunter

$$\langle \mathbf{E} \rangle_V = \frac{1}{V} \int_V \mathbf{E}\, dV \,. \qquad (10.30)$$

Wir wollen nun das Feld in den vielen gleichgroßen Volumenelementen dV untersuchen, in die V aufgeteilt werden kann. Eine Möglichkeit wäre, die Feldstärke längs jeder Faser eines dichtgepackten, parallelen Faserbündels zu messen. Wir haben gerade gesehen, daß das Linienintegral von $\mathbf{E}$ längs irgendeines solchen Wegs den gleichen Wert wie in einem konstanten elektrischen Feld der Stärke $-\mathbf{P}/\epsilon_0$ hat. Dies rechtfertigt den Schluß, daß innerhalb der polarisierten dielektrischen Platte in den Bildern 10.17 und 10.18 der räumliche Mittelwert für das Feld, das von allen zum Dielektrikum gehörenden Ladungen erzeugt wird, gegeben ist durch

$$\langle \mathbf{E} \rangle = -\mathbf{P}/\epsilon_0 \,. \qquad (10.31)$$

Dieses mittlere Feld ist eine *makroskopische* Größe. Das Volumen, über das wir mitteln, enthält sehr viele Moleküle. Andernfalls würde sich der Mittelwert von einem Volumen zum nächsten ändern. Das durch Gl. (10.30) definierte mittlere Feld $\langle \mathbf{E} \rangle$ ist tatsächlich das einzige mögliche *makroskopische* elektrische Feld im Innern eines Dielektrikums. Es liefert im Zusammenhang mit einer makroskopischen Beschreibung der Materie die einzige zufriedenstellende Antwort auf die Frage: Wie ist das elektrische Feld innerhalb eines Dielektrikums beschaffen?

Die Größe $\mathbf{E}$ im Integranden der rechten Seite von Gl. (10.30) können wir als mikroskopisches Feld bezeichnen. Sollte man die zur Berechnung des Linienintegrals nötigen Feldwerte beobachten, so hätte man, selbstverständlich in Gegenwart der vorhandenen Ladungen, Felder im Vakuum zu messen. Man würde äußerst feine Instrumente benötigen, um etwa das Feld an einem ganz bestimmten Ort am Rand eines Moleküls oder gerade noch in dessen Inneren zu bestimmen. Hat es jedoch überhaupt einen Sinn das Linienintegral von $\mathbf{E}$ längs eines Wegs zu betrachten, der den südwestlichsten Punkt eines herausgegriffenen Moleküls berührt und dann dessen Nachbarn durchdringt? Die Antwort lautet: Ja. Wir rechtfertigen sie durch das eindrucksvolle Beweismaterial für die Gültigkeit der Gesetze des Elektromagnetismus bis weit in subatomare Bereiche hinein. Wir können sogar den Mittelwert des mikroskopischen Feldes längs eines innerhalb der Grenzen atomarer Dimensionen wohldefinierten Wegs angeben. Wir brauchen dazu nur ein energetisches geladenes Teilchen, z.B. ein α-Teilchen, durch die betreffende Substanz zu schießen. Aus der Gesamtänderung seines Impulses läßt sich nämlich das mittlere elektrische Feld ableiten, das längs des gesamten Wegs auf das Teilchen einwirkte.

Wir wollen auf die Eigenschaften des gemittelten, makroskopischen Feldes $\langle \mathbf{E} \rangle$, das durch die Gl. (10.30) definiert worden war, zurückkommen. Sein Linienintegral

$$\int_B^C \langle \mathbf{E} \rangle \cdot d\mathbf{s}$$

zwischen zwei beliebigen Punkten B und C, die hinreichend weit voneinander entfernt sind, ist unabhängig vom Weg. Daraus folgt, daß rot $\langle \mathbf{E} \rangle = 0$ und $\mathbf{E} = -\,\text{grad}\,\langle U \rangle$ ist. Die Potentialfunktion $\langle U \rangle$ ist im Sinn von Gl. (10.30) ein geglätteter Mittelwert des mikroskopischen Potentials U. (Letzteres erreicht einige MV im Inneren jedes Atomkerns!) Das Oberflächenintegral $\int \langle \mathbf{E} \rangle \cdot d\mathbf{A}$ über eine beliebige Oberfläche, die ein hinreichend großes Volumen einschließt, ist gleich Q/ϵ_0, wobei Q die eingeschlossene Ladung ist[66]. Das heißt, $\langle \mathbf{E} \rangle$ gehorcht dem Gaußschen Gesetz. Diese Feststellung können wir in der differentiellen Form treffen: div $\langle \mathbf{E} \rangle = \langle \rho \rangle / \epsilon_0$, wobei wir unter $\langle \rho \rangle$ auch das räumliche Mittel über ein geeignetes, makroskopisches Volumen verstehen. Kurz gesagt, die räumlichen Mittelwerte $\langle \mathbf{E} \rangle$, $\langle U \rangle$ und $\langle \rho \rangle$ hängen auf dieselbe Weise zusammen, wie das elektrische Feld, das Potential und die Ladungsdichte im Vakuum.

Wenn wir von nun an über das elektrische Feld **E** innerhalb eines Körpers sprechen, der viel größer als ein Molekül ist, meinen wir das gemittelte, makroskopische, durch die Gl. (10.30) definierte Feld, selbst wenn die Klammern $\langle\,\rangle$ fehlen.

10.8 Kondensator mit Dielektrikum

Zu Beginn dieses Kapitels haben wir qualitativ erklärt, wie die Anwesenheit eines Dielektrikums zwischen den Platten eines Kondensators seine Kapazität vergrößert. Wir sind nun in der Lage, den mit Dielektrikum gefüllten Kondensator quantitativ zu behandeln. Der Schlüssel zu dem Problem ist das, was wir gerade über das elektrische Feld innerhalb von Materie gelernt haben. Wir haben es mit dem makroskopischen Feld **E**, dem räumlichen Mittelwert des mikroskopischen Feldes, gleichgesetzt. Das Linienintegral über das makroskopische Feld **E** zwischen zwei Punkten B und C ist unabhängig vom Weg und gleich der Potentialdifferenz. Zurückblickend zu Bild 10.2a beobachten wir, daß das Feld **E** im leeren Kondensator den Wert U/d hat. Dabei ist die Potentialdifferenz U zwischen den Platten, die durch die Batterie erzeugt wird, genauso groß wie im gefüllten Kondensator (Bild 10.2b). Daher muß das elektrische Feld **E**, das wir nun als makroskopisches Feld verstehen, auch denselben Wert haben und, soweit es sich über den Abstand d erstreckt, homogen sein. (Die Dicken der Luftspalte im Bild sind tatsächlich gegenüber d zu vernachlässigen.) Dann ist die Gesamtladung auf und in der Nähe der oberen Platte dieselbe wie im leeren Kondensator, nämlich Q_0. Um das zu beweisen, müssen wir nur das Gaußsche Gesetz für eine passende, gedachte Schachtel anwenden, die die Ladungsschicht einschließt (Bild 10.19). Die Ladung besteht aus zwei Anteilen, die Ladung Q auf der Platte, die bei Entladung des Kondensators abfließt, und der Ladung Q' auf dem Dielektrikum. Nun ist $Q = \epsilon_r Q_0$; so war ϵ_r definiert worden. Deshalb ist, wenn $Q + Q' = Q_0$ ist, wie wir gerade festgestellt haben,

$$Q' = Q_0 - Q = Q_0 (1 - \epsilon_r)\,. \tag{10.32}$$

Wir können uns dieses System als Überlagerung eines Vakuumkondensators mit einer polarisierten dielektrischen Platte vorstellen (Bild 10.19a und b). Im Vakuumkondensator mit der Ladung $\epsilon_r Q_0$ ist das elektrische Feld $E'' = \epsilon_r E$. In der isolierten, polarisierten dielektrischen Platte ist nach Gl. (10.31) $E' = -P/\epsilon_0$. Die Überlagerung ergibt das tatsächliche Feld E:

$$E = E'' + E' = \epsilon_r E - P/\epsilon_0\,. \tag{10.33}$$

Gl. (10.33) kann folgendermaßen geschrieben werden:

$$\frac{P}{\epsilon_0 E} = \epsilon_r - 1 = \chi_e\,, \tag{10.34}$$

χ_e ist die *elektrische Suszeptibilität.*

In den meisten Stoffen ist unter gewöhnlichen Umständen das Feld **E** im Dielektrikum die *Ursache* für **P**. Die Beziehung ist durchaus linear. Das heißt, die elektrische Suszeptibilität χ_e ist eine Materialkonstante, unabhängig von der Stärke des elektrischen Feldes und von der Größe oder Gestalt der Elektroden. Es gibt jedoch Fälle, gewöhnlich bei Stoffen, die aus polaren Molekülen bestehen, in denen die Polarisation buchstäblich eingefroren sein kann. Ein Eisblock, der durch ein äußeres angelegtes elektrisches Feld polarisiert und dann mit flüssigem Helium gekühlt

66) Wir stellen das ohne Beweis fest und verschieben die Behandlung des Zusammenhangs des Oberflächenintegrals über ein gemitteltes Feld mit dem Mittelwert über die Oberflächenintegrale des mikroskopischen Feldes auf das nächste Kapitel. Dort taucht diese Frage in Abschnitt 11.8 in Verbindung mit dem magnetischen Feld innerhalb der Materie auf (siehe Bild 11.18).

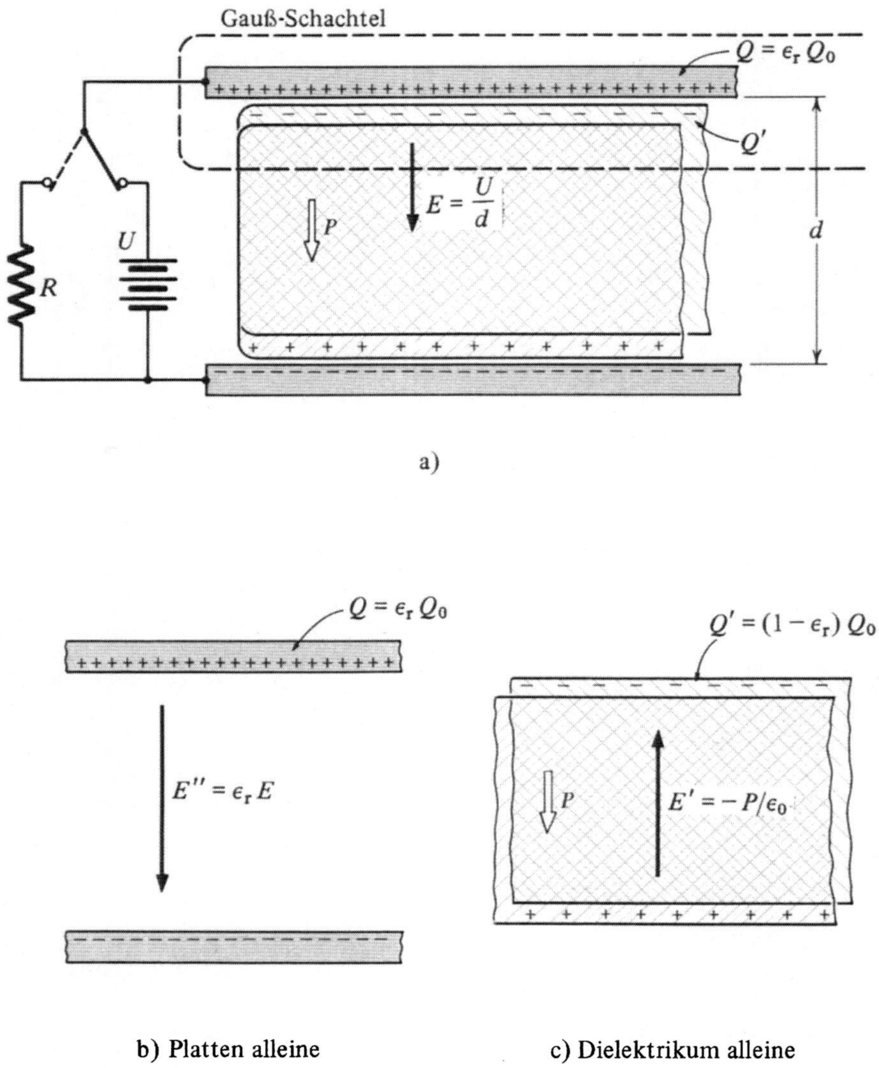

Bild 10.19 Der mit einem Dielektrikum gefüllte Kondensator aus Bild 10.2b. Das gemittelte, makroskopische Feld E im Dielektrikum ist U/d und gleich dem Feld des leeren Kondensators in Bild 10.2a. Die Ladung innerhalb der Gauß-Schachtel muß gleich Q_0, der Ladung auf den Platten im leeren Kondensator, sein. Das System kann als Überlagerung eines Vakuumkondensators b) und eines polarisierten Dielektrikums c) betrachtet werden.

wurde, behält seine Polarisation nach Abschalten des äußeren Feldes bei. Das ist ein wirkliches Beispiel zur hypothetischen, polarisierten Platte im Bild 10.18.

Genau genommen erhöht sich die Kapazität eines mit dielektrischem Material gefüllten Kondensators nur dann exakt um den Faktor ϵ_r, der für das Material charakteristisch ist, wenn wir den umgebenden Raum, oder mindestens den Raum, in dem ein elektrisches Feld besteht, auch ausfüllen. Bei unserem obigen Beispiel setzten wir aber stillschweigend voraus, daß der Plattenabstand d klein gegen die Plattenabmessung ist, und daher Randeffekte, einschließlich der kleinen Ladungsmenge auf den Außenseiten der Platten in Randnähe (Bild 3.12b), vernachlässigbar sind. Ganz allgemein gilt für ein System von Leitern beliebiger Gestalt und Anordnung, das vollständig von einem homogenen Dielektrikum umgeben ist (denken Sie an ein solches System in einem ölgefüllten Tank): Mit beliebigen Ladungen Q_1, Q_2 usw. auf verschiedenen Leitern hat das makroskopische Feld $\mathbf{E}_{\text{Materie}}$ überall in dem Dielektrikum genau die $(1/\epsilon_r)$-fache Stärke jenes Feldes $\mathbf{E}_{\text{Vak}}$, das an diesem Ort von denselben Ladungen auf denselben Leitern im Vakuum erzeugt wird (Bild 10.20). Das hat in Halbleitern eine wichtige Konsequenz. Wenn zum Beispiel Silicium mit Phosphor dotiert wird, um einen n-leitenden Halbleiter herzustellen, verkleinert das große ϵ_r des Si-Kristalls (siehe Tabelle 10.1) die elektrische Anziehung zwischen dem äußersten Elektron des Phosphoratoms und dem Rest des Atoms. Dies erleichtert dem Elektron, das zurückbleibende Ion P^- zu verlassen und ins Leitungsband überzugehen (Bild 4.11a).

Das führt uns zu einem allgemeineren Problem. Was geschieht, wenn der Raum in unserem System teilweise mit einem Dielektrikum gefüllt und teilweise leer ist, mit dem elektrischen Feld in beiden Teilen? Wir werden mit einem etwas künstlichen, aber lehrreichen Beispiel einer polarisierten festen Kugel im sonst leeren Raum beginnen.

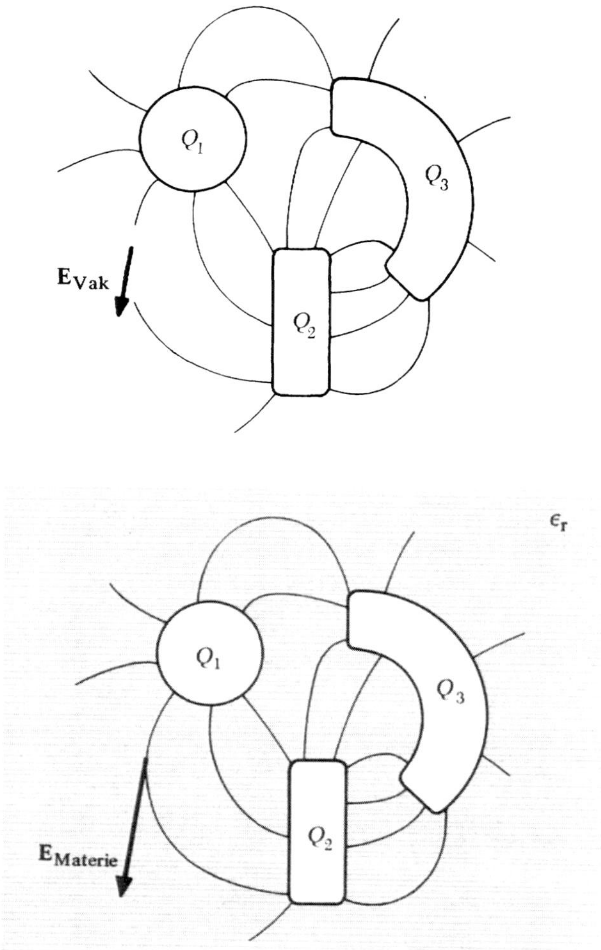

$$E_{Materie} = \frac{1}{\epsilon_r} E_{Vak}$$

Bild 10.20. Bei sonst gleichen Ladungen auf den Leitern verringert die Gegenwart eines dielektrischen Mediums alle Feldstärken (und daher auch alle Potentialdifferenzen) um den Faktor $1/\epsilon_r$. Die Ladungen Q_1, Q_2 und Q_3 sind jene Ladungen, die von den Leitern tatsächlich abfließen, wenn man eine Entladung des Systems möglich macht.

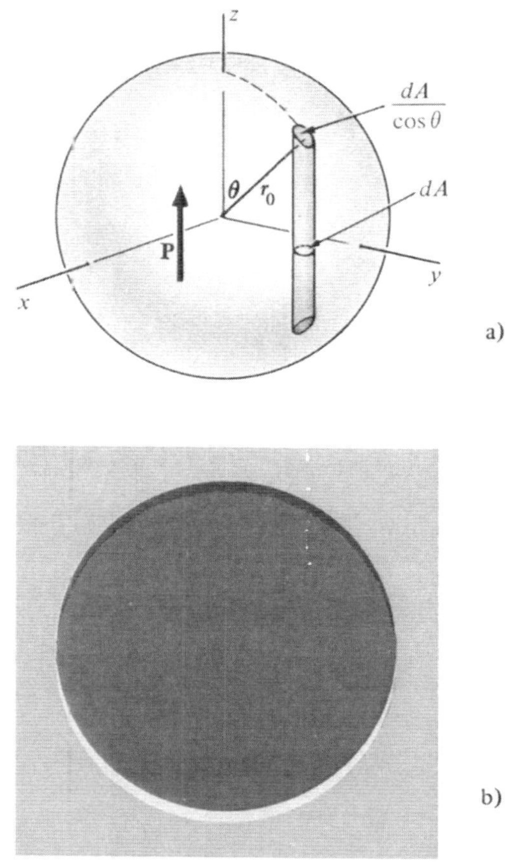

Bild 10.21

a) Aufteilen der polarisierten Kugel in polarisierte Zylinder und Ersetzen jedes Zylinders durch ein entsprechendes Flächenladungsstück auf der Kugeloberfläche.

b) Eine Kugel positiver Raumladungsdichte und eine Kugel negativer Raumladungsdichte sind, gering gegeneinander verschoben, einer Ladungsverteilung auf der Kugeloberfläche äquivalent.

10.9 Das Feld einer polarisierten Kugel

Die Vollkugel in Bild 10.21a soll gleichförmig polarisiert sein; stellen Sie sich etwa vor, daß diese Kugel aus dem Block von Bild 10.16a herausgeschnitten wurde. Wie ist das elektrische Feld innerhalb und außerhalb der Kugel beschaffen? Mit **P** bezeichnen wir wie üblich die Polarisationsdichte, die dem Betrag und der Richtung nach im ganzen Kugelvolumen konstant ist. Wir denken uns das kugelförmige polarisierte Material in lauter parallel zu **P** liegende Zylinder aufgeteilt, wie dies mit dem Block von Bild 10.16b geschah. Jeder dieser Zylinder wird nun durch eine Ladung vom Betrag ($P \cdot$ Zylinderquerschnitt) auf Grund- und Deckfläche ersetzt. Das gesuchte Feld ist also das Feld einer Flächenladungsverteilung auf einer Kugeloberfläche mit der Dichte $\sigma = P \cos\theta$. Der Faktor $\cos\theta$ beschreibt die Schnittfläche $dA/\cos\theta$ eines Zylinders vom Querschnitt dA mit der Kugeloberfläche – dies geht aus Bild 10.21a unmittelbar hervor. Bild 10.21b zeigt einen Querschnitt durch die äquivalente Flächenladungsschicht: die Ladungsdichte wird durch die unterschiedliche Dicke des dunklen Kreisteils (positive Ladungsdichte) oben und des hellen Kreisteils (negative Ladungsdichte) unten repräsentiert.

Wenn Sie nicht ohnehin schon daran gedacht haben, regt Sie vielleicht Bild 10.21b zu folgender Überlegung an: Man kann sich die Polarisation **P** aus einer kleinen, nach oben erfolgten Verschiebung einer homogenen, kugelförmigen positiven Raumladung der Dichte ρ relativ zu

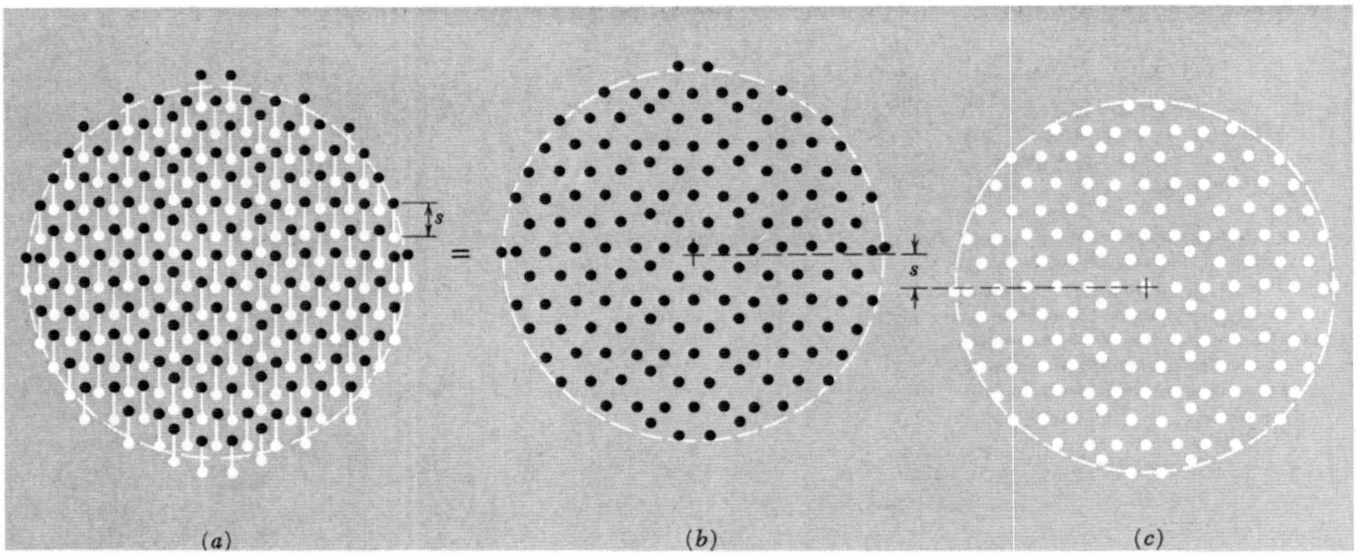

Bild 10.22 Eine Kugel aus ausgerichteten molekularen Dipolen a) ist zwei überlagerten, gering gegeneinander verschobenen Kugeln aus positiven b) und negativen c) Ladungen äquivalent.

einer kugelförmigen negativen Raumladung der Dichte $-\rho$ entstanden denken. Daraus ergibt sich oben eine unkompensierte positive Ladung und unten eine ebenfalls unkompensierte negative Ladung, deren Größen auf der gesamten Oberfläche genau wie $\cos\theta$ variieren. In dem Innenteil, in dem sich die positive und negative Ladung noch immer überlappen, neutralisieren sie sich gegenseitig genau. Dieser Gesichtspunkt gestattet eine sehr einfache Berechnung des Feldes außerhalb der Flächenladung. Wie wir wissen, entspricht im Außenraum das Feld einer kugelförmigen Ladungsverteilung dem Feld einer gleich großen Punktladung, die sich im Kugelmittelpunkt befindet. Aus der Superposition von zwei Kugeln mit den Gesamtladungen $+Q$ bzw. $-Q$, deren Mittelpunkte um die kleine Entfernung s gegeneinander verschoben sind, ergibt sich das gleiche Feld wie für zwei Punktladungen $+Q$ und $-Q$ mit Abstand s. Diese beiden Punktladungen stellen aber einen Dipol mit dem Moment $p_0 = Qs$ dar.

Eine makroskopische Beschreibung der polarisierten Substanz führt zu der gleichen Schlußfolgerung. Bild 10.22a zeigt die molekularen Dipole, die tatsächlich für die Polarisation **P** verantwortlich sind. Grob gesprochen bestehen sie aus einzelnen Ladungspaaren q und $-q$ mit dem Abstand s, jedes Ladungspaar ergibt ein Dipolmoment $p = qs$. Sind n von ihnen pro Volumen vorhanden, enthält die Kugel insgesamt $(4\pi/3)\,r_0^3 n$ Dipole und es gilt $P = np = nqs$. Die positiven Ladungen erfüllen eine Kugel mit der Gesamtladung $Q = (4\pi/3)\,r_0^3 nq$ (Bild 10.22b), die negativen Ladungen erfüllen eine ähnliche Kugel, deren Mittelpunkt gegen den der ersten verschoben ist (Bild 10.22c). Natürlich kann jede dieser Ladungsverteilungen durch eine Punktladung im Mittelpunkt ersetzt werden, solange es um das Feld außerhalb der Verteilung geht. Sind wir nämlich genügend weit von der Oberfläche der Ladungsverteilung entfernt – in diesem Sinne ist „außerhalb" zu verstehen – so spielt die tatsächliche Körnigkeit der Verteilung keine Rolle mehr. Für den augenblicklichen Zweck sind das Modell der sich überlappenden Kugeln gleichförmiger Ladungsdichte einerseits und die Beschreibung durch die tatsächliche im Vakuum vorhandenen Dipole andererseits äquivalent[67]; beide führen außerhalb der Ladungsverteilung zu einem Feld, das dem eines einzigen sich am Ort des Kugelmittelpunkts befindlichen Dipols gleicht. Das Moment p_0 dieses Dipols ergibt sich aus der Gesamtpolarisation der Kugel:

$$p_0 = Qs = \frac{4\pi}{3}\,r_0^3\,nqs = \frac{4\pi}{3}\,r_0^3\,P\,. \tag{10.35}$$

Die Größen Q und s haben für sich genommen keine Bedeutung; deshalb lassen wir sie bei der weiteren Diskussion außer acht.

Das äußere Feld einer polarisierten Kugel gleicht nicht nur in großen Entfernungen dem Feld eines zentralen Dipols p_0. Makroskopisch gesehen stimmen die beiden Felder bis zur Kugeloberfläche überein. Um die Darstellung

[67] Das ist sicherlich schon längst klar geworden. Trotzdem gingen wir in diesem Fall auf alle Details ein. Obwohl das Modell der glatten Ladungskugel unserer tatsächlichen Vorstellung über das Innere einer realen Substanz nicht entspricht, sind wir nun sicher, auf dem richtigen Weg zu sein.

der Feldlinien im Außenraum (Bild 10.23) zu erhalten, brauchen wir in Bild 10.6 nur eine kreisförmige Fläche auszusparen.

Um auch das Problem des inneren Feldes zu lösen, gehen wir von dem elektrischen Potential $U(x, y, z)$ aus. Da wir das äußere Feld kennen, ist auch das Potential aller Punkte des kugelförmigen Randes bekannt: Es ist genau das Dipolpotential, $kp_0 \cos\theta/r^2$, das auf der Oberfläche einer Kugel mit dem Radius r_0 den Wert

$$U = kp_0 \frac{\cos\theta}{r_0^2} = \frac{4\pi k}{3} Pr_0 \cos\theta = \frac{Pr_0}{3\epsilon_0}\cos\theta \qquad (10.36)$$

annimmt. Da $r_0 \cos\theta = z$ gilt, hängt das Potential eines Punkts der Kugeloberfläche nur von seiner z-Koordinate ab:

$$U = \frac{P \cdot z}{3\,\epsilon_0}\,. \qquad (10.37)$$

Damit hat sich die Bestimmung des inneren Feldes auf die folgende Aufgabenstellung reduziert: Gl. (10.37) liefert das Potential aller Punkte auf dem Rand eines Raumbereichs, in dem U der Laplaceschen Gleichung genügen muß. Entsprechend dem in Kapitel 3 bewiesenen Eindeutigkeitssatz genügt dies, um U im gesamten Innenraum festzulegen. Finden wir *eine* Lösung, muß sie *die* Lösung sein. Da die Funktion Cz mit der beliebigen Konstanten C die Laplacesche Gleichung erfüllt, haben wir mit Gl. (10.37) tatsächlich die Lösung für das Potential im Kugelinneren gefunden. Es ist das Potential eines homogenen elektrischen Feldes in $-z$-Richtung:

$$E_z = -\frac{\partial U_{\text{in}}}{\partial z} = -\frac{\partial}{\partial z}\left[\frac{P \cdot z}{3\,\epsilon_0}\right] = -\frac{P}{3\,\epsilon_0}\,. \qquad (10.38)$$

Da nur die Richtung von **P** die z-Achse auszeichnet, können wir unser Ergebnis in der allgemeineren Form

$$\mathbf{E}_{\text{in}} = -\frac{\mathbf{P}}{3\,\epsilon_0} \qquad (10.39)$$

schreiben. Damit haben wir das makroskopische Feld **E** in der polarisierten Substanz erhalten.

Bild 10.24 zeigt das innere und äußere Feld. Am oberen Pol der Kugel beträgt die Stärke des nach oben gerichteten Felds – aus Gl. (10.14) für das Dipolfeld abgeleitet –

$$E_z = \frac{2p_0}{4\pi\epsilon_0 r^3} = \frac{2\,(4\pi r_0^3 P/3)}{4\pi\epsilon_0 r_0^3} = \frac{2P}{3\epsilon_0} \quad \text{(außerhalb)}. \qquad (10.40)$$

Sie ist genau zweimal so groß wie der Betrag der nach unten gerichteten inneren Feldstärke.

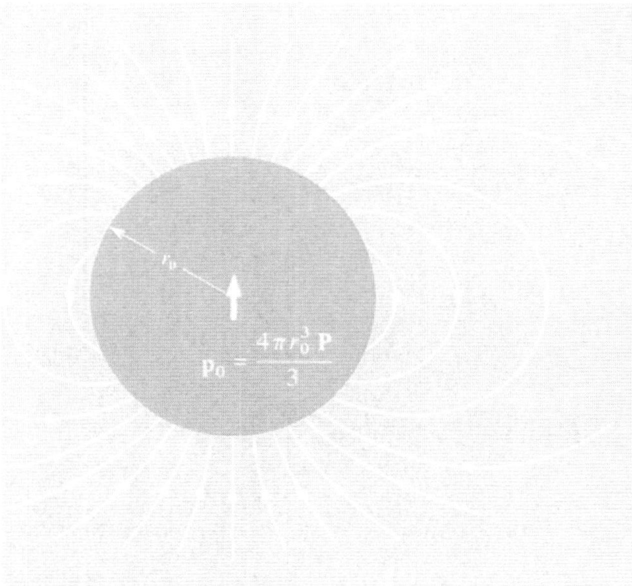

Bild 10.23 Das Feld außerhalb einer gleichförmig polarisierten Kugel gleicht genau dem Feld eines Dipols, der im Kugelmittelpunkt angebracht ist.

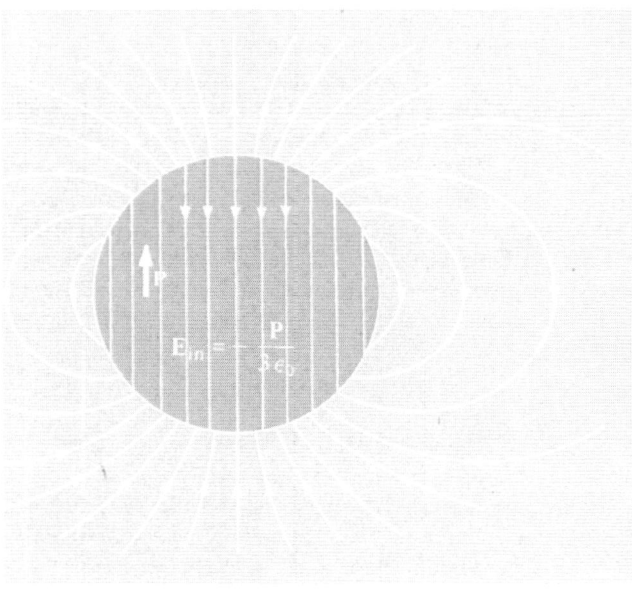

Bild 10.24 Das Feld der gleichförmig polarisierten Kugel im Innen- und Außenraum

Dieses Beispiel illustriert die allgemeinen Regeln für das Verhalten der Feldkomponenten an der Oberfläche eines polarisierten Mediums. **E** weist an der Grenzfläche eines solchen Mediums die gleiche Unstetigkeit auf, die die Feldstärke auch an einer geladenen Oberfläche mit der Flächenladungsdichte $\sigma = P_\perp$ erfahren würde; $P_\perp$ gibt jene Komponente von **P** an, die senkrecht auf der Oberfläche steht und nach außen gerichtet ist. Daraus folgt, daß $E_\perp$, die Normalkomponente von **E**, beim Durchgang durch die Grenzfläche einen Sprung um den Betrag $P_\perp/\epsilon_0$ erfährt, während die Tangentialkomponente stetig durchtritt, d.h. sich nicht sprunghaft ändert (Bild 10.25). Bei unserem vorheri-

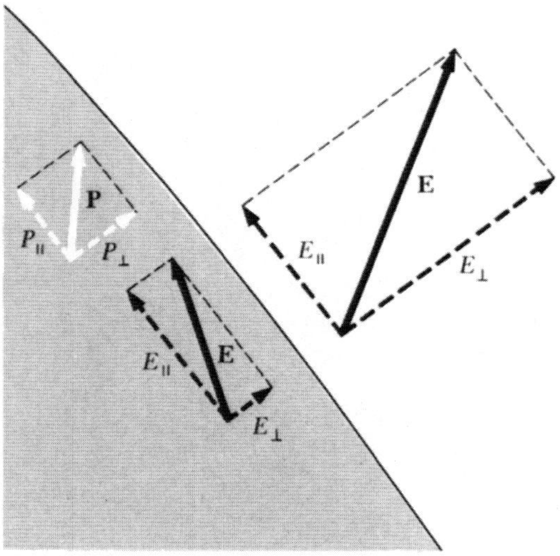

Bild 10.25 Das Verhalten von E an der Grenze eines polarisierten Dielektrikums. $E_\parallel$ ist auf beiden Seiten der Grenze gleich, verhält sich also stetig. $E_\perp$ wächst beim Übergang vom Dielektrikum ins Vakuum um $P_\perp/\epsilon_0$ unstetig an.

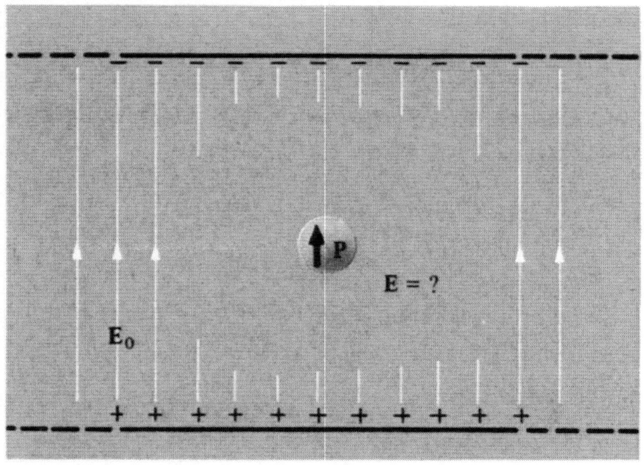

Bild 10.26 Die Quellen des Feldes $\mathbf{E}_0$ bleiben an ihrem Ort. Die dielektrische Kugel bildet eine bestimmte Polarisation **P** aus. Das Gesamtfeld **E** entsteht aus der Superposition von $\mathbf{E}_0$ und dem Feld der polarisierten Kugel.

gen Beispiel springt E_z am Nordpol der Kugel insgesamt um $2P/(3\epsilon_0) - [-P/(3\epsilon_0)] = P/\epsilon_0$. Mit Gl. (10.15) für das Dipolfeld läßt sich zeigen, daß die Tangentialkomponente von **E** tatsächlich überall auf der Kugeloberfläche stetig ist.

Keine unserer Schlußfolgerungen hängt davon ab, wie die Polarisation der Kugel erzeugt worden ist. Wenn irgendeine Kugel gleichförmig polarisiert *ist*, zeigt Bild 10.24 *ihr* Feld. Diesem Feld kann man ein beliebiges Feld anderer Quellen überlagern, um auf diese Weise zu anderen möglichen Systemen zu gelangen. Die Überlagerung beeinflußt die Unstetigkeit von **E** beim Durchgang durch Grenzflächen nicht. Die zuvor aufgestellten Regeln sind auf beliebige Systeme anwendbar, da die Unstetigkeit von **E** nur von der bestehenden Polarisation abhängt.

10.10 Dielektrische Kugel im homogenen Feld

Als Beispiel betrachten wir eine Kugel aus einer dielektrischen Substanz mit der Permittivitätszahl (Dielektrizitätszahl) ϵ_r. Diese Kugel bringen wir in ein homogenes elektrisches Feld $\mathbf{E}_0$, etwa in das Feld zwischen den parallelen Platten eines Vakuumkondensators (Bild 10.26). Die Quellen dieses Feldes, d.h. die Ladungen auf den Platten, sollen genügend weit von der Kugel entfernt sein, so daß sie sich beim Einbringen der Kugel nicht verschieben. Wie auch immer dann das Feld in der Umgebung der Kugel aussieht, in weit entfernten Punkten bleibt es praktisch unverändert $\mathbf{E}_0$. Dadurch rechtfertigt sich die Formulierung „Einbringen einer Kugel in ein homogenes Feld“. In der Umgebung der Kugel ist das Gesamtfeld **E** aber nicht homogen. Es ist die *Summe* aus dem homogenen Feld $\mathbf{E}_0$ der entfernten Quellen und dem Feld $\mathbf{E}'$, das die polarisierte Materie selbst erzeugt:

$$\mathbf{E} = \mathbf{E}_0 + \mathbf{E}' . \qquad (10.41)$$

Das Feld $\mathbf{E}'$ hängt von der Polarisation **P** des Dielektrikums, diese wiederum vom Wert **E** im Kugelinneren ab:

$$\mathbf{P} = \chi_e \epsilon_0 \mathbf{E} = (\epsilon_r - 1)\epsilon_0 \mathbf{E} . \qquad (10.42)$$

Noch kennen wir nicht das Aussehen des Gesamtfeldes **E**; bekannt ist nur, daß Gl. (10.42) für jeden Punkt des Kugelinneren zutreffen muß. *Wenn* die Kugel gleichförmig polarisiert wird – diese Annahme muß sich erst durch unser Ergebnis rechtfertigen – gibt Gl. (10.39) die Beziehung zwischen der Polarisation der Kugel und ihrem eigenen Feld $\mathbf{E}'$ im Innenraum an. (In Gl. (10.39) trat nur dieses Feld auf, für das wir dort das Symbol **E** verwendeten.) Hier schreiben wir

$$\mathbf{E}'_{\text{in}} = -\frac{\mathbf{P}}{3\epsilon_0} . \qquad (10.43)$$

Nun verfügen wir über eine genügende Anzahl von Gleichungen, um **P** und $\mathbf{E}'$ eliminieren zu können, und so zu einer Verknüpfung zwischen **E** und $\mathbf{E}_0$ zu gelangen. Mit den Gln. (10.41), (10.42) und (10.43) erhalten wir für das Kugelinnere

$$\mathbf{E} = \mathbf{E}_0 - \frac{\mathbf{P}}{3\epsilon_0} = \mathbf{E}_0 - \frac{\epsilon_r - 1}{3}\mathbf{E} \qquad (10.44)$$

und daraus durch Auflösen nach **E**

$$\mathbf{E} = \left(\frac{3}{2 + \epsilon_r}\right)\mathbf{E}_0 . \qquad (10.45)$$

Da $\epsilon_r > 1$, ist der Faktor $3/(2 + \epsilon_r)$ kleiner als eins; das Feld innerhalb des Dielektrikums ist also schwächer als das homogene Feld $\mathbf{E}_0$. Gl. (10.45) ergibt, eingesetzt in Gl. (10.42), für die Polarisation

$$\mathbf{P} = \chi_e \epsilon_0 \mathbf{E} = 3 \left(\frac{\epsilon_r - 1}{\epsilon_r + 2} \right) \epsilon_0 \mathbf{E}_0 . \qquad (10.46)$$

Die Annahme einer gleichförmigen Polarisation stellt sich damit als selbstkonsistent heraus[68]). Um das Gesamtfeld E außerhalb der Kugel zu berechnen, müssen wir zu $\mathbf{E}_0$ das Feld eines zentralen Dipols dessen Dipolmoment das **P**-fache des Kugelvolumens beträgt, vektoriell addieren. Bild 10.27 zeigt einige **E**-Linien innerhalb und außerhalb der dielektrischen Kugel.

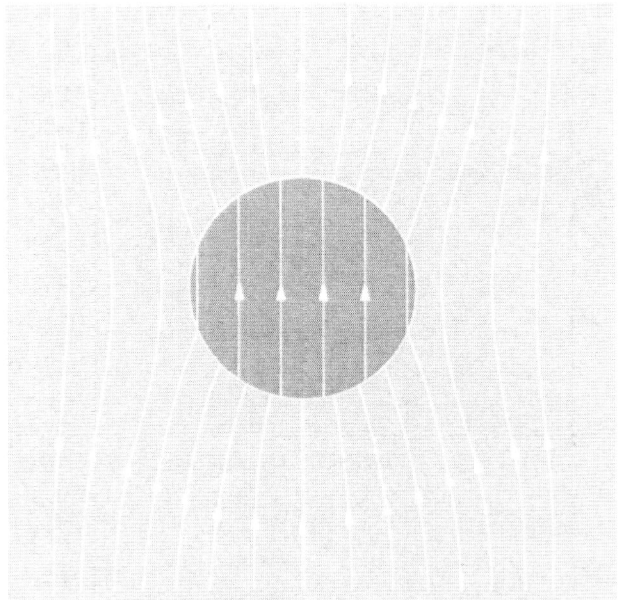

Bild 10.27 Das Gesamtfeld **E** innerhalb und außerhalb der dielektrischen Kugel

10.11 Das Feld einer Ladung in einem dielektrischen Medium und das Gaußsche Gesetz

In einem großen Volumen eines homogenen Dielektrikums soll eine konzentrierte Ladung Q vorhanden sein, die nicht der Molekülstruktur des Dielektrikums angehört. Denken Sie beispielsweise an eine kleine Metallkugel, die aufgeladen und dann in einen Öltank gehängt wurde. Wir leiteten bereits ab, daß die elektrische Feldstärke im Öl das $1/\epsilon_r$-fache jenes Wertes annimmt, den Q in einem Vakuum erzeugen würde:

$$E = \frac{kQ}{\epsilon_r r^2} . \qquad (10.47)$$

Zu welchem Ergebnis führt in diesem Fall das Gaußsche Gesetz? Das Flächenintegral von **E** (d.h. des makroskopischen oder räumlich gemittelten Feldes) ergibt nach Gl. (10.47) für eine Kugeloberfläche um Q den Wert $4\pi kQ/\epsilon_r$ und nicht $4\pi kQ$, weil Q nicht die einzige von der Kugeloberfläche umschlossene Ladung ist, es sind ja auch die am Aufbau der Atome und Moleküle des Dielektrikums beteiligten Ladungen vorhanden. Gewöhnlich ist jedes beliebige Ölvolumen elektrisch neutral. In Anwesenheit der geladenen Kugel ist das Öl aber radial polarisiert. Ist die Ladung Q positiv, zieht sie nämlich die negativen Ladungen der Ölmoleküle an und stößt deren positive Ladungen ab. Obwohl die Verlagerung in jedem einzelnen Molekül nur sehr klein ist, umschließt doch im Mittel jede Kugeloberfläche um Q mehr negative als positive Ladungsanteile der Ölmoleküle. Daher ist die von der Kugeloberfläche umschlossene Gesamtladung einschließlich der „Fremdladung“ Q im Kugelmittelpunkt *kleiner* als Q; ihr Wert beträgt tatsächlich Q/ϵ_r.

Zweckmäßigerweise unterscheidet man oft zwischen der Fremdladung Q und den Ladungen des Dielektrikums selbst. Q unterliegt nämlich im gewissen Maße unserem Einfluß: Wir können einen Gegenstand, z.B. die Platte eines Kondensators, stärker aufladen oder ihn entladen. Häufig wählt man deshalb für Q die Bezeichnung *freie* Ladung. Die anderen Ladungen, die Bestandteile der Atome oder Moleküle des Dielektrikums darstellen, heißen gewöhnlich „gebundene“ Ladung; besser wäre die Bezeichnung *strukturbedingte* Ladung. Diese Ladungen sind nicht frei beweglich, sondern mehr oder weniger elastisch gebunden; aus ihrer Verlagerung ergibt sich ein Beitrag zur Polarisation.

Wir können nun auch mit der freien Ladung eine vektorielle Größe verbinden, ähnlich wie dies im Gaußschen Gesetz geschah. Für unser System der Punktladung im Dielektrikum hat der Vektor $\epsilon_r \mathbf{E}$ die gewünschten Eigenschaften. Sein über eine geschlossene Oberfläche A erstrecktes Integral $\int \epsilon_r \mathbf{E} \cdot d\mathbf{A}$ hat den Wert Q/ϵ_0, wenn A die Ladung Q umschließt, und den Wert Null, wenn Q außerhalb von A liegt. Wegen des Superpositionsprinzips muß diese Aussage für jede durch eine freie Ladungsdichte $\rho_{\text{frei}}(x, y, z)$ beschreibbare Ladungskonfiguration

[68]) Deshalb ist dieses System auch einfach zu behandeln. Für einen Zylinder endlicher Länge in einem homogenen elektrischen Feld würde diese Annahme nicht gelten. Das Feld $\mathbf{E}'$ eines gleichförmig polarisierten Zylinders – z.B. eines Zylinders, dessen Länge und Durchmesser der Größe nach vergleichbar sind – ist im Zylinderinneren *nicht* homogen. (Wie sieht dieses Feld etwa aus?) Daher kann auch $\mathbf{E} = \mathbf{E}_0 + \mathbf{E}'$ nicht homogen sein – in diesem Fall ist also auch $\mathbf{P} = \chi_e \epsilon_0 \mathbf{E}$ nicht homogen. Tatsächlich erlangen nur elliptisch geformte Körper in einem homogenen Feld eine gleichförmige Polarisation. Die Kugel liefert einen Spezialfall dieses allgemeinen Satzes.

in einem unendlich ausgedehnten homogenen dielektrischen Medium gelten:

$$\int_A \epsilon_r \mathbf{E} \cdot d\mathbf{A} = \frac{1}{\epsilon_0} \int_V \rho_{\text{frei}} \, dV \,. \tag{10.48}$$

V bedeutet dabei das von A umschlossene Volumen. Eine derartige Integralbeziehung weist auf eine „lokale" Beziehung zwischen der Divergenz des Vektorfeldes $\epsilon_r \mathbf{E}$ und der freien Ladungsdichte hin:

$$\operatorname{div}(\epsilon_r \mathbf{E}) = \rho_{\text{frei}}/\epsilon_0 \,. \tag{10.49}$$

Da wir ϵ_r als im gesamten Medium konstant angenommen haben, erfahren wir aus Gl. (10.49) nichts Neues. Trotzdem kann sie uns helfen, die gebundene Ladung für sich getrennt darzustellen. Die grundlegende Beziehung zwischen dem elektrischen Feld $\mathbf{E}$ und der gesamten Ladungsdichte $(\rho_{\text{frei}} + \rho_{\text{gebunden}})$

$$\operatorname{div} \mathbf{E} = (\rho_{\text{frei}} + \rho_{\text{gebunden}})/\epsilon_0 \tag{10.50}$$

gilt für beliebige Systeme. Subtrahiert man Gl. (10.50) von Gl. (10.49), so ergibt sich

$$\operatorname{div}(\epsilon_r - 1)\,\mathbf{E} = -\rho_{\text{gebunden}}/\epsilon_0 \,. \tag{10.51}$$

Da nach Gl. (10.34) $(\epsilon_r - 1)\,\epsilon_0\,\mathbf{E} = \mathbf{P}$, folgt daraus

$$\operatorname{div} \mathbf{P} = -\rho_{\text{gebunden}} \,. \tag{10.52}$$

Gl. (10.52) ist eine lokale Beziehung. Daher kann diese Gleichung nicht von den Bedingungen abhängen, die anderswo in dem System herrschen, und auch nicht davon, wie die spezielle Anordnung gebundener Ladungen aufrecht erhalten wird. Jede derartige Anordnung mit einem bestimmten örtlichen Überschuß (pro Volumen) von Kernprotonen im Vergleich zu den Hüllenelektronen muß eine Polarisation mit einer bestimmten Divergenz darstellen. Gl. (10.52) muß deshalb allgemein gelten und nicht nur für unendlich ausgedehnte Dielektrika. Die durch Gl. (10.52) formulierte Beziehung versteht man vielleicht besser, wenn man sich einige wenige Moleküle so angeordnet vorstellt, daß sie eine Polarisation mit einer positiven Divergenz ergeben (Bild 10.28). Da die Dipole hier nach außen weisen, erhalten wir in der Mitte eine kleine Konzentration an negativer Ladung. Die in Gl. (10.52) auftretenden Größen $\mathbf{P}$ und ρ_{gebunden} können als stetig behandelt werden, da sie über hinreichend große Volumenelemente gemittelt wurden.

Aus den Gln. (10.50) und (10.52) erhalten wir die Beziehung

$$\operatorname{div}(\epsilon_0 \mathbf{E} + \mathbf{P}) = \rho_{\text{frei}} \,, \tag{10.53}$$

die von jeder Verknüpfung zwischen $\mathbf{E}$ und $\mathbf{P}$ unberührt bleibt. Gl. (10.53) ist nicht auf dielektrische Materialien, bei denen $\mathbf{P}$ proportional $\mathbf{E}$ ist, beschränkt.

Die Größe $\epsilon_0 \mathbf{E} + \mathbf{P}$ bezeichnet man gewöhnlich als *elektrische Flußdichte* oder *elektrische Verschiebung* $\mathbf{D}$.

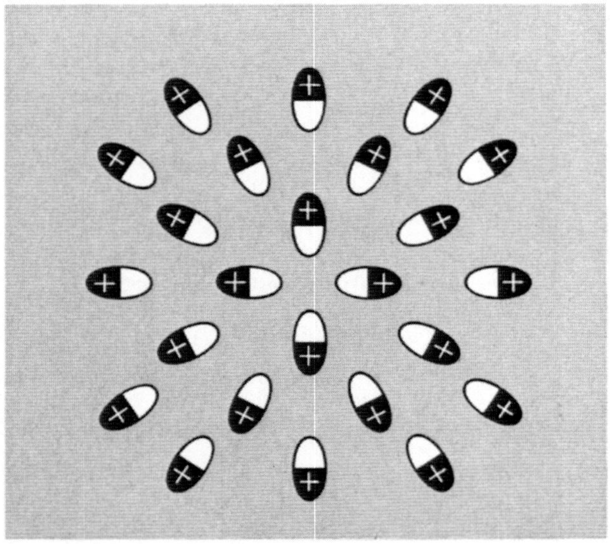

Bild 10.28 Einige molekulare Dipole sind so angeordnet, daß $\operatorname{div} \mathbf{P} > 0$. Beachten Sie in Übereinstimmung mit Gl. (10.52) die Konzentration negativer Ladung in der Mitte.

Wir definieren $\mathbf{D}$ durch

$$\mathbf{D} = \epsilon_0 \mathbf{E} + \mathbf{P} \,. \tag{10.54}$$

In einem isotropen Dielektrikum ist einfach

$$\mathbf{D} = \epsilon_r \epsilon_0 \mathbf{E} = \epsilon \mathbf{E} \,, \tag{10.54a}$$

wobei $\epsilon = \epsilon_r \epsilon_0$ die *Permittivität* (Dielektrizitätskonstante) ist. Die Beziehung

$$\operatorname{div} \mathbf{D} = \rho_{\text{frei}} \tag{10.55}$$

gilt aber für jede beliebige Situation, in der die makroskopischen Größen $\mathbf{P}$, $\mathbf{E}$ und ρ definierbar sind.

Aufgrund von Gl. (10.55) könnte man nun glauben, daß das Vektorfeld $\mathbf{D}$ durch die freie Ladungsverteilung ρ_{frei} genauso bestimmt ist, wie das Feld $\mathbf{E}$ durch seine Quellen ρ. Dies wäre jedoch falsch. Das elektrostatische Feld $\mathbf{E}$ ist – abgesehen von der Addition eines konstanten Feldes – durch die Ladungsverteilung ρ eindeutig bestimmt, da zu dem Gesetz $\operatorname{div} \mathbf{E} = \rho/\epsilon_0$ eine andere universelle Beziehung, nämlich $\operatorname{rot} \mathbf{E} = 0$, hinzutritt. Im allgemeinen ist aber *nicht* $\operatorname{rot} \mathbf{D} = 0$. Deshalb genügt die Verteilung der freien Ladung nicht, um $\mathbf{D}$ durch Gl. (10.55) festzulegen. Man braucht dazu noch etwa die Randbedingungen auf den verschiedenen dielektrischen Oberflächen. Die Randbedingungen für $\mathbf{D}$ stecken aber bereits in den Randbedingungen für $\mathbf{E}$ und $\mathbf{P}$, die wir am Ende von Abschnitt 10.9 und in Bild 10.25 formulierten.

Bei der von uns gewählten Behandlung des elektrischen Feldes in Materie erweist sich die Einführung von $\mathbf{D}$ als Kunstgriff, der aber nicht übermäßig nützlich ist. Wir erwähnen $\mathbf{D}$ nur deshalb, weil diese Größe, ausgehend von *Maxwell*[69]), durch die traditionelle Lehre hochgehalten wird und ihr jeder Physikstudent in anderen Büchern sicher wieder begegnet; dort wird sie meist mit mehr Aufmerksamkeit behandelt, als sie tatsächlich verdient.

Unsere wichtigsten Schlußfolgerungen über elektrische Felder in Materie lassen sich folgendermaßen zusammenfassen:

I. *Materie ist polarisierbar.* Polarisierte Materie läßt sich, solange es um das makroskopische Feld geht, durch die Polarisation **P**, d.h. durch das auf das Volumen bezogene Dipolmoment beschreiben. Der Beitrag polarisierter Materie zu dem elektrischen Feld **E** ist gleich groß wie der einer Ladungsverteilung, die im Vakuum mit der Dichte $\rho_{\text{gebunden}} = -\operatorname{div} \mathbf{P}$ vorhanden ist. Diese Ladungsverteilung reduziert sich an der Oberfläche einer polarisierten Substanz, wo eine Unstetigkeit von **P** auftritt, zu einer Flächenladung der Dichte $\sigma = -P_n$. Wenn wir irgendeine freie Ladungsverteilung hinzufügen, so ist das resultierende elektrische Feld genau jenes, das von der *gesamten* Ladungsverteilung im Vakuum erzeugt würde. Es ist dies außerhalb und nach geeigneter Mittelung über das mikroskopische Feld auch innerhalb der Materie das makroskopische Feld **E**.

II. Eine bestimmte Substanz heißt dann *Dielektrikum*, wenn **P** proportional **E** ist. Wir definieren zwei Materialkonstanten, die *elektrische Suszeptibilität* χ_e und die *Permittivitätszahl* (Dielektrizitätszahl) ϵ_r: $\chi_e = \mathbf{P}/(\epsilon_0 \mathbf{E})$, $\epsilon_r = 1 + \chi_e$. Freie Ladungen innerhalb dielektrischer Substanzen führen zu elektrischen Feldern, die $1/\epsilon_r$ mal so stark sind wie jene Felder, die von denselben Ladungen im Vakuum erzeugt werden.

10.12 Mikroskopische Betrachtung des Dielektrikums

Die Polarisation **P** im Dielektrikum ist einfach die makroskopische Erscheinung der elektrischen Dipolmomente der Atome oder Moleküle, aus denen das Material zusammengesetzt ist. **P** ist die mittlere Dichte der Dipolmomente. Das gesamte vektorielle Dipolmoment pro Volumen entsteht natürlich durch Mittelung über einen Bereich, der so groß ist, daß er eine ungeheure Anzahl von Atomen enthält. Wenn kein elektrisches Feld vorhanden ist, das eine Vorzugsrichtung auszeichnet, wird **P** Null sein. Das wird sicherlich für eine gewöhnliche Flüssigkeit oder ein Gas und auch für Festkörper richtig sein, wenn wir die in Abschnitt 10.8 erwähnte Möglichkeit der „eingefrorenen" Polarisation nicht beachten. Wenn in dem Medium ein elektrisches Feld vorhanden ist, kann Polarisation auf zwei Weisen entstehen: 1. Jedes Atom oder Molekül erhält ein induziertes Dipolmoment, das proportional zum an ihm wirksamen elektrischen Feld $\mathbf{E}_{\text{lok}}$ ist und seine Richtung hat. 2. Wenn Moleküle mit permanenten Dipolmomenten im Medium vorhanden sind, sind diese nicht mehr vollständig zufällig orientiert. Ihre Dipolmomente werden bevorzugt in Feldrichtung ausgerichtet sein. Die beiden Effekte (1) und (2) führen zu einer Polarisation in Richtung **E** und einem positiven Wert für die elektrische Suszeptibilität $P/(\epsilon_0 E)$.

Zunächst wollen wir induzierte atomare Momente in einem Medium betrachten, in dem die Atome oder Moleküle ziemlich weit voneinander entfernt sind. Ein Beispiel ist ein Gas bei Atmosphärendruck mit einer Dichte von etwa 10^{25} Molekülen/m^3. Wir werden annehmen, daß das an einem einzelnen Molekül angreifende lokale Feld $\mathbf{E}_{\text{lok}}$ gleich dem mittleren oder makroskopischen Feld **E** im Medium ist. Dabei vernachlässigen wir das Feld, das durch das induzierte Dipolmoment eines Nachbarmoleküls am Ort des betrachteten Moleküls entsteht. Wenn α die Polarisierbarkeit eines Moleküls und n die mittlere Zahl der Moleküle pro Volumen ist, so ist das induzierte Dipolmoment des Moleküls $\alpha \epsilon_0 \mathbf{E}_{\text{lok}}$. Die resultierende Polarisation **P** des Mediums ist einfach

$$\mathbf{P} = n\,\alpha\,\epsilon_0\,\mathbf{E}_{\text{lok}}\,. \tag{10.56}$$

Das ergibt wegen $\mathbf{E} = \mathbf{E}_{\text{lok}}$ zugleich die elektrische Suszeptibilität

$$\chi_e = \frac{P}{\epsilon_0 E} = n\alpha \tag{10.57}$$

und die Permittivitätszahl (Dielektrizitätszahl)

$$\epsilon_r = 1 + \chi_e = 1 + n\alpha\,. \tag{10.58}$$

Das Methanmolekül im Bild 10.12 hat eine Polarisierbarkeit von $3{,}27 \cdot 10^{-29}\,\text{m}^3$. Bei Normalbedingungen (0 °C und Atmosphärendruck) sind ungefähr $2{,}69 \cdot 10^{25}$ Moleküle/m^3 vorhanden. Nach Gl. (10.58) sollte Methan bei dieser Dichte den Wert $\epsilon_r = 1{,}00088$ haben, was mit dem Wert in Tabelle 10.1 überraschend gut übereinstimmt. Der in Bild 10.12 angegebene Wert für α war wahrscheinlich ursprünglich mit der einfachen Theorie, die wir gerade entwickelt haben, aus einem Meßwert für ϵ_r hergeleitet worden.

Wir haben bereits mit Gl. (10.26a) festgestellt, daß $\alpha = 3 \cdot V_{\text{atom}}$ ist. Dann ist nach Gl. (10.57) $\chi_e/3 = n\,\alpha/3 = V_{\text{atom}}/V$ die Raumerfüllung (der *Füllfaktor*), d.h. der in einem Medium von den Atomen eingenommene Bruchteil

[69]) Die Bedeutung, die *Maxwell* **D** bei seiner Formulierung der elektromagnetischen Theorie gab, und seine Wahl des Begriffes *Verschiebung* lassen sich vielleicht dadurch erklären, daß er zu einer Art mechanischem Modell des „Äthers" neigte. *Whittaker* wies in seinem klassischen Werk "A History of Theories of Aether and Electricity" Bd. I, S. 266 (Harper Torchbooks, New York, 1960) darauf hin, daß diese Neigung *Maxwell* vielleicht fehlleitete, als er seine Theorie auf das Problem der Reflexion des Lichts an einem Dielektrikum anwendete.

des Volumens. Nun ist die Dichte eines Gases unter Normalbedingungen ungefähr 1/1000 der Dichte derselben Substanz im kondensierten Zustand (Flüssigkeit oder Festkörper). Im Fall von Methan ist das Verhältnis ziemlich genau 1/1000; bei Luft ist es 1/700. Ein Gas besteht ungefähr zu 99,9 % aus leerem Raum. In einer Flüssigkeit oder einem Festkörper dagegen berühren sich praktisch die Moleküle. Der Bruchteil des Volumens, den sie beanspruchen, ist nicht viel kleiner als 1. Das erklärt uns, daß im allgemeinen in kondensierter Materie die induzierte Polarisation eine Suszeptibilität χ_e von der Größenordnung 1 zur Folge hat. In der Tat legt das unsere kurze Liste in Tabelle 10.1 nahe, und das würde eine ausführliche Tabelle bestätigen. Die Suszeptibilitäten $\epsilon_r - 1$ der meisten nichtpolaren Flüssigkeiten und Festkörper haben Werte von etwa 1 bis 10.

Wenn wir die Suszeptibilität in Flüssigkeiten und Festkörpern genauer beschreiben wollen, können wir am Ort eines Atoms die Wirkung der Nachbaratome nicht mehr vernachlässigen. Das makroskopische Feld $\mathbf{E}$ im Dielektrikum wird durch ein zusätzliches Feld $\mathbf{E}'$, das von der Nachbarschaft herrührt, verändert. Das effektive (lokale) Feld $\mathbf{E}_{\text{lok}} = \mathbf{E} + \mathbf{E}'$, das in dieser Situation ein Atom polarisiert, ist nicht mehr das Feld $\mathbf{E}$, das die Suszeptibilität χ_e meßtechnisch bestimmbar macht. Die Frage nach der Größe des lokalen Feldes ist theoretisch anspruchsvoll. Eine elementare Betrachtung führt zu einer oft nützlichen Beziehung zwischen der Polarisierbarkeit α und der Suszeptibilität χ_e bzw. der Permittivitätszahl ϵ_r (der Clausius-Mossotti-Formel). Dazu stellen wir uns innerhalb des Dielektrikums eine Kugelfläche vor, die viele Atome umschließt und in deren Mittelpunkt ein Atom mit der Polarisierbarkeit α dem zu bestimmenden Feld $\mathbf{E}_{\text{lok}}$ ausgesetzt ist. Den Einfluß der Nachbaratome *außerhalb* dieser Kugel berücksichtigen wir pauschal dadurch, daß wir Polarisationsladungen auf der Kugeloberfläche annehmen. Sie führen zu einer homogenen Polarisation $\mathbf{P}$ innerhalb der Kugel, die einem Feldbeitrag $\mathbf{P}/(3\epsilon_0)$ entspricht. Der Unterschied zu der Überlegung in Abschnitt 10.10 ist lediglich, daß das Zusatzfeld in Gl. (10.43) nun positiv ist und für $\epsilon_r > 1$ verstärkend wirkt. Analog zu Gl. (10.45) ergibt sich:

$$\mathbf{E}_{\text{lok}} = \frac{\epsilon_r + 2}{3}\,\mathbf{E}\,. \tag{10.59}$$

(Dort hatten wir allerdings das lokale Feld mit $\mathbf{E}$ und das „angelegte" Feld $\mathbf{E}$ mit $\mathbf{E}_0$ bezeichnet.) Der Einfluß der Nachbaratome *innerhalb* der Kugel auf das Feld in ihrem Mittelpunkt muß durch Summierung der einzelnen Dipolbeiträge berechnet werden. Im Fall von *unregelmäßig* verteilten Atomen und auch bei *regelmäßiger kubischer* Anordnung[70]) ist dieser Beitrag Null. Wenn wir uns auf diese Fälle beschränken, ist damit das lokale Feld vollständig bekannt. Wir können Gl. (10.59) in Gl. (10.56) einsetzen und erhalten

$$\chi_e = \epsilon_r - 1 = \frac{P}{\epsilon_0 E} = \frac{n\alpha(\epsilon_r + 2)}{3}\,. \tag{10.60}$$

Nach Umformung und mit Gl. (10.26a) ist

$$\frac{\epsilon_r - 1}{\epsilon_r + 2} = \frac{\chi_e}{\chi_e + 3} = \frac{n\alpha}{3} = \frac{V_{\text{atom}}}{V}\,. \tag{10.61}$$

Das ist die *Clausius-Mossotti-Formel.* Sie beschreibt den Zusammenhang der makroskopischen, meßbaren Größen ϵ_r bzw. χ_e mit der atomaren Polarisierbarkeit α und der Dichte n bzw. der Raumerfüllung V_{atom}/V der Materie. Deren Einfluß erkennt man in der Form:

$$\chi_e = \frac{n\alpha}{1 - n\alpha/3}\,. \tag{10.62}$$

Für verdünnte Materie (Gase) ergibt sich die schon behandelte Näherung $\chi_e \approx n\alpha$ (Gl. (10.57)). Der Fall der vollständigen Raumerfüllung $V_{\text{atom}}/V = 1$ führt zu einer Polstelle für χ_e („Polarisationskatastrophe"). In diesem Fall berühren sich die Atomhüllen. Es wird „unendlich leicht" ($\chi_e \to \infty$), sie zu polarisieren. Das bedeutet das Auftreten von Elektronen, die nicht mehr an den Atomen lokalisiert sind. Wir nennen das den metallischen Zustand der Materie. So lassen sich die eigentlich dielektrischen Stoffe ($n\alpha/3 < 1$) von den Halbleitern und Halbmetallen ($n\alpha/3 \leqslant 1$) und den Metallen ($n\alpha/3 > 1$) unterscheiden, soweit ihre Bausteine nicht ein permanentes Dipolmoment besitzen.

Moleküle mit permanenten Dipolmomenten, *polare* Moleküle, versuchen, sich parallel zu einem elektrischen Feld auszurichten. Solange das Dipolmoment $\mathbf{p}$ nicht in die Richtung von $\mathbf{E}$ zeigt, gibt es ein Drehmoment $\mathbf{p} \times \mathbf{E}$, das $\mathbf{p}$ in die Richtung von $\mathbf{E}$ drehen will (siehe Gl. (10.18) und Bild 10.8b). Natürlich ist das Drehmoment auch Null, wenn $\mathbf{p}$ genau entgegengesetzt zu $\mathbf{E}$ steht, aber diese Lage ist instabil. Ein Drehmoment auf den elektrischen Dipol bedeutet ein Drehmoment auf das Molekül selbst. Der energetisch niedrigste Zustand wird dann erreicht sein, wenn alle polaren Moleküle sich so gedreht haben, daß ihre Dipolmomente in $\mathbf{E}$-Richtung weisen. Während der Ausrichtung werden sie Energie durch Reibung bei der Drehbewegung an ihre Umgebung abgegeben. Die resultierende Polarisation würde riesig sein. In Wasser gibt es ungefähr $3 \cdot 10^{28}$ Moleküle/m^3, jedes mit einem Dipolmoment von $6{,}22 \cdot 10^{-30}$ Cm (Bild 10.14). Bei vollständiger Ausrichtung der Dipole würde $P = 0{,}19$ C/m^2 sein. Wenn Bild 10.24 das Bild eines so polarisierten Wassertröpfchens wäre, würde die Feldstärke am äußeren Rand des Tröpfchens etwa 10^{10} V/m sein!

Dazu kommt es aber nicht. In einem mäßigen angelegten Feld $\mathbf{E}$ wird keine angenähert vollständiger Ausrichtung

[70])Begründung z.B. bei *J. D. Jackson,* Klassische Elektrodynamik, Walter de Gruyter, Berlin, New York 1983.

erreicht. Warum nicht? Das hat den gleichen Grund, aus dem Luftmoleküle in einem Raum nicht alle auf dem Boden liegen, was der Anordnung mit der niedrigsten potentiellen Energie entspräche. Wir müssen die *Temperatur* T und die zugehörige thermische Anregungsenergie für jedes Molekül berücksichtigen. Sie ist von der Größenordnung kT, wobei $k = 1{,}38 \cdot 10^{-23}$ J/K die *Boltzmann-Konstante* ist. Bei Zimmertemperatur ist $kT = 4 \cdot 10^{-21}$ J = 25 meV. Die Luftmoleküle versammeln sich nicht alle auf dem Boden, weil die Hubarbeit im Gravitationsfeld $m \cdot g \cdot h$ für ein Molekül (Masse $m = 5 \cdot 10^{-26}$ kg, Höhe $h = 2$ m) etwa 10^{-24} J, also weniger als 1/1000 von kT ist. Andererseits ist die Luft am Boden etwas dichter als an der Decke, wenn kein Temperaturgradient herrscht. Diese Verhältnisse werden durch die wohlbekannte barometrische Höhenformel beschrieben. Für kleine Höhenunterschiede h ist die relative Dichteänderung der Luft infolge des Schwerefeldes an der Erdoberfläche gleich $m \cdot g \cdot h/(kT)$.

Genauso werden wir in unserem Dielektrikum bei niedriger potentieller Energie, also in Richtung von **E**, einen geringen Überschuß der molekularen Dipolorientierung vorfinden. Der relative Polarisationsüberschuß in der bevorzugten Richtung wird von der Größenordnung $pE/(kT)$ sein. Der Zähler stellt die Differenz der potentiellen Energien dar. Um einen Dipol aus der Richtung von **E** in die entgegengesetzte Richtung zu drehen, ist nach Gl. (10.19) die Arbeit $2pE$ erforderlich. Die Mittelung über die Winkel würde einen anderen Zahlenfaktor ergeben, was wir aber nicht beachten wollen. Die Polarisation P, die für totale Ausrichtung gleich np (n = Dipoldichte = Anzahl der Dipole pro Volumen) sein würde, wird also etwa um den Faktor $pE/(kT)$ kleiner sein. Die Polarisation, die wir erwarten, ist

$$P \approx np \frac{pE}{kT} = \frac{np^2}{kT} E \,. \qquad (10.63)$$

Die Suszeptibilität ist

$$\chi_e = \frac{P}{\epsilon_0 E} \approx \frac{np^2}{\epsilon_0 kT} \,. \qquad (10.64)$$

Für Wasser ist bei Zimmertemperatur die Größe auf der rechten Seite der Gl. (10.64) gleich 35, während mit $\epsilon_r = 80$ der tatsächliche Wert $\chi_e = 79$ ist. Die Abschätzung weicht offensichtlich vom richtigen Ergebnis um den Faktor 2,2 ab. Diesen Faktor theoretisch herzuleiten, ist ziemlich schwierig. Die Wechselwirkung mit den Nachbarmolekülen spielt eine verwickeltere Rolle als im Fall der nichtpolaren Dielektrika.

Wenn Sie ein elektrisches Feld $E = 3 \cdot 10^4$ V/m an Wasser anlegen, entspricht die resultierende Polarisation $P = (80 - 1)\epsilon_0 E$ der Ausrichtung von $3{,}4 \cdot 10^{24}$ Dipolen pro m^3; es ist also einer von 10000 Dipolen orientiert. Diese Polarisation übersteigt die Polarisation, die bei gleichem Feld in einem nichtpolaren Dielektrikum verursacht wird, sogar um eine Größenordnung.

10.13 Polarisation in veränderlichen Feldern

Bis jetzt haben wir nur elektrostatische Felder in Materie betrachtet, wir müssen aber auch die Auswirkungen zeitlich veränderlicher Felder behandeln, z.B. des Feldes eines Kondensators in einem Wechselstromkreis. Hier ergibt sich die wichtige Frage: Halten die Polarisationsänderungen mit den Feldstärkeänderungen Schritt? Bleibt das Verhältnis von **P** zu **E** zu jedem Zeitpunkt das gleiche wie bei einem elektrostatischen Feld? Bei sehr langsamen Änderungen dürfte sich kein Unterschied ergeben; was wir aber als langsam bezeichnen, hängt auch von dem hier betrachteten physikalischen Prozeß ab. Es zeigt sich, daß die induzierte Polarisation und die Orientierung permanenter Dipole zwei Prozesse mit ganz verschiedenen Reaktionszeiten sind.

Die induzierte Polarisation von Atomen und Molekülen tritt als Verformung der Elektronenhülle auf. Dabei finden nur geringfügige Massenverschiebungen statt, außerdem ist die Hülle sehr starr; ihre Schwingungseigenfrequenzen sind also sehr hoch. Anders formuliert: Die Bewegung der Elektronen in Atomen und Molekülen läßt sich durch eine Periode der Größenordnung 10^{-16} s charakterisieren – dieser Wert entspricht etwa der Schwingungsdauer von sichtbarem Licht. Für ein Atom sind demnach 10^{-14} s eine *lange* Zeitdauer. Deshalb kann es seine Elektronenstruktur während dieser Zeitdauer leicht neu orientieren. Exakt unpolare Substanzen zeigen daher von konstanten Feldern bis hin zu Frequenzen nahe denen des sichtbaren Lichts praktisch das gleiche Verhalten: Die Polarisation hält mit den Änderungen des elektrischen Feldes Schritt, die Suszeptibilität $\chi_e = P/(\epsilon_0 E)$ ist frequenzunabhängig.

Die Orientierung eines polaren Moleküls stellt einen Vorgang dar, der sich von der Verformung der Elektronenwolke beträchtlich unterscheidet. Denn dabei muß das gesamte Molekülgerüst gedreht werden. Im mikroskopischen Maßstab betrachtet, bedeutet dies einen ähnlichen Vorgang, als wollte man eine einzige Erdnuß in einer vollen Tüte einmal um sich selbst drehen. Der Reibungswiderstand verursacht das Zurückbleiben der Rotation hinter der Änderung des Drehmoments und das Verkleinern der Amplitude der resultierenden Schwingung. Dieser Effekt setzt bei den verschiedenen polaren Substanzen bei ganz verschiedenen Frequenzen ein. Bei Wasser beträgt die „Reaktionszeit" für die Dipolumorientierung etwa 10^{-11} s. Seine Permittivitätszahl ϵ_r hat bis zu Frequenzen der Größenordnung 10^{10} Hz den konstanten Wert von rund 80. Oberhalb 10^{11} Hz fällt ϵ_r auf jenen niedrigen Wert ab, der für unpolare Flüssigkeiten typisch ist. Die Dipole können einfach einer so raschen Feldänderung nicht mehr folgen. Bei anderen Substanzen, insbesondere bei Festkörpern können die charakteristischen Zeiten noch viel länger sein. Für Eis etwas unterhalb des Gefrierpunkts beträgt die Reaktionszeit für die elektrische Polarisation rund 10^{-5} s. Bild 10.29 zeigt für Eis und Wasser die experimentell

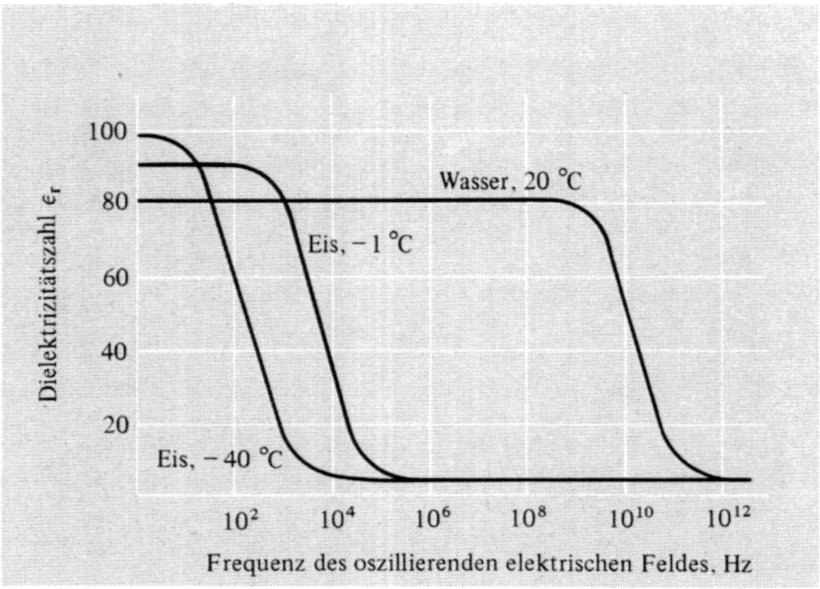

Bild 10.29
Die Frequenzabhängigkeit der Permittivitätszahl (Dielektrizitätszahl) ϵ_r von Wasser und Eis [Meßergebnisse für Wasser entnommen *C. P. Smyth*, Dielectric Behavior and Structure, McGraw-Hill, New York 1955, und für Eis *R. P. Auty* und *R. H. Cole*, J. Chem. Phys. **20**, 1309 (1952)]

ermittelte Abhängigkeit der Permittivitätszahl ϵ_r von der Frequenz.

10.14 Der Strom der gebundenen Ladung

Wo immer sich die Polarisation von Materie zeitlich ändert, gibt es einen Strom, d.h. eine echte Bewegung von Ladung. Sind n Dipole pro Volumen in einem Dielektrikum vorhanden und ändert sich während des Zeitintervalls dt das mikroskopische Dipolmoment von $\mathbf{p}$ in $\mathbf{p} + d\mathbf{p}$, so muß die makroskopische Polarisation $\mathbf{P}$ von $\mathbf{P} = n\mathbf{p}$ in $\mathbf{P} + d\mathbf{P} = n(\mathbf{p} + d\mathbf{p})$ übergehen. Wir nehmen an, die Änderung $d\mathbf{p}$ soll bei jedem Atom durch die Verschiebung einer Ladung Q um die Entfernung $d\mathbf{s}$ erzeugt worden sein; dann gilt $Q d\mathbf{s} = d\mathbf{p}$. Tatsächlich bewegte sich während der Zeit dt eine Ladungswolke der Dichte $\rho = nQ$ mit der Geschwindigkeit $\mathbf{v} = d\mathbf{s}/dt$. Diese Ladungsbewegung stellt einen Leitungsstrom mit einer bestimmten Stromdichte $\mathbf{J}$ dar.

$$\mathbf{J} = \rho\mathbf{v} = nQ\,\frac{d\mathbf{s}}{dt} = n\,\frac{d\mathbf{p}}{dt} = \frac{d\mathbf{P}}{dt}\,. \tag{10.65}$$

Dieser Zusammenhang zwischen der zeitlichen Änderung der Polarisation und der Stromdichte bleibt von den Einzelheiten des gewählten Modells unberührt. Eine sich ändernde Polarisation *ist* ein Leitungsstrom und unterscheidet sich nicht wesentlich von andern Leitungsströmen.

Natürlich ist ein solcher Strom die Quelle eines Magnetfeldes. Sind keine anderen Ströme vorhanden, nimmt die

2. Maxwellsche Gleichung

$$\text{rot}\,\mathbf{B} = \mu_0\left(\epsilon_0\,\frac{\partial\mathbf{E}}{\partial t} + \mathbf{J}\right)$$

daher folgende Gestalt an:

$$\text{rot}\,\mathbf{B} = \mu_0\left(\epsilon_0\,\frac{\partial\mathbf{E}}{\partial t} + \frac{\partial\mathbf{P}}{\partial t}\right). \tag{10.66}$$

Der einzige Unterschied zwischen der „gewöhnlichen" Leitungsstromdichte und der Stromdichte $\partial\mathbf{P}/\partial t$ besteht darin, daß erstere mit bewegten *freien* Ladungen und die zweite mit bewegten *gebundenen* Ladungen verknüpft ist. Es gibt allerdings eine sehr deutliche praktische Unterscheidung: Einen von gebundenen Ladungen herrührenden stationären Strom, also einen Strom konstanter Stärke, kann es nicht geben. Gewöhnlich berücksichtigen wir die beiden Stromdichten getrennt für sich; $\mathbf{J}$ behalten wir als Symbol für die Stromdichte der freien Ladungen bei. Wenn wir alle Ströme in die Maxwellsche Gleichung (10.66) aufnehmen wollen, müssen wir diese wie folgt schreiben:

$$\text{rot}\,\mathbf{B} = \mu_0\left(\underbrace{\epsilon_0\,\frac{\partial\mathbf{E}}{\partial t}}_{\substack{\text{Verschiebungs-}\\\text{stromdichte}\\\text{im Vakuum}}} + \underbrace{\frac{\partial\mathbf{P}}{\partial t}}_{\substack{\text{Stromdichte}\\\text{der gebundenen}\\\text{Ladung}}} + \underbrace{\mathbf{J}}_{\substack{\text{Stromdichte}\\\text{der freien}\\\text{Ladung}}}\right). \tag{10.67}$$

Da in einem dielektrischen Medium $\mathbf{E} + \mathbf{P}/\epsilon_0 = \epsilon_r\mathbf{E}$, gibt es eine kürzere Form von Gl. (10.67), nämlich

$$\text{rot}\,\mathbf{B} = \mu_0\left(\epsilon_r\,\epsilon_0\,\frac{\partial\mathbf{E}}{\partial t} + \mathbf{J}\right). \tag{10.68}$$

Noch allgemeiner ist die folgende abgekürzte Schreibweise mit Hilfe des früher definierten Vektors $\mathbf{D} = \epsilon_0\,\mathbf{E} + \mathbf{P}$.

$$\text{rot}\,\mathbf{B} = \mu_0\left(\frac{\partial\mathbf{D}}{\partial t} + \mathbf{J}\right). \tag{10.69}$$

Den Ausdruck $\partial\mathbf{D}/\partial t$ bezeichnet man gewöhnlich als Verschiebungsstrom. In Wirklichkeit stellt jener Teil des

Verschiebungsstroms, der mit $\partial \mathbf{P}/\partial t$ im Zusammenhang steht, einen ganz normalen Leitungsstrom, d.h. bewegte reale Ladungen dar. Der einzige Teil der gesamten Stromdichte, der nicht einfach mit bewegter Ladung zusammenhängt, ist der wahre Verschiebungsstrom im Vakuum $\partial \mathbf{E}/\partial t$, den wir in Kapitel 9 behandelten.

Bei der Unterscheidung zwischen gebundener und freier Ladung geht es auch um eine Frage, für die wir uns noch nicht genügend interessiert haben: Lassen sich die „molekularen Dipolmomente" in Materie, insbesondere in Festkörpern immer eindeutig identifizieren? „Nein". Zum Beweis betrachten wir mikroskopisch ein dünnes Kochsalz-

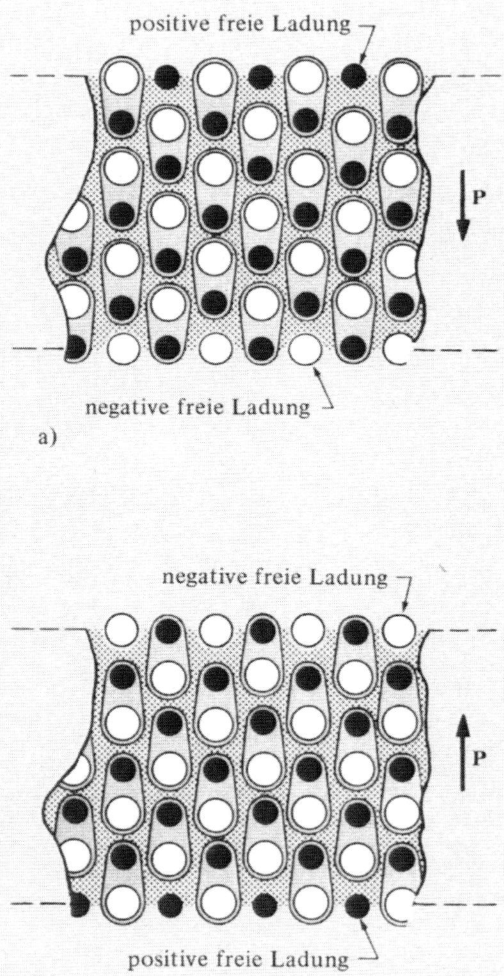

Bild 10.30 Ladungen in Paaren zu „Molekülen" gruppiert. Obwohl es sich bei a) und b) um dasselbe Ionengitter handelt, ist der Polarisationsvektor im ersten Fall nach unten gerichtet und im zweiten nach oben. Beide Systeme sind aber physikalisch gleich. Unterschiede gibt es nur in der Beschreibungsweise.

plättchen. Wie die positiven Natriumionen und die negativen Chlorionen angeordnet sind, zeigte bereits Bild 1.7. Ein Querschnitt durch den Kristall, der sich nach links und rechts fortsetzt, ist in Bild 10.30 zu sehen. Wenn wir wollen, können wir ein Paar aneinandergrenzender Ionen als neutrales Molekül mit einem Dipolmoment beschreiben. Die Ionen lassen sich dann z.B. entsprechend Bild 10.30a zu Molekülen gruppieren. In diesem Fall gelangen wir zu einer Beschreibung des Mediums durch die gleichförmige makroskopische abwärts gerichtete Polarisation **P**. Wir beobachten hier aber auch auf der Kristalloberseite eine Schicht aus positiven Ladungen und auf der Kristallunterseite eine ebensolche Schicht aus negativen Ladungen. Da wir die entsprechenden Ionen bei der Molekülbildung nicht berücksichtigen, müssen ihre Ladungen freie Ladungen darstellen.

Genau so gut hätten wir natürlich auch eine Gruppierung entsprechend Bild 10.30b wählen können, dann ist **P** aufwärts gerichtet, und wir stoßen auf der Kristalloberseite auf eine Schicht negativer freier Ladungen und auf der Kristallunterseite auf eine Schicht positiver freier Ladungen. *Beide Beschreibungen sind richtig.* Ohne Schwierigkeit finden Sie wahrscheinlich eine ebenfalls richtige Beschreibung, bei der $\mathbf{P} = 0$ und keine freie Ladung vorhanden ist. Aus jeder dieser Beschreibungen leiten wir $\mathbf{E} = 0$ ab. Dies muß so sein, denn das makroskopische Feld **E** ist eine beobachtbare physikalische Größe, die nur von der Ladungsverteilung selbst, nicht aber von deren Beschreibung abhängen kann.

Aus diesem Beispiel lernen wir, daß die Unterscheidung zwischen „gebundener" und „freier' Ladung in der realen Welt der Atome mehr oder weniger willkürlich ist, dies gilt folglich auch für den Begriff der Polarisation **P**. Der molekulare Dipol ist nur dann als Begriff wohldefiniert, wenn die Moleküle als solche identifizierbar sind – wenn es also irgendeinen physikalischen Grund für die Aussage gibt: „Dieses Atom gehört zu diesem Molekül und nicht zu jenem". Bei vielen Kristallen ist eine derartige Zuordnung sinnlos. Steht ein Atom oder Ion mit allen seinen Nachbarn in etwa gleich starker Wechselwirkung, kann man nur den Gesamtverband des Kristalls als Molekül bezeichnen.

10.15 Die elektromagnetische Welle im Dielektrikum

In Gl. (9.15) haben wir die Maxwellschen Gleichungen für das elektrische und das magnetische Feld im Vakuum einschließlich der Quellterme Ladungsdichte ρ und Stromdichte **J** hingeschrieben. Nun wollen wir ein elektromagnetisches Feld in einem unbegrenzten dielektrischen Medium betrachten. Wir nehmen an, daß das Dielektrikum ein vollständiger Isolator ist, so daß es keine freien Ströme gibt. Das heißt, der letzte Term auf der rechten Seite in Gl. (10.67), die Stromdichte **J** der freien Ladung, wird Null sein. Freie

Ladungen sind zwar nicht vorhanden, aber es kann eine nicht verschwindende Dichte gebundener Ladungen geben, wenn div **E** nicht Null ist. Wir wollen übereinkommen, nur Felder mit div **E** = 0 zu betrachten. Dann ist ρ der gebundenen und freien Ladungen überall im Medium Null. In der ersten Induktionsgleichung rot **E** = $-(\partial \mathbf{B}/\partial t)$ ändert sich nichts. Als zweite Gleichung nehmen wir Gl. (10.68) ohne den letzten Term: rot **B** = $(\epsilon_r/c^2)(\partial \mathbf{E}/\partial t)$. Der Wert ϵ_r berücksichtigt sowohl den Strom gebundener Ladungen als auch den Verschiebungsstrom im Vakuum. Der vollständige Satz von Gleichungen ist damit:

$$\text{rot}\,\mathbf{E} = -\frac{\partial \mathbf{B}}{\partial t}\,, \qquad \text{div}\,\mathbf{E} = 0\,,$$

$$\text{rot}\,\mathbf{B} = \frac{\epsilon_r}{c^2}\frac{\partial \mathbf{E}}{\partial t}\,, \qquad \text{div}\,\mathbf{B} = 0\,. \qquad (10.70)$$

Er unterscheidet sich von Gl. (9.16) nur durch den Faktor ϵ_r in der zweiten Induktionsgleichung.

Wir konstruieren nun ein wellenartiges elektromagnetisches Feld, wie wir das schon in Abschnitt 9.4 getan haben, um die Maxwellschen Gleichungen zu erfüllen. Wir werden unserem Wellenansatz nun eine etwas allgemeinere Form geben:

$$\mathbf{E} = \hat{\mathbf{z}} E_0 \sin(ky - \omega t)\,,$$

$$\mathbf{B} = \hat{\mathbf{x}} B_0 \sin(ky - \omega t)\,. \qquad (10.71)$$

Wir haben hier die *Kreiswellenzahl* $k = 2\pi/\lambda$ als Betrag des *Ausbreitungsvektors* **k** und die *Kreisfrequenz* $\omega = 2\pi f = 2\pi/T$ eingeführt. Das Argument $(ky - \omega t)$ bestimmt die *Phase* der Welle. Für einen Wellenzustand, der sich in die positive $\hat{\mathbf{y}}$-Richtung mit der Geschwindigkeit ω/k bewegt, bleibt die Phase konstant. Mit anderen Worten, ω/k ist die *Phasengeschwindigkeit* der Welle. Dieser Ausdruck wird benutzt, wenn man zwischen zwei Geschwindigkeiten unterscheiden muß, der Phasengeschwindigkeit und der Gruppengeschwindigkeit. In dem Fall, den wir hier betrachten, gibt es da keinen Unterschied. Deshalb werden wir ω/k einfach als Geschwindigkeit der Welle, die wir in Abschnitt 9.4 v genannt haben, bezeichnen. An einem festen Ort $y = y_0$ schwingt das Feld mit der Kreisfrequenz ω. Zu einer bestimmten Zeit $t = t_0$ unterscheidet sich die Phase in Ebenen, die den Abstand einer Wellenlänge $\lambda = 2\pi/k$ voneinander haben, um 2π.

Die räumlichen und zeitlichen Ableitungen, die wir benötigen, sind mit kleinen Änderungen dieselben wie in Gl. (9.19):

$$\text{rot}\,\mathbf{E} = \hat{\mathbf{x}} E_0 k \cos(ky - \omega t)\,,$$

$$\text{rot}\,\mathbf{B} = -\hat{\mathbf{z}} B_0 k \cos(ky - \omega t)\,,$$

$$\frac{\partial \mathbf{E}}{\partial t} = -\hat{\mathbf{z}} E_0 \omega \cos(ky - \omega t)\,,$$

$$\frac{\partial \mathbf{B}}{\partial t} = -\hat{\mathbf{x}} B_0 \omega \cos(ky - \omega t)\,. \qquad (10.72)$$

Einsetzen in Gl. (10.66) ergibt, daß die Gleichungen erfüllt werden, wenn gilt

$$\omega/k = c/\sqrt{\epsilon_r} \quad \text{und} \quad E_0 = cB_0/\sqrt{\epsilon_r}\,. \qquad (10.73)$$

Die Geschwindigkeit ω/k der Welle unterscheidet sich von der Lichtgeschwindigkeit im Vakuum um den Faktor $1/\sqrt{\epsilon_r}$. Nach wie vor ist **B** senkrecht zu **E**, und die Welle breitet sich in Richtung **E** × **B** aus. Wenn wir die Welle im Dielektrikum mit einer Welle gleicher Frequenz im Vakuum vergleichen, ist die Wellenlänge um den Faktor $1/\sqrt{\epsilon_r}$ kleiner als im Vakuum, weil (*Frequenz*) · (*Wellenlänge*) = (*Geschwindigkeit*) ist.

Ein Beispiel für eine solche Welle ist Licht, das sich in Glas ausbreitet. In der Optik ist es üblich, den *Brechungsindex n* eines Mediums als Verhältnis der Lichtgeschwindigkeit im Vakuum zur Lichtgeschwindigkeit in diesem Medium zu definieren. Wir haben nun festgestellt, daß n nichts anderes als $\sqrt{\epsilon_r}$ ist. Damit haben wir die wesentliche Grundlage für die klassische Theorie der Optik gelegt.

10.16 Übungen

1. *Konstruktion eines praktisch verwendbaren Kondensators.* Sie verfügen über ein Polyäthylenband ($\epsilon_r = 2{,}3$; Breite 6 cm, Dicke 0,002 cm) und über ein Aluminiumband (Breite 5 cm, Dicke 0,001 cm). Daraus sollen Sie einen Kondensator herstellen, der die Form einer kompakten zylindrischen Rolle und eine Kapazität von rund 0,05 μF hat. Machen Sie einen entsprechenden Konstruktionsvorschlag und geben Sie den Bandbedarf für beide Sorten sowie den Gesamtdurchmesser des fertigen Kondensators an.
2. *Leidener Flasche.* Im Jahre 1746 lud Prof. *Musschenbroek* in Leiden Wasser in einer Flasche elektrisch auf; dazu berührte er mit einem aus dem Flaschenhals herausragenden Draht seinen elektrostatischen Generator. Als sein Assistent, der die Flasche in der einen Hand hielt, den Draht mit der anderen Hand herauszuziehen versuchte, bekam er einen heftigen Schlag. Dadurch zog dieser einfache Kondensator die Aufmerksamkeit der Wissenschaftler auf sich, die sich mit der Elektrizität beschäftigten. Die Entdeckung der *Leidener Flasche* revolutionierte die elektrische Experimentiertechnik. Bereits 1747 beschrieb *Benjamin Franklin* seine Experimente mit der „wunderbaren Flasche Mr. B. Musschenbroeks". Die Flasche bestand aus nichts anderem als aus Glas, auf dessen beiden Seiten sich ein Leiter befand. Wenn Sie wissen wollen, warum dieser Kondensator eine solche Sensation darstellte, schätzen Sie die Kapazität einer 1-Liter-Flasche aus 2 mm dickem Glas ($\epsilon_r = 4$) ab. Wie groß müßte in Luft der Durchmesser einer Kugel mit der gleichen Kapazität sein?
3. Bild 10.31 zeigt drei verschiedene Ladungsverteilungen. Wie groß ist der jeweilige Betrag des Dipolmoments **p** und in welcher Richtung verläuft **p**?
4. *Ladungsverteilung in einem Molekül.* In einem HCl-Molekül beträgt der Abstand zwischen dem Chlorkern und dem Proton 0,128 nm. Das Elektron des Wasserstoffatoms soll ganz auf das Chloratom übergehen und zusammen mit dessen Elektronen eine kugelsymmetrische negative Ladung um den Chlorkern bilden. Wie verhält sich das elektrische Dipolmoment dieses

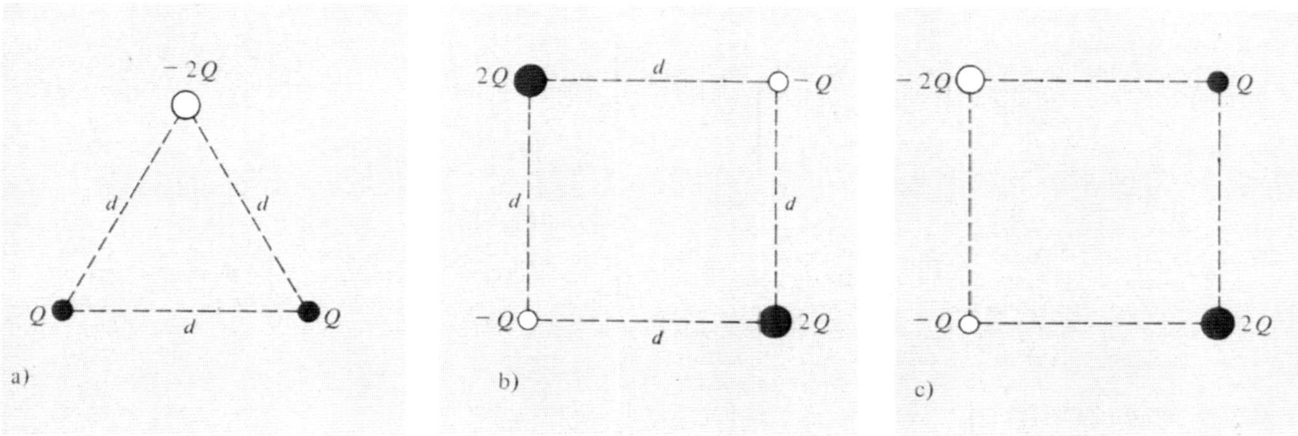

Bild 10.31

Modells im Vergleich zu dem tatsächlichen HCl-Dipolmoment, das in Bild 10.14 angegeben ist? Wo muß der Schwerpunkt der negativen Ladungsverteilung in dem realen Molekül liegen? (Der Chlorkern hat die Ladung $17e$ und der Wasserstoffkern die Ladung e.)

5. *Feld eines molekularen Dipols.* Ein HCl-Molekül befindet sich im Ursprung; die H-Cl-Achse verläuft in z-Richtung, und das Cl-Ion liegt dabei oben. In welcher Richtung verläuft das elektrische Feld und welche Stärke hat es in einem Punkt, der 1 nm vom Ursprung entfernt
   a) auf der positiven z-Achse,
   b) auf der positiven y-Achse liegt?
6. *Feld eines makroskopischen Dipols.* Die Kapazität C eines Plattenkondensators (Plattenabstand 1,5 cm) beträgt 300 nF. Er wird auf eine Potentialdifferenz von 1800 V aufgeladen. In dieser Übung interessiert uns das Feld außerhalb des Kondensators, das sog. Randfeld, das wir gewöhnlich außer acht lassen. Insbesondere fragen wir nach der Feldstärke in einer Entfernung, die groß gegen die Kondensatordimensionen ist. Zu dieser Feldstärke gelangen wir, wenn wir die Ladungsverteilung auf dem Kondensator als Dipol behandeln. Schätzen Sie die Feldstärke in einem Punkt ab, der in 3 m Entfernung von dem Kondensator
   a) in der Kondensatorebene,
   b) in einer Ebene senkrecht zu den Kondensatorplatten liegt.
7. *Der lecke Kondensator.* In Abschnitt 4.11 behandelten wir die Relaxationszeit eines Kondensators, der von einer Substanz mit dem spezifischen Widerstand ρ erfüllt ist. Damals hatten wir die Frage nach der Permittivitätszahl des Materials zurückgestellt. Führen Sie jetzt ϵ_r auf geeignete Weise in den Ausdruck für die Zeitkonstante ein. Ein solcher lecker Kondensator, der für uns alle größte Bedeutung hat, wird von der Zellwand einer lebenden Zelle gebildet. Die Zellwand ist (neben ihren vielen anderen Funktionen!) ein Isolator, der zwei leitende Flüssigkeiten trennt. Ihre elektrischen Eigenschaften haben eine besondere Bedeutung, wenn es um Nervenzellen geht. Die Ausbreitung von Nerven-Impulsen wird nämlich von raschen Veränderungen der Potentialdifferenz zwischen Zellinnerem und Zelläußerem begleitet. Der Zellmembrankondensator hat einen typischen Kapazitätswert von rund 1 μF pro cm^2 der Membranfläche. Für die Permittivitätszahl der Membransubstanz nimmt man den Wert 3 an. Nun können Sie nachrechnen, welche Dicke daraus folgt. Andere elektrische Messungen ergaben, daß der Widerstand von 1 cm^2 Zellmembran – gemessen zwischen den leitenden Flüssigkeiten zu beiden Seiten der Membran – rund 1000 Ω beträgt. Beweisen Sie, daß die Zeitkonstante eines solchen lecken Kondensators unabhängig von der Fläche des Kondensators ist. Wie groß ist sie in diesem Fall? Wo läge der spezifische Widerstand ρ einer solchen Membran in dem Diagramm von Bild 4.8?
8. Welche Arbeit muß verrichtet werden, um eine positive Ladung Q in Bild 10.32 im Feld des Dipols **p** von A nach B zu bringen?

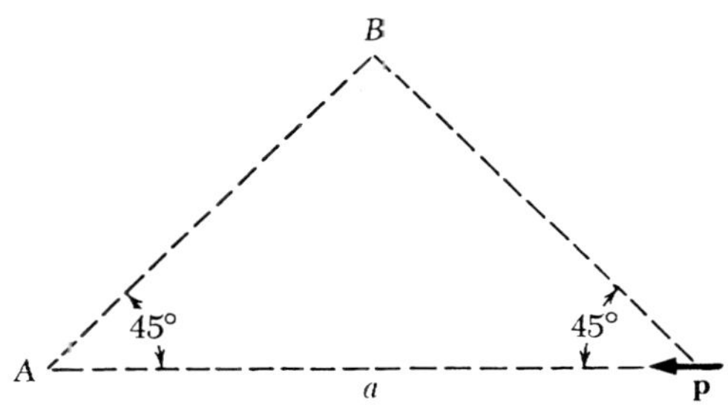

Bild 10.32

9. Wie groß ist die Kraft (Richtung und Betrag) auf den mittleren Dipol, die durch die Felder der beiden anderen Dipole in Bild 10.33 erzeugt wird?

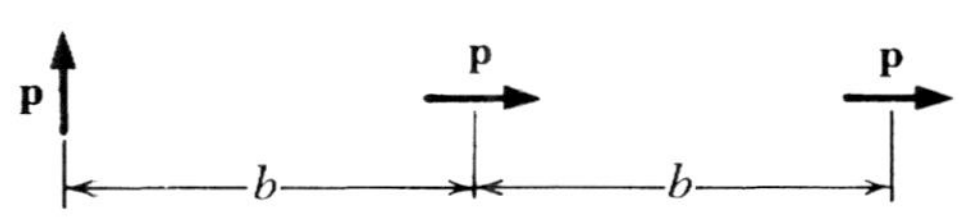

Bild 10.33

10. Ein Dipol ($p = (2/3) \cdot 10^{-9}$ Cm) befindet sich im Koordinatenursprung und zeigt in $\hat{z}$-Richtung. Seinem Feld ist ein homogenes elektrisches Feld von $1{,}5 \cdot 10^5$ V/m in $\hat{y}$-Richtung überlagert. An wieviel Stellen ist das Gesamtfeld Null, und wo liegen diese Stellen?
    Lösung: (0; − 3,134; + 2,216) cm und (0; + 3,134; − 2,216) cm

11. Eine Feldlinie im Dipolfeld wird in Polarkoordinaten durch die sehr einfache Gleichung $r = r_0 \sin^2 \theta$ beschrieben, in der r_0 der Radius ist, bei dem die Feldlinie die Äquatorebene des Dipols schneidet. Beweisen Sie das, indem Sie nachweisen, daß in jedem Punkt dieser Kurve die Tangente die Richtung des Dipolfeldes hat.

12. *Sphärischer Leiter im homogenen Feld.* Unsere Gleichung für die elektrische Kugel läßt sich auch auf die Beschreibung einer Metallkugel in einem homogenen Feld anwenden. Untersuchen Sie zum Beweis den Grenzfall $\epsilon_r \to \infty$ und zeigen Sie, daß das äußere Feld dann eine Form annimmt, die die Randbedingungen des perfekten Leiters erfüllt. Was folgt für das innere Feld? Skizzieren Sie für den Grenzfall $\epsilon_r \to \infty$ einige Feldlinien. Wie groß ist das Dipolmoment, das ein Feld E_0 in einer leitenden Kugel vom Radius a induziert? Wie groß ist der Radius einer leitenden Kugel, die die in Tabelle 10.2 angegebene Polarisierbarkeit des Wasserstoffatoms hat?

13. Zeigen Sie, daß die Energiedichte in einem Dielektrikum $\epsilon_r \epsilon_0 E^2/2$ ist, indem Sie die Energieänderung bei Einbringung des Dielektrikums in einen Kondensator berechnen. Vergleichen Sie die im elektrischen Feld gespeicherte Energie mit der Energie, die im magnetischen Feld gespeichert ist und die wir im Abschnitt 7.10 studiert haben.

14. Bild 10.34 zeigt drei Kondensatoren, die alle gleiche Plattenfläche und gleichen Plattenabstand haben. Die Kapazität des Vakuumkondensators sei C_0. Die beiden anderen Kondensatoren sind jeweils zur Hälfte mit derselben dielektrischen Substanz (Permittivitätszahl ϵ_r) gefüllt. Die Füllung erfolgte jedoch auf zweierlei Weise. Wie groß sind die Kapazitäten der beiden Kondensatoren? (Randeffekte vernachlässigen!)

15. Das elektrische Dipolmoment des Wassermoleküls ist im Bild 10.14 angegeben. Stellen Sie sich vor, daß alle molekularen Dipole in einer Tasse Wasser nach unten ausgerichtet wären. Berechnen Sie die resultierende Oberflächenladungsdichte auf der oberen Wasseroberfläche. Welcher Elektronendichte (Elektronen/cm^2) entspricht diese Größe?

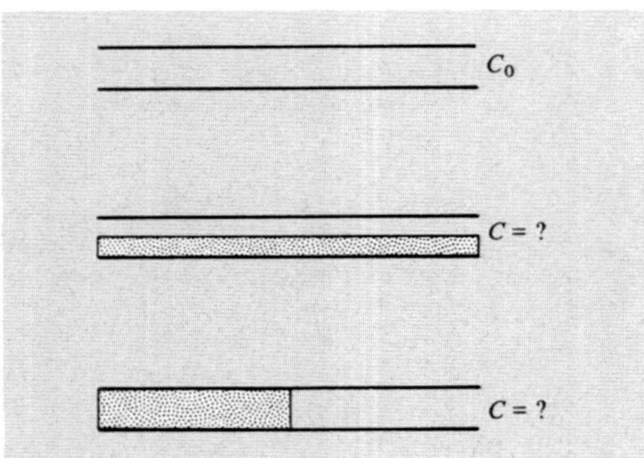

Bild 10.34

16. In Abschnitt 10.9 wurde aus der Form des Potentials am Rand hergeleitet, daß das elektrische Feld innerhalb einer polarisierten Kugel homogen ist. Sie können das auch durch Überlagerung der inneren Felder von zwei Ladungskugeln, deren Mittelpunkte gegeneinander verschoben sind, beweisen.
  a) Zeigen Sie, daß innerhalb einer kugelförmigen homogenen Ladungsverteilung **E** proportional zu **r** ist.
  b) Nun nehmen Sie zwei kugelförmige Verteilungen mit den Dichten ρ bzw. $-\rho$ und den Mittelpunkten M_1 bzw. M_2, und zeigen Sie, daß das resultierende Feld konstant und parallel zur Verbindungslinie von M_1 nach M_2 ist.
  c) Analysieren Sie auf die gleiche Weise das Feld einer langen zylindrischen Stange, die senkrecht zu ihrer Achse polarisiert ist.

17. In Bild 10.35 sind vier verschiedene Anordnungen von elektrischen Dipolmomenten zweier benachbarter polarer Moleküle gezeigt. Geben Sie die potentielle Energie jeder Anordnung an. Die potentielle Energie ist die Arbeit, die verrichtet werden muß, um die beiden Moleküle aus dem Unendlichen zusammenzubringen, wobei ihre Momente in der angegebenen Lage gehalten werden. Das ist nicht notwendig der leichteste Weg der Berechnung. Sie können die Dipole auch in einer beliebigen Orientierung zusammenbringen und dann geeignet drehen.

18. In der Chemie wäßriger Lösungen spielt das Phänomen der *Hydratation* eine wichtige Rolle. Darunter versteht man die Tatsache, daß ein Ion in Lösung von einer Hülle aus Wassermolekülen umgeben ist, die fest an dem Ion haften. (Vgl. *L. Pauling,* Chemie – Eine Einführung, S. 175, Verlag Chemie, Weinheim/Bergstraße, 1. Aufl. 1955.) Für die Hydratation ist die Anziehungskraft zwischen einem Dipol und einer Punktladung verantwortlich. Schätzen Sie den Energiebetrag ab, der nötig ist, um ein einfach geladenes Ion (Ladung e) von einem Wassermolekül zu trennen. Nehmen Sie bei Ihrer Abschätzung an, das Ion wäre anfänglich 0,15 nm von der tatsächlichen Position des H_2O-Dipols entfernt. (Dieser Abstand ist eine schlecht definierte Größe. Betrachtet man nämlich das Wassermolekül aus der Nähe, stellt es eine Ladungsverteilung und keinen infinitesimalen Dipol dar.) Welcher Teil des Wassermoleküls liegt dem negativen Ion am nächsten?

19. Die Kraft zwischen einem Ion und einem neutralen Atom entsteht dadurch, daß das elektrische Feld des Ions das Atom polarisiert und das Feld des induzierten Dipols auf das Ion zurückwirkt. Zeigen Sie, daß diese Kraft immer anziehend und proportional zu r^{-5} ist, wobei r der Abstand zwischen Ion und Atom ist. Leiten Sie einen Ausdruck für die zugehörige potentielle Energie her, die für unendlich großen Abstand Null sein soll. Bei welchem Abstand r ist die potentielle Energie gleich kT bei Zimmertemperatur (25 meV), wenn das Ion einfach geladen und das Atom ein Natriumatom ist? (Siehe Tabelle 10.2.)

20. Zwei Atome A und B mit der Polarisierbarkeit α haben einen festen Abstand. Betrachten Sie die folgende verblüffende Möglichkeit: Atom A wird polarisiert durch ein elektrisches Feld, dessen Quelle das elektrische Dipolmoment **p** von Atom B

Bild 10.35

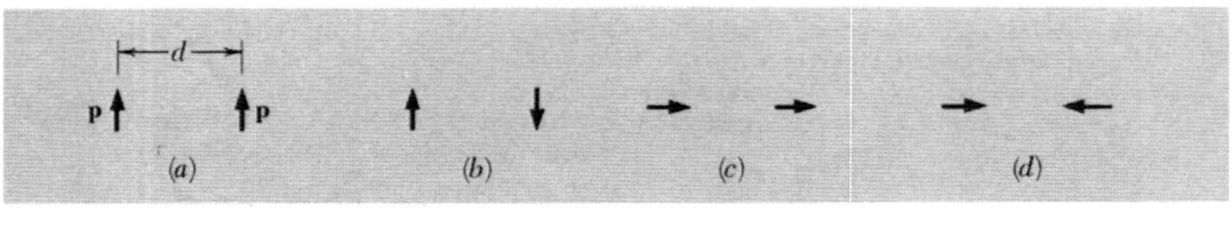

ist. Dieses Dipolmoment wird im Atom B induziert durch ein elektrisches Feld, dessen Quelle das Dipolmoment des Atoms A ist. Ist das möglich? Wenn es so ist, unter welchen Bedingungen? Wenn es nicht so ist, warum nicht?

21. Stoffe, die als Isolatoren oder Dielektrika in Kondensatoren verwendet werden, bewertet man nach ihrer ***Durchschlagfestigkeit.*** Sie ist definiert als das Maximum der elektrischen Feldstärke, die das Material ohne die Gefahr eines elektrischen Durchschlags aushalten kann. Polyäthylenterephthalat (Polyester, der unter dem Handelsnamen Mylar bzw. Hostaphan® erhältlich ist) hat z. B. eine Durchschlagfestigkeit von 510 kV/mm, wenn es als Folie in einem typischen Kondensator verwendet wird. Dieses Material hat ein ϵ_r von 3,3 und eine Dichte von $1{,}39\,\mathrm{g/cm^3}$. Berechnen Sie die maximale Energiedichte (Joule pro kg des Materials), die in einem mit diesem Material gefüllten Kondensator gespeichert werden kann. Wie hoch kann der Kondensator mit der in ihm gespeicherten Energie unter der Annahme, daß Elektroden und Gehäuse 25 % der Masse des Kondensators ausmachen, gehoben werden? Vergleichen Sie den Kondensator mit den Batterien in Abschnitt 4.12, Übungen 28 und 29, im Hinblick auf die Energiespeicherung.

22. Berechnen Sie die elektrische Suszeptibilität χ_e für Wasser, Ammoniak und Methanol aus den in Tabelle 10.1 gegebenen ϵ_r-Werten. Unsere theoretische Voraussage in Gl. (10.64) kann als $\chi_e = Cnp^2/(\epsilon_0 kT)$ mit einem noch unbekannten Faktor C von der Größenordnung 1 geschrieben werden. Die Dichten der Flüssigkeiten sind $1{,}00\,\mathrm{g/cm^3}$; $0{,}68\,\mathrm{g/cm^3}$ und $0{,}79\,\mathrm{g/cm^3}$; ihre relativen Molekülmassen 18, 17 und 32. Benutzen Sie die Dipolmomente aus Bild 10.14, um in jedem Fall das für die Anpassung an die beobachteten Werte von χ_e erforderliche C zu finden.

23 In einem dielektrischen Medium (Permittivitätszahl ϵ_r, elektrische Leitfähigkeit σ) oszilliert ein elektrisches Feld $E_0 \cos \omega t$. Das könnte das elektrische Feld in einem lecken Kondensator eines Resonanzkreises oder an einer bestimmten Stelle in einer elektromagnetischen Welle sein. Zeigen Sie, daß der in Gl. (8.13) definierte Gütefaktor für dieses System gleich $\epsilon_0\, \epsilon_r\, \omega/\sigma$ ist. Berechnen Sie den Gütefaktor für Seewasser bei einer Frequenz von 1000 MHz. (Die Leitfähigkeit ist in Tabelle 4.1 angegeben, und für ϵ_r können Sie den Wert für reines Wasser bei dieser Frequenz aus Bild 10.29 entnehmen.) Was sagt Ihr Ergebnis über die Ausbreitung von Dezimeterwellen in Seewasser aus?

24. Ein Glasblock mit dem Brechungsindex $n = \sqrt{\epsilon_r}$ füllt den Halbraum $y > 0$; seine Oberfläche ist die x, z-Ebene. Eine ebene Welle trifft aus dem Vakuum aus positiver $\hat{\mathbf{y}}$-Richtung auf diese Oberfläche. Das elektrische Feld der Welle ist $\hat{\mathbf{z}} \cdot E_i \sin(ky - \omega t)$. Die Welle im Glas wird genau durch Gl. (10.71) beschrieben. Es gibt auch eine reflektierte Welle im Raum $y < 0$, die in die negative $\hat{\mathbf{y}}$-Richtung läuft. Ihr elektrisches Feld ist $\hat{\mathbf{z}} \cdot E_r \sin(ky + \omega t)$. Natürlich hat diese Welle ein magnetisches Feld. Die Amplituden heißen B_i, B_0 und B_r. Das gesamte magnetische Feld muß bei $y = 0$ stetig sein und ebenso das elektrische Feld, das parallel zur Oberfläche gerichtet ist. Zeigen Sie, daß diese Forderung und die Beziehung zwischen B_0 und E_0 in Gl. (10.73) genügen, um das Verhältnis E_r/E_i zu bestimmen. Welcher Energieanteil wird reflektiert, wenn eine Lichtwelle senkrecht auf einen Luft-Glas-Übergang trifft (Brechungsindex von Glas $n = 1{,}6$)?

11 Magnetische Felder in Materie

11.1 Verhalten verschiedener Substanzen in einem Magnetfeld

An den Anfang dieses Kapitels stellen wir einige Experimente mit einem starken Magnetfeld. Dabei verwenden wir eine 40 cm lange Spule; der Innendurchmesser dieser Spule beträgt 10 cm, ihr Außendurchmesser 40 cm (Bild 11.1); fast der gesamte Zwischenraum wird von Kupferwindungen eingenommen. Die Spule liefert im Spulenzentrum bei einer Leistungsaufnahme von 400 kW ein stationäres Feld von 3 T – zur Wärmeableitung benötigt man allerdings eine Kühlwassermenge von etwa 130 l/min. Diese Details sollen zeigen, daß unser System zwar nicht außergewöhnlich ist, aber doch einen ziemlich beachtlichen Labormagneten darstellt. Die Feldstärke im Zentrum ist nahezu 10^5 mal so groß wie die Stärke des magnetischen Erdfeldes und etwa 5...10 mal größer als die Feldstärke in der Nähe eines Stabmagneten oder Hufeisenmagneten, mit denen Sie wahrscheinlich schon experimentierten. Das Feld ist nahe dem Spulenzentrum ziemlich homogen, fällt aber an beiden Achsenenden etwa auf die Hälfte der Stärke im Zentrum ab. Im Vergleich zum Feld der Spule von Bild 6.18 ist es viel weniger homogen, da unsere Spule der Superposition vieler ineinandergesteckter Spulen entspricht, deren Längen-Durchmesser-Verhältnis von 4 : 1 bis 1 : 1 reicht. Wenn wir das Feld unserer Spule durch Superposition aus der Gl. (6.44) für Spulen mit einer Wicklungsschicht herleiten, können wir die axiale Feldstärke leicht berechnen. In Bild 11.1 ist ausgehend von 3 T im Zentrum der Feldstärkeverlauf längs der Achse dargestellt. Die Stärke am Ende der Spule beträgt 1,8 T; dort ändert sich das Feld mit einem Gradienten von rund 17 T/m.

In dieses Feld bringen wir nun verschiedene Substanzen, um zu sehen, ob das Feld auf sie eine Kraft ausübt. Im allgemeinen stellen wir tatsächlich eine Kraft fest, die bei Unterbrechung des Spulenstroms verschwindet. Bald entdecken wir auch, daß die Probe die größte Kraft nahe dem Spulenende, wo der Gradient dB_z/dz groß ist, erfährt und nicht im Zentrum, wo B_z am größten ist. Deshalb bringen wir ab jetzt jede Probe nur in den obersten Spulenteil. Bild 11.2 zeigt eine solche Probe in einem Behälter. Er hängt an einer Federwaage, die wir so kalibrieren, daß sie

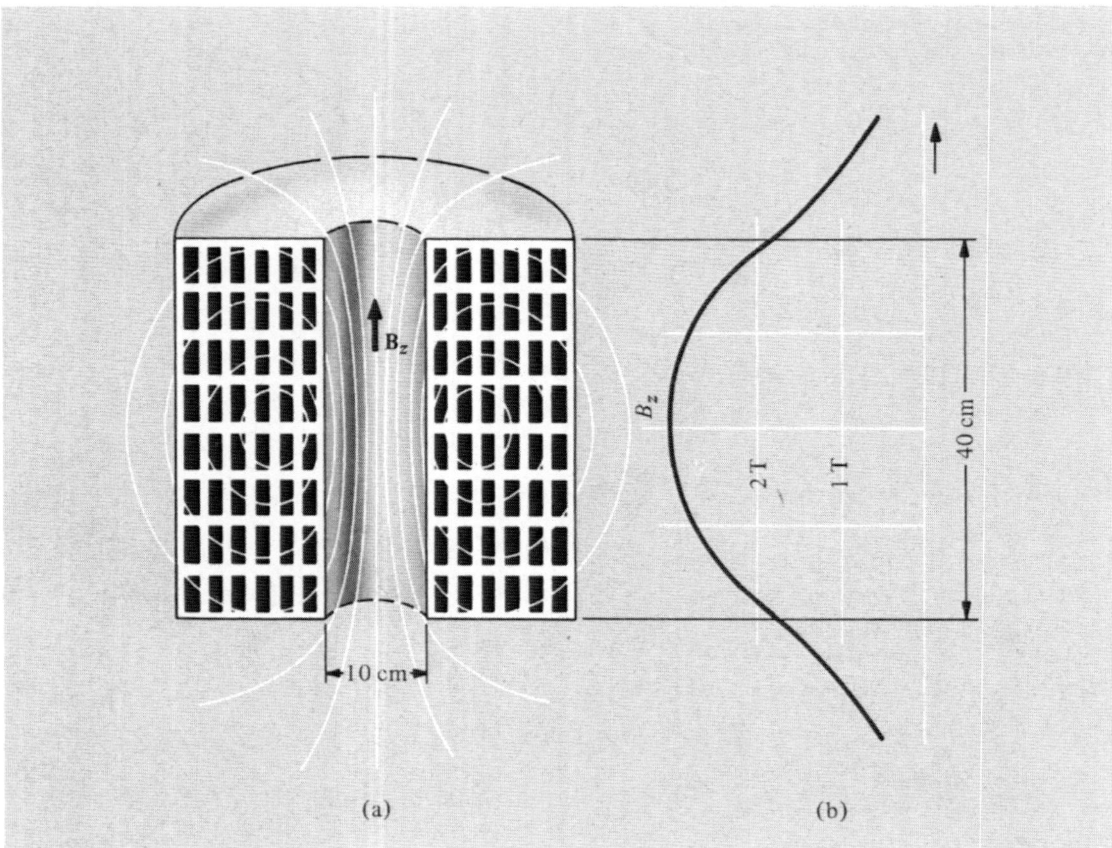

Bild 11.1

a) Spule zur Erzeugung eines starken Magnetfeldes; Querschnittsdarstellung der wassergekühlten Wicklung,

b) Verlauf der Feldstärke B_z längs der Spulenachse.

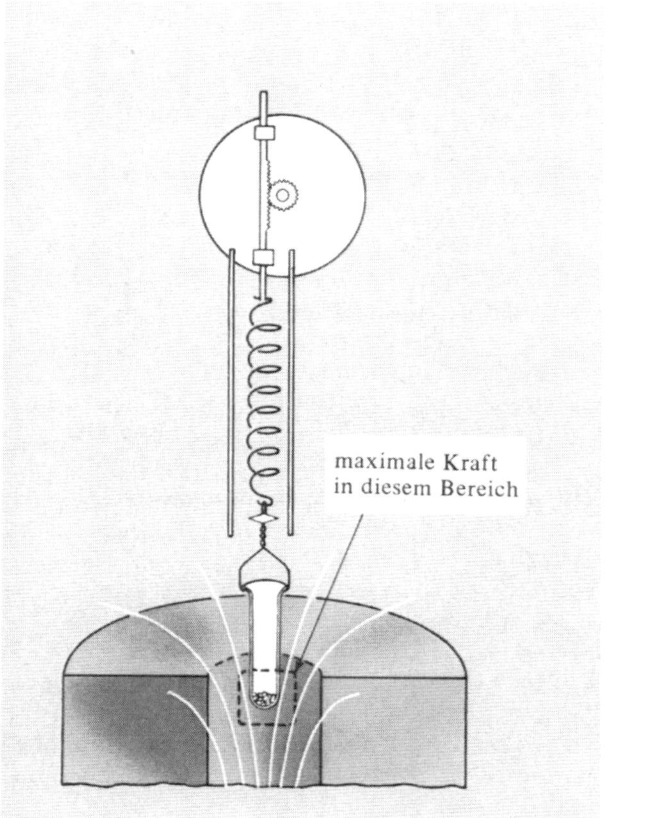

Bild 11.2 Anordnung zur Messung der Kraft auf eine Substanz in einem Magnetfeld

nur die zusätzliche Kraft anzeigt, die das Magnetfeld auf die Probe ausübt. Natürlich müssen wir zuvor in einem Leerversuch die Kraft auf die Aufhängung und den leeren Behälter messen.

Das Experiment zeigt, daß die auf eine spezielle Probe – z.B. auf metallisches Aluminium – ausgeübte Kraft proportional der Masse der Probe, aber sonst unabhängig von ihrer Form ist, solange die Probe nicht zu groß ist. (Bei kleinen Proben bleibt die Kraft über einen Bereich von einigen Zentimetern Ausdehnung innerhalb des Spulenendes praktisch konstant. Wenn wir Proben verwenden, deren Volumen $1 \ldots 2\,\text{cm}^3$ nicht überschreitet, so verbleiben sie alle nach dem Einbringen im Bereich konstanter Kraft.) Unsere quantitativen Ergebnisse drücken wir als Kraft/Masse der Substanz unter den Bedingungen $B_z = 1{,}8\,\text{T}$ und $dB_z/dz = 17\,\text{T/m}$ aus.

Wir betrachten nun die etwas verwirrenden qualitativen Ergebnisse. Trotz des Arbeitens mit einem starken Magnetfeld ist nämlich bei einer großen Anzahl reiner Substanzen die Kraft zwar noch leicht meßbar aber unverhältnismäßig klein. Als charakteristisch für diese Substanzen stellen wir Werte zwischen 0,1 N/kg und 0,2 N/kg fest; das entspricht nur einigen wenigen Prozent des Gewichts der Probe. Die Kraft ist für manche Substanzen aufwärts, für andere abwärts gerichtet. Mit der *Richtung* des Magnetfelds hat dies nichts zu tun, wie sich durch Umkehr des Spulenstroms verifizieren läßt. Stattdessen zeigt sich, daß einige Substanzen immer in Richtung *zunehmender* Feldstärke, andere wiederum in Richtung *abnehmender* Feldstärke gezogen werden, unabhängig von der Feldrichtung.

Es gibt aber auch noch andere Substanzen, die mit einer wesentlich größeren Kraft in die Spule hineingezogen werden – Kupferchloridkristalle beispielsweise erfahren eine Kraft von 2,8 N/kg der Probe. Flüssiger Sauerstoff verhält sich bei diesem Experiment besonders auffällig: Die Kraft, die ihn in die Spule zieht, entspricht etwa dem Achtfachen seines Gewichts. Führen wir eine unverschlossene Flasche mit flüssigem Sauerstoff an das untere Spulenende heran, wird die Flüssigkeit tatsächlich aus der Flasche herausgehoben. (Wie weit steigt der Sauerstoff Ihrer Meinung nach?) Im Gegensatz dazu zeigt flüssiger Stickstoff keinerlei Überraschungen: 1 kg davon wird von der Spule mit der schwachen Kraft von 0,1 N abgestoßen. Die Tabelle 11.1 stellt einige Meßergebnisse zusammen, die man mit derartigen Experimenten erhält. Die angeführte spärliche Auswahl einiger Substanzen soll den weiten Bereich magnetischen Verhaltens gewöhnlicher Materie veranschaulichen.

Bekanntlich sind einige wenige Substanzen viel „magnetischer" als andere – ein geläufiges Beispiel ist Eisen. Für 1 kg Eisen ist in der Tabelle jene Kraft angegeben, die es in unserer Spule am Probenort erfährt. Die Kraft beträgt etwa das Fünfhundertfache seines Gewichts! (Natürlich sind wir

Tabelle 11.1 Kraft pro Masse Substanz in einem Magnetfeld mit $B_z = 1{,}8\,\text{T}$ und $dB_z/dz = 17\,\text{T/m}$ bei 20 °C, wenn nicht anders angegeben. Richtung der Kraft: nach unten (in die Spule hinein) +, nach oben –

Substanz	chemische Formel	Kraft/Masse in N/kg
diamagnetisch		
Wasser	H_2O	– 0,22
Kupfer	Cu	– 0,026
Kochsalz	NaCl	– 0,15
Schwefel	S	– 0,16
Diamant	C	– 0,16
Graphit	C	– 1,1
Stickstoff, flüssig	N_2	– 0,10 (78 K)
paramagnetisch		
Natrium	Na	+ 0,20
Aluminium	Al	+ 0,17
Kupferchlorid	$CuCl_2$	+ 2,8
Nickelsulfat	$NiSO_4$	+ 8,3
Sauerstoff, flüssig	O_2	+ 75 (90 K)
ferromagnetisch		
Eisen	Fe	+ 4000
Magnetit	Fe_3O_4	+ 1200

nicht so unvorsichtig, einige Gramm Eisen an die empfindliche Federwaage über dem Magneten zu hängen. Wir brauchen bei diesem Versuch eine andere Aufhängung.) Beachten Sie, daß sich die Kraft auf 1 kg Eisen von der Kraft auf 1 kg Kupfer um den Faktor 10^5 unterscheidet, obwohl diese beiden Elemente sonst gar nicht so verschieden sind. Übrigens sind zuverlässige Messungen bei Substanzen wie Kupfer gar nicht so einfach. Eine Verunreinigung mit metallischem Eisen von einigen tausendstel Promille verfälscht die Ergebnisse bereits grob.

Es gibt noch einen anderen wesentlichen Unterschied zwischen dem Verhalten von Eisen und Magnetit und dem der übrigen angeführten Substanzen. Die Frage liegt nahe, ob die Kraft auf eine Probe proportional der Feldstärke ist. Dies läßt sich durch Veränderung der Feldstärke im Magneten sofort überprüfen. Wir brauchen nur den Spulenstrom z.B. auf die Hälfte seines Wertes herabzusetzen und halbieren dadurch auch die Feldstärke B_z und den Feldgradienten dB_z/dz. Bei allen Substanzen, die in der Tabelle oberhalb von Eisen stehen, stellen wir dann eine Verringerung der Kraft auf *ein Viertel* des früheren Wertes fest, bei Eisen und Magnetit hingegen nur auf die Hälfte oder etwas weniger. Offensichtlich ist die Kraft – zumindest unter diesen Bedingungen – bei den erstgenannten Substanzen proportional dem Quadrat der Feldstärke, während sie bei Fe und Fe_3O_4 nahezu proportional der Feldstärke ist.

Es scheint, als hätten wir es hier mit mehreren unterschiedlichen und komplizierten Phänomenen zu tun. Als ersten Schritt zum Verständnis führen wir zunächst eine Klassifikation ein.

Wir bezeichnen die Substanzen, die von dem Magneten schwach abgestoßen werden, wie H_2O, NaCl oder SiO_2 als *diamagnetisch*. Die Mehrheit der anorganischen und praktisch alle organischen Verbindungen sind diamagnetisch. Wie sich herausstellt, ist der Diamagnetismus eine universelle Eigenschaft eines *jeden* Atoms und Moleküls. Dort, wo sich die diamagnetischen Eigenschaften nicht beobachten lassen, sind sie lediglich durch andere, stärkere Effekte überdeckt, die zu einer Anziehung führen.

Die nächste Klasse, die Anziehung in Richtung größerer Feldstärke zeigt, nennen wir *paramagnetisch*. In einigen Fällen, bemerkenswerterweise bei Metallen wie Al, Na u.a.m., ist der Paramagnetismus nicht viel stärker als der gewöhnliche Diamagnetismus. Bei anderen Materialien wiederum (siehe in unserer Tabelle $NiSO_4$ und $CuCl_2$) ist der Paramagnetismus wesentlicher stärker. Er nimmt für diese Substanzen auch mit fallender Temperatur zu; dies führt in der Nähe des absoluten Nullpunkts zu beachtlichen Effekten. Die Zunahme des Paramagnetismus bei Temperaturerniedrigung ist z.T. für die große Anziehung verantwortlich, die wir an flüssigem Sauerstoff beobachteten. Wie komplex die magnetischen Phänomene sein müssen, erkennen wir schon daran, daß etwa Cu diamagnetisch, $CuCl_2$ hingegen paramagnetisch ist und daß das paramagnetische Na dem diamagnetischen NaCl gegenübersteht.

Substanzen schließlich, die sich wie Eisen oder Magnetit verhalten, heißen *ferromagnetisch*. Neben den Elementen Eisen, Kobalt und Nickel gehört eine Anzahl ferromagnetischer Legierungen und kristalliner Verbindungen dieser Gruppe an; die moderne Forschung fügt ihr ständig weitere hinzu.

Das letzte Kapitel dieses Bandes stellt uns vor zwei Aufgaben:

1. Wir müssen zunächst eine Theorie für die makroskopischen Phänomene entwickeln, die an magnetisierter Materie auftreten; das Material selbst wird sich dann durch einige wenige Parameter und durch die zwischen ihnen gültigen experimentell festgestellten Beziehungen beschreiben lassen. Damit stehen wir vor einem ähnlichen Problem wie bei der makroskopischen Beschreibung der Dielektrika, der einige dem Experiment entnommene Beziehungen zwischen dem elektrischen Feld und der makroskopischen Polarisation zugrunde liegen. Eine auf diese Weise abgeleitete Theorie bezeichnet man gewöhnlich als *phänomenologische Theorie*. Das ist mehr eine Beschreibung als eine Erklärung.
2. Wir müssen aber auch versuchen, den atomaren Ursprung der verschiedenen magnetischen Effekte, zumindest in allgemeinen Zügen, zu verstehen. Denn noch mehr als die dielektrischen Phänomene deckt das Verständnis der magnetischen Effekte einige Grundzüge der atomaren Struktur auf.

Eine Tatsache ist jedenfalls offensichtlich: Mit dem Diamagnetismus und dem Paramagnetismus ist im Verhältnis zu den molekularen Energien nur ein sehr kleiner Energiebetrag verknüpft. Wählen wir als Beispiel den Extremfall des flüssigen Sauerstoffs. Um 1 g flüssiges O_2 aus unserem Magneten zu entfernen, müßten wir bei einer Kraft von etwa 0,075 N über eine Länge von einigen cm (da die Feldstärke schon nach dieser kleinen Entfernung beträchtlich geringer wird) eine Arbeit von etwa 10^{-2} J verrichten. Das ist weniger als 10^{-24} J pro Molekül. (1 g der Flüssigkeit enthält $2 \cdot 10^{22}$ Moleküle.) Um 1 g flüssigen Sauerstoff zu verdampfen, sind etwa 210 J erforderlich, was 10^{-20} J pro Molekül entspricht. (Der größte Anteil dieser Energie wird gebraucht, um die Moleküle voneinander zu trennen.) Was auch immer in flüssigem Sauerstoff als Folge des äußeren Magnetfelds auf molekularer Ebene vor sich geht – energetisch betrachtet handelt es sich nur um kleine Effekte.

Sogar starke Magnetfelder haben praktisch keinen Einfluß auf chemische Prozesse; dies gilt auch für die Biochemie. Sie können Ihre Hand und Ihren Unterarm in unsere 3-T-Spule stecken, ohne etwas Besonderes zu spüren und ohne merkliche Folgen. Es läßt sich schwer vorhersagen, ob Ihr Arm paramagnetisch oder diamagnetisch wird, unabhängig davon wird aber die Kraft, die er erfährt, einige hundertstel Newton nicht überschreiten. Umgekehrt würde eine Hand in der Nähe der Probe in Bild 11.2 das Feld stören und die Kraft auf die Probe geringfügig verändern. In der Medizin wird der ganze Körper zur schichtweisen Darstellung (Tomographie) mit magnetischer Kernresonanz durch ein Magnetfeld bis zu einigen 0,1 T durchdrungen, ohne daß das irgendwelche physiologische Wirkungen hat. Es scheint, daß die einzige mit großräumigen, starken, stationären Magnetfeldern verbundene Gefahr darin besteht, daß lose Eisenteile durch das Streufeld erfaßt und in den Magneten gerissen werden.

Bei seiner Wechselwirkung mit Materie spielt das Magnetfeld eine völlig andere Rolle als das elektrische Feld. Der Grund ist einfach und fundamental: Atome und Moleküle bestehen aus elektrisch geladenen Teilchen, die sich mit den Geschwindigkeiten, die im allgemeinen klein gegen die Lichtgeschwindigkeit sind, bewegen. Das magnetische Feld übt überhaupt keine Kraft auf eine ruhende elektrische Ladung aus. Auf ein bewegtes geladenes Teilchen ist die magnetische Kraft um den Faktor v/c kleiner als die elektrische Kraft. Elektrische Kräfte beherrschen die atomare Szene. Wie wir schon bemerkt haben, läßt sich der Magnetismus, wenigstens in unserer Welt, als relativistischer Effekt verstehen. Die Geschichte würde ganz anders aussehen, wenn die Materie aus magnetisch geladenen Teilchen bestünde. Wir müssen nun erklären, was *magnetische Ladung* heißt, und was ihr offensichtliches Fehlen bedeutet.

11.2 Das Fehlen magnetischer „Ladungen“

Das Magnetfeld außerhalb eines magnetischen Stabes, z.B. einer Kompaßnadel, sieht dem elektrischen Feld außerhalb eines elektrisch polarisierten Stabes sehr ähnlich; ein solcher Stab hat an einem Ende einen Überschuß an positiver und am anderen Ende einen Überschuß an negativer Ladung (Bild 11.3). Es ist denkbar, daß das magnetische Feld Quellen besitzt, die mit ihm auf gleiche Weise verbunden sind wie die elektrischen Ladungen mit dem elektrischen Feld. Am Nordpol der Kompaßnadel wäre dann eine Art „magnetischer Ladung“ und am Südpol die entgegengesetzte Art im Überschuß vorhanden. Wir könnten die Ladung am Nordpol positiv und die am Südpol negativ nennen und wie im Falle des elektrischen Feldes festsetzen, daß die Richtung des Magnetfelds von den „positiven zu den negativen Ladungen“ verläuft. Historisch gesehen wurde auf diese Weise die Richtungskonvention für das Magnetfeld begründet[71]); was wir als „magnetische Ladung“ bezeichnet haben, heißt allgemein *magnetische Polstärke*.

So weit klingt alles ganz vernünftig. Noch plausibler erscheinen unsere bisherigen Gedanken, wenn wir uns daran erinnern, daß die Grundgleichungen des elektromagnetischen Feldes symmetrisch bezüglich **E** und **B** sind. Warum sollte es dann nicht auch eine Symmetrie bei den Quellen des Feldes geben? Mit der magnetischen Ladung als möglicher Quelle des magnetostatischen Feldes **B** würden wir $\operatorname{div}\mathbf{B} = \eta$ erhalten; η (Einheit $\mathrm{Vs\,m^{-3}}$) ist dabei in Analogie zur elektrischen Ladungsdichte ρ die Dichte der magnetischen Ladung. Zwei positive magnetische Ladungen (oder Nordpole) Q_m würden einander in Analogie zum Coulombschen Gesetz [Gl. (1.1)] mit der Kraft $F = Q_\mathrm{m}^2/(r^2 \cdot 4\pi\mu_0)$ abstoßen.

Leider liegen die Dinge aber nicht so. Aus irgendeinem Grund hat die Natur von dieser Möglichkeit keinen Gebrauch gemacht. Die Welt um uns tritt völlig unsymmetrisch in Erscheinung: Wir finden *keine* wie auch immer gearteten *magnetischen Ladungen.* Noch niemand hat einen isoliert für sich bestehenden Überschuß einer magnetischen Ladungsart beobachtet, z.B. einen isolierten Nordpol. Würde ein solcher *magnetischer Monopol* tatsächlich existieren, hätten wir mehrere Nachweismöglichkeiten. Anders als ein magnetischer Dipol würde er eine Kraft in einem homogenen Magnetfeld erfahren. Ein Elementarteilchen, das eine magnetische Ladung trüge, würde in einem statischen Magnetfeld ständig beschleunigt wie ein Proton oder Elektron, das in einem elektrischen Feld ständig beschleunigt wird. Wenn es eine hohe Energie erreicht hätte, könnte es durch seine Wechselwirkung mit Materie nachgewiesen werden. Ein bewegter magnetischer Monopol wäre ein magnetischer Strom. Er müßte von einem elektrischen Feld so umgeben sein, wie ein elektrischer Strom von einem Magnetfeld umgeben ist. Mit Strategien, die auf diesen besonderen Eigenschaften beruhen, haben die Physiker in vielen Experimenten nach magnetischen Monopolen gesucht. Diese Suche lebte unlängst wieder auf, als eine Entwicklung in der Elementarteilchentheorie nahelegte, daß das Universum wenigstens noch einige magnetische Monopole enthalten sollte, die vom „Urknall“, zu dem es vermutlich entstand, übrig geblieben sind. Aber nicht ein einziger magnetischer Monopol ist bis jetzt entdeckt worden, und es ist nun offensichtlich, daß, wenn sie überhaupt existieren sollten, sie äußerst selten vorkommen. Selbstverständlich würde der Nachweis der Existenz von nur einem magnetisch geladenen Teilchen eine schwerwiegende Bedeutung haben. Das würde aber nichts an der Tatsache ändern, daß in der Materie, wie wir sie kennen, die einzige Quelle des Magnetfeldes die elektrischen Ströme sind. So weit wir wissen gilt *überall*

$$\boxed{\operatorname{div}\mathbf{B} = 0\,.} \tag{11.1}$$

[71]) In Kapitel 6 hatten wir bekanntlich die positive Richtung von **B** durch Bezug auf eine Stromrichtung (Bewegungsrichtung der positiven Ladung) und eine Rechte-Hand-Regel eingeführt. Hier bedeutet „Nordpol“ der „nach Norden weisende Pol“ der Kompaßnadel. Es gibt keinen Grund, warum die Polarität des magnetischen Erdfelds so und nicht anders sein sollte. Die Wahl, die *Franklin* für die „positive“ Elektrizität traf, hat damit nichts zu tun. Deshalb handelt es sich um einen puren Zufall, daß wir zur Verknüpfung eine Rechte-Hand-Regel statt einer Linke-Hand-Regel benötigen.

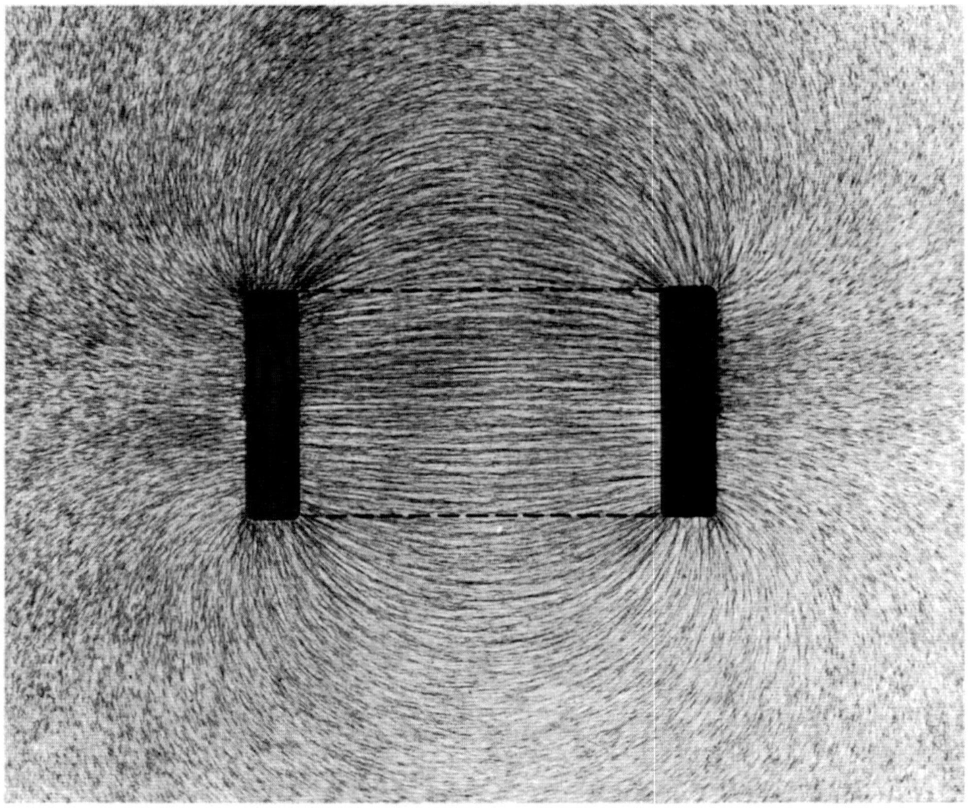

Bild 11.3

a) Zwei entgegengesetzte geladene Scheiben (im Querschnitt als schwarze Streifen dargestellt) besitzen ein elektrisches Feld, das dem eines polarisierten Stabes gleicht. Wenn also der Stab den gestrichelt begrenzten Bereich einnimmt, hat sein Feld im Außenraum die gleiche Gestalt, wie sie die Abbildung zeigt. Das elektrische Feld wurde durch eine große Anzahl in Öl suspendierter schwarzer Fasern sichtbar gemacht, die sich längs der Feldrichtung orientieren. Diese elegante Methode zum Nachweis elektrischer Feldkonfiguration stammt von *Harold M. Waage* (Am. J. Phys. **32**, 388 (1964)), Palmer Physical Laboratory, Princeton University, der freundlicherweise die Originalaufnahmen für dieses Bild herstellte.

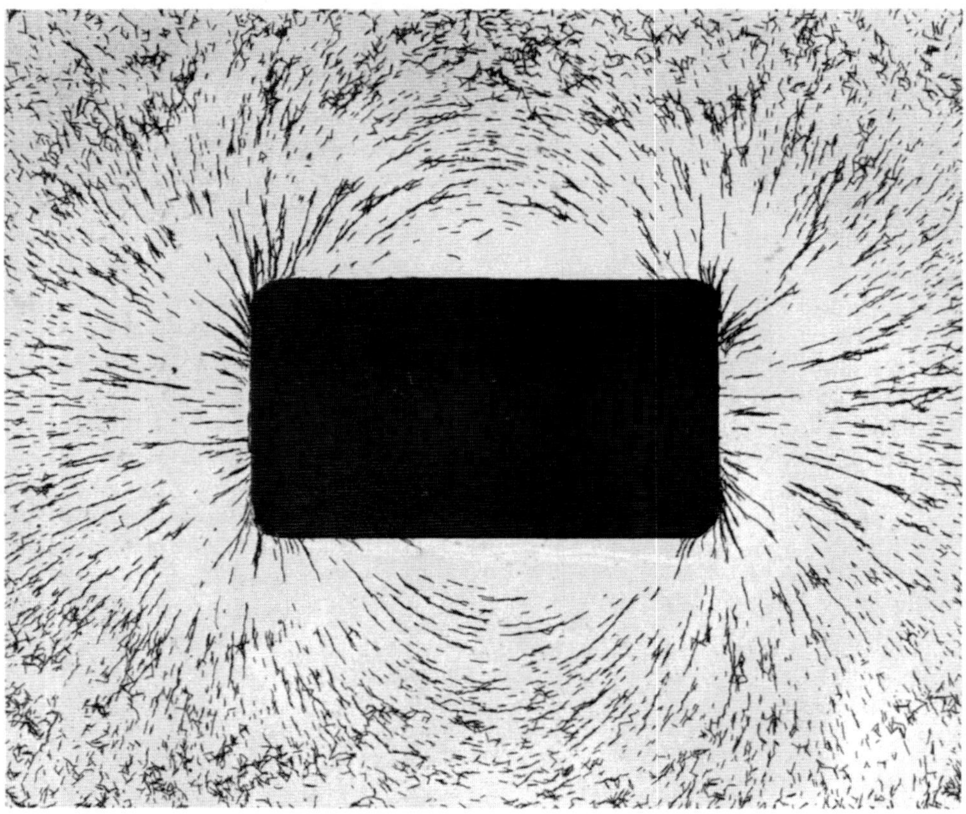

b) Magnetische Feldlinien um einen magnetischen Zylinder, dargestellt durch die Orientierung kleiner Nickeldrahtstücke in Glycerin. (Dieser Versuch, den traditionellen Nachweis mit Eisenfeilspänen mit Hilfe der Waageschen Methode zu verbessern, war nicht sehr erfolgreich – die Nickeldrahtstücke neigen nämlich dazu, sich in langen Strängen zusammenzuschließen, die dann zum Magneten hin gezogen werden.)

Theoretisch konstruierte Feldlinienbilder beider Systeme zeigt Bild 11.21.

Mit dieser Aussage kehren wir zu einer Hypothese *Ampères* zurück. Er hatte die Vorstellung geäußert, daß der Magnetismus in Materie von vielen kleinen elektrischen Ringströmen herrührt, die innerhalb einer Substanz verteilt sind. Wir werden nun das magnetische Feld einer Stromschleife, das in relativ großem Abstand von ihr entsteht, studieren.

11.3 Das Feld einer Stromschleife

Eine geschlossene, nicht notwendig kreisförmige Leiterschleife liegt in der x,y-Ebene und umgibt den Koordinatenursprung (Bild 11.4a). In ihr fließt ein stationärer Strom I. Uns interessiert hier nicht das Magnetfeld, das

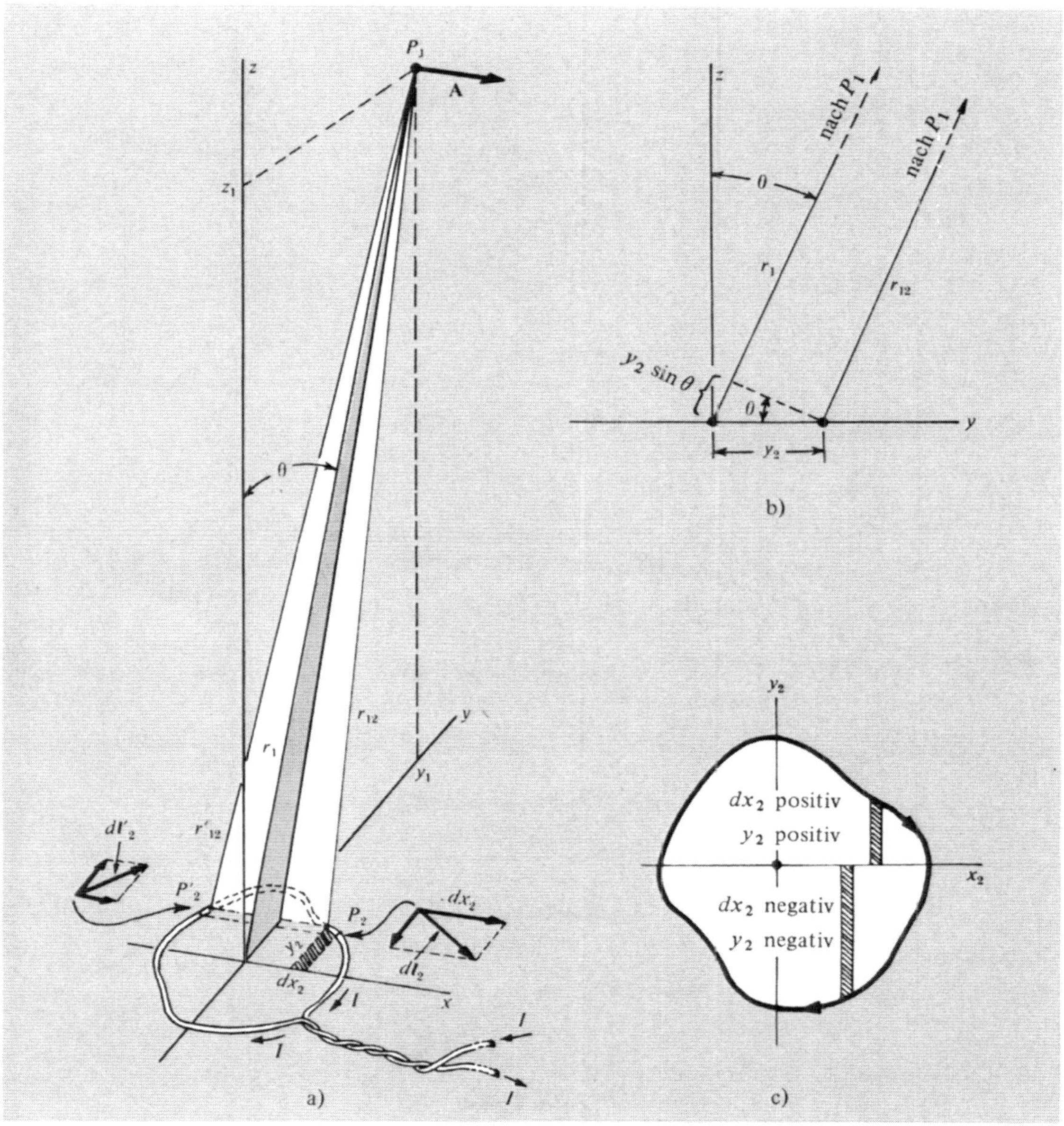

Bild 11.4

a) Berechnung des Vektorpotentials **A** in einem Punkt, der von der Stromschleife weit entfernt ist.

b) Die Seitenansicht mit Blickrichtung längs der x-Achse zeigt, daß $r_{12} \approx r_1 - y_2 \sin\theta$, wenn $r_1 \gg r_2$,

c) $\oint_{\text{Schleife}} y_2 \, dx_2$ ist die Schleifenfläche.

dieser Strom in der Nähe der Schleife erzeugt, sondern jenes, das er in einem entfernten Punkt P_1 hervorruft. Der Abstand r_1 zwischen P_1 und dem Ursprung soll viel größer sein als die Abmessungen der Schleife. Zur Vereinfachung der Darstellung legen wir P_1 in die y,z-Ebene; wie sich noch herausstellen wird, bedeutet dies keine Einschränkung. Hier läßt sich nun die Methode des Vektorpotentials gut anwenden. Zunächst berechnen wir das Vektorpotential $\mathbf{A}$ am Ort von P_1, d.h. $\mathbf{A}(0, y_1, z_1)$. Daraus wird ganz klar folgen, wie das Vektorpotential in einem beliebigen entfernten Punkt (x, y, z) beschaffen ist. Dann bilden wir rot $\mathbf{A}$ und erhalten damit das magnetische Feld $\mathbf{B}$.

Für einen Strom, der auf einen Draht beschränkt ist, lieferte uns Gl. (6.35)

$$\mathbf{A}(0, y_1, z_1) = \frac{\mu_0 I}{4\pi} \int\limits_{\text{Schleife}} \frac{dl_2}{r_{12}} . \tag{11.2}$$

Bisher hatten wir es nur mit dem Beitrag eines kleinen Kreisstücks zu tun; hier müssen wir aber um die gesamte Schleife integrieren. Betrachten Sie die Veränderung, die der Nenner r_{12} bei einem Umlauf um die Schleife erfährt. Wenn P_1 weit entfernt ist, hängt die Änderung in erster Ordnung von r_{12} nur von der Koordinate y_2 des Wegelements dl_2 und nicht von x_2 ab. Dies sollte aus der Seitenansicht (Bild 11.4b) deutlich hervorgehen. Wenn wir daher zu $(x_2/r_{12})^2$ proportionale Größen vernachlässigen, können wir r_{12} und r'_{12}, die in der Seitenansicht übereinander liegen, als gleich behandeln. Allgemein gilt bis zu Gliedern erster Ordnung des Verhältnisses (Schleifenabmessung/Abstand von P_1)

$$r_{12} \approx r_1 - y_2 \sin\theta . \tag{11.3}$$

Nun betrachten wir die beiden Wegelemente dl_2 und dl'_2 in Bild 11.4a. Ihre dy_2-Werte sind gleich groß aber entgegengesetzt gerichtet, und die r_{12}-Werte sind bis zu Gliedern erster Ordnung gleich, wie wir bereits zeigten. Bis zu dieser Ordnung heben sich ihre Beiträge zu dem Linienintegral auf – dies gilt für die gesamte Schleife. Deshalb besitzt $\mathbf{A}$ in P_1 keine y-Komponente. Offensichtlich hat das Vektorpotential auch keine z-Komponente, da der Stromweg selbst nirgendwo eine solche aufweist. Die x-Komponente des Vektorpotentials stammt von dem dx-Teil des Wegintegrals her, also

$$\mathbf{A}(0, y_1, z_1) = \hat{\mathbf{x}} \frac{\mu_0 I}{4\pi} \int \frac{dx_2}{r_{12}} . \tag{11.4}$$

Ohne unsere Näherung erster Ordnung aufzugeben, können wir Gl. (11.3) in

$$\frac{1}{r_{12}} \approx \frac{1}{r_1} \left(1 + \frac{y_2 \sin\theta}{r_1}\right) \tag{11.5}$$

umformen. Einsetzen in das Integral ergibt dann

$$\mathbf{A}(0, y_1, z_1) = \hat{\mathbf{x}} \frac{\mu_0 I}{4\pi r_1} \int \left(1 + \frac{y_2 \sin\theta}{r_1}\right) dx_2 . \tag{11.6}$$

Die Größen r_1 und θ sind bei der Integration konstant. Offensichtlich verschwindet $\int dx_2$ längs der Schleife. Nun ist aber das Integral $\int y_2\, dx_2$ um die Schleife genau die Fläche der Schleife und zwar unabhängig von deren Gestalt (siehe Bild 11.4c). Wir erhalten somit

$$\mathbf{A}(0, y_1, z_1) = \hat{\mathbf{x}} \frac{\mu_0 I}{4\pi} \frac{\sin\theta}{r_1^2} \cdot (\text{Schleifenfläche}) . \tag{11.7}$$

Jetzt kommt ein entscheidender Punkt: Da die Schleifen*form* keine Rolle spielt, kann die Beschränkung von P_1 auf die y,z-Ebene nicht entscheidend sein. Gl. (11.7) muß deshalb bereits das gesuchte allgemeine Ergebnis darstellen; wir brauchen nur noch eine entsprechende allgemeine Formulierung zu finden: Im Abstand r von einer Stromschleife beliebiger Gestalt (mit r viel größer als die Schleifenabmessungen) steht die Richtung des Vektorpotentials senkrecht zur Ebene, die $\mathbf{r}$ und die Normale zur Schleifenebene enthält; der Betrag des Vektorpotentials ist

$$A = \frac{\mu_0 IS \sin\theta}{4\pi r^2} , \tag{11.8}$$

wobei S hier die Schleifenfläche angibt.

Dieses Vektorpotential ist symmetrisch um die Achse der Schleife, und deshalb muß auch das Feld $\mathbf{B}$ symmetrisch sein. Dies erklärt sich dadurch, daß wir nur Gebiete betrachteten, die so weit von der Schleife entfernt sind, daß deren Gestalt einen vernachlässigbaren Einfluß hat. Alle Schleifen, die das gleiche Produkt aus Strom und Fläche haben, erzeugen in entfernten Bereichen das gleiche Feld. Das Produkt IS nennen wir *magnetisches Dipolmoment* $\mathbf{m}$. Es ist offensichtlich ein Vektor, dessen Richtung mit der des Normalvektors der Schleifenfläche zusammenfällt:

$$\mathbf{m} = I\mathbf{S} . \tag{11.9}$$

Was das Vorzeichen betrifft, so kommen wir überein, die Richtung von $\mathbf{m}$ mit der positiven Stromrichtung durch die Rechte-Hand-Regel zu verknüpfen, wie in Bild 11.5

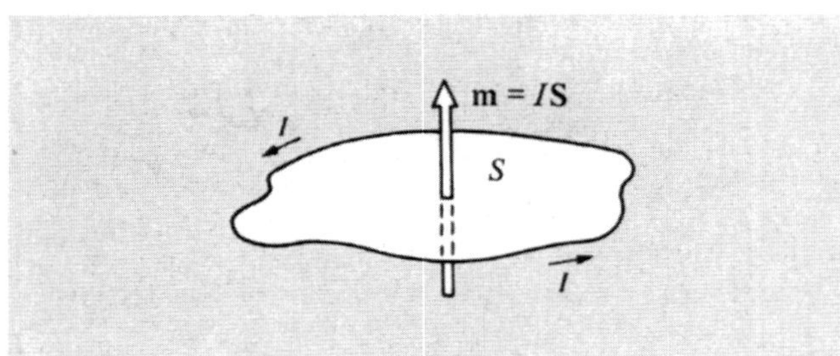

Bild 11.5 Definitionsgemäß ist der Vektor des magnetischen Moments mit dem Strom durch die Rechte-Hand-Regel verknüpft.

gezeigt. (Das Dipolmoment der in Bild 11.4 dargestellten Schleife zeigt entsprechend dieser Regel nach unten.) Das Vektorpotential des Feldes eines magnetischen Dipols **m** läßt sich nun vektoriell sehr übersichtlich schreiben:

$$\mathbf{A} = \frac{\mu_0}{4\pi} \cdot \frac{\mathbf{m} \times \hat{\mathbf{r}}}{r^2} . \tag{11.10}$$

$\hat{\mathbf{r}}$ ist dabei ein Einheitsvektor in Richtung *von* der Schleife *zum* Punkt, dessen Vektorpotential **A** man berechnen will. Sie können überprüfen, daß dies mit unserer Vorzeichenübereinkunft in Einklang steht. Beachten Sie, daß **A** stets die gleiche Richtung wie der Strom im *nächstgelegenen* Schleifenteil haben muß.

Bild 11.6 zeigt einen magnetischen Dipol, der im Ursprung liegt und dessen Dipolmoment **m** in die positive z-Richtung weist. Bei der Berechnung des Vektorpotentials für einen beliebigen Punkt (x, y, z) haben wir zu beachten, daß $r^2 = x^2 + y^2 + z^2$ und $\sin\theta = \sqrt{x^2+y^2}/r$. Für den Betrag des Vektorpotentials in diesem Punkt erhalten wir

$$A = \frac{\mu_0}{4\pi} \cdot \frac{m \sin\theta}{r^2} = \frac{\mu_0}{4\pi} \cdot \frac{m\sqrt{x^2+y^2}}{r^3} . \tag{11.11}$$

Da **A** tangential zu einem horizontalen Kreis um die z-Achse verläuft, lauten seine Komponenten

$$\begin{aligned} A_x &= A\left(\frac{-y}{\sqrt{x^2+y^2}}\right) = \frac{\mu_0}{4\pi} \cdot \frac{-my}{r^3} \\ A_y &= A\left(\frac{x}{\sqrt{x^2+y^2}}\right) = \frac{\mu_0}{4\pi} \cdot \frac{mx}{r^3} \\ A_z &= 0 . \end{aligned} \tag{11.12}$$

Wir bestimmen nun **B** für einen Punkt in der x, z-Ebene, indem wir die Komponenten von rot **A** ermitteln und dann (nicht vorher!) $y = 0$ setzen.

$$\begin{aligned} B_x &= (\nabla \times \mathbf{A})_x = \frac{\partial A_z}{\partial y} - \frac{\partial A_y}{\partial z} \\ &= -\frac{\partial}{\partial z}\frac{\mu_0}{4\pi} \cdot \frac{mx}{(x^2+y^2+z^2)^{3/2}} = \frac{\mu_0}{4\pi} \cdot \frac{3mxz}{r^5} \\ B_y &= (\nabla \times \mathbf{A})_y = \frac{\partial A_x}{\partial z} - \frac{\partial A_z}{\partial x} \\ &= \frac{\partial}{\partial z}\frac{\mu_0}{4\pi} \cdot \frac{-my}{(x^2+y^2+z^2)^{3/2}} = \frac{\mu_0}{4\pi} \cdot \frac{3myz}{r^5} \\ B_z &= (\nabla \times \mathbf{A})_z = \frac{\partial A_y}{\partial x} - \frac{\partial A_x}{\partial y} \\ &= \frac{\mu_0}{4\pi} \cdot m \left[\frac{-2x^2+y^2+z^2}{(x^2+y^2+z^2)^{5/2}} + \frac{x^2-2y^2+z^2}{(x^2+y^2+z^2)^{5/2}}\right] \\ &= \frac{\mu_0}{4\pi} \cdot \frac{m(3z^2-r^2)}{r^5} . \end{aligned} \tag{11.13}$$

Für die x, z-Ebene gilt: $y = 0$, $\sin\theta = x/r$ und $\cos\theta = z/r$. Daraus folgt für die Feldkomponenten in einem beliebigen Punkt dieser Ebene

$$\begin{aligned} B_x &= \frac{\mu_0}{4\pi} \cdot \frac{3m \sin\theta \cos\theta}{r^3} \\ B_y &= 0 \\ B_z &= \frac{\mu_0}{4\pi} \cdot \frac{m(3\cos^2\theta - 1)}{r^3} . \end{aligned} \tag{11.14}$$

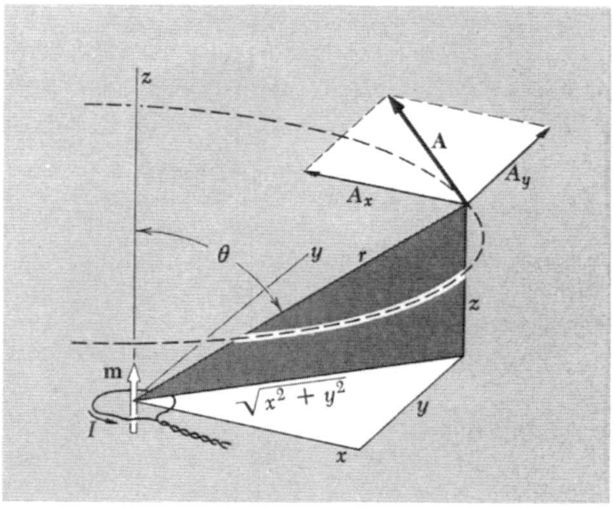

Bild 11.6 Magnetischer Dipol im Koordinatenursprung. In jedem entfernten Punkt liegt der Vektor **A** in einer zur x, y-Ebene parallelen Ebene und hat die Richtung der Tangente an einen Kreis um die z-Achse.

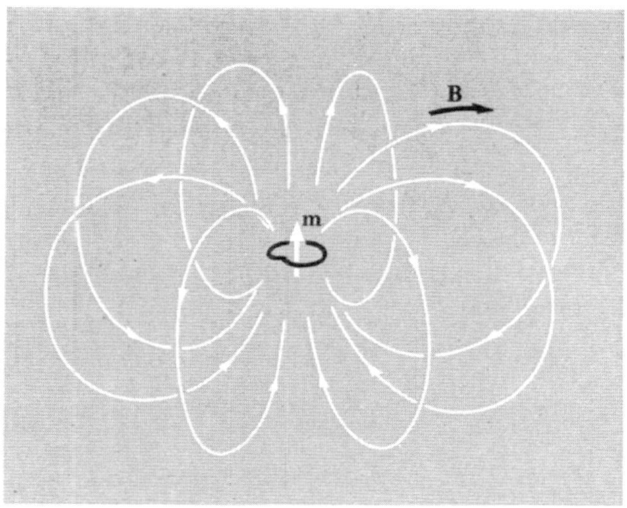

Bild 11.7 Einige Feldlinien des Feldes eines magnetischen Dipols, d.h. eines kleinen Ringstroms

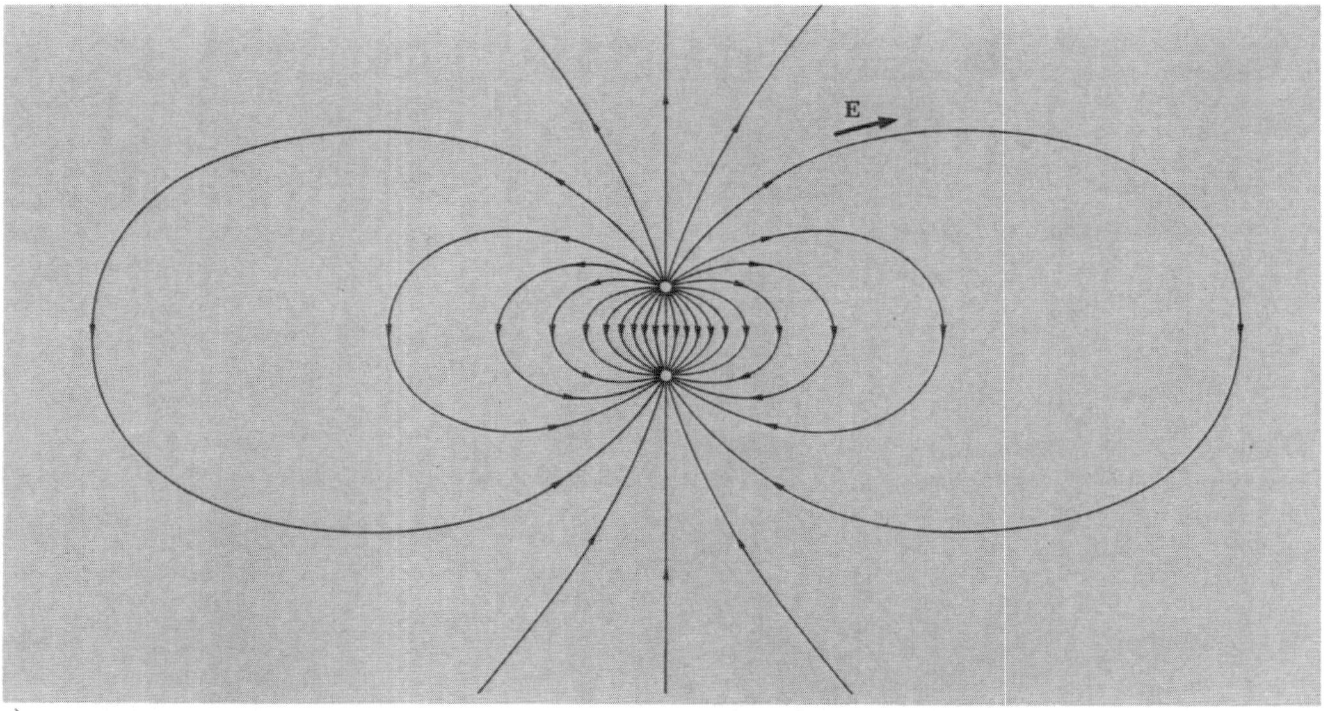

a)

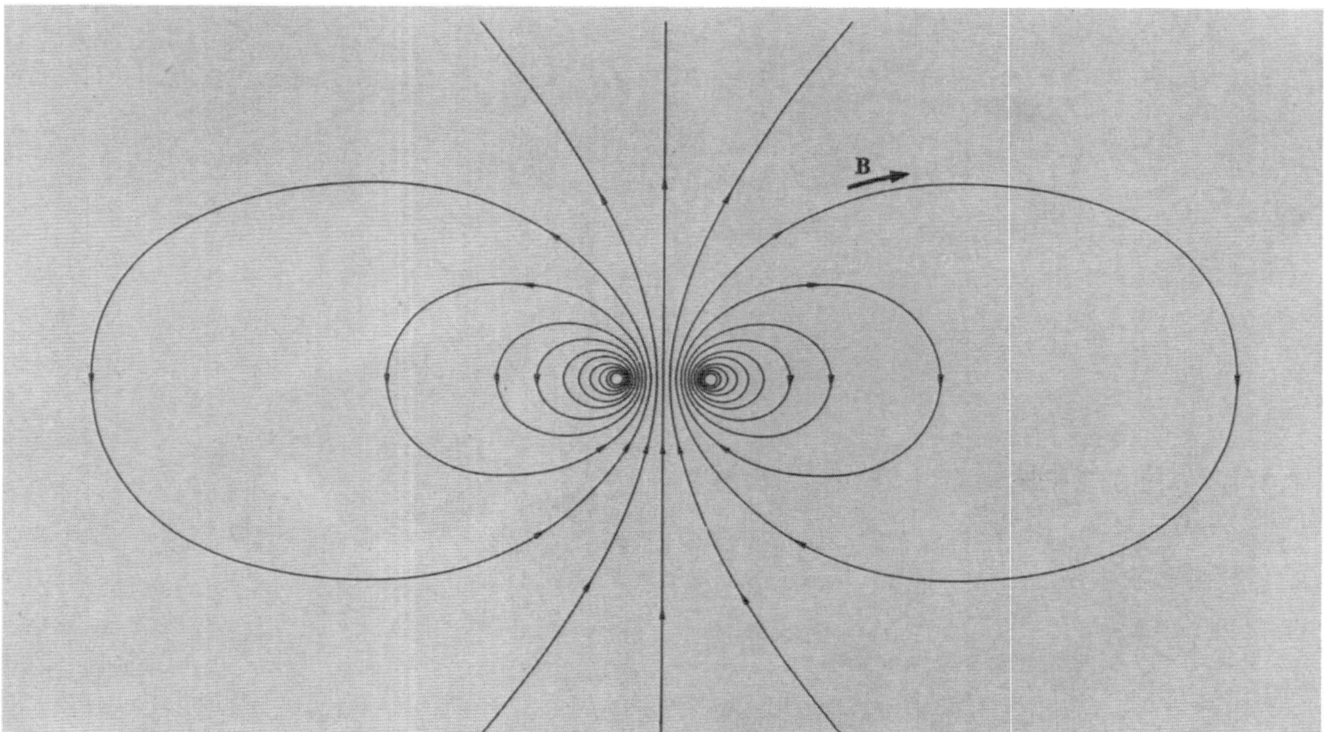

b)

Bild 11.8

a) Das elektrische Feld eines Paares gleich großer, entgegengesetzter Ladungen. In großer Entfernung entspricht es dem Feld eines elektrischen Dipols.

b) Das magnetische Feld eines Ringstroms. In großer Entfernung entspricht es dem Feld eines magnetischen Dipols.

Kehren wir nun zurück zu Abschnitt 10.3. Dort hatten wir die in der x, z-Ebene liegenden Komponenten des Feldes **E** eines elektrischen Dipols **p** durch die Gl. (10.14) ausgedrückt; **p** hatte dabei genau die gleiche Lage wie der hier behandelte magnetische Dipol **m**. Wie sich jetzt herausstellt, ist die Ortsabhängigkeit in beiden Ausdrücken die gleiche. Daraus ergibt sich die Schlußfolgerung, daß das magnetische Feld eines kleinen Ringstroms in entfernten Punkten die gleiche Form wie das elektrische Feld zweier getrennter Ladungen hat. Wie das Feld eines elektrischen Dipols aussieht, wissen wir bereits. Bild 11.7 ist ein Versuch, die Konfiguration des magnetischen Feldes **B**, das von der stromdurchflossenen Schleife mit dem Dipolmoment **m** ausgeht, räumlich darzustellen. Das Feld läßt sich wie im Fall des elektrischen Dipols einfacher in Polarkoordinaten darstellen:

$$B_r = \frac{\mu_0}{4\pi}\frac{2m}{r^3}\cos\theta\,, \qquad B_\theta = \frac{\mu_0}{4\pi}\frac{m}{r^3}\sin\theta\,,$$

$$B_\varphi = 0\,. \tag{11.15}$$

Das Magnetfeld *in der Nähe* einer Stromschleife sieht ganz anders aus als das elektrische Feld in der Umgebung eines Paares separierter und entgegengesetzt gleicher Ladungen, wie dies die Gegenüberstellung beider Felder in Bild 11.8 deutlich zeigt. Beachten Sie, daß das elektrische Feld zwischen den beiden Ladungen abwärts weist, während das Magnetfeld innerhalb des Ringstroms nach oben gerichtet ist, obwohl die beiden Felder einander in größeren Entfernungen von den Quellen gleichen. Dieser Unterschied spiegelt die Tatsache wieder, daß das Magnetfeld überall, *sogar innerhalb der Quelle,* die Beziehung $\nabla\mathbf{B} = 0$ erfüllt. Die magnetischen Feldlinien enden nirgends. *Nah* und *fern* wird natürlich wieder relativ zur Größe der Stromschleife bzw. zum Abstand der Ladungen gesehen. Lassen wir den Durchmesser des Stromrings zusammenschrumpfen und erhöhen dabei den Strom, so daß das Dipolmoment $m = IS$ konstant bleibt, nähern wir uns dem infinitesimalen magnetischen Dipol, dessen elektrisches Gegenstück wir in Kapitel 10 behandelten.

11.4 Die Kraft auf einen Dipol in einem äußeren Feld

Wir betrachten eine kleine stromdurchflossene Schleife vom Radius r im Magnetfeld irgendeines anderen Stromsystems, z.B. einer Spule. Bild 11.9 zeigt ein Feld **B**, dessen allgemeine Richtung die z-Richtung ist. Dieses Feld ist nicht homogen, es wird bei Fortschreiten in z-Richtung schwächer, was aus dem Auseinanderstreben der Feldlinien hervorgeht. Zur Vereinfachung nehmen wir an, daß das Feld **B** um die z-Achse symmetrisch ist, so daß es sich beispielsweise um das Feld nahe dem oberen Ende der Spule von Bild 11.1 handeln könnte. Das in Bild 11.9 dargestellte Feld schließt *nicht* das magnetische Feld des Ringstroms selbst ein. Wir möchten nun die Kraft auf den Ringstrom bestimmen, die von dem sogenannten *äußeren* Feld ausgeht. Die Gesamtkraft auf den Stromring, die von seinem *eigenen* Feld herrührt, ist sicherlich gleich Null; deshalb brauchen wir dieses Feld bei der folgenden Diskussion nicht zu berücksichtigen.

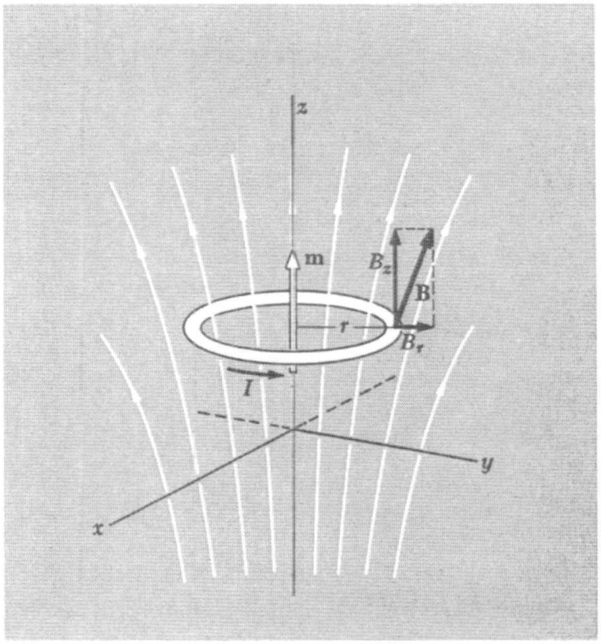

Bild 11.9 Ein stromdurchflossener Ring in einem inhomogenen Magnetfeld. (Das Feld des Rings selbst ist nicht dargestellt.) Wegen der radialen Feldkomponenten B_r greift an dem Ring eine Kraft an.

Wenn Sie die in Bild 11.9 dargestellte Situation untersuchen, werden Sie schnell zu dem Schluß gelangen, daß auf den Ringstrom eine nicht verschwindende Gesamtkraft wirkt, weil das äußere Feld **B** überall entlang des Rings eine radial gerichtete Komponente B_r besitzt. Fließt der Strom in der angegebenen Richtung, muß daher auf jedes Element dl der Schleife eine abwärts gerichtete Kraft vom Betrag $IB_r dl$ wirken. Da wegen unserer Symmetrieannahme B_r in allen Punkten des Rings gleich groß ist, hat die nach unten gerichtete Gesamtkraft den Betrag

$$F = 2\pi r I B_r\,. \tag{11.16}$$

B_r läßt sich nun direkt zum Gradienten von B_z in Beziehung setzen. Da für alle Punkte $\operatorname{div}\mathbf{B} = 0$ gilt, ist der aus jedem beliebigen Volumen austretende Gesamtfluß des magnetischen Feldes gleich Null. Bild 11.10 zeigt einen kleinen Zylinder vom Radius r und der Höhe dz. Der durch die Mantelfläche nach außen tretende Fluß ist $2\pi r(\Delta z)B_r$. Durch die Grund- und Deckfläche tritt insgesamt der Fluß

$$\pi r^2\,[-B_z(z) + B_z(z+\Delta z)]$$

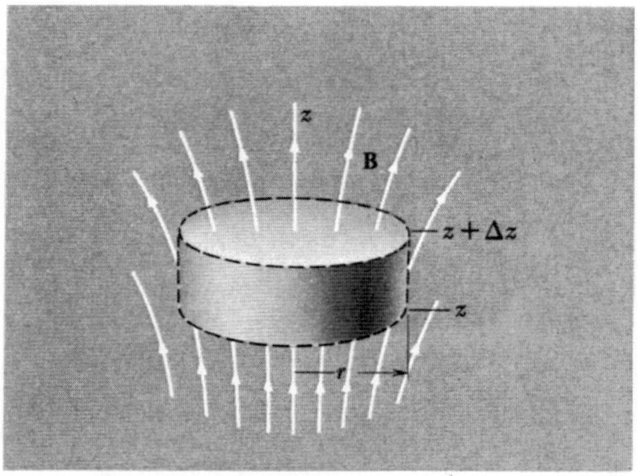

Bild 11.10 Mit Hilfe des Gaußschen Integralsatzes lassen sich B_r und $\partial B_z/\partial z$ zueinander in Beziehung setzen, was zu Gl. (11.17) führt.

nach außen; diese Größe ist in erster Näherung für den kleinen Abstand Δz gleich $\pi r^2 (\partial B_z/\partial z)\,\Delta z$. Wir setzen den Gesamtfluß gleich Null, also

$$0 = \pi r^2 (\partial B_z/\partial z)\,\Delta z + 2\pi r B_r \Delta z$$

und erhalten daraus die Beziehung

$$B_r = -\frac{r}{2}\,\frac{\partial B_z}{\partial z}\,. \tag{11.17}$$

Zur Überprüfung des Vorzeichens stellen wir fest, daß B_r positiv ist, wenn B_z nach oben hin abnimmt; ein Blick auf Bild 11.9 bestätigt dies.

Die Kraft auf einen Dipol läßt sich damit durch den Gradienten der Komponente B_z des äußeren Feldes ausdrücken:

$$F = 2\pi r I \cdot \frac{r}{2}\,\frac{\partial B_z}{\partial z} = \pi r^2 I \cdot \frac{\partial B_z}{\partial z}\,. \tag{11.18}$$

In dem Faktor $\pi r^2 I$ erkennen wir den Betrag m des magnetischen Dipolmoments unseres Ringstroms. Deshalb können wir die Kraft auf den Ring sehr einfach aus seinem Dipolmoment herleiten:

$$F = m\,\frac{\partial B_z}{\partial z}\,. \tag{11.19}$$

Bei kleinen Schleifen beliebiger Form hängt die Kraft nur vom Produkt aus Strom und Schleifenfläche, d.h. vom Dipolmoment ab. Daß die Form keinen Ausschlag gibt, haben wir zwar noch nicht bewiesen, überrascht uns aber kaum. Die betrachteten Schleifen sollen natürlich so klein sein, daß über die von der Schleife aufgespannte Fläche nur Änderungen des äußeren Felds von erster Ordnung zu berücksichtigen sind.

Der Ring von Bild 11.9 besitzt ein magnetisches Dipolmoment **m**, das nach oben weist, die an ihm angreifende Kraft ist abwärts gerichtet. Kehren wir die Stromrichtung in dem Ring und damit auch die Richtung von **m** um, dreht sich offensichtlich auch die Kraftrichtung um. Zusammenfassend stellen wir fest:

a) Dipolmoment *parallel* zu dem äußeren Feld: Kraft wirkt in Richtung *zunehmender* Feldstärke;
b) Dipolmoment *antiparallel* zu dem äußeren Feld: Kraft wirkt in Richtung *abnehmender* Feldstärke;
c) *homogenes* äußeres Feld: Kraft gleich *Null*.

Offenbar handelt es sich hier nicht um den allgemeinsten Fall. Das Moment **m** könnte ja mit der Richtung von **B** irgendeinen beliebigen Winkel einschließen, und die verschiedenen **B**-Komponenten könnten auch auf ganz unterschiedliche Weise räumlich variieren. Eine Gleichung für die Kraft **F** im allgemeinen Fall läßt sich aber ohne Schwierigkeit herleiten. Sie gleicht völlig der Gl. (10.23), die wir für die Kraft auf einen elektrischen Dipol in einem inhomogenen elektrischen Feld ermittelten. Für die x-Komponente der Kraft auf einen beliebigen magnetischen Dipol **m** ergibt sich also:

$$F_x = \mathbf{m} \cdot \operatorname{grad} B_x\,; \tag{11.20}$$

für F_y und F_z gelten entsprechende Beziehungen.

Die Einheit des magnetischen Dipolmoments m ist nach Gl. (11.9) $\mathrm{A \cdot m^2}$ oder nach Gl. (11.19) auch J/T.

Nun beginnen wir zu verstehen, was sich bei den Versuchen ereignen muß, die wir am Anfang dieses Kapitels beschrieben haben. Eine Substanz, die sich am Ort der Probe in Bild 11.2 befindet, wird dann in die Spule *hinein*gezogen, wenn sie magnetische Dipole in *Parallel*orientierung zum Spulenfeld enthält. Sind die Dipole der Substanz aber *antiparallel* zum Feld orientiert, so wird sie von der Spule *weg*gedrückt. Die Kraft hängt von dem Gradienten der axialen Feldstärke ab, im Spulenmittelpunkt ist sie gleich Null. Ist die Gesamtstärke der Dipolmomente der Probe proportional der Feldstärke **B**, muß die Kraft bei gegebener Lage proportional zu B und $\partial B/\partial z$ und daher proportional dem Quadrat des Spulenstroms sein. Damit haben wir genau jenes Verhalten beschrieben, das sich bei diamagnetischen und paramagnetischen Substanzen zeigt. Ferromagnetische Proben müßten dem Anschein nach magnetische Momente besitzen, die nahezu unabhängig von der Feldstärke sind; diese Substanzen müssen wir jedoch ohnehin gesondert diskutieren.

Wie kommt es aber, daß ein äußeres Magnetfeld in einer Substanz zu magnetischen Dipolmomenten führt, deren Gesamtstärke dem äußeren Feld proportional ist? Und warum liegen diese Dipolmomente bei einigen Substanzen parallel zur Feldrichtung, bei anderen hingegen antiparallel? Wenn wir die Antwort auf diese Frage gefunden haben, sind wir auf dem besten Wege, die Physik von Para- und Diamagnetismus zu verstehen.

11.5 Elektrische Ströme in Atomen

Bekanntlich besteht ein Atom aus einem positiven Kern, der von negativen Elektronen umgeben ist. Um das Atom vollständig zu beschreiben, brauchen wir das Begriffssystem der Quantenphysik. Der Diamagnetismus läßt sich aber mit einem einfachen und leicht verständlichen Atommodell erklären. Bei diesem Modell umkreisen die Elektronen den Kern wie Planeten. *Bohr* hatte es bereits bei seiner Quantentheorie des Wasserstoffatoms verwendet.

Wir beginnen mit einem Elektron, das sich mit konstanter Geschwindigkeit auf einer Kreisbahn bewegt. Da wir hier nicht die atomare Struktur erklären wollen, erübrigt sich die Frage, weshalb das Elektron gerade auf dieser Bahn gehalten wird. Wir fragen nur nach den zu erwartenden magnetischen Effekten, wenn das Elektron die angegebene Bahn beschreibt. Bild 11.11a zeigt ein solches Elektron, das als Teilchen mit der konzentrierten Ladung $-e$ dargestellt ist, das sich mit der Geschwindigkeit v auf einer Kreisbahn vom Radius r bewegt. Im Zentrum befindet sich eine positive Kernladung, die das System elektrisch neutral macht. Wegen seiner relativ großen Masse bewegt sich der Kern so langsam, daß wir seine magnetischen Effekte vernachlässigen können.

Zu jedem beliebigen Zeitpunkt stellen das Elektron und die positive Kernladung einen elektrischen Dipol dar. Im zeitlichen Mittel verschwindet aber das elektrische Dipolmoment und führt in entfernten Punkten zu keinem stationären elektrischen Feld. Darauf gingen wir bereits in Abschnitt 10.5 ein. Das *magnetische* Feld des Systems ist hingegen in entfernten Punkten bei zeitlicher Mittelung von Null *verschieden.* Für das zeitliche Mittel bedeutet es nämlich keinen Unterschied, ob die negative Ladung zusammengeballt auf ihrer Bahn fliegt oder ob sie in Stückchen aufgeteilt ist, die zusammen eine endlose rotierende Kette darstellen (Bild 11.11b). Der Strom ist e/T. Mit der Umlaufzeit $T = 2\pi r/v$ ergibt sich:

$$I = \frac{ev}{2\pi r} . \qquad (11.21)$$

Das Bahnelektron entspricht einem Ringstrom dieser Größe, wobei die Stromrichtung entgegengesetzt zu v verläuft (Bild 11.11c). Das Feld des Ringstroms ist in großer Entfernung daher das Feld eines magnetischen Dipols mit

$$m = \pi r^2 I = \frac{evr}{2} . \qquad (11.22)$$

Zwischen dem magnetischen Moment $\mathbf{m}$ und dem Bahndrehimpuls $\mathbf{L}$ des auf einer Kreisbahn umlaufenden Elektrons besteht eine einfache Beziehung. Der Bahndrehimpulsvektor hat den Betrag $L = m_e vr$ mit m_e als Elektronenmasse[72]); bei einem Drehsinn der Elektronenbewegung entsprechend Bild 11.11a ist er nach unten gerichtet. Da das Produkt vr sowohl in m als auch in L auftritt, gelangen wir unter Beachtung der jeweiligen Richtung zu folgender Beziehung zwischen $\mathbf{m}$ und $\mathbf{L}$:

$$\mathbf{m} = \frac{-e}{2m_e} \mathbf{L} . \qquad (11.23)$$

[72]) Da wir es nur mit Geschwindigkeiten $v \ll c$ zu tun haben, steht m_e hier für die Ruhemasse des Elektrons $9{,}1 \cdot 10^{-31}$ kg.

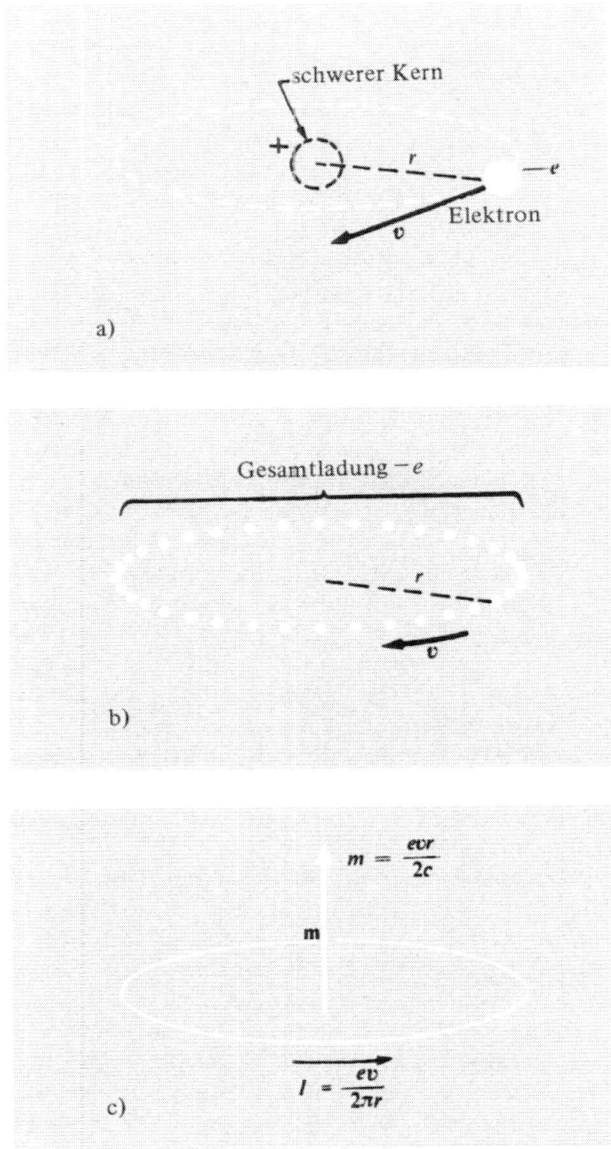

Bild 11.11

a) Modell eines Atoms, in dem sich ein Elektron mit der Geschwindigkeit v auf einer Kreisbahn bewegt.

b) Äquivalenter Ladungsumlauf. Die Ladung $-e$ stellt man sich in kleine Bruchteile zerstückelt vor, die einen rotierenden Ladungsring bilden. Der mittlere elektrische Strom in a) und b) ist gleich groß.

c) Das magnetische Moment ist gleich dem Produkt aus Strom und Fläche.

In dieser Beziehung treten nur die fundamentalen Konstanten e und m_e auf. Dies legt die Vermutung nahe, daß sie ganz allgemein gilt. Das ist tatsächlich der Fall, den Beweis führen wir allerdings hier nicht durch. Gl. (11.23) gilt für elliptische Bahnen, ja sogar für die rosettenförmigen Bahnen, die in einem Zentralfeld auftreten, für das nicht das $(1/r^2)$-Gesetz gilt. Sie brauchen sich nur an die wichtige Eigenschaft einer beliebigen Umlaufbahn in einem Zentralfeld zu erinnern: Der Drehimpuls ist eine Bewegungskonstante. Aus der allgemeinen Beziehung (11.23), die wir nur für einen Sonderfall ableiteten, folgt: Wann immer der Drehimpuls erhalten bleibt, bleiben auch Betrag *und* Richtung des magnetischen Moments konstant. Der Faktor $-e/(2m_e)$ (magnetisches Moment/Bahndrehimpuls) heißt *gyromagnetisches Verhältnis* des Elektrons. Der enge Zusammenhang zwischen **m** und **L** spielt bei der Behandlung des atomaren Magnetismus eine zentrale Rolle.

Warum bemerken wir aber die magnetischen Felder all der Elektronen nicht, die in den Atomen jeder Substanz kreisen? Die Antwort kann nur sein: Es findet eine wechselseitige Auslöschung statt. In einem gewöhnlichen Stück Materie müssen genau so viele Elektronen in der einen Richtung umlaufen wie in der entgegengesetzten. Sollten sich die Magnetfelder der umlaufenden Elektronen nicht auslöschen, so müßte in der Substanz nicht nur eine Achse sondern auch der *Drehsinn um diese Achse* ausgezeichnet sein. Da dies ohne äußeres Magnetfeld nicht der Fall ist, erwarten wir gegenseitige Auslöschung der individuellen Magnetfelder der Elektronen.

Wir können uns von einem Materiestück in Abwesenheit jedes äußeren magnetischen Feldes vorstellen, daß die verschiedenen Bahndrehimpulsvektoren und die zugehörigen magnetischen Momente der in seinen Atomen kreisenden Elektronen gleichmäßig auf alle Raumrichtungen verteilt sind. Wir betrachten nun jene Bahnen, deren Bahnebenen zufällig angenähert parallel zur x, y-Ebene liegen; bei etwa der Hälfte dieser Bahnen wird **m** nach oben und bei der anderen Hälfte nach unten gerichtet sein. Was tritt bei einer dieser Bahnen ein, wenn wir ein äußeres, in z-Richtung verlaufendes Magnetfeld anlegen?

Zunächst untersuchen wir ein elektromechanisches System, das einem Atom nicht besonders ähnlich aussieht. Bild 11.12 zeigt ein Objekt der Masse M mit der elektrischen Ladung Q, das durch eine Schnur der Länge r an einen festen Punkt gebunden ist; die Schnur sorgt für die Zentripetalkraft, die das Objekt auf seiner Kreisbahn hält. Bekanntlich ist der Betrag dieser Kraft durch

$$F_0 = \frac{Mv_0^2}{r} \tag{11.24}$$

gegeben. Im Anfangszustand (Bild 11.12a) gibt es kein äußeres Magnetfeld. Nun beginnen wir mit Hilfe irgendeiner geeigneten großen Spule ein Feld **B** in der negativen z-Richtung zu erzeugen; **B** soll zu jedem Zeitpunkt in dem gesamten betrachteten Bereich homogen sein. Während dieses Feld mit dB/dt zunimmt, entsteht längs der Bahn ein induziertes elektrisches Feld **E** (Bild 11.12b). Den Betrag dieses Feldes **E** finden wir, wenn wir beachten,

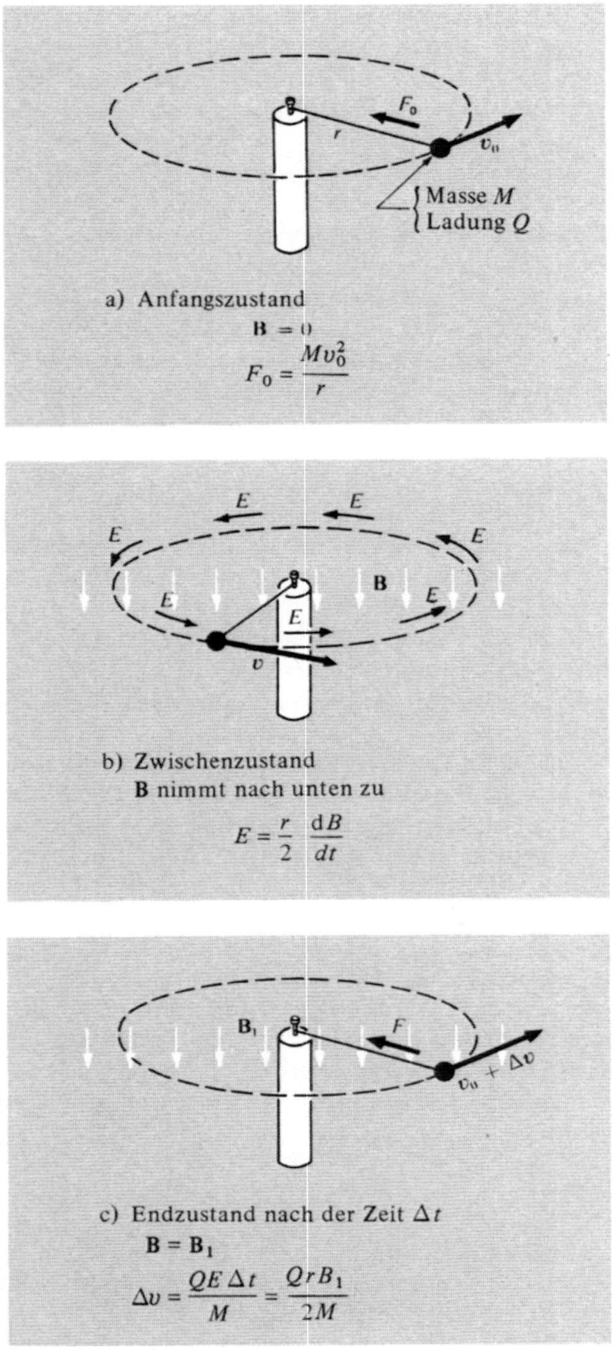

Bild 11.12 Die Zunahme des magnetischen Feldes **B** induziert ein elektrisches Feld **E**, das die Bahnbewegung des geladenen Körpers beschleunigt.

daß die zeitliche Änderung des Flusses durch den kreisförmigen Weg

$$\frac{d\Phi}{dt} = \pi r^2 \frac{dB}{dt} \tag{11.25}$$

beträgt. Dies legt das Linienintegral des elektrischen Feldes fest – und nur darauf kommt es an. (Wir nehmen aus Symmetriegründen zur Vereinfachung an, daß **E** längs des gesamten Weges gleich groß ist.)

$$\int \mathbf{E} \cdot dl = \pi r^2 \frac{d\mathbf{B}}{dt} = 2\pi r \mathbf{E} \,. \tag{11.26}$$

Daraus folgt

$$E = \frac{r}{2} \frac{dB}{dt} \,. \tag{11.27}$$

Bisher ließen wir die Vorzeichenfrage außer acht. Wenn Sie aber die bekannte Regel für die Richtung einer induzierten Spannung auf Bild 11.12 anwenden, werden Sie gleich feststellen, welche Richtung **E** haben muß. Sie ergibt sich daraus, daß **E** zu einer Beschleunigung des Körpers führen muß, wenn seine Ladung Q positiv ist. Die Beschleunigung dv/dt längs des Weges wird durch die Kraft QE festgelegt:

$$M \frac{dv}{dt} = QE = \frac{Qr}{2} \frac{dB}{dt} \,. \tag{11.28}$$

Damit gelangen wir zu einer Beziehung zwischen der Änderung von v und der von B:

$$dv = \frac{Qr}{2M} dB \,. \tag{11.29}$$

Da sich der Radius r (Länge der Schnur) voraussetzungsgemäß nicht verändern darf, ist der Faktor $Qr/2M$ eine Konstante. Nun bezeichnen wir mit Δv die Gesamtänderung von v, die sich während des Prozesses der Feldstärkeerhöhung auf den Endwert B_1 einstellt, und erhalten dafür:

$$\Delta v = \int_{v_0}^{v_0 + \Delta v} dv = \frac{Qr}{2M} \int_0^{B_1} dB = \frac{QrB_1}{2M} \,. \tag{11.30}$$

Die Zeit tritt in dieser Beziehung nicht mehr auf, deshalb ist die Größe der Endgeschwindigkeit unabhängig davon, ob die Änderung von B langsam oder schnell erfolgt.

Die erhöhte Ladungsgeschwindigkeit im Endzustand bedeutet, daß sich das nach oben gerichtete magnetische Moment **m** vergrößert hat. Ein *negativ* geladener Körper wäre unter gleichen Umständen verzögert worden; sein nach *unten* gerichtetes Moment hätte sich dadurch *verringert*. In beiden Fällen führt aber das äußere Feld $\mathbf{B}_1$ zu einer dem Feld entgegengesetzten Änderung des magnetischen Moments. Diese Änderung Δm beträgt nach Gl. (11.22)

$$\Delta m = \frac{Qr}{2} \Delta v = \frac{Q^2 r^2}{4M} B_1 \,. \tag{11.31}$$

Auch bei positiven oder negativen Ladungen mit entgegengesetztem Umlaufsinn verläuft die induzierte Änderung des magnetischen Moments stets der Änderung des äußeren Magnetfelds entgegen. Bild 11.13 demonstriert dies am Beispiel der positiven Ladung. Wie sich herausstellt, gilt für beide Vorzeichenarten und auch für jeden Drehsinn die folgende Beziehung:

$$\Delta \mathbf{m} = -\frac{Q^2 r^2}{4M} \mathbf{B}_1 \,. \tag{11.32}$$

In diesem Beispiel hielten wir den Wert von r dadurch konstant, daß wir eine Schnur fester Länge verwendeten.

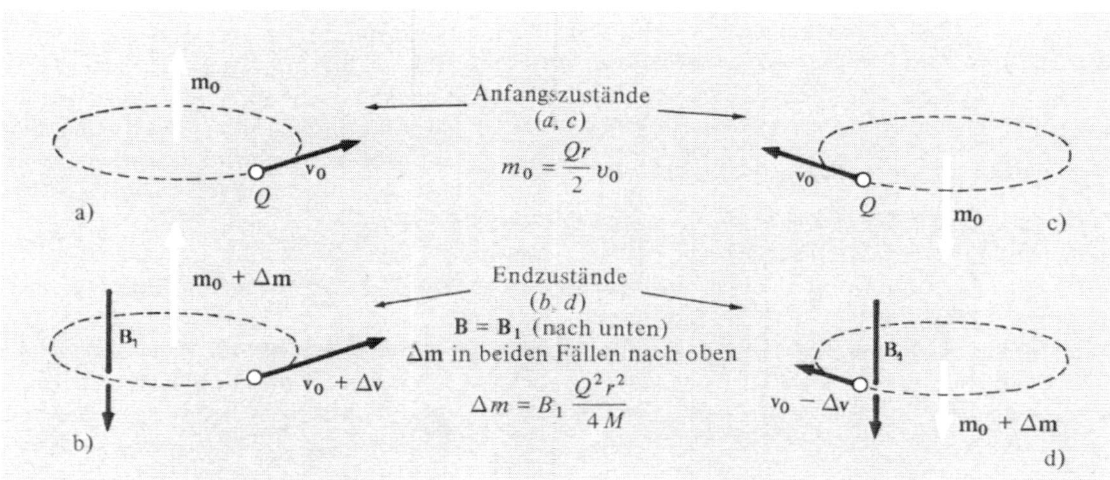

Bild 11.13 Die *Änderung* des magnetischen Momentenvektors vollzieht sich bei *beiden* Bewegungsrichtungen entgegengesetzt der Richtung von **B**.

Wie änderte sich die Spannung in dieser Schnur? B_1 soll im folgenden so klein sein, daß $\Delta v \ll v_0$ gilt. Im Endzustand benötigen wir eine Zentripetalkraft vom Betrag

$$F_1 = \frac{M(v_0 + \Delta v)^2}{r} \approx \frac{Mv_0^2}{r} + \frac{2Mv_0 \Delta v}{r}, \qquad (11.33)$$

wenn wir die zu $(\Delta v)^2$ proportionalen Glieder vernachlässigen. Das Magnetfeld selbst führt aber zu einer an der bewegten Ladung angreifenden, nach innen gerichteten Kraft $Q(v_0 + \Delta v) B_1$. Mit Gl. (11.30) drücken wir B_1 durch Δv aus und finden, daß die zusätzliche nach innen gerichtete Kraft den Betrag

$$Q(v_0 + \Delta v) \frac{2M\Delta v}{Qr}$$

hat; dies ist bis zu Gliedern erster Ordnung in $\Delta v/v_0$ gleich $2Mv_0 \Delta v/r$ und damit genau jene Größe, die wir entsprechend Gl. (11.33) benötigen, damit keine zusätzliche Spannung in der Schnur auftritt! Zusammengefaßt: Die Kraft in der Schnur *ändert sich nicht*, sondern behält ihre Größe F_0 bei.

Dies deutet auf eine überraschende Schlußfolgerung hin: Unser in Gl. (11.32) wiedergegebenes Ergebnis muß für *jede* Bindungskraft gelten, die sich mit dem Radius ändert. Wir könnten die Schnur durch eine elastische Feder ersetzen, ohne das Ergebnis zu verändern – im Endzustand wäre der Radius nach wie vor der gleiche. Wir könnten aber auch, um sogleich zu dem uns interessierenden System überzugehen, die Schnur durch die Coulombsche Anziehungskraft eines Kerns auf ein Elektron ersetzen oder aber durch jene auf ein Elektron in einem Atom mit vielen Elektronen wirkende Kraft. In letzterem Fall hat die Kraft wieder eine ganz andere Abhängigkeit vom Radius.

Wir wollen dies auf ein Elektron im Atom anwenden, indem wir $M = m_e$ und $Q^2 = e^2$ setzen. Durch das Anlegen des Feldes B_1 an das Atom wird das magnetische Moment Δm induziert. Die Größe $\mu_0 \cdot \Delta m/B_1$ bedeutet in Analogie zu der in Abschnitt 10.5 eingeführten elektrischen Polarisierbarkeit α so etwas wie die magnetische Polarisierbarkeit. Mit Gl. (11.32) ergibt sich für ein Elektron auf einer Kreisbahn mit dem Radius r für diese Größe:

$$\mu_0 \cdot \Delta m/B_1 = -\mu_0 e^2 r^2/(4m_e) = -r_e \cdot \pi r^2 . \qquad (11.34)$$

Diese magnetische Polarisierbarkeit hat wie α die Dimension eines Volumens; $r_e = \mu_0 e^2/(4\pi m_e) = 2{,}82 \cdot 10^{-15}$ m ist der *Elektronenradius*. Wenn wir für den Bahnradius r den Bohrschen Radius $a_0 = 0{,}53 \cdot 10^{-10}$ m einsetzen, ist die *magnetische* Polarisierbarkeit gleich $-2{,}5 \cdot 10^{-35}\,\mathrm{m}^3$. Dieser Wert ist fünf bis sechs Größenordnungen kleiner als typische Werte für die *elektrische* Polarisierbarkeit (Tabelle 10.2). Das entspricht dem Verhältnis r_e/a_0 (Elektronenradius/Atomradius).

Wir wollen nun die Kraft auf unsere diamagnetischen Proben in Tabelle 11.1 abschätzen. Die Gesamtzahl der Elektronen/Masse ist für jedes Material ungefähr gleich. Rechnet man mit einem Elektron pro zwei Nukleonen, weil die relative Atommasse für die meisten Elemente doppelt so groß wie die Ordnungszahl ist, so erhält man $n = 3 \cdot 10^{26}$ Elektronen/kg. Natürlich muß r^2 durch einen mittleren quadratischen Bahnradius $\langle r^2 \rangle$ ersetzt werden, wobei über die verschieden großen Bahnen aller Elektronen zu mitteln ist. Tatsächlich variiert $\langle r^2 \rangle$ bemerkenswert wenig, wenn man von Atom zu Atom durch das Periodensystem geht. Die Größe a_0^2 mit dem Bohrschen Radius a_0, die wir gerade benutzt haben, ist eine überraschend gute Abschätzung dafür. Damit erhalten wir mittels Gl. (11.32) in einem Feld von 1,8 T ein magnetisches Moment/Masse von

$$n \cdot \Delta m = -\frac{ne^2 a_0^2 B}{4m_e}$$
$$= -\frac{3 \cdot 10^{26}(1{,}6 \cdot 10^{-19})^2 \cdot (5{,}3 \cdot 10^{-11})^2 \cdot 1{,}8}{4 \cdot 9{,}1 \cdot 10^{-31}} \frac{\mathrm{Am}^2}{\mathrm{kg}}$$
$$= -1{,}07 \cdot 10^{-2}\,\mathrm{Am}^2/\mathrm{kg} . \qquad (11.35)$$

Mit dem Feldgradienten von 17 T/m ergibt sich mit Hilfe von Gl. (11.20) für die Kraft/Masse

$$-0{,}18\,\mathrm{N/kg} . \qquad (11.36)$$

Das stimmt ziemlich gut, eigentlich besser als wir erwarten konnten, mit den Werten in Tabelle 11.1 für einige reine diamagnetische Substanzen überein.

Der Diamagnetismus ist also ein universelles, aber wenig bemerkenswertes Phänomen. Er hat in allen Molekülen und Atomen etwa den gleichen Wert. Die Tatsache, daß ein Molekül ein viel größeres Gebilde als ein Atom sein kann – viele Moleküle bestehen aus hunderten oder tausenden von Atomen – beeinflußt im allgemeinen das effektive mittlere Quadrat des Bahnradius nicht, weil sich in einem Molekül jedes gegebene Elektron recht gut einem einzelnen Atom zuordnen läßt. Es gibt allerdings einige interessante Ausnahmen. Eine davon, den Graphit, führten wir auch in unserer Tabelle 11.1 an. Der anomale Diamagnetismus des Graphits rührt von seiner ungewöhnlichen Struktur her. Im Graphitgitter können sich in bestimmten Kristallebenen Elektronen innerhalb von ganzen Atomgruppen relativ frei bewegen. Für diese Elektronen ist $\langle r^2 \rangle$ ungewöhnlich groß.

11.6 Elektronenspin und magnetisches Moment

Das Elektron besitzt einen Drehimpuls $\mathbf{S}$, der nichts mit der Bahnbewegung zu tun hat. Es verhält sich in bestimmter Beziehung so, als würde es andauernd um seine eigene Achse rotieren. Diese Eigenschaft heißt *Spin*. Mißt man den Betrag des Spins, so erhält man $h/(4\pi) = \hbar/2$, während für den *Bahn*drehimpuls des Elektrons in einem Atom nur ganzzahlige Werte von $\hbar$ zugelassen sind. Hierbei ist h

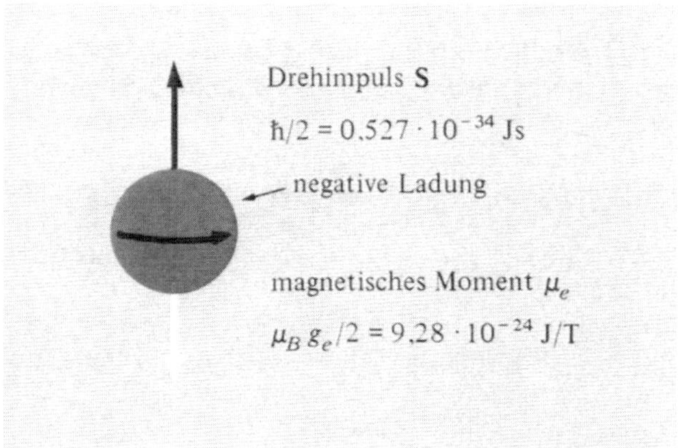

Bild 11.14 Der Eigendrehimpuls oder Spin des Elektrons und das damit verknüpfte magnetische Moment

oder $\hbar = h/(2\pi)$ die Planck-Konstante. Uns interessiert hier das damit verknüpfte magnetische Moment. Für die atomare Kreisbahn des Elektrons ergibt sich wegen seiner negativen Ladung, daß ihr magnetisches Moment μ_B und der Bahndrehimpuls antiparallel gerichtet sind. Das gilt natürlich auch für den Eigendrehimpuls (Spin) und das zugehörige magnetische Moment μ_e (Bild 11.14). Für die Bahnbewegung ist nach Gl. (11.23) der Betrag $\mu_B = e\hbar/(2 \cdot m_e) = 9{,}274 \cdot 10^{-24}$ J/T (*Bohr-Magneton*). Für die Spinbewegung würde sich dementsprechend für μ_e nur $\mu_B/2$ ergeben. Tatsächlich ist aber $\mu_e = \mu_B \cdot g_e/2$ mit $g_e/2 = 1{,}00116$, dem g-Faktor des Elektrons, also $\mu_e \approx \mu_B$. Das entzieht sich klassischem Verständnis, läßt sich aber mit Hilfe der Quantentheorie erklären. An dieser Stelle ist nur wichtig, daß der Spin mit einem magnetischen Moment $\mu_e = 9{,}285 \cdot 10^{-24}$ J/T verknüpft ist. Damit wissen wir:

I. Der Spin erzeugt ein Magnetfeld, das in großer Entfernung dem Feld eines magnetischen Dipols gleicht.
II. In einem äußeren Feld **B** erfährt er ein Drehmoment; es ist gleich groß wie das Drehmoment, das an einer Stromschleife mit einem äquivalenten Dipolmoment angreifen würde.
III. Innerhalb des Raums, den das Elektron ausfüllt, verschwindet div **B** überall, wie es auch bei den uns bereits vertrauten gewöhnlichen Quellen des Magnetfeldes der Fall ist.

Da das magnetische Moment des Spins dem Betrag nach stets gleich bleibt, kann ein äußeres Feld nur seine Richtung beeinflussen. Ein magnetischer Dipol erfährt in einem äußeren Feld ein Drehmoment. Wer Übung 22 des Kapitels 6 durchgearbeitet hat, weiß, daß eine beliebig geformte Stromschleife mit dem Dipolmoment **m** in einem Feld **B** das Drehmoment

$$\mathbf{N} = \mathbf{m} \times \mathbf{B} \qquad (11.37)$$

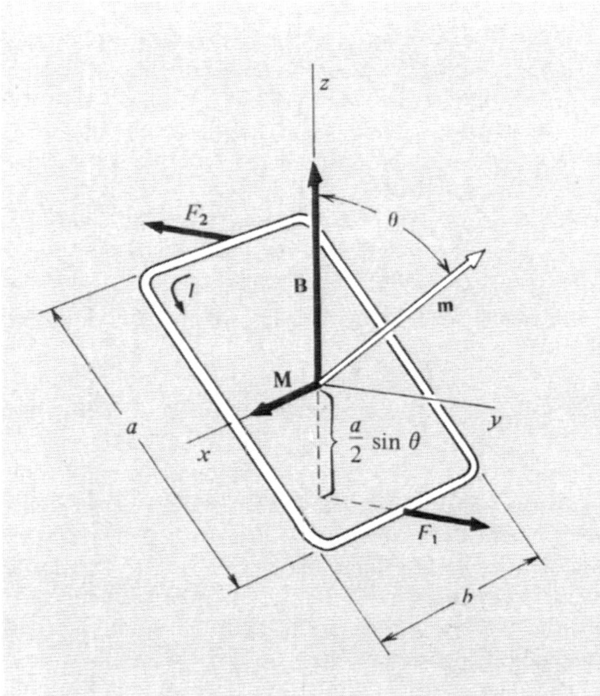

Bild 11.15 Zur Berechnung des Drehmoments an einer Stromschleife mit dem magnetischen Moment **m** in einem Magnetfeld **B**

erfährt. Für jene, die den Beweis nicht durchführten, berechnen wir das Drehmoment für einen einfachen Sonderfall. Bild 11.15 zeigt eine rechteckige Drahtschleife, in der der Strom I fließt. Sie hat ein magnetisches Moment **m** vom Betrag $m = Iab$. Das auf die Schleife wirkende Drehmoment rührt von den Kräften $\mathbf{F}_1$ und $\mathbf{F}_2$ her, die an den horizontal liegenden Schleifenseiten angreifen. Jede dieser Kräfte hat den Betrag $F = IbB$, und der Kraftarm beträgt jeweils $(a/2)\sin\theta$. Somit ist der Betrag des an der Schleife angreifenden Drehmoments

$$M = 2IbB \cdot \frac{a}{2}\sin\theta = IabB\sin\theta = mB\sin\theta\,. \qquad (11.38)$$

Seine Richtung verläuft so, daß **m** parallel zu **B** gestellt wird. Bei der in Bild 11.15 dargestellten Situation nimmt der Vektor **N** die positive x-Richtung ein. Dies stimmt mit der allgemeinen Gl. (11.37) überein. Beachten Sie, daß Gl. (11.37) genau der Beziehung entspricht, die wir in Kapitel 10 für das Drehmoment an einem elektrischen Dipol **p** in einem äußeren Feld **E** ableiteten; dort erhielten wir $\mathbf{N} = \mathbf{p} \times \mathbf{E}$. Die Orientierung, bei der **m** in der Richtung von **B** liegt, besitzt die niedrigste Energie; dies ist auch bei dem parallel zu **E** orientierten elektrischen Dipol der Fall. Und auch hier benötigt man die Arbeit $2mB$, um einen Dipol **m** aus seiner parallelen in die antiparallele Lage zu drehen. (Wir brauchen nur Gl. (10.19) zu übernehmen und p durch m sowie E durch B zu ersetzen.)

Wenn sich die Spinmomente der Elektronen in einer Substanz frei orientieren können, werden sie wohl die Orientierung in Richtung des äußeren Felds, d.h. die Orientierung niedrigster Energie, bevorzugen. Nehmen wir einmal an, jedes Elektron in 1 kg einer Substanz besitzt diese Orientierung. Wir berechneten bereits, daß rund $3 \cdot 10^{26}$ Elektronen in 1 kg einer beliebigen Substanz vorhanden sind. Das magnetische Moment μ_e, das sich aus dem Elektronenspin ergibt, beträgt (nach Bild 11.14) $0{,}93 \cdot 10^{-23}$ J/T: Damit erhalten wir für das gesamte magnetische Moment aller ausgerichteten Spins $3 \cdot 10^{26} \cdot 0{,}9 \cdot 10^{-23}\,\mathrm{J\,T^{-1} \cdot kg^{-1}} = 2{,}7 \cdot \mathrm{kJT^{-1} \cdot kg^{-1}}$. Die Kraft auf eine solche Probe ist für unsere Beobachtungsbedingungen mit einem Feldgradienten von 17 T/m rund 46 kN/kg.

Offensichtlich ist dies eine viel größere Kraft, als wir sie bei irgendeiner paramagnetischen Probe verzeichnen konnten. Unsere Annahmen sind aus zwei Gründen falsch: Erstens sind nicht alle Spinmomente frei, um sich nach dem äußeren Feld auszurichten. Zweitens verhindert die thermische Anregung die vollständige Ausrichtung der freien Spinmomente.

Bei den meisten Atomen und Molekülen gruppieren sich die Elektronen zu Paaren, wobei die Spins der Partner jedes Paares unabhängig von dem äußeren Feld einander entgegengesetzte Richtungen einnehmen müssen. Dann löschen sich aber die magnetischen Momente in jedem Elektronenpaar aus. Was übrig bleibt, ist der bereits behandelte Diamagnetismus. Die große Mehrheit der Moleküle ist rein diamagnetisch. Einige wenige Moleküle, wirklich *sehr* wenige, enthalten eine ungerade Anzahl von Elektronen; bei ihnen ist natürlich die Totalauslöschung unmöglich. Das Stickoxidmolekül NO mit seinen 15 Elektronen ist dafür ein Beispiel; es ist paramagnetisch. Das Sauerstoffmolekül O_2 besitzt zwar 16 Elektronen, seine Elektronenstruktur gibt aber zufällig der Nichtauslöschung von zwei Elektronenspins den Vorzug. In einzelnen Atomen sind die inneren Elektronen im allgemeinen gepaart. Wenn es ein ungepaartes Elektron gibt, paart sich sein Spin häufig mit dem des Nachbarn, wenn das Atom zu einer Verbindung oder einem Kristall gehört. Bestimmte Atome enthalten jedoch ungepaarte Elektronenspins, die sich relativ frei in einem Feld ausrichten können, auch wenn die Atome dicht gepackt sind. Wichtige Beispiele sind die Elemente von Chrom bis Kupfer im Periodensystem, einer Folge, die Eisen, Cobalt und Nickel einschließt. Auch die Seltenen Erden, die sich um das Gadolinium gruppieren, haben diese Eigenschaft. Verbindungen oder Legierungen, die diese Elemente enthalten, sind im allgemeinen paramagnetisch, in einigen Fällen ferromagnetisch. Typisch ist, daß ein oder zwei freie Elektronenspins pro Atom zum Paramagnetismus beitragen. Wir können uns vorstellen, daß jedes paramagnetische Atom mit einem frei drehbaren magnetischen Moment **m** ausgerüstet ist, das sich in einem Feld **B** wie eine Kompaßnadel in Feldrichtung orientieren würde, wenn die thermische Störung nicht wäre.

Die thermische Anregung versucht immer, eine ungeordnete Verteilung der Spinrichtungen zu erzeugen. Der Grad der Ausrichtung, der am Ende erreicht wird, stellt einen Kompromiß zwischen der Vorzugslage bei der niedrigsten Energie und dem unordnenden Einfluß der thermischen Bewegung dar. Dieses Problem ist uns schon in Abschnitt 10.12 begegnet. Wir betrachteten dort die Ausrichtung von elektrischen Dipolmomenten polarer Moleküle im elektrischen Feld **E**. Es stellte sich heraus, daß sie vom Verhältnis zweier Energien abhängt: dem energetischen Überschuß pE des parallel zu **E** orientierten Dipolmoments **p** im Vergleich zum Mittelwert über die vollständig ungeordnete Verteilung und der mittleren thermischen Energie kT, die mit jeder Form der molekularen Bewegung bei der Temperatur T verknüpft ist. Nur wenn pE sehr viel größer als kT ist, werden sich die Dipolmomente nahezu vollständig ausrichten. Wenn pE sehr viel kleiner als kT ist, entspricht die Polarisation im Gleichgewicht der vollständigen Ausrichtung eines Bruchteils $pE/(kT)$ der Dipole. Wir können dieses Ergebnis direkt für den Paramagnetismus übernehmen. Wir müssen nur pE durch mB ersetzen. Die Energie mB beschreibt die Orientierung des magnetischen Dipolmoments **m** im magnetischen Feld **B**. Wenn $mB/(kT)$ klein ist, wird das gesamte magnetische Moment von n Dipolen pro Volumen im Feld **B** ungefähr $nm \cdot mB/(kT) = nm^2 B/(kT)$ sein. Das induzierte Moment ist proportional zu B und umgekehrt proportional zur Temperatur.

Für das Spinmoment eines Elektrons in unserem Feld von 1,8 T ist $mB = 1{,}7 \cdot 10^{-23}$ J. Für Zimmertemperatur ist $kT = 4{,}0 \cdot 10^{-21}$ J. In diesem Fall ist tatsächlich $mB/(kT) \ll 1$. Wenn wir die Temperatur in diesem Feld auf 1 K absenken könnten, würde $mB/(kT)$ ungefähr 1. Bei weiterer Temperaturerniedrigung können wir die Annäherung an die vollständige Ausrichtung mit dem Moment nm erwarten. Bei Tieftemperaturexperimenten werden diese Bedingungen nicht selten erreicht. In der Tat ist der Paramagnetismus bei sehr tiefen Temperaturen – im Gegensatz zur dielektrischen Polarisation – eindrucksvoller und interessanter. Die molekularen elektrischen Dipole sind vollständig in ihrer Lage eingefroren, unfähig sich neu zu orientieren. Die Spinmomente der Elektronen sind dagegen noch merklich frei.

11.7 Die magnetische Suszeptibilität

Wie wir gesehen haben, entwickeln Diamagnetismus und Paramagnetismus ein magnetisches Moment, das proportional dem äußeren Feld ist. Dies gilt zumindest unter normalen Bedingungen. Bei sehr niedrigen Temperaturen und ziemlich starken Feldern kann man allerdings beobachten, daß das induzierte paramagnetische Moment bei zunehmender Feldstärke gegen einen Grenzwert geht. Lassen wir diesen Sättigungseffekt beiseite, ist die Beziehung zwischen dem Moment und dem äußeren Feld linear.

Das magnetische Moment pro Volumen bezeichnen wir als *Magnetisierung* **M**. Den linearen Zusammenhang zwischen **M** und dem magnetischen Feld **B** schreiben wir in der Form

$$\mathbf{M} = \chi_m \mathbf{B}/\mu_0 \,, \tag{11.39}$$

wobei χ_m als *magnetische Suszeptibilität*[73]) bezeichnet wird. χ_m ist dimensionslos. (Dies geht z.B. aus Gl. (11.14) hervor. **B** hat die gleiche Dimension wie $\mu_0 m/r^3$, und m/r^3 hat die Dimension eines magnetischen Dipolmoments pro Volumen.)

Die Suszeptibilität ist bei diamagnetischen Substanzen negativ und bei paramagnetischen positiv. Gl. (11.39) steht in Analogie zu Gl. (10.34), durch die wir die elektrische Suszeptibilität als Verhältnis von elektrischer Polarisation P und elektrischer Feldstärke E definieren. Den möglicherweise vorhandenen paramagnetischen Beitrag zur Suszeptibilität wollen wir χ_{pm} nennen. Dann bekommen wir eine Beziehung analog zu Gl. (10.64)

$$\chi_{pm} \approx \frac{\mu_0 n m^2}{kT} \,. \tag{11.40}$$

Natürlich schließt die gesamte Suszeptibilität den immer vorhandenen diamagnetischen Beitrag ein, der negativ ist und sich aus Gl. (11.34) herleiten läßt.

Leider stellt Gl. (11.39) *nicht* die übliche Definition der magnetischen Volumensuszeptibilität dar. Gewöhnlich tritt nämlich in der Definition anstelle von **B** ein anderes Feld **H** auf, das wir in Abschnitt 11.10 kennenlernen werden (siehe Gl. (11.57)). Obwohl es unlogisch ist, die magnetische Suszeptibilität mit Hilfe von **H** zu definieren, erhält diese Vorgangsweise doch eine gewisse praktische Rechtfertigung. Überdies ist sie in der Tradition außerordentlich fest begründet, so daß wir uns ihr gelegentlich werden beugen müssen. Solange es aber geht, werden wir in diesem Kapitel den natürlichen und logisch richtigen Weg weiterverfolgen, der parallel zu der Beschreibungsweise der elektrischen Felder in Materie verläuft. Von Bedeutung ist, daß sich das makroskopische Feld **B** innerhalb von Materie als Mittelwert des mikroskopischen Feldes **B** heraussstellen wird, genau so wie sich das makroskopische **E** als mittleres mikroskopisches **E** ergab.

[73]) Die hier eingeführte Suszeptibilität, die sich auf das magnetische Moment pro Volumen bezieht, wird auch als *Volumensuszeptibilität* bezeichnet. Manchmal werden auch die *spezifische Suszeptibilität* – sie bezieht sich auf die Masse einer Substanz – oder die *molare Suszeptibilität* eingeführt. Aus den Überlegungen in Abschnitt 11.5 folgt, daß die spezifische Suszeptibilität bei allen diamagnetischen Substanzen etwa gleich groß sein müßte. Für unsere momentanen Zwecke ist aber die Volumensuszeptibilität aufschlußreicher.

Die unterschiedlichen Definitionen haben praktisch keine Folge, solange der Zahlenwert von χ_m sehr klein im Vergleich zu eins ist. Charakteristische Werte von χ_m für rein diamagnetische feste oder flüssige Substanzen liegen zwischen $-0{,}5 \cdot 10^{-6}$ und $-1{,}0 \cdot 10^{-6}$. Selbst bei Sauerstoff ist die paramagnetische Suszeptibilität unter den in der Tabelle 11.1 angegebenen Bedingungen kleiner als 10^{-3}. Dies bedeutet, daß das magnetische Feld der Dipole in einer Substanz zumindest im Mittel über ein großes Gebiet viel schwächer als das äußere Feld **B** ist. Daraus dürfen wir die Annahme ableiten, daß das auf die atomaren Dipole einwirkende Feld gleich groß wie jenes Feld ist, das ohne Probe vorhanden wäre. Wir interessieren uns aber auch für andere Systeme, bei denen das Feld der magnetischen Momente *nicht* klein ist. Deshalb müssen wir – wie wir es bei der elektrischen Polarisation taten – die magnetischen Felder untersuchen, die die magnetisierte Materie selbst sowohl innerhalb als auch außerhalb der Substanz erzeugt.

11.8 Die Magnetfelder magnetisierter Materie

Ein Stück Materie, das gleichförmig über sein Volumen verteilt eine große Anzahl gleichgerichteter atomarer magnetischer Dipole enthält, bezeichnen wir als *homogen magnetisiert.* Der Magnetisierungsvektor **M** ist dann einfach das Produkt aus der pro Volumen vorhandenen Anzahl orientierter Dipole und dem magnetischen Moment **m** jedes Dipols. Was die Orientierung dieser Dipole aufrecht erhält (z.B. ein äußeres Feld, das von anderen Quellen herrührt) kümmert uns hier nicht. Wir wollen nur das Feld untersuchen, das von den Dipolen selbst erzeugt wird.

Wir betrachten zuerst eine Scheibe der Dicke dz, die aus einem Material senkrecht zur Magnetisierungsrichtung herausgeschnitten wurde (Bild 11.16a). Diese Scheibe läßt sich in kleine Stücke zerteilen. Ein solches Teilstück, dessen Deckfläche die Größe dA hat, enthält ein gesamtes Dipolmoment vom Betrag $M\,dA\,dz$, da M das Dipolmoment pro Volumen angibt (Bild 11.16b). Das magnetische Feld dieser Teilstücke gleicht in allen relativ zu den Plattendimensionen weit *entfernten* Punkten genau dem Feld eines magnetischen Dipols entsprechender Stärke. Wir könnten einen solchen Dipol dadurch konstruieren, daß wir ein leitendes Band der Breite dz in die Form eines Teilstücks biegen und um diese Schleife den Strom $I = M dz$ fließen lassen (Bild 11.16c). Damit erhält die Schleife das Dipolmoment

$$m = I \cdot \text{Fläche} = M\,dz\,dA = M\,dA\,dz \,, \tag{11.41}$$

das tatsächlich so groß wie das jedes Teilstücks ist.

Wir ersetzen nun jedes Teilstück der Scheibe durch eine solche stromführende Schleife (Bild 11.16d). In jeder Schleife ist der Strom gleich groß. Im Inneren der Scheibe heben sich die Ströme gegenseitig auf, da in einander angrenzenden Schleifenteilen gleich große, aber entgegengesetzt gerichtete Ströme fließen. Deshalb ist das aus den Schleifen aufgebaute Netzwerk einem einzigen Band äquivalent, das in der Mantelfläche der Scheibe verläuft und in dem der Strom Mdz fließt (Bild 11.16e). Wir können die Teilscheiben sehr klein machen. Dabei dürfen wir uns aber nicht der Molekülgröße nähern, da die Teilstücke so groß sein müssen, daß sich die Magnetisierung beim Übergang von einem Teilstück zum nächstliegenden nicht wesentlich ändert. Mit dieser Einschränkung dürfen wir behaupten, daß das Feld in jedem *außerhalb* der Scheibe liegenden Punkt das gleiche ist, wie das des stromführenden Bandes; dies gilt sogar für Punkte, die nahe der Scheibe liegen.

Wir brauchen jetzt nur noch einen Materieblock aus solchen Scheiben aufzubauen (Bild 11.17a). Er ist dann einem breiten Band äquivalent (Bild 11.17b), in dessen einzelnen Streifen der Breite dz der Strom Mdz fließt. Einfacher formuliert: Seine Magnetisierung ist einer Flächenstromdichte (gemessen in A/m)

$$J' = M \tag{11.42}$$

äquivalent. Das Magnetfeld **B** in einem beliebigen Punkt außerhalb des magnetisierten Blocks von Bild 11.17a unterscheidet sich nicht von dem Feld **B**′ in dem entsprechenden

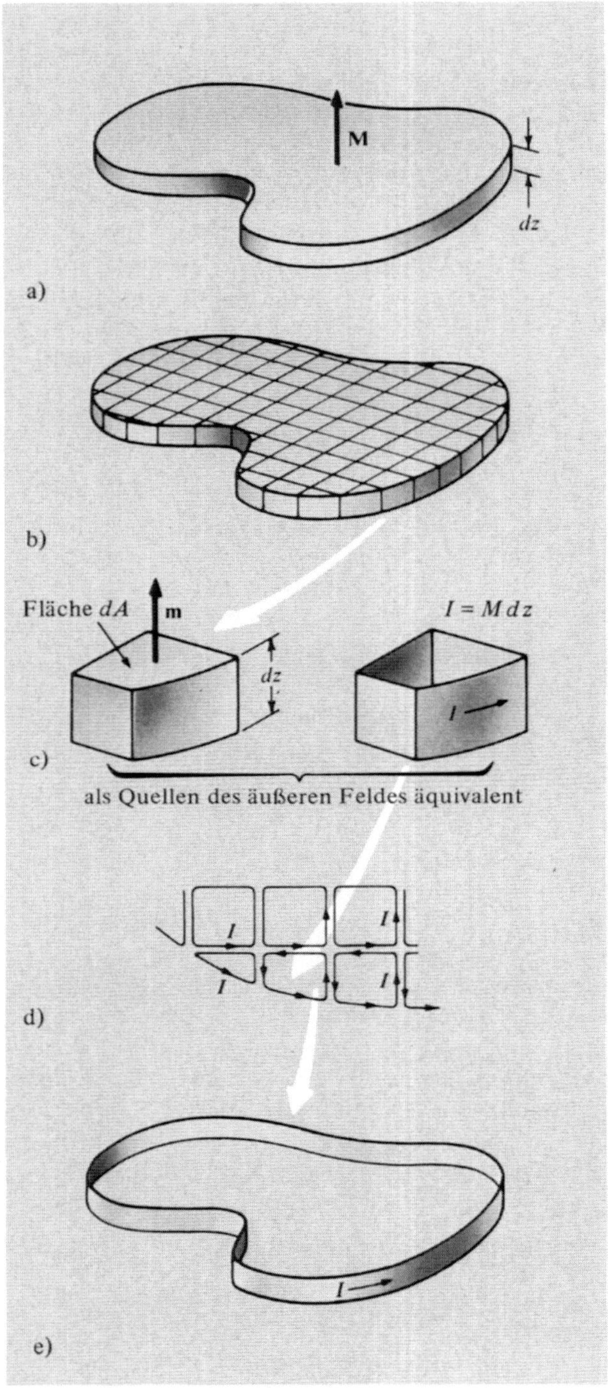

Bild 11.16 Eine senkrecht zu ihrer Oberfläche magnetisierte dünne Scheibe ist einem Stromband äquivalent, solange es um ihr äußeres Feld geht.

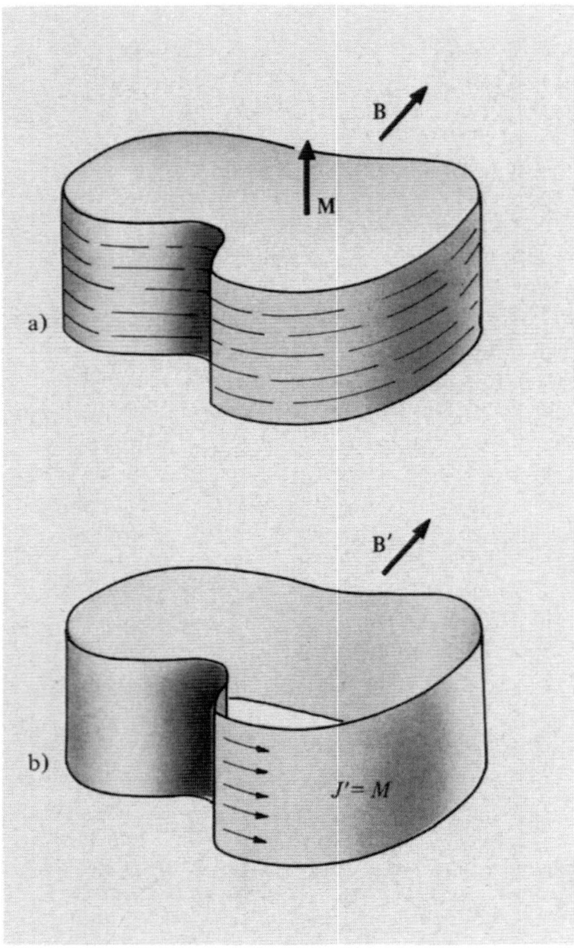

Bild 11.17 Ein homogener magnetisierter Block ist einem bandförmigen Flächenstrom äquivalent.

Punkt der Umgebung des breiten stromführenden Bandes von Bild 11.17b; der Punkt kann sogar ganz in der Nähe des Blocks liegen, vorausgesetzt wir nähern uns ihm nicht bis auf einen Molekülabstand.

Was läßt sich aber über das Feld im Inneren des magnetisierten Blocks aussagen? Diese Frage gleicht jener, die wir bereits in Kapitel 10 stellten. Innerhalb von Materie ist das Magnetfeld keineswegs homogen, wenn wir es im atomaren, mikroskopischen Maßstab untersuchen. Es verändert sich sowohl dem Betrag als auch der Richtung nach abrupt, sobald wir von einem Punkt zu einem anderen nur wenige zehntel Nanometer entfernten Punkt übergehen. Dieses *mikroskopische* Feld **B** ist einfach ein Magnetfeld im Vakuum. Wie wir bereits in Kapitel 10 hervorgehoben hatten, stellt nämlich Materie, vom mikroskopischen Standpunkt aus gesehen, eine Ansammlung von Teilchen und Ladungen im sonst leeren Raum dar. Im Großen läßt sich innerhalb von Materie nur jenes Feld eindeutig definieren, das das räumliche Mittel des mikroskopischen Felds darstellt.

Da es keine magnetischen Ladungen gibt, soll das mikroskopische Feld selbst die Bedingung $\operatorname{div} \mathbf{B} = 0$ erfüllen. Trifft diese Annahme zu, so muß das räumliche Mittel des inneren mikroskopischen Felds in unserem Block dem Feld $\mathbf{B}'$ im Inneren des äquivalenten stromführenden Bands gleichen.

Zum Beweis betrachten wir den langen Stab in Bild 11.18a, der parallel zu seiner Längsachse homogen magnetisiert ist. Wir zeigten vorher, daß sein äußeres Feld dem Feld des langen stromführenden Zylindermantels (Bild 11.18b) gleicht; dieser Zylindermantel ist praktisch einem aus nur einer Wicklung bestehenden Solenoid äquivalent. A ist in Bild 11.18a eine geschlossene Oberfläche, deren Teil A_1 im Inneren des Stabs liegt. Da sowohl für das innere mikroskopische Feld als auch für das Feld im Außenraum $\operatorname{div} \mathbf{B} = 0$ gilt, verschwindet die Divergenz von **B** in dem gesamten von A umschlossenen Volumen. Mit dem Gaußschen Integralsatz folgt daraus, daß das über A erstreckte Flächenintegral von **B** gleich Null sein muß. Auch das über die geschlossene Oberfläche A' erstreckte Flächenintegral von $\mathbf{B}'$ ist gleich Null. Auf jenen Teilen von A und A', die *außerhalb* des Stabs bzw. des Zylinders verlaufen, sind aber B und B' gleich. Deshalb muß das über die innenliegende Fläche A_1 erstreckte Flächenintegral von **B** den gleichen Wert haben wie das Flächenintegral von $\mathbf{B}'$ erstreckt über die innenliegende Fläche A_1'. Dies muß auch für eine beliebige Fläche aus einer Schar paralleler Flächen, z.B. A_2, A_3 usw. gelten (Bild 11.18c), weil das Feld außerhalb des Zylinders in dessen Umgebung vernachlässigbar klein ist und deshalb die außenliegenden Teile zu keiner Änderung führen. Die Berechnung des Flächenintegrals über einen Stapel derartiger Flächen mit gleichen Abständen gestattet nun, das räumliche Mittel des Feldes **B** in dieser Umgebung zu bestimmen; auf diese

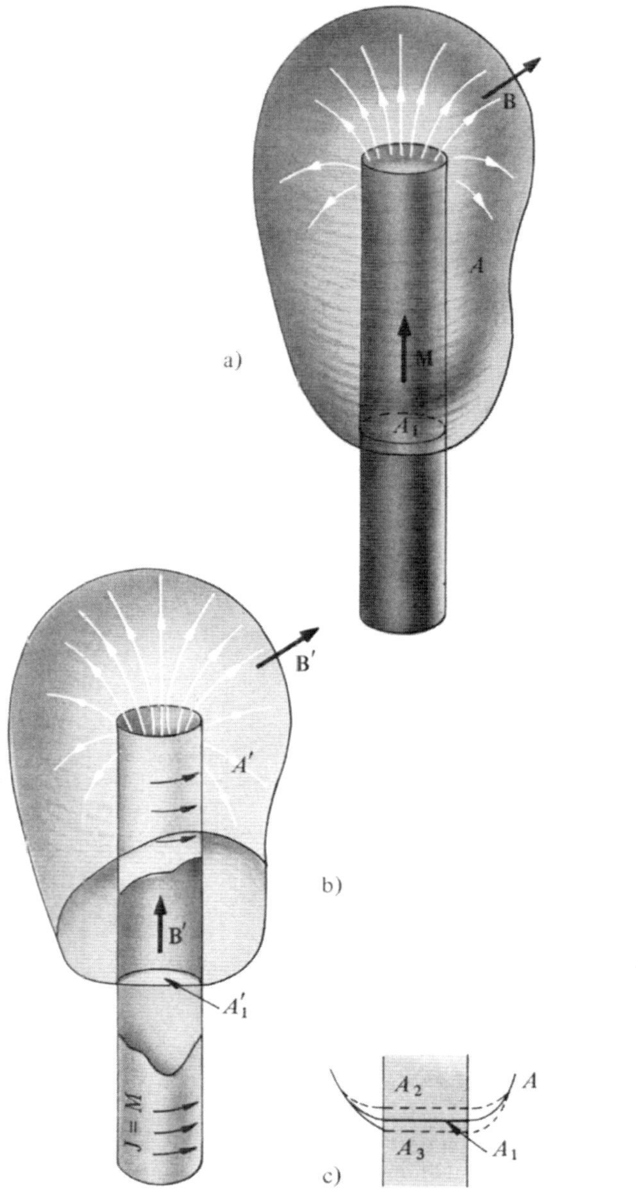

Bild 11.18
a) Homogener magnetischer zylindrischer Stab,
b) der äquivalente stromführende Hohlzylinder.
c) Das Stabinnere läßt sich durch parallele Flächen $A_1, A_2, \ldots$ mit kleinem Abstand erfassen; daraus erhält man das räumliche Mittel des mikroskopischen Feldes.

Weise werden nämlich alle Volumenelemente gleichrangig erfaßt. Innerhalb des stromführenden Zylindermantels von Bild 11.18b gleicht daher das räumliche Mittel des mikroskopischen Felds **B** dem Feld $\mathbf{B}'$, was wir auch beweisen wollten.

Es ist recht lehrreich, diese Beweisführung einmal mit der Untersuchung der entsprechenden Fragen von Kapitel 10 zu vergleichen. Deshalb haben wir in Bild 11.19 beide Argumentationen einander gegenübergestellt. Wie Sie fest-

a) Als Quelle eines elektrischen Feldes **E** im Außenraum ist

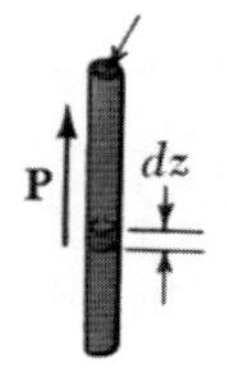

äquivalent

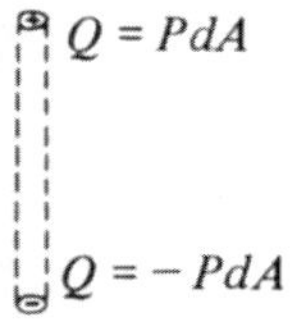

Ein Stück polarisierter Materie von Volumen $dA \cdot dz$ hat nämlich ein Dipolmoment, das dem von

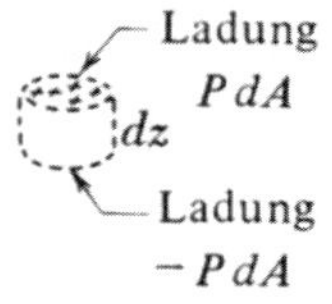

gleich ist

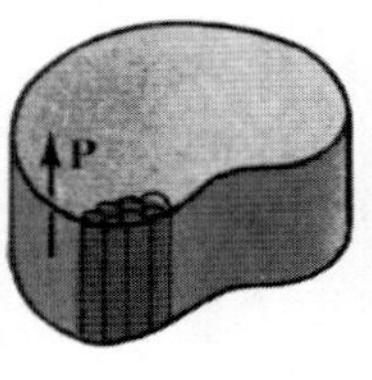

Ein homogen polarisierter Block läßt sich in derartige Stäbe unterteilen. Daher hat der Block das gleiche äußere Feld wie zwei Flächenladungen mit $\sigma = P_n$.

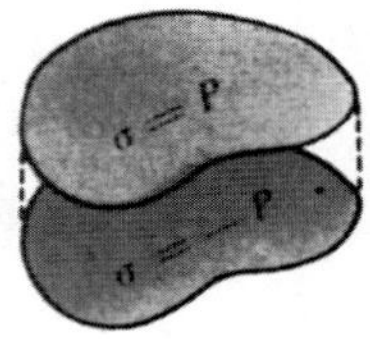

[*Allgemeiner*: Bei ungleichförmiger Polarisation ist die polarisierte Materie einer Ladungsverteilung $\rho = -\operatorname{div} \mathbf{P}$ äquivalent.]

b) Als Quelle eines magnetischen Feldes **B** im Außenraum ist

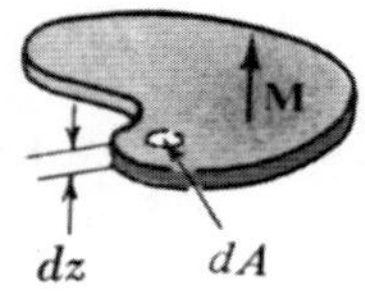

äquivalent

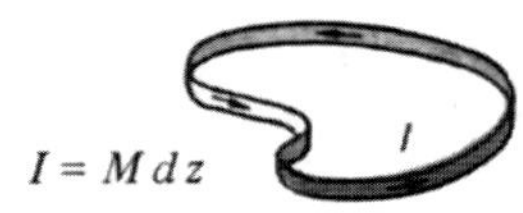

Ein Stück magnetisierter Materie vom Volumen $dA \cdot dz$ hat nämlich ein Dipolmoment, das dem von

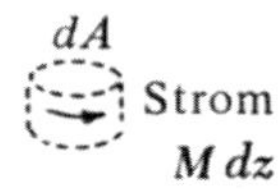

gleich ist.

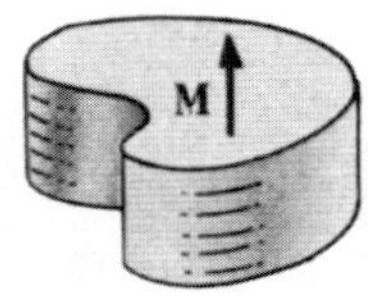

Ein homogen magnetisierter Block läßt sich in derartige Scheiben unterteilen. Daher hat der Block das gleiche äußere Feld wie ein breites stromdurchflossenes Band mit dem Flächenstrom $J' = \mathbf{M}$.

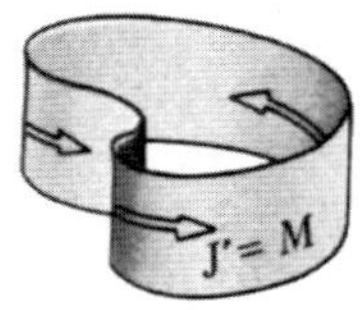

[*Allgemeiner*: Bei inhomogener Magnetisierung ist die magnetisierte Materie einer Stromverteilung $\mathbf{J} = \operatorname{rot} \mathbf{M}$ äquivalent.]

Beweis, daß sich die Äquivalenz auch auf das räumliche Mittel der inneren Felder erstreckt

Wir betrachten eine ausgedehnte dünne, homogen polarisierte Scheibe und die ihr äquivalenten Flächenladungen. Nahe der

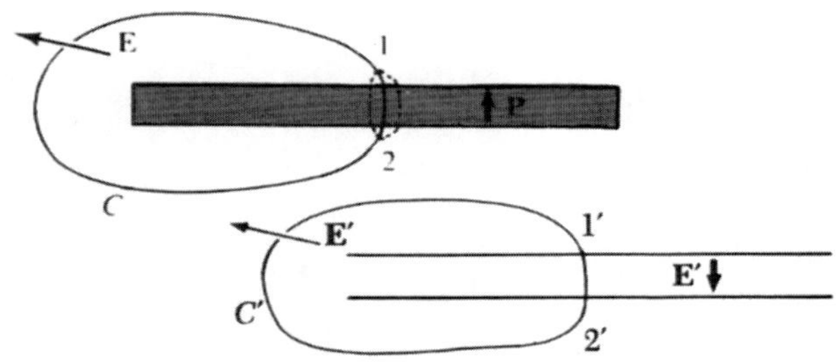

Scheibenmitte ist das äußere Feld unbedeutend; **E'** ist dort homogen. Wenn für das innere Feld $\nabla \times \mathbf{E} = 0$ gilt, dann ist $\oint_C \mathbf{E} \cdot d\mathbf{l} = 0$. Nun ist aber auf dem im Außenraum verlaufenden Wegstück $\mathbf{E} = \mathbf{E}'$. Daher gilt $\int_1^2 \mathbf{E} \cdot d\mathbf{l} = \int_{1'}^{2'} \mathbf{E} \cdot d\mathbf{l}'$ für alle im Inneren verlaufenden Wegstücke

Schlußfolgerung: $\langle \mathbf{E} \rangle = \mathbf{E}'$. Das räumliche Mittel des inneren elektrischen Felds ist dem Feld **E'** gleich, das die oben beschriebene äquivalente Ladungsverteilung (zusammen mit beliebigen äußeren Quellen) im leeren Raum in dem betrachteten Punkt erzeugen würde.

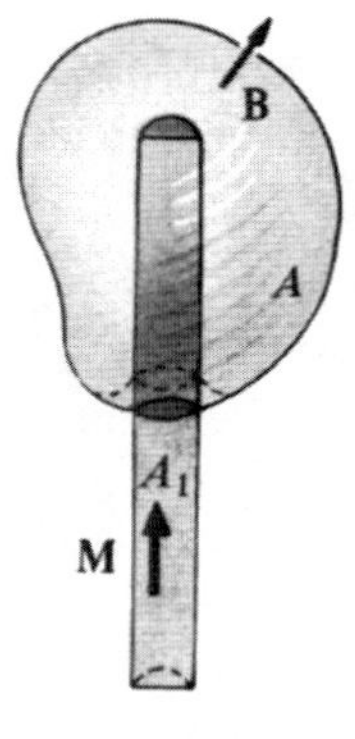

Wir betrachten einen langen homogen magnetisierten Stab und den ihm äquivalenten stromdurchflossenen Hohlzylinder.

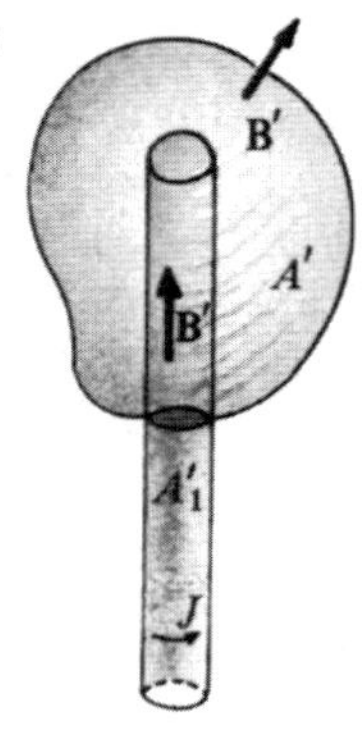

Nahe der Stabmitte ist das äußere Feld unbedeutend; **B'** ist dort homogen.

Wenn für das innere Feld $\nabla \cdot \mathbf{B} = 0$ gilt, dann ist $\int_A \mathbf{B} \cdot d\mathbf{A} = 0$.

Nun ist aber auf der im Außenraum verlaufenden Oberfläche $\mathbf{B} = \mathbf{B}'$. Daher gilt $\int_{A_1} \mathbf{B} \cdot d\mathbf{A} = \int_{A_1'} \mathbf{B}' \cdot d\mathbf{A}'$ auf jedem beliebigen innen liegenden Flächenteil wie z.B. A_1, A_2 usw.

Schlußfolgerung: $\langle \mathbf{B} \rangle = \mathbf{B}'$. Das räumliche Mittel des inneren magnetischen Felds ist dem Feld **B'** gleich, das die oben beschriebene äquivalente Stromverteilung (zusammen mit beliebigen äußeren Quellen) im leeren Raum in dem betrachteten Punkt erzeugen würde.

Bild 11.19 Vergleich des a) elektrischen und b) magnetischen Falls

stellen können, verlaufen beide logisch parallel; allerdings zeigen sich bei jedem Schritt Unterschiede, die die wesensmäßige Asymmetrie – *elektrische Ladungen* als Quellen des *elektrischen Felds, bewegte elektrische Ladungen* hingegen als Ursache des *magnetischen Felds* – widerspiegeln. Als es beispielsweise um das mittlere makroskopische Feld ging, hatte im Falle des elektrischen Feldes die Annahme rot $\mathbf{E} = 0$ eine Schlüsselstellung, beim magnetischen Feld hingegen die Annahme div $\mathbf{B} = 0$.

Wenn die Magnetisierung $\mathbf{M}$ in einem bestimmten Volumen eines Materials nicht homogen ist, sondern sich von Ort zu Ort ändert, d.h. $\mathbf{M} = \mathbf{M}(x, y, z)$, ist die äquivalente Stromverteilung einfach durch

$$\mathbf{J} = \text{rot}\,\mathbf{M} \tag{11.43}$$

gegeben. Um diese Relation zu veranschaulichen, gehen wir beispielsweise von einer Magnetisierung in der z-Richtung aus, die in der y-Richtung variieren soll. Bild 11.20a zeigt diese Situation an einem Teilvolumen eines Materials, das in Blöcke zerteilt wurde. Diese sollen so klein sein, daß die Magnetisierung in jedem Block für sich als homogen angesehen werden kann. In diesem Fall läßt sich jedes Teilstück durch ein stromführendes Band mit der Flächenstromdichte $J' = M_z$ ersetzen. Wenn Δz die Höhe eines Stückes ist, beträgt der Strom in dem äquivalenten Band $J'\,\Delta z$ oder $M_z\,\Delta z$. Jedes Band hat nun eine etwas höhere Stromdichte als sein Nachbar zur Linken. Der Strom in einer Schleife ist dann um

$$\Delta I = \Delta z\,\Delta M_z = \Delta z\,\frac{\partial M_z}{\partial y}\,\Delta y \tag{11.44}$$

größer als der Strom in der linken Nachbarschleife. An jeder Grenzfläche dieser Reihe tritt daher ein in x-Richtung fließender Gesamtstrom vom Betrag ΔI auf (Bild 11.20c).

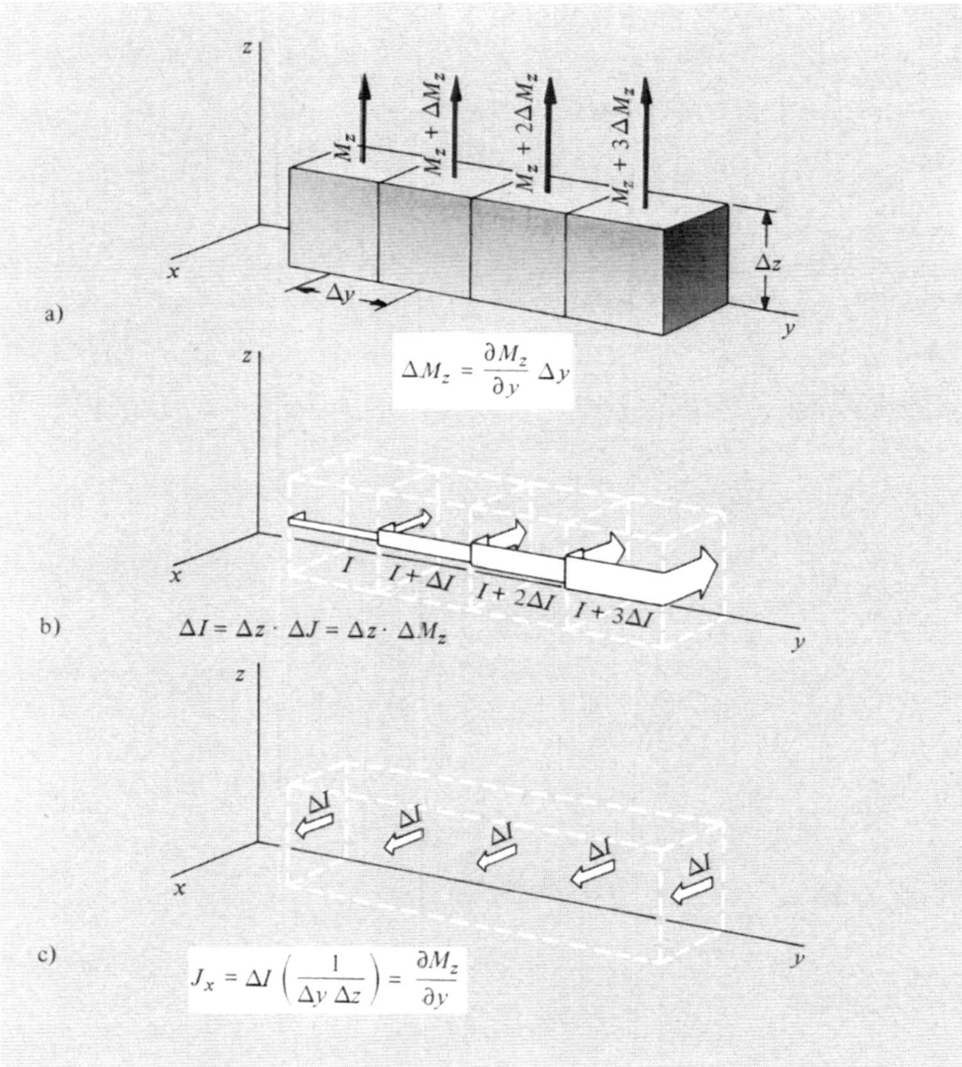

Bild 11.20
Eine inhomogene Magnetisierung ist einer räumlichen Stromdichte äquivalent.

Wenn wir noch durch die Fläche $\Delta y\,\Delta z$ eines Blocks dividieren, ergibt sich in x-Richtung eine Stromdichte

$$J_x = \Delta I \,\frac{1}{\Delta y\,\Delta z} = \frac{\partial M_z}{\partial y}\,. \qquad (11.45)$$

Eine Stromdichte J_x erhalten wir auch, wenn wir von einer Magnetisierung in der y-Richtung ausgehen, die in der z-Richtung variiert. Betrachten Sie in diesem Fall eine vertikale Blockreihe, so finden Sie als Gesamtstromdichte in x-Richtung

$$J_x = -\frac{\partial M_y}{\partial z}\,. \qquad (11.46)$$

Aus der Überlagerung beider Fälle folgt für den allgemeinen Fall

$$J_x = \left(\frac{\partial M_z}{\partial y} - \frac{\partial M_y}{\partial z}\right) = (\mathrm{rot}\,\mathbf{M})_x\,. \qquad (11.47)$$

Dies genügt, um Gl (11.43) zu begründen.

11.9 Das Feld eines Permanentmagneten

Die gleichförmig polarisierten Kugeln und Stäbe, von denen wir in Kapitel 10 sprachen, findet man im Labor nur selten. Eine eingefrorene elektrische Polarisation kann zwar bei einigen Substanzen auftreten, gewöhnlich wird sie aber von irgendeiner Anhäufung freier Ladungen verdeckt. Bild 11.3a zeigt, wie das Feld eines polarisierten Stabes aussehen *würde*; um dieses Bild zu erhalten, muß man mit zwei geladenen Scheiben arbeiten. Im Gegensatz dazu sind Materialien mit einer permanenten magnetischen Polarisation, d.h. mit einer permanenten Magnetisierung, etwas ganz Alltägliches. Permanentmagnete lassen sich aus vielen Legierungen und Verbindungen ferromagnetischer Substanzen herstellen. Wie es zu Permanentmagneten kommt, werden wir in Abschnitt 11.11 untersuchen. Hier setzen wir ihre Existenz als gegeben voraus und interessieren uns nur für das magnetische Feld **B** eines homogen magnetisierten zylindrischen Stabes, das wir mit dem elektrischen Feld **E** eines gleichförmig polarisierten Stabes derselben äußeren Form vergleichen wollen.

Bild 11.21 zeigt die zwei homogenen Zylinder im Querschnitt. Die gleichförmige Polarisation verläuft in beiden Fällen achsenparallel. Die Polarisation **P** bzw. die Magnetisierung **M** haben also überall in den ihnen zugeordneten Zylindern den gleichen Betrag und die gleiche Richtung. Im magnetischen Fall bedeutet dies, daß jeder Kubikmillimeter des Permanentmagneten die gleiche Anzahl ausgerichteter und in dieselbe Richtung weisender Elektronenspins besitzt. (In guter Näherung läßt sich dies mit modernen permanentmagnetischen Materialien erreichen.)

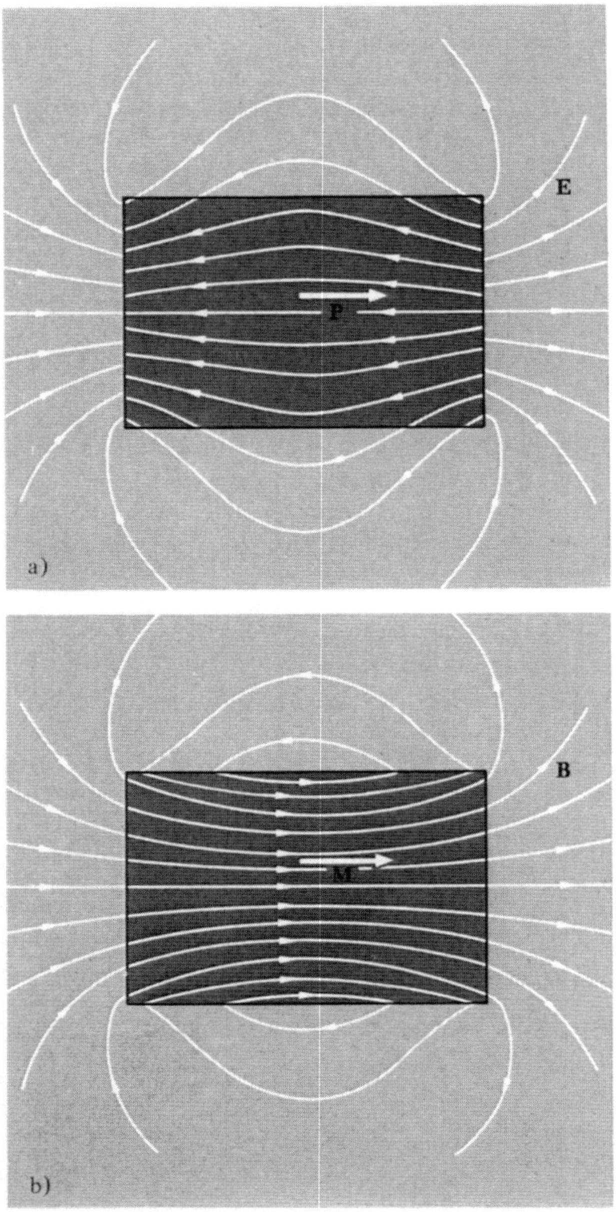

Bild 11.21
a) Das elektrische Feld **E** innerhalb und außerhalb eines homogen polarisierten Zylinders.
b) Das magnetische Feld **B** innerhalb und außerhalb eines homogen magnetisierten Zylinders.
In beiden Fällen ist im Innenraum das *makroskopische* Feld dargestellt, d.h. das örtliche *Mittel* des atomaren oder *mikroskopischen* Feldes.

Unter dem magnetischen Feld im Zylinderinneren verstehen wir natürlich das makroskopische Feld als räumliches Mittel des mikroskopischen Feldes. In diesem Sinn zeigt Bild 11.21 den Feldlinienverlauf im Inneren wie auch im Außenraum der Stäbe. Diese Stäbe sollen sich übrigens nicht nahe beieinander befinden; wir rücken sie in unserem Bild nur für Vergleichszwecke zusammen. Jeder Stab steht isoliert im sonst feldfreien Raum. (Welcher Stab stört wohl das Feld des anderen stärker, wenn beide nebeneinander liegen?)

Außerhalb der Stäbe *sehen* die Felder **E** und **B** *gleich aus.* Tatsächlich haben die Feldlinien genau den gleichen Verlauf. Dies sollte Sie nicht überraschen. Sie brauchen nur daran zu denken, daß ein elektrischer und ein magnetischer Dipol in großer Entfernung gleichartige Felder erzeugen. Jedes Stückchen des Magneten ist ein magnetischer Dipol und jedes Stückchen des polarisierten Stabes (manchmal „Elektret" genannt) ein elektrischer Dipol. Das Feld außerhalb der Stäbe ist nur die Superposition der Fernfelder aller dieser Dipole.

Sowohl im Inneren wie auch im Außenraum gleicht das Feld **B** dem Feld eines leitenden stromdurchflossenen Hohlzylinders. Wenn wir z.B. auf einen Pappzylinder sehr gleichmäßig eine einzige Lage aus dünnem Draht aufwickeln und an diese Spule eine Batterie anschließen, haben wir tatsächlich innerhalb und außerhalb des Zylinders das Feld **B** des Permanentmagneten simuliert. (Diese Spule würde sich allerdings erwärmen und die Batterie würde sich entleeren; die Elektronenspins sorgen hingegen für einen freien, reibungslosen Strom!) Das elektrische Feld **E** gleicht wiederum innen und außen dem Feld zweier geladener Scheiben, die sich am Ort der Zylinderenden befinden.

Wenn Sie die beiden Felder **E** und **B** im *Inneren* der Stäbe miteinander vergleichen, werden Sie wesentliche Unterschiede zwischen ihnen feststellen: **B** zeigt nach rechts, tritt durch die Stirnflächen des Zylinders stetig durch, ändert aber beim Durchtritt durch die Mantelfläche seine Richtung abrupt. **E** ist nach links gerichtet, tritt stetig durch die Mantelfläche des Zylinders, als wäre sie überhaupt nicht vorhanden, erfährt aber einen Sprung an den beiden Stirnflächen. Dieser Unterschied ergibt sich aus der wesensmäßigen Verschiedenheit des „Inneren" eines physikalischen elektrischen und eines physikalischen magnetischen Dipols (Bild 11.8). Als *physikalisch* bezeichnen wir in diesem Zusammenhang jene Dipole, die uns die Natur tatsächlich liefert.

Wenn es nur um das äußere Feld ginge, könnten wir beide Feldlinienbilder verwenden, um das Feld unseres Magneten zu beschreiben. Wir können das Feld im Außenraum des Permanentmagneten durch das Feld einer Schicht von magnetischen Nordpolen am rechten und einer Schicht von magnetischen Südpolen am linken Ende des Magneten darstellen. Weiterhin könnten wir eine skalare Potentialfunktion U_{mag} dergestalt einführen, daß $\mathbf{B} = -\operatorname{grad} U_{mag}$. Die Potentialfunktion U_{mag} wäre mit der fiktiven Poldichte genau so verknüpft wie das elektrische Potential mit der Ladungsdichte. Die Einfachheit des skalaren Potentials im Vergleich zum Vektorpotential ist natürlich bestechend. Überdies läßt sich das skalare magnetische Potential mit den Strömen als wahren Quellen von **B** verknüpfen und kann daher ohne expliziten Rückgriff auf die fiktiven Pole verwendet werden. Wir können mit dieser Methode jederzeit das Feld im Außenraum von magnetischer Materie berechnen.

Wollen wir jedoch das Feld im Inneren einer magnetischen Substanz untersuchen, müssen wir die Vorstellung von den magnetischen Polen aufgeben. Das makroskopische magnetische Feld im Inneren eines Permanentmagneten gleicht tatsächlich dem Feld von Bild 11.21b und nicht dem von Bild 11.21a. Dies geht aus der Ablenkung energetisch geladener Teilchen in magnetisiertem Eisen und auch

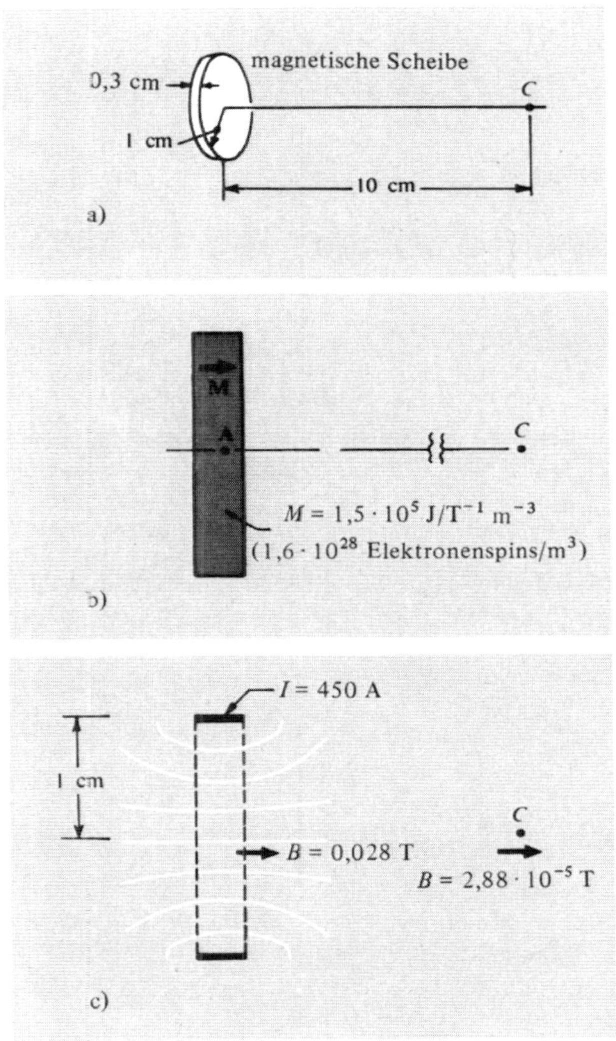

Bild 11.22

a) Eine parallel zur Achse homogen magnetisierte Scheibe.
b) Die Scheibe im Querschnitt.
c) Der äquivalente Strom beträgt 450 A; er fließt in einem Band um den Rand der Scheibe. Das magnetische Feld **B** gleicht dem Feld einer sehr kurzen Spule oder angenähert dem eines einfachen stromführenden Ringes vom Radius 1 cm.

aus den magnetischen Effekten an langsamen Neutronen hervor, die noch viel besser Materie zu durchdringen vermögen.

Bild 11.22a zeigt einen kleinen diskusförmigen Permanentmagneten, dessen Magnetisierung parallel zur Symmetrieachse verläuft. Vielleicht sind Ihnen Permanentmagnete in Form langer Stäbe vertrauter. Heute lassen sich jedoch solche stark magnetisierten Scheiben aus bestimmten Materialien herstellen. Die Magnetisierung M soll $1{,}5 \cdot 10^5\,\mathrm{J\,T^{-1}\,m^{-3}}$ betragen. Da das magnetische Moment des Elektrons $0{,}93 \cdot 10^{-23}$ J/T beträgt, entspricht dieser Wert von M $1{,}6 \cdot 10^{28}$ ausgerichteten Elektronenspins pro m^3. Der kleine magnetische Diskus ist einem längs seines Randes verlaufenden stromführenden Band mit der Flächenstromdichte $J' = M$ äquivalent. Da der Rand $\Delta z = 0{,}3$ cm breit ist, beläuft sich der Strom I auf

$$I = \Delta z\, M = 3 \cdot 10^{-3} \cdot 1{,}5 \cdot 10^5\,\mathrm{A} = 450\,\mathrm{A}\,.$$

Selbst wenn Sie eine Autobatterie kurzschließen, erhalten Sie keinen so hohen Strom. In einem beliebigen Raumpunkt außerhalb oder innerhalb der Scheibe ist das Feld **B** einfach das Feld des stromführenden Bandes. Nahe dem Scheibenzentrum z. B. hat **B** angenähert den Betrag:

$$\frac{\mu_0 I}{2r} = \frac{4\pi \cdot 10^{-7} \cdot 450}{2 \cdot 0{,}01}\,\mathrm{T} = 0{,}028\,\mathrm{T}\,. \qquad (11.48)$$

Die Näherung besteht darin, daß wir das 0,3 cm breite Band behandelten als wäre es ein einzelner, dünner Ring. (Im korrespondierenden elektrischen Fall sah die Näherung so aus, daß wir die äquivalenten Flächenladungen als groß gegen ihren Abstand annahmen.) Was das Feld in einem entfernten Punkt betrifft, ließe es sich einfach aus dem Ringstrom berechnen. Wir könnten aber auch wie im elektrischen Fall dadurch zu einer Näherungslösung gelangen, daß wir das gesamte magnetische Moment des Objekts bestimmen und daraus das Fernfeld eines einzigen Dipols dieser Stärke ableiten.

11.10 Freie Ströme und das H-Feld

Oft erweist es sich als nützlich, zwischen *gebundenen* und *freien* Strömen zu unterscheiden. Die *gebundenen* Ströme stehen mit den molekularen oder atomaren magnetischen Momenten einschließlich der inneren magnetischen Momente jener Elementarteilchen, die einen Spin besitzen, in Zusammenhang. Die molekularen oder atomaren magnetischen Momente entsprechen den Ampèreschen Ringströmen und sind die Ursache der Magnetisierung von Substanzen. *Freie* Ströme sind gewöhnliche Leitungsströme auf makroskopischen Stromwegen, die man mit einem Schalter ein- und ausschalten und mit einem Amperemeter messen kann.

Die Stromdichte **J** in Gl. (11.43) ist das makroskopische Mittel der gebundenen Ströme; wir verwenden dafür ab jetzt das Symbol $\mathbf{J}_{\mathrm{geb}}$:

$$\mathbf{J}_{\mathrm{geb}} = \mathrm{rot}\,\mathbf{M}\,. \qquad (11.49)$$

An einer Diskontinuitätsfläche von **M**, z. B. an der Mantelfläche des magnetischen Blocks von Bild 11.17, existiert eine Flächenstromdichte J', die ebenfalls einen gebundenen Strom darstellt.

Wir fanden bereits, daß **B** außerhalb von Materie und – im räumlichen Mittel – auch im Materieinneren mit $\mathbf{J}_{\mathrm{geb}}$ genau so verknüpft ist, wie mit jeder anderen Stromdichte: $\mathrm{rot}\,\mathbf{B} = \mu_0\,\mathbf{J}_{\mathrm{geb}}$. Dies gilt für den Fall, daß keine freien Ströme vorhanden sind. Wenn auch sie existieren, so addiert sich das von ihnen erzeugte Feld einfach zu jenem, das die magnetisierte Materie hervorruft. Wir erhalten dann

$$\mathrm{rot}\,\mathbf{B} = \mu_0\,(\mathbf{J}_{\mathrm{geb}} + \mathbf{J}_{\mathrm{frei}}) = \mu_0\,\mathbf{J}_{\mathrm{ges}}\,. \qquad (11.50)$$

Wenn man mittels Gl. (11.49) $\mathbf{J}_{\mathrm{geb}}$ durch **M** ausdrückt, geht Gl. (11.50) in

$$\mathrm{rot}\,\mathbf{B} = \mu_0\,\mathrm{rot}\,\mathbf{M} + \mu_0\,\mathbf{J}_{\mathrm{frei}} \qquad (11.51)$$

über bzw. nach Umordnen in

$$\mathrm{rot}\,(\mathbf{B} - \mu_0\,\mathbf{M}) = \mu_0\,\mathbf{J}_{\mathrm{frei}}\,. \qquad (11.52)$$

Definieren wir nun durch

$$\mu_0\,\mathbf{H} = \mathbf{B} - \mu_0\,\mathbf{M} \qquad (11.53)$$

in jedem Raumpunkt eine vektorielle Funktion **H**, können wir Gl. (11.52) in die Beziehung

$$\mathrm{rot}\,\mathbf{H} = \mathbf{J}_{\mathrm{frei}} \qquad (11.54)$$

überführen.

Mit anderen Worten: Der durch Gl. (11.53) definierte Vektor **H** ist mit dem *freien* Strom in analoger Weise verknüpft wie **B** mit dem Gesamtstrom, d.h. dem *freien* plus dem *gebundenen* Strom. Die Parallelität ist allerdings nicht vollkommen, da stets $\mathrm{div}\,\mathbf{B} = 0$ gilt, während die Divergenz der vektoriellen Funktion **H** nicht unbedingt verschwinden muß.

Die Einheit von H ist Ampere pro Meter, wie z.B. aus Gl. (11.54) folgt. Der Differentialoperator „rot" hat ja die Einheit 1/m und die Stromdichte J die Einheit $\mathrm{A/m^2}$.

Sicherlich erinnert Sie das an den Vektor **D**, den wir in Gl. (10.54) mit einem gewissen Mißbehagen einführten. Wir stellten fest, daß **D** in der gleichen Beziehung zur freien Ladung steht wie **E** zu der Gesamtladung. Während wir **D** keinen großen Wert beimaßen, erweist sich der Vektor **H** aus einem praktischen Grund als nützlich. Die Größe, die wir bei elektrischen Systemen einfach regeln und messen können, ist die Potentialdifferenz von Körpern und nicht der auf ihnen befindliche Betrag freier Ladungen: Wir können über das elektrische Feld **E** direkt verfügen, hingegen nicht über **D**. **D** erweist sich überdies auch in keiner anderen Beziehung als fundamentale Größe. Bei magnetischen Systemen stellt jedoch der freie Strom die Größe dar, zu der wir den einfachsten Zugriff haben. Wir können ihn auf wohldefinierten Wegen durch Drähte leiten und ihn mit Amperemetern messen. Gewöhnlich läßt sich aber die Magnetisierung und damit auch **B** nicht so einfach kontrollieren. Darin besteht – im Gegensatz zu **D** – der *Nutzen* des behelfsweise eingeführten Vektors **H**.

Die zu Gl. (11.54) äquivalente Integralbeziehung lautet für den Gesamtstrom I_{frei}, der vom Weg C umschlossen wird:

$$\int_C \mathbf{H}\cdot d\mathbf{l} = \int_A \mathbf{J}_{\text{frei}}\cdot d\mathbf{A} = I_{\text{frei}}\,. \tag{11.55}$$

Wenn wir durch eine Spule mit einem Eisenkern einen bestimmten Strom I fließen lassen, können wir diesen mit einem Amperemeter messen, das in Serie zu der Spule geschaltet ist. Dieser Strom ist der einzige freie Strom, der im System auftritt. Deshalb wissen wir auf jeden Fall über das Linienintegral von **H** um jeden geschlossenen Weg Bescheid, unabhängig davon, ob er durch das Eisen verläuft oder nicht. Das Integral hängt nur von der Anzahl der mit dem Integrationsweg verketteten Windungen unserer Spule ab, nicht aber von der Magnetisierung des Eisens. **M** und **B** zu bestimmen, kann hingegen in diesem System ziemlich kompliziert sein. In solchen Fällen ist die Größe **H** von Nutzen, da sie direkt bestimmt werden kann. Bild 11.23 stellt diese Eigenschaft von **H** an einem Beispiel dar.

Wir betrachten **B** als den grundlegenden magnetischen Feldvektor. Wie wir bereits in Abschnitt 11.2 darlegten, folgt aus der Abwesenheit magnetischer Ladungen überall, sogar im Inneren von Atomen und Molekülen, div **B** = 0. Daraus ergibt sich wiederum, daß **B** und nicht **H** das mittlere makroskopische Feld innerhalb von Materie ist (siehe Abschnitt 11.8). Die Folgerungen, die sich daraus ableiten lassen, wurden in der Vergangenheit nicht immer verstanden oder beachtet. Jedoch hat das Feld **H** den bereits erwähnten praktischen Vorteil. Deshalb finden Sie in vielen älteren Büchern **H** als primäre magnetische Feldgröße eingeführt. **B** definiert man dann durch $\mu_0\,(\mathbf{H}+\mathbf{M})$. Die Größe heißt *magnetische Flußdichte* oder *magnetische Induktion*. Sogar moderne Autoren, die **B** als das grundlegende Feld behandeln, verwenden den Begriff „magnetische Induktion", da im Laufe der Wissenschaftsgeschichte die Bezeichnung *Magnetfeld* für **H** reserviert worden war. Nach unserer Meinung ist dies schwerfällig und außerdem pedantisch. Wenn Sie einen Physiker in einem Forschungslabor fragen, was die Pionenbahnen in seiner Blasenkammer krümmt, wird er wahrscheinlich „Magnetfeld" zur Antwort geben und nicht „magnetische Induktion". Kaum ein Geophysiker wird von der magnetischen Induktion der Erde sprechen oder ein Astronom von der magnetischen Induktion in der Milchstraße. Wir schlagen deshalb vor,

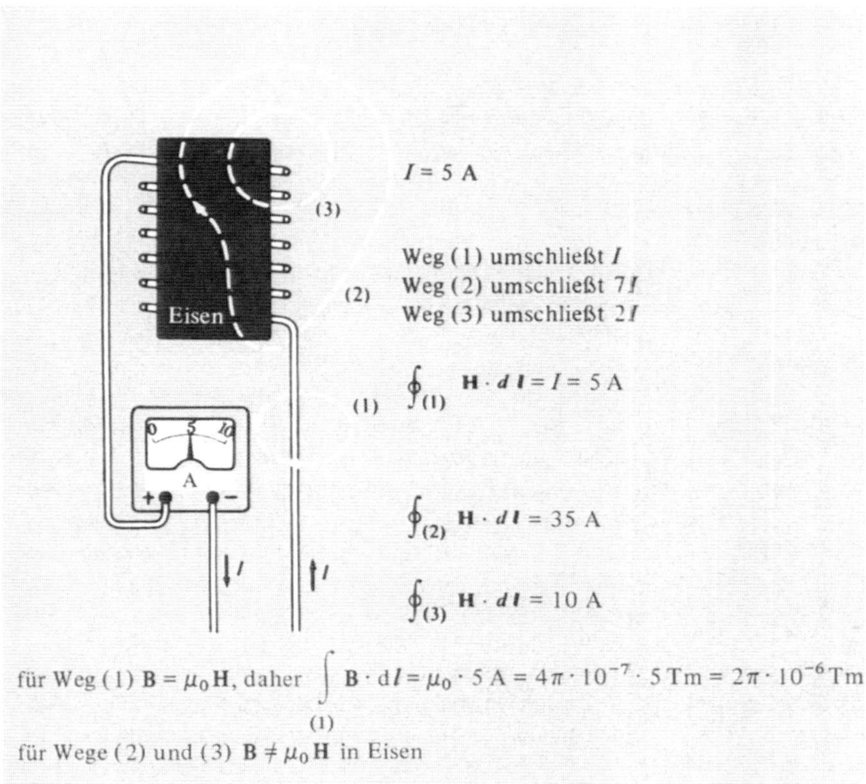

Bild 11.23
Zur Beziehung zwischen dem freien Strom und dem Linienintegral von **H** (Das Anzeigegerät ist ein Amperemeter.)

B auch weiterhin als magnetisches Feld zu bezeichnen. Obwohl es für **H** bereits andere Begriffe gibt, wählen wir als einfache Bezeichnung dafür „das Feld **H**" oder sogar „das magnetische Feld **H**".

Schwierigkeiten bringen ja nur die Begriffe und nicht die Symbole. Alle Physiker stimmen darin überein, daß Gl. (11.53) die Beziehung ist, die die Größen **B**, **M** und **H** miteinander verknüpft. Im Vakuum gibt es keinen wesentlichen Unterschied zwischen **B** und $\mu_0 \mathbf{H}$, da **M** überall dort, wo keine Materie vorhanden ist, Null sein muß. Sie werden daher in den Maxwellschen Gleichungen für Felder im Vakuum oft **E** und $\mu_0 \mathbf{H}$ statt **E** und **B** finden.

Für die ebene Welle im leeren Raum, die wir im Abschnitt 9.4 studiert haben, ist die elektrische Amplitude E_0 (Einheit V/m) mit der magnetischen Amplitude H_0 (Einheit A/m) nach Gl. (9.21) durch die Beziehung $E_0 = c\,\mu_0 H_0$ verknüpft. Die Konstante $c\,\mu_0 = \sqrt{\mu_0/\epsilon_0} = Z_0 \approx 377\,\Omega$ ist der Wellenwiderstand im Vakuum (siehe Anhang E). Er ist uns schon im Abschnitt 9.6 begegnet, wo er in der Leistungsdichte für eine ebene Welle [Gl. (9.28)] vorkam. Damit ist

$$E_0/H_0 = Z_0 \,. \tag{11.56}$$

Diese Beschreibung ist für den Umgang mit elektromagnetischen Wellen im Vakuum, deren Quellen makroskopische Wechselströme und Wechselspannungen sind, bequem. Wir erinnern aber an das, was wir im vorigen Abschnitt herausgefunden haben: Das grundlegende Magnetfeld *innerhalb* der Materie wird durch **B** und nicht durch **H** beschrieben. Das ist keine Sache der Definition, sondern eine Folge des Fehlens magnetischer Ladung.

Die Beziehungen von **H** zu **B** und **M** sind in Bild 11.24 zusammengefaßt. Sie gelten auch, wenn **M** nicht proportional zu **B** ist. Wenn allerdings **M** proportional zu **B** ist, ist es auch proportional zu **H**.

An dieser Stelle müssen wir auch darauf verweisen, daß die übliche Definition für die magnetische Volumensuszeptibilität

$$\mathbf{M} = \chi_m \mathbf{H} \tag{11.57}$$

ist und nicht die Beziehung (11.39), der wir eigentlich aus Gründen der Logik den Vorzug geben sollten.

Der in Bild 11.21b dargestellte Permanentmagnet gibt ein gutes Beispiel für die Beziehung von **H** zu **B** und **M**. Um $\mu_0 \mathbf{H}$ in irgendeinem Punkt im Inneren des magnetisierten Materials zu erhalten, müssen wir zu dem magnetischen Feld **B** in diesem Punkt $-\mu_0 \mathbf{M}$ vektoriell addieren. Bild 11.25 zeigt dies für einen herausgegriffenen Punkt *P*. Dabei stellt sich heraus, daß die **H**-Linien im Inneren des Magneten genau so wie die **E**-Linien innerhalb des polarisierten Zylinders von Bild 11.21a verlaufen. So muß es auch sein. Wären nämlich magnetische Pole und nicht elektrische Ströme die Quelle der Magnetisierung, dann würde in dem betreffenden Material **H** und nicht **B** das makroskopische Magnetfeld sein. In diesem Fall wäre die Ähnlichkeit zwischen magnetischer und elektrischer Polarisation vollkommen.

Da es in einem Permanentmagneten überhaupt keine freien Ströme gibt, muß das Linienintegral von **H** längs jedes beliebigen geschlossenen Wegs entsprechend Gl. (11.55) verschwinden. Dies trifft dann zu, wenn die **H**-Linien so aussehen wie die **E**-Linien in Bild 11.21a, deren Wegintegral ja längs jedes geschlossenen Wegs verschwindet. Auf dieses Beispiel eines Permanentmagneten läßt sich Gl. (11.57) nicht anwenden. Der Magnetisierungsvektor **M** ist hier nämlich nicht proportional **H**, sondern hängt von der vorhergegangenen Behandlung des Materials ab. Wie es dazu kommt, wird der nächste Abschnitt zeigen.

Wenn bei irgendeinem Material eine Proportionalität zwischen **M** und **H** besteht und damit Gl. (11.57) genau so gut wie die Grundbeziehung (11.53) anwendbar ist, gilt

$$\mathbf{B} = \mu_0 (\mathbf{H} + \mathbf{M}) = (1 + \chi_m)\, \mu_0 \mathbf{H} \,. \tag{11.58}$$

In diesem Fall ist also **B** proportional **H**; der Proportionalitätsfaktor $1 + \chi_m$ heißt *Permeabilitätszahl* μ_r:

$$\mathbf{B} = \mu_r\, \mu_0 \mathbf{H} = \mu \mathbf{H} \,, \tag{11.59}$$

wobei $\mu = \mu_r \cdot \mu_0$ die *Permeabilität* ist. Zur Beschreibung des Ferromagnetismus verwendet man die Größe μ_r statt der Suszeptibilität χ.

11.11 Ferromagnetismus

Jahrhundertelang diente der Ferromagnetismus dem Menschen und rief gleichzeitig sein Erstaunen hervor. Den Magneteisenstein kannte man bereits in der Antike. Das Eisen der Kompaßnadeln hat vielleicht die Geschichte noch nachhaltiger beeinflußt als das Eisen der Schwerter. Nahezu ein Jahrhundert beruhte die Elektrotechnik auf dem Umstand, daß ein reichlich vorhandenes Metall zufällig die besondere Eigenschaft des Ferromagnetismus besitzt. Trotzdem kann man erst seit kurzem behaupten, den Ferromagnetismus grundsätzlich zu verstehen.

Einige Eigenschaften ferromagnetischer Materialien haben wir bereits besprochen. In sehr starken Magnetfeldern versucht die Kraft auf eine ferromagnetische Substanz, diese in Richtung zunehmender Feldstärke zu bewegen. Das ist auch bei paramagnetischen Substanzen zu beobachten, hier ist jedoch die Kraft nicht wie dort dem Produkt aus der Feldstärke **B** und ihrem Gradienten proportional, sondern dem Gradienten selbst. Daraus läßt sich, wie wir bereits am Ende von Abschnitt 11.4 vermerkten, die Folgerung ableiten, daß das magnetische Moment eines Ferromagneten bei einem genügend starken Feld irgendeinen Grenzwert erreicht. Die Richtung des magnetischen Moments muß aber nach wie vor vom Feld abhängen, da

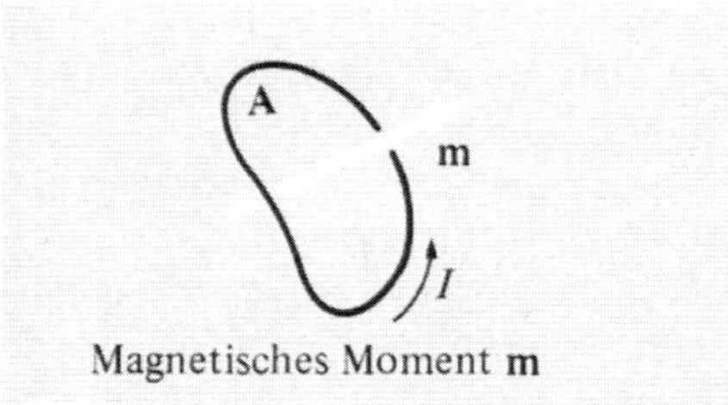

Magnetisches Moment **m**

$\mathbf{m} = I\mathbf{A}$ (11.9)

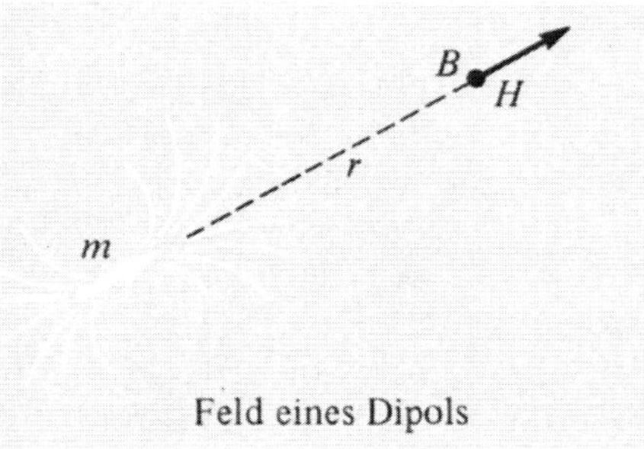

Feld eines Dipols

$B = \frac{\mu_0}{4\pi} \cdot \frac{2m}{r^3}$ [vgl. Gl. (11.15); $\cos\theta = 1$]

$\mathbf{H} = \mathbf{B}/\mu_0$

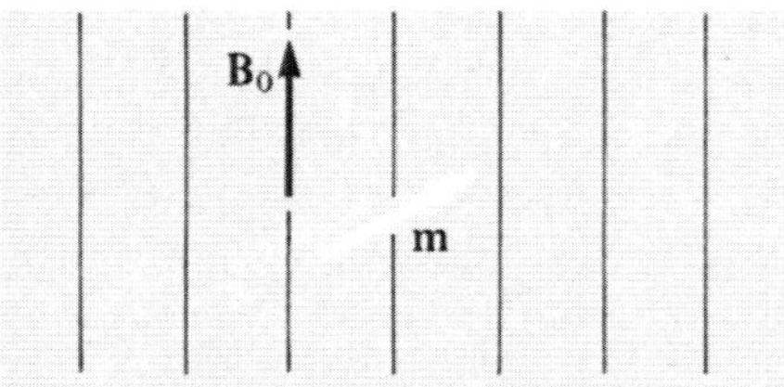

Drehmoment **N** auf einen Dipol im äußeren Feld $\mathbf{B}_0$

$\mathbf{N} = \mathbf{m} \times \mathbf{B}_0$ (11.37)

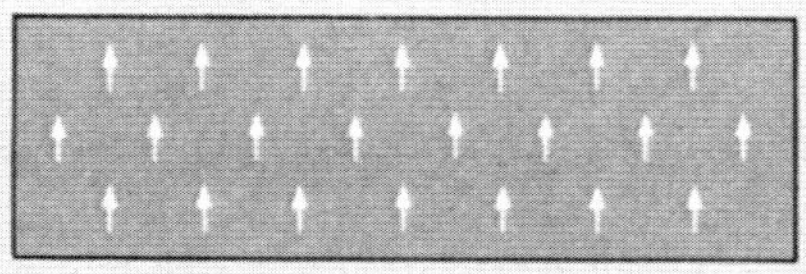
Magnetisierung **M** (Magnetisches Moment pro Volumen aufgrund von gebundenen Strömen)

$\text{rot}\,\mathbf{M} = \mathbf{J}_{geb}$ (11.49)

$\text{rot}\,\mathbf{B} = \mu_0\,(\mathbf{J}_{frei} + \mathbf{J}_{geb})\,,$ (11.50)

$\mathbf{H} \overset{\text{def}}{=} \frac{1}{\mu_0}\mathbf{B} - \mathbf{M}\,;$ (11.52)

dann ist $\text{rot}\,\mathbf{H} = \mathbf{J}_{frei}$ (11.53)

oder $\oint \mathbf{H} \cdot d\mathbf{l} = I_{frei}$ (11.54)

Bild 11.24 Zusammenfassung der Beziehungen zwischen **B**, **H**, **M**, **m**, $\mathbf{J}_{frei}$ und $\mathbf{J}_{geb}$

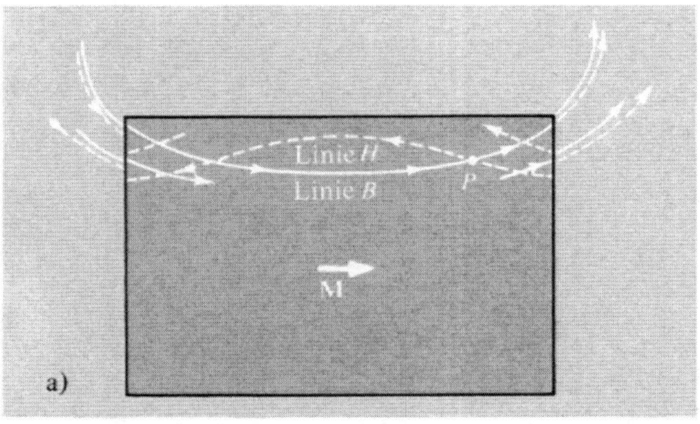

a)

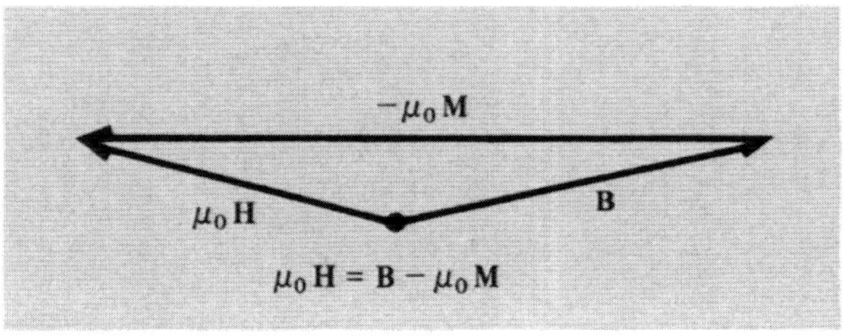

b)

Bild 11.25

a) Die Beziehung zwischen **B**, **H** und **M** in einem Punkt innerhalb des magnetisierten Zylinders von Bild 11.21b.

b) Die vektorielle Beziehung im Punkt *P*.

die Kraft sonst nicht immer in Richtung zunehmender Feldstärke wirken würde.

Bei Permanentmagneten beobachten wir sogar in Abwesenheit irgendeines äußeren Felds ein magnetisches Moment. Es behält seinen Betrag und seine Richtung auch in einem äußeren Feld bei, solange dieses nicht zu stark ist. Das Feld des Permanentmagneten selbst ist natürlich dauernd vorhanden, und vielleicht fragen Sie sich, ob dieses Feld nicht seine eigenen Quellen ausgerichtet halten könnte. Allerdings ist in unserem idealisierten Magneten von Bild 11.21b und 11.25 **M** weder zu **B** noch zu **H** parallel. Dies legt den Schluß nahe, daß die Ausrichtung der magnetischen Dipole ihre Ursache in etwas anderem als in rein magnetischen Kräften hat.

Die Magnetisierung, die man bei ferromagnetischen Materialien beobachtet, ist viel größer als bei paramagnetischen Substanzen. Ganz gewöhnliche Permanentmagnete erreichen Feldstärken von einigen zehntel Tesla. Charakteristischer als diese Angabe ist der Grenzwert, gegen den die Magnetisierung einer bestimmten Substanz geht, d.h. das magnetische Moment pro Volumen, das sie maximal in einem sehr starken Feld erreicht. Ist dieser Grenzwert erreicht, spricht man von *magnetischer Sättigung.* Die Sättigungsmagnetisierung von Eisen können wir aus den Angaben in der Tabelle 11.1 ableiten. In dem dortigen Feld mit einem Gradienten von 17 T/m betrug die Kraft auf 1 kg Eisen 4000 N. Gl. (11.19) verknüpft die Kraft auf einen Dipol mit dem Feldgradienten und wir erhalten

$$\frac{m}{\text{Masse}} = \frac{F/\text{Masse}}{dB/dz} = \frac{4000\ \text{N/kg}}{17\ \text{T/m}} = 240\ \text{J/(T}\cdot\text{kg)}\,. \quad (11.60)$$

Um zum Moment pro Volumen zu gelangen, brauchen wir m nur mit der Dichte von Eisen ($7800\ \text{kg/m}^3$) zu multiplizieren. Die Magnetisierung M beträgt also

$$M = 240 \cdot 7800\ \text{J/(T}\cdot\text{m}^3) = 1{,}84 \cdot 10^6\ \text{J/(T}\cdot\text{m}^3)\,. \quad (11.61)$$

Interessant ist es zu untersuchen, welcher Anzahl von Elektronenspinmomenten diese Magnetisierung entspricht. Wir dividieren M durch das Elektronenmoment, das wir in Bild 11.14 mit $9{,}28 \cdot 10^{-24}$ J/T angaben, und erhalten rund $2 \cdot 10^{29}$ Spinmomente pro m^3. Da $1\,\text{m}^3$ Eisen angenähert 10^{29} Atome enthält, scheint die Sättigungsmagnetisierung ungefähr zwei ausgerichteten Spins pro Atom zu entsprechen. Nun sind aber die meisten Elektronenspins in einem Atom abgesättigt und haben deshalb überhaupt keine magnetische Wirkung. Dies weist uns darauf hin, daß wir es mit einer hochgradigen Ausrichtung jener wenigen Elektronenspins in einem Atom zu tun haben, die sich frei in die gleiche Richtung einzustellen vermögen.

Der Ferromagnetismus zeigt folgendes überraschende Verhalten: Eine gegebene ferromagnetische Substanz, z.B. reines Eisen, verliert plötzlich ihre ferromagnetischen Eigenschaften, wenn man sie auf eine bestimmte Temperatur erwärmt. Über 770 °C verhält sich reines Eisen wie eine paramagnetische Substanz. Bei Abkühlung unter diese Temperatur gewinnt es sofort wieder seine ferromagnetischen Eigenschaften zurück. Diese Übergangstemperatur heißt nach *Pierre Curie,* der als einer der ersten dieses Phänomen untersuchte, *Curie-Punkt* oder *Curie-Temperatur.* Sie unterscheidet sich von Substanz zu Substanz und beträgt z.B. bei reinem Nickel 358 °C.

Worauf ist aber dieses ferromagnetische Verhalten zurückzuführen, das eine so scharfe Unterscheidung zwischen Eisen unterhalb 770 °C einerseits und Eisen oberhalb 770 °C oder Kupfer bei beliebigen Temperaturen ermöglicht? Es beruht auf der *spontanen* Ausrichtung der atomaren magnetischen Momente in einer bestimmten Richtung, d.h. auf der Ausrichtung der Spinachsen bestimmter Elektronen jedes Eisenatoms. Unter *spontan* verstehen wir, daß kein äußeres Feld beteiligt zu sein braucht. In einem viele Millionen Atome enthaltenden Eisenvolumen weisen die Spins und magnetischen Momente nahezu aller Atome in die gleiche Richtung. Unterhalb des Curie-Punkts und zwar in genügendem Abstand davon – z.B. bei Eisen mit Zimmertemperatur – ist die Ausrichtung nahezu perfekt. Bild 11.26 gibt eine Vorstellung von der Anordnung der atomaren magnetischen Momente im Innern eines Eisenkristalls.

Es überrascht wohl kaum, daß diese regelmäßige Anordnung bei hohen Temperaturen zerstört wird. Denn man

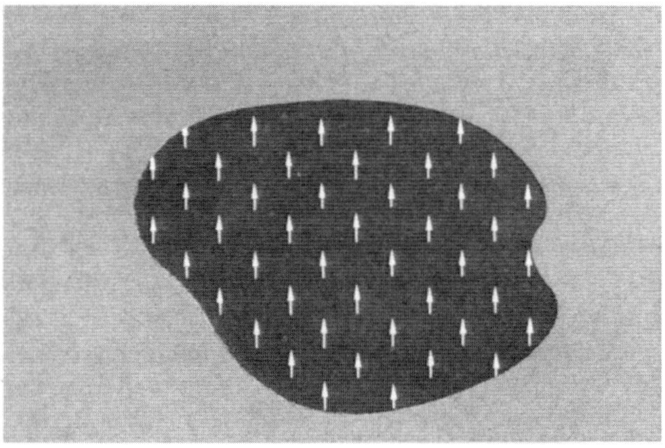

Bild 11.26 Die Ordnung der Spinorientierungen in einem kleinen Bereich eines Eisenkristalls. Jeder Pfeil steht für das magnetische Moment eines Eisenatoms.

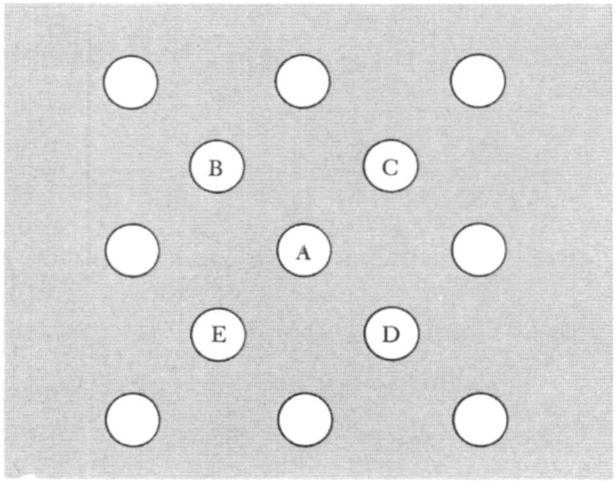

Bild 11.27 Ein Atom *A* und seine nächsten Nachbarn in einem Kristallgitter. (Natürlich ist das Gitter in Wirklichkeit dreidimensional.)

kann die thermische Energie geradezu als Feind jeder Ordnung bezeichnen. Ein Kristall mit seiner regelmäßigen Atomanordnung geht bei einer scharf definierten Temperatur, dem Schmelzpunkt, in den viel weniger geordneten flüssigen Zustand über. Wie der Curie-Punkt unterscheidet sich auch der Schmelzpunkt von Substanz zu Substanz. Wir konzentrieren uns auf den geordneten Zustand und stellen drei Fragen:

Frage 1: Was ruft die Ausrichtung der Spins hervor und erhält diese aufrecht?

Frage 2: Wie können die Spins in Abwesenheit eines äußeren Felds eine bestimmte Richtung bevorzugen? Warum weisen in Bild 11.26 nicht alle Momente nach unten, nach links oder nach rechts?

Frage 3: Wenn alle atomaren Momente ausgerichtet *sind*, warum ist dann nicht jedes Eisenstück bei Zimmertemperatur ein starker Magnet?

Mit den Antworten auf diese Fragen werden wir auch – zumindest für nicht allzu starke oder allzu schwache äußere Felder – das allgemeine Verhalten von Ferromagnetika in äußeren Feldern verstehen. Wir begegnen hier einer Vielfalt von Phänomenen, die wir noch nicht diskutiert haben.

Antwort 1: Nach den Gesetzen der Quantenmechanik ist jene Anordnung von Eisenatomen günstiger, in der die Spins benachbarter Eisenatome parallel gerichtet sind. Dies rührt *nicht* von ihrer magnetischen Wechselwirkung her, sondern hat seinen Grund in einem stärkeren Effekt, der überdies (anders als bei Dipolwechselwirkungen – siehe Abschnitt 10.16, Übung 17) parallele Spins mit den Orientierungen ↑ ↑ oder → → bevorzugt. Wenn nun das Atom *A* (Bild 11.27) seinen Spin entsprechend den Spins seiner Nachbarn, das sind die Atome *B, C, D* und *E,* einstellen möchte und *alle* diese Atome die gleiche Spinorientierung wie die Nachbaratome einschließlich des Atoms *A bevorzugen,* läßt sich leicht einsehen: Sobald sich irgendwo eine lokale Majorität der Ausrichtung ausbildet, besteht in deren Umgebung eine starke Tendenz, sich ihr anzuschließen. Die bevorzugte Orientierung breitet sich aus und umfaßt immer größere Bereiche.

Antwort 2: Wir können vom ungeordneten Zustand ausgehen und etwa Eisen im feldfreien Raum auf eine Temperatur unterhalb des Curie-Punkts abkühlen. Dann hängt die für die Spinorientierung gewählte Richtung mehr oder weniger vom Zufall ab. Reines Eisen besteht aus kubisch raumzentrierten Kristallen. Jedes Atom ist von acht Nachbarn umgeben. Die Symmetrie der Umgebung wirkt sich auf alle physikalischen Aspekte des Atoms, einschließlich der Spinkoppelung aus. Eisen läßt sich am leichtesten längs der Würfelachsen magnetisieren; d.h., die Spins streben nicht nur eine gemeinsame Richtung an, sondern geben von allen möglichen Richtungen den sechs Richtungen $\pm\hat{\mathbf{x}}$, $\pm\hat{\mathbf{y}}$ und $\pm\hat{\mathbf{z}}$ (Bild 11.28) den Vorzug. So kann die Gesamtheit der Spins nicht ohne weiteres von einer dieser bevorzugten Richtungen in eine äquivalente, rechtwinkelig dazu stehende umklappen. Beim Umklappen müßten nämlich alle Spins weniger günstige Orientierungen durchlaufen. Gerade dieses Hindernis macht Permanentmagnete erst möglich.

Antwort 3: Ein offenbar unmagnetisiertes Eisenstück setzt sich tatsächlich aus vielen *Bezirken* zusammen, in denen alle Spins parallel sind; in jedem Bezirk unterscheidet sich aber die Orientierung von der Spinorientierung in den Nachbarbezirken. Da in einem „unmagnetisierten" Eisenstück im Mittel alle Richtungen gleichwertig auftreten, resultiert aus der Magnetisierung der Bezirke kein makroskopisches Magnetfeld. Die magnetischen Bezirke bilden sich sogar in einem Einkristall aus. Ihre Größe ist mikroskopisch im üblichen Sinn des Wortes, man kann sie auch mit

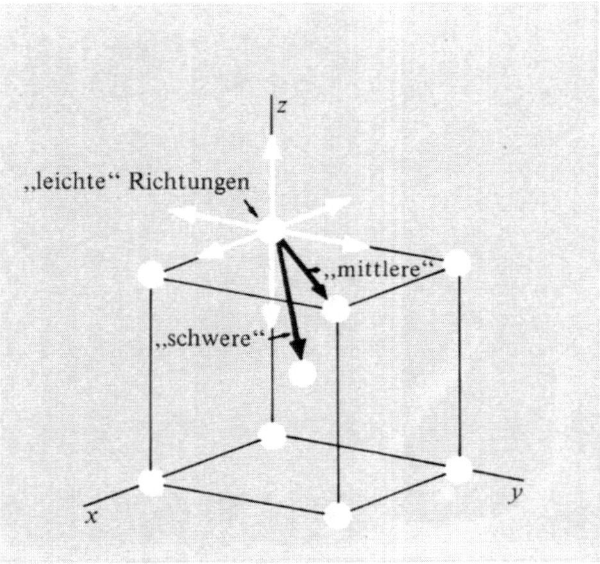

Bild 11.28 Eisen läßt sich am leichtesten entlang der Würfelachsen magnetisieren.

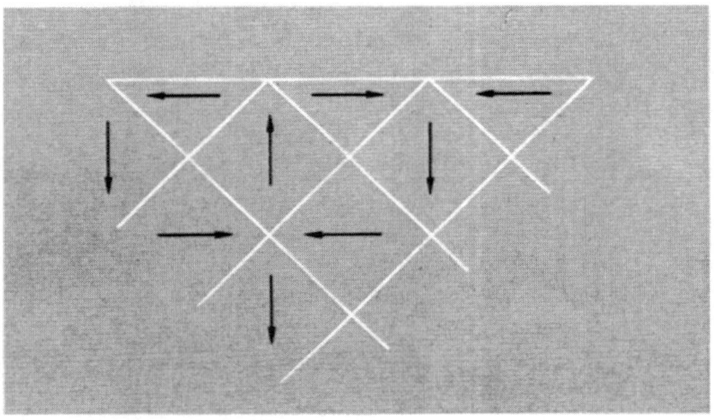

Bild 11.29 Mögliche Anordnung der magnetischen Bezirke in einem homogenen Eiseneinkristall

einem schwach vergrößernden Mikroskop sichtbar machen. Im atomaren Maßstab betrachtet sind die Bezirke natürlich riesig, sie enthalten gewöhnlich Milliarden atomarer Momente. Bild 11.29 gibt eine Unterteilung in Bezirke wieder. Diese Unterteilung erfordert weniger Energie als eine Anordnung, bei der alle Spins in die gleiche Richtung weisen. Das entspräche einem Permanentmagneten mit einem starken und weit in den Außenraum reichendem Magnetfeld. Die Energie dieses äußeren Felds wäre aber größer als jene, die in der unterschiedlichen Orientierung der Nachbaratome an den Bezirksgrenzen gespeichert ist. So ist die Ausbildung von Bezirksgrenzen energetisch günstiger als die Aufrechterhaltung eines starken äußeren Felds.

Wenn wir einen Draht um einen Eisenstab wickeln und durch ihn einen Strom schicken, befindet sich das Eisen in einem Magnetfeld. In diesem Feld besitzen jene zu ihm parallel laufenden Momente eine niedrigere Energie als die Momente mit antiparalleler oder einer anderen Orientierung. Dies begünstigt einzelne Bezirke gegenüber anderen. Bezirke, deren Moment[74] zufällig in Feldrichtung verläuft, werden versuchen auf Kosten der anderen zu wachsen. Ein Bezirk wächst wie ein Verein, d.h. durch Vergrößerung seiner Mitgliederzahl. Dies geschieht an den Grenzen zwischen den Bezirken. Spins, die einem unvorteilhaft orientierten Bezirk angehören und sich an der Grenze zu einem begünstigten Bezirk befinden, wechseln einfach ihre Zugehörigkeit, indem sie die vorteilhaftere Orientierung annehmen. Dadurch verschiebt sich bloß die Grenze zwischen den Bezirken. Diese ist ja nichts anderes als die Demarkationslinie zwischen zwei Klassen von Spins. In Einkristallen läuft dieser Vorgang ziemlich leicht ab. Ein sehr schwaches äußeres Feld kann deshalb durch Verschiebung der Grenzen zu einem starken Wachstum der günstigen Bezirke und damit auch zu einer ausgeprägten Gesamtänderung der Magnetisierung führen. Die Verschiebung der Grenzen, die von der Kornstruktur des Materials beeinflußt wird, kann jedoch auch schwer sein.

Verläuft das äußere Feld nicht zufällig längs einer Richtung „leichter" Magnetisierbarkeit (z.B. längs einer Würfelachse im Falle eines kubischen Kristalls), bringt die Aufzehrung der unvorteilhaft orientierten Bezirke noch keine exakte Parallelorientierung von Momenten und Feld mit sich. Es bedarf einer beträchtlich höheren Feldstärke, um die Momente in Feldrichtung auszurichten und so schließlich die überhaupt mögliche Maximalmagnetisierung zu erzeugen.

Wir betrachten nun die makroskopischen Folgen dieser Tatsachen, wie sie sich im magnetischen Verhalten eines Eisenstücks bei verschieden starken äußeren Feldern zeigen. Eine zweckmäßige experimentelle Anordnung gibt Bild 11.30 wieder: Sie besteht aus einem Eisentorus, um den zwei Spulen gewickelt sind. Auf diese Weise erreicht man innerhalb des Eisens ein praktisch homogenes Feld und vermeidet alle Randeffekte, die Schwierigkeiten bringen könnten. Durch Messung der Spannung, die in einer der beiden Spulen induziert wird, lassen sich Änderungen des Flusses Φ und damit auch von $\mathbf{B}$ im Eiseninneren bestimmen. Wenn wir von $\mathbf{B} = 0$ ausgehend die *Änderungen* von $\mathbf{B}$ registrieren, wissen wir stets, wie groß $\mathbf{B}$ ist. Der durch die andere Spule fließende Strom ergibt $\mathbf{H}$, das wir als unabhängige Veränderliche betrachten. Bei

[74]Wir verwenden in diesem Abschnitt die Begriffe *Spin* und *Moment* fast synonym. Das Moment ist wesentliche Erscheinungsform des Spins, und wenn von diesen beiden Größen eine ausgerichtet ist, so ist es auch die andere. Um ganz genau zu sein, müssen wir Sie daran erinnern, daß der Vektor des magnetischen Moments und der Drehimpulsvektor im Falle des Elektrons einander entgegengesetzt verlaufen (Bild 11.14).

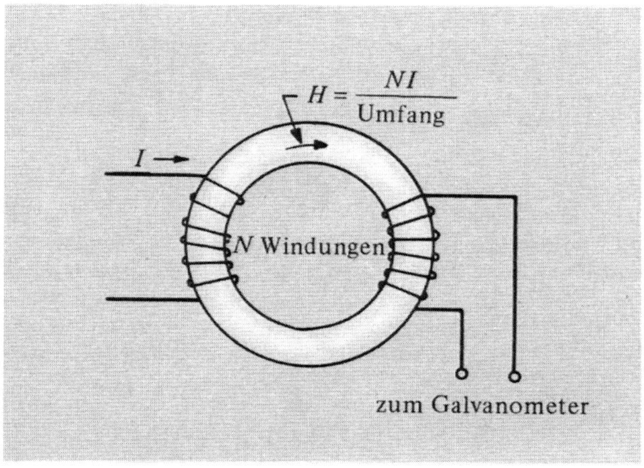

Bild 11.30 Versuchsanordnung zur Untersuchung der Beziehung zwischen **B** und **M** oder **B** und **H** in einem ferromagnetischen Material

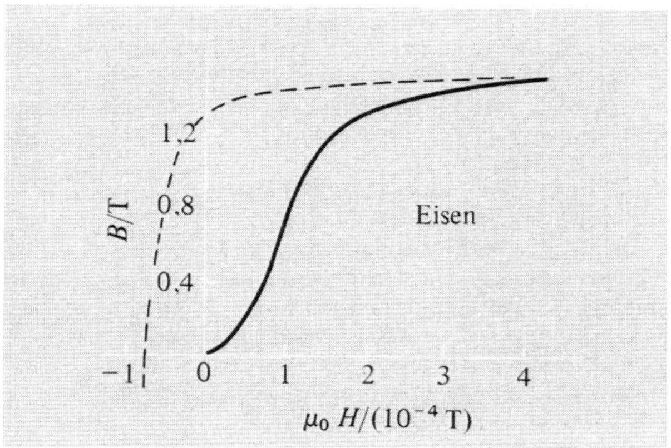

Bild 11.31 Magnetisierungskurve (Hysteresiskurve) von ziemlich reinem Eisen. Die gestrichelte Kurve erhält man, wenn man H von einem großen positiven Wert ausgehend erniedrigt.

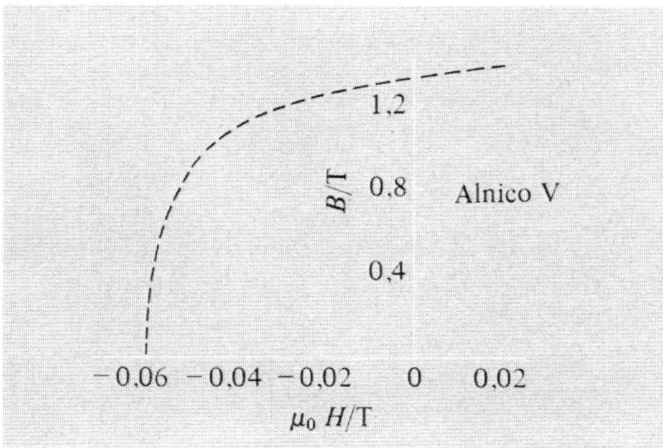

Bild 11.32 Alnico V ist eine Legierung aus Aluminium, Nickel und Cobalt, die man für Permanentmagnete verwendet. Vergleichen Sie diese Magnetisierungskurve mit dem entsprechenden Kurventeil bei einem „magnetisch weichen" Material (z.B. Bild 11.31).

bekannten **B** und **H**, läßt sich **M** immer berechnen. Meist trägt man aber **B** statt **M** als Funktion von **H** auf. Eine für Eisen typische B, H-Kurve zeigt Bild 11.31. Beachten Sie, daß sich die Skalenteilungen auf Abszisse und Ordinate um Größenordnungen unterscheiden. Steckte in der Spule kein Eisen, würden $\mu_0 H$ und B gleich sein. Hier aber führt ein Feld $\mu_0 H \approx 10^{-4}$ T bereits zu einem $B \approx 1$ T. Natürlich geben B und H nur Mittelwerte für den gesamten Eisenring an; die Feinstruktur der Bezirke tritt in diesem Experiment nie in Erscheinung.

Wenn wir von „unmagnetisiertem" Eisen, d.h. $B = 0$ und $H = 0$, ausgehen und H erhöhen, nimmt B ganz offensichtlich nichtlinear zu, nämlich am Anfang langsam, dann rascher, schließlich sehr langsam, bis sich die Kurve ganz abgeflacht hat. Im Übergang zur Sättigung wird aber nicht B sondern M konstant. In der Kurve von Bild 11.31 ist der Unterschied zwischen B und $\mu_0 M$ unbeträchtlich.

Das untere Stück der B, H-Kurve wird von der Wanderung der Bezirksgrenzen bestimmt, d.h. von dem Wachstum der „richtig orientierten" Bezirke auf Kosten der „falsch orientierten". Im flacher werdenden Teil der Kurve werden die atomaren Momente „mit Gewalt" zum Umklappen in Feldrichtung gebracht. Das Eisen, das wir hier untersuchen, ist ein gewöhnliches polykristallines Metall; deshalb wird nur ein kleiner Bruchteil aller Kristallite so orientiert sein, daß eine der Richtungen leichter Magnetisierbarkeit in Feldrichtung liegt.

Erniedrigen wir nun den Spulenstrom langsam und verringern damit H, so fallen die Meßpunkte nicht mehr mit den ursprünglichen zusammen; der Verlauf von B folgt der gestrichelten Kurve von Bild 11.31. Diese Irreversibilität heißt *Hysteresis.* Sie beruht hauptsächlich darauf, daß die Wanderung der Bezirksgrenzen zum Teil irreversibel ist. Die Gründe hierfür wollen wir nicht weiter diskutieren, sie sind jedem Fachmann auf dem Gebiet des Ferromagnetismus geläufig. Diese Irreversibilität stellt eine unangenehme Erscheinung dar, denn sie ist für Energieverluste bei vielen technischen Anwendungen ferromagnetischer Materialien, z.B. beim Transformator, verantwortlich. Andererseits benötigt man sie unbedingt für Permanentmagnete; in diesem Fall versucht man sogar, sie zu steigern. Bild 11.32 zeigt den entsprechenden Teil der B, H-Kurve einer guten permanentmagnetischen Legierung. Beachten Sie, daß $\mu_0 H$ einen Wert von 0,06 T in der *umgekehrten* Richtung annehmen muß, bevor B wieder verschwindet. Unterbricht man einfach den Spulenstrom, so behält B einen Wert von 1,3 T, die sogenannte *Remanenz.* Da $\mu_0 H = 0$, entspricht dieser Wert, von einem Faktor μ_0 abgesehen, der Magnetisierung M. Die Legierung hat damit eine permanente Magnetisierung erreicht; der Magnet verbleibt in diesem Zustand, wenn er nur schwachen äußeren Feldern ausgesetzt wird. Jede Information, die auf Magnetbändern oder Disketten gespeichert ist, verdankt ihre Fortdauer diesem physikalischen Phänomen.

11.12 Übungen

1. Bestimmen Sie die diamagnetische Suszeptibilität von Wasser aus den Daten in Tabelle 11.1.
2. *Vergleich des Felds eines Ringstroms mit dem eines infinitesimalen Dipols.* In Kapitel 6 berechneten wir die Feldstärke eines Ringstroms vom Radius b in einem Achsenpunkt (siehe Gl. (6.41)). Zeigen Sie, daß sich diese Feldstärke für $z \gg b$ dem Feld eines magnetischen Dipols nähert. Untersuchen Sie, in welcher Entfernung auf der Achse der Unterschied zwischen der Feldstärke des Ringstroms und der Feldstärke, die ein infinitesimaler Dipol vom gleichen Dipolmoment in demselben Punkt erzeugen würde, weniger als 1 % beträgt.
3. Wie groß ist das magnetische Moment von 1 g flüssigem Sauerstoff in einem Feld von 1,8 T aufgrund der Daten in Tabelle 11.1? Wie groß ist die magnetische Suszeptibilität χ_m, wenn die Dichte von flüssigem Sauerstoff 1,14 g/cm^3 bei 90 K ist?
4. *Die Erde als magnetischer Dipol.* Am magnetischen Nordpol verläuft das magnetische Erdfeld vertikal und seine Stärke beträgt $6{,}2 \cdot 10^{-5}$ T. An der Erdoberfläche und außerhalb der Erde gleicht das Erdfeld angenähert dem Feld eines zentralen Dipols.
   a) Wie groß ist das Dipolmoment?
   b) Stellen Sie sich vor, daß die Quelle des Feldes ein Ringstrom auf dem „Äquator" des metallischen Erdkerns ist, der einen Radius von 3000 km, also ungefähr den halben Erdradius hat. Wie groß müßte der Strom sein?
5. *Anwendung der Gleichung für das Dipolmoment.* Die in Abschnitt 11.1 beschriebene Spule soll sich im Keller eines Laborgebäudes befinden. Ein im obersten Stockwerk arbeitender Physiker behauptet nun, daß das Spulenfeld seine Messungen störe; sein Meßplatz liegt 18 m über der Spule mit einer seitlichen Verschiebung von 24 m. Berechnen Sie die Feldstärke, die an dem Meßplatz des Physikers herrscht; behandeln Sie dabei die Spule als einfachen magnetischen Dipol. Hat der Physiker wirklich Grund zu klagen?
6. Ein Würfel aus Magnetit mit einer Kantenlänge von 5 cm ist senkrecht zu zwei gegenüberliegenden Flächen bis zur Sättigung magnetisiert. Wie groß ist der Ringstrom der gebundenen Ladungen, der in dem Mantel fließt, den die vier anderen Würfelflächen bilden? Die Sättigungsmagnetisierung für Magnetit ist $4{,}8 \cdot 10^5$ A/m. Würde das Feld dieses Magnetwürfels einen 2 m weit entfernten Kompaß ernstlich stören?
7. *Das magnetische Moment einer rotierenden geladenen Kugel.* Auf der Oberfläche einer Kugel vom Radius r ist die Ladung Q (Dichte $\sigma = Q/4\pi r^2$) gleichmäßig verteilt. Diese Flächenladung rotiert um eine Kugelachse mit der Winkelgeschwindigkeit ω. Wie groß ist ihr magnetisches Moment? (Teilen Sie die Kugeloberfläche in schmale geschlossene Bänder rotierender Ladung auf; berechnen Sie aus dem Strom, dem jedes Band äquivalent ist, sein Dipolmoment. Zum Schluß brauchen Sie nur noch über alle Bänder zu integrieren.)
   Lösung: $Qr^2\omega/3$.
8. Zeigen Sie, daß die Arbeit pro Masse, um eine paramagnetische Substanz aus einem Gebiet mit der Feldstärke **B** in ein Gebiet mit verschwindenden Feldstärke zu bringen, $\chi_m B^2/(2\mu_0\rho)$ ist (ρ = Dichte, χ_m = Suszeptibilität). Berechnen Sie danach genau, welche Arbeit pro Masse erforderlich ist, um den flüssigen Sauerstoff aus der Region zu entfernen, auf den sich der in Tabelle 11.1 angegebene Wert bezieht. (Natürlich gilt dies nur, wenn χ_m über diesen Feldstärkebereich konstant ist.)
9. Die Wicklung einer zylindrischen Spule besteht aus einer einzigen Schicht von Windungen mit dem Radius r_0. Die Spule ist so lang, daß ihr Feld nahe dem einen Ende als Feld einer halbseitig unendlichen Spule angesehen werden kann. Beweisen Sie, daß eine kleine paramagnetische Probe in jenem Achsenpunkt innerhalb der Spule die größte Kraft erfährt, der $r_0/\sqrt{15}$ vom Ende entfernt liegt.
10. *Das mittlere Feld in der Nähe eines elektrischen Dipols endlicher Ausdehnung und eines Stromrings.* Für einen elektrischen Dipol aus zwei Ladungen $\pm Q$ im Abstand s unterscheidet sich das Feld im wesentlichen nur in einem Volumen der Dimension s^3 vom idealen Dipolfeld. Wenn man s variiert, ist die Feldstärke in einander entsprechenden Punkten proportional Q/s^2. Das Dipolmoment ist $p = Qs$. Was geschieht mit dem Produkt aus Volumen und Feldstärke, wenn wir s schrumpfen lassen, p dabei aber konstant halten? Diskutieren Sie auch auf entsprechende Weise das Magnetfeld einer Stromschleife. Sie werden daraus folgende Lehre ziehen: Haben wir es mit dem mittleren räumlichen Feld innerhalb eines Volumens zu tun, das Dipole enthält, ist der Unterschied zwischen dem „Inneren" von elektrischen Dipolen und jenem von magnetischen Dipolen wesentlich, selbst dann, wenn wir die Dipole sonst als infinitesimal behandeln.
11. Nennen Sie die Maxwellschen Gleichungen für den Fall, daß es außer den elektrischen Ladungen und Strömen auch magnetische Ladungen und Ströme gibt. Führen Sie alle notwendigen Symbole ein und definieren Sie die zugehörigen Begriffe genau. Achten Sie insbesondere auf die richtige Vorzeichensetzung.
12. Wir möchten die Energie berechnen, die erforderlich ist, um zwei Dipole aus unendlich großer Entfernung in die in Bild 11.33a gezeigte Anordnung zu bringen. Sie ist dadurch festgelegt, daß sich die Dipole in einer Ebene befinden, den Abstand r haben und die Winkel θ_1 bzw. θ_2 in Bezug auf die Verbindungslinie einnehmen. Der einfachste Weg für die Be-

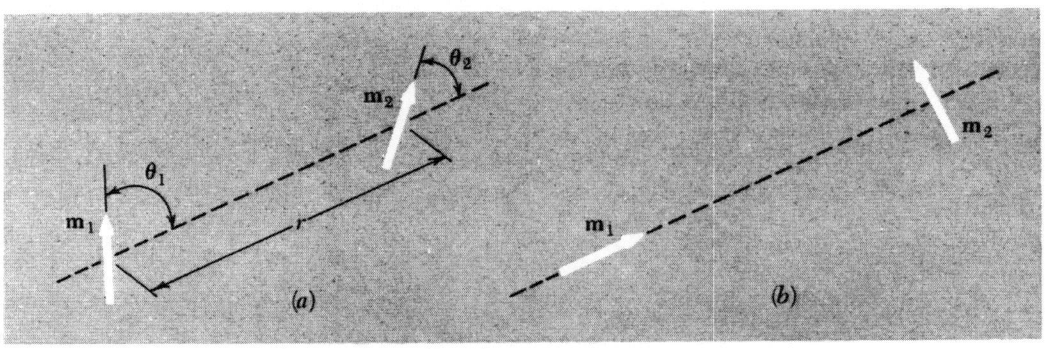

Bild 11.33

rechnung ist vielleicht der folgende: Man bringt die Dipole aus dem Unendlichen auf den Abstand r, während sie sich in der in Bild 11.33b gezeigten Lage befinden. Das erfordert keine Arbeit, weil die Kraft auf jeden Dipol Null ist. Nun berechnet man die erforderliche Arbeit, um $\mathbf{m}_1$ in die Endlage zu drehen, während $\mathbf{m}_2$ festgehalten wird. Dann berechnet man die erforderliche Arbeit um $\mathbf{m}_2$ in seine Endlage zu drehen. Damit ergibt sich als Gesamtarbeit die potentielle Energie des Systems: $(\sin\theta_1 \cdot \sin\theta_2 - 2\cdot\cos\theta_1\cdot\cos\theta_2)\,\mu_0\cdot m_1 m_2/(4\pi r^3)$.

13. Die z-Achse verläuft durch zwei gegenüberliegende Ecken eines regulären Oktaeders der Kantenlänge b. An jeder dieser Ecken und auch an jeder der vier anderen Ecken befindet sich jeweils ein Dipol $\mathbf{m}$, der in $\hat{z}$-Richtung weist. Benutzen Sie das Ergebnis von Übung 12, um die potentielle Energie des Systems zu berechnen.

14. Wir wollen mit χ'_m die durch Gl. (11.39) definierte magnetische Suszeptibilität bezeichnen, um sie von der üblichen Definition Gl. (11.57) zu unterscheiden. Zeigen Sie, daß $\chi_m = \chi'_m/(1-\chi'_m)$ ist.

15. Die magnetischen Bakterien, die 1975 von *R. P. Blakemore* entdeckt wurden, enthalten angenähert würfelförmige Kristallite von Magnetit (Fe_3O_4) der Größe $5\cdot 10^{-8}$ m. Ein Bakterium, das selbst etwa 10^{-6} m groß ist, mag 10 bis 20 solcher zu einer Kette aufgereihter Kristallite enthalten. Dieser Magnet hält die Zelle im magnetischen Erdfeld ausgerichtet und regelt die Richtung, in der das Bakterium schwimmt. (*R. P. Blakemore* und *R. B. Frankel*, Scientific American, Dez. 1981: "Magnetic Navigation in Bacteria".) Berechnen Sie die Energie, die erforderlich ist, um eine Zelle, die einen solchen Magneten enthält, im Erdfeld um 90° zu drehen. Vergleichen Sie diese Energie mit der thermischen Anregung kT. Die Sättigungsmagnetisierung von Magnetit ist $4{,}8\cdot 10^5$ A/m.

16. Eine bemerkenswerte Legierung für Permanentmagnete aus Samarium und Cobalt hat eine Sättigungsmagnetisierung von $7{,}5\cdot 10^5$ A/m, die in äußeren Feldern bis zu 1,5 T bestehen bleibt. Sie ist ein gutes Beispiel für eine „fest eingefrorene" Magnetisierung. Betrachten Sie eine homogen magnetisierte Kugel (Radius 1 cm) aus Samarium-Cobalt.
    a) Wie groß ist das magnetische Feld $\mathbf{B}$ an einem Pol außerhalb der Kugel bzw.
    b) an ihrem magnetischen Äquator?
    c) Stellen Sie sich vor, daß zwei von diesen Kugeln mit entgegengesetzten Polen magnetisch aneinanderhaften. Welche Kraft ist erforderlich, um sie zu trennen?

17. Eine 20 cm dicke Eisenplatte ist parallel zu ihrer Oberfläche bis zur Sättigung magnetisiert. Ein 10-GeV-Myon trifft senkrecht auf die Oberfläche auf und durchdringt die Platte mit relativ geringem Energieverlust. Berechnen Sie angenähert die Winkelablenkung der Bahn des Myons. Die Ruhemasse des Myons ist 200 MeV. Die Sättigungsmagnetisierung von Eisen entspricht der Ausrichtung von $1{,}5\cdot 10^{29}$ Elektronenmomenten pro m^3.

18. Drei magnetische Kompasse sind an den Ecken eines horizontalen gleichseitigen Dreiecks angeordnet. Wie in jedem gewöhnlichen Kompaß ist jede Kompaßnadel ein magnetischer Dipol, der sich nur in einer horizontalen Ebene drehen kann. In unserem Fall soll das magnetische Erdfeld vollständig kompensiert sein. Das einzige Feld, was auf einen Dipol wirkt, ist das der beiden anderen Dipole. Wie werden sich die Dipole schließlich anordnen? (Benutzen Sie Symmetrieüberlegungen!) Kann Ihre Antwort auf N Kompasse in den Ecken eines N-Ecks verallgemeinert werden?

19. Typisch für das Dipolmoment eines polaren Moleküls ist die Größenordnung 10^{-30} Cm (Bild 10.14). Das magnetische Moment eines Atoms oder Moleküls mit einem ungepaarten Elektronenspins ist $10^{-23}\,\mathrm{Am}^2$ (Bild 11.14). Im atomaren Bereich ist der Magnetismus ein relativ schwacher Effekt. Aber betrachten Sie die makroskopischen Größen Polarisation $\mathbf{P}$ und Magnetisierung $\mathbf{M}$. Welche Werte können praktisch für P in einem dielektrischen und M in einem ferromagnetischen Material erreicht werden? Wodurch sind diese begrenzt?

20. In der Mitte eines jeden Feldes (Seitenlänge s) auf einem Schachbrett ist ein magnetischer Dipol $\mathbf{m}$ aufgestellt. Die Dipole auf den weißen Feldern sind zu denen auf den schwarzen Feldern entgegengesetzt orientiert.
    a) Berechnen Sie die Arbeit, die erforderlich ist, um einen einzelnen Dipol ins Unendliche zu bringen, während die 63 anderen unverändert bleiben. Welcher von diesen Dipolen ist in dieser Hinsicht am festesten gebunden?
    b) Welche Arbeit ist erforderlich, um alle 64 Dipole auf unendlich großen Abstand voneinander zu bringen? Um diese Frage zu beantworten, müssen Sie ein kleines Programm schreiben und laufen lassen.

21. Der magnetische Dipol $\mathbf{m}$ in Bild 11.34 schwingt mit der Kreisfrequenz ω. Ein Teil seines Magnetfeldes durchsetzt den benachbarten Stromkreis C_1 und induziert dort eine Spannung $U_1\cdot\sin\omega t$. Es würde leicht sein, U_1 anzugeben, wenn wir den Fluß in C_1 kennen würden. Dieser ist aber schwer zu berechnen. Alles, was wir über C_1 wissen, soll sein: Ein in C_1 fließenden Strom I_1 würde ein magnetisches Feld $\mathbf{B}_1$ am Ort von $\mathbf{m}$ erzeugen. Wir wissen außer dem Wert $\mathbf{B}_1/I_1$ nichts weiter – weder Gestalt noch Lage – von C_1. Zeigen Sie, daß diese Information genügt, um eine Beziehung zwischen U_1 und $\mathbf{m}_0$ anzugeben. Sie lautet $U_1 = \omega\mathbf{B}_1\cdot\mathbf{m}_0/I_1$.
    Hinweis: Stellen Sie $\mathbf{m}$ als kleine Stromschleife C_2 mit der Fläche A und dem Strom I_2 dar. Betrachten Sie die Spannung, die in C_2 durch den Wechselstrom in C_1 induziert wird. Dann nutzen Sie die Reziprozität der Gegeninduktivität aus, die wir in Abschnitt 7.7 bewiesen hatten.

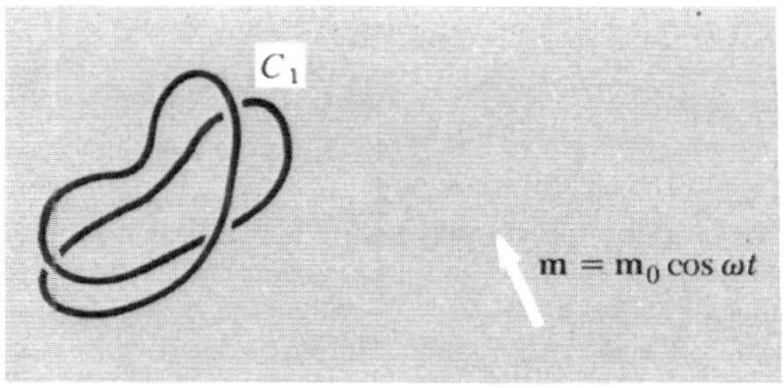

Bild 11.34

22. Die Richtung des magnetischen Erdfeldes in der geologischen Vergangenheit kann aus der Untersuchung der remanenten Magnetisierung in Gesteinen ermittelt werden. Das magnetische Moment einer Gesteinsprobe wird dadurch bestimmt, daß man sie innerhalb einer Spule rotieren läßt und dabei die induzierte Wechselspannung mißt. Die beiden Spulen in Bild 11.35 sind in Reihe geschaltet; jede hat 1500 Windungen und einen mittleren Radius von 6 cm. Die Probe rotiert mit 1740 Umdrehungen pro Minute um eine senkrecht zur Bildebene stehende Achse.
    a) Wie groß ist das magnetische Moment der Probe, wenn die Amplitude der induzierten Spannung 1 mV ist? Die in Übung 21 hergeleitete Formel ist hier von Nutzen.
    b) Wie groß ist ungefähr die kleinste Menge eines ferromagnetischen Materials, die einen Effekt dieser Größe erzeugt?

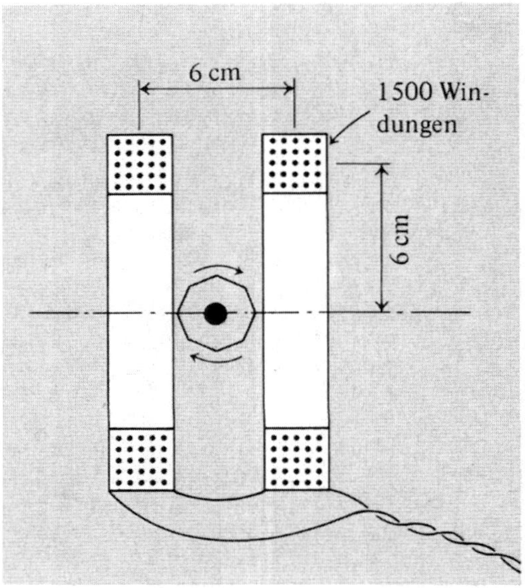

Bild 11.35

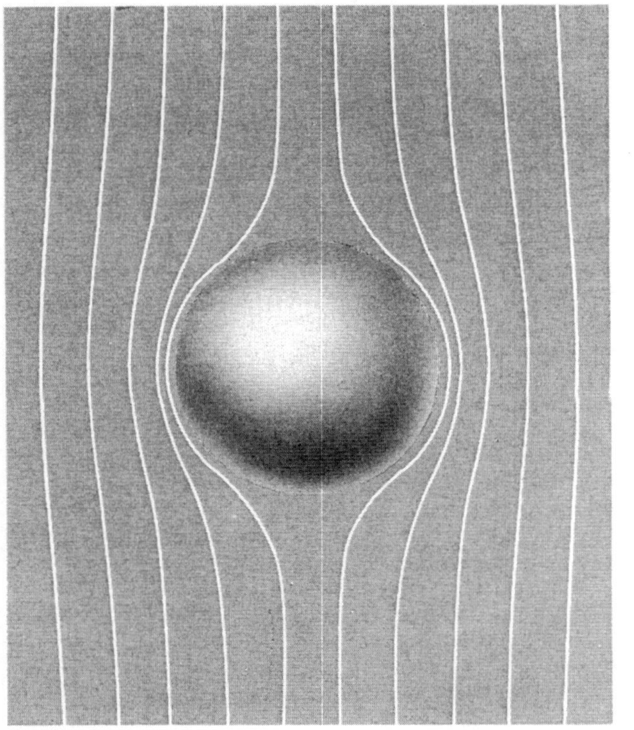

Bild 11.36

23. Ein magnetischer Dipol (Dipolmoment m) befindet sich in einem homogenen Magnetfeld (Feldstärke B_0). Sein Dipolmoment verläuft der Feldrichtung entgegengesetzt. Zeigen Sie, daß in dem resultierenden Feld eine bestimmte sphärische Oberfläche um den Dipol als Mittelpunkt existiert, durch die keine Feldlinien gehen. Man könnte sagen, das äußere Feld sei aus dieser Kugel „verdrängt". Bild 11.36 zeigt den Feldlinienverlauf außerhalb der Kugel. Wie sehen die Feldlinien im Kugelinneren aus? Welche Feldstärke herrscht unmittelbar über der Kugeloberfläche am Äquator? Soweit es um die Auswirkungen auf das äußere Feld geht, läßt sich der Dipol durch Ströme ersetzen, die in der Kugeloberfläche fließen; allerdings muß für die richtige Stromverteilung gesorgt werden. Wie ist das Feld im Kugelinneren in diesem Fall beschaffen? Warum sind Sie sich der Richtigkeit ihrer Antwort gewiß? (Diese Feldkonfiguration ist für die Untersuchung der Supraleitfähigkeit wichtig. Eine supraleitende Kugel verdrängt tatsächlich das gesamte Feld aus ihrem Inneren.)
24. Auf einen Eisentorus (Innendurchmesser 10 cm, Außendurchmesser 12 cm) sind 20 Drahtwindungen gewickelt. Schätzen Sie mit Hilfe der B, H-Kurve von Bild 11.31 den Strom ab, den man benötigt, um in dem Eisen eine Feldstärke von 1,2 T zu erzeugen.
25. *Konstruktion eines Elektromagneten: Ein Ablenkmagnet für Experimente mit hochenergetischen Teilchen.* Bei bestimmten Experimenten lenkt man einen Strahl hochenergetischer Teilchen ab. Dazu benötigt man ein Magnetfeld von 1,6 T. Es muß in einem Bereich wirksam sein, der in Strahlrichtung gemessen 3 m lang sowie 60 cm breit und 20 cm hoch ist. Ein geeigneter Magnet läßt sich etwa entsprechend Bild 11.37a und 11.37b konstruieren. Nehmen Sie die in diesen Bildern eingetragenen Abmessungen als gegeben an und berechnen Sie
   I. die Gesamtanzahl der Amperewindungen, die man in beiden Spulen benötigt, um im Spalt eine Feldstärke von 1,6 T zu erzeugen;
   II. die benötigte Leistung in kW;

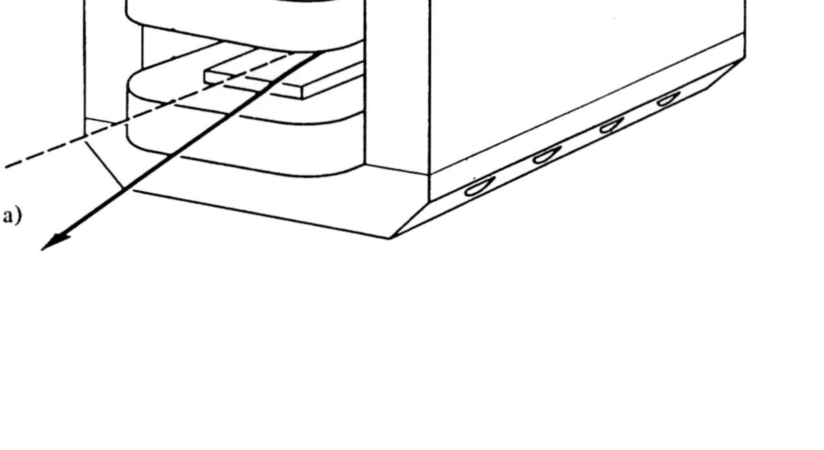

Bild 11.37 a)

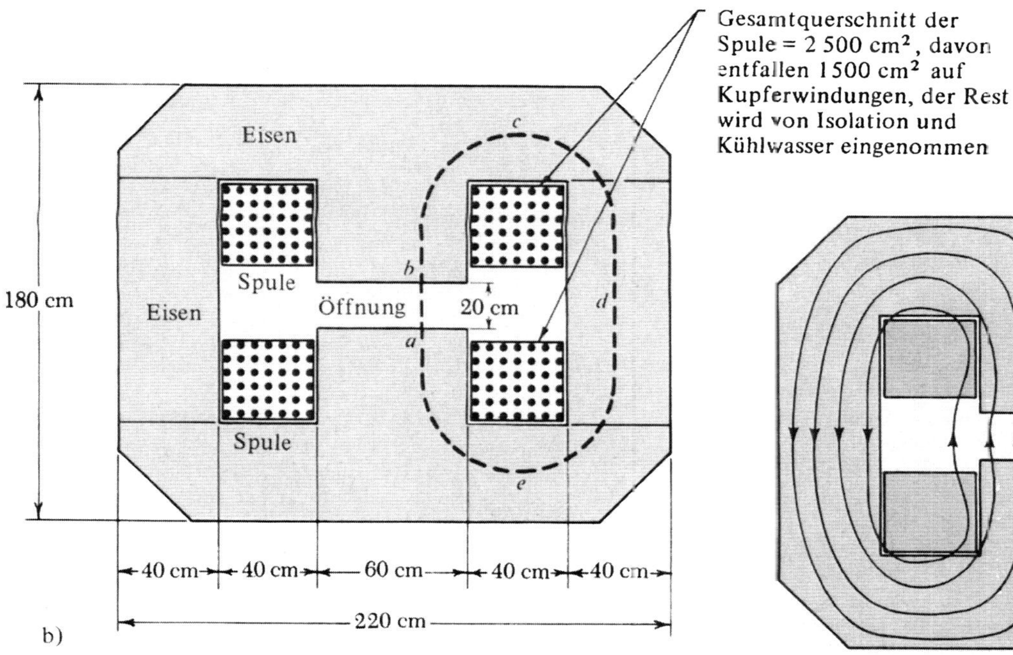

b)

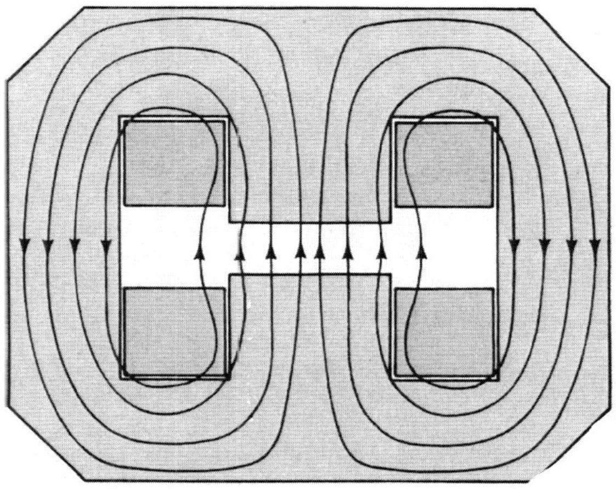

c)

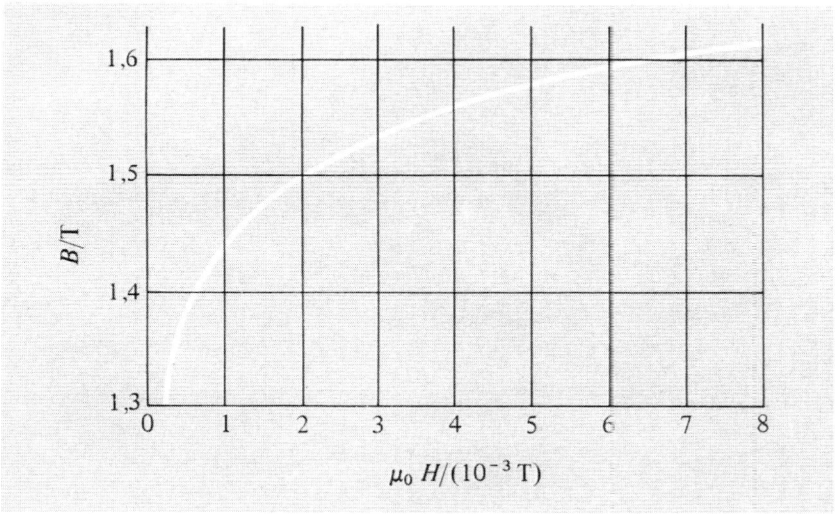

d)

Bild 11.37 (Fortsetzung)

III. die Windungszahl jeder Spule und den entsprechenden Drahtquerschnitt, wenn das benötigte Feld durch Serienanschluß der Spulen an einen 400-V-Gleichstromgenerator erzeugt werden soll.

Zu I: Bild 11.37d zeigt einen Teil der *B, H*-Kurve von Armco-Magneteisen. Sie brauchen nur das Linienintegral von H um einen Weg wie *abcdea* zu bestimmen. Im Spalt ist $\mu_0 H = B$. Sie können weiterhin annehmen, daß **B** innerhalb des Eisens den gleichen Betrag besitzt wie im Spalt. Der Feldlinienverlauf entspricht ungefähr der Darstellung in Bild 11.37c. Die Länge des Integrationswegs im Eiseninneren können Sie grob abschätzen, denn sie spielt keine große Rolle. Wie Sie feststellen werden, leistet nämlich das lange Wegstück *bcdea* verglichen mit dem kurzen Wegstück ab in Luft einen relativ kleinen Beitrag zum Linienintegral. (In Wirklichkeit ist es eine schlechte Näherung, bei niedrigeren Feldstärken H innerhalb des Eisens zu vernachlässigen.)

Zu II: Als Wert für den spezifischen Widerstand von Kupfer nehmen Sie $\rho = 2{,}0 \cdot 10^{-8}\,\Omega\mathrm{m}$ an; jede Spule soll aus N Windungen bestehen. Sie werden feststellen, daß die für eine gegebene Amperewindungszahl benötigte Leistung unabhängig von N ist; d.h., es ist gleichgültig, ob die Spule viele Windungen aus dünnen Draht oder nur einige wenige dicke Windungen enthält, die den erforderlichen Gesamtkupferquerschnitt ergeben. Der Konstrukteur wählt daher N und den Leiterquerschnitt so aus, daß der Magnet an den vorgesehenen Generator angepaßt ist.

Lösung I: 270 000 Amperewindungen;
Lösung II: 82,5 kW;
Lösung III: $2N = 1310$ Windungen (655 pro Spule), Leiterquerschnitt = 1,15 cm².

26. Das Wassermolekül H_2O enthält 10 Elektronen mit paarweise abgesättigten Spins und hat deshalb kein magnetisches Moment. Seine elektronische Struktur ist rein diamagnetisch. Der Wasserstoffkern, das Proton, ist jedoch ein Teilchen mit Spin und magnetischem Moment. Das magnetische Moment des Protons ist ungefähr 700 mal kleiner als das des Elektrons. Im Wassermolekül sind die beiden Protonenspins nicht antiparallel ausgerichtet. Sie können sich praktisch frei orientieren. Sie unterliegen nur der thermischen Anregung.
a) Berechnen Sie die resultierende paramagnetische Suszeptibilität von Wasser bei 20 °C mit Hilfe von Gl. (11.40).
b) Wie groß ist das in einem Liter Wasser induzierte magnetische Moment in einem Feld von 1,5 T?
c) Wie groß ist ungefähr der Strom in einer einzigen Drahtwindung, die Sie um eine 1-*l*-Flasche gelegt haben, um ein entsprechend großes magnetisches Moment zu erzeugen?
Lösung: 0,01 μA

27. Wer noch nicht allzuviel über die Quantentheorie des Atoms weiß, hat vielleicht mit einem Punkt unserer Untersuchung Schwierigkeiten, die sich mit dem Einfluß eines Magnetfelds auf die Bahngeschwindigkeit eines Atomelektrons befaßte (Abschnitt 11.5). Wenn sich die Geschwindigkeit ändert, r hingegen konstant bleibt, dann ändert sich der Drehimpuls $m_e vr$. Nun soll aber der Drehimpuls einer Elektronenbahn genau ein ganzzahliges Vielfaches der Planck-Konstanten $\hbar$ sein. Wie kann sich $m_e vr$ ändern, ohne daß dabei dieses grundlegende Quantengesetz verletzt wird? Die Erklärung dieses Paradoxons ist für die Quantenmechanik geladener Teilchen wichtig, sie stellt aber keine Besonderheit der Quantentheorie dar. Wenn wir den Energiesatz an einem geladenen Teilchen (Ladung Q) untersuchen, das sich in einem äußeren elektrostatischen Feld **E** bewegt, berücksichtigen wir neben der kinetischen Energie $\frac{1}{2} m_e v^2$ immer auch die potentielle Energie QU. (U gibt das skalare elektrische Potential am Ort des Teilchens an.) Untersuchen wir nun den Impulssatz, dürfte es uns nicht überraschen, daß wir neben dem gewöhnlichen Impuls $m v$ auch eine Größe zu berücksichtigen haben, die mit dem Vektorpotential **A** des Magnetfelds zusammenhängt. Es stellt sich nämlich heraus, daß wir für den Impuls $m v + Q\mathbf{A}$ ansetzen müssen; **A** gibt dabei das Vektorpotential des äußeren Felds am Ort des Teilchens an. Wir könnten $m v$ als „kinetischen Impuls" und $Q\mathbf{A}$ als „potentiellen Impuls" bezeichnen. (In der Relativitätstheorie stellt die Berücksichtigung des Terms $Q\mathbf{A}$ einen sofort verständlichen Schritt dar; wie die Energie und der Impuls einen „Vierervektor" bilden, so tun dies auch das skalare Potential U und das Vektorpotential **A** des Feldes.) Der Drehimpuls um den es hier geht, ist dann nicht

$$\mathbf{r} \times (m\mathbf{v}),$$

sondern

$$\mathbf{r} \times (m\mathbf{v} + Q\mathbf{A}) .$$

Kehren Sie nun zu dem Fall des geladenen Teilchens zurück, das am Ende einer Schnur seine Drehbewegung ausführt (Bild 11.12). Überprüfen Sie zuerst, ob das Vektorpotential $\mathbf{A} = (B/2)\ (-\hat{\mathbf{x}}y + \hat{\mathbf{y}}x)$ einem in negativer $\hat{\mathbf{z}}$-Richtung verlaufenden Feld entspricht, und untersuchen Sie, was mit dem Drehimpuls $\mathbf{r} \times [m\mathbf{v} + Q\mathbf{A}]$ geschieht, wenn das Feld wirksam wird.

Anhang

Anhang A

Ein kurzer Überblick über die spezielle Relativitätstheorie

Wir gehen davon aus, daß dem Leser die spezielle Relativitätstheorie nicht fremd ist. Wir werden die grundlegenden Ideen und die Formeln, die im Text von Kapitel 5 an benutzt worden sind, zusammenstellen. Am wichtigsten ist der Begriff des Inertialsystems für Raum-Zeit-Ereignisse und die Transformation der Koordinaten eines Ereignisses von einem Inertialsystem in ein anderes.

Ein Bezugssystem ist ein Koordinatensystem, das mit Maßstäben und Uhren ausgestattet ist. Die Uhren sind überall. Wenn irgendetwas an irgendeinem Ort geschieht, wird der Zeitpunkt an einer Uhr abgelesen, die sich dort befand und auch dort verbleibt. Das bedeutet, die Zeit wird mit einer *lokalen* Uhr gemessen und ist im Bezugssystem *stationär.* Die zum Bezugssystem gehörenden Uhren sind alle *synchronisiert.* Um das zu erreichen, gibt es ein Verfahren (nicht das einzige), das Einstein in seiner berühmten Arbeit von 1905 beschrieben hat. Es werden Lichtsignale benutzt. Von einem Punkt A wird zur Zeit t_A ein kurzer Lichtimpuls zu einem entfernten Punkt B gesandt. Er erreicht B zur Zeit t_B, die an einer Uhr bei B abgelesen wird. Er wird unverzüglich nach A zurückgeworfen, wo er zur Zeit $t_{A'}$ ankommt. Wenn $t_B = (t_A + t_{A'})/2$ ist, sind die Uhren bei A und B synchronisiert. Wenn nicht, muß eine von ihnen verstellt werden. Auf diese Weise können alle Uhren in dem Bezugssystem synchronisiert werden. Beachten Sie, daß die Aufgabe der Beobachter bei diesem Verfahren nur darin besteht, die lokalen Uhren für den folgenden Vergleich abzulesen.

Ein *Ereignis* ist in einem gewählten Bezugssystem räumlich und zeitlich durch die Koordinaten x, y, z und t festgelegt. Das Ereignis kann der Durchgang eines Teilchens zur Zeit t_1 durch den Raumpunkt (x_1, y_1, z_1) sein. Die Geschichte der Teilchenbewegung ist eine Abfolge solcher Ereignisse. Angenommen, die Abfolge habe die spezielle Eigenschaft, daß zu jeder Zeit t gilt $x = v_x t$, $y = v_y t$, $z = v_z t$, wobei v_x, v_y und v_z konstant sind. Das beschreibt eine geradlinige, gleichförmige Bewegung in diesem Bezugssystem. Ein *Inertialsystem* ist ein Bezugssystem, in dem sich ein isolierter Körper frei von äußeren Einflüssen auf diese Weise bewegt; d.h. in ihm gilt das erste Newtonsche Axiom. Hinter allem, einschließlich der Synchronisation der Uhren, stecken zwei Annahmen über den leeren Raum: Er ist *homogen;* d.h. alle Stellen im Raum sind gleichwertig. Er ist *isotrop,* d.h. alle Richtungen im Raum sind gleichwertig.

Zwei Bezugssysteme S und S' können sich auf verschiedene Weise voneinander unterscheiden. Sie können einfach gegeneinander verschoben sein. Der Koordinatenursprung von S' befindet sich in einem Punkt, der nicht der Koordinatenursprung von S ist. Oder die Achsen in S' liegen nicht parallel zu den Achsen in S. Wenn S und S' sich nicht gegeneinander bewegen, ruht eine in S ruhende Uhr auch in S'. In diesem Fall können wir alle Uhren in S' so stellen, daß sie mit den Uhren in S übereinstimmen und dann den Unterschied vergessen. Unterschiede in der Lage oder Orientierung der Bezugssysteme haben keine interessierenden Auswirkungen, wenn der Raum homogen und isotrop ist. Wir nehmen nun an, daß sich der Ursprung von S' relativ zum Ursprung von S *bewegt.* Die Beschreibung der Abfolge von Ereignissen durch Koordinatenwerte und Uhrzeiten in S kann sich von der Beschreibung derselben Ereignisse durch räumliche Koordinatenwerte in S' und Zeiten, die mit Uhren in S' gemessen wurden, unterscheiden. Welche Beziehung besteht zwischen den beiden Beschreibungen? Um das zu beantworten, sollten wir uns nur mit dem Fall befassen, in dem S ein Inertialsystem ist und S' sich relativ zu S ohne Drehung mit einer konstanten Geschwindigkeit bewegt. In diesem Fall ist also S' auch ein Inertialsystem.

Die spezielle Relativitätstheorie basiert auf dem Postulat, daß physikalische Erscheinungen, die in unterschiedlichen Inertialsystemen beobachtet werden, genau den gleichen Gesetzen gehorchen. In dieser Hinsicht ist ein Bezugssystem so gut wie das andere; keines ist ausgezeichnet. Wenn das richtig ist, reicht dieses Relativitätspostulat aus, um die Beschreibung derselben Ereignisse in verschiedenen Bezugssystemen in Beziehung zu setzen. In dieser Beziehung erscheint eine universelle Geschwindigkeit, die in allen Bezugssystemen gleich ist. Ihr Wert muß experimentell bestimmt werden. Manchmal wird als zweites Postulat die Feststellung zugefügt, daß die Messung der Lichtgeschwindigkeit in einem Bezugssystem unabhängig davon, ob die Lichtquelle in dem System ruht oder nicht, dasselbe Ergebnis liefert. Man sollte dies eher als eine Feststellung über die Natur des Lichtes als ein unabhängiges Postulat sehen. Sie besagt, daß sich elektromagnetische Wellen tatsächlich mit der Grenzgeschwindigkeit ausbreiten, die in den Relativitätspostulaten vorkommt. Andere Dinge, z.B. Neutrinos, breiten sich auch mit dieser Geschwindigkeit aus. Wir sind aber gewohnt, diese Grenzgeschwindigkeit „Lichtgeschwindigkeit" zu nennen. Die Folgerungen aus dem Relativitätspostulat, die sich in den Formeln der speziellen Relativitätstheorie ausdrücken, sind durch zahllose Experimente genau bestätigt worden. Nichts in der Physik ruht auf einem festeren Fundament.

Wir beobachten die Ereignisse A und B in einem Inertialsystem S. *Beobachten* ist in diesem Zusammenhang die Abkürzung für „Feststellung der Raum-Zeit-Koordinaten mit Maßstäben und Uhren im Bezugssystem S". (Wir erinnern daran, daß unsere Beobachter nur mit Schreibstift und Papier ausgerüstet sind und wir am Ort eines jeden Ereignisses einen Beobachter postieren müssen!) Die Verschiebung der beiden Ereignisse voneinander ist gegeben durch

$$x_B - x_A\,,\quad y_B - y_A\,,\quad z_B - z_A\,,\quad t_B - t_A\,. \tag{A.1}$$

Wir hätten *dieselben beiden Ereignisse* auch in einem anderen Bezugssystem S' durch Angabe der entsprechenden Koordinaten ansiedeln können. Wir nehmen an, daß sich S' in bezug auf S in der in Bild A.1 gezeigten Weise bewegt. Die räumlichen Achsen von S' und S bleiben parallel, während von S aus gesehen sich das System S' mit der Geschwindigkeit v in positive $\hat{\mathbf{x}}$-Richtung bewegt. Das ist offensichtlich ein Spezialfall, aber er enthält das meiste der interessanten Physik.

Ein Ereignis A, das in S' beobachtet wird, erscheint bei $x_{A'}$, $y_{A'}$, $z_{A'}$, $t_{A'}$. Die letzte Größe ist die Zeitablesung auf einer zu S' gehörenden Uhr, d.h. sie *ruht* in S'. Die Raum-Zeit-Verschiebung, das *Intervall* zwischen den Ereignissen A und B, ist in S' nicht dasselbe wie in S. Der Zusammenhang wird durch die *Lorentz-Transformation* beschrieben:

$$\begin{aligned} x_{B'} - x_{A'} &= \gamma\,(x_B - x_A) - \beta\gamma c\,(t_B - t_A)\,,\\ y_{B'} - y_{A'} &= y_B - y_A\,,\\ z_{B'} - z_{A'} &= z_B - z_A\,,\\ t_{B'} - t_{A'} &= \gamma\,(t_B - t_A) - \beta\gamma\,(x_B - x_A)/c\,. \end{aligned} \tag{A.2}$$

In diesen Gleichungen ist c die Vakuumlichtgeschwindigkeit, $\beta = v/c$ und $\gamma = (1-\beta^2)^{-1/2}$. Die inverse Transformation sieht ähnlich aus, da kein Bezugssystem ausgezeichnet sein sollte. Man kann sie aus Gl. (A.2) erhalten, indem man einfach gestrichene und ungestrichene Symbole austauscht und das Vorzeichen von β umkehrt.

Zwei Ereignisse A und B sind in S *gleichzeitig*, wenn $t_B - t_A = 0$ ist. Das bedeutet aber nicht, daß auch $t_{B'} - t_{A'} = 0$ ist, außer wenn $x_B = x_A$ ist. Ereignisse, die in einem Inertialsystem gleichzeitig sind, müssen es in einem anderen nicht sein. Verwechseln Sie diese grundlegende „Relativität der Gleichzeitigkeit" nicht mit der offensichtlichen Tatsache, daß ein Beobachter, der nicht den gleichen Abstand von zwei gleichzeitigen Explosionen hat, die Lichtblitze von diesen zu verschiedenen Zeiten empfangen wird. Die Zeiten $t_{A'}$ und $t_{B'}$ werden durch *lokale* Uhren bei jedem Ereignis registriert. Die Uhren ruhen in S' und sind vorher genau synchronisiert worden.

Betrachten wir einen Stab, der in S' ruht. Er liegt parallel zur x'-Achse und reicht von $x_{A'}$ bis $x_{B'}$. Seine Länge in S' ist $x_{B'} - x_{A'}$. Die Länge des Stabes in S ist $x_B - x_A$. Sie wird in S zwischen zwei Punkten gemessen, die von den Stabenden nach Maßgabe der Uhren in S *gleichzeitig* durchlaufen werden. Für diese beiden Ereignisse ist dann $t_B - t_A = 0$. Mit dieser Bedingung folgt aus der ersten Gleichung der Lorentz-Transformation

$$x_B - x_A = (x_{B'} - x_{A'})/\gamma\,. \tag{A.3}$$

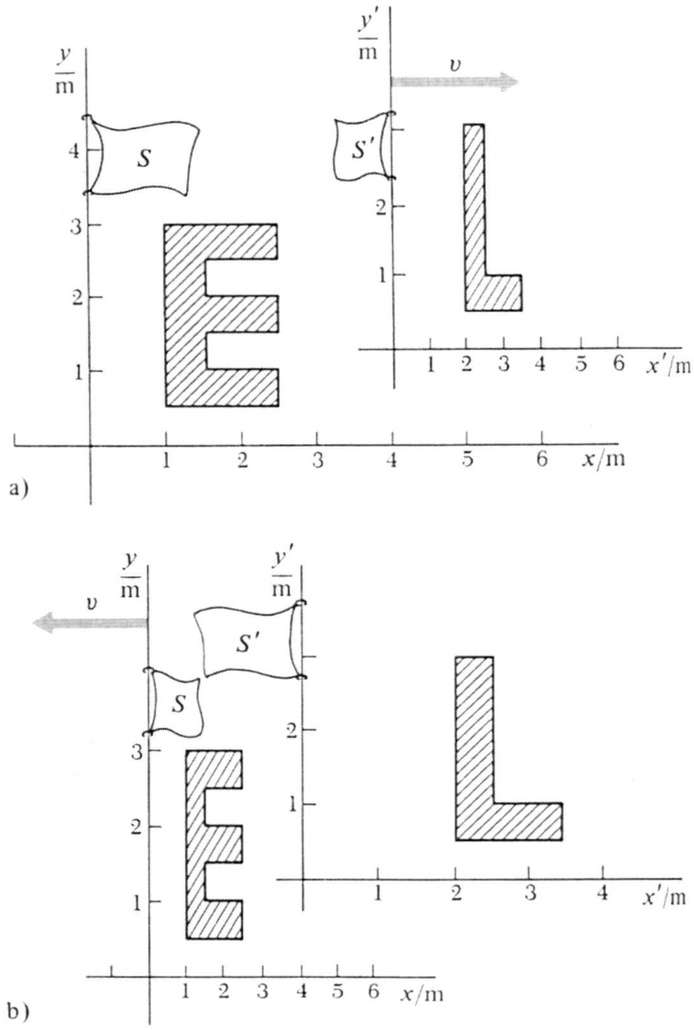

Bild A.1 Die Bezugssysteme S und S' bewegen sich mit der Relativgeschwindigkeit v. Das „E" ruht in S; das „L" ruht in S'. In diesem Beispiel ist $\beta = v/c = 0{,}866$; $\gamma = 2$.
a) Alle Messungen sind durch einen Beobachter zum Zeitpunkt t in S gemacht worden,
b) Alle Messungen sind durch einen Beobachter zum Zeitpunkt t' in S' gemacht worden.
Wir nehmen an, daß die Uhren in den beiden Bezugssystemen zufällig so gestellt worden sind, daß die linken Kanten von „E" und „L" zur Zeit $t = 0$, bezogen auf eine lokale Uhr in S, und zur Zeit $t' = 0$, bezogen auf eine Uhr in S', zusammenfallen.
Frage: Welche Zeit t zeigen alle Uhren in S im Fall a) gerade an? Welche Zeit t' zeigen alle Uhren in S' im Fall b) gerade an?
Antwort: t = 15,4 ns; t' = 13,5 ns. Wenn Sie etwas anderes herausbekommen haben, studieren Sie dieses Beispiel noch einmal.

Das ist die berühmte *Lorentz-Kontraktion*. Ungenau gesagt stellen Beobachter in S fest, daß die Länge zwischen festen Punkten in S', wenn sie parallel zur Relativgeschwindigkeit der Bezugssysteme gerichtet ist, um den Faktor $1/\gamma$ verkürzt ist. Diese Feststellung bleibt richtig, wenn S' und S vertauscht werden. Längen senkrecht zur Relativgeschwindigkeit bleiben in beiden Bezugssystemen unverändert.

Eine der Uhren in S' bewegt sich mit der Geschwindigkeit v durch das Bezugssystem S. Sie zeige die Zeit $t_{A'}$ an, wenn sie eine der lokalen Uhren in S passiert; die lokale Uhr zeigt in diesem Moment t_A an. Später passiert die bewegte eine andere Uhr in S. Bei diesem Ereignis zeigt die lokale Uhr t_B und die bewegte Uhr $t_{B'}$ an. Die beiden Ereignisse haben in S den Abstand $x_B - x_A = v(t_B - t_A)$. Durch Einsetzen in die vierte Gleichung der Lorentz-Transformation Gl. (A.2) erhält man

$$t_{B'} - t_{A'} = \gamma(t_B - t_A)(1-\beta^2) = (t_B - t_A)/\gamma \, . \tag{A.4}$$

Die bewegte Uhr gibt an, daß zwischen den beiden Ereignissen weniger Zeit vergangen ist, als die in S ruhenden Uhren anzeigen. Das ist die *Zeitdehnung,* die sich im „Zwillingsparadoxon" zeigt. Sie ist in vielen Experimenten nachgewiesen worden, z.B. indem man Atomuhren um die Welt hat fliegen lassen.

Sie können sich die Folgerungen einer Lorentz-Transformation vorstellen, ohne Gleichungen hinzuschreiben, wenn Sie daran denken, daß „bewegte Uhren um den Faktor $1/\gamma$ langsamer gehen" und „ein bewegtes Blatt Schreibpapier parallel zur Bewegungsrichtung um den Faktor $1/\gamma$ kürzer wird". Es muß nachdrücklich betont werden, daß dieses Verhalten keine besondere Eigenschaft unserer Uhren oder des Papiers ist, sondern nach dem Relativitätspostulat der Raum- und Zeitmessung zu eigen ist.

Die Formel für die Addition der Geschwindigkeiten, die wir in Kapitel 5 benutzt haben, kann leicht aus den Lorentz-Transformationsgleichungen hergeleitet werden. Ein Objekt bewegt sich im System S in positiver $\hat{\mathbf{x}}$-Richtung mit der Geschwindigkeit u_x. Wie groß ist die Geschwindigkeit im System S'? Um die Sache zu vereinfachen, soll das bewegte Objekt den Ursprung bei $t = 0$ passieren. Dann ist die Position in S zu einer Zeit t einfach $x = u_x t$. Zur weiteren Vereinfachung sollen die Ursprünge in Raum und Zeit von S und S' zusammenfallen. Dann lauten die erste und dritte Gleichung der Lorentz-Transformation

$$x' = \gamma x - \beta\gamma ct \quad \text{und} \quad t' = \gamma t - \beta\gamma x/c \, .$$

Durch Einsetzen von $x = u_x t$ jeweils auf der rechten Seite und Division der ersten Gleichung durch die zweite ergibt sich

$$\frac{x'}{t'} = \frac{u_x - \beta c}{1 - \beta u_x/c} \, . \tag{A.5}$$

Links steht die Geschwindigkeit $u_{x'}$ des Objekts im System S'. Üblicherweise schreibt man die Formel mit $v = \beta c$:

$$u_{x'} = \frac{u_x - v}{1 - u_x v/c^2} \, . \tag{A.6}$$

Auflösung der Gl. (A.6) nach u_x ergibt

$$u_x = \frac{u_{x'} + v}{1 + u_{x'} v/c^2} \, . \tag{A.7}$$

Diese Beziehungen erlauben in keinem Fall, weder für u_x noch für $u_{x'}$, eine Geschwindigkeit, die größer als c ist.

Eine Geschwindigkeitskomponente senkrecht zu der Relativgeschwindigkeit v zwischen den Bezugssystemen transformiert sich natürlich auf andere Weise. Es ist $y' = y$, aber die bewegten Uhren gehen langsamer, d.h. wir erhalten $u_{y'} = u_y/\gamma$. Die umgekehrte Transformation ist in diesem Fall $u_y = u_{y'}/\gamma$ und *nicht* $u_y = \gamma u_{y'}$; ganz gleich, ob unser System S oder S' ist, es sind *immer die Uhren im anderen System,* die langsamer als die in unserem System ruhenden Uhren gehen.

Folgende Schlußfolgerung kann aus der speziellen Relativitätstheorie gezogen werden: Für ein Teilchen, das sich mit der Geschwindigkeit $\mathbf{u}$ in einem Inertialsystem S bewegt, bleiben Energie und Impuls bei der Wechselwirkung mit anderen Teilchen erhalten, wenn wir dem Teilchen einen Impuls $\mathbf{p} = \gamma m_0 \mathbf{u}$ und eine Energie $\gamma m_0 c^2$ zuordnen, wobei m_0 die *Ruhemasse* des Teilchens ist. Sie kann in einem System, in dem sich ein Teilchen so langsam bewegt, daß die Newtonsche Mechanik gilt, z.B. dadurch bestimmt werden, daß es gegen eine bekannte Masse stößt. Die Masse m_0 ist mit dem Faktor $\gamma = (1 - u^2/c^2)^{-1/2}$ multipliziert, wobei u die Geschwindigkeit ist, mit der das Teilchen in unserem System S beobachtet wird.

Wie ändern sich Impuls $\mathbf{p}$ und Energie W eines Teilchens, wenn wir sie nicht in S, sondern in einem anderen System S' beobachten? Wir nehmen wie zuvor an, daß S' sich von S aus gesehen in die positive $\hat{\mathbf{x}}$-Richtung mit der Geschwindigkeit v bewegt. Die Transformation lautet

$$\begin{aligned} p_{x'} &= \gamma p_x - \beta\gamma W/c \, , \\ p_{y'} &= p_y \, , \\ p_{z'} &= p_z \, , \\ W' &= \gamma W - \beta\gamma c p_x \, . \end{aligned} \tag{A.8}$$

Hier ist βc die Relativgeschwindigkeit der beiden Bezugssysteme wie in Gl. (A.2) und nicht die Teilchengeschwindigkeit.

Wenn wir in den Gln. (A.8) die Impulskoordinaten durch die Ortskoordinaten und W durch $c^2 t$ ersetzen, gehen sie in die Gln. (A.2) über. Ein Satz von vier Größen, der sich auf diese Weise transformiert, heißt *Vierervektor.*

Die *Kraft,* die auf ein Objekt wirkt, ist einfach $d\mathbf{p}/dt$, wobei $\mathbf{p}$ der Impuls des Objekts im gewählten Bezugssystem und t die mit den zugehörigen Uhren gemessene Zeit bedeutet. Um herauszufinden, wie sich die Kräfte transformieren, betrachten wir ein Teilchen mit der Masse m_0, das anfangs im Ursprung des Systems S solange ruht, bis eine Kraft **F** eine kurze Zeit Δt einwirkt. Wir wollen die zeitliche Impulsänderung dp'/dt' bestimmen, die im System S' beobachtet wird. Wir werden wieder S' von S aus gesehen in $\hat{\mathbf{x}}$-Richtung bewegen. Wir betrachten zuerst die Wirkung auf die Kraftkomponente F_x. In der Zeit Δt wird p_x von Null auf $F_x dt$ anwachsen, während x auf

$$\Delta x = \frac{1}{2}\,\frac{F_x}{m_0}\,(\Delta t)^2 \qquad \text{(A.9)}$$

anwächst und die Teilchenenergie um $\Delta W = (F_x \cdot \Delta t)^2/(2m_0)$ zunimmt. Diese kinetische Energie wird in S beobachtet. (Die Teilchengeschwindigkeit in S ist so klein, daß hier die Newtonsche Mechanik gilt.) Wir wenden die erste der Gln. (A.8) an und erhalten für die Änderung von $p_{x'}$:

$$\Delta p_{x'} = \gamma \cdot \Delta p_x - \beta\gamma \cdot \Delta W/c\,. \qquad \text{(A.10)}$$

Wir benutzen die vierte der Gln. (A.2). Das ergibt

$$\Delta t' = \gamma \Delta t - \beta\gamma \cdot \Delta x/c\,. \qquad \text{(A.11)}$$

Sowohl ΔW als auch Δx sind proportional zu $(\Delta t)^2$. Wenn wir den Grenzübergang $\Delta t \to 0$ durchführen, fällt jeweils der letzte Term in den Gleichungen weg und wir erhalten

$$\frac{dp_{x'}}{dt'} = \lim_{\Delta t \to 0} \frac{\Delta p_{x'}}{\Delta t'} = \frac{dp_x}{dt} = F_x\,. \qquad \text{(A.12)}$$

Schlußfolgerung: Die Kraftkomponente *parallel* zur Relativgeschwindigkeit der Bezugssysteme ist im bewegten System und im System, in dem das Teilchen ruht, gleich groß.

Eine transversale Kraftkomponente verhält sich davon verschieden. Im System S ist $\Delta p_y = F_y \Delta t$. Es gilt aber $\Delta p_{y'} = \Delta p_y$ und $\Delta t' = \gamma \cdot \Delta t$, so daß wir erhalten:

$$\frac{dp_{y'}}{dt'} = \frac{F_y \cdot \Delta t}{\gamma \cdot \Delta t} = \frac{F_y}{\gamma}\,. \qquad \text{(A.13)}$$

Die Kraftkomponente senkrecht zur Relativgeschwindigkeit der Bezugssysteme, die in S' beobachtet wird, ist um den Faktor $1/\gamma$ *kleiner* als der Wert, den die Beobachter im Ruhesystem für das Teilchen bestimmen.

Die Transformation einer Kraft von einem System S' in ein anderes bewegtes System S'' würde etwas kompliziert sein. Wenn es nötig wäre, könnten wir sie so vornehmen, daß wir zunächst ins Ruhesystem für das Teilchen und dann in das andere bewegte Bezugssystem transformieren.

Wir werden unseren Überblick mit einer Bemerkung über die Lorentz-Invarianz beschließen. Wenn Sie beide Seiten der Gl. (A.8) quadrieren und bedenken, daß $\gamma^2 - \beta^2\gamma^2 = 1$ ist können Sie leicht zeigen, daß

$$c^2(p_{x'}^2 + p_{y'}^2 + p_{z'}^2) - W'^2 = c^2(p_x^2 + p_y^2 + p_z^2) - W^2 \qquad \text{(A.14)}$$

ist. Offensichtlich ändert sich die Größe $c^2p^2 - W^2$ bei einer Lorentz-Transformation nicht. Sie hat in jedem Bezugssystem, auch im Ruhesystem des Teilchens, den gleichen Wert; sie ist *invariant*. Im Ruhesystem ist der Impuls des Teilchens Null und die Energie ist gerade $W = m_0 c^2$. Die Invariante ist deshalb $-m_0^2 c^4$. Für ein anderes Bezugssystem folgt daraus

$$W^2 = c^2 p^2 + m_0^2 c^4\,. \qquad \text{(A.15)}$$

Die Invariante, die man auf dieselbe Weise mit den Gln. (A.2) bilden kann, ist $(x_B - x_A)^2 + (y_B - y_A)^2 + (z_B - z_A)^2 - c^2(t_B - t_A)^2$. Wenn diese Größe für zwei Ereignisse positiv ist, so nennt man diese Ereignisse *raumartig* getrennt. Es ist immer möglich, ein Bezugssystem zu finden, in dem sie gleichzeitig stattfinden. Wenn die Invariante negativ ist, haben die Ereignisse eine *zeitartige* Trennung. In diesem Fall gibt es ein Bezugssystem, in dem die Ereignisse zu verschiedenen Zeiten, aber am selben Ort stattfinden. Wenn das „Invariantenintervall" Null ist, können die beiden Ereignisse durch einen Lichtblitz verbunden werden; sie sind *lichtartig* verknüpft.

Anhang B

Strahlung einer beschleunigten Ladung

Ein Teilchen mit der Ladung Q bewegt sich geradlinig seit langer Zeit mit einer Geschwindigkeit v_0. Wir stellen uns vor, daß es nun in irgendein Material hineinläuft und in einer kurzen Zeit τ mit einer konstanten Verzögerung zur Ruhe kommt. In Bild B.1 ist die Bewegung als Geschwindigkeits-Zeit-Graph beschrieben. Wie muß danach das elektrische Feld des Teilchens aussehen? Für die Herleitung betrachten wir Bild B.2.

Wir nehmen an, daß v_0 klein gegen c ist. Zur Zeit $t = 0$ begann die Verzögerung am Ort $x = 0$. Bis zu dem Zeitpunkt, zu dem das Teilchen vollständig zur Ruhe gekommen ist, hat es sich um die kleine Strecke $x = v_0\tau/2$ weiterbewegt. Sie ist klein verglichen mit den anderen vorkommenden Abständen. Trotzdem haben wir versucht, sie in unserem Diagramm einzuzeichnen.

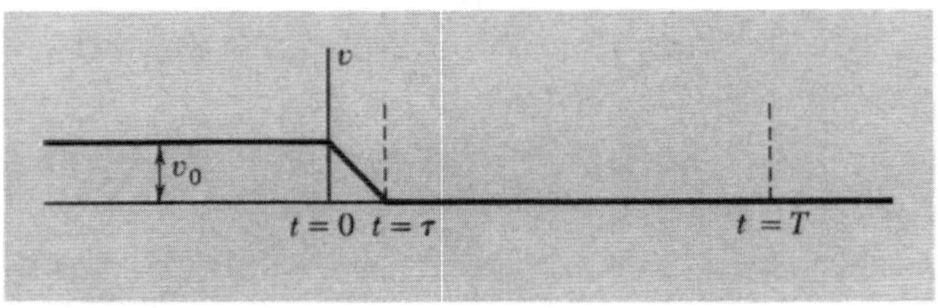

Bild B.1 Geschwindigkeits-Zeit-Diagramm für ein Teilchen, das sich bis zur Zeit $t = 0$ mit der konstanten Geschwindigkeit v_0 bewegt und dann eine konstante negative Beschleunigung $a = -v_0/\tau$ erfährt, die es zur Zeit $t = \tau$ zur Ruhe bringt. Wir nehmen an, daß v klein gegen c ist.

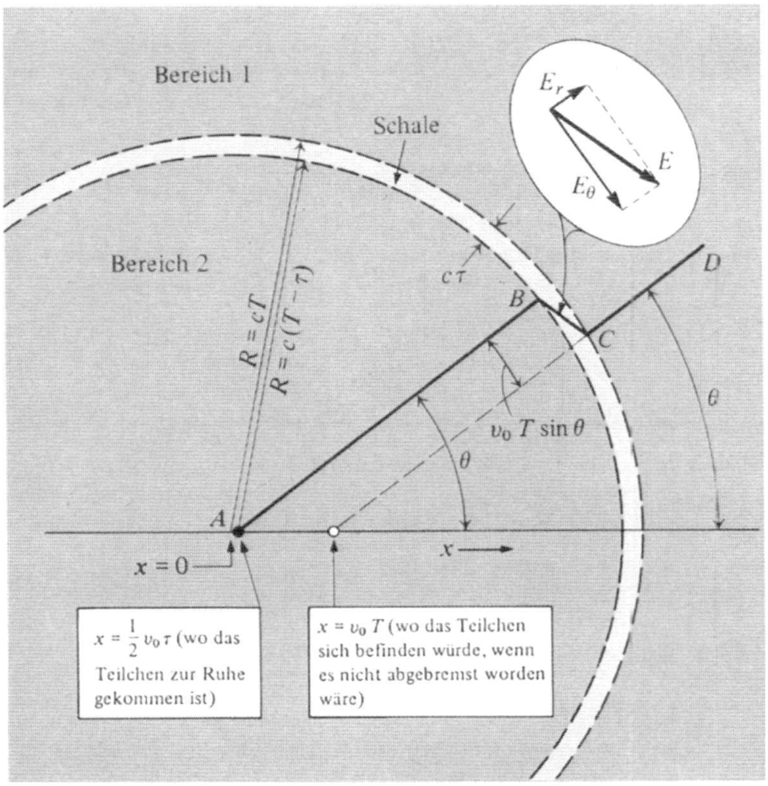

Bild B.2 Raumdiagramm für $t = T \gg \tau$, eine lange Zeit, nachdem das Teilchen zur Ruhe gekommen ist. Für Beobachter im Bereich 1 muß das Feld das einer Ladung sein, die sich bei $x = v_0 T$ befindet. Für Beobachter im Bereich 2 ist es das eines Teilchens, das nahe dem Ursprung ruht. Der Übergangsbereich ist die Schale mit der Dicke $c\tau$.

Wir untersuchen nun das elektrische Feld zu einer Zeit $t = T \gg \tau$. Beobachter, die sich vom Ursprung weiter als $R = cT$ entfernt befinden, können nicht erfahren haben, daß das Teilchen verzögert wurde. Überall in diesem Bereich 1 in Bild B.2 muß das Feld dasjenige einer Ladung sein, die sich mit der konstanten Geschwindigkeit v_0 bewegt hat *und sich noch so bewegt*. Dieses Feld scheint, wie wir in Abschnitt 5.7 erkannt hatten, von der entsprechenden Lage des Teilchens auszugehen, die für einen Beobachter im Bereich 1 der Punkt $x = v_0 T$ auf der x-Achse ist. Das ist dort, wo sich das Teilchen befinden würde, wenn es nicht verzögert worden wäre. Andererseits ist das Feld für einen Beobachter, dessen Abstand vom Ursprung kleiner als $c(T-\tau)$ ist – also einen Beobachter im Bereich 2 – dasjenige einer nahe dem Ursprung bei $x = v_0\tau/2$ ruhenden Ladung.

Wie sieht das Feld im Übergangsbereich, der Kugelschale mit der Dicke $c\tau$ aus? Das Gaußsche Gesetz liefert den Schlüssel. Eine Feldlinie AB liegt auf einem Kegel um die x-Achse, der einen bestimmten, von der Ladung Q ausgehenden Fluß umschließt. Der gleiche Fluß wird von dem Kegel eingeschlossen, auf dem die Linie CD liegt, wenn sie den gleichen Winkel θ zur Achse hat. (Weil v_0 klein ist, kann die in den Bildern 5.13 und 5.17 dargestellte relativistische Kompression der Feldlinien hier vernachlässigt werden.) Da AB und CD zu derselben Feldlinie gehören müssen, werden sie durch das Stück BC verbunden. Also ist innerhalb der Schale die *Richtung* des Feldes $\mathbf{E}$ parallel zum Linienstück BC. Dieses Feld $\mathbf{E}$ hat innerhalb der Schale eine Radialkomponente E_r und eine Transversalkomponente E_θ. Aus der Geometrie der Figur ergibt sich das Verhältnis

$$E_\theta / E_r = v_0 T \cdot \sin\theta / (c\tau)\,. \tag{B.1}$$

Nun folgt wieder aus dem Gaußschen Gesetz, daß E_r innerhalb der Schale und im Bereich 2 den gleichen Wert haben muß. Es ist $E_r = kQ/R^2 = kQ/(cT)^2$. Wir setzen das in Gl. (B.1) ein und erhalten

$$E_\theta = \frac{v_0 T \cdot \sin\theta}{c\tau} E_r = \frac{kQ v_0 \cdot \sin\theta}{c^3 \tau T}\,. \tag{B.2}$$

Mit $a = -v_0/\tau$ und $R = cT$ ergibt sich

$$E_\theta = -\frac{kQa \cdot \sin\theta}{c^2 R}\,. \tag{B.3}$$

Hier hat sich eine bemerkenswerte Tatsache gezeigt: E_θ ist proportional zu $1/R$ und *nicht* zu $1/R^2$! Mit der Zeit wächst R, und das transversale Feld E_θ wird sehr viel stärker als E_r. Dieses elektrische Feld, das senkrecht zu $\mathbf{R}$ steht, wird von einem Magnetfeld, das senkrecht zu $\mathbf{R}$ und $\mathbf{E}$ steht, begleitet. Das ist eine allgemeine Eigenschaft einer elektromagnetischen Welle, die wir in Kapitel 9 erklärt haben.

Wir wollen die durch das transversale elektrische Feld in der gesamten Kugelschale gespeicherte Energie berechnen. Die Energiedichte ist

$$\frac{\epsilon_0 E_\theta^2}{2} = \frac{\epsilon_0 k^2 Q^2 a^2 \cdot \sin^2\theta}{2c^4 \cdot R^2} . \tag{B.4}$$

Das Volumen der Schale ist $4\pi R^2 c\tau$ und der Mittelwert von $\sin^2\theta$ über die Kugel[75]) ist 2/3. Die Gesamtenergie des transversalen elektrischen Feldes ist deshalb

$$\frac{2}{3} 4\pi R^2 c\tau \frac{\epsilon_0 k^2 Q^2 a^2}{2c^4 R^2} = \frac{k}{3} \frac{Q^2 a^2 \tau}{c^3} .$$

Dazu müssen wir einen gleich großen Betrag der im transversalen Magnetfeld gespeicherten Energie addieren und erhalten dann die Gesamtenergie im transversalen elektromagnetischen Feld:

$$\frac{2k}{3c^3} Q^2 a^2 \tau . \tag{B.5}$$

Sie ist unabhängig vom Radius R und breitet sich unvermindert mit der Geschwindigkeit c vom Ort der Verzögerung aus. Die Zeit τ ist sowohl die Dauer der Verzögerung als auch die Dauer des elektromagnetischen Impulses, die ein entfernter Beobachter mißt. Also ist die während des Beschleunigungsprozesses abgestrahlte *Leistung*

$$P_{\text{rad}} = \frac{2k}{3c^3} Q^2 a^2 . \tag{B.6}$$

Wegen des Quadrats der momentanen Beschleunigung in Gl. (B.6) ist es gleichgültig, ob a positiv oder negativ ist. Natürlich sollte das auch so sein, weil Verzögerung in einem Inertialsystem in einem anderen Beschleunigung bedeuten kann. Es stellt sich heraus, daß P_{rad} lorentzinvariant ist, was manchmal sehr bequem ist. Das ist so, weil P_{rad} die Dimension *Energie/Zeit* hat und Energie und Zeit sich jeweils als vierte Komponente eines Vierervektors in gleicher Weise transformieren, wie wir im Anhang A festgestellt haben.

Wir haben hier ein allgemeineres Ergebnis erhalten, als wir erwarten konnten. Die Gl. (B.6) liefert genau die momentane Strahlungsleistung eines geladenen Teilchens mit variabler Beschleunigung, z.B. eines Teilchens, das eine einfache harmonische Schwingung ausführt. Die Gleichung kann auf eine große Mannigfaltigkeit strahlender Systeme von Radioantennen bis zu Atomen und Kernen angewendet werden.

75) Die polare Achse in Bild B.2 ist die x-Achse: $\cos^2\theta = x^2/R^2$. Die Mittelung über die Kugel ergibt $x^2 = y^2 = z^2 = R^2/3$. Damit wird $\cos^2\theta = 1/3$ und $\sin^2\theta = 1 - \cos^2\theta = 2/3$.

Übungen

1. Ein Elektron mit einer konstanten Geschwindigkeit v wird mit einer konstanten Verzögerung a in der Zeit $t = v/a$ zur Ruhe gebracht. Vergleichen Sie die elektromagnetische Energie, die während der Verzögerung abgestrahlt wird, mit der kinetischen Energie am Anfang. Drücken Sie das Verhältnis durch zwei Längen, den Weg des Teilchens in der Zeit t und den Elektronenradius $r_e = \mu_0 e^2/(4\pi m_e)$, aus.
2. Ein elastisch gebundenes Elektron schwingt in einer einfachen harmonischen Bewegung mit einer Kreisfrequenz ω und der Amplitude A.
   a) Bestimmen Sie die mittlere abgestrahlte Leistung.
   b) Nach welcher Zeit ist die Anfangsenergie des Oszillators auf $1/e$ abgefallen, wenn keine Energie nachgeliefert wird?
   Lösung: b) $3m_e c^3/(2ke^2\omega^2)$
3. Eine ebene elektromagnetische Welle mit der Kreisfrequenz ω und der Amplitude E_0 des elektrischen Feldes wirkt auf ein einzelnes Elektron. Bei der resultierenden Sinusschwingung des Elektrons ist die maximale Beschleunigung $E_0 e/m_e$. Wie groß ist die durch diese schwingende Ladung abgestrahlte zeitlich gemittelte Leistung? (Beachten Sie, daß diese Leistung unabhängig von ω ist.) Teilen Sie diese mittlere Strahlungsleistung durch die mittlere Leistungsdichte $\epsilon_0 c E_0^2/2$ [siehe Gl. (9.27)] der einfallenden Welle. Das ergibt eine Konstante σ mit der Dimension einer Fläche, die ***Wirkungsquerschnitt*** genannt wird. Die Energie, die von dem Elektron abgestrahlt bzw. gestreut wird, entspricht der Energie, die der ebenen Welle durch Auftreffen auf die Fläche σ verlorengeht. (Der hier betrachtete Fall, der sich mit einem freien, nicht relativistischen Elektron befaßt, wird *Thomson-Streuung* genannt nach *J. J. Thomson*, dem Entdecker des Elektrons.
   Lösung: Thomson-Wirkungsquerschnitt $(8\pi/3)\, r_e^2 = 6{,}65 \cdot 10^{-29} m^2$.
4. Unsere Hauptformel Gl. (B.6) ist auch für relativistische Teilchen brauchbar, obwohl wir bei der Herleitung $v_0 \ll c$ angenommen haben. Wir müssen nur in ein Inertialsystem S' transformieren, in dem das fragliche Teilchen sich wenigstens vorübergehend langsam bewegt, in diesem System Gl. (B.6) anwenden und dann in irgendein gewähltes System zurücktransformieren. Wir betrachten ein hochrelativistisches Elektron ($\gamma \gg 1$), das sich senkrecht zum Magnetfeld **B** bewegt. Es wird kontinuierlich senkrecht zum Feld beschleunigt und strahlt deshalb. Wie groß ist die abgestrahlte Leistung? Um das zu beantworten, transformieren Sie in ein System S', das sich augenblicklich mit dem Elektron bewegt und bestimmen E' und P'_{rad} in diesem System. Dann zeigen Sie, weil Leistung die Dimension Energie/Zeit hat, daß $P_{\text{rad}} = P'_{\text{rad}}$ ist. Diese Strahlung wird im allgemeinen *Synchrotronstrahlung* genannt.
   Lösung: $P_{\text{rad}} = 2k\gamma^2\beta^2 e^4 B^2/(3c \cdot m^2)$

Anhang C

Supraleitung

Das Metall Blei ist bei Zimmertemperatur ein mäßig guter Leiter. Sein elektrischer Widerstand ist, wie bei anderen reinen Metallen auch, näherungsweise proportional zur absoluten Temperatur. Wenn ein Bleidraht auf 15 K abgekühlt wird, fällt der Widerstand auf ungefähr 1/20 seines Wertes bei Zimmertemperatur. Wenn die Temperatur weiter erniedrigt wird, sinkt der Widerstand weiter. Wenn aber die Temperatur 7,22 K erreicht wird, gibt es eine aufsehenderregende Veränderung: Der elektrische Widerstand des Drahtes verschwindet! Er wird so klein, daß ein in einem geschlossenen Ring aus Bleidraht unterhalb von 7,22 K fließender Strom, der normalerweise nach weniger als einer Mikrosekunde abgeklungen ist, *jahrelang* ohne meßbare Abschwächung fließt. Das ist unmittelbar demonstriert worden. Andere Experimente haben gezeigt, daß ein solcher Strom für einige 10^9 Jahre bestehen kann. Man kann dieser klaren Feststellung, daß der spezifische Widerstand Null ist, kaum ausweichen. Offensichtlich erscheint in Blei unterhalb von 7,22 K etwas, das sich wesentlich von der gewöhnlichen elektrischen Leitung unterscheidet. Wir nennen es *Supraleitung*.

Die Supraleitung wurde im Jahre 1911 von dem großen niederländischen Tieftemperaturforscher *Kåmerlingh Onnes* (Nobelpreis 1913) entdeckt. Er beobachtete sie zuerst in Quecksilber, für das die kritische Temperatur 4,16 K ist. Seitdem ist festgestellt worden, daß sehr viele reine Metalle und Legierungen supraleitend werden. Die entsprechenden Sprungtemperaturen reichen von einigen hundertstel Kelvin bis zu 23,2 K für eine bestimmte Niob-Germanium-Legierung. Eigenartig ist, daß unter den Elementen, die *nicht* supraleitend werden, einige der besten Normalleiter wie Silber, Kupfer und die Alkalimetalle sind[76].

Es ist noch nicht lange her, daß die Supraleitung befriedigend erklärt werden konnte. Sie ist im wesentlichen ein quantenmechanisches Phänomen, und zwar ein ziemlich verzwicktes. Der unbehinderte Strom besteht aus Elektronen, die sich perfekt geordnet bewegen. Ähnlich wie bei der Elektronenbewegung im Atom ist dieser Elektronenfluß gegenüber kleinen Störungen unempfindlich. Es ist eine endliche Energie erforderlich, um den Bewegungszustand zu ändern. Das ist so ähnlich wie bei einem Isolator, in dem alle Zustände im Valenzband besetzt und durch eine Energielücke von den höherenergetischen Zuständen im Leitungsband getrennt sind. Aber im Unterschied zu den Elektronen im Valenzband, wo der Gesamtstrom genau Null sein muß, kann der niedrigste Energiezustand der supraleitenden Elektronen eine resultierende Elektronengeschwindigkeit haben, was einen Stromfluß in eine Richtung bedeutet. Warum kann ein derart ungewöhnlicher Zustand unterhalb einer bestimmten, kritischen Temperatur möglich werden? Wir können das hier nicht erklären[77]. Die Wechselwirkung der Leitungselektronen findet nicht nur untereinander, sondern auch mit dem ganzen Gitter der positiven Ionen, durch das sie sich bewegen, statt. Deshalb können unterschiedliche Substanzen unterschiedliche Sprungtemperaturen haben und einige bis zum absoluten Nullpunkt normalleitend bleiben.

In der Physik der Supraleitung sind Magnetfelder sehr wichtig. Wir müssen gleich feststellen, daß die Erscheinung der Supraleitung *in keiner Weise* die Maxwellschen Gleichungen verletzt. Der Dauerstrom in einem supraleitenden Drahtring ist eine direkte Folge des Faradayschen Induktionsgesetzes für den Fall, daß der Widerstand des Drahtes wirklich Null ist. Wenn wir damit anfangen, daß ein bestimmter Fluß Φ_0 den Drahtring durchsetzt, dann muß $d\Phi/dt = 0$ sein, weil $\int \mathbf{E}ds$ entlang des Rings immer Null bleibt. Der Fluß kann sich nicht verändern; der Strom I im Ring wird sich automatisch so einstellen, daß der Fluß Φ_0 erhalten bleibt. Bild C.1 zeigt einen einfachen Versuch dazu und erläutert, wie ein Dauerstrom in einem isolierten supraleitenden Stromkreis erzeugt werden kann.

Das magnetische Feld *innerhalb* des supraleitenden Materials selbst ist – nicht sehr nahe an der Oberfläche – immer Null. Das ist *keine* Folge der Maxwellschen Gleichungen, sondern eine Eigenschaft des supraleitenden Zustands, so grundlegend und so verblüffend wie das Fehlen des Widerstands. Die Bedingung $B = 0$ innerhalb des Supraleiters ist automatisch erfüllt durch Ströme, die in einer dünnen Oberflächenschicht fließen.

Ein starkes Magnetfeld zerstört die Supraleitung. Keiner der vor 1957 bekannten Supraleiter konnte mehr als einige 10^{-2} Tesla aushalten. Das verhinderte die praktische Anwendung von Leitern ohne Widerstand. Es war nicht

[76] In dieser Hinsicht völlig unerwartet war im Jahre 1986 die sensationelle Entdeckung der Supraleitung an bestimmten keramischen Metalloxiden, die z.B. aus Yttrium, Barium, Kupfer und Sauerstoff zusammengesetzt sind und Sprungtemperaturen in der Größenordnung von 100 K zeigen. Für die Entdeckung dieser *Hochtemperatur-Supraleiter* wurde der Nobelpreis für Physik 1987 an den Schweizer *K. A. Müller* und den Deutschen *J. G. Bednorz* verliehen. Die technische Anwendung der Supraleitung wird dadurch erleichtert werden, daß als Kühlmittel nicht mehr flüssiges Helium (Siedetemperatur 4,2 K) erforderlich ist, sondern bereits der wesentlich billigere flüssige Stickstoff (Siedetemperatur 77 K) ausreicht. Die im Text angedeutete Theorie der Supraleitung aus dem Jahre 1948 von *J. Bardeen, L. Cooper, R. Schrieffer* (Nobelpreis 1972) muß neu überdacht werden. (Anmerkung des Übersetzers)

[77] Das plötzliche Entstehen eines geordneten Zustands bei einer bestimmten, kritischen Temperatur erinnert uns an die spontane Ausrichtung von Elektronenspins, wie sie in Eisen unterhalb der Curie-Temperatur auftritt (siehe Abschnitt 11.11). Solche *kooperativen* Phänomene erfordern immer eine große Anzahl miteinander wechselwirkender Teilchen. Ein vertrautes kooperatives Phänomen ist das Gefrieren von Wasser, das auch durch eine wohldefinierte kritische Temperatur charakterisiert ist.

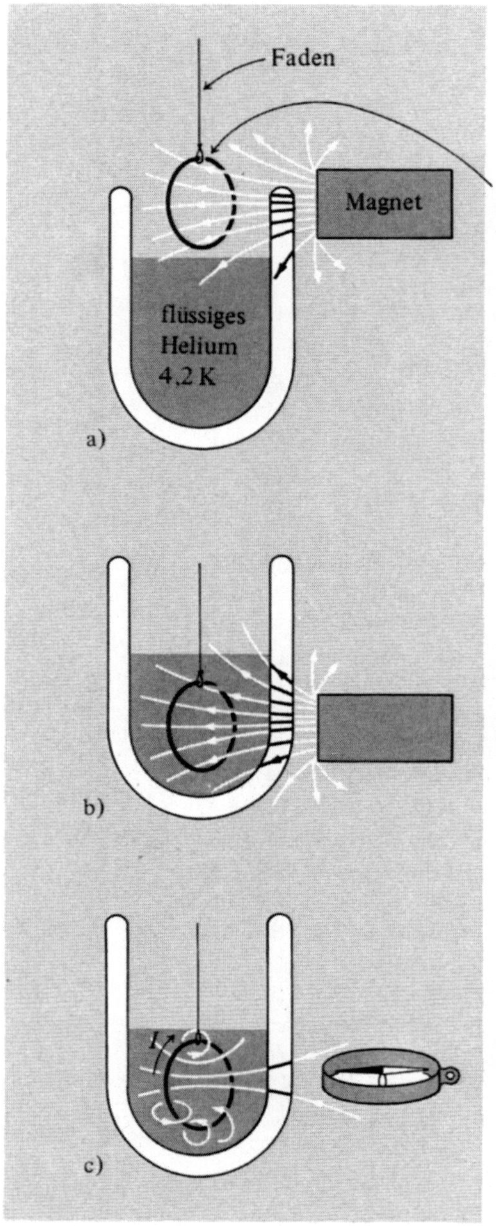

Ring aus Lötzinn (Blei-Zinn-Legierung), normalleitend, ohne Strom. Fluß Φ_0 durch den Ring wird durch Permanentmagnet erzeugt.

Ring abgekühlt unter die Sprungtemperatur. (Dabei ist Helium verdampft.) Der Fluß durch den Ring ändert sich nicht. Der Ring ist nun supraleitend.

Magnet entfernt. Nun fließt im Ring ein Dauerstrom I, der den Fluß Φ_0 erzeugt. Eine Kompaßnadel reagiert auf das Feld eines Dauerstroms.

Bild C.1 Erzeugung eines Dauerstroms in einem supraleitenden Ring. Der Ring ist aus gewöhnlichem Lötzinn, einer Blei-Zinn-Legierung, gemacht.

a) Der noch ungekühlte Ring ist normalleitend mit einem ohmschen Widerstand. Der herangeführte Permanentmangnet induziert im Ring einen Strom, der schnell abklingt und damit den Fluß Φ_0 durch den Ring treten läßt.
b) Das Heliumbad wird angehoben, ohne daß sich die relative Lage zwischen Ring und Permanentmagnet verändert. Der Ring ist nun, da er unter die Sprungtemperatur abgekühlt wurde, supraleitend und hat keinen elektrischen Widerstand.
c) Der Magnet wird entfernt. Der Fluß durch den widerstandslosen Ring kann sich nicht verändern. Er wird nun durch einen Strom im Ring erzeugt, der solange fließt, wie sich der Ring unterhalb der Sprungtemperatur befindet. Das Magnetfeld dieses Ringstroms kann durch einen Kompaß nachgewiesen werden.

möglich, einen großen Strom durch einen supraleitenden Draht fließen zu lassen, weil das Magnetfeld des Stroms selbst den supraleitenden Zustand zerstörte. Dann aber wurde ein anderer Supraleitertyp entdeckt, der den widerstandslosen Zustand bis zu Feldern von mehr als 10 T beibehalten konnte. Ein häufig benutzter Supraleiter dieser Art ist eine Legierung aus Niob und Zinn, die eine Sprungtemperatur von 18 K hat und die bei Abkühlung auf 4 K bis zu Feldern von 20 T supraleitend bleibt. Damit können durch supraleitende Spulen leistungslos, wenn man von der erforderlichen Kühlleistung einmal absieht, statische Magnetfelder von ca. 10 T erzeugt werden. Die Nutzung von Supraleitern für große elektrische Maschinen und die Fernübertragung elektrischer Energie ist aussichtsreich.

Andererseits ermöglicht die Quantenphysik der Supraleiter elektrische Messungen von unerhörter Empfindlichkeit und Genauigkeit. So ist es z.B. möglich, die Gleichspannung an einem *Josephson-Kontakt* durch Einstrahlung einer Mikrowelle mit der Frequenz f zu verknüpfen, so daß aufgrund der Beziehung $hf = 2 \cdot eU$ (*Josephson-Frequenz-Spannungs-Quotient* $2 \cdot e/h = 4{,}8 \cdot 10^{14}$ Hz/V) ein Spannungsnormal mit der relativen Unsicherheit der Frequenzmessung von 10^{-12} hergestellt werden kann. Die relative Unsicherheit der SI-Einheit Volt beträgt dagegen 10^{-6}!

Für den Physiker ist die Supraleitung eine faszinierende makroskopische Offenbarung der Quantenmechanik. Wir können den makroskopischen Magnetismus auf atomare magnetische Momente zurückführen, die durch eine Art Supraströme in Stromkreisen der Größenordnung 10^{-10} m und das mit dem Spin des Elektrons (Radius 10^{-15} m) verknüpfte magnetische Moment erzeugt werden. Der Ring aus Lötzinn, in dem ein Dauerstrom fließt, ist in gewissem Sinn ein riesiges Atom, dessen zahlreiche Elektronen sich in einem vollständig geordneten einzigen Quantenzustand bewegen.

Anhang D

Magnetische Resonanz

Das Elektron besitzt ein Drehimpuls **S**, den Spin, der eine Naturkonstante, nämlich $\hbar/2 = 5{,}273 \cdot 10^{-35}$ Js darstellt. Damit verbunden ist ein magnetisches Dipolmoment ($\mu_e = 9{,}28 \cdot 10^{-24}$ J/T, siehe Bild 11.14). Ein Elektron erfährt in einem magnetischen Feld ein Drehmoment, das den magnetischen Dipol in Feldrichtung auszurichten trachtet. Er reagiert wie ein schnell rotierenden Kreisel. Anstatt die Feldrichtung einzunehmen, *präzessiert* die Spinachse um die Feldrichtung. Wir wollen einsehen, warum jeder rotierende Magnet sich so verhält. In Bild D.1 ist das magnetische Moment μ entgegengesetzt zum Drehimpuls **S** gerichtet, wie das für einen negativ geladenen Körper, z.B. ein Elektron, gilt. Das magnetische Feld **B**, dessen Ursache im Bild nicht eingezeichnet ist, bewirkt ein Drehmoment, das μ in die Richtung von **B** zwingen möchte. Dieses Drehmoment ist ein Vektor, der im Bild gerade in die negative $\hat{\mathbf{x}}$-Richtung zeigt. Er ist nach Gl. (11.38) gleich $\mu B \cdot \sin\theta$. In einer kurzen Zeit Δt erzeugt das Drehmoment einen Zuwachs $\Delta S = \mu B \cdot \sin\theta \cdot \Delta t$ des Drehimpulses. Die Horizontalkomponente $S \cdot \sin\theta$ dreht sich deshalb um einen kleinen Winkel $\Delta\varphi$:

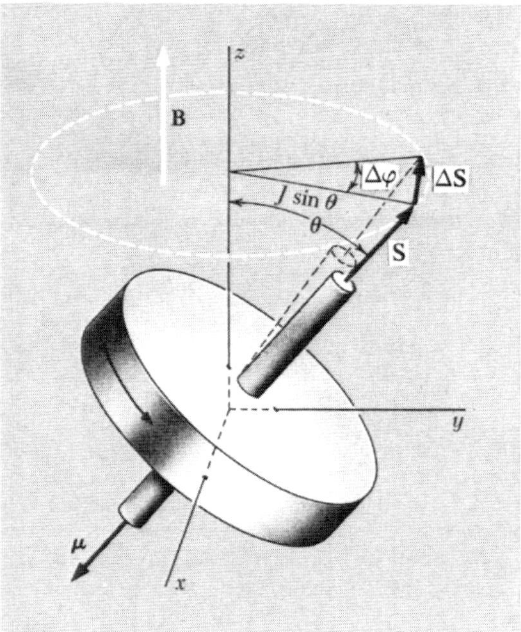

Bild D.1 Die Präzession eines magnetischen Kreisels in einem äußeren Feld. Der Drehimpuls (Spin) **S** und das magnetische Dipolmoment μ sind entgegengesetzt gerichtet, wie das für ein negativ geladenen Kreisel gelten würde.

$$\Delta\varphi = \Delta S/(S \cdot \sin\theta) = \mu B \cdot \Delta t/S\,. \tag{D.1}$$

Im Laufe der Zeit bewegt sich die Pfeilspitze des Vektors **S** einfach auf einem Kreis mit der konstanten Winkelgeschwindigkeit ω_p:

$$\omega_p = \frac{\Delta\varphi}{\Delta t} = \frac{\mu B}{S}\,. \tag{D.2}$$

Das ist die Präzessions-Kreisfrequenz der Spinachse, die unabhängig vom Winkel θ ist. Für den Elektronen*spin* ist

$$\mu_e/S \approx \mu_B/S = e/m_e = 1{,}759 \cdot 10^{11}\ \mathrm{T^{-1} \cdot s^{-1}}\,.$$

Das bedeutet in einem Magnetfeld von 0,1 T eine Kreisfrequenz $\omega_p = 1{,}759 \cdot 10^{10}\ \mathrm{s^{-1}}$ bzw. $2{,}8 \cdot 10^9$ Umdrehungen/s für den Spinvektor. Das Proton hat zwar den gleichen Spin wie das Elektron, nämlich $\hbar/2$. Wegen seiner größeren Masse ($m_p = 1836\, m_e$) sollte das zugehörige magnetische Moment wie im Fall der Bahnbewegung nach Gl. (11.23) entsprechend kleiner sein. Vergleicht man jedoch das magnetische Moment des Protons μ_p mit dem Kernmagneton $\mu_N = e\hbar/(2\,m_p)$, so ergibt sich nicht etwa ungefähr 1 wie für das Elektron, sondern $\mu_p/\mu_N = 2{,}793$, was andeutet, daß das Proton ein zusammengesetztes Teilchen ist. Tatsächlich ist

$$\mu_p = 1{,}521 \cdot 10^{-3} \cdot \mu_B = 1{,}411 \cdot 10^{-26}\ \mathrm{JT^{-1}}$$

und nur 658mal kleiner als μ_e. Für das Proton ist

$$\mu_p/S = 2{,}675 \cdot 10^8\ \mathrm{T^{-1} \cdot s^{-1}}$$

(*gyromagnetisches Verhältnis des Protons*). In einem Feld von 0,1 T präzessiert der Protonenspin demnach mit $4{,}3 \cdot 10^6$ Umdrehungen/s. Ungefähr 40% der stabilen Atomkerne haben einen Eigendrehimpuls und ein damit verbundenes magnetisches Moment.

Wir können die Präzession magnetischer Dipole durch ihren Einfluß auf einen elektrischen Stromkreis nachweisen. Ein Proton soll sich so in einem magnetischen Feld **B** befinden, daß seine Spinachse senkrecht zum Feld gerichtet ist. Es ist von einer kleinen Drahtspule umgeben (Bild D.2). Die Präzession des Protons bewirkt eine Flußänderung durch die Spule wie von einem kleinen Stabmagneten, der senkrecht zu seiner Längsachse rotiert. In der Spule wird dann eine Wechselspannung mit der Präzessionsfrequenz induziert. Natürlich würde die von einem einzigen Proton induzierte Spannung viel zu klein und deshalb nicht nachweisbar sein. Man kann aber leicht eine große Anzahl

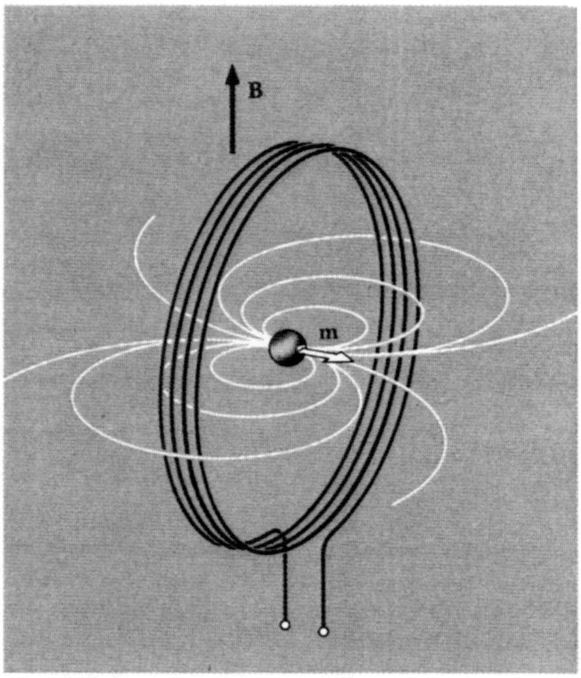

Bild D.2 Das präzessierende magnetische Dipolmoment in der Mitte der Spule verursacht eine periodische Flußänderung durch die Spule und induziert in ihr eine Wechselspannung. Beachten Sie, daß der Fluß, der die Spule durchsetzt, von den Feldlinien herrührt, die sich außen um die Spule schließen (siehe Übung 1).

nehmen (1 cm^3 Wasser enthält ungefähr $7 \cdot 10^{22}$ Protonen) und alle mit derselben Frequenz präzessieren lassen. Unglücklicherweise zeigen die Spinachsen nicht alle zur gleichen Zeit in die gleiche Richtung. Tatsächlich sind sie und die magnetischen Momente über alle Richtungen gleichmäßig verteilt, so daß sich ihre Felder gegenseitig nahezu auslöschen werden. Das können wir zum Teil verhindern, indem wir ein starkes Magnetfeld $\mathbf{B}_0$ anlegen und damit für einige Sekunden einen kleinen Überschuß der Ausrichtung der Protonenmomente in Richtung von $\mathbf{B}_0$, der energetisch günstigen Lage, erzeugen. Der Überschußanteil wird wie beim gewöhnlichen Paramagnetismus von der Größenordnung $\mu_p B_0/(kT)$ sein. Er mag nicht größer als 10^{-6} sein; das reicht aber aus, um ein beobachtbares Signal zu induzieren. Eine einfache Methode, um Kernspinpräzession in schwachen Feldern wie dem Erdfeld zu beobachten, ist in Bild D.3 beschrieben. Es werden viele andere Anordnungen benutzt, um Spinpräzession von Elektronen und Kernen zu beobachten. Sie bestehen im allgemeinen aus einer Kombination eines statischen Magnetfeldes mit einem Wechselfeld, das mit einer Frequenz in der Nähe von ω_p oszilliert. Für Elektronenspins (paramagnetische Elektronenresonanz, EPR) sind die typischen Frequenzen einige 10^3 MHz, für Kernspins (magnetische Kernresonanz, NMR) einige 10 MHz. Die genauen Präzessions- oder Resonanzfrequenzen in einem bestimmten

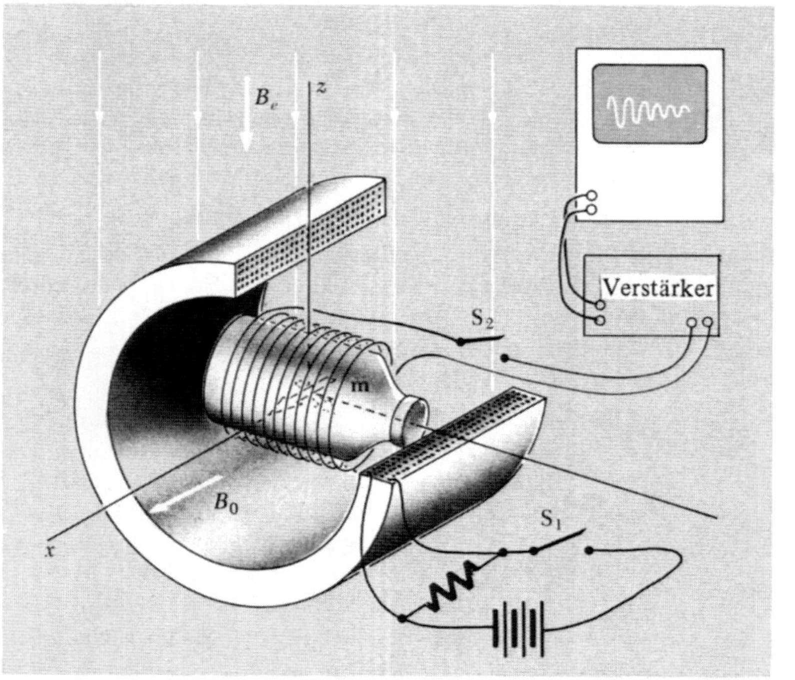

Bild D.3 Apparatur zur Beobachtung der Spinpräzession von Protonen im magnetischen Erdfeld B_e. Eine Wasserflasche befindet sich in zwei gekreuzten Spulen. Die große Spule erzeugt mit geschlossenem Schalter S_1 ein starkes Magnetfeld B_0. (Schalter S_2 ist geöffnet.) Wie beim gewöhnlichen Paramagnetismus (Abschnitt 11.5) wird die Energie erniedrigt, wenn sich die Dipole in Feldrichtung ausrichten. Die Wärmebewegung arbeitet dagegen. Unsere Dipole sind hier die Protonen (Wasserstoffkerne) in den Wassermolekülen. Wenn das thermische Gleichgewicht erreicht ist, was in diesem Fall einige Sekunden dauert, ist durch das magnetische Feld der kleine Bruchteil $\mu_p B_0/(kT)$ aller Protonenmomente ausgerichtet. Wir schalten nun das starke Feld B_0 ab und schließen den Schalter S_2, um die Spule um die Flasche an den Verstärker anzuschließen. Das magnetische Moment **m** präzessiert nun in der x, y-Ebene um das verbleibende, relativ schwache Magnetfeld B_e mit einer durch Gl. (D.2) gegebenen Präzessionsfrequenz. Die y-Komponente des rotierenden Vektors **m** induziert in der Spule eine Wechselspannung, die verstärkt und beobachtet werden kann. Aus der Frequenz kann B_e sehr genau bestimmt werden. Das Signal klingt nach einigen Sekunden ab, weil die Wärmebewegung die durch das starke Feld B_0 erzeugte Magnetisierung zerstört. Magnetometer dieser oder ähnlicher Art, die mit magnetischer Resonanz arbeiten, werden von Geophysikern benutzt, um das Erdfeld zu erforschen und auch von Archäologen, die vergrabene Gebrauchsgegenstände suchen.

Feld hängen von der magnetischen Wechselwirkung innerhalb eines Moleküls ab. Das hat besonders die NMR zu einem nützlichen Werkzeug in der Chemie gemacht. Die Lage des Protons in einem komplexen Molekül kann häufig aus einer kleinen Verschiebung seiner Präzessionsfrequenz hergeleitet werden.

Magnetische Felder können leicht in gewöhnliche unmagnetische Materialien eindringen, wenn die Frequenz und die elektrische Leitfähigkeit des Materials nicht zu groß sind. Ein statisches Feld von 0,2 T, das an die Wasserflasche in unserem Beispiel angelegt wird, erzeugt eine Protonenpolarisation, die mit $8{,}515 \cdot 10^6$ Umdrehungen/s präzessiert. Das Feld der präzessierenden Momente induziert in der Spule außerhalb der Flasche ein Signal mit 8,515 MHz. Das läßt sich auch auf den menschlichen Körper anwenden, der in dieser Hinsicht eine Ansammlung mehr oder weniger wäßriger Objekte ist. Mit der *Kernspin-Tomographie* kann das Innere des Körpers mit Hilfe der magnetischen Kernresonanz dargestellt werden. Die Konzentration der Wasserstoffatome an einer bestimmten Stelle äußert sich durch das Radiofrequenzsignal, das durch die präzessierenden Protonen in der äußeren Spule erzeugt wird. Auf den Ort der Quelle innerhalb des Körpers kann man aus der Signalfrequenz schließen, wenn das statische Feld B, das die Frequenz nach Gl. (D.2) bestimmt, räumlich nicht konstant ist, sondern einen bekannten Gradienten hat.

Übungen

1. In der Mitte einer Spule (Radius a) in Bild D.2 befindet sich ein einzelnes Proton ($\mu_p = 1{,}411 \cdot 10^{-26}$ J/T), das mit der Kreisfrequenz ω_p präzessiert. Versuchen Sie, eine Formel für die Amplitude der in der Spule induzierten Wechselspannung herzuleiten.
Lösung: $U = \mu_0 \mu_p \omega_p/(2a) = 8{,}87 \cdot 10^{-33}\,\text{Vsm} \cdot \omega_p/a$
2. a) Die Flasche in Bild D.3 enthält 200 cm^3 Wasser bei Zimmertemperatur. Wie groß ist das Gesamtmoment **m** in einem Feld $B_0 = 0{,}1$ T?
b) Schätzen Sie mit Hilfe des Ergebnisses von Übung 1 die Signalspannung an einer Spule (500 Windungen, Radius 4 cm) für ein Feld $B_e = 4 \cdot 10^{-5}$ T ab.
Lösung: a) $6{,}43 \cdot 10^{-8}$ J/T; b) 5,4 μV

Anhang E

Einheiten und Fundamentalkonstanten

Eine physikalische Größe wird durch ein Produkt aus einem *Zahlenwert* und einer *Einheit* ausgedrückt. Im *Internationalen Einheitensystem* (SI) wurden sieben Größen als *Basisgrößen* mit ihren *Basiseinheiten* bestimmt: Länge (Meter, m), Masse (Kilogramm, kg), Zeit (Sekunde, s), elektrische Stromstärke (Ampere, A), thermodynamische Temperatur (Kelvin, K), Stoffmenge (Mol, mol), Lichtstärke (Candela, cd). Alle anderen Größen, die in der Physik eine Rolle spielen, haben Einheiten, die zwar eigene Namen haben können, eigentlich aber als Potenzprodukte der Basiseinheiten darzustellen sind (*abgeleitete Einheiten*). Als Beispiel für eine solche abgeleitete Einheit sei das Volt genannt ($\text{V} = \text{m}^2 \cdot \text{kg} \cdot \text{s}^{-3} \cdot \text{A}^{-1}$). Die Definition der Einheit erfolgt direkt durch ein Normal oder indirekt auf dem Umweg durch die Messung bestimmter Größen und die Zurückführung auf Normale. So ist z.B. das Kilogramm seit 1889 durch ein *Prototypmaß*, das in Paris aufbewahrt wird, direkt definiert, während das Ampere über eine Kraftmessung [siehe Abschnitt 6.1 und Gl. (6.6)] indirekt an das Masse- und das Zeitnormal angeschlossen ist. Das Zeitnormal ist nicht durch ein Prototypmaß, sondern durch ein *Quantenmaß* mit Hilfe der ^{133}Cs-Atomuhr definiert: Die Sekunde ist das 9 192 631 770fache der Periodendauer der dem Übergang zwischen den beiden Hyperfeinstrukturniveaus des Grundzustandes von Atomen des Nuklids ^{133}Cs entsprechenden Strahlung (13. Generalkonferenz für Maß und Gewicht, 1967).

Die Längeneinheit Meter war von 1889 bis 1960 durch ein Prototypmaß festgelegt. Seit 1960 ist sie durch ein Quantenmaß definiert, und zwar zunächst *metrologisch unabhängig* durch die Wellenlänge der Strahlung eines bestimmten Übergangs in Atomen des Nuklids ^{86}Kr und später durch eine neue Definition, die das Meter *metrologisch abhängig* von der Zeitmessung macht. Die 17. Generalkonferenz für Maß und Gewicht beschloß 1983: Ein Meter ist die Länge der Strecke, die Licht im Vakuum während des Intervalls von (1/299 792 458) s durchläuft.

Durch dieses Vorgehen, nämlich die *definitive* Festlegung $c = 299\,792\,458$ m/s für die *Vakuumlichtgeschwindigkeit*, ist die Basiseinheit Meter nicht mehr durch ein eigenes Meßverfahren definiert, sondern an das für die Zeiteinheit Sekunde angeschlossen worden. Ein Experiment, bei dem die Zeit gemessen wird, die ein Lichtimpuls für den Weg von A nach B benötigt, ist damit nicht mehr eine Messung der Lichtgeschwindigkeit, sondern eine Messung der Länge des Weges. Die Lichtgeschwindigkeit ist durch die Festlegung von neun Ziffern nicht mehr mit einer Unsicherheit behaftet, wie das bei einer gemessenen Größe immer der Fall ist. Das gleiche Vorgehen hat bei der Definition des Amperes durch eine Kraftmessung zur Festlegung der *magnetischen Feldkonstante* μ_0 auf den exakten Wert

$4\pi \cdot 10^{-7}\,\mathrm{Vs/(Am)}$ geführt. Mit den exakten Werten für c und μ_0 ergibt sich wegen

$$(\mu_0 \cdot \epsilon_0)^{-1/2} = c \qquad \text{(E.1)}$$

auch für die *elektrische Feldkonstante* ein exakter Wert $\epsilon_0 = (\mu_0 \cdot c^2)^{-1}$ und wegen

$$(\mu_0 / \epsilon_0)^{1/2} = Z_0 \qquad \text{(E.2)}$$

ein exakter Wert für den *Wellenwiderstand im Vakuum* Z_0, der uns in den Gln. (9.27) und (11.56) begegnet ist. Auch die Konstante k, die uns erstmals im Coulombschen Gesetz (Gl. (1.1)) begegnet ist, hat einen exakten und sogar rationalen Zahlenwert, denn es ist

$$k = (4\pi\epsilon_0)^{-1} = \mu_0\, c^2/(4\pi) = c^2 \cdot 10^{-7}\,\mathrm{VsA^{-1}m^{-1}}. \qquad \text{(E.3)}$$

Eine ausgezeichnete Rolle spielen bestimmte physikalische Größen, die in den verschiedenen Bereichen der Physik in den Gleichungen als Verknüpfungsgrößen auftreten. Es sind die *Fundamentalkonstanten,* von denen einige auf dem Vorsatzpapier (2. Umschlagseite) zu finden sind. Ihre genaue Kenntnis ermöglicht den quantitativen Vergleich physikalischer Aussagen. Sie sind meistens dimensionsbehaftete Größen, und die Genauigkeit ihrer numerischen Werte hängt davon ab, wie genau die Einheiten definiert sind. Man ist deshalb bestrebt, einen möglichst direkten Zusammenhang zwischen Einheitendefinition und Fundamentalkonstanten herzustellen. Dazu eignen sich besonders makroskopische Quanteneffekte, die diesen Weg der Einheitendefinition über Quantennormale ermöglichen.

Durch den schon im Anhang C erwähnten *Wechselstrom-Josephson-Effekt* kann der Spannungs-Frequenz-Quotient $h/(2e)$ sehr genau gemessen werden. Damit gibt es seit 1970 ein Quantennormal für die Spannung. Der *Quanten-Hall-Effekt* (QHE), der die Größe h/e^2 liefert (*K. von Klitzing,* Nobelpreis 1985), wird ab 1990 ein Quantennormal für die Einheit Ohm sein. Damit zeichnet sich eine Entwicklung ab, die zu einem Einheitensystem auf der Grundlage von Fundamentalkonstanten führen wird.

Sachwortverzeichnis

A

Abklingzeit 191f
Ableitung, partielle 31
Ablenkmagnet 292
Additivität 5, 8
Admittanz 203f
Akkumulator 101f, 109
Ampere 4, 81, 139, 305
Anode 83, 136
Antimaterie 2
Antineutron 2
Antiproton 2, 134
Antiteilchen 1
Äquipotentialfläche 34f
Äquipotentiallinie 57
Arbeit 7, 23f, 30, 38 44, 73, 100
Ausbreitungsvektor 254
Autobatterie 101f, 107

B

Bahndrehimpuls 269f, 272
Bakterien, magnetische 291
barometrische Höhenformel 251
Basiseinheit 305
Basisgröße 4, 305
Batterie 100f, 107
Beweglichkeit 58, 66, 93
Bezirk 287f
Bezugssystem 295f
Bildladung 67, 78
Bildmethode 76
Bindung, kovalente 93
Biot-Savartsches Gesetz 147f, 214
Black Box 104
Bohr-Magneton 273
Bohr-Radius 26, 235, 272
Boltzmann-Konstante 94, 251
Brechungsindex 254, 257

C

Clausius-Mossotti-Formel 250
Coulomb 4, 139
Coulomb-Kraft 4f
Coulombsches Gesetz 4f, 18, 24, 46, 59
Curie-Punkt 286f
Curie-Temperatur 286, 301

D

Dämpfung, kritische 195, 209
Dämpfungskette 110
Dauerstrom 302
Defektelektron 93
Deklination 161
Determinante 50
Diamagnetismus 260, 269f, 274f
Dielektrikum 74, 225f, 241f, 249f
Dielektrizitätskonstante 225, 248
Dielektriztitätszahl 225, 249
Diffusion 79
Diode 83, 107
Diplmoment, permanentes 236, 250
Dipol, elektrischer 230f, 266
Dipol, magnetischer 265f
Dipolmoment 229f
Dipolmoment, induziertes 234
Dipolmoment, magnetisches 264f, 275
Dipolstärke 230
Divergenz 38f
Dotierung 96
Drehmoment auf Stromschleife 163, 273
Drehmoment, Dipol 232, 273, 285
Drift 131
Driftgeschwindigkeit 139, 142
Durchschlagfestigkeit 257
Dynamo 193

E

ebene Welle 218
Effektivwert 206f
Eigendrehimpuls 273, 303
Eindeutigkeitssatz 63f
Einheiten 305f
Einheitsvektor 4, 113
Elektret 281
elektrische Leitfähigkeit 83f
elektrischer Widerstand, spezifischer 86
Elektrodynamik 1, 4, 111
Elektrolyt 92, 101f
Elektromagnet 292
Elektromagnetismus 1, 5f, 24, 111
Elektron 2f, 23f, 58, 81, 86, 90, 92f
-Bahnbewegung 272f
-Bahndrehimpuls 272f
-Drehimpuls 272f, 303
-Eigendrehimpuls 273
-magnetisches Dipolmoment 273, 303
-Radius 272
-Spin 272f, 303
Elektronenradius 272
Elektronenspin 272f, 303
Elektronenstrahl 133, 142
Elektronenstrahl, Ablenkung 113, 137
Elektrostatik 1f, 111
Elementarladung 3, 9, 11
Energie 6f
Energie in einer Spule 187
Energie, elektrische 8f, 23f
Energie, kinetische 9
Energie, Kondensator 73f, 77, 187
Energie, magnetische 186f
Energie, potentielle 8f, 23f, 31
Energie, Spule 187
Energieband 94f
Energiedichte, Dielektrikum 256
Energiedichte, elektrische 23f
Energiedichte, magnetische 186f
Energiedissipation 100
Energielücke 94f
Energiestrom pro Fläche 222
Energietransport, Welle 219f
EPR 304
Erdmagnetfeld 113, 137, 140, 161, 291
Ersatzschaltbild 103
Ersatzschaltung 98f, 108
Ersatzwiderstand 98, 108

F

Farad 71, 105
Faradayscher Käfig 64
Feld beschleunigter Ladung 123f
Feld bewegter Punktladung 120f
Feld, elektrisches 10f, 33, 58f, 133
Feld, elektromagnetisches 156
Feld, elektrostatisches 23, 30, 44, 51,
Feld, konservatives 51
Feld, lokales 249f
Feld, magnetisches 137
Feldenergie, elektrische 23f
Feldenergie, magnetische 186f
Feldkonstante, elektrische 5, 306
Feldkonstante, magnetische 137, 139
Feldlinie 13f
Feldstärke, elektrische 11f, 23f, 29, 84
Ferromagnetismus 128, 260, 284f
Flächenladung 20f, 26
Flächenstromdichte 276
Fluß, elektrischer 15f
Fluß, magnetischer 172f
Flußdichte, elektrische 248
Flußröhre 173
freie Weglänge, mittlere 107
Füllfaktor 249
Fundamentalkonstante 306
Funken 92, 168

G

Galilei-Invarianz 178
galvanisches Element 100f
Galvanometer 166f, 178f
Gauß 140
Gaußscher Satz 18, 39f, 48, 53
Gaußsches Gesetz 16f, 39, 247
Gegeninduktivität 181f, 188, 190
Geschwindigkeit, Ladungsträger 89f, 142
Geschwindigkeit, mittlere 82
g-Faktor 273
Gleichstrom 87, 96f
Gradient 31f, 51, 53, 55
Gravitation 6
Gravitationsfeld 18f, 59
Grenzgeschwindigkeit 111, 295
Gruppengeschwindigkeit 254
Güte 195
Gütefaktor 195, 200f, 257
gyromagnetisches Verhältnis
-Elektron 270
-Proton 303

H

Hadron 3f, 25
H-Feld 282f

Halbleiter 58, 90, 93f
Halbwertsbreite 201
Hall-Effekt 158f
Hallsonde 155
Hall-Spannung 160
Händigkeit 1, 137
Henry 182
Hertz 197
Hintergrundstrahlung, kosmische 223
Hochspannungsoszilloskop 136
Hochtemperatur-Supraleiter 92, 301
Hohlraumresonator 208f
Hydratation 256
Hysteresis 289
Hysteresiskurve 289

I

Impedanz 203f
Impuls, kinetischer 294
Impuls, potenieller 294
Induktion, elektromagnetische 111, 166f
Induktion, gegenseitige 180f
Induktionsgesetz 178f
Induktivität 184f
Inertialsystem 111, 295
Influenzladung 78
Innenwiderstand 102f
Internationales Einheitensystem 305
Ion 9f, 25, 58f, 77, 87f, 101
Ionenkristall 9, 25
Ionisierungsenergie 87
Isolator 58f, 85, 90, 93
isotrop 84

J

Josephson-Effekt 302, 306
Josephson-Frequenz-Spannungs -Quotient 302, 306
Josephson-Kontakt 302
Joule 30

K

Kapazität 69f
Kapazität, Erde 71
Kapazität, koaxiale Zylinder 78
Kapazität, konzentrische Kugeln 77
Kapazität, Kugel 69
Kapazität, leitende Scheibe 69
Kapazität, menschlicher Körper 77
Kapazität, Plattenkondensator 71
Kapazität, Rotationsellipsoid 77
Kapazitätskoeffizienten 73, 78, 80
Kathode 83, 136
Kathodenstrahloszillograph 134
Kathodenstrahlröhre 112, 164
Kernkraft 25
Kern-Magneton 303
Kernspin-Tomographie 190, 305
Kettenschaltung 110, 210
Knoten 99
Kohäsion 9f
Kompaßnadel 111f, 137, 261
komplexe Darstellung 202f
Kondensator 69f, 104f, 136, 225f
Kondensator, Dielektrikum 241f
konforme Abbildung 74
konservative Kraft 6
konservatives Feld 51
Kontinuitätsgleichung 211f
Korrelation 88
kosmische Strahlen 134
Kovarianz, relativistische 111
Kraft auf bewegte Ladung 126f
Kraft zwischen bewegten Ladungen 164
Kraft zwischen Strömen 112, 131, 138f
Kraft, chemische 59
Kraft, elektrische 4f, 78
Kraft, elektrischer Dipol 232f
Kraft, elektrostatische 78
Kraft, konservative 6
Kraft, magnetische 4, 112f, 258f
Kraft, magnetischer Dipol 267f
Kraft, nichtelektrische 4
Kraft, Plattenkondensator 74, 77
Kraftwirkung 4f
Kreisfrequenz 197, 254
Kreisstrom 128
Kreiswellenzahl 254
Kreuzprodukt 113
Kristallgitter 9
kritische Dämpfung 195, 209
Kurzschlußstrom 104, 108

L

Laborsystem 126f
Ladung, beschleunigte 298f
Ladung, bewegte 111f, 279
Ladung, elektrische 1f, 72, 115, 279
Ladung, gebundene 252
Ladung, magnetische 261
Ladungsdichte 13, 45
Ladungsdichte, lineare 19, 26
Ladungserhaltung 2f, 82f, 117
Ladungsinvarianz 116f
Ladungsquantisierung 2f
Ladungsträger 58
Ladungsträgerdichte 95f
Ladungsverteilung 13f, 25f, 33
Ladungsverteilung, sphärische 18, 25
Ladungsverteilung, zylindrische 26, 42
Laplace-Operator 43
Laplacesche Gleichung 43f, 63f, 79
LC-Kreis 189
Leerlaufspannung 104, 108
Leidener Flasche 254
Leistung 100, 107
Leistung, Wechselstromkreis 205f
Leistungsdichte, Welle 222
Leiter 58, 84f
Leitfähigkeit, elektrische 83f
Leitungsband 93f
Lenzsche Regel 175
Lichtbogen 186
Lichtgeschwindigkeit 4, 192, 217, 295
Linienintegral im elektrischen Feld 29f - 191
Linienintegral im Magnetfeld 141f, 283
Linienladung 19f
Linksschraube 137f
Loch 93f
Lorentz-Faktor 130
Lorentz-Invarianz 118, 178
Lorentz-Kontraktion 169, 296
Lorentz-Transformation 135, 296f
LR-Kreis 185f, 189, 197f

M

Magnetfeld 6, 113, 127, 133, 137f, 258f
Magnetfeld, Größenordnung 140
Magnetfeld, Jupiter 6
Magnetfeld, Stromschleife 263
Magnetfeld, Zylinder 280f, 286
magnetiche Flußdichte 113, 137, 296f
magnetische Feldstärke 137
magnetische Induktion 137, 283
magnetische Kernresonanz 191, 261, 304
magnetische Polstärke 261
magnetische Sättigung 286
magnetischer Dipol, Erde 290
magnetisches Moment 164, 269, 285
Magnetisierung 275f
Magnetismus 111
Magnetohydrodynamik 154
Magnetometer 304
Magnetometer, astatisches 165
Masche 99
Massenspektrograph 117
Maxwell-Gleichungen 215f
Metall 92f
Meter 305
Mikroamperemeter 107
Moment 227f
Monopol, magnetischer 261
Monopolmoment 229
Monopolstärke 229f
Myon 136

N

Nabla 31, 43
Netzwerk 98f, 103, 201f
Neutrino 111, 295
Neutron 2f, 24f, 136
Neutronenstern 140, 190
Newtonsches Reaktionsprinzip 4
Nichtleiter 35, 58
n-leitend 95f, 160
NMR 304
Nukleon 24

O

Oberflächenladung 21, 23
Ohm 84, 139, 306

Ohmmeter 107
Ohmsches Gesetz 83f
Oktopolmoment 229
Oszillator, harmonischer 194

P

Paarerzeugung 2f
Parallelschaltung 98f, 204f
paramagnetische Elektonenresonanz 304
Paramagnetismus 260, 274f, 284
Pendel 139
Permanentmagnet 280f, 291
Permeabilität 284
Permeabilitätszahl 284
Permittivität 225, 248
Permittivitätszahl 225, 249
Phase 254
Phasengeschwindigkeit 254
Photon 2
pH-Wert 87
Pion 24, 134
Pioneer-10-Mission 6
Planck-Konstante 273
Plattenkondensator 69f
p-leitend 95f, 160
Poisson-Gleichung 43
polares Molekül 236f, 251
Polarisation 237f, 249, 251f
Polarisation, Kugel 247
Polarisationskatastrophe 250
Polarisierbarkeit, atomare 235
Polarisierbarkeit, elektrische 272
Polarisierbarkeit, magnetische 272
Positron 2f
Potential 29, 31f, 44f, 51, 72
Potentialdifferenz 30
Potentialfunktion 30, 51, 63f, 144
Potentialkoeffizienten 73
Präzession 303f
Präzesssions-Kreisfrequenz 303
Probeladung 114f
Produkt, skalares 7
Produkt, vektorielles 50, 113
Proton 2f, 24f, 86, 303
Protonenstrahl 164
Prototypmaß 305
Pulsar 140, 190
Punktladung 4, 9, 13, 15f, 19, 24
Punktladung, leitende Ebene 65f, 76

Q

Quadrupolmoment 229
Quantenelektrodynamik 1
Quanten-Hall-Effekt 306
Quantenmaß 305
Quark 3f
quasistatisch 215
Quellenspannung 100f

R

Randwertproblem 63, 74
Raumerfüllung 249f
Raumladung 13, 18, 22, 25
RC-Konstante 105
RC-Kreis 105, 108, 198f
Rechtsschraube 137f
Rechtsschraubenregel 140, 175
Reihenschaltung 98f, 204f
Rekombination 87
relativistische Kompression 126
Relativitätstheorie 111, 295f
Relaxationsmethode 75, 79f
Relaxationszeit 105f, 255
Remanenz 289
Resonanzkreis 194f, 208
Resonanzkurve 200f
Restwiderstand 91, 93
Reziprozität der Gegeninduktivität 182f
Reziprozitätssatz 183, 190
Ringstrom 263, 266, 269, 282, 290
RLC-Parallelresonanzkreis 205, 208
RLC-Serienkreis 194f, 199f, 209
RL-Kreis 185f, 189, 197f
Rotation 46f
Rotationsmeter 50
Rowlandscher Versuch 157f, 164

S

Sättigungsmagnetisierung 286
Schaltelement 96f
Sekunde 305
Selbstenergie 24, 28
Selbstinduktion 184
Selbstinduktionskoeffizient 184
Selbstinduktivität 184f, 188
Serienschaltung 98f
SI 305
Siliciumdiode 107
Siliciumkristall 93f
skalares Produkt 7
Solenoid 149, 163, 188
Sonnenfleck 140
Sonnenlicht 223
Spannung 170
Spannung, induzierte 174f
Spannungsquelle 100f
Speicherring 134
Sphäroid 68
Spin 4, 272, 303
Spinpräzession 304
Sprungtemperatur 301
Stehwellenverhältnis 224
Stokesscher Satz 48, 53
Störstellenatom 95
Stoßzeit 88, 93, 105f
Strahlung beschleunigter Ladung 298f
Strahlungsleistung 300
Strom 81f
Strom, atomarer 269
Strom, freier 282f
Strom, gebundener 282f
Strom, stationärer 81f, 96, 148, 211
Stromdichte 81f, 143, 211
Stromkreis 96
Stromröhre 151
Stromschleife 163, 273
Superpositionsprinzip 5, 27f
Supraleitung 92, 301f
Suszeptibilität, elektrische 241, 249, 2
Suszeptibilität, magnetische 274f, 284
Synchrotron 106
Synchrotronstrahlung 300

T

Taylor-Entwicklung 41, 79
Tensor 84, 156, 229
Tesla 137, 179
Theorem von Thévenin 104
Thomson-Streuung 300
Tiefpaß 209
Tomographie 191, 261
Trockenbatterie 109
Trockenzelle 104

U

Überlagerungsprinzip 5f
Unmöglichkeitstheorem 44
Urknall 261

V

Vakuumlichtgeschwindigkeit 296, 305
Valenzband 94f
Valenzelektron 94
Van-de-Graaff-Generator 56, 78, 83
- 100f, 106, 142
Variationsprinzip 110
Vektor, axialer 47, 138
Vektor, polarer 138
Vektorfeld 11f, 38, 40, 45f
Vektorpotential 144f, 183, 263f, 294
Verlustleistung 102
Verschiebung, elektrische 248f
Verschiebungsstrom 214f, 252f
Vierervektor 297
Volt 30, 139, 302
Voltmeter 191
Volumensuszeptibilität 275, 284

W

Wasserstoffatom 26, 234, 269
Weber 179
Wechselspannung 197
Wechselstrom 87, 197f
Wechselstrombrücke 209f
Wechselstrom-Josephson-Effekt 306
Wechselstromkreis 197
Wechselstromnetzwerk 201f

Welle 65
Welle im Dielektrikum 253f
Welle, ebene 218
Welle, elektomagnetische 126, 216f, 299
Welle, stehende 219f
Wellenlänge 254
Wellennatur 93
Wellenwiderstand im Vakuum 222, 284 - 306
Widerstand 84f, 97f, 104f
Widerstand, induktiver 198
Widerstand, kapazitiver 199
Widerstand, spezifischer elektrischer 86
Widerstandsleiter 110, 210
Wirkungsquerschnitt 300

Z

Zeitdehnung 297
Zeitkonstante 105, 186
Zellmembrankondensator 255
Zentralfeld 54
Zentralkraft 8
Zirkulation 46f, 50, 54, 123
Zweipol 104
Zwillingsparadoxon 297
Zyklotron 164
Zylinderspule 149f, 165, 290

Wichtige elektrische Größen*

Name	Formel(zeichen)	Einheit	Gleichung
Ladung	Q	C = A · s	(1.1)
Stromstärke	$I = nQ\,\mathbf{A}\cdot\mathbf{v}$	A	(4.1)
Stromdichte	$\mathbf{J}$	$A \cdot m^{-2}$	(4.3)
Kraft	$\mathbf{F} = Q\,(\mathbf{E} + \mathbf{v} \times \mathbf{B})$	$N = kg \cdot m \cdot s^{-2}$	(1.1), (5.1)
Arbeit, Energie	W	Nm = J = V · A · s $1\,eV = 1{,}602 \cdot 10^{-19} J$	(1.3)
Leistung	$P = U \cdot I$	W = V · A	(4.24)
Feldstärke	$\mathbf{E} = \mathbf{F}/Q$	$V \cdot m^{-1}$	(1.14)
Potential, Spannung (Potentialdifferenz)	$U = W/Q$	V	(2.6)
Widerstand	$R = U/I$	$\Omega = V \cdot A^{-1}$	(4.11)
Leitfähigkeit	$\sigma = J/E$	$\Omega^{-1} \cdot m^{-1}$	(4.10)
spezifischer Widerstand	$\rho = 1/\sigma$	$\Omega \cdot m$	(4.15)
Kapazität	$C = Q/U$	$F = A \cdot s \cdot V^{-1}$	(3.15)
Induktivität	$L = U/(dI/dt)$	$H = V \cdot s \cdot A^{-1}$	(7.54)
Energiestromdichte (Leistungsdichte)	$S = \overline{E^2}/Z_0$	$W \cdot m^{-2}$	(9.28)

* Die Basisgrößen des SI finden Sie im Anhang E. Beachten Sie auch die Formeln zum Magnetismus in Bild 11.24.

Vergleich elektrischer und magnetischer Größen

(siehe auch Bild 11.19)

Name	elektrisch			magnetisch		
	Formel(zeichen)	Einheit	Gleichung in diesem Buch	Formel(zeichen)	Einheit	Gleichung in diesem Buch
Ladung	Q	C = A · s	(1.1)			
Dipolmoment	$\mathbf{p}$	C · m	(10.10)	$\mathbf{m}$	$J \cdot T^{-1} = A \cdot m^2$	(11.9)
Polarisation	$\mathbf{P} = \mathbf{p}/V$	$C \cdot m^{-2}$	(10.35)			
Magnetisierung				$\mathbf{M} = \mathbf{m}/V$	$A \cdot m^{-1}$	(11.39)
Feldstärke	$\mathbf{E}$	$V \cdot m^{-1}$	(1.14)	$\mathbf{H} = \mathbf{B}/\mu_0 - \mathbf{M}$	$A \cdot m^{-1}$	(11.52)
Flußdichte	$\mathbf{D} = \epsilon_0\,\mathbf{E} + \mathbf{P}$	$C \cdot m^{-2}$	(10.54)	$\mathbf{B}$	$T = V \cdot s \cdot m^{-2}$	(5.1)
Fluß	$\Psi = \oint \mathbf{E} \cdot d\mathbf{A}$	V · m	(1.17)	$\Phi = \int \mathbf{B} \cdot d\mathbf{A}$	Wb = V · s	(7.7)
Drehmoment **N**	$\mathbf{p} \times \mathbf{E}$	J	(10.18)	$\mathbf{m} \times \mathbf{B}$	J	(11.37)
Feldenergie W_F	$\int E^2 \cdot dV \cdot \epsilon_0/2$	W = J · s	(1.38)	$\int B^2 \cdot dV/(2\mu_0)$	W = J · s	(7.75)
Suszeptibilität	$\chi_e = P/(\epsilon_0 E) = \epsilon_r - 1$		(10.34)	$\chi_m = M/H = \mu_r - 1$		(11.56)
Permittivität (DK)	$\epsilon = \epsilon_r \epsilon_0 = D/E$	$F \cdot m^{-1}$	(10.54a)			
Permeabilität				$\mu = \mu_r \mu_0 = B/H$	$H \cdot m^{-1}$	(11.58)

MIX
Papier aus verantwortungsvollen Quellen
Paper from responsible sources
FSC® C105338

Printed by Books on Demand, Germany